내연기관공학

오영택 · 류정인 · 하종률 공저

東 明 社

내연기관공학

초판 발행 2004년 2월 5일
5쇄 발행 2014년 1월 25일

지은이 오영택 · 류정인 · 하종률
펴낸이 최국주
펴낸곳 동명사
출판등록 1950년 11월 1일(제1-76호)
주소 (우 413-756) 경기도 파주시 회동길 50(문발동)
전화 031-955-7200(대표)~2, 7203(편집부), 7204(물류)
팩스 031-955-7205
전자우편 webmaster@dmsbook.com
홈페이지 www.dmsbook.com

ISBN 978-89-411-0269-4 93550
값 38,000원

머리말

최근, 산업사회의 발달로 자동차의 이용과 그 수요가 급증하여 이제 국내에서도 자동차 대중화 시대가 되었으며, 자동차는 이제 생활 필수품으로 굳게 자리잡게 되었다. 이와 같은 시대에 부응하여 각 대학에서도 자동차에 관련된 학과들이 계속 증가되고 있어 자동차에 관한 관심이 더욱 고조되고 있다.

자동차의 심장부라고 할 수 있는 엔진은 열역학, 유체역학, 재료역학, 연소공학, 열전달 및 메카트로닉스 등 다양한 학문이 복합적으로 적용되는 영역으로 기계공학의 종합이다. 더욱이, 최근에는 고성능, 저연비, 저공해기관은 물론 고안전성의 요구들을 동시에 만족시키기 위하여 세계 각국에서는 온힘을 기울이고 있다.

이와 같은 다이내믹한 요구에 부응할 수 있는 엔진에 관련된 교재가 어느 때보다도 절실함을 느낀 나머지 대학에서 강의 경험과 연구를 바탕으로 국·내외의 수많은 문헌을 참고하여 이 책을 펴내게 된 것이다.

본 교재는 제12장으로 예정되었으나, 지면의 과다로 3장이 생략되어 9장으로 구성되어 있으며, 연소실 주변의 전열과 냉각, 윤활 및 내연기관의 역학부분은 http://ohyt.chonbuk.ac.kr를 참고하기 바랍니다. 단위는 가능하면 SI 단위를 사용하도록 노력하였고, 필요한 경우 기존 단위도 병행하여 기술하였다.

본 교재의 내용은 대학 및 대학원의 강의에 적합하도록 구성하였으며, 동시에 현장의 기술자, 연구자들의 참고서로서도 크게 활용할 수 있도록 비교적 상세하게 기술하고자 노력하였다. 따라서, 시간이 부족한 대학에서는 너무 구체적인 내용은 생략하고 필요한 부분만 취사선택하여 강의하여도 좋을 것이다.

본 교재가 자동차엔진을 이해하는 데 일익을 담당하고, 엔진개발을 위한 새로운 기술개발의 참고서로서의 역할을 충분히 할 수 있다면 큰 보람으로 생각할 것이다.

그러나 막상 본 교재를 펴내 놓고 보니 아직도 부족한 점이 많아 두려움이 앞서며, 또한 가능하면 오·탈자가 없도록 하여 독자 여러분의 혼돈과 피해가 가지 않도록 최대한 노력하였으나 미비한 점은 널리 이해하여 주시기 바라며, 독자 여러분의 세심한 질책과 지도를 받아 가능하면 조속한 기회에 개정하고자 한다.

본 교재의 내용은 국내・외의 수많은 연구자료와 저서를 참고 또는 인용하였으며, 이들을 가능하면 교재의 말미에 부기하도록 노력하였다. 저자 여러분에게 일일이 허가를 얻지 못한 점에 대해서는 이해와 양해를 부탁드리며, 이 자리를 빌어 모든 분에게 다시 한번 사의를 표하는 바이다.

끝으로 본 교재의 출간을 쾌히 맡아준 동명사의 관계자들에게 감사 드리고, 또한 도면작성, 원고정리를 하는 데 많은 협력을 받았던 전북대학교 내연기관 실험실의 대학원생들에게도 이 자리를 빌어 감사의 뜻을 전하고자 한다.

2004년 2월

저자 일동 드림

2장

내연기관의 기초 열역학 개요

2.1 기초사항

2.1.1 열역학적 평형

외계로부터 고립된 하나의 계를 생각할 경우, 계(系) 내에 포함된 개개의 분자는 다른 분자와의 상호 간섭에 의해 끊임없이 그 상태가 변화하고 있으나 계의 온도, 압력 등의 거시적으로 관측되는 양은 어느 정도 시간이 지난 후에는 그 계 전체에 걸쳐서 균등한 정상값에 도달한다. 공업열역학에서는 일반적으로 이와 같은 열역학적 평형상태(thermodynamic's equilibrium state)에 있는 계를 대상으로 한다.

열기관에서 동작유체의 상태는 상당한 속도로 변화하지만, 많은 경우 동작유체는 그 변화의 각 순간에 대응한 열역학적인 평형상태에 있는 것으로 가정해서 고찰해도 무방하다.

2.1.2 상태량과 상태방정식

상태량(property)이란 물질의 그때의 상태만으로 정해지고, 그 물질이 그 상태에 도달할 때까지의 경로에는 관계되지 않는 양이다. 온도 T, 압력 P, 체적 V, 내부에너지 E, 엔탈피 I 및 엔트로피 S 등이 내연기관의 열역학에 있어서 중요한 상태량이며, 특히 온도, 압력 및 체적은 직접 측정이 가능한 점에서 기본적인 상태량이라 한다.

상태량은 물질의 양에 의존하지 않는 강도성 상태량(T, P 등)과 물질의 양에 비례해서 증가하는 종량성 상태량(V, E, I, S 등)으로 대별되며, 종량성 상태량도 그것을 물질의 단위질량당의 값으로 표시(v, e, i, s 등)하면 강도성 상태량으로 간주할 수 있다.

어떤 물질의 하나의 상태량은 임의의 2개의 강도성 상태량이 결정되면 정해진다. 예를 들면, 압력 P, 비체적 v의 값이 정해지면 그 물질의 상태는 임의적으로 정해지고, 그 상태에 대한 다른 강도성 상태량은 $T=fT(p, v)$, $e=fe(p, v)$, ……로 주어진다. fT, fe, …… 등의 함수형은 그 물질의 특유한 것으로, 이와 같은 상태량간의 관계를 표시하는 식을 그 물질의 상태방정식이라고 하며 이들의 관계식은 통상 실험적으로 구해진다.

2.1.3 온 도

우리들의 신체의 일부가 물체에 접촉하면 온·냉(물체의 "뜨거움" 과 "차가움")의 감각을 느낀다. 이 온·냉의 정도를 나타내는 척도가 온도(temperature)이며, 통계열역학의 입장에서는 물질을 구성하는 분자의 운동에너지의 평균적인 레벨을 나타내는 것이다.

고온물체를 저온물체에 접촉시키면 고온물체로부터 저온물체로 열이 전달되어, 차츰 고온물체의 온도는 저하되고 저온물체의 온도가 상승하며 이와 같은 전열은 양자의 온도가 같아질 때까지 계속된다. 따라서 거시적인 입장으로 고찰하는 열역학에서는 물체의 온도라는 것은 다른 물체에 열을 전달하는 능력(potential)을 나타내는 것이라고도 할 수 있다.

2.1.4 내부에너지와 엔탈피

우리가 고찰의 대상으로 하는 계(system)는 일반적으로 중력장(重力場) 내에서 거시적인 운동을 하고 있으므로 위치에너지(potential energy)와 운동에너지(kinetic energy)를 가지고 있다. 계가 갖고 있는 전 에너지(총에너지)에서 위치에너지와 운동에너지 및 전기에너지를 제외한 것을 그 계의 내부에너지(internal energy)라고 한다. 열역학에서는 대부분의 경우 전기에너지를 생각하지 않아도 되기 때문에 일반적으로 물체가 보유하고 있는 총에너지는 내부에너지, 운동에너지 및 역학에너지의 합과 같다.

내부에너지에는 그 계에 속하는 개개의 분자의 병진, 회전운동의 에너지, 그리고 그것을 구성하는 원자간의 진동에 기인한 에너지〔온도변화에 대응하는 이들의 에너지는 현열(sensible heat), 감열, 습열, 감(減) 내부에너지 등으로 일컬어지고 있다〕 등과 분자의 집합상태의 변화에 따르는 잠열(latent heat), 화학반응에 따른 반응열 등을 포함해서 생각하는 경우도 있으며, 이들을 포함한 경우를 특히 전 내부에너지라고 한다.

차 례

2장 ▪ 내연기관의 기초 열역학 개요 47

3장 ▪ 내연기관의 열효율과 기본사이클 79

8장 ▪ 내연기관의 배기공해와 대책 531

9장 ▪ 내연기관의 성능시험과 측정법 627

1장

서 론

1.1 열기관의 분류

열기관(heat engine)이란 일반적으로 어떤 에너지원으로부터 주어지는 열에너지(heat energy)를 기계적인 에너지(mechanical energy)로 지속적으로 변환하는 장치를 말한다. 여기서 에너지원으로는 화학변환과정(chemical process)에서 발생하는 에너지, 지열, 풍력, 조력 또는 태양열과 같은 자연계에 존재하는 열에너지, 동·식물계의 에너지를 포함한 바이오매스(biomass)에너지는 물론, 최근에는 핵반응(nuclear reaction)에 의한 원자에너지(atomic energy)도 이용 가능하지만, 일반적으로 열기관의 에너지원은 주로 탄화수소계 연료의 연소에 의한 화학에너지(chemical energy)가 이용된다.

이처럼 여러 가지 방법으로 얻은 열을 열기관에서 기계적인 일에너지로 변환시키기 위해서는 반드시 중간적인 매개역할을 하는 유체, 즉 동작유체(working fluid)가 필요하다. 열기관에서는 에너지원으로부터 동작유체가 고열원으로부터 열을 얻어 고온·고압이 된 동작유체의 팽창에 의하여 일부를 기계적 일로 바꾸고 나머지 열을 저열원에 방출하여 최초의 상태로 되돌아가는 과정을 수행한다. 이처럼 열기관에서는 열을 연속적으로 일로 변환시키기 위해서는 순환적인 변화를 하지 않으면 안 되는데 이것을 열기관의 사이클(cycle)이라 한다.

열기관은 열역학상 다음과 같이 분류할 수 있다.

(1) 동작유체의 종류에 의한 분류

동작유체가 사이클 동안에 항상 기체상태인 것을 가스사이클기관(gas cycle engine)이라 하고, 액체와 기체의 2 상태인 것을 증기사이클기관(steam cycle engine)이라 한다.

(2) 동작유체에 열공급 방법에 의한 분류

동작유체에 열을 공급하는 방법에 따라서 외연기관(external combustion engine)과 내연기관(internal combustion engine)으로 분류할 수 있다. 전자는 증기기관과 같이 연료의 연소에 의하여 발생한 열이 보일러 벽을 통하여 물로 전달되어 동작유체인 증기를 발생하고 이 증기 압력에 의하여 일을 수행하기 때문에 동작유체와 연소가스는 완전히 별개의 것이다. 이에 비해 후자는 가솔린기관과 같이 실린더 내에서 가솔린의 연소에 의하여 발생한 고온·고압의 가스에 의하여 직접 일을 수행하기 때문에 동작유체와 연소생성물은 동일한 것이다.

내연기관은 연소생성물에서 동작유체에 열을 전달할 필요가 없기 때문에 외연기관에 비하여 열전달에 의한 손실은 없으나 고체연료를 직접 사용할 수 없는 결점이 있다. 그러나 최근에 석탄을 미크론 단위로 미립화하여 연료와 혼합시켜 CWM(coal water mixture)나 COM(coal oil mixture) 등으로 이용하려는 연구가 진행되고 있다.

(3) 동작유체로부터 열방출 방법에 의한 분류

일을 수행한 동작유체를 원래 상태로 되돌리기 위해서는 두 가지 방법이 있다. 그 한 가지는 복수기를 부착한 증기기관과 같이 일을 수행한 동작유체를 냉각시켜 원래 상태로 되돌아가게 하여 동일한 동작유체를 반복하여 사용하게 하는 경우로, 이것을 밀폐사이클형(closed cycle type)이라 하며, 다른 한 가지는 저열원으로 열을 방출하는 대신에 내연기관과 같이 매 사이클마다 동작유체를 새로 흡입하는 경우로, 이것을 개방사이클형(open cycle type)이라 한다.

개방사이클형에서는 매 사이클 끝에 동작유체가 배출되기 때문에 이것을 특별히 냉각시키기 위한 장치는 필요하지 않지만, 동작유체로는 공기와 같이 자연에 항상 많은 양이 존재하는 것이어야만 된다. 또, 사이클의 최저압력은 보통 대기압이 되며 개방사이클에서도 배출된 동작유체는 결국 자연의 힘으로 냉각되어 원래 상태로 되돌아가기 때문에 장기적으로 볼 때 개방사이클도 밀폐사이클의 일부분으로 취급할 수 있어 열역학상 이 두 가지 방법에는 차이가 없다.

내연식 기관은 모두 개방사이클이며 열을 받는데 전열의 과정이 없으므로 외연식 기관에 비하여 구조가 간단하고 비교적 소형 경량이다.

(4) 동작유체의 에너지 전환 방법에 의한 분류

동작유체가 가지고 있는 열에너지가 기계적 일로 변환되는 방법에 따라서 체적형 기관(왕복형 기관, piston engine 또는 positive-displacement-type engine), 속도형 기관(회전형 기관, turbo engine 또는 velocity-type engine)으로 분류된다. 전자는 왕복형 피스톤기관(reciprocating piston engine)과 같이 일정량의 동작유체를 실린더 내에서 팽창시켜 그 정압(static pressure)을 이용하는 것에 비해, 후자는 증기터빈(steam turbine)과 같이 동작유체의 열에너지를 먼저 운동에너지로 변환한 고속분류(憤流)를 회전날개에 충돌시켜 그의 충격력이나 또는 그 반동력에 의하여 기계적인 일을 얻는 것, 즉 동압(dynamic pressure)을 이용하는 것이다.

내연기관이라고 하는 명칭은 일반적으로 내연식 체적형에 대하여 사용되고 있지만, 내연기관 전체를 의미하는 경우도 있다. 체적형 내연기관은 간헐적인 동작 때문에 회전속도에도 제한이 있으므로 대량의 가스를 처리하는 데는 부적당하고, 또 왕복질량에 의한 진동을 수반하는 결점도 있지만, 터빈식 기관에 비교하여 사이클의 최고온도를 높일 수가 있어서 효율이 높고 소량의 유체를 효율 좋게 처리할 수 있는 장점이 있어 동작유체의 단위질량당의 출력이 큰 것이 특징이다. 이에 비해 속도형 내연기관은 연속동작이기 때문에 기관 크기당의 동작유체의 유량을 크게 할 수 있으므로 대출력 기관에 적합하다.

내연식은 전부 개방형이지만 외연식은 개방형, 밀폐형, 반밀폐형의 어떤 것으로도 만들 수 있다.

내연기관은 연료의 화학에너지를 연소에 의해 우선 연소생성물의 내부에너지(열에너지)로 변환하여 그 연소생성물 자신을 동작유체로서 팽창시켜 동력을 발생하는 원동기로 정의된다. 넓은 의미의 열기관은 크게 외연기관과 내연기관이 있고, 이들은 동작유체의 내부에너지를 일로 변환시키는 점에서는 동일하지만 일의 발생과정에 앞서 동작유체의 내부에너지를 높이는 수단에서 차이가 있다. 외연기관이 벽면을 중개로 열을 전달함에 비해 내연기관은 동작유체 자신이 보유하고 있는 화학적 에너지를 변환하므로, 이 같은 차이가 양자의 기본적인 성격에 크게 영향을 미치고 있다.

내연기관을 대별하면 체적형 기관과 속도형 기관으로 분류된다.

체적형 기관은 실린더 속을 피스톤을 왕복시키던지, 또는 이와 유사한 기구에 의하여 매 사이클마다 일정한 새로운 공기를 흡입하여 밀폐된 공간 내에서 압축, 연소, 팽창의 여러 과정을 수행하기 때문에 이 같은 이름이 주어졌지만 연소가스의 정압을 이용하므로 정압형 기관이라고도 부른다. 일반적으로는 피스톤 기관이나 왕복동 내연기관으로 부르는 경우가 많다.

다음에 속도형 기관은 작업가스를 팽창시켜 보유한 내부에너지를 일단 고속분류의 운동에너지로 변환한 후에 일을 하는 형식의 기관이고, 분류의 동압을 이용하기 때문에 동압형으로도 부르고 있다. 속도형기관 중에서 회전축으로부터 동력을 얻는 것을 가스터빈 또는 터보축 기관이라 부르고, 분류(憤流)를 이용하여 직접 항공기 등의 추진에 이용하는 것을 분류추진기관으로 부르고 있다. 그 중에서 공기를 흡입하여 작업가스로 하는 것을 제트기관, 추진제를 스스로 운반하는 것을 로켓이라 부른다.

이상과 같이 실제로 사용되고 있는 열기관을 분류 정리하여 표 1·1에 나타내었다.

표 1·1 열기관의 분류

열기관	외연식	체적형	왕복식 증기기관, 왕복식 가스기관
		속도형	증기터빈, 고온공기터빈
	내연식	체적형	전기점화기관, 압축착화기관
		속도형	가스터빈, 제트기관, 로켓

1.2 체적형 내연기관의 특징

내연기관은 외연기관과 달리 열의 발생과정에서 생긴 연소가스가 직접 동작유체가 되고 그것이 연소실 내에서 직접 기계적 일로 변환하기까지의 기능이 일체로 되어 있는 것이 최대의 특징이다.

위에서 언급한 바와 같이 내연기관은 내연식 체적형 기관이고, 원동기의 어느 부분도 사이클의 최고온도에서 동작하는 것은 아니므로 구성재료에 제한됨이 없이 사이클의 최고온도를 높게 할 수 있어 열효율이 높다. 즉, 현재의 내연기관에서 사이클의 최고온도는 2500~3000℃에도 도달되지만, 원동기 중에서 가장 온도가 높은 배기밸브에서도 800℃를 넘는 경우는 드물다. 사이클의 최고온도가 높아지면 열효율이 높아지는 것은 카르노사이클의 원리로부터도 알 수 있으며, 이것이 열기관 중에서 내연기관의 열효율이 가장 높은 주된 이유이다.

이외에도 인류의 일상생활에 밀착되어 이용되고 있는 열기관은 내연식 체적형 기관이며, 이는 현재까지 설계상의 한계 내에서 내연기관을 증기기관과 비교한다면 위에서 언급한 본질적인 차이로부터 다음과 같은 여러 가지의 유리한 점이 있다.

(1) 사이클의 최고온도를 높일 수 있어 열효율이 높다(전체 열효율이 높다).

(2) 외연기관처럼 넓은 전열면적과 열공급 과정에서 각 계통에 손실되는 열량이 적다.

(3) 에너지의 집중화가 되어 실린더와 피스톤-크랭크의 간단한 구조만으로도 전 과정을 수행할 수 있으므로 일정한 출력을 얻기 위해서는 다른 기관보다 소형, 경량으로 할 수 있어, 기관 전체의 이동도 간단하며 외연기관에 비교하여 부품수도 적어 가격이 싸다.

(4) 취급과 관리가 간편하다 : 기관구조가 간단하기 때문에 취급이 쉽고 운전, 수리 등 관리에 필요한 시간과 경비가 적게 든다.

(5) 시동이 간편하고 시동 후 전 부하에 도달하기까지의 시간도 빠르다.

(6) 경량으로 비중량, 비체적이 작다 : 구조가 간결하기 때문에 원동기의 중량 또는 크기와 출력의 비(중량/출력)가 작다.

(7) 최소형기관이 가능하다 : 수십 분의 1마력의 최소형기관은 다른 열기관에서는 실현 불가능하고 체적형 내연기관만 가능하다.

이와 같은 장점은 비교적 소형기관일수록 현저하다.

한편, 증기기관에 비해 불리한 점은 다음과 같다.

(1) 진동이 크다 : 기관의 왕복운동부분을 제거할 수 없으므로 진동이 많다.

(2) 자력으로 시동할 수 없다 : 전기모터는 전류를 통하면 즉시 시동이 되지만 내연기관은 시동하기 위하여 시동 전동기나 공기 시동장치와 압축공기 등 별도의 시동장치를 필요로 하기 때문에 저속에서는 회전력이 작다. 또, 한랭지에서 시동을 위하여 특별한 시동 보조장치가 필요하다.

(3) 배기가스, 소음 및 진동에 의한 공해가 있다 : 좁은 연소실에서 단시간 내에 주기적으로 연소를 완료시키지 않으면 안 되므로 이상적인 연소가 되지 못하므로 배기 중에 포함된 CO, HC, NO_x 등 인체에 미치는 유해물질의 문제, 배기 매연, 냄새 등에 의한 불쾌감 및 기관의 운전시에 발생하는 연소소음, 기관 본체의 각 부분으로부터의 소음이나 배기소음 등에 의한 환경공해가 있지만 점차 개선되고 있다.

(4) 연료의 종류에 제한이 있다 : 석유기관, 가솔린기관, 디젤기관 등 각각에 최적의 기화성, 유동성, 착화성 등의 양호한 물성을 갖는 연료가 필요하다. 또한 고체연료를 직접 사용할 수 없다.

(5) 큰 동력단위로 되면 설치장소, 중량의 면에서 유동형에 불리하다. 이와 같은 단점 중에서 내연식 유동형인 가스터빈은 (1), (5)의 결점은 제외된다.

각종 열기관의 용도, 특징 및 결점을 표 1·2에 나타내었다.

표 1·2 각종 열기관의 비교

	증기 원동기	원자력 원동기	내 연 기 관	
			체 적 형	속 도 형
주용도	발전, 선박용	발전, 선박용	자동차, 선박, 항공기, 발전, 토목, 농공용, 임업용	항공기(jet engine, turbo pump), 선박, 발전, 자동차, 토목
특 징	고효율, 대출력	대출력, 연료의 공급 질량이 적어서 좋다.	소형, 경량, 고효율, 취급간편, 소형에서 대형까지 광범위하게 제작가능	소형, 경량, 물이 불필요
결 점	보일러 및 배관설비의 부피가 크다.	원자로의 안전성 고려, 방사성 폐기물의 처리문제	유해가스 배출 문제	효율이 다른 기관에 비하여 다소 저조

1.3 내연기관의 분류

1862년에 Beau de Rochas가 제창한 네 가지 조건의 원리에 기초하여 1876년에 N. Otto가 4 행정 가스기관을 개발한 후 125여 년이 경과하였고, 또 1898년에 R. Diesel이 공기만을 실린더에 흡입하여 그것을 고압축하여 생성한 고온, 고압의 압축공기 속에 연료를 미립화 상태로 불어넣어 자기착화 연소시키는 소위 디젤기관을 완성한 후로도 이미 100여 년이 경과되었다. 그러나, 이들 기관의 원리는 오늘날에도 거의 변화하지 않았지만 각각의 구조는 여러 가지 변천을 하였고, 또 기관의 용도에 따라 여러 내연기관이 고안, 제작되었으며 실용화되어 왔다. 이들은 모두 각각의 특징을 갖고 있고, 각 사용목적에 따라서 개량되어 오늘날의 내연기관의 형태로 되어 왔다.

내연기관을 여러 가지 견지에서 분류할 수 있지만 단순히 형식적으로 분류하는 것은 별로 의미가 없고 기능과 구조별로 정리하고 본질을 이해하기 쉬운 방법으로 분류하면 우선 넓은 의미로 다음과 같다.

(1) 피스톤식(왕복식) 기관(piston engine)
(2) 터빈식(회전식) 기관(turbine engine)
(3) 아소다이스(athodyds)
(4) 로켓(rocket)

(1)의 피스톤식 기관은 체적형 기관으로 예부터 존재한 것이며, 일반적으로 내연기관이라고 하면 이것을 말하는 것이다.

(2)의 터빈식 기관은 속도형 기관이며 비교적 새로 발달한 것으로, 피스톤식 기관과 같은 왕복운동부분이 없고 원주에 고정된 날개에 동작유체의 동압이 작용하여 동력을 얻는 것이다. 이것은 일반적으로 가스터빈(gas turbine)이라고 하는 것으로 육상, 해상용의 가스터빈과 항공용의 터보제트(turbo-jet), 터보프롭(turbo-prop) 등을 포함한다.

(3)의 아소다이스(athodyds)는 aero-thermo-dynamic-ducts의 약칭으로 도관(導管)제트라고도 불리며 펄스제트(pulse jet), 램제트(ram jet)를 포함한다. 펄스제트는 맥동제트라고도 하며, 램제트는 압축기나 터빈이 없고 그 자체의 진행으로 인해 압력이 높아진 고속 공기 속에 연료를 분사하여 정압연소를 하게 해서 추진력을 얻는 기관으로 공기속도가 음속이하이며, 음속 이상의 경우를 스크램 제트(scram jet)라 한다.

(4)의 로켓은 (1)에서 (3)까지의 기관이 연료의 연소에 필요한 산소를 공기 중의 것을 이용하는 데 반해 로켓은 연료와 산화제인 산소를 함께 휴대하기 때문에 전혀 공기 중의 산

소를 이용하지 않는 것으로, 이와 같은 연료를 추진제(propellant)라 한다. 현재 사용되고 있는 것은 화학로켓이며 추진제의 종류에 따라서 고체로켓, 액체로켓으로 구분한다.

다음은 현재 가장 보편화되어 있는 피스톤식 내연기관에 대하여 여러 관점에서, 즉 점화방식, 사용연료, 냉각방식, 실린더 수 등에 의해 분류해 본다.

1.3.1 점화방식에 의한 분류

이 방식은 실린더 내에서 연료를 점화시키는 방식, 즉 외부점화식(강제점화식) 또는 자기착화식인가에 따라서 다음과 같이 나누어진다.

(1) 전기점화기관(spark ignition engine)

(2) 소구(燒球) 또는 열구(熱球)점화기관(hot bulb ignition engine)

(3) 압축착화기관(compression ignition engine)

전기점화기관은 연소실의 혼합기를 전기 스파크로 강제 점화시키기 때문에 외부점화식, 강제점화식이라고도 하며 가스기관, 가솔린기관 등이 여기에 속한다.

소구점화기관은 연소실 벽의 가열된 고온부(열구, 소구)에 연료를 분사하여 그 고온부의 에너지를 이용하여 강제점화시키는 것으로 준디젤기관(semi-diesel engine)이라고도 한다.

압축착화기관은 실린더 내에 흡입한 공기를 연료의 자기착화온도 이상 되도록 고압축하여 그곳에 미세화한 연료를 공급하여 자기착화 또는 자기발화(self ignition)를 일으키도록 한 것으로 디젤기관이 여기에 속한다.

1.3.2 사용연료에 의한 분류

이 방식은 기관에 공급하는 연료의 종류에 따라서 다음과 같이 분류한다.

(1) 가스기관(gas engine)

(2) 가솔린기관(gasoline engine)

(3) 석유기관(kerosene engine)

(4) 디젤기관(diesel engine)

(5) 다종연료(多種燃料)기관(multifuel engine)

(6) 장래(將來)기관(future engine)

가스기관은 사용하는 연료가 가스로 가장 초기에 나타난 내연기관이며, 현재 그 사용은 한정되어 액화석유가스(LPG; liquefied petroleum gas)를 사용하는 승용차 등이 그 일례이며, 최근에는 액화천연가스(LNG; liquefied natural gas)를 이용하려는 시도가 많이 연구되고 있고, 일부 실용화 단계에 들어갔다.

가솔린기관은 기관에 공급하는 연료가 가솔린으로 소형, 경량으로 대출력을 낼 수 있으므로 자동차, 항공기, 소형 선박 등에 널리 사용되고 있다.

석유기관은 등유 또는 경유를 사용하는 기관으로 농업용, 토목, 소형 선박 등에 사용되고 있다.

디젤기관은 경유나 중유를 사용하며 선박, 발전, 자동차 등 폭넓게 사용되고, 가솔린기관과 더불어 내연기관의 쌍벽을 이루고 있으며, 내연기관으로서 초대형의 기관이 만들어지고 있다. 그 밖에 디젤기관의 일종으로 중유(heavy oil)를 사용하는 소구기관(hot bulb engine)이 있으며 현재에도 대형 선박용 기관의 연료로 중유를 사용하며 옛날에는 어선용으로 주로 사용되었으나 현재는 일부 국한된 곳에서만 사용되고 있다.

다종연료기관은 2개 이상의 연료를 사용할 수 있는 것으로 가솔린기관과 디젤기관이 가지고 있는 각각의 특징을 조합한 혼합기관, 즉 하이브리드기관(hybrid engine)의 연구가 활발히 수행되고 있으며, 공해대책의 일환으로도 더욱더 크게 발전하여 갈 것으로 생각된다. 최근의 하이브리드기관은 저연비, 저공해, 고효율을 위하여 기관과 모터 등을 조합한 것을 의미하기도 한다. 다음에 내연기관의 배기를 가스터빈기관에 공급하여 조합한 터보콤파운드기관(turbo-compound engine)도 실용화되고 있다.

장래기관은 현재 화석계 연료의 유한성이 인정되어 대체연료를 사용할 기관으로, 우선 대체연료에 대하여 간단히 언급하고자 한다. 가까운 장래에 사용될 새로운 연료로서는 석탄, 천연가스로부터 제조하는 수소(hydrogen), 메탄올(CH_3OH) 또는 합성가솔린 등을 들 수 있으며, 더욱 장기적으로는 원자력이나 태양에너지로부터 수소를 제조하여 연료로 사용할 수 있도록 연구가 진행되고 있다.

그 중에서 메탄올은 안티녹크제로 사용되고 있어 압축비도 높일 수 있고, 그을음(soot)이 현저히 저감되는 연소를 할 수 있는 장점이 있으나 기화기기관(carburetor engine)에서는 시동성이 불량하고, 다른 금속을 부식시키기 쉽고, 발열량이 가솔린의 절반 정도이어서 같은 출력을 얻기 위해서는 많은 연료가 소모되어야 하는 결점이 있다.

또한 수소는 전기점화방식으로 사용하기 쉽고 배기공해 대책이 용이하며 점화할 수 있는 혼합비의 범위가 극히 넓으므로 희박혼합상태에서 운전할 수 있으므로 열효율이 높은 장점이 있으나, 고부하의 경우 농혼합비의 경우는 착화가 너무 양호하여 이상연소를 일으키기 쉬운 단점과 비중이 가장 작은 기체이므로 운반법에도 문제가 제기되고 있다.

이와 같은 대체연료를 이용할 장래기관 이외에 연소실 주위의 열을 많이 받는 부분에 단열성이 높은 세라믹(ceramic) 재료를 이용한 단열기관의 출현 등 출력성능의 향상과 연료경제성의 개선을 위하여 배기터빈 과급기의 이용과 전자기술의 적극적인 이용이 기대된다.

1.3.3 연소방식에 의한 분류

(1) 정적연소기관(constant volume 또는 Otto cycle engine)

(2) 정압연소기관(constant pressure 또는 Diesel cycle engine)

(3) 복합연소기관(dual, compound, composite 또는 Sabathe cycle engine)

이것은 동작유체에 열에너지를 공급하는 시기에 따라서 분류하는 것으로, 일정 체적하에서 폭발연소시키는 기관을 정적연소기관이라고 하며, 가솔린기관, 가스기관, 석유기관 등이 이에 속하며 발명자의 이름을 사용하여 오토기관(Otto engine)이라고도 한다.

일정 압력하에서 폭발연소하는 기관을 정압연소기관이라 하며 디젤에 의해서 제안된 것으로 공기분사식 디젤기관이 이에 속한다.

한편, 복합연소기관인 현재 대부분의 디젤기관은 연소의 일부를 정적하에서, 나머지는 정압하에서 행해지는 것으로 무기분사식 디젤기관이 이에 속한다.

1.3.4 연료공급 방법에 의한 분류

(1) 기화기기관(carburetor engine)

(2) 분사기관(injection engine)

기화기기관은 흡입밸브가 닫힐 때까지 실린더 밖에서 공기와 연료의 혼합이 이루어지면서 연소실로 혼합기를 흡입하여 연소시키는 것으로 외부혼합식이라고도 한다. 여기서, 현재 가솔린기관에 많이 채용되고 있는 SPI(single point injection), MPI(multi point injection) 방식처럼 흡입구(inlet port)에 연료를 분사하는 것도 이에 속하며 가솔린기관, 가스기관, 석유기관 등이 있다.

분사기관은 흡입밸브가 닫혀 실린더 내에 흡입된 공기에 미립화된 연료를 분사하여 혼합기를 형성시켜 연소시키는 것으로 내부혼합식이라고 한다. 디젤기관이나 실린더 내 분사식 가솔린기관(GDI; gasoline direct injection)이 여기에 속한다.

1.3.5 작동방법(사이클, 행정 수)에 의한 분류

(1) 4 행정기관(4 stroke engine 또는 4 stroke 1 cycle engine)

(2) 2 행정기관(2 stroke engine 또는 2 stroke 1 cycle engine)

4 행정기관은 흡입, 압축, 폭발 및 배기의 1∖사이클을 4 행정(크랭크축 2회전)으로 완료하는 것이며, 2 행정기관은 앞과정을 2 행정(크랭크축 1회전)으로 완료하는 것이다.

내연기관은 기본 구조상 위의 어느 하나에 속하며, 현재 사용되고 있는 기관은 대개 4 행정식이며, 2 행정식을 채택하고 있는 것은 비교적 작은 소형 가솔린기관, 소구기관, 대형 디젤기관 등이다.

1.3.6 실린더 수 및 배열방식에 의한 분류

실린더의 수에 따라서 그 수가 1개의 경우를 단기통기관이라 하고, 1개 이상의 경우를 다기통기관이라 한다. 또한, 실린더의 배열방식에 의하여 다음과 같이 구분한다.

(1) 횡형 기관(horizontal engine)

(2) 수직형 기관(vertical engine)

(3) 직렬형 기관(in-line engine)

(4) 성형(星型) 기관(radial engine)

(5) U, V, W, X, H, ⊿형(U, V, W, X, H, delta-type engine)

(6) 대향 피스톤기관(opposed piston engine)

(7) 대향 실린더기관(opposed cylinder engine)

그림 1·1에 표시한 바와 같이 수평형(횡형)은 실린더의 배열이 수평으로 된 것이며, 수직형은 그 배열이 수직으로 되어 있는 것이다. 실린더를 크랭크축 방향으로 1열로 배치한

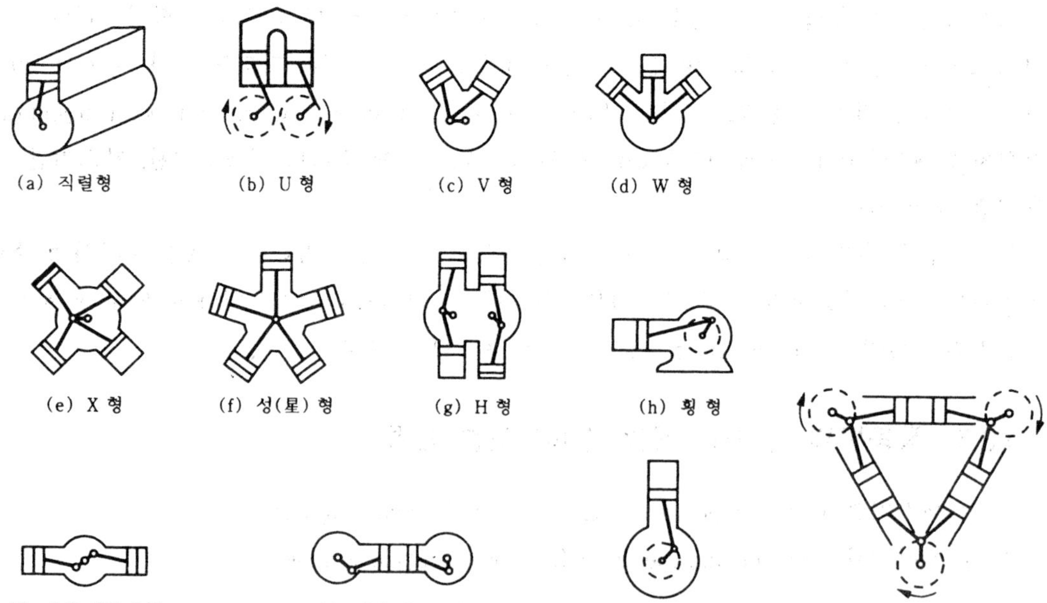

그림 1·1 실린더의 배열도

것이 직렬형이며, 이렇게 하면 기관의 전 길이가 길어지기 때문에 이를 피하기 위하여 크랭크축 하나에 2개 이상의 실린더를 직결하는 V형, W형 등이 있다. V형은 다기통 고속 육상용, 선박용 기관에 널리 이용되며, 성형(星型)은 크랭크 중심축에서 실린더축이 방사상으로 배열한 것이며 주로 공랭식 항공기관에 주로 사용된다. X형은 V형의 변형으로 하나의 크랭크축에 4개의 실린더가 부착되어 있는 형태이다. H형은 2개의 대향 실린더형을 2개로 분리하여 사용하게 되었으나, 내부에 크랭크축이 연결되어 있다. 델타형은 서로 내부에서 연결된 3개의 크랭크축을 가지고 있는 3개의 대향 피스톤기관이 조합된 것이다.

대향 피스톤식 기관은 실린더 커버가 없고 하나의 실린더에 2개의 피스톤을 대향 배치하여 그 중간에 연료를 분사 연소시킴으로써 대향운동을 통해서 크랭크축을 구동하게 하는데, 이 형태는 기관의 높이가 높아지는 단점이 있으나 소기효율(scavenging efficiency)이 양호하고 주 베어링에 미치는 힘이 적으며 기관의 평형상태도 양호하다. 차량용 2 사이클 디젤기관에서 볼 수 있다.

대향 실린더식 기관은 크랭크축 반대축의 동일면상에 2개의 실린더를 대향 배치한 것으로, 원래 균형이 양호하며, 하나의 크랭크축을 갖는 것이 유리하여 소형 항공기기관에 사용된다.

일반적으로, 자동차기관과 일반적인 목적의 기관은 직렬형과 V형이 주로 사용되고, 성형은 가스터빈으로 대치될 때까지 중·대형 항공기에 많이 사용되었다. 작은 항공기에는 대향 실린더형이나 직렬형 또는 V형 기관이 계속 사용되었고, 대향 피스톤형은 대형 디젤기관에서 폭넓게 사용되었으며, H형과 X형은 약간의 디젤기관을 제외하고는 현재는 거의 사용되지 않고 있다.

1.3.7 냉각방식에 의한 분류

(1) 수냉식 기관(water cooling engine)
(2) 공랭식 기관(air cooling engine)
(3) 특수액체 냉각식 기관(special liquid cooling engine)
(4) 증발냉각식 기관(evaporating cooling engine)

기관의 재질에는 사용한계가 있으므로 실린더 주위를 냉각시켜 주어야 하는데, 그때 사용하는 매체에 따라서 물을 사용하는 경우를 수냉식 기관이라 하고, 공기를 사용하는 경우를 공랭식 기관이라 한다. 일반적으로 육상용 및 선박용 기관은 수냉식이고, 소형 가솔린기관, 항공기관은 구조를 간단하게 하고 경량화를 위해 공랭식을 이용하고 있다. 공랭식에서는 실린더 주변에 냉각핀(cooling fin)을 부착하여 냉각면적을 증대시킴으로써 냉각효과를 높이고 있다.

특수액체 냉각식은 냉각능력을 높이고 동결을 방지하기 위하여 특수한 액체인 에틸렌글리콜(ethylene glycol)과 물의 혼합액이나 글리세린 등을 사용하여 냉각시키는 것으로 항공기관 등에 많이 이용된다.

증발냉각식은 수냉 대신에 실린더 주위에 냉각수를 증발시켜 기화잠열에 의하여 냉각시키는 것으로 석유기관 등에 많이 이용되고 있다.

1.3.8 흡입 공기압력에 의한 분류

(1) 무과급기관 또는 자연흡입기관(unsupercharged engine, aspirated engine)
(2) 과급기관(supercharged engine)

무과급기관은 자연흡입식 기관(aspirated engine)이라고 하고, 흡입공기의 압력이 대기압에 가까운 상태로 흡입하며, 대부분의 내연기관은 이 부류에 속한다.

과급기관은 부속의 과급기(supercharger), 즉 공기압축기(air compressor)를 사용하여 흡입공기의 압력을 대기압 이상으로 압축하여 공급하는 기관이다. 예를 들어 항공기관이 고공에 도달하면 공기밀도가 감소되어 흡입공기 질량이 감소함에 따라 기관출력이 저하하는 것을 방지하기 위하여, 또는 선박용 디젤기관 등 대형기관에서는 일정한 기관의 행정체적에서 큰 출력을 얻고자 하는 경우 과급이 행해지고 있다. 그림 1・2는 고도에 따른 기관의

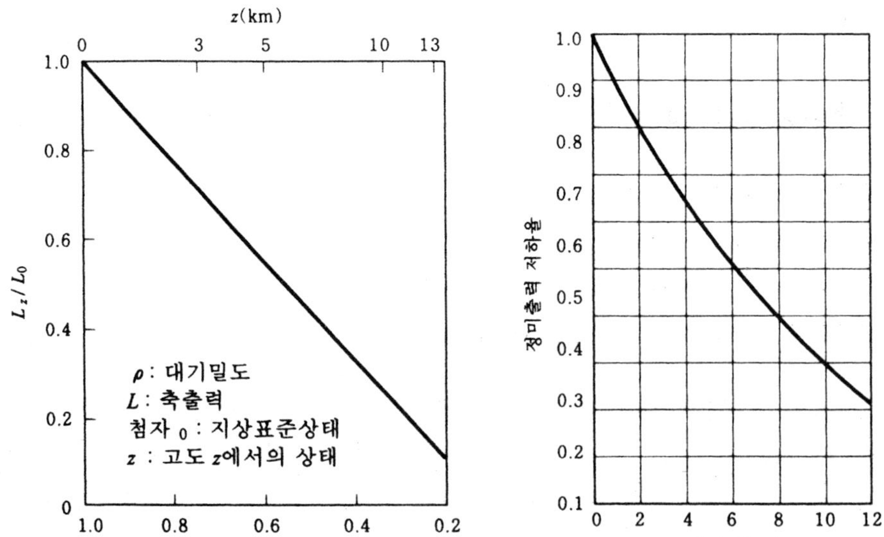

그림 1・2 고도변화와 정미출력 저하율과의 관계

정미출력의 변화를 나타낸 그림으로, 고도가 증가함에 따라서 출력의 감소가 현저함을 알 수 있다.

1.3.9 기관속도에 의한 분류

(1) 저속기관(low speed engine)

(2) 중속기관(medium speed engine)

(3) 고속기관(high speed engine)

기관속도에 의한 분류는 크랭크축의 매분 회전수에 의한 것이 아니고 피스톤의 속도(평균 피스톤 속도=회전수×행정/30), 즉 피스톤의 단위시간당 운동거리로 판단한다. 따라서, 크랭크축의 회전수와 피스톤 행정에 관계된다. 즉, 회전수가 같다고 하여도 피스톤의 행정이 큰 기관은 고속이며, 행정이 작은 것은 저속이다. 기관속도를 어떻게 구분할 것인가에 대하여는 뚜렷한 구분은 없지만 일반적으로 다음과 같이 분류한다.

고속기관은 평균피스톤속도 9 m/sec 이상, 1000 rpm 이상

중속기관은 평균피스톤속도 6~9 m/sec, 500~1000 rpm

저속기관은 평균피스톤속도 6 m/sec 이하, 500 rpm 이하

1.3.10 피스톤의 연결방법에 의한 분류

(1) 트렁크 피스톤형 기관(trunk piston type engine)

(2) 크로스헤드형 기관(cross head engine)

트렁크 피스톤형은 피스톤을 직접 커넥팅로드와 연결하는 것이며 중·소형의 왕복기관은 대부분이 이 형태를 이용하고 있으나 커넥팅로드의 경사에 의하여 측압을 받기 때문에 피스톤이 통형(筒形)으로 길어진다. 크로스헤드형에서는 피스톤이 커넥팅로드에 의하여 크로스헤드에 연결되어 크로스헤드 면에서 측압을 받으나 운동부의 중량이 커지므로 저속 회전의 대형 디젤기관에서만 사용되고 있다.

1.3.11 기타 분류

이상의 분류 이외에도 실린더의 크기와 출력에 의하여 대형, 중형, 소형기관으로, 또는 연소실 모양에 따라 가솔린기관에서는 밸브의 위치를 기준으로 분류한 것으로, I 두형(頭型)(over head valve type)은 흡·배기밸브의 위치가 다같이 실린더헤드에 위치하며, L 두형(side valve type)은 양밸브가 다같이 실린더의 한쪽에 있으며, F 두형(F head type)은 양밸브 중 하나가 실린더헤드에, 하나는 실린더의 한쪽에 위치하며, T 두형(T head type)은

양 밸브가 각각 실린더의 양측에 배치된 것이다. 이외에도 회전수, 압축비, 용도 등에 의해서도 내연기관을 분류할 수 있다.

1.4 내연기관의 기본구조 및 동작원리

연료의 연소에 의해 발생한 열에너지를 보유한 연소가스, 즉 동작유체는 왕복운동(reciprocating motion) 또는 회전운동(rotational motion)을 하는 피스톤에 작동하여 유효한 기계일을 한다. 왕복 피스톤운동을 이용하여 기계적 일을 하는 기관을 왕복 피스톤식 내연기관이라 하고, 회전운동을 이용하여 기계일을 하는 기관을 회전 피스톤식 내연기관이라 한다.

1.4.1 왕복 피스톤식(체적형) 내연기관의 기본구조와 작동

그림 1·3은 단기통 4 행정 전기점화식 가솔린기관의 구조개요를 나타낸 것이며, 그림 1·4는 자동차용 가솔린기관과 디젤기관의 단면도를 나타낸 것이다.

왕복기관은 연료의 연소에 의해 발생한 폭발압력을 받은 피스톤이 실린더 내를 왕복운동함으로써 커넥팅로드(connecting rod)를 매개로 크랭크축에 동력을 전달하여 유효한 일을 하는 기관이다. 이때 피스톤이 2왕복, 즉 크랭크축이 2회전마다 유효일을 하는 기관을 4 행정기관(4 stroke-cycle engine)이라 하고, 1왕복, 즉 크랭크축 1회전마다 유효일을 하는 기관을 2 행정기관(2 stroke-cycle engine)이라 부르고 있다.

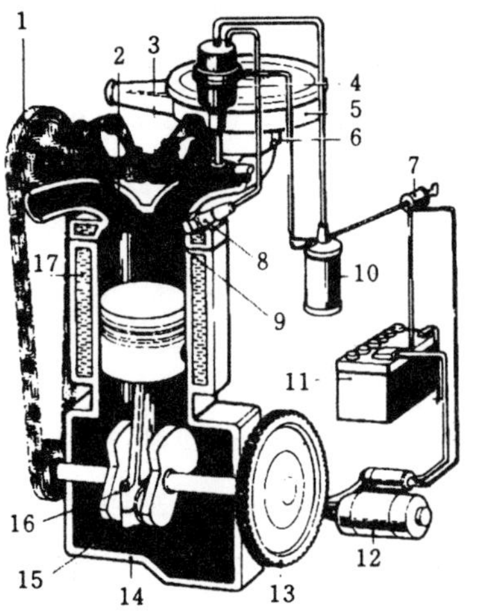

1. 타이밍밸트 또는 체인
2. 배기밸브
3. 캠축
4. 배전기
5. 공기청정기
6. 기화기
7. 점화스위치
8. 점화플러그
9. 흡기밸브
10. 점화코일
11. 축전지
12. 시동모터
13. 플라이휠 겸 시동기어
14. 오일팬
15. 윤활유
16. 크랭크축
17. 냉각수

그림 1·3 내연기관의 구조

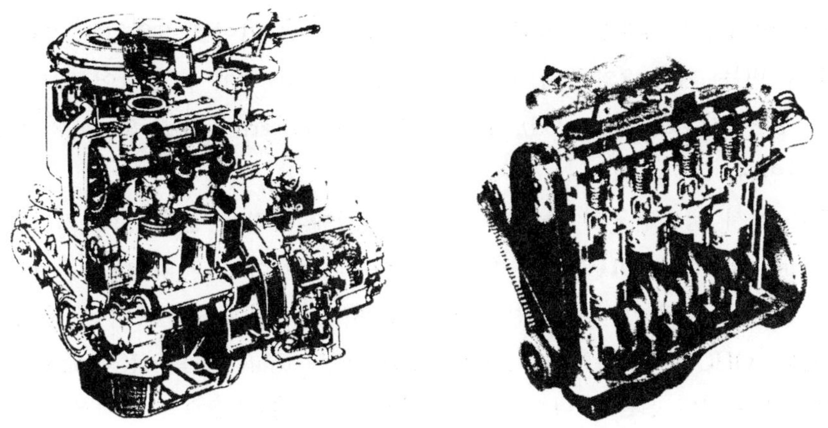

(a) 가솔린기관 (a) 디젤기관

그림 1·4 자동차용 기관의 단면도

이와 같은 왕복식 내연기관의 구성을 그 기능상으로 분류하여 보면 다음과 같다.

① **연소실** : 이는 실린더 커버 또는 헤드와 내면이 매끄럽게 가공된 실린더 및 이곳에 피스톤이 기밀을 유지하여 삽입되어 형성된 부분으로 연료의 연소가 이곳에서 되어 동작유체로 되는 부분이다.

② **동력전달기구** : 이것은 피스톤-크랭크기구(piston-crank mechanism)이며 피스톤의 왕복운동을 크랭크축의 회전운동으로 변화하는 것이다.

③ **연료공급장치** : 연소실에 연료를 공급하는 부분으로, 가솔린기관에서는 기화기(carburetor), 디젤기관에서는 연료분사장치(fuel injection system)가 여기에 해당되며, 최근 많이 보급되는 가솔린기관의 SPI, MPI 등도 여기에 속하며 연료펌프, 노즐, 분사펌프 등을 포함한다.

④ **점화장치** : 연료가 연소할 수 있도록 에너지를 공급하는 장치로서 가솔린기관에서는 전기점화장치(electric spark ignition system)가 여기에 해당되며, 디젤기관에서는 그의 원리가 압축착화(compressive ignition)이므로 특별한 점화장치는 없지만, 냉시동성을 향상시키기 위한 예열플러그(glow plug)와 소구기관의 소구 또는 열구(hot bulb) 등이 여기에 속한다.

⑤ **가스교환장치** : 4 행정식에서는 흡입밸브, 배기밸브 및 이들 밸브를 구동시키기 위한 밸브기구와 2 행정식에서는 소기공(scavenging port), 배기공(exhaust port)과 소기펌프(scavenging pump)가 여기에 해당된다.

그림 1·5 (a)는 전형적인 4 행정기관의 밸브작동기구, (b)는 밸브의 각종 구동방식을 각

각 나타낸 것이다.

그림 1·5(a)에서 1은 크랭크축이며, 2는 그곳에 고정된 기어로, 3은 기어 2와 물리는 기어(기어 잇수의 비는 기어 2의 2배)이며 캠축(cam shaft) 4에 고정되어 있다. 6은 태핏(tappet)이며, 7은 푸시로드(push rod), 8은 로커암(rocker arm), 9는 흡·배기밸브이며, 10은 밸브 스프링이다.

그림 1·5(b)에서 밸브기구의 종류는 밸브의 위치에 따라서 분류되고, 그 종류는 OHC(over head cam shaft)과 OHV(over head valve)의 2형식이 거의 대부분이고 SV(side valve)도 있지만 지금은 거의 사용하지 않고 있으며, OHC와 OHV 공히 두상(頭上)밸브식이라고도 부른다. OHC는 SOHC(single over head cam shaft)과 DOHC(double over head cam shaft)으로 분류되며, S는 하나의 의미로 캠축이 1개, D는 2개의 의미로 캠축이 2개 붙어 있다.

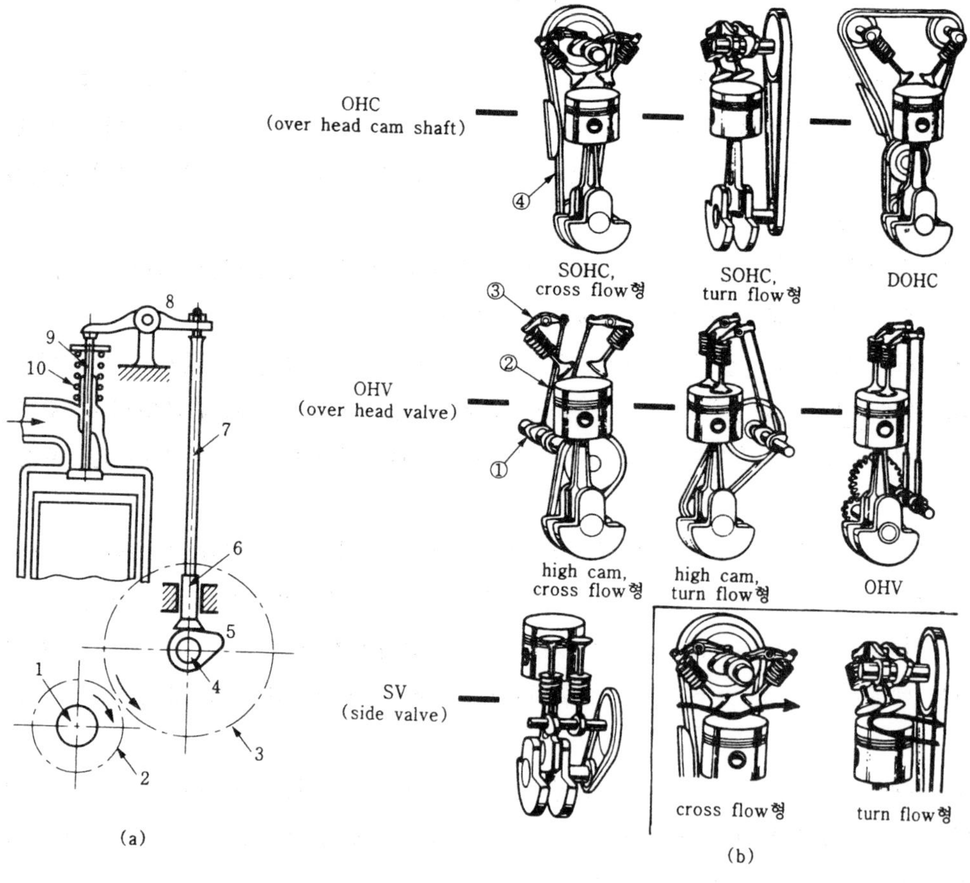

그림 1·5 밸브작동기구

또, 그림 1·6에 DOHC기관과 SOHC 기관을 비교하여 나타내었다. SOHC는 좌우로 떨어져 있는 밸브 머리부를 로커암 등을 통해서 간접적으로 눌러야 하므로 캠의 회전에 대해서 밸브의 추종성이 떨어지고, 고회전이 어렵게 된다. 또 로커암 때문에 밸브 배치각도에 한계가 있어, 이것이 연소실 형상에도 영향을 미친다. 그러나 DOHC는 이와 같은 결점을 해결할 뿐 아니라, 1기통에 4밸브가 가능하여 밸브면적을 크게 할 수 있고, 관성중량이 적기 때문에 흡기효율을 높일 수 있는 반면, 캠축이 2개로 되어 체인이나 밸트의 복잡한 구조와 중량 증가, 그리고 고가인 것이 단점이다.

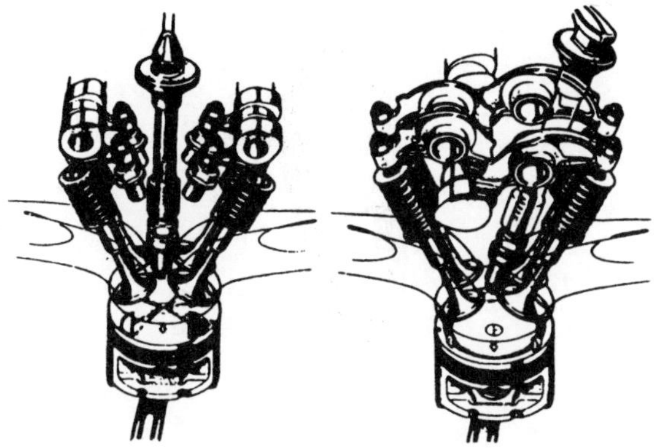

(a) DOHC 4밸브 (b) SOHC 4밸브

그림 1·6 DOHC와 SOHC 기관의 비교

오버헤드(over head)는 실린더를 중심으로 그 머리부분 위에 캠축이 있다는 것을 의미한다. 이와 같은 밸브기구의 변천은 우선 SV로부터 OHV로, 그리고 OHC로 발달되어 왔다. SV는 그림 1·5(b)에서처럼 흡·배기밸브가 실린더 옆에 붙어서 나란히 있는 형태로 가장 간단한 구조이고, 기관 자체의 전 높이를 낮게 할 수 있으며, OHC처럼 푸시로드(push rod)의 간격조정 등의 문제도 없으나, 근본적인 결함으로 연소실 형상이 밸브부분만큼 옆으로 넓어져 있어 평면적으로 되고, 압축비를 높일 수 없어 열효율이 나쁘기 때문에 저속기관을 위한 것이며 현재는 사용되지 않고 있다.

OHV는 그림 1·5(b)에서 실린더 옆에 수평으로 위치한 캠축 ①이 수직으로 된 푸시로드 ②를 통해서 로커암 ③을 밀어 올려, 그 로커암이 시소식으로 밸브를 밀어내려 밸브를 연다. 이 형식은 밸브를 실린더 머리 위에 설치할 수 있으므로 연소실을 반구형, 쐐기형으로도 가능하며, 압축비를 높일 수 있고, 열효율도 높아 고회전, 고출력기관이 가능하게 되었는데, OHC가 보급될 때까지는 거의 이 형식이었고, 현재의 기관에도 아직 많이 쓰이고 있다. 결점은 긴 푸시로드이며, 기관이 가열되면 밸브기구도 열팽창에 의한 체적변화를 일으키기 때문에 푸시로드와 로커암 사이에 약간의 간격을 설치(tappet clearance라고도 부른다)하지 않으면 안 된다. 이 간격이 없으면 캠이 들어올리지 않는 상태에서도 밸브를 누르고 있는 상태로 되어 가스누설이나 밸브의 소결을 일으키기도 하며, 기관이 냉각되면 간격 때문에 소음이 크게 되고, 또 조정나사로 조정하지 않으면 안 된다.

또, 고회전으로 되면 왕복운동에 의한 푸시로드의 관성질량이 증가하여 회전에 한계를 드러내며, 강성에도 문제를 일으킨다. 이것은 푸시로드가 길수록, 또 무거울수록 그 영향은

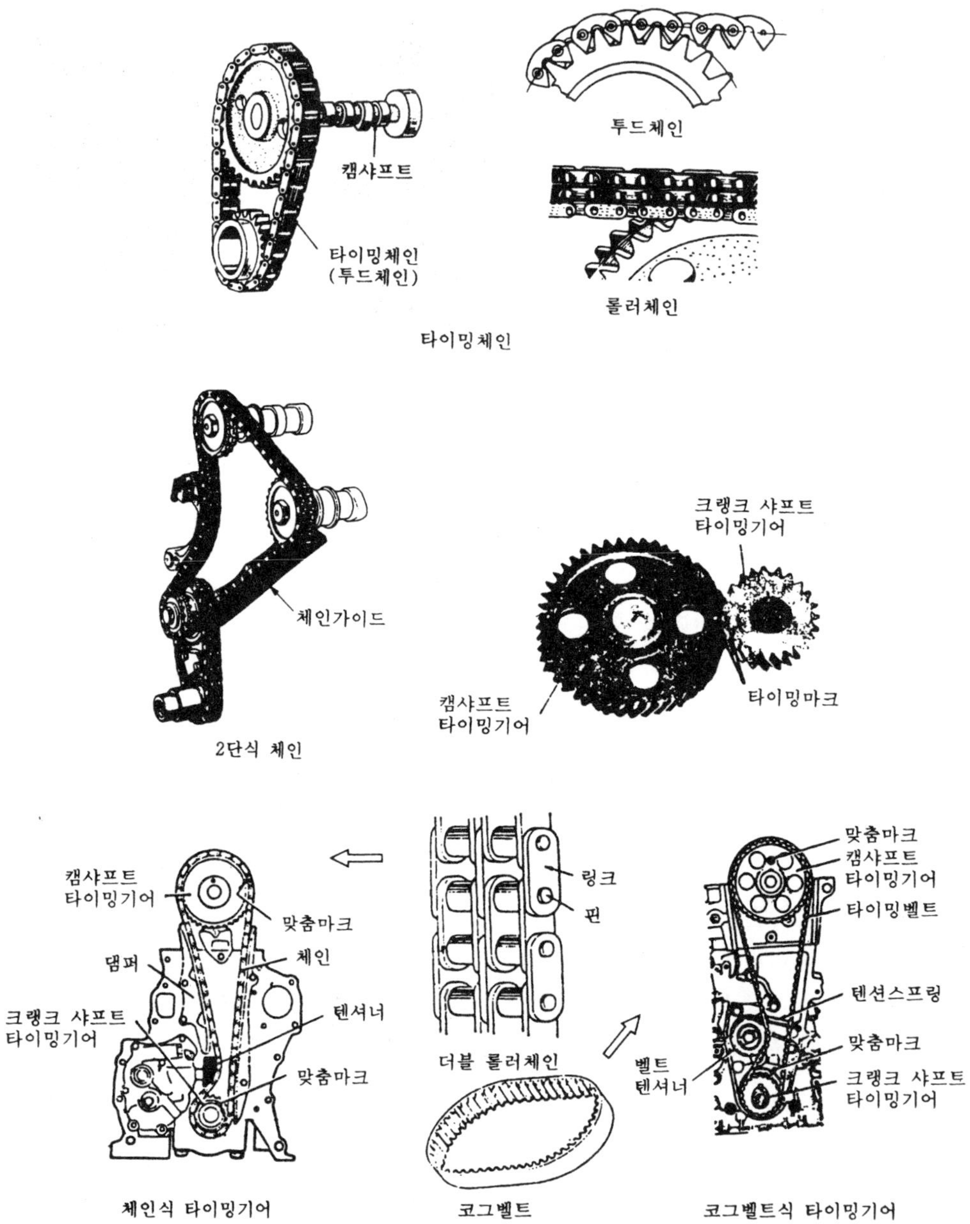

그림 1·7 타이밍체인과 기어

크게 된다. 그래서 이와 같은 단점을 보완하기 위하여 캠축을 약간 위로 이동시킨 방식(high cam system)을 사용하게 되었다. 이것은 푸시로드를 짧게 하고, 관성질량을 감소시켜 고회전에 견디도록 한 것이나, 캠축의 위치가 높으므로 캠축을 구동하기 위해서는 체인이 필요하게 된다. 체인은 왕복운동이 없고 팽창에 의한 간격조정도 필요 없으므로 고회전기관을 위해서는 발전된 방법이지만, 역시 푸시로드를 사용하므로 더욱더 고성능기관을 위해서는 OHC로 되지 않으면 안 된다.

OHC는 캠축을 실린더 머리 위에 위치하게 한 것으로, 이는 우선 푸시로드와 같은 왕복운동부분이 없어졌고, 캠이 직접 로커암에 접촉해 있는 것이 큰 이점으로, 이 두 가지 이점 때문에 고속 회전의 경우 밸브개폐시간의 지연없이 안정되게 밸브를 개폐할 수 있게 되었다.

캠축이 실린더 머리 위에 있으므로 크랭크축 사이에 긴 벨트〔그림 1·5 (b)의 ④〕, 체인 등을 사용하게 되었다. 벨트는 미끄럼에 의한 시간의 지연을 방지하기 위하여 그림 1·7에 표시한 바와 같이 홈이 파인 코그벨트를 일반적으로 사용한다.

이상과 같이 밸브형식은 SV에서 OHV로, 또 OHC로 진전되어, 그 이상의 고회전을 추구하기 위해서 DOHC, 4밸브로 되어 가고 있다.

한편, OHV와 OHC의 경우 흡·배기밸브 위치가 서로 대향되어 있는 경우와 한쪽 옆으로 나란히 있는 경우가 있는데, 전자를 실린더에 대하여 가스가 횡단한다는 의미에서 횡단흐름(cross flow)이라 하고 반구형 등의 연소실에 많이 사용되며, 이는 주로 흡·배기 가스의 흐름을 빠르게 한다는 장점 때문에 고회전기관에 유리하다. 후자는 가스의 흐름이 U턴(U-turn)하므로 붙인 이름으로 턴흐름(turn flow)이라 하고, 쐐기형 연소실에 와류를 일으키는 데 유리하며, 직렬형이라고도 한다.

또, 그림 1·5 (a)의 기어 2와 3의 기어를 타이밍기어(timing gear)라 하며, 크랭크축과 캠축이 떨어져 있을 때는 그림 1·7에서와 같이 중간 기어를 넣거나 체인기어(chain gear)나 벨트를 사용하여 전달하는 경우도 있다.

⑥ 냉각장치 : 연소실 주위의 구성재료는 고온에 견딜 수 있는 한계가 존재하므로, 이 같은 고온부를 냉각하는 데 물을 사용하는 경우를 수냉식(water cooling system)이라 하고, 공기를 사용하는 경우를 공랭식(air cooling system)이라 한다. 수냉식에는 물재킷(water jacket), 냉각수 펌프와 방열기(radiator)가 있으며, 공랭식에는 냉각핀(cooling fin)과 냉각용 송풍기(blower)가 있다. 연소실 주변의 허용온도를 그림 1·8에 표시하였다.

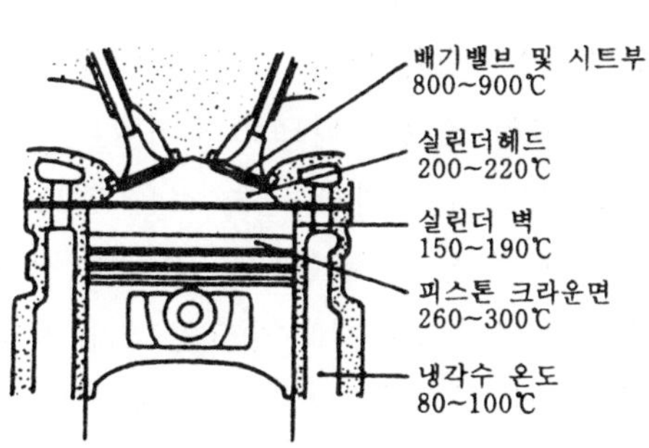

그림 1·8 연소실 주변의 허용온도

⑦ 윤활장치 : 접촉하는 금속부분의 마찰을 저감시키기 위한 것으로, 기관의 각 부품 중에서 움직이면서 접촉하는 면(滑動面)에 윤활유를 공급하기 위하여 윤활유 탱크, 윤활유 펌프 및 윤활유 냉각기 등이 있다.

⑧ 조속장치 : 기관의 회전속도 변동을 작게 하기 위하여 조속기(governor), 플라이휠(fly

wheel) 등이 사용된다.

⑨ **시동장치** : 기관의 운전을 시작하려면 어떠한 방법으로든 최초기관의 주축을 돌려주어야만 하는데, 기관의 주축을 돌리는 주체에 의해서 인간의 손으로 하는 수동, 전기적인 힘을 이용하는 전동, 압축공기을 이용하는 압축공기 기동으로 구분한다.

⑩ **공기여과장치** : 기관에 흡입하는 공기 중의 먼지를 제거하기 위한 공기청정기(air cleaner)가 있다.

⑪ **소음장치** : 배기가스를 직접 대기 중에 방출하면 큰 소리가 발생하므로 이것을 저감시키기 위한 방법으로 소음기를 사용한다.

이상의 각 부분으로 구성되는 기관의 동작을 대략적으로 설명하면 공기청정기를 지나서 흡입관에 흡입된 공기는, 가솔린기관의 경우는 기화기 또는 연료분사장치에서 분출한 가솔린과 적당한 비율로 혼합되어 흡기밸브를 통하여 연소실 내로 흡입되고, 그 혼합기(mixture)가 압축된 후 점화 플러그의 전기점화에 의하여 연소실에서 연소폭발되며 폭발가스는 피스톤을 내려 밀고 커넥팅로드를 통하여 크랭크축을 회전시키므로 동력을 크랭크축에 전달한다. 일을 수행한 연소가스는 실린더로부터 배기밸브, 배기관을 지나 소음기를 통하여 대기 중에 방출한다. 이와 같은 동작이 연속적으로 반복되고 연속적 폭발 때문에 연소실 부근이 고온으로 되므로 냉각수로 냉각한다. 이때 각 운동부분에는 윤활유를 공급하여 마찰을 경감시키고, 크랭크축에는 큰 플라이휠이 부착되어 기관의 회전을 원활하게 하는 역할을 한다.

또, 흡・배기밸브의 개폐는 그림 1・5 (a)에 표시된 바와 같이 운동은 크랭크축에서 얻어 크랭크축이 2회전하는 사이에 캠축은 1회전하도록 되어 있다. 캠이 태핏에 작용하면 푸시로드를 밀어 올리게 되므로 로커암의 좌측이 내려가 흡・배기밸브를 밀어내려 밸브는 열리게 되고, 밸브가 닫히게 되는 것은 밸브 스프링의 힘에 의한다. 이처럼 양밸브 모두 크랭크축(피스톤 위상)과 관련시켜 적당한 시기에 개폐되어야 하는데, 이는 기관의 성능에 중대한 영향을 미치므로 매우 중요한 요인 중의 하나이다. 이처럼 밸브가 열리고 닫히는 시기를 크랭크축과 연관시켜 나타낸 그림을 밸브 개폐시기 선도(valve timing diagram)라 하며, 그 한 예를 그림 1・9에 표시한다.

흡・배기밸브의 열고 닫힘은 각 기관의 종류에 따라서 다르고 고정된 값이 아니므로 확실하게는 언급할 수는 없지만 현재의 모든 밸브가 흡기밸브는 상사점 전에 열려서 하사점 후에 닫히고, 배기밸브는 하사점 전에 열려서 상사점 후에 닫히게 되어 있다.

흡입밸브는 흡입행정이 시작하기 전, 즉 상사점 전 0~40℃A에서 열려 흡입행정을 마친 후 20~60℃A에서 닫힌다. 배기밸브는 팽창행정의 도중 하사점 전 30~80℃A에서 열려 배기행정이 끝난 후 상사점 후 10~35℃A에서 닫힌다. 이와 같이 흡기밸브를 빨리 열고 늦게

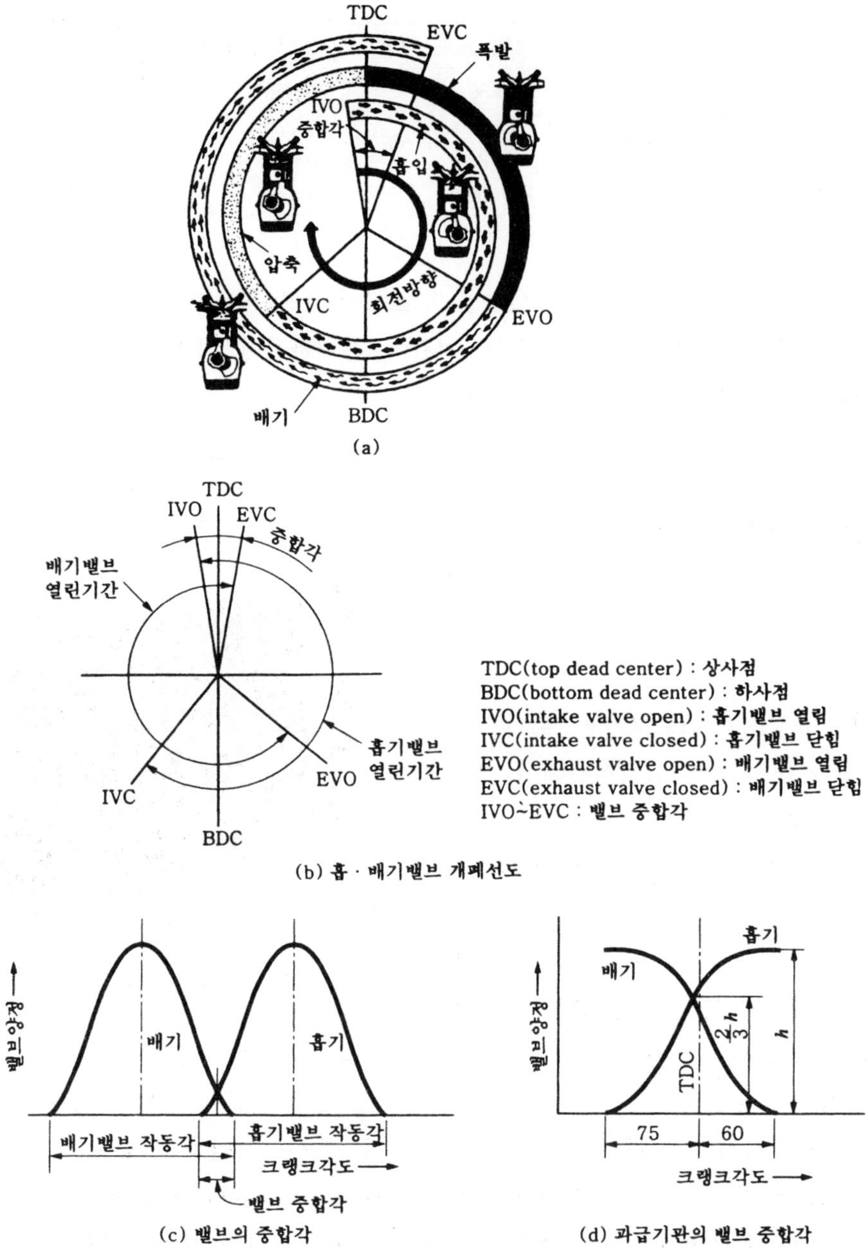

그림 1 · 9 밸브 개폐시기 선도(valve timing diagram)

닫으며, 또 배기밸브를 빨리 열고 늦게 닫는 것은 유동하는 가스의 관성을 이용하여 가급적 많은 새로운 공기를 실린더 내에 흡입하고, 또 될 수 있는 대로 많은 배기를 외부에 추출하여 기관의 출력을 증가시키기 위해서이므로 밸브 개폐시기는 표 1·3에서와 같이 기관의

표 1·3 기관속도에 의한 밸브 개폐시기

		1500 rpm 이상		1500 rpm 이하		과 급	
배기밸브열림(하사점 전 도)		30~60		30~60		45~75	
배기밸브닫힘(상사점 후 도)	오버랩(중합각)	5~40	5~65	5~30	5~60	50~60	105~140
흡기밸브열림(상사점 전 도)		0~25		0~30		55~80	
흡기밸브닫힘(하사점 후 도)		20~60		20~60		35~45	

회전속도 등을 고려하여 정해야 한다. 흡입밸브가 열리기 시작하여 배기밸브가 닫힐 때까지의 사이에서는 양밸브가 동시에 열려 있는 기간이 존재하는데 이것을 밸브 중합(重合; valve overlap)이라 하며, 이때의 각을 밸브 중합각(valve overlap angle)이라 하고, 이것도 기관의 종류, 용도 등에 따라 적당히 정하여야 한다. 이상과 같이 사점 전에 밸브를 열고 닫는 것을 리드(lead)라 하고, 사점 후에 밸브를 열고 닫는 것을 래그(lag)라 한다.

그림 1·10에 4기통기관의 밸브 동작의 실제를 표시하며, 표 1·4에 밸브 구동방식에 의한 특성 비교를, 표 1·5에 밸브 구동방식에 의한 득실을 표시한다.

여기서, 피스톤이 실린더의 최상단, 즉 피스톤과 커넥팅로드 및 크랭크 암이 일직선상에 있으며 피스톤 속도가 0이고 그 길이의 합이 가장 긴 경우를 상사점(top dead center 또는 TDC)이라 하고, 피스톤이 실린더의 최하단, 즉 피스톤과 커넥팅로드 및 크랭크 암이 일직선상에 있으며 피스톤 속도가 0이고 그 길이의 합이 가장 짧은 경우를 하사점(bottom dead center 또는 BDC)이라 한다. 상사점과 하사점 사이, 즉 피스톤이 왕복하는 거리를 행정(stroke)이라 부른다. 피스톤이 상사점에 있을 때의 피스톤의 정상부위와 실린더 천정부위와의 사이의 간격이 연소실이고, 그때의 체적을 간극체적(clearance volume)이라 하며, 피스톤이 1행정으로 밀어낸 체적을 행정체적(stroke volume 또는 swept volume)이라 하여, 행정체적과 간극체적의 합과 간극체적과의 비를 압축비(compression ratio)라 한다. 그림 1·11에 이들의 관계를 나타냈으며, 외관상의 압축비와 실압축비와의 관계를 그림 1·12에 표시한다.

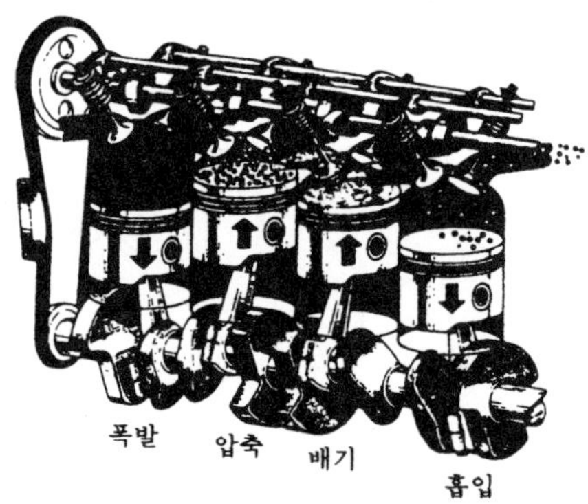

그림 1·10 밸브 동작의 실제

표 1·4 밸브구동 방식에 의한 특성 비교

밸브구동 방식	OHC		
	직접구동식	swing arm식	rocker arm식
고 정 형			
밸브측 등가중량 Mexg(kgf)	0.18	0.14	0.17
동(動)밸브계 고유진동수 fo(Hz)	6400	2600	1200

밸브구동 방식	OHC		
	직접구동식	swing arm식	rocker arm식
유압조정장치 (HLA) 부착		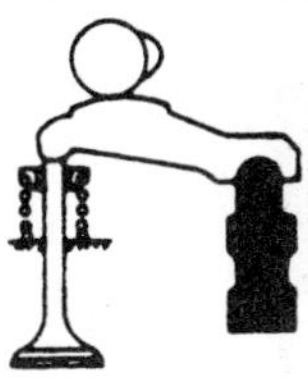	
밸브측 등가중량 Mexg(kgf)	0.21	0.14	0.20
동(動)밸브계 고유진동수 fo(Hz)	1400	2100	880

표 1·5 밸브구동 방식에 의한 득실

밸브기구 / 항목	직접타격 DOHC (고정형)	rocker arm OHC (고정형)	직접타격 DOHC (HLA부착)	rocker arm OHC (HLA부착)
운동질량 증가	○	△	△	△
밸브기기 전 높이	○	○	△	○
밸브 타이밍 정밀도	○	○	○	○
마찰손실	○	△	△	△
정비 주기	○	△	◎	○
소음	○	○	○	○
신뢰성	◎	○	○	○
부품수	◎	○	○	○
비용	◎	○	△	△

◎대단히 우수, ○우수, △불량

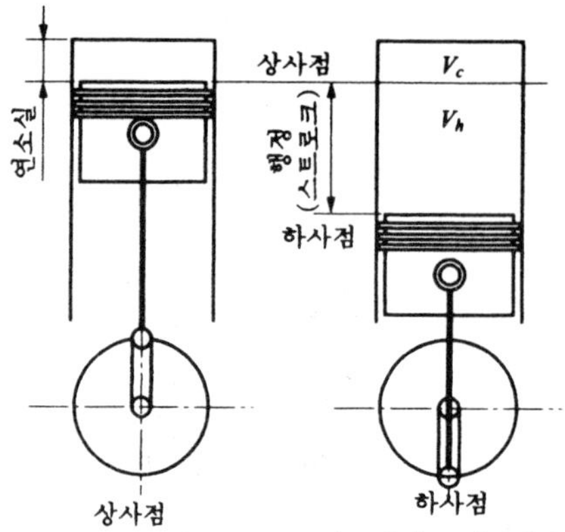

$$압축비(\varepsilon)=\frac{V_c+V_h}{V_c}=\frac{간극체적+행적체적}{간극체적}$$

그림 1·11 압축비의 정의

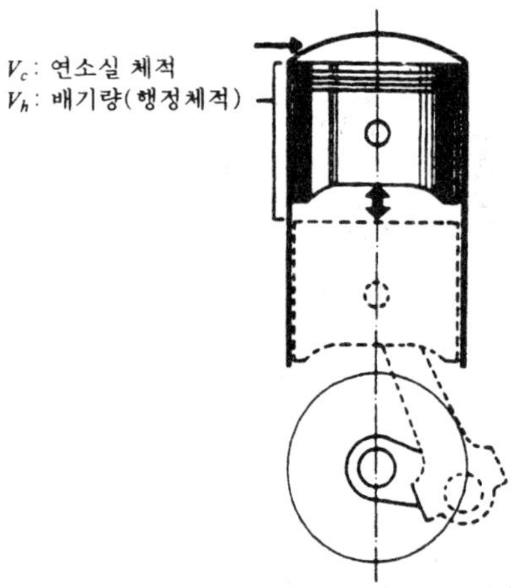

외관상 압축비 $\varepsilon=\frac{V_c+V_h}{V_c}$

실압축비 $\varepsilon'=\varepsilon\times x$

x : 압축 전 실린더 내에 있는 혼합기의 압력(절대압)

예) ① boost pressure −380 mmHg이라면

$$x=\frac{760-380}{760}=0.5$$

따라서 실압축비는 $\varepsilon'=0.5\times\varepsilon$로 되어 외관상 압축비의 1/2이다.

② 과급의 경우 과급압이 1기압이라면

$$x=\frac{760+760}{760}=2$$

따라서 실압축비는 $\varepsilon'=2\times\varepsilon$로 되어 외관상 압축비의 2배로 된다.

그림 1·12 외관상 압축비와 실압축비와의 관계

(1) 4 행정 가솔린기관

가솔린기관은 기화기 등을 통하여 연료와 공기의 혼합기를 흡입한 후 피스톤으로 압축하여 점화플러그에서 공급한 전기점화에너지로 연소시켜 유효한 일을 하게 하는 기관으로 전기점화기관(spark ignition engine), 또는 오토기관(Otto engine)이라고도 부른다. 최근 배기가스 공해방지 대책으로 연소를 개선하는 수단으로 기화기를 사용하지 않고 가솔린을 연료분사펌프로 흡기밸브 근처의 흡기관 내 또는 실린더 내에 분사하는 방식의 가솔린기관, 즉 가솔린분사 전기점화기관이 많이 보급되고 있다.

4 행정 가솔린기관의 동작도를 그림 1·13에 나타내었으며, 실린더 내 압력 P와 크랭크 각도 또는 연소실 체적 V와의 변화를 나타내는 선도를 지압선도(indicator diagram) 또

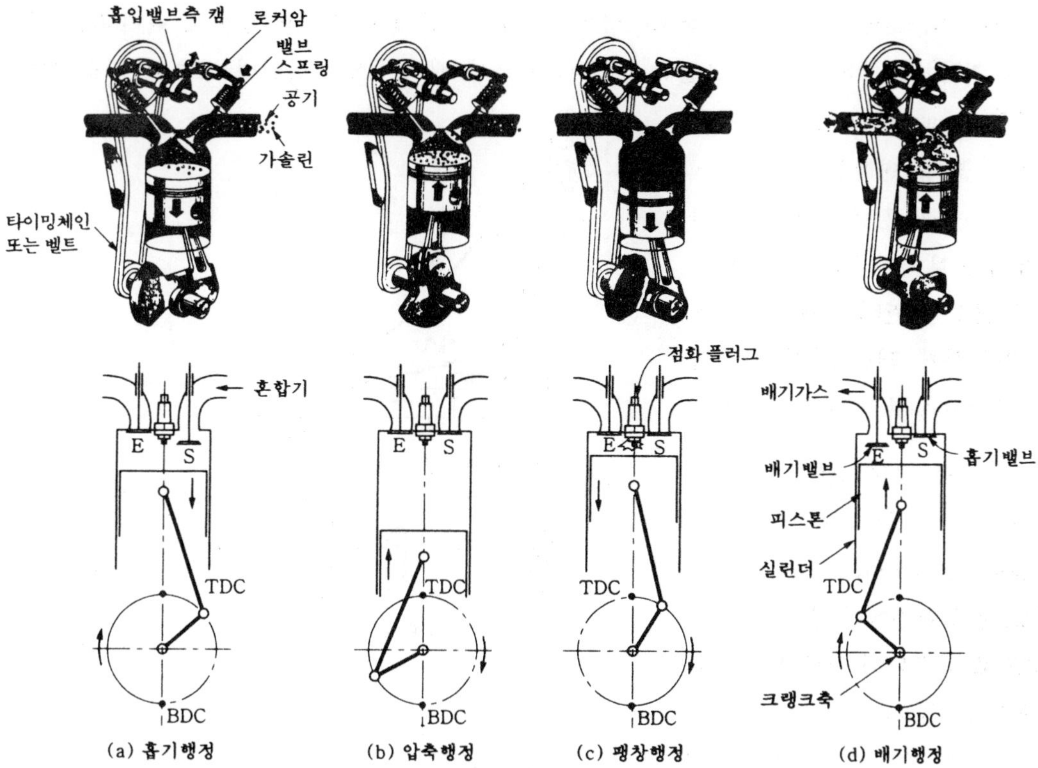

그림 1·13 4 행정 가솔린기관의 동작도

는 $P-V$ 선도라 하며 그 일례를 그림 1·14에 나타내었으며, (a)는 이론적인 $P-V$ 선도를, (b)는 실제 $P-V$ 선도와 밸브 개폐시기 선도를 나타내었다.

그림 1·13 (a)에서 우선 흡기밸브(intake valve) S가 열리고 피스톤이 흡기행정(suction stroke)이 시작되면 기화기 또는 연료분사 장치로부터 연료와 공기의 혼합기가 흡입되어 그림 1·14(a)의 0→1로 표시되는 체적의 변화가 일어난다. 다음에 (b)에서 흡기밸브 S가 닫히고 피스톤이 압축행정(compression stroke)이 시작하면 실린더 내의 혼합기는 피스톤에 의하여 압축되어 압력은 상승하고 그림 1·14(a)의 1→2로 표시하는 체적과 압력의 변화가 일어난다. 이 행정의 끝에 점화플러그에서 불꽃이 발생하면 혼합기는 정적의 상태에서 폭발연소하고 그림 1·14(a)의 2→3으로 표시하는 압력상승이 일어나며, (c)에서 표시한 것처럼 피스톤은 연소가스의 팽창압력을 받아 하강하면서 유효일을 한다. 그래서 이 행정을 팽창행정(expansion stroke) 또는 일행정(working stroke)이라 부르고 P와 V의 변화는 그림 1·14(a)의 3→4로 표시된다.

다음에, (d)에 표시한 바와 같이 배기밸브(exhaust valve) E가 열리면 정적하에서 동작유체, 즉 배기가스(exhaust gas)는 불어내어지고 P는 그림 1·14(a)의 4→1로 나타내는 것과 같이 저하하고, 계속하여 피스톤의 상승에 따라서 배기가스는 실린더 밖으로 배출되고 배기행정(exhaust stroke)을 마친다. 이때 V의 변화는 그림 1·14(a)의 1→0의 경로를 따른다. 이 행정에서는 배기가스는 완전히 배출되지 않고 실린더 내에 어느 정도는 잔류하게 되는데 이 가스를 잔류가스(residual gas)라 부른다.

(2) 4 행정 디젤기관

디젤기관은 압축착화(발화)기관(compression ignition engine)이라 부르고, 흡입행정에서 흡입된 공기는 고도로 압축되어 압축행정 말의 공기온도는 연료의 자발화온도 이상에 달한다. 이 고온, 고압의 공기를 향하여 분사펌프로 연료를 안개상태로 분사하여 자기착화(self ignition)연소시켜 발생한 가스압력에 의하여 유효일을 하는 기관이다. 따라서, 디젤기관은 흡기행정에서 공기만을 흡입하여 압축행정 말기에 연료를 분사시켜 착화시키는 것 이외에는 기관의 작동상황은 가솔린기관과 완전히 동일하다.

그림 1·15(a)는 저속 디젤기관의 P-V 선도이고, 연소는 정압상태에서 수행되어 2→3의 경로를 따라가지만 그 이외는 그림 1·14와 동일하다. 1·15(b)는 고속 디젤기관의 P-V 선도이고, 연료의

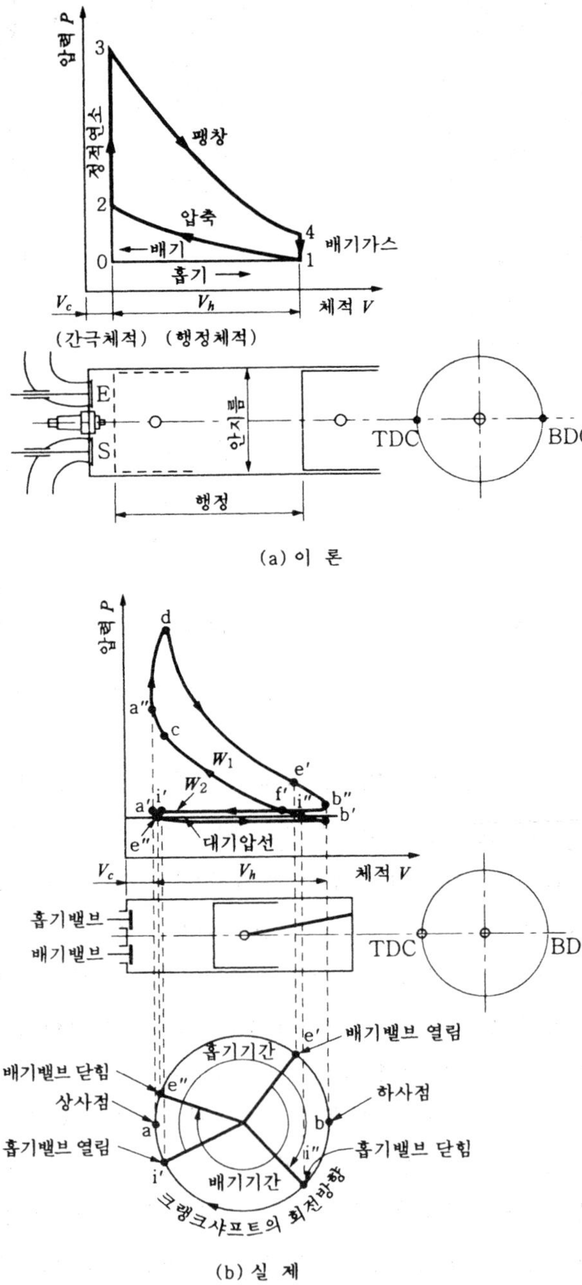

그림 1·14 4 행정 가솔린기관의 P-V 선도

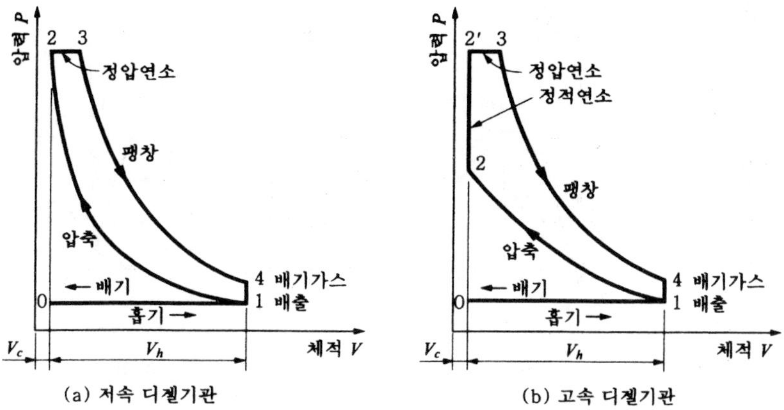

그림 1·15 4 행정 디젤기관의 $P-V$ 선도

연소는 정적과 정압의 상태에서 행해지며 그 경로는 2→2′→3으로 나타낸다.

(3) 2 행정 가솔린기관

2회전, 4행정에서 1회밖에 유효일을 하지 못하는 4 행정기관에 비하여 1회전에 1회의 유효일을 하는 기관을 2 행정기관이라 하며, 2 행정기관의 작동상태를 그림 1·16에 나타내었다.

그림 1·16 (a)는 피스톤의 하강행정이고 ①의 경우 연소실은 점화플러그의 불꽃에 의한 폭발연소와 크랭크실은 가솔린과 공기로 구성되는 혼합기를 크랭크실 내에 압축하는 작용이고, ②는 연소가스의 배출과 흡입한 새로운 혼합기가 크랭크실 내에서 압축작용을 표시하고 있다.

그림 1·16 (b)는 피스톤의 상승행정이고, ③의 경우 연소실에서는 연소가스의 배기와 크랭크실 내에서 압축된 혼합기가 연소실로 들어가는 소기작용이며, ④의 경우는 피스톤으로 소기공(scavenging port)과 배기공(exhaust port)을 막은 후부터 피스톤에 의한 압축작용을 표시하고 있다. ②에서 알 수 있는 바와 같이 배기공이 열리는 시기가 소기공이 열리는 시기보다 빠르기 때문에 소기공으로부터 새로운 혼합기는 실린더 내에 남아 있는 배기가스를 밀어내는 작용을 겸하게 된다. 그러나, 이 때문에 새로운 혼합기에 포함된 연료의 일부는 배기가스와 함께 배출되기 때문에 연료의 손실이 일어난다. 한편 2 행정기관의 실제 압축은 소기공과 배기공이 모두 닫혀 있을 때부터 시작되기 때문에 다음과 같은 유효압축비로 정의된다.

$$\text{유효압축비} = \frac{V_c + V_h'}{V_c}$$

여기서, V_c : 간극체적

V_h' : 소기, 배기구멍이 모두 닫힌 때부터의 행정체적

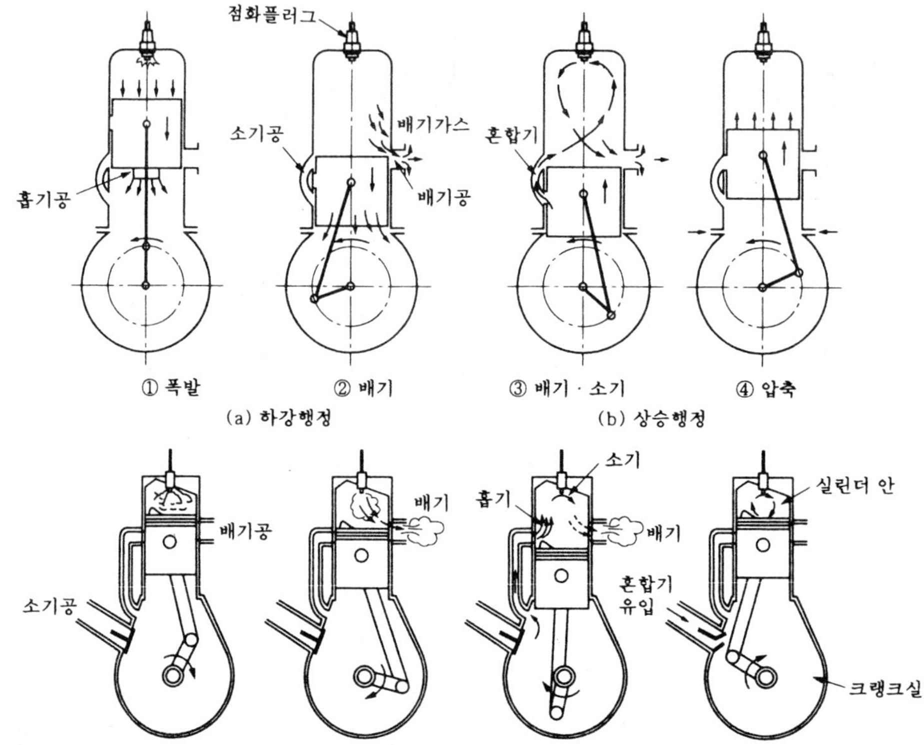

	과 정①	과 정②	과 정③	과 정④
실린더 안	동 력	배 기	배기 · 소기	압 축
크랭크실 안	압 축	압 축	혼합기의 유출	혼합기의 유입

그림 1・16 2 행정 가솔린기관의 동작도

그림 1・17에 2 행정 가솔린기관의 $P-V$ 선도를 표시한다.

(4) 2 행정 디젤기관

소형 기관에서는 가솔린기관과 동일한 소기공과 배기공을 가지고 있지만, 고속, 고성능기관에서는 배기공 대신에 배기밸브를 갖추고 있다. 또, 크랭크실 소기 대신에 독립한 소기펌프(scavenging pump) 또는 소기송풍기(scavenging blower)를 가지고 있다. 기관의 작동요령과 $P-V$ 선도는 앞에서 언급한 2 행정 가솔린기관과 거의 동일하지만, 단지 디젤기관의 경우는 압축행정의 말경에 분사펌프에서 실린더 내에 연료를 분사하기 때문에 소기작용에서 연료가 소비되는 경우는 없다.

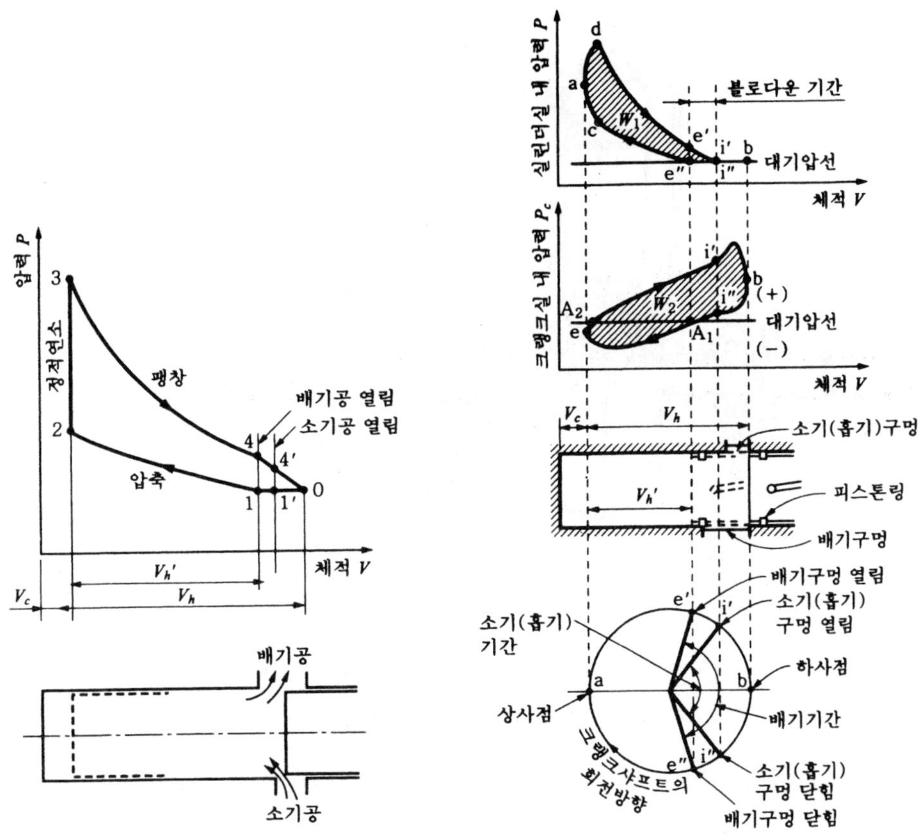

(a) 이 론 (b) 실 제

그림 1・17 2 행정 가솔린기관의 $P-V$ 선도

1.4.2 회전 내연기관

회전 내연기관에는 회전 실린더기관과 회전 피스톤기관이 있다. 전자는 왕복 피스톤을 내장한 실린더를 크랭크실 주위에 성형(星形)으로 배열하여 고정한 크랭크실에 지지되어 실린더와 크랭크축이 크랭크축의 주위를 회전하는 기관이고, 동력은 크랭크실로부터 나온다. 후자는 하우징(housing) 내에 어떤 여러 가지 형상의 로터(rotor)의 각 변과 하우징과의 사이의 연소실 내에 연료를 폭발연소시켜, 그 로터의 내기어와 하우징에 고정한 기어를 맞물려 회전을 하는 기관이고 동력은 로터를 지지하는 편심축으로부터 얻어낸다.

전자의 회전 실린더기관은 1920~30년대에 항공기용으로 실용화된 가솔린기관이고 Gnome 100형 2 행정기관(그림 1・18), 동 110형 4 행정기관, Clerget 130형 4 행정기관, Siemens Halske 4 행정 2중 회전식 기관 등이 있다. 후자의 회전 피스톤기구(rotary piston mechanism)는 예부터 여러 가지 연구가 계속되어 왔지만 어느 것도 실용화는 되지 못하였다.

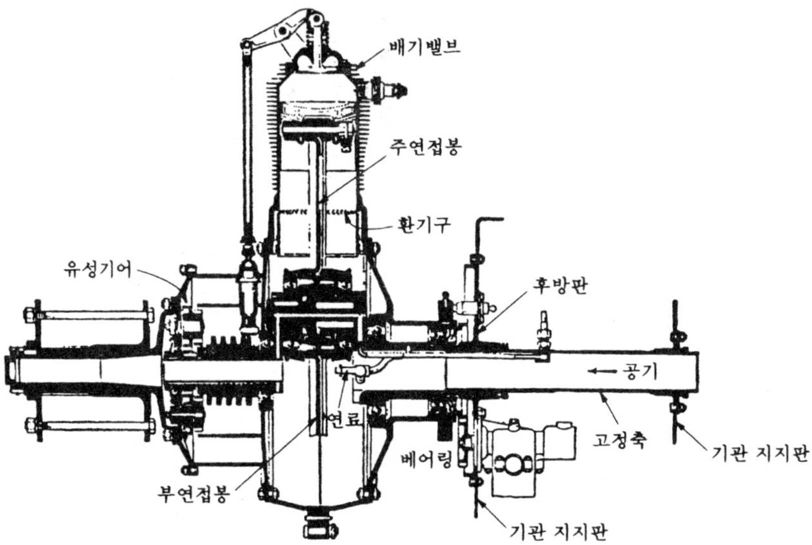

그림 1·18 Gnome 회전 실린더기관(Gnome 100)

단, 독일의 Wankel이 개발한 삼각형 로터를 가진 방켈기관(Wankel engine 또는 rotary engine)만이 현재 실용화되어 있다. 이하 회전기관이란 모두 방켈형 회전기관을 의미한다.

(1) 회전 가솔린기관

전술한 바와 같이 현재 실용화되어 있는 회전기관은 방켈기관뿐이고, 그림 1·19에 작동도를 표시한다. 로터는 출력축의 편심부에 지지되어 있으며, 내부에 기어를 가진 로터는 출력축의 기어와 맞물려 행성(planetary)과 같은 기어운동, 즉 주축 주위를 공전하면서 자전을 하므로 출력축을 구동하여 동력을 전달한다(http://www.monito.com/wankel/rec.html).

그림 1·19에서 AC면에 대하여 생각하여 보자. AC면과 하우징 내면으로 구성되는 체적을 V_{AC}라 표시하고 그림이 ⓐ→ⓑ→ⓒ→ⓓ로 변화하는 동안에 흡기밸브는 열린 상태에서 V_{AC}는 증가하면서 흡기작용이 수행된다. 그림에서 ⓓ는 체적이 최대로 된 상태이고, 왕복 피스톤기관에서는 피스톤이 하사점에 있는 경우에 해당한다. 그 동안 로터는 ⓐ 상태로부터 90도 회전하여 있지만 주축인 내기어축은 그림이 ⓐ에서 ⓓ로 이동함에 따라서 각각 90도씩 그림 ⓓ까지는 270도 회전하고 있는 것을 알 수 있다. 더욱 주축이 90도 회전하면 V_{AC}는 그림 ⓐ의 V_{AB}와 같은 상태가 되기 때문에 다음 단계는 V_{AB}로서 설명한다.

V_{AB}는 ⓐ→ⓑ로 체적이 감소하게 되고 ⓒ에서 최소체적이 된다. 이것이 왕복 피스톤기관의 상사점에 해당되고 정적연소가 수행된다. ⓓ에서 팽창과정이 시작되고 연소가스의 압력은 로터 AB면에 가해지지만 주축이 편심되어 있기 때문에 로터를 회전시키는 방향으로 분력이 발생하여 주축을 통하여 일을 행하게 한다. 회전이 계속되면 V_{AB}는 증가하여 ⓐ로 되

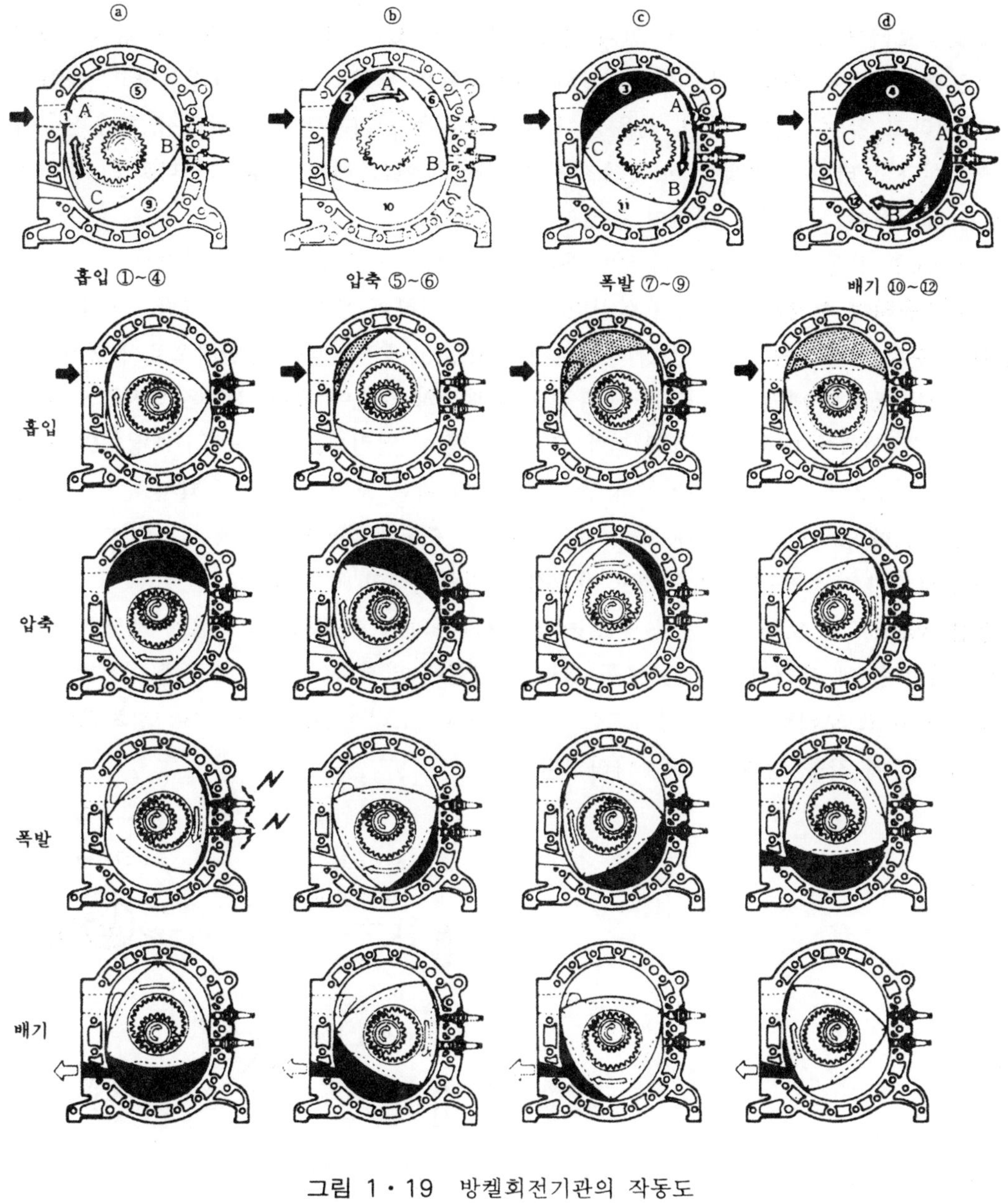

그림 1・19 방켈회전기관의 작동도

돌아오지만, V_{AB}는 V_{CB}로 이동한다. V_{CB}는 그림 ⓑ의 상태까지 증가하여 ⓒ에서 정점(apex) C가 배기공을 통과하면서 배기가 시작된다. 따라서, ⓒ→ⓓ로 배기배출 과정이 진행되어 그림 ⓐ로 돌아와 1 사이클이 완료된다.

이상과 같이 로터가 1회전하여 1 사이클을 완료하는 사이에 주축은 3회전하지만 그 동안 로터의 다른 2면도 다른 사이클의 일부를 동시에 수행하고 있기 때문에 축의 회전에 착안하면 1회전에 1회 폭발하는 것으로 되어 주축의 회전과 일과의 관계는 2 행정기관과 같다.

단, 1개의 로터에서 3개의 피스톤 면과 연소실을 갖고 있기 때문에 이 점만을 생각한다면 3기통 2 행정기관에 상당한다. 즉, 각 실의 가스교환은 왕복기관의 4 행정식이고, 출력은 2 행정식이라고 할 수 있다. 한편, 하우징 내의 연소실은 단 1개뿐이다. 따라서, 하우징측에서 본 연소실과 로터의 측면에서 본 연소실에 따라서 실린더 체적의 정의가 다르고, 배기량을 어떻게 규정해야 되는가에 대하여 논쟁이 되고 있다.

지압선도는 보통 축의 회전각과 압력과의 관계로서 표시하고 있지만, 여기서는 왕복 피스톤식과 대응하여 설명하기 위하여 실린더의 체적에 대하여 생각해 보자. 그림 1·20과 같이 점 1에서부터 시작하는 압축, 연소, 팽창까지의 과정 1→2→3→4는 일반적으로 2 행정기관과 같다. 4→4′→5로서 배기가 되고, 5→0 과정으로 배기의 압출이 된다. 점 0은 하사점으로 그림 1·19의 ① 상태에 대응하고 조금 전에 모든 흡기공이 열린다. 0→5는 흡입행정이며, 다음의 압축행정의 초기 5→1 동안 흡기공이 닫히기까지의 짧은 구간은 압축이 되지 않으며 점 1에서부터 유효한 압축이 시작된다. 또한, 4′51 사이는 흡·배기공의 설계에 의하여 다양한 방법이 고안되었기 때문에 이상적으로는 이 3점이 일치한다고 생각하여도 좋다.

방켈(Wankel)형 로터리기관의 구조는 전술한 바와 같이 왕복 피스톤에 해당하는 것이 3각 로터이며, 이 로터의 정점은 보통 실린더 내면에 밀착되어 있기 때문에 아펙스실(apex seal)이라 하고 로터측면에도 사이드실(side seal)과 코너실(corner seal)이 설치되어 있다. 그림 1·21에 각종 실의 모양을 나타낸다.

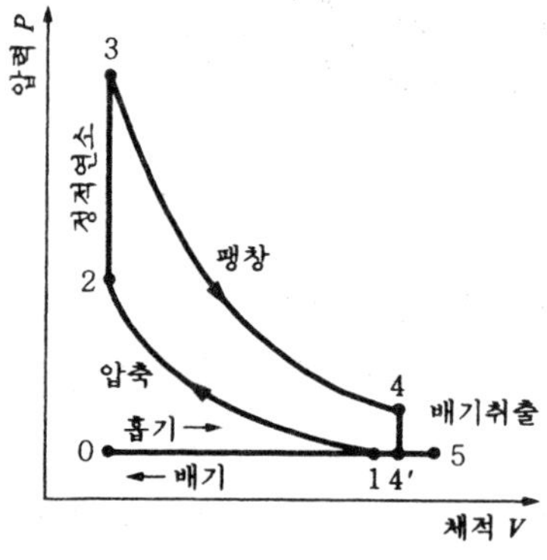

그림 1·20 방켈형 기관의 지압선도

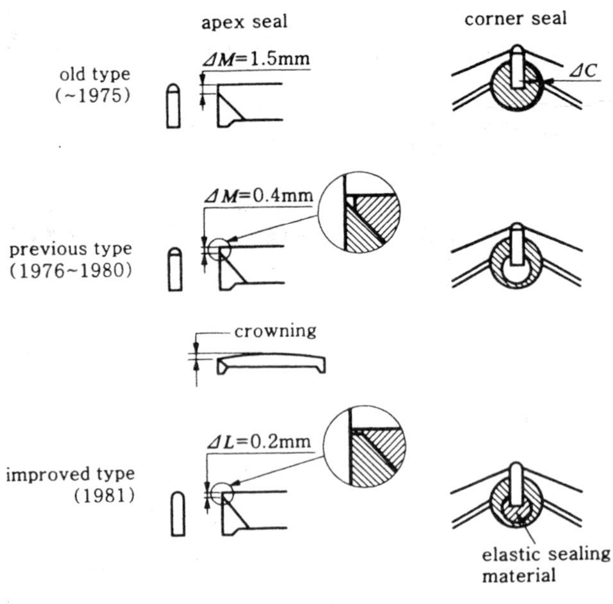

그림 1·21 각종 실(seal)의 모양

실린더에 상당하는 하우징에는 물재킷이 설치되어 있고 하우징의 한쪽 외측에는 흡기공과 배기공이, 다른 한쪽에는 점화플러그가 설치되어 있다. 주축에는 편심바퀴가 있고 이것은 크랭크축에 상당하여 편심축(eccentric shaft)이라 한다. 편심축은 로터의 내면에 넣어져 있어 베어링으로 로터를 지지하고 있다. 한편, 로터 내측의 내기어는 사이드 하우징에 고정된 작은 기어와 서로 맞물려 있다.

로터의 내부는 윤활유로 냉각되어지며, 이를 위하여 윤활유는 편심축 내로 로터 베어링을 위하여 로터 내부로 들어간다. 로터 내의 유량은 보통 일정하게 유지되지 않으면 진동의 원인이 되기 때문에 일정한 양이 항시 존재하도록 하여야 한다.

기타 기화기, 점화장치 등은 왕복식 가솔린기관과 같으나, 로터리기관의 배기는 비교적 CO 및 미연소 연료가 많고 NO_x가 적기 때문에 배기관의 일부에 재연소장치(thermal reactor)를 부착하여 처리하는 방법이 일반적으로 수행되고 있다.

그림 1·22에 2개의 로터를 가진 방켈회전기관의 예와 그 내부구조를 나타내고 있다.

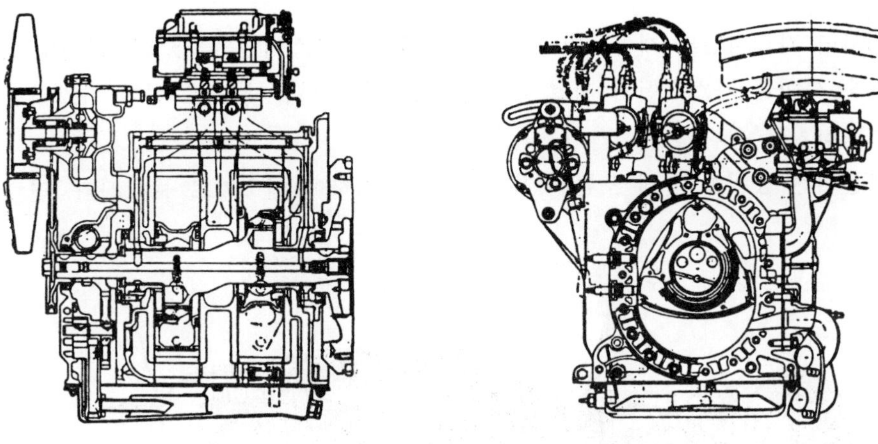

그림 1·22 방켈회전 가솔린기관

(2) 회전 디젤기관

방켈회전기관에서는 구조상 고압축을 얻기 위하여 로터를 2개 연결한 2단식이 생각되고 있다. 즉, 저압로터로부터의 압축공기를 고압로터에 보내서 더욱 압축하여 압축 말경에 연소실 내에 연료를 분사하여 착화 폭발시킨다. 이 방식은 대, 소의 로터를 상·하에 설치한 영국의 Rolls-Royce식과 폭이 다른 로터를 병렬(tandem)로 나열한 방식 등이 연구 개발되었지만, 어느 것도 아직 실용화의 단계에 달하지 못하고 있다. 그림 1·23은 롤스로이스의 회전 디젤기관의 개념도이다.

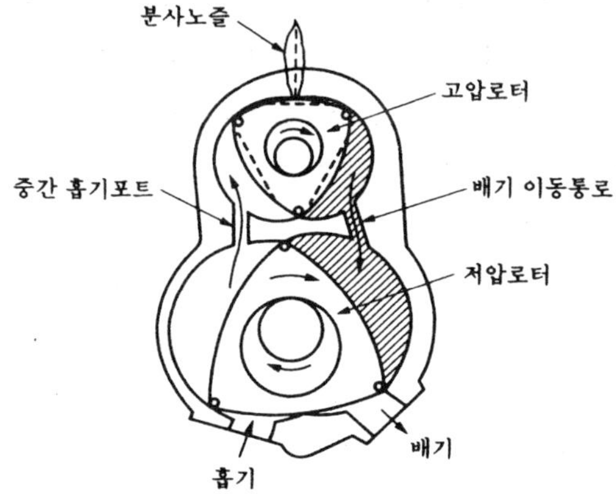

그림 1·23 방켈회전 디젤기관의 개념도(Rolls-Royce R. R.)

1.4.3 속도형 기관의 동작과 구조

(1) 가스터빈의 동작

그림 1·24는 가스터빈의 개략도이고, 그림 1·25는 가스터빈의 가스흐름 설명도, 그림 1·26은 단순 사이클 가스터빈의 지압선도로, 이들 세 그림을 참조로 하여 가스터빈의 기본동작을 설명하기로 한다.

외부에서 들어간 공기는 원심 또는 축류 압축기에 의하여 연소기로 보내진다. 연료는 연

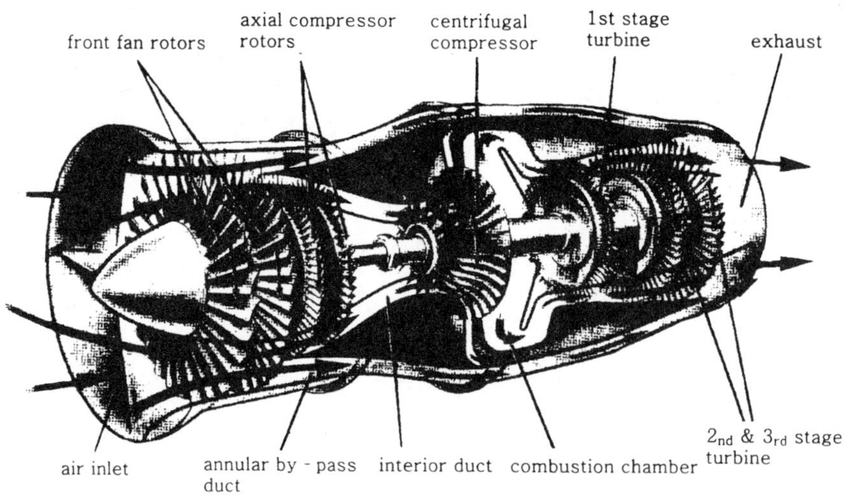

압축기 : fan 2단, 축류 2단, 원심 1단
터빈 : 1단 고압터빈, 2단 저압터빈
최대추력 : 430lbf, 연소기 : annular형

그림 1·24 가스터빈의 개략도(Williams International의 WR-19 터보팬 엔진)

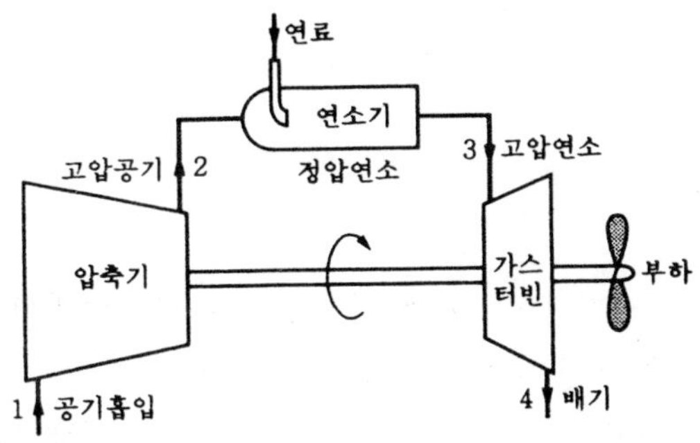

그림 1·25 개방사이클 가스터빈의 가스흐름도

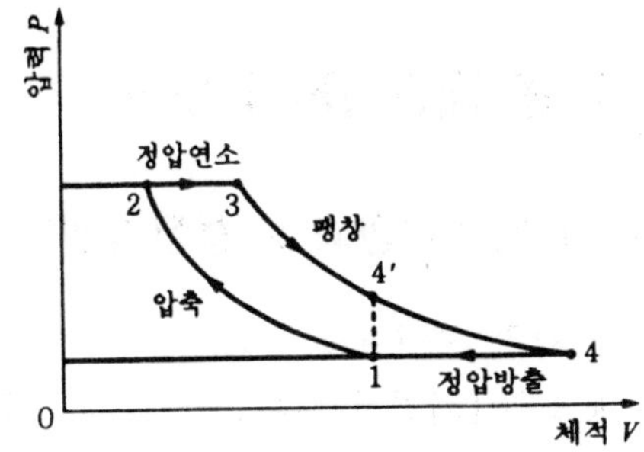

그림 1·26 단순사이클 가스터빈의 지압선도

소기 내의 연료분사노즐에서 압송된 기류 중에 분무상태로 분사시켜 연속적인 연소가 수행된다. 연소실의 가스압력은 가스흐름의 저항 때문에 약간의 압력강하를 제외하고는 대체로 정압상태이다. 연소실을 나온 고온, 고압의 가스는 터빈에 들어가고 팽창하면서 일을 하여 대기압까지 압력강하를 한 후 대기 중으로 방출된다. 터빈에서 얻은 동력 중의 일부는 압축기를 구동하기 위하여 사용되고 나머지가 유효한 힘이 된다.

이와 같이 대기에서 공기를 흡입하여 일을 하고 일을 끝낸 가스를 외부로 배출하는 형식을 개방사이클이라 한다. 이것은 또 브레이튼 사이클(Brayton cycle)이라고도 하며, 사이클적으로는 정압연소를 한다는 점에서 디젤사이클에 가깝다. 디젤사이클에서는 팽창행정이 그림 1·26의 4′점에서 완료되고 정적상태에서 연소가스가 배출되어 압력이 강하하지만 브레이튼 사이클에서는 대기압까지 완전히 팽창할 수 있기 때문에 사이클적으로는 유리하다고 할 수 있지만, 실제는 최고압력, 최고온도가 디젤기관보다는 훨씬 낮아 실제기관의 효율은 디젤기관에 미치지 못한다.

(2) 속도형 기관의 구조

가스터빈을 왕복 피스톤기관과 비교하면 각 기관요소가 각각 독립적으로 존재하고 이것들을 서로 결합함으로써 1개의 기관이 형성되는 점이 특징이다. 이 때문에 각 기관요소의 구조와 배치를 변화시켜 특색 있는 기관을 제작할 수 있다.

압축기는 원심식 또는 축류식이 사용되며, 연소기는 압축기를 통과한 기류를 유도하여 연료를 연속적으로 연소시키는 장치이고 이것에는 연료분사밸브, 분사펌프 및 제어장치가 있다. 연속연소이기 때문에 비교적 완전연소를 할 수 있고 유해한 배기 배출을 적게 할 수 있지만 고속 기류 중에서 연소를 해야 하는 또 다른 난점도 있다. 가스터빈은 원리와 구조가 증기터빈과 유사하지만 1300K을 넘는 고온가스를 직접 받는 가스터빈 쪽이 열적인 설계가 곤란하여 냉각방식의 문제 이외에도 많은 연구가 계속되고 있다.

1.5 각종 내연기관의 비교

1.5.1 4 행정기관과 2 행정기관의 비교

이 두 기관의 차이점은 우선, 일행정이 4 행정은 기관이 2회전하는 동안에 1회 발생하는 반면, 2 행정은 1회전에 1회 발생한다. 다음으로 2 행정은 실린더 안에 충전되는 혼합기 속에 잔류가스가 많고, 또 소기공에서 배기공으로 바로 나가는 혼합기가 많은 반면, 4 행정기관은 흡기 및 배기행정이 독립되어 있어 이것이 적다. 또한, 2 행정의 경우 혼합기와 연소가스의 교환은 유체의 자연적 작용(압력차나 흐름방법)에 의존하는데 4 행정은 이보다 더욱 강하여 관성이나 맥동효과의 영향을 받기 쉽다. 마지막으로 2 행정에는 밸브 개폐기구가 필요 없는 반면 배기공 및 소기공이 있다. 이와 같은 차이점으로 판단할 때 이들의 장·단점을 열거하면 다음과 같으며 이들을 정리하여 표 1·6에 표시한다.

(1) 4 행정기관의 장점

1) 소기작용이 확실하여 체적효율 및 압축압력이 높기 때문에 열효율이 높고 연료소비가 적다.

2) 시동이 용이하고 저속 회전도 원활하며 흡기의 모든 행정에 걸쳐서 연소실이 냉각되므로 실린더의 수명이 길다.

(2) 4 행정기관의 단점

1) 흡·배기밸브와 그의 관련장치 때문에 구조가 복잡하게 되어 충격과 소음이 많아진다.

2) 2회전에 1회의 일을 하므로 토크의 변화가 크고 실린더의 수가 적은 기관에서는 플라이휠(fly wheel)을 크게 할 필요가 있다.

3) 동일 출력에 대하여 기관의 중량 및 체적은 2 행정기관보다 크다.

(3) 2 행정기관의 장점

1) 토크 변화가 작다. 4 행정기관은 2회전에 1회의 일행정이 있는 반면에 2 행정기관은 매 회전에 매번 일행정이 있으므로 토크의 변화가 작아 실린더 수가 적은 기관이라도 진동이 적고 또 플라이휠의 크기도 작아도 된다.

2) 동일 배기량에 대한 출력은 2 행정기관이 크다. 이상적으로는 2배가 되어야 하나 2 행정기관에서는 일로 쓰이는 유효한 실린더 체적이 적고 잔류가스가 많으므로 실제는 1.2~1.5배 정도이다.

3) 실린더 측면의 소기공, 배기공에 의하여 소기작용이 수행되므로 밸브기구가 없으므로

표 1·6 4 행정과 2 행정 가솔린기관의 비교

4 행정과 2 행정이 다른 점	A	B	각 행정의 특징에 따른 장·단점 A : 4 행정의 장점 B : 2 행정의 장점
1. 동력행정은 4 행정은 기관의 2 회전에 1회 있고, 2 행정은 기관의 1회전에 1회 있다.		○	(1) 배기량에 대한 출력(비출력)은 2 행정이 크다. 이상적으로는 2배가 되어야 하나, 2 행정에서는 일로 쓰이는 유효한 실린더 용적이 적고 잔류가스가 많으므로 실제는 1.2~1.5배 정도이다.
		○	(2) 2 행정이 회전력의 변동이 적다. 따라서 실린더 수가 적은 기관이라도 진동이 적다. 또 플라이휠을 가볍게 할 수 있다.
	○		(3) 2 행정이 열부하가 크다(1 행정마다 동력행정이 있기 때문이다).
2. 2 행정은 실린더 안에 충전되는 혼합기 속에 잔류가스가 많고 또 소기 구멍에서 배기 구멍으로 바로 나가는 혼합기가 많다. 4 행정은 흡기 및 배기 행정이 독립되어 있어 이것이 적다.	○		(4) 잔류가스가 많으면 고르지 않은 연소가 되므로 2 행정의 운전성은 특히 저속과 경부하시에 불안정하다. 시동성이 나쁘고 탄화수소(HC)의 배출도 많다.
		○	(5) 배기가스 재순환(EGR)을 증가시켜 2 행정의 질소산화물(NO_x)의 배출은 적다.
	○		(6) 2 행정에서 혼합기가 배기 구멍으로 빠져나가므로 연료소비가 많다. 이것은 탄화수소의 배출이 많은 요인이 된다.
3. 2 행정의 혼합기와 연소가스의 교환은 유체의 자연적 작용(압력차나 흐름방법)에 의존하는 율이 많으나, 4 행정은 이보다 더 강하므로 관성이나 맥동효과의 영향을 받기 쉽다.	○		(7) 2 행정의 경우, 기관의 회전수에 대한 축토크의 변화가 원활하지 않고, 4 행정에 비해 기복의 정도가 크다. 또 고속 또는 저속시에 축토크가 저하되기 쉽다. 이것과 위 (4)항이 합쳐 제대로 성능을 내고 안정된 운전이 가능한 범위는 4행정이 넓다.
4. 2 행정에는 밸브 개폐기구가 필요 없다. 그러나 실린더에 배기 및 소기 구멍이 있다.		○	(8) 2 행정에는 밸브 개폐기구가 없으므로 부품수가 적고 가벼우며 값이 싸다. 또 밸브 개폐기구의 충격음이 없고, 고장의 염려가 없다.
	○		(9) 배기 및 소기 구멍 부근의 온도의 변화와 변동이 크고 열로 인한 변형이 되기 쉽다.
5. 2 행정은 4 행정에 비해 실린더 안의 압력이 높은 시점에서 배기 구멍이 열린다.	○		(10) 2 행정쪽의 배기압력이 높기 때문에 배기소음이 크다.
6. 4 행정에는 윤활유가 순환하여 다시 사용한다. 2 행정은 윤활작용을 한 다음 혼합기에 섞이여 소모되므로 항상 새로운 오일을 공급한다.	○		(11) 2 행정은 오일의 소비가 많고 이로 인해 연기가 나오기 쉽다. 또 점화플러그나 배기 및 흡기 구멍에 카본이 퇴적하기 쉽다.
		○	(12) 2 행정은 항상 새로운 오일을 공급하므로 내구성이 좋다.

부품수가 적고 가벼우며 값이 싸다. 또, 밸브 개폐기구의 충격음이 없고 고장의 염려가 없다.

4) 잔류가스가 많아 질소산화물의 배출이 적다.

(4) 2 행정기관의 단점

1) 소기작용이 충분하지 못하므로 압축공기를 얻기 위하여 소기펌프 등의 보조장치가 필요하다.

2) 고속일수록 소기에 주어지는 시간이 짧아 회전속도를 높일 수 없다.

3) 새로운 공기의 블로바이(blow-by)가 발생하여 연료 및 윤활유의 소모가 많다.

4) 매 행정마다 동력이 발생하므로 열부하가 크다(기관이 과열되기 쉽다).

1.5.2 디젤기관과 가솔린기관의 비교

디젤기관과 가솔린기관의 근본적인 상이점은 점화방식의 차이에 의한 자기착화방식과 강제점화방식의 차이로, 디젤기관은 고압축비와 연료의 미립화를 위한 정교한 분사장치가 필요하고, 가솔린기관은 연료의 무화를 위한 기화기 또는 가솔린 분사장치와 전기점화장치가 필요한 것이 가장 큰 차이점이라 할 수 있다. 즉, 가솔린기관에서는 공기와 가솔린과의 혼합기를 연소실 내에 흡입하여 압축행정 말경에 고압전기불꽃으로 압축된 혼합기에 점화한다. 기관의 회전속도와 출력의 가감은 혼합기의 공급량과 농도를, 기화기의 기능과 교축밸브의 개도를 적당히 조절하여 행한다.

디젤기관은 공기와 연료를 각각 실린더 내에 공급하여 자기착화시키는 것이다. 이 방법은 피스톤에 의해 공기만을 실린더에 흡입하여 그것을 고압으로 압축(공기를 고압으로 압축하면 고온으로 된다)하여 놓고 상사점 전에 연료의 자발화온도 이상이 된 그 고온고압의 공기 중에 연료를 무화시켜 공급하여 연료입자의 자기착화로 연소를 하게 하는 기관이다. 따라서, 연료를 자기착화시키기 위해서는 압축비를 15~22 정도로 하고 압축공기의 온도를 500℃ 정도 이상으로 하지 않으면 안 된다. 또, 연료를 무화시키기 위해서는 고압의 분사펌프와 노즐이 필요하며, 연료도 자기착화하기 쉬운 경유(고세탄가 연료)를 사용한다.

디젤기관도 가솔린기관과 같이 4 행정식과 2 행정식이 있고, 일반적으로 출력을 향상시키기 위하여 4 행정기관이 많이 사용되고 있으나, 최근 2 행정기관의 연구가 활발히 진행되고 있다.

디젤기관과 가솔린기관의 주된 차이점을 정리하여 표 1·7에 표시한다.

이와 같은 두 기관의 장·단점을 검토하여 상호 비교하기로 한다.

(1) 디젤기관의 장점

1) 압축비가 높기 때문에 열효율이 양호하고 연료소비율이 작다.

표 1·7 디젤기관과 가솔린기관의 비교

<table>
<tr><th colspan="2">구 분</th><th>가솔린기관</th><th>디젤기관</th></tr>
<tr><td colspan="2">연소 사이클
연소실 형상</td><td>오토 사이클
간 단</td><td>사바데 사이클
복 잡</td></tr>
<tr><td colspan="2">연료공급 방법
연료</td><td>기화기(저압노즐)
가솔린</td><td>분사펌프, 고압노즐
경 유</td></tr>
<tr><td colspan="2">진동음향</td><td>작다</td><td>비교적 크다</td></tr>
<tr><td colspan="2">열효율(%)
연료소비율(g/kW·h)
연료소비량(%)
연료비(%)</td><td>22~30
150~200
100
100</td><td>30~40
120~160
30~40
50~60</td></tr>
<tr><td colspan="2">압축비
평균공연비
공기와 연료의 혼합
점화방식</td><td>8~10
13~18
압축 전, 균일혼합(기화혼합)
점화플러그에 의한 점화</td><td>15~22
16~160
압축 후, 불균일 혼합(무상 분사)
자기착화</td></tr>
<tr><td rowspan="4">연
소</td><td>형 태</td><td>화염전파에 의한 연소</td><td>예혼합연소(폭발적)+확산연소</td></tr>
<tr><td>압력 상승률</td><td>≒ 1.5 kg/cm²/°CA</td><td>3~7 kg/cm²/°CA</td></tr>
<tr><td>연소기간(최대 출력시)</td><td>≒ 3~5 m/s</td><td>←</td></tr>
<tr><td>최대 폭발압력</td><td>≒ 50 kg/cm²</td><td>60~90 kg/cm²(무과급식)
100~140 kg/cm²(과급식)</td></tr>
<tr><td colspan="2">실(正味) 열효율(최고)</td><td>≒ 30%</td><td>≒ 38%(직접분사식)
≒ 33%(예연소실식)</td></tr>
<tr><td rowspan="2">부하의 제어</td><td>원 리</td><td>혼합기 양의 가감</td><td>연료분사량의 가감</td></tr>
<tr><td>방 식</td><td>기화기 스로틀 밸브의 개도</td><td>연료분사 펌프의 제어</td></tr>
<tr><td colspan="2">회전속도(최고값)</td><td>≒ 9000 rpm</td><td>≒ 5000 rpm</td></tr>
<tr><td colspan="2">실린더 지름
배기량에 대한 출력
출력에 대한 기관무게</td><td>≒ 60~110 mm
≒ 45~100 ps/l
≒ 1.0~3.5 kg/ps</td><td>≒ 70~145 mm
≒ 18~33 ps/l
≒ 3.0~5.0 kg/ps</td></tr>
</table>

2) 압축하여 고온을 얻을 수 있으므로 중유나 경유와 같은 비교적 값싼 연료를 사용할 수 있어 연료의 사용범위가 넓어 운전비가 경제적이고, 대체연료를 사용할 융통성이 있다. 또한, 이와 같은 연료는 인화점이 높기 때문에 화재 등의 위험이 적다.

3) 고장이 잦은 전기점화장치나 기화기가 불필요하여 신뢰성과 내구력이 크다.

4) 넓은 회전범위에 걸쳐서 회전력의 변화가 적고 동시에 조속기의 동작이 확실하여 운전이 용이하다. 즉, 경부하인 경우에도 흡기가 교축되지 않으므로 실린더 내의 압축압력이 저하하지 않고, 연료는 필요에 따라 항상 일정량이 공급되므로 저속에서도 큰 회전력을 발생한다. 따라서, 최대 회전력 및 최고출력을 얻기 위한 기관 회전속도가 가솔린기관보다 낮다.

5) 연소생성물인 배기가스는 가솔린기관보다 유독성이 적다.

6) 특히 대형기관에서는 노킹의 문제가 없으므로 연소실의 제한이 없으며, 대형, 대출력의 기관에 유리하다.

(2) 디젤기관의 단점

1) 압축비가 높기 때문에 시동이 곤란하고, 연소시의 최고압력은 가솔린기관의 2배 정도에 달하며, 그 때문에 작동중 소음과 진동이 크다. 또 고압에 견디기 위해서는 재질과 강도도 고려해야 하므로 기관의 출력당의 중량도 증가한다.

2) 기관의 회전속도 및 부하변화에 따라 연료를 고압분사시키기 위한 정교한 고압분사장치가 필요하며, 정비측면에서도 가솔린기관에 비하여 불리하다.

3) 압축비가 크기 때문에 시동기(starter), 축전지 등은 대용량의 것이 필요하다.

4) 평균유효압력과 회전속도는 약간 낮고, 동일출력의 경우 가솔린기관보다 형상이 크다.

(3) 가솔린기관의 장점

1) 압축비가 작고 전기점화에 의하므로 시동이 용이하며 폭발압력도 낮아 운전이 정숙하며 진동이 적다.

2) 일정출력을 얻기 위한 공기량이 적으므로 실린더 체적은 작게 되어 출력당 중량은 가볍고, 배기가스의 매연과 냄새가 적다.

(4) 가솔린기관의 단점

1) 연료의 사용범위가 적어 경제적으로 불리하다.

2) 노킹이 발생하기 쉽다.

3) 노킹 때문에 압축비를 높일 수 없어 열효율이 낮다.

1.6 내연기관의 발달사

왕복동 내연기관(피스톤형)을 생각한 최초 사람이 누구인지가 정확하지 않아 내연기관의 기원이 명확하지는 않지만 확실한 기록에 의하면 1680년 C. Huygens(화학자)가 화약의 폭발에 의하여 동력을 얻을 수 있다는 안을 발표한 것부터 시작하여, 1688년 D. Papin (의사)이 실험에 성공한 것이 그 기원이라 할 수 있다.

Huygens 안의 개략은 그림 1·27과 같으며, Papin의 화약기관과 유사하다. 화약은 총포의 경우와 달리 그림에서 피스톤의 위치에서 연소되는데 그렇게 되면 고압은 발생하지 않고 화약으로부터 발생한 고온가스는 단지 기통 내의 공기 배출만을 위하여 움직이며, 고온가스에 의한 기통 내의 공기는 배출구를 통하여 배출된다. 그후 방치해 두면 기통 내부에

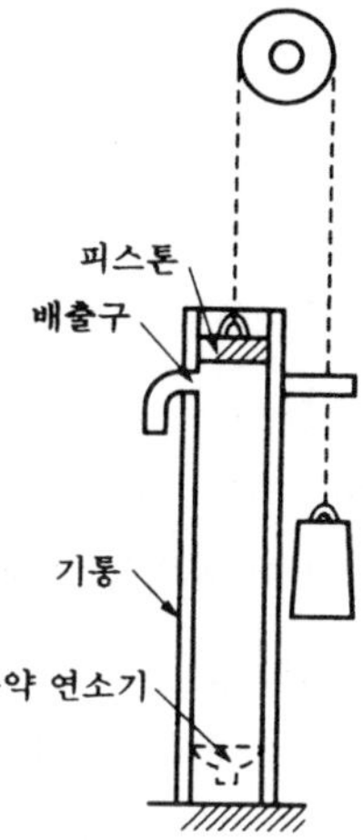

그림 1・27 Huygens가 제안한 화약기관

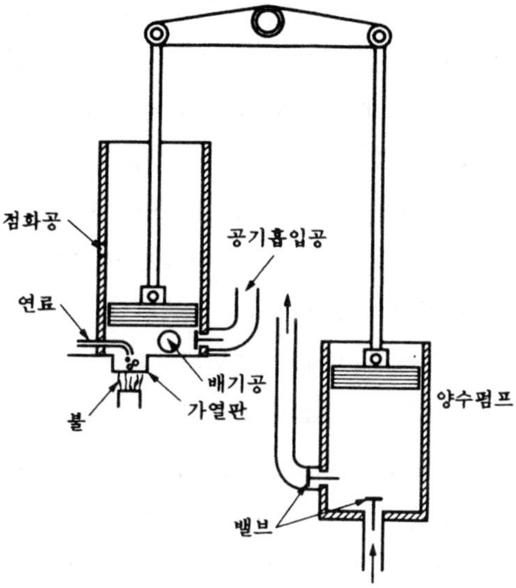

그림 1・28 R. Street의 가스폭발기관

감압이 일어나 피스톤은 대기압에 의해 밑으로 밀려 내려가 그 사이에 동력이 발생한다는 것이다. 이 방식은 화약의 폭발은 없으므로 정숙한 운전이 가능하고 또한 피스톤과 진공을 열기관에 이용하려고 하는 원조로 인정되었다.

화약을 사용하지 않고 오늘날과 같이 연료와 공기의 혼합기를 기통 속에서 연소시켜 동력을 얻으려 한 최초의 시도는 Robert Street(1794년)이고, 그후 Lebon(1799년, 佛), W. Cecil(1820년, 英) 등에 의하여 연구되고 1823년에 이르러 Samuel Brown은 최초로 실용기관을 제작하였다. 그러나 그 당시까지의 기관은 연소에 의하여 생기는 고온가스를 냉각시켰을 때 얻어지는 저압, 즉 폭발에 의한 진공(explosion vaccum)을 이용하여 운전하였다.

R. Street의 기관은 그림 1・28에 표시한 바와 같이 기관의 피스톤을 레버(lever)를 이용하여 펌프의 피스톤을 움직이도록 되어 있다. 기통 밑에 있는 가열판 위에 연료를 공급하여 기화시킨다. 가열판은 외부에서 열을 가해 가열하도록 되어 있으며 피스톤이 상승함에 따라서 공기가 흡입되고 그것에 연료증기가 혼합되어 피스톤이 점화공을 지날 때 가스에 점화되어 피스톤은 그때 폭발압력을 받아 움직이며 펌프 피스톤을 움직이게 되는 원리이지만 성공하지는 못하였다.

연소압력을 직접 이용하여 운전하는 기관을 최초로 고안한 사람은 W. L. Wright(1833년, 英)이었고, 오늘날의 내연기관에 어느 정도 가까운 형을 갖추고 있었다. 그후 William Barnett(1838년, 英)는 점화 전에 혼합기를 압축하는 것이 유리하다는 것을 발견하여 오늘날 일반적으로 행해지고 있는 압축식 기관을 발명하였으며, 불꽃점화장치(電氣點火裝置)도 고안하였다. 1842년 A. Drake(美)와 1855년 A. W. Newton(英)은 열관점화법을 만들었다.

이 시대까지의 기관은 실험적으로만 성공하여 실용성이 인정되는 데 지나지 않았다. 1843년 로빈슨이 제창한 원리를 이용하여 1860년 Lenoir는 최초 실용적인 가스기관을 제작하여 시장에 내놓았다. 이 기관은 무압축의 전기점화식으로서 열효율은 겨우 3~4%에 지나지 않았지만 원활히 운전하여 그 당시 영국, 프랑스에서는 많이 사용되었다.

1865년 Hugon도 같은 모양의 기관을 만들었지만 단지 다른 점은 불꽃점화법(炎點火法)을 사용한 점이다. 이때부터 William Barnett가 제창한 점화 전에 혼합기를 압축하는 것이 연소에 유리하다는 것이 보다 쉽게 확인되어 1861년 G. Schmidt(獨), Millon(佛) 등은 그들의 논문 속에 혼합기를 3기압 정도 압축하여 기통 내로 공급하여 점화 폭발시키는 압축의 효과를 강조하였다.

1862년 M. Alph Beau De Rochas(佛)는 내연기관의 효율 증진에 필요한 4조건을 발표하였고, 이 조건을 만족시키기 위한 작동방법을 제안하였다. 이것은 마치 현행 4 사이클식을 완전히 명시한 것으로 압축행정을 택한 것은 큰 진보였고 내연기관의 발전에 위대한 공헌을 하였다. 여기서 그는 고효율을 얻기 위한 필수조건으로 다음 네 가지를 제안하였다.

① 기통 체적당의 냉각면적을 가능하면 적게 할 것
② 팽창은 가능한 한 빠르게 할 것
③ 팽창은 가능한 한 크게 할 것
④ 팽창이 시작하기 전 기통 내의 압력은 가능하면 높게 할 것

또, 이 조건을 만족시키기 위한 구체적 방법으로 다음의 4항목을 제시하였다.

① 피스톤의 외행행정(흡입행정)을 충분히 사용하여 새로운 공기를 흡입
② 다음의 내행행정(압축행정)을 충분히 사용하여 압축(압축비 4 정도)
③ 상사점 부근에서 점화, 다음의 외행행정(팽창행정)에서 충분히 팽창
④ 다음의 내행행정(배기행정)에서 연소한 연소가스를 배제

1867년 Otto 및 Langen은 이것보다 먼저 Barsanti 및 Matteucci(1857년, 이탈리아)가 발명한 자유 피스톤기관을 개량하여 완전한 기관을 만들었으며, 개량한 점은 연속적으로 사용할 수 있는 것과 점화장치이며, 이전의 점화장치는 전기점화장치였으나 신뢰성이 적어 그는 화염(火焰)방식을 채용한 점이다. 이 기관은 현재 사용되고 있는 내연기관과는 전부 구조가 다르고, 연소압력에 따라서 피스톤은 자유로이 비상하고 낙하시에는 중력에 의하여 랙과 피니언(rack and pinion)기구로서 축을 회전시켰다. 점화에는 화염식이 적용되었으며 열효율은 7~8%에 도달되어 Lenoir 및 Hugon의 기관을 추출하고 그후 10년간 시장을 독점하였다. 그림 1·29는 Otto & Langen의 자유 피스톤기관의 작용 명세도이다.

한편, 1870년대에는 기관의 실용성은 급속한 성장을 하였으며, 그 중에서도 이색적인 것은 미국에서 Brayton이 1872년에 가스를 연료로 하는 기관의 특허를, 1874년에는 액체연료

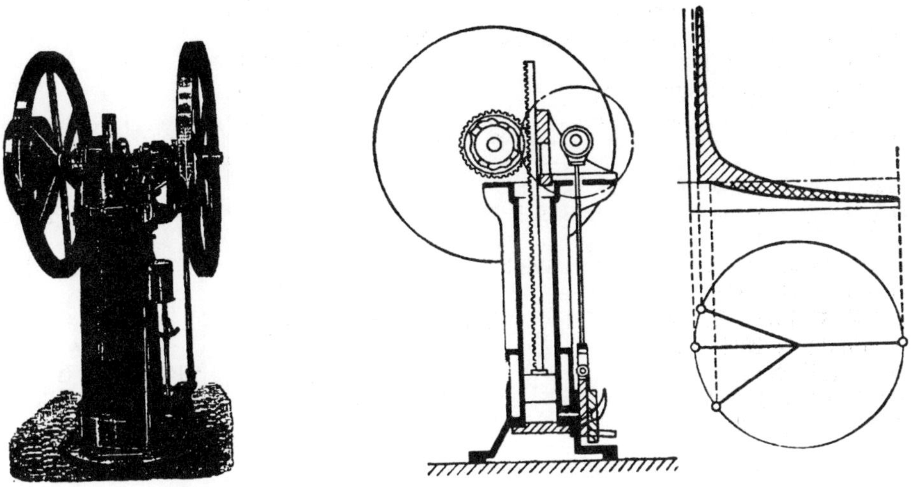

그림 1·29 Otto & Langen의 free-piston 기관의 명세도

를 사용하는 기관의 특허를 얻었다. 기관의 특징은 연료를 공급하면서 연소시켜 정압연소를 하게 한 점이며, 이것은 자유 피스톤기관(free piston engine)보다도 기계적 설계는 고급이고, 출력도 전자의 10배의 5마력 정도를 원했지만 이 기관의 열효율은 겨우 6%에 지나지않아 그것 이상의 발달은 보지 못하였다.

표 1·8에 내연기관의 발달 일람표를 나타내었다.

표 1·8 내연기관의 발달 일람표

연대	내연기관의 발달		그 밖의 역사
1794	가스폭발기관의 고찰(Street, 英). 가스의 폭발에 의해 레버를 개재하여 펌프를 구동하는 형식의 가스기관, 이후 같은 고찰과 실용화가 계속된다.		Watt의 증기기관이 발명 증기기관의 대발전
1860	실용 가스기관의 개발(Lenoir, 佛). 현재의 왕복동기관에 가까운 회전형 기관 $L=0.4\sim2.5$ kW, $\eta=3\sim4\%$의 것이 수백 대 실용화되었다.		
1862	압축방식 및 효과적 사이클의 제안(Beau de Rochas, 佛) 체적식 내연기관 사이클의 기초	가스기관의 개발	
1867	Free-piston 가스기관의 실용(Otto & Langen, 獨) $\eta=7\sim8\%$, 다수 실용		
1872	가스터빈의 시작(Stolze, 獨) 그후 Parsons(1884), De Laval(1893) 등에 의해 연구되었다.		Parsons, De Laval 등의 증기터빈의 개발
1876	4 행정 가스기관의 성공(Otto, 獨) 현재의 왕복동기관의 원형, $\eta=14\%$		
1881	2 행정 가스기관의 개발과 실용화(Clerk, 英) 소기방식의 개발, 0.8~17 kW, $\varepsilon\fallingdotseq3$, $\eta_i=16\%$		

1883 1885 1886 1893	가솔린기관의 개발, 실용화(Daimler, 獨) 소형·경량기관을 개발, 1886년 자동차운행에 성공, 그후 계속하여 새로운 실용기를 개발 석유기관의 개발(Priestman, 英) 소구기관의 개발(A. Stuart, 英) 압축착화기관의 고안과 개발(R. Diesel, 獨). 실용화에 성공	신형식 기관의 개발기. 현용기 관원형 의 완성	
1900 1903 1909 1914	가솔린기관의 실용화(英, 獨, 佛, 美) 자동차용을 주로 하여 각국에서 새로운 기종이 계속하여 개발, 실용되었다. 가솔린기관의 개량과 비행의 성공(Wright, 美) 자동차기관의 다량생산(Ford, 美) 철저한 합리화와 유통작업에 의해 저가격의 자동차를 제작, 1914년 약 25만 대를 판매 항공기관의 실용 제1차 세계대전을 계기로 하여 항공기관이 대형화(300 kW 정도까지), 경량화(1.2 kg/kW), 안정화했다.	실용 · 개발기	1904, 5 러일전쟁 1907 삼극진공관의 발명 제1차 세계대전 1917 러시아혁명
1920 1930 ≀	항공기관의 대출력화, 자동차기관의 대량생산과 대중화, 디젤기관의 대형화와 광범위한 실용화 항공기용으로서 과급이 실용화되고, 최대출력 2200 kW 정도까지 발전 자동차용은 동일기종 100만 대 정도의 생산이 만들어진다. 디젤기관은 대형화하고, 선박용 주기관를 비롯하여 각 방면에 실용화되기에 이르렀다.	약 진 기	1920 라디오방송 성공 1925 텔레비전의 발명 1927 대서양횡단비행성공 (Rindbark). 제2차 세계대전. 원자력의 개발. 초대형선박의 실용화
1936 ≀	제트엔진의 개발(F. Whittle, 英) 제트엔진기의 비행에 성공 제트엔진의 실용화 초음속기의 성공 대형기는 모두 제트화됨	가스 터빈의 발전	
1954	Wankel형 로터리 피스톤기관의 고안과 개발		1957년 인공위성 Sputnik 1호 성공(소련)
1960	자동차기관의 대발전 배기유해물의 문제화	반성기	원자력발전의 실용화

1.7 내연기관의 장래

최근 우리나라도 자동차산업의 급속한 발전으로 자동차에 의한 각종 문제가 야기되어 심각한 사회 문제화되고 있다. 따라서 내연기관의 배기가스와 소음의 공해방지에 대한 엄격한 규제에 대처하기 위하여 각 관계자들이 연구에 연구를 거듭하여 어느 정도의 규제치의 달성이 가능하게 되었다.

내연기관의 배기가스와 소음공해를 방지하기 위해서 현재까지 수행된 각종 기술상의 연구성과는 기관의 성능향상과 연비의 저감 등에도 도움이 되고 있다. 뿐만 아니라 열기관 중에서 내연기관이 가장 우수함이 확고히 되어 인류사회에 공헌하게 될 것이다.

그러나, 현존하는 내연기관은 어느 것이나 100여 년 전에 개발된 오토기관과 디젤기관의 원리를 그대로 계승해 온 것이다. 새로운 방켈 회전기관도 종래의 왕복피스톤을 회전피스톤으로 변환한 기구의 개조일 뿐, 이것도 오토 사이클에 따르는 기관에 지나지 않는다.

수년 전부터 가솔린기관과 디젤기관이 가진 특징을 하나로 조합하여 하이브리드기관(hybrid engine)의 연구가 활발히 진행되고 있는데, 공해대책의 문제에서도 점차 발전되고 있다.

다음에 내연기관의 배기가스를 가스터빈기관에 공급하는 조합 터보콤파운드 기관(turbo-compound engine)도 실용화가 계속되고 있다. 또한, 연소실 주위의 동작유체와 접촉하는 부위에 단열성이 높은 세라믹 재료를 사용한 단열 피스톤기관도 생겨 열효율도 향상시킴과 동시에 연료소비율의 절감을 도모하는 한편 배기가스 공해도 해결되고 소음방지에도 도움을 주는 등 실용화되기 시작하였다.

전반적으로 볼 때 장래의 내연기관은 출력성능의 향상과 배기가스의 공해방지 및 연료의 경제성을 위하여 배기터빈 과급기의 이용과 전자기술의 적극적인 이용이 많아질 것으로 생각된다.

열역학적 여러 문제에서 유동하고 있는 가스를 취급하는 경우에는 일반적으로 내부에너지 e와 압력과 비체적(specific volume)의 적(積) pv가 항시 함께 나타난다. 따라서 이 양자를 합한 것을 하나의 상태량으로 취급하는 것이 편리하며, 이 상태량을 엔탈피(enthalpy) I라 하고, 단위질량당의 엔탈피 i는

$$i = e + pv \tag{2·1}$$

로 표시한다. 내부에너지 및 엔탈피의 단위는 J [joule]이다.

2.1.5 완전가스

완전가스(perfect gas)란 그 가스의 압력, 온도, 비체적 사이에 Boyle과 Charles의 실험에 의해 얻어진 다음의 관계식이 성립되는 기체를 말한다.

$$Pv = RT \tag{2·2}$$

여기서, R은 가스상수라 하며 분자량 M을 [kg/kmol]로 나타내고 일반 가스상수를 R_0 (=8.314 kJ/kmol·K)로 하면, $R = R_0/M$ [kJ/kg·K]이다.

실제가스에서는 온도가 낮아지거나 혹은 압력이 증가되면 식 (2·2)는 점차로 성립하지 않게 되지만 내연기관의 작동가스에 대해서는 충분히 이 식을 적용할 수 있다.

완전가스의 중요한 성질은 내부에너지 및 엔탈피가 온도만의 함수라는 사실이며, 일반적으로 가스의 비열은 온도에 따라 변화하지만 완전가스의 조건으로 비열이 일정하다고 가정하는 경우가 많고, 비열이 일정하지 않는 경우를 특히 반완전가스(semi-perfect gas)라 한다.

2.2 열역학 제1법칙(the first law of thermodynamics)

2.2.1 에너지, 열 및 일

일반적으로 어떤 계가 갖는 에너지라는 것은 그 계가 주위의 계에 대해서 일을 하거나 열을 줄 능력을 나타내는 것으로 생각할 수 있다. 계가 가진 에너지는 거시적인 운동에너지, 위치에너지 및 내부에너지로 이루어진다. 이에 대해서 일 또는 열은 하나의 계의 에너지가 다른 계로 이동하는 과정에서 나타나는 에너지의 형태이다.

전열의 기본형태로는 열전도(heat conduction), 열복사(heat radiation), 열대류(heat convection)가 있다. 열전도는 온도가 다른 두 물체를 직접 접촉한 경우 혹은 물체 중에 온도구배가 존재하는 경우에 고온부에서 저온부로 열이 전해지는 현상이고, 열복사는 한 물체로부터 다른 떨어진 물체에 전자파의 형태로 열이 전해지는 현상이다. 또 열대류란 어떤 물체로

부터 유체에 열이 전해져서 그 유체가 이동해서 다른 위치로 열을 운반하는 현상이다.

다음에 열기관에서 가스의 팽창에 의한 일에 관해서 생각해 보자. 그림 2·1에 나타낸 바와 같이 마찰이 없는 피스톤과 실린더에 일정량의 가스가 들어 있다고 하자. 가스의 압력을 P, 체적을 V라 하면, 면적 A의 피스톤에는 힘 PA가 작용하고, 이 힘에 의해서 피스톤이 외력에 저항해서 준정적(準靜的)으로 dx만큼 이동했다고 하면 가스가 외부에 행한 일은

$$\delta W = PAdx = PdV \tag{2·3}$$

로 되고, 이 일을 외부일이라고 한다. 피스톤이 최초의 위치 1(체적 V_1)로부터 최종의 위치 2(체적 V_2)까지 이동할 때 행해지는 일은

$$W_{12} = \int_{V_1}^{V_2} PdV \tag{2·4}$$

로 된다.

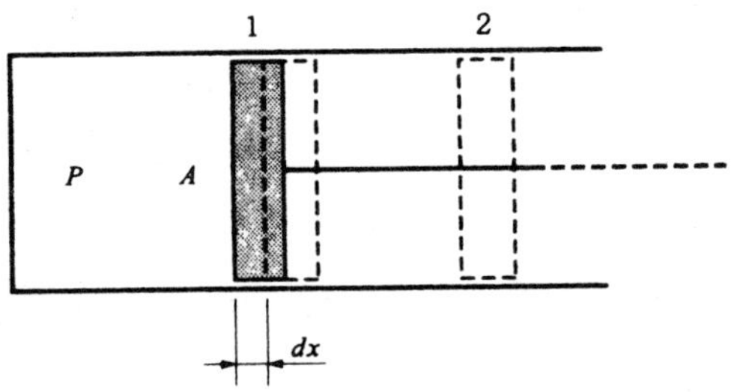

그림 2·1 피스톤 변위와 일

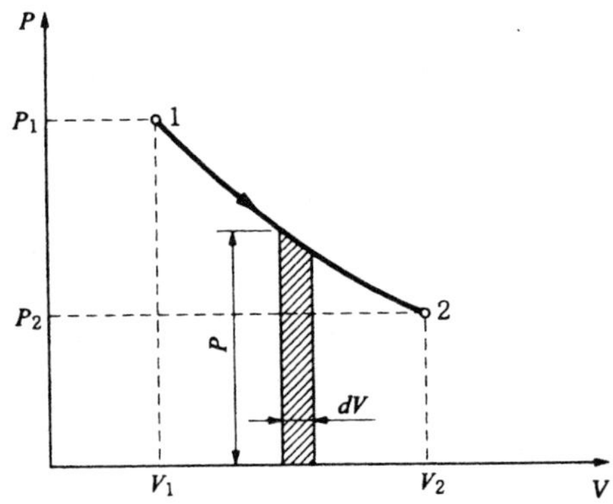

그림 2·2 P-V 선도

이 경우의 압력과 체적의 관계를 그림 2·2와 같이 P-V 선도상에 표시하여 곡선 1→2와 같이 되었다고 하면, 가스의 팽창에 의한 외부일은 곡선의 아래 면적[$1-2-V_2-V_1$]으로 나타내진다. 가스가 상태변화할 때 이루어지는 일 또는 계에 출입하는 열량은 변화의 경로가 정해지지 않으면 그 크기를 구할 수 없다는 점을 주의해야 하며, 일의 크기와 열량의 단위는 [J]이다.

열역학 제1법칙은 에너지 보존의 원리를 일과 열에 적용해서 열과 일의 동질성을 나타낸 것으로, "열과 일은 모두 에너지 형태이며, 열을 일로 변환할 수 있고, 또 그 역(逆)도 가능하다"고 표현하고 있다. 여기서, 에너지 보존원리(law of conservation of energy)란 "하나의 계가 보유하고 있는 에너지의 총합은 그 계와 외부와의 사이에 에너지 교환이 없는 한

일정불변하며, 외부와의 에너지 교환이 있는 경우에는 주고받은 에너지만큼 감소 또는 증가한다"는 것이다. 따라서 일이 에너지의 한 형태인 이상 에너지 보존의 원리에 의해서 에너지의 소비 없이는 일을 하는 것은 불가능하다. 에너지의 소비 없이 동력을 발생하는 기관을 제1종 영구기관이라고 하며, 열역학 제1법칙은 이 기관의 불가능성을 표현한 것이다.

2.2.2 비유동과정

비유동과정(non-flow process)이란 밀폐계(경계를 통해서 물질의 유입 및 유출이 없는 계)에서 유체의 상태변화 및 에너지변환의 과정을 의미하고, 후술하는 유동과정은 개방계(경계를 통해서 물질의 유입, 유출이 있는 계)에서 유체의 상태변화 및 에너지 변환의 과정을 의미한다.

지금 밀폐계를 생각하여 계 내의 유체의 질량을 m, 가열량을 Q, 외부일을 W로 하여 에너지 보존의 원리를 적용하면

$$E_2 + mgh_2 + \frac{mu_2^2}{2} = E_1 + mgh_1 + \frac{mu_1^2}{2} + Q_{12} - W_{12} \tag{2·5}$$

로 된다. 이 식에서 u는 속도, h는 계의 높이, g는 중력가속도로, 양변 모두 제1항은 내부에너지, 제2항은 위치에너지, 제3항은 운동에너지를 나타내고, 첨자 1, 2는 각각 과정의 최초 및 최종의 상태를 의미한다.

유체가 정지하고 있고 그 계의 높이가 변하지 않는다고 하면 식 (2·5)는 다음 식과 같이 된다.

$$Q_{12} = E_2 - E_1 + W_{12} \tag{2·6}$$

또는

$$\delta Q = dE + dW = dE + PdV \tag{2·6'}$$

단위질량의 유체에 대해서는

$$\delta q = de + Pdv \tag{2·7}$$

로 된다.

이 식들은 열역학 제1법칙을 수식화한 것으로, 밀폐계에 열이 가해질 때 그 에너지는 내부에너지로 계 내에 저장되는 것과 외부에 일로서 방출되는 것으로 변환됨을 알 수 있다.

2.2.3 유동과정과 공업일

그림 2·3에서와 같이 유량 $\dot{m}$, 가열비율 $\dot{Q}_{12}$, 외부에 하는 일률 $\dot{W}_{t12}$의 정상유동과정(steady-flow process)을 생각해 보자.

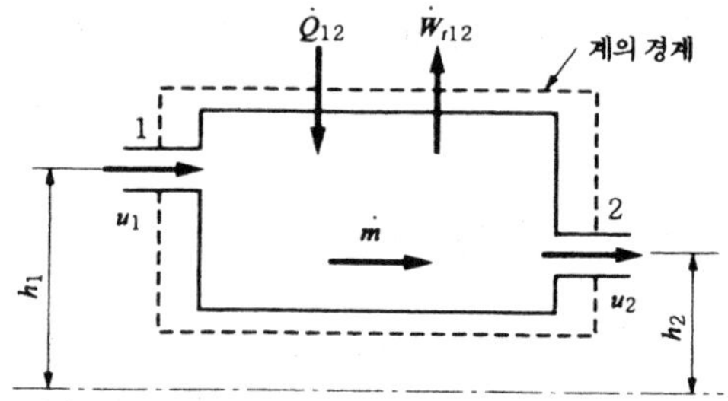

그림 2·3 정상유동계

계에 유입하는 에너지는 유체에 저장되어 있는 역학적 에너지와 내부에너지, 유입하는 유체가 계에 대해서 하는 유동일 및 외부로부터 계에 주어지는 열량의 합이다. 한편, 계로부터 유출하는 에너지는 유출하는 유체에 저장되어 있는 역학적 에너지와 내부에너지, 계가 유출하는 유체에 대해서 하는 유동일 및 계가 외부에 하는 일의 합이다.

정상조건에서 계에 포함되어 있는 에너지는 변함없으므로 이 양자는 같아야 된다.

즉,

$$\dot{m}\left[\left(\frac{u_1^{\ 2}}{2}+gh_1\right)+e_1+P_1v_1\right]+\dot{Q}_{12}$$
$$=\dot{m}\left[\left(\frac{u_2^2}{2}+gh_2\right)+e_2+P_2v_2\right]+\dot{W}_{12} \qquad (2\cdot 8)$$

유체가 가지고 있는 역학적 에너지가 비교적 작아서 이를 무시할 수 있는 경우에는 식 (2·8)을 질량 m의 유체에 대한 것으로 바꾸어 쓰면

$$Q_{12}=m[(e_2+P_2v_2)-(e_1+P_1v_1)]+W_{t12}$$
$$=I_2-I_1+W_{t12} \qquad (2\cdot 9)$$

W_{t12}는 유동과정에서 질량 m의 유체가 외부에 대해서 하는 일을 나타내고 있으나, 이를 식 (2·4)에 나타낸 외부일〔절대일(absolute work)이라고도 한다〕과 구별해서 공업일(technical work)이라 한다. 식 (2·9)에서

$$Q_{12}=E_2+P_2V_2-E_1-P_1V_1+W_{t12}$$
$$Q_{12}+E_1-E_2=P_2V_2-P_1V_1+W_{t12}$$

이므로 좌변이 식 (2·6)과 같으므로 다음 식이 성립한다.

$$W_{t12}=W_{12}+P_1V_1-P_2V_2 \qquad (2\cdot 10)$$

즉, 공업일 W_{t12}는 그림 2·2의 $P-V$ 선도상에서 곡선 1→2의 좌측면적[1-2-P_2-P_1]으로 된다.

$$W_{t12} = -\int_1^2 VdP = \int_2^1 VdP \qquad (2 \cdot 11)$$

2.2.4 정적비열과 정압비열

단위질량의 물체의 온도를 1K만큼 상승시키는 데 필요한 열량을 비열(specific heat)이라고 하고, [kJ/kg · K]의 단위로 나타낸다.

가스를 일정체적 상태에서 가열할 경우의 비열이 정적비열(specific heat at constant volume)이고, 이것을 c_v로 나타내면 $\delta q = c_v\,dT$이므로, 식 (2 · 7)에서 정적상태이므로 $dv=0$로 $\delta q = de$이므로 다음 식이 성립한다.

$$de = c_v\,dT \qquad (2 \cdot 12)$$

즉, 정적비열은 가스온도를 1 K만큼 상승시키는 데 필요한 내부에너지를 의미한다.

가스를 일정 압력상태에서 가열한 경우는 정압비열(specific heat at constant pressure)이고, 이를 c_p로 나타내면 $dq = c_p\,dT$이므로 식 (2 · 7) 및 엔탈피의 정의로부터

$$di = c_p\,dT \qquad (2 \cdot 13)$$

즉, 정압비열은 가스의 온도를 1 K 상승시키는 데 필요한 엔탈피를 의미한다. 그림 2 · 4는 이들의 관계를 $P-v$ 선도에 나타낸 것으로, 정압가열에서는 가스가 $P\Delta v$만큼의 외부일을 하므로 식 (2 · 12)와 식 (2 · 13) 및 식 (2 · 1)의 엔탈피의 정의로부터 c_p와 c_v와의 사이에는 다음과 같은 관계가 성립한다.

$$c_p \Delta T = c_v \Delta T + P\Delta v$$

가스가 완전가스인 경우에는 이 식은 다음과 같이 된다. 즉, 제1법칙의 식 $dq = de + pdv$, $dq = di - vdp$이므로 이상기체에 대해서는

$$c_v = \left(\frac{\partial q}{\partial T}\right)_v = \frac{de}{dT}, \quad c_p = \left(\frac{\partial q}{\partial T}\right)_p = \frac{di}{dT}$$

이다. 여기서, 식 (2 · 12)와 식 (2 · 13)으로부터

$$dq = c_v\,dT + Pdv, \quad dq = c_p\,dT - vdP$$

즉, 이 두 식으로부터

$$c_p = c_v + P\left(\frac{\partial v}{\partial T}\right)_{pv}$$

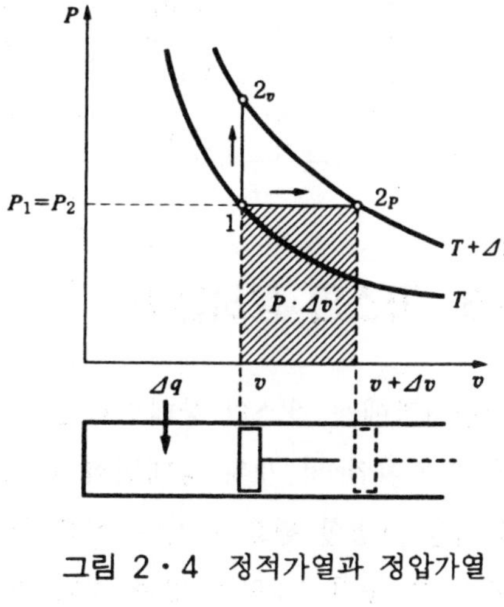

그림 2 · 4 정적가열과 정압가열

여기서, 이상기체의 상태식을 대입하면

$$\left(\frac{\partial v}{\partial T}\right)_p = \frac{R}{P}$$

따라서

$$c_p - c_v = R = 8314.3/M\,[\mathrm{J/kg \cdot K}]$$

즉, 정압비열 c_p는 정적비열 c_v보다도 온도 1 K 상승시킬 때 나타나는 팽창할 때의 외부일만큼 크다.

c_p와 c_v와의 비를 비열비라 하고 k로 나타낸다

$$k = c_p/c_v, \qquad c_p = R\frac{k}{k-1}, \qquad c_v = R\frac{1}{k-1} \tag{2·15}$$

표 2·1은 주요한 가스의 분자량, 비열 및 비열비의 값을 나타낸 것이다. 실제가스의 비열은 온도의 상승에 따라 증가하지만 압력의 영향은 적다.

기체의 분자운동론에 의해 유도되는 가스의 비열비의 크기는 1원자분자에 대해서 1.67, 2원자분자에서는 1.40, 3원자분자에서는 1.33으로 이들은 대략 실제가스의 값에 가깝다.

표 2·1 주요한 가스의 비열 및 비열비(101.3 kPa, 0℃)

가스	분자량 M	가스상수 R [J/kg·K]	정압비열 c_p [kJ/kg·K]	정적비열 c_v [kJ/kg·K]	비열비 k
H_2	2.016	4124.2	14.248	10.119	1.409
N_2	28.016	296.7	1.039	0.743	1.400
O_2	32.000	259.8	0.914	0.654	1.399
CO_2	44.01	188.9	0.819	0.630	1.301
CO	28.01	296.8	1.041	0.743	1.400
공기	28.964	287.0	1.005	0.716	1.402

2.3 가스의 상태변화

내연기관에서 가스의 상태변화는 실제로는 매우 복잡하다. 그러나 이론적 고찰에서는 이것을 기본적인 몇 개의 상태변화의 조합으로 바꾸어 검토할 수 있다. 또한, 상태식과 상태변화식을 구별할 필요가 있다. 상태식에는 P, V, T의 3개의 상태량이 있는 반면, 상태변화식에는 그 중의 2개만이 있는 것과 같다. 그 이유는 상태변화식은 상태식의 특별한 조건을 부가한 것이므로 변수 1개가 소실되기 때문이다.

2.3.1 **정적변화**(constant volume change)

이 변화는 그림 2·5에 나타낸 바와 같이 체적 v가 일정하므로 그 $P-v$ 선도는 세로축에 평행한 직선으로 되고 1 kg의 완전가스가 상태 1(압력 P_1, 비체적 v_1, 온도 T_1)로부터 상태 2(P_2, $v_2=v_1$, T_2)까지 일정체적에서 가열시킨 경우 식 (2·2)로부터 정적변화의 식은 다음과 같다.

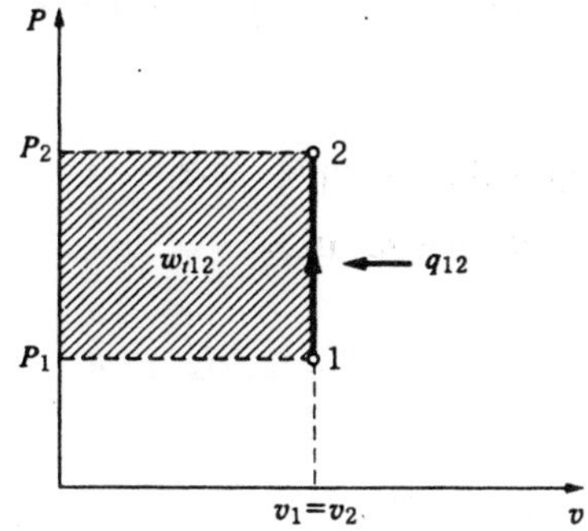

그림 2·5 정적변화

$$P_2/P_1 = T_2/T_1 = \text{일정} \tag{2·16}$$

즉, 정적변화의 경우는 온도가 압력에 비례하며, 이것이 정적기체온도계의 원리이다. 또, 체적이 일정하므로 $dv=0$으로 되어 외부일은 행해지지 않으므로 $w_{12}=0$이다.

가해진 열량은 전부 내부에너지의 증가로 되며, 정적비열 c_v를 일정하게 하면

$$q_{12} = e_2 - e_1 = \int_{T_1}^{T_2} c_v\, dT = c_v(T_2 - T_1) \tag{2·17}$$

즉, 정적변화에서는 외부로부터 가해진 열량의 전부가 기체의 내부에너지 증가로 되어 온도를 높이는 데 소모된다. 또, 이 가열량에 대응하는 공업일은

$$w_{t12} = (P_2 - P_1)\,v_1 \tag{2·18}$$

이다.

2.3.2 **정압변화**(constant pressure change)

이 변화에서는 압력이 일정하므로 $P-v$ 선도에서 곡선은 가로축에 평행한 직선으로 된다. 그림 2·6에 나타낸 바와 같이 1→2의 정압변화에서는

$$v_2/v_1 = T_2/T_1 = \text{일정} \tag{2·19}$$

즉, 정압변화에서는 온도가 체적에 비례한다. 이것이 정압 기체온도계의 원리이다.

이 사이의 외부일은, 즉 기체가 정압팽창할 때 행해지는 절대일은

$$w_{12} = \text{면적}[1-2-v_2-v_1] = P_1(v_2 - v_1) = R(T_2 - T_1) \tag{2·20}$$

이고, 공업일은 $w_{t12}=0$이다.

또, 이 사이에 외부로부터 기체에 가해지는 열량은 $dq=di$로 되어 정압비열 c_p가 일정하다고 하면 가해진 열량은

$$q_{12}=i_2-i_1=\int_{T_1}^{T_2} c_p dT=c_p(T_2-T_1) \qquad (2 \cdot 21)$$

팽창하는 사이에 외부에 한 일과 외부에서 가해진 열량의 비는

$$\frac{w_{12}}{q_{12}}=\frac{R}{c_p}=\frac{k-1}{k}$$

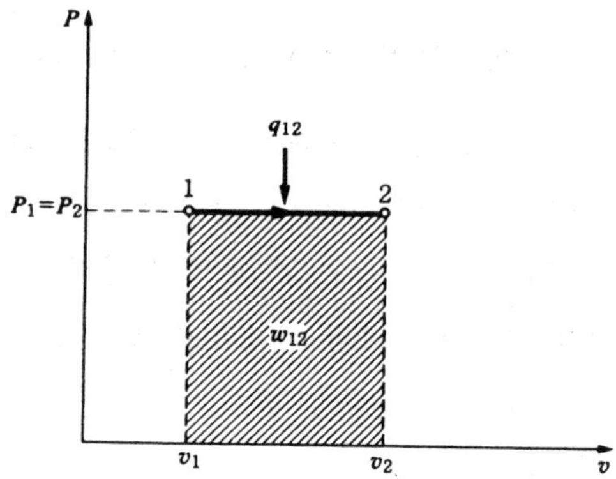

그림 2·6 정압변화

로 된다. 2원자 기체의 경우는 $k=1.40$이므로 $w_{12}=0.286\,q_{12}$로 된다. 즉, 2원자 기체의 경우에는 가해진 열량의 28.6%가 외부일에 소비되고, 나머지 71.4%가 기체의 내부에너지로 되어 온도를 높이기 위하여 소비된다. 또, 등압압축의 경우에는 열을 기체로부터 흡수하지 않으면 안 된다.

2.3.3 등온변화(isothermal change)

등온변화에서는 기체의 온도 T를 일정하게 유지하므로($T=$일정) 그림 2·7에 나타낸 바와 같이 1→2의 등온변화에서는 $Pv=$일정이므로 이 변화는 직각 쌍곡선의 일부분으로 표시되어

$$P_1v_1=P_2v_2=\text{일정} \qquad (2.\cdot 22)$$

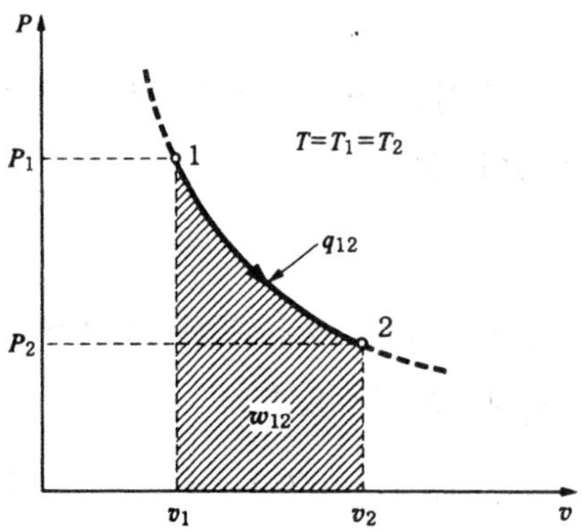

그림 2·7 등온변화

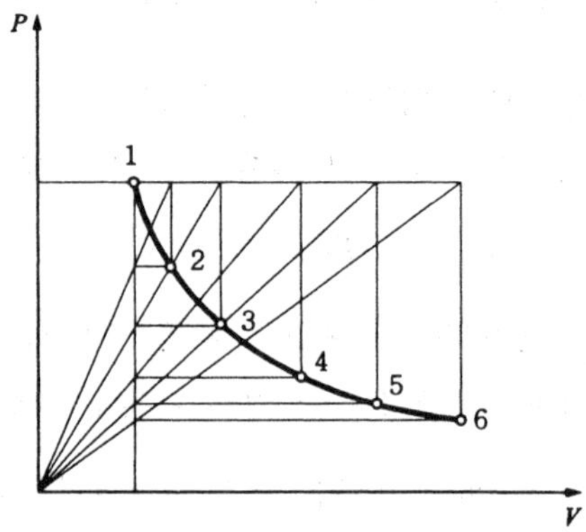

그림 2·8 등온선의 작도법

로 된다. 또, 최초의 상태 1이 주어지면 그림 2·8의 방법에 의하여 도식적으로 등온선을 그릴 수 있다.

등온변화이므로 내부에너지는 일정하여 가해진 열량은 전부 외부일로 전환된다. 즉 $P = P_1 v_1 / v$이므로

$$q_{12} = w_{12} = \text{면적}[1-2-v_2-v_1] = \int_1^2 P dv = P_1 v_1 \int_1^2 \frac{dv}{v}$$
$$= P_1 v_1 \ln(v_2/v_1) \qquad (2 \cdot 23)$$

여기서, $\frac{v_2}{v_1}$을 팽창비(expansion ratio)라 한다. 또, $v_2/v_1 = P_1/P_2$ 및 $P_1 v_1 = RT_1$이므로

$$w_{12} = P_1 v_1 \ln\left(\frac{P_1}{P_2}\right) = RT_1 \ln\left(\frac{P_1}{P_2}\right)$$

이다. 이 식으로부터 계산된 절대일은 초기온도 T_1이 높을수록 크고 처음과 끝의 압력비 P_1/P_2에 관계하며 압력차에는 무관함을 알 수 있다.

또한, 등온압축 또는 등온팽창 때에는 $P_1 v_1 = P_2 v_2$이므로 공업일은 외부일과 같다.

$$w_{t12} = w_{12}$$

다음에 등온변화의 경우 외부로부터 가해지는 열량 Q_{12}를 구해보자. 이상기체의 내부에너지는 온도만의 함수이므로 등온변화에서는 내부에너지는 불변이므로 앞에서 언급한 바와 같이 $Q_{12} = W_{12}$로 된다. $Q_{12} = W_{12} = RT_1 \ln(P_1/P_2)$로, 등온팽창의 경우에는 기체에 가해진 열량을 소비하여 그것과 같은 외부일을 하게 된다.

또, 등온압축의 경우에는 dv가 부(負)이므로 W_{12}도 부(負)로 되고, 외부로부터 일을 가하지 않으면 안 된다. P_1과 P_2를 압축 초와 말의 압력이라면 압축에 필요한 일은 $W_{12} = -RT_1 \ln(P_2/P_1)$로 된다.

압축일을 작게 하기 위해서는 초기 온도 T_1을 작게 하면 된다. 즉, 압축 초에 기체를 냉각하면 된다. 또 일은 $\ln(P_2/P_1)$에 비례하므로, 1기압에서 10기압까지 압축하기 위해서 하는 일과 1기압에서 1000기압으로 압축하기 위한 일의 비는 1 : 3임을 알 수 있다.

2.3.4 단열변화(adiabatic change)

이 변화는 가스와 주위의 계와의 사이에 열교환이 없을 때 가역단열변화이고, 공업열역학에서 매우 중요한 변화이며, 보통은 약해서 단열변화라고도 한다. 우선 단열변화의 방정식을 구하기 위해서는 단열변화의 경우에는 열교환이 없으므로 $\delta q = 0$이므로 식 (2·7),

(2・12)로부터

$$c_v dT + P dv = 0$$

이 식을 적분하기 위하여 $Pv = RT$를 이용하여 이 중 3개의 변수를 2개로 한다. 즉 $dT = \frac{P}{R} dv + \frac{v}{R} dP$을 윗식에 대입하여 정리하면 다음과 같다.

$$(c_v + R) P dv + c_v v dP = 0$$

$c_v = R/(k-1)$을 윗식에 대입하여 정리하면 다음 식과 같다.

$$c_p \frac{dv}{v} + c_v \frac{dP}{P} = 0 \quad \text{또는} \quad dP/P + k dv/v = 0 \tag{2・24}$$

이 식을 적분하면 $k \ln v + \ln P =$ 정수 또는 $Pv^k =$ 정수로 되고, 이것이 단열변화의 곡선(그림 2・9)을 나타낸다.

따라서 1→2의 변화 사이에는 다음의 관계가 있다.

$$\left.\begin{aligned} P_1 v_1^k &= P_2 v_2^k \\ T_1 v_1^{k-1} &= T_2 v_2^{k-1} \\ \frac{T_1}{P_1^{(k-1)/k}} &= \frac{T_2}{P_2^{(k-1)/k}} \end{aligned}\right\} \tag{2・25}$$

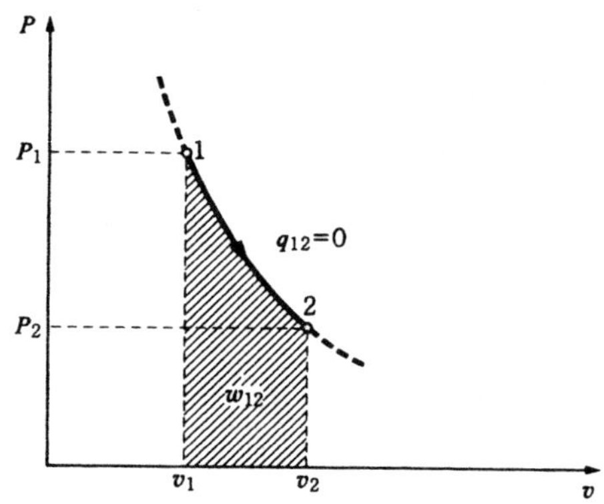

그림 2・9 단열변화

이들 식으로부터 단열팽창할 때에는 압력과 온도는 감소하고, 역으로 단열압축할 때에는 양자는 증가함을 알 수 있다. 한편, 단열변화이므로 물론 이 변화 사이에는 출입하는 열량은 0이다. 즉 $Q_{12} = 0$이다.

또, 이 변화 1→2 사이에 행해지는 외부일은 두 가지 방법으로 구할 수 있다. 그 첫 번째 방법은 제1법칙의 식 $q_{12} = e_2 - e_1 + w_{12}$로부터 $q_{12} = 0$이므로

$$w_{12} = \text{면적}[1-2-v_2-v_1] = e_1 - e_2 = c_v (T_1 - T_2) \tag{2・26}$$

즉, 단열팽창할 때 외부에 하는 일은 기체의 내부에너지 감소와 같다.

제2방법은 $dw = Pdv$을 적분하는 보통방식이다. 이는 식 (2・25) $P_1 v_1^k = P v^k = c$로부터 $P = P_1 (v_1/v)^k$이므로

$$W_{12} = \int_1^2 P dv = P_1 v_1^k \int_1^2 \frac{dv}{v^k} = P_1 v_1^k \frac{1}{-k+1} \left(\frac{1}{v_2^{k-1}} - \frac{1}{v_1^{k-1}} \right)$$

이 식을 $Pv^k=c$, $Pv=RT$ 및 $e=c_vT+e_0$ 등을 이용하여 약간 변형하면

$$w_{12}=\frac{P_1v_1}{k-1}\left[1-\left(\frac{v_1}{v_2}\right)^{k-1}\right]=\frac{P_1v_1}{k-1}\left[1-\left(\frac{P_2}{P_1}\right)^{\frac{k-1}{k}}\right]=\frac{1}{k-1}(P_1v_1-P_2v_2)$$
$$=\frac{R}{k-1}(T_1-T_2)=c_v(T_1-T_2)=(e_1-e_2) \qquad (2\cdot27)$$

한편, 공업일은 엔탈피의 감소에 대응하므로

$$w_{t12}=i_1-i_2=\frac{k}{k-1}(P_1v_1-P_2v_2)=kw_{12} \qquad (2\cdot28)$$

2.3.5 폴리트로픽 변화

이 변화는 Zeuner에 의해 공업열역학에 도입된 것으로, $Pv^n=$정수로 나타내어지는 상태변화를 폴리트로픽 변화(polytropic change)라 하고, n을 폴리트로픽 지수(polytropic index)라고 한다. 2.3.1~2.3.4항에서 언급한 기본적 상태변화(정압, 정적, 등온, 단열변화)는 n에 적당한 값을 주게 되면 모두 폴리트로픽 변화에 포함시킬 수가 있다.

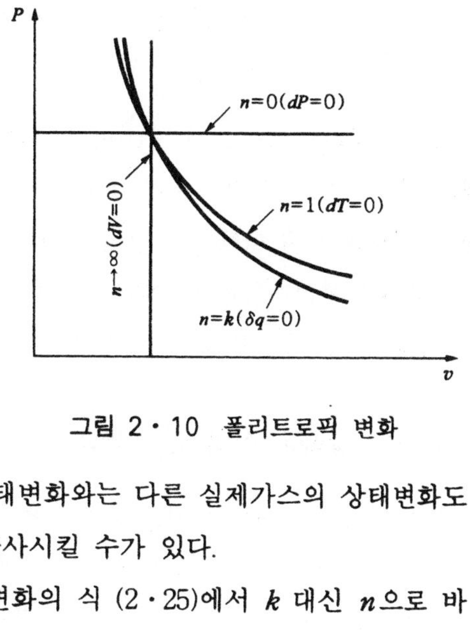

그림 2・10 폴리트로픽 변화

그림 2・10에 나타낸 바와 같이 $n=0$은 정압변화, $n=1$은 등온변화, $n=k$는 단열변화, $n\to\infty$는 정적변화로 된다. 또한 이들의 기본적 상태변화와는 다른 실제가스의 상태변화도 n에 어떤 일정한 값을 주어 폴리트로픽 변화로 근사시킬 수가 있다.

폴리트로픽 변화에서 상태량간의 관계식은 단열변화의 식 (2・25)에서 k 대신 n으로 바꾼 것으로 나타낼 수 있다. 즉

$$\left.\begin{aligned}&P_1v_1^{\,n}=P_2v_2^{\,n}\\&T_1v_1^{\,n-1}=T_2v_2^{\,n-1}\\&\frac{T_1}{P_1^{(n-1)/n}}=\frac{T_2}{P_2^{(n-1)/n}}\end{aligned}\right\} \qquad (2\cdot29)$$

또, 일 및 가열량은 각각 다음과 같이 된다.

$$\text{절대일} : w_{12} = \frac{P_1 v_1}{n-1}\left[1-\left(\frac{v_1}{v_2}\right)^{n-1}\right] = \frac{P_1 v_1}{n-1}\left[1-\left(\frac{P_2}{P_1}\right)^{\frac{n-1}{n}}\right]$$

$$= \frac{1}{n-1}(P_1 v_1 - P_2 v_2) = \frac{R}{n-1}(T_1 - T_2)$$

$$= c_v \frac{k-1}{n-1}(T_1 - T_2) = \frac{k-1}{n-1}(e_1 - e_2) \tag{2·30}$$

$$\text{공업일} : w_{t12} = \frac{n}{n-1}(P_1 v_1 - P_2 v_2) = n w_{12} \tag{2·31}$$

다음은 폴리트로픽 변화 사이에 가해진 열량 $q_{12} = e_2 - e_1 + w_{12} = c_v(T_2 - T_1) + w_{12}$식에 식 (2·30)의 위에서 네 번째 식을 대입하면

$$q_{12} = c_v(T_2 - T_1) + \frac{R}{n-1}(T_1 - T_2)$$

$$= c_v \frac{n-k}{n-1}(T_2 - T_1)$$

$$= c_n(T_2 - T_1) \tag{2·32}$$

또한, $c_v(n-k)/(n-1) \equiv c_n$이라 하면 이 c_n을 폴리토로픽 비열(polytropic specific heat)이라 한다. 예를 들면 등온변화에서는 $c_n \to \infty$로 되고, 열을 가해도 온도상승은 없다. 한편 c_v는 이상기체에 대해서는 일정한 값이므로 폴리트로픽 비열 c_n도 일정한 값임을 알 수 있다. 이것이 폴리트로픽 변화의 중요한 성질의 하나이며, n과 k의 크기의 상대적 관계에 의해 c_n값은 정(正), 부(負)의 임의의 값을 취할 수 있다.

2.3.6 실제가스의 상태변화

통상의 상태에서는 완전가스라고 볼 수 있는 가스도 온도가 낮고 압력이 높아져 액화하는 영역에 가까우면 이상기체의 상태식 $Pv = RT$의 관계식이 성립하지 않게 된다. Van der Waals는 이와 같은 가스의 상태량 사이의 관계를 다음과 같이 밝혔다.

$$(P + a/v^2)(v - b) = RT \tag{2·33}$$

이것을 Van der Waals의 상태방정식이라 하며, a, b는 상수이다. a/v^2은 분자 사이에 작용하는 인력이 가스의 압력에 미치는 영향을 나타내고, b는 단위질량의 가스 중에 존재하는 분자가 차지하는 체적으로, $(v-b)$는 분자가 자유로이 운동할 수 있는 공간체적을 나타낸다. 이 식을 사용하면 각종 가스에 있어서 액상, 기상의 넓은 범위에 걸쳐서 정성적으로 그 상태변화를 잘 설명할 수 있지만 정량적으로는 충분하지 못하다.

2.4 열역학 제2법칙

2.4.1 가역과정과 비가역과정

어떤 계에서 상태변화를 고려할 경우, 그 과정을 역행시켰을 때 그 계 및 주위 계의 상태가 완전히 최초의 상태로 되돌아가는 과정이 가역과정(reversible process)이고, 그렇지 않는 경우를 비가역과정(irreversible process)이라 한다.

역학적 및 열적평형을 유지하면서 행해지는 준정적과정은 가역과정이다. 이에 대해서 고온부로부터 저온부로의 전열, 마찰에 의한 일의 열로 전환, 가스의 블로다운(blow-down)에 의한 팽창, 확산 등은 전형적인 비가역과정이며, 실제로 이루어지는 가스의 상태변화는 다소 이와 같은 비가역과정을 포함하고 있다.

2.4.2 열역학 제2법칙(the second law of thermodynamics)

실제적인 모든 변화에서는 거의 가역성이 없고 현상의 진행에 방향성을 갖게 되며, 이를 경험적으로 인정한 것이 열역학 제2법칙이다. 이 법칙은 "열은 그 자신이 저온의 물체로부터 고온의 물체로 이동할 수 없다"라고도 표현되지만, 또 "외부에 조금의 변화도 남기지 않고 어떤 열원에서 열을 얻어 그것을 계속해서 일로 변환하는 것, 즉 제2종의 영구기관을 실현시키는 것은 불가능하다"로 표현되기도 한다.

제2법칙에 관한 위의 두 표현이 서로 같은 의미를 가지고 있음은 그림 2・11 및 그림 2・12에서 명백히 알 수 있다. 그림 2・11은 제2종의 영구기관이 가능하다면 외부에 변화를 남기지 않고 저온열원에서 고온열원으로 열을 이동시킬 수 있음을 나타내고, 그림 2・12는 저온열원에서 고온열원으로 열이 그 자신만으로 이동 가능하다면 제2종의 영구기관이 가능하다는 것을 보여주고 있다.

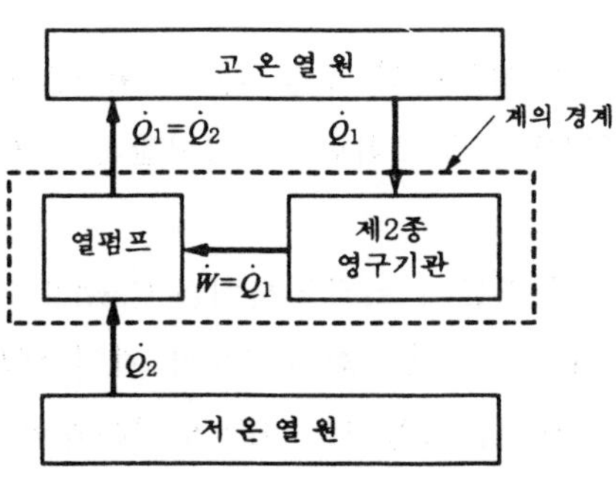

그림 2・11 영구기관(1)

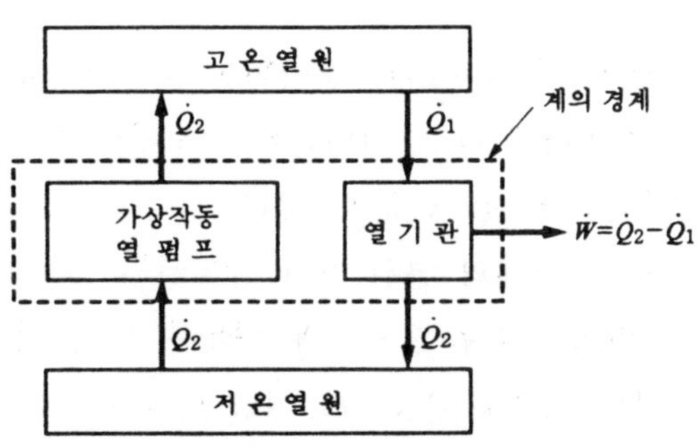

그림 2・12 영구기관(2)

2.4.3 카르노사이클

일정량의 가스가 그림 2・13에서와 같이 1에서 a를 경유하여 2까지 팽창하면 그 동안의 외부일은 면적 [1-a-2-d-c]로 나타내어진다. 이와 같은 일을 반복해서 계속하기 위해서는 팽창 후의 가스를 어떠한 방법으로든 처음의 상태로 되돌리는 것이 필요하다.

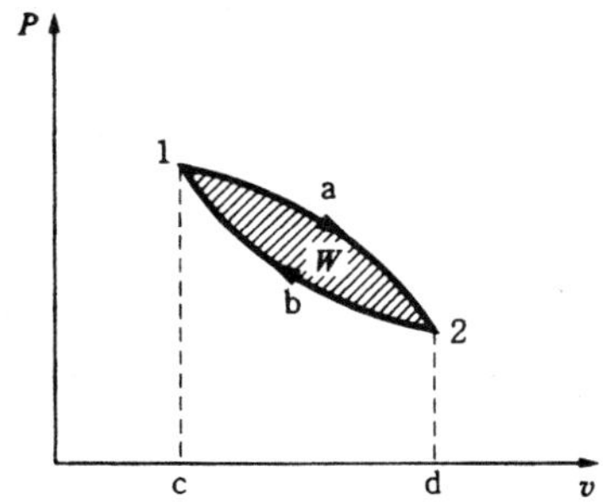

그림 2・13 사이클

지금 경로 b를 통과해서 돌아가는 것으로 하면 가스에는 면적 [2-b-1-c-d]로 표시되는 압축일을 주지 않으면 안 된다. 이와 같이 상태선도상에서 어떤 면적을 에워싼 상태변화를 사이클(cycle)이라고 한다. 이 사이클에 있어서는

$$W = \text{면적}[1-a-2-d-c] - \text{면적}[2-b-1-c-d] = \oint p\,dv \qquad (2 \cdot 34)$$

가 외부에 한 일이다.

이 사이클 중에 가해진 전열량을 Q_1, 잃은 열량은 Q_2라고 하면, 에너지 보존법칙(principle of the conservation of energy)에 의해서

$$W = Q_1 - Q_2$$

이다.

열기관에서는 공급된 열량 중 가능한 한 많은 양이 일로 변환되는 것이 바람직하므로 이 비를 열효율(thermal efficiency)이라 하고, 다음과 같이 정의한다.

$$\eta = \frac{W}{Q_1} = \frac{Q_1 - Q_2}{Q_1} \qquad (2 \cdot 35)$$

사이클을 구성하는 상태변화가 전부 가역과정으로 이루어진 것을 가역사이클(reversible cycle)이라고 하고, 사이클의 일부분에라도 비가역과정을 포함하면 그 사이클은 비가역사이클(irreversible cycle)이 된다.

고・저 2개의 열원 간에 작동하는 기본적인 가역사이클이 카르노사이클(Carnot cycle)이다. 이것은 그림 2・14에 나타낸 바와 같이 2개의 가역등온변화와 2개의 가역단열변화를 조합한 것으로 온도 T_1, $T_2(T_1 > T_2)$의 열원 사이에서 작동하는 카르노사이클의 열효율 η_c는 다음과 같다.

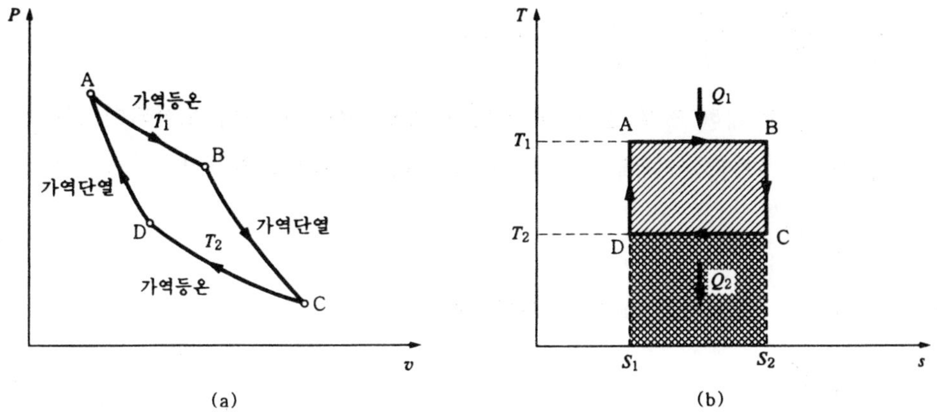

그림 2·14 카르노사이클

여기서, Q_1, Q_2는 각각 공급열량과 방출열량으로 $T-S$ 선도상의 면적이 열량이므로 면적 ABS_2S_1는 공급열량, 즉 $Q_1 = T_1(S_2 - S_1)$로 된다.

한편, 방출열량은 DCS_2S_1, 즉 $Q_2 = T_2(S_2 - S_1)$이다. 따라서,

$$\eta_c = \frac{Q_1 - Q_2}{Q_1} = 1 - \frac{T_2}{T_1} \tag{2·36}$$

로 된다. 열역학 제2법칙을 고려하면 온도 T_1, T_2 사이에서 작동하는 임의의 가역사이클의 열효율도 식 (2·36)으로 주어지고, 비가역사이클의 열효율은 모두 이보다 낮아짐이 명백하다.

2.4.4 엔트로피

열을 주고받으면서 외부에 일을 하는 일반적인 사이클은 그것이 가역사이클이라고 하면 그림 2·15에 나타낸 바와 같이 여러 개의 작은(微小) 카르노사이클의 집합으로 바꿔 놓을 수가 있다. 각각의 미소 카르노사이클에서

$$\frac{\Delta Q_2}{\Delta Q_1} = \frac{T_2}{T_1}, \quad \frac{\Delta Q_2'}{\Delta Q_1'} = \frac{T_2'}{T_1'}, \quad \cdots\cdots$$

의 관계가 있으므로, 이를 합치면 다음의 관계식이 된다.

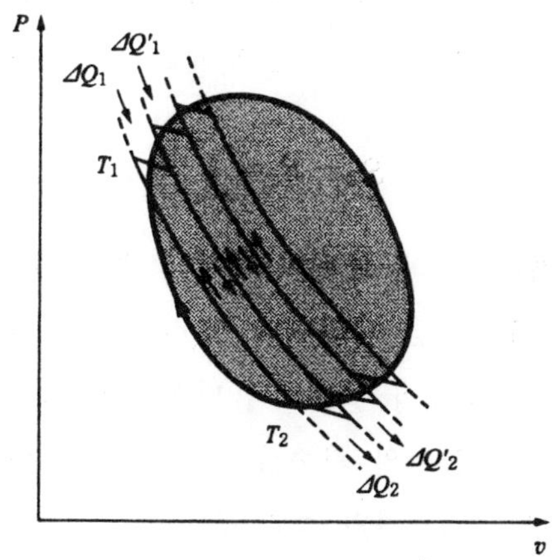

그림 2·15 미소 카르노사이클로의 분할

$$\frac{\Delta Q_1}{T_1}+\frac{\Delta Q_2}{T_2}+\frac{\Delta Q_1'}{T_1'}+\frac{\Delta Q_2'}{T_2'}+\cdots\cdots=0$$

단, 수열 및 방열에 대한 정부(正負)의 부호는 ΔQ_j, $\Delta Q_j'$, ……에 포함되어 있다.

이 식은 일반적인 가역사이클에서 Clausius의 적분의 정의에 의하여

$$\oint\frac{dQ}{T}=0 \tag{2・37}$$

로 표시되는 관계가 성립하고, 비가역사이클에서는

$$\oint\frac{dQ}{T}<0 \tag{2・38}$$

로 된다. 즉, 이 Clausius 적분은 가역사이클과 비가역사이클의 구별을 하는 것이다.

그림 2・13에 나타낸 바와 같이 $P-v$ 선도상의 폐곡선 1-a-2-b-1을 가역사이클이라고 하면

$$\oint\frac{dQ}{T}=\int_{1\to a}^{2}\frac{dQ}{T}+\int_{2\to b}^{1}\frac{dQ}{T}=0$$

이 된다. 따라서 제2항의 적분한계를 역으로 하면 다음과 같다.

$$\int_{1\to a}^{2}\frac{dQ}{T}-\int_{1\to b}^{2}\frac{dQ}{T}=0$$

$$\therefore\ \int_{1\to a}^{2}\frac{dQ}{T}=\int_{1\to b}^{2}\frac{dQ}{T}=\text{상수} \tag{2・39}$$

이 식은 상태변화가 가역인 경우에는 1에서 2까지의 경로에 관계없이 $\int_1^2\frac{1}{T}dQ$가 일정한 값으로 된다는 것을 나타내고 있다. 따라서 적분값을 하나의 상태량으로 생각해서 Clausius는 이것을 그 물체의 엔트로피(entropy) S라고 하였다. 즉

$$S_2-S_1=\int_1^2\frac{1}{T}dQ \tag{2・40}$$

통상, 임의 물질의 물체의 엔트로피는 기호 S로 나타내고, 단위질량의 물체의 엔트로피는 기호 s로 나타낸다. 또, 엔트로피 단위는 식 (2・40)에서 알 수 있듯이 [J/K]이고, 특히 단위질량당의 엔트로피 단위는 [J/kg・K]이다.

지금 임의의 기준점으로부터 가역변화에 의해서 그곳과 근접한 점에 도달했을 때, 이로 인한 엔트로피의 증가 dS는

$$dS=\frac{dQ}{T}\rightarrow dQ=TdS \tag{2・41}$$

이다.

임의의 점 2와 3에서의 엔트로피는 각각

$$S_2=\int_1^2 dS, \qquad S_3=\int_1^3 dS$$

이므로

$$S_2-S_3=\int_3^2 dS$$

로 나타낼 수 있다. 따라서, 근접한 두 점 간의 가역변화에 제1법칙을 응용하면

$$dS=\frac{de+Pdv}{T}, \qquad dS=\frac{di-vdP}{T}$$

이다.

한편, 비가역변화가 행해진 경우에는 그림 2・13에서 사이클[1-a-2-b-1]을 생각하여 1에서 a을 경유해서 2에 도달하는 상태변화를 비가역으로 하고, 또 2에서 b를 경유하여 1에 돌아가는 상태변화를 가역으로 하면, 전체적으로 비가역이므로 Clausius 적분은 식 (2・38)로 되어 다음과 같이 표시할 수 있다.

$$dS>\frac{dQ}{T} \tag{2・42}$$

또는 이 적분을 분할하면

$$\int_{1\to a}^2 \frac{dQ}{T}-\int_{1\to b}^2 \frac{dQ}{T}<0$$

로 된다.

그렇지만 가역변화의 부분[1→b→2]에 대해서는

$$\int_{1\to b}^2 \frac{dQ}{T}=S_2-S_1$$

로 된다. 단, S_2 및 S_1은 점 1과 점 2에서 엔트로피를 나타내고, 이 값은 점 2와 1이 정해지면 결정되고, 그 사이의 경로에는 관계없다. 따라서

$$S_2-S_1>\int_{1\to a}^2 \frac{dQ}{T}$$

이다.

위의 고찰을 외계로부터 완전히 차단된 절연계(또는 고립계)에 적용하면, "절연계 내의 엔트로피의 합은 계 내에서 가역변화가 행해져도 변하지 않고 보존되지만, 비가역변화가 행

해지는 경우에는 증가한다"고 표현할 수 있다.

엔트로피는 종량성 상태량이지만, 단위질량의 완전가스에 대한 엔트로피의 증가는 $dS=\dfrac{c_v dT+Pdv}{T}$ 에서 P, v, T를 소거하면

$$dS=c_v\frac{dT}{T}+R\frac{dv}{v},\quad dS=c_p\frac{dT}{T}-R\frac{dP}{P},\quad dS=c_v\frac{dP}{P}+c_p\frac{dv}{v}$$

로 되고, 상태 1, 2 간의 엔트로피의 변화는

$$S_2-S_1=c_v\left[\ln\frac{T_2}{T_1}+(k-1)\ln\frac{v_2}{v_1}\right] \tag{2·43}$$

$$S_2-S_1=c_p\left[\ln\frac{T_2}{T_1}-\frac{k-1}{k}\ln\frac{P_2}{P_1}\right] \tag{2·44}$$

로 된다.

이들의 식으로부터 T를 소거하면 다음의 식이 얻어진다

$$S_2-S_1=c_v\ln\frac{P_2}{P_1}+c_p\ln\frac{v_2}{v_1} \tag{2·45}$$

이상으로부터 이상기체의 각종 상태변화 때 엔트로피의 변화를 구하면 다음과 같다.

① 등온변화 : 상태 1에서 2까지의 엔트로피 변화는

$$(s_2-s_1)_T=R\ln\frac{v_2}{v_1}=R\ln\frac{P_1}{P_2}=\frac{Q_{12}}{T}$$

② 정적변화 : $(S_2-S_1)_v=c_v\ln\dfrac{T_2}{T_1}=c_v\ln\dfrac{P_2}{P_1}$

③ 정압변화 : $(S_2-S_1)_p=c_p\ln\dfrac{T_2}{T_1}=c_p\ln\dfrac{v_2}{v_1}$

④ 가역단열변화 : 이 경우는 엔트로피 정의로부터 $dS=\dfrac{dQ}{T}=0$이므로 $(S_2-S_1)_k=0$

⑤ 폴리트로픽 변화 : $(S_2-S_1)_n=\displaystyle\int_1^2 c\frac{dT}{T}=c\ln\frac{T_2}{T_1}=c_v\frac{n-k}{n-1}\ln\frac{T_2}{T_1}$

$$=c_v\frac{n-k}{n-1}\ln\left(\frac{P_2}{P_1}\right)^{\frac{n-1}{n}}=c_v\frac{n-k}{n}\ln\frac{P_2}{P_{1v}}$$

⑥ 비가역 단열변화 : 비가역 단열변화의 경우는 엔트로피는 증가하므로 이 경우의 상태변화는 폴리트로픽 변화식으로 나타내는 것으로 한다면 $(S_2-S_1)_n=c_v\dfrac{n-k}{n}\ln\dfrac{P_2}{P_1}$에서 엔트로피는 증가하므로 좌변이 정(正)으로 되기 위해서는 압축의 경우($P_2>P_1$)는 $n>k$, 팽창의 경우($P_2<P_1$)는 $n<k$이어야 한다.

2.5 각종 상태선도

열역학적 평형에 있는 작동가스의 상태는 2개의 강도성 상태량에 의해 정해진다. 따라서 2개의 상태량을 xy 좌표에 취하면 좌표면 내의 한 점은 하나의 상태에 대응한다.

내연기관의 작동가스의 상태변화를 고찰하기 위해서는 $P-v$ 선도 외에 $T-s$ 선도, $e-s$ 선도 및 $i-s$ 선도 등이 사용되고 있다.

2.5.1 $P-v$ 선도

그림 2・16에 나타낸 바와 같이 $P-v$ 선도상에 임의의 가역상태변화 1→2를 생각할 때, 외부일 및 공업일은 각각

$$w_{12}=\int_1^2 Pdv = \text{면적}[1-2-2'-1']$$

$$w_{t12}=\int_2^1 vdP = \text{면적}[1-2-2''-1'']$$

로 주어진다.

열기관의 작동사이클 과정이 그림 2・17과 같이 $P-v$ 선도상에서 폐곡선 1-a-2-b-1로 나타났다고 하면 이 폐곡선으로 둘러싸인 면적은 작동가스가 사이클 중에 행해진 일을 나타내고

$$w_{cycle}=\oint Pdv=\text{면적}[1-a-2-b-1]$$

로 된다. 즉, $P-v$ 선도상의 면적이 하여진 일이 된다.

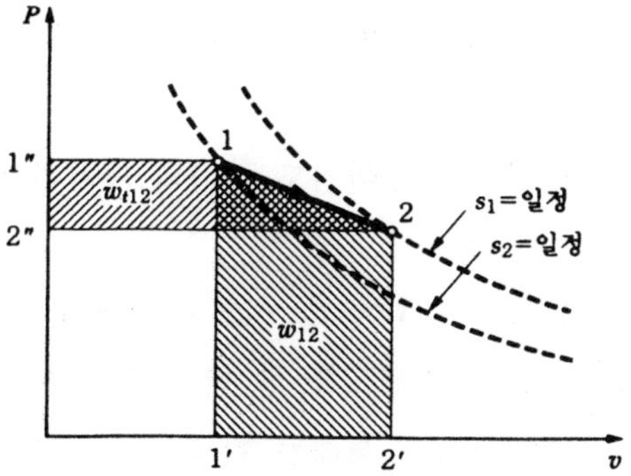

그림 2・16 $P-v$ 선도

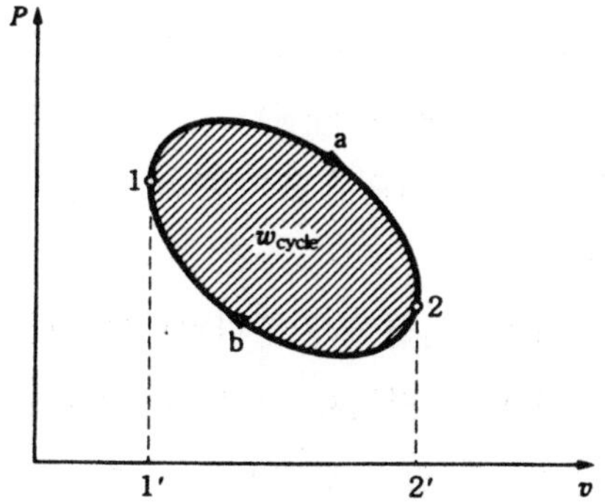

그림 2・17 사이클 일

2.5.2 T-s 선도

엔트로피는 상태량이므로 이를 독립변수로 취급하고, 다른 상태량을 엔트로피의 함수로 나타낼 수 있다. 특히 온도를 세로축에 취하고, 엔트로피를 가로축에 취한 선도를 T-s 선도(T-s diagram)이라 하고, 다음과 같은 여러 가지의 중요한 성질을 갖고 있다. 우선, 이 선도상의 면적을 가역변화에 대해서는 열량을 나타낸다. 이 때문에 이 선도를 열선도(heat diagram)라고도 한다. 또, P-v 선도와 같이 T-s 선도상의 임의의 점은 물체의 하나의 상태를 나타내고, 선은 상태변화를 나타낸다. 예를 들어, 가로축에 평행한 직선은 등온변화를 나타내고 세로축에 평행한 직선은 가역단열변화를 나타낸다. 즉, T-s 선도상에서는 그림 2·18에서처럼 임의의 가역상태변화 1→2에 대해서 미소한 변화를 생각하면 $dQ=Tds$이므로 Tds는 이 미소변화의 양단을 통하고 세로축에 평행한 직선 사이에 끼여 있는 면적과 같다. 또, 전체의 변화 1→2 사이에 이 물체가 받은 열 q_{12}는

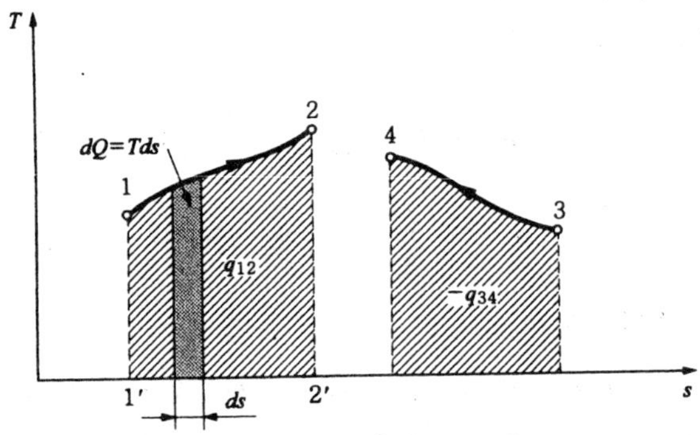

그림 2·18 T-s 선도

$$q_{12}=\int_1^2 Tds=\text{면적}[1-2-2'-1']$$

이다.

즉, P-v 선도상의 면적이 일을 나타내는 것과 같이 T-s 선도상의 면적은 열량을 나타내므로, 열선도는 열역학상 매우 중요한 것이다. 또, 그림에서 가역변화 3→4에서는 이 곡선의 아래쪽의 면적 $\int_3^4 Tds$는 부(負)이므로 열량 q_{34}는 부(負)가 되고, 이 변화 사이에 물체에서 버리는 열량을 나타낸다.

다음은 그림 2·19에 표시한 바와 같이 사이클은 열선도에 있어서도 하나의 폐곡선으로 나타낼 수 있다.

이것을 가역사이클이라 생각한다면, 이 사이에 행해진 일은 $W=Q_1-Q_2$로 되므로 열선도의 폐곡선 내의 면적과 같다. 또 열효율 $\eta_{th}=\dfrac{W}{Q_1}$이므로, 열선도를 한 번 봄으로써 열효율을 대략 알 수 있어 편리하다. 특히 열선도에서 카르노사이클 형태는 직사각형(그림 2·20)으로 되며 가역 카르노사이클에 대한 열효율은 $\eta_{th}=\dfrac{W}{Q_1}=\dfrac{(T_1-T_2)}{T_1}$로 되는 것

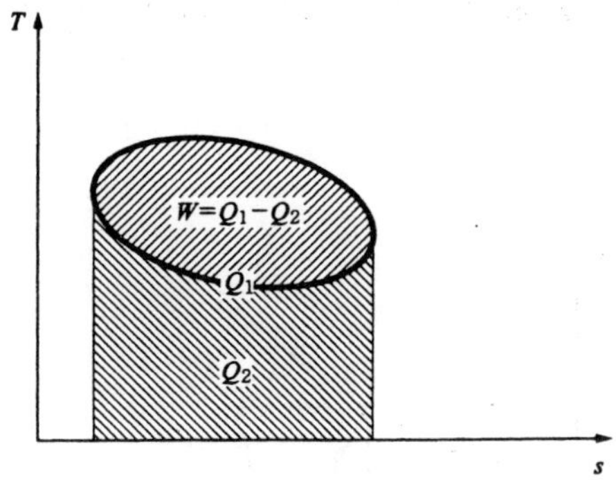

그림 2·19 임의 사이클

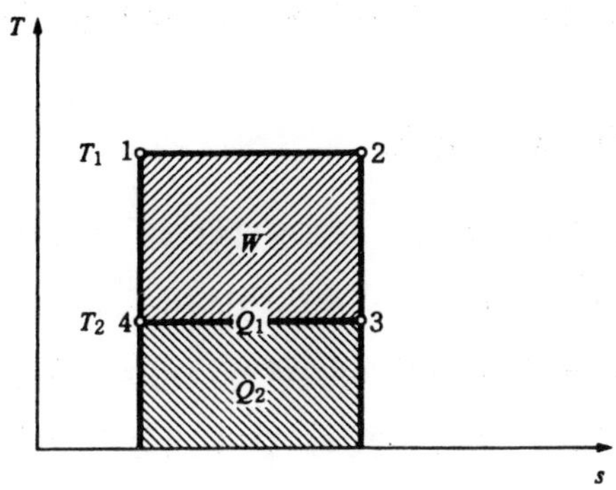

그림 2·20 카르노사이클

을 쉽게 알 수 있다.

비가역변화에 대해서는 일반적으로 T 및 P는 기체의 용기 전체에 걸쳐서 동일하지는 않으므로 상태식을 만족할 만한 평균값을 구할 필요가 있다. 변화가 가역 또는 비가역인가에 의해서 $P-v$ 선도 및 $T-s$ 선도상의 사이클의 곡선도형에는 아무런 변화가 없다. 그러나, 비가역변화에서는 $dW < Pdv$이므로 $W < \oint Pdv$로 되므로 비가역사이클 때 얻어진 일은 $P-v$ 선도의 면적보다도 작게 된다. 같은 방법으로 $Tds > dQ$이므로 $\oint Tds > (Q_1 - Q_2)$, 또 $W = Q_1 - Q_2$이므로 $W < \oint Tds$로 되어 비가역사이클에서의 일은 $T-s$ 선도상의 면적보다도 작게 된다.

다음은, 제1법칙식 $dq = di - vdp$는 등압변화($dp=0$)에 대해서는 $dq = di$로 되므로 $q_{12} = i_2 - i_1$으로 된다. 같은 방법으로, 정적변화의 경우에는 내부에너지의 증가 $e_2 - e_1 = q_{12}$은 정적선의 아랫부분의 면적과 같다. 즉, 그림 2·21 (a), (b)에서와 같이 정적변화의 경우는 내부에너지의 변화($e_2 - e_1$)로 되고, 정압변화의 경우는 엔탈피의 변화 ($i_2 - i_1$)로 되며, 정

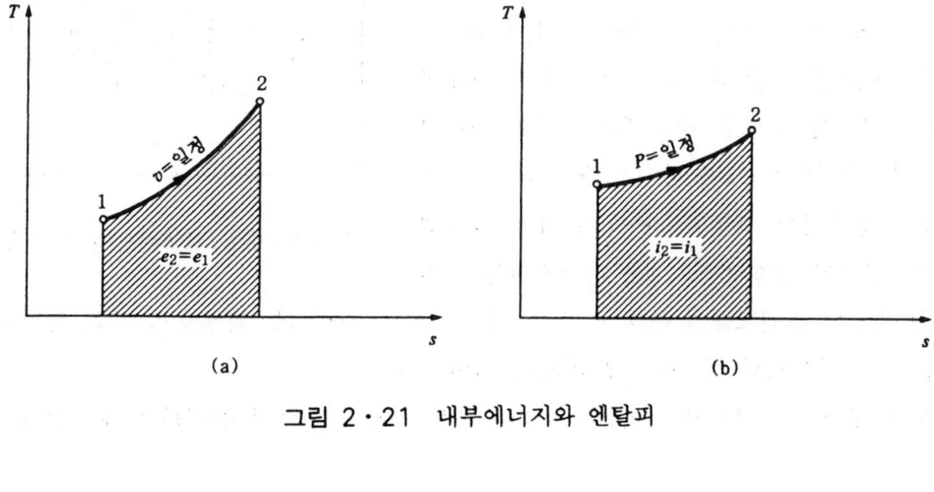

그림 2·21 내부에너지와 엔탈피

적선 아래의 면적은 내부에너지, 정압선 아래의 면적은 엔탈피의 변화를 나타내고 있다.

2.5.3 e-s 선도

e-s 선도상에서는 정적변화할 때 주어진 열량이 세로축방향의 길이로 표시된다. 따라서 e-s 선도는 특히 체적형 열기관의 고찰에 유용하다. 예를 들면 그림 2·22와 같이 작동가스가 비체적 v_1의 상태 1로부터 v_2까지 단열팽창하는 경우를 생각할 때 팽창과정이 등엔트로피 과정이라면 2′의 상태로 될 것이다. 그러나 실제의 팽창과정은 약간의 비가역과정을 포함하고 있으므로 엔트로피는 증가하여 동일비체적 v_2선상의 점 2의 상태로 된다.

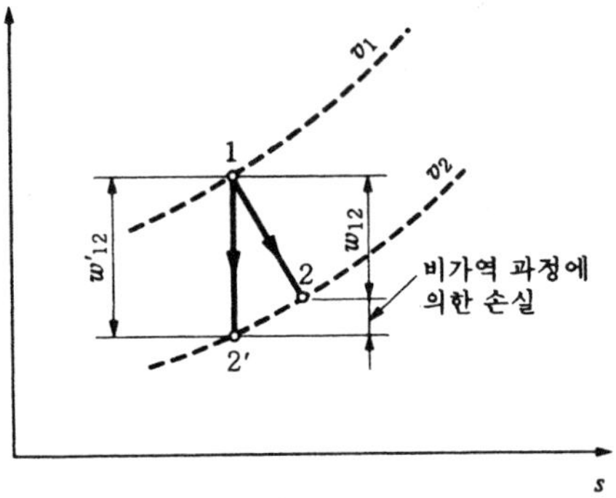

그림 2·22 단열팽창에 의한 일

단열팽창의 경우 외부에 하는 일은 e-s 선도상에서는 세로축방향의 길이로 나타내어지므로 실제의 단열팽창에 의해 이루어진 일 w_{12}는 등엔트로피 팽창 때의 일 w_{12}'보다도 작게 된다.

2.5.4 i-s 선도

i-s 선도상에서는 정압변화할 때 주어진 열량이 세로축방향의 길이로 표시된다. 따라서 i-s 선도는 특히 속도형 열기관의 고찰에 유용하다. 속도형 기관에서 얻어진 공업일은 기관의 입구 및 출구에서 엔탈피의 차와 가스유동의 운동에너지의 차를 합한 것과 같지만, 후자가 전자에 대해서 양적으로 무시할 수 있는 경우에는 등엔트로피 팽창에 의한 공업일은 그림 2·23에 나타낸 바와 같이 i-s 선도상의 세로축방향의 길이로 나타낼 수 있다. 실제의 단열팽창에서는 비가역과정에 의한 손실 때문에 등엔트로피 팽창 1→2′의 대신 1→2로 표시되는 과정으로 되고, 얻어진 공업일 w_{t12}는 등엔트로피 일 w'_{t12}에 비해서 작아진다.

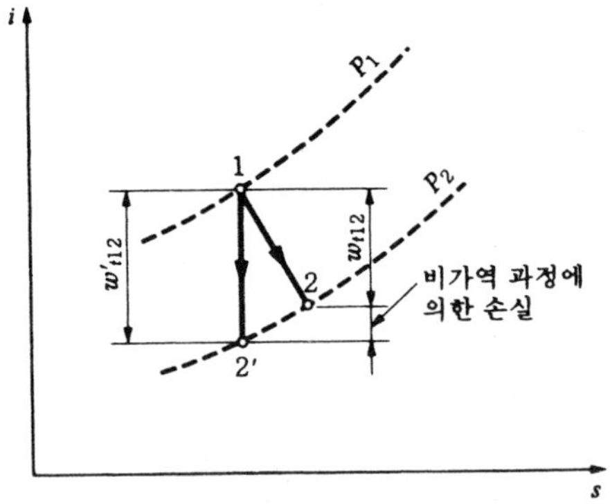

그림 2·23 단열팽창에 의한 공업일

한편, 단열압축의 경우에는 비가역과정에 의한 손실로 인하여 실제의 압축과정에 필요한 일은 등엔트로피 압축의 경우에 비해서 커진다.

2.6 SI 단위에 대하여

2.6.1 종래 사용되었던 단위계

종래, 각국 및 각 방면에서 사용되었던 단위계는

1) CGS(MKS 또는 MKSA) 단위계(물리 단위계, 절대 단위계)

2) 중력 단위계(공학 단위계)

이다.

전자는 물리 단위계 또는 절대 단위계라고도 부르며 길이, 질량, 시간을 기본단위로 하여 일반적으로 학술연구용 등에 널리 사용되어 왔다. 후자는 공학 단위계라고도 부르며 길이, 힘(力), 시간을 기본단위로 하여 주로 공학 및 공업방면에 주로 실제 사용되어져 왔다. 또, 이 양단위계 공히 각각 미터법과 영국제(feet-pound 단위)의 2종류가 있으며, 나라에 따라서 각각 나누어 사용되어 왔다. 따라서, 예전에는 동일한 양이 여러 종류의 단위로 나타내어지고, 경우에는 혼합되어 사용되어 왔기 때문에 최근의 과학기술진보와 국제화가 진행하여 온 시대에서는 이와 같이 단위가 통일되지 못하고, 혼란 때문에 매우 불편함을 통감하게 되었다. 그래서 이와 같은 불편을 해소하기 위해서 국제도량형위원회에서는 1960년에 국제단위계(SI; 프랑스어로 Systeme International d'Unites의 약자)를 채택하여 국제적으로 단위를 통일하여 앞으로는 세계 각국에서 이것을 사용하게 되었다. 그러나, 이행기간 동안은 신・구 양단위가 병용될 것으로 생각되어 종래의 단위도 이해하고 또 신・구 양단위의 환산도 알아둘 필요가 있다.

CGS 단위계는 최초의 길이 단위를 cm, 질량 단위를 g, 시간 단위로 s를 택하여 기본단위로 하였기 때문에 이와 같은 이름이 되었었지만, 그후 1948년에 국제도량형위원회에서 길이 단위를 m, 질량 단위를 kg, 시간 단위를 s로 하도록 하였고, 더욱이, 1954년에 전기의 기본단위로 암페어 A를 추가하도록 하였다. 이것이 MKS 단위계 또는 MKSA 단위계로 부르게 되었으며, SI 단위계는 이것을 합리적으로 확장한 것이다. CGS 단위계에서는 1 g의 질량에 작용하는 1 cm/s^2의 가속도를 발생하도록 한 힘(力)을 단위로 하여 다인(dyne)이라 부르고, 1 dyne의 힘이 물체에 작용하여 1 cm 움직일 때의 일을 에너지 단위로 하여 에르그(erg)라 부른다. 같은 방법으로 MKS(MKSA) 단위계나 SI 단위계에서는 힘의 단위가 뉴턴(N : newton), 에너지 단위가 줄(J : joule)로 된다.

중력 단위계(공학 단위계)에서는 길이의 단위를 m, 힘의 단위로는 중력 가속도가 국제

표준값 9.80665 m/s^2인 장소에서 1 kg에 작용하는 중력을 취해서 1 kg_f(1 kp)로 하고, 시간의 단위를 s로 하여 이 세 가지를 기본단위로 하고 있다. 고로, 중력 단위계에서는 단위질량은 1 kg_f의 힘이 작용하여 1 m/s^2의 가속도를 생기도록 하는 1 $kg_f\ s^2/m$로 된다. 따라서, MKS 단위계 또는 SI 단위계의 단위질량 1 kg은 그것에 1 kg_f의 힘이 작용하여 9.80665 m/s^2의 가속도를 생기도록 하므로 중력 단위계의 단위질량인 1 $kg_f\ s^2/m$은 9.80665 kg과 같게 된다.

2.6.2 현재 사용되고 있는 국제 단위계(SI)

앞에서 언급한 바와 같이 국제 단위계(SI)는 CGS 단위계(물리 단위계 또는 절대 단위계)와 동일한 계통의 것이고, CGS의 연장으로 보이는 MKS 또는 MKSA 단위계를 개정하여 국제적으로 통일시킨 것이다. 종래에는 하나의 양에 각종 단위가 몇 개가 있어서 혼란하였지만, SI 단위에서는 "하나의 양에 하나의 단위"란 원칙으로 각종 단위가 합리적으로 조합되어 있으므로 단위 사이의 환산도 필요 없다. 표 2·2에 국제 단위계(SI)의 구성이 나타난 바와 같이 이 단위는 7개의 기본단위와 2개의 보조단위 및 이들을 조합하여 유도한 많은 조립단위(유도단위)로 되어 있다.

또, 같은 표에 나타낸 접두어를 첨가함으로써 양(量)의 자릿수를 간단하게 나타낼 수 있도록 되었으며, 접두어의 기호는 곧바로 뒤에 붙여서 나타내는 단위기호로 일체로 된 것으로 취급하고 합성한 접두어는 사용하지 않는다.

● **참고**

$1\ cm^3=(10^{-2}\ m)^3=10^{-6}\ m^3$, $1\ \mu s=(10^{-6}\ s)^{-1}=10^6\ s^{-1}$, $1\ mm^2/s=(10^{-3}\ m)^2/s=10^{-6}\ m^2/s$, μkg 대신에 mg로 한다. 또, 정수배승은 수가 원칙으로 0.1과 1000 사이에 들어가도록 하기 위하여, 1.2×10^4 N은 12 kN으로, 0.00394 m는 3.94 mm로, 1401 Pa은 1.401 kPa로, 3.1×10^{-8} s는 31 ns로 한다. 또, 2개 이상의 단위를 곱할 때, 예를 들어 N·m도 Nm로 표시해도 좋다.

SI 단위계에서 특히 주의해야 할 단위는 1 kg의 질량에 작용하여 1 m/s^2의 가속도를 생기게 하는 힘을 힘의 단위로 뉴턴(N)으로 나타내고, 1 N의 힘이 물체에 작용하여 1 m의 거리를 움직일 때의 일에 상당하는 에너지를 에너지 단위로 줄(J)로 나타내며, 또 매초 1 J의 일을 할 때의 일률, 즉 동력을 와트(W)로 나타낸다. 그래서 다음과 같은 관계가 성립한다.

힘 : $1\ N=1\ kgm/s^2=10^5\ dyne=(1/9.80665)\ kg_f$

에너지 : $1\ J=1\ Nm=1\ Ws=1\ kgm^2/s^2$

동력 : $1\ W=1\ J/s=1\ Nm/s=1\ kgm^2/s^3$

표 2·2 국제 단위계(SI)의 구성

분류	양	명칭	기호
기본단위	길 이	meter	m
	질 량	kilogram	kg
	시 간	second	s
	전 류	ampere	A
	열역학온도	kelvin	K
	물질량	mol	mol
	광 도	candela	cd
보조단위	평면각	radian	rad
	입체각	steradian	sr

분류	단위에 부가되는 배수	명칭	기호
접두어	10^{12}	tera	T
	10^{9}	giga	G
	10^{6}	mega	M
	10^{3}	kilo	k
	10^{2}	hecto	h
	10	deca	da
	10^{-1}	deci	d
	10^{-2}	centi	c
	10^{-3}	milli	m
	10^{-6}	micro	μ
	10^{-9}	nano	n
	10^{-12}	pico	p
	10^{-15}	femto	f
	10^{-18}	atto	a

분류	양	명칭	기호	조립방법
조립단위	면적	평방미터	m^2	
	체적	입방미터	m^3	
	속도	단위초당 미터	m/s	
	가속도		m/s^2	
	파수(波數)	단위미터	m^{-1}	
	밀도	단위입방미터당 킬로그램	kg/m^3	
	전류밀도	단위평방미터당 암페어	A/m^2	
	자계강도	단위미터당 암페어	A/m	
	(물질량)농도	단위입방미터당 몰	mol/m^3	
	방사능	단위초	s^{-1}	
	비체적(비용적)	단위킬로그램당 입방미터	m^3/kg	
	휘도	매평방미터당 칸델라	cd/m^2	
조립단위(고유명칭을 갖는 것)	주파수	Hertz	Hz	$1Hz=1s^{-1}$
	힘(力)	newton	N	$1N=1kgm/s^2$
	압력	pascal	Pa	$1Pa=1N/m^2$
	에너지, 사사, 열량	joule	J	1J=1Nm
	사사율(工率)	watt	W	1W=1J/s
	전하, 전기량	coulomb	C	1C=1As
	전위, 전위차, 전압, 기전력	bolt	V	1V=1J/C
	정전용량, 캐패시던스	farad	F	1F=1C/V
	전기저항	ohm	Ω	1Ω=1V/A
	콘덕턴스	siemens	S	$1S=1\Omega^{-1}$
	자속	weber	Wb	1Wb=1Vs
	자속밀도, 자기유도	tesla	T	$1T=1Wb/m^2$
	인덕턴스	henry	H	1H=1Wb/A
	광속	lumen	lm	1lm=1cd sr
	조도	lux	lx	$1lx=1lm/m^2$

2.6.3 압력, 에너지 및 동력(일률) 단위의 환산

압력은 단위면적에 작용하는 힘이다. 중력 단위계에서는 kg_f/cm^2 또는 kg_f/m^2의 단위로 나타내어지고, 전자는 기압(또는 공업기압)으로 부르고 at의 기호로 나타낸다.

1 kg_f/m^2의 압력은 물기둥 1 mm를 나타내는 압력(1 mmAq로 쓴다)과 같고, 1 kg_f/cm^2= 104 kg_f/m^2=104 mmAq=10 mAq의 관계가 있다. 열역학에서는 일반적으로 kg_f/m^2의 단위로 나타낸 압력을 P로 나타내며, kg_f/cm^2으로 나타낸 p로 나타내는 경우가 많다.

중력가속도 g가 국제 표준값 9.80665 m/s^2인 장소에서 밀도가 13.5951 g/cm^3의 0℃의 수은주 760 mm로 나타내는 압력(이것을 760 mmHg 또는 760 Torr라 쓴다)을 표준기압(standard atmospheric)이라 부르고, 이것을 기호 atm라 한다. 또, 공업상으로는 일반적으로 압력과 대기압과의 차를 브르돈관 압력계로 측정하기 때문에 이 차압을 kg_f/cm^2의 단위로 나타낸 것을 게이지 압력(gage pressure)이라 부르고 기호 atg로 나타내는 경우가 있다.

이에 대해 보통의 (절대)압력을 기호 ata로 나타내는 경우도 있지만, 일반적으로는 이것은 at만으로 나타내는 것으로 생각해도 좋다. 또, 대기압 이하의 압력을 진공(vacuum)이라 하지만, 진공의 게이지 압력을 진공도(gage vacuum)라 부르고, 이것은 대기압과 그 압력과의 차이고, 보통은 mmHg로 나타낸다. 또, 진공도는 그것과 760 mmHg와의 비(%)로 나타내는 경우도 있다.

압력의 SI 단위는 $Pa = N/m^2$이고, 이것은 작은 값이므로, 그의 10^5배를 bar로 나타낸다. 즉, $1\ bar = 10^5\ N/m^2 = 10^6\ dyne/cm^2$이다. 1 bar의 1000분의 1을 미리바(mbar)라 부르고, 기상학 방면에서 일상 사용되고 있다. 또, $1\ Pa = 1\ N/m^2 = 1\ N \cdot m/m^3 = 1\ J/m^3$으로 되고, 압력은 또 에너지 밀도와 같다. 이상의 것을 다시 쓰면

압력 : $1\ Pa = 1\ N/m^2 = 1\ kg/ms^2 = 1\ J/m^3$

$1\ bar = 10^5\ Pa = 10^5\ N/m^2 = 10^5\ kg/m \cdot s^2$

$1\ bar = 1000\ mbar, \quad 1\ mbar = 100\ Pa = 100\ N/m^2$

표 2·3은 각종 압력단위 사이의 환산표이다. 단, 이 표 중에서 Lb/in^2은 미국이나 영국 등에서 종래 사용되었던 압력의 단위이며, $kcal/m^3$은 J/m^3과 동일한 압력과 같은 에너지 밀도이다.

표 2·3 및 표 2·4는 각종 에너지 및 각종 동력(일률)의 단위 환산표이고, 표 2·5는 주된 열관계의 여러 가지 양의 중력단위에서 SI 단위로의 환산율을 나타낸다.

표 2·3 각종 압력 단위의 환산표

단위 종류	at (kg_f/cm^2)	mmHg (Torr)	atm (760 mmHg)	bar (105 Pa)	$kcal/m^3$	Lb/in^2
1at	1	735.56	0.96784	0.980665	23.4307	14.2234
1000 mmHg	1.35951	1000	1.31579	1.333224	31.8543	19.3368
1atm	1.03323	760	1	1.013250	24.2093	14.6960
$1bar = 10^5$ Pa	1.01972	750.06	0.98692	1	23.8927	14.5038
$10kcal/m^3$	0.42680	313.93	0.41310	0.41855	10	6.0704
$10Lb/in^2$	0.70307	517.15	0.68046	0.68948	16.4734	10

표 2·4 각종 에너지 단위의 환산표

단위 종류	J=Nm	kg_f m	kcal 15°	kcal IT	kWh	PSh	Btu
J=107 erg	1	0.1019716	$2.38920 \cdot 10^{-4}$	$2.38846 \cdot 10^{-4}$	$2.77778 \cdot 10^{-7}$	$3.77673 \cdot 10^{-7}$	$9.47817 \cdot 10^{-4}$
1 kg_f m	9.80665	1	$2.34301 \cdot 10^{-3}$	$2.34228 \cdot 10^{-3}$	$2.72407 \cdot 10^{-6}$	$3.70370 \cdot 10^{-6}$	$9.29491 \cdot 10^{-4}$
1 kcal 15°	4185.5	426.80	1	0.99969	$1.16264 \cdot 10^{-3}$	$1.58075 \cdot 10^{-3}$	3.96709
1 kcal IT	4186.8	426.935	1.00031	1	$1.16300 \cdot 10^{-3}$	$1.58111 \cdot 10^{-3}$	3.96832
1 kWh	3600000	367097.8	860.11	859.845	1	1.35962	3412.14
1 PSh	2647796	270000	632.61	632.416	0.735499	1	2509.63
1 Btu	1055.056	107.5857	0.252074	0.251996	$2.93071 \cdot 10^{-4}$	$3.98466 \cdot 10^{-4}$	1

표 2·5 각종 동력(일률) 단위의 환산표

단위 종류	kW	kg_f m/s	PS	kcal IT/h	kcal 15°/h
1 kW	1	101.9716	1.3596	859.845	860.11
1 kg_f m/s	$9.80665 \cdot 10^{-3}$	1	0.013333	8.4324	8.4345
1 PS	0.73549875	75	1	632.44	632.61
1 kcal IT/h	$1.163 \cdot 10^{-3}$	0.118594	$1.58125 \cdot 10^{-3}$	1	1.00031
1 kcal 15°/h	$1.16264 \cdot 10^{-3}$	0.11856	$1.58075 \cdot 10^{-3}$	0.99968	1

표 2·6 주된 열관계에 관련된 양의 중력 단위로부터 SI 단위로의 환산율

양	중력 단위 SI 단위 환산율
비 열	1 kcal/kg_f ℃ = 4.186 kJ/kgK
엔트로피	1 kcal/K = 4.186 kJ/K
비엔트로피	1 kcal/kg_f K = 4.186 kJ/kgK
점성계수	1 kg_f s/m^2 = 9.807 Pas = 9.807 Ns/m^2
동점성계수	1 St(stokes) = 1 cm^2/s = 10^{-4} m^2/s
열전도율	1 kcal/mh℃ = 1.163 W/mK
열전달률	1 kcal/m^2h℃ = 1.163 W/m^2K

표 2·7 SI와 병용 가능한 단위

명칭	기호	SI 단위에 의한 값
분	min	1 min = 60 s
시	h	1 h = 60 min = 3600 s
일	d	1 d = 24 h = 86400 s
도	°	$1° = (\pi/180)$ rad
분	′	$1' = (1/60)° = (\pi/10800)$ rad
초	″	$1'' = (1/60)' = (\pi/648000)$ rad
리터	l	1 l = 1 dm^2 = 10^{-3} m^2
톤	t	1 t = 10^3 kg

표 2·8 SI 단위로의 환산표

양	단위의 명칭	기 호	SI로 환산율	SI 단위의 명칭	기 호
각 도	도 분 초	° ′ ″	$\pi/180$ $\pi/1.08\times10^{4}$ $\pi/6.48\times10^{5}$	라디안	rad
길 이	미 터 미 크 론 옹스트롬 X선 단위 페 르 미	m μ Å X-unit Fermi	1 10^{-6} 10^{-10} $\approx1.00208\times10^{-13}$ 10^{-15}	미터	m
면 적	평방미터 아 르	m^2 a	1 10^{2}	평방미터	m^2
체 적	입방미터 리 터	m l	1 10^{-3}	입방미터	m^3
질 량	킬로그램 톤 원자질량단위	kg t u	1 10^{3} $\approx1.66057\times10^{-27}$	킬로그램	kg
시 간	초 분 시 일	s min h d	1 60 3600 86400	초	s
속 도	매초당미터 노 트	m/s kn	1 1852/3600	매초당미터	m/s
주파수 및 진동수	사이클	s^{-1}	1	헤르츠	Hz
회전수	매분당회(回)	rpm	1/60		
각속도	매초당라디안	rad/s	1	매초당라디안	rad/s
가속도	매제곱초당미터 지	m/s^2 G	1 9.80665	매제곱초당미터	m/s^2
힘	킬로그램(중) 톤(중) 다 인	kg_f t_f dyn	9.80665 9806.65 10^{-5}	뉴턴	N
힘의 모멘트	킬로그램미터	$kg_f\cdot m$	9.80665	뉴턴미터	N·m
응 력	매평방미터당킬로그램 매평방센티미터당킬로그램 매평방밀리미터당킬로그램	kg_f/m^2 kg_f/cm^2 kg_f/mm^2	9.80665 9.80665×10^{4} 9.80665×10^{5}	파스칼 또는 매평방미터당뉴턴	Pa 또는 N/m^2
압 력	매평방미터당킬로그램 수주(水柱)미터 수은주미터 토 르 기 압 바	kg_f/m^2 mH_2O mmHg Torr atm bar	9.80665 9806.65 101325/760 101325/760 101325 105	파스칼	Pa

표 2·8 SI 단위로의 환산표(계속)

양	단위의 명칭	기 호	SI로 환산율	SI 단위의 명칭	기 호
에너지	에 르 그 칼 로 리 킬로그램미터 킬로와트시(時) (불)마력시(時) 전자볼트	erg cal $kg_f \cdot m$ kW·h PS·h eV	10^{-7} 4.18605 9.80665 3.600×10^{6} $\approx2.64779\times10^{6}$ $\approx1.60219\times10^{-19}$	줄	J
일률 및 동력	와 트 (불)마력 매시간당킬로칼로리	W PS kcal/h	1 735.5 1.1630	와트	W
점도 및 점성계수	푸 아 즈 센티푸아즈 매평방미터당킬로그램초	P cP $kg_f \cdot s/m^2$	10^{-1} 10^{-3} 9.80665	파스칼초	Pa·s
동점도 및 동점성계수	스토크스 센티스토크스	St cSt	10^{-4} 10^{-6}	매초당평방미터	m^2/s
온 도	도	℃	+273.15	켈빈	K
방 사 능 조사선량 흡수선량	큐 리 뢴 트 겐 라 드	Ci R rd	3.7×1010 2.58×10^{-4} 10^{-2}	베크렐 매킬로그램당쿨롱 그레이	Bq C/kg Gy
자 속	맥 스 웰	Mx	10^{-8}	웨버	Wb
자속밀도	감 마 가 우 스	γ Gs	10^{-9} 10^{-4}	테슬러	T
자기장의 세기	에르스텟	Oe	$10^3/4\pi$	매미터당암페어	A/m
전기량 전위차 정전용량 전기저항 컨덕턴스 인덕턴스 전 류	쿨 롱 볼 트 패 럿 옴 지 멘 스 헨 리 암 페 어	C V F Ω S H A	1 1 1 1 1 1 1	쿨롱 볼트 패럿 옴 지멘스 헨리 암페어	C V F Ω S H A
휘 도	스 틸 브	sb	10^4	매평방미터당칸델라	cd/m^2
광 속	루 멘	lm	1	루멘	lm
조 도	럭 스 포 트	lx ph	1 10^4	럭스	lx
광 량				루멘초	lm·s
노광량				럭스초	lx·s

3장

내연기관의 열효율과 기본사이클

내연기관에 사용되는 사이클에는 왕복 피스톤기관과 같은 체적형 기관에 사용되는 사이클과 가스터빈과 같은 속도형 기관에 사용되는 사이클이 있는데, 본 장에서는 왕복피스톤기관에 대한 사이클과 열효율에 관해서 설명한다.

3.1 열효율과 평균유효압력의 정의

내연기관의 성능은 일정량의 연료로부터 가능한 한 많은 일을 얻을 것과 일정체적의 실린더로부터 가능한 한 많은 일을 발생시키는 것으로 결정되는데, 이와 같은 것들을 정량적으로 나타내는 것으로 전자를 열효율(thermal efficiency : η)로, 후자를 평균유효압력(brake mean effective pressure : BMEP)으로 나타낸다.

3.1.1 열효율의 정의

내연기관의 열효율은 기관에 공급된 열량과 그 열량을 받아 일로 전환된 열량과의 비를 의미하며, 이 일이란 말의 해석에 따라서 여러 가지의 열효율로 정의되는데 우선 이것을 확실히 하고자 한다. 내연기관에서 공급열량이란 연료의 연소에 의해 발생하는 열량으로, 통상 이것은 0℃에서 일정 체적상태에서 완전연소한 경우의 저위발열량을 이용한다.

(1) 이론열효율(theoretical thermal efficiency : η_{th})

이론열효율이란 이론사이클에 근거하여 예측할 수 있는 효율, 즉 열역학상 피할 수 없는 비가역변화에 근거한 손실만을 갖는 사이클에 의해서 일로 전환된 열량과 그 사이클에 공급된 열량과의 비를 말한다. 열역학 제1법칙으로부터 일로 변환된 열량은 그 사이클에 공급된 열량 Q_1과 일을 끝내고 배출된 열량 Q_2와의 차이므로 다음과 같이 나타낼 수 있다.

$$\eta_{th}=\frac{W_{th}}{Q_1}=\frac{Q_1-Q_2}{Q_1}=1-\frac{Q_2}{Q_1} \tag{3·1}$$

W_{th} : 1 사이클 동안의 이론일(이론사이클에 근거하여 예측할 수 있는 일)

이 경우 동작유체를 공기로 가정한 경우를 공기사이클(air cycle), 동작유체의 특성을 고려한 경우(연소실 내의 가스의 조성이나 물성치의 변화, 연료의 증발, 연소에 의해 가스 분자수의 변화 등)를 연료-공기 사이클(fuel-air cycle)이라 한다.

(2) 도시열효율(indicated thermal efficiency : η_i)

전술한 이론일은 이론사이클에 근거하여 예측할 수 있는 일이지만, 도시일은 실제가스로부터 얻은 일을 도시일이라 한다. 즉, 실린더 내의 가스가 피스톤 위에 하는 일로서 이론일보다 불완전연소, 연소지연, 가스누설, 냉각손실 및 흡·배기에 소비된 일만큼 적게 된다. 동작가스가 피스톤 위에 한 일을 도시일(W_i), 그 동력을 도시출력 N_i(indicated power)라 말하고, 이것에 관계한 열효율을 도시열효율이라 한다.

$$\eta_i=\frac{W_i}{Q_1}$$

(3) 선도계수(diagram factor : η_g)

도시열효율이 낮은 경우에는 사이클 자신의 열효율이 저조하든지, 또는 도시열효율에서 거론한 각종 손실이 많기 때문이어서인지 알 수가 없다. 이것을 확실히 하기 위하여 다음과 같이 정의된 선도계수를 사용하며, 이것으로 성능향상의 가능성을 판단할 수 있다.

$$\eta_g=W_i/W_{th}=\eta_i/\eta_{th}$$

(4) 정미열효율(brake thermal efficiency : η_e)

실제기관축으로부터 얻는 정미일 W_e는 도시일로부터 운동부분의 마찰, 밸브, 펌프, 그 이외의 운동에 필요한 보조장치를 구동하는 데 필요한 일을 제외한 것이다. 기관축으로부터 얻는 출력을 정미출력(brake power) 또는 축출력(shaft power), 순출력(net power)이라 부르고, 이것에 관계한 열효율을 정미열효율이라 한다.

$$\eta_e = W_e / Q_1$$

이것은 기관의 최종적인 실용가치를 나타내는 것이지만, 이것으로 기관 각부의 손실을 판단할 수는 없다. 여기서, 정미열효율 계산법을 생각해 보자.

연료의 저위발열량을 H_u[kJ/kg], 연료소비율을 B [kg/h]라 한다면, 매 시간당 열공급량은 $H_u \cdot B$ [kJ]로 된다. 이 열량을 받아 발생한 정미출력을 N_e [kW]라 한다면, 1 kW 1시간의 일은 3600 kJ(860 kcal)의 열량에 상당하므로 매시 3600× N_e [kJ]의 일은 얻을 수 있다. 따라서,

$$\eta_e = \frac{3600 N_e}{H_u \times B} = \frac{3600}{H_u \times b_e} \times 1000 \qquad (3 \cdot 2)$$

단, $b_e = 1000B / N_e$ = 정미연료소비율 [g/kW · h]

(5) 기계효율(mechanical efficiency : η_m)

정미열효율이 낮은 경우는 원래 도시열효율이 저조하든지, 그렇지 않으면 기계 자신의 손실이 많기 때문이어서인지 알 수가 없다. 이것을 분명히 하기 위하여 다음과 같이 정의된 기계효율을 이용한다.

$$\eta_m = W_e / W_i = N_e / N_i = \eta_e / \eta_i$$

기계효율은 기계마찰의 많고 적음에 관계하며, 도시출력과 정미출력과의 차는 기계의 내부마찰 및 보조장치의 구동에 소비되는 부분이고 이것을 마찰마력 N_r(friction horse power)라 부른다.

$$N_r = N_i - N_e$$

이상 5종류의 효율 사이에는 다음과 같은 관계가 있다.

$$\eta_e = \eta_i \cdot \eta_m = \eta_{th} \cdot \eta_g \cdot \eta_m \qquad (3 \cdot 3)$$

3.1.2 평균유효압력의 정의

실린더 체적을 증가시키면 출력이 증가하는 것은 당연하므로 출력만으로 성능을 나타내는 데는 충분하지 못하다. 따라서, 여기서 실린더 체적에 무관한 평균유효압력을 이용한다. **평균유효압력이란 단위행정체적당의 일, 즉 1 사이클의 일을 행정체적으로 나눈 것을 말하며 1 사이클의 일을 나타내는데, 앞에서 언급한 바와 같이 이론일, 도시일, 정미일, 마찰일 등이 있어 이들 각각에 대하여 평균유효압력을 구할 수 있다.**

(1) 이론 평균유효압력 : p_{mth}

$$p_{mth} = W_{th} / V_h = Q_1 \eta_{th} / V_h = (Q_1 - Q_2) / V_h \quad (3 \cdot 4)$$

(2) 도시 평균유효압력 : p_{mi}

$$p_{mi} = W_i / V_h = W_{th} \cdot \eta_g / V_h$$
$$= p_{th} \cdot \eta_g \quad (3 \cdot 5)$$

그림 3·1에서와 같이 p_{mi}는 지압선도의 면적을 밑변이 V_h인 직사각형으로 환산한 때의 높이를 나타낸다. 도시출력을 N_i [kW], 매분회전수를 n, 1회전 중의 행정수를 i(4 행정기관에서는 1/2, 2 행정기관에서는 1), 행정체적을 V_h [cm^3]라 한다면, 1 kW=10^2 kg·m/s, 1 cc=1 cm^{3}이므로 1 사이클 동안의 평균유효압력을 계산하면,

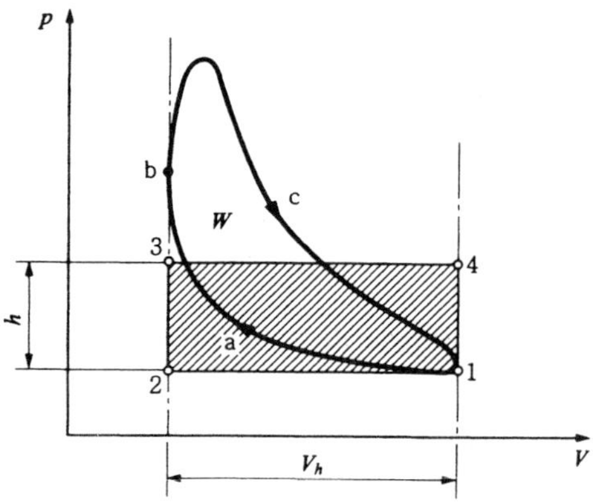

그림 3·1 사이클의 평균유효압력

$$P_{mi} = 10,200 \cdot N_i \div \frac{n \cdot i}{60} \times \frac{1}{V_h} = \frac{612,000 N_i}{n \cdot i \cdot V_h} \ [\text{kg/cm}^2] \quad (3 \cdot 6)$$

$$\fallingdotseq \frac{61,200 N_i}{n \cdot i \cdot V_h} \ [\text{MPa}] \quad (3 \cdot 6')$$

● **참고**

도시출력 N_i(PS), 매분회전수 n, 1회전 중 사이클수 i, 행정체적 $V_h(l)$라 하면

$$P_{mi} = 7500 N_i \div \frac{n \cdot i}{60} \times \frac{1}{1000 V_h} = \frac{450 N_i}{V_h \cdot n \cdot i} \ [\text{kg/cm}^2] \quad (3 \cdot 6'')$$

(3) 정미 평균유효압력 : p_{me}

식 (3·5)와 식 (3·6)과 같은 방법으로

$$p_{me} = W_e / V_h = W_i \cdot \eta_m / V_h = p_i \eta_m = p_{th} \eta_g \eta_m \quad (3 \cdot 7)$$

$$p_{me} = \frac{612,000 \ N_e}{V_h \cdot n \cdot i} \ [\text{kg/cm}^2] \fallingdotseq \frac{61,200 \ N_e}{V_h \cdot n \cdot i} \ [\text{MPa}] \quad (3 \cdot 8)$$

● **참고**

식 (3·6″)와 같은 방법으로

$$P_{me} = \frac{450 N_e}{V_h \cdot n \cdot i} \ [\text{kg/cm}^2] \quad (3 \cdot 8')$$

(4) 마찰 평균유효압력 : p_{mr}

이는 마찰일을 행정체적으로 나눈 것이다.

$$p_r = (W_i - W_e) / V_h = p_i - p_e \tag{3·9}$$

3.2 공기사이클의 열효율

내연기관의 사이클은 여러 가지가 제안되었지만, 실제사이클을 평가하는 기준으로 이용되고 있는 것은 열을 공급받는 과정의 차이로 정적, 정압 및 복합사이클의 3개뿐이다. 즉, 열을 공급받는 과정에 따라서 정적사이클은 일정 체적상태에서, 정압사이클은 일정 압력상태에서, 복합사이클은 일정 체적상태에서 일부를, 나머지는 일정 압력상태에서 열을 받는 사이클이며, 열의 방출은 어느 것도 일정 체적상태에서 행해진다. 간단히 하기 위해 다음과 같은 이상기관을 생각하자.

① 작동가스를 완전가스라 가정하고, 가스의 물리상수는 표준상태에서의 공기의 것과 같은 것으로 한다.

② 압축, 팽창중 외부와의 열교환은 없다. 즉, 압축, 팽창과정은 단열변화를 한다.

③ 흡·배기 과정에서는 저항이 없다. 따라서, 흡·배기 행정의 압력선은 대기압선과 일치한 수평선이다.

④ 동작가스는 항상 실린더 내에 머물러 있고, 연소 대신에 연료의 발열량에 상당하는 열량 Q_1이 외부로부터 공급되어, 팽창행정 말에 배기 대신에 압축 초의 상태로 될 때까지 정적상태에서 열량 Q_2를 제거하는 것으로 한다. 즉, 밀폐 사이클을 수행하는 것으로 한다.

이와 같은 이상기관의 사이클을 이상 공기사이클(ideal air cycle)이라 한다. 실제의 내연기관 사이클에서 각 과정의 상태변화는 연료의 연소에 의한 열의 수수와 흡·배기 과정에서 여러 손실이 존재한다. 즉, 작동유체는 이상기체가 아니고 사이클의 각 점에서는 그 성질이 변화하므로 위에서 언급한 공기사이클은 실제사이클에서는 도저히 기대할 수 없는 높은 열효율을 나타낸다. 또 최고압력, 최고온도, 평균유효압력 등도 실제사이클보다 훨씬 높아 열효율, 압력, 온도, 평균유효압력 등에 대한 여러 인자들의 영향을 정성적으로 찾아내는 데 도움이 되고 있다.

그림 3·2와 같은 사이클에서 공급열량을 Q_1, 방출열량을 Q_2, 등온선곡선을 T_1, T_2라 한다면, 한 사이클 중의 일 W_{th}은 다음과 같다.

$$W_{th} = \int_1^2 p\,dV + \int_2^3 p\,dV + \int_3^4 p\,dV + \int_4^1 p\,dV$$

$$= \oint p\,dV = \oint dQ = Q_1 - Q_2$$

- **참고**

SI 단위에서는 일과 열은 어느 것도 J(joule)로 나타내므로 같이 표현할 수 있지만, 구 단위에서는 다음과 같은 양을 이용하여 열과 일을 구분하였으며, 그 변환도 가능하도록 하였다.

A=일의 열당량(equivalent heat of work)=1/J=1/426.8 [kcal/kg$_f$ · m]

J=열의 일당량(equivalent work of heat)=1/A=426.8 [kg$_f$ · m/kcal]

따라서, 이 열기관은 열량 Q_1을 공급해서 W_{th}의 일을 하였으므로, 그 효율은 다음과 같다.

$$\eta_{th} = \frac{W_{th}}{Q_1} = \frac{Q_1 - Q_2}{Q_1} = 1 - \frac{Q_2}{Q_1} < 1$$

이 효율이 식 (3·1)의 이론열효율이다. 또, 1 사이클 중의 압력변화의 평균값을 p_{mth}라 하고, 1 실린더의 행정체적을 V_h라 한다면, W_{th}는 다음과 같이 표시할 수 있다.

$$W_{th} = p_{mth} \cdot V_h$$

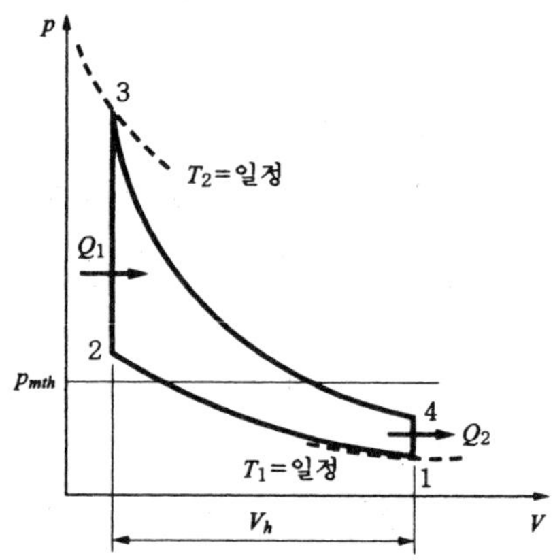

그림 3·2 이상 공기사이클

이 p_{mth}을 식 (3·4)의 이론 평균유효압력에 해당되며, 기관성능이 좋고 나쁨을 판단하는 데 매우 중요한 지표(index)이다.

3.2.1 정적사이클(constant volume cycle 또는 Otto cycle)

이 사이클은 Beau de Rochas에 의해 제안되었지만, 이 원리를 기초로 하여 실제기관을 최초로 만든 것은 Nicolaus A. Otto이므로 그 이름을 따서 오토(Otto)사이클로 알려져 있으며, 현재 전기점화기관(가솔린기관)의 이상사이클로 되어 있다.

그림 3·3은 오토사이클의 $P-V$선도와 $T-s$ 선도를 나타낸 것으로,

그림 3·3의 (a)에서 0→1 : 대기압 상태에서 작동가스(공기)의 흡입과정

1→2 : 가역단열압축(reversible adiabatic compression)

2→3 : 정적상태에서 열량 Q_1의 수열(또는 공급)과정(정적연소과정)

3→4 : 가역단열팽창

4→1 : 정적상태에서 열량 Q_2가 방열(또는 방출)과정

1→0 : 이는 0→1 과정과 일의 크기는 같고 부호는 반대이므로 서로 상쇄되어 오토사이클은 1→2→3→4만으로 해석된다.

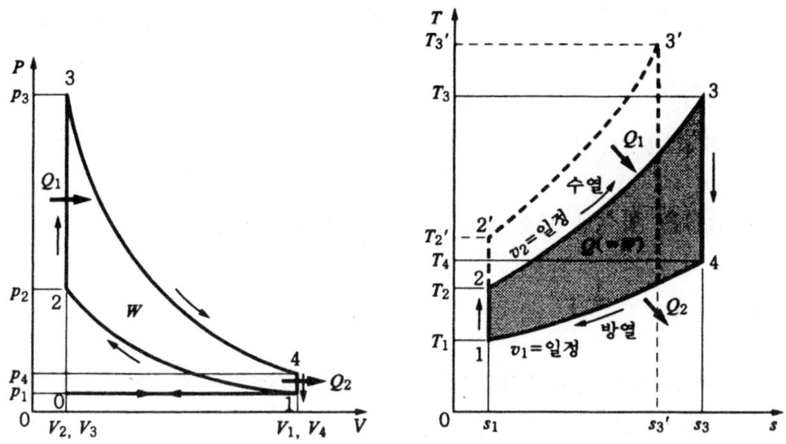

(a) P - V선도 (b) T - s선도

그림 3・3 오토사이클

이 사이클의 일량은 면적 [1-2-3-4]로 나타낼 수 있으며 압축과 팽창과정에서 정적변화비 $V_1/V_2=V_4/V_3$는 압축비를 의미한다. 즉 $V_1/V_2=V_4/V_3=\varepsilon$ 이다.

또, 그림 3・3 (b)는 온도 T와 엔트로피 s와의 관계를 나타낸 T-s 선도이고, 2→3은 수열과정이고 4→1은 방열과정으로 면적 [s_1-1-2-3-4-s_3]은 Q_1이고, 면적 [s_1-1-4-s_3]은 Q_2로, 면적 [1-2-3-4]가 유효일 $Q=Q_1-Q_2$로 일 W이다.

그림 3・3 (a)에서 점 1, 2, 3, 4의 온도를 각각 T_1, T_2, T_3, T_4라 하고, 정적비열을 c_v, 정압비열을 c_p 및 비열비 c_p/c_v를 k라 하면, 과정 2→3에서 받은 열량 Q_1과 과정 4→1에서 방출한 열량 Q_2는 작동가스량을 m이라 한다면 다음과 같이 쓸 수 있다.

$$\begin{cases} Q_1=mc_v(T_3-T_2) \\ Q_2=mc_v(T_4-T_1) \end{cases} \tag{3・10}$$

따라서, 오토사이클의 이론열효율 $\eta_{th(o)}$는 다음 식과 같이 구할 수 있다. 즉, 공급된 열량 Q_1에 대하여 일로 사용된 열량(Q_1-Q_2)의 비이므로

$$\eta_{th(o)}=\frac{Q_1-Q_2}{Q_1}=1-\frac{Q_2}{Q_1}=1-\frac{T_4-T_1}{T_3-T_2} \tag{3・11}$$

과정 1→2와 과정 3→4는 단열변화이므로 다음 식이 성립한다.

$$\begin{aligned} T_1V_1^{k-1}&=T_2V_2^{k-1} \quad \therefore\ T_2=T_1(V_1/V_2)^{k-1}=T_1\varepsilon^{k-1} \\ T_3V_3^{k-1}&=T_4V_4^{k-1} \quad \therefore\ T_3=T_4(V_4/V_3)^{k-1}=T_4\varepsilon^{k-1} \end{aligned} \tag{3・12}$$

따라서, 식 (3・12)에서 $T_3 - T_2 = T_4\varepsilon^{k-1} - T_1\varepsilon^{k-1} = \varepsilon^{k-1}(T_4 - T_1)$이므로 다음과 같이 쓸 수 있다.

$$\therefore (T_4 - T_1)/(T_3 - T_2) = \frac{1}{\varepsilon^{k-1}} \tag{3・13}$$

그래서 식 (3・11)은 윗식을 이용하여 다시 쓰면 다음과 같다.

$$\eta_{th(o)} = 1 - \frac{1}{\varepsilon^{k-1}} \tag{3・14}$$

식 (3・14)에 의하면 정적사이클의 열효율은 공급열량에는 관계없고, 압축비와 비열비만에 의해서 결정되며 이들이 증가할수록 열효율은 증가함을 알 수 있다. 이 이유는 압축비가 증가할수록 가스의 팽창비가 크게 되어 방출열량이 감소하기 때문이다. 이 같은 점은 그림 3・3(b)의 T-s 선도에서 보다 더 이해할 수 있을 것이다. 그림 중의 1, 2, 3, 4는 그림 3・3(a)의 숫자에 대응하고 1′, 2′, 3′, 4′는 고압축비 경우의 사이클을 나타낸다. 공급열량 Q_1은 T-s 선도상의 면적 $[s_1 \to 2 \to 3 \to s_3]$ 및 $[s_1 \to 2' \to 3' \to s_3']$이고, 이들 면적이 같다고 하자. 방출열량 Q_2는 각각 면적 $[s_1 \to 1 \to 4 \to s_3]$ 및 $[s_1 \to 1 \to 4' \to s_3']$로 되어, 이 면적을 비교해 볼 때 분명히 후자쪽이 작음을 알 수 있다. 따라서, 고압축비쪽이 열효율이 높게 된다. 압축비가 높아질수록 방출열량의 감소가 적게 되므로 압축비의 영향은 작게 되어 열효율의 증가폭은 완만하게 된다. 이와 같은 것을 그림으로 나타내면 그림 3・4와 같으며, 공기 0℃의 경우는 $k=1.4$이다.

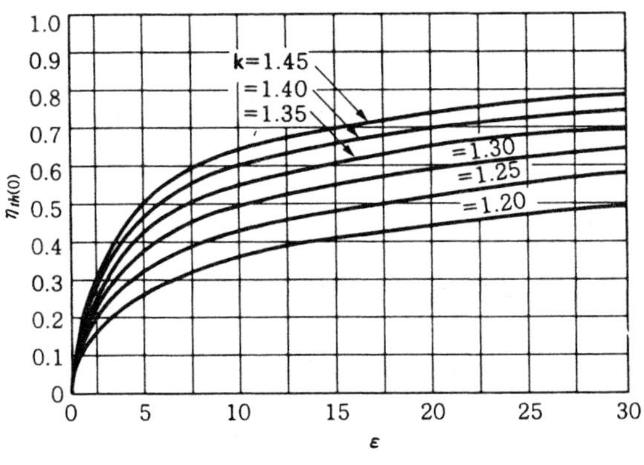

그림 3・4 정적사이클의 이론열효율 $\eta_{th(o)}$과 압축비(ε)와의 관계

단열변화의 관계로부터 $T_2/T_1 = T_3/T_4 = \varepsilon^{k-1}$이므로 식 (3・14)은

$$\eta_{th} = 1 - \frac{1}{\varepsilon^{k-1}} = 1 - \frac{T_1}{T_2} = 1 - \frac{T_4}{T_3}$$

로 되어 정적사이클의 열효율은 T_1, T_2 또는 T_3, T_4의 온도 사이에서 작동하는 카르노사이클의 열효율에 상당하며, 공급열량에는 무관하다. 표 3・1에 정적사이클에서의 P, v, T 및 일량과의 관계를 정리하여 나타내었다.

표 3 · 1 정적사이클에서 P, V, T 및 일량과의 관계

과 정	P, V, T 관계	이동열(kcal/kg)	일(J/kg)
$1\to2(PV^k=c)$	$T_2/T_1=(V_1/V_2)^{k-1}$ $=\varepsilon^{k-1}$	0	$-c_v(T_2-T_1)$ $=\dfrac{P_2V_2-P_1V_1}{1-k}$
$2\to3(V=c)$	$T_3/T_2=P_3/P_2$	$c_v(T_3-T_2)=Q_1$	0
$3\to4(PV^k=c)$	$T_3/T_4=(V_4/V_3)^{k-1}$ $=\varepsilon^{k-1}$	0	$-c_v(T_4-T_3)$ $=\dfrac{P_4V_4-P_3V_3}{1-k}$
$4\to1(V=c)$	$T_1/T_4=P_1/P_4$	$c_v(T_4-T_1)=Q_2$	0

또 그림 3 · 3 (a)에서 1, 2, 3, 4에서의 압력을 P_1, P_2, P_3, P_4로 하고, $P_3/P_2=\xi=$폭발도(degree of explosion 또는 rate of explosion)라 하면 단열변화의 상태식으로부터 다음의 관계식을 얻을 수 있다.

$$P_2=P_1\cdot\varepsilon^k,\quad P_3=P_2\cdot\xi=P_1\cdot\varepsilon^k\cdot\xi,\quad P_4=P_3/\varepsilon^k=P_1\cdot\xi$$
$$T_3=T_2\cdot\xi=T_1\cdot\varepsilon^{k-1}\cdot\xi,\quad T_4=T_1\cdot\xi \tag{3 · 15}$$

따라서, 열량식 식 (3 · 10)은 식 (3 · 12)와 윗식을 이용하여 정리하면 다음과 같다.

$$\begin{cases} Q_1=mc_vT_1\varepsilon^{k-1}(\xi-1) \\ Q_2=mc_vT_1(\xi-1) \end{cases} \tag{3 · 16}$$

이 사이클의 이론 평균유효압력 $p_{mth(o)}$는 다음 식으로 구할 수 있다.

$$p_{mth(o)}=W_{th(o)}/V_h=W_{th(o)}/(V_1-V_2)=(Q_1-Q_2)/\left[V_1\left\{1-\left(\frac{1}{\varepsilon}\right)\right\}\right]$$

이 식에 식 (3 · 16)의 Q_1, Q_2를 대입하여 정리하면

$$p_{mth(o)}=\frac{m\cdot c_v\cdot T_1(\varepsilon^{k-1}-1)(\xi-1)}{V_1\left\{1-\left(\frac{1}{\varepsilon}\right)\right\}}=\frac{m\cdot T_1\cdot R(\varepsilon^k-\varepsilon)(\xi-1)}{V_1(k-1)(\varepsilon-1)}$$
$$=P_1\frac{(\varepsilon^k-\varepsilon)(\xi-1)}{(k-1)(\varepsilon-1)} \tag{3 · 17}$$

여기서, R : 가스상수(공기의 경우 29.27 [kg · m/kg$_f$ · ℃]) $R=R_0/M$ [kJ/kg · K] = 287.03 [J/kg · K]

R_0 : 8.314 [kJ/kmol · K], $c_p-c_v=R$, 공기의 분자량 28.964, $AR=C_v(k-1)$이며 SI 단위에서는 $R'=C_v'(k-1)$으로 C_v 단위는 [kcal/kg$_f$ · ℃], [J/kg · K]

그림 3・3(b)의 $T-s$ 선도에서 면적 [1-2-3-4]는 오토사이클의 일 W이다.

3.2.2 정압사이클(constant pressure cycle 또는 Diesel cycle)

Rudolf Diesel이 고안한 것으로 최초의 계획은 등온연소이었으나, 실제로 운전한 기관은 우연히 정압연소로 되어서 발명자의 이름을 붙여 디젤사이클이라고도 한다. 그러나, 현재 디젤기관에서 정압연소는 극히 어려워 공기분사식 디젤기관으로 취급한 것에 지나지 않으며, 저속 디젤기관의 기초 사이클이다.

그림 3・5에 디젤사이클의 $P-V$ 선도와 $T-s$ 선도를 나타내었다. 그림에서 체적비 V_3/V_2를 연료분사의 체절비(締切比 : cut-off ratio) 또는 등압도(等壓度 : constant pressure explosion ratio)라 부르고, σ로 표시한다.

● **참고**

σ를 연료단절비(fuel cut-off ratio), 차단도(cut-off ratio), 등압팽창비라고도 부른다.

그림 3・5(a)에서 0→1 : 대기압 상태에서 작동가스의 흡입과정
1→2 : 가역단열압축 과정
2→3 : 가역단열압축된 작동가스의 정압상태에서 열량 Q_1 공급과정 (정압연소과정)
3→4 : 가역단열팽창 과정
4→1 : 정적상태에서 열량 Q_2의 방출과정

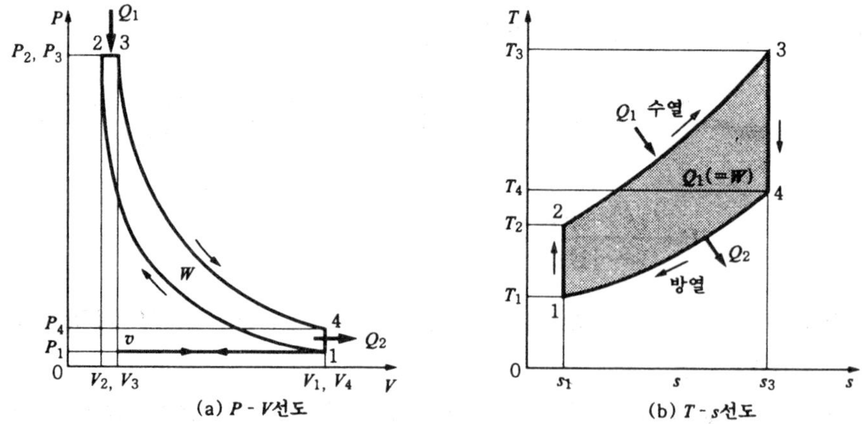

그림 3・5 디젤사이클(정압사이클)

1→0 : 이는 0→1 과정과 일의 크기는 같고 방향이 반대이어서 서로 상쇄되어 디젤사이클은 1→2→3→4만으로 해석된다.

따라서, 그림 3·5(a) 중에서 각 점에서 가스의 상태는 다음과 같이 쓸 수 있다.

$$\begin{cases} \text{점 2}: P_2 = P_1 \cdot \varepsilon^k, \quad T_2 = T_1 \cdot \varepsilon^{k-1}, \quad V_2 = V_1 / \varepsilon \\ \text{점 3}: P_3 = P_1 \cdot \varepsilon^k, \quad T_3 = T_2 (V_3 / V_2) = T_1 \cdot \varepsilon^{k-1} \cdot \sigma \\ \qquad V_3 = V_2 \cdot \sigma = V_1 (\sigma / \varepsilon) \\ \text{점 4}: P_4 = P_3 (V_3 / V_4)^k = P_3 \{ (V_3 / V_2)(V_2 / V_1) \}^k \\ \qquad = P_3 (\sigma/\varepsilon)^k = P_1 \cdot \sigma^k \\ \qquad T_4 = T_3 (V_3 / V_4)^{k-1} = T_3 (\sigma/\varepsilon)^{k-1} \\ \qquad = T_1 \cdot \varepsilon^{k-1} \cdot \sigma (\sigma/\varepsilon)^{k-1} = T_1 \cdot \sigma^k \end{cases} \tag{3·18}$$

한편, 공급열량 Q_1과 방출열량 Q_2는 다음과 같이 쓸 수 있다.

$$\begin{cases} Q_1 = m \cdot c_p \cdot (T_3 - T_2) = m \cdot c_p \cdot T_1 \cdot \varepsilon^{k-1} (\sigma - 1) \\ Q_2 = m \cdot c_v \cdot (T_4 - T_1) = m \cdot c_v \cdot T_1 (\sigma^k - 1) \end{cases} \tag{3·19}$$

따라서, 이론열효율 $\eta_{th(D)}$은 다음 식으로 구할 수 있다.

$$\eta_{th(D)} = 1 - \frac{Q_2}{Q_1} = 1 - \frac{c_v (\sigma^k - 1)}{c_p \cdot \varepsilon^{k-1} (\sigma - 1)} = 1 - \frac{1}{k} \cdot \frac{1}{\varepsilon^{k-1}} \cdot \frac{\sigma^k - 1}{\sigma - 1} \tag{3·20}$$

즉, 식 (3·20)으로부터 $\eta_{th(D)}$는 압축비 ε이 증가할수록 증가하고, 체절비(등압도) σ가 증가할수록 역으로 감소함을 알 수 있다. 이것은 σ가 클수록 팽창비(가역단열팽창 3→4 과정)이 작아지기 때문이다. 이 관계를 그림 3·6에 나타내었으며, 표 3·2에 정압사이클에서 P, V, T 및 일량과의 관계를 나타내었다.

한편, 정압사이클의 평균유효압력 $p_{mth(D)}$은 다음 식으로 구할 수 있다.

$$p_{mth(D)} = \frac{W_{th(D)}}{V_h} = \frac{W_{th(D)}}{V_1 - V_2} = \frac{Q_1 - Q_2}{V_1 \left\{ 1 - \left(\frac{1}{\varepsilon} \right) \right\}}$$

$$= P_1 \frac{\varepsilon^k \cdot k (\sigma - 1) - \varepsilon (\sigma^k - 1)}{(k-1)(\varepsilon - 1)} \tag{3·21}$$

● **참고**

유도과정은 정적사이클의 유도과정과 동일함

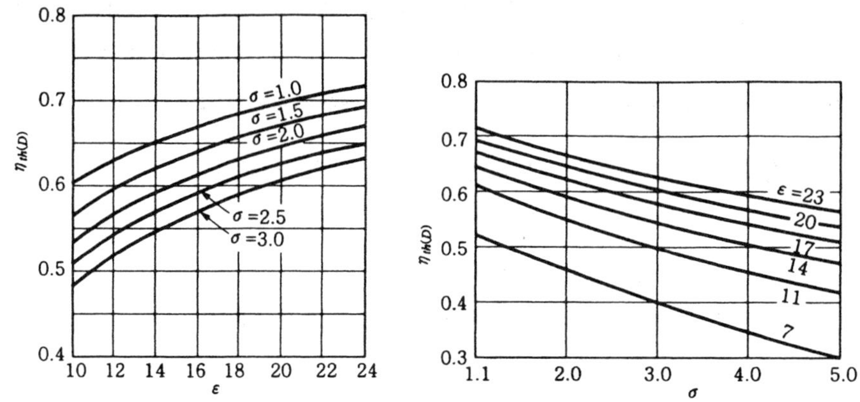

그림 3·6 정압사이클의 이론열효율 $\eta_{th(D)}$과 압축비 ε 및 등압도 σ와의 관계

표 3·2 정압사이클에서 P, V, T 및 일량과의 관계

과 정	P, V, T 관계	이동열 [kcal/kg]	일 [kg·m/kg]
$1\to2(PV^k=c)$	$T_2/T_1=(P_2/P_1)^{k-1/k}$ $=(V_1/V_2)^{k-1}$	0	$-c_v(T_2-T_1)$ $=\dfrac{P_2V_2-P_1V_1}{1-k}$
$2\to3(P=c)$	$T_3/T_2=V_3/V_2$	$c_p(T_3-T_2)=Q_1$	$P_2(V_3-V_2)$ $=c_p(T_3-T_2)$
$3\to4(PV^k=c)$	$T_4/T_3=(P_4/P_3)^{k-1/k}$ $=(V_3/V_4)^{k-1}$	0	$c_v(T_4-T_3)$ $=\dfrac{P_4V_4-P_3V_3}{1-k}$
$4\to1(V=c)$	$T_1/T_4=P_1/P_4$	$c_v(T_4-T_1)=Q_2$	0

그림 3·5 (b)의 T-s 선도에서 면적 [1-2-3-4]는 디젤사이클의 일 W을 나타낸다.

3.2.3 복합(합성, 사바데)사이클(composite 또는 dual combustion 또는 Sabathé cycle)

이 사이클은 발명자의 이름을 따서 사바데(Sabathé)사이클이라고도 부르고, 고속 디젤기관, 소옥(燒玉)기관의 기초(이상) 사이클이지만, 현재의 내연기관의 사이클은 엄밀히 말하면 어느 것이나 이 사이클에 속한다고 말할 수 있다.

이 사이클은 수열(受熱)시간, 즉 연소시간을 단축하기 위하여 생각된 사이클로, 앞에서 언급한 정적, 정압사이클의 수열과정을 합한 것이므로, 압축행정 끝 직전에 연료를 분사하기 시작하여 압축 말에 착화하여 정적연소시키고, 나머지 연료를 정압연소시키도록 한 것으로 앞에서 언급한 이상 공기사이클은 4 행정, 2 행정 구별없이 그림 3·7과 같이 된다. 그

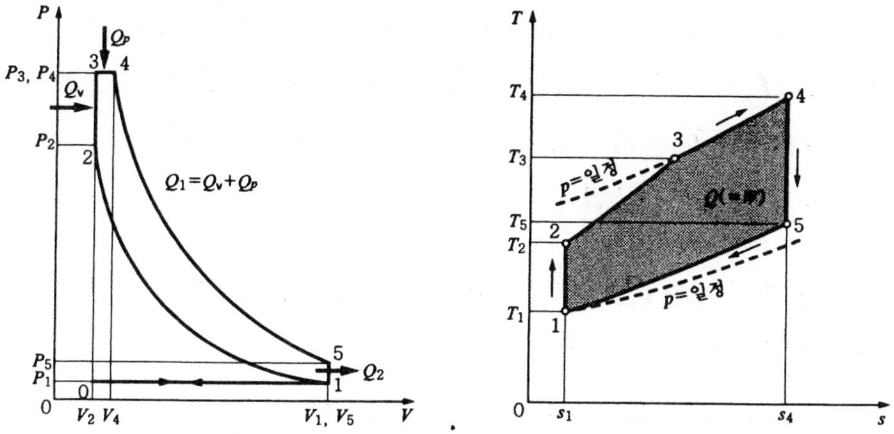

(a) P - V선도 (b) T - s선도

그림 3·7 복합사이클

림 3·7 (a)에 사바데사이클의 $P-V$ 선도를, (b)에 $T-s$ 선도를 나타내었다.

그림 3·7 (a)에서 0→1 : 대기압 상태에서 작동가스 흡입과정

1→2 : 가역단열압축 과정

2→3 : 정적상태에서 열량 Q_v의 공급과정

3→4 : 정압상태에서 열량 Q_p의 공급과정

4→5 : 가역단열팽창 과정

5→1 : 정적상태에서 열량 Q_2의 방출과정

1→0 : 이 과정은 0→1 과정과 일의 크기는 같고 방향이 반대이어서 서로 상쇄되어 복합사이클은 1→2→3→4→5만으로 해석된다.

여기서, c_v, c_p를 각각 정적, 정압비열, $k=c_p/c_v$라 하고 그림 3·7의 각 점의 압력, 온도, 체적 등을 각각 첨자 1, 2, 3, ……으로 나타내어 m kg의 동작유체에 대하여 생각하자. 또, $V_4/V_3=\sigma$(등압도, 정압사이클에서는 V_3/V_2로 표시되었음), $\xi=P_3/P_2$(폭발도)을 이용하여 정리하면, 그림 중의 각 점에서의 가스상태는 다음 식으로 나타낼 수 있다.

$$\begin{cases} \text{점 } 2: P_2=P_1\cdot\varepsilon^k, \quad T_2=T_1(V_1/V_2)^{k-1}=T_1\cdot\varepsilon^{k-1}, \quad V_2=V_1/\varepsilon \\ \text{점 } 3: P_3=P_2\cdot\xi=P_1\cdot\varepsilon^k\cdot\xi, \quad T_3=T_2(P_3/P_2)=T_2\cdot\xi=T_1\cdot\varepsilon^{k-1}\cdot\xi, \\ \qquad V_3=V_2 \\ \text{점 } 4: P_4=P_3=P_1\cdot\varepsilon^k\cdot\xi, \quad T_4=T_3(V_4/V_3)=T_3\cdot\sigma=T_1\cdot\varepsilon^{k-1}\cdot\xi\cdot\sigma, \\ \qquad V_4=V_3\cdot\sigma \end{cases} \tag{3·22}$$

점 5 : $P_5 = P_4(V_4/V_5)^k = P_4\{(V_4/V_3)(V_2/V_1)\}^k = P_4(\sigma/\varepsilon)^k = P_1\sigma^k \cdot \xi$

$$T_5 = T_4(P_5/P_4)^{\frac{k-1}{k}} = T_4(\sigma^k \cdot \varepsilon^{-k})^{\frac{k-1}{k}} = T_4 \cdot \sigma^{k-1} \cdot \varepsilon^{1-k} = T_1 \cdot \sigma^k \cdot \xi,$$

$V_5 = V_1$ 또는 $T_5 = T_4(V_4/V_5)^{k-1} = T_4(V_4/V_3 \cdot V_2/V_1)^{k-1}$

$$= T_1 \cdot \xi \cdot \varepsilon^{k-1} \cdot \sigma\left(\sigma\frac{1}{\varepsilon}\right)^{k-1} = T_1\xi\sigma^k$$

한편, 공급열량 Q_1과 방출열량 Q_2는 위에서 구한 T_1, T_2, T_3, T_4, T_5값을 각각 대입하여 정리하면 다음 식으로 구할 수 있다.

$$\begin{aligned} Q_1 &= Q_v + Q_p = m \cdot c_v(T_3 - T_2) + m \cdot c_p(T_4 - T_3) \\ &= m \cdot c_v \cdot T_1 \cdot \varepsilon^{k-1}(\xi - 1) + m \cdot c_p \cdot T_1 \cdot \varepsilon^{k-1} \cdot \xi(\sigma - 1) \\ &= m \cdot c_v \cdot T_1 \cdot \varepsilon^{k-1}\{(\xi - 1) + k \cdot \xi(\sigma - 1)\} \qquad (3 \cdot 23) \\ Q_2 &= m \cdot c_v(T_5 - T_1) = m \cdot c_v \cdot T_1(\sigma^k \cdot \xi - 1) \end{aligned}$$

따라서, 복합사이클의 이론열효율 $\eta_{th(S)}$는 다음 식으로 구할 수 있다.

$$\eta_{th(S)} = 1 - \frac{Q_2}{Q_1} = 1 - \frac{1}{\varepsilon^{k-1}} \cdot \frac{\xi \cdot \sigma^k - 1}{(\xi - 1) + k \cdot \xi(\sigma - 1)} \qquad (3 \cdot 24)$$

이 식으로부터 사바데사이클의 열효율은 ε, ξ가 클수록 또 $\sigma=1$에 가까울수록 양호함을 알 수 있다. 또, 복합사이클의 평균유효압력 $p_{mth(S)}$은 다음과 같다.

$$\begin{aligned} p_{mth(S)} &= \frac{W_{th(S)}}{V_h} = \frac{Q_1 - Q_2}{V_1 - V_2} \\ &= P_1 \cdot \frac{\varepsilon^k\{\xi - 1 + k \cdot \xi(\sigma - 1)\} - \varepsilon(\sigma^k \cdot \xi - 1)}{(k-1)(\varepsilon - 1)} \qquad (3 \cdot 25) \end{aligned}$$

그림 3·7 (b)의 $T-s$ 선도에서 면적 [1-2-3-4-5]는 사바데사이클의 일 W이다.

복합사이클의 이론열효율과 평균유효압력 식인 식 (3·24)와 식 (3·25)로부터 $V_4/V_3 = \sigma = 1$인 경우는 정적사이클로 되어 식 (3·14)과 식 (3·17)으로 되며 $P_3/P_2 = \xi = 1$인 경우는 정압사이클로 되어 식 (3·20)과 식 (3·21)이 된다.

표 3·3에 복합사이클의 P, V, T와 일량과의 관계를 나타낸다.

표 3·3 복합사이클에서 P, V, T 및 일량의 관계

과 정	P, V, T 관계	이동열[kJ/kg]	일[kJ/kg]
1→2 ($PV^k = c$)	$T_2/T_1 = (V_1/V_2)^{k-1} = \varepsilon^{k-1}$	0	$-c_v(T_2 - T_1) = \dfrac{P_2V_2 - P_1V_1}{1-k}$
2→3 ($V = c$)	$T_3/T_2 = P_3/P_2$	$c_v(T_3 - T_2) = Q_v$	0
3→4 ($P = c$)	$T_4/T_3 = V_4/V_3$	$c_p(T_4 - T_3) = Q_p$	$P_3(V_4 - V_3) = c_p(T_4 - T_3)$
4→5 ($PV^k = c$)	$T_5/T_4 = (V_4/V_5)^{k-1} = (P_5/P_4)^{\frac{k-1}{k}}$	0	$c_v(T_4 - T_5) = \dfrac{P_5V_5 - P_4V_4}{1-k}$
5→1 ($V = c$)	$T_1/T_5 = P_1/P_5$	$c_v(T_5 - T_1) = Q_2$	0

3.2.4 실제기관과의 관련

정적사이클의 이론열효율은 공급열량에는 관계없고 압축비와 작동가스의 비열비에만 관련되나, 다른 사이클의 이론열효율은 공급열량 즉, σ와 ξ와 관계가 있다. 실제기관에서는 공급열량은 공기과잉률 λ(air ratio)에 관계하므로 σ와 ξ는 λ로 나타내 보자.

• **참고**

기관에 공급한 연료 및 공기의 질량유량을 각각 연료소비량 F, 공기소비량 A라 하고, 그 비를 공연비(air-fuel ratio) 또는 혼합비라 한다. 즉, $M = A/F$

연료와 공기 어느 것도 과부족없이 이론상 연료와 산소가 전부 완전연소물로 바뀌었을 때의 공연비를 이론공연비(theoretical air-fuel ratio) M_{st}라 한다. 이론공연비 M_{st}는 연료의 종류에 의해 결정되고, 가솔린은 14.5~15, 경유는 14.2 전후, 중유의 경우는 13.9 전후이다. 혼합기의 농도를 나타내는 데는 다음 양이 사용된다.

공기비(air ratio) $\lambda = M/M_{st}$(공기과잉률이라고 함)

당량비(equivalence ratio)

$\phi = M_{st}/M = 1/\lambda$

L_0 : 연소에 필요한 이론공기량(theoretical air) [kg/kg]

λ : 실제로 공급된 공기량$/L_0$

B : 1 사이클 동안에 공급한 연료량[kg]이라면,

연료의 연소에 따라서 공급된 열량 Q_1은 $Q_1 = B \cdot H_u$이고, 동작가스량 $m = B(1 + \lambda L_0)$ kg으로 되며, 전공급열량 Q_1 중에서 x부분만큼만 정적연소를 한다면 $(1-x)$만큼은 정압

연소를 하게 될 것이다. 따라서, 정적연소열량 $Q_v = xQ_1$, 정압연소열량 $Q_p = (1-x)Q_1$으로 되어, 식 (3·23)으로부터 정적연소량은 $\sigma=1$인 경우이고, 정압연소량은 $\xi=1$인 경우가 되므로 $Q_v = mc_v T_1 \varepsilon^{k-1}(\xi-1)$, $Q_p = mc_v T_1 \varepsilon^{k-1} k\xi(\sigma-1)$로 되어 이 식에 Q_v 대신 xQ_1, Q_p 대신 $(1-x)Q_1$을 대입하여 정리하면 ξ와 σ는 다음과 같다.

$$\begin{cases} \xi = 1 + \dfrac{xQ_1}{mc_v T_1 \varepsilon^{k-1}} = 1 + \dfrac{xH_u}{c_v(1+\lambda L_0)T_1\varepsilon^{k-1}} = 1 + \dfrac{xh_u}{c_v T_1 \varepsilon^{k-1}} \\ \sigma = 1 + \dfrac{1}{k}\dfrac{(1-x)Q_1}{mc_v T_1 \varepsilon^{k-1}\xi} = 1 + \dfrac{1}{k}\dfrac{(1-x)H_u}{c_v(1+\lambda L_0)T_1\varepsilon^{k-1}\xi} \\ \quad = 1 + \dfrac{1}{k}\dfrac{(1-x)h_u}{c_v T_1 \varepsilon^{k-1} + xh_u} \end{cases} \tag{3·26}$$

식 (3·26)에서 $h_u = H_u/(1+\lambda L_0)$로 1 kg의 혼합기에 대한 발열량이다.

이들 식에서 정적사이클의 경우는 $x=1$이므로 $\sigma=1$, $\xi>1$로 되며, 정압사이클의 경우에는 $x=0$이므로 $\xi=1$, $\sigma>1$로 된다. 어느 사이클이라도 λ가 크게 되면 ξ와 σ는 1에 근접하며 점 3과 점 2는 근접하여 열효율의 차는 작게 되고, 극한에서는 $T_3 = T_2$로 되어 카르노사이클의 열효율과 같게 된다.

실제기관에서는 ξ와 σ를 공급열량과 최고압력과의 관계로 나타내는 것이 편리하므로 다음과 같이 표시한다.

$$\begin{cases} \xi = P_3/P_2 = \dfrac{P_3}{P_1}\varepsilon^{-k} \\ Q_1 = B\cdot H_u = mc_v T_1 \varepsilon^{k-1}[(\xi-1) + k\xi(\sigma-1)] \\ \quad = B(1+\lambda L_0)c_v T_1 \varepsilon^{k-1}\left[\left(\dfrac{P_3}{P_1}\varepsilon^{-k}-1\right) + k\dfrac{P_3}{P_1}\varepsilon^{-k}(\sigma-1)\right] \\ \sigma = \dfrac{1}{k}\left[\dfrac{P_1}{P_3}\dfrac{h_u}{c_v T_1}\varepsilon + k - 1 + \dfrac{P_1}{P_3}\varepsilon^k\right] \end{cases} \tag{3·27}$$

이 ξ와 σ값을 식 (3·20)과 식 (3·24)에 대입하여 정리하면 정압 및 복합사이클의 열효율은 다음과 같이 다시 쓸 수 있다〔정적사이클의 열효율은 ε과 k만의 함수이고 ξ와 σ의 함수와는 관계가 없으므로 항시 식 (3·14)와 같다〕.

정압사이클의 열효율 :

$$\eta_{th} = 1 - \left(\frac{c_v T_1}{h_u}\right)\left[\left(\frac{h_u}{c_v T_1}\frac{1}{k\varepsilon^{k-1}}\right)^k - 1\right] \tag{3·20'}$$

복합사이클의 열효율 :

$$\eta_{th}=1-\left(\frac{c_vT_1}{h_u}\right)\left[\frac{P_3}{P_1}\varepsilon^{-k}\left(\frac{P_1}{P_3}\frac{h_u}{c_vT_1}\frac{\varepsilon}{k}+\frac{k-1}{k}+\frac{P_1}{P_3}\frac{\varepsilon^k}{k}\right)^k-1\right] \quad (3 \cdot 24')$$

3.2.5 기본사이클의 열효율 비교

앞에서 기술한 바와 같이 복합사이클의 이론열효율 식과 평균유효압력 식으로부터 $\sigma=1$인 경우는 정적사이클이 되고, $\xi=1$인 경우는 정압사이클로 되어 각각의 이론열효율과 평균유효압력을 구할 수 있었다.

이상 세 가지 기본사이클의 열효율 식으로부터 확실히 알 수 있는 것은 압축비를 증가시키면 효율은 향상하지만, 정적사이클에서는 뒤에서 언급하겠지만 노크(knock)현상이 발생하기 때문에 압축비를 향상시키는 데는 한계가 있으며, 특수연료를 사용한다 하더라도 압축비는 10~11 정도 이하이다. 또, 정압사이클에서는 노크는 염려가 없고, 오히려 자기착화시키기 위해서는 압축비를 높이는 것이 바람직하지만, 최고폭발압력이 상승하므로 기관 각부의 강도면에서 제한되어진다. 디젤기관의 경우 압축비는 연소실의 형상에 따라서 달라지지만 대개 12~23 정도이다.

이와 같은 내연기관의 열효율과 출력은 각 사이클에 의해 좌우되며, 설계의 양부(良否)에 관계는 비교적 적다. 따라서 주어진 조건상태에서 어떠한 사이클을 이용하면 최대의 성능을 발휘할 수 있을 것인가가 문제이어서, 기관을 설계하고자 할 때는 사용목적에 알맞는 사이클을 결정해야 한다. 주어진 조건에 의하여 이 같은 3 사이클의 이론열효율을 T-s 선도를 이용하여 비교하면 다음과 같다.

(1) 초기온도 T_1, 압축비 ε, 공급열량 Q_1이 일정한 경우

이 조건을 만족할 3개의 사이클을 T-s 선도에 나타내면 그림 3・8과 같이 오토사이클 123_o4_o, 사바데사이클 $123'3_s4_s$, 디젤사이클 123_d4_d로 나타낼 수 있다. 초기온도 T_1과 압축비 ε이 동일하므로 점 1과 점 2는 공통이며, 또 공급열량 Q_1 이 동일하므로 각 점으로 둘러싸인 면적이 같다. 즉,

$$Q_{1(o)}=A\,123_o4_oB_o$$

$$Q_{1(s)}=A\,123'3_s4_sB_s$$

$$Q_{1(d)}=A\,123_d4_dB_d$$

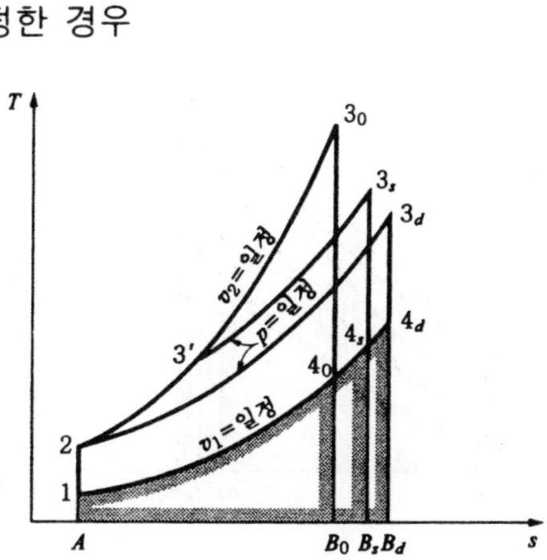

그림 3・8 T_1, ε, Q_1이 일정한 경우 각 사이클의 열효율 비교

이 동일하며 $Q_{1(o)} = Q_{1(s)} = Q_{1(d)}$이다.

한편, 방출열량 Q_2는 $v_1 =$일정곡선($1 \to 4_o$, $1 \to 4_s$, $1 \to 4_d$ 곡선)과 엔트로피 s축과의 사이의 면적(사선친 면적)으로 나타내어지므로 그 크기를 그림으로부터 확실히 알 수 있다.

즉, $Q_{2(o)}$(면적 $A14_oB_o$) < $Q_{2(s)}$(면적 $A14_sB_s$) < $Q_{2(d)}$(면적 $A14_dB_d$)

이다. 따라서 위 조건에서는 방출열량이 가장 적은 오토사이클의 열효율이 가장 크고, 방출열량이 가장 많은 디젤사이클의 열효율이 가장 작다.

$$\eta_{th(o)} > \eta_{th(s)} > \eta_{th(d)}$$

(2) 초기온도 T_1, 최고압력 P_{max}, 공급열량 Q_1이 일정한 경우

이 조건을 만족하는 3개의 사이클은 그림 3·9에서와 같이 오토사이클 $12_o3_o4_o$, 사바데사이클 $12_s3'3_s4_s$, 디젤사이클 $12_d3_d4_d$로 나타내며, 초기온도 T_1이 동일하므로 점 1은 공통이며, 최고압력이 동일하므로 3_o, 3_s, 3_d는 $P_{max} =$일정한 곡선상에 있게 된다. 또, 공급열량 Q_1이 일정하므로 각 점으로 둘러싸인 면적은 같게 된다. 즉,

$$Q_{1(o)} = \text{면적}\, A2_o3_oB_o$$
$$Q_{1(s)} = \text{면적}\, A2_s3'3_sB_s$$
$$Q_{1(d)} = \text{면적}\, A2_d3_dB_d$$

로 되어 $Q_{1(o)} = Q_{1(s)} = Q_{1(d)}$로 된다.

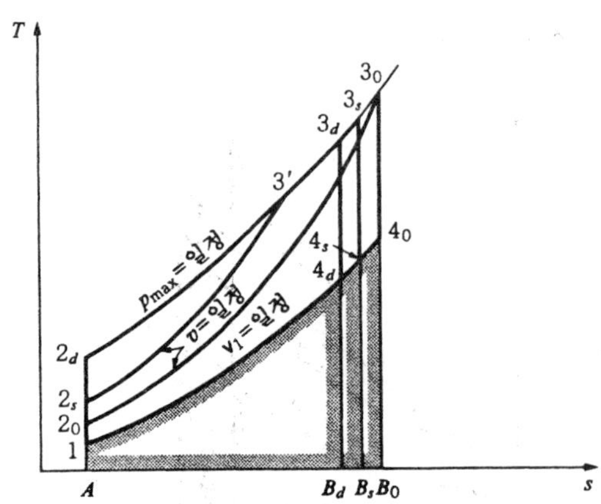

그림 3·9 T_1, P_{max}, Q_1이 일정한 경우의 각 사이클의 열효율 비교

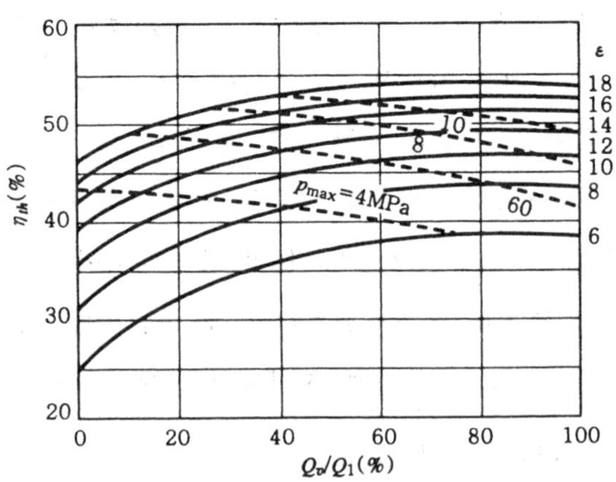

그림 3·10 정적열공급량과 열효율과의 관계

한편, 방출열량 Q_2는 정적방열선 $1 \to 4_o$, $1 \to 4_s$, $1 \to 4_d$와 가로축인 엔트로피 s축과의 사이의 면적(사선친 부분)으로 나타내어지므로 그림에서 확실히 그 크기를 알 수 있다. 디젤사이클의 방출열량 $Q_{2(d)}$(면적 $A14_dB_d$)가 최소로 되고, 오토사이클의 방출열량 $Q_{2(o)}$(면적 $A14_oB_o$)가 가장 크므로, 공급열량이 동일한 조건에서, 방출열량 Q_2가 가장 적은 디젤사이클의 열효율이 가장 양호하다. 즉, $\eta_{th(d)} > \eta_{th(s)} > \eta_{th(o)}$이다.

공급열량 Q_1을 일정하게 하고, 이 중에서 정적공급열량의 비 Q_v/Q_1을 여러 가지로 변화시켜, 압축비 ε을 변수로 한 사바데사이클의 열효율을 구하면 그림 3·10에 표시한 바와 같다.

$Q_v/Q_1=0$은 디젤사이클이고, $Q_v/Q_1=100\%$은 오토사이클에 상당하며, 동일압축비에 대하여 Q_v/Q_1이 클수록 즉, 오토사이클에 근접할수록 열효율 η_{th}은 증가함을 알 수 있다.

(3) 기본사이클에서 이론과 실제조건과의 차이점

이론상으로는 어느 사이클도 압축비, 최대압력 및 공기과잉률을 크게 하면 할수록 열효율은 증가하지만, 실제에는 다음과 같은 조건에 지배되어 제한을 받게 되는데 그 조건에 대해서 구체적으로 생각하자.

① 이상연소 : 오토기관에서는 이론상 압축비와 비열비가 증가할수록 열효율은 증가하지만, 실제기관에서는 압축비를 높이면 노킹(knocking), 표면점화 등의 이상연소가 발생한다. 이것은 연소가 급격하게 진행되는 데 원인이 있으며, 이와 같은 이상연소가 발생하면 최고압력은 높게 되고, 실린더는 과열되어 기계적 및 열적인 부하를 증가시킬 뿐만 아니라 열효율도 저하한다. 이 중에서 노킹은 연료의 성질에 좌우되며, 연료의 옥탄가에 따라서 허용되는 압축비의 한계가 있다. 즉 고옥탄가 연료일수록 압축비를 높일 수 있으며 현재의 오토기관의 압축비는 7~11 정도이며, 이 범위에서는 압축비 상승에 의한 열효율의 개선은 현저하다.

② 최고압력 : 디젤기관에서는 시동이나 연소측면에서 높은 압축비를 필요로 한다. 그림 3·11은 압축비, 공기과잉률 λ가 일정한 경우에 압축 초의 압력과 연소최고압력의 비 P_3/P_1과 열효율과의 관계를 나타낸 것이다. 그림에서 알 수 있듯이 P_3/P_1이 높을수록 열효율 η_{th}은 증가하고, 정적연소일 때 최고 열효율로 되지만, P_3/P_1이 어느 한계를 넘으면 열효율 η_{th}의 증가폭은 완만하게 되며, 부질없이 최고압력만 높게 된다. 최고압력이 높게 되면 그 압력에 따라서 기관의 각부의 강도를 증가시키지 않으면 안 되기 때문에 기관중량이 증가되므로 최고압력에는 제한이 있다.

최고압력을 일정하게 한 경우는 앞에서 언급한 바와 같이 정압사이클의 열효율이 최고로 되어 디젤기관이 이론상 최선의 작동방식이라 말할 수 있지만, 정압연소는 실현하기 곤란하

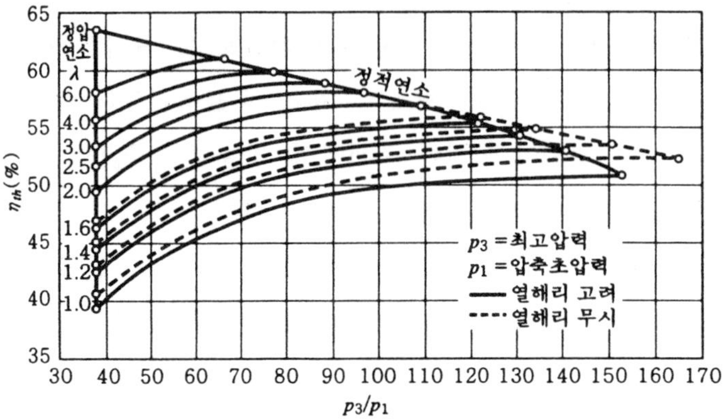

그림 3·11 디젤기관의 이론열효율

며, 설령 가능하다 하더라도 구동부분에 최고압력이 작용하는 시간이 길어지게 되고, 저부하에서도 최고압력이 감소하지 않기 때문에 구동부분은 항상 큰 응력을 받게 되므로 기관수명상 바람직하지 못하다. 앞 그림 3·10에서 확실히 알 수 있듯이 최고압력이 일정한 경우에는 압축비를 높여서 정압연소에 근접시키더라도 열효율의 증가는 매우 적다. 따라서, 현재에는 정적연소와 정압연소의 비율은 $x = Q_v/Q_1 = 0.2 \sim 0.5$ 정도가 적당한 것으로 되어 있다.

③ 기계효율 : 디젤기관에서는 이미 충분히 높은 압축비와 최고압력이 이용되고 있기 때문에 그 이상 압축비를 증가시켜도 이론열효율의 증가는 극히 적을 뿐만 아니라, 기계효율은 압축비의 증가에 따라서 감소하며, 또 압축비가 증가하면 간극체적이 감소하므로 좁은 공간에서 연소가 매우 곤란하게 되어 압축비를 증가시켜도 정미열효율의 증가는 기대할 수 없다. 따라서, 현재 디젤기관의 압축비 12~23, 최고압력은 무과급·저속기관의 경우 5 MPa (50 ata 정도), 고속기관의 경우 7 MPa (70 ata 정도), 과급기관에서는 최고 12 MPa(120 ata 정도) 정도까지 실용화되었다.

가솔린기관에서는 이상연소 때문에 압축비의 증가는 제한되지만, 이와 같은 제한이 없다면 그림 3·12에 표시한 바와 같이 압축비가 커질수록 이론열효율은 증가하지만 선도계수와 기계효율이 감소하므로 압축비는 대개 17 전후에서 정미열효율은 최고에 도달한다.

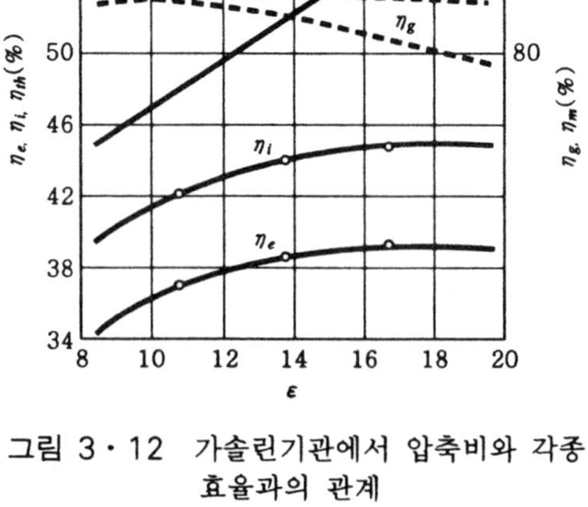

그림 3·12 가솔린기관에서 압축비와 각종 효율과의 관계

④ 연소 : 공연비가 크게 될수록 이론열효율은 증가하지만, 오토기관에서는 혼합기가 너무 희박하게 되면 점화되지 못하므로 연소한계 이상으로 크게 하는 것은 곤란하나, 최근에는 희박연소기술이 발달하여 공연비 1 : 23~24 정도까지도 가능하게 되어 열효율을 점점 더 향상시키고 있다. 이에 대하여 디젤기관은 공연비가 크더라도 충분히 연소시킬 수 있다. 따라서, 저부하에서 디젤기관의 열효율은 더더욱 양호하게 된다.

(4) 이론사이클에서의 열손실

이론사이클에서도 연료의 발열량에 상당하는 에너지의 일부만이 기계적 일로 변화시킬 수 있다. 즉 이론열효율도 100%가 될 수 없으며 반드시 그곳에는 손실이 존재하는데 그 손실은 전부 배기로 버리는 것이고, 다음의 3개의 원인 때문이다.

① 가역단열팽창 과정에서 불완전 팽창에 의한 손실 : 배기가스를 정적상태에서 방출하기 때문에 발생하는 손실이다. 만약 피스톤의 팽창행정을 그림 3·13(a)의 점 5까지 연장하여 외기압력까지 완전팽창을 한다면 면적 Ⅲ에 상당하는 부분만큼 일량은 증가하여, 이론열효율을 증가시킬 수 있지만, 피스톤의 팽창한 만큼 실린더 체적이 크게 되기 때문에 평균유효압력은 감소하고, 피스톤의 마찰, 기관중량이 크게 되므로 실질적으로 이득이 되는 점은 적다. 이것을 배기터빈으로 팽창시키면 작은 장치로도 가능하며, 이 일은 직접 기관출력의 일부로서 사용하고(복합기관), 또는 급기를 압축하여 출력증대를 위해서 이용된다(배기터빈과급).

② 배기가스를 가역적으로 주위의 상태까지 되돌릴 수 없기 때문에 생기는 손실 : 배기가스를 주위의 압력까지 팽창시킨다 하더라도 그 온도는 주위의 온도보다 높다. 이 현열은 배기 보일러에 이용할 수 있지만, 그 상태로서는 일로 전환시킬 수는 없다. 이 가스를 주위의 온

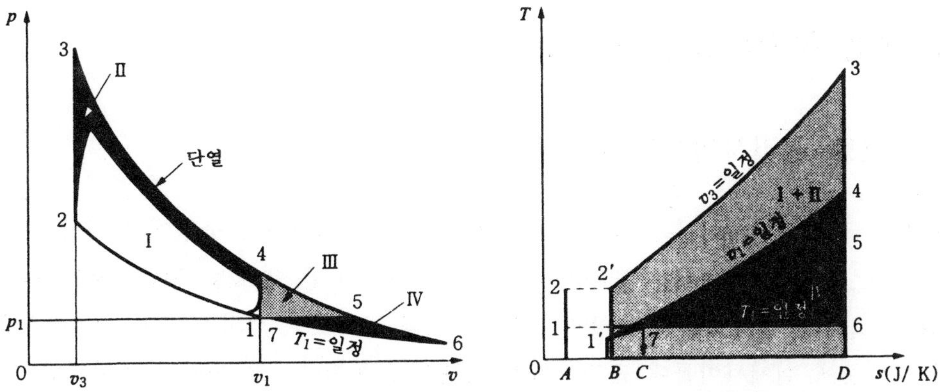

(a) p-v선도　　(b) T-s선도

그림 3·13 오토기관의 열손실

도까지 계속 단열팽창, 즉 그림 3·13 (a)의 점 6까지 단열팽창시키고, 더욱더 이것을 등온 압축하여(외부에 열을 방출) 주위의 상태 즉, 점 7까지 끌고 가면 Ⅳ에 상당하는 일을 얻을 수 있지만 실현하기는 곤란하다. 이때 연소가스를 주위의 상태로 하여도 원래의 점 1로는 되돌아갈 수 없는데, 이는 연소에 의하여 분자수가 증가하였기 때문에 점 7까지밖에 되돌아갈 수 없게 된다.

열손실의 비율은 T-s 선도를 이용하면 면적으로 나타내어지므로 명료하게 알 수 있다. 그림 3·13 (b)에서 부호는 모두 (a)에 대응하며, 1→2는 혼합기의 압축, 3은 연소 끝의 상태, 2′는 v_2와 T_2에서의 연소가스상태, 즉 연소가스를 3으로부터 v_3가 일정한 상태에서 T_2까지 냉각한 때의 상태이고, 그 사이 방출하는 열량은 면적 B-2′-3-D로 나타내게 되는데 이것이 T_2에 있어서 혼합기의 상태량에 상당한다.

③ 연소가 유한의 온도에서 이루어지기 때문에 생기는 손실 : 연소에 의해 엔트로피는 s_2에서 s_3로 증가한다. 주위에 주어지는 열량은 $T_1(s_3-s_2)$, 즉 면적 A→1→6→D이므로 연소가 고온에서 이루어질수록 동일 공급열량에 대해 s_3-s_2가 작게 되고 손실은 감소한다. T_3가 일정한 경우 등온연소(카르노 사이클)시키면 s_3-s_2는 최소로 되지만, 압축압력이 과대로 되어 실현 불가능하다.

이론사이클에 있어서 이상의 3개의 손실은 연료의 발열량에 대하여 거의 다음과 같은 비율이다.

디젤사이클 전손실 40%=① 10% + ② 10% + ③ 20%
오토사이클 전손실 60%=① 13% + ② 22% + ③ 25%

3.3 연료-공기사이클(fuel-air cycle)

3.3.1 연료-공기사이클의 열효율

앞에서 언급한 공기사이클은 작동가스가 공기이고 또 현실과는 동떨어진 가정에서 계산된 것이므로 실제사이클에서는 도저히 도달할 수 없는 높은 열효율, 평균유효압력을 얻을 수 있었다. 그러나, 실제기관의 사이클에서는 연료와 공기로 구성되는 혼합기를 동작유체로 사용하기 때문에 실제사이클에 근접시키기 위해서는 동작유체의 물리적 변화뿐만 아니라, 화학적 변화도 고려한 사이클을 생각해야 한다. 이것을 연료-공기사이클이라 하고, 실제에 가까운 열효율을 나타냄과 동시에 공기사이클에서는 얻을 수 없었던 여러 법칙을 정량적으로도 찾을 수 있다. 여기서, 공기사이클과 연료-공기사이클의 일량이 상당히 차이가 발생하는데 이는 다음과 같은 영향 때문이다.

① 동작유체는 연료, 공기 및 앞 사이클의 잔류가스의 혼합으로 구성되는 혼합기이다.

② 공급열량(수열량)은 혼합기의 연소에 의해 발생하는 열이다.

③ 작동가스의 비열은 혼합기의 연소온도에 따라서 변화한다.

④ 연소가스는 고온도(>2000 K)에서 열해리(thermal dissociation)를 일으키고, 해리열에 상당하는 열량이 열손실로 발생한다.

이상과 같은 영향을 받기 때문에 1 사이클의 일량은 이론사이클의 일량보다도 상당히 작은 값이며, 최근 전자계산기의 발달로 이와 같은 영향을 고려하여 연료-공기사이클에서 각 점의 가스상태의 변화를 엄밀하게 계산하고 있지만, 매우 복잡한 일이다. 이것을 좀더 구체적으로 검토해 보기로 하자.

① 동작유체의 조성 : 연소 전에 동작유체의 조성상태는 디젤기관의 경우는 공기와 간극체적에 남아 있는 잔류가스와의 혼합기이고, 오토기관의 경우는 이것에 연료가 첨가된다. 연소 후에는 어떤 경우에라도 연소가스가 되지만, 그 성분은 주로 공연비(공기와 연료의 중량비), 연소온도에 의해 변한다. 연소가스는 연소에 의해 그 성분이 다음과 같이 변한다.

연소 전 : 공기(N_2, O_2, 기타 소량의 불활성 가스)
연료(C, H, 소량의 S)

연소 후 : N_2, NO, CO_2, O_2 , H_2O, H_2, SO_2, C(매연), 미연연료인 HC과 이들의 중간 생성물(O, H, OH 등)

② 열해리 : 공기사이클의 경우는 연료 중에 포함된 모든 탄소, 수소가 H_2O, CO_2로 될 때에 유리되는 열량을 공급열량으로 하지만, 이 반응은 공기가 부족할 경우는 물론이고, 공기가 과잉할 경우에도 고온상태에서는 열해리 때문에 완전히는 연소되지 못한다. 여기서, 열해리란 온도상승에 의해서 일어나는 해리(解離)를 말하며 연소된 연소생성물이 일정한 조건이 주어지면 이전의 상태(중간 생성물)로 되돌아가면서 열을 흡수하는데, 일반적으로 온도가 높을수록 빨리 평형에 도달한다. 이 때문에 연료-공기사이클에 있어서 공급열량은 열해리에 의해 흡열된 열만큼 공기사이클보다 적게 된다. 즉, 고온에서는(2000~2500 K 정도)
$2CO_2 \rightleftarrows 2CO+O_2$, $2H_2O \rightleftarrows 2H_2+O_2$, $2H_2O+O_2 \rightleftarrows 4OH$, $H_2 \rightleftarrows 2H$, $O_2 \rightleftarrows 2O$, $N_2+O_2 \rightleftarrows 2NO$
등의 가역반응이 일어나고, 고온저압으로 될수록 반응은 오른쪽으로 진행하며, 열을 흡수하여 화학평형을 유지한다. 따라서 팽창행정으로 들어가 온도가 저하하면 평형은 좌측으로 이동하여 해리한 가스는 다시 결합하여 열을 발생하고, 공기사이클의 팽창선에 접근한다. 그러나, 팽창행정 말기의 저온에서 공급된 열량은 열역학상 그 효력은 적다. 일반적으로 1500℃ 이하에서는 열해리 현상을 무시할 수 있다.

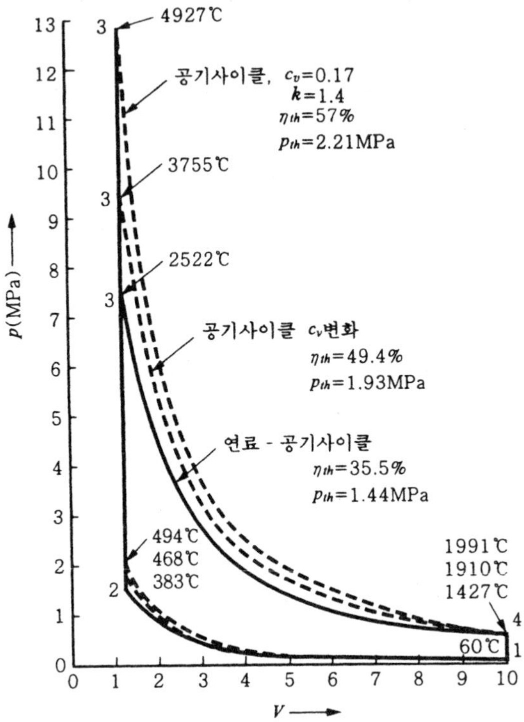

그림 3·14 공기사이클과 연료-공기 사이클의 비교

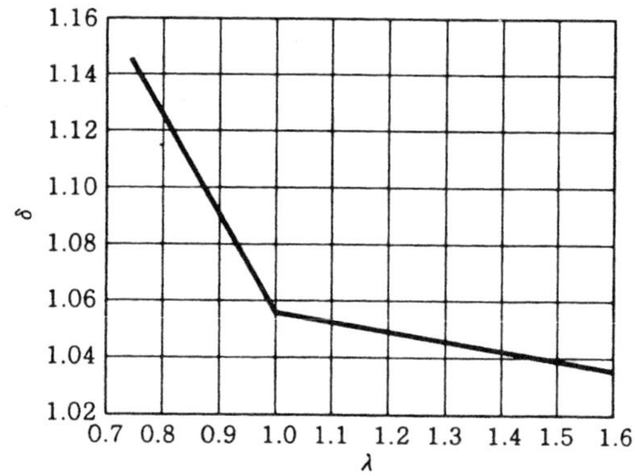

그림 3·15 연소에 의한 분자수(체적)의 증가비율

③ 비열의 증가 : 가스의 비열은 온도와 함께 증가하기 때문에 공기사이클에 비해서 온도 상승이 감소한다. 압축행정에서는 온도가 낮기 때문에 그 영향은 적지만 연소 중에는 온도가 높고, 열해리의 영향과 서로 작용하여 온도상승은 현저히 저감하기 때문에 압력상승도 작게 되어 그림 3·14에 표시한 바와 같이 일량은 감소하고 출력과 효율은 감소한다. 공기사이클과 연료-공기사이클의 차이가 나는 것은 대부분 이 비열의 증가가 차지하고 있다.

④ 공급공기 온도와 압력 : 연소실에 공급되는 공기의 온도와 압력이 변화하면 잔류가스와 새로운 공기의 비율이 변화하므로 연소 전의 동작유체의 조성이 변화하며, 또 사이클 전체의 온도, 압력이 변화하게 된다. 온도와 압력이 변화하면 열해리 상태나 비열이 변화하지만 그 영향은 매우 적다.

⑤ 분자수의 증가 : 연소 후 분자수가 δ배로 되었다면 $PV=\delta NR_0T$(단, N=연소 전의 분자수, R_0=일반가스 상수)로부터 $\delta>1$이라면 같은 체적, 온도에 대하여 압력은 높게 되고, 출력과 효율은 증가한다. 액체연료에서는 $\delta>1$, 가스연료에서는 $\delta<1$이다. 일반적으로 탄화수소에서는 분자량이 클수록, 또 공기과잉률이 작을수록 δ는 증가한다. 그림 3·15에

δ와 λ와의 관계를 나타낸다. C_nH_m인 연료에서는 $n>4$인 경우는 δ는 증가하고, $n<4$인 경우는 δ는 감소한다.

이상을 종합하여 그림 3·16은 동일한 공급열량 Q가 공급되어질 때 (a) 공기사이클, (b) 공기의 비열만이 변화할 때, (c) 비열, 열해리, 잔류가스를 고려한 사이클, (d) 실제사이클을 비교하여 나타낸 것으로, 그림으로부터 비열의 증가 및 가스성분, 분자수의 영향이 큰 것을 알 수 있다.

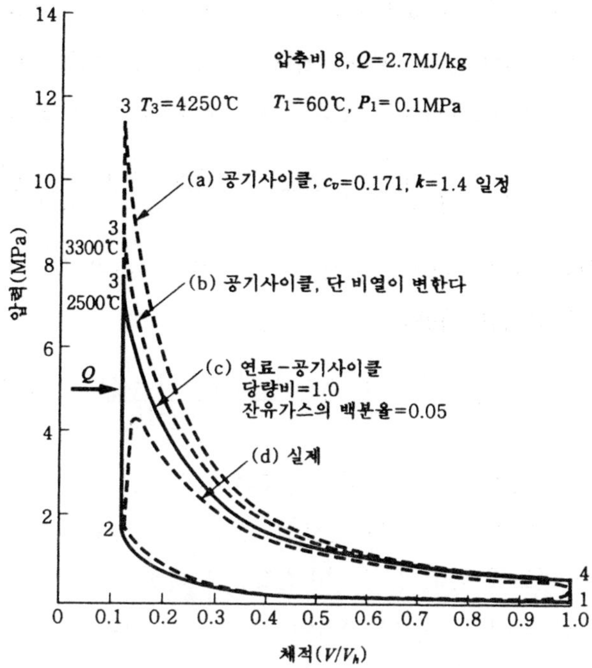

그림 3·16 공기사이클과 연료-공기사이클의 오토사이클에서의 차이(벽면으로부터 손실무시)

3.3.2 연료-공기사이클의 열효율 계산법

앞절의 여러 항들을 고려하여 연료-공기사이클의 효율을 수식으로 간단하게 나타내는 것은 곤란하다. 이 중에서 가장 영향이 큰 비열, 분자수의 증가만을 고려하여도 상당히 복잡한 식으로 되고, 그럼에도 만족할 만한 효율 계산식은 되지 못한다. 현재에는 엔트로피 선도 또는 정확한 계산에는 전자계산기가 이용되어 상당히 정확하게 어느 정도 복잡한 식들도 계산할 수 있도록 되었다. 그래서, 그 계산방법만을 간단하게 기술하고자 한다.

$E=$ 연료의 화학에너지 $\cong H_u$(연료의 저위발열량) [kJ/kg]

$e_1=$ 압축 초의 내부에너지(0℃ 기준, 현열만) [kJ/kg]

$e_4=$ 연소가스의 내부에너지(0℃ 기준, 화학에너지 포함) [kJ/kg]

$G_0=$ 공기공급량 [kg]

$G_R=$ 잔류가스량 [kg]

$B=$ 연료공급량 [kg]

이라 하자.

① 오토기관 : 실린더 벽과의 사이에 열교환이 없다고 하면 압축시초 1에서 동작가스의

내부에너지와 연료의 화학에너지의 합으로부터 팽창종료 4에서 연소가스의 내부에너지를 뺀 것이 1 사이클의 일 W_{th}가 된다. $\lambda<1$인 경우에는 연소가스 중에 아직 미연소된 부분이 남아 있으므로 잔류가스의 연소열(h_a)을 더해 주지 않으면 안 된다.

$$\eta_{th}=\frac{W_{th}}{BH_u}=\frac{(G_0+B+G_R)e_1+BE+G_Rh_a-(G_0+B+G_R)e_4}{BH_u}$$

$G_R/(G_0+B+G_R)=\zeta$(혼합기 중의 잔류가스의 비율), $G_0/B=\lambda L_0$(단위연료당 공급된 공기량)의 관계를 사용하여 다시 정리하면

$$\eta_{th}=\frac{(1+\lambda L_0)(e_1+\zeta h_a)+(1-\zeta)E-(1+\lambda L_0)e_4}{(1-\zeta)H_u} \qquad (3\cdot 28)$$

e_1은 잔류가스를 ζ만큼 함유한 혼합기의 내부에너지이다.

연소가스의 여러 성질은 연료의 조성, 공기과잉률에 따라서 차이가 있으나, 내연기관에 사용하는 연료의 범위에서는 연료조성에 의한 차이는 매우 작다. 식 (3·28)은 혼합기 또는 연소가스$(1+\lambda L_0)$ [kg]에 관하여 나타나 있으나 [kmol] 혹은 [Nm^3](normal cubic meter : 0℃ 760 mmHg에 있어서의 체적 [m^3])의 단위를 사용하면 연소가스의 가스상수가 공통으로 되고 또 비열도 거의 같게 되므로 엔트로피 선도에는 일반적으로 이 단위가 사용된다.

1 Nm^3의 내부에너지를 U, 연소에 의한 가스체적의 증가비율을 δ로 하고 식 (3·28)을 바꾸어 쓰면

$$\eta_{th}=\frac{U_1/\delta+\zeta h_a^*+(1-\zeta)e^*-U_4}{(1-\zeta)h_u^*} \qquad (3\cdot 28')$$

여기서, $h_u^*=H_u/V_g$, $e^*=E/V_g$, $h_a^*=h_a/v_g$, $V_g=$연료 1 kg의 연소에 의해 발생하는 가스체적 [Nm^3], $v_g=$연소가스 비체적 [Nm^3/kg]. 1 kmol 단위인 경우에는 각 항의 값이 22.415 배로 될 뿐이며 식 (3·28′)은 변함이 없다.

② 디젤기관 : 압축시초는 공기와 잔류가스이며 이것에 연료가 공급될 때 수반된 에너지(분사에너지)가 더해지므로

$$\eta_{th}=\frac{W_{th}}{BH_u}=\frac{(G_0+G_R)e_1+B(E+e_b+P_Ev_b)-(G_0+G_R+B)e_4}{BH_u}$$

여기서, $e_b=$연료의 내부에너지 [현열만 kJ/kg], $v_b=$연료의 비체적 [m^3/kg], $P_E=$분사압력 [MPa], P_Ev_b는 분사에너지로서 E의 0.08% 정도로 매우 적어 생략하고 전과 마찬가지로 ζ, λ를 사용하여 재정리하면

$$\eta_{th}=\frac{(\lambda L_0+\zeta)e_1+(1+\zeta)(E+e_b)-(\lambda L_0+1)e_4}{(1-\zeta)H_u} \qquad (3\cdot 29)$$

연료분사에 의한 중량증가 및 연소에 의한 분자수 증가에 따른 가스체적의 증가비율을 δ로 하여 식 (3 · 29)을 1 Nm^3 단위로 고쳐 쓰면

$$\eta_{th}=\frac{U_1/\delta+(1-\zeta)(e^*+e_b^*)-U_4}{(1-\zeta)h_u^*} \qquad (3\cdot 29')$$

*는 연소가스 1 Nm^{3}에 대한 양을 나타낸다. I-S 선도를 사용할 경우에는

$$I=U+pV\cdot 10^4$$

V : 비체적 [m^3/Nm^3], p : [MPa]의 관계를 사용하여

$$\eta_{th}=\frac{I_1/\delta+(1-\zeta)(e^*+e_b^*)-I_4+V_1(p_4-p_1)\cdot 10^4/\delta}{(1-\zeta)h_u^*} \qquad (3\cdot 29'')$$

다음에 I-S 선도를 사용하여 η_{th}를 구하는 순서를 복합사이클에 대해 설명하고자 한다. 압축시초의 상태 p_1, T_1, 최고압력 P_3, 압축비 ε이 주어지고 잔류가스를 무시하며($\zeta=0$), 선도는 Nm^{3}의 단위로 나타난 것으로 한다.

그림 3 · 17에서

1점 : 압축시초의 온도, 압력 p_1, t_1에서 공기의 I-S 선도를 사용하여 점 1이 구해지고 엔탈피 I_1, 비체적 V_1을 구한다.

2점 : 1에서 수직선을 그어 $V_2=V_1/\varepsilon$과의 교차되는 곳이 점 2이며 이 점으로부터 p_2, t_2, I_2가 구해진다. 연소가스 선도상의 대응하는 점 2′는 $V_{3'}=V_2/\delta$, p_2로 결정된다.

3′점 : V_2에 상당하는 연소가스의 비체적 $V_{3'}=V_2/\delta$이므로 $V_{3'}$ 일정선과 p_3 일정선의 교차점이 점 3′이다.

3점 : 점 3에 있어서 엔탈피는 열역학의 기초식 $dQ=dI-Vdp$ 및 발열량의 정의에서

$$I_3=\frac{I_2}{\delta}+e^*+e_b^*+\frac{V_2}{\delta}(p_3-p_2)\cdot 10^4=I_{2'}+h_u^*\frac{V_2}{\delta}(p_3-p_2)\cdot 10^4$$

이 관계로부터 p_3 일정선상에 점 3이 정해지고 t_3, V_3를 구한다.

4점 : 점 3에서 수직선을 그어 $V_4=V_1/\delta$ 일정선과의 교차점을 구하면 점 4이므로, 이 점으로부터 I_4, p_4를 구한다.

이와 같이 하여 식 (3 · 29″)의 계산에 필요한 I_1, I_4, p_4가 구해진다. 또 1 사이클의 일은 식 (3 · 29″)의 분자(이 경우 $\zeta=0$)이므로 다음 식으로 나타내어진다.

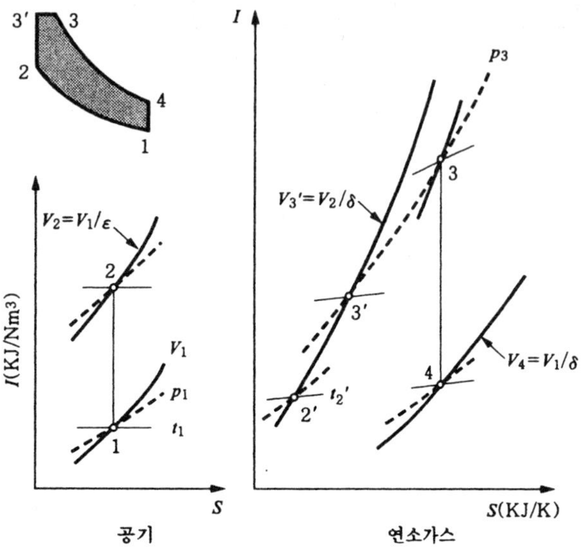

그림 3・17 I-S 선도에 의해 열효율을 구하는 순서

$$W_{th}=I_3-I_4+V_4(p_4-p_1)\cdot 10^4-(I_2-I_1)/\delta-V_2(p_3-p_2)\cdot 10^4/\delta$$

$$=I_3-I_4-(I_2-I_1)/\delta+V_1[p_4-p_1-(p_3-p_2)/\varepsilon]\cdot 10^4/\delta \text{ [kJ/Nm}^3\text{ 가스]} \quad (3\cdot 30)$$

3.3.3 열효율에 미치는 여러 가지 영향

그림 3・18은 연료-공기사이클의 열효율을 여러 가지 압축비, 공기과잉률에 대해 계산한 결과로서 좌측은 정적사이클, 우측은 $p_3/p_1=60$으로 제한한 경우의 복합사이클에 대한 것이다. 이 계산결과로서 다음과 같은 중요한 사항을 알 수 있다.

① 공기사이클인 경우와 마찬가지로 압축비가 높게 되면 열효율은 증가되나 증가의 비율은 적다.

② 공기과잉률이 크게 됨에 따라서 열효율은 점차 증가하여 공기사이클의 열효율에 가까워진다. 이것은 연료가 적어짐에 따라서 연소온도가 내려가고 또 연소가스 중의 CO_2, H_2O가 감소되므로 비열 및 열해리의 영향이 적어지기 때문이다. 연료가 이론혼합비($\lambda=1$)보다도 많아지면 불완전연소 때문에 효율은 급격하게 저하한다. 그림 3・19는 정적사이클에 대해서 이와 같은 현상을 나타낸 것이다.

③ 열해리의 영향은 그림 3・18의 점선과 실선을 비교하면 알 수 있는 바와 같이 이론혼합비 부근이 가장 현저하다. 그러나 최대로 2% 정도이며 $\lambda=2$에서는 0.2% 이하이므로 개략의 계산에서는 생략하여도 지장이 없다.

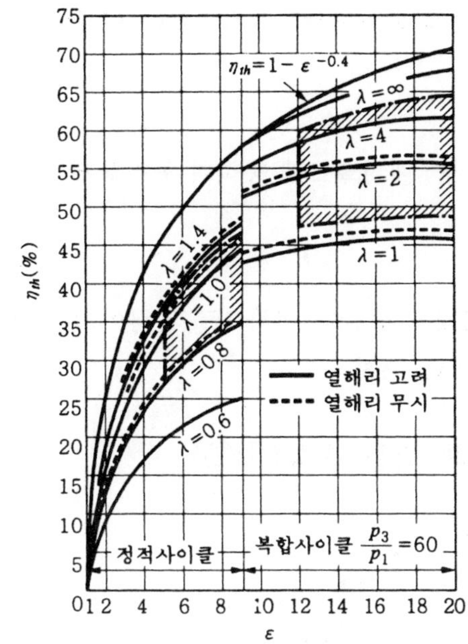

그림 3·18 연료-공기 사이클의 이론열효율(η_{th})과 압축비(ε)와의 관계[사선 내는 실용범위]

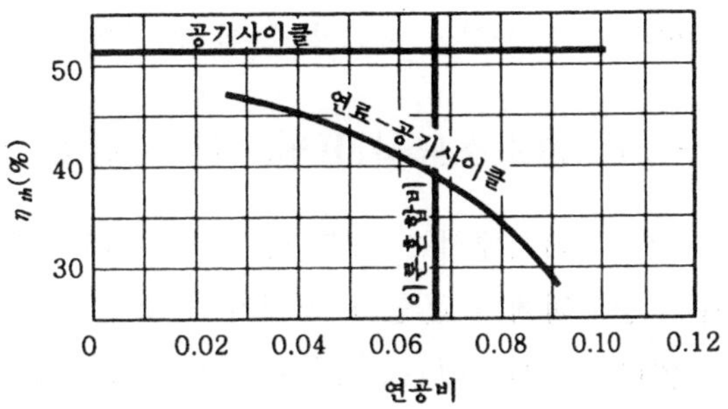

그림 3·19 공연비와 열효율과의 관계

3.4 실제기관 사이클(actual engine cycle)

이상과 같은 이론적 고찰에서는 단순한 상태변화를 조합시킨 이상적인 사이클로 가정한 이론상의 것으로, 단순히 사이클마다 기관에 공급된 열량과 배기가스에 포함되어 외부에 버려지는 배기손실 열량만을 고려한 것이었다. 그러나 실제기관의 실린더 내에서 얻어진 실제 사이클의 일(도시일, W_i)은 연료-공기사이클에서 얻어지는 일 W_{th}보다 더욱 적게 되고 도시열효율 η_i는 연료-공기사이클의 이론열효율 η_{th}보다도 저하한다. 이와 같은 이유는 대개 다음과 같은 여러 사항을 들 수 있다.

① 연소는 이론대로 정적 또는 정압상태에서 연소되지 못한다(연소하는 데는 일정한 시간이 필요하다).

② 배출가스에 상당한 열량이 포함되어 배출되므로 손실량이 많다.

③ 연소는 반드시는 완전연소되지 못한다(불완전연소).

④ 연소가스의 열의 일부는 연소실 벽을 통하여 냉각매질(냉각수)에 빼앗긴다.

⑤ 흡기 및 배기행정에서의 일을 펌프일(pumping work)라 부르고 언제나 부(−)의 일을 한다.

⑥ 1 사이클마다 진행되는 연소가스와 새로운 공기와의 사이에 유체교환이 이루어질 때 유동손실이 발생한다.
⑦ 흡·배기밸브의 개폐에 시간이 걸린다.
⑧ 피스톤 링을 통한 가스누설(blow-by gas) 및 흡·배기밸브를 통하여 동작유체가 누설된다.
⑨ 피스톤 속도가 유한하다.
⑩ 사이클선도의 각 점에서는 날카롭게 변하지 못하고 둥글게 변하므로 일량이 감소한다.

이와 같은 사항을 항목별로 좀더 구체적으로 고찰해 보자.

3.4.1 연소소요시간(연소의 시간적 지연)에 의한 손실(①②)

이론적 해석에서는 예를 들어 정적사이클의 경우에는 상사점에서 혼합기 전체가 연소한다고 가정하고 있다. 그러나 전기점화기관(가솔린기관)에서 혼합기의 연소는 화염전파에 의해 행해지며, 점화로부터 연소가 완료되기까지에는 일반적으로 크랭크각도로 40℃A 혹은 그 이상의 시간을 필요로 한다. 따라서 실제로는 점화시기를 상사점보다 앞당기며, 상사점 후의 적당한 시기에 연소가 완료되도록 하고 있다. 이때 그 소요시간 때문에 그림 3·20에 사선친 부분으로 나타낸 바와 같이 유효한 사이클 일이 감소된다. 이러한 시간적 지연이 있기 때문에 최고압력은 낮게 되고, 팽창중에도 열이 공급된다. 따라서 배기가스로 버리는 열량이 증가한다. 이와 같은 손실에 의한 일의 감소는 5% 정도이지만, 혼합기가 극히 과농 혹은 과희박한 경우, 또는 교축밸브가 교축되어 흡기압력이 낮은 경우에는 연소소요시간이 더 길어지므로 이로 인한 손실이 증가된다.

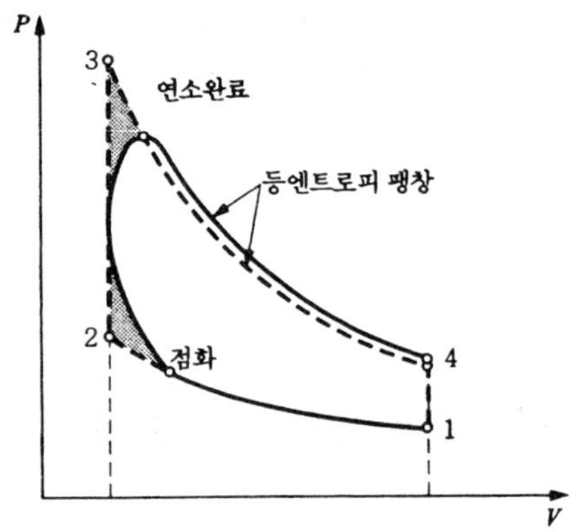

그림 3·20 연소소요시간(연소의 시간적 지연)의 영향

한편, 압축점화기관의 경우에는 연소기간이 길게 되면 체절비가 증대하여 열효율이 저하하므로 분무된 연료를 급속하게 연소시켜야 하는데, 이렇게 되면 연소 최고압력이 증가하게 되어 기관 구조상 제한을 받게 된다.

3.4.2 실린더 벽으로 전달된 열손실(④)

압축행정의 후반과 연료가 연소하는 기간 및 그후 동작유체가 팽창행정에서 가스온도가 주위 벽면보다 훨씬 높기 때문에 실린더 및 실린더헤드 벽면으로 열전달에 의한 열손실이

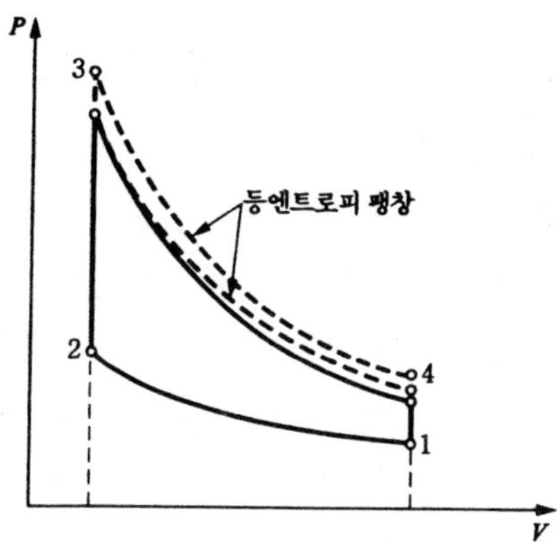

그림 3·21 열손실의 영향

있으며, 그 열량은 주위의 공기 또는 냉각수에 의해 외부에 방출된다. 또 피스톤에 전해진 열량의 일부는 피스톤 링을 통해서 실린더 벽에 전달되고 일부는 피스톤 내면에 공급된 윤활유에 전달된다. 이와 같은 열손실에 의해 가스온도가 저하됨과 동시에 팽창행정은 등엔트로피 팽창의 경우보다도 압력저하가 빠르게 된다. 그림 3·21은 이와 같은 열손실의 영향을 나타낸 것이며, 전기점화기관에서는 연소에 의한 발열량의 20% 정도(계산방법에 따라 8~23% 정도)가 이와 같은 열손실로 잃게 된다. 실린더 벽을 통해 냉각계통에 빼앗긴 열량은 열효율, 출력의 저하를 초래할 뿐 아니라 실린더 벽의 과열, 열응력 등 강도나 내구성 면에서도 많은 여러 가지 문제를 불러일으켜, 내연기관의 출력한계를 일으키는 한 원인으로 되어 있다(구체적인 내용은 3.5 참조).

3.4.3 연료의 불완전연소에 의한 손실(③)

연료-공기사이클에서는 전체 혼합기가 과농한 경우의 공기부족에 의한 불완전연소, 열해리에 의한 열발생량의 감소는 고려되어 있으나, 실제의 기관에서는 그 밖의 원인에 의한 불완전연소가 일어날 경우가 많다. 전기점화기관에서는 피스톤 및 실린더 벽면의 냉각효과에 의한 불완전연소가 항상 존재하고, 그 밖에 연료와 공기와의 혼합이 균일하지 않은 경우, 혹은 다실린더기관의 경우 연료분배가 균일하게 되지 않은 경우에는 불완전연소를 발생시킬 가능성이 있다. 이와 같은 원인에 의한 사이클 일의 손실은 보통 그다지 크지는 않으나, 불완전연소의 결과로서 배기가스 중에 포함된 유해성분이 증가하는 점을 주의해야 한다.

압축착화기관에서는 원래 연료분사에 의해 불균일한 혼합비상태에서 연소가 진행되기 때문에 전체적으로 이론혼합비 이하의 희박상태에서도 과농부분이 반드시 존재해서 불완전연소를 발생시키는 경우가 많으며, 특히 연료 분사량이 많은 고부하인 경우에는 열효율이 저하되고 흑연을 발생하게 된다. 완전연소의 경우에는 연소가스는 산화의 최종단계에 도달하지만 불완전연소의 경우에는 그 속에 아직 연소할 수 있는 부분이 남아 있다. 이 열량을 h_a라 한다면 연소효율(combustion efficiency)은 $\eta_u=(h_u-h_a)/h_u$로 $\lambda \geq 1$인 경우에는 0.95~1.00이다.

3.4.4 가스교환 손실(②, ⑤)

(1) 배기취출(吹出 : 불어내는)손실(②)

이론사이클에 있어서는 실린더로부터 연소가스 배출이 하사점에서 체적이 일정한 상태에서 행해지는 것으로 가정하고 있다. 그러나 배기밸브가 열려 연소가스의 유출이 시작되고부터 실린더 내의 압력이 대기압으로 되기까지에는 어느 정도 시간이 필요하다. 따라서 실제로는 하사점 전의 적당한 시기에 배기밸브를 열어 하사점에서는 이미 대기압의 2배 정도로 압력을 충분히 낮아지게 하는 것이 보통이다.

그림 3·22와 같이 배기밸브가 열리고부터 하사점까지 사이의 팽창행정의 압력저하를 **배기취출손실**(blow-down loss)이라고 하는데 통상 이 손실은 그다지 큰 것은 아니다.

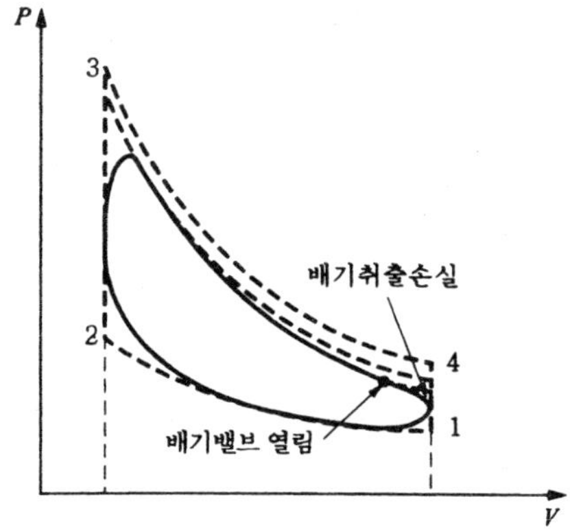

그림 3·22 배기취출손실

(2) 펌프손실(⑤)

이론사이클 또는 연료-공기 사이클에서 흡기, 배기 과정의 손실은 "0"이었으나, 실제사이클에서는 흡·배기 때의 저항은 "0"이 아니다. 그러므로 압축공기를 공급하는 경우(과급)가 아닌 한, 흡기는 외기압력보다 낮고 피스톤은 저항을 받아 흡기량도 감소한다.

또, 배기 때에는 반대로 연소실의 압력이 외기보다 높아야 배출되므로 압출하기 위한 일이 필요하게 된다. 특히, 가솔린기관이 교축운전할 때에는 그림 3·23의 압력선도와 같이

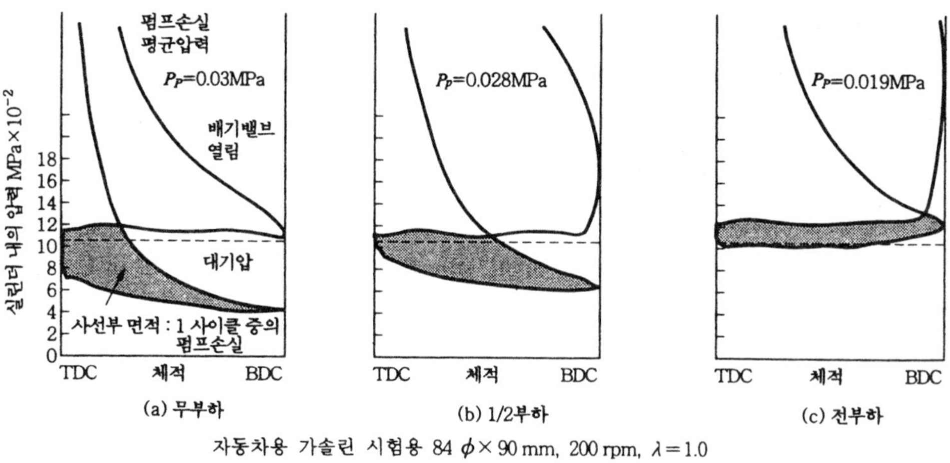

자동차용 가솔린 시험용 84 $\phi\times$ 90 mm, 200 rpm, λ=1.0

그림 3·23 흡·배기압력 선도(약한 스프링선도)의 예

흡기부압이 높게 되어 흡·배기행정으로 둘러싸인 $P-V$ 선도상의 면적에 해당하는 펌프손실(pumping loss)은 크게 되어 사이클의 출력 및 효율을 크게 떨어뜨림과 동시에 극단적인 경우 차량을 운전할 때 교축밸브를 닫고(저부하) 감속비를 크게 하여(저단기어를 이용) 기관의 회전속도를 높여 이 부(−)의 일과 마찰손실을 차의 브레이크에 응용한다. 이것을 엔진브레이크(engine brake)라고 한다.

한편, 펌프손실의 크기에 관한 것으로 흡기조건이 변화함에 따라서도 지압선도가 변화하며 펌프손실이 다르게 된다. 실린더 내에 새로운 공기를 흡입할 때에 여러 원인에 의해 지압선도는 변화하는데, 4 사이클 가솔린기관을 예를 들면 그 원인이 되는 것으로 생각되는 것은 대개 다음과 같다.

① 새로운 공기의 온도, ② 흡기압력, ③ 배압(背壓 : back pressure), ④ 공기비(air ratio), ⑤ 압축비

새로운 공기의 밀도는 흡기밸브 직전의 절대온도에 반비례하며, 또 그 장소에서의 정압(static pressure), 즉 흡기압력 p_2 또는 급기압력(boost pressure) p_s의 고저에 따라 변화하므로 실린더 내에 흡입되는 새로운 공기의 유량은 이 영향을 받아 지압선도는 변화한다. 또, 배기밸브 직후나 배기관 내의 정압, 즉 배압 p_b가 높으면 실린더 내의 잔류가스량이 많아 새로운 공기유입이 저항을 받게 되어 새로운 공기량은 감소하여, 새로운 공기보다는 고온인 잔류가스의 양이 상대적으로 많게 되어 압축 초의 온도는 상승하여 지압선도는 변화한다.

완전연소에 필요한 이론공기량에 대한 사용 공기량의 비, 즉 공기비(공기과잉률 : excess air factor)가 변화하면 연소가스의 비열이 변화하므로 지압선도는 변화한다. 일반적으로 압축비가 변화하면 잔류가스와 새로운 공기의 혼합비율이 변화하므로 압축 후의 압력이나, 폭발할 때 또는 팽창할 때의 압력과 온도가 변화하므로 지압선도는 변화한다. 과급기를 이용하여 실린더 내에 많은 새로운 공기를 밀어 넣어 출력증대를 시도하는 과급기관에서는 급기압력 p_s<흡기압력 p_2로 되기 때문에 행정체적 V_h 이상의 공기가 실린더 내에 압입되어 출력은 증대하고 지압선도는 변화한다.

그림 3·24는 흡기조건 p_2와 p_b의 차이에 의한 3개의 이론 지압선도이다. (a)는 교축운전의 경우(저부하시), (b)는 정격(정규)운전의 경우, (c)는 과급운전의 경우의 지압선도이다. 한편 그림 3·25는 실제기관에서 구한 흡기, 배기동작, 즉 소위 펌프작용(pumping action)의 압력변화를 나타내는 지압선도(light spring indicator diagram)이다.

이상과 같이 여러 가지 현상은 어느 것이나 사이클상 무시할 수 없는 영향을 갖고 있으며, 공기사이클은 실제사이클과 크게 다르며, 연료-공기사이클과 실제사이클과도 상당히 차

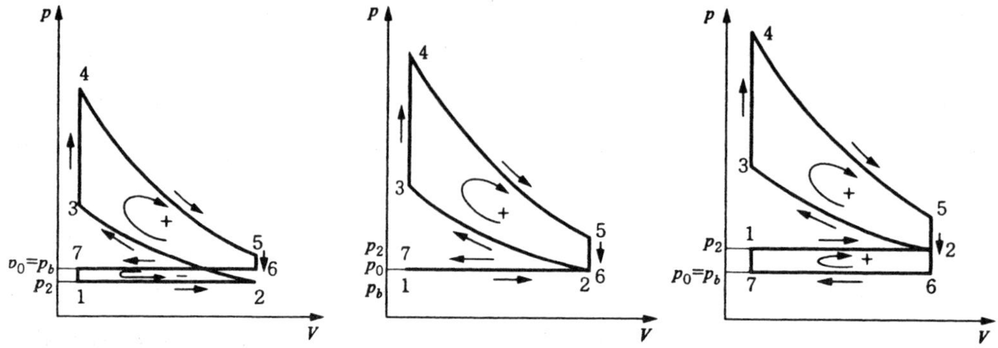

(a) 교축운전 $p_0=p_b>p_2$ (b) 정격운전 $p_0=p_b=p_2$ (c) 과급운전 $p_0=p_b<p_2$

그림 3・24 흡기조건의 차이와 이론 지압선도〔p_0 : 대기압, p_b : 배압(잔류압력)〕

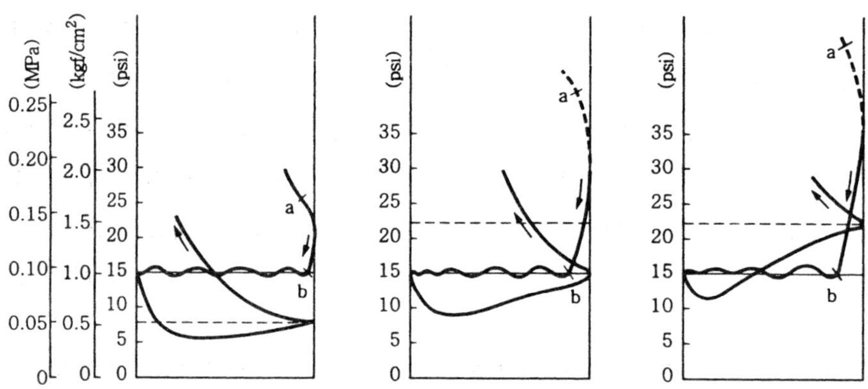

(a) 교축운전 (b) 정격운전 a−b : 배기취출(불어내기) (c) 과급운전

그림 3・25 흡기조건의 차이에 의한 지압선도의 저압부분의 압력변화

이가 있음을 알 수 있을 것이다.

3.4.5 실린더 내 가스유동의 영향(⑥)

피스톤 운동으로 실린더 내에 강한 가스유동을 발생시키는 경우 또는 부연소실이 있어 그 안으로 가스의 유입・유출이 있는 경우에는 가스유동에 일이 소모되며, 후자의 경우에는 평균피스톤 속도가 10 m/s에서 손실이 0.02~0.04 MPa 정도이다. 그러나 이들 가스유동에 의해 연소가 개선되는 경우에는 그 손실을 보충하게 되며 또는 보충하고도 남는 효과가 있는 경우도 있다. 이는 가스유동손실보다도 연료와 공기의 균일한 혼합에 의하여 완전연소에 도움이 되기 때문이다.

3.4.6 동작가스의 누설(⑧)

밸브로부터 가스의 누설은 완전히 방지할 수 있지만, 피스톤 링으로부터의 누설은 피할 수 없다. 그러나 그 양은 극히 작은 것이고 최량의 상태에서는 실린더 내의 전 가스량의 0.2% 정도이다(blow-by gas).

3.4.7 피스톤 속도(⑨)

이론사이클에서는 피스톤 속도는 무한하게 늦어 저항이 전혀 없어 마찰이 없으므로 실린더 내 가스는 항상 평형을 유지하는 것으로 되었지만, 실제에는 피스톤의 속도가 유한이므로 피스톤에 작용하는 압력은 낮게 된다. 그러나, 그 영향은 문제가 되지 않을 정도의 극히 적은 것이다.

이와 같은 각종 손실을 고려한 실제사이클의 형상을 구하는 데는 보통 기관을 운전하여 연소실에 설치한 지압기(indicator)를 이용하여 지압선도를 그리게 하면 된다. 최근에는 전자계산기를 이용한 시뮬레이션으로 정확한 지압선도를 구할 수 있다. 그림 3·26에 연료-공기사이클과 실제사이클의 지압선도를 비교한 것으로 각종 손실부분을 표시하였다.

표 3·4는 정적사이클을 일례로 하여 완전가스에 의한 이상사이클을 실제기관의 실제사이클로 근접시킴에 따라 변화하는 과정을 정리한 것이다.

이상 설명한 바와 같이 연료-공기 사이클과 실제사이클과의 차이점 등에 대하여 생각해

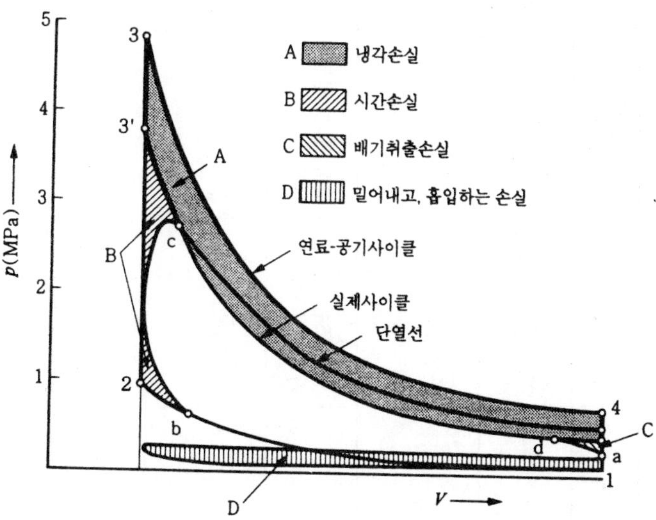

그림 3·26 연료-공기사이클과 실제사이클의 손실된 양의 비교

표 3·4 이상사이클에서 실제사이클로의 변화

	① 이상사이클	② 폴리트로프 이상사이클	③ 연료-공기 사이클	④ 흡·배기손실의 고려	⑤ 연소과정의 고려	⑥ 실제사이클	⑦ 외부출력
작동유체	공기(이상가스)	공기	연료+공기 및 연소가스	연료+공기 및 연소가스	연료+공기 및 연소가스	연료+공기 및 연소가스	
폴리트로프 지수	단열지수 $k(=1.4)$	각 행정마다 $n=$일정	$n=$일정	$n=$일정	n의 변화 고려	변화	
흡기행정	손실 없음 $P=P_a$(대기압)	손실 없음 $P=P_a$	손실 없음	펌프 손실의 고려	펌프손실 있음 (유효압축비의 고려)	펌프손실(흡·배기관로의 압력손실)	
압축행정	단열압축 $k=1.4$	폴리트로프 압축 $n=$일정 (1.32~1.30)	혼합가스의 폴리트로프 압축 $n=$일정 (1.32~1.30)	폴리트로프 압축 $n=$일정 (1.32~1.30)	폴리트로프 압축 행정에 따라 n 변화	전열, 가스 누출 등의 영향	기계손실 고려
연소과정	정적(또는 정압) 가열	정적 또는 정압 가열	정적 또는 정압 가열	정적 또는 정압 가열	연소의 지연, 열해리, 후연소의 고려	연소의 시간적 경과, 그 밖의 고려	
팽창행정	단열팽창 $k=1.4$	폴리트로프 팽창	연소가스의 폴리트로프 팽창 $n=$일정 (1.30~1.28)	연소가스의 폴리트로프 팽창 $n=(1.30\sim1.28)$	연소가스의 폴리트로프 팽창, 후연 등에 의한 n의 변화	연소가스의 폴리트로프 팽창, 후연소 등에 의한 n의 변화	
배기행정	손실 없음 정적블로다운 정압배기	손실 없음	손실 없음	배기의 시간경과 및 압력손실 고려	배기블로다운 손실(유효팽창비의 고려)	배기블로다운 압력손실	

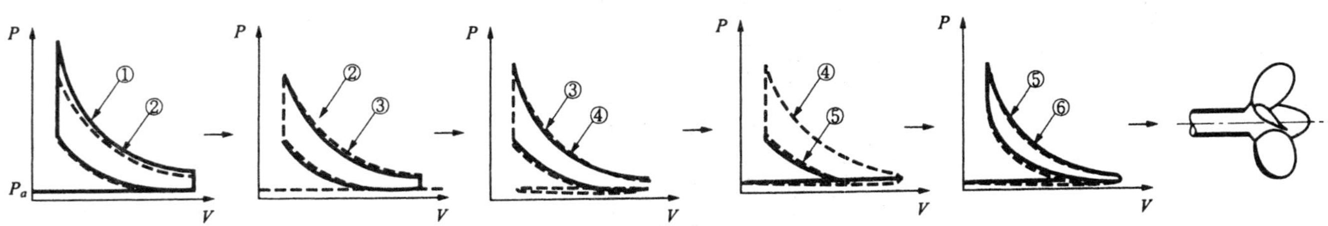

보았으며, 이와 같은 차이점으로 영향을 받게 될 3.1절에서 거론한 도시열효율과 선도계수에 대해서 좀더 고찰하고자 한다. 즉, 연료-공기사이클에 앞에서 거론한 여러 가지 손실을 고려하여 도시열효율을 계산하는 것은 극히 복잡하지만 이 중에서 연소지연, 불완전연소와 연소실 벽면으로의 손실을 넣어서 전자계산기로 도시열효율 η_i의 추정 또는 이들이 η_i에 미치는 영향을 구하고 있다.

실제의 도시열효율을 구하기 위해서는 기관을 운전하여 도시출력 N_i [kW], 연료소비율 B [kg/h], 연료의 저위발열량 H_u [kJ/kg]을 측정하여 다음 식으로 계산한다.

$$\eta_i = \frac{3600 N_i}{H_u \cdot B} = \frac{3600}{H_u \times b_i} \times 1000$$

단, $b_i = 1000\ B/N_i$ = 도시연료소비율 [g/kW·h]

또한, 기계효율이 확실한 경우에는 $\eta_e = \eta_i \eta_m$의 관계로부터 구한다.

도시열효율은 연료-공기사이클의 열효율과 같이 압축비가 증가할수록 또 혼합기가 희박할수록 증가하는 경향이 있지만, 과농 또는 과희박 혼합기에서는 불완전연소, 후연소 등 때문에 저하한다.

선도계수란 3.1절에서 이미 거론한 바와 같이 도시열효율과 이론열효율과의 비로서 앞에서 거론한 여러 손실을 종합한 것이며, 실제사이클이 어느 정도 이론사이클에 근접하고 있는가를 표시하는 것이다. 이때 이론열효율로서 공기사이클의 열효율이 종종 이용되고 있지만, 이것은 실제는 도저히 기대할 수 없는 높은 값이기 때문에, 비교의 표준으로 하는 것은 부적당하다. 실제사이클이 도달할 수 있는 한계로서는 연료-공기사이클의 열효율을 이용하지 않으면 안 된다.

예를 들어 압축비 13, 공기과잉률 2, 최대압력 5 MPa로 한 디젤기관의 공기사이클의 열효율은 61%이지만, 연료-공기사이클로 하면 53.5%로 된다. 한편, 실제사이클로부터 구한 도시열효율을 45%로 하여 연료-공기사이클을 기준으로 한다면 선도계수는 84%로 되어, 이미 한계에 도달한 값을 나타내지만, 이것을 공기사이클과 비교하면 74%로 되어 또다시 개량의 여지가 있는 것처럼 생각되어 오해를 불러일으킨다.

선도계수에 영향을 미치는 것은 3.4.1~3.4.7항이지만 이 중에서도 연소지연, 불완전연소, 냉각손실의 영향이 가장 크다. 가솔린기관에서는 공기과잉률의 이용범위가 좁고(λ=0.8~1.2) 동시에 혼합이 완전히 이루어지므로 점화시기를 적당히 선택한다면 거의 일정한 선도계수 η_g를 얻을 수 있다. 그러나, λ > 1.15~1.2로 되면 연소속도가 늦게 되고 동시에 혼합기 분배가 불균일하게 되기 때문에 운전이 거칠어지고 η_g는 저하한다. 디젤기관에서는 연료와 공기를 완전히 혼합하기는 곤란하므로 λ<1.2~2에서는 η_g는 저하하고, 또 λ가 매우

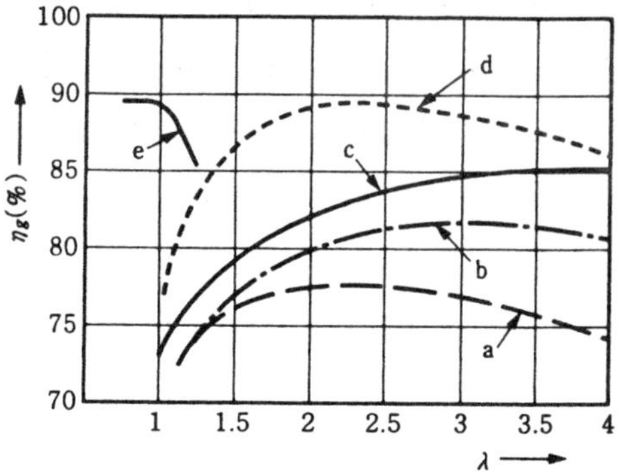

그림 3·27 공기과잉률과 선도계수

크더라도(λ>2.5~3) 냉각손실 때문에 약간 작게 된다. 그림 3·27은 이와 같은 상황을 나타낸 것이고 보통 η_g=75~85%(고속), 80~90%(저속), 88~92%(과급 대형)이다.

3.5 기계손실 및 기계효율

3.5.1 기계손실

기계손실이란 도시일과 정미일과의 차로서, 이 중에서 순수한 기계마찰에 의한 손실은 윤활에 밀접한 관계가 있으며, 일반적으로 윤활면 상호간의 마찰력은 활동면의 상대속도, 윤활유의 점도가 증대됨에 따라서 증가된다. 즉, 피스톤 및 피스톤 링과 실린더 내면과의 마찰, 각부의 베어링의 마찰 및 기관의 운전에 필요한 보조기기(auxiliary machine)를 구동하는 데 소비되는 동력 등을 총칭하여 기계손실(mechanical loss)이라고 한다.

압축비, 흡기압력이 증가하면 실린더 내의 압력이 높게 되기 때문에 베어링 하중(bearing load) 및 피스톤 측압(side pressure)이 크게 되어 기계손실이 증가한다. 또 운동부분의 관성질량(inertia mass)이 크면 관성력이 회전속도의 제곱에 비례하여 증가하기 때문에 기관 회전수의 증가와 함께 기계손실이 급격히 크게 된다. 일반적으로 소형 기관일수록, 또 실린더수가 많은 기관일수록 기계손실의 비율이 크게 되고 전기점화기관보다도 압축착화기관 쪽이 기계손실의 비율이 크게 된다. 기계효율 η_m은 기관의 유효일의 양을 규제하는 것이고, 기계의 구조, 특히 운동부분의 구성의 양부(良否)에 의한 점이 크다. η_m은 정미일의 도시일에 대한 비로 $\eta_m = W_e/W_i = N_e/N_i = 1-(N_r/N_i)$ 같이 표시한다. 기계마찰손실은 다음 부분으로 되어 있다.

① 피스톤 및 피스톤 링의 마찰 : 피스톤 및 피스톤 링과 실린더 벽과의 마찰에 의한 것으로 그 내용을 분석하는 것은 약간 곤란하며, 기계마찰의 가장 큰 부분을 차지한다. 이것은 활동면이 크다는 것, 상대속도가 높다는 것 및 윤활이 불충분하다는 것에 기인한다. 그리고 이 마찰은 피스톤의 길이, 간극 및 링의 수·장력 등 구조에 관계되고 또 동일구조에서는 실린더 내 압력, 피스톤 속도, 윤활유 점도가 높아짐에 따라 증가된다.

② 베어링 마찰 : 베어링의 마찰력은 윤활유의 점성(viscosity), 베어링 압력 및 주속도에 관계하지만 일반적으로 베어링 마찰은 기관회전수에 비례하여 증가한다. 그러나 평행추(balance weight)가 없는 크랭크축의 베어링에서는 회전속도가 크게 되면 관성력 때문에 마찰력이 급격히 증가한다. 주베어링, 커넥팅로드부의 베어링, 캠베어링 등의 마찰은 전부하(full load)에서는 비교적 적고 정상운전 상태에서는 실린더 내의 압력에는 거의 관계가 없다. 또 밸브작동에 의한 손실도 극히 약간이다.

③ 보조기기 구동손실 : 기관의 운전상 필요한 보조기기(물펌프, 윤활유펌프, 연료분사펌프, 조속기, 점화장치 등)를 구동하는 데 필요로 하는 동력은 기계마찰의 극히 일부분을 차지하고, 회전속도, 윤활유 점도가 높게 되면 증가되나 가스압력에는 관계없다. 또, 보조기기를 구동하는 데 요하는 손실은 다실린더기관의 경우에는 비교적 적다. 공랭기관의 냉각팬은 고속에서 기관출력의 수%를 소비한다. 소형 기관이 되면 이와 같은 보조기기 구동마찰은 전마찰에 대해 비교적 크게 되는 경향이 있다. 그 이유는 기관이 작아져도 보조기기는 그것에 수반하여 작아지지 않기 때문이다. 운전에 반드시 필요하지 않은 보조기기(발전기, 배기펌프, 압축기 등)는 보통 기계마찰에 포함되지 않으나 이들은 시험규격에 따라 정해져 있다.

④ 유체적 손실 : 커넥팅로드가 크랭크축에 연결되는 부분이 크랭크실 기름을 휘젓거나, 플라이휠이라든가 크랭크기구의 공기마찰, 크랭크실의 공기압축(2 사이클은 제외)이나 통풍 등에 의한 손실은 극히 적다.

⑤ 소기펌프·과급기 구동손실 : 2 사이클기관, 기계과급기관인 경우에는 더욱 급기를 압축하기 위한 손실이 더해진다.

①~④는 기계내부의 마찰로서 ⑤와 분명하게 구별되므로 마찰마력은

$$N_r = N_{ri}(\text{내부 마찰마력}) + N_k(\text{압축기 구동마력}) \quad (3 \cdot 31)$$

로 나타내어진다. $N_r = N_i - N_e$로서 펌프일에 대한 마력 N_p는 이미 N_i 산출 때에 제외되었으므로 정의에서 말하면 N_r에 포함시킬 필요는 없다. 그러나 뒤에 표시한 바와 같이 N_r은 측정상 N_p와 분리하여 구하는 것이 곤란하므로 마찰손실로서 고속기관에서는

$$N_r' = N_{ri} + N_p + N_k \quad \text{혹은} \quad p_r' = p_{ri} + p_p + p_k \quad (3 \cdot 32)$$

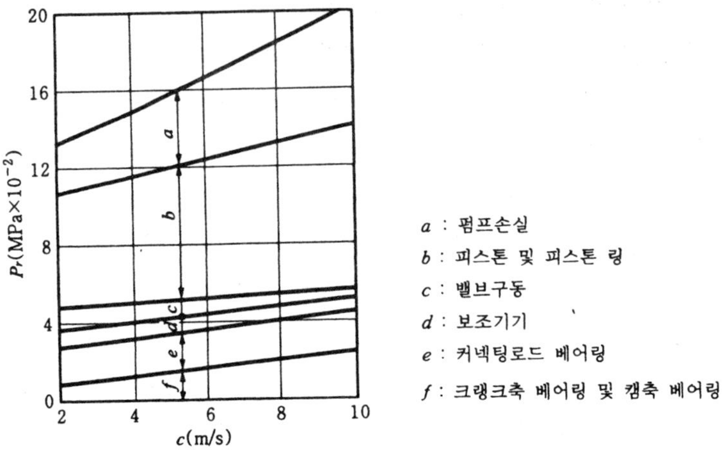

그림 3·28 피스톤 속도와 각부 마찰손실과의 관계

가 가끔 쓰여진다. 여기서, p_p는 펌프 평균유효압력이다. 그림 3·28은 각부의 마찰손실을 평균유효압력으로 환산한 것으로서 피스톤 마찰이 가장 크며, 고속이 될수록 증가하고 있다. 그림 3·29는 보통기관에서 p_r의 범위를 나타낸 것이며 대형기관에서 0.07~0.15 MPa, 소형 고속기관에서 0.15~0.35 MPa이다(p_p에 관해서는 4장의 가스교환손실과 펌프손실 항을 참조).

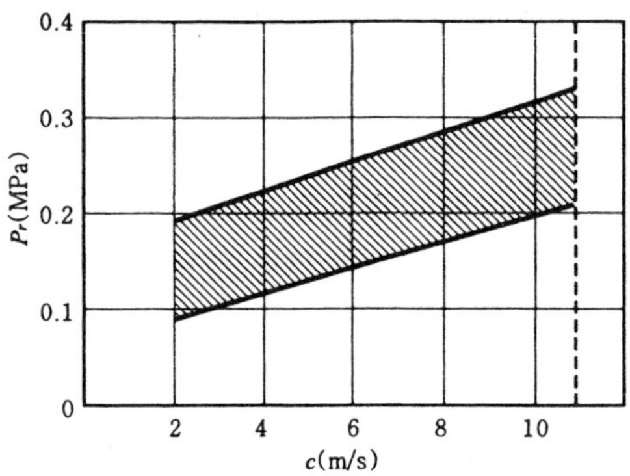

그림 3·29 피스톤 속도와 마찰손실의 범위

3.5.2 기계효율과 마찰손실의 측정

동작가스압력이 1 사이클 동안에 피스톤에 한 일, 즉 도시일 W_i를 전체 실린더에 대하여 합계한 값 $\sum_1^n W_i$(여기서, 실린더 번호를 나타내는 첨자는 생략하고, 첨자 i는 도시일을 의미한다. 또, 실린더간의 변동을 생각하여 $\sum_1^n W_i = nW_i$로 쓰지 않기로 하였다)와 출력축으로부터 측정한 유효일 W_e와의 차이가 1 사이클 동안의 마찰일 W_r이다. 즉,

$$W_r = \sum_1^n W_i - W_e \text{ [kg}_f \cdot \text{cm]} \tag{3·33}$$

여기서,

$$W_i = \oint p dV \text{ [kg}_f \cdot \text{cm]} \tag{3·34}$$

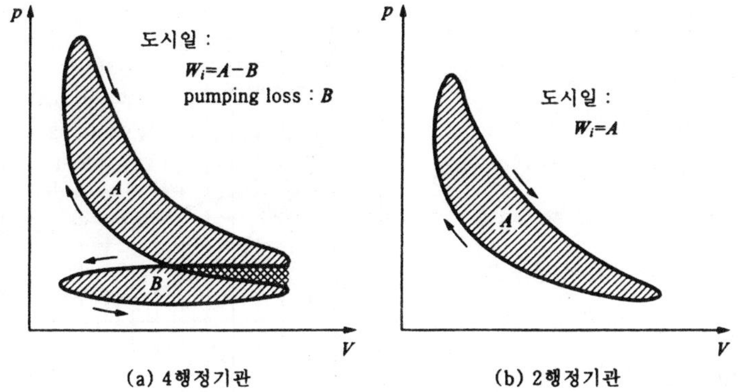

그림 3·30 도시일과 펌프손실

n : 실린더 수, p는 가스압력[MPa], V는 실린더 체적[cm^3], $\oint$는 1 사이클에 걸친 적분을 의미한다.

그림 3·30에서 표시한 $p-V$ 선도에서 나타내면 4 행정기관에서 도시일 W_i는 가스가 압축·팽창행정에서 피스톤에 한 일 A와 피스톤이 배기·흡입행정 동안에 가스에 한 일 B와의 차이로 된다. $W_i=A-B$에서 일 B는 펌프일(pumping work) 또는 펌프손실(pumping loss)이라 부르는 것으로, 정의상 2 행정기관에서는 존재하지 않는다. 펌프손실 B는 흡·배기계에서 작동가스의 유체 마찰손실 및 관성저항에 의해 발생하는 것이지만, 통상적으로 정의한 바와 같이 도시일의 감소분으로 취급하고 마찰손실 W_r에는 포함하지 않는다(*이 정의와는 달리 도시일은 A만으로 하고, 펌프손실 B를 마찰손실쪽에 포함한 문헌도 있으므로 주의가 필요). B는 어느 정도 이상 과급된 기관에서는 손실이 아니라, "정"의 일로 된다. 도시일은 이론사이클에서 얻어야 할 일로부터 실린더 벽으로의 열손실, 불완전연소에 의한 손실, 가스누설에 의한 손실, 배기 불어내는 손실, 교축손실(부실식 연소실의 경우), 펌프손실 등을 빼낸 나머지이지만, 이 나머지로부터 마찰손실 W_r을 빼면 유효일이 된다.

측정상 일반적으로 주의할 사항을 열거하면,

① 기관의 마찰에는 점성마찰이 차지하는 비율이 크기 때문에 손실은 냉각수 및 윤활유의 온도에 크게 의존한다. 또, 안정된 측정값을 얻기 위해서는 통상 최저 1시간 정도의 예비(warming up)운전이 필요하다(그림 3·31 참조).

② 연소변동이나 측정오차의 변동을 고려하여 여러 번 측정을 반복하여 평균값을 구해야 한다.

③ 동일 기관에서도 주로 움직이는 면의 동일한 곳만의 접촉에 의한 마찰, 겹치는 오차, 중심이 어긋난 것 등이 마찰에 영향을 미치게 됨에 주의할 필요가 있다.

④ multigrade 오일(油)의 점도는 높은 전단력 상태에서는 기본 유(油)의 점도에 근접하는 것에 주의할 필요가 있다.

⑤ 마찰마력 측정에는 각각 일장일단이 있기 때문에 선택은 측정의 목적, 사용 가능한 계측기나 사람수에 따라서 결정될 사항이지만, 일반적으로 마찰손실은 기관의 모터링(motoring)법 또는 다실린더기관에서는 모스(Morse)법 등으로 측정되고, 디젤기관에서는 윌란스(Willans) 선법도 이용된다. 이들 방법으로 측정된 마찰손실 N_r에 순출력 N_e를 더한 도시출력 N_i는

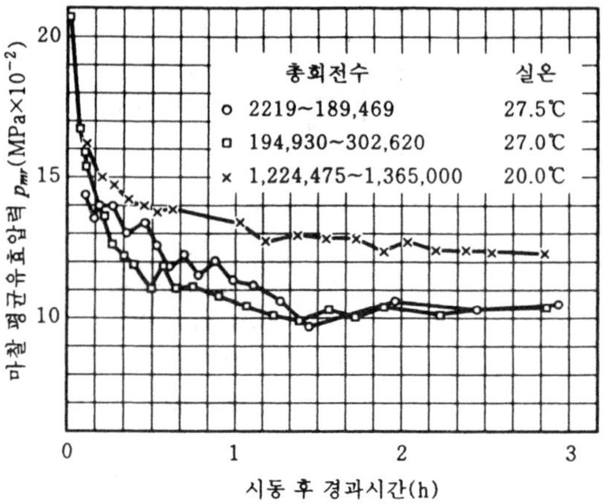

그림 3·31 warming up 과정에서 마찰 평균유효압력의 증가

$$N_i = N_e + N_r \quad (3 \cdot 35)$$

로 표시된다. 그러나 이와 같은 방법으로 측정된 N_r은 실제의 작동중의 기관의 N_r과는 약간 다르다.

기관을 저부하로 운전하면 도시출력과 마찰손실이 같게 되어 순출력이 "0"으로 되어 이른바 아이들링(공회전 : idling) 상태로 되지만, 예를 들어 자동차가 고속으로 주행중 트랜스미션(transmission)의 기어비를 저단으로 변경하는 경우나, 언덕길을 내려올 때 저단으로 할 경우 기관 회전수가 급증가하는 경우 등은 더욱 기관을 외부로부터 구동하여 회전속도를 높이게 되므로 마찰손실이 도시출력 이상으로 되어 기관은 외부에 대한 제동력으로 작용하도록 된다. 이것이 이른바 엔진 브레이크(engine brake)의 상태이다.

3.1절에서 정의한 바와 같이 기계효율 η_m은 다음과 같이 표시할 수 있다.

$$\eta_m = N_e / N_i = \eta_e / \eta_i = p_e / p_i$$

로 나타내어진다. 이것에 $N_i = N_e + N_r$, $p_i = p_e + p_r$로 되는 관계를 이용하여 정리하면

$$\eta_m = \frac{N_e}{N_e + N_r} = \frac{p_e}{p_e + p_r} \quad (3 \cdot 36)$$

마찰손실은 다음과 같이 각종 방법으로 구할 수 있으나 정확한 측정은 곤란하다.

지압선도에 의한 방법은 발화운전 상태에서 측정이 가능하여 이상적이지만, 상사점의 검출오차에 따라서 민감하며, 또 복잡하다. 모터링 방법은 비교적 간단하고 전체손실 및 각

주된 운동부분의 손실이 측정 가능하고, 재현성도 좋지만, 발화운전 상태에서 측정은 곤란하다. 발화정지법과 Willans-line법은 몇 가지 가정하에서 이루어진 것이므로 주의가 필요하다. 모터링법은 구동형 동력계가 필요하고, 그 밖에는 흡수형으로도 가능하다.

① 지압선도에 의한 방법

저속기관은 지압선도로부터 도시 평균유효압력 p_{mi}를 구하고, 동시에 동력계로 정미토크 T_e를 읽어 정미 평균유효압력 p_{me}를 구하여 그 차가 마찰 평균유효압력 p_{mr}을 직접 구하는 방법이다. 이 방법은 정밀한 동력계를 사용하면 정확한 값을 얻을 수 있으나, 고속(>500 rpm)이 되면 정확한 지압선도를 측정하는 것이 곤란하므로 p_{mi}의 정확한 값을 구하기 어려웠으나, 최근에는 지압계 및 전자계산기를 중심으로 한 데이터 처리기술의 진보에 따라서 재평가되어지고 있는 방법이다.

다른 방법에 비해서 기관을 실제 구동하면서 마찰손실을 측정할 수 있다는 커다란 이점이 있지만, 2개의 거의 같은 측정값 p_{mi}와 p_{me}의 차이로 p_{mr}을 구하기 때문에 p_{mr}의 상태오차가 크게 된다는 결점이 있고, 또, 각 실린더마다의 출력의 변동을 무시할 수 없을 경우 각 실린더의 p_{mi}를 구하지 않으면 안 되는 번잡한 방법이기도 하다.

도시 평균유효압력을 측정하는데 가스압력 p의 측정 정도만큼 중요한 것은 p와 크랭크각 또는 피스톤 위치와의 대응 정밀도(精度)이다. 상사점 및 크랭크각은 보통 크랭크축에 고정된 원판에 슬릿이나 구멍 등을 만들어 광전식 또는 전자식 pick-up으로 검출한다. 슬릿의 피치는 정밀하게 가공할 수 있으나, 원판을 크랭크축에 부착시킬 때 위상차이가 문제가 된다.

그림 3·32는 상사점의 위치가 1도 어긋났을 경우의 p_{mi}의 오차 Δp_{mi} 및 위상오차를 나타낸 그림이다. 위상의 차이가 적은 범위에서는 위상차이와 Δp_{mi}는 비례하므로 이 그림에서 위상이 0.1도 차이의 경우를 생각하면, 예를 들어 0.4 MPa의 경우 거의 $\Delta p_{mi}=0.005$ MPa이다. 이때 기계효율을 $\eta_m=0.8$이라면, $p_{mr}=p_{mi}-\eta_m p_{mi}=0.08$ MPa로 되므로, 마찰손실의 위상오차는 $(0.005/0.08)\times 100 = 6.25\%$나 된다. 따라서, 이 방법에서는 상사점의 위상 차이를 0.1도 이하로 유지하는 것이 필수조건이다.

상사점의 위치를 다이얼게이지로 정적(靜的)으로 검출하는 대신에 실린더헤드에 체적형 변위계를 설치하여 피스톤 윗면의 변위를 측정한다면 운전중에도 상사점 위치를 검출할 수 있다(그림 3·33). 그러나, 이 경우 가스교환의 상사점을 이용해야 하며, 연소의 상사점을 이용하면 큰 오차가 발생하게 된다. 이것은 크랭크축 베어링 내의 간극에서 축이 편심하고, 또 커넥팅 로드, 크랭크, 피스톤 핀 등이 변형하기 때문에 피스톤이 눌려 내려져 상사점은 크랭크각으로 최대 1도 정도 앞쪽으로 어긋나는데, 이 어긋남은 1사이클 전체에 걸쳐서 생

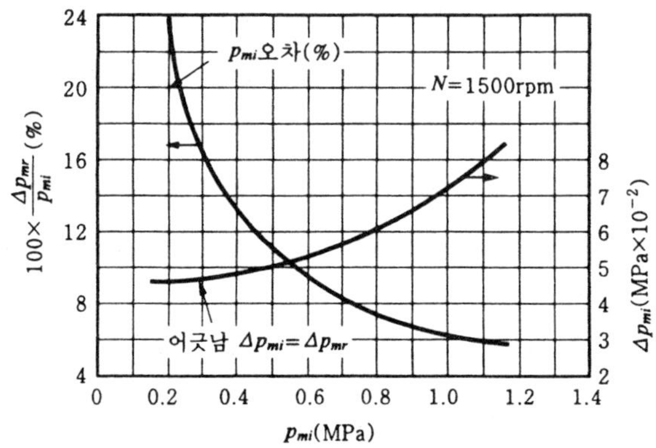

그림 3·32 상사점 검출이 1도 차이의 경우 도시 평균유효압력 p_{mi} 및 마찰 평균유효압력 p_{mr}의 오차

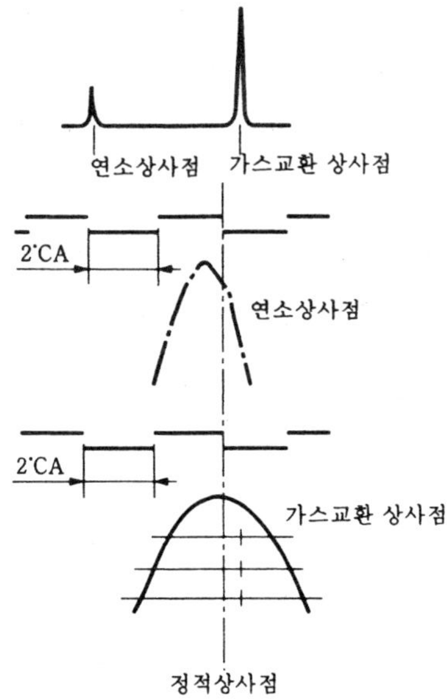

그림 3·33 체적형 변위계에 의한 상사점 검출

기는 것이 아니고, 상사점 근처에 한해서 발생하므로 위에서 언급한 가스교환의 상사점을 체적형 변위계로 검출한다면 이 검출정도는 ±0.1도로 기대할 수 있다.

② 모터링에 의한 방법(motoring test)

제동시험으로 N_e를 측정한 직후, 연료를 차단하고 전기동력계를 전동기로 하여 제동시험과 똑같은 상태로 기관을 구동시켜 그것에 필요로 하는 마력을 구하면 그것이 마찰마력이 된다. 즉, 기관을 전기동력계로 또는 토크메타를 넣어서 전동기로 구동하고, 이때의 구동토크 T [kg·m] 및 회전수 n [rpm]을 측정하여 다음 식으로 손실마찰마력 N_r을 구한다.

$$N_r=\frac{2\pi Tn}{102\times60}\ [\mathrm{kW}] \qquad (3\cdot37)$$

따라서, 측정조건이 발화운전 때와 다르다는 결점이 있지만, 이 점을 제외하면 정밀도도 상당히 양호하며, 동력계 정도(精度)로 기계손실이 간단히 구해지고, 재현성도 매우 양호하다. 또 각 부품을 순차적으로 철거함으로써 각 부품의 마찰마력(부품철거법)을 구할 수 있는 이점도 있고, 종래부터 가장 많이 이용되어온 방법이다.

모터링 운전은 발화운전에 대하여 다음과 같은 차이점이 있다.

a) 모터링 운전에서는 가스의 폭발압력이 없으므로 피스톤 링의 배압(背壓), 피스톤의 측압, 축의 베어링에 걸리는 하중이 작아 마찰력이 저하한다.

b) 모터링 운전에서는 피스톤, 라이너 등 주로 운동하는 부분의 온도저하로 윤활유의 점도가 높고, 마찰력의 증대를 초래한다. 한편, 온도저하는 운동하는 부분의 간극을 증가시켜 앞에서 언급한 마찰력의 증대를 억제한다.

c) 모터링 운전에서는 배기의 blow-down 효과가 없고, 배기의 밀도가 크기 때문에 펌프손실이 크다.

d) 모터링에 대한 손실의 측정값에는 모터링 때의 압축·팽창행정에서의 열손실, 연소실 내에서의 교축손실 및 가스누설에 의한 손실이 포함되어 있다. 그러나, 이것들에 상당하는 손실은 발화운전 때의 지압선도에서는 이미 제외되어 있어 발화운전 때의 마찰손실에는 포함되어 있지 않다.

이상과 같은 차이점이 있음에도 불구하고 이들의 영향은 상쇄되는 경향이 있고, 그 결과 모터링법으로 구한 마찰손실과 펌프손실의 합은 발화운전의 경우의 양손실의 합에 비하여 가솔린기관(저압축기관)의 경우는 거의 ±5% 범위에서 일치하고, 고압축기관(디젤기관)에서는 15~20% 많아지는 경우도 있다. 디젤기관의 경우는 위 d)의 손실이 증대하기 때문에 모터링법에 의해 구해지는 마찰손실과 펌프손실의 합은 발화운전의 경우의 양손실의 합보다 2~5 psi(0.014~0.035 MPa) 크게 된다.

모터링법에서 가장 주의할 점은 기관의 온도, 특히 실린더 라이너 내면의 온도이고, 이것을 가능하면 발화운전 상태에 근접시키는 것이 중요하다. 발화운전에서 모터링으로 바꾸어 회전수가 발화운전 때의 값으로 되었을 시점에서의 동력계가 표시하는 토크를 읽음과 동시에 대표적인 윤활유 온도 및 냉각수 온도를 기록하여 발화운전 때와의 차이를 보면 된다.

공랭식 기관의 경우에는 모터링 중에 실린더 온도가 급속하게 저하하므로 토크를 연속적으로 측정하여 놓고 발화운전에서 모터링으로 바꾸었을 때의 토크를 외삽법(外挿法)으로 구하면 된다.

그러나, 이렇게 하여 구한 토크는 기관 각부의 온도가 정상적인 값으로 되어 있지 않은 경우의 값인 것에 주의할 필요가 있다. 각 기관의 마찰마력을 비교하는 경우 등 재현성이 중요한 경우에는 기관의 냉각수 및 윤활유의 회로에 가열기 및 냉각기를 설치하며, 제어장치로 온도를 일정하게 유지하고 토크를 측정하는 것이 좋다. 그

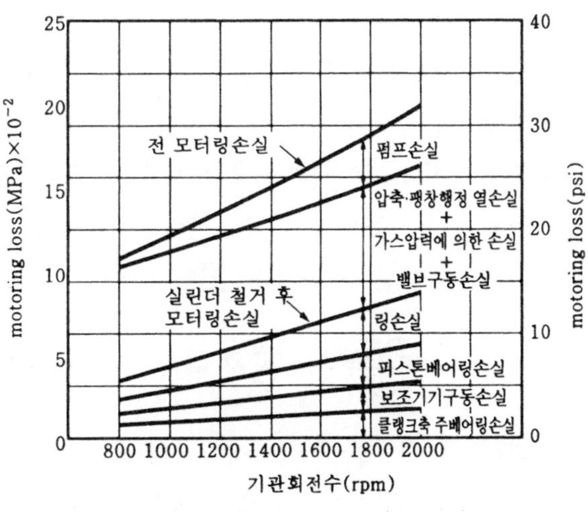

그림 3·34 부품철거법에 의한 마찰손실의 측정결과(직분식 디젤기관)

림 3·34는 부품철거법으로 측정한 손실의 일례로 펌프손실은 지압선도로부터 구하였다.

③ 발화 정지법(Morse법)

이 방법은 다기통기관의 경우에만 적용할 수 있는 방법으로, 정상적인 발화운전의 상태에서 1기통의 점화 또는 연료분사를 정지하였을 때 저하한 회전수를 원래의 회전수로 되돌렸을 때의 출력의 저하를 그 기통의 도시마력으로 하여 마찰마력을 구하는 방법으로 실화법 또는 Morse법이라고도 한다. 다기통기관에서 각 기통의 출력을 첨자 1, 2, 3, …으로 나타내면 전체출력 N_e는

$$N_e = (-N_r)_1 + (N_i - N_r)_2 + (N_i - N_r)_3 + \cdots\cdots$$

$$N_e - N_{e1} = (N_i)_1$$

이와 같이 하여 순차적으로 각 기통의 도시마력 $(N_i)_2$, $(N_i)_3$, ……을 구하여 이들을 모두 합하면

$$N_i = (N_i)_1 + (N_i)_2 + (N_i)_3 + \cdots\cdots$$

$$N_r = N_i - N_e$$

이 구해진다.

이 방법의 문제점은 각 기통의 발화를 정지시켰을 때의 정미출력을 구하고, 그때 마찰마력 및 나머지 발화운전하는 기통의 도시마력이 변화하지 않는다는 가정이다. 즉, (a) 어느 기통을 발화정지시키면 그 기통의 폭발압력이 없고 또 온도가 저하하는데, 마찰에 대한 양자의 영향은 상쇄되는 경향이 있지만, 완전히는 상쇄되지 않는다. 그러나, 이 방법에서는 발화정지함으로써 마찰마력이 변화하지 않는다고 가정한 것이다. (b) 발화정지시키면 1 사이클 중의 배기 매니폴드 내의 압력변화의 모양이 변화하기 때문에 발화정지시키지 않는 다른 기통의 충진효율이 변하여 도시마력이 변화한다. 특히, 밸브 중합각이 큰 기관에서는 현저하지만, 이 방법에서는 이 영향을 무시하는 것이다.

④ 연료소비량으로 구하는 방법(Willans-line법)

기관의 단위시간당의 연료소비량을 B [kg/h], 연료의 저위발열량을 H_u [kJ/kg], 도시열효율을 η_i라 한다면, 도시마력 $\sum_1^n N_i$은 다음 식으로 표시된다.

$$\frac{BH_u\eta_i}{3600} = \sum_1^n N_i = N_e + N_r \text{ [kW]} \tag{3·38}$$

따라서, 그림 3·35 (a)에서처럼 B를 B_1으로부터 B_2까지 변화시켜도 η_i와 마찰마력 N_r이 변화하지 않는 것으로 가정하면, B와 출력 N_e는 그 범위에서 직선관계에 있으므로 이 직선을 그림 중의 점선과 같이 연장하여 $B=0$의 세로축의 절편의 길이를 구하면, 정미

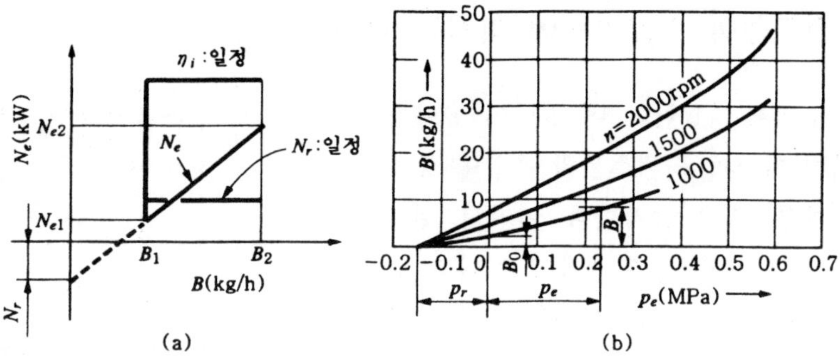

그림 3・35 Willans-line법에 의한 마찰손실 구하는 법

출력 N_{e1}으로부터 N_{e2}까지의 마찰마력 N_r이 구해진다. 통상, 디젤기관에서는 일정 회전수, 저부하영역에서는 부하에 관계없이 η_i와 N_r이 거의 일정하므로, 일정회전수, 저부하영역에서의 마찰손실을 이 방법으로 구할 수 있다. N_e 대신에 정미 평균유효압력 p_{me}를 이용하면, 절편의 길이는 마찰 평균유효압력 p_{mr}을 나타낸다. 또, 통상 B 대신에 1실린더, 1 사이클마다의 분사량 q를 이용하여 세로축과 가로축을 바꾸어 나타내는 경우도 많다. 즉, 그림 3・35 (b)에서처럼 정속운전에서는 무부하($N_e=0$)에 있어서도 η_i, N_r이 변하지 않는다고 하면 그때의 연료소비량 B_0는 내부마찰과 펌프손실에 소비되는 것으로 되어 $B_oH_u\eta_i=3600N_r$, $\dfrac{B}{B_o}=\dfrac{N_e+N_r}{N_r}=\dfrac{p_e+p_r}{p_r}$ 로 된다.

그림 3・35 (b)에서 연료소비량 곡선을 연장하여 가로축과의 교점을 구하면 원점과 그 교점까지의 길이가 p_r이 된다. 이 방법은 근사적이기는 하나 무부하 부근에서 연료소비량 곡선이 직선이라면 상당히 신뢰할 수 있으며, 전기동력계나 지압계(indicator)가 없어도 측정할 수 있으나, 가솔린기관과 같이 교축밸브를 조정하여 기관을 운전하는 경우에는 적용할 수 없다.

이 방법은 모터링법과 비교하여 발화운전중의 마찰마력을 얻을 수 있으므로 위에서 언급한 2개의 가정이 성립하는 한 온도・가스압력의 영향 등도 포함하여 실제 움직이는 상태에서 마찰마력을 구할 수 있다는 이점이 있다. 그러나, 부하 N_e를 변화시켜도 마찰마력 N_r이 변화하지 않는다는 전제를 하고 있으므로 당연히 마찰마력에 영향을 미치는 부하의 영향을 조사하는 것은 할 수 없으며, 또 부하와 함께 η_i가 크게 변화하는 기관, 또는 고부하영역에서의 측정에는 적용할 수 없으며, 동력계는 흡수형으로 가능하다.

통상, 모터링법으로 구한 값보다도 마찰 평균유효압력이 작게 되지만, 그 차이는 직접분사식 디젤기관에서 0.02~0.04 MPa, 부실식 디젤기관에서는 이보다도 크다.

3.5.3 운전조건이 손실마력에 미치는 영향

① 실린더 내 압력 : 실린더 내 압력이 높아짐에 따라 베어링 하중이나 피스톤의 측압이 증가하기 때문에 마찰손실은 증가한다. 여기서, 실린더 내 압력이란 도시평균유효압력이 아니고 압력의 시간적 평균으로 이 압력은 압축비를 높여서 얻어진 것이나 분사시기 또는 점화시기를 빠르게 하여 얻어진 경우라도 큰 차이는 없다. 그림 3·36은 고속 디젤기관의 가스압력에 의한 마찰평균유효압력 및 이것에 대한 최고압력과 압축비의 관계를 나타낸 것으로, 이 결과를 보면 가스압력에 의한 마찰은 주로 최고압력에 기인하고 있다는 것을 알 수 있다. 즉, 그림에 나타낸 것과 같이 가스압력만에 의한 기계마찰 $(p_r)_g$는 최고압력이 같은 점 AB에서 같게 되어 있다.

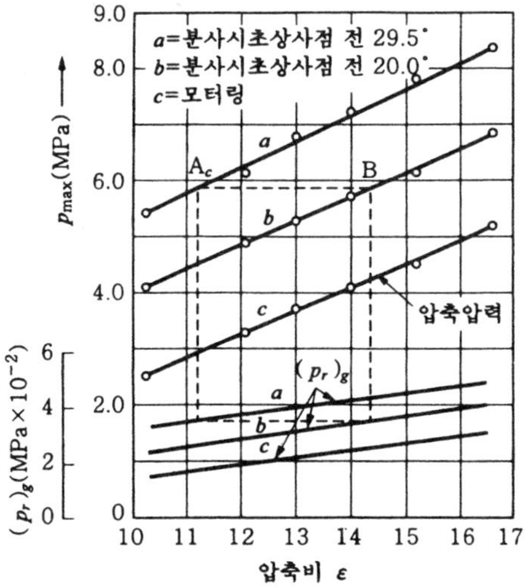

그림 3·36 최고압력 및 가스압력만에 의한 마찰손실 $(p_r)_g$와 압축비 및 분사시기와의 관계 (직접분사식 디젤기관)

② 회전속도 : 회전속도 혹은 피스톤 속도가 높게 되면 관성력이 증가하기 때문에 기계마찰은 그림 3·37에 나타낸 바와 같이 증대된다. 그러나 관성력의 일부는 가스압력에 의해 소멸되므로 2 행정기관에서는 회전속도의 상승에 의한 마찰손실의 증가는 비교적 적다.

③ 부하 : 회전이 일정할 경우 부하가 증대되어도 보조기기마찰은 거의 일정하지만, 실린

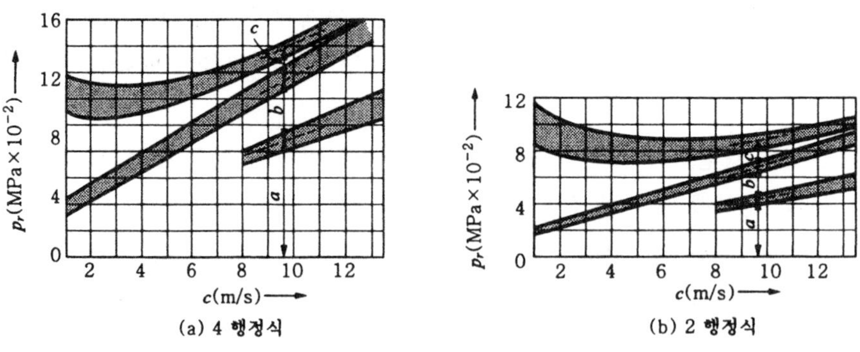

a : 가스압력이 작용하지 않을 경우의 베어링 마찰
b : 가스압력이 작용하지 않을 경우의 피스톤 마찰
c : 최고압력 70 at가 작용한 경우의 마찰의 증가

그림 3·37 평균피스톤속도와 마찰평균유효압력과의 관계

더나 피스톤의 온도가 상승함에 따라서 피스톤 간극, 윤활상태가 변하며 또 실린더 내 압력도 높아지므로 피스톤 · 베어링 마찰은 증가된다. 그러나 이 증가는 미소하기 때문에 $N_r=$ 일정하다고 하면

$$\eta_m = 1 - \frac{N_r}{N_e + N_r}, \qquad (1-\eta_m)(N_e+N_r) = N_r = \text{일정}$$

으로 되어, η_m과 N_i의 관계는 그림 3 · 38에 나타낸 바와 같이 쌍곡선이 된다. 그림 3 · 39 각종 디젤기관의 평균 유효압력과 η_m과의 관계를 나타냈으며, 고부하에서는 80~90% 정도가 된다.

이와 같이 저부하에서는 기계효율이 대단히 낮으므로 자동차용 기관과 같이 저부하로서 사용하는 일이 많은 경우에서는 마찰손실을 적게 하는 것이 중요하다. 또 동일 출력을 내기 위해서는 회전을 내려 회전력을 증대시킨 편이 유리하다.

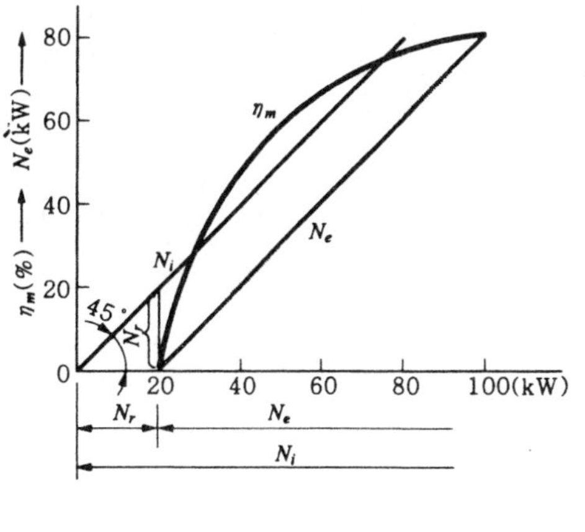

그림 3 · 38 기계효율과 출력의 관계

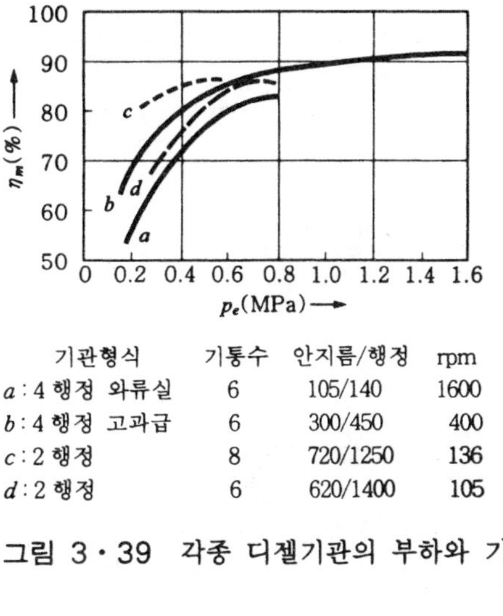

기관형식	기통수	안지름/행정	rpm
a : 4 행정 와류실	6	105/140	1600
b : 4 행정 고과급	6	300/450	400
c : 2 행정	8	720/1250	136
d : 2 행정	6	620/1400	105

그림 3 · 39 각종 디젤기관의 부하와 기계효율

3.6 정미열효율 및 열정산(또는 열감정, 열평형)

열역학 제1법칙, 즉 에너지 보존법칙에 의하면 연료의 발열량에 상당하는 에너지는 어떠한 형태로든 존재하지 않으면 안 된다. 기관에 공급된 연료가 완전연소하여 발생하는 열량을 100%로 하고, 이 열량(에너지)이 유효일 이외에 어떻게 전환되어 각부에 어떻게 분배되어 있는가를 나타내는 것을 열정산(熱精算 : heat balance)이라고 하고, 각각의 기관평가에 이용되며 통상 열에너지는 다음의 네 종류로 분류된다.

(1) 유효일(정미출력)로 전환된 열량

(2) 냉각매질(물 또는 공기)에 손실되는 열량(냉각손실)

(3) 배기가스에 손실되는 열량(배기손실)

(4) 보조기기 구동마찰, 복사, 전달에 의해 주위로 손실되는 열량(기타손실)

연료의 에너지가 앞의 4부분으로 배분되는 양상은 SANKEY 선도에 의해 명료하게 나타. 난다. 그림 3·40은 자동차용 가솔린기관의 열정산을 나타낸 것으로서 그림 중 a, b, c, ……는 기관내부에서 열에너지의 이동을 나타낸 것이다. 열정산은 기관의 종류에 따라 다른 것은 물론, 같은 종류의 기관이라도 연료, 부하, 회전속도, 압축비, 냉각수온도 등 운전조건이나 환경의 차이에 의해서도 여러 비율로 분배된다. 예외는 있지만, 대체적으로, 유효일로

표 3·5 기관의 열정산

구 분	기 관 종 별			열정산[%]		
	분 류		행정	정미열효율	배기손실	냉각손실
디젤기관	육상공업용 기관 (과급기부착)	대형(d>400) 중형(400>d>200)	2 2, 4	38~43 34~45	32~25 34~30	30~22 30~24
	소형 기관(과급기부착) d<200			30~38	30~38	30~27
가솔린기관	승용자동차, 버스, 트럭기관 소형 기관(수·공랭) 항공용 기관		4 2, 4 4	26~33 20~29 25~35	32~38 40~45 45~50	30~38 24~18 20~16

※ 100%와의 차이는 기타 열손실

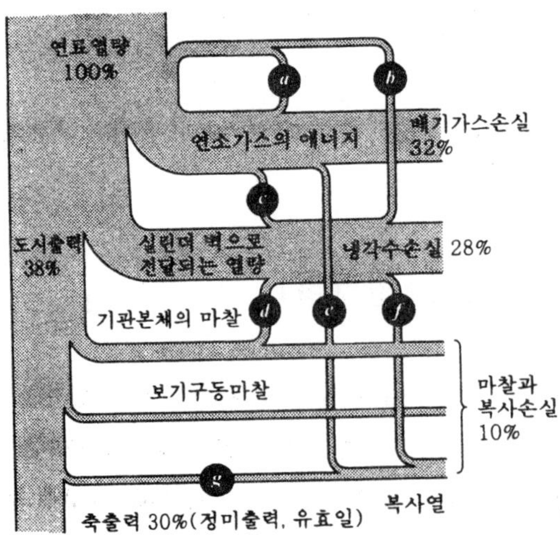

a : 잔류가스 및 배기로부터 회수되는 열량
b : 실린더 벽에서 흡기에 주는 열량
c : 배기가스에서 냉각수에 전달되는 열량
d : 마찰열 중 냉각수에 전달되는 부분
e : 배기계통에서의 복사
f : 냉각계통 및 재킷 벽에서의 복사
g : 크랭크실 기타 무냉각부분에서의 복사

그림 3·40 자동차용 가솔린기관의 열정산도

30~35%, 배기가스로 30%, 냉각매질로 30%, 그 외로 5% 전후이다. 표 3·5에 가솔린기관과 대표적 디젤기관의 열정산을, 그림 3·40에 대표적인 가솔린기관의 열정산도를, 그림 3·43에 대표적 기관의 열정산도를 각각 나타낸다

(1) 유효일로 바꾸어지는 열량(정미열효율, 정미출력)

유효일로 전환된 열량은 제동시험에 의해 정미출력, 연료소비량을 측정하여 b_e를 구하여 식 (3·2)로 η_e를 계산한다. 이것은 기관성능을 나타내는 최종적인 중요 요소의 하나로서 운전조건에 따라 변화하나, 일반적으로 저부하에서는 마찰손실이 비교적 많기 때문에 작고 또 과부하에서는 불완전연소 때문에 작아지며 최대가 되는 점, 즉 경제출력이 존재한다.

(2) 냉각매질에 손실되는 열량

이것은 실린더 내의 동작가스로부터 손실되는 열량에 피스톤 마찰에 의해 발생한 열량 및 배기밸브구멍에서 오는 열량을 합한 것이지만, 대부분은 동작가스로부터 손실되는 열량이다(9.3.2항 참조). 냉각수로의 열이동은 주로 팽창행정에서 일어나므로, 이 때문에 실린더 내의 가스압력이 내려가고 일의 손실을 일으킨다. 이 손실은 냉각손실이 전혀 없다고 생각한 이론사이클의 일과 도시일과의 차이에 상당하는 것이고, 공급열량의 4~10%에 상당한다. 냉각손실은 공급열량의 약 30%이므로 출력손실로서 나타나는 것은 고작 그 1/3이다.

(3) 배기가스에 손실되는 열량

이 손실열량은 열역학상 피할 수 없는 저열원으로의 열방출과 불완전 팽창에 의한 손실에너지로 되어 있다. 따라서, 압축비가 높을수록, 또 연소가 상사점 가까이에서 행해질수록 배기손실은 적어진다. 냉각손실이 많아지면 연소가스의 온도가 내려가기 때문에 배기가스 손실은 감소된다. 따라서 냉각손실이 전혀 없다고 생각한 이론사이클의 경우보다 배기손실은 적다. 이상과 같이 냉각손실 중 약 1/3은 출력손실로서 나타나고, 2/3는 배기손실의 감소로 되어 나타나게 된다.

(4) 마찰 및 복사, 기타

기계마찰은 유효일의 감소를 초래하지만 보조기기 마찰의 일부를 제외하고 열정산으로서는 직접 외부에는 나타나지 않는다. 기계마찰의 대부분은 열로 변하여 냉각매질 혹은 크랭크실의 공기, 윤활유에 전달된다. 배기, 냉각수 혹은 윤활유의 열은 배기관의 일부분, 물재킷(water jacket), 크랭크실 등에서 복사·전달에 의해 주위에 손실된다.

(5) 가솔린기관의 열정산

공급열량의 약 30%가 유효일로 전환되고, 약 28%가 냉각수에, 약 32%가 배기손실, 기타로 손실된다. 고출력인 고속기관에서는 냉각손실이 훨씬 적으며 다음과 같이 분배된다.

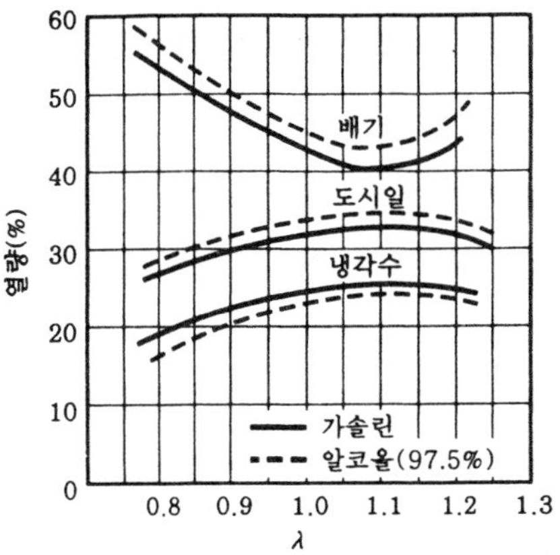

그림 3·41 공기과잉률과 열정산

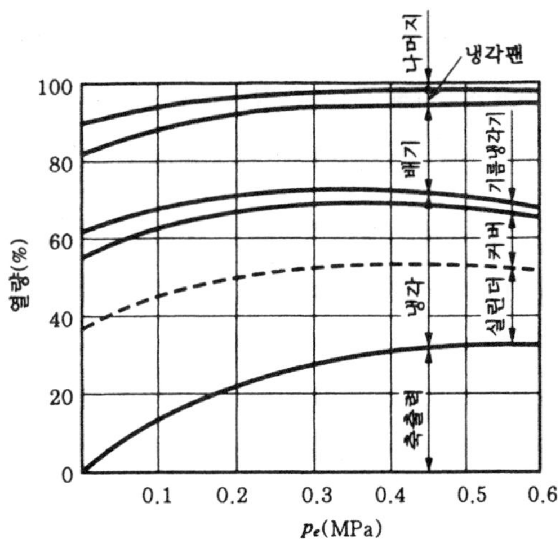

그림 3·42 공랭식 디젤기관의 열정산, 4기통

정미출력 30%, 배기손실 32%, 냉각손실 28%, 마찰손실, 기타 10%

그림 3·41은 가솔린기관에 있어서 공기과잉률 λ와 열정산의 관계를 나타낸다. $\lambda=1.1$에 있어서 도시일은 최대가 되고 배기손실은 최소가 된다. λ가 작아지면 미연소 연료가 배기와 함께 배출되므로 배기손실은 현저하게 증가되고 연료의 증발에 의한 냉각과 연소온도저하 때문에 냉각손실이 감소된다. λ가 크게 되면 연소속도가 느려지므로 배기손실은 다시 증가하게 된다.

(6) 디젤기관의 열정산

가솔린기관보다도 압축비가 높으므로 배기손실이 감소되는 반면 마찰손실은 증가된다. 공급열량의 약 37~40%가 유효일로 전환되고, 약 30%가 냉각수에, 27~32%가 배기, 기타

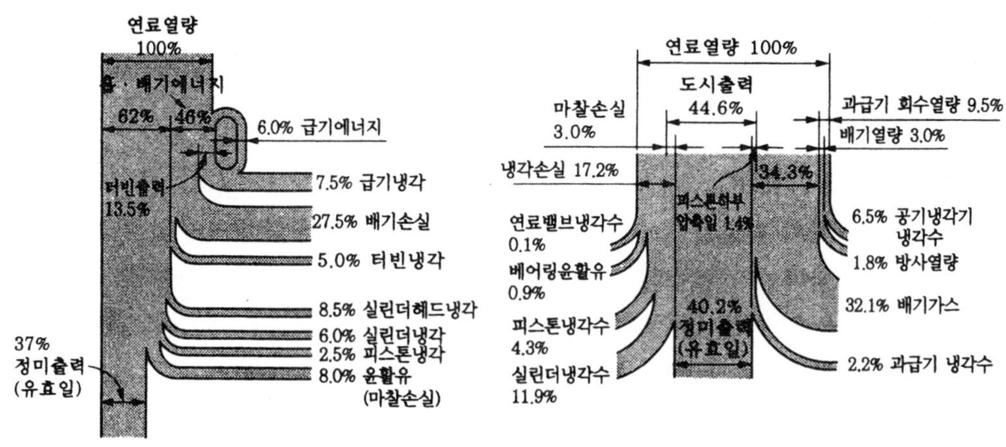

(a) 과급 고속디젤기관의 열정산 (b) 과급디젤기관의 열정산

그림 3·43 디젤기관의 열정산(오차 2%)

에 손실된다. 그림 3·42는 공랭식 디젤기관의 평균유효압력에 대한 열정산을 나타낸다.

과급기관에서는 실린더로부터의 냉각손실은 감소하고 배기에너지가 증가한다. 이 경향은 과급도가 높아질수록, 또 대형일수록 현저하다. 그러나 이 배기에너지의 일부는 터빈으로 이용되기 때문에 순수한 배기손실은 적게 되고, 또 터빈냉각, 급기냉각의 열량을 전부 합하면 냉각손실은 무과급기관과 그다지 변하지 않은 것이 된다. 그림 3·43에 과급 고속 디젤기관과 과급기관의 열정산의 일례를 나타낸다.

3.7 지압선도의 해석

기관의 연소에 대한 연구를 할 때 지압선도와 그것을 기초로 하여 계산한 열발생률이 중요한 자료로 이용되는데, 이 경우 정확하고 또 그 당시의 연소상황을 잘 나타낼 수 있는 지압선도를 구하는 것이 바람직하다. 이것은 지압선도의 측정기 자체의 문제를 제외하고도 기관의 연소 그 자체가 재현성(再現性)이 적기 때문에 정확하고, 연소상황을 잘 나타내는 지압선도를 구하는 것은 쉽지 않다. 측정횟수를 증가시켜 통계적인 처리를 하면 정확도는 향상되지만, 종래에 사용되던 브라운관상의 $p-t$ 선도를 사진촬영하는 경우는 처리순서가 매우 길기 때문에 이것은 불가능하고, 평균적 지압선도 채취방법이 종종 고안되어 왔으나, 최근에는 전자계산기의 이용으로 비교적 쉽게 실현할 수 있게 되었다.

지압선도 해석용 데이터 처리시스템의 주된 처리항목으로 다음과 같은 것들을 들 수 있다.

3.7.1 처리항목

① $p-\theta$선도 : 1 사이클, 연속한 여러 사이클의 평균

② 연소 특성값 : $p_{\max}$, $(dp/d\theta)_{\max}$, $\theta_{p\max}$, $\theta_{(dp/d\theta)\max}$, θ_{ig}(착화시기) 등

③ 도시 평균유효압력 : 연속한 여러 사이클에 대하여

④ 빈도분포 또는 표준편차 : 상기 ①~③의 데이터에 대하여

⑤ 연소해석 : 열발생률, 열소비율, 평균연소온도

⑥ 주파수 분석, 상관계수 : 압력, 소음, 진동에 대하여

①~④의 처리는 "연속한 여러 사이클" 에 대하여 on-line으로 처리하는 것이 바람직하며, 사이클수의 한도는 400~1000 정도이면 좋다. ⑤는 반듯이 on-line으로 처리할 필요는 없으며, ⑥은 자기 디스크 등을 준비한 구성 규모가 큰 시스템으로 처리할 항목이다.

지압기(indicator)로 그려진 지압선도에 의해 도시평균유효압력을 측정하고, 또 흡·배기, 점화·연소 등의 모든 현상을 분명하게 나타낼 수 있다. 도시평균유효압력의 측정에는 압력

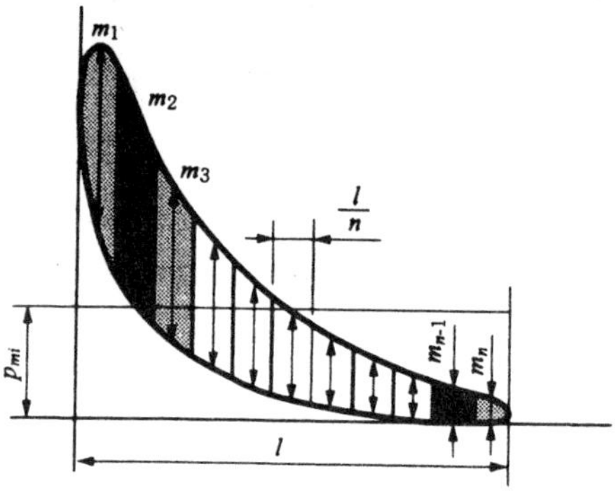

그림 3·44 지압선도로 평균유효압력을 구하는 방법

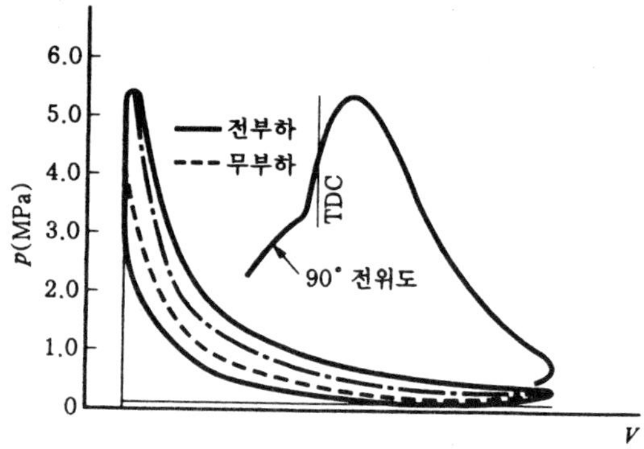

그림 3·45 90° 전위(轉位)압력-행정선도

-행정선도(그림 3·44), 점화·연소 등을 조사하는 데는 압력-시간, 압력상승률-시간 선도, 또는 90° 전위압력-행정선도(그림 3·45), 흡·배기 현상에는 약(弱)스프링 선도(그림 3·23)가 적합하다.

3.7.2 데이터 처리장치의 하드웨어 구성

미니 컴퓨터를 이용한 데이터 처리장치가 일반적으로 이용되며, 접속한 센서와 프로그램의 종류에 따라서 특정한 용도의 이름이 붙게 되어 있다. 지압선도 처리가 목적인 경우, 구성품으로는 1~2 ch의 고속 아날로그 입력장치와 기억용량 4 K의 CPU 등이 필요하며, 압력, 밸브양정 등의 입력을 위한 고속 아날로그 입력부의 개략을 그림 3·46에 표시한다. 2 ch 데이터를 기관속도 4000 rpm에서 1℃A마다 수집하기 위해서는 50 kHz의 샘플속도가 필요하다. 또 0.01 MPa의 분해능을 얻기 위해서는 A-D 변환 비트수는 10비트 이상이 필요

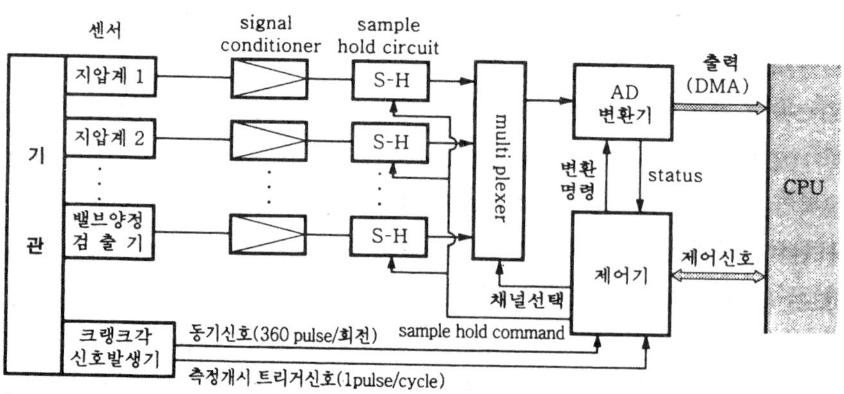

그림 3·46 고속 아날로그 입력부의 block diagram

하다. 2 ch 이상의 데이터를 측정하기 위해서는 데이터의 동시성을 유지하기 위하여 샘플홀드(sample hold)회로를 그림의 위치에 필요로 하게 된다.

3.7.3 크랭크각 신호 발생기

A-D 변환기에서 clock signal로서 크랭크각 신호(보통은 1℃A마다)와 측정 시작점의 트리거용으로 원점신호(1 pulse/회전)가 필요하며, 크랭크축에 광전식 펄스 발생기를 설치하는 것이 일반적인 방법이다. 그림 3·47은 이 원리를 나타낸 것이며, 이외에 전자유도형(電磁誘導形), 자전형(磁電形)이 있다. 360 P/R(pulse/회전)과 1 P/R의 펄스 발생기는 가능하면 근접하게 설치하는 것이 좋으며, 그렇지 않으면 크랭크축의 비틀림이나 펄스 발생기 자체의 진동 등 때문에 위상차가 발생하여 오차의 원인이 된다. 따라서 2조의 펄스 발생기를 1개의 용기 속에 내장한 것이 시판되고 있으며, 이와 같은 형태의 것을 이용하는 것이 바람직하다.

원점신호는 압축 전 하사점 부근에 발생시키는 것이 보통이고, 또 점화시기를 디지털로 설정하여 압력파형을 모니터할 때의 임의의 크랭크각 위치를 나타내는 카솔로 사용하여 착화시기나 분사시기를 브라운관 위에 직접 읽을 수 있는 등 중요한 용도로 사용된다.

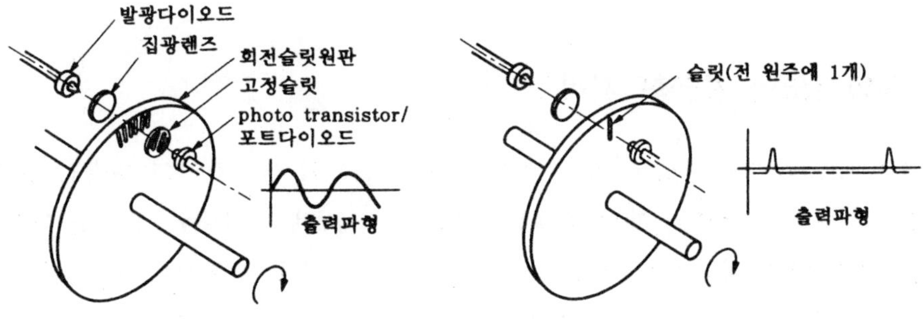

(a) 360개 또는 동일한 다수 펄스/1회전의 경우 (b) 1 펄스/1회전의 경우

그림 3·47 광전식 크랭크각 신호 발생기

3.7.4 사점(dead point)위치의 확인과 보정

사점위치 또는 원점위치를 확인하기 위해서는 ① 모터링 때의 p_{max}점과 원점신호를 비교한다. ② 다이얼게이지로 정적으로 조사한다. ③ 용량형간극검출기(gap-detector)에 따라 동적으로 조사하는 등의 방법이 있다.

데이터 처리장치를 사용하는 경우 ①이 가장 간단하고 실용적이며, 평균화한 압축 지압선도와 비교하면 0.5℃A의 정밀도를 얻을 수 있다. 원점위치를 변경하는데 1℃A 이내의 부착

오차를 보정하는 데는 광전식 펄스 발생기의 검출부 부착위치를 미소한 범위 내에서 미세 조정할 수 있으면 된다. 4 행정기관의 경우 연소 상사점을 판별하기 위해서는 p-t 궤적과 상사점 마크를 브라운관상에서 모니터하면서 위상선택 스위치를 바꾸어 사점을 선택하는 것이 간단하고 확실한 방법이다.

3.7.5 평균화 처리의 장점과 단점

지압선도의 데이터 처리의 기본은 정확한 지압선도를 구하는 것이며, 그래서 평균화 처리를 하지만, 그 장점은 다음과 같이 요약할 수 있다.

① 정도(精度)의 향상 : 평균화함에 따라서 당연히 정확도는 향상되고, 사이클 변동의 영향이 제거되므로 대표적이며 재현성이 양호한 선도를 구할 수 있고, 연소상의 약간의 차이도 명확히 표시할 수 있다.

② 평활화(平滑化) : 지압선도를 토대로 하여 연소해석 계산을 할 경우, 어떠한 방법이던지 평활화할 필요가 있는데 평균화를 함으로써 자연적으로 평활화가 된다.

한편, 단점으로는 평균화함으로써 p_{max}, $(dp/d\theta)_{max}$ 등의 값이 명확히 나타나지 않기 때문에, 이와 같은 연소 특성값에 대해서는 각 사이클마다 검출해야 한다.

3.7.6 지압선도의 평균화 처리

지압선도의 평균화 처리방법은 여러 가지가 있으나, 여기서는 간단히 개략만 설명하기로 한다. 프로그램 속의 측정부의 개략 흐름도를 그림 3·48에 나타내며, 연속한 여러 사이클에 대하여 1 ch의 압력 데이터를 입력하여 그 평균경과를 구함과 동시에 p_{max}, $(dp/d\theta)_{max}$, $\theta_{p\,max}$, $\theta_{(dp/d\theta)max}$, θ_{ig}(착화시기)의 5개의 특성값을 각 사이클마다 구한다. A-D로부터 CPU로의 데이터 전송은 DMA(direct memory access)모드로 하기 때문에 A-D와 CPU의 병렬 동작이 가능하다.

여기서, DMA는 외부장치와 주메모리와의 사이에 어큐뮬레이터를 통하지 않고 직접 데이터를 전송하는 방법이다. 따라서 입력 데이터는 바로 누적되기 때문에 팽대한 메모리를 필요로 하지 않으며 1000 사이클분을 측정하더라도 약 6 K의 데이터 영역이면 충분하다. 또, 입출력 데이터나 p_{max} 등을 찾는 크랭크각도 범위를 최소한으로 좁혀서 처리속도를 높이고 있다. p_{max} 등의 검출방법을 표 3·6에, 측정결과의 출력의 일례를 그림 3·49에 나타낸다.

그림 3·50은 실제 사용일례이며, 평균화한 지압선도에서는 연소상 미세한 차이도 명확

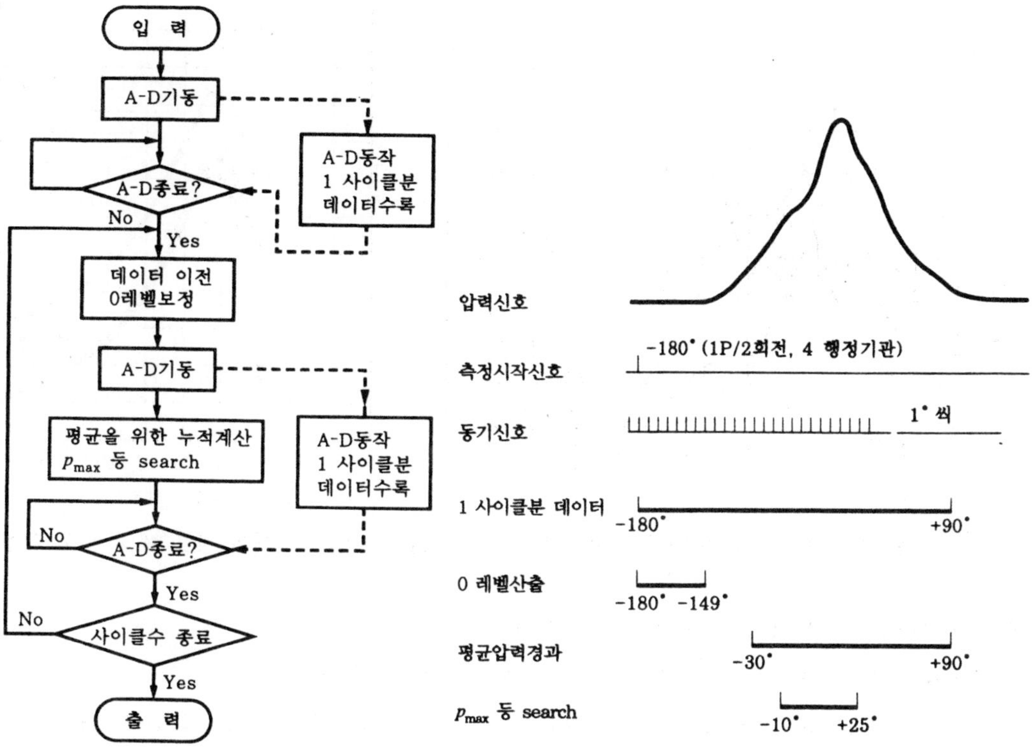

그림 3 · 48 측정부 개략흐름도와 측정내용

표 3 · 6 최고압력 등의 검출방법

범 위	$-10° \sim +25°$	
최고압력	단순 최대값	
최대압력 상승률	각 크랭크각도에서 "전후 3점에 대한 직선"에 맞는 (최소자승법) 상승률을 구한다.	$P_0' = \frac{1}{2}(P_{+1} - P_{-1})$
착화시기	"전후 5점에 대하여 3차 곡선"에 맞추어(최소자승법), 그 2차 미분값≧0로 되는 크랭크각도를 찾는다.	$P_0'' = \frac{1}{7}(2P_{-2} - P_{-1} - 2P_0 - P_{+1} + 2P_{+2}) \geqq 0$

하게 표시할 수 있지만, 하나의 사이클 선도로부터는 이와 같은 차이를 찾아내는 것은 곤란하다.

3.7.7 측정 사이클수와 정도

입력계통에서의 오차는 거의 지압계에 의한 것이고, 12 bit A-D변환기의 변환오차는 0.1%이하이며, 계산기 내부의 연산처리도 0.1 kg/cm^2 [0.01 MPa] 정도의 분해능을 유지하도록 유

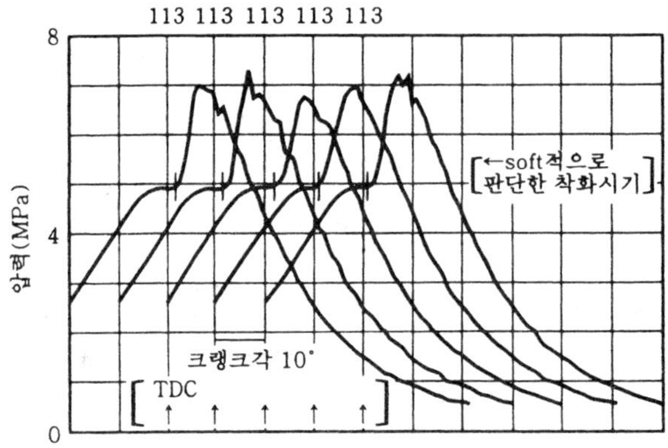

그림 3·49 1사이클 측정 예와 착화시기 판정

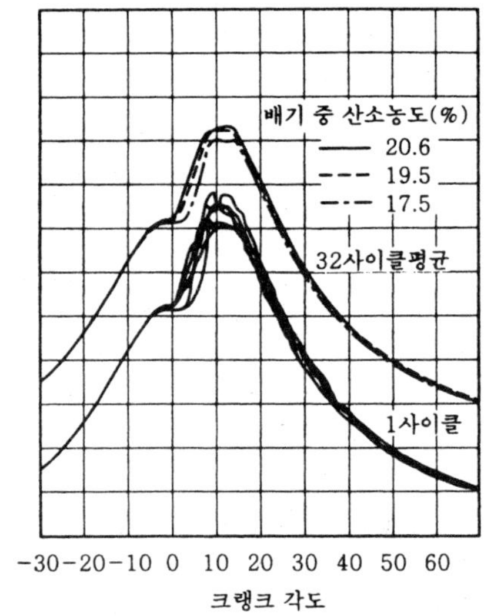

그림 3·50 실제의 사용 예(디젤 EGR실험)

의하면 이들에 의한 오차는 무시할 수 있다.

평균화를 하는 데 필요한 측정 사이클수에 대해서 생각해 보자.

n회의 측정을 하여 최적 확정값(最確值) X_o, 표본 표준편차 S를 얻었을 때 신뢰한계 $\underline{X}$, $\overline{X}$은 다음 식으로 추정할 수 있다.

$$\left.\begin{aligned}\underline{X} &= X_o - \frac{S}{\sqrt{n-1}}t_o \\ \overline{X} &= X_o + \frac{S}{\sqrt{n-1}}t_o\end{aligned}\right\} \tag{3·39}$$

단, t_o는 t분포표에 의한 값이다.

표준편차 대신에 변동계수 S'을 이용하고, 신뢰한계를 가장 확실한 값에 대한 비율로 표현하면 신뢰구간의 폭 Δx는 다음과 같이 나타낼 수 있다.

$$\Delta x = \frac{S'}{\sqrt{n-1}}t_o \tag{3·40}$$

단, $\Delta x = \dfrac{\overline{X}-X_o}{X_o} = \dfrac{X_o-\underline{X}}{X_o}$, $S' = \dfrac{S}{X_o}$

식 (3·40)에서 n이 충분히 클 때는 t_o가 거의 일정하고, Δx는 n의 평방근에 거의 반비례하여 작게 된다. Δx를 어느 정도 요구할 것인가가 문제이지만, 측정계의 종합정도와 동등하게 선택하는 것이 타당할 것이다.

그림 3·51에 신뢰계수 99%로 계산한 n과 Δx의 관계를 나타낸다. 변동계수 S'에 대해서는 실측에 의하지 않으면 안 되지만, 최고압력에 대한 값으로 대표할 수 있다. 실측 예를 그림 3·52에 나타낸다.

측정 사이클수를 변화시켰을 때의 측정 예를 3개씩 겹쳐서 그린 것을 그림 3·53과 그림 3·54에 나타낸다. 이와 같은 경험을 통하여 디젤기관은 30~50 사이클, 가솔린기관에서는 운전상태에 따라 다르지만 50~100 사이클의 측정으로 충분히 재현성이 있는 결과가 얻어질 것으로 생각된다.

필요측정 사이클수 n

		변동률 S'		
		3%	5%	10%
요구정도 (Δx)	2%	30	50	150
	1%	100	150	700

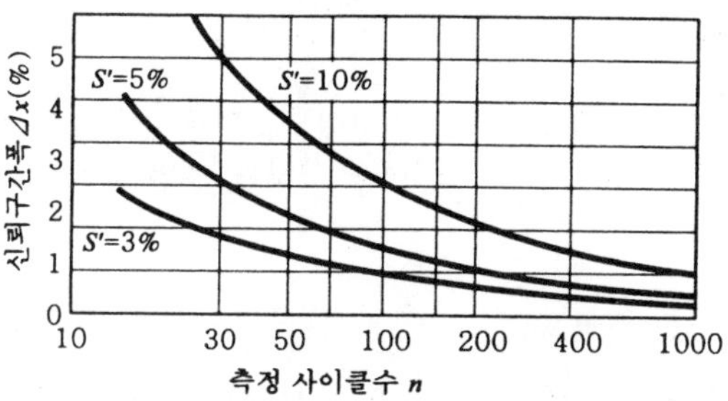

그림 3·51 측정 사이클수와 정도(精度)

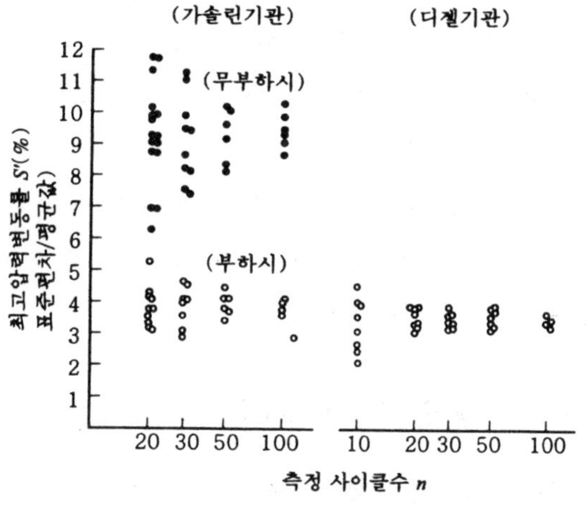

그림 3·52 최고압력의 변동률

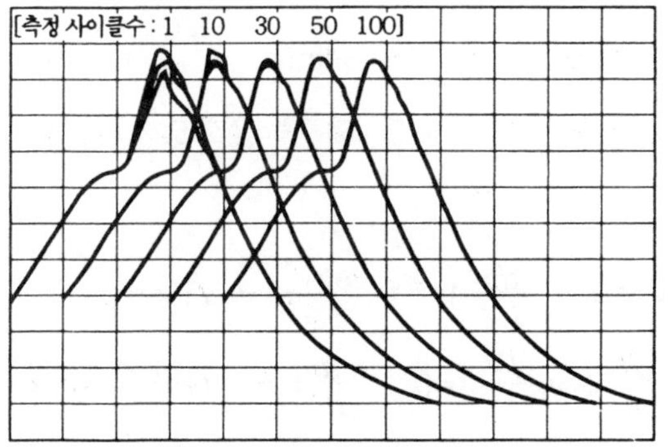

그림 3·53 측정 사이클수의 영향(디젤기관)

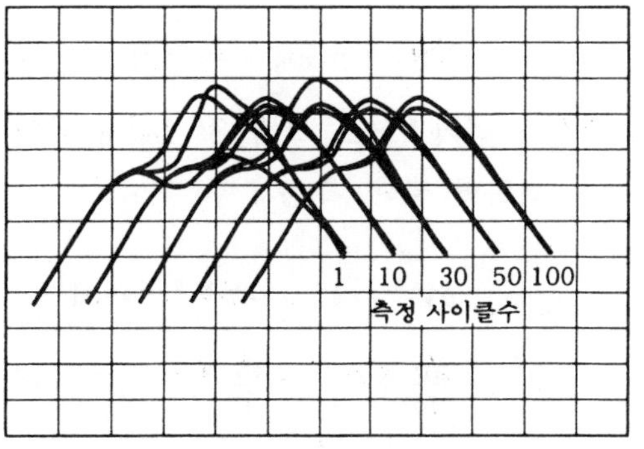

그림 3·54 측정 사이클수의 영향(가솔린기관, 저부하)

3.7.8 도시 평균유효압력의 산출

압력-행정선도의 면적 W를 측정하고 그림의 행정길이 x_s로 나누어 평균높이를 구하고 이것에 압력척도 a(MPa/mm)를 곱한다.

$$p_i = \int p dV / V_h = \int p dx / x_s = aW/x$$

지압선도는 사이클마다 다소 변동이 있으므로 여러 개의 사이클평균을 취하는 편이 좋다. 또 면적을 측정하는 대신에 그림 3·55와 같이 지압선도를 작은 면적으로 나누어 그 평균높이 $\sum y_n/n$을 구해도 된다. 이 원리를 사용하여 직접 평균유효압력이 측정되는 p_i미터도 고안되어 있다. 마찰 평균유효압력 p_r이 분명할 경우에는 $p_i = p_e + p_r$로서 구해진다.

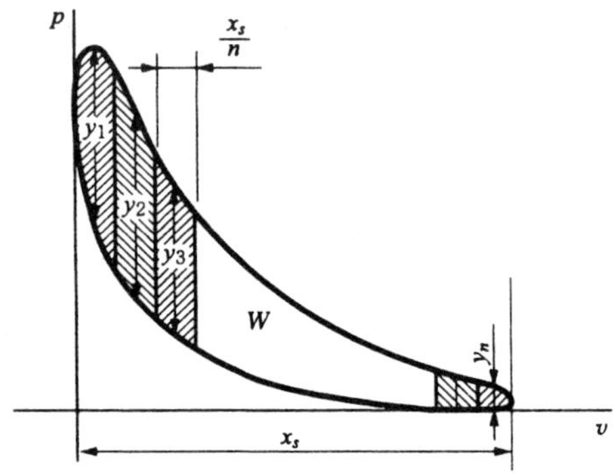

그림 3·55 지압선도로부터 평균유효압력을 구하는 방법

3.7.9 폴리트로픽 지수

이론사이클의 압축 및 팽창선은 단열변화로 했으나 실제의 경우에는 실린더 벽과의 열교환이 있으므로 간단한 곡선으로는 나타나지 않는다. 그러나 지수 m을 적당하게 선정하면 폴리트로픽 변화로 나타낼 수 있다. 지압선도에서 지수 m을 구하려면 pV^m=일정의 대수를 미분하면

$$\log p + m \log V = \text{일정}, \qquad m = -d \log p / d \log V = -\tan \alpha \qquad (3 \cdot 41)$$

인 관계가 얻어지므로 그림 3·56에 나타냄과 같이 지압선도를 대수눈금으로 그려서 그 접선을 취하면 된다. 혹은

$$pV^m = C, \quad dpV^m + mpV^{m-1}dV = 0, \quad \frac{dp}{pV}V^m + \frac{mpV^{m-1}}{pV}dV = 0,$$

$$\frac{dp}{p}V^{m-1} + \frac{m}{V}V^{m-1}dV = 0, \quad \frac{dp}{p} + m\frac{dV}{V} = 0, \quad \frac{dp}{dV} = -m\frac{p}{V} = \tan\alpha,$$

$$m = -\frac{V}{p}\tan\alpha = \frac{a}{b}$$

인 관계로서 그림 3·57에 나타냄과 같이 a와 다음 접선 b의 비로서 구해진다(참고 : H. Dubbel; öl-und Gasmaschinen, 1926).

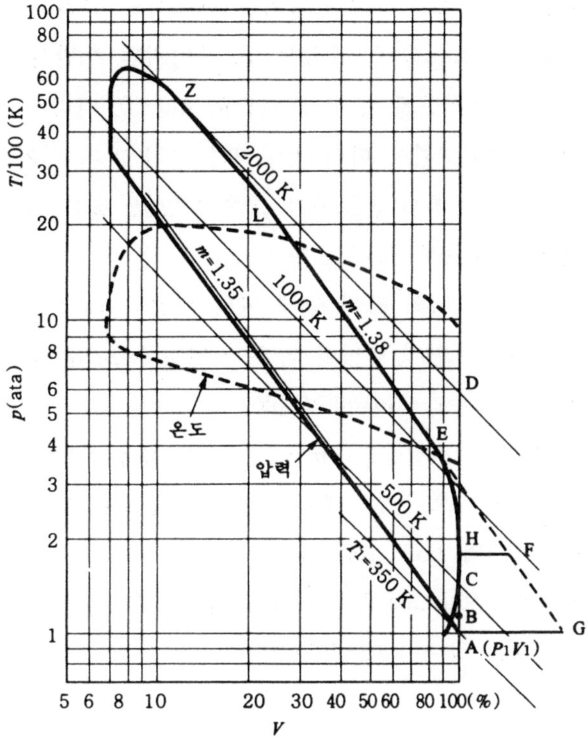

그림 3・56 대수지압선도 및 온도

지수 m과 공급열량 dQ와의 관계는 다음 식으로 나타내어진다.

$$k-m=(k-1)\frac{1}{Ap}\cdot\frac{dQ}{dV} \tag{3・42}$$

(1) 압축지수

$k=c_p/c_v>1$, 압축인 경우에는 dV는 부(負)이므로 위의 식으로부터

열손실이 있을 경우는 $dQ<0$

따라서 $dQ/dV>0$, $m<k$

열공급이 있을 경우는 $dQ>0$

따라서 $dQ/dV<0$, $m>k$

단열변화의 경우는 $dQ=0$

따라서 $dQ/dV=0$, $m=k$

그림 3・57의 곡선 m_c는 디젤기관에

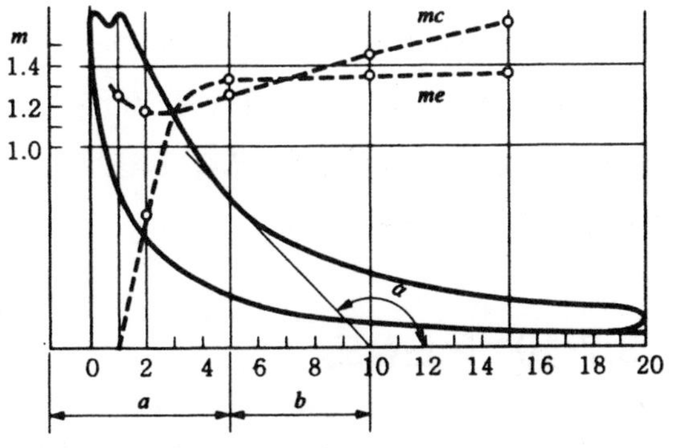

그림 3・57 Sulzer 디젤기관의 압축 및 팽창지수

있어서 압축지수를 나타낸 것으로서 압축행정의 전반에서는 실린더 벽으로부터 비교적 저온인 공기쪽으로 열이 흐르므로 $dQ>0$, 따라서 $m>k$이지만 후반은 압축열 때문에 공기온도의 쪽이 높아져서 실린더 벽쪽으로 열이 흐르므로 $dQ<0$, 따라서 $m<k$이다.

m의 값은 실린더 벽과의 열교환에 따라 정해지나 여러 가지 인자의 영향을 받는다. 즉, 압축비가 높아질수록 실린더 벽과의 온도차가 크게 되므로 m은 작아지고, 회전속도가 높게 되면 열손실이 적어지기 때문에 크게 된다.

m의 값은 기관의 종류, 실린더의 크기 등에 따라 다르나 대략 다음과 같다.

① 디젤기관에서는 연소실 표면적/체적이 작은 것일수록 m의 값은 크고

대형 $m=1.39$(운전중), $m=1.3$(시동)

소형고속 $m=1.33\sim1.36$(운전중), $m=1.2\sim1.25$(시동, 0℃, 150 rpm)

② 가솔린기관은 압축비가 낮으나 압축중에 가솔린의 증발이 있어 열을 빼앗기기 때문에 농혼합기일수록 m은 작아지며 1.32~1.38이다.

③ 소구(hot bulb)기관은 hot bulb로부터 열공급이 있으며 실린더 벽으로의 열손실을 일부 보충하기 위해 m의 값은 크며 1.35~1.39이다.

(2) 팽창지수

팽창시는 dV는 정(正)이므로 열손실이 있으면 dQ는 부(負)로 되어 식 (3·42)로서 $m>k$가 되는 것이다. 그러나 실제에는 팽창곡선은 단열변화보다도 완만하게 내려간다. 또 단열선에 일치되는 일도 있으나 많은 경우 단열선과 등온선과의 사이에 있다. 즉 $1<m<k$이다.

이것은 후연소 때문에 팽창중의 열의 발생이 실린더로의 열손실을 보충하고 또한 남음이 있기 때문이다. 그림 3·57의 m_e곡선은 팽창중의 m의 변화를 나타낸 것으로서 팽창의 초기에는 연소가 계속되고 있으므로 m_e의 값은 작고 연소가 끝나면 일정하게 된다.

팽창지수 m의 값은 연료의 종류 및 혼합비에 따라 광범위하게 변하나 일반적으로 연소가 빠르게 끝나는 것일수록 크고 후연소가 현저한 것은 작다. 가솔린기관은 1.25~1.30, 디젤기관은 1.27 정도이다.

3.7.10 온도선도

$p-V$ 선도를 $T-V$ 선도로 고치려면 어느 한 점의 온도 T_1(예컨대 압축시초의 온도)을 알고 있다면

$$T = T_1 \frac{p}{p_1} \frac{V}{V_1} \frac{1}{\delta}$$ (δ : 연소에 의한 분자수의 증가비율, 그림 3·15 참조)

인 관계로서 계산 또는 그림으로 구할 수가 있다.

혹은 p-V 선도를 대수눈금으로 그리면 등온선은 식 (3·41)에 있어서 $m=1$, 즉 $\alpha=45°$인 직선으로 나타내어진다. 지금 $V=V_1$인 선을 생각하면 이 선상에서는

$$T = T_1 \frac{p}{p_1} \frac{1}{\delta}, \qquad \log T - \log T_1 = \log p - \log p_1 - \log \delta$$

즉, 절대온도는 압력에 비례하고 T 이외는 알고 있으므로 계산하지 않고도 대수선도의 길이를 측정하면 T가 구해진다. 예컨대 압축시초($p_1 V_1$)의 온도 $T_1=350$ K가 주어지면 그림 3·56의 점 A를 통하는 45°선이 압축에 대한 기준선이 되고, $\overline{AC} = \log p_c - \log p_1$이 되는 관계에서 점 C의 온도를 알 수 있다. 또 $\overline{AB} = \log \delta$가 되도록 점 B를 결정하고, 점 B를 $T_1=350$ K로 하여 45°선을 그으면 팽창에 대한 기준선이 된다. 즉 $\overline{BD} = \log p_D - \log p_B$가 되므로 점 D의 온도가 정해진다. 이와 같이 하여 적당한 점으로부터 몇 개의 등온선을 그으면 전 사이클의 온도가 구해진다. 그래서 등온선이 팽창선의 위측에 접하는 점 Z가 사이클의 최고온도의 점이다. 배기밸브가 열린 후의 실린더 내 온도는 가스가 같은 pV^m=일정한 선을 따라 팽창하는 것으로 하여 구한다. 즉, 배기가스를 불어내는(blow-down) 중의 임의의 점 H의 온도는 팽창선의 연장과 H에서 그은 수평선과의 교점 F의 온도로 나타내어진다. 최고온도는 가솔린기관에서 2000~2500℃(TDC 후의 15~20° 부근), 디젤기관에서는 1400~2200℃(TDC 후 30~60° 부근) 정도이다.

3.7.11 압축압력 및 온도

이론사이클에서는 하사점에서 압축이 시작하는 것으로 하였으나 실제의 경우에는 흡기 밸브, 2 행정기관에서는 배기구멍 또는 소기구멍이 닫힌 곳에서 시작한다. 이때의 실린더 체적을 $V_c + V_h'$로 하면 유효압축비는

$$\varepsilon_e = (V_c + V_h')/V_c$$

2 행정기관인 경우에는 저속은 최상부 피스톤 링이 배기구멍을 닫은 위치〔그림 3·58 (a)〕에서부터 압축이 시작되나 고속이 됨에 따라서 압력상승은 빠르게 되어 마침내 피스톤 헤드가 배기 구멍을 완전히 닫기

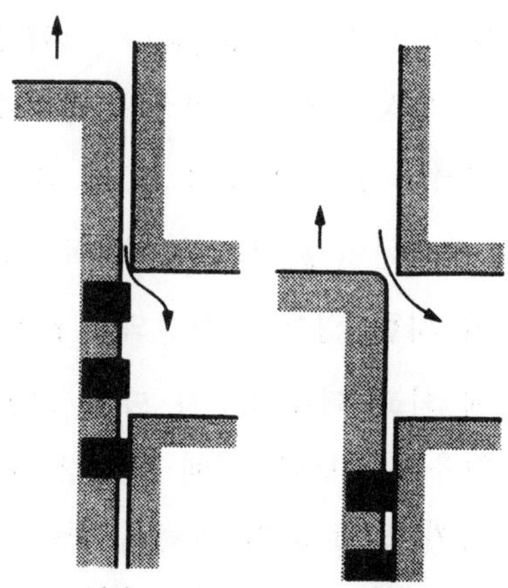

그림 3·58 2 행정기관의 압축시작

전에〔그림 3·58(b)〕 압축이 시작되게 된다. 이와 같이 동적효과가 가해지므로 실제의 압축시작은 기하학적 형상만으로는 결정되지 않는다.

압축 초의 압력·온도에 대해서는 4장에서 상세히 언급하겠지만 무과급기관에 대한 개략의 값은 압축 초의 압력

4 행정기관　$p_1 = 0.95 \sim 1.0$ ata

2 행정기관　p_1 = 배기압력(대칭소기) = 소기압력(비대칭소기)

압축 초의 온도는 대기온도를 T_o로 하면

4 행정기관 $T_1 = T_o + \Delta T_R + \Delta T_w \cong T_o + 30 \sim 70$℃

ΔT_R = 잔류가스와의 혼합에 의한 온도상승 ≅ 10~20℃

ΔT_w = 벽에서의 가열에 의한 온도상승 ≅ 20~50℃

2 행정기관 $T_1 = T_o + \Delta T_R + \Delta T_w + \Delta T_s \cong T_o + \Delta T_s + 30 \sim 80$℃

$\Delta T_R = 20 \sim 60°$, $\Delta T_w = 10 \sim 20$℃

ΔT_S = 소기펌프에 있어서의 온도상승

압축 말의 압력과 온도는

$$p_2 = p_1 \varepsilon_e^m, \qquad T_2 = T_1 \varepsilon_e^{m-1}$$

로 대략 구할 수 있다. 비열을 온도 함수로 하여도 큰 차이는 없다. 실제에는 이외에 피스톤링으로부터 가스 누설도 고려하지 않으면 안 되며, 누설은 회전이 높아질수록 감소되고 압축비가 높을수록 증가된다. 그림 3·64는 4 행정기관에서 피스톤 속도와 p_2의 관계를 나타낸다. c가 크게 되면 흡기가 교축되어 p_1이 감소되므로 m의 증가에 의한 영향이 상실되어 p_2는 일정하게 되고 더욱더 c가 크게 되면 감소경향을 나타낸다. 이에 반해 2 행정기관은 c가 크게 되면 압축이 빨리 시작되므로 p_2는 점차로 증가된다. 그림 3·60은 ε_e가 다른 4종류의 디젤기관에 대해 p_2와 c의 관계를 구한 결과를 나

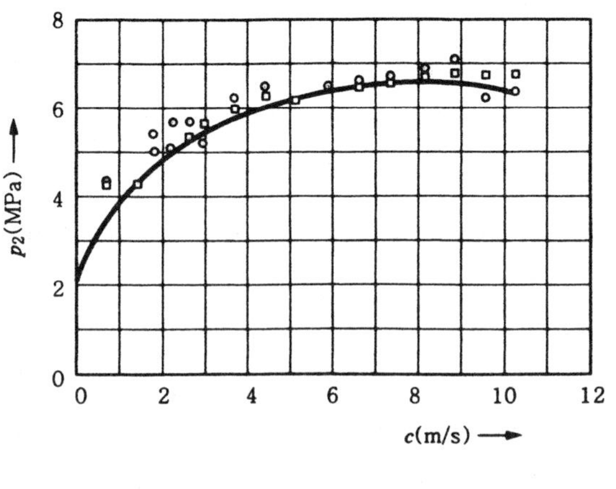

그림 3·59　4 사이클기관(ε=20.9)에서 압축압력 p_2의 측정값과 계산값

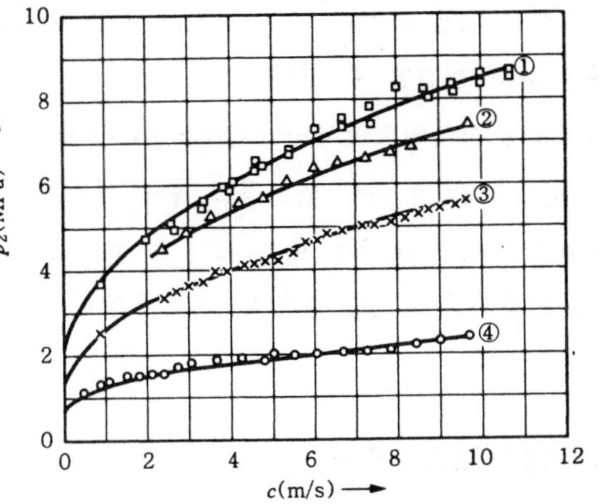

곡선	①	②	③	④
$V_h(l)$	0.637	0.51	0.51	0.51
ε_e	20.4	18.5	14.65	6.96
대기압 ata	1.04	1.02	1.02	1.038

그림 3·60 유효압축비 ε_e가 다른 4종류의 2 사이클기관에서 피스톤속도와 압축압력 p_2와의 관계

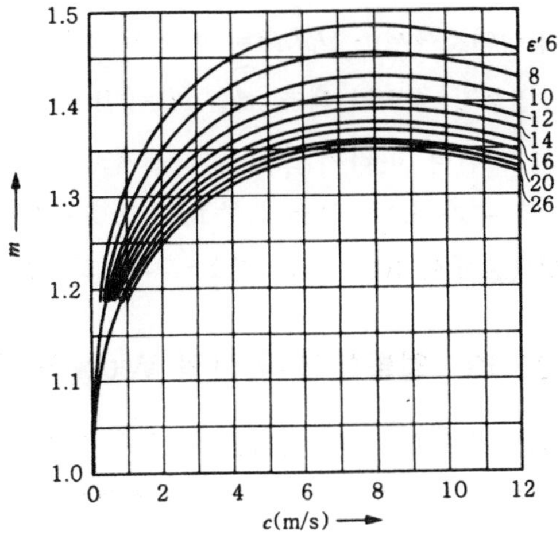

그림 3·61 피스톤 속도 및 진압축비 ε'가 압축비에 미치는 영향

타낸다. 직압축비(直壓縮比) ε'로 하여 실린더 내 압력이 대기압에 같게 되었을 때의 체적을 사용하여 그림 3·60으로부터 m을 계산한 결과를 그림 3·61에 나타낸다. m은 ε'이 커질수록 감소되고, c가 크게 되면 급격하게 증가되나 $c \cong 8$ m/s 부근에서 최고에 달한 후 완만하게 감소된다.

디젤기관에서는 $\varepsilon_e = 11 \sim 20$, $p_2 = 25 \sim 55$ ata, $t_2 = 500 \sim 900$℃

가솔린기관에서는 $\varepsilon_e = 4 \sim 8$, $p_2 = 6 \sim 15$ ata, $t_2 = 300 \sim 500$℃

3.7.12 열발생률(rate of heat release)

연소 중 압력곡선은 열발생의 시간비율에 따라서 정해진다. 열역학 제1법칙으로부터

$$dQ_1 = Gdu + pdV$$

가스에 공급되는 열량은 연소에 의해 발생한 열량 Q와 실린더 벽으로 상실된 열량 Q_w의 차이므로 $Q_1 = Q - Q_w$가 되어 윗식에 $pV = GRT$의 관계를 넣으면

$$\frac{dQ_1}{d\theta} = \frac{dQ}{d\theta} - \frac{dQ_w}{d\theta} = \frac{1}{\kappa - 1}\left[V\frac{dp}{d\theta} + \kappa\, p\frac{dV}{d\theta} \right] \qquad (3 \cdot 43)$$

$dQ/d\theta$를 열발생률, $dQ_1/d\theta$를 가열률이라고 한다. $dQ_w/d\theta$를 알지 못하면 $dQ/d\theta$는 구해지지 않으나, $dQ_1/d\theta$는 지압선도로부터 용이하게 계산할 수 있다.

정적연소에서는 $dp/d\theta=\infty$가 되므로 $dQ/d\theta=0$, 정압연소에서는 $dQ/d\theta \propto dV/d\theta$가 된다. 연소가 종료될 때는 $dQ/d\theta=0$가 되므로 $dQ_w \propto dT$로 하면 연소종료 후는 폴리트로프 변화가 된다. 따라서 그림 3·56에서 팽창지수가 거의 일정하게 되는 점 L을 연소의 종료로 볼 수가 있다. 연소의 종료는 가솔린기관에서 상사점 후 15~20℃A, 디젤기관에서는 40~70℃A에서 10% 정도 연소되지 않고 남는 정도이다.

3.7.13 열발생률 곡선의 Wiebe의 연소함수로의 근사

내연기관에서 연소해석을 할 경우 열발생률 곡선은 대단히 유용한 정보를 준다. 보통, 열발생률을 비교할 때 정성적인 열발생률의 형태를 비교하든지 또는 예혼합연소의 피크값, 연소기간 또는 연소의 등용도 등의 일부 대표적인 값을 비교하여 간단히 분석할 수도 있지만, 열발생률 형상 자체를 정량적으로 비교하는 것은 매우 중요하다. 즉, 기관의 운전조건 또는 연료의 성상변화에 따른 열발생률의 형태를 보다 객관적이고 정량적으로 표현하는 것이 바람직하다.

따라서, 3.7절에서 구한 열발생률 곡선을 정량적으로 표현하기 위하여 Wiebe의 연소함수를 이용하여 근사방법에 대하여 Miyamoto 등에 의해 개발된 한 방법을 기술한다.

이 방법은 2개의 Wiebe의 연소함수를 중첩시켜 사용하는 것으로, 열발생률을 예혼합연소 부분과 확산연소 부분으로 분리하여 그 각각에 대하여 Wiebe의 연소함수를 이용하여 나타낸 것이다.

우선, Wiebe의 연소함수는 연소과정을 시간변화에 따라 반실험적으로 다음과 같이 나타낸다.

$$x=1-\exp\left\{-6.9\left(\frac{t}{t_z}\right)^{M}+1\right\} \tag{3·44}$$

여기서, x : 연료가 연소한 비율
t : 연소의 경과시간
t_z : 연소시간
M : 연소특성값

이것을 열발생률을 근사하기 위하여 변형하면

$$\int_0^{\theta}\frac{dQ}{d\theta}\,d\theta=Q_{\text{total}}\left[1-\exp\left\{-6.9\left(\frac{\theta}{\theta_z}\right)^{M+1}\right\}\right] \tag{3·45}$$

여기서, Q_{total} : 열발생량(MJ)

θ_z : 연소기간(℃A)

θ : 연소 경과시간(℃A)

따라서, 열발생률은 다음 식으로 구할 수 있다.

$$\frac{dQ}{d\theta} = \frac{d}{d\theta}\left[Q_{total}\left\{1-\exp\left\{-6.9\left(\frac{\theta}{\theta_z}\right)^{M+1}\right\}\right\}\right]$$

$$= 6.9\frac{Q_{total}}{\theta_z}(M+1)\left(\frac{\theta}{\theta_z}\right)^{M}\exp\left\{-6.9\left(\frac{\theta}{\theta_z}\right)^{M+1}\right\} \qquad (3 \cdot 46)$$

그림 3·62는 식 (3·46)에서 $Q_{total}=1$ 및 $\theta_z=1$로 한 경우 $dQ/d\theta$를 연소특성값 M에 따라 나타낸 것이다.

그런데, 디젤기관의 경우는 비교적 급격한 예혼합연소가 지배적인 초기 연소부분과 비교적 부드러운 연소가 지배적인 확산 연소부분으로 나누어 생각하는 것이 일반적이며, 이 2개의 연소가 착화와 동시에 시작하는 것으로 하면 식 (3·46)은 다음과 같이 나타낼 수 있다.

$$\frac{dQ}{d\theta} = 6.9\frac{Q_p}{\theta_p}(M_p+1)\left(\frac{\theta}{\theta_p}\right)^{M_p}\exp\left\{-6.9\left(\frac{\theta}{\theta_p}\right)^{M_p+1}\right\}$$

$$+ 6.9\frac{Q_d}{\theta_d}(M_d+1)\left(\frac{\theta}{\theta_d}\right)^{M_d}\exp\left\{-6.9\left(\frac{\theta}{\theta_d}\right)^{M_d+1}\right\} \qquad (3 \cdot 47)$$

여기서, 첨자 p는 예혼합 연소부분을, d는 확산 연소부분을 나타낸다

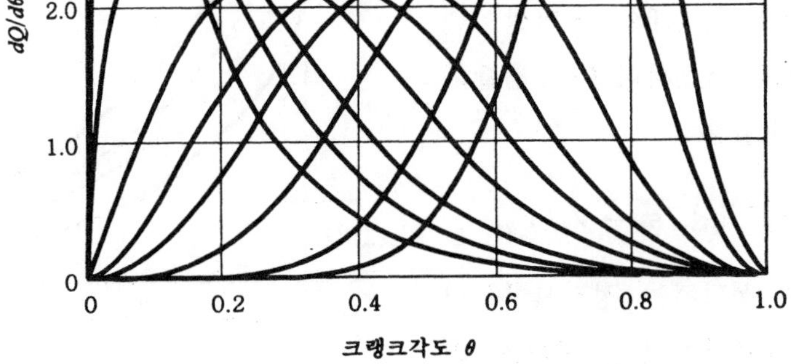

그림 3·62 연소 특성값 M을 변화시켰을 경우의 Wiebe의 연소함수로 나타낸 열발생률

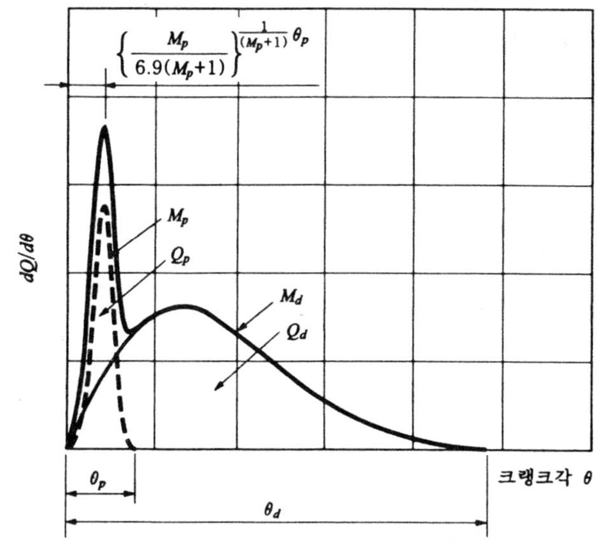

그림 3・63 Wiebe의 연소함수에 의한 열발생률의 근사모델

또, 이 열발생률의 근사모델은 그림 3・63에 나타낸 바와 같으며, 그림에서 열발생률은 Q_p, Q_d, θ_p, θ_d, M_p 및 M_d의 6개의 변수에 의해 나타내어지지만 $Q_p+Q_d=Q_{total}$이므로 근사되는 열발생률의 적분값 Q_{total}을 이용하면 변수는 5개로 할 수 있다.

3.7.14 등용도(等容度; degree of constant volume)

압축비를 일정하게 하면 열효율은 정적연소를 할 때 최대가 되고 연소가 상사점에서 멀어짐에 따라 저하하는데, 정적사이클에 대해 효율이 저하되는 정도를 나타내는 것이 등용도이다. 그림 3・64에서와 같이 지압선도를 2개의 단열선과 2개의 정적선으로 둘러싸인 여러 개의 미소사이클로 분할하면, 미소사이클의 효율은

$$\eta_{th\theta}=1-1/\varepsilon_\theta^{k-1}(\text{단, } \varepsilon_\theta=V_1/V_\theta)$$

실제의 사이클에 상당하는 정적사이클의 효율은 $\eta_{th}=1-1/\varepsilon^{k-1}$이므로, 이것에 대한 미소사이클의 효율의 비율은

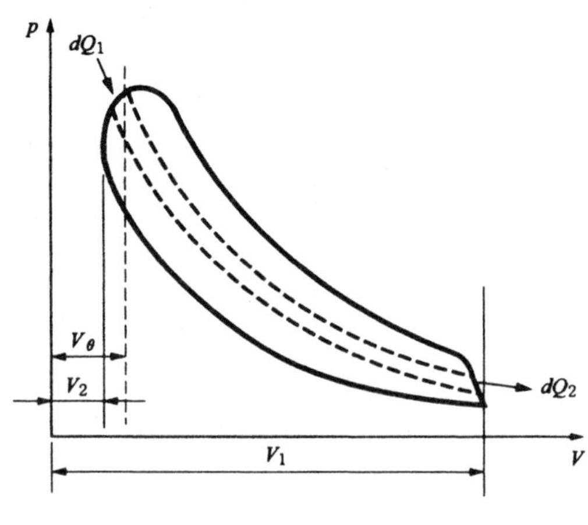

그림 3・64 미소 정적사이클

$$\eta_{gl\theta}=\frac{\eta_{th\theta}}{\eta_{th}}=\frac{1-1/\varepsilon_{\theta}^{k-1}}{1-1/\varepsilon^{k-1}} \quad (\text{단, } \varepsilon=V_1/V_2)$$

미소사이클에서 얻어지는 일은 $\eta_{th\theta}dQ$이므로, 이것을 적분하면 지압선도의 면적에 상당하는 열량이 되고, 이론일에 상당하는 열량은 $Q\eta_{th}$이므로 등용도는

$$\eta_{gl}=\frac{1}{Q\eta_{th}}\int\eta_{th}\cdot\eta_{gl\theta}dQ=\frac{1}{Q}\int\frac{dQ}{d}\theta\eta_{gl\theta}d\theta \tag{3・48}$$

η_{gl}을 크게 하기 위해서는 상사점 가까이에서 $dQ/d\theta$를 크게 하지 않으면 안 되나, 식 (3・43)에서 $dp/d\theta$가 크게 된다. $dp/d\theta$가 과대하게 되면 운전은 거칠고 동적하중이 증가되므로 일반적으로 사용되고 있는 기관에서는 대략 다음과 같은 비율로 열공급이 행해지고 있다.

	정적	정압	등온	p_s/p_2	p_s/p_e	$dp/d\theta$
디젤기관	30%	50%	20%	1.25~1.8	10~12 7~9(과급)	<4
가솔린기관	50%	30%	20%		5~6	1.8~2.5

3.7.15 배기압력 및 온도

연소 말의 압력과 온도 및 실린더 체적을 아래첨자 z, 배기밸브가 열리기 시작할 때의 그들을 아래첨자를 E로 나타내면

$$p_E=p_z(V_z/V_E)^m, \quad T_E=T_z(V_z/V_E)^{m-1}$$

인 관계로부터 p_E, T_E가 구해지지만, 연소 말의 점이 분명하지 않으므로 정확한 값은 구해지지 않는다. 배기온도 T_a는 p_E에서 더욱 낮은 배압 p_a까지 단열팽창되는 것으로 해서 대략 계산할 수 있다. 2 행정기관에서는 이것에 그대로 지나치는 소기가 가해지므로 배기온도는 더욱 낮아진다. 전부하상태에서 보통 다음과 같은 값으로 되어 있다.

	p_E[MPa]	t_E[℃]	p_a[MPa]	t_a[℃]
디젤기관	0.3	800~1000	0.005~0.01	400~600(4 행정) 300~400(2 행정)
가솔린기관	0.4	1200~1500	0.005~0.01	650~1000

3.7.16 부분부하에서의 지압선도

가솔린기관과 디젤기관은 출력조정법이 근본적으로 다르므로 저부하에 있어서 지압선도도 자연히 달라진다.

가솔린기관은 적당한 연소를 하는 혼합비의 범위가 좁으므로 혼합비를 거의 일정하게 하며 흡입한 혼합기를 교축하여 그 양을 바꿈에 따라 출력을 조정한다. 즉 교축조정(throttle regulation) 혹은 양적인 조정을 한다. 따라서 지압선도는 그림 3・65 (a)에서와 같이 저부하에서는 비교적 저압영역에서 사이클이 행해진다.

이에 반해 디젤기관은 각 부하에서 거의 일정량의 공기를 흡입하고 출력의 조정은 연료분사량을 가감하여 행한다. 즉, 혼합비 조정(mixture regulation) 혹은 질적인 조정을 한다. 따라서 지압선도는 그림 3・65 (b)에서와 같이 압축압력은 부하에 의해 대단한 변화는 없고 출력저하는 주로 연소 및 팽창곡선의 저하로 되어 나타난다.

가솔린기관에서는 저부하에서 사이클 전체의 압력이 낮게 되므로 기관수명에 좋은 영향을 주나, 디젤기관은 연소압력이 낮아짐에 지나지 않는다. 그러나 디젤기관에서는 저부하에서 λ가 크게 되므로 도시열효율은 높아진다.

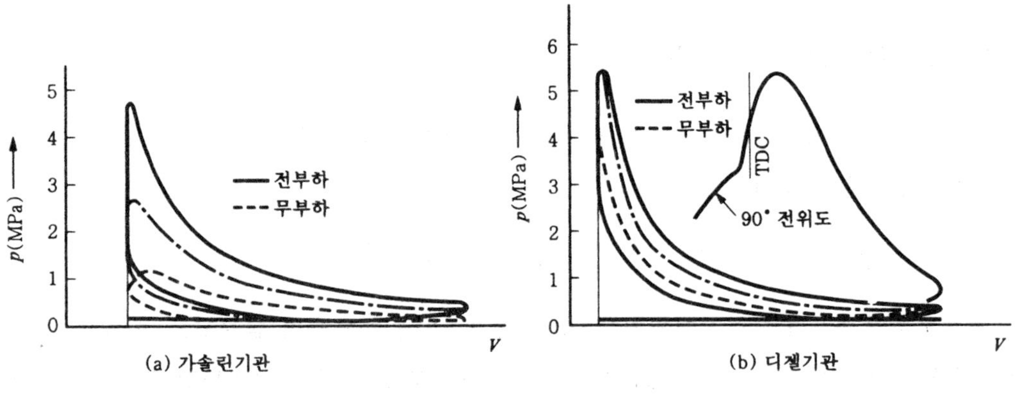

그림 3・65 부하에 의한 지압선도의 변화

3.8 평균유효압력

3.8.1 이론 평균유효압력

식 (3・4)의 Q_1, η_{th}에 식 (3・23), (3・24)를 사용하면 복합사이클에 대해

$$p_{th}=\frac{mc_vT_1}{V_h}[\varepsilon^{k-1}(\zeta-1)+k\zeta(\sigma-1)-(\zeta\sigma^k-1)]$$

$V_h=V_1-V_2=V_1(1-1/\varepsilon)$, $c_p-c_v=R$, $p_1V_1=mRT_1$의 관계를 넣으면

$$\frac{p_{th}}{p_1}=\frac{1}{(k-1)(\varepsilon-1)}[\varepsilon^k(\zeta-1)+k\zeta(\sigma-1)-\varepsilon(\zeta\sigma^{k-1}-1)] \qquad (3\cdot49)$$

$$\frac{p_{th}}{p_s}=\frac{1}{(k-1)(\varepsilon-1)}\left[1-\frac{1}{\zeta}+k(\sigma-1)-\frac{1}{\varepsilon^{k-1}}\left(\sigma^k-\frac{1}{\zeta}\right)\right] \qquad (3\cdot50)$$

최고압력 p_s는 기관의 강도, 따라서 중량에 관계되고, p_{th}는 출력에 관계되므로 p_s/p_{th}를 작게 한다는 것은 마력당 중량경감에 중요한 일이다. 정적사이클에 대해서는 $\sigma=1$로 하면 된다. 또 식 (3·24′)의 η_{th}를 사용하여 발열량의 관계로 나타내면

$$\frac{p_{th}}{p_1}=\frac{\varepsilon}{(k-1)(\varepsilon-1)}\left[\frac{h_u}{c_vT_1}-\frac{p_s}{p_1}\varepsilon^{-k}\left(\frac{p_1}{p_3}\frac{h_u}{c_vT_1}\frac{\varepsilon}{k}+\frac{k-1}{k}+\frac{p_1}{p_3}\frac{\varepsilon^k}{k}\right)^k+1\right] \qquad (3\cdot51)$$

3.8.2 흡입공기량에 의한 평균유효압력의 계산

(1) 액체연료의 경우

실린더 내에 흡입되는 공기의 체적을 입구의 상태로 환산하면 보통 행정체적보다 작다. 이 비율, 즉 체적효율(제4장 참조)을 η_v로 하면 1 사이클에 흡입되는 공기의 체적은 입구의 상태〔p_s ata, T_s K, 무과급기관의 입구상태는 (p_o, T_o, γ_o)와 같다〕에 있어서 $V_h\eta_v$[m³]가 된다. 이때의 공기의 비중을 γ_s [kg/m³]로 하면 $V_h\eta_v\gamma_s$ [kg]의 공기가 흡입되는 것이 된다. 연소에 필요로 하는 이론 공기량을 L_o [kg/kg], 공기과잉률을 λ라 한다면 이것에 의해 연소되는 연료는

$$B=V_h\eta_v\gamma_s/\lambda L_o \text{ [kg]}$$

연료의 발열량을 H_u [MJ/kg]으로 하면 유효일은

$$W_e=Q_1\eta_e=BH_u\eta_e \text{ [MJ]}$$

$$p_e=\frac{W_e}{V_h}=\frac{BH_u\eta_e}{V_h}\text{ [MPa]}=\frac{H_u\cdot\eta_e\cdot\eta_v\gamma_s}{\lambda L_o}\text{ [MPa]} \qquad (3\cdot52)$$

공기의 비중은 0℃, 760 mmHg =1.033 ata에 있어서 1.293 kg/m^{3}이므로 p_s, T_s에 있어서는

$$\gamma_s = 1.293\frac{273}{T_s}\cdot\frac{p_s}{1.033}\ [\mathrm{kg/m^3}]$$

이것을 식 (3·52)에 넣어 계산하면

$$p_e = 1.46\frac{H_u\eta_e\eta_v}{\lambda L_o}\cdot\frac{p_s}{T_s}\ [\mathrm{MPa}] \qquad (3\cdot 53)$$

도시 평균유효압력 p_i는 윗식에서 η_e의 대신에 η_i를 사용하면 좋다. 이론사이클에 있어서는 $\eta_v=1$, $W_{th}=B\cdot H_u\cdot\eta_{th}$, 압축시초의 상태 p_1T_1과 p_sT_s는 같으므로

$$p_{th} = \frac{H_u\eta_{th}\gamma_s}{\lambda L_o} = 1.46\frac{H_u\eta_{th}}{\lambda L_o}\cdot\frac{p_1}{T_1}\ [\mathrm{MPa}] \qquad (3\cdot 54)$$

연소실이 완전히 소기되어 연소가스가 남아 있지 않는다고 하면 새로운 공기의 양이 $(V_h+V_c)/V_h=\varepsilon/(\varepsilon-1)$배로 증가되므로

$$p_{th} = 1.46\frac{H_u\eta_{th}}{\lambda L_o}\frac{\cdot p_1}{T_1}\cdot\frac{\varepsilon}{\varepsilon-1}\ [\mathrm{MPa}] \qquad (3\cdot 55)$$

(2) 기체연료의 경우

연료의 연소에 필요로 하는 이론공기량을 L_{ov} [m^3/m^3]로 하면 혼합기 중에 함유되어 있는 가스량은 0℃, 760 mmHg에 있어서

$$B = V_h\eta_v\frac{273}{T_s}\cdot\frac{p_s}{1.033}\cdot\frac{1}{1+\lambda L_{ov}}\ [\mathrm{Nm^3}]$$

가 된다. 가스의 발열량을 H_u [MJ/Nm^3]로 하면 전과 마찬가지로

$$p_e = \frac{B\cdot H_u\cdot\eta_e}{V_h} = 1.128\frac{H_u\cdot\eta_e\cdot\eta_v}{1+\lambda L_{ov}}\cdot\frac{p_s}{T_s}\ [\mathrm{MPa}] \qquad (3\cdot 56)$$

압축비가 높게 되면 η_{th}, η_e가 증가되므로 p_{th}, p_e는 크게 된다. 또 압축비가 일정할 때 λ를 작게 하면 η_{th}, η_e가 감소되므로 η_{th}/λ, η_e/λ가 최대가 되는 곳에서 p_{th}, p_e도 최대에 달한다. 그림 3·66은 연료-공기사이클에 대해 이 관계를 나타낸 것으로서 가솔린기관은 $\lambda<1$인 운전이 되므로 높은 평균유효압력이 얻어지지만 λ가 크게 되면 실화하기 때문에 λ를 변경시킬 수 있는 범위가 한정되어 사선친 부분으로 나타냄과 같이 평균유효압력의 사용범위가 좁으며, 출력의 조정에는 교축밸브에 의해 흡기량을 변경하지 않으면 안 된다. 이 때문에 λ가 작게 되면 η_e의 저하를 초래할 뿐만 아니라 불완전연소 때문에 유독가스를 배출

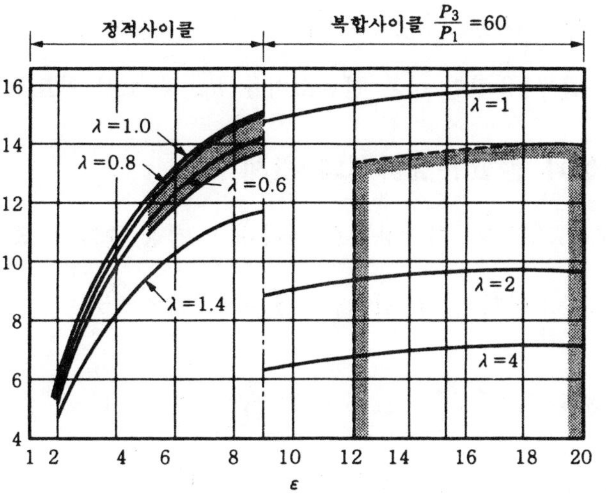

그림 3·66 연료-공기사이클의 이론 평균유효압력과 압축비의 관계
$H_u=42$ MJ/kg, $L_o=14.6$ kg/kg. 영선(影線) 내는 실용범위

하여 대기오염의 원인이 된다. 이에 반해 디젤기관은 λ가 큰 곳에서도 완전연소시키는 것이 용이하므로 λ를 넓은 범위로 바꾸어 출력조정을 할 수가 있지만, λ가 1에 가까우면 불완전연소 때문에 고형탄소가 유리되어 매연을 발생할 뿐만 아니라 실린더의 마모, 배기온도의 상승 등 기계수명에 악영향을 미치므로 평균유효압력을 올리는 것이 곤란하게 된다. 각종 연료에 대한 L_o, H_u는 표 5·3에 나타내었으나 개략의 값은 다음과 같다.

	경제출력	최대출력	이론공기량 (L_o)	발열량 (H_u)
가솔린기관	$\lambda=1.05\sim1.2$	$\lambda=0.8\sim0.9$	$L_o=15$ kg/kg	$H_u=46$ MJ/kg
디젤기관	$\lambda=1.4\sim2.4$	$\lambda=1.2\sim1.8$	$L_o=14.5$ kg/kg	$H_u=44$ MJ/kg

3.9 연료소비율과 평균유효압력에 미치는 각종 영향

3.9.1 연료소비율

연료소비율은 열효율에 반비례하고 액체연료인 경우에는 식 (3·2)로부터

$$b_e=\frac{3600}{\eta_e}\frac{1000}{H_u}\ \text{[g/kW·h]}\ (\text{단, } H_u : \text{[kJ/kg]})$$

기체연료인 경우에는 연료소비율 b_e(Nm^3/kW·h) 또는 열소비율 q_e(kJ/kW·h)를 사용한다.

$$q_e = b_e H_u = 3600/\eta_e \text{ [kJ/kW·h] (단, } H_u \text{ : [kJ/Nm}^3\text{]}$$

η_e의 대신에 η_{th}, η_i를 사용하면 이론 연료소비율 b_{th} 및 도시 연료소비율 b_i가 얻어진다.

3.9.2 연료소비율과 평균유효압력의 관계

연료소비율과 평균유효압력은 기관성능을 나타내는 가장 중요한 요소로서, 양자의 관계는 식 (3・2)와 식 (3・52)에서 η_e를 없애면 $\left(\gamma_s = 1.293 \times \dfrac{273}{T_s} \times \dfrac{P_s}{1.033} \text{(kg/m}^3\text{)}\right)$

$$b_e p_e = 3.6 \times 10^6 \frac{\eta_v \gamma_s}{\lambda L_o} = 12.3 \times 10^8 \frac{\eta_v}{\lambda L_o} \frac{p_s}{T_s} \tag{3・57}$$

b_i, p_i에 대해서도 같은 관계가 성립된다. 무과급 디젤기관에서는 $L_o = 14.37$ kg/kg, $p_s = 0.1$ MPa, $T_s = 273 + 15 = 288$ K 정도이므로 이 값을 윗식에 대입하면

$$\lambda b_e p_e / \eta_v = \lambda b_i p_i / \eta_v = 29,720 \tag{3・58}$$

즉, $\lambda b_e p_e / \eta_v$, $\lambda b_i p_i / \eta_v$는 일정하게 된다. 그림 3・67은 b_e와 p_e의 관계를 나타낸 것으로서, 디젤기관은 p_e가 넓은 범위에 걸쳐서 사용되므로 평탄한 곡선이 되나, 가솔린기관에서는 일정한 교축밸브의 열림정도(開)도에 대해 p_e의 사용범위가 좁으므로 고리모양의 곡선(loop)을 그리고 있다. 이것으로 보아도 가솔린기관의 출력조정은 흡기량의 변화, 즉 교축조정에 의하지 않으면 안 된다는 것을 알 수 있다.

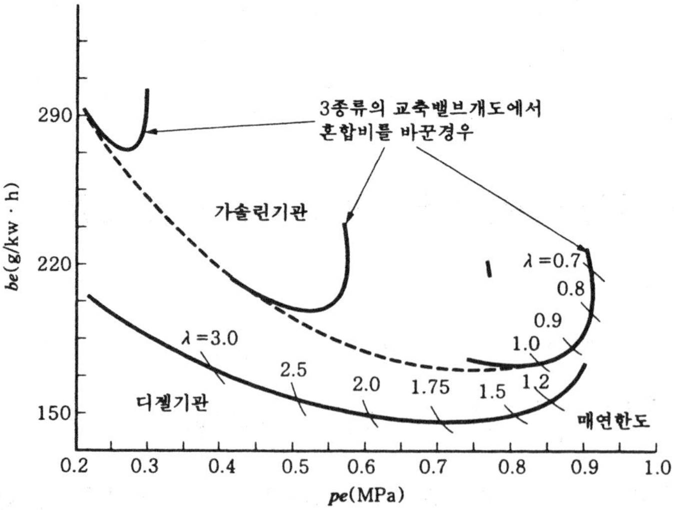

그림 3・67 평균유효압력과 연료소비율의 관계

3.9.3 가솔린기관의 경우

가솔린기관의 성능에 가장 큰 영향을 미치는 것은 압축비, 공기과잉률, 점화시기, 회전속도이다.

(1) 압축비의 영향

공기과잉률이 일정한 상태에서는 압축비가 높게 되면 η_{th}, η_i가 증가하기 때문에 p_{th}, p_i는 함께 증가하고 b_{th}, b_i는 감소된다. 그림 3·68은 가솔린기관에서 압축비와 이들의 관계를 나타낸 것으로서 $\lambda=0.8$은 최고출력에 대한 것, $\lambda=1.1$은 최저 연료소비율, 즉 경제출력에 대한 것이다. 그러나 실제에는 압축비를 너무 높게 하면 노크를 일으키므로 제한된다.

(2) 공기과잉률의 영향

그림 3·69은 가솔린기관에서 공기과잉률과 평균유효압력, 연료소비율의 관계를 나타낸 것으로서, 열해리를 고려하지 않은 경우에는 p_{th}는 $\lambda=1$에 있어서 최대가 되고 열해리

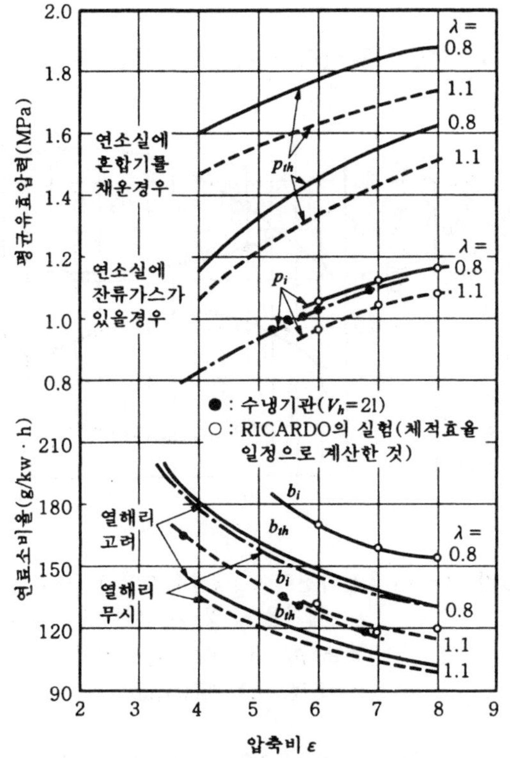

그림 3·68 가솔린기관에서 이론 및 도시 평균유효압력(p_{th}, p_i), 연료소비율(b_{th}, b_i)과 압축비와의 관계

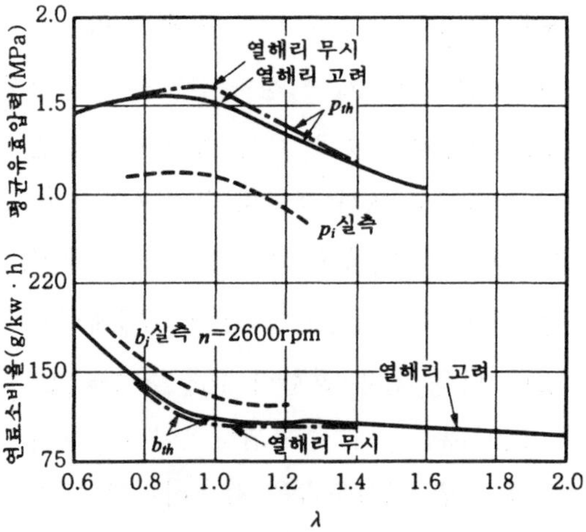

그림 3·69 가솔린기관에서 이론 및 도시 평균유효압력, 연료소비율과 공기과잉률과의 관계 ($\varepsilon=7$, $p_1=1.03$ ata, $H_u=44$ MJ/kg)

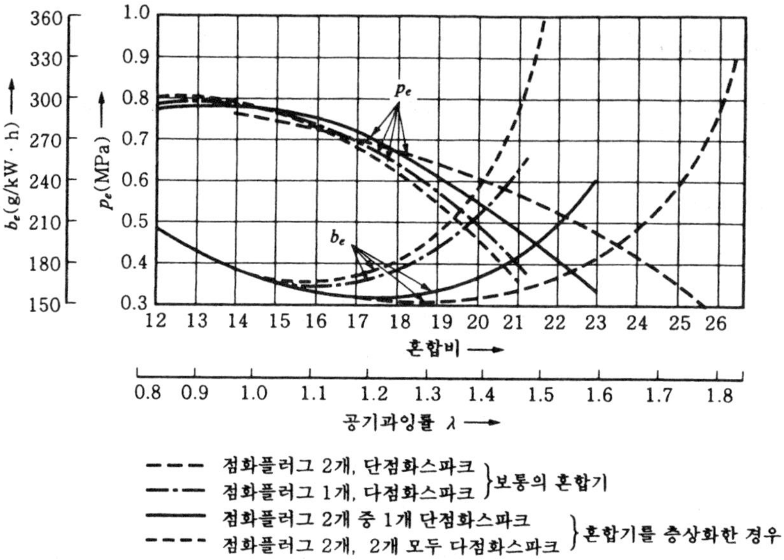

그림 3·70 가솔린기관에서 정미평균유효압력, 연소소비율과 공기과잉률(혼합비)과의 관계

를 고려하면 $\lambda \cong 0.9$에서 최대가 된다. 이것은 $\lambda=1$에서 열해리가 가장 현저하기 때문이다. 실제의 경우에는 혼합비도 연소속도도 균일하지 않으므로 p_i는 더욱 농후한 혼합비에서 최대가 된다. λ가 1보다 작게 되면 불완전연소 때문에 b_{th}, b_i는 모두 증가한다. λ가 크게 됨에 따라 η_{th}가 증가되므로 b_{th}는 점차 감소하지만 실제의 경우에는 λ가 크게 되면 연소속도가 지연되고 또한 혼합비의 불균일이 나타나기 때문에 b_i는 $\lambda=1.15\sim1.25$ 부근부터 증가한다. b_e는 그림 3·70에서와 같이 더욱 짙은 혼합비 15~18($\lambda=1.05\sim1.2$) 부근부터 증가된다. 이것은 λ가 크게 되면 도시마력은 감소하지만 마찰마력은 거의 변하지 않기 때문이다. p_e는 혼합비 11.5~13($\lambda=0.8\sim0.9$)에 있어서 최대가 된다.

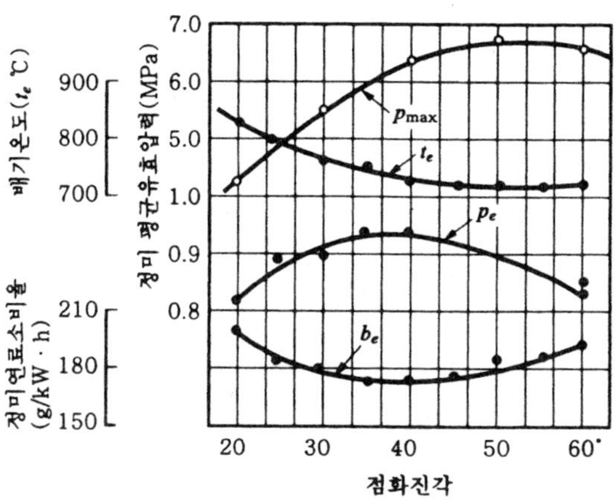

그림 3·71 점화진각이 평균유효압력, 연료소비율, 배기온도 및 최고압력에 미치는 영향($p_1=1.2$ ata, $t_1=90$℃, $\varepsilon=8$, $\lambda=0.85$, $n=2600$ rpm)

(3) 점화시기의 영향

연소시간이 최소가 되도록 점화시기를 선정하면 후연소가 적어지므로 도시열효율도 도시

평균유효압력도 최대가 된다. 그러나 그것 때문에 노크가 일어나고 혹은 최고압력이 높게 되면 정미열효율 및 정미평균유효압력이 감소되므로 점화시기를 적당하게 지연시키지 않으면 안 된다.

그림 3·71은 가솔린기관에서 점화진각의 변화가 정미평균유효압력과 연료소비율에 치는 영향을 나타낸다. 점화진 각 38° 부근에서 p_e는 최대가 되고 b_e는 최소가 된다. 점화진각을 크게 하면 상사점 전에 대부분의 연료가 연소되므로 최고압력이 크게 되고 그 때문에 기계적 및 열적 손실이 많아지므로 p_e는 감소되고 는 증가된다. 점화시기가 빠르면 냉각손실이 크며 또 연소가 빠르게 종료되기 때문에 배기온도는 낮아진다. 점화시기가 늦으면 그 반대로 배기온도가 상승하여 배기손실이 많아지기 때문에 p_e는 감소되고 b_e는 증가된다.

(4) 회전속도의 영향

이론사이클은 시간에 관계없으므로 회전속도가 증가되어도 η_{th}, p_{th}는 변하지 않는다. 그러나 실제사이클에서는 회전속도가 증가되어도 연소속도는 그것에 비례하여 증가되지 않기 때문에 상대적으로 연소시간이 길어지고 또 펌프손실이 증가되므로 η_i는 감소의 경향이 있으나, 한편 냉각손실, 가스누설 손실이 감소되므로 어느 회전속도에서 최고가 된다. 또한 고속에서는 체적효율이 감소되므로 p_i는 낮아지고 또 마찰손실의 증가에 따라 p_e, η_e는 감소된다. 그림 3·70의 점선은 가솔린기관의 교축밸브를 완전히 연 상태의 성능곡선을 나타낸 것으로서 토크 M_d(p_e에 비례), η_e가 최대가 되는 회전속도가 존재한다. 저속에서 재차 감소되는 것은 체적효율의 감소와 냉각손실의 증가에 의한 것이다.

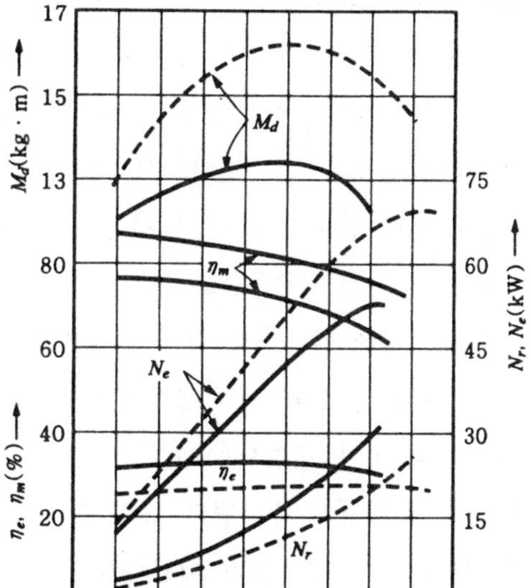

그림 3·72 동일치수(D/s=84/100, 4기통)인 가솔린기관(점선)과 디젤기관(실선)의 성능비교

3.9.4 디젤기관의 경우

(1) 압축비의 영향

그림 3·73은 디젤기관에서 최고압력과 b_{th}, b_i, ε 등의 관계를 나타낸 것으로서 이미 언급한 바와 같이 디젤기관에서는 충분히 높은 압축비가 사용되고 있으므로 압축비를 높여

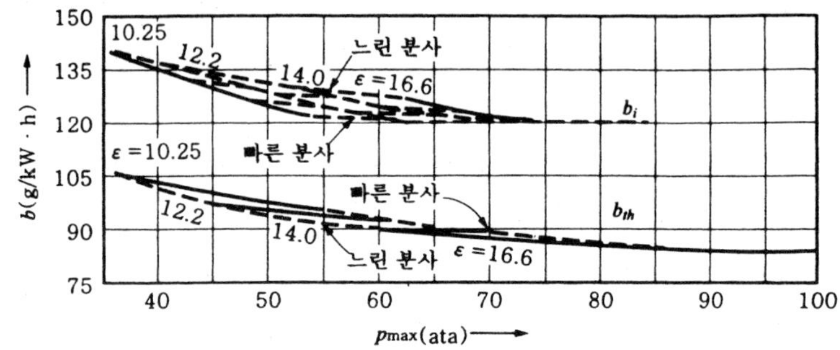

그림 3·73 연료소비율(b_i, b_{th})과 최고압력(p_{max}) 및 압축비(ε)와의 비교

도 b_{th}, b_i의 개선은 적으며, 최고압력이 높게 되고 기계효율이 내려가므로 b_e, p_e에는 도리어 악영향을 미친다.

(2) 공기과잉률의 영향

디젤기관은 혼합비 조정을 하여 공기과잉률이 넓은 범위에 걸쳐서 사용되므로 평균유효압력은 λ에 의해 가장 크게 영향을 받는다. 그림 3·74에서와 같이 λ가 크게 되면 p_{th}, p_i, p_e는 거의 병행하여 감소된다. 그림에서 p_{th}는 p_{max}=60 ata 및 100 ata로 한 복합사이클의 이론 평균유효압력이다. 디젤기관은 상용출력에서 λ=1.4~2.2, 무부하에서 λ=5~10, 과부하에서 λ=1.1~1.8이므로 가솔린기관에 비하여 λ의 사용범위는 넓지만 불완전연소를 일으키므로 λ가 큰 곳에서 사용하기 때문에 평균유효압력은 낮다. 디젤기관에서 평균유효압력을 증가시키려면 λ를 작게 할 것, 즉 공기이용률을 양호하게 해야 하는 것이 중요하다.

디젤기관에서는 그림 3·75에서와 같이 λ가 증가되면 η_{th}, η_i가 크게 되기 때문에 b_{th}, b_i는 모두 감소된다. 디젤기관에서는 λ가 증가되어도 가솔린기관에서와 같이 연소지연이 없으므로 b_i가 증가되는 일은 없다. λ가 1에 가까워지면 불완전연소 때문에 b_e, b_i는 b_{th}보다도 급격하게 증가된다. λ가 큰 곳에서 b_e가 재차 증가되는 것은 마찰마력이 부하에 구애 없이 거의 일정하기 때문이다.

(3) 연료분사시기의 영향

가솔린기관에서 점화시기와 마찬가지로 연소시간이 최소가 되도록 분사시기를 선택하면 b_{th}, b_i, 따라서 p_{th}, p_i의 가장 양호한 값을 틀림없이 얻을 수 있지만, 분사를 너무 진전시키면 그림 3·73과 같이 압축비가 일정하더라도 최고압력이 높게 되어 기계효율이 저하하므로 실제 p_e, b_e의 개선은 기대할 수 없다. 일반적으로 디젤기관에서는 일정부하에서 배기온도가 낮으면 연료소비량은 적다.

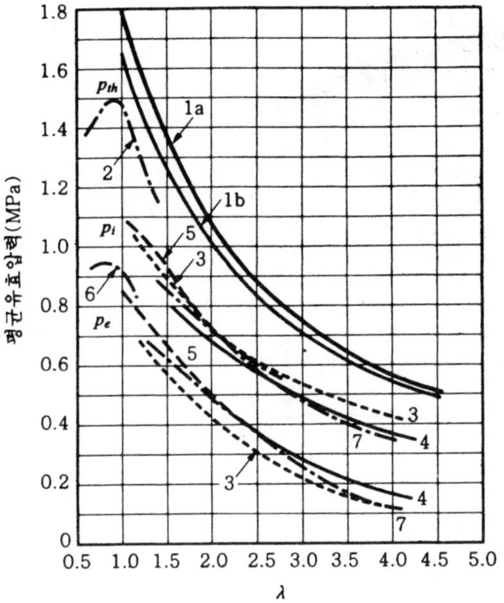

1a : 이론 평균유효압력 p_{max} =100ata, ε =15
1b : 이론 평균유효압력 p_{max} =60ata, ε =15
2 : 가솔린기관의 이론 평균유효압력 ε =7
3 : 직접분사식 기관
4 : Acro 공기실식 기관
5 : 와류실식 기관
6 : 가솔린기관 ε =7
7 : 예연소실식 기관

그림 3·74 각종 디젤기관에서 평균유효압력과 공기과잉률과의 관계

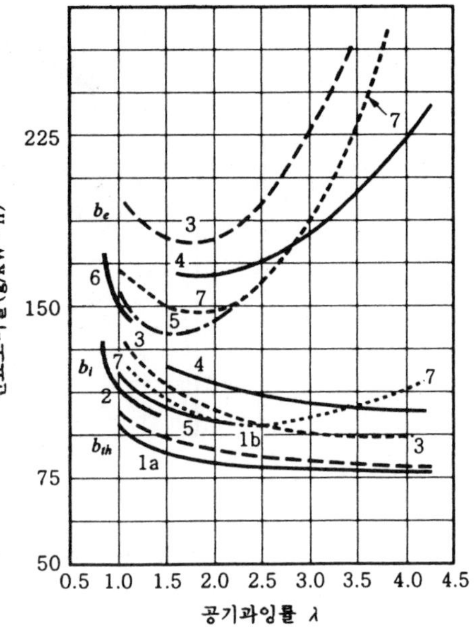

1a : 이론 연료소비율 p_{max} =100ata, ε =15
1b : 이론 연료소비율 p_{max} =60ata, ε =15
2 : 가솔린기관의 이론 연료소비율 ε =7
3 : 직접분사식 기관
4 : Acro 공기실식 기관
5 : 와류실식 기관
6 : 가솔린기관 ε =7
7 : 예연료실식 기관

그림 3·75 각종 디젤기관에서 연료소비율과 공기과잉률과의 관계

(4) 회전속도의 영향

그림 3·76은 디젤기관에 있어서 회전속도와 p_e, b_e의 관계를 나타낸 것으로서 출력은 $p_e \times n$에 비례하므로 N_e 일정곡선은 1점 쇄선으로 나타낸 쌍곡선이 된다. 등연료소비율 곡선으로부터 분명히 알 수 있듯이 중간 정도의 속도에서 b_e는 최소가 된다. 고속에서는 마찰손실, 교축손실이 크게 되고 저속에서는 냉각손실이 많아지기 때문에 b_e는 증가한다. p_e의 최고는 주로 공기과잉률에 관계되고 매연한계에 따라 제약을 받는다. 고속 및 저속에서 p_e가 낮아지는 것은 체적효율이 저하되는 것 및 b_e의 경우와 마찬가지 이유에 의한다.

그림 3·72의 실선은 동일치수인 가솔린기관의 성능과 비교한 것이다. 가솔린기관에 비하여 η_e는 크지만 N_e는 작으며 고속에서 그 차는 현저하게 된다. 이것은 N_r의 증대가 최대의 원인이다.

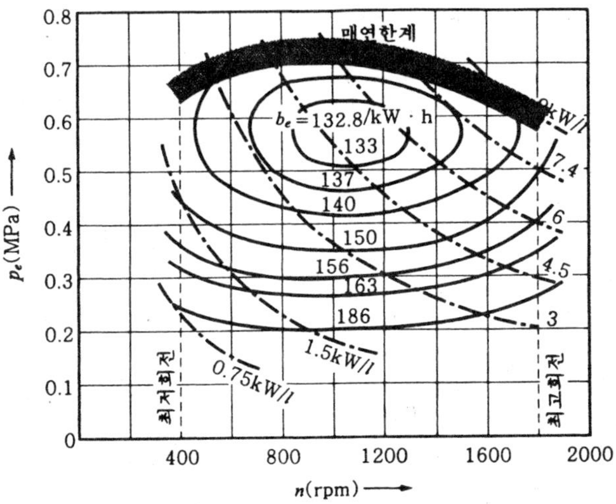

그림 3·76 디젤기관(와류실식)의 성능곡선

3.10 출력 계산

3.10.1 출력의 호칭법

기관의 출력성능의 우열은 주어진 실린더 체적 내에서 일정량의 연료를 연소시켜 얻은 일량, 즉 출력의 대소로 판단한다. 그러나, 이 기관 출력은 기관의 종류와 용도에 따라서 또는 운전조건에 따라서 다르며, 출력은 어떠한 종류의 출력인가를 반드시 명시하지 않으면 오해하기 쉽다.

기관의 출력은 사용하는 목적에 따라 여러 가지의 명칭이 정해져 있으며 그 주된 것은 다음과 같다.

(1) 상용출력(常用出力 : normal 또는 cruising power) : 선박용 기관에 사용되는 출력으로, 선박이 정해진 순항속도, 즉 경제속도로 항행할 때에 필요한 출력. 즉, 연료소비율이 최소가 되는 출력을 말한다.

(2) 정격출력(定格出力 : rated power) : 정해진 운전조건으로 일정시간 운전을 보증하는 출력. 즉, 정해진 속도에서 사용되는 기관에 이용되는 출력으로, 정해진 회전속도에서 연속하여 운전 가능한 출력을 말하며 1시간 정격출력, 연속 정격출력 등이 있다. 이 출력은 경제성, 내구성을 고려하여 정한다.

a) 1시간 정격출력(one-hour rated power) : 건설차량(기계)용 기관에 이용되는 출력이고, 정격회전속도에서 1시간 연속해서 낼 수 있는 출력을 말함.

b) 연속정격출력(continuous rated power) : 건설차량(기계)용 기관에 이용되는 출력이고, 정격회전속도, 1시간 정격출력의 85%로 장시간 고장없이 연속하여 낼 수 있는 출력을 말함.

c) 과부하(정격)출력(over load power) : 정격출력 이상의 출력을 말하며, 정해진 속도로 사용되는 고정된 기관〔정치(定置)기관〕, 건설차량(기계)용 기관 및 선박용 기관에 이용되는 출력이고, 앞의 2기관의 경우는 정격출력의 10%를 증가시키고, 후자의 경우는 연속최대출력의 10%를 증가시킨 출력을 말한다. 또한, 정속회전 육상용 기관에서는 동일 회전속도에서 정격의 10% 증가된 부하에서 10분, 선박용에서는 연속최대출력의 110% 혹은 120%를 단시간 내에 추출시켜 측정한 출력으로 말하기도 한다.

(3) 최대출력(maximum power) : 자동차용 기관에 이용되는 출력이고, 낼 수 있는 최대출력을 말한다. 운전시간은 짧지만 정해진 데이터를 계측하는 동안은 운전을 연속하여 하지 않으면 안 된다. 기관이 낼 수 있는 최대출력도 시간에 따라 그 크기가 변하며 용도에 따라 1~15분 정격출력을 가지고 최대마력이라 한다. 가솔린기관에서는 최대출력점이 명확하지만, 디젤기관에서는 불명확하므로 매연 한계로 정하는 경우도 있다.

a) 연속최대출력(continuous maximum power) : 선박용 기관에 이용되는 출력이고, 안전하게 연속하여 운전할 수 있는 최대출력을 말한다. 선박용 주기관은 연속최대출력을 사용하여 기관의 크기에 따라 110% 부하에 10~30분 견디어야 하고, 건설기계용은 1시간 정격출력, 자동차용은 최대출력(3분 이상)을 사용하고 있다. 따라서 동일 기관이라도 그 용도에 따라 출력은 다르다. 예를 들면 145 kW(최대)인 자동차용 디젤기관이 건설기계용으로는 98 kW(1시간 정격), 선박용으로는 89 kW(연속)가 된다. 출력의 결정방법, 정의 혹은 시험방법 등의 상세한 용도에 따라 각국에서 규정되어 있다.

b) 이륙최대출력(taking off rating) : 표준해면 상태에서 항공기용 기관의 이륙할 때의 출력을 말한다. 1분 동안만 연속 사용할 수 있는 회전속도에서 내는 출력.

이상의 각 기관의 출력과 회전속도와의 관계를 도시하면 그림 9·1과 같다.

3.10.2 출력의 표시법

기관의 출력을 표시하는 데는 일반적으로 마력(horse power, 또는 HP, PS)이 사용된다. 이 마력의 단위로는 독일, 불란서 계통(m-kg계)과 영국과 미국계(feet-pound계)가 있지만, 우리나라는 전자가 사용되고 있으며, 이 두 가지는 다음과 같은 관계가 있다.

$$1\,(\text{불})\text{마력} = 1\,[\text{PS}] = 75\,[\text{kg}_f \cdot \text{m/s}]$$
$$2\,(\text{영})\text{마력} = 1\,[\text{HP}] = 550\,[\text{ft} \cdot \text{lbf/s}] \qquad (3 \cdot 59)$$

그러나, 수년 전부터 SI 단위계(international system of units)가 정식으로 채용되어 기관의 출력표시도 SI계의 와트 [W], 또는 킬로와트 [kW]를 이용하지 않으면 안 되지만 잠정적으로 [PS]가 사용되고 있다. [PS]와 [W], 또는 [kW]와의 관계는 다음과 같다.

$$1\,[\mathrm{PS}] = 735.5\,[\mathrm{W}] = 0.736\,[\mathrm{kw}]$$
$$1\,[\mathrm{HP}] = 746\,[\mathrm{W}] = 0.746\,[\mathrm{kw}] \tag{3・60}$$

3.10.3 정미출력과 정미 평균유효압력

기관의 정미일을 출력 N_e [PS]로 나타내기 위하여, 실린더 지름을 d [cm], 피스톤행정 S [cm], 실린더 1개의 행정체적 V_h [l], 실린더수를 Z, 회전속도를 n [rpm]라 한다면 N_e는 다음과 같다.

$$N_e = \frac{p_{me}\left(\frac{\pi}{4}\right)d^2 \cdot S \cdot Z \cdot n \cdot i}{75\times60\times100} = \frac{p_{me} \cdot V_h \cdot Z \cdot n \cdot i}{450}$$
$$= \frac{p_{me} \cdot V_H \cdot n \cdot i}{450} \tag{3・61}$$

여기서, $V_H = V_h \cdot Z = \left(\frac{\pi}{4}\right)d^2 \cdot S \cdot Z/1000\ [l]$

i=정수(4 행정기관 1/2, 2 행정기관 1)

SI 단위에서는 N_e' [W]는 p_{me}' [Pa], V_H'[m^3]과 n'[s^{-1}]을 이용하면 다음 식과 같다.

$$N_e' = p_{me}' \cdot V_H' \cdot n' \cdot i\ [\mathrm{W}] \tag{3・61'}$$

한편, 정미평균유효압력은 다음과 같다.

4 행정기관 $p_{me} = \frac{N_e}{V_H \cdot n} \times 900\ [\mathrm{kg_f/cm^2}]$

2 행정기관・로터리기관 $p_{me} = \frac{N_e}{V_H \cdot n} \times 450\ [\mathrm{kg_f/cm^2}]$ (3・62)

SI 단위에서는 식 (3・61′)를 이용하여 다음과 같이 구해진다.

$$p_{me}' = N_e'/(V_H' \cdot n' \cdot i)\ [\mathrm{Pa}] \tag{3・62'}$$

3.10.4 실린더 체적의 계산

요구된 출력에 대하여 실리더수를 얼마로 결정할 것인가는 용도 및 기관의 종류에 따라서 다르므로 여기서는 단기통당 출력이 주어져 있는 것으로 계산한다.

N_e=단기통당 출력 [PS], D=실린더 안지름 [cm], S=행정 [cm], $K=S/D$, i=1회전 중 사이클수(4 행정 1/2, 2 행정 1)로 하면

$$V_h=\frac{\pi}{4}D^2\cdot S\times\frac{1}{1000}=\frac{\pi KD^3}{4000}\ [l] \tag{3·63}$$

한편, 식 (3·8′)로부터

$$N_e=\frac{p_{me}\cdot V_h\cdot n\cdot i}{450} \tag{3·64}$$

여기에, 평균 피스톤 속도 $c=\dfrac{2\cdot n\cdot S}{6000}$ [m/s], 피스톤 면적 $F=\dfrac{\pi}{4}D^2$을 사용하여 정리하면

$$N_e=p_{me}\cdot F\cdot c\cdot i/150 \tag{3·65}$$

3.10.5 출력 계산

실린더체적, 회전속도, 평균유효압력이 주어지면 출력은 식 (3·64)로부터 즉시 계산할 수 있다. 제동시험에서는 토크 T [kg·m]을 측정하나 N_e와의 관계는

$$N_e=\frac{2\pi nT}{75\times 60}=\frac{Tn}{716.2}=\frac{Gn}{1000}\cdot\frac{l}{0.7162} \tag{3·66}$$

G는 하중 [kg], l은 동력계의 암의 길이 [m]로서 보통 $\dfrac{l}{0.7162}=\dfrac{1}{2}$, 1 등의 간단한 정수로 만들어진다. T와 평균유효압력과의 관계는 식 (3·66)과 식 (3·64)로부터 다음과 같다.

$$\begin{aligned}T&=\frac{10}{2\pi}\cdot p_{me}\cdot V_h\cdot i=1.592\,p_{me}\cdot V_h\cdot i\\&=1.25\,D^2\cdot S\cdot p_{me}\cdot i\times 10^{-3}\end{aligned} \tag{3·67}$$

3.10.6 리터마력

내연기관의 연료소비율을 적게 한다는 것은 일반적으로 중요한 일이지만 또한 기관중량 및 체적을 줄이는 점에서 단위 행정체적당의 출력을 증가시키는 일도 중요하다. 단위행정체적당의 마력을 리터마력이라고 하며 식 (3·64)로부터

$$N_s=W_e/V_h=p_{me}ni/450\ [PS/l] \tag{3·68}$$

또는 식 (3·68)에 평균피스톤속도 계산식 $c=2nS/6000$ [m/s]와 $K=S/D$를 대입 정리하면

$$N_s = p_{me}ci100/15S = p_{me}ci100/15KD \text{ [PS/}l\text{]} \qquad (3\cdot69)$$

또, 단위 피스톤면적당의 출력은 식 (3·65)로부터

$$N_F = N_e/F = p_{me}ci/150 \text{ [PS/cm}^2\text{]} \qquad (3\cdot70)$$

식 (3·68)로부터 N_s를 크게 하려면 p_e 및 n을 늘리든가, 2 행정기관으로 하든가이다. 이 가운데 n을 늘리는 것은 가장 효과적이나, 어느 정도 이상 n을 크게 한다는 것은 체적효율의 저하, 동(動)밸브장치의 관성, 관성력에 의한 베어링 하중의 증대에 따라 제한된다. 상사기관(相似機關)에서는 왕복질량은 D^3에 비례하고 가속도는 n^2D에 비례하므로 피스톤면적당의 관성력은 n^2D^2, 즉 c^2에 비례한다. 상사기관에서 $p_{me}c$를 일정하게 한다면 식 (3·69)로부터 실린더 안지름 D가 작을수록 N_s가 증가하는 것이 명백하다.

2 행정식은 4 행정식에 비하여 2배의 일 행정이 얻어지지만, 체적효율이 낮고 또 배기를 불어내는 손실 때문에 p_{me}가 작으며 또한 소기작용은 nD의 증가에 따라 곤란하게 되므로 회전을 올릴 수가 없다. 그러나 이들을 고려하여도 리터마력 증대에도 2 행정식이 유리하다.

p_{me}를 크게 하기 위해서는 식 (3·53)으로부터 λ를 작게 하고, 또한 η_v를 증대시킬 필요가 있다. 그런데도 고속으로 됨에 따라 η_v는 저하하며 또 λ를 작게 하면 디젤기관에서 매연이 발생하고 η_e가 내려가므로 p_{me}의 증가는 기대할 수 없다. 그래서 급기를 압축하여 입구압
력을 높혀, 즉 과급을 하고 다시 이것을 냉각하여 입구온도를 내려 급기의 비중을 크게 하여 공급하면 p_{me}를 증대시킬 수가 있고 또 연소실의 잔류가스를 소거하면 식 (3·55)에 나타낸 것과 같이 p_{me}는 $\varepsilon/(\varepsilon-1)$배가 된다. 실린더 안지름이 작을수록 체적에 대해 냉각면적이 크게 되므로 냉각이 용이하고 또 열응력이 작으며 가솔린기관에서는 노크없이 고압축이 허용되므로 p_{me}를 높힐 수가 있다. 결국 D가 작을수록 p_{me}, n을 크게 할 수 있으므로 N_s는 증대한다.

4장

실린더 내의 가스교환 (작동유체의 교환)

얼마나 많은 공기를 1 사이클 중에 연소실에 흡입시킬 것인가가 기관출력에 가장 크게 영향을 미치는 요인이다. 이 흡입특성은 충전효율이나 체적효율을 이용하여 평가하게 된다.

내연기관의 연소실에서 어떤 사이클의 혼합기가 폭발연소하여 생성된 연소가스, 즉 작동가스가 팽창행정에서 일을 끝낸 후 그 유체를 실린더 밖으로 배출하고, 다음 사이클에서 일을 할 새로운 공기(新氣 : fresh charge air)와 연료와의 혼합기, 또는 공기만을 실린더 내로 흡입하지 않으면 안 된다. 이와 같은 일련의 배출, 흡입의 비유동과정을 작동유체의 교환(exchange of working fluid)이라 한다. 이 연소가스의 배출과 새로운 공기의 충전에는 왕복 피스톤 또는 회전 피스톤의 운동에 의한 무과급기관과 피스톤 운동 외에 과급기를 이용하여 여분의 새로운 공기를 실린더 내에 압송하는 과급기관 등이 있다.

피스톤기관은 동일한 실린더 체적 내에서 흡입, 압축, 팽창(폭발), 배기의 네 가지 작용이 수행되어지므로, 앞 사이클의 연소가스를 충분히 배출하고 새로운 공기를 가능하면 고압, 저온으로 실린더 내에 충전시킬수록 많은 혼합기가 매 사이클 연소할 수 있어 고출력을 얻을 수 있다. 완전한 흡・배기를 하기 위해서는 면적이 큰 통로와 가능하면 작은 압력차로 밸브를 닫은 후의 압력이 외부공기와 비슷하게 하는 것이 바람직하다. 그러나, 실제의 밸브 통로면적은 실린더헤드의 기하학적 제한과 밸브개폐 운동을 위한 가・감속도 및 밸브스프링 강도 등의 역학적 제한에 의하여 충분히 크게 하는 것은 특히 고회전기관에서는 곤란하다. 이것은 가스유량은 단순히 시간의 함수이지만, 밸브운동은 크랭크각도에 의존하며 동시에 밸브운동의 가속도는 회전속도의 자승에 비례하기 때문이다.

작동유체의 교환에 사용되어지는 유체는 상온, 대기압의 새로운 공기와 고온, 고압의 배기가스가 있지만, 전자는 기관의 흡기계통의 각 부분, 즉 공기필터, 기화기, 흡기관(manifold)을 통하여 흡기밸브, 흡기구멍 또는 소기구멍을 경유하여 실린더 내로, 후자는 실린더 내에서 배기밸브, 배기구멍을 통하여 배기관이나 소음기를 지나 대기 중에 방출된다. 이와 같이 여러 가지의 단면적을 통과하는 유체의 운동현상을 확실히 하기 위해서는 작동유체의 열에 관한 상태식이나, 에너지식 등 열역학의 도움과 동시에 유체에 관한 각종 물성값이나 현상 등 유체 역학적 지식을 구사하고, 경계조건을 고려하여 비정상 현상의 문제를 해명하지 않으면 안 된다.

4.1 현상해석에 필요한 기초사항

작동유체의 교환과정에서 각종 현상을 해석하기 위하여 필요한 사항이나 식은 다음과 같다.

(1) 음속(sonic, sound 또는 acoustic velocity)과 마하수(Mach number)

음속과 마하수는 고체 또는 유체의 속도를 비교하는 데 표준으로 사용되는 중요한 지수이다.

① 음속(a_s)

가스상수 R, 온도 T의 대기 속을 통과하는 음속 a_s는 다음 식으로 나타낼 수 있다.

$$a_s=\sqrt{k\cdot g\cdot R\cdot T}\ \text{[m/s]} \tag{4・1}$$

SI 단위로는

$$a_s'=\sqrt{k\cdot R'\cdot T}\ \text{[m/s]} \tag{4・1'}$$

여기서, k = 비열비 = 1.402(공기), g = 9.81 m/s^2

R = 29.27 kg$_f$・m/(kg$_f$・℃), R' = 287.0 J/(kg・K) (공기)

따라서, 대기 중에서의 음속은 $a_s=20.06\sqrt{T}$이고 대기의 표준온도를 t = 15 ℃로 한다면, $a_s=20.06\sqrt{15+273}=340.4$ m/s로 된다.

② 마하수(M_s)

음속 a_s에 대한 고체 또는 유체의 속도 ω의 비를 마하수로 정의하고 다음과 같이 나타낼 수 있다. M_s는 고체나 유체속도 평가에 이용되어지는 무차원수이다.

$$M_s=\omega/a_s \tag{4・2}$$

M_s는 그 크기에 따라서 다음과 같이 분류된다.

$M_s<0.78$	아음속(subsonic velocity)
$M_s=0.9\sim0.99$	천이음속(transonic velocity)
$M_s=1$	음속(sonic velocity)
$M_s=1.1\sim1.4$	초음속(supersonic velocity)
$M_s>2.0$	극초음속(hypersonic velocity)

(2) 레이놀즈수(Reynolds number)

유체의 운동을 거론할 경우, 항상 유속의 정도가 문제가 된다. 이 경우 속도의 비교나 판정 등에 레이놀즈수 R_e를 사용하게 된다.

R_e는 관성력과 점성력과의 비이고, 다음 식과 같이 나타낼 수 있다.

$$R_e=\omega\cdot l/\nu=\omega\cdot l/(\mu/\rho) \quad \text{또는} \quad \omega\cdot d/(\mu/\rho) \tag{4·3}$$

여기서, ω=유속 [m/s], l, d=대표길이 [m], ν=동점성계수 $=\mu/\rho$ [St],
μ=점성계수 [$kg_f\cdot s/m^2$], ρ=밀도 [kg/m^3]

(3) 연속식

유체가 그림 4·1에 표시한 바와 같이 유선(stream line)을 그리며 흐를 때, 임의의 2개의 단면 f_1, f_2를 지나가는 유체의 밀도와 속도를 각각 ρ_1, ρ_2, ω_1, ω_2라면 다음과 같은 관계가 있다.

$$\rho_1\cdot\omega_1\cdot f_1=\rho_2\cdot\omega_2\cdot f_2 \tag{4·4}$$

이것을 연속의 식(equation of continuity)이라 부르고, 유체의 흐름을 생각할 때 이용하는 식이다.

(4) 베르누이정리

그림 4·2에서 탱크에 부착된 관을 통해서 유체가 유출될 때, A, B의 중심점 1, 2점의 높이 h_1, h_2 [m], 압력 p_1, p_2 [kg/m^2], 속도 ω_1, ω_2 [m/s] 및 비중량 γ [kg_f/m^3]와의 사이에는 다음과 같은 관계가 있다.

$$(p_1/\gamma)+h_1+(\omega_1{}^2/2g)=(p_2/\gamma)+h_2+(\omega_2{}^2/2g)$$
$$\therefore p/\gamma+h+\omega^2/2g=H \text{ [m]} \tag{4·5}$$

SI 단위에서는

$$(p_1'/\rho)+g\cdot h_1+(\omega_1{}^2/2)=(p_2'/\rho)+g\cdot h_2+(\omega_2{}^2/2)$$

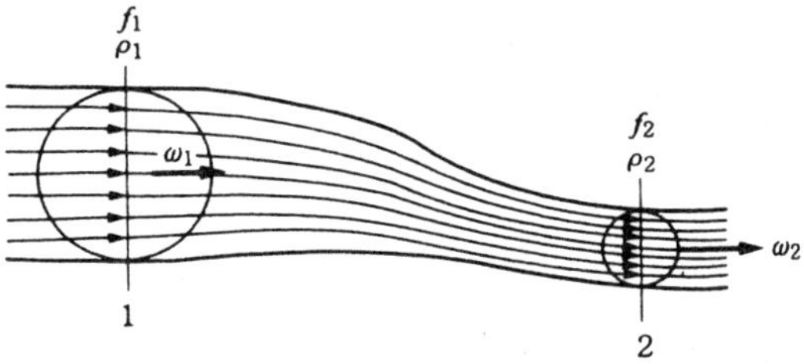

그림 4・1 유 선

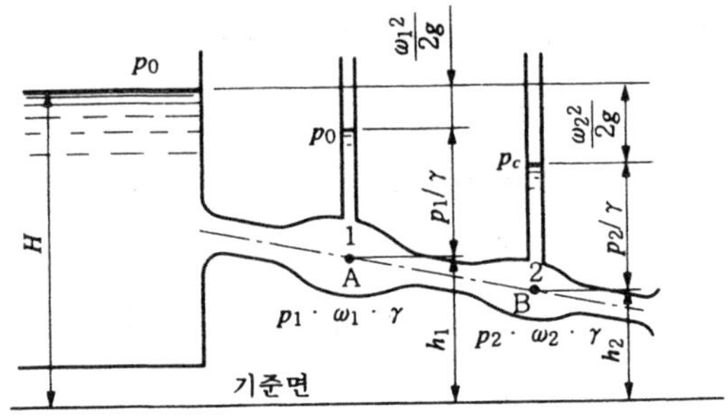

그림 4・2 베르누이 정리

$$\therefore (p'/\rho) + g \cdot h + (\omega^2/2) = g \cdot H \tag{4・5'}$$

여기서, p' [Pa], ρ [kg/m^3]이다.

이 관계를 베르누이정리(Bernoulli's theorem)라 부르며, 수력학에서는 「에너지 불멸의 법칙」의 식이다.

윗식에서 제1항은 압력헤드(水頭, pressure head), 제2항은 높이 또는 위치헤드(potential head), 제3항은 속도헤드(velocity head)라 부르고, 이들의 합계가 전헤드(total head)이다.

식 (4・5)는 다음과 같이 쓸 수 있다.

$$p + \gamma h + \frac{1}{2g}\gamma \cdot \omega^2 = P = \text{일정} \tag{4・6}$$

SI에서는 식 (4・5')로부터

$$p' + \rho g h + \frac{\rho \omega^2}{2} = P' = \text{일정} \tag{4・6'}$$

여기서, p' [Pa], ρ [kg/m^3], h [m]로 한다.

윗식의 각 항을 각각 정압(static pressure), 위치압력(potential pressure) 및 동압(dynamic pressure)이라 부르고, 합계가 전압(total pressure)이다.

(5) 교축부로부터의 유출속도

탱크에 부착된 오리피스(orifice)로부터 유체가 유출하는 경우를 생각해 보자.

그림 4・3에서 유체가 점 1과 2(평행류의 점)를 연결하는 유선을 따라 흐르는 것으로 하여, 각각의 점에서의 단면적, 높이, 압력 및 속도를 A, H_1, p_o, ω_1 및 a, H_2, p_o, ω_2라 하면, 앞에서 기술한 베르누이의 식 (4・5)로부터 다음과 같은 식을 얻을 수 있다.

$$(p_o/\gamma) + H_1 + (\omega_1^2/2g) = (p_o/\gamma) + H_2 + (\omega_2^2/2g)$$
$$\therefore \omega_2^2 - \omega_1^2 = 2g(H_1 - H_2)$$

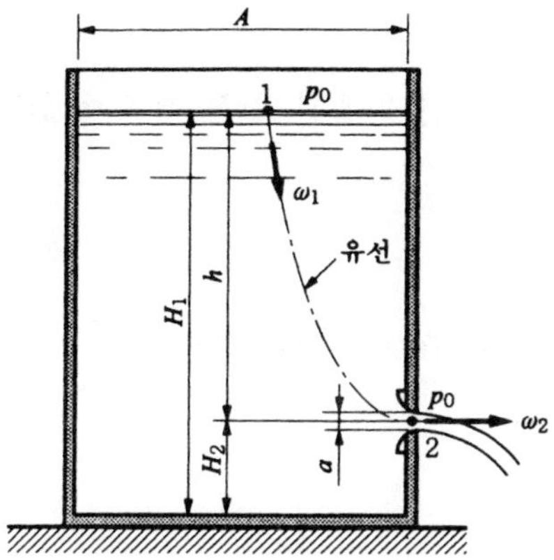

그림 4·3 교축부(또는 오리피스) 로부터의 유체유출

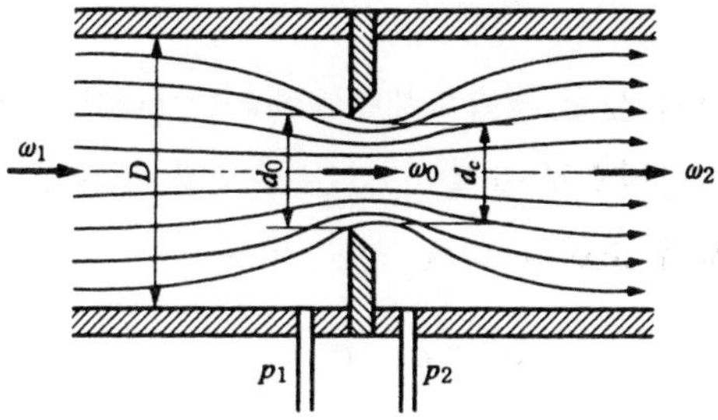

그림 4·4 관내 오리피스

$$\omega_2^2\{1-(\omega_1/\omega_2)^2\}=2g(H_1-H_2)$$

$$\therefore\ \omega_2=\sqrt{\frac{2g(H_1-H_2)}{1-(\omega_1/\omega_2)^2}}$$

연속의 식으로부터

$$\omega_1\cdot A=\omega_2\cdot a,\qquad \therefore\ \omega_1/\omega_2=a/A\fallingdotseq 0$$

따라서 $H_1-H_2=h$로 하여 윗식을 변형하면 다음 식으로 된다.

$$\omega_2=\sqrt{2g\cdot h}\tag{4·7}$$

식 (4·7)은 SI 단위라도 같다.

윗식을 토리첼리의 정리(Torricelli's theorem)라 한다.

(6) 정적(靜的)유량계수와 유량식

정상류의 유량을 측정할 때 일반적으로 관내 오리피스가 사용된다. 이 경우에는 유체가 오리피스를 통과할 때 반드시 교축된 상태로 되어 유출된다(그림 4·4 참조)

이 경우 유체의 단면적은 오리피스의 단면적보다도 작게 된다는 것은 이미 잘 알려져 있다.

① 정적(靜的)유량계수 : 오리피스의 지름을 d_o, 면적을 a, 교축된 유체의 지름을 d_c라 한다면 다음과 같은 관계가 성립한다.

$$\left(\frac{\pi}{4}\right)d_c^2=c_s\left(\frac{\pi}{4}\right)d_o^2\tag{4·8}$$

여기서, c_s=축류계수(contraction coefficient)

또, 이 오리피스를 통하는 유체의 속도를 ω_o라 한다면 다음과 같은 관계가 있다.

$$\omega_o = c_v \cdot \omega_2 \tag{4·9}$$

여기서, c_v=속도계수(velocity coefficient)

일반적으로 교축이 있는 유로를 생각할 경우의 유량계수는 이와 같은 계수 c_s와 c_v를 조합하여 고려한 다음 식을 이용하지 않으면 안 된다.

$$\alpha_o = c_s \cdot c_v \tag{4·10}$$

이 α_o는 오리피스 유량계수이고, 정적유량계수(coefficient of static discharge) α_s라고도 한다. 또, 관의 지름을 D, 면적을 A라 했을 때 $(d_o/D)^2 = a/A$은 개구(開口)면적비(opening area ratio) m_o라 부르며, 유량계수와 개구면적비와의 곱(積) $\alpha_o \cdot m_o = \alpha_o (d_o/D)^2 = \alpha_o (a/A)$은 유량특성값(characteristic of discharge)이고, 오리피스를 통과하는 유량을 결정하는 무차원수이다.

② 유량식 : 그림 4·4에서 오리피스 전·후의 압력을 p_1, p_2, 오리피스 면적을 A_o로 한다면 중량유량 G는 다음 식으로 구할 수 있다.

$$G_o = \alpha \cdot \varepsilon \cdot A_o \sqrt{2g \cdot \gamma_1 \cdot \Delta p} = \alpha_o \cdot \varepsilon \cdot A_o \sqrt{2g \cdot \gamma_1 (p_1 - p_2)} \ [\mathrm{kg_f/s}] \tag{4·11}$$

여기서, ε=공기(기체)의 팽창에 관한 보정계수(expansion factor)

γ_1=오리피스 앞의 공기의 비중량 $[\mathrm{kg_f/m^3}]$

$$= \sqrt{\frac{k}{k-1} \cdot \frac{p_1}{p_1 - p_2} \left\{ \left(\frac{p_2}{p_1}\right)^{\frac{2}{k}} - \left(\frac{p_2}{p_1}\right)^{\frac{k+1}{k}} \right\}}$$

$$= \sqrt{\frac{k}{k-1} \cdot \frac{p_1}{p_1 - p_2} \left(\frac{p_2}{p_1}\right)^{\frac{2}{k}} \left\{ 1 - \left(\frac{p_2}{p_1}\right)^{\frac{k-1}{k}} \right\}} \tag{4·12}$$

$$\fallingdotseq 1 - 0.536(p_1 - p_2)/p_1 \quad (k = \text{공기의 비열비} = 1.40)$$

$$a = \left(\frac{\pi}{4}\right) d_o^{\,2} = \left(\frac{\pi}{4}\right) D^2 m_o, \quad m_o = \left(\frac{d_o}{D}\right)^2, \quad \therefore d_o^2 = D^2 m_o$$

SI 단위에서는 γ_1 대신에 ρ_1을 이용하여 질량유량 G'는 다음 식과 같다.

$$G' = \alpha_o \varepsilon A_o \sqrt{2\rho_1 (p_1' - p_2')} \ [\mathrm{kg/s}] \tag{4·11'}$$

식 (4·11)에 ε의 식을 대입하여 G를 다시 쓰면 다음 식과 같다.

$$G=\alpha_o\cdot A_o\sqrt{2g\frac{k}{k-1}\cdot\gamma_1 p_1\left\{\left(\frac{p_2}{p_1}\right)^{\frac{2}{k}}-\left(\frac{p_2}{p_1}\right)^{\frac{k+1}{k}}\right\}} \tag{4·13}$$

SI 단위에서는

$$G=\alpha_o\cdot A_o\sqrt{2\frac{k}{k-1}\cdot\rho_1 p_1'\left\{\left(\frac{p_2'}{p_1'}\right)^{\frac{2}{k}}-\left(\frac{p_2'}{p_1'}\right)^{\frac{k+1}{k}}\right\}} \tag{4·13'}$$

(7) 동적유량계수

앞에서 기술한 정적(靜的)유량계수 α_s는 일정한 개구면적을 통과하는 유체흐름의 경우이다. 그러나, 기관에서는 그림 4·5에 표시한 바와 같이 (a) 흡·배기밸브와 밸브시트(座)와의 사이, (b) 소·배기구와 피스톤 크라운과의 사이 및 (c) 흡·배기구와 에이펙스 실(그림 1·21 참조)과의 사이처럼 크랭크축이나 편심축의 회전과 함께 변화하는 개구면적으로부터의 작동유체의 출입현상이 있다. 이와 같은 경우의 유량계수를 동적유량계수(coefficient of dynamic discharge) α_d라 부른다.

임의의 밸브양정(lift)일 때 유량계수 α_o의 오리피스를 이용하여 측정한 실제유량을 G_o, 이론유량을 G_{th}, 밸브와 밸브자리 사이의 간격을 흐르는 유량계수를 α_d라 하면 다음과 같은 관계가 있다.

$$G_a=\alpha_d\cdot G_{th},\qquad \therefore\ \alpha_d=G_a/G_{th} \tag{4·14}$$

α_d는 밸브양정의 이동에 따라서 변화하는 계수이다. G_a와 G_{th}는 식 (4·13)을 이용하여 다음과 같이 나타낼 수 있다〔또, SI에서의 표시는 앞에서 기술한 식 (4·13′)와 같은 요령으로 해서 얻을 수 있다〕.

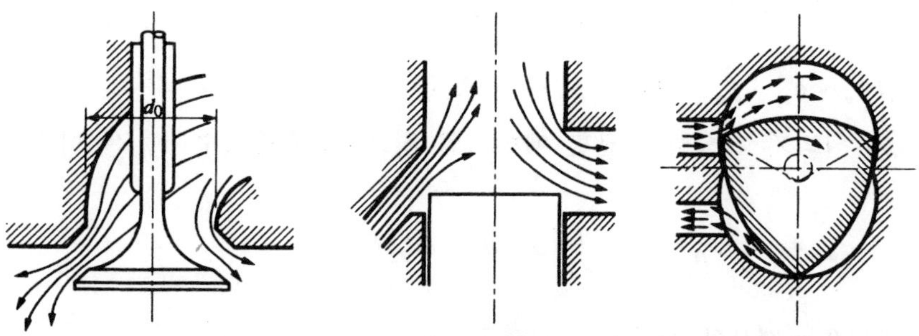

(a) 4사이클기관의 흡기(배기)　(b) 2사이클기관의 소·배기　(c) 회전기관의 흡·배기

그림 4·5 동적유동의 예

$$\left.\begin{aligned} G_a &= \alpha_o \cdot A_o \sqrt{2g\frac{k}{k-1}\cdot p_{o1}\cdot \gamma_{o1}\left\{\left(\frac{p_{o2}}{p_{o1}}\right)^{\frac{2}{k}} - \left(\frac{p_{o2}}{p_{o1}}\right)^{\frac{k+1}{k}}\right\}} \\ G_{th} &= A_v \sqrt{2g\frac{k}{k-1}\cdot p_{v1}\cdot \gamma_{v1}\left\{\left(\frac{p_{v2}}{p_{v1}}\right)^{\frac{2}{k}} - \left(\frac{p_{v2}}{p_{v1}}\right)^{\frac{k+1}{k}}\right\}} \end{aligned}\right\} \qquad (4\cdot15)$$

여기서, A_o, A_v=오리피스와 밸브의 개구면적

p_{o1}, p_{o2}, p_{v1}, p_{v2}=오리피스와 밸브자리의 교축 전후의 압력

따라서, α_d는 다음 식으로 구할 수 있다.

$$\alpha_d = \alpha_o \frac{A_o}{A_v}\sqrt{\frac{2g\{k/(k-1)\}p_{o1}\cdot\gamma_{o1}\left\{(p_{o2}/p_{o1})^{\frac{2}{k}} - (p_{o2}/p_{o1})^{\frac{k+1}{k}}\right\}}{2g\{k/(k-1)\}p_{v1}\cdot\gamma_{v1}\left\{(p_{v2}/p_{v1})^{\frac{2}{k}} - (p_{v2}/p_{v1})^{\frac{k+1}{k}}\right\}}} \qquad (4\cdot16)$$

여기서,

$$\varepsilon_v = \sqrt{\frac{2g\{k/(k-1)\}p_{v1}\cdot\gamma_{v1}\left\{(p_{v2}/p_{v1})^{\frac{2}{k}} - (p_{v2}/p_{v1})^{\frac{k+1}{k}}\right\}}{2g\cdot\gamma_{v1}(p_{v1}-p_{v2})}}$$

$$\varepsilon_o = \sqrt{\frac{2g\{k/(k-1)\}p_{o1}\cdot\gamma_{o1}\left\{(p_{o2}/p_{o1})^{\frac{2}{k}} - (p_{o2}/p_{o1})^{\frac{k+1}{k}}\right\}}{2g\cdot\gamma_{o1}(p_{o1}-p_{o2})}}$$

로 한다면, 식 (4·16)은 다음 식으로 된다.

$$\begin{aligned}\alpha_d &= \alpha_o\left(\frac{A_o}{A_v}\right)\left(\frac{\varepsilon_o}{\varepsilon_v}\right)\sqrt{\frac{2g\cdot\gamma_{o1}(p_{o1}-p_{o2})}{2g\cdot\gamma_{v1}(p_{v1}-p_{v2})}} \\ &= \alpha_o\left(\frac{A_o}{A_v}\right)\left(\frac{\varepsilon_o}{\varepsilon_v}\right)\sqrt{\frac{\gamma_{o1}}{\gamma_{v1}}\cdot\frac{\Delta p_o}{\Delta p_v}}\end{aligned}$$

여기서, $\Delta p_o = p_{o1} - p_{o2}$, $\Delta p_v = p_{v1} - p_{v2}$로 한다.

흡기밸브가 열리기 시작하여 닫힐 때까지의 평균동적유량계수 α_{dm}은 다음 식으로 된다.

$$\alpha_{dm} = \frac{1}{A_v(\theta_c - \theta_o)}\int_{\theta_o}^{\theta_c}\alpha_d(\theta)\cdot A_v(\theta)d\theta \qquad (4\cdot18)$$

여기서, θ_o, θ_c=밸브의 개폐시의 크랭크각도

평균 동적유량계수 α_{dm}은 밸브와 밸브자리의 치수로부터 밸브의 개구면적을 정확하게 구하고(4.2.5항 참조), 실험을 기초로 앞에서 기술한 이론에 따라서 계산하지 않으면 안

된다. 일례로 기관출력 55~88 PS(40.5~64.8 kW), 회전속도 4500~5000 rpm급의 자동차용 기관에 대하여 실험한 결과 $\alpha_{dm}=0.256\sim0.310$이었다고 기술하고 있다.

일반적으로 동적유량계수 α_d는 정적유량계수 α_s의 경우와 똑같이 유체가 개구면적을 통과할 때의 속도계수와 축류계수에 영향을 받아 변한다. 밸브와 밸브자리 간격을 유체가 통과할 때의 α_d는 밸브양정이 작은 곳에서는 유체마찰이 크기 때문에 속도계수가 영향을 미치며, 밸브양정이 큰 곳에서는 유량이 크기 때문에 축류계수의 영향이 큰 것으로 생각하고 있다.

4.2 4 행정기관의 작동유체 교환

4 행정기관에서는 흡입, 압축, 팽창 및 배기의 4개의 작동을 하지만, 우선 앞 사이클에서 유효일을 하고 난 가스를 실린더 밖으로 배출하지 않으면 안 된다. 그렇게 하기 위해서는 최초로 배기밸브가 열려 가스배출이 끝나면 닫히고, 다음 사이클 초에 흡기밸브가 열리고 새로운 공기를 흡입하여 압축이 시작될 때 닫힌다. 이 같은 작용에 의해서 신·구의 작동유체의 교환이 이루어지는데 이 작용을 기관의 호흡(息遣, engine breathing)이라 부르기도 한다.

4 행정기관의 출력은 1 사이클 중에 흡입되는 표준상태에서의 새로운 공기의 체적과 행정체적의 비로 나타내는 충전효율(η_c : charging efficiency)로 거의 결정되지만, 통상은 기관의 흡입특성을 나타내는 간편한 지수로서 1 사이클 중에 흡입되는 기관의 외기상태에서의 새로운 공기의 체적과 행정체적의 비로 체적효율(η_v : volumetric efficiency)을 이용하는 경우가 많다. 지상에서 표준상태에서는 $\eta_c=\eta_v$이며, 구체적인 내용은 4.5절에서 설명하기로 한다.

4 행정기관의 작동유체 교환을 취급할 경우 두 가지로 구분하여 생각할 수 있다.

첫째는 흡기관, 배기관계통이 없는 경우 : 이는 흡·배기밸브 직전·직후의 흡기압력 및 배기압력이 일정한 것으로 취급하는 경우이고, 이와 같은 종류의 기관성능을 거론할 때에 기본이 된다.

둘째는 흡기관, 배기관 계통이 있는 경우 : 실제기관에서는 특정한 회전영역에서 토크의 최고점, 즉 체적효율의 극대값을 택한다. 이 현상은 기관의 흡·배기관 내부의 가스유동에 의한 동적효과에 기인하는 것이고, 이 결과를 활용함으로써 밸브를 완전히 연 상태에서의 출력을 증대시킬 수 있다. 이 동적효과는 후술하는 관성효과, 맥동효과, 다기통기관에 의한 동적효과로 분류된다(4.5절 참조).

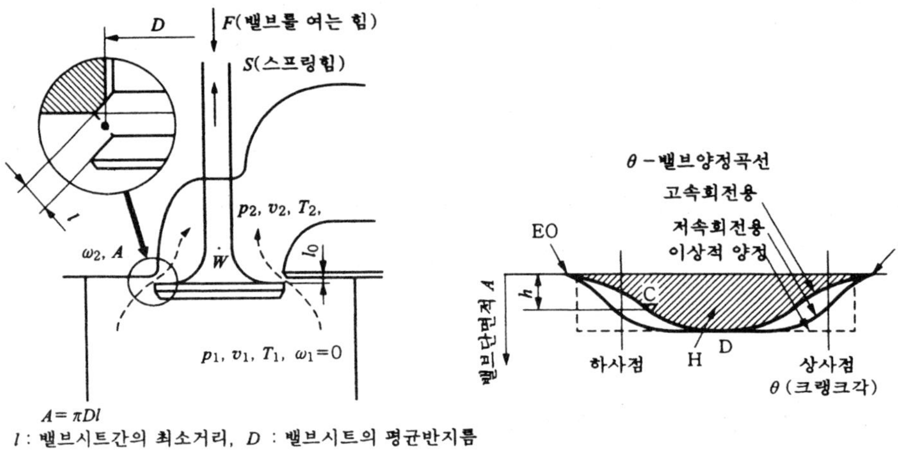

(a) (b)

그림 4·6 밸브를 지나는 가스 통로

우선, 첫번째 경우인 흡·배기밸브 직전·직후의 흡기압력 및 배기압력이 일정한 경우에 대하여 생각해 보자. 그림 4·6은 배기행정 중 어떤 순간의 흐름을 생각하여 밸브를 지나는 가스의 통로를 표시한 것이다.

위 그림에서 밸브의 가스 통로면적을 $A(=\pi Dl)$, 유속을 ω라 한다면 dt 시간의 유량 dG는 다음과 같이 구할 수 있다.

$$dG = A\omega / v_2\, dt,$$

$$\omega = \sqrt{2g(i_1 - i_2)} = \sqrt{2gc_p(T_1 - T_2)} = \sqrt{\frac{2gk}{k-1} p_1 v_1 \left[1 - \left(\frac{p_2}{p_1}\right)^{\frac{k-1}{k}}\right]}$$

$$\equiv \phi\sqrt{p_1 v_1} = \phi\sqrt{RT_1} \qquad (4 \cdot 19)$$

여기서, 첨자 1, 2는 각각 밸브 전후의 상태를 나타내고 밸브 주위의 흐름을 등엔트로피로 하고, 유량계수를 μ로 하면,

$$dG = \mu \cdot A \cdot \psi_{12} \sqrt{2g\frac{p_1}{v_1}}\, dt = \mu \cdot A \cdot \psi_{12} \sqrt{2g}\, \frac{p_1}{\sqrt{RT_1}}\, dt \qquad (4 \cdot 20)$$

$$\left(\begin{array}{l} \psi_{12} = \sqrt{\dfrac{k}{k-1}\left[\left(\dfrac{p_2}{p_1}\right)^{\frac{2}{k}} - \left(\dfrac{p_2}{p_1}\right)^{\frac{k+1}{k}}\right]}, \quad \dfrac{p_2}{p_1} > \left(\dfrac{2}{k+1}\right)^{\frac{k}{k-1}} \text{ 의 경우} \\ \psi_{12} = \left(\dfrac{2}{k+1}\right)^{\frac{1}{k-1}} \sqrt{\dfrac{k}{k+1}} = \psi_{cr}, \quad \dfrac{p_2}{p_1} \leq \left(\dfrac{2}{k+1}\right)^{\frac{k}{k-1}} \text{ 의 경우} \end{array}\right.$$

● **참고**

$\omega=\sqrt{2g(i_1-i_2)}$, $i=c_p dT$이므로 $i_1-i_2=c_p(T_1-T_2)$, $c_p=\frac{k}{k-1}R$

등엔트로피 변화는 단열변화이므로 $p_1v_1^k=p_2v_2^k$ 에서 $v_1^k=\frac{p_2}{p_1}v_2^k$

$$\therefore v_1=\left(\frac{p_2}{p_1}\right)^{\frac{1}{k}}v_2 \qquad ⓐ$$

$$\therefore dG=\frac{\mu A\omega}{v_2}dt=\frac{\mu A}{v_2}\sqrt{2g(i_1-i_2)}dt=\frac{\mu A}{v_2}\sqrt{2gc_p(T_1-T_2)}dt$$

$$=\frac{\mu A}{v_2}\sqrt{2g\frac{k}{k-1}R(T_1-T_2)}dt$$ [이 식에서 상태식 $PV=GRT$를 이용하면]

$$=\frac{\mu A}{v_2}\sqrt{2g\frac{k}{k-1}(p_1v_1-p_2v_2)}dt=\frac{\mu A}{v_2}\sqrt{2g\frac{k}{k-1}}\sqrt{\left(\frac{p_1}{v_1}\right)\left(v_1^2-\frac{v_1}{p_1}p_2v_2\right)}dt$$

여기서, v_1 대신에 식 ⓐ를 대입 정리하면

$$=\frac{\mu A}{v_2}\sqrt{2g\frac{k}{k-1}}\sqrt{\left(\frac{p_1}{v_1}\right)\left[\left(\frac{p_2}{p_1}\right)^{\frac{2}{k}}v_2^2-\left(\frac{p_2}{p_1}\right)\left(\frac{p_2}{p_1}\right)^{\frac{1}{k}}v_2\cdot v_2\right)]}dt$$

$$=\frac{\mu A}{v_2}\sqrt{2g\frac{k}{k-1}}\sqrt{\left(\frac{p_1}{v_1}\right)\left[\left(\frac{p_2}{p_1}\right)^{\frac{2}{k}}v_2^2-\left(\frac{p_2}{p_1}\right)^{\frac{1+k}{k}}v_2^2\right]}dt$$

$$=\mu A\sqrt{2g\frac{k}{k-1}}\sqrt{\left(\frac{p_1}{v_1}\right)\left[\left(\frac{p_2}{p_1}\right)^{\frac{2}{k}}-\left(\frac{p_2}{p_1}\right)^{\frac{1+k}{k}}\right]}dt$$

$$=\mu A\sqrt{2g\left(\frac{p_1}{v_1}\right)\frac{k}{k-1}\left(\frac{p_2}{p_1}\right)^{\frac{2}{k}}-\left(\frac{p_2}{p_1}\right)^{\frac{1+k}{k}}}dt=\mu A\psi_{12}\sqrt{2g}\frac{p_1}{\sqrt{RT_1}}dt$$

압력비 $\frac{p_2}{p_1}$이 임계값 $\left(\frac{p_2}{p_1}\right)_c$ 이하에서는 $\left(\frac{p_2}{p_1}\right)_c=\left(\frac{2}{k+1}\right)^{\frac{k}{k-1}}$, 즉 $k=1.4$에서는 0.528이다.

크랭크각도를 θ라 하면 $d\theta=360ndt/60=6ndt$로 되고, 밸브가 열려 있는 기간에 필요량의 가스가 흐르므로 식 (4·20)으로부터

$$\int\frac{dG}{\mu\psi_{12}\sqrt{2gp_1/v_1}}=\int Adt=\frac{1}{6n}\int Ad\theta \qquad (4\cdot21)$$

이 관계를 만족시키지 않으면 안 된다. 즉, 가스교환에는 배기량, 실린더 내의 상태 및 밸브 전후의 압력비에 대하여 어느 정도의 $\int Adt$가 필요하다. 이것을 시간면적(time area)이라 말하고, 회전속도 n이 클수록 작아지므로 $\int Ad\theta$(각도면적 : angle area)을 크게 하지 않으면 안 된다. 그러나 각도면적의 증대에도 한도가 있으므로, 고속으로 됨에 따라서 가스교환은 곤란하게 되므로 이것이 최고속도의 제한이 된다. 따라서 기관출력에 중요한 관계가 있다.

또한, 그림 4·6(b)는 밸브와 밸브에 수반된 스프링이나 로커암의 일부 운동을 표시하며, 가스의 통로면적은 밸브양정에 거의 비례하므로 사선친 부분의 면적 θ는

$$\theta = \int Ad\theta = w\int Adt, \qquad \therefore \frac{\theta}{\omega} = \int Adt$$

로도 쓸 수 있다.

여기서, ω는 크랭크축의 회전각속도이고, 식 (4·20)을 $dG = \phi Adt$로 쓰면

$$G = \int_{E_o}^{E_c} \phi Adt \tag{4·22}$$

ϕ는 주로 p_2/p_1비와 상류의 가스상태에 의한 것이고, 식 (4·22)로부터 알 수 있듯이 $\int Adt = \frac{\theta}{\omega}$를 크게 하는 것이 배기를 충분히 배출하기 위한 조건이다.

여기서, 중요한 것은 동일 크랭크각도 사이에 배출량은 회전속도 ω에 역비례하는데, 이것은 시간이 $1/\omega$에 비례하기 때문이며, 더욱 θ도 고회전에서는 작게 하지 않으면 안 된다. 그 이유는 최대밸브 양정이 일정할 때 ϕ를 최대로 하기 위해서는 그림 4·6(b)의 점선과 같은 장방형운동이어야 하지만, 이때는 밸브에 가하는 힘 F를 무한대로 하여야 하는데 이는 물론 불가능하다. 밸브를 여는 힘 F 및 감속도(스프링힘 S)를 최소로 하기 위해서는 밸브는 EO→C까지는 일정가속도, C→D는 다른 일정감속도곡선을 택하여야 하는데 그렇게 되면, 정지물체가 일정거리 h까지 t시간 동안에 운동하기 위하여 소요되는 가속도 α는

$$\alpha = \frac{2h}{t^2}$$

이기 때문에, t는 회전속도에 비례하므로 가속도 또는 밸브를 여는 힘은 회전속도의 자승에 비례하여 증대하지 않으면 안 된다. 또 스프링힘 S도 마찬가지이므로 $dh/d\theta$가 작게 하지 않을 수 없게 되어 결국 θ가 작게 된다. 이것이 고회전에서 토크가 저하하는 원인 중의 하나이다. 이 대책으로는 주로 밸브와 같이 일체가 되어 움직이는 중량 W를 작게 하는 것이 행해지고 있다. 따라서 2 행정기관에서 단유형(uniflow) 배기를 위하여 밸브를 사용하는 경우는 θ를 같게 하기 위하여 밸브를 여는 기간이 짧으므로 dh/dt가 과대하여 고회전비가 어렵다.

4.2.1 밸브구동기구

그림 4·7은 일반적으로 광범위하게 사용되고 있는 두상밸브(over head valve, OHV)라고 하는 밸브개폐기구로, 밸브의 구동은 크랭크축 회전속도의 1/2인 캠축에 있는 캠의 운동

에 의하며, 캠의 변위가 태핏(tappet), 푸시로드(push rod), 로커암(rocker arm)을 지나, 스프링힘을 이길 때 밸브를 열고, 밸브를 닫을 때에는 스프링힘으로 닫는다. 밸브가 닫혀 있을 때 로커암과의 사이에는 틈새간격 s가 있어 밸브구동을 위한 각 부분의 열팽창으로 밸브가 눌려서 열리지 않도록 하고 있다.

그러면 등가속도 캠으로 밸브를 움직일 때의 운동을 해석해 보자. 그림 4·8에서 s'는 그림 4·7의 틈새간격 s에 해당하여 $s'=(a/b)\cdot s$ 이고, 캠 리프트가 s'에 도달하였을 때가 Θ_1이다. 여기에서 밸브 열리는 속도가 갑자기 u_1이 되므로 충격이 일어난다. 다음에 리프트곡선 AB는 등가속도 α_1에서 $\Theta_1 \sim \Theta_2$까지 u_1에서 최대속도 u_m까지 가속되어진다. 즉,

$$\alpha_1 = \frac{dh_1}{dt} = \frac{d^2h_1}{d\Theta^2}\,\omega^2 = \text{일정} \tag{4·23}$$

$$\therefore\ h_1 = \frac{\alpha_1}{\omega^2}\frac{\Theta^2}{2} + K_1\Theta + K_2$$

$\Theta=0$에서 $h_1=0$, $dh_1/d\Theta=0$라 하면 $K_1=0$ 및 $K_2=0$

$$\therefore\ h_1 = \frac{\alpha_1}{2\omega^2}\Theta^2 \tag{4·24}$$

다음에 감속부분 BC, $\Theta_2 \sim \Theta_3$에서는

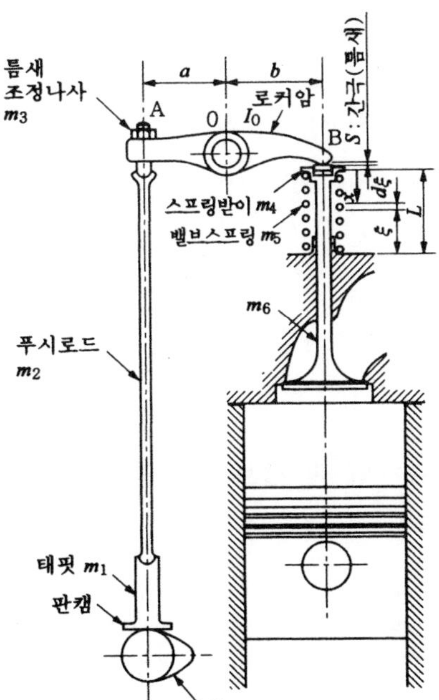

그림 4·7 밸브구동기구

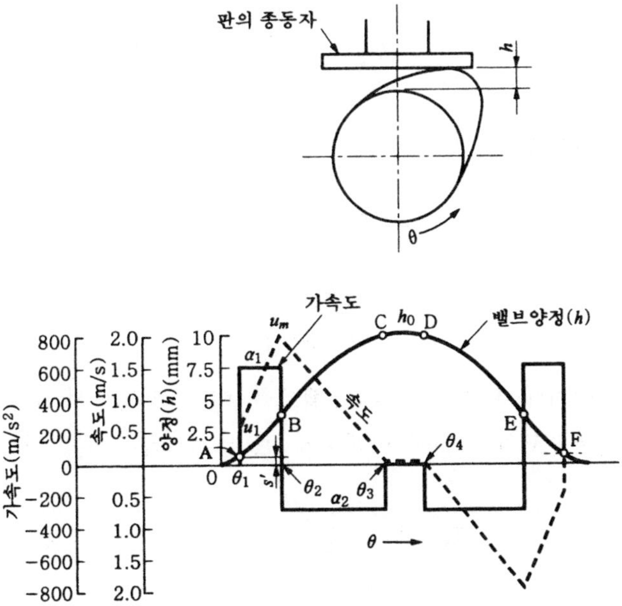

그림 4·8 등가속도 캠의 특성 예

$$a_2 = \frac{d^2 h_2}{d\theta^2}\,\omega^2 = \text{일정} \tag{4·25}$$

$\theta = \theta_3$에서 $h_2 = h_o$, $dh_2/d\theta = 0$이므로

$$h_2 = \frac{a_2}{2\omega^2}(\theta_3 - \theta)^2 + h_o \tag{4·26}$$

또, θ_2에서 2곡선은 접하므로 그때

$$h_1 = h_2, \qquad \frac{dh_1}{d\theta} = \frac{dh_2}{d\theta} \tag{4·27}$$

$\theta_2 = c\theta_3$라고 하면 이들 식에서

$$h_1 = \frac{h_o}{c}\left(\frac{\theta}{\theta_3}\right)^2 \tag{4·28}$$

$$h_o - h_2 = \frac{h_o}{1-c}\,\frac{(\theta_3 - \theta)^2}{\theta_3^2} \tag{4·29}$$

등이 얻어진다. 또 리프트속도는

$$u_1 = \frac{2h_o\omega\theta}{c\theta_3^2} \tag{4·30}$$

$$u_{\max} = \frac{2h_o\omega}{\theta_3} \tag{4·31}$$

$$u_2 = \frac{dh_2}{dt} = \frac{2h_o\omega}{1-c}\,\frac{(\theta_3 - \theta)}{\theta_3^2} \tag{4·32}$$

가속도는

$$a_1 = \frac{2h_o\omega^2}{c\theta_3^2} \tag{4·33}$$

$$a_2 = -\frac{2h_o\omega^2}{(1-c)\theta_3^2} \tag{4·34}$$

여기에서 중요한 것은 밸브를 여는 힘으로서 캠이 주는 힘 및 밸브 스프링힘은 ω^2, 즉 회전속도의 자승에 비례하게 된다. 또 a_1과 a_2의 관계는

$$\frac{a_1}{a_2} = -\frac{1-c}{c} \tag{4·35}$$

이다.

이상은 등가속도 캠의 경우이지만, 실제로 저속기관에서는 캠곡선을 보다 단순하게 하여

가공하기 쉽게 하고, 또 고속기관에서는 리프트곡선은 연속적이지만 속도 및 가속도는 불연속으로 갑자기 변화하기 때문에 어느 정도 수정(修正)하는 것이 보통이다.

4.2.2 밸브서징(valve surging : 밸브의 떨림 현상)

밸브구동기구는 스프링과 운동질량으로 이루어지는 진동계로서 그 고유진동수는 비교적 낮아 수백 Hz에 불과하다. 한편 밸브의 운동은 고속에서는 대단히 심한 가·감속운동이므로 밸브가 캠의 양정에 충실하게 따르지 않아 예정 외의 운동을 할 우려가 일어나기 쉽다.

기관이 고속으로 되어 로커암이 스프링의 끝을 갑자기 때리면 스프링의 탄성 때문에 각 코일은 균등하게 압착되지 않고 때린 쪽부터 압축되어 가며, 이것이 다른 쪽에서 반사되어 스프링의 자연진동수로 코일을 상하로 왕복하는 압축파가 된다. 이 진동은 밸브가 닫혀 있을 때에도 계속되므로 이 주기가 충격력의 주기와 동조하면 진폭은 점점 커지고, 부분적으로는 균등하게 압착되는 것으로 계산한 것 이상으로 과대한 응력이 가해져 파손한다. 또 이 때문에 스프링의 힘이 변동하기 때문에 스프링의 힘과 관성력과의 차가 작아지면 밸브운동에 이상이 생겨 결국 캠과 접촉한 부분이 떨어져 밸브는 주어진 운동을 하지 못하게 된다. 밸브스프링을 때리는 힘은 캠의 형상에 달려 있으므로 밸브 양정곡선을 분석해서 어떤 차수(次數)도 스프링주파수에 동조하지 않도록 하는 것이 매우 중요하다.

스프링의 자연 진동수는 일반적으로 높으므로 서징에 영향을 주는 것은 고차인 것이다. 만일 스프링과 동조하는 차수의 것이 있어도 그 진폭이 양정의 1% 이하이면 실제로 서징은 일어나지 않는다.

그림 4·9는 실제로 움직이는 가운데 밸브의 운동이 캠곡선에서 떨어지는 실측결과의 예로서, 밸브가 열리기 시작하는 것이 늦어지는 것은 푸시로드 등의 변형에 의한 것이기 때문에 4000 rpm에서는 일단 닫힌 밸브가 다시 뛰어오르는 현상이 일어나, 흡·배기작용을 혼란시켜 기관성능의 저하를 초래한다.

이 현상을 간단하게 검토해 보자.

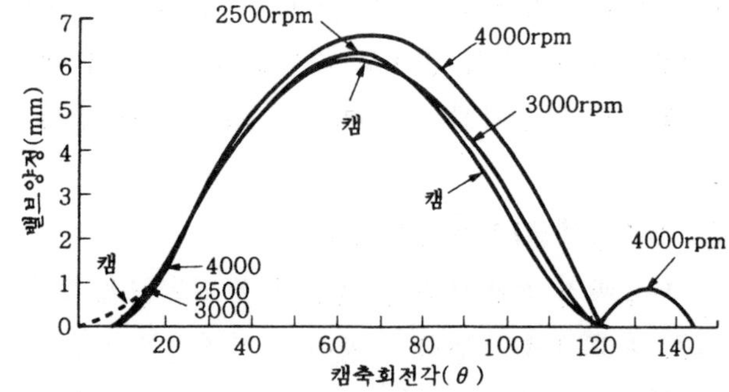

그림 4·9 회전속도가 증가할 때 밸브서징 현상의 예

밸브스프링의 스프링상수를 k라 하면 x거리만큼 축소하는데 필요한 힘은 kx가 된다. 또 밸브를 설치하는 힘을 F_o라 하면, 스프링힘은 $kx+F_o$가 된다. 그리고 스프링의 한쪽 끝과 함께 움직이는 질량을 그림 4·7의 기호로서 나타내면, 스프링받이 m_4와 밸브 m_6은 실제 측정한 값, 스프링 m_5는 실제 측정값의 1/3, 로커암은 그 축중심 O의 회전관성모멘트 I_o를 B점의 질량 m_b만으로 치환하면

$$m_b = \frac{I_o}{b^2}$$

로 된다. 같은 방법으로 로커암 A단과 함께 운동하는 $m_1 + m_2 + m_3$를 점 B로 치환하면 다음과 같이 된다.

따라서 전질량 M은

$$M = (m_1 + m_2 + m_3)\frac{a^2}{b^2} + \frac{I_o}{b^2} + m_4 + \frac{1}{3}m_5 + m_6 \qquad (4 \cdot 36)$$

로 된다. 스프링힘보다 관성력이 클 경우 밸브는 튀어 오른다. 즉,

$$kx + F_o < M\frac{dx^2}{dt^2} \qquad (4 \cdot 37)$$

이와 같은 현상은 밸브가 열릴 때의 가속영역에서는 일어나지 않으나 감속시 및 밸브가 닫힐 때에는 일어날 수 있다. 4000 rpm에서는 그림 4·8의 점 B에서 떨어지고 각(角)고유진동수 $\sqrt{k/M}$이 적기 때문에 최후까지 캠곡선으로 돌아가지 않아 감속부가 없기 때문에 밸브시트에 충돌하여 튀어오른다.

서징은 고속기관에서 자주 일어나는 현상이며 이것을 방지하려면

① 스프링의 자연진동수를 올린다(캠회전수의 11배 이상). 그러나 이것은 응력 특히 변동응력을 증대한다. 식에서 알 수 있는 바와 같이 운동부 질량 M을 적게 하든지, k가 큰 강한 스프링을 사용하든지 하는데 그것은 고유진동수를 높이는 것과 같다. 그 중에서 강한 스프링을 사용하면 큰 밸브를 여는 힘이 필요하고, 밸브구동기구 전체의 강성(剛性)을 크게 하지 않으면 안되어 접촉부의 마찰이 증가한다. 여기에서 고회전기관의 밸브개폐작용을 확실하게 하는 방법으로서 밸브구동기구를 단순화하여 M을 감소시킴과 더불어, 강성을 높여서 밸브를 여는 힘의 증대도 가능하게 하는 대책이 취해지고 있다.

② 동조를 일으키지 않는 차수의 캠 형태로 한다. 그렇지 않으면 동조차수의 진폭을 작게 한다.

③ 스프링에 감쇠장치를 한다.

④ 부등피치 스프링 혹은 양끝에 감쇠코일을 둔다. 스프링이 압축되면 양끝에서 밀착되어 오므로 유효길이가 변하고 따라서 자연진동수도 변하게 된다.

⑤ 밸브 틈새간격에 의한 충격이 항상 변치 않게 한다.

4.2.3 작동유체 교환시 실린더 내와 배기관 내의 압력변화

그림 4·10은 무과급기관에서 작동유체 교환시(흡·배기행정) 실린더 내와 배기관 내의 압력변화와 배기 및 흡기밸브가 열리는 면적(開口面積)의 변화를 나타낸 것이다.

유량은 실린더 내의 압력과 배기관 내의 압력차뿐만 아니고 밸브 통로면적에 의하지만 밸브가 열리고 닫히는 근처에서는 통로면적은 극히 작고, 배기밸브가 열리는 초기를 제외하고는 압력차도 작고 실제에는 밸브가 열리고 닫히는 15℃A 정도 사이에는 가스가 흐르지 않는다. 이와 같은 각을 무효각이라 부른다. 따라서, 적어도 이 정도는 밸브를 빨리 열고, 늦게 닫지 않으면 안 된다.

배기밸브가 열리는 초기에는 실린더 내 압력은 높고, 배기관 내 압력은 임계압 이하이므로 음속으로 유출하고, 유량은 관내압력에는 관계없이 실린더 내의 상태만에 의한다. 이 유출된 배기에 의해서 관내의 압력은 상승하고 양자의 압력차는 축소된다. 또, 밸브가 열리는 초기에는 연소가스는 스스로의 압력으로 유출되고, 그후 피스톤의 압축압력으로 유출을 계속하는데, 전자를 배기취출(排氣吹出, 배기 불어내기, blow down), 후자를 배기압출(排氣押出, 배기 밀어내기)이라 부른다.

한편, 흡기행정에서는 거의 피스톤에 의한 부압으로 빨아들이므로 압력차 및 그 변동은 비교적 적다. 따라서, 속도도 낮으므로 흡기의 증대나 펌프손실의 감소에도 중요한 것이다.

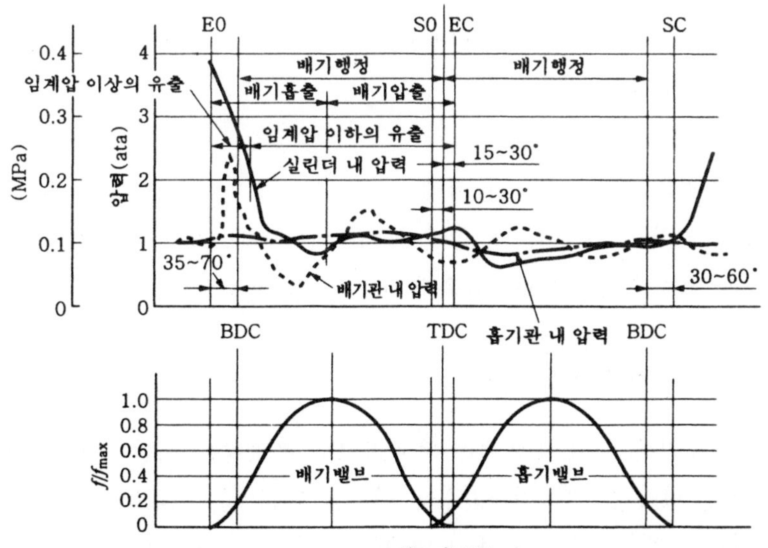

그림 4·10 흡·배기밸브의 개구면적 및 흡·배기 중의 실린더 내 및 배기관 내의 압력변화

이 점과 배기밸브는 과열을 방지하기 위하여 가능하면 작게 하여야 하므로 일반적으로 흡기밸브를 배기밸브보다 크게 한다.

밸브를 순간적으로 완전히 여는 것은 불가능하므로 하사점에서 열기 시작하면 시간면적이 부족하여 가스배출이 불충분하다. 즉, 피스톤이 팽창행정 끝인 BDC에서 배기밸브를 열면 좋지만, 다음에 기술하는 이유 때문에 BDC 전 35~70℃A에서 여는데, 그렇게 되면 배기밸브가 열리는 순간 배기 불어내기(blow down)가 시작되어 하사점 부근에서 배기 불어내기를 끝내고, 가스배출손실을 최소가 되도록 하며, 실린더 내의 압력(실선)은 급히 저하하는 한편 배기관 내의 압력(점선)은 상승하기 시작한다. 배기밸브가 열리기 시작할 때의 실린더 내의 압력은 배기관 내의 압력의 2배 이상이므로 배기가스를 처음 불어내는(blow down) 초기의 가스유출속도는 임계속도이고, 배기밸브를 통과할 때의 가스속도 v_g는 음속에 가까운 다음과 같은 식으로 나타낼 수 있다.

임계속도(음속)

$$
\begin{aligned}
v_g &= a_s = \sqrt{kgR_gT_{cr}} = \sqrt{2g\{k/(k+1)\}R_g \cdot T_z} \\
&= 3.38\sqrt{R_g \cdot T_z}\ [\mathrm{m/s}]
\end{aligned}
\qquad (4 \cdot 38)
$$

임계압력비

$$p_{cr}/p_z = \left(\frac{2}{k+1}\right)^{\frac{k}{k-1}} = 0.5283$$

여기서, T_{cr} = 임계온도(critical temperature)

T_z = 실린더 내의 가스온도

R_g = 배기가스의 가스상수

k = 1.40(공기, 질소, 산소의 경우)

첨자 z 및 cr는 각각 실린더 내 및 임계상태를 나타낸다. A_a, μ_a를 배기밸브가 열린 면적 및 유량계수라 한다면 dt 시간의 유출량 dG_a는 식 (4・20)에 따라

$$dG_a = 2.145\mu_a A_a \sqrt{\frac{p_z}{v_z}}\,dt$$

즉, 유출속도는 배기관 내의 압력에는 무관하므로 유출량은 시간면적과 실린더 내의 상태만으로 결정된다. 따라서, 고속기관일수록 밸브를 빨리 열지 않으면 안 된다.

배기관으로 밀어낸 배기가스는 관내의 압력을 급격히 상승시켜(점선), 그림에 나타낸 바와 같이 압력파를 만들고, 배기관의 출구를 향하여 음속으로 진행한다. 관 끝에 도달한 압력파는 부압파로 되어 되돌아오게 된다. 이 압력파는 관이 긴 경우에는 상당히 큰 값이다.

실린더 내 압력이 임계값 이하로 떨어진 후는 실린더와 배기관의 압력차에 의해 유출속도가 결정되고, 실린더 내 및 배기관 초반부에서 팽창이 일어나 서로 압력강하를 일으킨다.

피스톤이 BDC에 도달하여 배기행정으로 이동하면, 이제는 배기가스는 피스톤에 의하여 밀어내게 되고, 밀어내는 기간 중의 실린더 내 압력은 배기관 내 압력보다 약간 높고, 보통 0.1 ata(0.01 MPa) 정도이며 행정의 반정도가 지나면 배기관 내의 압력은 약간 상승한다. 배기 불어내기에 의해 배기관 내에 일어난 압력파는 배기관 내를 왕복하여 맥동을 계속하고, 점점 감소하여 가지만, 이 압력의 일부는 실린더 내까지 영향을 미쳐 배기관이 긴 경우에는 배기행정 말 부분에 부압을 발생하는 것도 있다.

배기밸브가 닫히기 시작하면 실린더 내의 압력은 상승하게 되지만, 실린더 내의 잔류가스를 밀어내기 위하여 배기밸브를 닫는 시기(EC)는 TDC보다 약 15~30℃A 늦추지 않으면 안 된다. 즉, 피스톤이 상사점을 지나도 배기관 내의 가스는 아직도 유출을 계속하고 있으므로 배기밸브를 늦게 닫는 것은 배기관 내의 기주(氣柱)의 관성으로 실린더 내의 가스를 빨아내는 데도 효과가 있다. 배기밸브는 실린더 내의 가스의 유출이 정지할 때의 순간에 닫는 것이 이상적이다.

다음은 피스톤이 흡기행정으로 움직일 때 실린더 내의 압력은 그림에서처럼 점점 내려가고, 흡기밸브 바깥부분의 압력보다도 낮게 되고 난 후 새로운 공기의 흡입이 시작된다. 그러나, 흡기밸브가 열리기 시작(SO)하는 10~30℃A BTDC 부근은 밸브시트와 밸브 사이의 통과면적이 작고 피스톤 속도가 그 이상 크게 되어 흡기가 가속되기 때문에 그림에서처럼 흡기행정의 처음부분에 급격한 압력강하를 일으킨다.

밸브열림이 점점 커지고 동시에 새로운 공기에 실린더 벽에서 열이 가하여져, 압력은 점점 상승하고 피스톤이 BDC에 도달할 즈음이 되면 흡기의 운동에너지도 증가하여 압력은 거의 대기압에 도달한다. 이 시점에서 흡기밸브를 닫으면 흡기의 관성력을 절단하게 되어 압력회복이 안 되므로 흡기밸브가 닫히는(SC) 것은 BDC보다 30~60℃A 늦게 할 필요가 있다.

밸브를 너무 늦게 닫으면 저속의 경우에는 흡기를 불어내므로 해롭지만, 고속의 경우에는 흡기의 관성에 의해 흡기량을 증가시킬 수 있다. 흡기밸브의 경우도 흡기의 흡입이 정지하는 순간에 닫는 것이 가장 이상적이다.

이상 언급한 바와 같이 흡·배기밸브와 피스톤의 조작에 의해 신·구 가스교환이 이루어지지만, 기관의 출력향상을 위하여 흡·배기밸브의 개폐시기를 최적으로 설정하여 실린더 내의 잔류가스를 최대한으로 배출하고, 새로운 공기를 많이 흡입하도록 하고 있다.

4.2.4 밸브의 개폐시기

이상 사이클에서는 흡·배기밸브는 상·하사점에서 개폐하는 것으로 하였지만, 실제기관에서는 그림 4·7에 표시한 바와 같이 상·하사점으로부터 일정한 각도만큼 전·후에서 개폐하지 않으면 안 되는데 그 이유로는 다음과 같은 두 가지 이유라고 생각된다.

① 작동가스의 운동에는 반드시 관성을 수반한다

② 흡·배기를 개폐하는 데는 얼마간의 시간이 필요하다.

밸브와 밸브자리 사이의 어떤 순간의 개구면적을 A라 하면, 흡·배기 유체의 교환이 완전히 이루어지기 위해서는 적당한 밸브의 개폐시기와 밸브와 밸브자리 간의 시간 개구면적(time area) $\int Adt$이든지, 또는 각도 개구면적(angle area) $\int Ad\theta$를 크게 할 필요가 있다(θ는 크랭크각도). 또, 실린더 내나 배기관 내의 압력, 밸브 전·후에서 압력변화 등도 가스의 배출이나 새로운 공기의 흡입에 큰 영향을 미치게 된다.

흡·배기밸브의 개폐를 크랭크축의 어떤 시기에 할 것인가를 나타낸 그림을 밸브개폐시기선도(valve timing diagram)라 부른다. 그림 4·11에 밸브 개폐시기선도의 대표적인 예를 나타낸다.

흡·배기밸브가 같이 열려 있는 SO와 EC의 사이를 밸브의 중합(valve overlap)이라 부르고, 이 기간에 새로운 공기는 배기쪽으로 밀리게 된다. 이와 같은 밸브의 중합각은 무과급기관에서는 작아 25~60℃A 정도, 과급기관에서는 크게 50~90℃A 정도이다. 가솔린기관

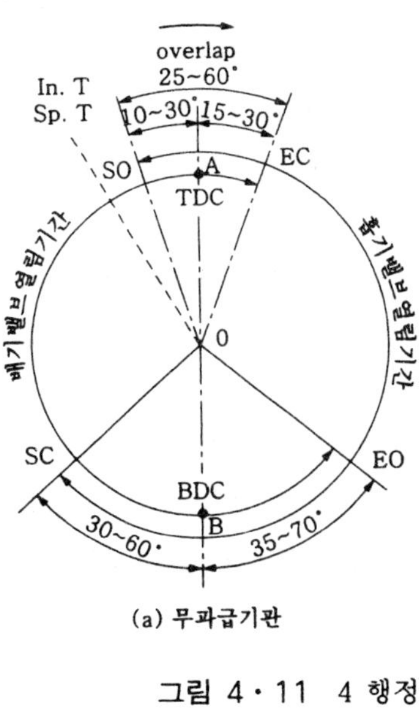

(a) 무과급기관

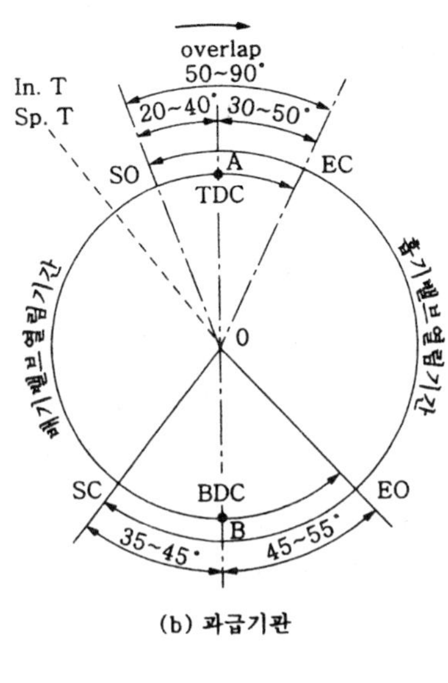

(b) 과급기관

그림 4·11 4 행정기관의 흡·배기밸브 개폐시기선도

처럼 교축밸브 조정으로 운전하는 경우에는 흡기관 내의 압력이 낮기 때문에 흡기밸브를 빨리 열면 잔류가스가 역류하여 흡기량을 감소시키고, 때로는 역화를 일으킬 수 있으므로 잔류가스가 충분히 팽창한 후 흡기밸브를 열어야 한다. 그러나 포펫밸브(poppet valve)에서는 밸브가 열리기 시작하여 어느 정도 각도까지는 거의 통과면적이 "0"이고 또 압력차도 작고 흐름이 진행되지 않는다. 즉, 무효각도가 있으므로 적당한 중합각을 만든다.

디젤기관의 경우에는 흡기관 내의 압력은 항상 대기압에 가까우므로, 적당한 중합각으로 흡기량을 증가시킬 수 있다. 특히, 흡·배기관 내의 압력파를 이용하여 상사점 부근에서 흡기밸브 입구의 압력이 배기밸브 출구의 압력보다도 높게 된 경우, 또는 과급기관에서 중합각을 크게 함으로써 연소실 주변의 열부하를 경감하고 잔류가스를 적게 하기 위해, 즉 과급기로부터 압축된 새로운 공기로 가열부를 냉각함과 동시에 잔류가스를 불어내기 위해서이다.

4.2.5 밸브가 열릴 때 작동유체가 통과하는 면적(開口面積)

기관에 널리 사용되어지고 있는 흡·배기밸브는 그림 4·12(a)에 표시한 포펫밸브이고, 밸브자리의 각도는 45°와 30°이다. 실린더 내에 흡입되는 혼합기나 공기의 양은 직접 기관의 출력에 영향을 미치므로 흡입밸브자리 부분의 개구면적을 가능하면 크게 한다.

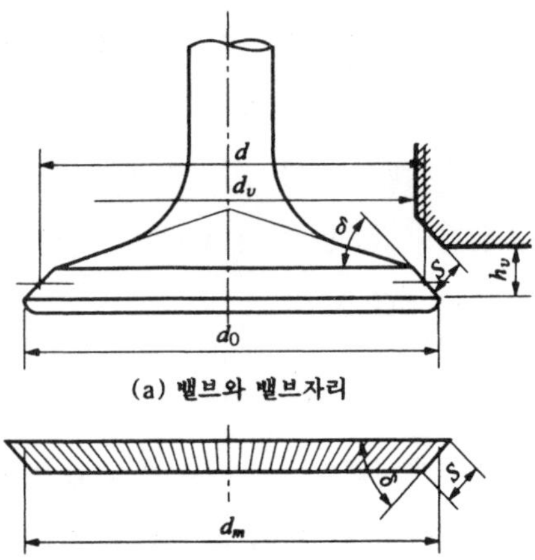

(a) 밸브와 밸브자리

(b) 유로단면적 A_v
(중심지름 d_m에서 원추모양으로 잘린 모양)

그림 4·12 포펫밸브와 유로 단면적

밸브자리 개구부의 유로단면적 A_v, 그곳을 통과하는 유체의 평균속도 v_s, 피스톤 면적 A_p, 피스톤 평균속도 u_m과의 사이에는 $v_s \cdot A_v = u_m \cdot A_p$의 관계가 있다. 그림에서처럼 밸브의 양정이 h_v일 때 밸브자리(경사진 부분)의 중심점(지름 d)에서 절단한 그림 4·12(b)와 같은 원추모양의 사선의 길이를 S라 하고, 이 S의 중심점에서의 지름을 d_m이라 한다면, 유로 단면적 A_v는 다음 식으로 된다.

$$A_v = \pi \cdot d_m \cdot S = \pi \cdot d_m \cdot h_v \cos\delta \tag{4·39}$$

윗식은 간단하게 보이지만 실제는 밸브의 각 양정마다 d_m에는 최대·최소값이 있고, 정확하게 A_v를 구하기 위해서는 매우 복잡하므로 근사적으로 다음 식이 이용되고 있다.

$$A_v = \pi \cdot h_v \cdot \cos\delta(0.97d_v + h_v \cdot \sin\delta \cdot \cos\delta) \qquad (4 \cdot 40)$$

● **참고**

밸브개구면적을 정확하게 구하기 위해서는 밸브 양정이 증가함에 따라서 여러 단계로 나누어 계산하지 않으면 안 된다. 예를 들어 Hardenberg는 5단계로, Eberborst는 4단계로, Kim 등은 3단계로 나누어 계산하고 있다.

4.3 가스교환중의 실린더 내 압력변화

흡기밸브 직전의 압력 p_s 및 배기밸브 직후, 즉 배압 p_a를 일정으로 하고, 또한 흡기와 배기의 비열 및 가스정수를 같다고 하여 가스교환중의 압력변화를 계산하는 방법에 대해서 알아보자. 이것은 2 행정기관인 경우에도 그대로 적용된다.

4.3.1 밸브중합기간

그림 4・13에서와 같이 흡기밸브에서 dG_s의 새로운 공기가 유입되고 배기밸브에서 dG_a의 배기가 유출된다고 하면 실린더 내 가스의 중량변화 dG_z는

$$dG_z = dG_s - dG_a \qquad (4 \cdot 41)$$

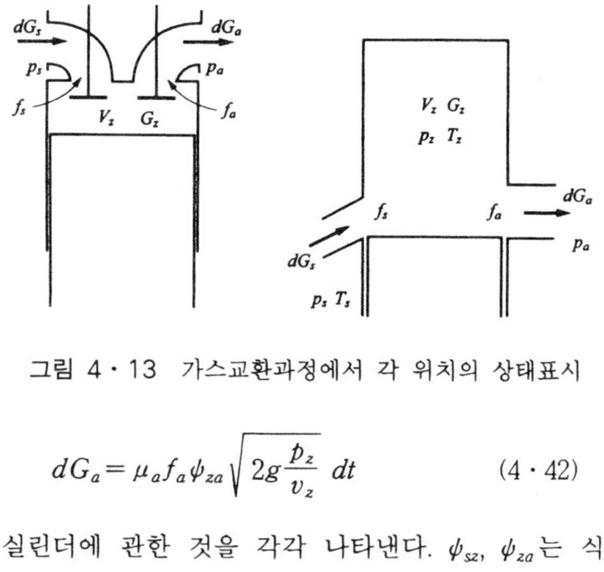

그림 4・13 가스교환과정에서 각 위치의 상태표시

흡・배기밸브에서 가스의 흐름을 등엔트로피로 하면 식 (4・20)으로부터

$$dG_s = \mu_s f_s \psi_{sz} \sqrt{2g\frac{p_s}{v_s}}\, dt, \qquad dG_a = \mu_a f_a \psi_{za} \sqrt{2g\frac{p_z}{v_z}}\, dt \qquad (4 \cdot 42)$$

단, 첨자 s는 흡기, a는 배기, z는 실린더에 관한 것을 각각 나타낸다. ψ_{sz}, ψ_{za}는 식 (4・20)의 ψ_{12}에 포함되는 p_1, p_2의 첨자를 각각 s, z 혹은 z, a로 바꾼 것이다.

완전가스의 상태식에서

$$\frac{dp_z}{p_z} + \frac{dV_z}{V_z} - \frac{dT_z}{T_z} = \frac{dG_z}{G_z}$$

이것에 식 (4・41), (4・42)의 관계를 넣으면

$$\frac{dp_z}{p_z}+\frac{dV_z}{V_z}-\frac{dT_z}{T_z}=\frac{\mu_s f_s \psi_{sz}\sqrt{2gRT_s}}{V_z}\frac{p_s}{p_z}\frac{T_z}{T_s}dt-\frac{\mu_a f_a \psi_{za}\sqrt{2gRT_z}}{V_z}dt$$

$d\theta=6ndt$ 인 관계를 사용하여 윗식을 정리하면

$$\frac{d\ln p_z}{d\theta}-\frac{d\ln T_z}{d\theta}=\frac{\sqrt{2gRT_s}}{6nV_z}\left[\mu_s f_s \psi_{sz}\left(\frac{p_z}{p_s}\right)^{-1}\left(\frac{T_z}{T_s}\right)-\mu_a f_a \psi_{za}\left(\frac{T_z}{T_s}\right)^{1/2}\right]-\frac{d\ln V_z}{d\theta} \tag{4·43}$$

● **참고**

$$\frac{dp_z}{p_z}+\frac{dV_z}{V_z}-\frac{dT_z}{T_z}=\frac{dG_z}{G_z}$$

$$=\frac{dG_s-dG_a}{G_z}$$

$$=\frac{\mu_s f_s \psi_{sz}\sqrt{2g\frac{p_s}{v_s}}dt-\mu_a f_a \psi_{za}\sqrt{2g\frac{p_z}{v_z}}dt}{G_z}$$

그런데, $\left.\begin{array}{l}p_z v_z=RT_z\\ p_s v_s=RT_s\\ p_z V_z=G_z RT_z\end{array}\right\}\Rightarrow\left\{\begin{array}{l}p_s=\dfrac{RT_s}{v_s},\quad p_z=\dfrac{RT_z}{v_z}\\ G_z=\dfrac{p_z V_z}{RT_z}\\ R=\dfrac{p_z v_z}{T_z}=\dfrac{p_s v_s}{T_s}\end{array}\right.$ 이므로,

윗식에 대입하여 정리하면,

$$=\frac{\mu_s f_s \psi_{sz}\sqrt{2g\frac{(RT_s/v_s)}{v_s}}dt-\mu_a f_a \psi_{za}\sqrt{2g\frac{(RT_z/v_z)}{v_z}}dt}{\frac{p_z V_z}{RT_z}}$$

$$=\frac{\mu_s f_s \psi_{sz}\sqrt{2gRT_s}}{V_z}\frac{1}{v_s}\frac{RT_z}{p_z}dt-\frac{\mu_a f_a \psi_{za}\sqrt{2gRT_z}}{V_z}\frac{1}{v_z}\frac{RT_z}{p_z}dt$$

$$=\frac{\mu_s f_s \psi_{sz}\sqrt{2gRT_s}}{V_z}\frac{1}{v_s}\frac{\frac{p_s v_s}{T_s}T_z}{p_z}dt-\frac{\mu_a f_a \psi_{za}\sqrt{2gRT_z}}{V_z}\frac{1}{v_z}\frac{\frac{p_z v_z}{T_z}T_z}{p_z}dt$$

$$=\frac{\mu_s f_s \psi_{sz}\sqrt{2gRT_s}}{V_z}\frac{p_s}{p_z}\frac{T_z}{T_s}dt-\frac{\mu_a f_a \psi_{za}\sqrt{2gRT_z}}{V_z}dt$$

실린더 벽에서 가스로 전달되는 열량을 dQ_w로 하면 에너지 평형으로부터

$$\underset{\text{유입 에너지}}{c_p T_s dG_s}-\underset{\text{배출 에너지}}{c_p T_z dG_a}+dQ_w=\underset{\text{실린더 내부에너지}}{d(c_v G_z T_z)}+\underset{\text{피스톤 일}}{p_z dV_z} \tag{4·44}$$

로 된다. 이것에 식 (4·42)의 관계를 대입하면,

$$k\mu_s f_s \psi_{sz} p_s \sqrt{2gRT_s}dt - k\mu_a f_a \psi_{za} p_z \sqrt{2gRT_z}dt + \frac{RdQ_w}{c_v} = V_z dp_z + kp_z dV_z$$

dt를 $d\theta$로 바꾸어 Q_w에 식 (3·31)을 사용하면〔식 (3·31)에서는 Q_w가 Q_r로 표시됨〕

$$\frac{dlnp_z}{d\theta} = \frac{k\sqrt{2gRT_s}}{6nV_z}\left[\mu_s f_s \psi_{sz}\left(\frac{p_z}{p_s}\right)^{-1} - \mu_a f_a \psi_{za}\left(\frac{T_z}{T_s}\right)^{1/2}\right] - k\frac{dlnV_z}{d\theta} + \frac{\alpha_g F_i (T_z - T_{wi})R}{3600 \cdot 6nV_z c_v p_z} \quad (4 \cdot 45)$$

$$V_z = V_h\left[\frac{1}{\varepsilon - 1} + \frac{1}{2}(1 - \cos\theta) + \frac{1}{2\lambda_c}(1 - \sqrt{1 - \lambda_c^2 \sin\theta^2})\right] \quad (4 \cdot 46)$$

λ_c=크랭크 반지름/커넥팅로드 길이, f_s, f_a는 모두 θ의 함수이므로 식 (4·43), 식 (4·45)의 연립방정식을 풀면 p_z, T_z를 구할 수가 있다. 그러나 이것은 해석적으로 풀 수가 없으므로 수치계산에 의하지 않으면 안 된다. 열전달의 항을 생략하여도 상당히 복잡한 계산이 된다.

4.3.2 배기 불어내는 기간 및 배기기간

흡기밸브가 닫혀 있으므로 식 (4·44)에서 $dG_s=0$으로 하고 실린더 벽과의 열교환이 없다고 하면

$$(1-k)\frac{dlnp_z}{d\theta} + k\frac{d\ln T_z}{d\theta} = 0, \quad p_z^{1-k}T_z^k = \text{일정}, \quad p_z v_z^k = \text{일정}$$

즉, 실린더 내 가스는 단열변화를 한다. 배기가 열리는 시초의 상태를 첨자 E로 나타내면

$$p_z^{1-k}T_z^k = p_E^{1-k}T_E^k$$

로서 식 (4·45)에 넣어 $f_s=0$으로 하면

$$\frac{d\ln(p_z/p_a)}{d\theta} = -\frac{k\mu_a f_a \sqrt{2gRT_E}}{6nV_z}\left(\frac{p_a}{p_E}\right)^{(k-1)/2k}\psi_{za}\left(\frac{p_z}{p_a}\right)^{(k-1)/2k} - \frac{kdlnV_z}{d\theta} \quad (4 \cdot 47)$$

이 식도 수치계산에 의하지 않으면 안되나 취출기간은 대부분 ψ_{za}=일정하게 취급하므로 비교적 간단하다.

한편, 그림 4·13에서 배기행정 중의 어느 순간의 흐름은 정상적이고, 통로의 벽과 열의 출입이 없으며, 완전가스로 가정한다면 유속은 다음과 같다.

$$\omega_a = \sqrt{\frac{2gk}{k-1} \cdot p_z \cdot p_z\left[1 - \left(\frac{p_a}{p_z}\right)^{\frac{k-1}{k}}\right]} \equiv \phi\sqrt{p_z v_z} = \phi\sqrt{RT_1} \text{ [m/s]} \quad (4 \cdot 48)$$

상태가 일정한 것으로 볼 수 있는 단시간 dt 사이의 유출량은

$$dG=f_a\mu\sqrt{\frac{2gk}{k-1}\left(\frac{p_z}{v_z}\right)\left[\left(\frac{p_a}{p_z}\right)^{\frac{2}{k}}-\left(\frac{p_a}{p_z}\right)^{\frac{k+1}{k}}\right]}dt$$

$$\equiv f_a\mu\psi\sqrt{\frac{p_z}{v_z}}dt=f_a\mu\psi\frac{p_z}{\sqrt{RT_z}}dt \quad (4\cdot49)$$

μ는 유량계수, 단 압력비 p_a/p_z가 다음의 임계값 $(p_a/p_z)_c$ 이하에서는

$$\left(\frac{p_a}{p_z}\right)_c=\left[\frac{2}{k+1}\right]^{\frac{k}{k+1}}=0.528\ (k=1.4\text{일 경우}) \quad (4\cdot50)$$

식 (4・48)과 식 (4・49)가 성립되지 않는 하류의 상태에서는 p_a, v_a, T_a에는 관계없이 ψ는 다음의 일정한 값을 갖는다.

$k=1.4$에서 $\psi=2.145$, $k=1.3$에서 $\psi=2.090$

4.3.3 흡기기간

배기밸브가 닫혀 있으므로 식 (4・43), (4・45)에서 $f_a=0$으로 하면 된다.

$$\frac{d\ln(p_z/p_s)}{d\theta}-\frac{d\ln T_z/T_s}{d\theta}=\frac{\mu_s f_s\sqrt{2gRT_s}}{6nV_z}\psi_{sz}\left(\frac{p_z}{p_s}\right)^{-1}\left(\frac{T_z}{T_s}\right)-\frac{d\ln V_z}{d\theta} \quad (4\cdot51)$$

$$\frac{d\ln(p_z/p_s)}{d\theta}=\frac{k\mu_s f_s\sqrt{2gRT_s}}{6nV_z}\psi_{sz}\left(\frac{p_z}{p_s}\right)^{-1}-k\frac{d\ln V_z}{d\theta}+\frac{\alpha_g F_i(T_z-T_{wi})R}{3600\cdot6nV_z c_v p_z} \quad (4\cdot52)$$

이 경우에는 흡입공기로부터 열공급이 있으므로 벽에서의 열공급이 없다고 하더라도 열변화는 되지 못한다.

배기가스가 불어내기 시작부터 출발하여 흡기밸브가 닫힐 때까지 수치계산을 하면 가스교환중의 실린더 내 압력・온도의 변화가 구해지고, 펌프손실, 흡기량도 계산할 수 있지만, 열전달의 항을 넣으면 대단히 복잡하게 된다. 그림 4・14는 α_g에 G.Eichelberg

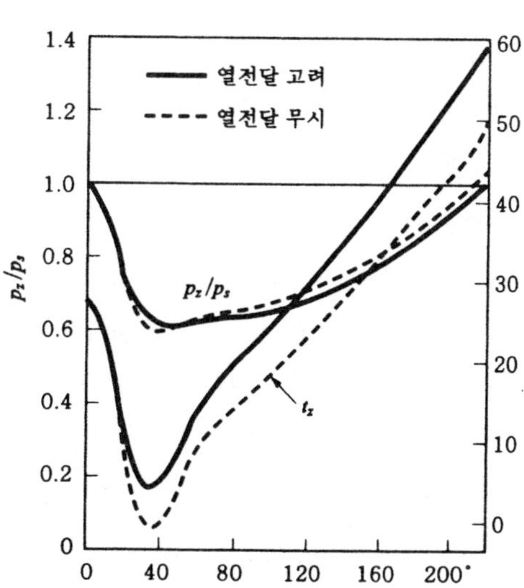

그림 4・14 흡입행정 중의 압력・온도변화의 계산 예

식을 사용하여 흡기행정 중의 압력·온도를 계산한 일례를 나타낸다.

4.4 4 행정기관의 작동유체 교환 때의 손실

작동유체를 교환할 때의 손실은 일을 끝낸 연소가스를 실린더 밖으로 배출할 때의 가스배출손실과 새로운 공기를 실린더 내에 흡입하기 위한 새로운 공기의 흡입손실로 되어 있다.

4.4.1 작동유체 배출손실

그림 4·15는 Fanborough indicator의 약(弱)스프링을 이용하여 측정한 지압선도의 압력이 낮은 부분의 압력변화 그림(약스프링 지압선도)의 일례이다. 그림에서 작동유체 배출에 수반한 손실은 배기 불어내는 손실 a와 배기 압출손실 $(b+d)$로 되어 있다. 배기밸브의 열림을 빨리 할수록 a는 증가되고 $(b+d)$는 감소되므로 양자의 합이 최소가 되도록 배기밸브의 열리는 시기(進角)를 선정하여야 한다. 또, 흡입손실 c는 새로운 공기가 흡입관이나 흡기밸브가 열리는 부분 등의 흡기계통 내를 통과할 때 새로운 공기와 통로벽과의 마찰이나 흡기를 가속하기 위해 소비되어지는 손실로, 흡기속도계수를 적당한 값을 얻도록 흡기계통을 설계하면 흡기밀도가 배기밀도보다도 큰 데도 불구하고 흡입손실 c는 배출손실의 총합 $a+b+d$에 비교하여 틀림없이 작은 값으로 되게 되어 있다.

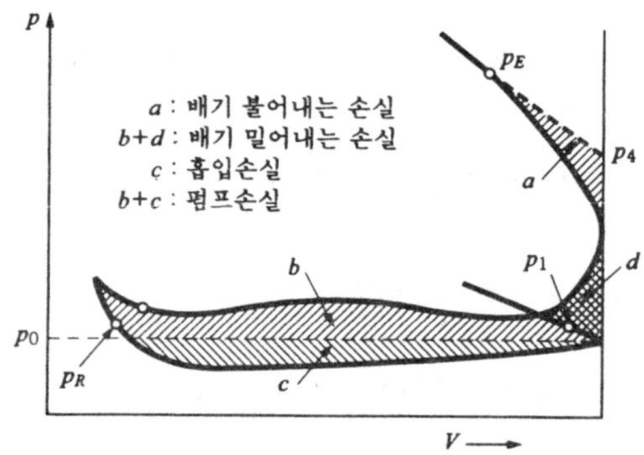

그림 4·15 4 행정기관의 작동유체 교환손실

그림 4·16은 배기밸브가 열리는 시기를 변화시킨 경우의 약스프링 선도를 나타낸다. 밸브면적이 작을수록, 또 기관회전속도가 높을수록 배기취출기간이 길어지므로 배기밸브를 빨리 열지 않으면 안 된다. 그림 4·17은 밸브면적을 일정하게 하고 배기밸브 열리는 시기를 변경한 경우의 배출손실을 평균유효압력의 손실(p_{am}=배출손실/행정체적)로서 나타낸 것이며, p_{ae}는 취출손실, p_{as}는 압출손실에 상당하는 부분이다. p_{am}최소의 점은 1점 쇄선으로 나타낸 바와 같이 회전속도가 높을수록 배기밸브 진각이 큰 쪽으로 이행하고 있다. 빗금친 부분의 범위로 배기밸브의 열림범위가 정해지면, 각 회전속도에서 거의 만족할 만한 결과가 얻어진다. 실제는 배기밸브를 너무 빨리 열면 밸브가 과열되므로 그 점도 고려하지 않으면 안 된다.

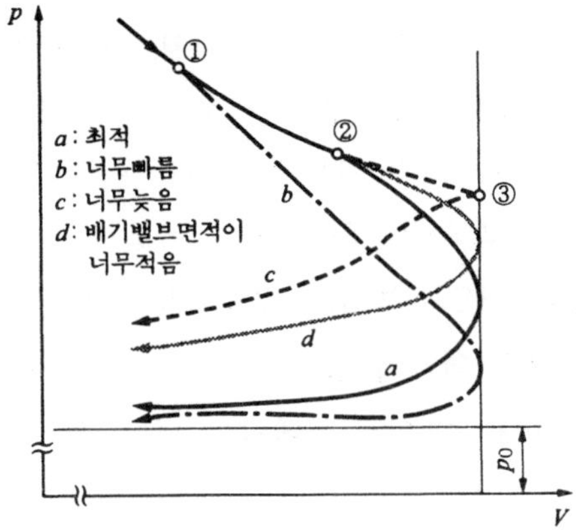

그림 4・16 배기밸브가 열리는 시기와 배출손실

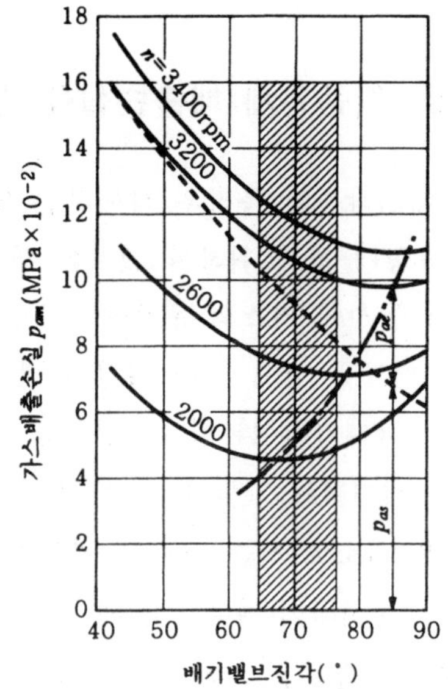

그림 4・17 배기밸브의 열리는 시기가 배출손실에 미치는 영향(p_{ae} : 취출손실, p_{as} : 압출손실)

가스유출속도, 밸브개도(開度)속도 $f_a(\theta)$가 동일하면 배출손실은 p_4(그림 4・15)에 비례한다. 공기과잉률 λ, 체적효율 η_v가 동일하면 p_4는 흡기압력 p_s에 비례하므로 배출손실은 p_s에 비례한다. 또한, 도시열효율 η_i가 일정하다면 평균유효압력 p_{mi}는 p_s에 비례하므로, 결국 배출손실은 p_{mi}에 비례하는 것으로 된다.

공기과잉률이 크게 되면, 즉 부하가 감소되면 p_4가 낮아지므로 취출손실은 감소되나 배기행정의 종료 근처에서는 온도가 낮기 때문에 밀도가 크며 그림 4・18에서 볼 수 있는 바와 같이 이 부분의 손실이 증가된다.

또, 배압이 내려가도 영향을 받는 것은 임계 이하인 유출만의 경우이므로 배기행정의 종료부분의 압력이 약간 감소될 뿐이며 전체로서 배출손실은 증가된다.

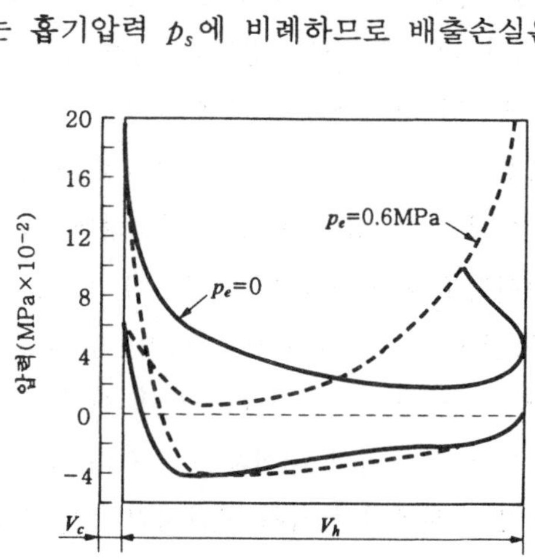

그림 4・18 부하에 의한 가스배출손실의 변화

4.4.2 작동유체 배출손실을 줄이기 위한 밸브개폐시기

흡·배기작용의 목적은 가능하면 많은 양의 가스를 작은 저항으로 유출·유입시키는 것이며, 그렇게 하기 위하여 밸브를 열고 닫는 시기를 적절히 택하여 손실일, 펌프손실을 작게 함과 동시에 가스의 운동에너지를 유효하게 이용하는 것이 중요한 것이다. 특히, 고회전에서는 밸브를 열고 있는 시간이 짧지만 운동에너지는 크기 때문에 그것을 어떻게 이용하느냐에 따라 기관성능에 큰 영향을 미친다. 다음에 그 구체적인 예를 들어보자.

우선, 배기밸브 열림각 θ_1은 무효각 외에 그림 4·15의 빗금친 부분으로 나타낸 손실일 $a+d$를 최소로 하는 밸브각, 즉 그림 4·16의 ②를 택해야 하며, 이 각보다 빠른 ①에서는 배기 불어내기(취출 : a)에 의한 압력강하가 크고, 역으로 ③에서는 너무 늦어서 배기 밀어내기(압출 : d)손실이 증가한다.

또, 배기밸브를 닫는 시기에 대해서는 그림 4·19에서 파이프 중의 가스유속 ω에 의한 동압 $\gamma_e\omega^2/2g$을 이용하여 배기를 끌어내기 위하여 다음 시기까지 밸브를 닫는 것을 연장시킨다. 즉, 파이프 중의 정압은 $p_e-\gamma_e\omega^2/2g$이고, 피스톤 하강으로 실린더 내 압력 p_o가 파이프 중의 정압과 같게 되는 시점에서 유출속도가 정지하므로, 그때 밸브를 닫으면 배기가스는 가장 많이 배출할 수 있다(상사점 후 θ_2에 닫는다).

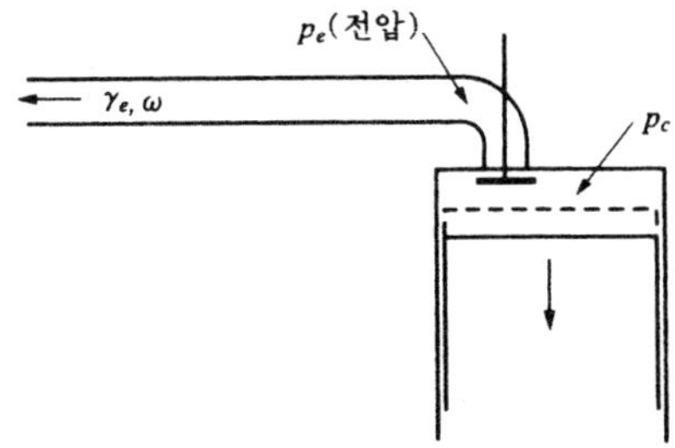

그림 4·19 가스흐름의 동압과 실린더 내 압력

이와 같은 점은 흡기밸브에 대해서도 똑같이 성립하므로 θ_3만큼 상사점보다 빨리 열고, 하사점보다 θ_4만큼 늦게 닫는다. 그 결과 $\theta_2+\theta_3$만큼 양 밸브는 동시에 열려 있는데 이 각을 앞에서 언급한 밸브 중합각(valve overlap angle)이라 하고, 고속기관 또는 과급 디젤기관에서는 특히 이 기간을 길게 한다.

이들 $\theta_1\sim\theta_4$의 최적값은 기관의 종류, 크기, 회전속도, 부하 등으로 결정되지만, 현재 상황은 운전조건에 의해 변화시키는 방법에 대해서는 여러 방법을 모색하고 있으며, 완전히는 실용화되지 못하고 있다. 따라서 사용상 가장 중요한 운전조건에서 최적합하도록 택하고, 다른 조건에서도 성능을 크게 저하시키지 않는 곳을 채용한다. 그 대략의 값은 $\theta_1=30\sim80$ ℃A, $\theta_2=10\sim30$℃A, $\theta_3=0\sim40$℃A, $\theta_4=20\sim70$℃A 정도이다.

4.4.3 작동유체 교환손실과 펌프손실

이론사이클에서 작동유체 교환일과 실제의 사이클에서 작동유체 교환일과의 차를 작동유체 교환손실〔작동유체 교환손실을 전펌프손실(total pumping loss)이라고 하는 경우도 있으나 펌프손실과 혼동하기 쉬우므로 교환손실이라고 하기로 한다〕이라고 한다. 무과급기관에서는 이론사이클의 작동유체 교환일은 0(零)이므로 배출손실 p_{am}과 흡입손실 p_{sm}의 합으로 된다. 이것을 평균유효압력의 손실로서 나타내면

$$p_w = p_{am} + p_{sm} = 면적(a+b+c+d)/V_h$$

지압선도에 나타나는 루프의 면적은 위의 값에서 그림 4·15의 a와 d에 상당하는 손실만 빼어져 있다. 이것을 펌프손실이라고 한다.

$$펌프평균유효압력(pumping\ mean\ effective\ pressure)\ p_p = 면적(b+c)/V_h$$

로 나타낸다. 여기서, V_h는 행정체적이다. 그러나 작동유체 교환손실로서는 p_w를 사용하여야 한다. p_p는 보통 0.015~0.03 MPa이며 손실로서는 대단치 않으나 이것을 적게 한다는 것은 체적효율을 증대하기 위해 중요하다.

4.4.4 펌프손실에 미치는 각종 영향

(1) 교축의 영향

교축조정을 하는 기관에서 저부하에서의 흡기를 교축하면 흡기량이 감소하기 때문에 배출일은 적어지지만, 흡기관 내 압력이 내려가므로 흡입손실이 증가되고, 펌프손실은 그림 4·20에 나타낸 바와 같이 현저하게 커진다. 자동차용 기관에서는 이것을 기관제동으로 이용할 수가 있다. 모터링인 경우에는 그림 4·20의 아래 그림에 나타낸 바와 같이 팽창행정종료의 압력이 대기압 이하로 내려가기 때문에 배기밸브가 열리면

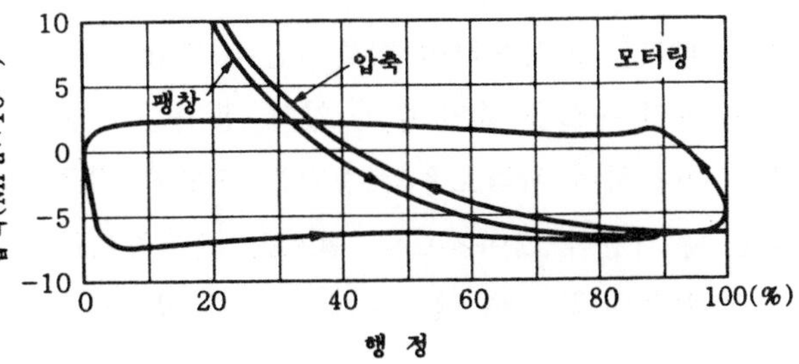

그림 4·20 교축운전의 경우 약스프링 지압선도

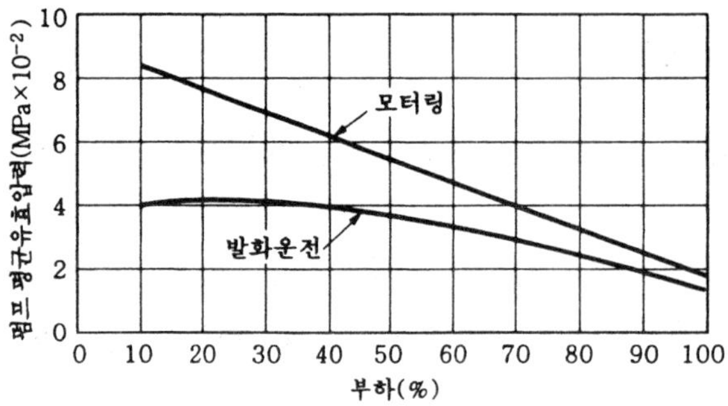

그림 4·21 발화운전과 모터링운전 경우의 펌프 손실(가솔린기관 2000 rpm, 교축조정)

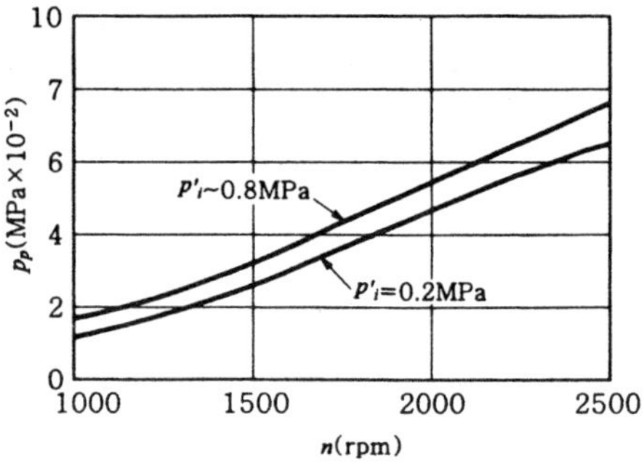

그림 4·22 자동차용 디젤기관에서의 펌프손실($p_i' = p_i + p_p$)

갑자기 압력이 상승하고 펌프손실의 루프는 직사각형(長方形)에 가깝게 되며 손실은 더욱 증가된다. 그림 4·21을 발화운전의 경우와 모터링 경우의 평균유효압력 p_p를 비교한 것으로서, 저부하에서는 교축이 크므로 그 차가 현저하게 된다.

(2) 회전속도의 영향

회전속도가 높게 되면 배기취출 기간이 짧아지고, 이 부분의 손실은 적어지나 배기압출 및 흡입중의 압력차는 가스속도의 자승에 비례하므로 이 부분의 손실이 증가된다. 그림 4·22는 회전속도가 평균유효압력 p_p에 미치는 영향을 나타낸 일례이다.

(3) 흡·배기관의 영향

흡·배기관이 있을 경우에는 그 안에 일어난 압력파가 실린더 내에도 영향을 미치므로 그 진폭, 주파수에 따라 복잡한 영향을 받는다. 그림 4·23은 긴 배기관을 사용한 경우의 약스프링 선도로서 관내에서의 마찰은 거의 영향이 없고 주로 가스의 관성이 관계된다. 적당한 길이의 배기관을 사용하여 압출기간에 부압이 오도록 하면 손실을 줄일 수가 있다. 흡기관의 관성을 이용하여 체적효율의 증가를 도모할 경우에는 흡기량이 많아지므로 펌프손실은 증가하나 출력증대에 대해서는 문제가 되지 않는다.

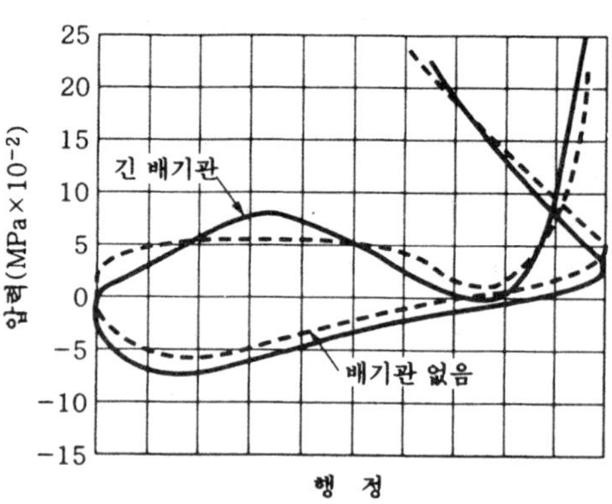

그림 4·23 배기관의 길이가 펌프손실에 미치는 영향

4.5 4 행정기관의 체적효율과 충전효율

4.5.1 체적효율의 정의

4 행정기관에서 사이클마다 하는 일, 즉 기관출력은 실린더에 흡입된 혼합기, 또는 공기의 중량유량 G_s에 비례한다. 일반적으로 실린더 내에 흡입된 새로운 공기의 체적은 그 직전의 사이클에서 일을 한 가스를 배출한 후에 실린더 내에 남아 있는 잔류가스의 압력이나 온도, 또는 가열된 연소실을 구성하는 각부의 온도 등의 영향을 받아 행정체적 V_h보다도 작은 값으로 된다. 즉, 흡기행정 말에 실린더 내의 압력은 여러 가지 저항 때문에 흡기관 입구의 압력보다도 낮고, 온도는 실린더 벽으로부터 가열, 흡기 운동에너지가 열로 변하기 때문에 또는 잔류가스와 혼합하여 입구온도보다 높다. 그래서 흡입한 새로운 공기(공기 또는 혼합기)의 체적을 입구상태로 환산하면 행정체적보다 작게 된다. 이것이 클수록 흡입작용이 양호하므로, 이 흡입작용의 좋고 나쁨을 나타내는데 다음과 같이 정의하는 체적효율(η_v : volumetric efficiency)을 사용한다.

흡기계통 입구의 상태를 p_s, T_s, 실린더 내에 흡입되는 새로운 공기의 체적을 V_s, 중량을 G_s, 비중량을 γ_s라 하면(무과급기관의 경우는 외부공기 상태 p_o, T_o, γ_o, 과급기관의 경우 흡기계통 직전의 상태를 이용), 체적효율 η_v는 다음과 같이 나타낼 수 있다.

$$\eta_v = \frac{p_s,\ T_s\text{에서 흡입된 새로운 공기의 체적}}{\text{행정체적}} = \frac{V_s}{V_h}$$

$$= \frac{\text{흡입된 새로운 공기의 중량}}{p_s,\ T_s\text{ 상태에서 행정체적을 점유하는 새로운 공기의 중량}}$$

$$= \frac{\gamma_s V_s}{\gamma_s V_h} = \frac{G_s}{\gamma_s V_h}$$

$$\therefore G_s = \eta_v \cdot \gamma_s \cdot V_h \qquad (4 \cdot 53)$$

SI에서는 새로운 공기의 체적을 V_s'[m^3], 실린더 내 체적을 V_h'[m^3], 질량을 G_s'[kg], 밀도를 ρ_s[kg/m^3]으로 한다면, 체적효율 η_v'는 다음 식과 같다.

$$\eta_v' = V_s'/V_h' = G_s'/(\rho_s \cdot V_h'), \qquad \therefore G_s' = \eta_v' \cdot \rho_s \cdot V_h' \qquad (4 \cdot 53')$$

윗식에서 γ_s는 외부공기 상태가 p_o, T_o의 경우는 $\gamma_s = \gamma_o$, $\rho_s = \rho_o$로 된다. 또, 과급기관의 경우는 흡입밸브 직전의 γ_s, ρ_s를 이용해야 하며, 외부공기 상태를 기준으로 한 체적효율 η_{vo}라 하면 η_v와의 관계는 다음과 같다.

$$\eta_{vo} = \eta_v(\gamma_s/\gamma_o) \qquad (4\cdot54)$$

4 행정기관에서는 배기밸브를 닫기 전에 흡기밸브가 열려 새로운 공기의 흡입이 시작된다. 이때 배기밸브가 닫힌 시점에서 실린더 내의 잔류가스의 체적을 V_r, 비중량을 γ_r로 하고, 다음에 흡입밸브가 닫혔을 때의 유효행정체적을 V_{eh}, 연소실의 체적(간극체적 또는 압축실의 체적)을 V_c라 한다면, 실린더 내의 가스체적을 $V_c + V_{eh}$로 된다. 또, 잔류가스와 새로운 공기와의 비중량을 γ_m라 한다면 흡입한 새로운 공기의 중량 G_s는 다음 식과 같다.

$$G_s = (V_c + V_{eh})\gamma_m - V_r \cdot \gamma_r \qquad (4\cdot55)$$

식 (4·55)와 식 (4·53)으로부터 η_v를 구할 수 있다.

$$\eta_v \cdot \gamma_s \cdot V_h = (V_c + V_{eh})\gamma_m - V_r \cdot \gamma_r$$

$$\therefore \eta_v = \frac{(V_c + V_{eh})}{V_h} \cdot \frac{\gamma_m}{\gamma_s} - \frac{V_r}{V_h} \cdot \frac{\gamma_r}{\gamma_s} \qquad (4\cdot56)$$

여기서, 공칭압축비(nominal compression ratio) $\varepsilon = (V_h + V_c)/V_c$에서 $(V_h/V_c) = \varepsilon - 1$과 흡기밸브 닫히는 것을 고려한 압축비, 즉 유효압축비(effective compression ratio) 또는 실압축비(actual compression ratio) $\varepsilon_e = (V_{eh} + V_c)/V_c$를 이용하고, 동시에 $V_r \fallingdotseq V_c$로 하여 식 (4·56)을 변형하면 다음 식으로 된다.

$$\eta_v = \frac{\varepsilon_e}{\varepsilon - 1} \cdot \frac{\gamma_m}{\gamma_s} \cdot \left(1 - \frac{\gamma_r}{\varepsilon_e \cdot \gamma_m}\right) \qquad (4\cdot57)$$

여기서, $\gamma_s \fallingdotseq \gamma_r$과 $\gamma = p/(R \cdot T)$을 이용하여 식 (4·57)을 다시 쓰면 다음과 같다.

$$\eta_v = \frac{\varepsilon_e}{\varepsilon - 1} \cdot \frac{p_m}{T_m} \cdot \frac{T_s}{p_s} \cdot \left(1 - \frac{p_r}{T_r} \cdot \frac{T_m}{p_m} \cdot \frac{1}{\varepsilon_e}\right) \qquad (4\cdot58)$$

따라서, 식 (4·58)에서 알 수 있듯이 η_v는 흡기밸브가 닫힌 때의 ε_e가 클수록 크게 되고 또, 그때의 혼합가스의 p_m/T_m이 클수록, 즉 γ_m이 클수록 크게 된다. 한편, 잔류가스의 p_r/T_r이 작을수록, 즉 γ_r이 작을수록 η_v는 크게 된다.

4.5.2 충전효율의 정의

앞항의 체적효율은 기관이 새로운 공기를 흡입할 때 흡입능력을 나타내는 척도로 되어 편리하지만, 실제의 기관을 운전하는 장소의 차이나 대기상태의 영향으로 입구상태에 따라서 흡입되는 공기의 비중량 γ_s가 변하므로 연소에 주어지는 새로운 공기의 절대량을 나타내는 기준으로는 부족하다. 연소실에 흡입되어지는 건조한 새로운 공기의 중량($\gamma_s' \cdot V_s$)과 표준대기압 상태에서 행정체적 V_h에 해당하는 건조한 새로운 공기의 중량($\gamma_n' \cdot V_h$)와의 비를 이용하는 편이 타당할 것으로 생각된다. 그래서 다음과 같이 정의되는 충전효율(η_c : charging efficiency)을 이용한다.

$$\eta_c = \frac{\text{연소실에 흡입되어지는 건조한 새로운 공기의 중량}}{\text{표준대기압 상태에서 행정체적을 점유하는 건조한 새로운 공기의 중량}}$$

$$= \frac{\gamma_s' \cdot V_s}{\gamma_n' \cdot V_h} \tag{4·59}$$

여기서, γ_s' : 흡입된 건조한 새로운 공기의 비중량 [kg_f/m^3]

γ_n' : 표준 건조한 공기의 비중량 $=1.188\ kg_f/m^3$, kg/m^3

(첨자 n은 표준대기압, ′는 건조한 새로운 공기의 상태를 각각 의미)

연소에 주어지는 새로운 공기의 중량은 그 속에 포함된 수증기 부분을 제거하지 않으면 안 된다. 따라서, η_v와 η_c와의 관계는 대기압력, 수증기 분압 및 온도를 각각 p_s, p_d, T_s라 한다면 다음 식과 같다.

$$\eta_c = \eta_v(\gamma_s'/\gamma_n') = \eta_v(T_n/T_s)\{(p_s - p_d)/(p_n - p_{dn})\} \tag{4·60}$$

표준대기압 상태는 $p_n = 760$ mmHg, 101.3 kPa, $t_o = 20$℃, 상대습도 60%, 수증기 분압 $p_d = 10.5$ mmHg, 1.4 kPa을 이용하면 액체연료를 사용하는 기관에 대해서는

$$\eta_c = \eta_v \frac{293}{T_s} \cdot \frac{p_s - p_d}{760 - 10.5} = 0.391\ \eta_v \cdot \frac{p_s - p_d}{T_s}$$

$$\left(\text{참고 : } t = 15℃\text{의 경우는 } \eta_c = 0.389\eta_v \frac{p_s - p_d}{T_s}\right)$$

표준대기압 상태에서 운전하는 경우에는 $\eta_c = \eta_v$ 로 되며, 지상운전에서는 양자의 차이가 극히 적기 때문에 혼용되는 경우가 많다.

4.5.3 흡입효율의 측정법

내연기관의 흡입공기량은 기관 자체의 흡입능력의 척도인 흡입효율〔체적효율이나 급기비 (전급기의 중량/대기온도 · 압력에서 행정체적을 점유하는 급기의 중량)〕로 나타내고 흡 · 배기작용의 평가에 이용되고 있다. 또, 연소의 양부와 배기 유해물의 다소는 실린더 내의 혼합기의 혼합비에 좌우된다. 그래서 내연기관의 실험적 연구에서는 정상운전시의 흡입공기의 평균유량뿐만 아니고, 과도운전시나 1 사이클 중의 흡입공기량의 변화를 측정하지 않고서는 기관성능의 상세한 해명은 할 수 없다. 최근, 전자제어기술의 발달에 따라 혼합비의

최적제어가 가능하게 되었지만, 이 경우도 역시 흡입공기량의 정확한 검출이 필요하다. 그러나, 흡기관 내의 기류는 간헐적이며 맥동류이므로 기관 본래의 성능을 바꾸지 않고 흡입공기량을 정확하게 측정하는 것은 어려운 문제다. 현재 사용되어지고 있고 앞으로 적용 가능한 것 중에서 유량계에 의한 교축 유량계〔환형(丸形) 노즐, DIN규격 노즐, 벤투리 등〕, 층류형 유량계, 임계압법, 정적유량계(가스미터, 물치환법), 열식 유량계(토마스 가스미터, 경계층 유량계), 동압판 유량계, 초음파 유량계 등이 있으며, 유속계로는 열식 유속계(열선풍속계, 열펄스 유속계), 불꽃방전 유속계, 칼만 와류 유속계, 상관 유속계, 레저 유속계, 피토관 등이 있다.

이외에도 간접적인 측정방법도 생각할 수 있는데, 이와 같은 측정법은 다양하지만, 측정정도를 높이기 위해서는 흡입공기의 상태(압축, 온도, 습도, 동점도, 열전도도 등)의 변화에 따른 보정, 관 내의 유속분포나 유동상태의 영향 제거, 맥동류에 기인하는 각종 오차의 제거, 유량계나 유속계의 검정정도의 향상, 전기기구의 정도 개선이 긴요하며, 사용측면에서는 구조 및 제작이 간편하고 취급이 쉬우며, 광범위한 유량범위에 대하여 유량계수가 일정, 압력손실이 작은 기관이나 기화기의 성능에 영향을 미치지 않아야 하고, 유량의 측정 및 산출할 때에는 복잡한 장치나 산출식을 필요하지 않아야 하는 등의 조건이 바람직하다. 그러나, 이와 같은 조건들을 모두 만족할 만한 유량계는 없으므로 목적에 따라서 적당한 유량계를 선택할 수밖에 없다. 다음에 대표적인 측정방법과 그 특징을 간단히 기술하고자 한다.

(1) 교축 유량계에 의한 방법

정상류의 측정에는 교축 유량계가 많이 사용되지만, 이것을 비정상류에 적용할 경우에는 흐름의 가속도 $\partial u/\partial t$가 크면 관성차압 $\Delta p_t(t)=\rho\int(\partial u/\partial t)dx$ (ρ : 밀도, x : 거리)를 무시할 수 없으며, 유속 u와 교축부 전·후의 순간적인 차압 $\Delta p(t)$와의 위상이 어긋나고, 더구나 교축구멍을 나오는 분류의 상태가 변하므로 유량계수가 정상류의 경우와는 일치하지 않아 오차를 발생한다. 따라서, 흡입공기량의 측정에는 서지탱크를 사용하여 맥동류를 진정시켜, 순·역류의 유량계수가 같은 환형노즐(그림 4·24)을 부착한 장치를 이용하여 노즐 전·후의 압력, 노즐 전·후의 온도 및 습도를

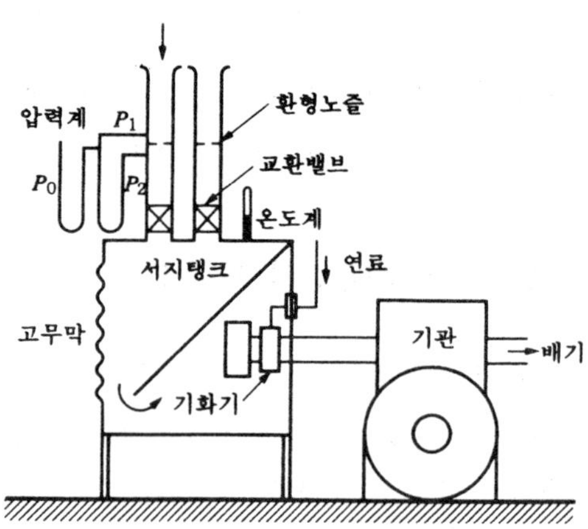

그림 4·24 서지탱크를 부착한 교축 유량계에 의한 방법

측정하여 압축성 정상류의 유량 산출식

$$G = \alpha\varepsilon A\sqrt{2g\gamma_1(p_1 - p_2)}$$

여기서 G : 흡입공기량, p_1, p_2 : 노즐 전·후의 압력, γ_1 : 노즐 전의 흡입공기 비중량(압력, 온도, 습도에 따라서 변함), g : 중력상수, A : 노즐의 개구면적, α : 유량계수(적용할 수 있는 레이놀즈 범위가 존재), ε : 팽창에 관한 수정계수로 다음 식과 같다.

$$\varepsilon = \sqrt{\frac{k}{k-1}\frac{p_1}{p_1 - p_2}\left\{\left(\frac{p_2}{p_1}\right)^{\frac{2}{k}} - \left(\frac{p_2}{p_1}\right)^{\frac{k+1}{k}}\right\}} \fallingdotseq 1 - 0.54\frac{p_1 - p_2}{p_1}\ \mathrm{s}$$

단, k : 흡기의 비열비이며, 근사식의 오차는 $(p_1 - p_2)/p_1 < 0.04$인 경우 0.006% 이내이다.

단, 연소문제에 관련한 공연비를 계산할 때에는 건조공기량 G_a에 대한 값을 구하면 바람직하다. 따라서, 흡기의 상대습도 φ와 포화 수증기압력 p_d로부터 $G_a = G(1 - \varphi p_a/p_1)$의 관계를 이용하여 G_a를 계산하면 된다.

(2) 층류형 유량계에 의한 방법

층류형 유량계는 차압이 유량에 대해서 선형이고, 측정범위도 넓으며, 특히 유량이 작은 경우에 정도가 좋고, 구조 및 제작이 간단한 점 등의 특징 때문에 흡입공기의 평균유량을 측정하는 데 사용된다. 그러나, 유량계를 흡입관 개구부의 한쪽 끝에 직접 설치하면 층류소자를 통하는 흐름이 비정상흐름으로 되어 오차에 대한 검토가 필요하다. 이 때문에 층류소자의 전체 통로면적을 흡기관 단면적보다 상당히 크게 한 예도 있지만, 이렇게 되면 차압이 작게 되어 읽는 오차가 증가하며, 유량계 뒤쪽의 흐름이 가속되므로 기화기 성능을 저해하는 경우가 많다. 이와 같은 경향은 기관의 기통수가 적을수록, 회전수가 높을수록 현저하게 되기 때문에 서지탱크를 사용하며, 층류형 유량계는 평방근오차가 원래 대단히 적고, 교축 유량계에 의한 방법보다도 정도가 높으며, 압력손실도 작기 때문에 우수한 유량계라 할 수 있다.

(3) 임계노즐에 의한 방법

노즐 전·후의 압력비가 임계압력비 이하로 되면 노즐 내를 흐르는 기체의 속도는 음속으로 되고 노즐 하류측의 압력변동이 상류측에 전파되지 않으므로, 상류측의 기체상태(압력, 온도)에 상응한 안정된 질량유량을 구할 수 있다. 이 특징을 이용한 장치가 유량계의 검정용, 기화기의 성능시험용 및 흡입공기의 평균유량의 측정용으로 주목되고 있다.

이는 여러 개의 임계노즐을 준비하여 그 작동을 변환시키므로 노즐 전의 압력을 바꾸어(그림 4·25) 규정된 흡입공기량을 부여하는 방식으로, 노즐전의 압력과 온도를 측정하는 것만으로 충분하며, 유량 G는 다음 식으로 산출한다.

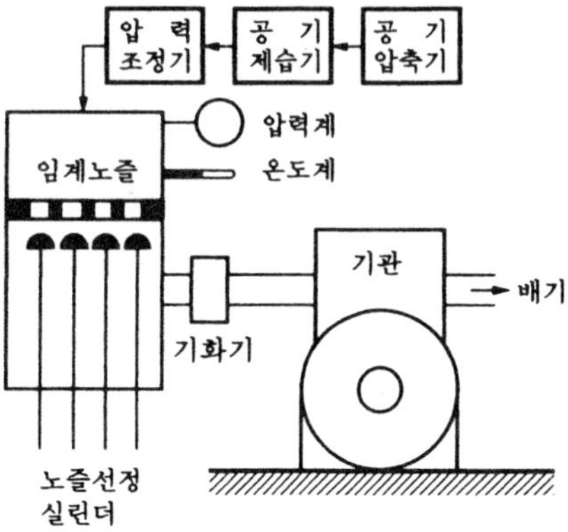

그림 4・25 임계노즐에 의한 방법

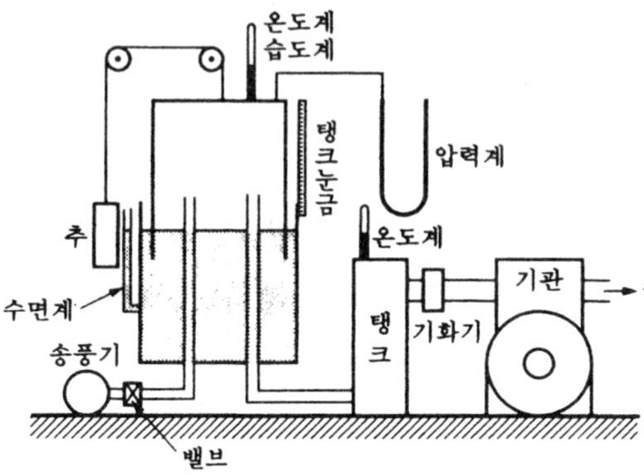

그림 4・26 물치환에 의한 방법

$$G=\alpha A\sqrt{\frac{k}{k+1}\left(\frac{2}{k+1}\right)^{\frac{2}{k-1}}p_1\rho_1}$$

여기서, A : 노즐의 개구면적, k : 비열비, p_1, ρ_1 : 노즐 전의 기체의 압력 및 밀도,
α : 유량계수이고 α는 임계노즐의 형상이나 레이놀즈수에 따라 변하므로 실험적으로 구해야 한다.

이 방법은 종합오차가 0.8% 이내이며, 장치나 조작이 약간 복잡하지만, 정도가 높고, 규정된 공기량을 공급하므로 연소문제에 관련한 연구용으로는 우수한 특성을 가지고 있다.

(4) 물치환에 의한 방법

수조 내를 자유롭게 오르고 내릴 수 있는 부동(浮動)탱크 내에 송풍기로 충전하여 놓은 공기를 물로 치환하여 부동탱크의 하강거리와 그때 걸리는 시간으로부터 흡입공기량을 구하는 방법이다(그림 4・26). 탱크에는 자중(自重)과 부력에 대한 평행추를 붙여 측정 중에 탱크의 압력이 변하지 않도록 되어 있다.

이 방법은 체적형의 직접 측정법이고, 탱크 내의 압력, 온도 및 습도를 정확하게 측정하여 그 보정을 한다면 측정정도가 높다. 이 때문에 무부하 운전시와 같은 흡입공기량이 낮은 경우의 측정이나 유량계의 검정용으로 편리하여 널리 사용되고 있다.

(5) 초음파 유량계에 의한 방법

기계적 유량계처럼 흐름을 방해하지 않고, 유량이 적은 것들도 정도가 높으며, 빠른 응답속도로 측정할 수 있으므로 과도운전 때나 실차 주행 때의 흡입공기량을 측정하는 데 좋다. 이것에는,

① 초음파 펄스의 전파시간이 흐름의 상태에 따라 변화하는 원리를 이용한 방법,

② 연속파를 이용한 방법,

③ 초음파 빔이 유속에 따라 위상이 변하는 것을 이용하는 방법(그림 4·27) 등이 있다.

이 방법은 하나의 지름 방향의 평균유속을 측정하는 것이므로, 측정정도는 관내 흐름이 불균일한 유속분포, 온도 등에 의한 초음파 속도의 변화, 초음파 빔의 굴절투과 영향의 대소 및 보상의 정도에 좌우되지만, 어느 것도 최대오차 2%, 응답속도 0.1 ms 정도이므로, 전자회로를 사용하기 때문에 가격이 높은 점을 제외하고는 우수한 유량계이다.

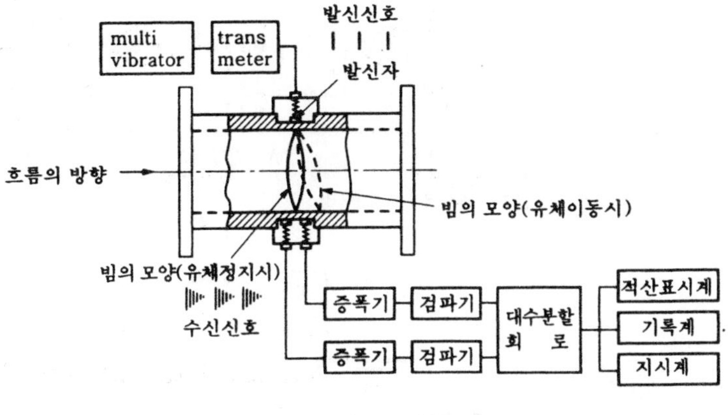

그림 4·27 단일빔 편위형 초음파 유량계

(6) 열선 풍속계에 의한 방법

열선 풍속계는 한 점의 유속을 측정하는 것이므로 관내 유속분포의 영향이 크고, 유량을 정확하게 측정하는 것은 어렵다. 일반적으로 중심유속으로부터 유량을 추정하고, 흡기과정에서 유속변화를 응답성이 양호한 정온도 열선 풍속계로 측정하고 있는 예가 많다. 그러나, 기관회전속도가 높아지면, 흡기관 내 맥동류는 복잡하게 되고, 풍속계의 응답도 부족하므로 흐름의 방향을 정확하게 판별할 수 없게 된다. 연료용으로 개발된 탄뎀 열선형 유속계는 단선식보다도 응답성이 빠르고, 흐름의 방향을 판별할 수 있으므로, 이 방식을 흡입공기 유속에 응용하여 2 행정기관의 흡입공기 유속을 2500 rpm까지 고정도로 측정하고 있다. 일반적으로, 흡입공기량의 사이클 변동률은 수 %이므로 서지탱크를 부착한 평균유량계의 측정값과 비교하는 것은 본래 무리지만 최대 5~10%의 차를 발생하는 경우도 있다.

(7) 칼만 와류 유속계에 의한 방법

칼만 와류의 방출 주파수 f는 유속 u와 원주의 지름 d와의 비에 지배되어, 스트로발수 ($\equiv fd/\mu$)는 레이놀즈수가 $2\times10^3 \sim 10\times10^4$의 범위에서 거의 0.2의 일정값으로 된다. 이 때문에 f는 μ에 비례하여 f를 검출하면 유속계로 된다. 유량측정에는 유체의 밀도, 온도, 조성 등은 거의 영향을 미치지 않지만, 유속분포나 흐름의 상태가 영향을 미치므로, 그 대책이 필요하고 정도는 어느 정도 저하한다. 그렇지만, 속도가 낮은 곳의 측정이 가능하고, 측정범위도 넓으며, 출력이 펄스 주파수이므로 적산(積算)도 용이하므로 과도운전시나 실제 주행 운전시에 흡입공기량을 측정하기 위한 연구가 진행되고 있다. 이 경우 와류의 불발 및 검출

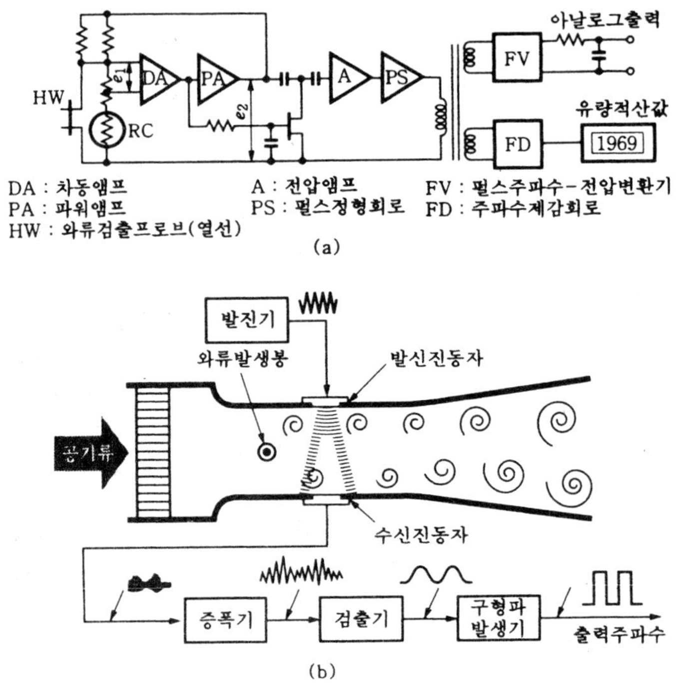

그림 4·28 칼만 와류 유속계

미스가 문제로 되기 때문에 여러 방법이 연구되어 점점 발전되고 있다(그림 4·28).

(8) 불꽃방전 전류에 의한 방법

방전전극과 방전로(放電路) 검출용 탐침으로 구성되며, 방전개시 후 방전전류가 탐침에 흐를 때까지의 시간을 측정하여 유속을 구하는 방식으로 비교적 간단한 유속계로, 이것을 흡입공기 유속의 측정에 이용하는 경우에는 기관을 일정한 회전으로 연속 운전하여 흡기 개시로부터 방전시기를 순차적으로 변화시켜 그때마다 흡기유속을 측정하는 방법으로 전기간에 걸쳐서 실시하게 된다. 이 때문에 측정 소요시간이 길고, 더구나 유속의 사이클변동이 측정값에 영향을 미치므로 취급이 까다롭다. 유속측정은 정도가 높지만, 오히려 다른 유속계에서는 측정이 곤란한 발화운전 때의 기통 내의 흐름이나 배기흐름의 측정에 사용되어져야 할 것으로 생각된다.

(9) 상관 유속계에 의한 방법

흡기관의 흐름방향에 2개의 열선센서를 삽입하여 각각의 삽입된 곳에 흐름의 변동성분을 검출하여 상관분석기로 상호 상관함수를 연산하여 최대로 될 때의 시간 τ와 센서의 간격 l로부터 평균유속 $u=l/\tau$을 구하는 것이다. 이것을 서지탱크를 부착한 층류형 유량계와 직결로 흡기관에 부착하여 측정한 결과 양자의 측정값이 잘 일치하는 것이 확실히 밝혀졌다.

(10) 기타 방법

서지탱크를 부착하여 맥동류가 무시할 수 있을 정도로 된 경우에는 앞에서 열거한 유량계나 유속계, 더구나 기계식 각종 유량계도 사용할 수 있으며, 이들 유량계에는 정도가 높은 것들이 많다. 그러나, 맥동류가 남아 있는 경우에는 오차에 대하여 검토할 필요가 있다. 또, 기화기를 부착한 발화운전하는 경우처럼 흡기관 내에 연료 액적이 혼재해 있는 경우에는 앞에서 언급한 유속계는 거의 사용할 수 없다. 이 경우 공기청정기 상류쪽에 유속계를 설치할 수밖에 없지만, 여기서 측정한 순간적 유량이 기통으로 유입되는 순간적 유량과 일치하는지는 의문이며, 절대적 검증이 비교적 곤란하므로 검증은 어렵다. 또, 여러 흡입공기량 측정장치는 기관의 튜닝(tuning)에 영향을 미치므로 구동운전시의 압축압력으로부터 추정, 연료유량계와 공연비계의 병용, 흡기관 부압과 기관속도로부터의 추정 등의 간접 측정법을 이용하는 경우도 있다. 이들 측정오차는 3~10% 정도로 생각된다.

4.5.4 체적효율의 근사식

체적효율은 식 (4·51), (4·52)를 사용하여 이론적으로 계산하는 것도 불가능하지는 않으나 대단히 복잡하므로 체적효율에 미치는 여러 영향을 포함한 근사식을 구해 보자.

흡기밸브가 닫힐 때의 실린더 체적을 (V_c+V_h'), 가스 비중량을 γ_1, 배기밸브가 닫힐 때의 그들을 V_R, γ_R로 하면,

$$\text{흡입된 새로운 공기의 중량 } G_s=V_h\eta_v\gamma_s=(V_c+V_h')\gamma_1-V_R\gamma_R$$

$(V_c+V_h')/V_c=\varepsilon_e$, $V_R\cong V_c$로 하면,

$$\eta_v=\frac{\varepsilon_e}{\varepsilon-1}\frac{\gamma_1}{\gamma_s}\left(1-\frac{\gamma_r}{\varepsilon_e\gamma_1}\right) \tag{4·61}$$

잔류가스와 새로운 공기의 가스정수를 같다고 하고 $\gamma=p/RT$의 관계를 사용하여

$$\eta_v=\frac{\varepsilon_e}{\varepsilon-1}\frac{p_1}{T_1}\frac{T_s}{p_s}\left(1-\frac{p_R}{T_R}\frac{T_1}{p_1}\frac{1}{\varepsilon_e}\right) \tag{4·62}$$

위의 두 식에서 ε_e, 흡입종료의 가스 비중량 γ_1, 즉 p_1/T_1이 클수록, 또 잔류가스의 비중 γ_R, 즉 p_R/T_R이 작을수록 η_v는 증가된다는 것을 알 수 있다. 그러나 γ_R의 영향은 비교적 적으므로 잔류가스가 실린더 내 압력까지 단열팽창하여 온도 T_1이 된다고 가정하고 $p_R^{1-k}T_R^k=p_1^{1-k}T_1^k$인 관계를 넣으면

$$\eta_v=\frac{\varepsilon_e}{\varepsilon-1}\frac{T_s}{T_1}\frac{p_1}{p_s}\left[1-\frac{1}{\varepsilon_e}\left(\frac{p_R}{p_1}\right)^{1/k}\right] \tag{4·63}$$

또한, $(p_R/p_1)^{1/k}$을 전개하여 2차 이상의 항은 생략하고 $\varepsilon=\varepsilon_e$로 하면

$$\eta_v=\frac{T_s}{T_1}\frac{p_1}{p_s}\left[1+\frac{1}{k(\varepsilon-1)}\left(1-\frac{p_R}{p_1}\right)\right] \qquad (4\cdot 63')$$

T_R이 제거되었으므로 T_1, p_1, p_R에 대해 생각한다.

(1) 흡입종료의 온도

T_1은 정확하게 측정하는 것도 계산하는 것도 곤란하므로 다음에 대략의 경향을 나타내어 둔다. 식 (4·44)에서 $dG_a=0$으로 하면 흡기행정의 경우가 되고, 이것을 전체 흡기행정에 대해 적분하면

$$c_pG_sT_s+Q_w=c_v(G_s+G_R)T_1-c_vG_RT_R+\int p_z dV_z \qquad (4\cdot 64)$$

식 $I=u+pv$에서 $c_pG_sT_s=c_vG_sT_s+p_sV_h\eta_v$이므로 윗식으로부터

$$\Delta T=T_1-T_s=\underbrace{\left(\frac{G_sT_s+G_RT_R}{G_s+G_R}-T_s\right)}_{\Delta T_R}+\underbrace{\frac{Q_w}{c_v(G_s+G_R)}}_{\Delta T_w}+\underbrace{\frac{(p_sV_h\eta_v-p_mV_h)}{c_v(G_s+G_R)}}_{\Delta T_p} \qquad (4\cdot 65)$$

윗식에서 $p_m=\int p_z dV_z/V_h$

ΔT_R은 잔류가스의 혼합에 의한 온도상승, ΔT_w는 벽에서의 가열에 의한 온도상승이다. $p_sV_h\eta_v$는 급기의 압입일, p_mV_h는 흡입중에 급기가 한 일이므로, $p_sV_h\eta_v-p_mV_h$는 흡입일(그림 4·15의 면적 c)이 되고, ΔT_p는 흡입일에 의한 온도상승이다. 흡기를 교축하면 흡입일이 크게 되어 ΔT_p는 증가한다. 이것을 이용하여 시동시에 압축 초의 온도를 올릴 수가 있다. 완전가스의 상태식을 사용하여 식 (4·64)를 변형하면

$$\eta_v+\frac{RQ_w}{c_pp_sV_h}=\frac{1}{kp_sV_h}\left[p_1(V_c+V_h')-p_RV_R+R\int p_z dV_z\right]$$

$$\eta_v=\frac{1}{1+\Delta T_w'/T_s}\left[\frac{1}{k(\varepsilon-1)}\frac{p_1}{p_s}\left(\varepsilon_e-\frac{p_R}{p_1}\right)+\frac{k-1}{k}\frac{p_m}{p_s}\right] \qquad (4\cdot 66)$$

윗식에 있어서 $\Delta T_w'=Q_w/(c_pG_s)$는 벽에 의해 새로운 공기가 정압가열되었다고 한 경우의 온도상승이다. $Q_w=0$라고 하면,

$$\eta_v=\frac{1}{k(\varepsilon-1)}\frac{p_1}{p_s}\left(\varepsilon_e-\frac{p_R}{p_1}\right)+\frac{k-1}{k}\frac{p_m}{p_s} \qquad (4\cdot 67)$$

로 되어, η_v는 T_s, T_R에는 무관하다. 이것은 잔류가스와 새로운 공기의 비열, 가스정수를 같다고 했기 때문에 혼합에 의해 체적변화가 일어나지 않기 때문이다.

(2) 흡입종료 및 잔류가스 압력(p_1, p_R)

흡·배기밸브에 있어서 외관상 가스속도를 ω_s, ω_a로 하면 근사적으로

$$p_1 = p_s - K_s\gamma_s\omega_s^2/(2g), \qquad p_R = p_a + K_a\gamma_a\omega_a^2/(2g) \tag{4·68}$$

단,

$$\omega_s = Fc/f_s = (D/d_s)^2c, \qquad \omega_a = Fc/f_a = (D/d_a)^2c \tag{4·69}$$

로 나타내어진다. F는 피스톤 면적, f는 밸브면적, d는 밸브지름이다. K_s는 흡·배기계의 저항 및 밸브열림곡선의 관계되는 정수이다. $\gamma_s > \gamma_a$이므로 ω_s의 편이 η_v에 대한 영향이 크다. 이 때문에 고속기관에서는 $\omega_s \cong \omega_a/2$, 즉 $f_s \cong 2f_a$로 한다.

흡입속도의 영향을 나타내는데 ω_s 대신에 다음 식으로 정의된 흡입 마하지수(inlet Mach index) Z를 사용하면 행정체적, 밸브의 크기, 형태, 양정에 관계없이 그림 4·29에 나타낸 바와 같이 η_v는 하나의 곡선상에 실려 $Z > 0.5$가 되면 η_v는 급격하게 감소된다.

$$Z = \frac{\omega_s}{a_s}\mu_{sm}^{-1} = \left(\frac{D}{d_s}\right)^2\frac{c}{a_s}\frac{1}{\mu_{sm}} \quad (a_s = \text{흡기중의 음속}) \tag{4·70}$$

μ_{sm}은 흡기밸브의 평균유량계수로서 0.3~0.4 정도이다.

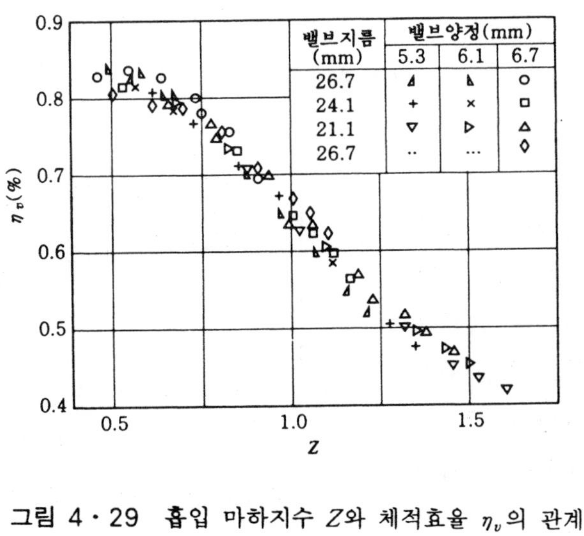

그림 4·29 흡입 마하지수 Z와 체적효율 η_v의 관계

● 참고

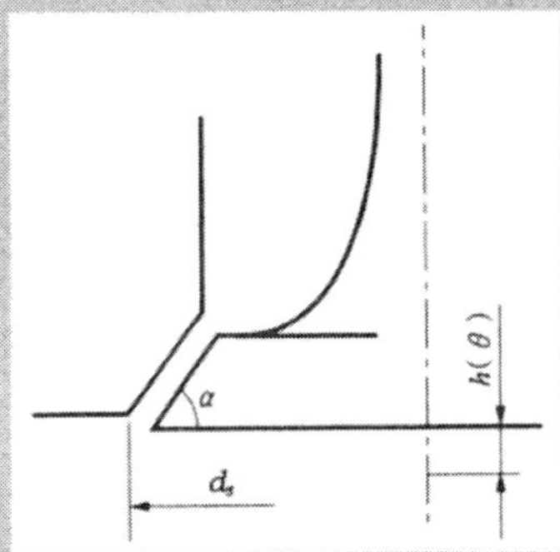

Z_s : 흡입 마하지수(Z_e : 배기 마하지수),

$Z_s=\omega_s/a_s$(a_s는 흡기중의 음속)

ω_s : 흡입밸브에서의 외관상 가스속도.

ω_i : 흡기의 평균속도이므로 흡기의 단면적을 알면 구할 수 있으므로 ω_s 대신으로 사용하면.

$$\frac{\pi}{4}D^2\cdot c_m=\omega_i\times\frac{\pi}{4}d_s^2\mu_{sm}$$

(D : 피스톤 지름, d_s: 흡기밸브 지름, μ_{sm} : 흡입 평균유량계수, c_m : 평균피스톤 속도, 첨자 s는 흡기, e는 배기를 각각 의미함)

$$Z_s=\left(\frac{D}{d_s}\right)^2\frac{c_m}{a_s}\frac{1}{\mu_{sm}}<0.5$$

배기의 경우도 같은 방법으로 하면,

$$Z_e=\left(\frac{D}{d_e}\right)^2\frac{c_m}{a_e}\frac{1}{\mu_{em}}<0.3$$

여기서 $\mu_{sm}=\dfrac{1}{\frac{\pi}{4}d_s^2(\theta_2-\theta_1)}\int_{\theta_1}^{\theta_2}\mu(\theta)\pi d_s h(\theta)\cos\alpha\, d\theta\fallingdotseq 0.4\sim0.3$

[θ : 크랭크각, $h(\theta)$: 밸브양정]

일반적으로 가솔린기관에서는 기화기의 저항 때문에 흡기의 압력강하가 크므로 전개(全開)운전에 있어서 $\eta_v=0.65\sim0.8$, 디젤기관에서는 $\eta_v=0.8\sim0.9$가 된다. 그림 4·30에 일반적으로 사용되고 있는 기관의 ω_s와 η_v와의 범위를 나타내고 있다. 실제의 기관에서는 η_v는 ω_s만이 아니라 밸브개폐시기, 흡기계의 형상·내면의 조도 등에도 관계되나 계산으로 구한다는 것은 곤란하다. η_v는 출력에 직접 영향이 있으나 도시열효율에는 큰 영향을 미치지 않는다.

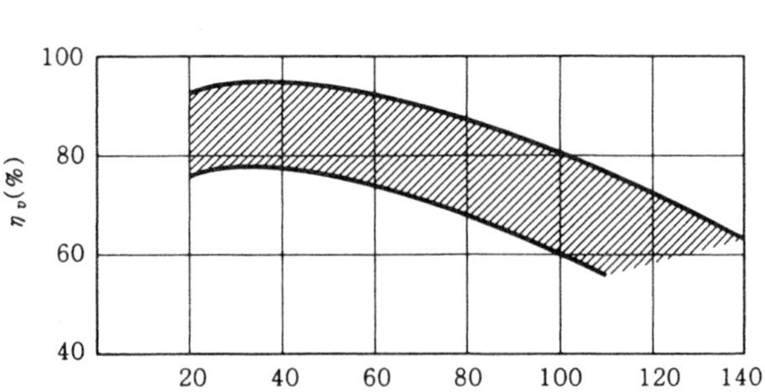

그림 4·30 4 사이클기관의 체적효율의 범위

4.5.5 체적효율에 미치는 정적영향

(1) 입구온도의 영향

입구온도가 높게 되면 실린더 벽과의 온도차가 감소되므로 흡기의 가열은 적게 된다. 즉 식 (4·66)에서 $\Delta T_w'/T_s$가 작아지므로 η_v는 증가된다.

실험결과에 의하면 입구온도 T_s, T_o에서 체적효율 η_v, $(\eta_v)_{T_o}$의 관계는 다음과 같다.

$$\frac{\eta_v}{(\eta_v)_{T_o}} = \left(\frac{T_s}{T_o}\right)^m \qquad (4 \cdot 71)$$

$m = 0.25 \sim 0.3$

m은 ω_s가 클수록 큰 값이 된다. 그림 4·31에 입구온도에 대한 η_v 실측의 일례를 나타낸다.

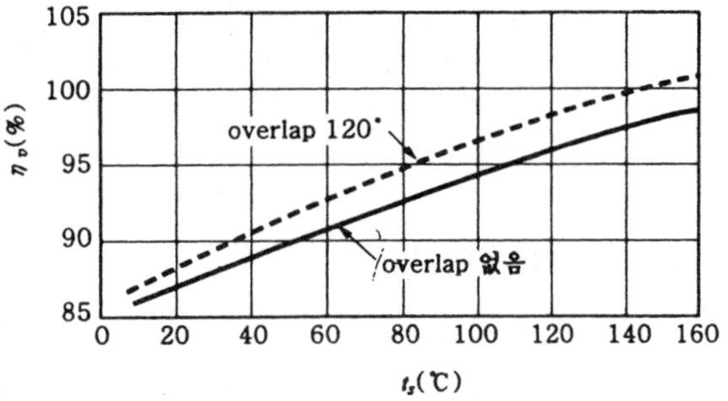

그림 4·31 입구온도가 체적효율에 미치는 영향 (디젤기관 $\varepsilon=13.1$, $\lambda=1.35$, $n=$ 1600 rpm)

(2) 입구압력의 영향

흡입속도 ω_s, 온도 T_s가 동일하고 입구압력이 p_s, p_0인 경우를 생각하면 식 (4·68)로부터 p_1/p_s, p_{10}/p_0는 같게 되므로 식 (4·63)으로부터

$$\frac{\eta_v}{(\eta_v)_{p0}} = \frac{T_{10}}{T_1}\frac{\varepsilon_e-(p_R/p_1)^{1/k}}{\varepsilon_e-(p_{R0}/p_{10})^{1/k}} \cong \frac{\varepsilon_e-(p_R/p_1)^{1/k}}{\varepsilon_e-(p_{R0}/p_{10})^{1/k}} \qquad (4 \cdot 72)$$

흡입종료의 압력과 잔류압력의 비가 같으면 입구압력의 영향은 없다. 과급된 경우에는 $p_R/p_1<1$, 즉 잔류가스가 압축되며 또 흡기량이 많아지기 때문에 식 (4·66)의 $\Delta T_w'$가 감소되고 η_v는 증가된다.

(3) 벽온도의 영향

부하, 냉각수 온도가 높게 되면 벽온도가 상승하여 $\Delta T_w'$가 증가되므로 식 (4·64)에서 분명하게 알 수 있듯이 η_v는 감소된다. 그림 4·32에 실측결과의 일례를 나타낸다.

(4) 압축비의 영향

$\varepsilon \cong \varepsilon_e$이므로 $p_R=p_1$이면 식 (4·66)으로부터 η_v는 ε에 무관하며 $p_R>p_1$ 혹은 $p_R<p_1$인가에 따라서 ε의 증가에 따라서 η_v는 증가 혹은 감소되지만 실측결과는 거의 영향이 없다.

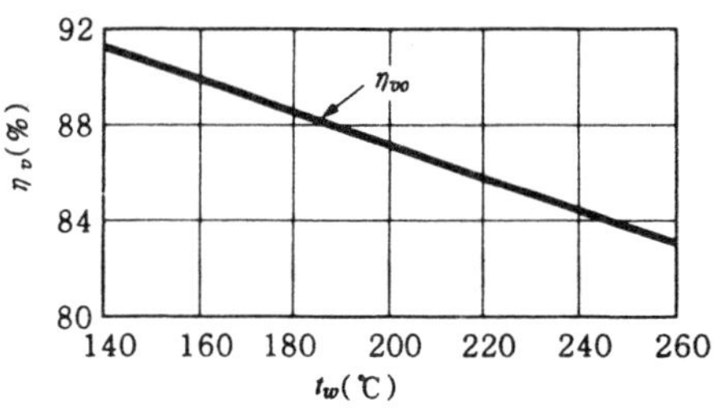

그림 4·32 벽온도가 체적효율에 미치는 영향(가솔린기관, p_s=1.18 ata, n=3200 rpm, η_{v0}는 대기상태를 기준으로 한 값)

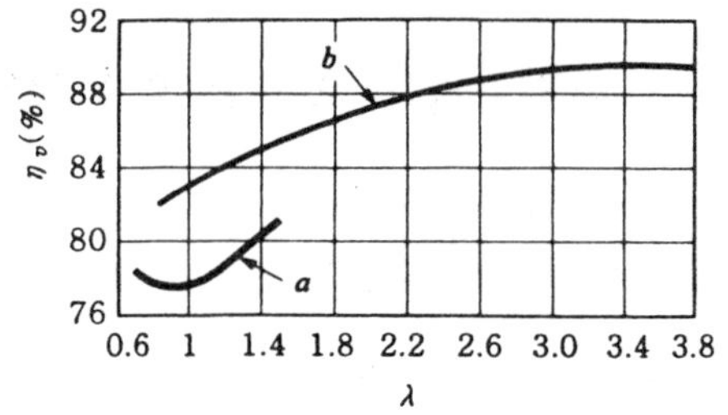

그림 4·33 체적효율에 미치는 공기과잉률의 영향
a : 가솔린기관 6기통, D/S=80/82
b : 디젤기관 평균값

(5) 공기과잉률의 영향

디젤기관은 공기과잉률이 작게 되면, 즉 고부하가 되면 흡기계, 실린더 벽 온도가 상승하여 $\Delta T_w'$가 증가되기 때문에 그림 4·33과 같이 η_v는 감소된다.

가솔린기관은 공기와 함께 연료가 흡입되므로 실린더 내에서 연료가 기화되어 (1) 기화열 때문에 흡기온도가 내려가고 (2) 증기압 때문에 공기의 분압이 내려간다. 이 가운데 (1)의 영향이 크므로 연료가 포함되면 공기만의 경우보다 η_v는 증가한다. 그러나 이 영향은 극히 적으며 농혼합기인 경우라도 3~4%에 지나지 않으므로 희박한 혼합기인 경우에는 실린더온도의 영향이 현저하다. 그림 4·33은 이 양상을 나타낸 것이며 $\lambda<0.95$에서 η_v가 약간 증가하고 있는 것은 기화의 영향에 의한 것이다. 알코올과 같이 기화열이 큰 것을 사용하면 이 영향은 더욱 현저하게 된다.

(6) 회전속도의 영향

회전속도가 높게 되면 당연히 ω_s, ω_a가 크게 되므로 p_1은 감소, p_R은 증가되고 따라서 η_v는 감소된다. 이 때문에 고속기관은 최고출력이 제한된다. 실제의 기관에서는 흡·배기관이 부착되므로 가스의 관성 혹은 맥동 때문에 회전속도에 대한 η_v 곡선에 기복이 생긴다.

4.5.6 체적효율에 미치는 동적효과

작동유체의 일련의 교환조작의 양부를 나타내는 체적효율을 향상시키는 것은 기관의 출력향상을 위하여 절대 필요한 사항이다. 흡기량을 증가시키기 위해서는 흡·배기의 통로를 크게 하는 것과 밸브의 개폐시기를 적절히 선택해야 하는 것에 대해서는 앞에서 언급했지만, 이것에 흡·배기통로가 열리기 시작할 때 발생하는 압력파의 위상을 기관의 흡·배기시기와 적절히 조절함으로써 흡·배기작용을 촉진시킬 수 있다. 이와 같은 효과를 흡·배기관 내 유체의 동적효과(dynamic effect)라 부르고, 실제 위상을 조절하는 방법은 주로 파이프의 길이로 조정한다. 파이프의 길이를 변화시킴에 따라 압력진폭이 큰 고속시에 어떤 회전속도에서 이상한 고출력이 발생하는 것을 옛부터 경험으로부터 알았지만, 이 현상이 동적효과 때문이라고 알았던 것은 오래되지 않았다.

여기서는 4 행정기관에 대해서 해석하지만, 2 행정기관의 경우에도 거의 동등하게 적용할 수 있다.

그림 4·34는 흡기관의 길이를 0으로부터 3.5 m까지 변화시켜 모터로 구동시킨 경우의 회전속도에 대한 체적효율을 측정한 결과로, 관이 긴 경우에는 큰 산과 그 중에 작은 산이 겹쳐져 있고, 그 최대값은 파이프가 없어 흐름의 저항이 없을 때보다도 오히려 증대하고 있다.

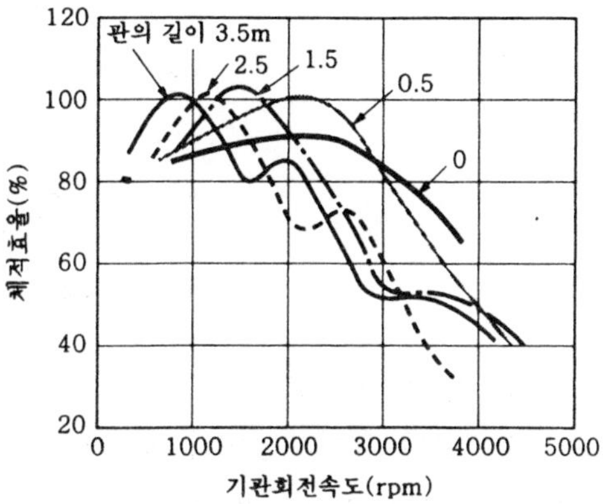

그림 4·34 어떤 기관이 공회전할 때 흡기관의 길이를 변화시켰을 때의 체적효율 특성

이것은 가스가 관속에 있을 경우, 이 가스를 하나의 기주(氣柱 : gas column)로 생각하여 질량과 동시에 탄성을 가지고 있으므로 이것이 운동할 때는 관성이 있으므로, 이 기주가 간헐적으로 이동하는 경우에는 압력진동을 일으킨다. 흡기관의 경우, 이 진동을 피스톤의 운동에 맞추면 동조현상(synchronize phenomena)을 일으켜 공명하여 실린더 내로의 공기의 유입량이 많아져 체적효율은 상승한다. 또, 배기관의 경우는 흡기관의 경우와는 역이고, 배기관 끝에서의 반사파가 부압파(負壓波)로 되기 때문에, 이 동조현상에 의해 보통 때의 경우보다도 여분의 배기가스를 빨아낼 수 있다. 그림 4·35는 흡·배기관 내 기주운동의 설명도이고, 압력파의 전파속도 dx/dt는 다음 식으로 나타낼 수 있다.

$$dx/dt = u(\text{유속}) \pm a(\text{음속}) \tag{4·73}$$

그림의 1, 2, 3은 시간경과 순서이다.

흡·배기관 내 유체의 동적효과에는 같은 흡·배기의 각 과정에 직접 영향을 미치는 효과, 즉 관성효과(inertia effect)와 흡·배기관 내의 잔존파(殘存波)가 다음 사이클의 흡·배기의 각 과정에 미치는 효과, 즉 맥동효과(pulsation effect)가 있다.

따라서, 흡입관에서는 밀어 넣는 작용과 배기관 내에서는 빨아내는 작용을 잘 이용하면 체적효율 η_v를 개선시킬 수 있다.

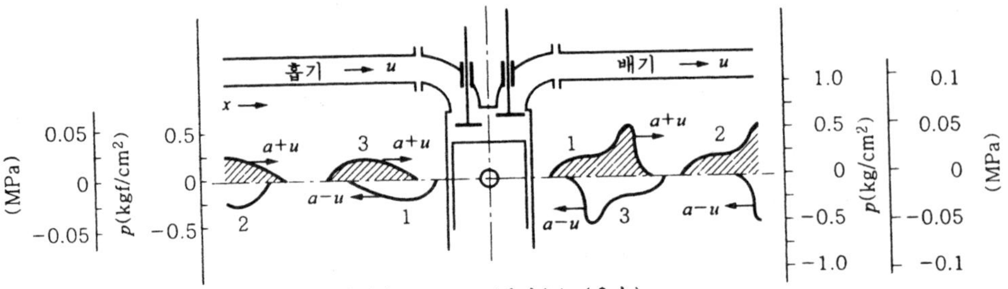

파의 전파속도 $dx/dt = u$(유속) $\pm a$(음속)

$$a \equiv \sqrt{\frac{dp}{d\rho}} = \sqrt{\frac{kp}{\rho}} = a_0\left(\frac{p}{p_0}\right)^{\frac{k-1}{2k}}, \quad a = \sqrt{\frac{kp_0}{\rho_0}} = \sqrt{kgRT_0}$$

p_0, T_0, ρ_0 : 정지상태

1, 2, 3 : 시간경과 순서

그림 4 · 35 흡 · 배기관 내의 기주진동

(1) 흡기관의 동적효과

4 행정기관의 흡기과정에서 흡기밸브의 입구에 발생한 부압은 흡기관 내를 부압파로 되어 전파하고 흡기관의 개방된 쪽에서 반사된 제1반사파가 t초 후에 되돌아온다고 하자. 관의 길이가 길고 정압파로 되돌아오는 시간 t가 흡입기간 t_s보다도 길면($t > t_s$) 그림 4 · 36 (a)처럼 흡기과정에 직접 영향을 미치지 않지만, 관이 짧아 $t = t_s/2$의 경우에는 부압파에 정압파가 중첩되어 그림 4 · 36 (b)처럼 중첩된 부분이 합성되어(점선) 흡기행정의 후반은 정압으로 된다. 흡기밸브가 닫히기 직전에 정압이 최대로 되도록 t를 선택하면 체적효율을 증가시킬 수가 있게 된다.

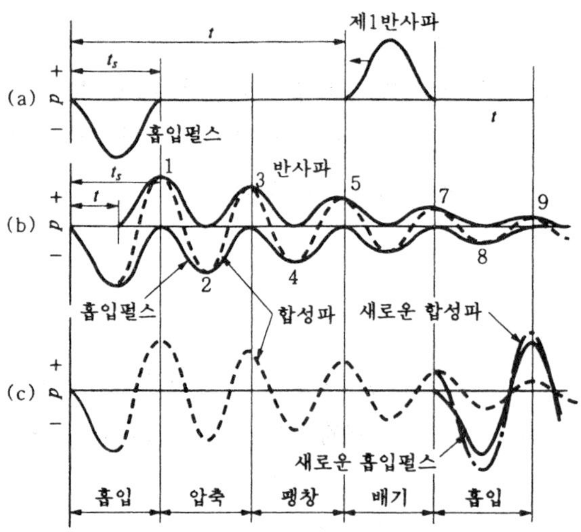

그림 4 · 36 흡입압력파의 동조

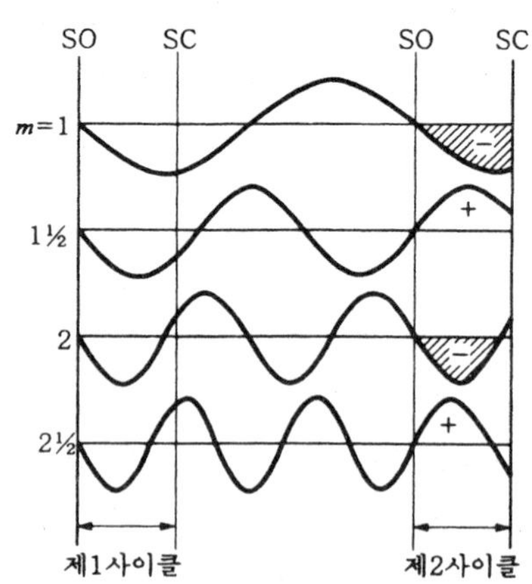

그림 4 · 37 흡입압력파의 차수와 동조(밸브개폐시기)

정・부압파의 중첩은 압력파의 주파수 $\nu=1/2t$과 매초 흡입횟수 n_s(4 행정기관의 경우는 $n/120$)에 관계하기 때문에, 이 비를 동조차수라 하며 다음과 같다.

$$m=\frac{\nu}{n_s}=\frac{120\nu}{n} \qquad (4\cdot74)$$

최적의 동조조건은 그림 4・36 (b)로부터 $t=\frac{1}{2}t_s$, 즉 흡입기간 중에 1회만 진동하는 것이다. 흡입밸브의 유효개구각도(밸브개구각-무효각)을 θ_s라 한다면, $\theta_s=6n\cdot t_s$이므로 최적동조차수 m_{opt}은 다음 식으로 구할 수 있다.

$$m_{opt}=\frac{720}{\theta_s} \qquad (4\cdot75)$$

여기서, $\theta_s=180$ (deg)로 한다면 $m_{opt}=4$로 된다.

그림 4・36 (c)는 정압파가 다음 사이클의 흡입에 동조하여 흡입 말의 압력을 높인 새로운 합성파를 나타낸다. 즉, 흡입밸브가 닫힌 후에 관내에는 압력진동이 남고, 점점 감쇠하여 가지만, 정압파가 다음 사이클의 흡입에 동조하면 흡입 말의 압력이 높아져 더욱 체적효율을 증가시킬 수 있다. 이 경우 부압파가 동조하면 밸브가 닫힐 때의 압력은 떨어져 체적효율은 저하한다.

관내에 남아 있는 파의 주파수와 흡입횟수와의 비 m과 동조의 관계를 나타내면 그림 4・37과 같이 $m=1\frac{1}{2}$, $2\frac{1}{2}$, ……에서는 정압파, $m=1$, 2에서 부압파가 제2사이클의 흡입에 중첩된다. 이처럼 관내에 남아 있는 파가 다음 사이클의 흡입과정에 미치는 영향을 맥동효과(pulsation effect)라 하고, 이것에 대해 앞에서 언급한 바와 같이 $t<t_s$의 경우에는 압력파가 그 발생한 사이클의 흡입과정에 직접영향을 미치는 것은 관성효과(inertia effect)라 하여 이 두 가지를 관성과급이라 한다.

흡입관이 있을 경우의 흡입과정에 대해서는 비정상 관내 흐름의 기초식을 엄밀한 경계조건하에 전자계산기에 의해 계산하면 실제와 잘 일치하는 체적효율이 구해지지만 대단히 복잡하다. 근사적으로는 스프링계의 진동으로 취급하여 실린더 내 가스에 상당하는 스프링에 흡기관 내 기주(氣柱)에 상당하는 질량이 붙어 있는 것으로 하여 운동방정식을 풀면 된다.

동조(同調)진동수를 논하려면 압력진동을 미소진동이라고 생각하고 음향이론으로 유도된 진동수를 사용하면 충분하다. 흡・배기계의 자연진동수는 일반적으로 다음 식으로 나타내어진다.

$$\nu=a/(2l_e), \qquad a(\text{음속})=\sqrt{kgRT} \qquad (4\cdot76)$$

l_e는 등가관(等價管)길이이며, 각종 관에 대하여 그림 4・38에 표시하고 있다. 개방관에

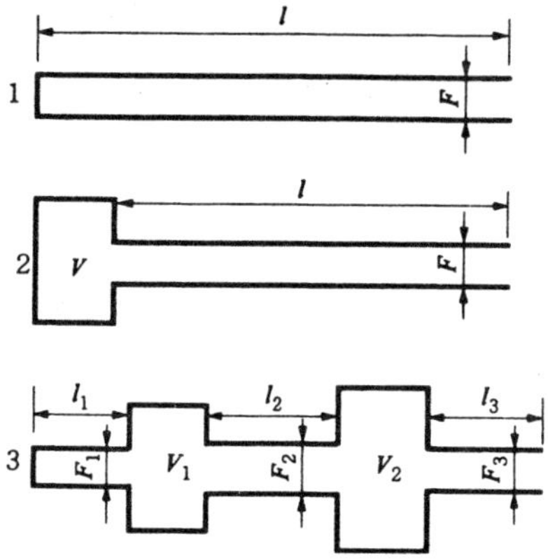

(1) $\cot\frac{l}{l_e}\pi=0,\ l_e=2l$

(2) $F\cot\frac{l}{l_e}\pi-V\frac{\pi}{l_e}=0$

(2′) $l \ll V/F,\ l_e=\pi\sqrt{lV/F}$

(2″) $l \gg V/F,\ l_e=2(l+V/F)$

(3) $\left(-F_1\tan\frac{l_1}{l_e}\pi+F_2\cot\frac{l_2}{l_e}\pi-V_1\frac{\pi}{l_e}\right)\times\left(F_2\cot\frac{l_2}{l_e}\pi+F_3\cot\frac{l_3}{l_e}\pi-V_2\frac{\pi}{l_e}\right)=F_2^2/\sin^2\frac{l_2}{l_e}\pi$

그림 4・38 흡・배기계의 등가관길이

대해서는 개단보정(開端補正) Δl을 가하지 않으면 안 된다. 이 이론값은 $\Delta l_o=(4/3\pi)d$나 실험결과로는 $\Delta l=2\sim4\,\Delta l_o$로 되어 있다.

최적인 동조는 m이 어느 특정값일 때이므로 식 (4・74), (4・76)으로부터, 즉 $m=\frac{\nu}{n_s}=\frac{120\nu}{n}$, $\nu=\frac{m\cdot n}{120}$과 $\nu=\frac{a}{2l_e}$이므로 x에서

$$\frac{nl_e}{a}=\frac{60}{m}=\text{일정}$$

관성효과인 경우에는 밸브가 열려 있으므로 그림 4・38의 식 (2)가 적용되어 짧은 관으로 하고 (2′)식을 사용하면 최적 동조조건은 식 (4・75)로부터, 즉 $m=\frac{720}{\theta_s}$, $m=\frac{\nu}{n_s}=\frac{120\nu}{n}$ 식에 $\nu=\frac{a}{2l_e}$를 대입하면

$$m=\frac{720}{\theta_s}=\frac{120}{n}\times\frac{a}{2l_e}$$

l_e 대신에 그림 4・38 (2)의 식 (2′) $l_e=\pi\sqrt{lV/F}$를 대입하여 정리하면,

$$\frac{n\sqrt{l}}{a}=\frac{\theta_s}{12\pi}\sqrt{\frac{F}{V}}=\text{일정} \qquad (4\cdot77)$$

맥동효과인 경우에는 밸브가 닫혀 있으므로 그림 4・38의 식 (1)을 사용하면 다음과 같이 된다.

$$\frac{nl}{a}=\frac{30}{m}=\text{일정} \qquad (4\cdot78)$$

그림 4・39는 관길이를 여러 가지로 바꾼 경우의 최고 평균유효압력의 변화를 나타낸다. $m=5.6,\ 4.0,\ 2.7,\ \cdots\cdots$에서 극대, $m=3.4,\ 1.9,\ 1.0,\ \cdots\cdots$에서 극소값을 나타내고 있다. 관성

효과는 $t<t_s$, 즉 $\theta_s=180°$인 경우 $m>2$가 아니면 일어나지 않으므로 차수가 낮은 것은 맥동효과에 의한 것이다. 맥동효과는 차수가 높게 되면 감쇠가 크고 또 흡입기간 중 정·부 양파(兩波)가 들어가므로 효과는 적어진다. 따라서 3차 이상의 것은 관성효과가 지배적이다. 이 그림은 $\nu=a/(4l)$로 하여 정리한 것이며 $m=4$로서 최적 관길이를 구하면 식 (4·78)로부터

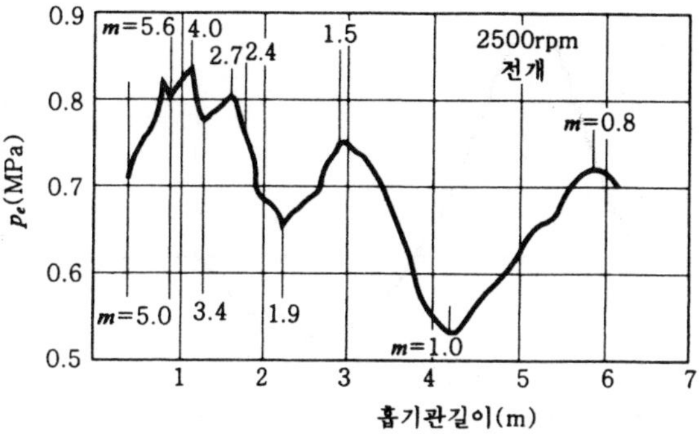

그림 4·39 흡기관길이와 정미 평균유효압력〔공랭 슬리브밸브 가솔린기관, $V_h=0.733(l)$, $\varepsilon=8$, 공연비 = 13, 관지름 = 44.5 mm〕

$$l_{opt}=\frac{7.5a}{n}=\frac{2550}{n}\ (\text{m})\ \text{〔단, } a=340\ \text{m/s}(\sim 20℃)\text{〕}$$

흡기관에 기화기, 공기필터 등이 있으면 압력파의 감쇠가 크며 동적효과는 감소된다. 관의 굴곡은 각도가 클수록 효과는 적어지나 흡기구멍 가까이에 있을 경우에는 그 해는 적다. 관지름의 영향은 적고 또 회전이 높게 되면 압력진폭은 크게 되나 위상(位相)은 지연된다.

(2) 배기관의 동적효과

배기취출에 따라서 배기관의 초반부에 큰 정압파가 발생하여 이것이 관 끝에서 부압파가 되어 반사되므로 정·부 압력파의 합성에 의해 압력진동이 생긴다. 배기취출 때에는 많은 에너지가 방출되므로 이 압력진폭은 항상 흡기관 내의 그것보다 크다. 이 압력파에 의해 배기행정의 후반에 부압이 생기면 연소실 내의 잔류가스가 흡출된다. 밸브오버랩이 클 경우에 이 부압파가 오버랩기간에 일치하면 소기가 양호하게 행해진다. 이렇게 되기 위해서는 그림 4·40에 나타낸 바와 같이 취출 후에 1차 또는 2차의 부압파가 계속되지 않으면 안 된다. 이 조건은 흡기관의 경우와 마찬가지로 배기밸브의 유효개구기간 θ_e, 혹은 그 1/2을 주기로 하는 압력진동을 발생시키는 것이므로

$$\frac{\theta_e}{360}\frac{60}{n}=\frac{2l_e}{a},\qquad \frac{nl_e}{a}=\frac{\theta_e}{12}=\text{일정}\left(\text{혹은 }\frac{\theta_e}{24}\right) \tag{4·79}$$

배기관의 경우에는 부하에 의해 압력진폭 a가 변화한다. 보통 사용되고 있는 배기관계의 등가길이를 그림 4·38에 나타내고 있다.

결국, 배기관 내의 압력파에 의한 동적효과는 흡기관의 경우와 거의 같은 양상이지만 다음의 점이 다르다.

① 그림 4·41에 표시한 바와 같이 밸브가 열린 직후에 "정"의 압력파가 생긴다. 이 압력의 크기는 흡기밸브 때보다도 대단히 크기 때문에 최대효과를 이용하면 흡기관의 경우보

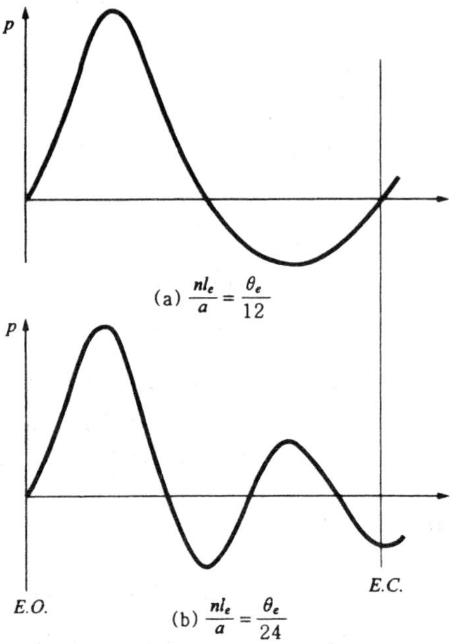

그림 4·40 (a) $\dfrac{nl_e}{a}=\dfrac{\theta_e}{12}$, (b) $\dfrac{nl_e}{a}=\dfrac{\theta_e}{24}$ 인 경우의 배기관 압력

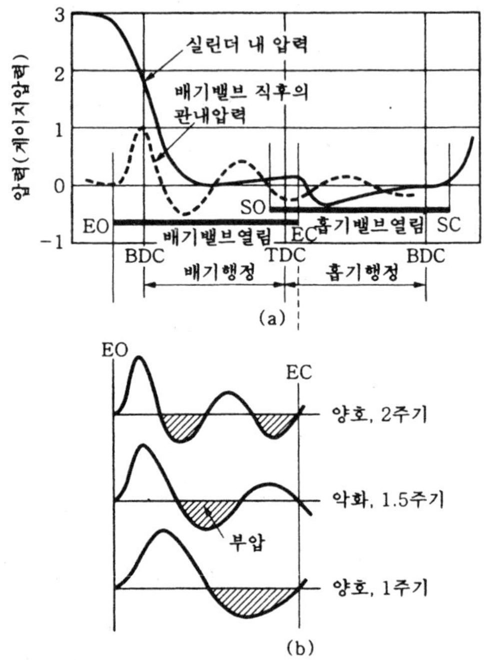

그림 4·41 배기관에서의 동적효과의 설명

다도 한층 큰 출력증대를 얻을 가능성이 있다.

② 당연한 것이지만 그림 4·41 (b)에 표시한 바와 같이 배기행정 후반에 부압이 발생하여 실린더 내의 연소가스를 빨아내는 작용을 할 때가 배기작용을 조장하여 흡기량을 증대시킨다.

③ 배기의 음속 a_e는 고온 때문에 흡기의 음속 a_s보다 크다. 최대효과를 얻기 위한 조건은 흡기관의 관성효과와 같이 배기기간과 진동주기가 거의 동조할 때이고 θ_e를 배기밸브의 유효개구각도라 한다면, $m=\dfrac{720}{\theta_e}$ 으로 된다.

$$\text{맥동차수}\ q=\frac{f_e}{f_s}=\frac{\dfrac{a_s}{4l_s}}{\dfrac{n}{120}}=\frac{30a_s}{n\cdot l_s}$$

$$\begin{cases} f_e : \text{기관 자신의 주파수},\ a_s : \text{흡입구의 음속},\ q=3 \text{ 이하이면 맥동효과} \\ f_s : \text{파이프의 주파수},\ l_s : \text{파이프의 길이},\ q=3 \text{ 이상이면 관성효과} \end{cases}$$

(3) 실용상의 문제

① 파이프의 진정한 고유진동수는 파이프의 형태가 단순하지 않고, 굴곡되어 있는 때에는

일정한 산술식〔(2)항의 ③의 f_s〕으로는 정확하게 산출할 수 없으므로 최종적으로는 실험으로 최적길이를 선택한다.

② 동적효과를 계의 고유진동수의 주기와 1 사이클 기간의 시간 또는 밸브가 열리는 시간 등이 어느 일정한 관계일 때 최고이므로, 회전속도가 변화하면 이것들이 변화하여, 어떤 회전속도에 가까운 운전영역에서만 효과가 크고, 그 이외에는 역으로 성능을 저하시키는 속도도 있다. 이와 같은 점 때문에 실용 자동차와 같이 사용속도 범위가 넓은 것에는 이용이 어렵다. 한편, 경주용차와 같이 고출력에서 압력파가 크고 또 거의 일정한 회전속도에서 운전되는 경우에는 효과는 대단히 크다.

③ 여러 실린더의 경우는 각 실린더에서 발생한 압력파는 옆 실린더의 흡기 및 배기구멍에 전달되어 간섭하기 때문에 동적효과의 이용은 어렵다. 그 대책으로는 각 실린더가 독립된 계로 되도록 기화기나 흡·배기관을 각각 별개의 것을 준비하든지 또는 각 실린더의 배기관을 떠난 곳에서 공통관으로 집합시켜 옆의 출구에 압력파가 도달될 때까지에는 감쇠하도록 한다. 구체적인 것은 다음 항에서 기술하기로 하자.

(4) 다기통기관에서의 동적효과

많은 실린더가 공통의 배기관으로 연결되어 있을 경우에는 어느 실린더의 배기취출이 타 실린더의 배기밸브가 닫히기 직전에 시작되는 수가 있다. 이 경우에는 전자에 의해 발생된 압력파가 후자의 배기밸브가 닫히려고 하는 곳에 도달하여 이 때문에 잔류가스 압력이 높게 되어 η_v가 감소된다. 이것을 배기간섭이라고 한다.

공통의 흡기매니폴드를 가진 다기통기관에서는 흡기압력파에 의해 마찬가지 현상이 일어난다. 이것을 흡기간섭이라고 한다. 즉, 하나의 실린더가 흡입을 시작하면 부압파가 일어나 그것이 타 실린더의 흡기밸브가 닫히려고 하는 곳에 도달하여 입구압력을 내리는 효과와 같은 결과가 발생한다.

이와 같은 간섭을 제거하려면 흡·배기의 시기가 겹치지 않도록 실린더를 1조로 하여 독립 흡·배기계통을 사용하면 된다. 혹은 대용량인 배기집합관에 긴 가지관(枝管)으로서 연결하여도 이것을 제거할 수가 있다.

다기통기관에서 동적효과를 이용하려면 흡·배기간섭이 일어나지 않는 실린더를 하나의 흡·배기관에 연결하면 단기통인 경우와 마찬가지로 흡기 및 배기 관성효과를 올릴 수가 있다. 이 경우 크랭크각 720℃A/z(z : 실린더 수)를 주기로 하는 관을 사용하면 각 실린더의 흡기 혹은 배기의 주기와 일치하여 관내에 정상적 압력진동이 일어난다. 특히 $z=3$인 경우에는 240℃A가 되어 거의 흡·배기기간에 일치하므로 맥동효과를 유효하게 이용할 수가 있다. 밸브오버랩이 큰 기관에 배기관성을 이용하면 출력을 15~25% 증대시킬 수가 있으며, 이것에 흡기관성을 병용하면 더욱 수 % 향상시킬 수가 있다. 속도가 변화하는 기관

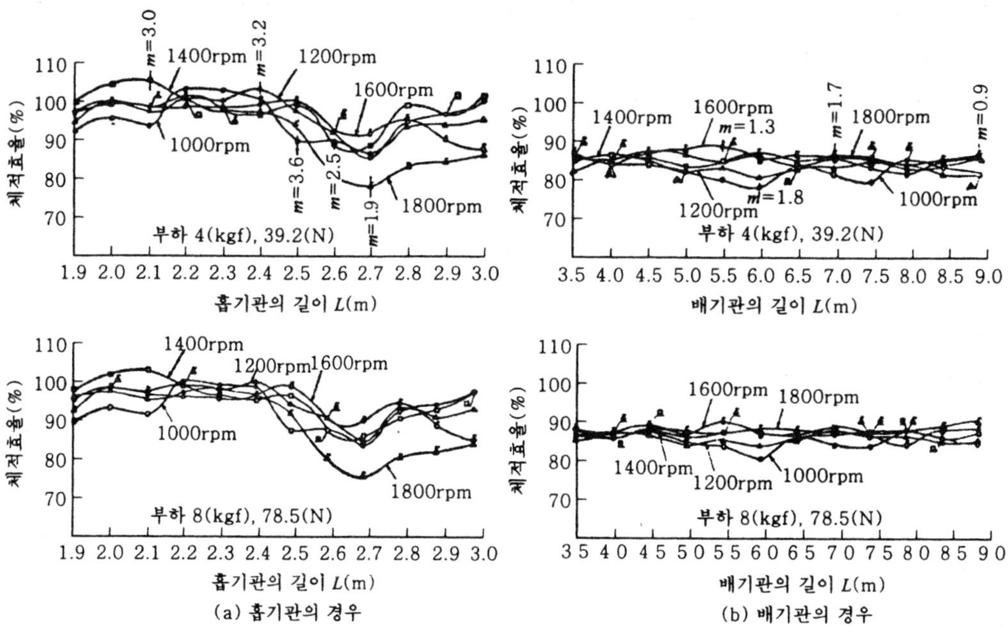

그림 4·42 흡·배기관의 동적효과의 예

에서는 모든 사용범위에 걸쳐서 최적조건을 만족시킬 수는 없으나, 어느 회전범위의 토크를 증가시키고 또 최대출력을 증대시키는 곳에는 유효하다.

(5) 동적효과의 실례

그림 4·42는 행정체적 650 cm^3, 직접분사식 기관에서 흡·배기관의 동적효과의 실험 결과이고, 흡·배기관의 길이가 η_v에 미치는 영향은 흡기관쪽이 배기관보다도 크고, η_v의 값은 흡기관에서는 103~106%, 배기관에서는 90% 정도이다.

그림 4·43은 디젤기관의 흡기관 형상이고, 흡기매니폴드를 각 실린더에 독립으로 하여 동적 rampipe 효과, 즉 관성효과를 이용하여 저속영역에서의 η_v의 증가를 도모한 일례이다.

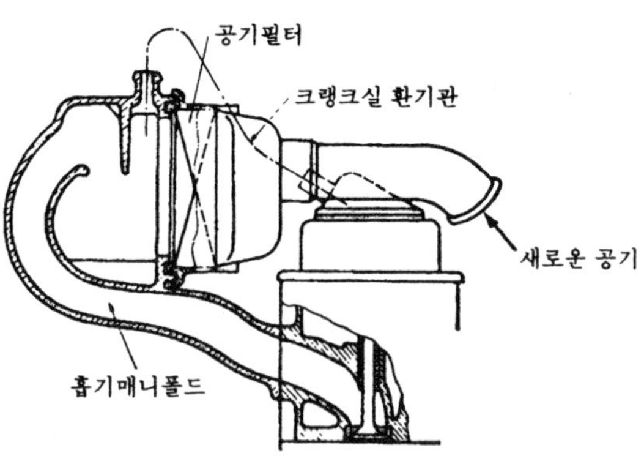

그림 4·43 동적 rampipe 효과를 얻기 위한 흡기관

4.6 2 행정기관의 작동유체 교환(소기법)

4.6.1 소·배기구의 개폐시기(소기과정)

왕복 2 행정기관에서는 흡입, 압축, 폭발 및 배기의 네 가지의 동작을 크랭크축이 1회전할 때마다 수행하지 않으면 안 되므로 4 행정기관에서의 배기와 흡기를 위한 1회전을 생략해야 한다. 즉, 2 행정기관의 특징은 펌프일이 실린더 내에서 이루어지지 않고, 소기펌프라고 하는 독립된 기구로 이루어지는 것이다.

4 행정기관에서는 배기를 피스톤으로 밀어내며, 또 새로운 공기는 피스톤에 의해 흡입되는데, 이와 같은 과정을 수행하는데 크랭크각 360℃A 이상이 필요하지만, 2 행정기관에서는 새로운 공기로 배기를 밀어내야 하며, 그것은 하사점 전후의 짧은 기간, 크랭크각 120~150℃A 정도 사이에 배기와 새로운 공기의 교환을 동시에 수행해야 한다. 이것을 소기작용(scavenging)이라 한다. 따라서, 배기가스의 압출과 새로운 공기의 흡입은 피스톤 또는 특별히 준비한 소기펌프(scavenging pump) 또는 송풍기(blower)를 이용하여 압축공기(소기 또는 신기)를 소기구(scavenging port)로부터 불어넣고, 배기가스를 배기구(exhaust port)로부터 실린더 밖으로 배출하여 배기 말경에 배기구와 소기구를 닫아 실린더 내에 남았던 혼합기(신기)를 압축하게 된다.

이 때문에 4 행정기관처럼 완전히 구별된 네 가지의 작동이 없어 완전한 작동유체의 교환은 바랄 수 없지만, 이 소기작용의 양·부가 2 행정기관의 성능을 좌우하게 된다. 즉, 소기기간에 배기를 완전히 방출하여 새로운 공기로 충족시킬 수 있다면, 동일한 행정체적, 회전속도의 4 행정기관에 비해서 2배 이상의 출력을 얻을 수 있다. 더군다나, 매회 폭발하기 때문에 토크의 변동이 작고, 출력당 마찰손실이 작은 장점이 있다. 역으로 이 소기작용이 불완전한 경우에는 많은 연소가스가 실린더 내에 잔류하여 공급된 새로운 공기의 일부가 실린더 내에 남아 있지 않고 연소실 내를 스쳐 지나 배기구로 방출되어 흡기 부족으로 출력이 감소하고, 가솔린기관처럼 새로운 공기에 연료를 포함한 경우에는 연소실 내를 스쳐 지나간 연료는 완전한 손실로 되어, 연료소비율이 크고, 배기 중에 많은 탄화수소를 포함하여 공해대책도 곤란하다.

한편, 잔류가스는 내부 배기가스 재순환(EGR : exhaust gas recirculation)이므로 질소산화물은 대단히 적은 장점도 있다. 디젤기관의 경우 연료의 손실은 없지만 소기공기의 압축에너지의 일부가 손실된다.

2 행정기관의 소·배기구의 개폐시기의 양식은 대칭(그림 4·44)과 비대칭(그림 4·45)의 2종류가 있다. 그림 4·44에 나타낸 바와 같이 팽창기간 말에 *EO*에서 배기구멍이

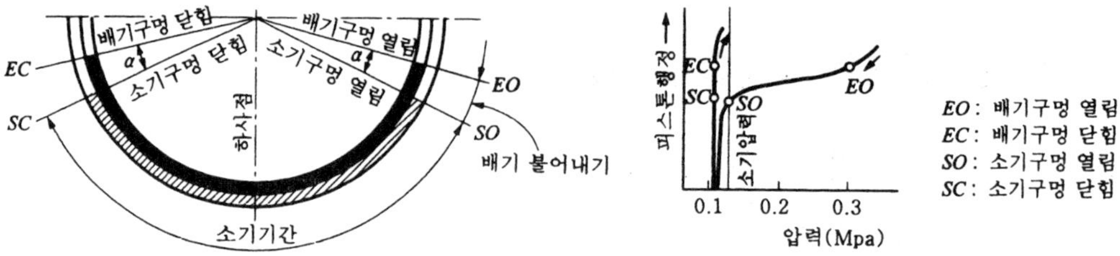

그림 4·44 대칭소기에 있어서 소·배기기관과 실린더 내 압력변화

열리면 실린더 내 가스는 음속으로 유출하여 배기취출이 a기간 동안 계속되고 *SO*에서 소기구가 열려 소기가 시작된다. 그리고 소기구멍이 열릴 때까지는 실린더 내의 압력은 적어도 소기압 이하로 내려가 있어야 한다. 만약 이 압력이 높으면 배기가 소기구멍으로 역류하여 완전한 소기가 안되어 기관성능은 저하한다. *SC*에서 소기구가 닫히고 소기를 끝내지만 배기구는 각 a 동안 열려 있고 *EC*부터 압축이 시작된다. 이 방식의 특징은 팽창, 압축기간이 완전히 동일한 점과 배기, 소기기간이 *BDC*를 중심으로 대칭으로 되어 있는 점이다.

배기가스의 유출속도는 기관속도에는 무관하므로 고속이 되면 배기구멍이 열린 후 소기구멍이 열릴 때까지의 시간이 짧아지고 통 내 압력강하가 지연된다. 이 때문에 배기구멍을 빨리 열던가 또는 배기구멍의 면적을 크게 하지 않으면 안 된다. 따라서 배기의 시작은 4 행정식에 비하여 빠르며 50~80℃A 정도로 선정되어 있으나 너무 빠르게 하면 불완전 팽창에 의한 손실이 증가한다.

그림 4·45는 비대칭소기의 일례이고, *EC*에서 배기구가 닫히고부터 각 a 사이까지는 소기구가 열려 있는 상태이므로 소기는 실린더 내로 유입하여 이 기간 후 급기가 된다. 즉, 배기취출에 이어 소기기간이 시작되며, 이 기간에서는 소·배기구멍이 동시에 열려 배기가스와 소기의 교체가 이루어지고, 경우에 따라서는 이것에 계속하여 후급기(after charge)가

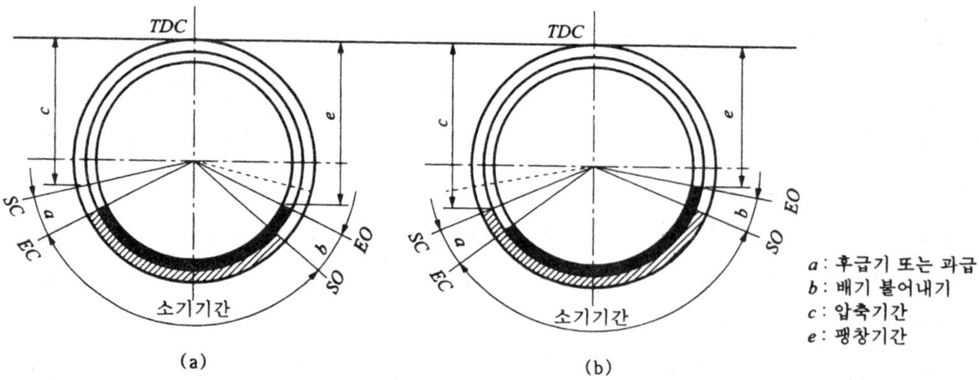

그림 4·45 비대칭소기의 소·배기기간

행해지는 일도 있다. 이 기간에서는 소기에 의해 실린더 내 압력을 배기압 이상으로 높이므로, 그림 4·45의 a로 나타낸 바와 같이 배기구멍을 닫지 않으면 안 된다.

이상적인 소기로는 배기와 소기가 분명하게 분별되어 마치 고체의 기둥과 같이 소기로 배기를 압출하는 것이다. 따라서 배기와 소기가 섞이지 않도록 하지 않으면 안 된다. 실제로 배기와 소기가 혼합되는 것은 피할 수 없으므로 배기구멍으로 소기의 일부가 도피하는 것은 부득이하다. 이 때문에 소기를 충분하게 하기 위해서는 행정체적 이상의 소기를 공급하지 않으면 안 된다.

비대칭방식은 유니플로식은 쉽게 실시할 수 있지만, 횡단식과 루프식에서는 배기구에 회전밸브를 설치하든지 또는 소기구에 자동개폐밸브를 설치함으로써 비대칭소기구로 하는 것도 가능하다. 디젤기관, 소구(hot bulb)기관과 같이 소기로서 공기만을 사용하는 것에서는 일부 배기구멍으로 도피하여도 단지 공기를 압축하는 데 소비한 약간의 일이 손실됨에 지나지 않으나, 가스기관, 기화기식 가솔린기관에서는 혼합기를 사용하여 소기하므로 손실은 연료의 손실이 되므로 2 행정식은 이와 같은 기관에는 그다지 사용되지 않는다.

4.6.2 소기방식

소기방식에는 여러 가지가 있으나 소기의 유로에 따라 횡단(橫斷) 소기식(cross scavenging), 루프(反轉) 소기식(loop scavenging), 유니플로(單流) 소기식(uniflow scavenging)의 세 가지로 대별된다. 앞의 두 경우는 소·배기구멍이 동일한 피스톤으로 개폐되므로 소·배기기간이 그림 4·44와 같이 하사점에 대해 대칭이지만, 관제어(管制御)밸브를 가진 것, 혹은 유니플로식은 그림 4·45와 같이 비대칭이 된다. 표 4·1에 소기법의 분류를 나타낸다.

표 4·1 소기법의 분류

<table>
<tr><th>소 기 방 식</th><th colspan="2">소·배기 제어형식</th><th>소기의 흐름 모양</th><th>소·배기구 개폐시기의 양식</th></tr>
<tr><td>횡단소기식
(cross scavenging)</td><td colspan="2">피스톤제어구멍형
(piston controlled port)</td><td>횡단흐름식</td><td>대칭소기
(symmetrical scavenging)</td></tr>
<tr><td rowspan="2">루프소기식
(loop scavenging)</td><td rowspan="2">관제어밸브형
(valve control)</td><td>배기구멍 관제어형
(exchaust port control)</td><td rowspan="2">loop흐름식</td><td rowspan="5">비대칭소기
(nonsymmetrical scavenging)</td></tr>
<tr><td>소기구멍 관제어형
(scavenging port control)</td></tr>
<tr><td rowspan="3">유니플로 소기식
〔uniflow(through) scavenging〕</td><td>헤드밸브배기형
(head valve exhaust)</td><td></td><td rowspan="3">uniflow
흐름식</td></tr>
<tr><td rowspan="2">피스톤제어구멍형
(piston controlled port)</td><td>대향피스톤형
(opposed piston)</td></tr>
<tr><td>역 U자 실린더형
(inverted U)</td></tr>
</table>

(1) 횡단소기식

이 방식에는 그림 4·46에서 알 수 있듯이 소·배기구멍이 실린더의 하부에 서로 마주하고 있어 피스톤에 의해 소기, 배기를 제어하므로 소기의 통과손실이 많고 또한 소·배기기간이 대칭이므로 소기구멍이 배기구멍보다 빨리 닫혀 후급기가 전혀 되지 않을 뿐만 아니라 모처럼 들어간 새로운 공기가 도피하므로 구조는 가장 간단하지만 소기효율은 나쁘다. 또 실린더 및 피스톤의 배기구멍측은 배기로 가열되고, 소기구멍측은 소기로 냉각되므로 온도가 불균일하게 되어 왜곡(歪曲)이 일어나며, 또 소기구멍의 외측에는 항상 소기압력이 작용하고 있으므로 피스톤이 배기 측으로 밀리어 피스톤 마찰이 많다. 그럼에도 불구하고 밸브기구가 불필요하며 구조도 간단하므로 소형기관에 많이 쓰여지고 있다.

(a) (b) (c) Henschel

(A) 돌기달린 피스톤 (B) 소기구멍상향 소기

그림 4·46 횡단소기법

그림 4·46은 횡단소기식의 여러 가지 모양을 나타낸 것으로서 모두 통과손실을 적게 하기 위해 소기류를 윗방향(上向)으로 흐르도록 하고 있다. 그림 4·46 (a)는 피스톤에 디플렉터(deflector)를 붙인 것이지만 연소실의 형상이 나빠지고 또 피스톤이 불균일하게 팽창이 되기 때문에 디젤기관에는 채택되지 않는다. 그림 4·46 (b)는 소기구멍을 상향으로 한 것으로서 너무 상향으로 하면 피스톤의 유효행정이 감소하기 때문에 실린더 축에 대해 $\varphi=30\sim45°$ 정도이다. 횡단소기식은 긴 행정이 되면 깊숙한 곳의 소기가 불완전하게 되므로 행정/안지름비 $(S/D)=1.2\sim1.3$ 정도가 적당하다. 1.5 이상이 되면 소기효율이 10% 정도 감소된다. 그림 4·46 (c)는 소기구멍의 윗쪽에 작은 배기구멍 a_1을 내고 배기가스의 관성에 의한 흡인작용을 이용하여 소기류를 상향으로 함과 동시에 실린더가 거의 동일하게 가열되도록 한 것이다.

(2) 루프소기식

이 방식은 그림 4·47에서와 같이 소·배기구멍 공히 실린더라이너의 같은 쪽에 설치하여 실린더로 제어한다. 소기는 실린더 내를 반전하여 흐른다. 횡단소기식과 마찬가지로 대칭소기의 결점은 피할 수 없으나 그림 4·47에 나타낸 바와 같이 배기구멍을 벗어나는 방향으로 소기를 빨아들이므로 소기의 손실이 적고 소기효율은 횡단식에 비하여 높다. 행정/

안지름비 $S/D=1.6$ 정도까지 소기효율은 내려가지 않으나 소기구멍 면적을 크게 잡을 수 없는 것이 결점이다.

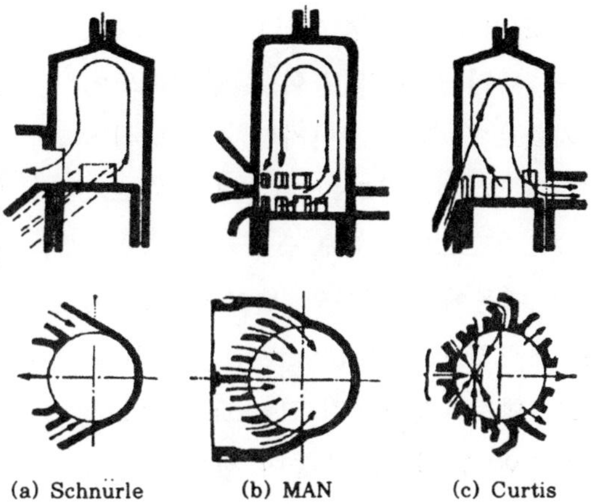

그림 4·47 루프소기법

그림 4·47 (a)는 Dr. Schnürle이 고안한 방식이며 실린더의 한쪽 중앙부에 배기구멍을, 그 양쪽 2군데에 소기구멍을 설치하여 놓고 배기구멍의 양측에 있는 소기구멍에서 비스듬히 윗방향으로 배기구멍의 반대측 벽을 향하여 소기를 불어 올리므로 헤드의 구석구석까지 도달하여 배기가스를 배기구멍으로 밀어내므로 소기효과는 매우 높아 소형 가솔린기관을 비롯하여 디젤기관에 많이 쓰인다. 그림 4·47 (b)는 MAN 소기법으로 옛부터 알려져 있는 것이며 반전 소기법이라고도 하며, 이는 소·배기구멍이 실린더와 같은 측에 상하로 서로 줄지어 전체 원주의 약 2/3에 걸쳐서 마련되고 소기는 접시형 피스톤 헤드쪽을 향하여 빨아들인다. 이 형은 구멍면적을 크게 할 수가 있으나, 유효행정이 짧아지는 것이 결점이다. 그림 4·47 (c)는 Curtis 소기법으로서 소기구멍은 실린더 원주의 절반 이상에 걸쳐서 설치되고, 양측의 구멍 a, d는 수평으로, 가운데 구멍 b는 윗방향인 점 c(실린더의 중심과 벽중간)을 향하여 취입된다. 이 형은 소기구멍 면적을 크게 할 수가 있으므로 고속에 적합하다.

(3) 유니플로 소기식

이 방식은 그림 4·48에서와 같이 실린더 밑부분의 전체 원주에 소기구멍을, 또 윗부분 전체 원주에 배기구멍을 설치하는 방법과 배기구멍 대신에 2~4개의 배기밸브를 설치하는 방법이 있다. 소기하는 방법은 상·하 피스톤에 의해 제어하는 방법, 소기는 피스톤으로 배기는 밸브로 제어하는 경우가 있으며, 이 방식은 앞의 두 경우보다 소기가 완전히 이루어지므로 소기효율이 가장 높아, 소형 고속디젤기관을 비롯하여 중·대형기관에도 많이 채용되고 있다. 이 소기방식의 장점으로 다음의 세 가지를 들 수 있다.

a. 소기, 배기가 혼입될 염려가 없어 소기효율이 가장 높다.

b. 비대칭소기법이므로 후급기가 가능하다.

c. 소·배기구멍이 실린더 벽 전체 원주에 설치되어 구멍의 높이를 작게 할 수 있으므로 피스톤의 유효행정의 감소를 작게 할 수 있다.

그러나, 이 방식은 가장 좋은 방법이지만, 구조는 4 행정기관 이상으로 복잡하다.

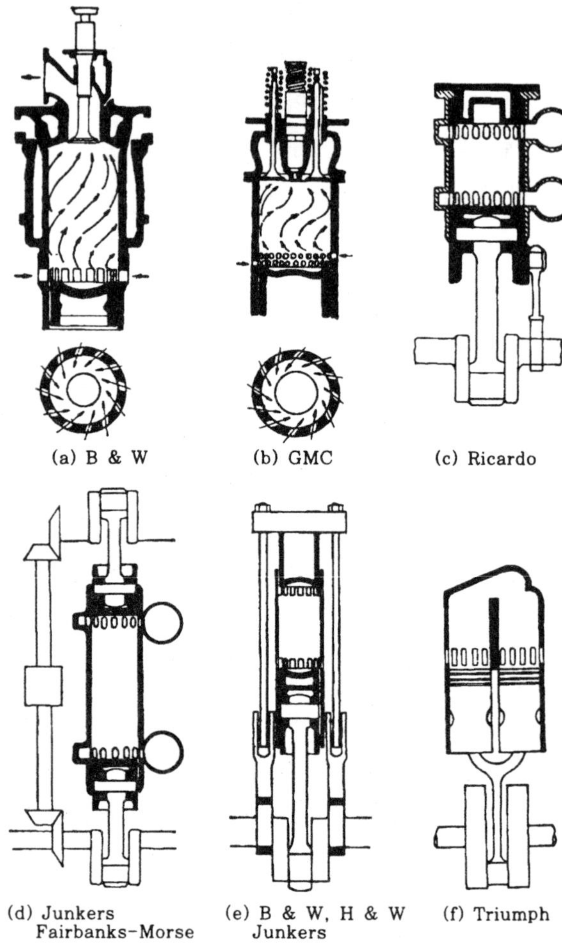

그림 4·48 유니플로 소기법

① **오버헤드밸브형** : 그림 4·48 (a), (b)에 나타낸 바와 같이 실린더헤드에 배기밸브가 있는 것이지만 4 행정식에 비하여 밸브가 열리는 기간이 짧으므로 가속도가 크고 동시에 밸브기구가 번거롭기 때문에 2~4개의 밸브가 사용된다. 포핏밸브(poppet valve) 대신에 슬리브 밸브, 활동실린더〔sliding cylinder 그림 4·48 (c)〕 등이 시도되고 있었으나, 오늘날에는 전혀 쓰이지 않게 되었다.

② **대향피스톤형** : 그림 4·48 (d), (e)에 나타낸 바와 같이 소·배기구멍이 각각 서로 반대방향으로 운동하는 피스톤에 의해 개폐되는 것으로서 비대칭으로 하기 위해 배기 피스톤의 위상을 180°에서 9~15° 더 빨리 열리게 하고 있다. 이 형은 소·배기구멍으로 충분한 면적을 택할 수 있으므로 소기압력도 낮고 또 소기효율은 특히 양호하다. 그러나 상부 피스톤을 움직이기 위해 푸시로드〔그림 4·48 (e)〕, 별도의 크랭크와 기어〔그림 4·48 (d)〕를 사용하지 않으면 안 되므로 구조가 복잡하게 되고 또한 기관의 높이를 증대시키는 결점이 있다. 이 때문에 그림 4·48 (f)와 같은 역 U자형 기관이라고 하는 것이 고안되어 있으나 연소실의 형상을 해치므로 디젤기관에는 사용할 수 없다. 디젤기관은 연소할 때 공기에 선회운동을 주는 것이 바람직하므로 소기구멍을 절선(切線) 방향으로 경사시킨다. 적당한 유입방향은 소기효율, 연소 등을 고려하여 결정하지 않으면 안 되나, 기관속도에 따라 0.17~0.7D인 지름을 가진 동심원의 접선방향(반경에 대해 10~45°)이 사용된다.

(4) 관제어밸브형

대칭형은 밸브가 없고 구조가 간단하나 소기효율이 낮고 또한 후급기가 안 된다. 그러므로 배기구멍 또는 소기구멍에 밸브를 부착하여 배기구멍을 소기구멍보다 빨리 닫는 비대칭형으로 하면 이 결점을 제거할 수가 있다.

① 배기구멍 관제어형 : 그림 4·49에 나타낸 바와 같이 배기구멍 출구에 회전밸브를 장치하여 피스톤의 하향행정에서 열리고 상향행정에서 피스톤이 소기구멍을 닫기 전에 배기구멍을 폐쇄하도록 한 것이다. 그림 4·50은 이 경우의 소·배기구멍 면적을 나타낸 것이며 관제어밸브가 없을 경우에는 배기구멍은 a와 같이 대칭이지만 관제어밸브를 장치하면 b와 같이 빨리 닫혀 S에 상당하는 시간면적만큼 배기측이 작아지므로 실린더 내의 압력은 아래그림에서 점선으로 나타낸 바와 같이 상승하여 후급기가 행해진다.

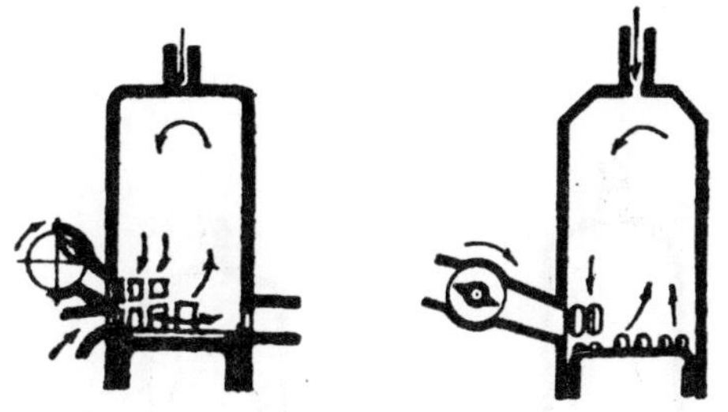

(a) MAN(T) (b) Sulzer(RD)

그림 4·49 배기구멍 관제어형 소기

② 소기구멍 관제어형 : 그림 4·51 (a)에 나타낸 바와 같이 배기구멍보다 소기구멍을 높게 하여 배기시초에 자동밸브에 의해 배기가스가 소기쪽으로 역류하는 것을 방지하도록 한 것이며, 실린더 내 압력이 내려가면 소기는 자동밸브를 밀어 열고 유입한다. 피스톤이 상향행정으로 되면 배기구멍이 닫혀 있어도 더욱 유입은 계속되어 후급기가 행해진다. 그림 4·51 (b)에 나타낸 Nordberg형은 소·배기구멍은 같은 높이로 되어 있다. 이 형의 소·배기 시간면적을 그림 4·52에 나타낸다.

소기구멍 관제어형에서는 배기가스가 자동밸브실로 역류하여 소기와 혼합하기 때문에 소기효율을 악화시키고 또 밸브의 저항때문에 소기압력이 높아진다. 그러나 배기관제어밸브와 같이 밸브가 고온가스에 접촉되지 않으므로 고장이 적다. 배기구멍 관제어형은 그림

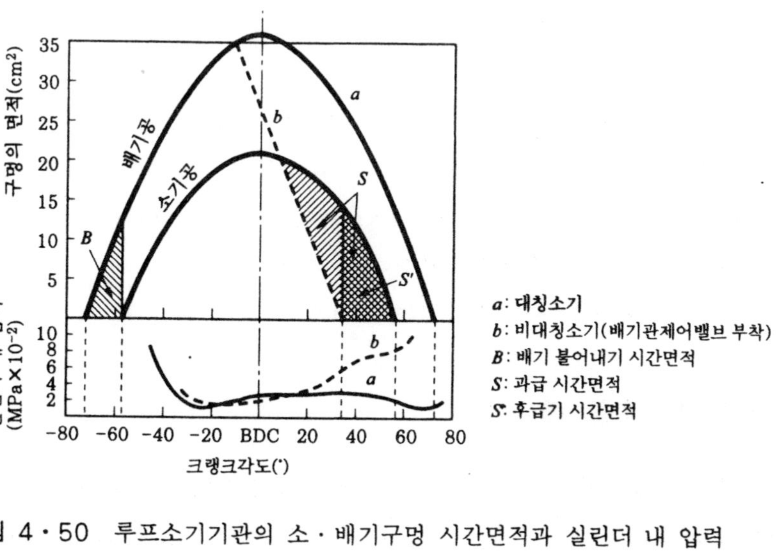

그림 4·50 루프소기기관의 소·배기구멍 시간면적과 실린더 내 압력

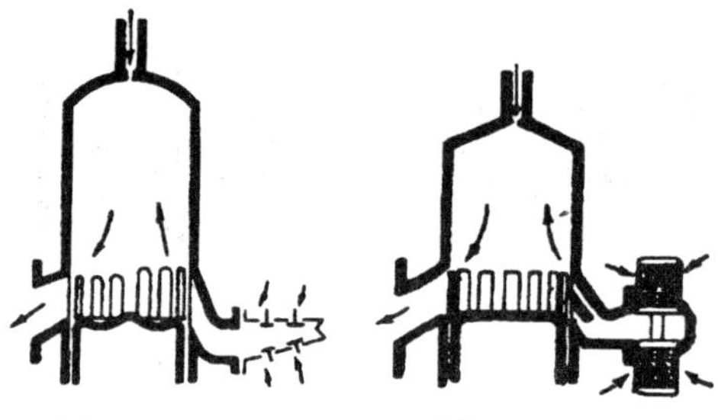

(a) FIAT (b) Nordberg

그림 4·51 소기구멍 관제어형 소기

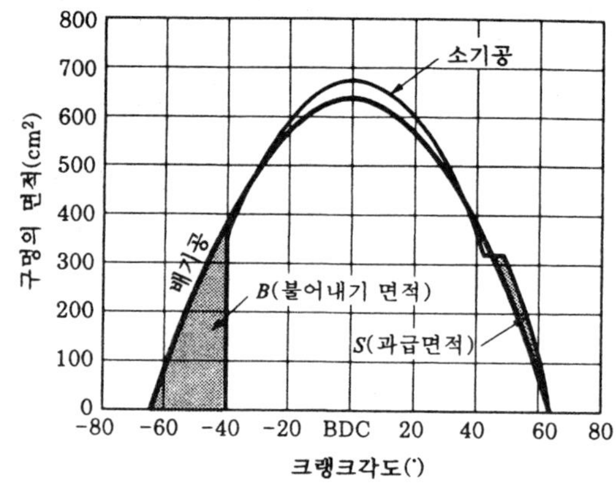

그림 4·52 소기구멍 관제어형기관(Nordberg)의 시간면적

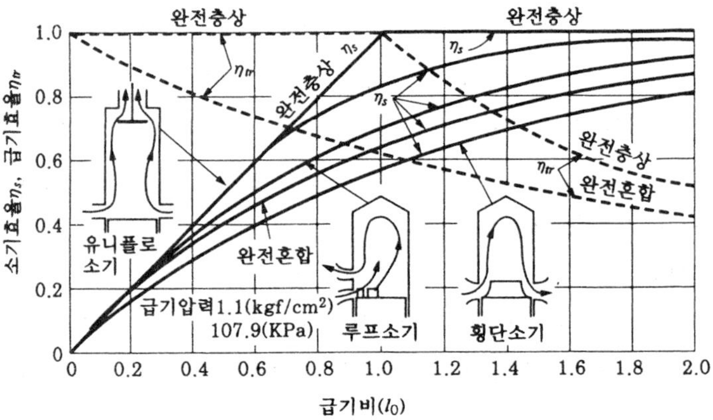

그림 4·53 소기 3형식의 소기효율 η_s와 급기효율 η_{tr}

4·45 (b)와 같이 소기구멍의 개폐가 하사점에 대하여 대칭임에 대해 소기구멍 관제어형은 같은 그림 4·45 (a)와 같이 배기구멍의 개폐가 대칭이므로 소기기간이 지연된다. 이 때문에 유효팽창행정은 길어지나 유효압축행정이 짧아져서 급기량이 적어지므로 평균유효압력을 올리는 데는 불리하나 열효율면에서는 유리하다.

소기 3형식의 소기효율을 비교하여 그림 4·53에 나타내었다.

4.6.3 구조 및 작동 예

그림 4·54는 크랭크실 압축, Schnürle식 소기 단실린더 디젤기관의 약도이고, 압축비를 높이기 위하여 크랭크실 공간체적을 가능하면 작게 하지만 실제에는 압축비로 1.5 : 1 정도

이다. 배 · 소기구멍의 개폐시기의 위치선정은 우선 배기구멍의 열림이 늦을수록 가스압력의 무모한 손실은 적지만, 그 뒤의 소기기간이 짧아지므로 θ는 110℃A 전후이다. 다음에 점선으로 나타낸 소기구멍이 열리는 시기는 실린더 내의 가스압력이 소기압력까지 내려간 점이다. 그러나, 이 두 가지 점이 결정되면, 실은 피스톤에 의한 배 · 소기구의 개폐방법의 결점으로 양 구멍을 닫을 때는 하사점에 대하여 대칭으로 대칭소기라 한다. 이것은 양 구멍을 닫는 방법으로는 부적당한 것인데, 이는 소기구멍이 닫히고, 배기구멍이 닫힐 때까지는 그때까지 들어온 새로운 공기의 일부가 배기구멍으로 배출되어 유효한 압축이 늦어지기 때문이다.

그림의 A는 실린더, B는 크랭크실, C는 흡기관의 각 압력 측정기의 위치이고, 그림 4 · 55는 이들을 기록한 일례이다. 그림 4 · 55 (a)는 저속, 부분부하(디젤기관에서 급기는 교축되지 않는다), 그림 4 · 55 (b)는 최고속도, 전부하의 경우이다. 우선, 크랭크실 압력은 그림의 좌측 끝부분은 피스톤이 하강하므로 상승하고, 그 도중에서 소기구멍이 열려 급히 저하한다. 그때 그림 4 · 55 (a)에서는 충분히 연소가스 압력이 내려가 열리지만, 그림 4 · 55

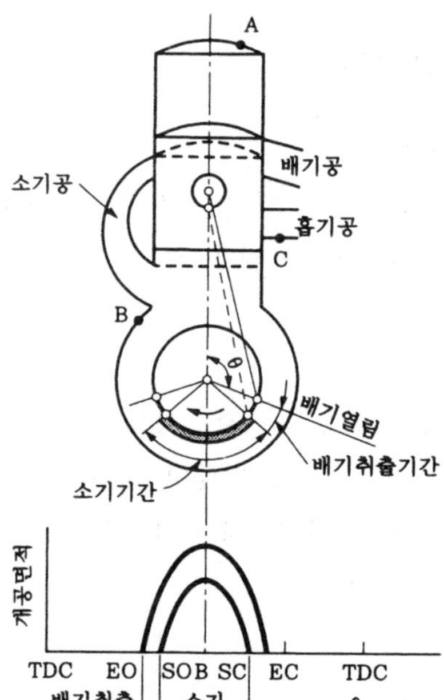

그림 4 · 54 크랭크실 압축 대칭소기구의 개폐시기(port timing)

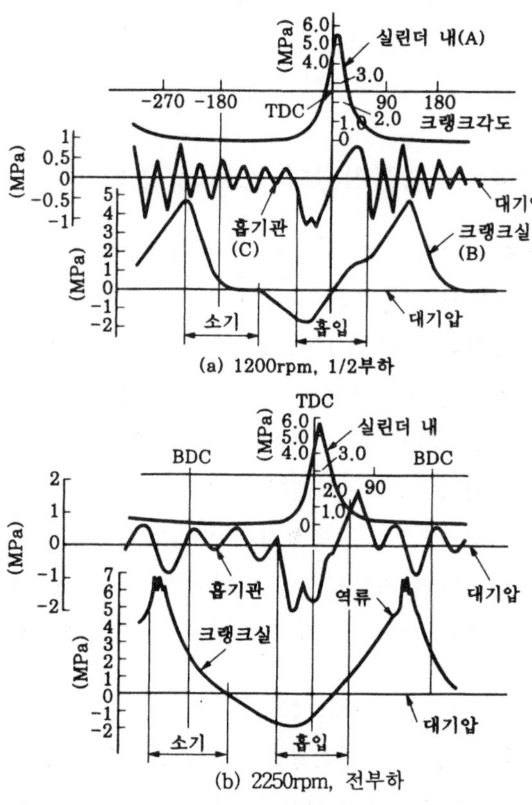

그림 4 · 55 크랭크실 압축 2 행정 디젤기관의 크랭크실 및 흡기관의 압력변동 기록 예

(b)는 실린더 내 가스압력이 높으므로 완전히 압력강하하기 전에 소기구가 열려 그 직전에 연소가스가 크랭크실로 역류한다. 이 역류가 크면 소기작용을 저하시킨다. 그 후로 소기기간 중은 크랭크실, 실린더, 배기관이 연결되어 피스톤은 하강하여 다시 상승하므로 그림 4·55 (a)에서는 대기압에 점점 접근한다. 그림 4·55 (b)에서는 배출해야 할 가스체적이 많지만 시간이 짧기 때문에 피스톤이 상승행정으로 되어도 대기압보다 높다. 다음에 소기구가 닫히면 피스톤은 상승중이므로 크랭크실 압력은 급히 저하한다. 더욱이, 흡기구가 피스톤 스커트의 창문과 겹쳐서 열리면 피스톤이 상승하는 도중이라도 흡기의 유입으로 압력은 상승한다. 계속해서 피스톤의 하강으로 압축되지만, 그림 4·55 (a)에서는 흡기구의 열림이 너무 길어서 일부 역류하여 압력상승은 약하다. 이 현상을 방지하기 위해서 흡기구에 역류방지밸브로서 리드밸브(reed valve : 얇은 판으로 구멍을 막는 것)를 사용하는 경우가 많다.

또, 흡기관 점 C의 압력변화에 대해서는 미세한 압력파의 진동은 흡기관의 고유진동수를 계산식으로 구한 것과 거의 일치한다. 흡기구가 열려 있는 사이의 큰 파는 관성효과의 측면에서, 그림 4·55 (a)는 흡기 말에 이미 압력이 떨어진 위상으로 되어 있으므로 주기가 너무 작고, 그림 4·55 (b)는 압력파가 최대로 되기 조금 전에 닫기 때문에 주기가 너무 길다고 할 수 있지만, 양자의 중간에 최적인 회전속도가 있다는 것을 의미하므로, 이 기관은 관성효과를 충분히 고려하여 설계된 것으로 추정된다.

4.6.4 2 행정기관의 소기에 관한 여러 효율과 지표

앞에서 언급한 바와 같이 2 행정기관의 소기의 요점은

① 가능하면 충분히 잔류가스를 방출하고, 가능하면 많은 양의 새로운 공기로 교환할 것
② 동일한 출력에 대하여 가능하면 작은 소기량으로 해결할 수 있을 것
③ 소기의 방출손실을 가능하면 작게 할 것
④ 기관 회전수의 변화에 따라서 신속하게 소기할 것

이 중에서 ①항이 최대의 목표이고, ②, ③항에 의해 소기펌프일을 감소시킬 수 있으며 ④항에 의해 기관이 고속회전시에 출력저하를 방지할 수 있다. 단, 소기량이 큰 것은 피스톤이나 실린더의 내부냉각에 대하여는 이득으로 되는 것으로 생각되므로 다소 과급기 구동마력이 희생되더라도 소기량을 많게 할 경우도 있다.

(1) 소기효율 등의 정의

2 행정기관의 소기작용을 평가하는 데 여러 가지 효율이 사용되고 있으나 통일된 정의가 없으므로 DIN, Schweitzer, C. F. Taylor 등이 사용하고 있는 것을 이용하기로 하고, 기호는 다음과 같이 한다(그림 4·56 참조).

G_o= 소기 후 실린더 내에 체류한 새로운 공기의 중량
G_R= 소기 후 실린더 내에 남은 배기가스 중량
} = G_z(실린더 내 전체가스 중량)

G_{ho}= 외기상태 p_o, T_o에서 행정체적을 점유하는 급기의 중량

G_{hn}= 표준대기상태 p_n, T_n에서 행정체적을 점유하는 급기의 중량

G_s= 소기에 사용한 전체급기의 중량

($G_s - G_o$= 소기과정에서 배기포트로 빠져나간 공기량)

① 소기효율(scavenging efficiency)

$$\eta_s = \frac{G_o}{G_z} \tag{4·80}$$

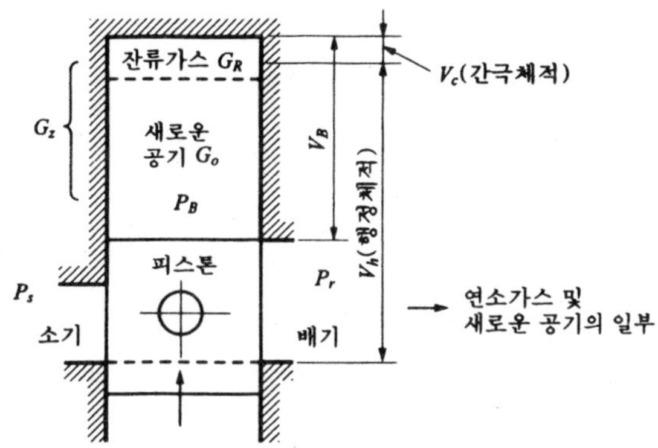

그림 4·56 압축 초의 상태

η_s는 실린더 내에서의 새로운 공기의 농도를 나타내는 것으로서 소기의 양부(良否)를 나타내는 척도는 되나 급기를 많이 사용할수록 좋아지므로 소기작용을 평가하려면 소기로 사용된 급기량을 고려하지 않으면 안 된다. 급기량을 나타내는 데는 보통 행정체적을 기준으로 한다. 즉, 급기비(給氣比 : delivery ratio)를 $l_o = G_s/G_{ho}$로 하면(급기비 : G_{ho}의 몇 배의 급기량을 사용한 것인가를 나타내는 것), 급기효율은 다음과 같이 나타낼 수 있다.

② 급기효율(trapping efficiency) : 소기 후에 실린더 내에 머물러 있는 새로운 공기량 G_o의 전체급기량 G_s에 대한 비

$$\eta_{tr} = \frac{G_o}{G_s} = \frac{G_o}{G_z}\frac{G_z}{G_{ho}}\frac{G_{ho}}{G_s} = \eta_s \cdot c_r \cdot \frac{1}{l_o} \tag{4·81}$$

여기서, $c_r = G_z/G_{ho}$를 충전비(relative cylinder charge)라고 하며, 기관의 출력은 η_{tr}의 대소에 의해 지배되게 된다.

4 행정기관의 체적효율, 충전효율(수증기를 포함)과의 관계는

$$\text{체적효율} \quad \eta_{vo} = \frac{G_o}{G_{ho}} = \frac{G_o}{G_z}\frac{G_z}{G_{ho}} = \eta_s c_r = \eta_{tr} l_o \tag{4·82}$$

$$\text{충전효율} \quad \eta_c = \frac{G_o}{G_{hn}} = \frac{G_o}{G_{ho}}\frac{G_{ho}}{G_{hn}} = \eta_{vo}\frac{\gamma_o}{\gamma_n} = \eta_s c_r \frac{\gamma_o}{\gamma_n} \tag{4·83}$$

$$\text{수정급기비} \quad K = \frac{l_o}{c_r}\left(\frac{\text{급기비}}{\text{충전비}}\right) = \frac{G_s}{G_z} \tag{4·84}$$

이들 효율은 원래 중량비로 정의되어야 하며 표준상태(p_n, T_n)으로 환산한 경우 또는 모든 가스상태가 (p_n, T_n)로 되어 있는 경우에 한하여 체적비와 같다.

앞에서 언급한 2 행정기관의 소기에서 가능하면 충분히 잔류가스를 방출하고, 가능하면 많은 양의 새로운 공기로 교환하고자 하는 것은 소기효율 η_s를 가능하면 1에 근접시키는 것을 의미한다. 앞에서 거론한 식들로부터 다음의 관계식이 성립한다.

$$\eta_c = l_o \eta_{tr} = \frac{G_s}{G_{ho}} \times \frac{G_o}{G_s} = \frac{G_o}{G_{ho}} = \frac{G_z}{G_{ho}} \times \frac{G_o}{G_z} = c_r \eta_s \tag{4·85}$$

다음에 충전비 c_r을 구해보자.

S : 행정, D : 실린더 지름, $V_h = \frac{\pi}{4} D^2 S$

ε : 외관상 압축비 $= (V_h + V_c)/V_c$

h_2 : 소·배기 중의 어느 한 밸브 또는 구멍이 최후로 닫혀 압축이 시작될 때까지에 피스톤이 BDC에서부터 움직인 높이

$\sigma_2 = h_2/S$ 라 각각 정의하면

$$G_{ho} = p_o V_h / RT_o \tag{4·86}$$

$$G_z = p_B \left[V_h \frac{\varepsilon}{\varepsilon - 1} - \frac{\pi}{4} D^2 h_2 \right] \Big/ RT_B = p_B V_h \left[\frac{\varepsilon}{\varepsilon - 1} - \sigma_2 \right] \Big/ RT_B \tag{4·87}$$

(p_B, T_B)는 실제적으로 압축이 시작하는 점의 가스상태를 나타내는 것이고 가스상수 R은 새로운 공기의 R과 압축 초의 혼합가스의 R과는 같은 것으로 가정한다.

충전비 $c_r = G_z/G_{ho}$식에 식 (4·86), (4·87)을 대입하여 정리하면,

$$c_r = \frac{G_z}{G_{ho}} = \frac{T_o}{T_B} \frac{p_B}{p_o} \left[\frac{\varepsilon}{\varepsilon - 1} - \sigma_2 \right] \tag{4·88}$$

식 (4·85)와 조합하여 충전효율 η_c는 다음과 같은 형태로 된다.

$$\eta_c = l_o \eta_{tr} = c_r \eta_s = \frac{T_o}{T_B} \frac{p_B}{p_o} \frac{\varepsilon}{\varepsilon - 1} \left[1 - \sigma_2 \frac{\varepsilon - 1}{\varepsilon} \right] \eta_s \tag{4·89}$$

③ 순도(purity)

소기 후 실린더 내에 남은 잔류가스 중에는 앞 사이클에서 연소에 사용되지 않았던 공기가 포함되어 있으므로 실린더 내의 순공기량을 G_A라고 하면,

$$\eta_p = G_A / G_z$$

로 나타내어지고, η_s와의 관계는 다음과 같이 하여 구해진다. G_A에 관한 공기과잉률을 λ_i

로 하면 연소가스 중에는 $G_A(1-1/\lambda_i)$의 공기가 남는다. 연료 B가 분사된다고 하면 L_o를 이론공기량으로 하여

연소가스 전체중량

$$= G_z + B = G_z + G_A/(\lambda_i L_o)$$

연소가스 중의 공기의 비율

$$= \frac{G_A(1-1/\lambda_i)}{G_z + G_A/(\lambda_i L_o)} = \frac{\eta_p(1-1/\lambda_i)}{1+\eta_p/(\lambda_i L_o)}$$

연소가스와 잔류가스의 성분을 동일하다고 하면(그림 4·57 참조)

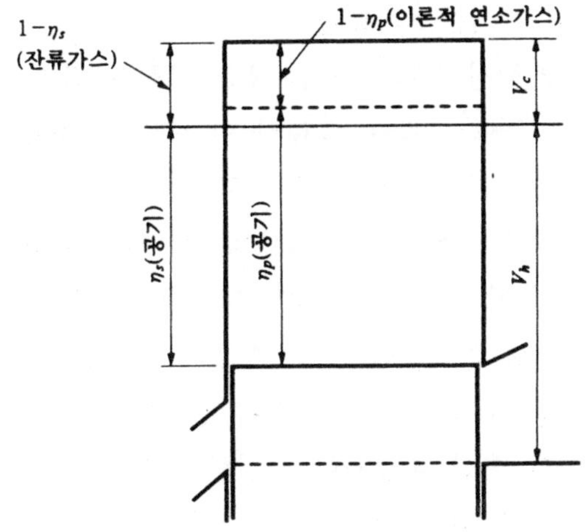

그림 4·57 소기효율과 공기순도

$$\eta_p = \frac{G_A}{G_z} = \frac{G_o}{G_z} + \frac{G_R}{G_z}\frac{\eta_p(1-1/\lambda_i)}{1+\eta_p/(\lambda_i L_o)} = \eta_s + (1-\eta_s)\eta_p\frac{1-1/\lambda_i}{1+\eta_p/(\lambda_i L_o)} \qquad (4 \cdot 90)$$

혼합기로 소기할 경우에는 $\eta_p/(\lambda_i L_o)=0$으로 하면 되고, 디젤기관의 경우라도 $\eta_p/(\lambda_i L_o)$는 1에 비하여 작으므로 무시하여도 무방하다. 따라서,

$$\eta_p = \eta_s + (1-\eta_s)\times\eta_p\left(1-\frac{1}{\lambda_i}\right)$$

$$\lambda_i\left(\frac{1}{\eta_p}-1\right) = \frac{1}{\eta_s}-1 \qquad (4 \cdot 91)$$

$\lambda_i=1$에서는 잔류가스 중에 공기가 포함되지 않으므로 $\eta_p=\eta_s$가 된다. 그림 4·58에 Schweitzer에 의한 이들 여러 효율의 정의를 도시하고 있다.

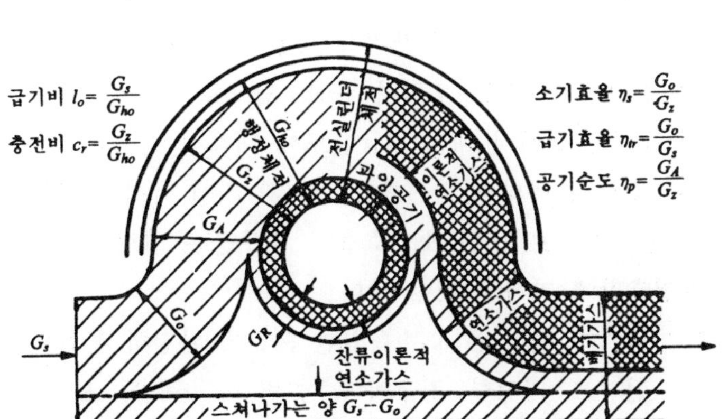

그림 4·58 Schweitzer에 의한 소기에 관한 여러 효율의 정의

(2) 기준소기효율

2 행정기관의 소기작용은 극히 복잡한 현상이므로 소기효율을 계산으로 구한다는 것은 불가능에 가깝다. 그래서 이상적인 가정을 설정하고 이에 따라서 구한 효율을 실제의 효율과 비교하는 기준으로 하고 있다. 이 가정에 다음의 두 가지 경우가 있다.

1) 완전혼합소기(scavenging with perfect mixing 또는 perfectly diffused scavenging)

2) 완전층상소기(perfectly stratified scavenging)

1)의 완전혼합소기는 그림 4·59 (a)에 표시한 바와 같이 새로운 공기가 실린더 내에 유입한 순간에 실린더 내의 잔류가스와 확산 혼합되어 균일한 혼합가스로 되어 이 혼합가스가 배기공으로 나가는 것으로 가정한 경우이고, 2)의 완전성층소기는 그림 4·59 (b)와 같이 잔류가스와 새로운 공기가 완전히 혼합하지 않고 층을 이룬 상태대로 새로운 공기로 배기를 뒤에서 밀어내는 경우이다.

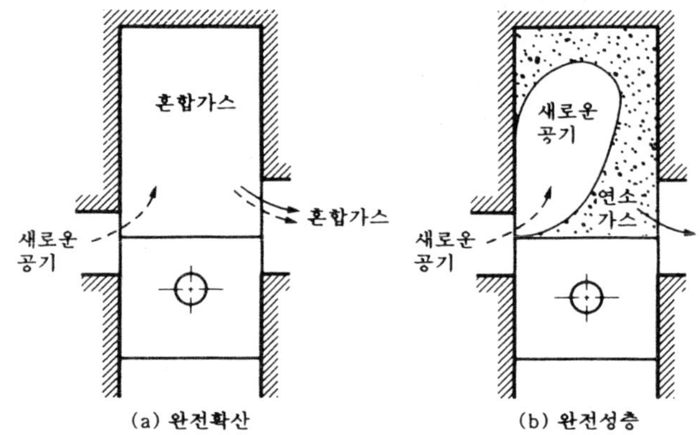

그림 4·59 2 행정기관의 소기 모델

새로운 공기와 잔류가스와의 혼합은 새로운 공기의 유동, 난류, 확산 등에 따라 좌우된다. 이 가정도 실린더 내의 유동상황을 조사하여 보면 상당히 실제와는 차이가 있다는 것을 알 수 있다. 실제에는 가스의 각 부분에 성분과 온도의 불균일성이 상당히 존재하며, 배기구로부터 나가는 가스 속에는 배기덩어리도 있고, 새로운 공기덩어리도 있으며, 또 이 2개가 혼합된 가스도 있는 것이다. 그러나, 실린더 내 가스의 평균값을 택하여 생각해 보면, 이 평균에너지, 평균압력, 평균온도, 평균성분에 대해서는 완전성층보다는 오히려 완전혼합으로 생각한 것이 실제에 가까울 것으로 추측된다. 특히 압력은 실린더 내의 평균온도에 대해서 결정되므로 이와 같은 가정하에서 이론적으로 구한 실린더 내의 압력변화는 실제의 것에 극히 근접한 결과를 나타낸 것으로 생각해도 좋다. 실험적으로 구한 소기효율의 대부분은 그림 4·59 (a)와 (b)의 사이에 있으며, 오히려 완전혼합에 가까운 것이 많다.

① 완전혼합소기 : 급기가 실린더 내로 유입한 순간에 완전히 혼합되어 실린더 내는 성분이 균일한 가스로 된다고 가정한 경우이다. 그림 4·60에 표시한 바와 같이 실린더 내로 dG_s가 유입되어 dG_a가 배출되었다고 생각하면 배기 중에 함유된 새로운 공기의 중량은 $\eta_s dG_a$이므로 실린더 내의 새로운 공기량의 변화는

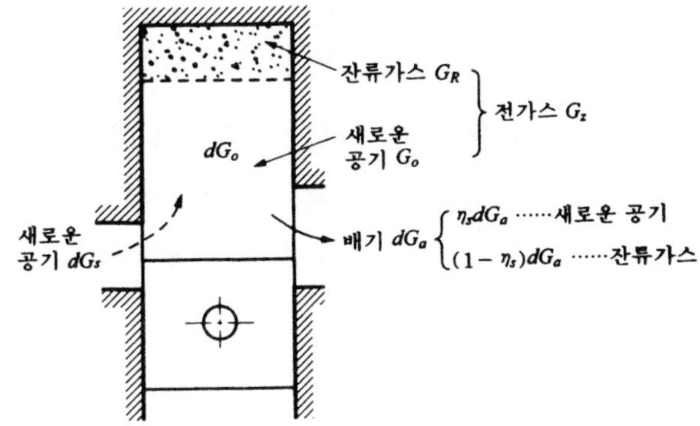

그림 4·60 완전혼합소기의 실린더주위 상태

$$dG_o = d(G_z \eta_s) = dG_s - \eta_s dG_a \tag{4·92}$$

실린더 내 전체 가스량의 변화는

$$dG_z = dG_s - dG_a \tag{4·93}$$

이므로 이 식에서 dG_a를 식 (4·92)에 대입하여 정리하면

$$dG_o = d(G_z \eta_s) = (1-\eta_s)dG_s + \eta_s dG_z \tag{4·94}$$

또, 식 (4·92)에서 $d(G_z\eta_s) = dG_z \cdot \eta_s + G_z d\eta_s$이므로 식 (4·92)를 다시 쓰면

$$\frac{d\eta_s}{1-\eta_s} = \frac{dG_s}{G_z} \tag{4·95}$$

실린더 내로 유입된 새로운 공기 dG_s를 그때의 실린더 내의 상태 p_z, T_z를 기준으로 한 급기비 dl_z로 나타내면 완전가스의 법칙으로부터

$$dG_s = \frac{p_z V_h}{R_s T_z} dl_z, \qquad G_z = \frac{p_z V_z}{R_z T_z} \tag{4·96}$$

첨자 s, z는 각각 소기, 실린더 내 가스에 관한 것을 나타낸다. 위의 식을 식 (4·95)에 대입하면

$$\frac{d\eta_s}{1-\eta_s} = dl_z, \qquad 단,\ \frac{R_z V_h}{R_s V_z} = 1$$

위의 식을 적분하여 $l_z = 0$에서 $\eta_s = 0$의 초기조건을 사용하면

$$\eta_s = 1 - e^{-l_z} \tag{4·97}$$

식 (4·96)으로부터

$$l_z = \int \frac{p_s dV_s}{R_s T_s} \Bigg/ \frac{p_z V_h}{R_s T_z} = \int \frac{p_s}{p_z} \frac{T_z}{T_s} \frac{dV_s}{V_h} \qquad (4 \cdot 98)$$

dV_s인 새로운 공기가 실린더 내로 유입된 순간에 열교환을 하여 p_z, T_z가 되었을 때 차지하는 체적이 실제로 소기작용에 이용된다. 이 체적을 행정체적으로 나누고, 전체소기기간에 걸쳐서 적분하여 얻어지는 급기비 l_z를 사용하면 실린더 내의 압력, 온도에 관계없이 소기효율은 식 (4·97)로 나타내어진다.

p_o, T_o를 기준으로 한 급기비 l_o와 l_z의 관계는

$$l_z = \int \frac{p_o V_h}{R_s T_o} dl_o \Bigg/ \frac{p_z V_h}{R_s T_z} = \int \frac{p_o}{p_z} \frac{T_z}{T_o} dl_o \qquad (4 \cdot 99)$$

소기효율을 구하는 것은 결국 l_z를 구하면 된다. 실린더 벽과의 열교환이 없다고 하면 에너지평형으로부터〔식 (4·44)로부터 벽과의 열교환이 없는 것으로 하여 $dQ_w=0$이므로〕

$$c_{vz} d(G_z T_z) + p_z dV_z = c_{ps} T_s dG_s - c_{pz} T_z dG_a$$

소기중인 실린더체적의 변화는 작으므로 $dV_z=0$, 또는 소·배기의 비열, 가스정수가 같다고 하고 식 (4·93), 식 (4·96)을 사용하여 G_z, G_s, G_a를 소거하면

$$\left(1 - \frac{T_s}{T_z}\right) dl_z + \frac{dT_z}{T_z} - \frac{k-1}{k} \frac{dp_z}{p_z} = 0 \qquad (4 \cdot 100)$$

소기중의 p_z, T_z의 관계가 주어지면 l_z를 구할 수가 있다.

표 4·2에 완전혼합소기 때의 η_s의 이론값을 나타내었다.

표 4·2 완전혼합시의 η_s의 이론값

$K=L/C_r$	$\frac{T_0-T_s}{T_r-T_s}=e^{-K}$	$\eta_s=1-e^{-K}$	$K=L/C_r$	$\frac{T_0-T_s}{T_r-T_s}=e^{-K}$	$\eta_s=1-e^{-K}$
0	1.0000	0	1.15	0.3166	0.6834
0.10	0.9048	0.0952	1.20	0.3012	0.6988
0.20	0.8187	0.1813	1.25	0.2865	0.7135
0.30	0.7408	0.2592	1.30	0.2725	0.7275
0.40	0.6703	0.3297	1.35	0.2592	0.7408
0.50	0.6065	0.3935	1.40	0.2466	0.7534
0.60	0.5488	0.4512	1.45	0.2346	0.7654
0.70	0.4966	0.5034	1.50	0.2231	0.7769
0.80	0.4493	0.5507	1.60	0.2019	0.7981
0.90	0.4066	0.5934	1.70	0.1827	0.8173
1.00	0.3679	0.6321	1.80	0.1653	0.8347
1.05	0.3499	0.6501	1.90	0.1496	0.8504
1.10	0.3329	0.6671	2.00	0.1353	0.8647

● **참고**

한편, 소기효율 η_s를 수정급기비 $K=\dfrac{l}{c_r}$(급기비/충전비)를 사용하여 구하는 방법도 있다. 식 (4·94)의 $dG_o=d(G_z\eta_s)=(1-\eta_s)dG_s+\eta_s dG_z$에 급기비 $l=\dfrac{G_s}{G_h}$와 충전비 $c_r=\dfrac{G_z}{G_{ho}}$를 이용하여 재정리하면($G_{ho}\fallingdotseq G_{hn}\fallingdotseq G_h$로 하면),

$$dG_o=d(G_z\eta_s)=(1-\eta_s)G_{ho}dl+\eta_s G_{ho}c_r \quad ⓐ$$

여기서, G_{ho}, l, c_r은 앞에서 정의한 바와 같으며 G_{ho}는 일정한 값으로 생각해도 좋다.

G_h로 양변을 나누고, 충전효율식으로부터 $d\eta_c=dG_n/G_h$를 이용하여

$$d\eta_c=(1-\eta_s)dl+\eta_s dc_r \quad ⓑ$$

식 (4·85)로부터

$$d\eta_c=c_r d\eta_s+\eta_s dc_r \quad ⓒ$$

이므로, 식 ⓑ와 ⓒ으로부터

$$c_r\frac{d\eta_s}{(1-\eta_s)}=dl \quad ⓓ$$

$$A-c_r\log_e(1-\eta_s)=l \quad (A\ :\ \text{적분상수})$$

소기 초에는 $\eta_s=0$, $l=0$이므로 $A=c_r\log_e 1$

$$\log_e\frac{1}{1-\eta_s}=\frac{l}{c_r}=K$$

$$\therefore\ \eta_s=1-e^{-\frac{l}{c_r}}=1-e^{-K} \quad ⓔ$$

윗식은 완전혼합으로 생각했을 때의 소기효율 η_s를 나타내는 이론식으로, 후술하는 완전성층의 경우에 비해서 상당히 작고, 실제 경우의 η_s는 이 값에 근사한 경우가 많다. 보통은 식 ⓔ에서 $c_r=1$, $K=l$로 놓은 식으로 표시되어 있으나, 식 (4·88)로 나타낸 바와 같이 고압과급을 하고 boost p_B가 표준압력 p_o에 비해서 현저하게 크게 된 경우에는 2 행정 디젤기관에서는 $c_r=1$로 놓을 수는 없다. 여기서 지수 K는 수정급기비이고, 다음 식으로 구한다.

$$K=\frac{l}{c_r}=\frac{G_s}{G_z}=\frac{G_sRT_B}{p_BV_h\left(\dfrac{\varepsilon}{\varepsilon-1}-\sigma_2\right)} \quad ⓕ$$

여기서, (p_B, T_B)는 실제로 압축이 시작하는 상태를 나타내고, 피스톤 위치는 BDC로부터 높이 h_2에 있다($\sigma_2=h_2/s$).

T_B는 η_s, 즉 K의 함수이므로, 우선, T_B를 가정하여 K를 구하고, 이 K를 이용하여 η_s, T_B를 구한 후, 이 T_B를 ⓕ식에 넣어 다시 K를 구하여 가정과 일치할 때까지 계산을 반복한다.

다음에 간소화된 소기과정에 대해 이것을 구해 본다.

a) $T_z = T_s = T_o$(일정)인 경우 : 식 (4·100)에서 p_z=일정이 된다. 이것을 p_o로 같다고 하면 식 (4·99)로부터 $l_z = l_o$, 따라서 식 (4·97)로부터

$$\eta_s = 1 - e^{-l_o}, \quad \text{또} \quad \eta_{tr} = \frac{\eta_s}{l_o} = \frac{1}{l_o}(1 - e^{-l_o}) \qquad (4 \cdot 101)$$

이 식은 모형시험에서 완전혼합소기의 기준으로서 잘 사용되며 η_s, l_o의 관계는 그림 4·61에 나타내어져 있다. $l_o=1$에서는 $\eta_s=63.2\%$가 되고, 또 완전하게 소기하는데는 무한의 급기를 필요로 한다. 또한 식 (4·91)로 η_p를 구하여 같은 그림 속에 나타내었다. λ_i가 클 경우에는 η_s는 작더라도 잔류가스 중에 다량의 공기가 함유되므로 η_p는 큰 값이 된다.

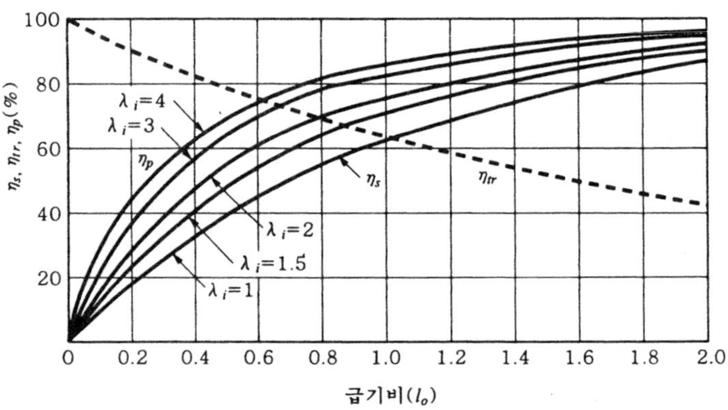

그림 4·61 완전혼합소기 경우의 소기효율(η_s), 급기효율(η_{tr}), 공기순도(η_p)

b) p_z=일정인 경우 : 소기온도 T_s, 실린더 내 압력 p_z를 기준으로 한 급기비 l_{sz}를 사용하면

$$dG_s = \frac{p_z V_h}{R_s T_s} dl_{sz}$$

이므로 l_z와의 관계는 식 (4·96)으로

$$dl_z = T_z dl_{sz} / T_s \qquad (4 \cdot 102)$$

이것을 식 (4·100)에 대입하면

$$\left(\frac{T_z}{T_s} - 1\right) dl_{sz} + \frac{dT_z}{T_z} = 0$$

$l_{sz}=0$일 때 $T_z=T_{ze}$(소기시초의 온도)의 조건을 사용하여 적분하면

$$l_{sz}=\ln\frac{T_z}{T_{ze}}\frac{T_{ze}-T_s}{T_z-T_s}$$

이것으로부터 급기비 l_{sz}일 때의 실린더 내 온도는

$$T_z=T_s\frac{e^{l_{sz}}}{e^{l_{sz}}-1+T_s/T_{ze}} \tag{4·103}$$

위의 식을 식 (4·102)에 대입하여 $l_z=0$일 때 $l_{sz}=0$인 조건하에 적분하면

$$l_z=\ln\frac{e^{l_{sz}}-1+T_s/T_{ze}}{T_s/T_{ze}}$$

식 (4·97)로부터

$$\eta_s=1-e^{-l_z}=\frac{e^{l_{sz}}-1}{e^{l_{sz}}-1+T_s/T_{ze}} \tag{4·104}$$

(2) 완전층상소기

배기와 소기가 절대로 혼합되지 않고 더구나 배기가 완전히 배출될 때까지는 소기가 밖으로 빠져나가지 않는다고 가정한 경우이다. 유입되는 새로운 공기 G_s를 실린더 내의 상태를 기준으로 한 l_z로 나타내면

$$G_s=\frac{P_zV_h}{R_sT_z}l_z$$

로 되고 소기효율은 $l_z\leq 1$인 경우이므로

$$\eta_s=\frac{G_s}{G_z}=\frac{P_zV_h}{R_sT_z}l_z\bigg/\frac{P_zV_z}{R_zT_z}=l_z,\ \text{단}\ \frac{R_zV_h}{R_sV_z}=1 \tag{4·105}$$

$l_z>1$에서는 $\eta_s=1$

① $T_z=T_s=T_o$(일정), $p_z=p_o$(일정)인 경우 : 식 (4·99)로부터 $l_z=l_o$, 따라서

$$\begin{aligned}&l_o\leq 1\text{에서는 }\eta_s=l_o,\quad \eta_{tr}=1\\&l_o>1\text{에서는 }\eta_s=1,\quad \eta_{tr}=1/l_o\end{aligned} \tag{4·106}$$

위의 식을 도시하면 그림 4·62와 같이 $l_o<1$에서는 η_s는 45°의 직선으로 나타내어지며, 또한 같은 그림에 식 (4·91)로 계산한 η_p를 같이 나타내었다.

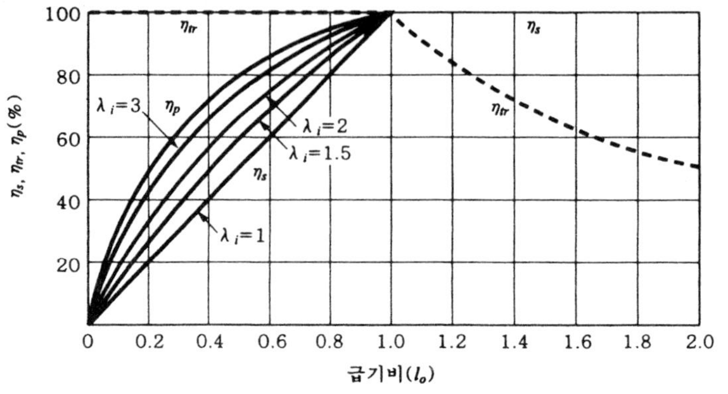

그림 4·62 완전층상소기 경우의 소기효율(η_s), 급기효율(η_{tr}), 공기순도(η_p)

② 소기가 유입된 순간에 배기와 열교환을 할 경우 : 식 (4·100)은 완전혼합의 조건을 포함하지 않으므로 이 경우에도 그대로 적용된다. p_z=일정으로 하면 T_z/T_s는 식 (4·103)에서 구할 수 있으므로

$$\eta_s = l_z = l_{sz}\frac{T_z}{T_s} = \frac{e^{l_{sz}}l_{sz}}{e^{l_{sz}}-1+T_s/T_{ze}} \tag{4·107}$$

③ 소기의 종료에서 소·배기가 열교환을 할 경우 : 소기종료 실린더 내 온도를 T_{se}로 하고 소기의 수열량과 배기의 방열량을 같게 하면,

$$c_{ps}G_z\eta_s(T_{se}-T_s) = c_{pz}(1-\eta_s)G_z(T_{ze}-T_{se})$$

$$\eta_s(T_{ze}-T_s) = T_{ze}-T_{se}(\text{단, } c_{ps}=c_{pz})$$

p_z=일정으로 하고, $\eta_s = l_z = l_{sz}T_{se}/T_s$의 관계를 사용하여

$$\eta_s = \frac{l_{sz}}{l_{sz}\left(1-\dfrac{T_s}{T_{ze}}\right)+\dfrac{T_s}{T_{ze}}} \tag{4·108}$$

(3) 소기효율과 평균유효압력과의 관계

4 행정기관인 경우는 잔류가스가 약간이므로 그 안에 함유되어 있는 공기를 무시할 수가 있으나, 2 행정기관인 경우에는 이것을 고려하지 않으면 안 된다. 새로운 공기만을 고려한 겉보기의 공기과잉률 λ와 잔류가스 중의 공기를 더한 진공기과잉률 λ_i와의 관계는 $\lambda_i/\lambda = \eta_p/\eta_s$이므로 식 (4·91)로서

$$\lambda - 1 = (\lambda_i - 1)\eta_s \tag{4·109}$$

잔류가스는 연소에 관계하지 않는다고 생각하면, 평균유효압력을 구하는 데는 식 (3·49)를 그대로 쓰면 된다. 외기상태 p_o, T_o를 기준으로 한 체적효율을 사용하면 식 (4·82)로부터 $\eta_{vo}=\eta_s c_r$이므로

$$p_e=1.46\frac{H_u\eta_e\eta_s}{\lambda L_o}\cdot\frac{p_o}{T_o}\cdot c_r \tag{4·110}$$

진공기과잉률 λ_i를 쓸 경우에는 위의 식에 식 (4·109)의 관계를 대입하면

$$p_e=1.46\frac{H_u\eta_e\eta_s}{L_o[1+(\lambda_i-1)\eta_s]}\cdot\frac{p_o}{T_o}\cdot c_r \tag{4·111}$$

어느 것을 사용하여도 연소가스 조성은 동일하므로 결과는 변하지 않는다.

혼합기로 소기하는 기관은 새로운 공기가 빠져나가는 손실을 제외한 열효율 η_e'를 사용하지 않으면 안 된다. 전체연료소비율에 관한 열효율 η_e와 η_e'의 관계는

$$\frac{\eta_e'}{\eta_e}=\frac{b_e}{b_e'}=\frac{l_o}{\eta_{vo}}=\frac{1}{\eta_{tr}}$$

이므로

$$p_e=1.46\frac{H_u\eta_e'\eta_{vo}}{\lambda L_o}\cdot\frac{p_o}{T_o}=1.46\frac{H_u\eta_e l_o}{\lambda L_o}\cdot\frac{p_o}{T_o} \tag{4·112}$$

이 경우 λ는 혼합기의 공기과잉률과 동일한 것이다.

(4) 실제의 소기효율과 그 측정

실제의 소기효율은 완전충상, 완전혼합, 완전소통(short circuiting, l_o의 값에 관계없이 η_s, $\eta_{tr}=0$)의 3극단 상황이 임의의 비율로 조합된 것이다. 많은 기관에서 소기효율은 완전혼합에 가까운 특성을 가지고 있으나 이것은 반드시 실제의 소기과정이 완전혼합에 가깝다는 것을 나타내는 것은 아니다. 급기비 l_o를 크게 하면 소기효율 η_s는 증가되지만 소기펌프에 소비되는 동력이 증가하므로 정미출력은 도리어 감소된다. 따라서 작은 l_o로 η_s를 높이는 것이 바람직하다. 실제의 소기효율은 실험적으로 구할 수밖에 없으며 이것에는 다음과 같은 방법이 사용된다.

① 소기흐름 경로 : 좋은 효율을 얻기 위해서는 흡입된 공기가 그대로 지나치지 않고 가급적 긴 유로(流路)를 그리면서 소기구멍에서 배기구멍으로 흘러야 한다. 흐름의 장애가 되거나 흐름의 박리를 일으키고 소용돌이를 발생해서는 좋은 결과는 바랄 수 없다.

그림 4·63은 횡단소기의 두 가지 특성을 나타낸다. 그림 4·63 (a)는 소기가 실린더 벽을 따라서 상승하고 실린더헤드에서 굽어져 아래쪽으로 우측으로 회전하는 소용돌이를 발

생하고 있다. 이와 같은 경우에는 소기작용은 양호하며 LINDER는 이것을 high scavenge라 부르고 있다. 그림 4·63(b)는 기류가 실린더 벽에서 떨어져 실린더 내를 얕게 흐르며 배기구멍으로 그대로 스쳐 나가고 상측에 좌로 회전하는 소용돌이를 일으키고 있다. 이와 같은 경우는 물론 소기효율은 나쁘며 이것을 flat scavenge라고 한다. 이 2개의 명료한 소기류의 차이는 소기구멍의 열림정도(開度)와 소기구멍 통로의 형상에 따라 다르다. 소기구멍의 열림이 작을 때는 high scavenge이지만 피스톤이 내려가면 어느 위치에서 갑자기 flat로 변하고 또 피스톤이 상승하면 flat에서 high로 재차 변하지만, 천이점은 하향운동인 경우보다 늦게 온다. 소기구멍 통로를 (a)에 나타낸 바와 같이 실린더 벽으로 갈수록 점차 굽힘을 강하게 하며, 단면적도 다소 교축 경향으로 하고 내면을 매끈하게 하여 기류의 박리가 일어나지 않도록 하면 전체 소기기간에 걸쳐 high scavenge가 얻어진다.

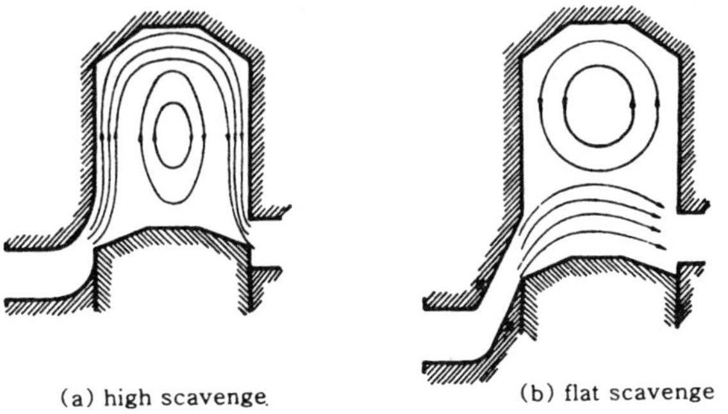

(a) high scavenge (b) flat scavenge

그림 4·63 횡단소기의 특징(b의 x표는 박리점)

소기의 유로를 보려면 투명한 2차원 또는 3차원 모형 혹은 실물 실린더를 사용하여 피스톤의 각 위치에서 공기를 흐르게 하여 깃털, 견사, 피토관을 각 곳에 붙여 흐름의 방향을 탐지하던가 혹은 연기, 산화마그네슘, 미터알데히드, 얇은 종이조각 등을 공기에 섞어서 기류사진을 찍는 등의 방법이 쓰인다. 이것에 발광분말을 사용하면 선명한 사진이 얻어진다. 또 공기모형 대신에 물모형도 시도되며 과도적 현상을 보려면 슐리렌법도 사용되고 있다.

JANTE 교수는 실린더커버에서의 동압을 측정하고 실린더 축방향의 속도분포를 구하여 소기의 양부를 판정하고 있다. 그림 4·64에 루프소기에 있어서 소기가 잘 이루어지고 있

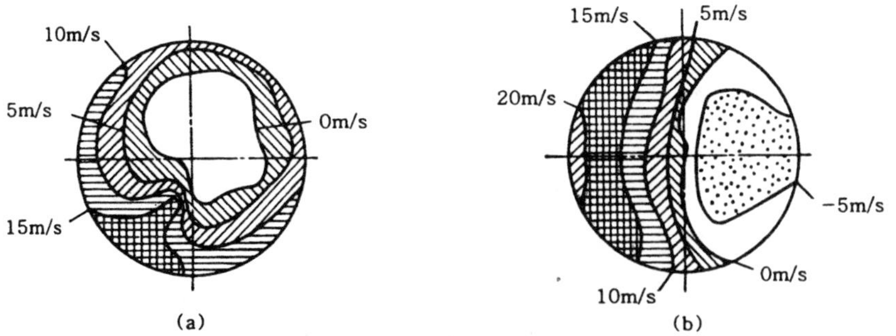

(a) (b)

그림 4·64 루프소기에서의 불량 소기(a)와 양호한 소기(b), JANTE의 방법

는 경우와 그렇지 않은 경우의 속도분포를 비교하고 있다.

② 모형에 의한 소기효율의 측정 : 모형실린더에 피스톤을 끼워 그 안에 공기(혹은 탄산가스, 산소)를 충전하고 가급적 실제기관의 소기에 가까운 상태로 탄산가스, 산소(혹은 공기)를 사용하여 1회만 소기를 행한 후 가스분석에 의해 실린더 내 가스의 농도를 측정하여 소기효율을 산출한다. 공기를 탄산가스로 소거하는 방법이 점성과 밀도의 점에서 연소가스와 공기의 관계가 일치된다. 소기에 암모니아가스를 사용하고 그 유전적(誘電的) 성질을 이용하여 각 점의 농도를 측정하면 소기유로는 물론 소기과정 중의 소기효율 η_s의 변화를 정량적으로 발견할 수가 있다.

③ 실제의 기관에서 소기효율의 측정 : 모형실험에서는 온도의 영향이나 소·배기관에 의한 동적 영향이 변하지 않는다. 운전상태에서 소기효율을 구하는 데는 여러 가지 방법이 시도되고 있으나 모두 복잡하고 정확을 기한다는 것은 곤란하다.

a) 시료가스분석에 의한 방법 : 단시간에 개폐하는 가스채취밸브(sampling valve)로 소기작용의 전·후(팽창 및 압축중)의 시료가스를 빼내어 탄산가스 또는 산소의 농도를 측정하여 η_s를 산출한다. 연소가스(소기구멍이 열리기 전의 가스) 중의 탄산가스의 농도를 $(CO_2)_E$%, 압축중(분사가 행해지기 전)의 그것을 $(CO_2)_C$%, 연소가스 중의 증기를 (H_2O)%로 하면 잔류탄산가스의 양은 다음 식으로 나타난다.

$$(1-\eta_s)(CO_2)_E[1-(H_2O)]=[1-(1-\eta_s)(H_2O)](CO_2)_C$$

따라서

$$\begin{aligned}\eta_s&=1-\frac{(CO_2)_C/(CO_2)_E}{1-(H_2O)[1-(CO_2)_C/(CO_2)_E]}\\&\cong 1-(CO_2)_C(CO_2)_E,\ \text{단}\ (H_2O)=0\end{aligned} \qquad (4\cdot 113)$$

이 방법은 시료가스가 전체가스의 조성을 대표하는 것이면 정확하다. 배기구멍이 열리기 직전의 가스를 채취하면 연소가스의 평균조성을 잘 나타내지만, 압축행정중의 시료는 채취장소, 시기에 따라 상당한 차이가 있다. 그러므로 다량의 시료가스 혹은 전체 압축가스가 채취될 수 있는 밸브 혹은 시험용 기관이 고안되어 있다.

위의 방법으로 팽창중의 가스를 채취하려면 기관과 동기된 sampling valve가 필요하나 취출중의 가스는 연소가스만이므로 배기구멍의 출구에 자동가스 채취밸브를 마련하고, 소기압력 이상으로 가스를 채취하면 연소가스만이 간단하게 채취되며 연소가스 및 배기가스(연소가스+통과소기) 중의 CO_2%로부터 η_s를 산출할 수가 있다. 그러나 정도는 상기의 방법에 뒤떨어진다.

b) 트레이서가스에 의한 방법(tracer gas method) : 이 방법은 Schweitzer와 De Luca에

의해 수행하여진 것으로서, 연소온도에서는 화학적으로 변질되나 소기중의 실린더 내 온도에서는 변화되지 않는 가스를 급기에 소량 혼합하여 사용하는 방법이다. 트레이서 가스가 균일하게 급기에 혼합되어 있다고 하면

$$급기효율\ \eta_{tr}=1-\frac{통과량}{급기량}=1-\frac{배기가스\ 중의\ 트레이서가스량}{급기중의\ 트레이서가스량}$$

트레이서가스로서는 모노메틸아민 CH_3NH_2(0.5~1%)가 사용된다. 어느 정도는 해리되어 도피하므로 4% 정도의 오차가 생기나 수정하면 1% 정도로 된다. 또 최근 메탄을 사용하는 경우도 있다.

가솔린기관에서 과농 혼합기를 사용하면 연소가스 중에는 O_2는 거의 함유되지 않으므로 배기 중의 O_2는 통과소기로부터 온다고 볼 수가 있으며 O_2를 트레이서가스라고 생각하여 개략의 값을 산출할 수가 있다.

4.6.5 소기량 및 급기비(scavenging air flow and delivery ratio)

일정기관의 소기효율 η_s는 급기비 l_o와 충전비 c_r에 의해 결정되는 수정급기비 $K=l_o/c_r$의 함수이다. 급기비 l_o를 구하기 위해서는 1 사이클당 총소기량 G_s를 우선 추정할 필요가 있다. 그런데 G_s를 좌우하는 것은 (a) 소기압력 p_s, (b) 소기온도 T_s, (c) 배압 p_r, (d) 소기공 면적 f_s, 유량계수 μ_s, (e) 배기공 면적 f_e, 유량계수 μ_e, (f) 소・배기공이 같이 열려 있는 크랭크각도$(\theta_2-\theta_1)$°CA, (g) 매분 회전수 n 등이다.

그림 4・65에 나타낸 바와 같이 소기 및 배기공의 유효 유로 단면적 f_s, f_e는 크랭크각 θ(TDC로부터 시계방향)와 함께 시시각각 변하고, 실린더 내의 압력 p, 실린더 내 체적 V도 변한다.

소기공과 배기공이 동시에 열려 있는 사이, 즉 소기를 시작하는 크랭크각 θ_1, 소기가 끝나는 크랭크각 θ_2 사이의 f_s, f_e의 평균값을 다음과 같이 구한다. 아래첨자 m을 사용하여 평균값을 나타내면

$$\left.\begin{aligned}&소기공\quad f_{ms}=\int_{t_1}^{t_2}f_s dt/(t_2-t_1)=\int_{\theta_1}^{\theta_2}f_s d\theta/(\theta_2-\theta_1)\quad [\mathrm{m}^2]\\&배기공\quad f_{me}=\int_{t_1}^{t_2}f_e dt/(t_2-t_1)=\int_{\theta_1}^{\theta_2}f_e d\theta/(\theta_2-\theta_1)\quad [\mathrm{m}^2]\end{aligned}\right\}\qquad (4\cdot 114)$$

여기서,

$$dt=d\theta/6n,\qquad t_2-t_1=(\theta_2-\theta_1)/6n\ [\mathrm{s}]\qquad (4\cdot 115)$$

의 관계가 있다. θ_2값으로는 소기공 및 배기공 또는 배기밸브 중에서 어느 것인가가 가장 최후에 닫히는 때의 크랭크각도로 하면 된다.

취출된 가스가 되돌아올 경우의 θ_1으로는 취출된 가스가 되돌아오는 것이 끝나고 실제적으로 소기가 시작하는 크랭크각도를 선택해야 하며, $(\theta_2-\theta_1)$은 감소한다. 만약, 소·배기공을 각각 식 (4·114)로 구한 평균값 f_{ms}, f_{me}로 유지하고, 피스톤을 고정하여 소기압 p_s, 배압 p_r을 일정한 값으로 유지한 것으로 하자. (t_2-t_1) 사이에 f_{ms}, f_{me}란 단면적을 가진 2개의 오리피스를 직렬로 연결한 이 유로에서 중간의 실린더에 유입하는 새로운 공기의 체적과 유출하는 배기체적은 중간실의 압력, 온도하에서는 서로 같다.

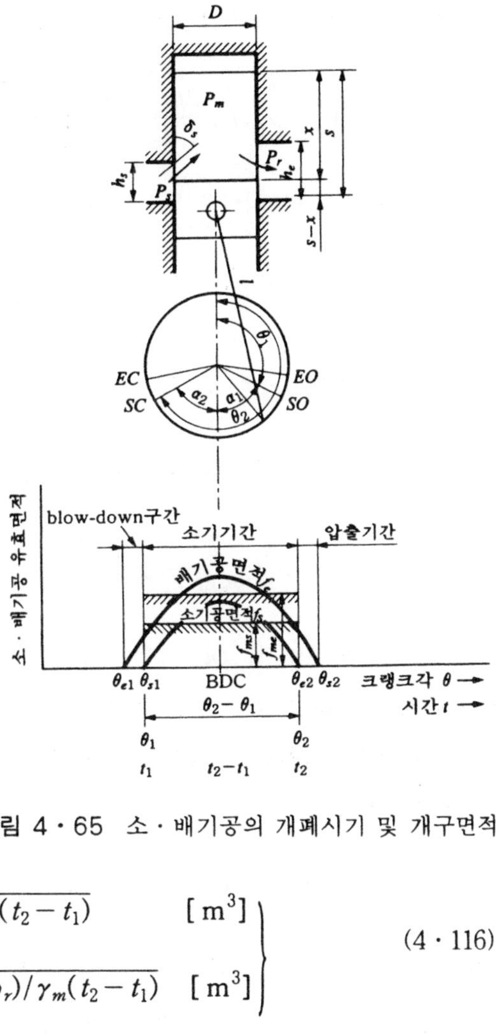

그림 4·65 소·배기공의 개폐시기 및 개구면적

$$\left.\begin{aligned} V_s &= \mu_{ms} f_{ms} \varepsilon_{ms} \sqrt{2g(p_s-p_m)/\gamma_s}\,(t_2-t_1) && [\mathrm{m^3}] \\ V_e &= \mu_{me} f_{me} \varepsilon_{me} \frac{\gamma_m}{\gamma_r} \sqrt{2g(p_m-p_r)/\gamma_m}\,(t_2-t_1) && [\mathrm{m^3}] \end{aligned}\right\} \tag{4·116}$$

ε_{ms}, ε_{me}는 p_s로부터 p_m, p_m으로부터 p_r로 단열팽창할 경우의 압축성을 나타내는 항으로 p_s, p_m, p_r의 차이는 작으므로 근사적으로는 어느 것도 1로 놓아도 좋다. γ_s, γ_m, γ_r은 소기기간 중의 소기, 실린더 내 가스, 배기의 비중량(kg/m³)이고, $\gamma_s>\gamma_m>\gamma_r$이지만, 이 차이도 무시할 수 있다. 식 (4·116)에서 $V_s=V_e$로 놓고 중간압력 p_m의 평균값을 구한다.

$$\frac{p_s-p_m}{p_m-p_r}=\left(\frac{\mu_{me}f_{me}}{\mu_{ms}f_{ms}}\right)^2\left(\frac{\gamma_m\gamma_s}{\gamma_r^2}\right)=\zeta \tag{4·117}$$

로 놓고

$$p_m=p_s\frac{\left(1+\zeta\dfrac{p_r}{p_s}\right)}{1+\zeta} \tag{4·118}$$

식 (4・116)으로부터 유입소기중량 G_s를 구하면

$$G_s=\gamma_s V_s=\mu_{ms}f_{ms}\frac{p_s}{\sqrt{T_s}}\sqrt{\frac{2g}{R}\left[1-\frac{1}{1+\zeta}\left(1+\zeta\frac{p_r}{p_s}\right)\right]}\frac{(\theta_2-\theta_1)}{6n}\ \text{[kg]} \qquad (4\cdot 119)$$

급기비 l_o는〔G_{ho}는 식 (4・86)을 대입〕

$$l_o=\frac{G_s}{G_{ho}}=\frac{\mu_{ms}f_{ms}}{V_h}\frac{p_s}{p_o}\frac{T_o}{\sqrt{T_s}}\sqrt{2gR\left[1-\frac{1}{1+\zeta}\left(1+\zeta\frac{p_r}{p_s}\right)\right]}\frac{(\theta_2-\theta_1)}{6n} \qquad (4\cdot 120)$$

매초당 총공기량 G_a는 식 (4・119)로부터

$$G_1=\mu_{ms}f_{ms}\frac{p_s}{\sqrt{T_s}}\sqrt{\frac{2g}{R}\left[1-\frac{1}{1+\zeta}\left(1+\zeta\frac{p_r}{p_s}\right)\right]}\frac{(\theta_2-\theta_1)}{360}\ \text{[kg/s]} \qquad (4\cdot 121)$$

$$=\mu_{ms}\frac{p_s}{360\sqrt{T_s}}\sqrt{\frac{2g}{R}\left[1-\frac{1}{1+\zeta}\left(1+\zeta\frac{p_r}{p_s}\right)\right]}\int_{\theta_1}^{\theta_2}f_s d\theta\ \text{[kg/s]} \qquad (4\cdot 121')$$

ζ를 구할 경우는 식 (4・117)에서 제1차 근사값으로 $\gamma_m\gamma_s/\gamma_r^2 \fallingdotseq 1$로 하면 된다. p_s는 kg/m^{2}으로 나타내고, $R=29.27$로 한다.

그림 4・65에서처럼 소기공에 대한 윗식 중의 면적 크랭크각 적분값의 계산식은 다음과 같이 나타낸다.

$$\int_{\theta_1}^{\theta_2}f_s d\theta=f_{ms}(\theta_2-\theta_1)=\pi D\beta_s\sin\delta_s\int_{\theta_2}^{\theta_1}[h_s-(S-x)]\,d\theta \qquad (4\cdot 122)$$

단, S : 행정, D : 실린더지름, l : 커넥팅로드의 길이, $\lambda=2l/S$, h_s : 소기공의 높이, $\sigma_s=h_s/S$, b_s : 소기공 폭의 합, $\beta_s=b_s/\pi D$, δ_s : 소기공이 실린더 벽과 이루는 각, x : TDC로부터 피스톤의 운동거리, θ : 크랭크각(도)(TDC로부터 측정)

여기서, TDC로부터 피스톤이 움직인 운동거리 x는 다음 식으로 구할 수 있다.

$$x=\frac{S}{2}\left[(1-\cos\theta)+\frac{1}{4\lambda}(1-\cos 2\theta)\right]$$

이것을 식 (4・122)에 대입하여 적분하면 θ를 모두 "도"로 나타낼 때

$$\int_{\theta_1}^{\theta_2}f_s d\theta=\pi DS\beta_s\sin\delta_s\left[(\theta_2-\theta_1)\left(\sigma_s-\frac{1}{2}+\frac{1}{8\lambda}\right)-\frac{90}{\pi}(\sin\theta_2-\sin\theta_1)\right.$$

$$\left.-\frac{45}{4\pi\lambda}(\sin 2\theta_2-\sin 2\theta_1)\right]\ [\text{m}^2\text{degree}] \qquad (4\cdot 123)$$

$$f_{ms}=\pi DS\beta_s\sin\delta_s\left[\left(\sigma_s-\frac{1}{2}+\frac{1}{8\lambda}\right)-\frac{90}{\pi(\theta_2-\theta_1)}(\sin\theta_2-\sin\theta_1)\right.$$
$$\left.-\frac{45}{4\pi\lambda(\theta_2-\theta_1)}(\sin 2\theta_2-\sin 2\theta_1)\right]\ [\mathrm{m}^2] \qquad (4\cdot 124)$$

배기공에 대해서도 같은 형태로 쉽게 계산할 수 있다. 또, 구멍이 열리기 시작하는 각 θ_1과 h_s 또는 σ_s와의 관계는 다음 식으로 구한다.

$$h_s=S-x_1=\frac{S}{2}\left[(1+\cos\theta_1)-\frac{1}{4\lambda}(1-\cos 2\theta_1)\right] \qquad (4\cdot 125)$$

$$\sigma_s=\frac{h_s}{S}=\frac{1}{2}\left[(1+\cos\theta_1)-\frac{1}{4\lambda}(1-\cos 2\theta_1)\right] \qquad (4\cdot 126)$$

표 4·3에 소·배기공에 대한 σ, β값의 개략적인 값을 나타낸다.

표 4·3 $\sigma\cdot\beta$의 개략값

소기형식	소기공		배기공	
	σ_s	β_s	σ_e	β_e
횡단형	0.20~0.30	0.25~0.35	0.30~0.35	0.15~0.30
반전형	0.20~0.25	0.25~0.35	0.30~0.35	0.25~0.35
단류형	0.10~0.15	0.50~0.60	0.15~0.20	0.50~0.60

소기공의 평균유량계수 μ_{ms}는 사사키(佐佐木外喜雄)의 실험결과로부터 μ_{ms}에 상당하는 값을 계산하면, 표 4·4와 같다.

구멍의 경사각 δ_s에 의해 변화하지만 대체적으로 μ_{ms}=0.7~0.8로 취급해도 좋다. 배기공에 대한 μ_{me}에 대해서는 δ_e=90°의 경우 0.7~0.8 정도이다. 포핏밸브에 대한 μ_{me}에 대해서는 밸브양정과 함께 표 4·5처럼 변화한다.

표 4·4 소기공의 평균유량계수 μ_{me}

δ_s	μ_{ms}
90°	0.805
80°	0.772
70°	0.745
60°	0.725
50°	0.715
40°	0.725
30°	0.750

표 4·5 흡기밸브의 유량계수 μ_{me}
L : 밸브양정, d : 밸브지름

L/d	μ_{ms}
0	1.000
0.05	0.976
0.10	0.916
0.15	0.860
0.20	0.807
0.25	0.754

2 행정기관의 소기효율은 소기방법, 소·배기공의 형상이나 치수에 의한 것이 크다. 적당한 치수를 이론계산에 의해 구하는 것은 거의 불가능하고 개략의 값을 찾는 정도이다. 요점

은 충분한 크기의 포트구멍으로 가스교환을 가능하면 하사점 근처에서 이루어지게 하는 것이다. 즉, 소기구멍이 열리기 전에 배기의 불어내기를 자연스럽게 하고, 양 구멍이 열려 있는 사이의 유효한 소기를 하여 최후에 배기공의 면적이 작게 되었어도 소기공은 충분히 열려 있어야 한다. 그러나, 이 같은 점은 구조상 불가능한 경우가 많다. 따라서, 이와 같은 것을 보완하기 위하여 소기펌프 및 과급기 등을 설치하고 있다

4.7 과급기와 과급법

내연기관의 최대출력은 단위시간에 소비되는 공기량, 기계적 응력, 열응력에 의해 제한된다. 즉, 일정한 행정체적으로 기관출력성능을 향상시키기 위해서는 η_v(체적효율)와 기관회전수를 증대시키는 것이 바람직하지만, 이 어느 것도 제한이 있기 때문에, 이들을 만족시키기 위하여 특별한 압축기 즉, 과급기(supercharger)를 이용하여 밀도가 높은 새로운 공기를 적극적으로 실린더 내에 공급하면 평균유효압력이 높게 되어, 실린더 체적, 회전속도를 높이지 않고도 출력을 증대시킬 수 있다. 이것을 과급(supercharging)이라 하며, 디젤기관에서는 널리 사용되고 있지만, 가솔린기관에서는 리터마력이 큰 것이 바람직한 경주용 자동차, 또는 외기밀도가 낮은 상태에서 사용하는 항공기기관같이 특수한 것에 한하여 주로 사용되어 왔다. 항공용에서는 외기압력 이상으로 압력을 높이는 경우를 supercharge, 표준대기압 이상으로 압력을 높이는 경우를 boost라 한다.

4.7.1 과급의 필요성

과급기를 이용하여 기관출력을 향상시킬 수 있다는 것은 대단히 바람직한 것이다. 요즘, 2 행정 디젤기관 대신에 취급이 편리하고 통상 사용되고 있는 동일한 정도의 행정체적 V_h를 갖고 있는 4 행정기관을 과급하여 2 행정기관과 동등한 출력을 얻는 경향이 있지만, 그렇게 하기 위해서는 신뢰성이 높은 과급기의 개발이 필수적이다. 최근, 과급 4 행정 디젤기관의 진출로 소형 2 행정기관(150~250 ps, 110~185 kW급)을 추방하려는 경향은 주목할 만한 일이다. 또 기관의 주요 부분을 변경하지 않고 단지 흡·배기관 등의 부속물을 최소한으로 교환하는 것만으로 여러 용도에 맞고, 광범위한 출력을 얻기 위해서도 간편한 과급기가 이용되고 있다.

한편, 지금까지 부적당한 것으로 되었던 차량용 가솔린기관의 과급도 출력성능을 증대시키는 관점에서 볼 때 그 필요성이 높게 되고, 문제로 되었던 혼합비의 적정화, 기관의 압축비와 과급기의 압력비와의 상관관계, 연료의 옥탄가 등의 여러 문제도 해결되어, 정상연소

를 얻기 위한 고안이 발표되어 실용화되고 있다.

이와 같이 과급의 용도는 다양하며, 필요성이 점점 높아지고 있고, 과급기 자체도 진보 발전되고 있으며, 더욱이 새로운 과급기의 사용법이나 새로운 형식의 과급기의 개발도 이루어지고 있다.

4.7.2 과급기의 종류

기관의 과급에 이용되는 과급기에는 2 행정기관용의 소기펌프(송풍기)와 같이 체적형과 원심형이 이용되는데, 이 중에서도 널리 이용되는 형식은 roots 과급기와 원심과급기이다. 그러나, 최근 크게 부각되고 있는 것은 복합과급기(complex supercharger)이다.

과급기 구동에는 다른 원동기를 이용하는 것, 기관 자신의 발생동력으로 구동하는 것(기계과급, 그림 4 · 66), 배기가스터빈에 의해 구동하는 것(그림 4 · 67) 및 이들을 병용하는 것 등이 있다. 배기터빈 과급은 기관의 발생동력을 소비하는 것이 아니기 때문에 출력과 효율이 높아 디젤기관에서는 소형을 제외하고는 현재 널리 이용되고 있다. 배기가스 터빈은 고속회전을 하므로 원심형과 조합하기에 적합하여, 이것을 직결하여 배기가스 터빈 과급기(exhaust turbocharger)라 부르고 있다.

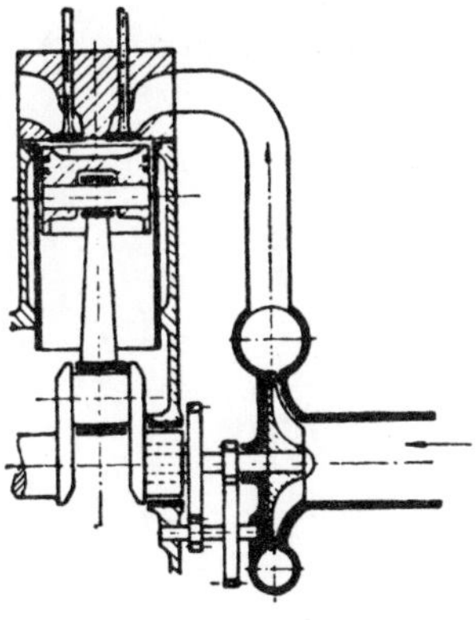

그림 4 · 66 기계과급

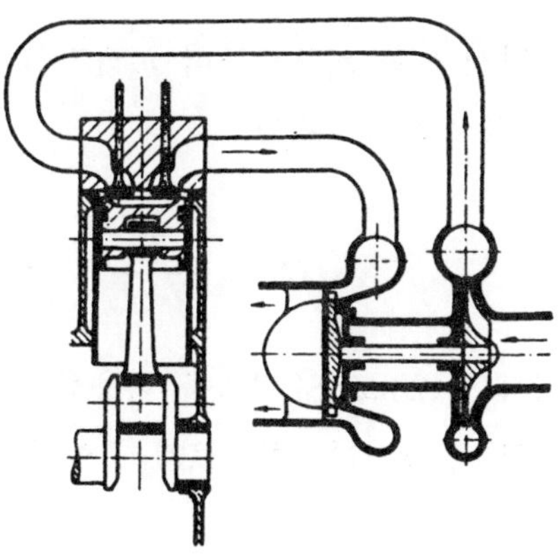

그림 4 · 67 배기터빈 과급

(1) roots 과급기(roots supercharger)

roots 형상에는 2날개(two lobe) 또는 3날개(three lobe)의 직선형이던지, 또는 꼬임형이 있고, 2개의 로터는 서로 맞물려 반대방향으로 회전하면서 로터와 케이스와의 사이의 공간에 갇혀 있던 공기를 품어 내는 것이다.

그림 4 · 68에서 로터로 갇혀 있던 체적 V_1(⊠부분)에 비해서 품어 내는 측의 체적 V_2

가 충분히 큰 것으로 하고, 또 V_2의 공기는 V_1으로 역류하여도 p_2에는 아무런 변화가 없으며 로터 사이에는 공기의 누수나 마찰저항 등이 없는 것으로 가정한다.

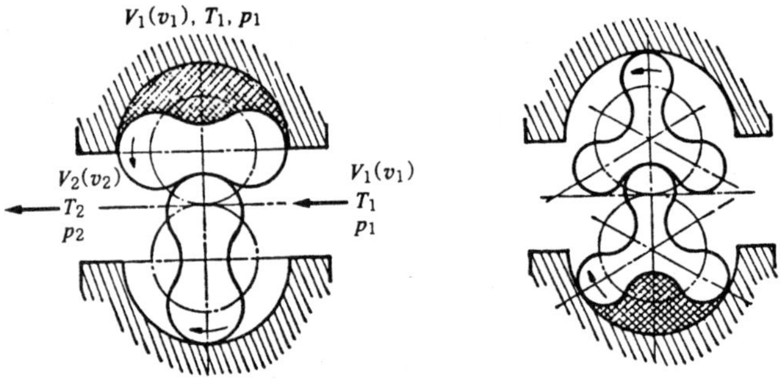

(a) 2개 roots (b) 3개 roots

그림 4・68 roots 과급기

비체적 v_1의 공기를 압력차 p_2-p_1에 저항하여 토출측에 중량유량 G [kg_f/s]를 압송할 때의 단위시간당 일, 즉 이상 roots 과급기의 동력 N_o는 다음 식으로 된다.

$$N_o = G \cdot v_1 \cdot (p_2 - p_1) = G \cdot R \cdot T_1\{(p_2/p_1) - 1\} \qquad (4 \cdot 127)$$

SI 단위에서는 G' [kg/s], v_1' [m^3/kg], p_1', p_2' [Pa], R' [J/(kg・K)], T [K]로 하면, 식 (4・127)은 그대로 사용할 수 있으며 동력은 [W] 또는 [J/s]로 구해진다.

$$N_o' = G' \cdot R' \cdot T_1'\{(p_2'/p_1') - 1\} \qquad (4 \cdot 127')$$

여기서 G를 p_1으로부터 p_2까지 단열 등엔트로피로 압축하는 것으로 한다면, 동력 N은 다음 식으로 표시된다.

$$N = GRT_1 \frac{k}{k-1}\left\{\left(\frac{p_2}{p_1}\right)^{\frac{k-1}{k}} - 1\right\} \qquad (4 \cdot 128)$$

식 (4・128)도 SI 단위를 이용한다면 그대로 사용할 수 있다.

따라서, 앞의 두 식으로부터 이상 roots 단열효율 η_{ad}는 다음 식과 같다.

$$\eta_{ad} = \frac{N}{N_o} = \frac{k}{k-1} \cdot \frac{(p_2/p_1)^{\frac{k-1}{k}} - 1}{(p_2/p_1) - 1} \qquad (4 \cdot 129)$$

로터의 윤곽(profile)은 사이클로이드형(cycloid type), 인벌류트형(involute type), 엔벨로프형(envelope type) 등이 이용된다.

체적형 과급기는 뒤에서 언급하는 원심형 과급기보다도 저속에서의 효율이 좋고, 차량기관용 과급기로서 최적합하지만, 형상과 중량이 크기 때문에 원심과급기에 비하여 사용빈도가 훨씬 적다.

(2) 원심과급기

원심과급기는 원판에 여러 장의 직선 또는 곡선 모양의 날개(vane 또는 blade)를 방사상으로 부착한 임펠러(impeller 또는 vaned rotor)를 와류실(scroll casing 또는 chamber) 내에서 회전시켜(그림 4·69), 임펠러의 중앙으로부터 축방향으로 유입하는 공기를 원심력으로 송출하는 송풍기이다.

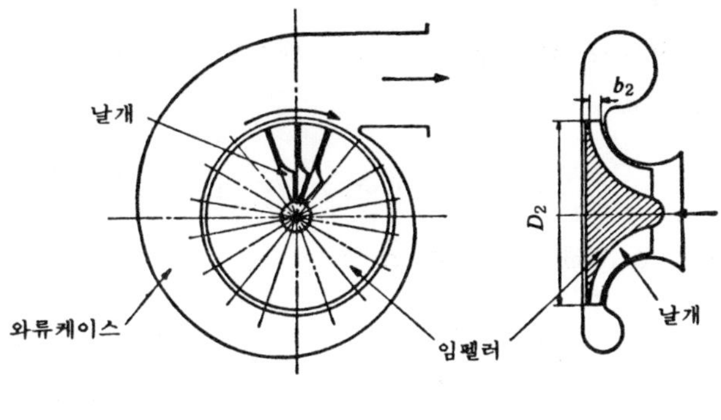

그림 4·69 원심과급기

그림 4·70에서 A로부터 유입한 공기는 B로 유출하지만, 정상흐름에서는 단면 1-1과 1′-1′과의 사이에 포함되어 있는 공기의 질량과 단면 2-2와 2′-2′와의 사이에 포함되어 있는 공기가 같은 것으로 생각하면, $\Delta\tau$시간에 과급기를 통과하는 공기의 질량은 $(G/g)\times\Delta\tau$로 된다.

유입하는 공기에 대한 운동모멘트는 평균반지름 $r_{1m}(=\sqrt{(r_1^2+r_2^2)/2})$을 이용하여 $(G/g)\cdot c_{1u}\cdot r_{1m}\cdot\Delta\tau$로 된다. 고로, 임펠러 축에 작용하는 외력의 모멘트 M_e는 다음 식으로 구해진다. 또, SI에서는 중량유량 G [kg$_f$/s] 대신에 질량유량 G'[kg/s]을 이용하면 g는 필요 없게 된다.

$$M_e=\lim_{\Delta\tau\to 0}(1/\Delta\tau)(G/g)(c_{2u}\cdot r_2-c_{1u}\cdot r_{1m})\Delta\tau$$

$$\therefore M_e=(G/g)(c_{2u}\cdot r_2-c_{1u}\cdot r_{1m}) \tag{4·130}$$

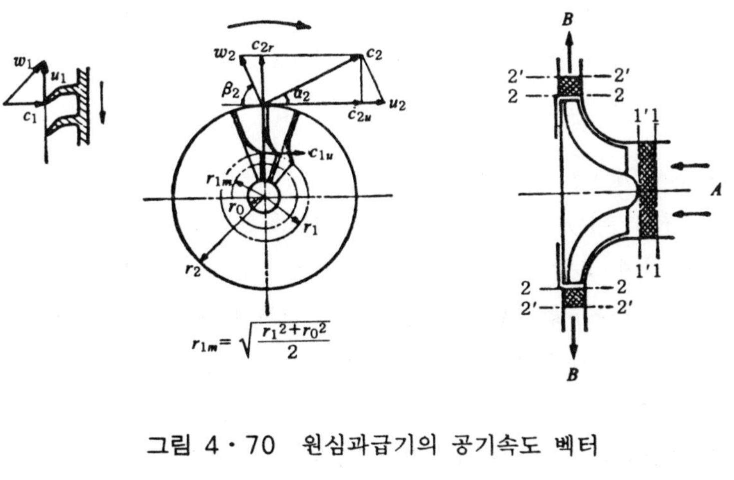

그림 4·70 원심과급기의 공기속도 벡터

윗식은 오일러식(Euler's equation)으로 유체역학에서 사용되는 식이다. 와류실 내의 임펠러는 실내에 충만되어 있는 공기 속을 회전할 때에 발생하는 마찰을 이겨내야 하므로, 그 저항 모멘트 M_r만큼 여분의 모멘트가 필요하게 된다. 따라서 M_e는 다음과 같이 다시 쓸 수가 있다.

$$M_e = (G/g)(c_{2u} \cdot r_2 - c_{1u} \cdot r_{1m}) + M_r \tag{4 · 131}$$

윗식을 변형하여 다시 쓰면

$$(M_e - M_r)\omega/G = (c_{2u} \cdot r_2 \cdot \omega - c_{1u} \cdot r_{1m} \cdot \omega)/g$$

$$\therefore N_e - N_r = (c_{2u} \cdot u_2 - c_{1u} \cdot u_{1m})/g \tag{4 · 132}$$

여기서, $r_2 \cdot \omega = u_2$ = 임펠러 출구의 원주속도

$r_{1m} \cdot \omega = u_{1m}$ = 임펠러 입구의 평균반지름에서의 원주속도

$M_e \cdot \omega/G = N_e$ = 임펠러축에 도입되는 공기 1 [kg$_f$]당의 외부일

$M_r \cdot \omega/G = N_r$ = 케이스 내 공기마찰력의 공기 1 [kg$_f$]당의 외부일(원판마찰의 공기 1 [kg$_f$]당의 일

따라서, 원심과급기의 구동에 필요한 동력 P는 식 (4 · 132)로부터 다음 식으로 된다.

$$P = \frac{G}{75} \cdot N_e = \frac{G}{75}\left(\frac{c_{2u} \cdot u_2 - c_{1u} \cdot u_{1m}}{g} + N_r\right) \tag{4 · 133}$$

공기유량 G는 임펠러 출구의 크기(그림 4 · 73)를 이용하여 다음 식으로 구한다.

$$G = \pi \cdot D_2 \cdot b_2 \cdot c_{2r} \cdot r_2 \ \text{[kg}_f\text{/s]} \tag{4 · 134}$$

여기서, D_2 = 임펠러의 바깥지름, b_2 = 임펠러의 출구폭

원심과급기는 최근 현저한 발달을 하여 개량된 많은 새로운 형태가 생산되고 있다. 소형이고 경량인 것이 특징이고, 더군다나 배기가스터빈 구동도 가능하여 대형 선박기관부터 소형동력이나 차량기관까지 널리 이용되고 있다.

(3) 복합과급기(complex supercharger)

복합과급기는 기관에 의해 구동되는 일종의 압력교환기(pressure exchanger)이고, 비정상 흐름현상을 이용하여 고압가스(배기가스)가 가지고 있는 압력에너지를 같은 로터 내에 있는 저압가스(새로운 공기)에 전달하여 압력을 상승시켜 실린더 내에 보내는 과급기다. 이 원리는 1950년에 스위스 BBC(Brown Boveri Co)에서 개발되어 그후 Berchtold들에 의해 연구결과를 추가하여 오늘에 이르고 있다.

그림 4 · 71은 복합과급기의 단면도이고, 고압배기가스(그림 중의 HP)는 우측 위로부터

여러 개의 직선의 가는 홈이 있는 blade로 구성된 로터 내로 유입하여 좌측 아래쪽에서 유입하는 저압 새로운 공기(LP)에 충격파를 준다. 배기가스와 새로운 공기는 충돌한 후에 각각 유턴하여 원래 들어온 쪽으로, 즉 배기가스는 우측으로, 새로운 공기는 좌측방향으로 유출한다. 이 복합과급기는 크랭크축에 의하여 구동되지만, 그 소비동력은 기관출력의 1~1.5% 정도이다. 특징으로는 압력에너지 교환 때 서로 접촉하여 새로운 공기에 배기가스가 혼입하는 현상이 발생하기 때문에 EGR이 자연적으로 되는 것이다. 이 배기가스의 혼입률은 부분부하, 전부하를 통하여 5~10% 정도로 알려져 있다. 결점으로는 다음의 세 가지를 들 수 있다.

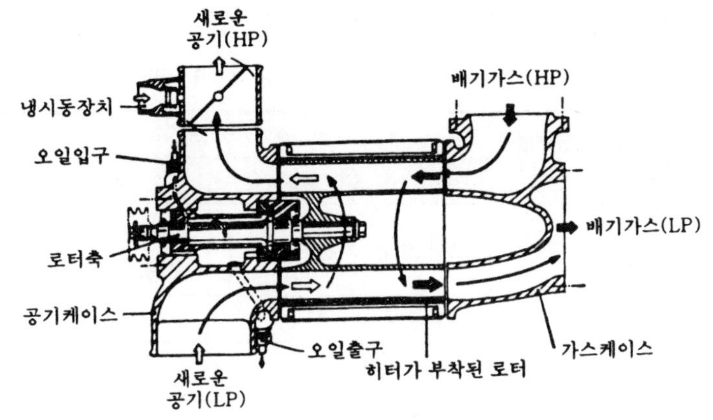

그림 4・71 Complex 과급기

① 체적, 중량 공히 크고 차량 등 한정된 공간에 장착하는 것은 곤란하다.

② 소음이 발생한다. 대책으로 소음장치도 생각할 수 있지만, 배압에 대단히 민감하므로 맥동효과를 방해할 염려가 있다.

③ complex 본체와 기관을 연결하는 흡・배기관이 크므로 배관하는 데 곤란하다.

이상과 같은 현황이며 아직 실용화는 되지 않았다.

4.7.3 과급법과 그 특징

기관의 급기(charging)를 증가시켜 출력성능을 향상시키는 데는 4.5.6항에서 기술한 흡・배기의 동적효과를 이용하는 방법과 여기서 기술하는 압축기 또는 송풍기, 즉 과급기를 사용하는 방법이 있다. 전자는 주로 고정된 정속기관에 이용되어, 이용범위도 좁고 과급률도 낮은 반면 후자는 일반 동력기관이나 차량기관에도 널리 채용되어 과급률도 무과급기관에 대해 30~80% 높다.

과급기를 구동하는 데는 기관본체 또는 그 이외의 동력을 이용하는 기계과급법(mechanical driven supercharging)과 배기가스로 작동하는 배기가스터빈(exhaust gas turbine)을 이용한 배기터빈 과급법이 있다. 이외에 최근 개발된 완전히 새로운 과급법으로 Hyperbar 과급법(Hyperbar supercharging)이 있다.

표 4·6에 과급법과 그 구성을 나타낸다.

표 4·6 과급방식

구성구분 / 과급방식	구성		
	구 동 체	과 급 기	관 계 부 품
기계과급법	모터 또는 기관본체	roots 과급기	belt, pully 기어, 차동기, torque converter
		원심과급기	
	기관본체	complex 과급기	belt, pully 기어
배기터빈 과급법	기관배기가스	터빈과급기	—
Hyperbar 과급법	부연소기가스 기관배기가스		부연소기, 제어기

(1) 기계과급법

기계과급법은 V벨트나 기어를 이용하여 기관본체 또는 다른 동력으로부터 과급기를 구동하여 과급하는 것이다. 과급기에는 roots 과급기, 원심과급기 및 복합(complex)과급기가 이용된다. 그림 4·72는 이들의 구동방법을 나타낸다.

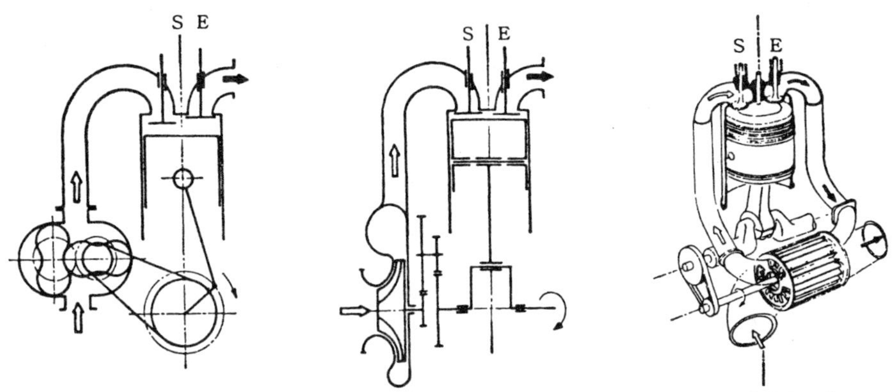

(a) roots 과급기 (b) 원심과급기 (c) 복합과급기

그림 4·72 기계과급법

① 과급기 부착기관의 지압선도

고속과급 디젤기관의 이론 지압선도의 일례를 그림 4·73에 나타내며, 그림에서 면적 (1-5-6-7-1)은 펌프일이고, $p_o > p_s$이므로 "정"이지만, 이 부분을 제외한 사이클 1-2-3′-4를 생각하면 공기과잉률, 압축비가 일정하다면 이론열효율 η_{th}는 식 (3·24′)에 나타낸 바와 같이 압축 초의 온도의 영향은 적고 압력비 $p_3/p_1 = p_{max}/p_1$만 관계가 있으므로 무과급의 경우와 같다. 따라서 이론평균유효압력 p_{th}'(펌프일은 고려하지 않음)은 식 (3·60)으로부터

확실히 알 수 있듯이 $p_s/T_s(=p_1/T_1)$, 즉 입구의 비중($pV=GRT=\gamma VRT$, $\gamma=p/RT$이므로)에 비례한다. 무과급의 경우를 첨자 o로 나타내면

$$\frac{p_{th}'}{p_{tho}'}=\frac{\gamma_s}{\gamma_o}=\frac{p_s}{p_o}\frac{T_o}{T_s}=\frac{p_s/p_o}{1+\frac{1}{\eta_{ad}}\left[\left(\frac{p_s}{p_o}\right)^{\frac{k-1}{k}}-1\right]} \qquad (4\cdot135)$$

$\gamma_s/\gamma_o=1$에서는 과급효과는 없다. 이 경우 η_{ad}가 과급기 효율의 최저한도를 나타내는 것으로 정적압축에 상당한다. 즉, 과급기 성능의 양부를 나타내는 것이다.

$$(\eta_{ad})_{\min}=\frac{(p_s/p_o)^{\frac{k-1}{k}}-1}{(T_s/T_o)-1}=\frac{\text{단열적으로 압축・송입하기 위한 일}}{\text{압축기에 공급한 일}} \qquad (4\cdot136)$$

급기의 통과손실이 없고 간극체적이 완전히 소기되어 급기가 단열압축된다고 하면 급기 압축일은 그림 4・73의 면적 1′-9-8-1-1′로 나타내어지며, 그 중에서 면적 1-5-6-7-1은 펌프일로 회수되므로 결국 사선친 2부분의 면적 (1′-5-1-1′)과 (6-7-8-9-6)의 합이 과급 때문에 발생한 손실일이다. 따라서, 과급기의 지압선도로서는 굵은 선으로 그린 1-2-3′-3-4-5-6-7-1이다. 즉, 급기압축일을 고려하면 과급에 따라 이론열효율은 악화된다. 또, 최고압력이 동일한 무과급 사이클 1′-2-3′-3-4′에 비교하여 압축비가 낮아지므로 이론열효율은 더욱 저하한다.

과급함에 따라 급기온도가 높아지므로 사이클 전체의 온도가 높아지고, 비열・열해리가 증가하지만 이 영향은 매우 적으며 급기를 냉각하면 거의 영향은 없다. 이 내용을 좀더 구

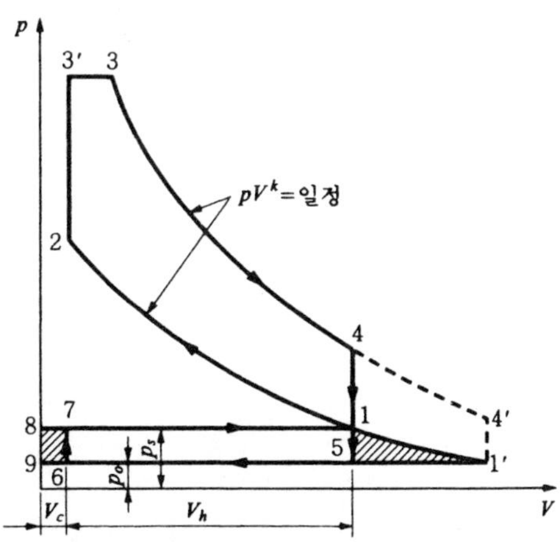

그림 4・73 기계과급기관의 이론사이클 (Sabathe 사이클의 경우)

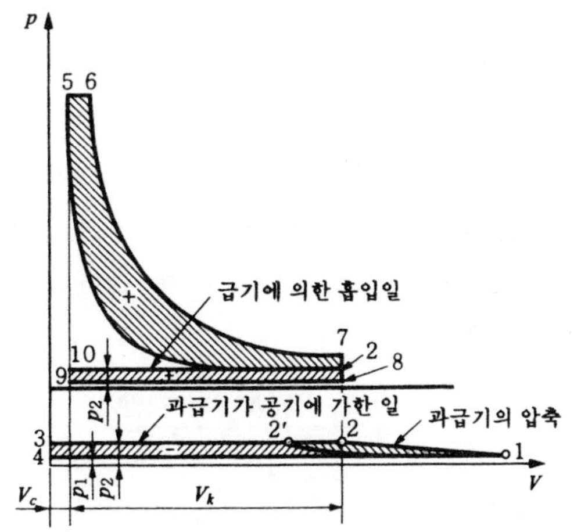

그림 4・74 기계식 과급기를 갖는 디젤기관의 기본사이클

체적으로 검토하기로 하자.

기계식 과급은 압축기를 기관의 크랭크축으로 구동하므로 압축기는 필연적으로 비교적 저회전속도이고, 이 시스템의 $p-V$ 선도를 그림 4·74에 나타낸다.

그림에서 실린더 내에서는 7에서 연소가스를 밖으로 배출하므로, 7-8-9로 피스톤이 상사점에 도달한 때, 압축기에서 1-2에 p_2까지 압축된 공기를 도입하여 10-2로 되고, 2로부터 디젤사이클이 시작된다. 과급의 본래의 목적은 흡기량을 증가시켜 출력을 증대시키는 것이지만, 과급이 열효율에 미치는 영향을 조사해 보자.

과급기가 필요로 하는 동력 N_c에 대해서는 우선 공기 1 kg을 압축하기 위한 이론일 1-2-3-4-1은

$$W_{12}=RT_1\frac{k_a}{k_a-1}\left\{\left(\frac{p_2}{p_1}\right)^{\frac{k_a-1}{k_a}}-1\right\} \tag{4·137}$$

흡기유량 G_a, 압축기의 효율을 η_c라 하면

$$N_c=\frac{G_a\cdot W_{12}}{\eta_c} \tag{4·138}$$

이 중에서 흡기행정에서 피스톤에 작용하는 일 10-2-8-9-10에 상당하는 동력 N_s는 되돌려진다. 여기서, $\Delta N=N_c-N_s$가 손실로 되고, 이것은 압축기의 기계손실과 양 $p-V$ 선도면적 차와의 합계에 해당하며, 이것이 기계과급에 의한 열손실 저하의 원인이다. 그림 4·75는 과급하지 않을 때에 연료, 공기가 B, L만큼 도입되어 기계손실 M, 냉각손실 C, 배기손실 E로 출력이 N이었을 때, 과급에 의하여 각각 소문자로 표시한 것만큼 증대한 것으로 하자. 그때의 정미열효율은

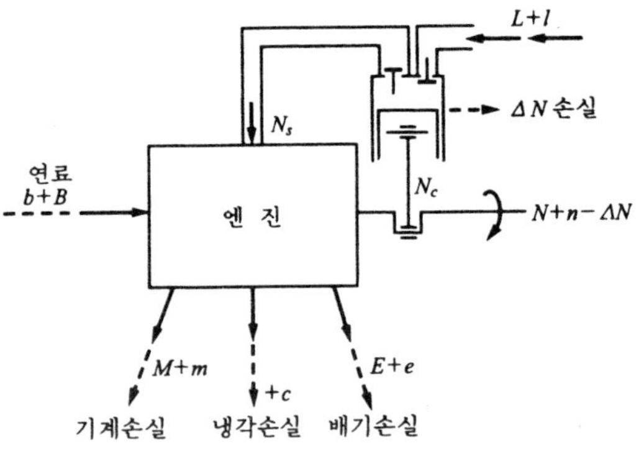

그림 4·75 기계식 과급방식의 에너지관계

$$\eta_e=\frac{A(N+n-\Delta N)}{(B+b)H_u} \tag{4·139}$$

여기서, n은 2-5-6-7-2의 증가분이고, 과급에 의한 증가 $(n-\Delta N)$의 비율이 b의 증가비율보다 크게 되면, η_e는 과급을 하지 않았을 때보다 증가한다. 확실히 기계손실 및 냉각손실은 가스압력이 높아지므로 m 및 c만큼 증가하지만, b의 증가율보다는 작고, 또 압축

압력이 높기 때문에 착화지연기간이 짧아지는 등 연소가 개선되는 효과도 더해진다. 그러나, 전체적으로 기계식 과급에서는 출력은 상승시킬 수 있지만, ΔN이 크기 때문에 η_e를 무과급보다 크게 하는 것은 어렵다.

또 한 가지 중요한 것은 과급기는 흡기밀도를 크게 하기 위하여 압력을 높이는 것으로, 압축기 내에서 가열되어 온도상승이 커지면 압력이 상승하여도 밀도의 증가는 적어져 과급의 효과가 떨어져 구동동력이 증대하고, 피스톤이나 실린더헤드 등이 과열되기도 하고 NO_x의 발생이 증가하는 부작용이 일어난다.

그림 4・74에서 과급기가 단열압축하면 1-2′로 되어야 하지만, 실제에는 그것보다 밀도가 작은 1-2의 가열압축으로 된다.

이와 같은 가스의 유출・유입가스의 상태변화는 그림 4・76과 같은 i-s 또는 t-s 선도에 나타내는 것이 편리하다.

그림은 0.1 MPa, 20℃의 공기를 0.2 MPa까지 압축하여 공급하는 경우의 일례로, 단열압축에서는 84℃로 되지만, 내부마찰로 만약 120℃까지 가열되면 같은 압력에서 비체적이 0.68에서 0.74 m^3/Nm^3로 증가하고, 공기량은 8% 감소한다. 같은 공기량을 같은 압력으로 하기 위해서는 8% 큰 압축일이 필요하다. 여기서, 압축기의 성능을 나타내는 인자로서 다음과 같은 단열효율이 사용된다.

$$\eta_{ad} = \frac{\text{단열압축하여 밀어 넣을 때의 일}}{\text{실제의 압축기 구동일}}$$

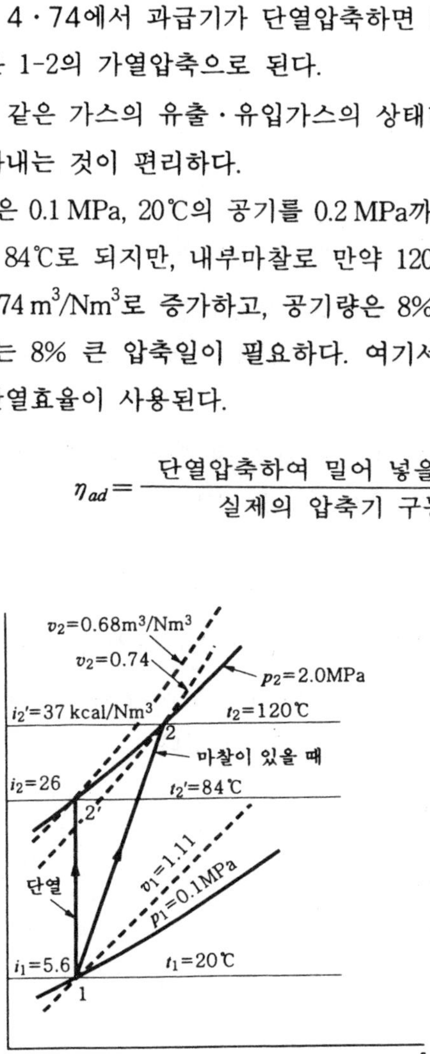

그림 4・76 과급기 내에서 공기의 상태변화의 예

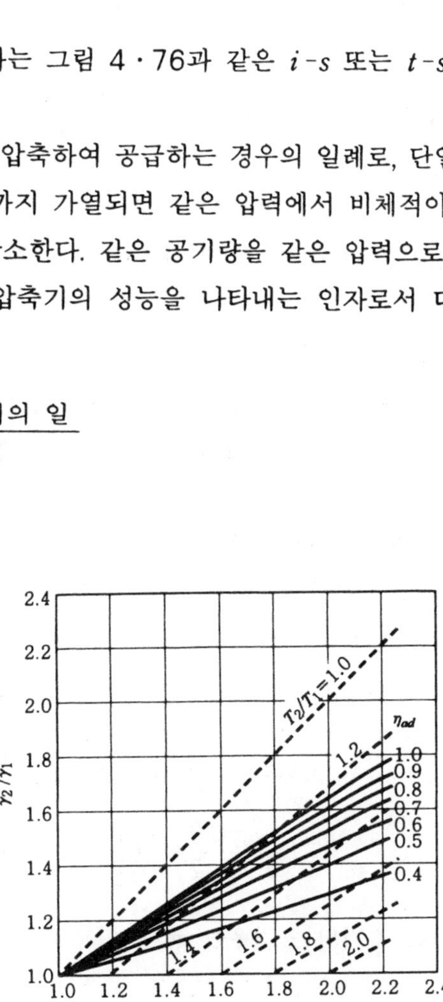

그림 4・77 압축기의 효율 및 온도상승이 흡기밀도에 미치는 영향

여기서, 압축기의 기계손실이 없다고 가정하면(1-2′ 과정이 단열과정이므로 $\frac{T_2'}{T_1}=\left(\frac{p_2'}{p_1}\right)^{\frac{k-1}{k}}=\left(\frac{p_2}{p_1}\right)^{\frac{k-1}{k}}$, 점 2′과 2는 $p=$constant의 선상이므로)

$$\eta_{ad}=\frac{i_2'-i_1'}{i_2-i_1}=\frac{c_p(T_2'-T_1)}{c_p(T_2-T_1)}=\frac{\frac{T_2'}{T_1}-1}{\frac{T_2}{T_1}-1}=\frac{\left(\frac{p_2}{p_1}\right)^{\frac{k-1}{k}}-1}{\frac{T_2}{T_1}-1} \quad \text{(4·136)과 동일}$$

또, 기관토크가 흡기중량에 비례한다고 하면,

$$\text{평균유효압력 상승률}=\frac{\gamma_2}{\gamma_1}=\frac{p_2}{p_1}\frac{T_1}{T_2}=\frac{\frac{p_2}{p_1}}{1+\frac{1}{\eta_{ad}}\left[\left(\frac{p_2}{p_1}\right)^{\frac{k-1}{k}}-1\right]} \quad \text{(4·135)와 동일}$$

이 관계를 그림 4·77에 나타낸다. 그림에서 압축기 내에서의 마찰열이 적을수록, 또 가능하면 적극적으로 냉각하여 $T_2/T_1=1$의 등온압축에 근접시키면 한층 더 출력증대가 됨을 알 수 있다.

이는 앞에서 거론한 열부하나 NO_x 배출량(그림 4·75 참조)과 관련되기 때문에 과급기를 나온 공기를 냉각기에서 냉각시켜 기관에 넣는 방식이 점점 채용되고 있다. 이는 배기터빈 과급의 경우도 동일하다.

② 과급기관의 체적효율

4 행정기관에서 연소실의 소기가 되지 않는 경우는 4.5.4(체적효율 근사식)항의 각 식을 그대로 이용하면 된다. 연소실이 소기될 경우에는 그 소기효율을 η_s라 한다면, 잔류가스량은 $(1-\eta_s)V_R\gamma_R$로 되므로 식 (4·61)은 다음과 같이 변경할 수 있다.

$$\begin{aligned}\eta_v&=\frac{\varepsilon_e}{\varepsilon-1}\frac{\gamma_1}{\gamma_s}\left[1-(1-\eta_s)\frac{\gamma_R}{\varepsilon_e\gamma_1}\right]\\&=\frac{\varepsilon_e}{\varepsilon-1}\frac{T_s}{T_1}\frac{p_1}{p_s}\left[1-(1-\eta_s)\frac{T_1}{T_R}\frac{p_R}{p_1}\frac{1}{\varepsilon_e}\right]\end{aligned} \quad (4·140)$$

완전히 소기되는 경우는 $\eta_s=1$이므로

$$\eta_v=\frac{\varepsilon_e}{\varepsilon-1}\frac{T_s}{T_1}\frac{p_1}{p_s}$$

과급기관에서는 밸브 오버랩이 크기 때문에 $p_R\cong p_a$, $p_1\cong p_s$, 동시에 $\varepsilon=\varepsilon_e$로 하여 무과

급의 경우〔 $(\eta_v)_o$는 무과급의 경우, η_{vo}는 입구상태(p_o, T_o)로 환산한 값 $\eta_v r_s / r_o$를 나타냄〕와 비교하면 식 (4·63′)과 식 (4·71)로부터

$$\frac{\eta_v}{(\eta_v)_o} = \left(\frac{T_s}{T_o}\right)^m \left[1 + \frac{1}{k(\varepsilon - 1)}\left(1 - \frac{p_a}{p_s}\right)\right] \tag{4·141}$$

이것은 급기온도 상승과 잔류가스 압축에 기준한 증가를 나타낸다.

2 행정기관의 경우에는 소·배기압력비, 급기비 l_{sz}가 같다면 η_s는 거의 변화가 없고 과급에 따라 충전비 c_r이 크게 될 뿐이다.

(2) 배기터빈 과급

내연기관의 배기에너지를 유효하게 이용하는 방법을 생각해 보자.

내연기관의 배기 초의 온도는 800~1500℃에 달하며, 기관본체로부터 배출되는 열에너지(연료에너지의 25~40%가 배기가스로 소비됨)를 배기 보일러로 이용하는 방법은 디젤기관에서는 널리 이용되어지고 있다. 이 배기에너지를 완전히 이용한다고 한다면 기관출력의 약 1/3이 회수되어 전체열효율을 증가시킬 수 있는데 배기가스를 외기압력까지 팽창시켜 직접 동력으로 이용하는 데는 다음과 같은 방법들이 생각되어진다.

첫째 : 추진력의 발생; 오토기관에서는 매초 0.9 g/PS_e(0.67 g/kW)의 가스가 고속으로 배출되므로 이것을 노즐로부터 분출시키면 항공기에서는 기관출력의 약 10%에 상당하는 추진력을 얻을 수 있다.

둘째 : 복합기관(compound engine); 고압 및 저압실린더를 이용하여 2단 팽창을 시켜 팽창비를 크게 하면 연료소비율은 낮아지지만, 고온 가스관, 밸브 등의 어려움 때문에 실용화되지 못한다. 저압실린더 대신에 가스터빈을 이용해 발생동력을 크랭크축에 공급하는 방법에서는 앞에서 거론한 어려움을 제거할 수 있어 시험적으로 성공하고 있다.

셋째 : 배기터빈; 배기가스를 터빈에 보내 동력을 발생시켜, 그것을 터빈축에 직결된 원심과급기 또는 소기송풍기의 구동에 이용하는 것으로, 크랭크축과 기계적인 결합은 없고, 배기관에 간단히 장착할 수 있다. 이렇게 하므로 배기에너지의 일부가 "정"의 펌프일로서 간접적으로 실린더에 회수될 뿐이고, 열역학적으로는 효율증가에 별다른 도움이 안 되지만, 기계효율, 평균유효압력 증대에는 대단히 유효하다. 따라서, 전체의 열효율이 증가하고, 고회전이므로 소형이며, 순회전운동이므로 진동소음이 작은 점 등의 특징 때문에 현재 가장 널리 사용되어지고 있으나 고회전이므로 관성이 크고, 급가속에 시간이 걸리는 결점도 있다.

이와 같은 배기에너지 이용방법 중 3번째로 거론한 배기터빈을 구동하여 과급하는 방법에는 기관의 배기가스를 일단 공통의 배기관 내에 모아서 거의 일정한 압력으로 된 정압 배기가스를 터빈에 공급하는 정압(靜壓 또는 定壓)과급법(constant pressure turbo-charging system 또는 operation)과 기관의 배기밸브로부터 배출되는 운동에너지를 갖는 동압 배기가스를 직접 터빈에 작용시키는 동압과급법(pulse turbo-charging operation 또는 blow down system)이 있다.

① 배기터빈 정압과급법(exhaust gas turbo charging with steady flow turbine)

그림 4·78은 정압과급법의 요령도로 각 실린더로부터 배출된 배기가스는 큰 가스통에 모여져 터빈(그림에서는 radial flow turbine)의 노즐로 보낸다. 여기서, 정상류로 팽창하면서 터빈을 회전시켜 그 축에 직결된 반경방향 압축기(radial flow compressor)를 구동한다. 대형과급기에서는 축류(axial)터빈과 축류압축기가 조합되어 사용되며, 또 반경류와 축류의 조합도 있다.

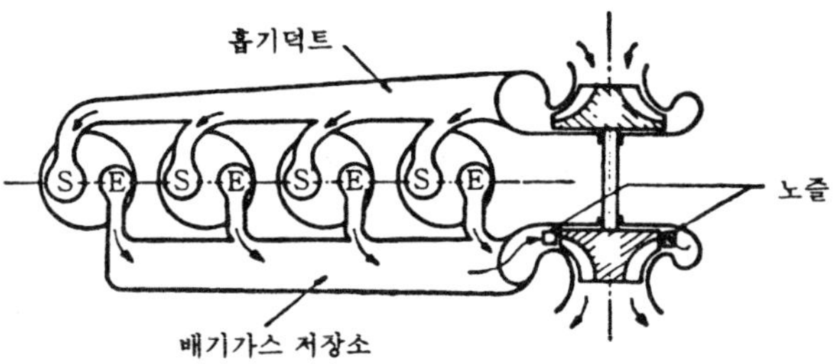

그림 4·78 정압과급방법

그림 4·79는 1단 축류가스터빈과 원심식 압축기로 구성된 수천 마력의 디젤기관용 구조 예이다.

그림 4·80은 흡·배기작용을 설명하기 위하여 저압부분을 확대하여 나타낸 $p-V$ 선도로 실린더 내 이상사이클은 6-h-2-5이고, 실제는 7-a-e-2-5이다. 그림에서 7에서 배기밸브가 열려서 경로 7-a-e-2-11을 거쳐 I에서 터빈노즐에 유입한다. 즉, 7상태의 가스는 터빈노즐 입구 압력 p_1인 큰 체적실 또는 파이프로 유입한다. 이때 사선친 면적(7-a-e-2-11-7)

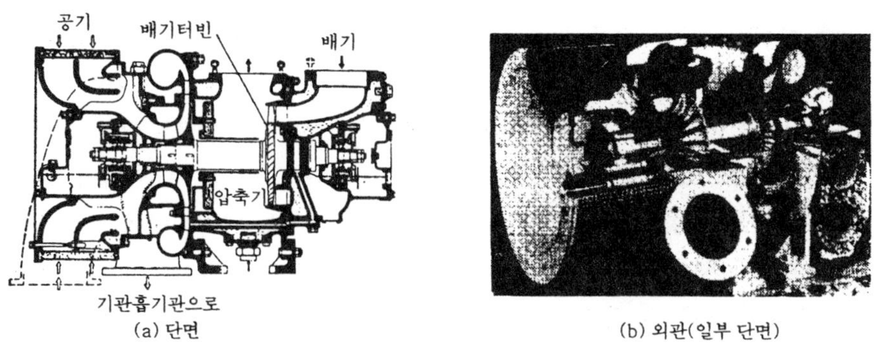

(a) 단면 (b) 외관(일부 단면)

그림 4·79 중·대출력 기관용 turbocharger 축류터빈과 원심식 압축기

은 열로 변하여 11에서 I까지 팽창한다. 다시 말해, 만약 유출가스가 터빈 또는 피스톤의 저항을 이겨 단열팽창한다면, 7-11의 밑의 면적에 상당하는 일을 하고 온도도 저하한다. 그러나, 이 경우는 p_1까지 자유팽창하여 일을 하지 않기 때문에 그 일은 일단 속도에너지로 되어 더욱이 실내에서 열로 바뀌어 온도를 높이고, 가스의 체적을 11에서 I로 증대시킨다. 이것에 대한 온도 상승이 150~250℃이다.

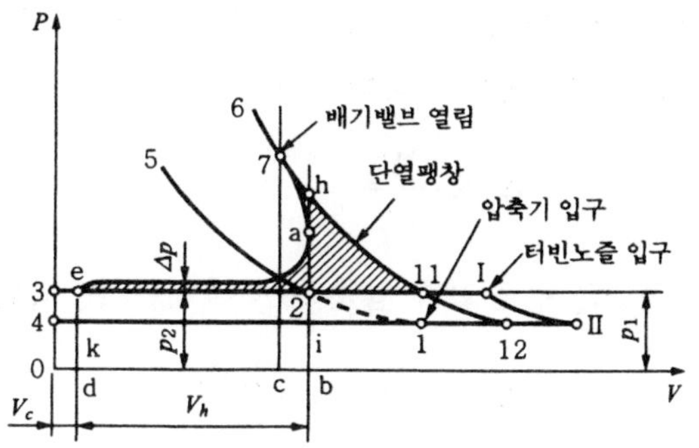

그림 4・80 정압과급기 부착기관의 지압선도 (저압부분)

다음에 실내의 체적이 충분히 크고 또 그 속에 유입하는 가스와 노즐로부터 유출하는 양이 같고, 항상 p_{I}가 일정한 것으로 생각하는 경우를 정압과급이라 한다. 이때 가스는 터빈 내에서 I－II와 대기압까지 팽창하지만, 계속해서 배기가스가 공급되어 p_{I}를 유지하므로 터빈의 이론일은 I－II-4-3-I의 면적에 해당한다. 이것으로 구동되는 압축기 내에서는 외부공기를 과급압력 p_2(여기서는 p_1과 같다)까지 1-2로 압축하며 이때 필요한 이론일은 1-2-3-4이다.

여기서, 터빈출력 N_t와 압축기의 필요입력 N_c의 관계를 해석해 보자.

지금 가스 1 kg당 터빈에서의 이론일은 $W_{\mathrm{I\,II}}$라 한다면,

$$W_{\mathrm{I\,II}}=\int_{\mathrm{II}}^{\mathrm{I}} Vdp=\text{면적 I II 4 3 I}=RT_{\mathrm{I}}\frac{k_g}{k_g-1}\left\{1-\left(\frac{p_{\mathrm{II}}}{p_{\mathrm{I}}}\right)^{\frac{k_g-1}{k_g}}\right\} \quad (4 \cdot 142)$$

터빈의 단열효율을 η_t라 한다면 실제의 일은 N_{et}는 다음과 같다.

$$N_{et}=\eta_t \cdot W_{\mathrm{I\,II}} \quad (4 \cdot 143)$$

배기가스유량을 G_g라 한다면 전체의 일 N_t는

$$N_t=\eta_t \cdot G_g \cdot W_{\mathrm{I\,II}} \quad (4 \cdot 144)$$

● **참고**

배기의 중량유량 G_g [kg$_f$/s]라 한다면, 또한 출력 N_t를 마력으로 표시한다면

$$N_t=\eta_t \cdot G_g \cdot W_{\mathrm{I\,II}}/75 \quad (4 \cdot 143')$$

한편, 단열효율 η_c의 압축기로 공기를 1→2로 단열압축하는 일 W_{12}로 할 때의 실제의 일 N_{ec}는 다음 식으로 나타낸다.

$$N_{ec}=\frac{W_{12}}{\eta_c} \tag{4・145}$$

매초 G_a의 공기를 압축하는 데 필요한 입력 N_c는 다음과 같다.

$$N_c=G_aN_{ec}=\frac{G_aW_{12}}{\eta_c} \tag{4・146}$$

터빈과 압축기를 직결하면 $N_t=N_c$로 되어 다음 식을 얻을 수 있다.

$$\eta_t\eta_c\frac{G_g}{G_a}=\frac{W_{12}}{W_{\mathrm{I\,II}}}=\frac{i_2-i_1}{i_{\mathrm{I}}-i_{\mathrm{II}}}=\frac{c_{pm}\int_{t_1}^{t_2}(t_2-t_1)}{c_{pm}\int_{t_{\mathrm{I}}}^{t_{\mathrm{II}}}(t_{\mathrm{I}}-t_{\mathrm{II}})} \tag{4・147}$$

여기서, c_{pm}은 평균정압비열이고 식 중의 W_{12}와 $W_{\mathrm{I\,II}}$는 식 (4・142)로부터 다음과 같다.

$$\left.\begin{aligned} W_{12}&=RT_1\cdot\frac{k_a}{k_a-1}\left\{\left(\frac{p_2}{p_1}\right)^{\frac{k_a-1}{k_a}}-1\right\}\\ W_{\mathrm{I\,II}}&=RT_{\mathrm{I}}\cdot\frac{k_g}{k_g-1}\left\{\left(\frac{p_{\mathrm{II}}}{p_{\mathrm{I}}}\right)^{\frac{k_g-1}{k_g}}-1\right\}\end{aligned}\right\} \tag{4・148}$$

식 (4・146)에서 열낙차(熱落差) $i_{\mathrm{I}}-i_{\mathrm{II}}$인 터빈에서 필요한 과급압력 p_2를 얻기 위한 최저한의 전효율 $(\eta_t\eta_c)_{\min}$은

$$(\eta_t\eta_c)_{\min}=\frac{G_a}{G_g}\cdot\frac{i_2-i_1}{i_{\mathrm{I}}-i_{\mathrm{II}}}=\frac{G_a}{G_g}\cdot\frac{W_{12}}{W_{\mathrm{I\,II}}} \tag{4・149}$$

그림 4・81은 디젤기관의 평균적인 조건에서 계산한 값으로 $p_1=p_{\mathrm{II}}$ 및 $p_2=p_{\mathrm{I}}$의 경우이며 터빈 입구 t_{I}의 배기온도를 항상 650℃, 압축기 입구 공기온도 $t_1=20$℃로 한 결과로 G_a에 연료의 중량이 더해진 것이 G_g이고, λ가 크면 G_a/G_g는 1에 근접하여 전효율의 최저한도 $(\eta_t\eta_c)_{\min}$은 거의 0.4이므로 η_t, η_c는 각각 65% 이상이면 위 조건을 만족한다. 실제에는 p_2/p_1이 2.0 정도까지는 80~85%에 달하며, 더욱 높은 과급압력 p_2로 할 수 있다. 만약, 효율이 낮던지 배기에너지가 부족한 때는 터빈출력이 부족하여 과급기의 회전속도가 내려가며 p_2도 저하한다. 이와 같은 경우에는 기계과급을 병행하는 경우가 있다.

또, 배기터빈 과급기관은 압축기 구동동력은 배기에너지에 의하므로 기관 전체의 열효율은 기계식보다 유리하다. 그림 4・75와 같은 모양의 에너지 관계를 그림 4・82에 나타낸

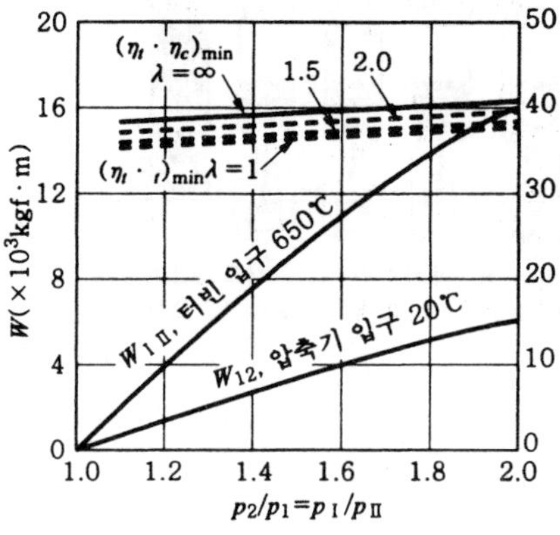

그림 4·81 터빈 및 압축기의 단열일 및 최저 전효율 $(\eta_t \cdot \eta_c)_{min}$

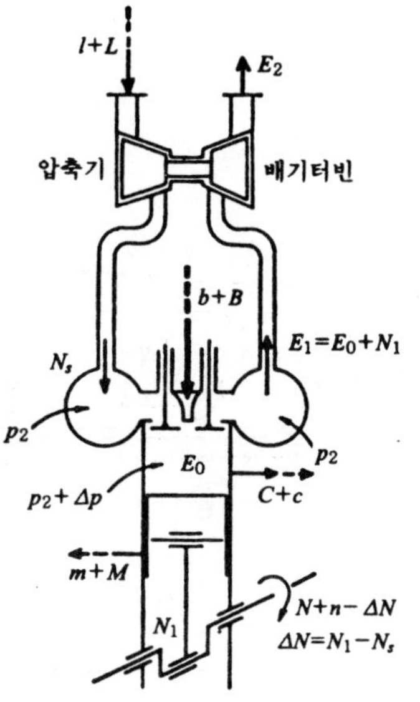

그림 4·82 배기터빈 과급에너지 관계

다. 여기서 E_o는 배출해야 할 연소가스가 갖고 있는 에너지이고, 기관의 피스톤은 배기행정 중의 압력 $p_2+\Delta p$에 저항하여 가스를 p_2의 탱크에 밀어 넣어 그림 4·80의 a-e-k-i-a의 일을 하지 않으면 안 되며, 그렇게 하기 위해 동력 N_1은 E_o에 더해진다. 배기탱크 내의 전에너지 E_1은 식 (4·144)의 N_t에 해당하며, 그것으로 과급기를 구동하여 p_2의 압축공기가 얻어지며, 그때의 압축기의 출력 W_{12}은 그림 4·80의 1-2-3-4이지만 흡기행정에서 피스톤에 돌아오는 것은 그 중의 e-2-i-k-e이고, 그것에 해당하는 동력을 N_s라 하면 동력손실 ΔN은 N_1-N_s로 a-e-2-a의 일에 상당하여 기계과급의 ΔN에 비하여 압축기의 손실이 없으므로 매우 적으며, 부(負)로 하는 것도 가능하다.

② 배기터빈 동압과급(exhaust gas turbo-charging with blowdown turbine)

그림 4·83은 동압과급의 요령도이고, 이 방식은 각 실린더로부터 나온 배기가스를 직접 터빈에 작동시키면 배압이 증가할 것도 없고 취출에너지를 가장 유효하게 이용할 수 있는 과급방식이다. 이 방식에서는 배기가스의 운동에너지를 그대로 터빈에 이용해야 하므로 터빈을 배기밸브 직후에 설치하면 가장 좋지만, 구조상으로 곤란하므로 가능하면 짧고 가는 관으로 터빈에 배기가스를 유도하면 정압과급의 경우보다도 터빈출력이 크다. 이 방식은 Dr. Büchi에 의해 고안되어 현재 가장 널리 사용되고 있다. 즉, 정압식에서는 배기행정 초기의 고압가스 취출시 에너지는 일단 운동에너지로 변하고, 또 이것이 열에너지로 변하

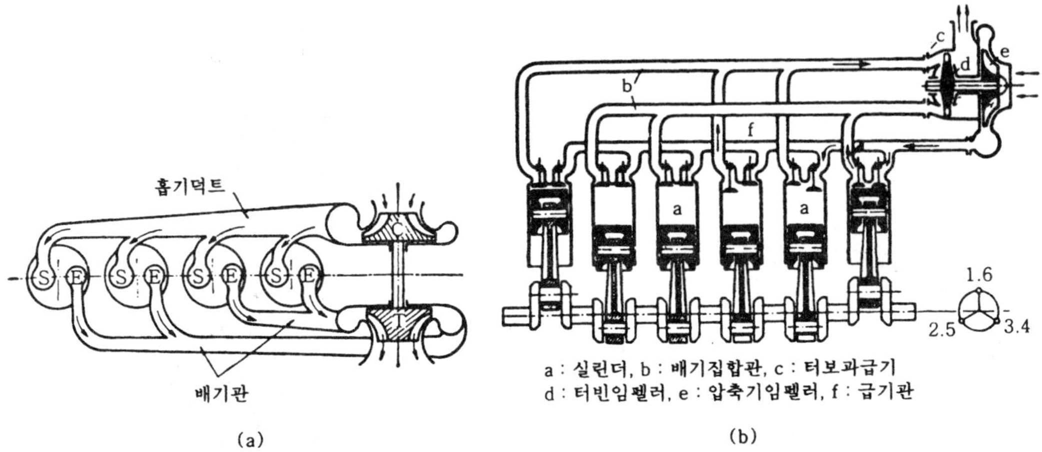

그림 4·83 동압(blow-down)과급방식

므로 그때 에너지 손실이 생긴다. 또, 배압 $p_2+\Delta p$에 의한 손실동력 N_1이 필요하다. 따라서, 배기밸브 바로 뒤에 배기터빈 노즐을 설치하여 각 사이클마다 고압배기를 직접 받았다고 한다면 그림 4·84의 사선친 부분의 일이 그대로 과급기의 동력으로 되고, 또 배기의 배압은 정압식 그림 4·80의 $p_2+\Delta p$에 대하여 p_b와 같이 낮고, 과급압 p_2에 의한 일 N_s도 더해지므로 전체의 효율이 한층 높아지는 장점이 있다.

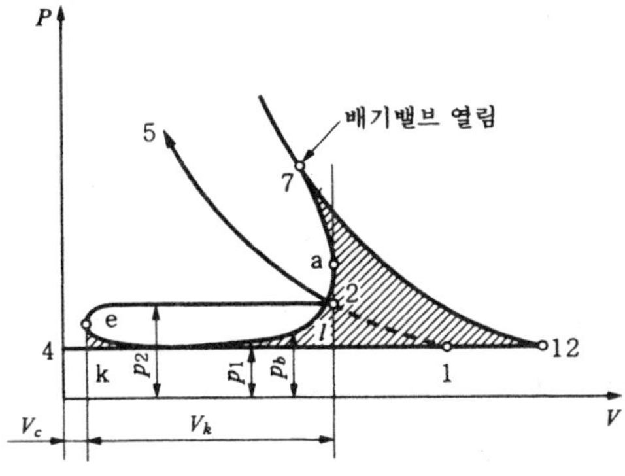

그림 4·84 동압과급기 부착기관의 지압선도(저압부분)

즉, 터빈입구의 압력은 5-9처럼 높고, 출구는 거의 대기압이며, 배기에너지 면적으로부터 사이클에 필요한 면적을 뺀 사선친 부분의 면적(7-12-k-e-a-7)을 터빈에 흡수할 수 있다. 또, 급기압력에 의한 펌프일 면적 (e-11-1-e)은 "정"의 일로 되어 기관의 출력에 더해지게 된다.

이 방식에서는 그림 4·85에 표시한 바와 같이 배기밸브가 열리면 관내 압력은 급격히 상승하고 흡기밸브가 열릴 때까지는 급기압 b 이하로 내려가고, 밸브오버랩기간 T에서 소기가 이루어져 다음의 취출시까지는 배기관 내 압력은 대기압 가까이까지 떨어진다. 이 때문에 배기간섭이 일어나지 않도록 그림 4·83과 같이 배기관, 노즐실을 몇 개로 나누어 하나의 관에 들어가는 실린더의 착화간격을 배기기간 이상으로 하지 않으면 안 된다. 배기기

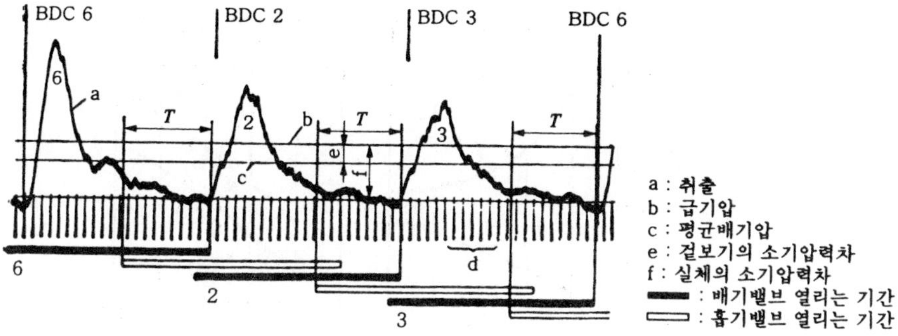

그림 4·85 6기통기관의 배기매니폴드 내의 압력변화

간은 4 행정기관은 240℃A, 2 행정기관은 120℃A 정도이므로 1개의 집합관에는 3기통이 한도이다. 터빈의 효율은 설계점 부근의 가스속도에 대해서는 좋은 효율을 나타내지만, 동압식에서는 가스압력, 즉 터빈노즐에서의 속도가 격심하게 변동되고 또 부분유입(partial admission) 때문에 효율이 나쁘며 또한 형태도 크게 된다. 6, 9기통에서는 3기통씩 잇달아 터빈에 유입되므로 효율은 그다지 나쁘게 되지 않으나 4, 5, 8기통 등에서는 2기통씩 혹은 1기통의 취출이 단속적으로 유입하기 때문에 효율의 저하가 현저하다. 이와 같이 동압터빈은 효율은 나쁘나 운동에너지가 직접 이용되기 때문에 출력은 정압터빈보다도 크다. 동압터빈 과급계의 효율은 배기에너지 전달의 양부에 관계되는 일이 많으며 배기관 체적을 가급적 작게 하는 것이 중요하다.

동압터빈의 경우에도 터빈입구의 평균온도, 압력, p_t, T_t를 사용하여 정압터빈의 경우의 계산식을 근사적으로 적용할 수가 있다. 이때 터빈 입구의 평균열낙차에 대한 효율은 정압터빈보다도 높아지므로 어느 정도 증가한다.

동압과급의 정확한 계산에는 특성법을 사용하여 터빈입구의 온도·압력을 구하여 터빈출력을 계산할 수가 있으나 번거롭고 기관과의 적합성을 구하는 것은 거의 불가능하다. 그러나 짧은 관에서는 압력파의 전파를 무시하고 배기관을 하나의 체적으로 간주하여 그림 4·86에 나타낸 바와 같은 계로 하여 계산하여도 큰 차이는 없다.

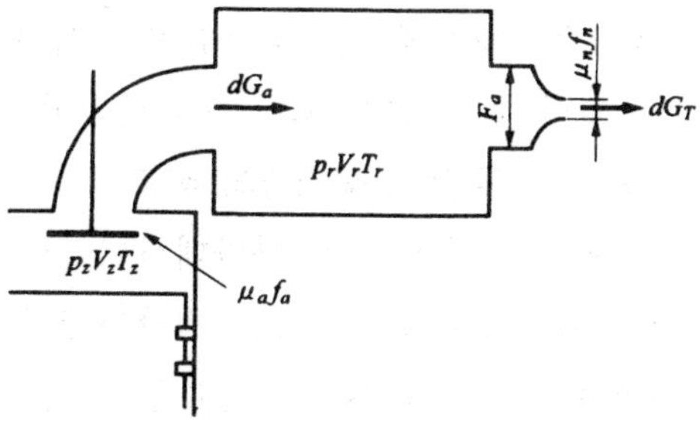

그림 4·86 동압 배기터빈 과급의 근사계

노즐면적은 취출종료의 압력이 p_s보다 낮아

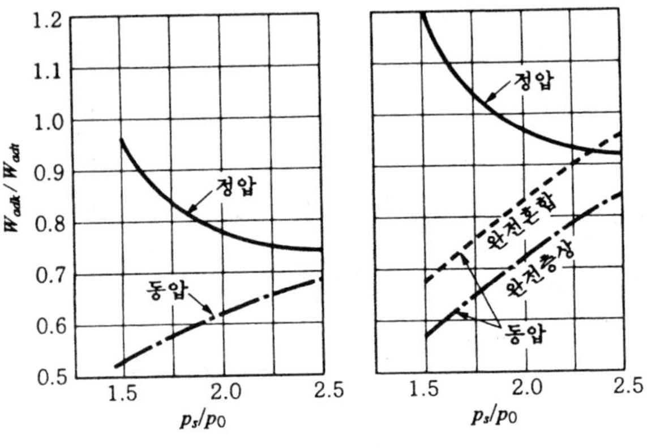

그림 4·87 정압 및 동압터빈과급에서 단열압축일(W_{adk})와 터빈의 단열팽창일 W_{adt}의 비 ($W_{adk}/W_{adt}<\eta_T$의 범위에서 배기터빈만에 의한 과급이 가능)

지도록 선정하지 않으면 안 된다. 계산방법은 4.3절에 나타낸 밸브오버랩 중의 실린더 내 압력계산에 배기덩어리 내의 관계식을 부가하여 계산하면 된다. 완전가스의 상태식에서

$$\frac{dG_a-dG_T}{G_r}=\frac{dp_r}{p_r}-\frac{dT_r}{T_r} \tag{4·150}$$

벽에 전달되는 열량을 무시하면 에너지평형으로부터

$$c_pT_zdG_a-c_pT_rdG_T=d(c_vG_rT_r) \tag{4·151}$$

$$dG_T=\mu_nf_n\psi_{ro}\sqrt{2g\frac{p_r}{v_r}}\,dt \tag{4·152}$$

dG_a는 식 (4·42), p_z, T_z의 관계는 식 (4·43), 식 (4·45)에서 나타내어지므로, 이것을 상기의 3식과 함께 하여 연립방정식을 풀면 G_T, p_r, T_r이 계산되어 터빈출력을 구할 수 있다. 동압방식에서는 과급압력이 높게 되면 그림 4·87에 나타낸 바와 같이 압축기일과 터빈일의 비가 크게 되나 정압방식에서는 반대로 감소한다.

③ 정압과급과 동압과급의 비교

그림 4·88은 이상 사바테사이클의 정압과급과 동압과급을 비교한 그림이다. 그림 속에서 면적 (A-B-C-D-A)는 정압과급의 배기에너지, 면적 (4-9-C-D-1-4)는 동압과급의 배기에너지를 나타낸다. 1 사이클 중의 배기온도와 압력변동은 정압과급에서는 거의 일정함에 대해서 동압과급에서는 변화가 큰 것을 알 수 있다. 따라서, 배기에너지의 회수율은 정압과급이 우수하므로, 오늘날 고속 4 행정 디젤기관에서는 정압과급을 많이 채용하고 있다. 또, 정압과급의 경우는 급·배기행정 중의 펌프손실이 적다. 이 이유는 배기행정 중에 배기

를 밀어내는 손실이 적기 때문이며, 따라서 고속, 고과급기관에서는 고부하운전의 경우에는 특히 연료소비율이 저감하게 된다.

④ **중간냉각기가 있는 과급법**

과급기관에서 압축기로부터 실린더 내에 보내는 급기의 온도는 압력비(p_2/p_1)의 값에 따르지만, 100~130℃ 정도로 높고, 특히 고과급기관에서는 더욱 높은 온도로 된다. 이 결과 η_v의 증가는 작고, 출력의 증대를 방해하며 더욱이 연소온도가 상승하는 결과로 된다. 높은 연소온도는 배기가스의 흑연 발생방지에는 유리하지만, 배기가스 중의 유해성분 NO_x의 발생원인으로 되어 바람직하지 않다. 이 대책으로 중간냉각기를 설치하여 압축기로부터의 고온공기를 70~90℃ 정도로 냉각하도록 하고 있다.

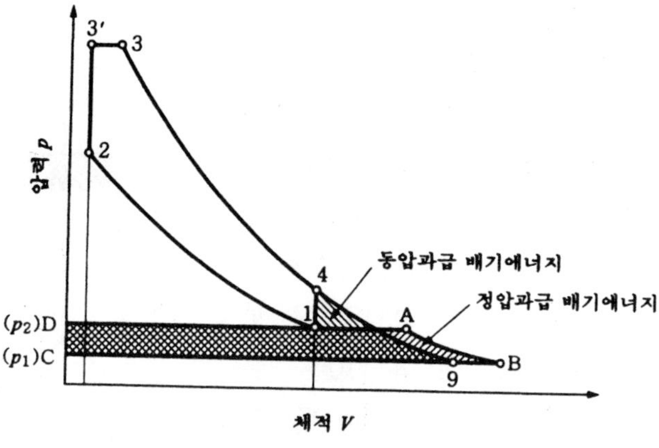

그림 4·88 정압과급과 동압과급의 유효에너지 비교 (이상 사바테사이클)

중간냉각기의 냉각매질로서는 기관본체의 냉각수 또는 외부공기가 사용된다. 기관본체의 냉각수는 편리하지만, 냉각수 온도가 80~90℃ 또는 그 이상이 되면 앞에서 언급했던 최적온도를 확보할 수 없다. 외부공기를 사용하는 경우는 냉각공기의 필요용량이 전자에 비해서 많게 되는 결점이 있지만, 대기온도가 여름철이라도 30℃ 정도로 냉각기는 가볍고 냉각효율은 좋다.

그림 4·89는 공랭식 중간냉각기의 일례로, 압축기로부터 공기의 일부를 빼내어(抽氣, bleed) 축류송풍기의 선단(tip)에 설치한 공기터빈 날개로 유도하여 TTF(tip turbine fan)를 회전시켜 휠터를 통하여 흡입한 대기온도(25~27℃)의 공기를 중간냉각기에 보내 압축기로부터의 고온공기를 냉각하는 것이다.

이 방식에서는 대기온도 27℃일 때도 급기 매니폴드 전에서 70~100℃ 정도까지 내릴 수 있다. 이처럼 냉각매질에 공기를 이용한 중간냉각은 공기대 공기 중간냉각(air-to-air intercooling)이

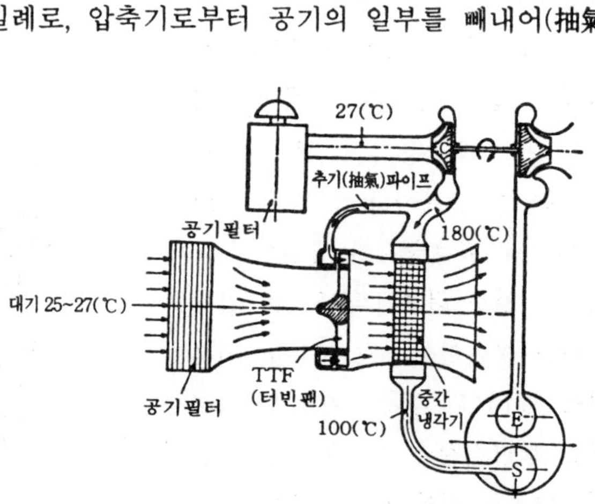

그림 4·89 공랭식 중간냉각기의 일례

라 부른다.

⑤ 2단 과급법

2조의 고·저압 과급기를 연속적으로 사용하는 2단 과급방식(two-stage turbocharging system)이 대형 2, 4 행정 선박용 디젤기관에 채용되어 출력증대를 도모하고 있다. 그림 4·90은 2단 과급의 일례로 공기필터를 통과한 공기는 저압과급기의 압축기 LC에 들어가, 다음에 제1단 중간냉각기에서 냉각된 다음 고압과급기의 압축기 HC에 들어간 공기는 제2단 중간냉각기를 통하여 흡기 매니폴드 S에 들어가 흡기밸브를 통하여 실린더에 흡입된다. 한편, 배기가스는 배기관을 나와 고압터빈 HT에 유입하여 HC를 구동하고 다음에 저압터빈 LT에 유입하여 LC를 구동하고 외부로 배출된다. 이 과급방식에서는 정압과급방식을 저압측에, 동압과급방식을 고압측에 적용함으로써 각각의 특징을 발휘시킬 수 있다.

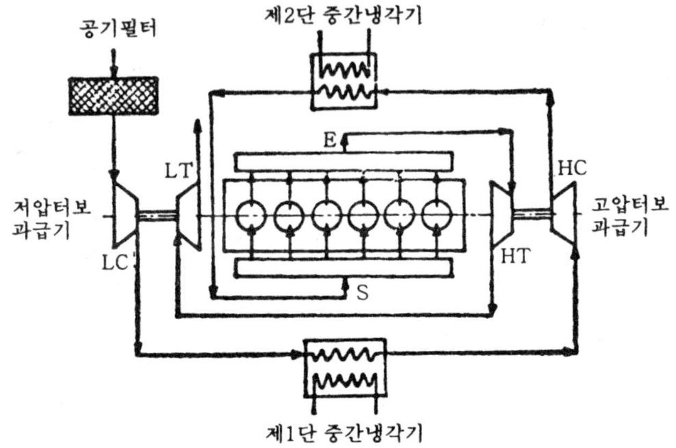

그림 4·90 2단 과급방식

2단 과급방식을 사용함으로써 $p_{me}>20\,kg_f/cm^2$, 1.96 MPa의 기관도 가능하게 되었다. 그러나, 이 방식은 배기가스 통로가 길게 되어 열에너지의 전달이 늦고, 가속성능이 저하하며, 또 부분부하의 성능도 보통 과급방식에 비하여 떨어지는 결점이 있다.

⑥ Hyperbar 과급법

이 과급방식은 1970년 Melchior에 의해 개발된 방식이고, 종래의 1단 또는 2단 과급방식을 개선한 완전히 새로운 방식이다. 그림 4·91은 Hyperbar 과급방식의 일례로, 이 방식의 특징은 터보압축기 C의 작동을 기관과 분리하여 부분적으로 이용하려는 것이다. 우선, 기관을 시동할 때는 부연소실에 연소가스를 만들어 터보압축용 시동기에서 터빈 T를 시동하여 자립운전으로 들어간다. 다음

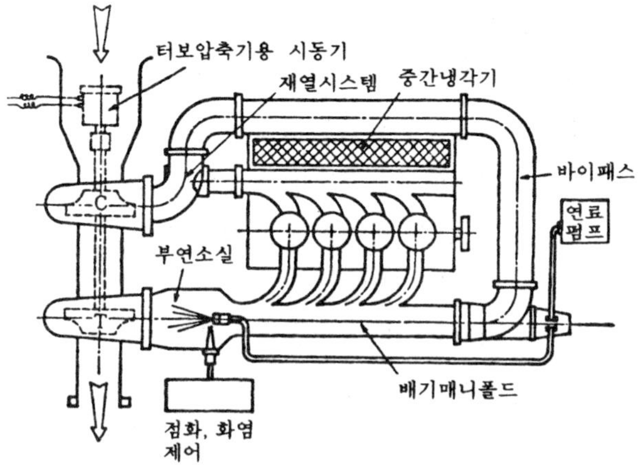

그림 4·91 Hyperbar 과급방식

에, 주기관을 종래의 시동방법으로 시동시켜 저압에서 운전한다. 이 상태에서는 기관은 가스터빈에 배기에너지를 공급하지 않으며, 최대출력의 20%까지의 정압과급영역에서는 터빈은 부연소실의 가스에너지만으로 유지하고, 최대출력의 160~200%의 과급압력 변동영역에서는 가스터빈은 주로 주기관의 배기에너지로 작동시킨다.

저속회전, 고부하영역에서는 부연소실의 연료제어에 의해 터빈으로의 공급가스를 제어하여 필요한 압력비를 유지할 수 있게 한다. 과급압력을 일정하게 유지하기 위해서는 배기에너지의 부족분을 부연소실로부터 보충하고 또 배기가스온도를 일정하게 유지하기 위하여 by-pass와 부연소실의 연소를 제어한다. 이상의 여러 제어는 전자회로를 이용하지 않고 공기압 회로(pneumatic circuit)를 이용하고 있다.

Hyperbar 과급의 주된 특징은 다음과 같다.

a) 전 속도범위에서 배기가스에 흑연의 발생이 적다.
b) 배기가스 중의 유해성분이 적다.
c) 전 속도범위에서 높은 토크를 얻을 수 있다.
d) 소음이 적다.
e) 방열률이 종래의 과급기관에 비하여 적기 때문에 냉각장치가 간결하게 된다.
f) 터보압축기 계통을 기관과 분리하여 별개로 독립시켰으므로 고도에 대한 보정이 용이하여 높은 곳에서 사용이 편리하다.
g) 같은 터빈 입구온도에 대해서 종래의 과급방식보다도 높은 압력비를 얻을 수 있다.
h) 저압축비 디젤기관(LCR기관)의 실현이 가능하다.

⑦ 배기터빈 과급의 동향과 문제점

a) 배기터빈 과급의 동향 : 기관의 배기가스 에너지를 유효하게 이용한 배기터빈 과급은 기관출력 향상에 가장 적합한 수단이므로, 최근 그 발달은 현저하며, 소형은 압축기 로터의 지름이 50~60 mm로부터 대형은 1000 mm에 달하고 원주속도는 300~450 m/s 정도로 되어 있다.

터빈과 압축기의 형식은 소형에서는 모두 반경류(radial flow)형이지만, 중・대형으로 되면 터빈은 축류(axial flow), 압축기는 반경류형이 대부분을 차지하고 있다. 또, 압력비는 소형이 3~4, 대형(특히 2 행정기관용)은 2.5~3으로 되어 있다. 과급방식은 소형은 예외없이 정압과급방식임에 대하여 중・대형기관은 지금까지 동압과급방식이 주로 이용되었던 것이 배기에너지 회수에 유리한 정압과급의 채용으로 점차 이동하는 경향이 있다. 이는 앞에서도 언급한 바와 같이 정압과급은 동압과급에 비하여 배기관 내의 압력이 낮고 또 변동도 적어 배기밸브를 여는 시기를 늦게 하여 유효일량을 증가시켜 연료소비율이 향상되어지기 때문이다.

압축기 디퓨저(diffuser)의 형상은 종래에는 최대효율을 얻기 위하여 베인(vane)을 갖는 디퓨저 부착이 많았었지만, 차량기관용 과급기에서는 효율을 다소 희생하여 사용 영역이 넓은 vaneless diffuser의 사용이 많다.

b) 문제점과 대책 : 터보과급의 문제점과 대책은 다음과 같다.

표 4·7 터보과급의 문제점과 대책

문 제 점	대 책
ⓐ 저속토크를 확보하기가 어렵다.	ⓐ 관성과급방식을 조합하는 방법이 고려된다.
ⓑ 압축기 로터의 관성력이 급가속을 방해하고 응답성이 나쁘다.	ⓑ 로터의 경량화가 필요하다.
ⓒ 급가속시에 연료과잉으로 배기가스에 농후한 매연을 발생한다.	ⓒ 흡기매니폴드 내의 압력변화에 따라서 연료유량을 자동적으로 제어하는 것이 필요하다.
ⓓ 압축기에서 발생하는 고주파(기본주파수=날개수×로터회전수)에 기인한 소음이 인체에 불쾌감을 준다.	ⓓ 고효율의 흡음장치를 갖는 소음기를 부착하여 또, 케이스의 재질을 알루미늄에서 주철제로 변경 등.
ⓔ p_{max}의 상승을 억제하기 위하여 기관의 압축비를 낮춘 결과 시동성이 악화하고, 또 시동 후의 백연(白煙)의 발생의 원인이 된다.	ⓔ 시동시에 흡입공기의 온도를 상승시킬 수 있는 예열장치(preheater)를 설치하고, 또 그 용량도 크게 하는 한편, 로터의 관성력을 가능하면 경감시키는 것이 필요하다.

5장

내연기관의 연료 및 윤활유

5.1 연료의 종류

현재 내연기관에서 사용되어지고 있는 연료의 대부분은 석유계(crude oil series)의 액체연료(liquid fuel) 및 기체연료(gas fuel)이지만, LPG(liquefied petroleum gas)라는 액화가스연료가 있으며, 극히 일부에서 대체연료로서 알코올계(alcohol series)와 특수한 산업분야에서는 CO나 H_2를 주성분으로 하는 탄화수소 이외의 기체연료도 사용되고 있다. 이들을 크게 분류하면 석유계 연료, 석유계 이외의 화석연료 및 장래 연료로 구분할 수 있으며, 내연기관용 연료로서 중요한 특성은 발열량(calorific value), 비중(specific gravity), 증류점(distillation)및 점도(viscosity) 등이며, 특히 전기점화기관에서는 안티노크성(anti-knock property), 압축점화기관에서는 발화성(ignitability)이 중요하다.

(1) 석유계 연료

현재 사용되고 있는 내연기관의 연료는 거의 전부가 석유를 분류(分留) 또는 화학, 공업적 분해 및 합성하여 정제된 액체 및 가스이고, 그 중에서도 취급 및 운반에 편리한 액체가 대부분이다. 이들은 여러 개의 탄화수소(hydrocarbon)분자의 혼합물이고, 예를 들어 물과 같이 하나의 분자로 이루어진 것과는 달리 비등점과 응고점 등은 하나의 값이 아니다. 이와 같은 탄화수소 분자는 그 구조에 따라서 구분되며 크게 분류하면 다음과 같다.

① 파라핀계(paraffins family) : C_nH_{2n+2}의 분자식을 가지며, 표 5·1에 표시한 바와 같이

표 5·1 석유탄화수소의 종류와 구조

탄화수소의 종류	일반식	구 조	특 성
파라핀계 (포화탄화수소)	C_nH_{2n+2}	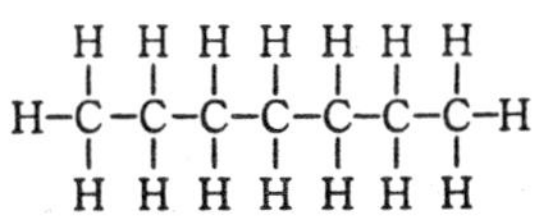 *n*-heptane 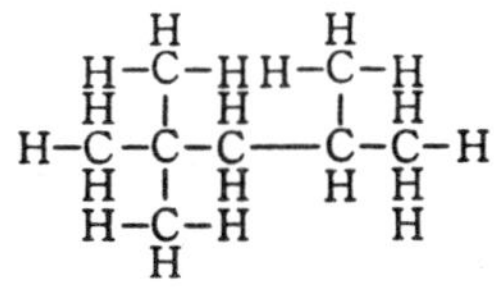 *iso*-octane (2, 2, 4-cyclopentane)	C가 직선상인 구조를 가지고 있는 것을 노르말(normal), 가지가 있는 것을 이소(iso)라 한다. 일반적으로 이소계의 옥탄가가 높다.
나프텐계 (포화탄화수소)	C_nH_{2n}	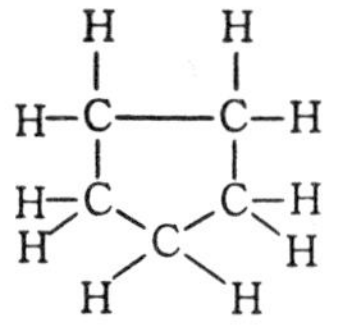 methyle-cyclopentane 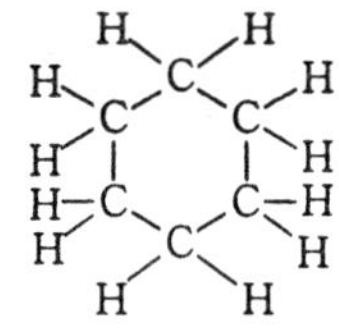 cyclohexane	C의 환상화합물
방향족 (aromatics)	C_nH_{2n-6}	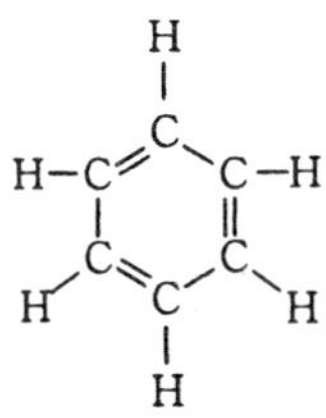 benzene 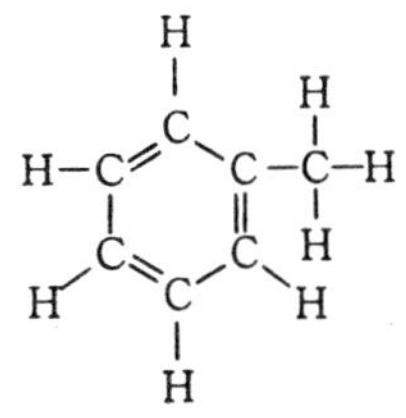 toluene	2중결합의 환상화합물, 옥탄가가 높다.
올레핀계 (불포화 탄화수소)	C_nH_{2n}	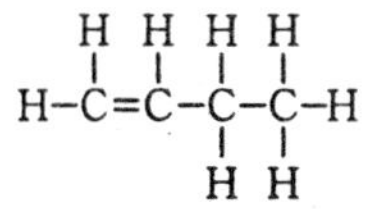 butane-1 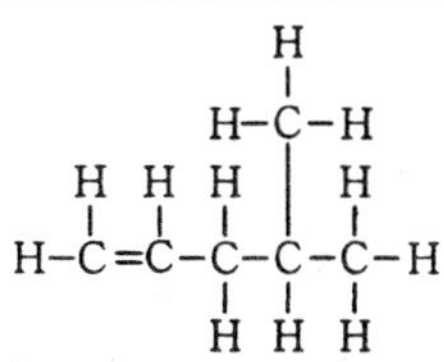 *iso*-hexanel-1	1개의 2중 결합을 갖고 있는 것으로서 옥탄가가 높다.

$n=1$인 메탄(CH_4)으로부터 시작되는 직쇄결합(straight chain)구조의 안정된 분자군이며, 이소파라핀계(iso-paraffins family)는 C_nH_{2n+2}의 분자식을 가지며, 이소옥탄(C_8H_{18})처럼 직쇄의 탄소원자가 분지(分枝)의 탄소원자를 갖고 있는 것이다.

② 올레핀계(olefins family) : 직쇄의 탄소원자 중의 하나가 2중 결합 C_nH_{2n}(mono-olefins) 또는 2개의 2중 결합 C_nH_{2n-2} (diolefins)의 분자구조의 것으로, 올레핀계는 석유의 직유분(直留分, 원유)에서는 없으며 제조과정에서 생성되는 열분해 가솔린(cracking gasoline) 중에 많다.

③ 나프텐계(naphthenes family) : C_nH_{2n}의 분자식을 가지며 분자구조는 환상구조로 2중

결합을 갖고 있지 않은 것이다.

④ **방향족계**(aromatic family) : C_nH_{2n-6}의 분자구조로 탄소의 2중 결합의 환상구조로 된 것이며, 벤젠(C_6H_6)의 육각형 불포화 환상구조를 기본으로 탄소원자에 결합하여 있는 수소원자 대신에 유기라디칼이 붙어 있는 톨루엔($C_6H_5CH_3$)이나 여러 개의 벤젠고리가 조합되어 있는 것 등이 있다.

이상과 같이 탄화수소분자는 파라핀계, 올레핀계, 나프텐계, 방향족계의 네 종류로 크게 분류되며, 올레핀계 탄화수소는 제조과정에서 생기므로 원유 중에는 존재하지 않는다. 한편, 원유의 조성은 산지에 따라서 차이가 있지만, 표 5·2에 나타낸 바와 같다.

유황 S는 배기 중에 SO_2로 되어 배출되고, 물과 반응하여 황산(H_2SO_4)이 되어 사람, 가축, 기계 등에 해를 끼치게 되므로 유황이 적은 원유를 사용하는 것이 바람직하다. 액체연료의 특성을 표 5·3에 나타내었다.

표 5·2 원유를 구성하는 각종 원소의 비율표

원소	비율
탄 소 C	84~87% 질량 %
수 소 H	11~14 〃
유 황 S	0~ 3 〃
질 소 N	0~ 1 〃
산 소 O	0~ 2 〃

표 5·3 액체연료의 특성

연료의 종류		비중 (15℃)	증류점 (℃)	증발열 (kJ/kg)	저발열량 (MJ/kg)	이론공연비 (kg/kg)*
파라핀계 C_nH_{2n+2}	펜탄 C_5H_{12}	0.63	36	365	45.2	15.3
	헥산 C_6H_{14}	0.66	69	336	45.2	15.2
	헵탄 C_7H_{16}	0.69	98	319	45.0	15.2
	옥탄 C_8H_{18}	0.70	125	310	45.0	15.1
	노난 C_9H_{20}	0.72	150	290	44.5	15.0
	데칸 $C_{10}H_{22}$	0.74	174	277	44.5	15.0
올레핀계 나프텐계 C_nH_{2n}	펜텐 C_5H_{10}	0.65	30	314	45.0	14.8
	옥텐 C_8H_{16}	0.72	121	300	44.5	14.8
	시클로펜탄 C_5H_{10}	0.75	49	390	44.1	14.8
	시클로헥탄 C_6H_{12}	0.78	81	365	44.1	14.8
	헥사하이드로톨루엔 C_7H_{14}	0.77	100	323	44.1	14.8
방향족 C_nH_{2n-6}	벤젠 C_6H_6	0.88	80	394	40.3	13.3
	톨루엔 C_7H_8	0.87	111	365	41.2	13.4
	키실렌 C_8H_{10}	0.87	144	348	41.6	13.6
알코올류	메탄올 CH_3OH	0.79	64	1105	20.2	6.5
	에탄올 C_2H_5OH	0.79	78	865	27.7	8.9
	가솔린	0.66~0.75	<200(90%)	~330	~44.5	~15
	등 유	0.78~0.84	<250(〃)	~250	~43.3	~14.8
	경 유	0.84~0.89	<350(〃)		~42.8	~14.4
	중 유	0.90~0.95			~41.6	~14.2

* 공기 중의 산소를 23%(질량)로 한다.

가솔린(gasoline), 등유(kerosene), 경유(light oil 또는 diesel oil) 및 중유(heavy oil) 등의 내연기관용 연료는 이들 탄화수소의 혼합물이고 원유의 분류(分溜, fractional distillation), 분해(cracking), 천연가스의 중합(polymerization) 등으로 제조되며, 그 정제공정과정을 그림 5・1에, 원유를 분류할 때 비등점의 차이에 의해 구별되는 연료의 종류를 표 5・4에 각각 표시한다. 원유에서 정제된 액체연료는 그 비등점 범위에 따라서 가솔린, 등유, 경유 및 중유로 분류되며, 가솔린과 등유는 전기점화기관에, 경유는 고속 압축착화기관에, 중유는 중・저속 압축착화기관에 사용되며, 각각의 구성비율과 제품규격은 나라마다 다르지만 90% 유출온도는 가솔린이 150~170℃, 석유기관용 등유는 250℃ 전후, 경유는 300~340℃이며, 포함되어 있는 탄화수소분자의 탄소수로 보면 가솔린이 5~10, 등유가 10~12, 경유에는 12~18 정도이다.

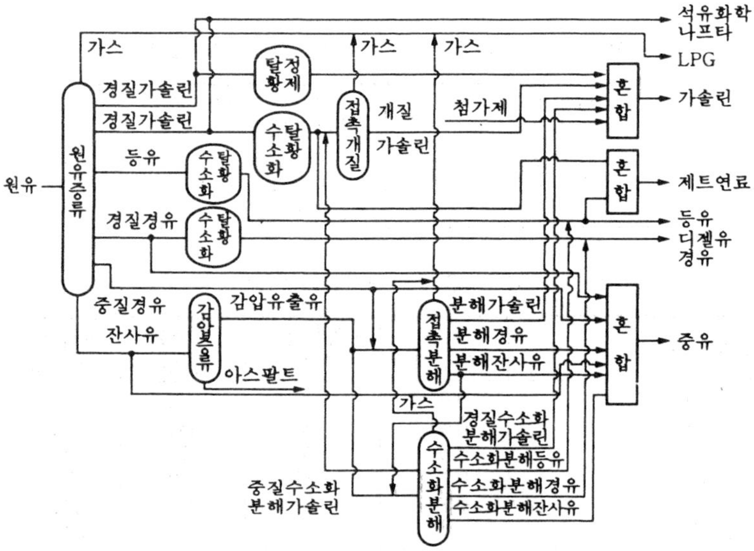

그림 5・1 석유정제공정 개략도

표 5・4 각 연료의 비등점 범위

종 류	비등점과 그 범위(℃)			
가 스 L P G	메 탄 프로판	−163 −42	에 탄 부 탄	−89 −1
가솔린 등 유 경 유 중유(잔사유)	35~180 170~250 240~350 >350			

1973년 이래 세계적으로 에너지 문제가 대두되어 석유 이외의 연료의 개발이 급격하게 진전되고 있으며, 석탄액화연료나 수소가스 및 그 이외의 연료개발이 활발하게 움직이고 있다.

(2) 석유 이외의 화석연료

현재는 석유시대라고 말하듯이 세계의 대부분의 에너지원으로 또는 각종 인공재료나 공업재료용으로 막대한 석유가 소비되고 있고, 그 경향은 더욱더 증가할 것으로 예상된다. 그 결과 석유는 금세기 중으로 고갈될 염려가 있다. 그래서 석유를 대신해야 할 에너지로 우선 가까운 장래에 이용 가능한 다음의 두 가지를 들 수 있다.

① **가스연료** : 천연가스는 메탄을 주성분으로 하며, 운반상 액화(비등점 −162℃)하여 LNG(liquefied natural gas)로 하여 사용한다. 다음에 LPG(liquefied petroleum gas)는 택시에 널리 사용되고 있고, 프로판이나 부탄을 주성분으로 한 석유의 가벼운 가스 부분이지만 액화하기 쉬운(상온에서 가압) 특징을 갖고 있다. 또 이들을 그대로 사용하는 것 이외에 메탄올로 합성하기도 하고, 수소로 분해하기도 하며, 또 가솔린으로 합성하는 것도 생각할 수 있다.

② **석탄의 변환** : 세계적으로 가장 매장량이 많은 석탄은 석유보다 월등히 많은 것으로 알려져 있으며 석탄으로부터 수소, 석유나 알코올의 제조가 계획되고 있다.

(3) 미래의 연료

원자력, 태양에너지, 풍력, 조력 등이 1차 에너지이고, 내연기관에 이들 에너지가 그대로는 사용할 수 없으므로 수소로 변환하는 방법이 우선 생각된다. 수소는 물을 전기 또는 열적으로 분해하여 제조, 저장하며, 파이프로 이송하는 것도 쉬운 특징을 갖고 있지만, 밀도가 작은 결점을 갖고 있으므로, 자동차용 등에는 비등점이 −253℃의 액화수소를 단열탱크에 넣어 사용하는 방법이 있으나, 이것은 액화나 탱크가 고가인 결점을 갖고 있다. 다음에 메탈 하이드라이드(metal hydride)로 불리는 특수한 합금에 수소를 화합시켜 약 1/1000의 체적으로 고체화하는 방법이 있지만 너무 무거운 결점이 있다. 또, 암모니아에 합성하기도 하고, 별도의 탄소와 탄화수소에 합성시켜 액화하는 것 등이 연구되고 있다.

다음은 현재 사용되고 있는 자동차용 연료들의 각 특성에 대하여 알아보기로 하자.

5.1.1 가솔린

가솔린기관에 사용되는 연료는 가솔린으로 한정되어 있지만 자동차나 항공기기관에 사용되는 가솔린은 다음과 같은 특성이 요구된다.

① 안티노크성이 있을 것

② 적절한 휘발성을 갖고 있을 것

③ 안정성이 있고 부식성이 없을 것

(1) 안티노크성

가솔린기관에서는 전기방전으로 점화하여 화염이 연소실로 확대되어 혼합기가 연소할 때 화염의 전방에 남아 있는 미연소가스가 화염에 의한 압축열과 방사열을 받아 고온, 고압으로 되어 자연발화하는 현상인 노킹(knocking)을 일으키는 경우가 있다. 이 노킹현상을 일으키기 어렵게 하는 성질, 즉 안티노크성(anti-knock)성을 갖고 있을 필요가 있다.

이 안티노크성을 나타내는 척도로서 옥탄가(octane number, ON)가 이용되는데, 옥탄가가 높을수록 노크를 일으키기 어렵게 된다. 연료의 옥탄가 측정에는 운전중에 압축비를 4로부터 10까지 변화시킬 수 있는 특수한 단기통 실린더 CFR기관(cooperative fuel research engine)이 사용된다. 옥탄가를 알지 못하는 연료를 사용하여 CFR기관을 운전할 때 노킹 발생에 의한 압력 변화를 연소실에 부착한 센서(pick up. 그림 5·2)로 유도하여 그 신호를 데토네이션 미터(detonation meter)로 변환시켜 노킹 미터에 전달한다. 이 노킹미터가 가리키는 값은 노크 강도의 상대적 정도를 나타내는 것이다.

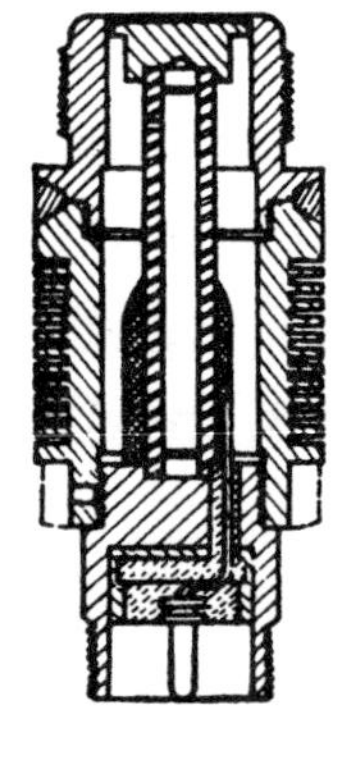

그림 5·2 노크측정용 pick up

데토네이션 미터의 조정법으로는 리서치법(research method, F-1법)과 모터법(motor method, F-2법)이 있는데, 전자는 비교적 저속 회전조건 상태에서 측정하는 방법이고, 후자는 비교적 고속 회전조건 상태에서 측정하는 방법이다. 기관의 회전속도는 리서치법에서는 600 ± 6 rpm, 모터법에서는 900 ± 9 rpm로 하며, 시험연료의 표준 노크강도를 얻을 수 있도록 압축비를 조정하여 시험연료와 옥탄가를 사전에 알고 있는 혼합 표준연료와 노크강도를 비교하여 결정한다.

표준연료로는 노크를 일으키기 쉬운 n-헵탄(normal heptane, C_7H_{16})과 가장 노크를 일으키기 어려운 이소옥탄(iso-octane, C_8H_{18})과를 충분하게 혼합한 연료가 사용된다. 이 경우 n-헵탄의 옥탄가를 "0"으로 하고, 이소옥탄의 옥탄가를 100으로 정의한다. 여기서 표준혼합연료가 체적으로 이소옥탄 80%, n-헵탄 20%이었을 경우, 같은 압축비로 같은 노크를 나타내면 그 시험연료의 옥탄가는 80으로 되게 된다.

이상과 같이 옥탄가의 측정법에는 리서치법과 모터법이 있기 때문에 어느 측정법으로 측정하였는가를 분명하게 하지 않으면 안 된다. 모터법에 의한 옥탄가는 리서치법에 의한 옥탄가보다 작은 값으로 되어 있다. 표 5·5에 자동차용 가솔린의 규격을 참고로 나타내었다.

옥탄가는 앞에서 거론한 것 이외에 실제의 자동차를 이용하여 측정하는 주행옥탄가(road

표 5·5 자동차용 가솔린 규격의 일례

시험항목		구분		시판매 성상			
				특급		병급	
		1호	2호	max	min	max	min
옥탄가	모터법	–	–	94.4	88.2	86.5	80.9
	리서치법	>95	>85	100.9	98.3	91.8	88.9
분류성상 유출온도(℃)	10%	<70		65.0	48.0	56.5	46.0
	50%	<125		122.0	96.0	103.0	81.0
	90%	<175		167.0	147.0	160.5	138.5
	97%	<205		192.0	168.5	188.0	164.5
분류성상	잔유량(Vol %)	<2.0		1.0	1.0	1.0	1.0
색		오렌지계 색		–	–	–	–
비 중		–		0.770	0.746	0.747	0.715

octane number)도 있다. 시판되는 가솔린의 옥탄가의 표준은 리서치법으로 나타내고 있으며, 외국에서는 레귤러 가솔린(regular gasoline)은 90, 프레미엄 가솔린(premium gasoline)은 97로 구분하며, 국내에서는 보통가솔린과 고급가솔린으로 구별되고 있다.

항공 가솔린기관에서는 옥탄가가 100 이상의 가솔린이 사용되는데, 이 연료의 옥탄가는 다음 식으로 구한다.

$$\mathrm{ON}(>100)=100+\frac{28.28T}{1.0+0.736T+\sqrt{1.0+1.472T-0.035216T^2}} \quad (5\cdot 1)$$

여기서, T=이소옥탄(미국의 갈론:gallon) 중에 포함된 4에틸연(tetra-ethyl-lead)의 ml 수

(2) 휘발성(기화성)

석유연료는 비중이 작을수록 낮은 온도에서 증류된 것으로 기화성이 양호하고, 저온에서 기화성(volatility)을 요구하는 기화기기관에 적합하다. 한편, 가솔린을 연료로 하는 기화기 기관에서 가솔린의 휘발성은 안티노크성에 대해서 중요한 성질이다. 즉, 휘발성은 기관의 시동성과 가속성에 관계하고 또 혼합기 생성의 정도를 지배하는 것이다. 한편, 반대로 휘발성이 좋으면 연료관이나 기화기가 기관으로부터의 열전달이나 방사열에 의해 가열되어 가솔린의 증기압력이 크게 되어 연료흐름을 방해하는 현상, 소위 베이퍼록(vapour lock)이 발생하게 된다. 이 때문에 도중에 연료공급이 간헐적으로 중단되어 기관의 운전이 불규칙하게 된다.

가솔린의 휘발성은 ASTM(american society for testing materials)에서 규정된 증류장치(그림 5·3)로 측정하고, 그림 5·4에 그 증류곡선(distillation curve)을 나타내며, 단일분자의 경우는 ASTM방법에서는 수평선으로 된다.

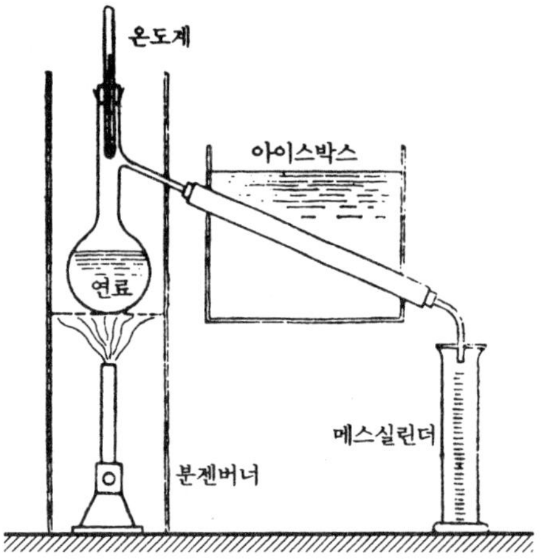

그림 5·3 ASTM 증류시험장치

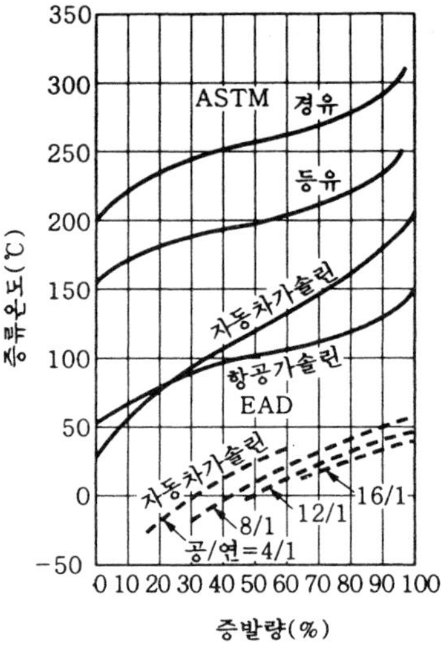

그림 5·4 ASTM 증류곡선 및 EAD 곡선의 일례

이 증류곡선은 증류량(%)에 대하여 온도(℃)를 측정하는 것으로 연료의 50%(체적)가 유출하는 온도를 ASTM 50%점이라 하며, 그림에서 10~30%를 경질유분, 50~70%를 중간유분, 90%를 중질유분라 하고, 가솔린규격에서는 분유(分留)상태를 10, 50, 90%점 및 증류압력을 가지고 휘발성 평가를 하고 있다.

이것에 대해서 평행공기증류(EAD : equivalent air distillation)는 일정 온도상태에서 일정량의 공기를 증류관 내에 흘려 보내 증발하는 연료량을 측정하는 방법이다. 즉, ASTM 방법은 실제 절대값과는 크게 차이가 나는 결점을 갖고 있는데, 이는 증류가 계속될 때 연료의 위쪽의 기체는 모두 연료증기로 충만되어 있지만, 실제는 공기가 대부분이어서 그때의 공연비가 기화성에 크게 영향을 미치기 때문이다. 그래서 공연비를 일정하게 하여 증류하는 방법을 평행공기증류법이라 하며, 그림 5·4의 점선으로 나타낸 바와 같이 ASTM 법보다는 훨씬 낮은 온도로 된다.

이와 같은 기화성이 기화기기관의 성능에 미치는 영향은 다음과 같다.

① 시동시에는 흡기계통에서부터 실린더 내까지 대기온도이므로, 특히 한랭시의 시동에는 저온의 기화성이 매우 중요하다. 즉, 10% 유출온도가 낮을수록 저온시동이 용이하게 된다. 그러나, 기화성이 너무 양호하면 가솔린증기 때문에 베이퍼록 현상이 발생하고 또 가솔린의 증발손실이 크게 된다. 이는 기화성이 너무 양호하면 연료탱크와 기화기 사이의 파이프 내에서 연료가 기화하여 기포가 발생되므로 그 기포 때문에 연료펌프의 성능이 저하하여 연료공급이 부족 또는 불가능하게 되어 혼합기가 희박화되어, 점화불능, 기관이 정지하게 된다. 이것을 베이퍼록(vapour lock)이라 부르며, 항공기가 공중에서 저압으로 될 때, 여

름철에 자동차가 혼잡한 도로상에서 기관실에 바람이 통하지 않아 고온으로 될 때에 일어나기 쉬운 현상으로, 시동성과 베이퍼록 현상은 서로 상반된 특성을 요구하고 있다.

② 50%의 유출온도가 높으면 시동에서부터 정상운전 상태에 도달할 때까지의 예열운전(warming up)에 시간이 걸린다.

기화기와 흡기밸브 사이를 투명한 파이프로 만들어 관찰하면, 가솔린의 대부분은 액체상태로 파이프 벽을 따라서 폭포처럼 유입되고 있음을 알 수 있다. 급가속할 때 공기와 연료가 같이 급증하여 기화기로부터 나오는 공기는 직접 실린더로 들어가는 반면, 연료는 일단 벽에 부착하기 때문에 공기보다 늦게 들어가므로 연소실 내의 혼합기는 일시적으로 희박하게 되어 운전이 불균일하게 된다. 연료가 기화하기 쉬울수록 그 차이는 적게 되어 가속성이 양호하게 된다. 따라서, 35~65%의 증류온도가 낮은 것이 가속성이 우수한 연료이다.

③ 90%점처럼 완전기화온도가 높을 때는 실린더 벽면에 부착한 연료의 일부가 최후까지 액체상태로 남기 때문에 완전연소를 방해함과 동시에 이것이 윤활유와 함께 피스톤 링으로 긁어내려져 윤활유와 희석하는 것을 크랭크실 오일희석(crankcase oil dilution)이라 부르고, 윤활유의 노화를 촉진하게 되며, 등유를 사용하는 석유기관에서는 중요한 장애의 하나이다.

(3) 안정성과 부식성

가솔린은 사용중이나 또는 저장중에 산화중합하여 산화물질을 발생하거나 또는 비휘발물질, 예를 들어 고무상의 물질을 석출하는 경우가 있다. 이와 같은 물질은 연소실 내나 흡기계통 내에 침전 적체되어 표면착화를 유발하고, 또 흡기밸브봉(stem)을 고착(sticking)시켜 사고발생의 원인이 되기도 한다. 또, 가솔린 속에 포함된 유황성분은 연료계통의 금속부분을 부식시킬 염려가 있다. 따라서, 안정성이 있고 부식성이 적은 가솔린이 바람직하다.

(4) 품질향상첨가제

가솔린의 품질을 향상시키기 위해서는 여러 가지 첨가제가 사용되는데, 주된 것으로는 안티노크제, 산화방지제, 표면착화방지제 및 부식방지제 등이다.

① 안티노크제(antiknock agents) : 4에틸연이 1921년경에 발견되어 오늘날까지 사용되어 왔지만, 십수년 전부터 혼합 alkyl연〔에틸기(n=2)+메틸기(n=1)〕이 사용되기 시작하였다. 이들을 가솔린에 첨가하면 옥탄가를 향상시킬 수 있으며, 그림 5·5는 이소옥탄 중에 4에틸연의 첨가량과 옥탄가와의 관계를 나타낸다. 그러나 최근에는 3원촉매장치 등으로 납

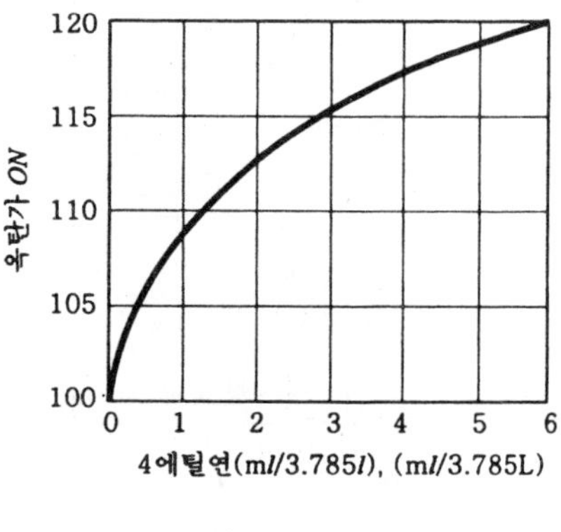

그림 5·5 이소옥탄 중 4에틸연 농도와 옥탄가

성분이 함유된 가솔린을 사용할 수 없도록 되어서 알코올이나 MTBE(methyle-tertiary-butyl-ether)가 많이 사용되고 있으며 다른 안티노크제가 개발·보급되고 있다.

② 산화방지제(anti-oxidant) : 분해 가솔린은 일반적으로 불안정한 올레핀 그 외의 것을 포함하고 있으므로 산화중합하여 껌성분을 만들기 쉽다. 그 대책으로 산화방지제를 첨가하는데 산화방지제로서는 alkyl phenol계나 amino phenol계의 화합물이 이용되며 첨가비율은 5~100 ppm이다.

③ 표면착화방지제 : 표면착화는 압축비가 증가함에 따라서 발생하는 현상으로 연소실 내 고온연소에 의해 흰빛이 나는 퇴적물 입자에 기인해서 발생되는 것이며, 첨가제로서는 phosphorus(인)계가 이용되며 그 양은 납에 대하여 0.1~0.4 ppm 정도이다.

④ 부식방지제(antirust agents) : 가솔린 내에 수분이 혼입되어 연료가 변질한 경우에 흡입계통을 부식하고 연료필터나 기화기의 노즐 등을 막는 경우가 있다. 이 대책으로는 계면활성제가 사용되며, 계면활성제는 청정제로서 또 기화기의 빙결방지제로서도 유효하고 첨가량은 20~50 ppm 정도이다.

(5) 항공기용 가솔린

항공기용 가솔린도 자동차용 가솔린과 공통인 품질이 요구되며, 특히 항공기의 경우는 운전조건이나 환경조건이 자동차의 경우와 다르며, 기관의 사고가 직접 인명사고에 관계되므로 가솔린의 품질은 엄격하게 규제되고 있다. 안티노크성이 커야 함은 물론, 휘발성이 높고, 비등점 범위는 자동차용 가솔린보다 좁아서 그림 5·4에 표시한 바와 같이 증류량에 따른 온도범위가 적어서 옆으로 누운 형태의 곡선으로 나타난다. 또 낮은 온도 및 압력에서 사용되어야 하며, 산화안정성이 있어야 한다. 표 5·6에 항공기용 가솔린 규격의 일례를 나타낸다.

표 5·6 항공기용 가솔린 규격의 일례

시험항목			1호	2호	3호	4호
옥탄가		모터법	>80	>91	>100	>115
		항공법	>80	>91	>100	>116
		과급법	>87	>96	>130	>145
분류성상	유출온도(℃)	10%	<75			
		40%	<75			
		50%	<105			
		90%	<135			
	잔유량(Vol %)		<170			
4에틸연(mL/L)*			<0.132	<1.22	<1.22	<1.22
색			적	청	녹	자
발열량	($kcal/kg_f$)		>10,400	>10,400	>10,400	>10,500
	(MJ/kg)		>43.6	>43.6	>43.6	>44.0

5.1.2 LP가스

LP가스(LPG)는 유전에서 분출하는 가스나 석유 정제과정에서 부산물로 발생하는 가스를 액화한 것이고, 주성분은 프로판, 프로필렌, 부탄 및 부틸렌 등이다. 표 5·7에 자동차용 연료로서 LP가스 규격의 일례를 나타낸다.

표 5·7 자동차용 연료로서 LP가스 규격의 일례

<table>
<tr><th rowspan="2">종류</th><th rowspan="2">조성의 개요</th><th rowspan="2" colspan="2">주용도</th><th colspan="5">품 질</th></tr>
<tr><th>95% 증발온도 (℃)</th><th>증기압 37.8℃ (kgf/cm²) (MPa)</th><th>유황분 %</th><th>불포화분 (가스, V/V %)</th><th>밀도 (g/cm³)</th></tr>
<tr><td>4호</td><td>프로판 및 프로필렌의 함유량이 부탄 및 부틸렌의 함유량보다도 작은 것</td><td colspan="2">자동차용 연료</td><td><2</td><td>5~9
0.49~0.88</td><td><0.02</td><td>–</td><td>0.5~0.62</td></tr>
<tr><td rowspan="2">5호</td><td rowspan="2">부탄 및 부틸렌을 주체로 한 것</td><td>자동차용</td><td rowspan="2">연료</td><td rowspan="2"><2</td><td><5</td><td rowspan="2"><0.02</td><td rowspan="2">–</td><td rowspan="2"></td></tr>
<tr><td>공 업 용</td><td><0.49</td></tr>
<tr><td rowspan="2">6호</td><td rowspan="2">부탄을 주체로 한 것</td><td rowspan="2" colspan="2">상 동</td><td rowspan="2"><2</td><td><5</td><td rowspan="2"><0.02</td><td rowspan="2"><2</td><td rowspan="2"></td></tr>
<tr><td><0.49</td></tr>
</table>

현재, 택시용 자동차기관에는 거의 LP가스가 사용되고 있으며, 가솔린에 비해서 장·단점은 다음과 같다.

(1) 장점

① 옥탄가가 높다(프로판의 옥탄가는 모터법으로 96.0, 리서치법으로 112.0).

② 안티노크제를 포함하지 않고 있으므로 연소실내 이물질이 쌓이지 않는다.

③ 기화가 양호하여 완전한 혼합기를 생성할 수 있다.

④ 오일희석이 없으므로 오일의 열화(劣化)가 적다.

⑤ 가솔린에 비하여 세금이나 가격면에서 경제성이 높다.

(2) 단점

① 고압가스이므로 취급상 여러 문제가 많다.

② 고압탱크가 필요하므로 그 중량이 불필요한 중량이 된다.

5.1.3 등 유

등유는 농업이나 공업용 소형 석유기관(kerosene engine)의 연료로 옛부터 사용되어 왔다. 최근에는 연료의 경제적인 견지에서 일부 고속 디젤기관에도 사용되며, 그 외에도 등화나 세정용으로도 널리 사용되고 있다.

석유기관은 가솔린기관과 같이 기화기를 사용하는 점에서 가솔린기관에 유사한 다음과 같은 특성이 요구된다.

① 휘발성이 양호할 것

② 적당한 안티노크성을 가질 것

표 5·8에 등유 규격의 일례를 나타낸다.

표 5·8 등유 규격의 일례

종류	용 도	품 질							
		반 응	인화점 (℃)	90% 유출온도 (℃)	유황분 (W%)	연점 (煙点)	강판부식 50℃, 3h	동점도 (cSt)	유동점 (℃)
1호	등화 및 주방용 연료	중 성	>40	285~325	<0.1	–	<1	1.4~3.0	−15 이하
2호	석유기관용 연료, 용제 및 세정제	중 성	>38	<265	<0.01	>21	<1	–	–

일반적으로 석유기관은 시동시에는 가솔린을 사용하고 시동 후에는 등유로 전환하여 운전하지만, 휘발성이 나쁘면 기화기에서 기화성이 불충분하여 기관이 정지할 염려가 있다. 등유에는 옥탄가의 규제가 없지만, 안티노크성이 낮으면 노크를 발생하게 될지 모른다.

등유의 옥탄가는 20~30 정도이며, 최근 등유의 품질개량이 되어 방향족 탄화수소가 많은 등유가 생산되고 있다. 또, 기관의 시동성을 좋게 하기 위하여 경질분을 적은 양 포함시키는 경향도 있다.

5.1.4 경 유

경유는 주로 소형 고속 디젤기관에 사용되며, 연료로서 요구되는 특성은 다음과 같다.

① 착화성이 양호할 것

② 휘발성이 우수하여 90% 유출온도는 300~350℃ 이하일 것

③ 무화를 완전하게 하기 위하여 30℃에서 동점도는 5~6 cSt, $(5\sim6)\times10^{-6}\ m^2/s$ 이하일 것

④ 15/4℃의 비중은 약 0.83을 유지할 것(15/4℃의 비중은 물 4℃의 밀도에 대한 경유 15℃의 밀도의 비)

표 5·9는 경유 규격의 일례이며, 고속 디젤기관에서는 1, 2호 경유가 사용되고, 특히 한랭지나 극한랭지에서는 3호와 특3호가 이용된다. 표 5·10은 현재 시판되고 있는 경유의 일례를 나타내고 있으며, 기관의 연료로서 중요한 성질로는 착화성, 휘발성, 점도, 비등점 및 유황성분 등이다.

표 5·9 경유 규격의 일례

종류	반응	인화점 (℃)	90(%) 유출온도 (℃)	유동점 (℃) (겨울용)	10(%) 잔유의 잔류탄소분 (%)	세탄가	동점도 (cSt/40℃) (m^2/s)	유황분 (W%)	동판 부식
자동차용	중성	>400	<360	<0 (−17.5)	<0.15	>45	>1.9~5.5 $>1.9\sim5.5\times10^{-6}$	<0.043	<1
선박용	중성	>400	<360	<0 (−12.5)	<0.2	>40	>1.5 $>1.5\times10^{-6}$	<1.0	<1

표 5·10 시판 경유성상의 일례

성 상	1호	2호
비중(15/4℃)	0.8270~0.8371	0.8278~0.8377
인화점(℃)	66~96	66~110
동점도(cSt/30℃) (m^2/s)	3.10~4.30 $3.10\times10^{-6}\sim4.30\times10^{-6}$	2.99~4.31 $2.99\times10^{-6}\sim4.31\times10^{-6}$
유황분(%)	0.03~0.92	0.08~0.82
잔류탄소(%/10% 잔류)	0.00~0.04	0.00~0.02
유동점(℃)	−20.0~−12.5	−20.0~−12.5
세탄가	53~61	53~59
90% 유출온도(℃)	301.5~333	289.5~329

(1) 착화성

고속 디젤기관의 성능을 좌우하는 중요한 경유의 성상은 착화성(ignitability)이다. 이 착화성이 좋고 나쁜 것은 연료의 착화지연(ignition lag)을 지배하게 된다. 경유의 착화성을 표시하는 데는 세탄가(CN : cetane number)가 사용되며, 세탄가의 측정은 가솔린기관의 옥탄가 측정의 경우와 같이 CFR 기관이 이용된다. 이 기관은 압축비를 6에서 28까지 조절 가능한 와류실 단실린더 디젤기관이고, 회전속도는 항상 $n=900\pm9$ rpm으로 일정하게 유지되며, 냉각수 온도는 100±2℃, 윤활유 온도 57±8℃, 흡기온도 65±0.5℃, 분사압력 105±3.5 kg_f/cm^2, 10.3±0.34 MPa, 분사시작은 BTDC 13℃A로 유지하면서 시행한다.

연료의 착화지연 비교는 연료 분사와 착화시기를 검출하기 때문에 분사시기를 크랭크각도 BTDC 13℃A로 설정하고 압축비를 변화시켜 착화시기를 구하여 다음에 나타내는 실험 결과로부터 시험연료의 세탄가가 구해진다.

비교연료에는 세탄가가 5만큼 다른 2개의 혼합표준연료가 이용되며, 압축조절용 핸들에 장착되어 있는 마이크로미터의 눈금을 기록하여 다음 식으로부터 세탄가를 구한다.

$$\mathrm{CN}=\frac{(a_1-a_2)(n_2-n_3)}{n_2-n_1}+a_2 \qquad (5\cdot2)$$

여기서, a_1 = 혼합표준연료 1의 세탄가

a_2 = 〃 2의 〃

n_1 = 〃 1의 마이크로미터 눈금

n_2 = 〃 2의 〃 〃

n_3 = 시험연료의 마이크로미터 눈금

표준연료는 착화성이 높은 n-세탄(normal cetane) $C_{16}H_{34}$와 착화성이 낮은 α-메틸나프타렌(α-methyl naphthalene) $C_{11}H_{10}$을 혼합한 연료가 사용된다.

세탄보다 착화성이 낮은 세텐(cetene) $C_{16}H_{32}$를 대신 사용하는 경우도 있으나, 이 경우는 세텐가(cetene number) CN′이라 하며, 이들 두 경우는 그림 5・6과 같이 직선 관계에 있다.

연료의 세탄가를 CFR기관을 이용하지 않고 착화성을 구하는 방법으로 디젤지수(DI : diesel index)를 다음 식으로 구하여 그림 5・7처럼 세탄가를 구하는 방법도 있다.

$$\mathrm{DI} = A \cdot G/100 \qquad (5 \cdot 3)$$

여기서, A = 아닐린점(aniline point)[°F]

G = API 비중(API도) = 141.5/16℃의 비중 − 131.5

DI가 클수록 착화성은 높게 되며, API는 American Petroleum Institute의 약자이다.

착화성이 낮은 연료에 착화성 향상제를 소량 혼입하면 세탄가를 개선시킬 수 있다. 향상제로는 질산 에틸, 질산 이소프로필렌, 질산 부틸 등의 질산 알킬(alkyl nitrate)이나 니트로글리세린 등의 니트로 화합물(nitro compounds) 등이 이용된다.

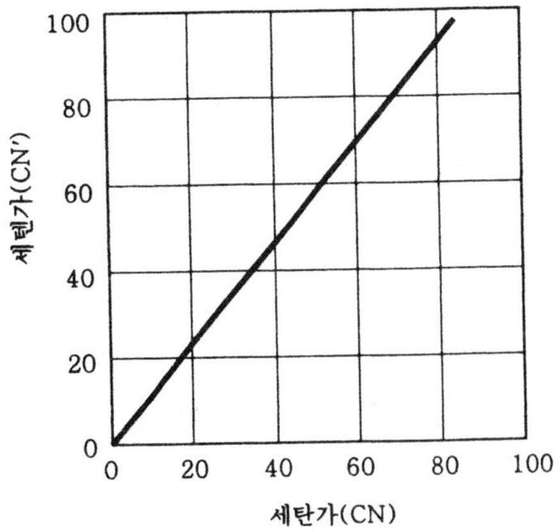

그림 5・6 세탄가와 세텐가와의 관계

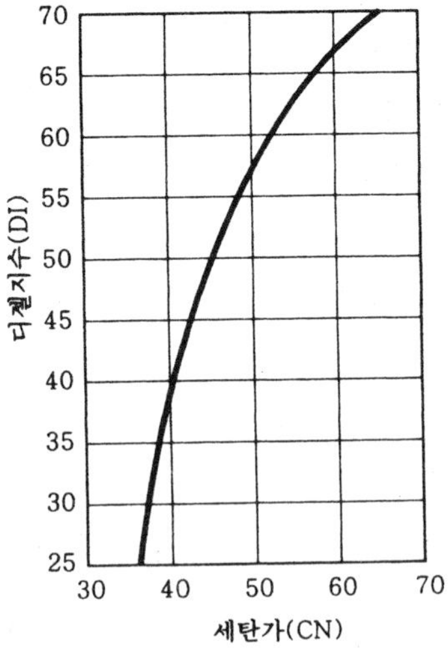

그림 5・7 세탄가와 디젤지수와의 관계

(2) 휘발성

경유의 비등점 범위는 200~320℃이고, 등유에 비해 전체적으로 높다. 일반적으로 디젤기관에서는 연료를 고온, 고압 중에 분사하여 착화연소시키므로, 휘발성은 혼합기 생성에 무관한 것처럼 생각되지만, 고속 디젤기관에서는 저온시동이나 경부하운전 때처럼 연소환경이 좋지 못한 경우에는 휘발성의 양부가 기관성능에 미치는 영향은 크다. 또, 연료 중의 고비등점 유분의 존재는 분사밸브 노즐에 카본의 부착이나 흑연의 발생, 또 경부하 운전상태에서 타르상 물질 등을 발생할 염려가 있으므로 90% 유출온도는 350℃ 이하가 바람직하다.

(3) 점 도

경유의 점도는 무화에 가장 큰 영향을 미치기 때문에 연료의 중요한 성질 중의 하나이다. 이 점도가 너무 높으면 연료 분무류 속의 평균입경이 크게 되어 입경분포 폭도 넓게 되어 연소불량으로 되게 된다. 고속기관의 경우 점도는 3~6 cSt, $(3\sim6)\times10^{-6}\,m^2/s$/0~30℃ 정도가 최적으로 되어 있다. 만약 점도가 너무 낮으면 윤활성의 부족으로 분사펌프의 플런저나 배렐의 이상마모나 분사밸브 노즐의 니들(needle)에 고착이 발생하고, 부정분사에 의한 기관출력이 저하의 원인이 된다.

(4) 비 중

연료의 소비량은 일반적으로 중량기준으로 측정되며, 그 양의 대·소는 기관성능에 영향을 미치게 된다. 연료의 비중은 연료의 점도나 비등점이 높을수록 큰 경향이 있다. 또, 경유의 조성은 파라핀계 탄화수소보다 방향족 탄화수소를 많이 함축한 것으로 되어 있다. 이와 같이 비중이 다른 경유를 이용하여 실험한 결과에서는 비중의 감소는 연료소비율의 증가를 유도하여 최고출력이 저하하는 결과로 된다.

(5) 유황분

경유 속에 포함되어 있는 유황분(sulfur content)은 원유의 산지에 따라서 크게 다르다. 시판되고 있는 경유는 대체적으로 0.05% 이하이다. 연료 속의 유황분은 연소함에 따라 산화되어 SO_2로 되고, 계속해서 일부는 팽창행정에서 SO_3로 된다. 또, 연소가스의 노점(dew point)의 상승에 따라서 실린더 벽면에 응축한 황산(H_2SO_4)은 피스톤이나 그 이외의 금속을 부식시키는 원인이 된다. 이처럼 유황의 존재는 고속기관에서 열부하에 의한 재질의 손상보다도 유황분이 존재함으로써 발생하는 황산에 의한 영향이 크다는 것이 많은 경험으로부터 알려져 있다. 또, 연소에 의해 발생한 카본이 원인이 되어 마찰면이 마모하는 것보다도 황산에 의해 생성한 황산철에 의한 마모쪽이 큰 것으로 되어 있다.

5.1.5 중 유

중유에는 A, B, C의 세 종류가 있으며 소형으로부터 대형기관까지 모든 디젤기관용 연료로서 널리 사용되며, 각각 적당히 분리되어 사용되어지고 있다. 표 5·11에 중유 규격의 일례를 나타낸다.

표 5·11 중유 규격의 일례

종류	관용명	반응	인화점 (℃)	동점도 (cSt/50℃) (m^2/s)	유동점 (℃)	잔류 탄소분 (W%)	수분 (V%)	회분 (W%)	유황분 (W%)	주용도
1종 2호	A중유	중성	>60	<20 <20×10^{-6}	<5	<8	<0.5	<0.05	<2.0	소형 내연기관
2종	B중유	중성	>65	<50 <50×10^{-6}	<10	<12	<0.5	<0.1	<3.0	내연기관
3종 2호	C중유	중성	>70	<540 <540×10^{-6}	–	–	<1.0	–	<4.0	대형 내연기관

중유는 경유에 비해서 인화점과 동점도가 높다. 또, 유황분의 규제 외에 수분과 회분 규제가 설치되어 있다. 표 5·11 속의 A중유는 농업용, 어선용 소형기관 및 중속 선박용 주기관이나 보조기관(발전기, 압축기용)에, B중유는 중형 선박용 주기관에, C중유(3종 2호)는 대형 선박용 주기관에 사용된다. 표 5·12는 시판되고 있는 중유성상의 일례를 나타낸다.

표 5·12 시판 중유성상의 일례

성 상 \ 유 종	A중유	B중유	C중유
	1종	2종	3종 2호
비중(15/4℃)	0.835~0.879	0.892~0.917	0.932~0.970
인화점(℃)	66~108	65~115	88~138
동점도(cSt/50℃)	2.20~5.11	14.83~31.3	50~142
(m^2/s)	2.20×10^{-6}~5.11×10^{-6}	14.83×10^{-6}~31.3×10^{-6}	50×10^{-6}~142×10^{-6}
유황분(%)	0.43~1.35	0.55~2.82	1.80~3.3
유동점(℃)	−30.0~−5.0	−17.5~2.5	−5.0~+12.5
잔류탄소분/전류분(%)	0.04~1.0	4.7~6.7	6.6~11.0
회분(%)	0.000~0.010	0.004~0.020	0.010~0.030
수분(%)	tr.~0.1	tr.~1.0	tr.~0.5
발열량(kcal/kg_f)	10,680~11,000	10,400~10,730	10,310~10,500
(MJ/kg)	44.7~46.1	43.5~45.0	43.2~44.0

(1) 착화성

중유에도 경유와 똑같은 착화성이 요구되지만, 규격에는 표시되지 않는다. 중유의 세탄가는 원유의 산지에 따라서 크게 변화하며, 파라핀계 중유는 높고, 방향족계는 낮다. 일반적으로 중유의 세탄가는 30~45 범위에 있다.

(2) 휘발성

중유 중에서도 C중유는 특히 비휘발성 성분의 함유량이 많아 휘발성이 나쁘다. C중유의 평균비등점은 약 450℃이다. 고비등 점유분의 존재는 분사밸브 노즐에 카본을 부착시켜 연소불량에 의한 흑연 발생의 원인이 된다. 또, 연소실 주변이나 피스톤에 타르상 물질이 부착하여 링의 고착원인이 된다.

(3) 회　분

경유 중의 회분은 적은 양으로 거의 문제가 되지 않지만, 중유 특히 고점도 중유(C중유) 중의 회분은 0.02~0.03%로 많지만, A중유에서는 0.01%로 적다. 이 회분의 존재는 펌프 플런저나 분사밸브의 노즐 니들, 실린더 및 피스톤 등의 마모의 원인이 되어 바람직하지 않은 물질이다.

(4) 유황분

유황분은 회분과 같이 원산지에 따라서 함유량이 크게 다르다. 이 함유량은 A중유에서는 약 1.0%, C중유에서는 2.5~4.0%로 많으며, 유황분 존재의 영향은 경유의 경우와 같지만, 고유황분 중유를 사용하는 대형 저속기관에서는 황산에 의한 마모를 방지하는 대책이 여러 가지로 강구되고 있다. 그 중에서도 알칼리가(價)가 높은 실린더 유(油)를 사용하는 것이 가장 효과가 있는 것으로 되어 있다. 이는 경유의 경우와 같이 연소에 의해 발생한 카본이 원인이 되어 마찰면이 마모하는 것보다도 황산에 의해 생성한 황산철에 의한 마모쪽이 큰 것으로 되어 있기 때문이다.

5.2 연료의 발열량과 그 측정

기관을 거론할 때 우선 사용연료의 성상과 그 발열량을 알 필요가 있다. 만약, 부적당한 연료를 사용하여 예상했던 발열량을 얻지 못했을 경우에는 기대했던 기관성능을 얻을 수 없을 뿐만 아니라 고장을 유발할 염려도 있다.

연료의 발열량(calorific value 또는 heat of combustion)이란 어떤 일정한 온도(실온) T [℃]에서 단위량(kg, kg_f, Nm^3, Kmol)의 연료를 완전연소시켜, 그 연소가스를 최초의 온도

T [℃]까지 냉각시킬 때 유리되는 열량을 말하며, 일반적으로 연료의 열량은 연소가 일어나는 조건, 즉 정압연소 또는 정적연소에 의해 다르고(그림 5·8), 온도에 따라서도 영향을 받는다. 연료 속의 H_2는 연소하여 H_2O로 되지만, 이것을 응축시키는지, 그렇지 않은지에 따라서 발열량은 차이가 있다. 연소가스 중의 H_2O를 응결시키는 경우를 고발열량 H_h(총발열량, higher calorific value)라 하고, H_2O를 응결시키지 않는 경우를 저발열량 H_u(진발열량, lower calorific value)라 부르며, 이들 두 발열량의 차이는 수증기의 잠열(증발열)만큼의 차이가 있다. 여기서 1 [kg$_f$], [kg]의 연료에서 생성되는 H_2O를 ω[kg$_f$], [kg]이라 한다면, 증발열에 상당하는 열량은 약 600ω[kcal], 2.51ω[MJ]로 되므로 고발열량은 저발열량보다 증발열에 상당하는 열량만큼 크게 된다.

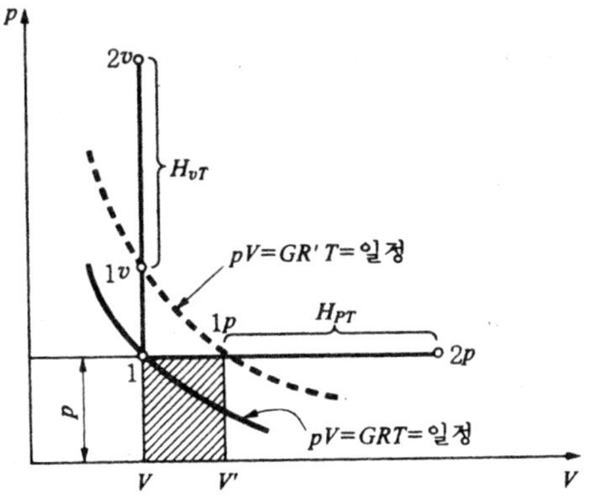

그림 5·8 정압연소와 정적연소

일반적으로 발열량을 나타내는 데는 액체연료에서는 1 kg당, 기체연료에서는 1 Nm^{3}당으로 나타내며, 수소원자를 포함한 석유연료에서는 연소함에 따라 연료 1 kg당 다음과 같은 양의 수증기가 발생한다.

$$H_2O = 9h \text{ [kg/kg]} \tag{5·4}$$

여기서, h는 연료 속의 수소원자의 중량비율이고, 그 양은 예를 들어 가솔린에서 h는 거의 0.15이므로 연료의 1.35배, 거의 가솔린 1l에 대해 1l의 물에 해당하며, 건공기와 이론혼합기가 완전연소하였을 때 대기압의 배기 중의 수증기 분압은 약 0.140 kg$_f$/cm^2 (0.0137 MPa)로서 노점 52℃에 해당된다. 이것이 수소연료에서는 수증기 분압이 약 0.359 kg$_f$/cm^2 (0.0352 MPa)에서 노점 73℃이다.

이 수증기가 완전 응축할 때의 잠열 $Q_l = 9h \cdot q_l$ [q_l ≒ 600 kcal/kg ≡ 2.51 MJ/kg]을 방출한다. 이 값은 고발열량의 가솔린에서 약 7%, 수소에서는 9%이다. 실제로는 연료가 증발할 때 발생하는 열량은 H_h와 Q_l과의 차이며, Q_l은 연소가스가 외부에 나와서 온도가 노점 이하로 내려간 때 처음으로 방출된다. 여기서, 일반적으로 내연기관의 열효율 등에 사용되는 것은 고발열량이 아니고 $H_u = H_h - Q_l$로 나타내는 저발열량이다(0℃의 저위발열량을 사용하므로 $H_u = H_h - 580\omega$). 여기서, 연료는 복잡한 탄화수소(HC)의 화합물이므로 원소분석에 따라 연료 속에 포함된 각 원소들을 안다면 각 원소의 발열량으로부터 연료의 개략의 발열량을 계산할 수 있다.

연료 1 [kg_f], [kg]의 속에 포함된 C, H, O, S, H_2O 의 양을 각각 c, h, o, s 및 w [kg_f], [kg]라 한다면, 발열량 H_h 및 H_u는 각 성분의 발열량을 합계하여 다음 식으로 구할 수 있다.

$$\left.\begin{aligned} H_u &= 8100\,c + 29000\left\{h - \left(\frac{o}{8}\right)\right\} + 2200\,s - 600\,w \;\; [\mathrm{kcal/kg_f}] \\ H_u' &= H_u \times 0.00419 \;\; [\mathrm{MJ/kg}] \end{aligned}\right\} \qquad (5 \cdot 5)$$

이 중에서 s, w는 중유 이외는 무시하여도 큰 차이는 없다.

한편, 수소 1 (kg_f, kg)이 연소하면 9 (kg_f, kg)이 물이 생성되므로, 그것이 응결에 따르는 발열량은 600×9 = 5400 kcal, 22.6 MJ로 되며, 고발열량은 다음과 같다.

$$\left.\begin{aligned} H_o &= 8100\,c + 34,400\left\{h - \left(\frac{o}{8}\right)\right\} + 2200\,s \;\; [\mathrm{kcal/kg_f}] \\ H_o' &= H_o \times 0.00419 \;\; [\mathrm{MJ/kg}] \end{aligned}\right\} \qquad (5 \cdot 6)$$

기관의 배기가스온도는 가솔린기관에서 700~800℃, 디젤기관에서 550~650℃로 되고, 수분은 증기상태로 배기밸브로 방출되므로 저발열량만 이용할 수밖에 없다.

이상과 같이 연료 속의 주성분인 원소의 함유율을 필요로 하지만, 원소분석으로 구하는 것도 복잡한 일이다. 한편, 석유계 액체연료의 각종 성질은 측정이 쉬운 비중과 밀접한 관계가 있다는 것이 알려져 있어 함유 원소비율에 대해서도 경험적으로 다음과 같이 간단한 식으로 근사적으로 구할 수 있어 이용에 편리하다.

$$\left.\begin{aligned} h &= 0.26 - 0.15 \times \text{비중} \\ C &= 1 - h \end{aligned}\right\} \qquad (5 \cdot 7)$$

표 5·13은 내연기관에 관계가 있는 연료에 대하여 위쪽은 상온에서 액체이고, 아래쪽은 기체 또는 그의 액화물에 대한 값을 수록한 것으로 이 표로부터 알 수 있는 것은 다음과 같다.

① 기관의 행정체적당 최대출력은 표의 우측란에 표시한 이론혼합기의 단위체적당 발열량에 의한다. 흥미있는 것은 중량당 또는 체적당 발열량은 연료의 종류에 의해 크게 차이가 있지만 실린더 내에 들어가는 혼합기 체적당에서는 그 차이는 매우 작아 800~900 kcal/Nm^3, 3.35~3.77 MJ/Nm^3 정도이며, 최대출력의 차이는 적다.

또, 연소가스 비열도 큰 차이가 없는 것으로 볼 때 최고온도도 2500℃ 전후에서 큰 차이는 없다. 또한, 이와 같은 현상은 진발열량이 높은 연료일수록 이론공기량이 큰데, 이는 같은 공기로 연소할 수 있는 연료가 작기 때문이다. 다음에 수소와 같이 저밀도 가스에서는 연료의 체적이 흡입공기량을 감소시키므로 최대출력이 감소한다. 만약 압축행정에 분사하여 넣

표 5·13 각종 연료의 발열량에 관한 값

명칭	화학기호	비점 ℃	밀도 kg/l(1)	저발열량 kcal/kg	저발열량 kcal/l(1)	이론공연량(A/F) kg/kg	이론공연량(A/F) Nm^3/kg	이론공연량(A/F) Nm^3/Nm^3	이론혼합기의 발열량 ($kcal/Nm^3$)
n-헥산	C_6H_{14}	68.7	0.664	10,690	7100	15.20	11.75		890
n-헵탄	C_7H_{16}	98.4	0.688	10,640	7320	15.15	11.72		891
이소옥탄	C_8H_{18}	99.3	0.692	10,630	7400	15.10	11.68		896
n-도데칸	$C_{12}H_{26}$	216.0	0.753	10,540	7940	14.88	11.51		905
옥텐	C_8H_{16}			10,570		14.75	11.41		910
세탄	$C_{16}H_{34}$	280.0	0.774	10,590	8200	14.90	11.52		911
벤젠	C_6H_6	80.1	0.884	9590	8480	13.25	10.24		911
메탄올	CH_3OH	64.7	0.796	4770	3790	6.45	4.99		839
에탄올	C_2H_5OH	78.3	0.794	6420	5090	9.01	6.97		861
가솔린			0.740	10,600	7840	14.9	11.5		905
제트연료			0.800	10,500	8400	14.7	11.4		905
디젤경유			0.825	10,400	8580	14.6	11.3		905
중유(輕)			0.875	10,150	8880	14.3	11.06		905
〃 (中)			0.920	10,000	9200	14.2	10.98		900
〃 (重)			0.960	9880	9490	14.1	10.90		900
수소	H_2	−253	0.0899×10^{-3}	28,700	2.58	34.2	26.5	2.382	763
액체수소	H_2	−253	0.071	28,700	2040				
액화암모니아	NH_3	−33.6	0.770	4450	3430	6.07	4.70	3.57(가스)	751
메탄	CH_4	−162	0.714×10^{-3}	11,930	8.52	17.2	13.3	9.52	810
프로판	C_3H_8	−42.1	1.965×10^{-3}	11,060	21.7	15.7	12.1	23.9	870
부탄	C_4H_{10}	−11.7	2.586×10^{-3}	10,910	28.2	15.45	12.0	31.0	880
아세틸렌	C_2H_2	−83.6	1.160×10^{-3}	11,540	13.4	13.3	10.3	11.9	1040
일산화탄소	CO	−191.5	1.288×10^{-3}	2414	3.10	2.46	1.90	2.45	900

(주) (1) 가스는 0℃, 760 mmHg, 액체는 15℃의 값.
(2) 일례를 나타냄.

으면 체적당 이론혼합기 발열량이 763 대신에 1080 $kcal/Nm^3$, 4.525 MJ/Nm^3로 증가한다.

② 이와 같은 점으로부터 운전성 면에서 액체로 A/F (Air/Fuel)가 큰 석유계는 자동차 등의 교통기관 등에는 최적임을 이해할 수 있다.

③ 석유연료에 대하여 비중에 대한 발열량은 근사적으로 그림 5·9처럼 중량당으로는 저비중인 것일수록 크지만, 체적당으로는 역으로 된다. 한편, 석유가격은 체적단위이므로 고가격 연료일수록 H_u

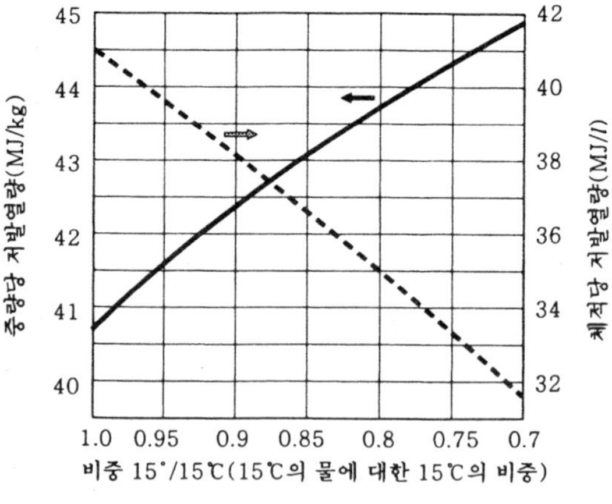

그림 5·9 석유계 연료의 비중에 대한 발열량의 개략값

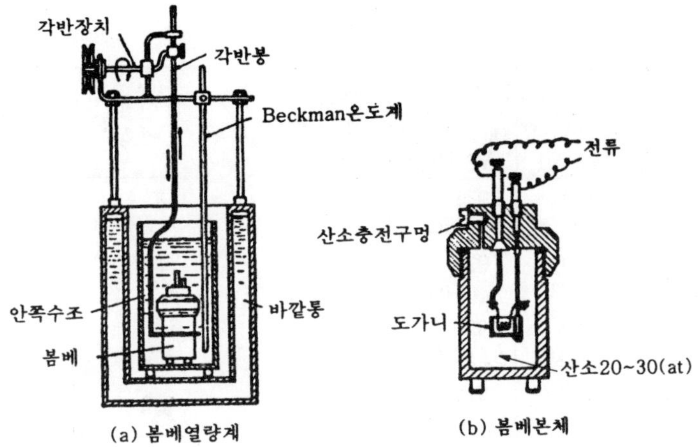

그림 5·10 연료의 열량측정장치

(진 발열량)이 낮고, 가솔린기관은 디젤기관에 비하여 연료소비율이 클 뿐만 아니라 체적당으로는 한층 더 불리하며, 가격을 고려한다면 얼마나 경제성이 떨어지는가를 알 수 있다.

연료의 발열량을 실험적으로 구하기 위해서는 그림 5·10에 나타낸 봄베열량계(Bombe calorimeter)가 사용된다.

그림 5·10 (a)는 열량계의 전면도, 그림 5·10 (b)는 봄베의 상세를 나타낸다. 열량을 측정하려는 연료시료를 캡슐(capsule)에 넣어서 계량[g_f, g]하고 강철 내압봄베 내의 백금도가니(crucible)에 놓아 봉입 후 봄베에 25~30 at, 2.45~2.94 MPa의 산소를 충진한다. 다음에 이것을 (a)처럼 안쪽(內筒)수조 내에 넣어 수조 내를 각반하면서 전류를 통하여 점화한다. 발생한 열은 봄베를 통하여 수조 내의 물에 전달되므로 그 온도를 1/100 눈금의 Bechman 온도계로 특정한다. 수조 내의 물의 중량과 온도상승의 적(積)은 연료가 연소함으로써 물에 준 총열량에 상당하므로, 이것을 시료의 중량으로 나누면 열량이 구해진다. 이와 같은 열량측정법을 이용하여 여러 연료를 시험한 결과 다음과 같은 경험식이 사용되고 있다.

$$H_u = 9727 + 2740\left(\frac{1}{d_4^{20}} - 1\right) \ [\mathrm{kcal/kg_f}] \qquad (5\cdot8)$$

여기서, d_4^{20} = 4℃에서의 물의 밀도와 20℃에서의 연료의 밀도와의 비

SI에서는

$$H_u' = H_u \times 0.00419 \ [\mathrm{MJ/kg}] \qquad (5\cdot8')$$

따라서 연료의 d_4^{20}를 알면 윗식을 이용하여 상당히 정확한 H_u, H_u'의 값을 구할 수 있다. 표 5·14에 각종 연료의 H_u를 나타낸다.

표 5·14 각종 연료의 저발열량

(a)

연료 종류	비중	저발열량		이론 공기량 (kg/kg)
		(kcal/kgf) (MJ/kg)	(kcal/Nm³) (MJ/Nm³)	
가솔린	0.70~0.75	10,800 45.3	935 3.92	14.9
등유	0.80~0.84	10,500 44.0	928 3.89	14.6
경유	0.82~0.88	10,400 43.6	927 3.88	14.5
중유	0.88~1.05	10,100 42.3	918 3.85	14.2

(b)

연료 명칭	비중 d_4^{20}	저발열량 (kcal/kgf) (MJ/kg)
1호 휘발유	0.6987	10,887 45.6
2호 휘발유	0.7304	10,788 45.2
3호 휘발유	0.7621	10,661 44.7
등유	0.8193	10,468 43.83

5.3 각 기관의 연료 특성

5.3.1 전기점화기관용 연료의 특성

전기점화기관에 사용되는 액체연료의 특히 중요한 성질은 발열량 외에 기화성과 안티노크성이다. 일반적으로 가솔린의 발열량은 44,500 [kJ/kg] 전후이며 큰 차이는 없으나 알코올류는 표 5·3에 표시한 바와 같이 낮고 또 증발잠열이 크다. 가솔린의 기화성은 일반적으로 ASTM 증발온도로 표시되는데 ASTM 10%점은 기관의 시동성에 관계하고, 그것이 낮을수록 시동성이 좋아진다고 할 수 있다. 그러나 기화성이 좋은 연료일수록 베이퍼록(vapour lock)을 일으키기 쉽기 때문에 그것을 방지하는 측면에서 기화성이 제한된다. 연료의 기화에 따른 기관 가속성은 ASTM 35~65%점에 관계하고 그것이 너무 높게 되면 기관의 가속이 곤란하게 된다.

전기점화기관용 연료의 안티노크성, 즉 노크 발생의 난이도는 옥탄가(octane number)로 나타내고 있다. 옥탄가는 CFR(cooperative fuel research commitee) 연료시험용 기관을 사용하여 측정되는데, 이 기관은 회전수가 일정하게 유지되고 운전중에 압축비(compression ratio)를 변화시킬 수 있는 단실린더 기관이다. 이 기관에서 발생한 노크(knock)는 노크미터(knock meter)로 그 강도가 측정될 수 있도록 되어 있기 때문에 먼저 시료연료로 표준강도의 노크를 발생하는 압축비를 구한다. 다음에 가장 노크를 발생하기 쉬운 표준연료(standard fuel)의 정헵탄(normal heptane, C_7H_{16})과 가장 노크를 발생하기 어려운 표준연료의 이소옥탄(iso-octane, C_8H_{18})과의 혼합비율을 변화한 혼합연료를 사용하여 동일 압축비로 같은 노크강도를 발생하는 혼합비율을 구한다. 그때의 혼합연료 중의 이소옥탄의 체적비율이 시료의 옥탄가이다. 따라서 이소옥탄의 옥탄가는 100, 정헵탄의 옥탄가는 0이다.

CFR기관의 운전조건은 시험법에 의하여 약간 다르고 리서치법(research method) 및 모터법(moter method)이 있는데 각각 F-1법 및 F-2법이라 한다. 일반적으로 탄화수소 연료에서는 파라핀계 연료의 옥탄가가 낮고 방향족은 옥탄가가 높은 것이 많다. 표 5·15는 각종 연료의 옥탄가를 나타낸 것인데, 이들의 값은 측정법에 의해 약간의 차가 있다. 옥탄가를 향상시키기 위하여 4에틸연[$(C_2H_5)_4Pb$], 4메틸연[$(CH_3)_4Pb$] 등이 유효하다는 것이 잘 알려져 있는데, 일반적으로 4에틸연(tetraethyl lead)이 사용되고 이취화(二臭化)에틸연, 염료(染料) 등을 첨가한 에틸액을 연료에 혼합한다. 그림 5·11은 4에틸연의 첨가에 의한 옥탄가의 향상을 나타낸 것이다.

표 5·15 연료의 옥탄가

연 료	옥탄가(F-2)
펜탄	62
헥산	26
정헵탄	0
이소옥탄	100
시클로헥산	77
벤젠	115
톨루엔	104
에탄올	89
메탄올	92
직류가솔린	50～60
자동차용 가솔린	>85(F-1)
자동차용 가솔린 (프레미엄)	>95(F-1)

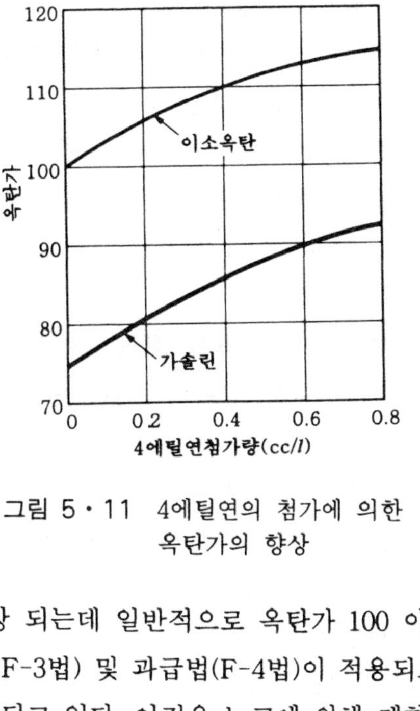

그림 5·11 4에틸연의 첨가에 의한 옥탄가의 향상

이소옥탄에 4에틸연을 가하면 옥탄가는 100 이상 되는데 일반적으로 옥탄가 100 이상의 항공기관용 가솔린에 대해서는 CFR기관의 항공법(F-3법) 및 과급법(F-4법)이 적용되고 그 안티노크성이 출력가(performance number)로 표시되고 있다. 이것은 노크에 의해 제한되는 도시 평균유효압력을 이소옥탄의 경우를 100으로 하여 나타낸 수이다.

그 밖에 자동차기관용의 가솔린에서는 주행옥탄가(road octane number)가 사용되는 경우가 있다. 이것은 실제로 자동차가 주행할 때의 연료의 노크 특성을 나타낸 것으로 시험법에 의하여 다르나 CFR기관의 리서치법에 의한 옥탄가를 R, 모터법에 의한 옥탄가를 M이라 하면 주행옥탄가 S는

$$S = aR + bR_{0.75} + cM + d \qquad (5 \cdot 9)$$

로 표시된다. *a*, *b*, *c*, *d*는 각각 기관의 형식에 의한 계수이며, $R_{0.75}$는 연료의 75%가 기화할 때의 리서치법 옥탄가를 나타내고 있다.

5.3.2 압축착화기관용 연료의 특성

압축착화기관용의 연료로서 고속 디젤기관에서는 경유, 저속 대형기관에서는 주로 중유가 사용되고 있다. 압축착화기관의 연료로서 중요한 성질은 유출온도(distillation temperature) 외에 점도, 발화성 등이다.

연료의 유출온도가 높게 되면 흑연, 냄새 등이 많게 된다. 고속 디젤기관용의 경유는 일반적으로 90%의 유출온도가 350℃ 이하로 되어 있다.

연료의 점도는 분무입경, 분산도(dissipation)뿐만 아니라 연료분사펌프(fuel injection pump)의 누설량에도 영향을 미치고, 점도가 너무 낮으면 누설량이 증가하여 동일행정에 대한 분사량이 감소한다. 점도는 일반적으로 세이볼트점도(saybolt viscosity)로 나타내는데 고속 디젤기관용에서는 32~35초, 중속기관용에서는 40~80초, 저속 대형기관용에서는 50~150초 정도이다. 저속 기관용의 중유로 점도가 큰 것은 미리 가열하여 점도를 저하시켜 사용하는 경우가 많다.

압축착화기관용 연료의 발화성(착화성)은 일반적으로 세탄가(cetane number)로 표시된다. 발화하기 쉬운 연료인 세탄($C_{16}H_{34}$)과 발화하기 어려운 연료인 α-메틸 나프탈렌(α-methyl naphtalene, $C_{10}H_7CH_3$)을 혼합하여 시료연료와 같은 발화정도를 나타내었을 때의 혼합연료 중의 세탄의 체적백분율이 시료연료의 세탄가이다. 세탄가도 운전중에 압축비를 변화시킬 수 있는 단실린더의 CFR연료시험용 기관으로 측정되는데 상사점 전 일정시기에 연료를 분사하여 발화가 상사점에서 일어나도록 한 경우의 압축비를 표준의 혼합연료와 비교하여 세탄가가 구해진다.

압축착화기관용 연료의 세탄가는 일반적으로 40~50 정도인데, 대형 저속기관에서는 세탄가 25 정도까지 사용 가능하다. 질산(硝酸)에틸($C_2H_5ONO_2$), 질산에틸(C_2H_5ONO), 아질산 아밀($C_5H_{11}ONO$) 등을 연료에 첨가하면 세탄가는 향상하지만, 옥탄가에 대한 4에틸연의 경우와 같은 미량으로서는 효과가 없고 몇 % 정도의 양이 필요하게 된다.

세탄가의 측정에 의하지 않고 연료의 물리적 성질로부터 그 발화성을 나타내기 위한 각종 지수를 생각할 수 있는데 그 하나로 디젤지수(diesel index)가 있으며〔식 (5·3) 참조〕, 세탄가와 디젤지수와의 관계는 그림 5·7과 같다.

5.3.3 제트기관 및 가스터빈용 연료의 특징

제트기관(jet engine)이나 가스터빈(gas turbine) 등은 연속연소방식(continuos combustion system)이므로 원리적으로는 연료분무의 형성이 가능한 한 어떠한 종류의 연료도 사용 가능할 것이다. 기관의 용도 또는 연소기의 구조, 연소퇴적물(deposit) 등의 점에서 각각 특정의 연료가 사용되고 있다.

제트기관용의 연료는 거의 등유에 상당하는 것이고 저비등점 성분을 포함하는 JP-4, JP-3은 주로 군용기에 사용되고 비교적 인화점이 높은 JP-1, JP-5는 주로 여객기용 기관에 사용된다. 그들의 연료의 규격은 각국에서 각각 상세히 규정되어 있다. 육상 정치용 가스터빈은 구조적인 제한을 받는 일이 적기 때문에 경제성의 점에서 각종의 저질연료가 사용되고 있는데, 연료 중에 바나듐(vanadium)이 포함되어 있는 경우에는 고온에서 터빈날개가 부식되기 때문에 그 제거 및 부식방지에 특별한 주의가 필요하게 된다.

5.4 내연기관의 윤활유

내연기관에는 많은 운동부분이 있고, 그들의 상호간에는 마찰현상(friction phenomena)이 있게 된다. 왕복 피스톤링과 실린더 사이의 문지름 마찰(rubbing friction), 로터리기관의 로터의 정점(apex seal) 및 사이드실과 하우징과 사이에 미끄럼 마찰(sliding friction), 피스톤 핀과 보스 및 커넥팅로드의 소단부의 베어링과의 사이나 밸브 로커암축과 베어링과 사이의 요동마찰(swinging friction), 또 크랭크축과 캠축 등 여러 개의 회전축들과 각각의 베어링과의 사이의 회전마찰, 밸브 로커암의 양끝과 밸브헤드부 및 푸시로드(push rod)의 헤드부와의 사이의 극압마찰(extreme pressure friction), 태핏과 캠과의 사이의 연마마찰(abrasive friction), 밸브 헤드부와 시트 사이의 충격마찰(shock friction), 기어의 맞물림 사이의 미끄럼·문지름 마찰 등 실로 여러 개의 마찰현상이 있다. 이와 같은 마찰부는 어떠한 방법으로든 마찰손실을 감소시켜 기계효율을 향상시킴과 동시에 소결현상을 방지하기 위하여 윤활제를 공급할 필요가 있다.

최근 트라이볼로지(tribology)라는 언어로 마찰(friction)과 윤활(lubrication) 및 소결방지와 마모의 저감 등, 일련의 윤활문제를 취급하게 되었다. 이 트라이볼로지는 영국에서 처음으로 사용한 단어로 윤활과 보수 및 관리를 목적으로 한 단어이며, 윤활기술의 향상과 그 경제효과를 얻기 위한 새로운 언어라 한다.

트라이보(tribos)는 그리스어로 "비비다, 문지르다"의 뜻이며, 트라이볼로지는 "마찰학"을 의미한다. 더욱이 이것을 넓게 생각하면 「트라이볼로지는 상대운동을 하면서 서로가 간섭하여 만나는 2면, 이어서 이것과 관련한 여러 문제와 실제 응용에 관한 과학과 기술」로 된다. 구체적인 문제로는 유체윤활, 비유체윤활(경계윤활, 고체윤활), 특수조건하의 윤활(소성가공, 절삭가공), 베어링 재료, 베어링 환경, 윤활제 등이 있고, 또 동시에 발생하는 침식(erosion)이나 부식(corrosion) 또는 공동현상(cavitation) 등도 포함하여 마찰과 윤활을 연구하는 분야이기도 하다.

5.4.1 내연기관 윤활의 특수성

크랭크기구와 밸브구동기구 등은 많은 결점을 가지고 있으므로 그것에 대신할 기구가 무수히 고안되었다. 예를 들면 각종 압축기를 역방향으로 사용하면 엔진으로 가능하다. 그러나 대부분 실용화되지 못하고 실패로 끝나고 말았다. 그 가장 큰 이유는 광의의 윤활(tribology)상의 난점에 있다. 그런 점에서 내연기관은 다른 기계에 비하여 다음과 같은 특수성을 지닌다.

① 복잡한 운동이 빠른 속도로 반복되고 있다(1행정중 상대속도가 0가 되는 시기가 있으며 그때에는 하중이 특히 크므로 윤활이 곤란하다).

② 소형, 경량으로서 대출력을 목적으로 하기 때문에 미끄럼면의 하중이 크다.

③ 미끄럼면의 온도가 높고, 그 때문에 윤활유와 재료의 내열성에 의하여 출력성능이 제한된다.

④ 저온 시동시나 고온, 전부하 등처럼 온도분포의 변화가 크므로 국부적인 마모, 변형, 열응력 등이 종종 장애를 일으킨다.

⑤ 실린더에 충분한 윤활유를 공급하면, 그 소비가 과대하게 된다.

⑥ 연소가스는 고온 외에도, 마찰면에 대하여 유해한 성분을 포함하고 있다.

⑦ 블로바이 가스(blow-by gas) 중의 연소 생성물이 윤활유에 혼입하여 열화가 촉진된다.

5.4.2 기밀의 중요성

고압가스의 힘으로 피스톤이 동력을 받으므로 피스톤기관에서는 기밀이 중요한 것임을 잘 알 수 있다. 그러나 피스톤과 실린더의 열팽창 차이를 고려하면 이 팽창 때문에 이상누출이 생긴다. 예를 들면 100 mm 지름의 주철실린더가 평균 100℃이고 알루미늄 합금제 피스톤이 200℃가 되었을 때 약 0.3 mm의 팽창 차이가 생겨 전체 원주에서 47 mm^2의 누출면적이 생긴다. 그런데 현재 사용되고 있는 피스톤링을 1개를 올바르게 사용하면 누출면적을 약 0.1 mm^2로 좁힐 수 있고, 고속기관에서는 가스누출량이 전체 가스량의 1% 이하로 할 수 있다. 실린더 내의 압력이 같을 때 1 사이클의 누출량은 회전속도에 반비례하여 감소하므로, 디젤기관의 시동성에는 큰 영향이 있지만 출력성능에의 영향은 작은 것이 보통이다.

그러나 연소가스는 그 성분 중에 수분, 산, 고형물 등 금속과 윤활유가 들어가 있으므로, 그것이 크랭크실 내와 실린더 벽면의 윤활유에 혼입되어, 윤활유의 열화를 빠르게 하기도 하고, 링과 실린더 마모를 촉진하기도 하여 녹, 카본의 퇴적물을 만들어 윤활유의 흐름을 방해하는 등의 장해를 일으킨다. 기밀의 필요성은 이와 같이 내구성의 향상이 주이다. 링과 피스톤, 실린더의 간극에는 압축공기 또는 혼합기가 압입된 후에 연소가스가 들어오므로 누출이 적을 때는 처음에 들어온 공기 또는 혼합기가 주로 크랭크실로 새며 연소가스의 대부분은 도중에 연소실로 역류한다. 가솔린기관에서는 혼합기가 주성분이므로, HC가 대량으로 포함되어 있다. 또 링 주변의 가스온도는 즉시 벽면온도까지 하강한다. 그러나 가스누출(blow-by)이 클 때는 링 아래쪽 및 크랭크실로 누출하는 연소가스 성분이 증가됨과 더불어 가스가 고온이므로 누출통로부가 가열된다.

이상은 왕복피스톤기관의 피스톤링의 경우이지만, 로터리기관 등의 기구에서는 누출량이 전체 가스량의 10%까지도 되어 윤활유와 벽면의 내구성은 물론, 기관성능에도 큰 관계를 가진다.

5.5 윤활제

윤활제(lubricant)는 기관 각부의 마찰면에 주유 또는 도포되어 마찰저항을 경감하여 눌어붙음(소결)현상을 방지하는 작용이 주목적이지만, 마찰열을 방열시키는 냉각작용, 압력이 세어나가는 것을 방지하는 밀봉작용, 외부에서 침입한 이물질, 카본, 슬러지(sludge) 등을 쓸어 흘려 내보내는 세정 분산작용 및 녹 발생을 방지하는 방청작용 등을 겸하고 있다. 이와 같은 작용을 하기 위하여 윤활제의 필요조건으로는 다음과 같다.

① 장기간에 걸쳐 유막강도를 유지할 것
② 금속부식을 일으키지 않을 것
③ 저온시에 점도가 낮을 것
④ 고온조건에서도 변질되지 않을 것
⑤ 금속과의 친화성(유성)이 유지될 수 있을 것
⑥ 슬러지 또는 왁스 생성이 적을 것

등의 조건을 만족하기 위하여 기본 오일의 개선, 또는 각종 첨가제가 개발되어 있다.

5.5.1 윤활제의 분류

윤활제는 그 성상으로부터 일반적으로 액체, 반고체 및 고체로 대별된다.

(1) 액체 윤활제

이것은 윤활유라고 하는 것으로, 오일이라고도 하며, 내연기관에 이용되고 있는 대부분의 윤활제는 이 종류의 것이다. 대부분은 석유계이고, 그 외에 동·식물유로부터 만들어지는 지방유나 석유계와 지방유와의 혼합유 및 합성유 등이 있다.

(2) 반고체 윤활유

보통 상태에서는 유동하지 않지만, 온도나 전단력이 가해지면 유동하는 윤활제로 그리스(grease)라 부른다. 이 종류의 윤활제는 구름베어링 등에 봉입되어 사용되며, 베어링에서 새어나오지 않기 때문에 매우 편리하여 기관에 사용되는 구름베어링의 윤활제로 사용된다. 급유가 곤란한 장소에서 윤활을 필요로 하는 마찰열 발생부에는 그리스컵을 이용하든지 적절한 곳에 그리스를 도포하여 이용한다. 그리스에 요구되는 성질은 윤활성능이 양호해야 할 뿐만 아니라 내수성(耐水性), 내열성, 방청성, 산화안정성 등이 우수하여야 한다. 그리스의 종류에는 리튬기 그리스, 칼슘기 그리스, 알루미늄기 그리스, 나트륨기 그리스 등 외에 극압(極壓) 그리스가 있다. 기관에는 윤활오일이 도달하지 않는 곳은 적어서 주로 보조기기의 각 베어링에 많이 이용된다.

(3) 고체 윤활제

주로 물체의 표면에 도포하여 윤활막을 만들어 마모작용을 막기 위하여 이용되는 윤활제이다. 기계의 구조상 다른 마모 저감제를 사용할 수 없는 장소, 예를 들어 물펌프의 스러스트 베어링(thrust bearing)부분 등에 자주 이용되고 있다. 이 종류의 대표적인 것이 흑연, 이황화몰리브덴(MoS_2) 등이 있다.

5.5.2 오일과 오일에 요구되는 성상

기관의 윤활작용은 사용하는 오일의 성상에 의해 크게 좌우되어, 윤활의 양부는 기관의 수명을 제한하게 되기도 한다. 따라서 오일의 선택은 세심한 주의를 필요로 하며, 또 취급상이나 사용상에도 충분히 고려를 해야 한다.

(1) 오일

앞에서 언급한 바와 같이 기관에 이용되어지는 오일은 동·식물유에서 채취된 지방유와 광유(鑛油)에서 정제되는 탄화수소유가 있다. 전자의 대표적인 것으로는 피마자씨에서 추출한 피마자 기름(castor oil)으로 점도가 대단히 높고, 내구성이 양호한 점으로 볼 때 세계대전 중에는 항공 가솔린기관의 주요 오일로서 활발히 사용되었다. 그러나 고온상태에서 고무상태나 젤리상태의 물질이 발생하여 유성(油性)이나 점도에 이상이 발생하므로 현재에는 특수용도(경주자동차용)에 제한되어 있다. 후자는 광물성 기름에서 가솔린이나 경유 등을 분류한 잔유물로서 얻어지는 것으로 파라핀계나 나프텐계의 2종류로 되어 있다. 파라핀계는 완전 연소하여 슬러지가 잘 안 생기는 특성이 있고, 나프텐계는 소비되는 양이 적고, 기밀 보호성이 양호하다고 알려져 있다.

현재 사용되고 있는 오일의 종류는 여러 가지이고, 또 생산회사에 따라서도 가지각색이다. 이들 오일의 성상은 혼입되어 있는 첨가제(lubricant additive)의 종류와 양에 의해서도 다르다. 표 5·16에 SAE의 점도 규격을 나타낸다. 표 중에서 SAE번호는 싱글그레이드 오일(single-grade oil)의 규격이고, 이들 외에 표 5·17의 멀티그레이드 오일(multi-grade oil)이 있다.

유막강도를 유지하기 위해서는 점도가 중요한 요소로, 이는 미국자동차기술회(SAE)에서 표준값이 결정되어 있어 SAE 0W에서 SAE 50까지로 결정되어 있으며, 번호가 높은 것일수록 점도가 높다. 표 5·16과 표 5·17 중의 W는 겨울(winter)철용의 오일을 의미하며, 또 10W/30이나 20W/40 등은 저온 시동시에는 10W 또는 20W의 성능이 있고, 고온시(이동시)에는 SAE 30또는 40과 같은 성능을 발휘하는 오일임을 나타낸 것이다.

표 5·16 SAE의 오일 점도 규격

SAE번호	-17.8℃ 0°F	cSt (m^2/s)	98.9℃ 210°F	cSt (m^2/s)
	max	min	max	min
5 W	<1300 $<13\times10^4$	–	–	–
10 W	<2600 $<26\times10^4$	<1300 $<13\times10^4$	–	–
20 W	$<10,500$ $<105\times10^4$	<2600 $<26\times10^4$	–	–
20	–	–	<9.6 $<9.6\times10^6$	<5.7 $<5.7\times10^6$
30	–	–	<12.9 $<12.9\times10^6$	<9.6 $<9.6\times10^6$
40	–	–	<16.8 $<16.8\times10^6$	<12.9 $<12.9\times10^6$
50	–	–	<22.7 $<22.7\times10^6$	<16.8 $<16.8\times10^6$

표 5·17 오일의 점도규격(SAE)의 종류

single-grade oil	multi-grade oil
5W, 10W	10W/30
20W	10W/40
10~20	10W/50
30	20W/20
40	20W/40
50	20W/50

① 가솔린기관용 오일 : 가솔린기관에 사용되는 오일은 디젤기관의 경우보다도 베어링 압력이 낮으므로 디젤기관의 오일에 비해서 거의 문제는 없다.

② 디젤기관용 오일 : 디젤기관에 사용되는 오일은 일반적으로 가솔린기관의 경우보다도 사용조건이 혹독하기 때문에 특히 사용환경 온도에 최적인 점도를 갖는 오일의 선택이 필요하다.

표 5·18에 가솔린기관과 디젤기관의 SAE오일의 품질분류를 나타내었는데 API(미국석유협회)의 분류에 의하면 윤활유에 대한 가혹함은 연료의 조성에도 의하지만, 다음과 같은 운전조건일 때 엄하다.

① 피스톤 등의 부품이 고온상태(열부하가 큼)를 장시간 지속한다.

표 5·18 오일의 품질분류

	API분류	품 질 레 벨
가솔린기관	SA	첨가제 기름을 필요로 하지 않는 따뜻한 조건에서의 기관용. 특정성능 요구가 없음.
	SB	소량의 첨가제 함유기름을 필요로 하는 경부하 기관용. 스커핑 방지성, 산화방지성, 베어링 부식 방지성을 가짐.
	SC	1964~1967년형 승용차, 트럭용. 고온·저온 디포짓(deposit), 마모·녹·부식에 대한 방지성이 있음.
	SD	1968~1971년형 승용차, 트럭용. SC보다 우수한 고온·저온 디포짓, 마모·녹·부식에 대한 방지성이 있음.
	SE	1972년형 이후의 승용차, 트럭용. SD보다 우수한 고온·저온 디포짓, 마모·녹·부식에 대한 방지성이 있음.
디젤기관	CA	고품질 연료사용 경부하~중부하 디젤용. 따뜻한 조건에서의 가솔린에도 사용. 베어링 부식과 고온 디포짓 방지.
	CB	저품질 연료사용 경부하~중부하 디젤용. 따뜻한 조건에서의 가솔린기관에도 사용. 부식방지 및 고온 디포짓 방지.
	CC	고부하, 저과급 디젤용. 어떤 종류의 고부하 가솔린기관에도 사용. 디젤에 대한 고온 디포짓 및 가솔린기관에 대한 녹·부식·저온 디포짓 방지성이 있음.
	CD	고속, 고출력 과급 디젤용. 베어링 부식의 고온 디포짓 방지성이 있음.

② 시동, 정지가 많고 불완전 연소물의 생성, 산의 응축이 심한 양면이 있지만, API는 주로 자동차기관을 대상으로 하고, 사용조건의 가혹함에 대응하는 윤활유의 분류를 결정하였는바, 세계적으로 이 분류법이 채용되고 있다. 그 중에서 가솔린기관용에는 SA, SB, SC, SD, SE의 5단계로 나중 것일수록 가혹용이고 고급윤활유이다. 또 디젤기관용은 CA, CB, CC, CD의 4단계이며, 뒤의 고급윤활유일수록 여러 종류의 첨가제가 배합되어 있다(5·6절 참조).

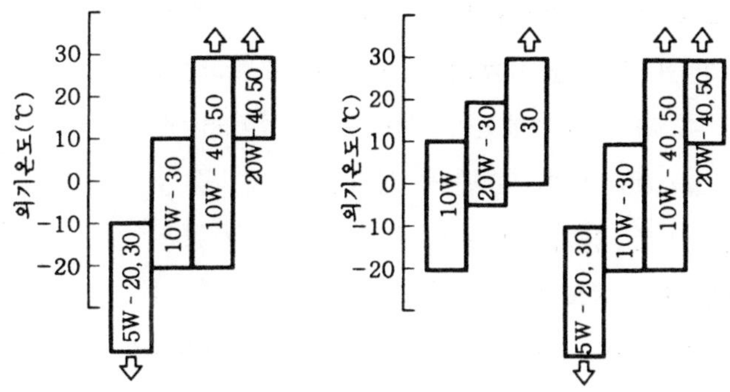

그림 5·12 외기온도에 대응한 추천 오일지수

그림 5·12에는 외기온도에 대하여 어느 정도의 점도가 적정한가를 나타낸 것이다.

(2) 오일에 요구되는 성상

일반적으로 오일에 요구되는 바람직한 성상으로는 다음의 세 가지 항목을 들 수 있다.

a) 우수한 유성(oiliness)을 가질 것

b) 적정한 점도(viscosity) 특성을 가질 것

c) 산화에 대한 안전성이 우수할 것

① 유성(油性) : 윤활작용을 하고 있는 부분에서는 그 마찰면에 유막(oil film)이 부착하여 그 금속면을 떨어지지 않고 경계막(boundary layer)을 형성하여 축에 작용하는 하중에 대하여 압력에 충분히 견딜 수 있는 성질이 요구된다. 이 오일의 흡착성을 유성(油性)이라 부른다. 이를 위해서는 금속면과 오일이 서로 친화력(affinity)을 가지고 있어 절대로 떨어지지 않는 것이 필요하다.

일반적으로 오일은 극성이 없는(nonpolarity) 탄화수소로 되어 있으므로, 극(極)이 있는 분자 OH, COOH, Cl 또는 S 등을 첨가하여 유성의 향상을 꾀하고 있다. 따라서 유성이란 윤활유의 유막을 유지하는 능력의 우열을 결정하는 물리·화학적 성질을 의미한다. 동·식물유의 유성은 광물유의 유성보다 높다.

② 점도(점성계수) : 오일의 성질은 점도에 따라서 크게 지배되는 것으로, 점도가 높은 오일일수록 고부하에 견딜 수 있다. 그러나 한편으로는 마찰저항력이 크게 되므로 필요에 따라서 기관의 성능에 최적의 성능을 갖는 오일을 사용하지 않으면 안 된다. 점도는 사용온도에 따라서 변화가 크므로 온도에 따른 점도의 변화가 적은 성질의 오일선택이 필요하다.

그림 5·13에 표시한 바와 같이 고정평판의 표면 위를 유체가 속도 u로 흐르고 있을 때 판의 표면에는 경계층이 형성되어 속도 $u=0$로 되며, 표면에 직각인 방향, 즉 y 방향으로 감에 따라서 유체의 마찰저항은 저감되어 속도는 빠르게 된다. 이때 유체 내의 전단응력 τ는 푸아죄유 법칙(Poiseuille's low)에 의하여 du/dy에 비례하여 다음 식과 같다.

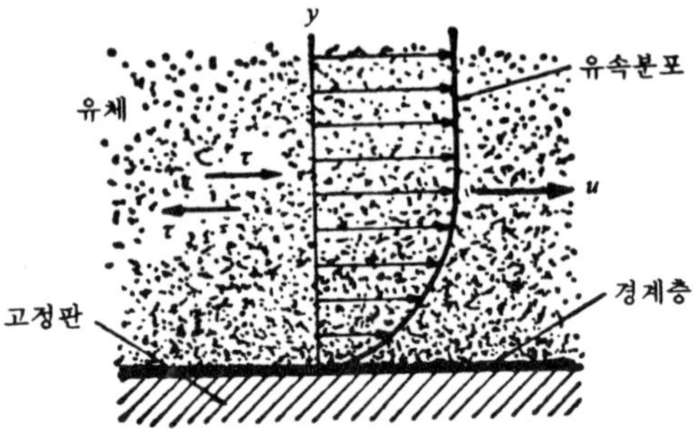

그림 5·13 고체표면 위에서 유체의 거동

$$\tau=-\mu\cdot\frac{du}{dy}$$

여기서, 비례상수 μ는 유체의 물성값으로서 점도 또는 점성계수라 부르며, 점성유체에 대한 뉴튼의 점성법칙에서 정의된 것인데 그 단위에는 다음의 것이 사용된다.

$$\mu=\tau/\frac{du}{dy} \ : \ \frac{힘}{면적}\Big/\frac{속도}{거리}$$

· CGS 단위 : 푸아즈(poise) [P], $1\,[\mathrm{P}]=\left[\frac{\mathrm{dyn/cm^2}}{\mathrm{(cm/s)/cm}}\right]=1\,[\mathrm{dyne\cdot s/cm^2}]$

$1\,[\mathrm{g_f/(cm\cdot s)}]=10^{-1}[\mathrm{P_a\cdot s}]$

센티푸아즈(centipoise) 1 [cP]

$=P\times10^{-2}=10^{-3}\,[\mathrm{Pa\cdot s}]$ (20℃의 물의 점도 ≒1 [cP])

· 공학단위 : $[\mathrm{kg_f\cdot s/m^2}]$, $1\,[\mathrm{kg_f\cdot s/m^2}]=9.81\,[\mathrm{Pa\cdot s}]$

· SI 단위 : 파스칼·초(Pascal second) [Pa·s], $\mu[\mathrm{Pa\cdot s}]=\nu[\mathrm{m^2/s}]\times\rho[\mathrm{kg/m^3}]$

레이놀즈수에 이용되는 동점도(kinematic viscosity) 또는 동점성계수($\nu=\mu/\rho=\mu g/\gamma$)도 온도에 의해 변화하며 단위는 다음과 같다.

· 공학단위 : 스토크스(stokes) [St], $1\,[\mathrm{St}]=1\,[\mathrm{cm^2/s}]=10^{-4}\,[\mathrm{m^2/s}]$

센티스토크스(centistokes) $1\,[\mathrm{cSt}]=1\,[\mathrm{St}]\times10^{-2}=10^{-6}\,[\mathrm{m/s}]$

· SI 단위 : $[\mathrm{m^2/s}]$

· 실용단위 : 엥글러 도(Engler degree) [E]

레드우드 초(Redwood second) [R″]

세이볼트 초(Saybolt second) [S″]

③ 안전성 : 고부하 운전조건에서 운전을 계속하면, 오일온도는 130℃ 부근까지 상승하는 경우가 있다. 이와 같은 조건에서는 실린더 라이너 또는 피스톤 뒷면 등에 부착하는 오일은

한층 높은 온도에 접촉되어 산화 또는 탄화한다. 이것을 피하기 위해서는 오일 냉각기를 이용해서 110℃ 정도로 온도를 낮추지 않으면 안되지만, 이것만으로는 충분하지 못하여 산화방지제, 또는 청정 분산제 등의 중화제를 윤활유에 첨가해서 산화의 진행을 막고 있다. 다시 말해서 오일은 사용중에 압력이나 온도에 접촉되고 또 혼합기, 연소생성물 등과 직접 접촉하므로 열화(노화 : deterioration)가 일어나기 쉽다. 이 열화의 원인은 주로 오일이 산화하여 일어나는 화학변화로 생각되며, 또 불순물의 혼입에 의한 슬러지의 생성에 의한 것으로, 이 열화도가 작은 오일일수록 안전성이 좋은 것으로 된다.

이들 이외에도 오일의 성질로서 검토되어야 할 것으로 비중(specific gravity), 인화점(flash point), 연소점(fire point), 유동점(pour point), 탄화성(carbonization) 등이 있다. 이들 중에서 유동성은 추운 곳에서 기관의 시동성에 큰 영향을 미치는 것이다.

(3) 점도의 온도에 의한 영향

광물유의 점도는 일반적으로 온도상승과 함께 급격히 저하하는 성질을 가지고 있으며, 그 정도는 윤활유의 종류에 따라서 다르다. 한편, 기관은 시동시와 같은 저온에서도 마찰저항이 적은 저점도를, 또 고출력시의 고온에서도 충분히 유막이 유지 가능한 만큼의 높은 점도를 요한다. 즉, 점도가 온도에 둔감한 윤활유가 바람직하다.

미국의 SAE(society of automotive engineers)의 점도에 의한 자동차용 윤활유의 분류는 기온이나 기관의 종류에 대응하기 위한 것이므로, 표 5·16과 같이 저온용의 W(winter용의 뜻)자를 부착한 것은 0°F와 210°F의 어떤 범위 내의 것이고 No.20 이상의 고점도의 것은 210°F의 점도 범위만 규정하고 있다. 승용차에는 주로 No.20이 사용되고 있다. 이외에 10W-40와 같은 multigrade oil이라고 하는 것은 저온에서는 10W, 고온에서는 No.40과 같은 효과가 있다는 의미이다.

그림 5·14와 같이 온도와 점도 특성은 곡선으로 표기되나 이것이 직선으로 표시된다면 편리하여 100°F와 210°F의 두 점의 점도를 측정하면 전체 온도영역의 점도를 알 수 있다. MacCoull이 1962년에 만든 관계식을 ASTM이 채용한 경험식은 다음과 같다.

$$\log_{10}\log_{10}(\nu+0.8)=a\log_{10}T+b \qquad (5\cdot10)$$

여기서, ν : cSt, T : t°F + 460°F, a, b : 상수

횡축에 $\log_{10}T$에 비례한 눈금, 종축에 $\log_{10}\log_{10}(\nu+0.8)$에 비례한 눈금의 그래프 용지를 사용하면 대부분의 윤활유의 점도는 그림 5·15에 나타낸 것과 같은 직선으로 표시되는 장점이 있다.

이 직선 중에서 우측 아래로의 경사가 클수록 온도에 대한 점도저하가 크다. 이 기울기에 따라서 온도계수라고도 해야 할 점도지수(VI : viscosity index)가 결정된다.

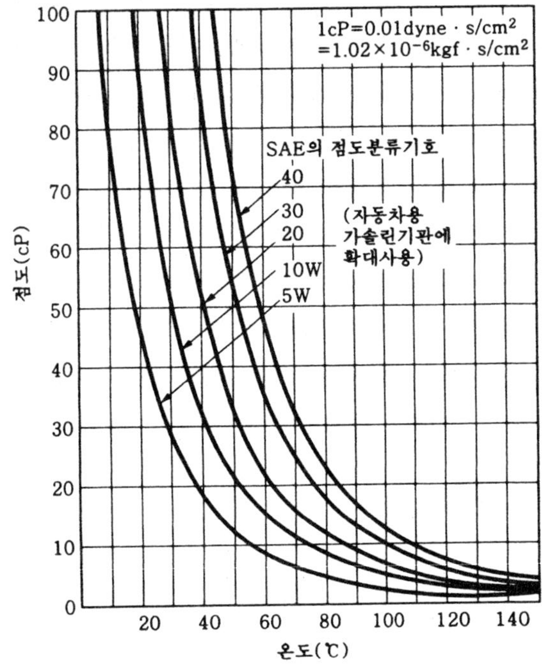

그림 5 · 14 온도-점도 특성의 예

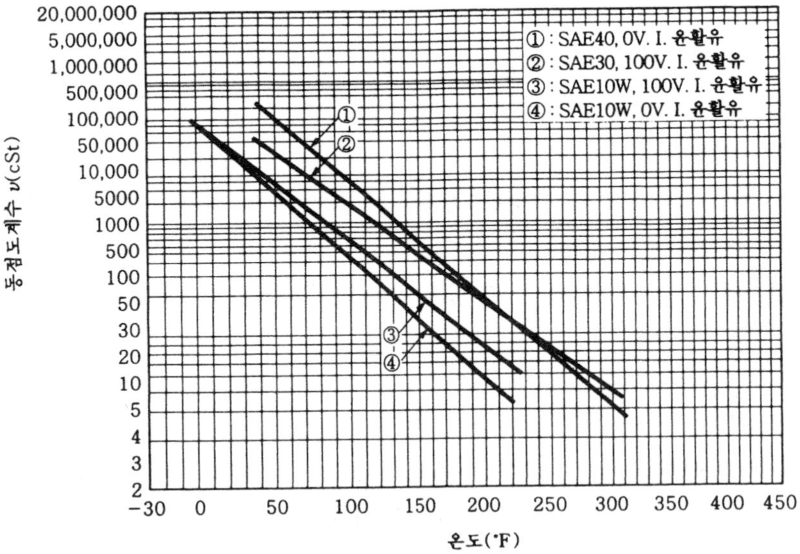

그림 5 · 15 점도지수가 다른 윤활유의 예

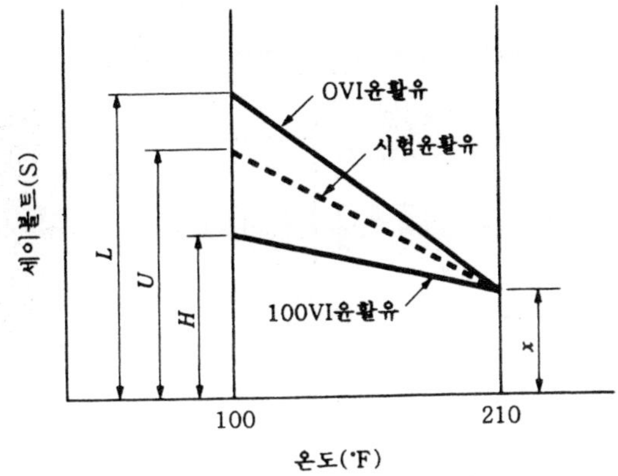

그림 5·16 VI를 구하는 방법을 나타내는 그림

그것은 온도의 영향이 가장 적은 Pennsylvania 산 오일의 한 계열의 점도를 100으로 하고 가장 민감한 Gulf Coast 오일계를 0으로 하여, 그림 5·16에서와 같이 공시(供試)기름의 VI는 다음과 같이 구한다.

$$VI = 100(L-U)/(L-H) \tag{5·11}$$

5.5.3 오일의 열화와 그 방지대책

오일은 안전성이 좋은 것이라도 사용기간이 길어짐에 따라서 열화가 진행된다. 일반적으로 가솔린기관의 오일의 열화는 디젤기관의 열화 정도는 아니다.

(1) 오일열화 과정과 영향

그림 5·17에 내연기관용 오일의 열화과정을 나타낸다. 그림에서 명확한 바와 같이 오일의 열화현상은 오일의 산화물에 연료의 불완전연소에 의해 생성된 그을음, 금속 마모분, 먼지, 티끌(塵埃:진애), 수분 등이 혼입하여 만들어진 변질물질(變質物質)로부터 형성되는 슬러지가 혼입되어 일어난다. 열화가 점점 진행하면, 오일은 유화물질이나 슬러지에 접촉되어 점도는 증가하며, 끈적끈적한 상태로 되어 오일로서의 성질을 잃어버린다. 가솔린기관의 연료는 유황분을 포함하고 있지 않으므로 유황생성물은 없다.

일반적인 엔진오일은 석유의 중질부분을 정제한 기본유(base oil)에서도 윤활유로서의 역할을 할 수 있지만 여러 가지 첨가제를 조금 넣어서 특수한 효과를 발생시키는 방법이 널리 행해지고 있다.

우선, 윤활유는 기관 운전중에 연소실로 나와 조금씩 소모되므로 그때그때 보충할 필요가 있다. 그러나 남아 있는 윤활유도 어느 정도 사용하면 열화하여 윤활작용을 충분히 하지 못하고, 또 부품에 녹과 카본상의 퇴적물을 만들게 되므로, 윤활유의 전체를 빼내고 교환해

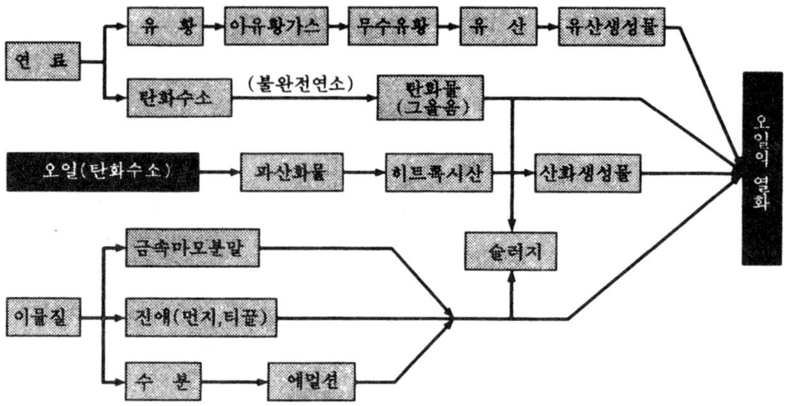

그림 5·17 내연기관용 오일의 열화과정

야 한다. 이 교환기간을 길게 하고자 하는 요구가 최근에 특히 강해지고 있는데 윤활유가 열화되는 원인에는 다음과 같은 것이 있다.

① 고온산화

윤활유를 250℃의 판 위에 도포하여 두면 3분 정도에 다갈색으로, 300℃에서는 같은 시간에 검게 고형화된다. 이것은 윤활유가 산화되어 결국 탄화하는 것으로, 만약 윤활유 위에 유리판을 포개어 공기와 절연시키면, 변질은 일어나지 않는 것을 알 수 있다. 윤활유가 최고온도로 되는 것은 톱링부분이고, 링부근의 윤활유는 4행정기관에서는 크랭크실에서 공급되지만, 상당한 속도로 교체되고 있다고 생각되고, 2행정기관에서는 순환하지 않고 계속하여 새로운 오일이 공급된다. 그러나 200~250℃ 이하로 유지하지 않으면 탄화하여 링이 홈에 붙어 장력을 잃게 된다. 이것을 링고착(ring stick)이라 한다. 또, 2 사이클의 포트가 카본으로 막힐 수 있다.

② 누출가스(blow-by gas)에 의한 열화

연소생성물 중의 황산, 산화질소, 수증기, 불완전 연소성분으로서 유기산, 카본, 이것들은 윤활유를 화학적 및 물리적으로 변질시킨다. 피스톤링 주변의 공간에는 압축행정중에 혼합기 또는 공기만이 압입되어, 그 후 연소생성물이 들어가므로, 보통 가솔린기관에서는 누출가스 중의 연소생성물은 30%, 디젤기관에서는 10% 전후이다. 누출량이 증가하면 그 비율도 증가하고, 동시에 누출가스온도도 높아진다. 이 때문에 윤활유의 열화에는 가스누출량이 가장 크게 영향을 준다.

③ 연료에 의한 희석(dilution)

저온운전에서 기화성이 나쁜 연료가 실린더 벽에 부착되고, 윤활유와 함께 밑으로 흘러내려 크랭크실 윤활유를 희석하는 현상이 있다. 특히 등유를 연료로 하는 불꽃점화기관, 즉 석유기관에서는 자주 문제가 된다.

이상과 같은 윤활유의 열화 및 이상마모를 방지하기 위하여 주로 화학적 개질 첨가제에는 5・6절에서 언급하기로 한다.

이상과 같은 오일의 열화가 기관에 미치는 영향으로 다음 각 항목이 거론된다.

a) 완전윤활의 저해

b) 피스톤링의 고착(sticking)과 눌어붙음(소결)의 발생

c) 피스톤이나 실린더 마모의 증대

d) 각 베어링부분의 부식마모 촉진

e) 오일필터의 막힘으로 오일 청정 기능의 상실

f) 유성(油性)의 저하에 의한 유막유지 능력의 저하

(2) 오일 열화의 방지대책

오일의 열화 방지대책으로는 우선 산화안전성이 좋으면서 유황분이 적은 연료를 선택하여, 완전연소를 시켜서 그을음의 발생을 피함과 동시에 이물질의 혼입을 최대한 방지하는 것이다. 그러나 어느 정도의 열화는 피할 수 없지만 오일의 연속 사용 가능한계를 구하여, 사용시간을 결정하고 새로운 오일과의 교환규정을 엄격히 지켜야 한다. 이렇게 하기 위해서는 기초실험에 의해 피스톤, 링, 실린더 등의 오염도나 각 베어링 등의 마모량, 오일 열화의 정도 및 오일필터의 눈막힘 등을 조사하여 사용한도를 구해서 그 기관에 최적의 오일교환시기 규정을 정해 확실히 실시하지 않으면 안 된다.

오일교환의 기준은 현재까지는 주행거리로 지정되어 있어 승용차의 경우, 가솔린 자동차에서 10,000 km, 디젤 자동차에서는 5000 km 정도로 되어 있다. 한국, 일본과 미국에서는 주행조건이 다르기 때문에 비교는 곤란하지만, 한국이나 일본 자동차의 교환주기는 전반적으로 단기간이다. 또, 표 5・19에 표시한 바와 같이 교환기준이 있지만, PH계 등으로 측정

표 5・19 오일교환의 기준

성상판정(性狀判定) 항목		교환 기준값
점도변화 %		±20～25
전산가(全酸價) 증가 mgKOH/g		+1.5～2.0
잔류 전염(全鹽) 기준 mgKOH/g		0.5～1.0
불용해분	펜탄 불용해분 wt. %	1.0～1.5
	벤젠 불용해분 wt. %	0.5～1.0
	레진(樹脂, resin)	0.5～1.0
금속함유량(철분) ppm		100～120
연료 희석률 vol. %		5～7

하여 산성으로 되어 있지 않으면 교환하지 않아도 별지장이 없다는 설도 있고, 경제주행 측면에서는 새로운 검사 시스템의 확립이 기대된다.

5.6 첨가제

오일의 성질을 향상시키기 위해서는 여러 가지의 첨가제가 이용되고 있는데, 그것의 주된 것을 열거하면 다음과 같다.

① 산화 방지제(oxidation inhibitor) : 이는 오일 열화의 최대원인인 산화를 방지하기 위한 것이고, 각종 페놀화합물 등이 이용된다(첨가량 0.2~3%). 초기의 산화생성물인 과산화물을 분해하여 산화의 진행을 막는 것으로, 따라서 과산화물 그것에 의한 베어링의 부식 등도 억제할 수 있다.

② 유성(油性) 향상제(oiliness improver) : 오일의 성상으로서 가장 중요한 유성(油性)을 향상시키는 것으로 지방산, 유기산 에스테르, 금속비누 등이 이용된다(첨가량 0.1~5%).

③ 청정 분산제(detergent-dispersant) : 윤활이 있는 곳에서 발생하는 카본, 슬러지 래커(lacquer)상 물질 등을 정화함과 동시에 분산시키는 것으로 설포네이트(sulphonate), 페네트(phenate), 포스포네트(phosphonate) 등의 금속염계가 이용된다(첨가량 1~15%).

연료의 불완전 연소 고형물과 윤활유의 산화에서 생긴 카본이나 슬러지는 피스톤링부와 크랭크실에 집합 부착되어 링고착 등의 장애를 일으키기도 하여 윤활유 중에 부유하여 점도를 높이기도 하여 마모를 증대시킨다. 그 대책으로서 물 속에서 비누와 같은 작용으로 미립자를 둘러싸아서 윤활유 중에 분산시켜 덩어리로 모이는 것을 방지하는 첨가제로 거친 연료를 사용하는 선박용 디젤기관에는 특히 필요성이 많고, 동시에 산을 중화하는 작용이 있는 칼슘이나 바륨의 수산화물 등의 금속계의 것이 유효하다. 이와 같은 금속계 분산제는 열에는 강하나 연소되면 재가 되어 퇴적하고 조기점화원이 되어 2 사이클에서는 다량의 윤활유가 연소되므로 점화플러그 전극에 퇴적하여 불꽃발생의 방해(bridge)를 일으킬 수 있다. 거기서 탄소를 없애는 분산제가 요청된다.

④ 방청제(anti-rust additive 또는 rust inhibitor) : 금속면에 흡착막을 만들어 수증기나 산소 등의 접촉을 피하고, 녹이 발생하는 것을 방지하는 것으로 유기산에스테르, sulphonate, 알코올, 아민 등이 이용된다(첨가량 0.1~1.0%).

⑤ 극압(極壓) 첨가제(extreme pressure additive) : 오일이 극압력, 즉 고온·고부하 마찰력에 견디도록 첨가시키는 것으로, 납비누, 유황화합물, 인산화물 등이 이용된다(첨가량 2~8%). 기어나 캠과 같이 유막 생성조건이 나쁜 미끄럼면이 비유체윤활에서 국부적으로 고온이 되었을 때, 금속면에 첨가제가 반응하여 무기피막을 만들어 일종의 강력한 윤활막이 된

것으로, 정도가 지나치면 부식마모와 같은 결과가 된다.

⑥ 점도지수 향상제(viscosity index improver) : 오일의 점도가 사용온도에 의하여 변화하는 것을 적게 하는 것으로, 고분자 화합물의 폴리이소부탄 중합물(重合物)과 아르킬스틸렌 중합물 등이 이용된다(첨가량 0.5~10%). 기본 오일로서 저온운전에 적합할 듯한 낮은 점도에 대단히 긴 분자의 첨가제를 넣어 두면 고온에서는 긴 분자가 얽혀 있어 유동저항이 증가하여 고점도를 나타낸다. 그러나 좁은 마찰면 사이에서는 분자가 전단되어 효과가 단시간에 저하할 우려가 있다.

⑦ 거품 방지제(消泡劑, anti forming additive) : 오일이 각반될 때 발생하는 거품을 방지하는 것으로 미량의 실리콘 기름, 알코올 등이 이용된다(첨가량 0.01~0.1%).

또, 이외의 첨가제로서 유동점 강하제, 착색제 등이 있다.

5.7 윤활유의 교환 및 소비

5.7.1 윤활유의 교환

오일은 사용시간이 경과함에 따라서 열화가 진행되며, 윤활성능이 저하하므로 오일은 어느 정도까지 사용하고 새로운 오일과 교환하여야 하는가의 한도는 일률적으로 정하기는 매우 어렵다. 따라서, 개개의 기관에 대해서는 정해진 조건에서 실험을 하고, 또 다른 기관과 비교하여 타당한 값을 구하지 않으면 안 된다.

(1) 오일의 소비기준

일반적으로 오일 소비기준은 단독으로 결정하기 어렵기 때문에 오일의 윤활성상에 가장 크게 영향을 주는 기관출력에서 연료소비율 b_e(g/ps・h), (g/kw・s)에 관련지어서 규제되는 경우가 많다. 여기서 오일소비율 O_e와 연료소비율 b_e의 비를 λ라 하면 b_e을 알면 O_e는 λb_e로 구할 수 있다. λ값은 기관에 따라서 차이가 있지만 가솔린기관에서는 0.1~0.15(%), 디젤기관에서는 0.3~0.6(%) 정도로, λ값은 물론 기관의 사용시간이 경과함과 동시에 변화한다. 국내의 건설차량(기계)용 디젤기관의 경우는 동력계를 이용한 시험으로 $\lambda<$ 0.1(%)을 목표로 해왔으나, 현재에는 기술도 진전되어 3000(h)까지 $\lambda<$ 0.4(%), 5000(h)까지 $\lambda<$0.6(%)을 목표로 하고 있다. 같은 기관으로 CAT사에서는 더욱 작게 하여 $\lambda=$0.2~0.3(%)까지 오일소비를 저감하고 있다. 같은 디젤기관에서도 대형 선박용 기관에서는 λ의 값은 훨씬 작아 0.1(%) 정도로 되어 있다.

(2) 오일의 교환기준

기관에 사용중인 오일은 시간경과와 함께 변질하여 열화되기 때문에 적절히 새로운 오일과 교환하여야 한다. 이는 기관성능을 정상적으로 유지하고, 수명을 연장하기 위해서도 절대적으로 필요한 것이다. 오일의 교환주기를 어떻게 제정해야 하는가는 각각의 기관에 따라서 서로 다르지만, 검토해야 할 공통항목으로는 다음의 세 가지가 거론된다.

① 기관을 가혹하게 운전하는 시간의 비율

② 사용오일에 포함된 첨가제의 종류와 양

③ 사용 연료 속의 황 함유량

이상의 사항을 고려하여 오일교환시기를 결정하면 된다. 일반적으로, 제작회사의 오일교환기준은 단순히 사용운전시간 또는 차량의 경우는 주행거리에 따라 정해져 있지만, 위의 세 가지 항목과 가혹운전시간을 고려하여 지정된 오일교환시기를 짧게 하는 것이 바람직하다. 또, 사용오일은 가능하면 기관을 제작한 회사가 지정하는 “순정오일”을 사용하는 것이 바람직하다.

6장

혼합기 생성법

내연기관 연소실에서 신·구의 작동유체 교환이 끝나면 다음은 연소에 필요한 혼합기가 생성(fuel mixture formation)되어야 한다. 가솔린이나 등유 및 LPG 등을 연료로 하는 기화기를 사용하는 오토기관에서 혼합기 생성은 공기가 기화기를 통과할 때에 벤투리 부분에서 발생하는 부압(−)에 의해 연료를 빨아내어 이루어지지만, 가솔린 분사기관이나 디젤기관의 경우는 각각 적당한 시기에 분사펌프를 이용하여 분사밸브(injection valve 또는 nozzle)를 통하여 흡기관(induction pipe)이나 흡기매니폴드(intake manifold) 또는 실린더 내에 연료를 안개상태로 분사하는데, 이 연료분무와 공기를 즉석에서 혼합하여 최적인 혼합기를 생성하지 않으면 안 된다. 따라서 혼합기의 생성은 기화기를 사용하는 기관에서는 실린더 외에서 가솔린 분사식 기관이나 디젤기관에서는 흡기매니폴드 또는 실린더 내에서 이루어지며, 최근에는 가솔린기관에서도 디젤기관과 같이 연소실에 직접 공급하여 혼합기를 형성하는 방법(GDI : gasoline direct injection)이 연구되고 있다.

연소실 속에 연료와 공기를 공급하여 양호한 연소를 위해서는 다음과 같은 사항이 만족되어야 한다.

① 기관이 요구하는 출력에 상응하는 에너지를 발생할 수 있도록 연료 또는 혼합기량을 조절하여 공급할 것

② 확실히 착화할 수 있는 조건을 갖출 것

③ 각 운전조건에 대하여 최적 결과(출력, 효율 또는 공해)가 지속적으로 얻어지도록 공

기와 연료의 혼합비가 자동 조절될 것

④ 완전연소할 수 있는 혼합비, 기화, 혼합, 유동이 이루어질 것

이와 같은 조건을 만족시키기 위해서는 가솔린기관과 같은 불꽃점화기관과 디젤기관과 같은 압축착화기관에서는 근본적으로 혼합기의 생성방법이 다르다.

6.1 불꽃점화기관(오토기관, 전기점화기관)에서 혼합기 생성

불꽃점화기관의 대표인 가솔린기관의 경우 혼합기 생성에 대해서 알아보면, 일반적으로 오토기관의 혼합기 생성은 과거에는 거의 기화기를 사용하여 이루어지고 있었으나, 최근 연료분사에 의한 혼합기 생성이 에너지 절약에 유효하고, 출력증대에 도움이 되며, 또 기관에서 배출되는 유해성분의 억제에도 효과가 있어 공해대책의 수단으로 크게 부각되어 많은 유익한 연구가 축적되어 이미 실용화되었으며, 최근에는 디젤기관과 같이 연료를 직접 연소실에 공급하는 연구도 계속 진행되고 있으며, 일부는 실용화되었다. 따라서 기화기를 갖고 있는 기관을 기화기기관(caburetor engine)이라 하고, 분사펌프를 갖고 있는 기관을 분사기관(injection engine)이라 하여 구별한다.

전기불꽃으로 점화(ignition)될 수 있는 한계혼합비는 가솔린의 경우 공연비(空燃比)로 표시하면, 희박한계가 23 : 1~18 : 1, 과농한계가 4.3 : 1에 상당하지만, 실제로 운전할 때의 희박한계는 17 : 1 정도이고, 만약 가솔린을 완전히 기화시켜 공기와 혼합하여 공급한다면 20~23 : 1까지도 운전이 가능하다고 되어 있다. 즉, 기화기에서 공연비를 조정함은 물론 각 실린더 내에서 균일한 혼합기가 되어야 한다.

그러나, 실제 시동시에는 가솔린의 대부분은 흡기관 벽에 액체상태(液狀)로 부착하고 일부분만이 기화하므로 실질적인 혼합비를 점화범위 내로 하기 위해서는 기화기에서 공연비가 1 : 1~3 : 1의 대단히 농후한 혼합기로 공급되어야 한다. 또 저회전, 저부하에서는 잔류가스 비율이 크고, 공기 유속이 낮아 가솔린을 무화시킬 능력이 적으므로 비교적 농후한 혼합기가 공급되지 않으면 점화되지 않는다. 더욱이 가속시에 교축밸브를 급격히 열 때에도 연료와 공기의 밀도차이에 의해 공기만이 즉시 증대될 뿐 가솔린은 일시적으로 벽면에 부착하여 연소실에 들어가는 것이 늦어지므로 일시적으로 연료를 과다하게 공급해야 할 필요가 있게 된다.

이처럼 공급된 혼합기에 점화가 되어 기관이 운전 가능한 조건이 되면 성능을 더욱 향상시키기 위하여 적절한 혼합기를 공급할 필요가 있다. 성능 중 우선 최대출력을 내기 위한 조건은 혼합비는 가장 점화하기 쉽고, 최고연소속도로 오토사이클에 가까운 연소가 되어 연소온도가 최고로 되어야 한다. 한편, 흡입공기를 남기지 않고 이용하기 위해서는 연료가 불완

전연소로 비경제적이긴 하지만 12~13 : 1의 농후한 혼합비로 공급하여야 한다.

그러나, 기관은 최고출력만으로 사용되는 것은 아니다. 특히 가솔린기관이 가장 많이 사용되고 있는 자동차용에서는 거의 저출력으로 운전된다. 이와 같은 때에는 연료경제 또는 열효율에 중점을 두어야 함은 물론 배기정화 대책도 용이하여야 한다. 그러기 위해서는 희박(稀薄)혼합기의 안정공급과 연소를 촉진시켜야 한다.

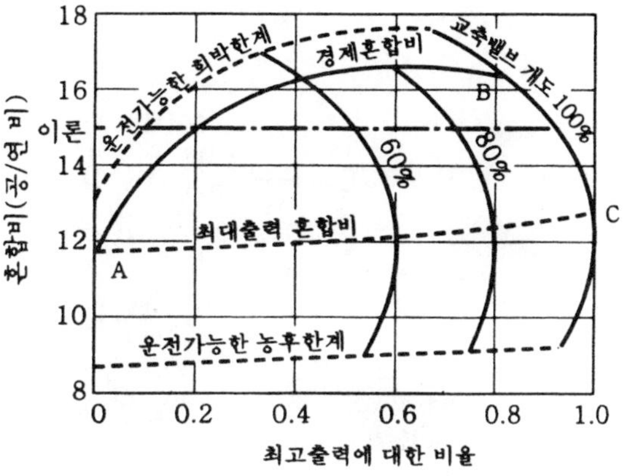

그림 6・1 기관이 요구하는 혼합비

이상의 여러 요구를 만족시키기 위해서는 시동시를 제외하고, 그림 6・1의 굵은 실선과 같은 혼합비를 각 출력에 대하여 공급하는 것이 바람직하다.

6.1.1 기화기를 이용한 기관의 혼합기 생성

(1) 연료의 기화

연료와 공기의 적절한 혼합기를 형성하기 위하여 기화기를 사용하는 기관을 기화기기관(carburetor engine)이라 말하고, 분사펌프를 이용하는 기관을 분사기관(injection engine)으로 구별하고 있다. 기화기의 원리는 매우 단순하고, 간단한 구조 때문에 최소형 기관을 비롯하여 자동차기관까지 광범위하게 사용되고는 있지만, 많은 문제점 또한 내포하고 있다. 불꽃점화기관에 적합한 예혼합방식의 혼합기 생성을 위해 가장 널리 사용되었던 것이 기화기(carburetor)이며, 연료와 공기량을 조절하여 혼합기를 생성하는 가장 기초적인 장치이기도 하다. 최근에는 기화기에 의한 연료와 공기의 혼합원리를 응용하여 흡입관 내에 연료를 공급하는 분사시스템이 주류를 이루고 있다. 여기서 연료를 기화시키기 위한 가장 간단한 방법은 그림 6・2의 분무기(sprayer 또는 atomizer)의 원리를 응용하는 것이다.

그림 6・3은 그림 6・2의 분무기 원리를 이용한 기본적인 기화기 구조를 나타낸 것으로, 벤투리관(venturi pipe)의 교축부(throat)에 끝이 좁혀진 노즐모양의 연료관과 연료통(float chamber)으로 구성되며, 기관이 요구하는 출력에 따라서 교축밸브를 개폐하고, 피스톤이 펌프작용으로 흡입되는 공기량은 교축밸브의 개폐정도로 조절되므로, 이 부분을 흐르는 공기의 속도는 변하며, 이 유속에 따라서 유체의 압력이 변화한다. 즉 이 유체에 따라 노즐 근방에서 공기속도에 반비례하는 부압(−)이 발생하여 연료가 노즐에서 빨려나와 기화되게 되는데, 연료의 유량은 대개 공기유량에 비례하며(베르누이 법칙에 따라서 고속일수록

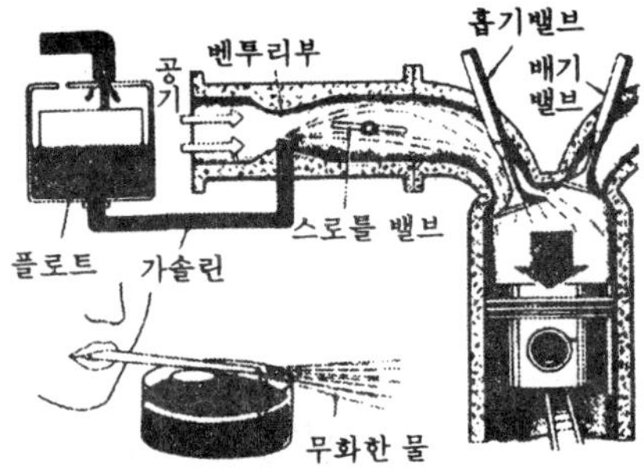

그림 6·2 분무기

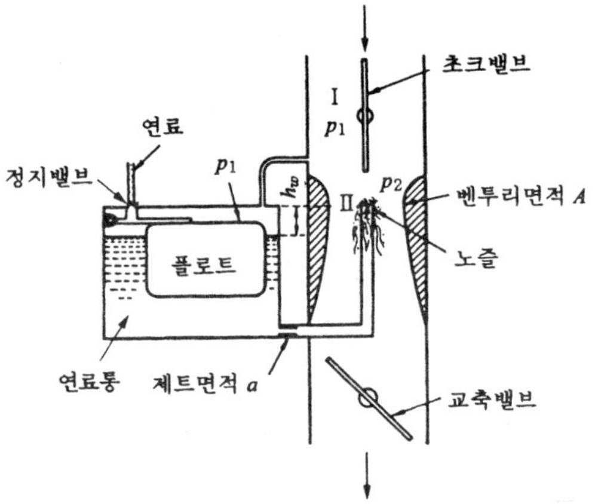

그림 6·3 기본 기화기의 구조

부압이 증가) 연료관의 입구에 관로저항값을 조절할 수 있는 오리피스(metering orifice)장착하여 놓으면 원하는 양만큼 연료를 기화시킬 수 있다.

여기서, 연료량과 공기유량의 조절작용과 정확한 양을 측정하기 위해서는, 먼저 유입관의 일부를 벤투리관으로 하여 부드러운(smooth) 단면변화로 교축하고, 그 부분의 유속을 증가시킨다. 이것은 부압의 변화를 확대시키기 위한 것과, 또 연료의 미립화를 촉진시키기 위한 목적도 있다. 다음에 부압에 따라서 유출하는 연료의 액면을 일정하게 유지시키기 위하여 액면이 내려가면 플로트에 붙어 있는 니들밸브가 열려 연료가 유입하는 방법을 사용하고 있다.

그림 6·3에서 단면 I 과 II사이에서 대기상태를 첨자1, 교축부 상태를 첨자 2로 하면, 대기압을 p_1, 노즐부분의 정압을 p_2, 공기의 비중량을 γ_a, 공기속도를 v_a라 한다면 다음 식이 성립한다.

$$p_1 - p_2 = \frac{v_a^2}{2g} \cdot \gamma_a \qquad (6 \cdot 1)$$

따라서,

$$v_a = \sqrt{2g(p_1 - p_2)/\gamma_a} \qquad (6 \cdot 2)$$

SI 단위에서는 공기의 밀도를 ρ_a[kg/m^3], 압력을 p_1', p_2' [Pa]라 한다면

$$p_1' - p_2' = \left(\frac{v_a'^2}{2}\right)\rho_a \qquad (6 \cdot 1')$$

따라서,

$$v_a' = \sqrt{2g(p_1' - p_2')/\rho_a} \qquad (6 \cdot 2')$$

식 (6・2)에서 벤투리부에서의 압력차 $p_1 - p_2$을 수주 H_w[m]와 물의 비중량 γ_w[kgf/cm³]와의 적(積)으로 하여 다시 쓰면 다음 식과 같다.

$$v_a = \sqrt{2g \cdot H_w \cdot (\gamma_w / \gamma_a)} \qquad (6 \cdot 3)$$

SI 단위에서는 물의 밀도를 ρ_w라 한다면

$$v_a' = \sqrt{2g \cdot H_w \cdot (\rho_w / \rho_a)} \qquad (6 \cdot 3')$$

벤투리 교축부의 유효단면적을 A, 유량계수를 α_a라 한다면, 공기의 중량유량 G_a는 다음과 같다.

$$G_a = \alpha_a \cdot A \cdot \gamma_a \sqrt{2g \cdot H_w \cdot (\gamma_w / \gamma_a)} = \alpha_a \cdot A \sqrt{2g \cdot H_w \cdot \gamma_w \cdot \gamma_a} \ [\mathrm{kg_f/s}] \qquad (6 \cdot 4)$$

α_a값은 벤투리의 형상이나 통과공기의 레이놀즈(Re)수에 따라 변하지만, 대략 0.82~0.85 정도다.

SI 단위에서는 질량유량 G_a'는

$$G_a' = \alpha_a \cdot A \sqrt{2g \cdot H_w \cdot \rho_w \cdot \rho_a} \ [\mathrm{kg/s}] \qquad (6 \cdot 4')$$

한편, 연료관 선단에서 연료의 위치를 항상 일정하게 유지하기 위해서는 그림 6・3에 나타낸 바와 같이 일정한 기름면을 유지하고 있는 탱크와 연결하여 놓으면 항상 교축부의 부압($p_1 - p_2$)에 따라서 연료가 흡출(吸出)되게 된다. 그림에서 노즐과 탱크 내 기름면과의 차이에 상당하는 압력을 h_w[m], 연료의 비중량을 γ_f라 한다면 흡출되는 연료속도 v_f[m/s]는 다음 식과 같이 구한다.

$$v_f = \sqrt{2g(H_w - h_w)\frac{\gamma_w}{\gamma_f}} \qquad (6 \cdot 5)$$

SI 단위에서는 압력차 h_w[m], 연료의 밀도 ρ_f를 이용하면 식 (6・5)는 다음과 같다.

$$v_f' = \sqrt{2g(H_w - h_w)\frac{\rho_w}{\rho_f}} \qquad (6 \cdot 5')$$

h_w는 자동차가 운행하는 동안에 기화기의 흔들림이나 경사 등으로 노즐로부터 연료가 흘러나오는 것을 방지하기 위하여 절대적으로 필요한 양이고 퍼컬레이션(percolation)현상

을 방지하기도 하며, 이 값은 보통 8~15 mm 정도이다.

여기서, 탱크출구에 설치한 오리피스의 면적을 a [m²], 유량계수를 α_f로 한다면, 연료의 중량유량 G_f [kgf/s]는 다음 식과 같이 구한다.

$$G_f = \alpha_f \cdot a \cdot \gamma_f \sqrt{2g \cdot (H_w - h_w) \cdot (\gamma_w / \gamma_f)}$$
$$= \alpha_f \cdot a \cdot \sqrt{2g \cdot (H_w - h_w) \cdot \gamma_w \cdot \gamma_f} \text{ [kgf/s]} \quad (6 \cdot 6)$$

> SI 단위에서는 연료의 질량유량을 G_f' [kg/s]라 하면 다음과 같다.
>
> $$G_f' = \alpha_f \cdot a \cdot \sqrt{2g \cdot (H_w - h_w) \cdot \rho_w \cdot \rho_f} \text{ [kg/s]} \quad (6 \cdot 6')$$

α_f값은 오리피스 형상에 따라 변화하며, 그림 6·4는 오리피스 구멍의 길이와 지름의 비 L/D=일정할 때 입구각도 δ를 0, 60, 90, 120 deg로 변화시켰을 경우 Re수에 대한 유량계수 α_f의 값을 나타낸 것이다.

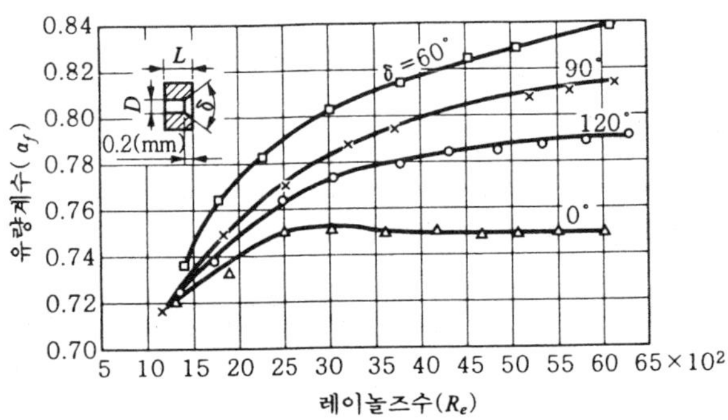

그림 6·4 오리피스 유량계수에 미치는 입구 경사각의 영향(L/D 일정)

식 (6·4)의 A와 식 (6·6)의 a를 적당히 정함으로써 G_f/G_a의 비율이 결정되어 원하는 기화기를 만들 수 있다. 그림 6·5에는 공기속도 차이에 의한 연료분무(spray)의 일례를 나타내고 있다.

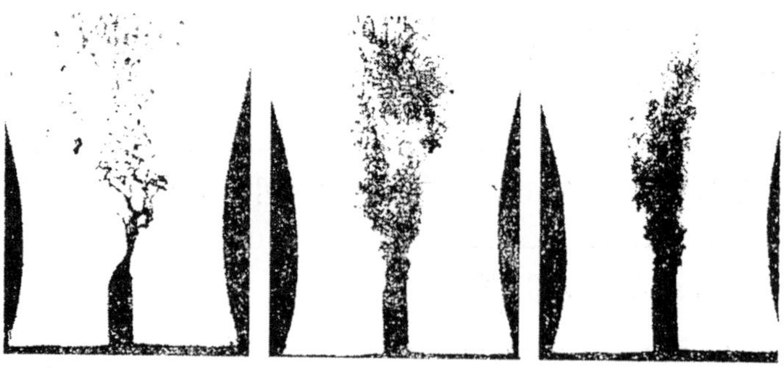

(a) V_a=28.4(m/s) (b) V_a=55.0(m/s) (c) V_a=100(m/s)

그림 6·5 공기속도 차이에 의한 연료기화상태의 일례

● **참고**

그림 6・3 시스템에서 공기의 흐름이 단면 Ⅰ에서 Ⅱ로 단열 변화하는 것으로 취급하여 구하는 방법도 있다.

$$G_a = \alpha_a \cdot A\sqrt{\frac{2gk}{k-1}\ \frac{P_1}{v_1}\left[\left(\frac{P_2}{P_1}\right)^{\frac{2}{k}} - \left(\frac{P_2}{P_1}\right)^{\frac{k+1}{k}}\right]}\ [\mathrm{kg/s}] \qquad (6 \cdot 4'(\mathrm{a}))$$

이 식은 단열변화에 따른 공기밀도를 계산에 넣은 것이지만 기화기에는 압력비 P_2/P_1은 적어도 0.95 정도이므로 공기를 비압축성으로 본 다음 식으로 충분하다.

$$G_a = \alpha_a \cdot A\sqrt{2g\gamma_a(P_1 - P_2)} \qquad (6 \cdot 4'(\mathrm{b}))$$

다음에 연료유량은 플로트 유면의 압력 P_1을 Ⅰ상태에서 압력 P_1과 동일하게 되도록 연결하면 다음과 같다. 만약 플로트실을 대기상태에 개방하여 놓은 경우는 여과기 등 때문에 압력강하가 일어나므로 그만큼 연료유량이 증가하며 정확한 공연비 조합을 할 수 없다(과농하게 됨).

$$G_f = \alpha_f \cdot a\sqrt{2g\gamma_f(P_1 - P_2) - \gamma_f h_w} \qquad (6 \cdot 6'(\mathrm{a}))$$

따라서, 뒤에서 언급하는 식 (6・8)의 공연비 R는 다음과 같다.

$$R = \frac{G_a}{G_f} = \frac{\alpha_a}{\alpha_f} \cdot \frac{A}{a}\sqrt{\frac{P_1 - P_2}{P_1 - P_2 - \gamma_f h_w} \cdot \frac{\gamma_a}{\gamma_f}} \qquad (6 \cdot 8')$$

(2) 기화기와 혼합기 생성

다음은 기관의 제원으로부터 매초 흡입되는 흡기의 중량유량 G_s와 식 (6・4)로 구한 G_a는 동일한 유량이므로 다음 식이 성립한다.

즉, 흡기의 중량유량은 체적효율이나 충전효율에 의해 지배되는데 새로운 공기의 비중량을 $\gamma_a\,[\mathrm{kg_f/m^3}]$, 행정체적 $V_h\,[l]$라 하면

$$G_s = \frac{V_h \cdot n \cdot \gamma_a \cdot i}{60}\eta_v \times 10^{-3}\ [\mathrm{kg_f/s}]$$

로 된다. 따라서

$$V_h \cdot n \cdot \gamma_a \cdot \eta_v \cdot i \times 10^{-3}/60 = \alpha_a \cdot A \cdot \sqrt{2gH_w \cdot \gamma_w \cdot \gamma_a} \qquad (6 \cdot 7)$$

SI 단위에서는 중량유량 대신에 질량유량을, 비중량 $\gamma_a\,[\mathrm{kg_f/m^3}]$ 대신에 밀도 $\rho_a\,[\mathrm{kg/m^3}]$, $V_h\,[\mathrm{m^3}]$을 이용하면

$G_s' = V_h' \cdot n' \cdot \rho \cdot \eta_v \cdot i\,[\mathrm{kg/s}]$이므로

$$V_h' \cdot n' \cdot \rho \cdot \eta_v \cdot i = \alpha_a \cdot A \cdot \sqrt{2gH_w \cdot \rho_w \cdot \rho_a} \qquad (6 \cdot 7')$$

따라서, 이 식으로부터 기화기의 벤투리부의 단면적 A를 구할 수 있다.

그림 6·3에서와 같이 기본형 기화기는 벤투리관과 플로트실(float chamber)로 구성되며, 플로트실에는 플로트(float)가 있어 플로트실에 핀으로 고정되어 있다. 이 플로트의 윗부분에 니들밸브(needle valve)가 장착되어, 기름면이 하강하면 밸브가 열려 연료가 유입되며, 일정량 이상이 되면 플로트는 부상하여 연료유입을 막음으로 항상 연료면을 일정한 높이로 유지시킬 수 있다. 또, 벤투리의 상류에는 초크밸브(choke valve)을, 하류에는 교축밸브(throttle valve)가 장착되어 있으며, 전자는 흡입하는 공기량을, 후자는 혼합기유량을 각각 조절하는 역할을 한다.

그림 6·3에 나타낸 기화기에서 생성되는 혼합기의 연료와 공기의 비율, 즉 혼합비(mixture ratio 또는 strength) R은 식 (6·4)와 식 (6·6)으로부터 다음과 같다.

$$R=\frac{G_a}{G_f}=\frac{\alpha_a}{\alpha_f}\cdot\frac{A}{a}\sqrt{\frac{H_w}{H_w-h_w}\cdot\frac{\gamma_a}{\gamma_f}} \tag{6·8}$$

이 R을 공기-연료비 또는 공연비(air-fuel ratio 또는 mixture ratio)라 부르고, R의 역수, 즉 $1/R$을 연공비(fuel-air ratio)라 부른다.

또, 실제운전의 경우 단위연료 1 [kg$_f$], [kg]의 연료에 공기 G [kg$_f$], [kg]을 사용한 것으로 한다면 이론상 필요공기량 G_{th}와의 사이에는 다음과 같은 관계가 있다.

$$G=\lambda\cdot G_{th},\qquad \lambda=\frac{G}{G_{th}} \tag{6·9}$$

이 λ를 공기과잉률(excess air factor 또는 ratio) 또는 공기비(air ratio)라 말하고, λ의 역수를 연료비(relative fuel ratio) 또는 혼합기농도(mixture strength) 또는 당량비(equivalence ratio) ϕ라 한다.

일반적으로 이론혼합비(stoichiometric mixture 또는 theoretical air-fuel ratio 또는 chemically correct air-fuel ratio) R_{th}는 가솔린기관에서는 14.5~15, $\frac{1}{R_{th}}=0.069\sim0.067$ 정도이다. 공연비는 운전상태에 따라 다르고 전부하(full load)시에는 12~13, 부분부하시에는 15~16로 되며, 이처럼 기관이 실제가동시에는 R_{th} 이외에서 운전하는 경우가 많다.

즉, 실제에는 다음과 같은 조건에서 R이 변화함을 알 수 있다.

a) A/a : A와 a는 고정된 것이지만 a는 제트라 불리어지는 것으로서 교환할 수 있다. 일반적으로 조립된 엔진의 최종적인 혼합기 조절은 이 제트를 교환(안지름이 0.02 mm 간격으로 준비됨)하여 행한다. 또 운전중에 A와 a가 연속적으로 변화하는 것도 있지만 이것은 후에 서술하겠다(그림 6·20).

b) α_a/α_f : α_a와 α_f는 기체와 액체의 유량계수로서 압력차 또는 출력에 따라 그림 6·6과 같이 크게 다른 특성을 가지며, 고출력시에는 농후한 혼합비로 되는 경향이 있다.

c) $\sqrt{\gamma_a/\gamma_f}$: γ_a는 외부 공기밀도에 상당하므로 지대가 높은 곳이나 고온에서 감소하지만, 그때 γ_f(연료의 비중량)는 변하지 않으므로 혼합비는 농후해진다. 또 고출력시에 그림 6·3의 I 부분이 고온저압이 될 때도 같은 양상이 된다.

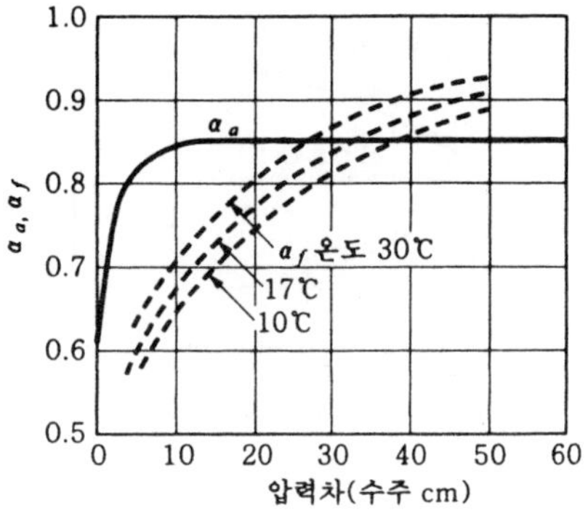

그림 6·6 압력차와 유량계수

d) 맨 마지막 항은 h_w에 따른 영향이고, p_1-p_2를 액주로 고친 $(p_1-p_2)/\gamma_f$값이 적어 h_w에 가까우면 그림 6·7과 같이 크게 되고, h_w 이하 값에서는 연료는 전혀 나오지 않으므로 무한대가 되고, 공기만이 나온다.

이상과 같이 A/a가 일정하게 되면, 즉 기화기가 결정되면 운전조건에 따라서 저출력에서는 희박혼합비, 고출력에서는 과농혼합비가 공급된다. 그림 6·8의 실선과 같은 혼합비의 변화는 그림 6·1의 요구성능과는 경향이 크게 다르고 자동제어장치로서는 적당하지 않음을 알 수 있다. 이것을 가능한 한 요구성능에 가깝게 하기 위해서는 여러 가지 보정장치가 기관의 종류와 용도에 따라서 사용된다

① 기본형 기화기의 혼합기 특성 : 기관이 작동할 때 기화기가 갖추어야 할 사항은 기관의 회전속도나 출력의 변동에 대하여 항상 일정한 공연비 R인 혼합기를 생성해야 하는 것이다. 앞에서 언급한 공연비 식 (6·8)로부터 다음과 같은 사항을 알 수 있다.

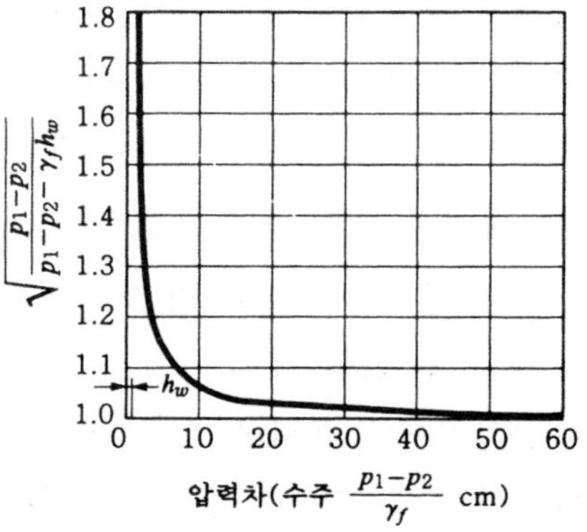

그림 6·7 액면과의 차이 h_w(1.2 cm)에 의한 혼합비의 영향

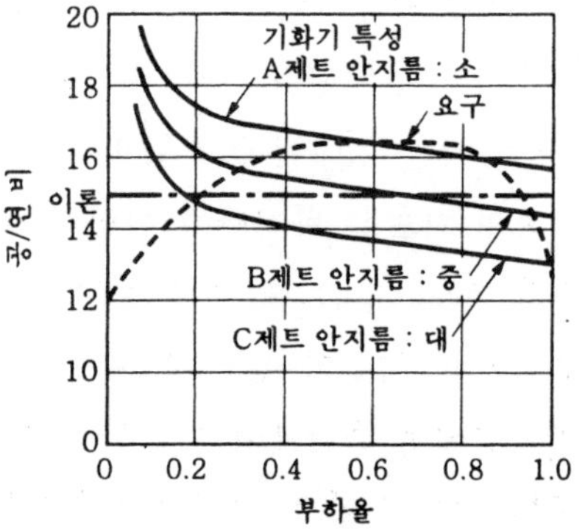

그림 6·8 기본구조의 기화기 특성

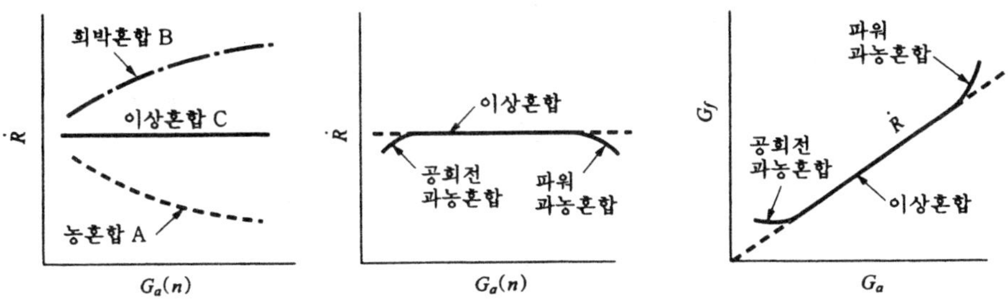

(a) n과 G_a에 대한 혼합비의 변화 (b) 혼합비의 이상곡선 (c) 공연비의 변화

그림 6·9 공연비 곡선

a) 기관이 고속, 고부하일 때 H_w는 증대하지만, h_w는 일정하기 때문에 $H_w/(H_w-h_w)$는 작게 되어 혼합비는 농후하게 된다.

b) 기관부하가 감소하면 H_w는 h_w에 근접하고, $H_w/(H_w-h_w)$는 급격히 크게 되어 혼합비는 희박하게 되어, $H_w \leq h_w$에서는 연료는 공급되지 않게 된다.

c) γ_a/γ_f는 흡기나 연료의 온도와 압력에 의해 변화하여 혼합비는 변한다.

d) α_a/α_f는 R_e의 함수이고, 흡기나 연료의 온도와 압력에 따라 변화하기 때문에 혼합비도 변한다.

그림 6·9는 기관출력과 회전속도의 변화, 즉 흡기유량 G_a나 회전수 n의 변화에 대한 R의 변화를 나타낸다.

기본기화기에서는 위에서 언급한 바와 같이 기관이 고속·고부하인 경우처럼 G_a나 n이 상승함에 따라서 R이 작게 되고 그림 6·9(a)의 곡선 A처럼 되는 경향이 있다. 이 때문에 G_a나 n가 증대함에 따라서 공기를 여분으로 추가하던지 또는 연료를 제한할 필요가 있어 선 B와 같은 경향을 주어 희박화하면 A와 B의 합성으로 선 C가 얻어지므로 $R=$ 일정한 요구가 만족된다. 그러나, 실제의 경우인 기관 시동(start)이나 공회전(idling) 때의 G_a나 n이 작은 경우는 농혼합비가 바람직하다. 또 고속, 고부하 때의 G_a나 n가 클 때에는 연소실의 과열을 방지하기 위하여 여분의 연료를 공급하여 열을 받는 부분을 냉각할 필요가 있다. 따라서, G_a에 대한 R과 G_f의 변화는 그림 6·9(b), (c)처럼 직선의 양끝을 연료가 증가하는 경향이 있는 혼합기 특성으로 하는 것이 바람직하다.

기화기기관에서 출력제어는 혼합기량을 교축밸브로 조절하여 수행되며, 또 가연성 혼합기의 공연비 범위는 좁게 제어하지 않으면 안 된다. 각 실린더에 혼합기 분배는 흡기관 구조에 따라서도 다르지만 완전한 균일 혼합기로 하는 것은 매우 어렵다. 또, 연료가 벤투리 부분에서 기화할 때 기화열을 빼앗기 때문에 주위가 빙결되는 등 결점이 많다.

또한, 기화기에서는 기관의 운전조건 변화에 순간적으로 대치할 제어기구(feedback controlled mechanism)를 준비하는 것이 매우 어려운데, 이 점이 기화기에서의 숙명적인 결점으로 지적된다. 그러나, 최근에는 전자제어방식(electronically controlled system)에 의한 feed-back 제어 기화기가 개발되어 실용화되어지고 있다. 한편, 배기가스 공해대책과 연료소비율 저감을 위하여 기화기 대신에 혼합기의 양호한 조절과 전자제어방식이 쉽게 가능한 연료분사펌프를 이용한 전자제어 가솔린 분사방식이 이미 실용화되어 있어, 이제 기화기는 전자제어 기화기나 전자제어 분사방식으로 변화되었다.

(3) 혼합기분배

기화기기관에서는 혼합기가 흡기관 내를 유동할 때 주위상황에 따라 연료증기가 불안정하게 되므로 혼합기 속도 v_a [m/s]에는 일정한 한도가 있다. 흡기매니폴드의 단면적을 f_s [cm^2], 피스톤 면적을 a_p [cm^2], 피스톤 평균속도 u_m [m/s]라 한다면 다음 식과 같다.

$$v_a = \left(\frac{a_p}{f_s}\right) \cdot u_m \qquad (6 \cdot 10)$$

일반적으로 $v_a > 15$ m/s 정도로 되어 있다.

혼합기가 구부러진 관내를 유동할 때 연료 일부는 액체 형태로 존재하고 있으므로 흐름의 방향이 변할 때 관내 단면에서 연료분포가 변동한다. 그림 6·10에 표시한 바와 같이 평면곡관 내를 혼합기가 통과할 때 유속 v_a에 따른 관내 압력분포는 그림과 같이 되고, 혼합기의 연료 입자분포는 변하여 그림에 표시한 바와 같이 흡기관 외측에서는 압력상승 때문에 희박하게 되고, 내측에서는 역으로 압력저하 때문에 농축되는 결과로 된다. 따라서 흡기관 형상은 이 점을 고려하여 결정하여야 한다.

다(多)실린더기관에서 가장 중요한 것은 각 실린더에 균일한 공연비의 혼합기를 균등하게 분배(uniform distribution of mixture)하는 것이다. 이 때문에 기화기의 수와 흡기관 형상을 고려하여 혼합기 유동이 합리적으로 되도록 하면 된다. 그림 6·11은 4, 6, V8 실린더기관의 흡기관과 기화기와의 관계를 나타낸다. 또, 흡기관의 설계시에 다음 사항들을 주의할 필요가 있다.

① 곡선부분의 반경을 가능하면 크게 하고, 관로의 중심선을 하나의 평면으로 할 것

② 각 실린더로의 통로조건(형상, 단면적, 길이) 등을 일치시킬 것

③ 통로의 내면을 부드럽게 할 것

④ 가능하면 연료의 기화를 촉진하기 위해 흡기관을 2중 구조로 하고 배기가스 또는 냉각수를 순환시켜 가열시킬 것

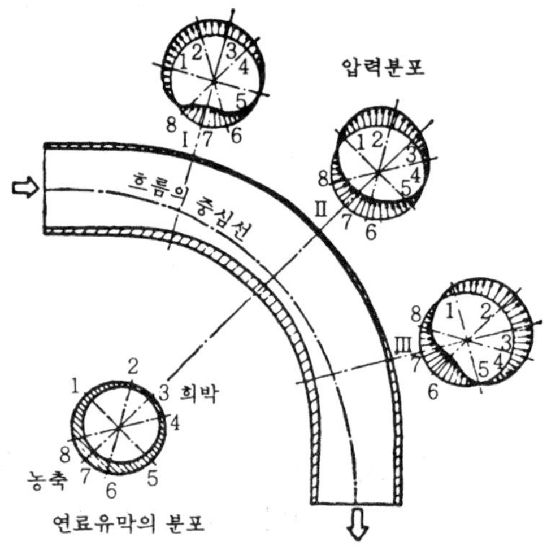

그림 6·10 흡기 곡관(曲管)에서의 혼합기 흐름의 기여

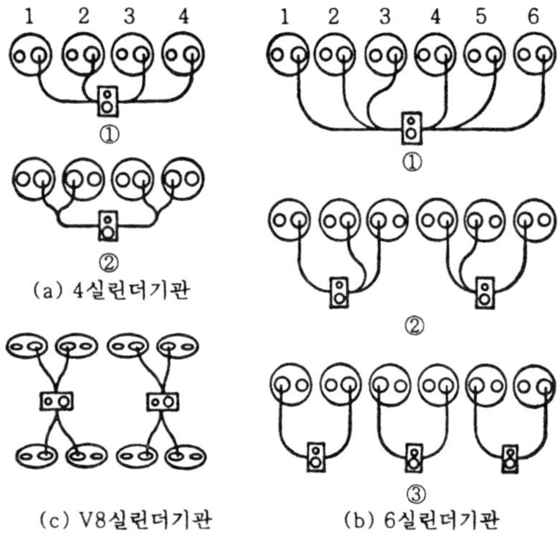

그림 6·11 기화기와 흡기관의 각종 배열

6.1.2 분사시스템을 이용한 혼합기 생성

기화기는 오토기관에서 혼합기 생성의 주역으로 오늘날까지 널리 사용되어져 왔으며, 또 여러 가지로 개선도 되어 기관의 요구를 만족할 정도로 되어 있지만, 각 실린더에 균등한 혼합기를 분배하는 것은 대단히 어렵다. 이 점의 해결책은 연료분사펌프를 이용하는 것으로, 이 같은 분사방식의 채용은 장치에 드는 비용이 높은 결점은 있으나, 기화기를 사용하는 데 따르는 모든 결점은 거의 해결될 것은 물론이고 최근 배기정화 대책에서도 더더욱 필요한 방법으로 생각한다. 이 장치가 기화기에 비해 장·단점은 다음과 같다.

① 여러 실린더에 균일한 혼합기 분배를 위해서는 각 실린더에 각각 독립된 기화기를 붙이는 방법도 있지만, 가솔린 분사에서는 각 실린더에 분사밸브를 부착하므로 오히려 간단하게 된다. 그러나, 각 실린더마다 연료공급량은 작기 때문에 특히 저부하시에 분사밸브 제작오차에 의한 연료공급 변동이 있다. 따라서 이런 점만으로 단순히 어느 것이 좋고 나쁜 것을 결정하는 것은 곤란하다.

② 가속의 경우 기화기에서는 교축밸브를 연 직후 그에 상응하는 혼합기가 흡입될 때까지의 대응시간이 비교적 길지만, 분사시스템에서 분사밸브는 실린더에 극히 가까운 곳에 장착되어 있기 때문에 매우 대응성이 빠르다.

③ ②번과는 역으로 기화는 흡기관 도중에서 가열, 교란 등 때문에 흡기관이 있는 기화기 쪽이 우수하다.

④ 흡기를 벤투리 부분에서 교축하는 정도가 작기 때문에 분사시스템 쪽이 흡입공기량이

많아 고출력을 얻을 수 있다.

⑤ 실린더에 직접 고압력으로 분사하는 그림 6·12의 방법을 이용한다면 Texaco 연소법과 같이 실린더 내에 농후한 혼합기를 만드는 층상급기를 만들 수 있으므로 내노크성, 희박연소를 실현할 가능성이 있다. 또, 2 행정기관에서서는 배기구멍이 닫힌 후에 분사하면 연료가 배기와 함께 방출되어 손실되는 것을 피할 수 있는 등 이점이 있으나, 이 같은 직접 분사법에서는 고압·고온의 연소실에 분사하기 때문에 밸브의 내구성 문제, 공기와 혼합 문제 등이 해결되지 않아 대형 기관의 일부에 실용화되고 있으며 아직 널리 일반적인 실용화는 되지 못하고 있다.

⑥ 최근 실용화가 계속 확대되고 있는 가장 큰 이유는 그림 6·13처럼 흡기밸브 뒤쪽에 분사하는 흡기관 분사시스템에 의하면 분사압력은 낮아도 되어 약 2기압 정도로 충분하며, 내구성 문제도 적을 뿐만 아니라 분사시기는 정확성을 요하지 않고 연속적으로 분사하여도 좋으므로 분사계의 구조가 간단하게 되었다. 더욱이, 운전조건인 흡기량, 회전속도, 외기온도, 압력 등을 전기량으로 변환하여 간단한 전자계산기에 넣어 그 출력으로 분사량을 결정하는 소위 전자제어 가솔린 분사법이나 새로운 기계적 제어법이 개발되었다.

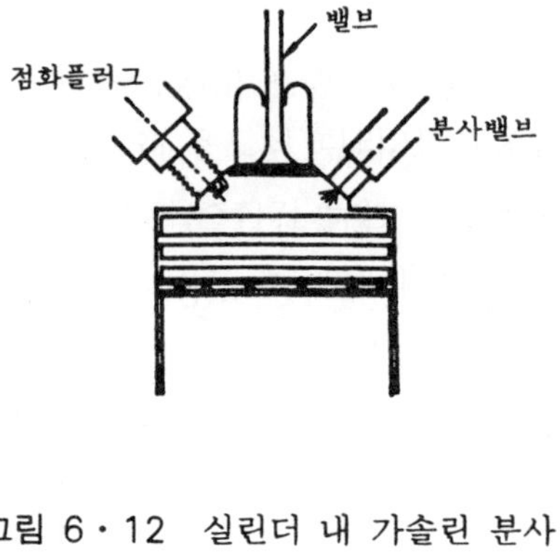

그림 6·12 실린더 내 가솔린 분사

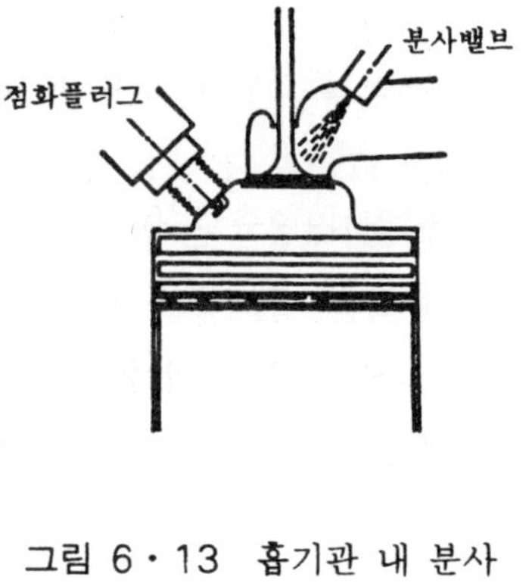

그림 6·13 흡기관 내 분사

(1) 연료분사

가솔린 분사방식(gasoline injection system)에는 기계식과 전자식이 있는데, 전자는 오래 전부터 널리 이용되었으며, 후자는 최근 배기가스 공해대책의 한 수단으로 실용화되기 시작하여 주류를 이루고 있다.

① 기계식 연료분사 : 기계식 연료분사(mechanical fuel injection)는 크랭크축으로 구동하여 연료를 압송하는 연료펌프와 가압된 연료로 작동하는 분사밸브로 구성되어 있다. 가솔린 분사에 사용되는 펌프는 디젤기관용 분사펌프와 본질적으로는 차이가 없지만, 분사방식이나 혼합기 제어방식은 디젤기관의 경우와는 다르고, 여러 가지 형식의 펌프나 분사밸브가

이용되고 있다. 이들의 공통점은 분사압력이 낮은 것과 구조가 간단한 것이다. 펌프 종류에는 고압 기어펌프와 플런저펌프가 있으며, 전자는 연료공급펌프(fuel feed pump)를 겸하고 있으며, 각 실린더로 분배는 분배밸브로 하며, 후자는 디젤기관과 동일한 실린더 수만큼 플런저를 갖고 있는 펌프이다.

가솔린 분사에 사용하는 분사밸브는 디젤기관용의 것과는 달리, 저압공기 내에 분사되는 경우가 많고, 특히 연속분사 경우는 노즐 대신에 고정 오리피스가 사용되는 경우도 있으나, 일반적으로 구조가 간단한 자동밸브가 사용되고 있다. 그림 6・14에 대표적인 분사밸브의 세 가지 형식을 나타낸다. 그림 6・14 (a)는 Bosch, 그림 6・14 (b)는 Kugelfisher, 그림 6・14 (c)는 Lucas 자동밸브이고, 이 세 가지 모두 밸브는 바깥쪽으로 여는 방식을 채용하고 있다. 가솔린 분사의 특징은 연료입자의 도달거리가 작은 것인데, 이것은 디젤기관의 경우와는 다르며, 실린더 외에 분사하는 경우는 물론 실린더 내에 분사하는 경우에도 압력이 낮은 공기 중에 분사하기 때문이다. 실린더 외에 분사하는 경우는 자동밸브 이외에 개방밸브도 사용되지만, 실린더 내 분사에서는 압축할 때 연소가스의 역류를 방지하기 위하여 자동밸브로 제한되어 있다. 자동밸브의 분사압력, 즉 밸브가 열리는 압력(openingpressure)은 실린더 외에서는 15~20 kg_f/cm^2(1.47~1.96 MPa), 실린더 내 분사에서는 45~50 kg_f/cm^2 (4.4~4.9 MPa) 정도로 되어 있다.

② 전자식 연료분사 : 전자식 연료분사(EFI : electronic fuel injection)는 압력조정기(pressure regulator)와 전자식 연료 분사밸브(electromagnetic fuel valve)로 구성되어 있다. 연료펌프는 기어펌프로 전기모터에 의해 구동되어 일정량의 연료를 압송하는 역할을 하고, 압력조정기는 펌프에서 보낸 연료 압력을 일정하게 유지하여 분사밸브에 항상 일정한 압력의 연료를 보내는 역할을 한다.

전자식 분사밸브는 일반적으로 흡기포트(induction port) 근처에 부착하며, 그림 6・15에

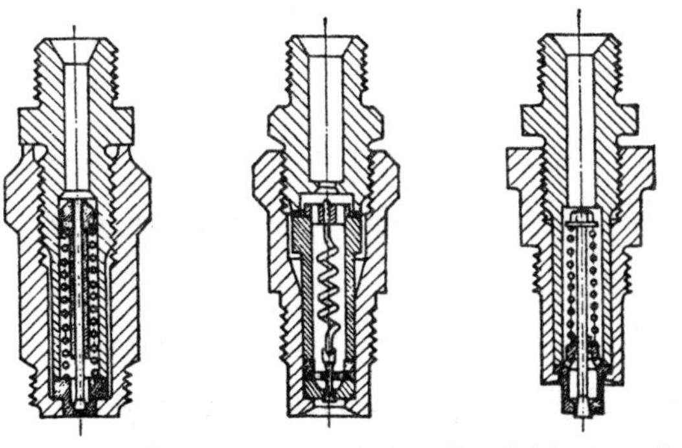

(a) Bosch 노즐 (b) Kugelfisher 노즐 (c) Lucas 노즐

그림 6・14 기계식 분사밸브

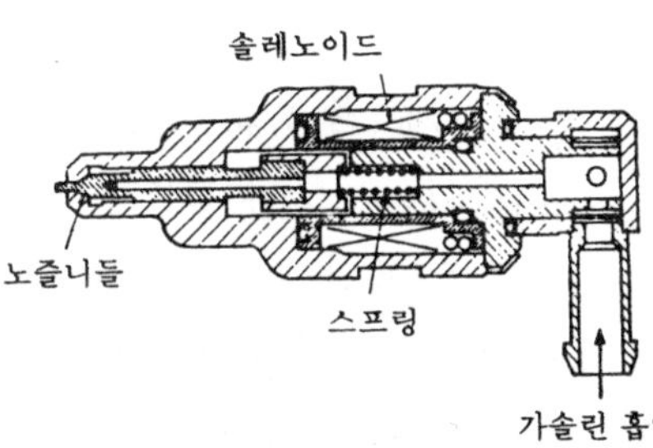

그림 6・15 전자식 분사밸브

표시한 바와 같이 솔레노이드(solenoid)를 내장하고 있어 항시 스프링의 힘으로 완전히 닫고 있다. 밸브내부는 연료펌프로부터 보내온 압축된 연료 2 kg$_f$/cm^2, 0.196 MPa로 충만되어 있지만, 전자장치에서 보내는 전류펄스에 따라 솔레노이드 작용에 의한 노즐니들을 움직여 밸브를 열어 연료를 분사한다.

(2) 분사방식과 혼합기 생성

가솔린 분사방식은 분사밸브를 부착하는 위치에 따라서 실린더 외 분사와 실린더 내 분사의 2방식으로 크게 분류된다.

① 실린더 외 연료분사 : 실린더 외 분사에는 그림 6·16에 표시한 바와 같이, 흡기관 내에서 흡기가 흐르는 방향에 따라 분사하는 순류(順流)분사(a), 흡기가 흐르는 방향과 역으로 분사하는 역류(逆流)분사(b) 및 흡기포트 내 분사(c)가 있으며, 이들 모두는 균일한 혼합기 생성을 목표로 하고 있다. 이들 방식에는 연료를 연속적으로 분사하는 연속분사(continuous injection)와 일정한 시기에 분사하는 정시분사(timed injection) 등이 있다. 현재, 자동차용 기관에서는 양 방식 모두 실용화되어 있다. 앞에서 언급한 바와 같이 연속분사에서는 고정오리피스가 사용되고 있지만, 분사량의 변동에 따라 오리피스 전의 압력이 변하여 연료를 미립화하는 데 어려운 점이 있다. 이에 대하여 정시분사는 자동밸브가 사용되므로 연료의 미립화는 잘 되므로 균일한 혼합기를 얻을 수 있으며, 또 각 실린더에 같은 양의 연료가 확실하게 분배되는 점으로도 기화기의 결점을 보완하고 있다. 또, 연속분사는 앞에서 거론한 분사기화기와 비슷한 작용을 하지만, 교축밸브가 없으므로 기화기 경우보다 한결 유리하다. 현재 결정적인 분사방법은 아니지만, 흡기관 내 순류분사(順流噴射)와 흡기포트 내 분사가 많이 사용되고 있다.

② 실린더 내 분사방식 : 실린더 내 분사에는 균일한 혼합기를 생성하는 방식과 불균일한 혼합기를 생성하는 방식의 두 종류가 있다. 또, 이들 방식은 주연소실 내, 또는 부연소실 내

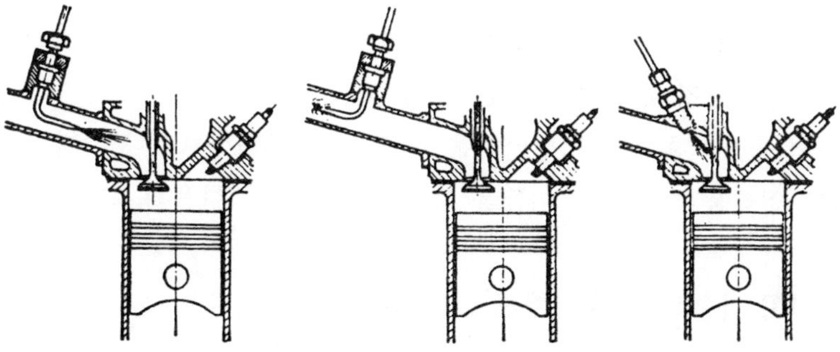

(a) 흡기관 내 순류 분사 (b) 흡입관 내 역류분사 (c) 흡기포트 내 분사

그림 6·16 실린더 외 분사

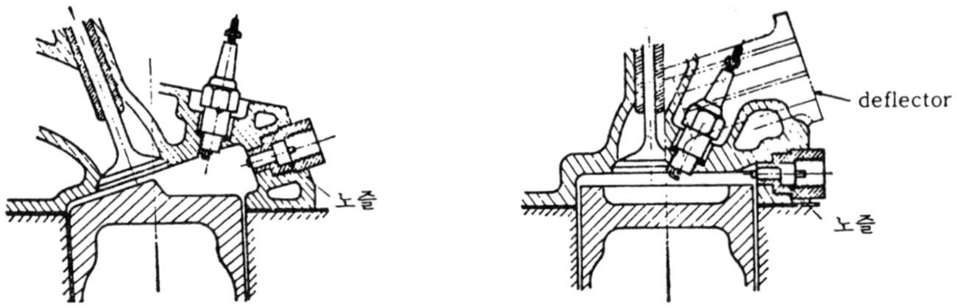

(a) Daimler Benz 300SL (b) Jeep L -141

그림 6·17 주연소실 내 분사

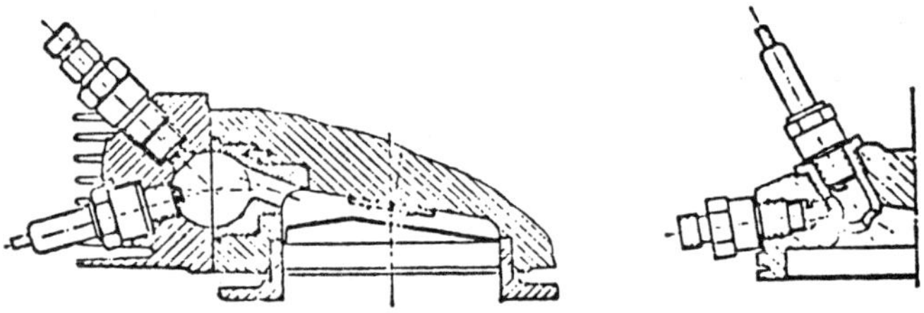

(a) 와류실식 (b) 예연소실식

그림 6·18 부실식 내 분사

에 분사하는 것이고, 그림 6·17(a)는 피스톤 헤드부를 향하여 분사하여 균일혼합비를 생성하는 예이고, 그림 6·17(b)는 흡기통로에 설치된 디플렉터(deflector)로 흡기와류를 발생시켜, 그 와류방향을 향하여 경사시켜 연료를 분사하여 불균일 혼합기를 형성하는 예로, 이 방식을 층상(層狀 또는 成層) 급기방식(stratified charge process)이라 한다. 또, 그림 6·18(a)는 와류실 내에, 그림 6·18(b)는 예연소실 내에 분사하는 예이다.

주연소실 내 분사방식에서 바람직한 혼합기를 생성하기 위해서는 원칙적으로 흡입공기에 강한 와류운동(vortex motion) 또는 난류운동(turbulent motion)을 부여하여 연료와 공기와의 혼합을 잘 하고, 연료의 기화를 촉진시키지 않으면 안 된다. 따라서, 이 목적을 달성하기 위해서는 분사를 흡입행정 전반부에 하는 것이 바람직하다.

③ **가솔린분사의 특징** : 혼합기를 생성하는 경우 기화기 대신으로 분사방식을 채용할 때의 특성을 앞에서도 언급을 하였지만 이들을 간단히 요약하면 다음과 같다.

〈장점〉

a) 혼합비 조절이 가능하고, 혼합기를 균등 분배할 수 있다.

b) 흡기계통 내에 교축밸브가 없으므로 흡입효율이 양호하다.

c) 기관의 가속, 감속과 같은 과도특성이 향상되고, 응답성이 양호하게 된다.

d) 연료절약이 가능하다.

e) 배기가스 특성을 개선시킬 수 있다.

f) 시동성이 개선된다.

〈단점〉

a) 연료분사펌프나 분사밸브 등 정밀부품을 취급하는 데 문제가 있다.

b) 분사펌프의 구동장치가 필요하다.

c) 가격이 비싸다.

(3) 층상급기방식에 의한 혼합기 생성

일반적으로 가솔린기관에서는 기화기를 이용하여 균일한 혼합기를 실린더 내에 흡입하지만, 이론혼합비 이하, 예를 들어 $R=18\sim22$와 같은 희박혼합비로 한다면 확실히 점화가되지 못할 염려가 있다. 따라서, 부분부하 운전의 경우에는 이론혼합비 부근으로 유지한 체로 혼합기 전체를 교축하지 않으면 안 된다. 이 때문에 펌프손실은 증가하고, 오토사이클의 이론열효율 $\eta_{th(o)}$는 저하하여 연료소비율은 증가한다. 이 대책의 한 방법으로서 실린더 내에 공연비가 다른 혼합기를 순차적으로 층상(성층)으로 하는 방식, 즉 층상급기방식이 안되었다. 그림 6·19는 선회층상급기방식의 일례로, 흡기행정 중에 생성된 와류를 향하여 연료를 분사하여 실린더 중심에 있는 점화플러그 주위를 이론혼합비 $R_{th}\fallingdotseq 15$로 하고, 그 외의 주변에는 점차적으로 희박한 혼합기로 되도록 한 것으로, 선회층상급기방식(swirl stratified charge process) 또는 Witzky 연소방식(Witzky combustion process)이라고도 한다.

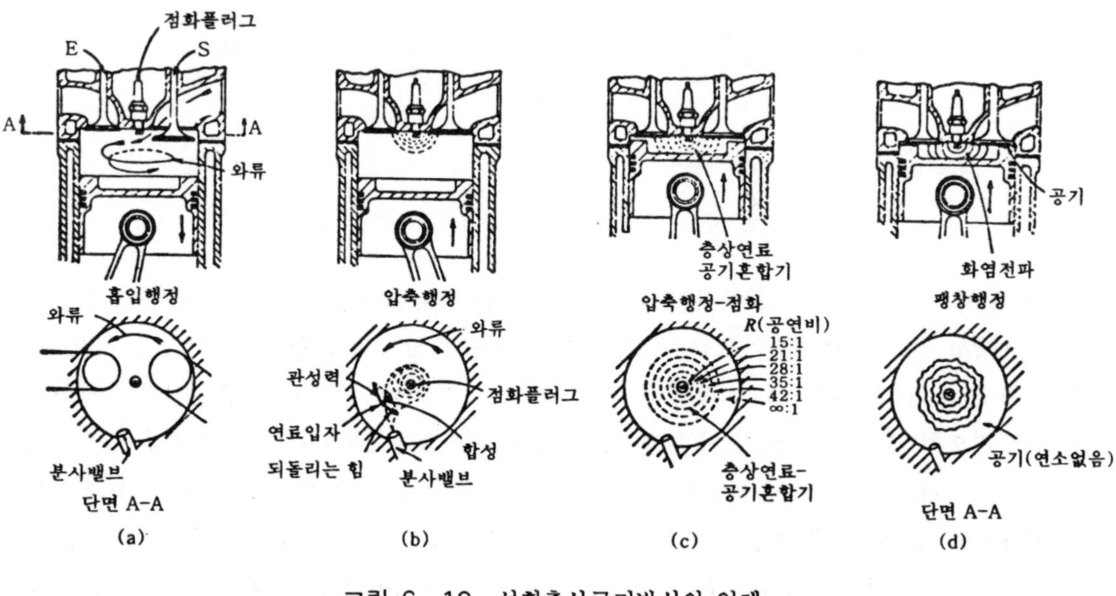

그림 6·19 선회층상급기방식의 일례

그림 6·19(a)는 흡기행정에서 흡기와류 생성, 그림 6·19(b)는 압축행정 말기의 연료 분사 상황이고, 연료입자는 그 관성력과 선회공기에 의한 되돌아오게 하는 힘(drag)과의 합성력에 의해 실린더 중심에 있는 점화플러그를 향하고 있음을 나타낸다. (c)는 점화하기 전의 혼합기가 같은 층상들로 생성되어 있는 모양을 나타내며 중앙에서 $R \fallingdotseq 15$이며 실린더 벽을 향하여 점차 희박화되어 벽 부근에서 $R \fallingdotseq \infty$로 거의 공기만으로 되어 있다.

그림 6·20(a)는 Texaco 연소방식(TCP : Texaco combustion process), (b)는 Ford 연소방식(FCP : Ford combustion process)을 나타낸다. 두 가지 모두 흡기와류를 발생하고 있지만 전자는 슈라우드밸브(shrouded valve)를, 후자는 밸브를 후퇴시켜 생긴 벽을 이용한 벽 슈라우드(stationary shroud)를 이용하고 있는 점이 다르다.

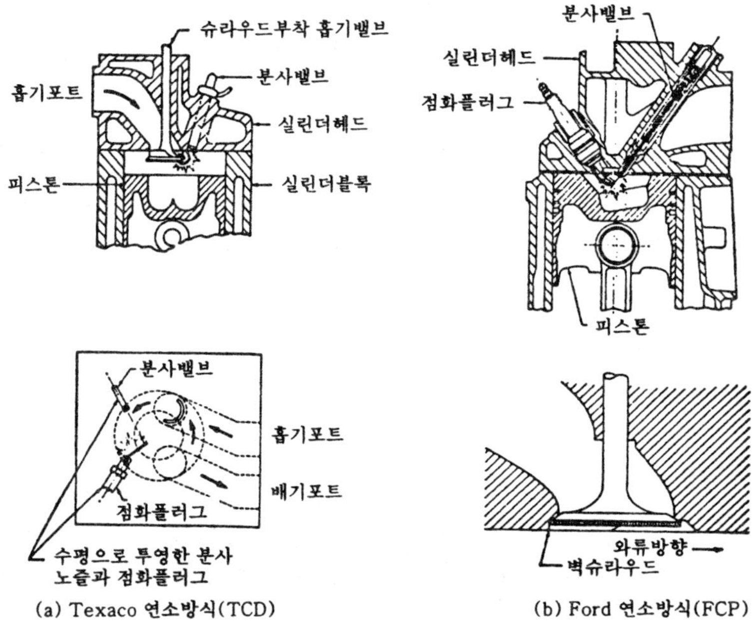

(a) Texaco 연소방식(TCD) (b) Ford 연소방식(FCP)

그림 6·20 Texaco와 Ford 층상급기연소방식

이상은 주연소실에 연료를 분사한 층상급기방식을 실현한 예이지만, 부연소실 내에 연료를 분사해서 연소가스를 주연소실 내로 분출할 때에 층상으로 혼합기를 생성하는 것이나, 또, 농후한 혼합기를 부연소실 내에, 희박혼합기를 주연소실 내에 각각 흡입시켜 층상급기방식과 비슷한 연소를 시키는 방식도 있다. 그림 6·21은 복합와류 속도조절 연소방식(CVCC : compound vortex controlled combustion)이고, 흡기밸브를 갖고 있는 부실에 특별한 기화기로 농후한 혼합기($R \fallingdotseq 15 \sim 15.5$)를, 주연소실에는 다른 기화기로 희박혼합기($R \fallingdotseq 18 \sim 20$)를 공급하여 부연소실 내에서 점화연소한 가스를 주연소실로 분출시켜 주연소실 내에서 희박혼합기를 완전연소시키는 방식이다.

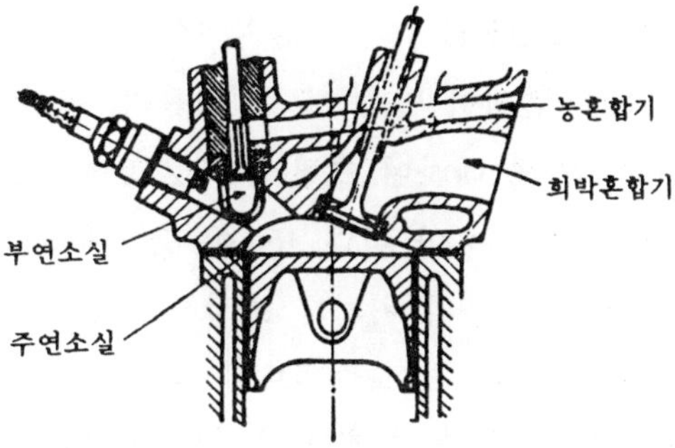

그림 6·21 복합와류 속도조절 연소방식 (CVCC)

(4) 혼합기의 제어방식

연료를 실린더 내·외 어느 곳에 분사하여도 그 목적은 기관의 각 운전상태에 대하여 연소에 최적합한 혼합기를 생성하는 것이다. 가솔린기관에서는 흡입공기량에 대해 공급하는 연료량 비율의 범위가 매우 좁지만, 그 범위 내로 맞추지 않으면 안 되므로 어떻게 하여 분사량을 제어할 것인가가 매우 중요하다.

여기서, 기관이 흡입하는 공기중량 G_a는 크랭크축의 매분 회전수 n과 급기압력 P_s의 곱(積)에 거의 비례하는 것으로 생각되어 다음과 같이 나타낸다.

$$G_a \propto n \cdot P_s \qquad (6 \cdot 11)$$

또, 분사펌프의 플런저의 분사량 g_f는 펌프의 회전속도 n_p와 유효행정 h_p의 곱(積)에 비례하므로 다음과 같다.

$$g_f \propto n_p \cdot h_p \qquad (6 \cdot 12)$$

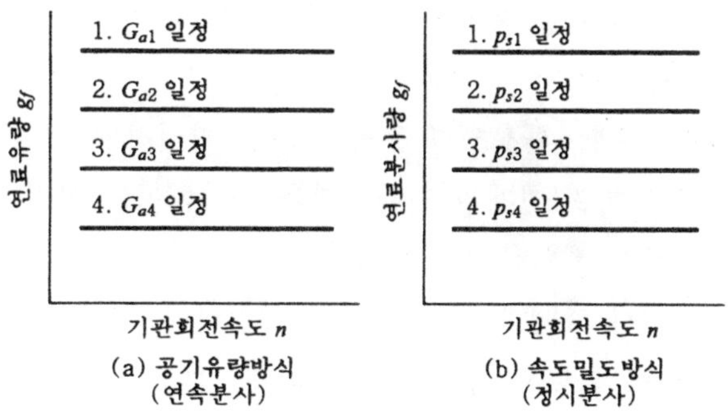

그림 6·22 각 혼합기 제어방식에 요구되는 분사특성

한편, n_p는 n과 비례관계에 있고, g_f는 G_a에 대하여 일정한 관계를 유지시키기 위해서는 결국 h_p를 P_s에 비례시켜 변화시키면 된다. 그러나, h_p를 P_s에 비례시키는 것은 대단히 어렵다. 따라서, 현재 실시되어지고 있는 방식으로는 G_a에 대하여 연료유량 g_f를 제어하는 공기유량방식(mass flow system)과 P_s에 대하여 g_f를 제어하는 속도밀도방식(speed density system)이 있다. 또, 이들 제어방식을 실시하는 데는 기계식과 전자식이 이용된다.

① 공기유량방식 : 이 방식은 기화기에서 기술한 바와 같이 공기유량 G_a는 벤투리 부분에서의 압력차의 평방근 $\sqrt{H_w}$에 비례하는 점을 이용하여, 기관의 각 회전속도 n에 대하여 일정한 혼합비를 얻기 위해서는 각 G_a에 대하여 그림 6·22 (a)에 표한 바와 같이 g_f의 특성이 수평으로 되도록 분사되어야 한다. 따라서, 이 제어방식은 연속분사에 적합하다.

② **속도밀도방식** : 이 방식에서는 1 사이클당 기관의 흡입공기유량 g_a는 흡기관 내 압력 P_s에 관련되어 변화하므로 기관의 각 회전속도 n에 대하여 일정한 혼합비를 얻기 위해서는 각 P_s에 대하여 그림 6·22(b)에 표시한 바와 같이 g_f의 특성이 수평하게 되도록 분사하지 않으면 안 된다. 또, 이 방식에서는 흡기관 내의 부압을 다이어프램에 작동시켜 레버로 연료조절봉의 위치를 조절하는 공기식(speed density air)과 기관에 공급하는 공기량의 변화를 지시하는 교축밸브의 움직임을 이용하여 혼합기를 조절하는 교축식(speed density throttle)이 있다. 현재는 후자의 방식이 많이 이용되고 있으며, 이 제어방식은 정시(定時)분사(timed injection)에 사용된다.

③ 기계식 제어와 전자식 제어 : 지금까지 거론했던 혼합기 제어방식을 실시하는 데 기계식이 좋을지 아니면 전자식이 좋을지는 각각의 장단점을 들어 결정하지 않으면 안 된다. 그러나, 가솔린 분사의 목표는 기관의 성능향상, 연료의 경제성 및 배기가스 정화인데, 이들을 확실히 만족하게 달성하기 위해서는 기계식 제어로는 불충분할 것으로 생각된다. 즉, 시동시나 가속시 및 공회전시 등의 연료량의 증가, 또 기압, 기온, 습도 등 대기상태 변화에 따라 즉각적으로 보정하여, 배기가스 정화를 위해 여러 대책 등을 정확하게 대비하여 높은 열효율을 확보하고, 최적 공연비를 얻을 수 있도록 하는 제어는 전자제어로만이 달성 가능할 것으로 생각된다. 다시 말하여, 전자제어장치는 흡기매니폴드 내의 압력, 흡기온도, 냉각수온도, 환경조건 등의 변화를 확실하게 검지기(sensor)로 검출하고, 이들 정보를 기초자료로 하여 현재의 기관상태를 판단하여 이상적인 공연비를 만들 수 있도록 연료분사량을 산출하여 제어하기 때문이다.

여기서, 기관의 흡입행정마다 실린더 내에 유입하는 공기의 중량유량 G_s는 흡기매니폴드 내의 압력을 H [mmHg], 수증기분압 H_w [mmHg]로 한다면 다음과 같다.

$$G_s = \gamma_a \cdot V_h \frac{H - 0.378 H_w}{760} \quad [\mathrm{kg_f/stroke}] \qquad (6 \cdot 13)$$

SI 단위에서는 공기의 밀도를 ρ [kg/cm^3], V_h' [m^3], 압력 H'와 H_w'을 [MPa]로 한다면 질량유량 G_s'[kg /stroke]은 다음과 같다.

$$G_s' = \rho V_h'(H' - 0.378 H_w')/101.3 \quad [\mathrm{kg/stroke}] \qquad (6 \cdot 13')$$

여기서, 103.3 [kPa] = 760 [mmHg] = 1 [atm]

이 공기량에 대하여 최적혼합비를 얻기 위한 연료를 전자분사밸브로 분사할 때, 노즐유량계수를 α_n, 면적을 a_n으로 한다면 단위시간당 분사량 g_f는 다음과 같다.

$$g_f = \alpha_n \cdot a_n \sqrt{2g\gamma_f(P_1 - P_2)} \ [\mathrm{kg_f/s}] \qquad (6 \cdot 14)$$

여기서, P_1=노즐 상류 압력, P_2=노즐 하류 압력

> SI 단위에서는
>
> $$g_f' = \alpha_n \cdot a_n \sqrt{2\rho_f(P_1' - P_2')} \qquad (6 \cdot 14')$$

여기서, 제어장치 중의 전자제어장치(solid state computer), 즉 ECS(electronic control system)가 각 센서로부터 보내온 정보를 기초로 하여 기억 데이터로부터 최적 연료량을 계산하여 전자밸브를 개폐하기 위한 솔레노이드에 제공하는 펄스(pulse)시간 t[sec]가 구해지면 분사량 $g_f^\star$는 다음 식으로 구할 수 있다.

$$g_f^\star = t \times g_f = \alpha_n \cdot a_n \cdot t\sqrt{2g\gamma_f(P_1 - P_2)} \ [\mathrm{kg_f}] \qquad (6 \cdot 15)$$

> SI 단위에서는
>
> $$g'_f{}^\star = t \times g'_f = \alpha_n \cdot a_n \cdot t\sqrt{2\rho_f(P_1' - P_2')} \ [\mathrm{kg}] \qquad (6 \cdot 15')$$

그림 6·23 (a)는 Bosch사의 Jetronic 전자제어장치의 블록선도이고, 그림 6·23 (b)의 ①은 공기유량(L-Jetronic) 제어방식, ②는 속도밀도(D-Jetronic) 제어방식의 구조도이다.

(5) 가솔린 분사의 실례

가솔린 분사의 실례로 기계식 분사의 Bosch식, Kugelfisher식, 및 Lucas식에 대하여 또, 전자식 분사의 Bosch식에 대하여 기술한다.

① Bosch식 가솔린 분사 : 그림 6·24는 디젤기관용 연료분사펌프와 같은 형식의 펌프를 사용한 예이고, 혼합기 조정방식으로 입체캠(3차원 캠)을 사용하고 있다. 이 입체캠은 펌프의 캠에 연결되어 회전함에 따라 원심추에 의해 축방향으로 이동한다. 입체캠의 외주면에는 축방향의 움직임을 회전속도에, 원주방향의 움직임을 스로틀 각도에 각각 대응하는 기관의 요구 연료분사량 특성이 주어져 있으므로, 캠면에 접속하는 볼모양의 종동자(follower)의 움직임에 따라 연료의 분사량을 규제하는 펌프의 랙 위치를 결정하고 있다. 또, 이 장치는 기압과 온도변화도 검출하여 공급연료량을 보정하고 있다. 분사밸브는 흡기포트에 부착되어 흡기밸브를 향하여 분사된다. 이 방식은 속도밀도 교축방식에 속한다.

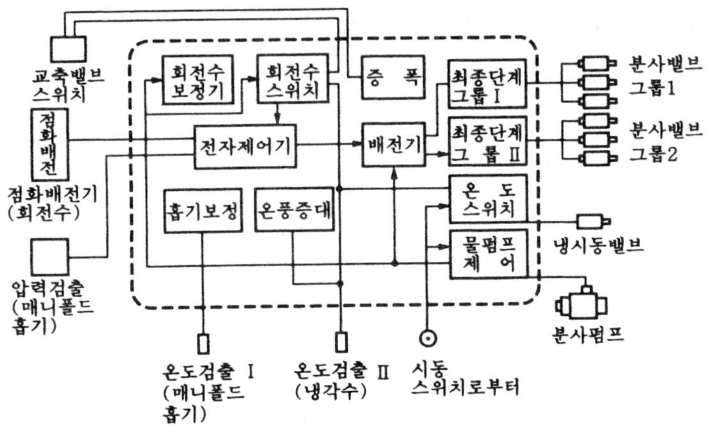

(a) 전자제어방식의 블록선도

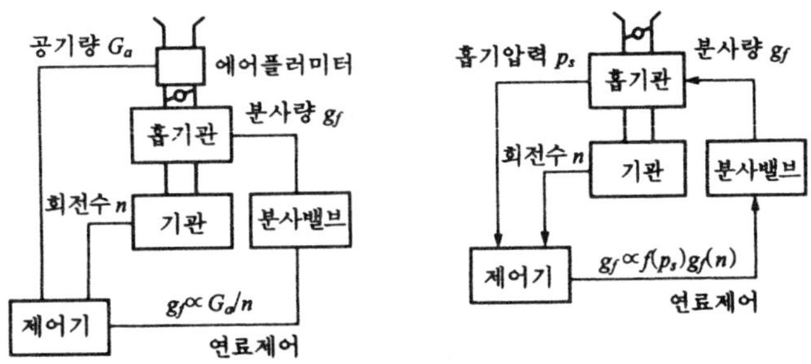

① 공기유량 제어방식의 구성도 (L–Jetronic)

② 속도밀도 제어방식의 구성도 (D–Jetronic)

(b) 공연비제어의 2방식

그림 6・23 Bosch사의 Jetronic 전자제어방식

이를 좀더 구체적으로 설명하면 그림 6・25에서와 같이 교축밸브의 개폐에 따라 변하는 공기량은 센서판의 움직임을 변화시켜, 그 움직임으로 각 실린더의 분사량을 변화시키는 방법이다. 연료분배기 속은 센서판의 동작으로서 플런저가 움직이고 그것에 의하여 그림 6・25 (b)와 같이 배럴(barrel)에 파놓은 슬릿의 열림면적이 변하여 연료유출량이 가감된다. 이 슬릿에 들어가기 전의 압력을 계속 4.5기압으로 유지하기 위하여 그림 6・25 (c)에 표시한 압력 릴리프밸브가 있다. 또 슬릿을 통과하는 유량이 면적만으로 결정되게 하기 위하여 전후의 압력차를 정확히 0.1기압으로 일정하게 한다. 그 때문에 다이어프램(diaphragm)을 스프링으로 누르고 있고, 그것을 향하여 분사밸

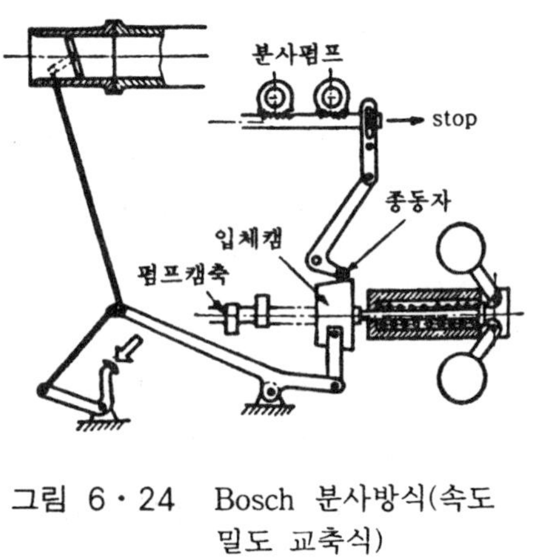

그림 6・24 Bosch 분사방식(속도밀도 교축식)

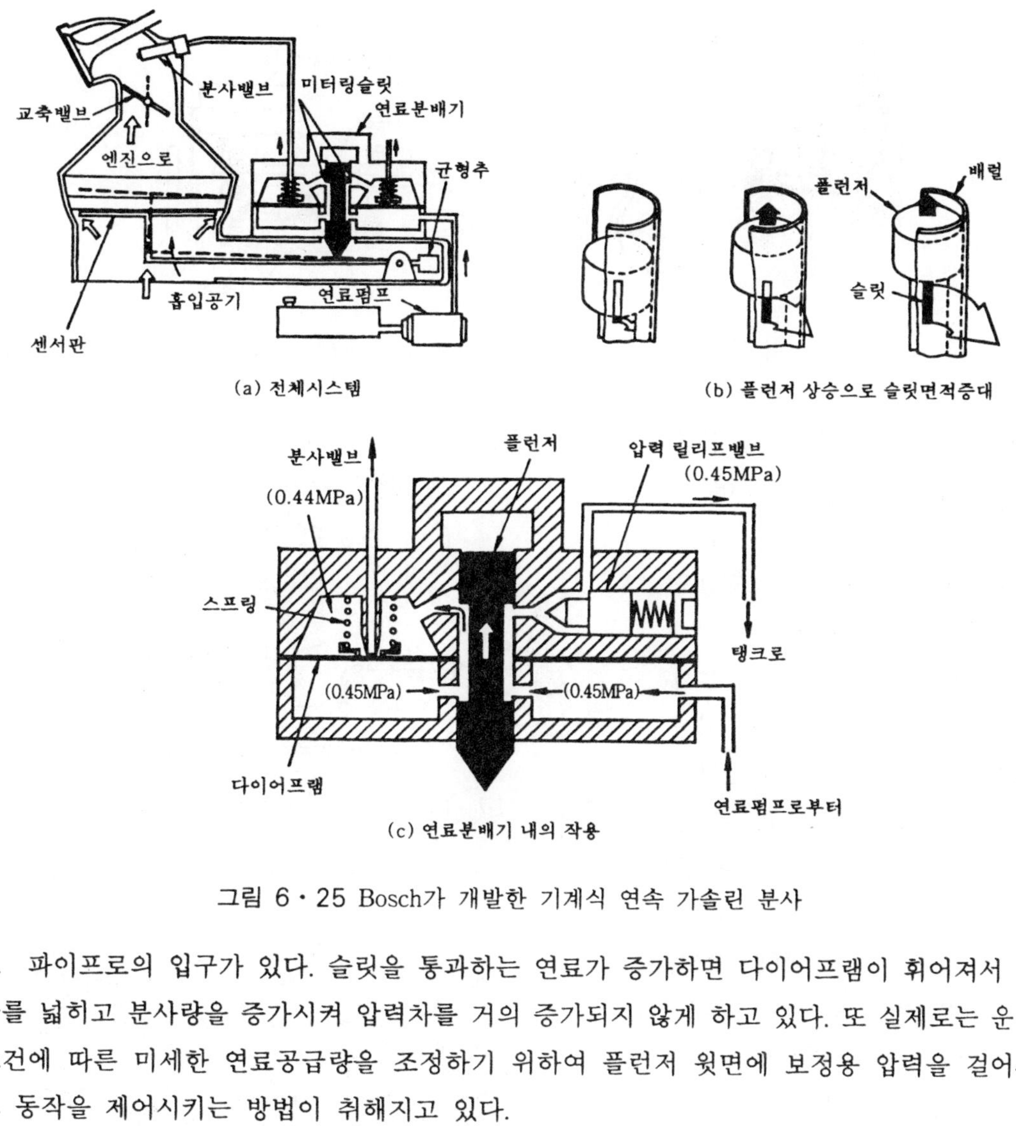

그림 6·25 Bosch가 개발한 기계식 연속 가솔린 분사

브 파이프로의 입구가 있다. 슬릿을 통과하는 연료가 증가하면 다이어프램이 휘어져서 입구를 넓히고 분사량을 증가시켜 압력차를 거의 증가되지 않게 하고 있다. 또 실제로는 운전조건에 따른 미세한 연료공급량을 조정하기 위하여 플런저 윗면에 보정용 압력을 걸어서 그 동작을 제어시키는 방법이 취해지고 있다.

② Kugelfisher식 가솔린 분사 : Bosch식과 같은 모양의 입체캠을 사용하고 있지만 회전속도와 교축밸브의 열림 정도를 검출하는 방식이 역으로 되어 있다. 입체캠은 펌프축에서 간접적으로 구동된다. 즉, 펌프축으로 전동기를 구동하고, 전동기로 구동하는 입체캠의 회전방향 토크와 중간축에 설치한 스프링 힘과의 균형에 따라 입체캠의 회전방향의 각도위치의 함수로 검출한다(그림 6·26 참조)

③ Lucas식 가솔린 분사 : 그림 6·27은 Lucas의 분사방식의 분사량 조절방식을 나타낸 것으로, 분사량 조절은 흡기관 내의 부압력을 검지하는 펌프 피스톤 A에 연결된 캠으로 구동하는 가동조절 스톱퍼 D로 한다. 제1차 펌프(primary pump)로부터 미터링펌프로 보내는

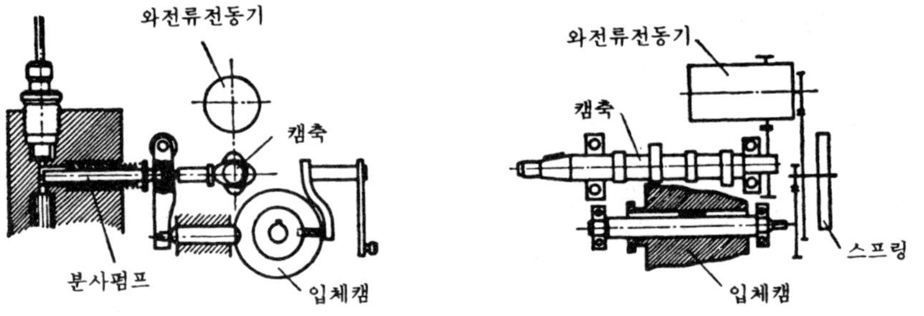

그림 6·26 Kugelfisher식 분사방식(속도밀도 교축식)

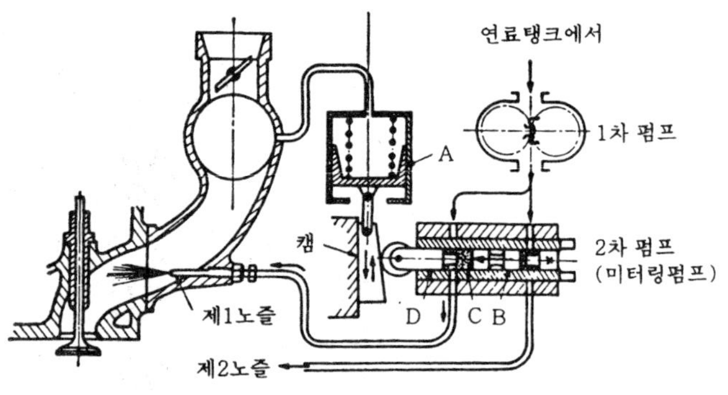

그림 6·27 Lucas식 가솔린 분사(속도 밀도 공기방식)

압력은 약 0.69 MPa이며, 분사밸브는 흡기포트에 부착되어 있다. 이 분사방식은 흡기관 내 부압에 따라 제어하고 속도밀도 공기방식에 속하는 제어이다.

④ 전자식 분사의 예 : 그림 6·28은 독일이 개발한 세계 최초로 VW차에 응용된 전자제어 분사법의 계통도이고, 이 장치의 혼합기 제어방식은 속도밀도 교축방식이 채용되어 있다. 연료펌프에서 보낸 연료는 분사밸브에 연결된 압력관 내에서 압력조절기로 일정한 압력 0.2 MPa로 유지되며, 각종 센서에서 보내진 값들이 전기량으로 변환된 입력이 전자제어기에서 계산되어 그 양이 조절되며 컴퓨터로부터의 신호로 분사밸브의 전자밸브가 작동하여 밸브를 열어 연료는 분사되지만, 그 분사량은 밸브가 자석으로 끌어당기는 시간 t에 따라서 규제된다〔식 (6·15)〕.

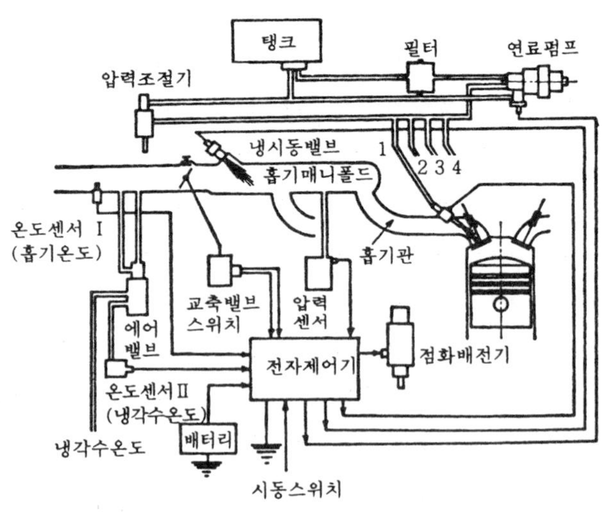

그림 6·28 Bosch의 전자제어 가솔린 분사장치의 계통도

그림 6·29는 전자식 분사밸브이고, 그 특징은 c코일에 전류가 흐

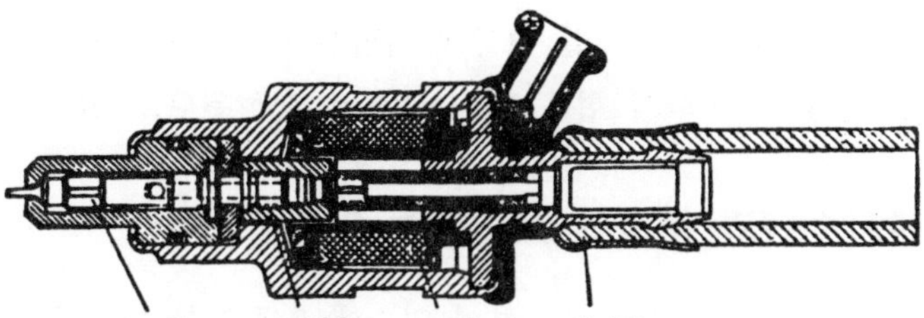

그림 6·29 전자식 분사밸브

를 때만 b의 자석을 끌어당겨 a의 노즐를 열어 연료를 공급하는 것으로 분사량은 1회 전류를 흐르는 시간만으로 규제된다. 그 시간은 2~8 ms의 범위이며, 전자제어기는 최종적으로 이 전류지속시간을 조절하면 된다. 또 그림 6·28의 압력센서는 공기유량을 검출하기 위한 것이고 기화기의 벤투리 부분에 해당된다. 보조공기밸브는 한랭시에 공회전의 경우 큰 마찰력에 대응하기 위하여 공기를 바이패스(by-pass)시켜 분사량도 증가하도록 되어 있다. 스로틀 스위치는 교축밸브 상태를 검출하며 예를 들어 감속시(엔진브레이크)에 분사를 정지시켜야 하는데 기화기에서는 가솔린 정지가 곤란하므로 배기 중의 탄화수소가 증대하는 원인이 된다. 배전기 트리거는 분사시기를 점화배전기의 접점작동으로 제어하는 것으로 그다지 높은 정도를 요하지 않는다.

6.2 압축착화기관에서 혼합기 생성

기화기기관에서는 이미 기화기에 의해 거의 기화된 연료와 공기와의 혼합기를 실린더 내에 흡입한 후 점화될 때까지는 약 180°CA 정도의 기간(흡입에서부터 점화까지는 약 360°CA 정도임)이 있으므로, 점화 전의 준비는 완전에 가깝다고 할 수 있다. 이것에 대해 디젤기관에서는 가솔린보다도 기화성이 떨어지는 경유나 중유를 실린더 내에 분사하여 분사 후 15~20°CA 정도의 짧은 기간 내에 착화에 적합한 혼합기를 만들지 않으면 안 된다. 즉, 디젤연소에서는 착화지연기간이 짧고, 또 가능하면 흡입공기를 완전히 이용하여 완전연소시킴으로써 매연이나 악취를 방지할 필요가 있다. 예를 들어 3000 rpm으로 운전하는 기관을 생각하면 연료분사 후 착화연소할 때까지 기간은 0.8~1.0 ms란 매우 짧은 시간이다. 이 짧은 시간 내에 연료분무와 공기와를 혼합시켜 물리적, 화학적으로 착화에 최적인 혼합기를 만들지 않으면 안 된다. 이 때문에 연료의 분사수단, 분사된 연료의 미립화 방법, 연료와 공기의 혼합 및 연소실 형상 등에 대하여 여러 고안이 필요하다.

이상과 같이 디젤기관에서 혼합기 생성은 기관외부에서 분사펌프와 분사밸브 작용으로 연료 미립화를 도모하고, 기관의 연소실 형상에 적합한 공기운동을 최대한 이용하여 혼합기가 생성되기 때문에 기관 내·외의 협동제휴작용으로 생성된다고 할 수 있다.

6.2.1 연료 분사수단과 분사에 요구되는 3조건

디젤기관에서 연료를 연소실 내에 분사하여 연소에 최적합한 분무로 하기 위해서는 분사수단을 선택하여, 요구되는 세 가지 조건을 만족시키지 않으면 안 된다.

(1) 분사수단

분사장치를 이용하여 연료를 안개상태로 분사하여 공기와 잘 혼합시키는 분사방식으로 공기분사(air injection)방식과 무기분사(airless 또는 solid injection)방식이 있다. 전자는 압축기로 고압으로 한 공기를 축적한 통(bomb)에서 고압공기 6.9~7.8 MPa(70~80 kg_f/cm^2)를 이용하여 연료를 실린더 내에 분사하는 방식이고, 후자는 고압공기를 이용하지 않고 연료를 직접 고압펌프로 14.7~68.7 MPa(150~700 kg_f/cm^2) 정도로 압축하여 분사밸브를 통하여 분사하는 방식이다. 공기분사는 혼합기 생성은 양호하고, 착화지연기간은 짧아 정압연소를 할 수 있다. 무기분사는 혼합기 생성은 전자보다 불량하고, 착화지연기간은 길며, 정압연소보다 오히려 복합연소나 정적연소에 가까운 것으로 되어 있다. 공기분사방식은 디젤기관이 개발된 초기에 이용되어 이상적인 혼합기 생성을 얻을 수 있었으나, 압축기와 통(bomb)이 필요하고, 기관의 운전조건에 대한 조정이 복잡한 점 등으로 오늘날에는 무기분사방식이 사용되고 있다.

(2) 분사에 요구되는 3조건

디젤기관의 연소에서는 착화지연기간이 짧고, 또 가능한 한 공기를 완전히 이용하여 완전연소시켜 흑연이나 악취를 방지할 필요가 있지만, 연료가 분사되어서부터 착화연소하기 위해 최적의 혼합기가 생성되는 데까지 소요되는 시간은 연료가 분사되면서부터 착화까지 10~20°CA에 지나지 않아 가솔린기관에서는 혼합기가 실린더로 들어간 후에도 360°CA 정도 허용되는 것에 비하여 극히 짧다. 예를 들면 2000 rpm에서는 약 1 ms 동안에 기화, 혼합, 가열, 예비반응을 완료시켜야 하는데 그렇게 하기 위해서는 연료분사와 연소실 내의 가스유동에 기인하므로 분사에 의한 연료분무는 다음 조건을 만족해야 한다.

1) 무화 또는 미립화(霧化 또는 微粒化, atomization), 2) 관통성(貫通性 또는 貫徹性, penetration), 3) 분포성(分布性, distribution)이며, 이들은 각 기관에 사용되고 있는 분사의 양식, 연소실의 형상 및 사용연료의 성상 등에 따라 그 중요도는 약간 차이가 있지만, 이 3조건은 공히 착화하기 쉽고, 바람직한 혼합기를 생성하기 위해서는 필요한 조건이다.

① 미립화(무화) : 10~100 MPa의 고압으로 압축된 액체연료를 분사밸브의 노즐을 통하

여 분사시키면 최대 수백 m/s의 고속이 되어 이것이 공기분자와 충돌하여 작게 분쇄되어 1~100 μm의 미립자가 되어 연소실 내로 비산된다. 연료가 미립화되면 될수록 연료입자는 작아지며, 무화가 양호할수록 기화 및 혼합은 촉진되어 고온 공기와의 접촉이 활발해져 연소에 적합한 혼합기가 생성된다. 예를 들어 같은 양의 연료가 지름 5 μm와 50 μm의 구(球)로 구성되었을 경우를 비교하면 5 μm쪽이 수(數)적으로 1000배가 되어 공기 중으로 분산된 각 입자는 연소에 필요한 공기와 결합하기 쉽게 된다. 또한 입자의 표면적도 100배이므로 기화나 산소와 반응도 훨씬 쉽다는 것을 알 수 있어, 무화는 착화나 완전연소에 필요한 조건의 하나이다.

일반적으로 실린더 내에 분사된 연료입자(fuel droplet)의 크기는 많은 실험결과 2~50 μm 정도이며, 최대다수를 차지하는 입자 크기는 노즐의 형상, 분사압력, 연료온도 등 여러 조건에 따라 결정되고, 또 노즐 내에서 산란, 공기와의 마찰, 표면장력 등에 따라서 변화한다.

② 관통성 : 연소실 내에서 연료입자는 가능하면 많은 공기와 접촉이 필요하고, 그렇기 위해서는 연료입자는 공기 속을 돌진하여 항상 새로운 공기에 부딪치지 않으면 안 된다. 즉, 이렇게 되기 위해서는 관통력이 필요하다. 앞에서 거론한 연료의 미립화가 양호하더라도 입자의 움직이는 범위가 협소하고, 작은 공간 내에 입자가 밀집하여 있을 때는 이용할 수 있는 공기는 공간 내에서 존재하는 것으로 한정되므로 완전연소하기가 어렵다. 역으로, 연료입자가 고온공기 속을 멀리까지 계속 움직이면서 연소한다면 계속 새로운 공기와 접할 수 있으므로 전체적으로 공기이용률을 증가시킬 수 있다. 여기서, 분사된 연료입자의 도달거리가 커야 하는데 이 성질을 관철성 또는 관통력이라 한다.

일반적으로 입자가 작을수록 운동량에 대한 공기저항이 크기 때문에 미립화와 관철성은 동시에 양호하게 하기는 곤란하다. 즉, 관철력은 입자의 운동량에 비례하므로 연료입자의 지름 δ는 클수록 바람직하지만 미립화의 요구사항과는 상반되는 것으로 바람직하지 않다. 미립화를 위하여 δ를 작게 하면 열에 의해 기화하여 운동량은 감소하므로 관철력은 약해지므로, 도달거리가 큰 대형기관에서는 이점이 특히 문제로 되어 여러 가지 방법이 고려되고 있다(※연료입자의 지름을 δ로 하면 운동량은 δ^3에 비례하며, 연료입자의 공기저항은 δ^2에 비례함은 잘 알려진 사실이다).

③ 분포성 : 디젤기관의 상사점 근처의 연소실 공간의 형태는 편평하고, 복잡하여 1개의 분사밸브로부터 분사된 연료가 전 공간에 균일하게 분포되는 것은 분사장치만으로는 곤란하며, 연소실 내의 가스유동의 도움에 의하지 않으면 안 된다. 즉, 실린더 내에 분사된 연료입자가 순간적으로 혼합기를 생성하기 위해서는 연료입자는 연소실 내에 편중되지 않고, 균일하게 분포되어 고온공기와 접촉할 필요가 있다. 부실식 기관은 별도로 하고, 직접분사식 기관에서는 흡입행정에서 발생한 공기 와류운동에 적합하도록 연료를 분사하여 공기에 대

하여 연료입자 분포를 균일하게 하는 것이 대단히 중요하다. 이 연료입자 분포가 불균일하다면 연료입자가 밀집된 곳에서는 공기부족으로 불완전연소하여 매연발생의 원인이 되고, 또 연료입자가 적은 곳에서는 공기는 연소에 이용되지 못하고 쓸모없이 배출되게 된다.

(3) 분무의 분산현상

고압공기 중에 분출된 액체가 미립화되는 기구에 대해서는 예부터 연구되어 왔다. 그 중에서도 Lee, Spencer가 촬영한 순간현미경 사진은 그 현상을 잘 나타내고 있으며, 그림 6・30은 그들의 사진으로 A는 분출속도가 매우 느린 경우로서 표면장력 때문에 액면에 생긴 파가 점차 크게 되고 끝내는 입자로 되어 떨어진다. B는 분출속도가 다소 빠르게 된 경우로서 공기와의 상대속도가 크게 되면 기름의 표면에 파(wave)가 생기고 그 파가 점차 성장하여 끝내는 분열한다. 이보다 분출속도가 더 증대되면 C에 나타낸 바와 같이 횡(橫)진동을 시작하며, 이것이 심하게 되면 분류의 일부분은 파의 산(山)부분에서 연료입자가 복잡한 형태를 하여 튀어나온다. 더더욱 기름의 분출속도가 증가되면 D, E에 나타냄과 같이 이미 규칙적인 형태를 유지하지 못하고 기름은 공기마찰 때문에 그 표면에서 "ligament"가 생기며 가는 끈 상태로 끌어 당겨져 그것이 분열되어 표면장력에 의해 구형이 된다.

디젤기관에서의 분사는 이 정도보다도 더욱 고속인 경우이며 미립화된 연료입자(油粒)는 여러 가지 속도로 진행해 간다. 그 속도가 높으면 공기저항 혹은 진동 때문에 오목(凹)부가

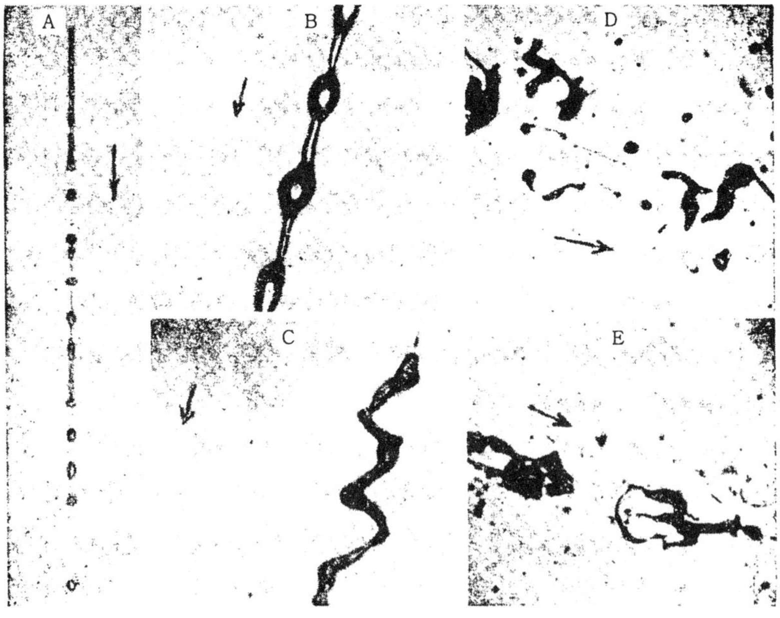

분사압력 A : 0.07MPa, B : 0.35MPa, C : 0.7MPa, D : 0.85MPa, E : 1.76MPa

그림 6・30 분무분산 사진

생기고 그것이 점차 성장하여 드디어 재분열한다. 연료입자가 구형이라면 표면장력(S)에 의해 내부에 생기는 압력은 $p_s=4S/\delta$이므로 연료입자가 작아질수록 튼튼하게 되며 외력에 의해 이것을 파괴할 수 없는 크기가 되어 분열은 멈추고 안정된 상태로 된다.

디젤기관의 노즐에서 분출되는 분무는 그림 6・31에 모식적으로 나타낸 바와 같이 크고 작은 연료입자가 복잡한 형태로 되어 중심부의 주류(jet core)의 둘레를 원추형인 분무로 둘러싼다. 그리고 최초에 분리된 연료입자는 공기저항 때문에 일찍 속도를 상실하고 후에 분리된 것이 그것을 추월해 가므로 분무속도 ω는 연료입자의 속도와는 별개의 것이다. 디젤기관의 분무에 대한 요건은 결국 그림에 나타낸 바와 같이 δ(분무의 평균입자지름), s(관통거리), α(분무각)이다. 그리고 이들은 특정한 연료에 대해 분사압력 p_E, 배압 p_g, 노즐지름 d에 의해 영향을 받는다.

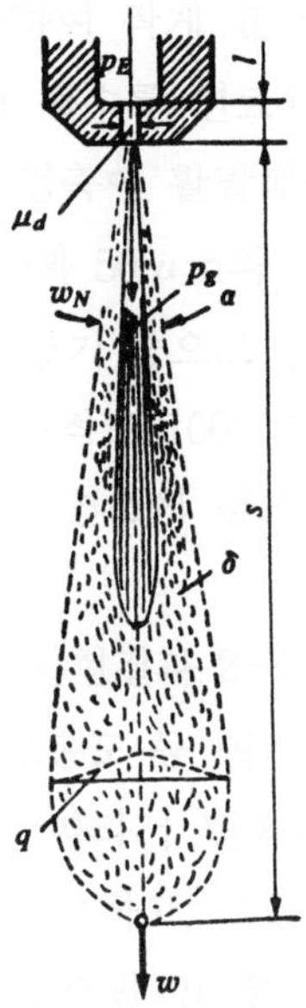

그림 6・31 분무에 필요한 여러 가지 양

(4) 연료입자의 크기

무화된 연료입자가 어느 정도의 크기로 되는가는 연소상 중요한 문제이므로 예부터 연구되어 왔으나 아직 만족할 만한 이론식은 없다. 다나자와(棚澤)・토요다(豊田)들은 각종 실험결과로서 평균입자지름을 다음 식으로 나타냈다.

$$\delta=k\frac{d}{w_N}\left(\frac{S}{\gamma_f}\right)^{0.25}\left(\frac{\gamma_f}{\gamma_a}\right)^{0.25}\sqrt{g}\left[1+3.31\frac{\nu\sqrt{g}}{\sqrt{S\gamma_f d}}\right] \tag{6・16}$$

여기서, k=47 연속분사=70.5 간헐분사(Bosch 홀노즐)

w_N=분출속도[m/s]

d=노즐지름[m]

S=표면장력[kg/m]

ν=점도[kg・s/m^2]

γ_f, γ_a=연료 및 공기의 비중[kg/m^3]

실린더 내에 분사된 연료입자 크기는 실험결과에 의하면 2~50 μm 정도의 각종 크기의 것들이 혼합되어 있다. 그림 6・32는 연료입자 크기와 그 수의 관계를 나타낸 것으로서, 최대다수를 차지하고 있는 연료입자 크기는 여러 가지 조건에 따라서 변화한다. 연료입자의

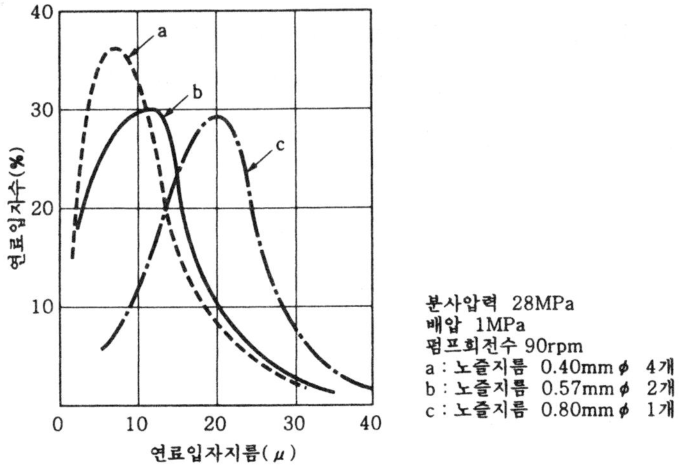

그림 6・32 분무입자지름의 분포

분열은 노즐 내의 난류, 공기 마찰, 표면장력에 의해 정해지므로 다음에 나타내는 각종 영향은 식 (6・16)으로 설명할 수 있다.

① 노즐 지름이 작게 되면 분류의 단위체적당의 표면적이 크게 되므로 공기마찰이 크게 되고 연료입자는 작아진다〔그림 6・33 (a)〕.

② 분사압력이 높게 되면 분출속도가 증가되고 공기마찰・난류가 증대되기 때문에 연료입자는 작아진다〔그림 6・33 (b)〕.

③ 배압이 높게 되면 공기마찰이 크게 되므로 연료입자는 작아진다〔그림 6・33 (c)〕.

④ 공기온도가 높게 되면 공기의 점성이 증대되고 기름의 표면장력이 감소되기 때문에 연료입자는 작아진다.

⑤ 공기유동은 분무와 공기의 상대속도를 증가시키기 때문에 연료입자는 작아지나 공기속도 100 m/s 이하에서는 그 효과는 적다.

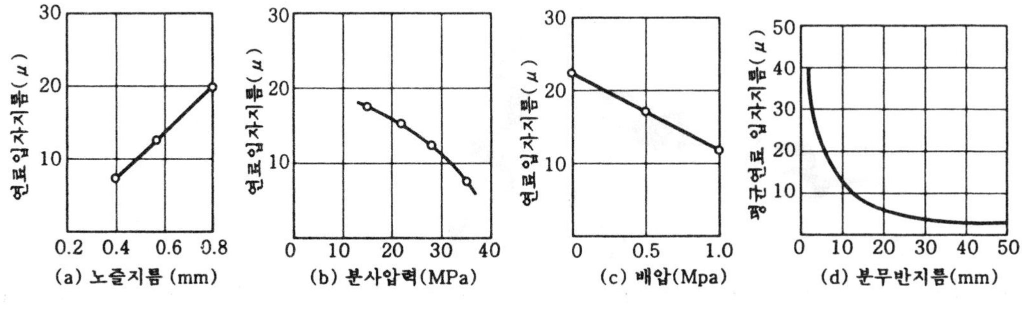

그림 6・33 각 조건에 따른 연료입자의 지름변화

⑥ 노즐의 형상에 대해서는 노즐 내의 난류증대보다도 출구속도를 증대하는 형태의 것이 연료입자는 작게 된다. 노즐의 길이와 지름의 비 $l/d \cong 4$에서 연료입자는 최소가 되고, 또 끝이 가는 노즐은 원통형 노즐보다 입자가 작다.

이상의 실험결과는 분무전체의 평균연료입자의 크기를 나타낸 것이지만, 통상 분무의 중심부에는 큰 입자의 것이 있고 테두리로 나감에 따라서 작아진다. 그림 6·33 (d)는 연료입자의 크기가 분무 중심에서 거리에 따라 어떻게 변화하는가를 나타낸 것이다.

(5) 분무의 도달거리

1개의 연료입자가 속도의 1.2~2승에 비례하는 공기저항을 받아서 진행하는 것으로 하여 이론적으로 계산한 것도 있으나, 실제에는 많은 연료입자가 동시에 날아가므로 동반류 때문에 저항이 적게 되고 도달거리는 계산값보다 크게 된다. P. H. Schweitzer는 분무가 뻗쳐 나가는 길이 s와 시간 t의 관계를 많은 실험결과로부터 다음의 상사법칙으로 나타내고 있다.

$$\frac{s}{d}\left(1+\frac{\gamma_a}{\gamma_0}\right)=f\left(\frac{t}{d}\,w_N\frac{\gamma_a}{\gamma_0}\right) \qquad (6 \cdot 17)$$

여기서, γ_a=분사실의 공기비중

γ_0=대기상태의 공기비중

w_N=분무의 초속 $=\mu\sqrt{2g\Delta P_E/\gamma_f}$

γ_f=기름의 비중

이 관계는 그림 6·34로 나타내어지고, 분무조건이 변하여도 하나의 곡선상에 있게 된다. 어떤 노즐에 대해 그림 6·35에 나타낸 바와 같은 s-t 곡선을 알고 있다면 상사노즐에 대한 타분사조건의 곡선은 식 (6·17)을 사용하여 구할 수가 있다.

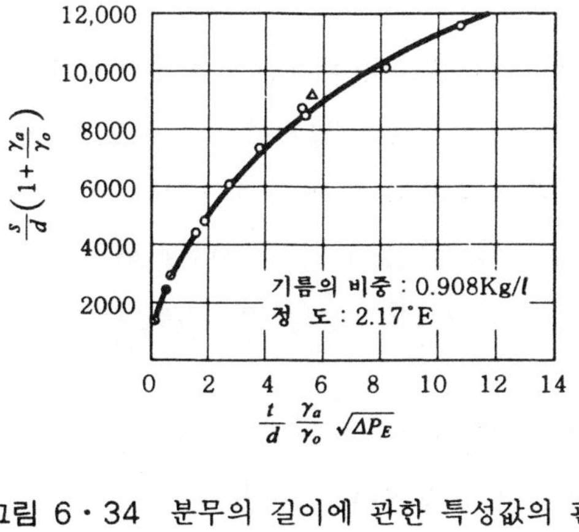

그림 6·34 분무의 길이에 관한 특성값의 관계

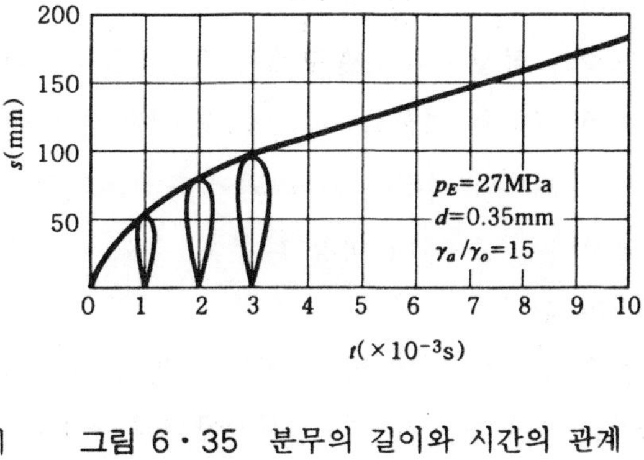

그림 6·35 분무의 길이와 시간의 관계

① **분사압력의 영향** : 식 (6・17)에서 d, γ_a를 일정하게 하고 w_N의 대신에 $\sqrt{\Delta P_E}$로 하면 $s=f(t\sqrt{\Delta P_E})$, 즉 $t(\sqrt{\Delta P_E})$가 같으면 s는 같다. 따라서 다른 조건의 상태를 ′를 붙여서 나타내면

$$t(\sqrt{\Delta P_E}) = t'\sqrt{\Delta P_E'}\text{)이면}\quad s=s',$$

$$t' = t\sqrt{\Delta P_E/\Delta P_E'}$$

이 관계를 이용하여 그림 6・36 (a)에 나타낸 바와 같이 $\Delta P_E'$에 대한 $s-t$ 곡선은 쉽게 구해진다.

② **배압의 영향** : d, ΔP_E를 일정하게 하면

$$s\left(1+\frac{\gamma_a}{\gamma_0}\right)=f\left(t\frac{\gamma_a}{\gamma_0}\right)$$

이다.

예를 들면 $\gamma_a/\gamma_0=15$로 하고 $\gamma_a'/\gamma_0=20$인 경우를 구할 때 위의 식에 넣으면 $16s=f(t\cdot 15)$, $21s'=(t'\cdot 20)$이다.

$t\cdot 15=t'\cdot 20$인 점에서는 $16s=21s'$이므로

$$t'=\frac{15}{20}t,\qquad s'=\frac{16}{21}s$$

이 관계는 그림 6・36 (b)에 나타내어져 있다.

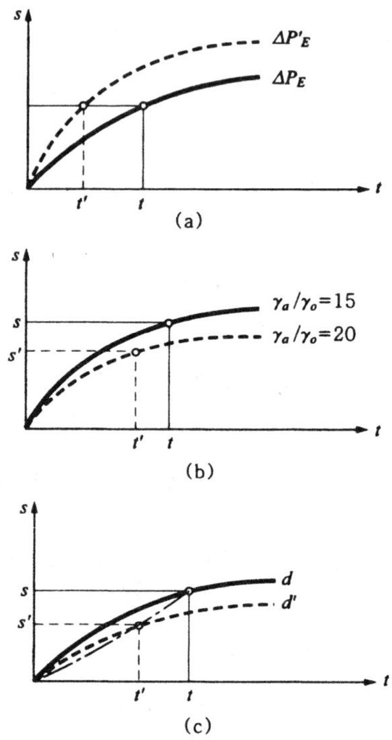

그림 6・36 분무길이의 환산방법

③ **노즐지름의 영향** : ΔP_E, γ_a를 일정하게 하면 $\frac{s}{d}=f\left(\frac{t}{d}\right)$이다.

$$\text{여기서}\ \frac{t'}{d'}=\frac{t}{d}\text{이면}\ \frac{s}{d}=\frac{s'}{d'}$$

따라서, $\frac{t'}{t}=\frac{d'}{d}=\frac{s'}{s}$. 즉 그림 6・36 (c)에 나타낸 바와 같이 s와 t는 d에 비례한다.

노즐의 형상은 노즐출구에서 유출속도가 최대가 되는 경우에 도달거리가 가장 크게 된다. 노즐의 길이와 지름의 비(l/d)가 작으면 노즐입구에서 흐름의 수축이 회복되기 전에 분출되므로 분무의 퍼짐이 크게 되어 도달거리는 감소하고, 또, l/d가 너무 크면 평행류로 되어 분출하나 노즐 내의 마찰 때문에 속도가 감소되어 도달거리는 작아지고 $l/d\cong 4$인 경우에 최대가 된다.

특수한 형상을 한 노즐, 예를 들면 충돌노즐, 세극(細隙)노즐, 와류노즐 등과 같이 분무의 확산을 양호하게 한 것은 저압에서의 무화는 양호하나 도달거리는 작다.

도달거리는 연료입자의 운동량에 비례하므로 분사압력을 올리면 초속이 크게 되기 때문에 증가하나 한편, 연료입자가 작아지므로 반대로 작용하여 감소한다. 따라서 분사압력이 어느 한도를 넘으면 후자의 영향이 크게 되고 도달거리는 증가되지 않으며 분사에너지의 대부분의 분산에 소비되게 된다.

실린더 내로의 분사는 온도가 높기 때문에 진행 중에 연료입자가 증발·연소되므로 상온인 압축공기 중에 분사한 경우와는 달라진다. 높은 온도의 공기 중에서는 공기의 점성 증가와 기름의 표면장력이 감소되기 때문에 무화가 양호하게 되고 또 연료입자가 증발하여 작아지기 때문에 일찍 속도를 상실하여 도달거리는 감소된다. 그러므로 상온의 압축공기 중에서의 분무상태로서 실제기관에서의 연소의 양·부를 정확하게 정한다는 것은 곤란하다.

(6) 연료입자의 분포

압축시초의 압력 0.1Mpa, 온도 70℃, 압축비 15, 공기과잉률 $\lambda=2$로 하면 $1l$의 행정체적에 대해 분사되는 연료량은 약 40 mm^3가 된다. 연료입자의 평균지름을 20 μm로 하면 그 수는 약 10^7개가 되고 그것이 일률적으로 분포되었다고 하면 각 연료입자에 할당되는 공기는 일변이 0.19 mm인 입방체가 된다. 분무의 확산각이 클수록 분무를 감싸는 공기의 체적이 크게 되므로 혼합은 좋아진다. 분무의 확산도 역시 분사압력, 배압, 노즐 향상에 관계되고 분산을 좋게 하기 위해서는 관통력을 희생시키지 않으면 안 된다. 그림 6·37은 원통형 노즐에서 분사압력 및 배압과 분사원추각과의 관계를 나타낸 것이며 이것은 다음 실험식으로 나타내어진다.

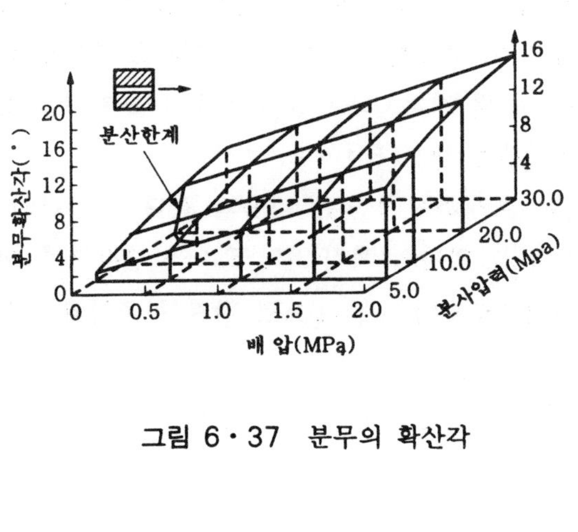

그림 6·37 분무의 확산각

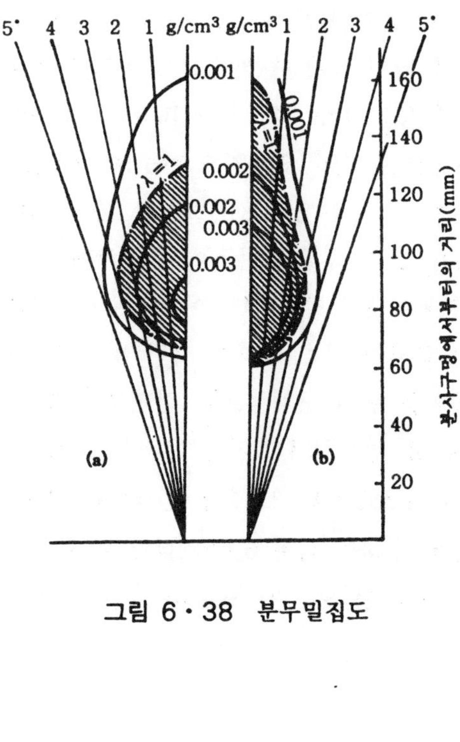

그림 6·38 분무밀집도

$$a = mp_g + b$$

m, b는 다음과 같은 정수이다.

	m	b		
		10 Mpa	20 MPa	30 MPa
원통상구멍 또는 입구에 둥금새를 붙인 것	0.50	2.8	4.4	6.0
입구, 출구에 $r=d$인 둥금새를 붙인 것	0.55	10.0	10.0	10.0

원통상 노즐에서는 l/d가 작을수록 확산은 크게 된다.

분무원추 내에서 연료입자는 일률적으로 분포되어 있는 것은 아니고 분무 중심선과 바깥 가장자리에서는 단위체적 내에 포함되어 있는 기름의 양, 즉 분무 밀집도는 일률적이 아니다. 따라서 연소에 사용되는 공기도 장소에 따라서 과부족이 있다. 그림 6·38 (a)는 ϕ 0.2 mm인 다공노즐의 하나의 분무, (b)는 ϕ0.5 mm인 단공노즐의 분무 밀집도를 나타낸 것으로서, 실선은 같은 밀집도인 점을 이은 것이다. 쇄선은 공기과잉률 $\lambda=1$인 점이며 그것보다 내측은 공기부족 때문에 탄소가 유리되고, 외주의 공기과잉부분은 연소온도가 낮아 화학반응이 완전히 진행하지 않는다.

말할 것도 없이 실제기관에서는 공기유동, 온도 영향으로 이와 같은 압축공기 중의 분포와는 상당히 다르게 될 것이다.

(7) 분무 특성

분사노즐이나 분무기에서 분출되는 연료입자의 크기와 속도는 균일하지 않고, 여러 가지가 혼합되어 있기 때문에 그 표현법은 목적에 따라서 선택할 필요가 있다. 가령 1 cm^3의 구가 1개 있고 1 mm^3의 구가 100개 있을 때 전자는 전체에 대한 수로서는 약 1%, 체적 또는 중량으로는 91%, 표면적으로는 50%이다. 또 1 cm^3의 액체가 지름 10 μm인 구로 미립화되었다면, 그 수는 19.1×10^8개, 즉 19억 개나 되지만, 실제 분무에서는 입자지름이 균일하지 않아서 크고 작은 입자들이 난잡하게 혼합되어 있어 동일한 분무에서도 그림 6·39와 같이 표현형태가 달라진다. 이것들은 연료입자지름을 몇 개의 그룹(group)으로 나누어서 그것에 포함되어 있는 입자가 각각 몇 %인가를 표시하는 빈도곡선이다.

이들을 좀더 구체적으로 살펴보면 분무특성을 표시하는 방법은 다음과 같다. 연료입자의 수(0), 연료입자의 지름(1), 연료입자의 표면적(2), 입자의 체적(3)의 요소를 생각하여, 이 4개의 요소로부터 2요소를 선택하는 조합의 개념으로부터 ${}_2C_4=6$으로 각각의 조합의 경우 평균을 구하는 식은 6개의 식이 된다.

1) $\overline{x}_{10}$, 2) $\overline{x}_{20}$, 3) $\overline{x}_{30}$, 4) $\overline{x}_{21}$, 5) $\overline{x}_{31}$, 6) $\overline{x}_{32}$

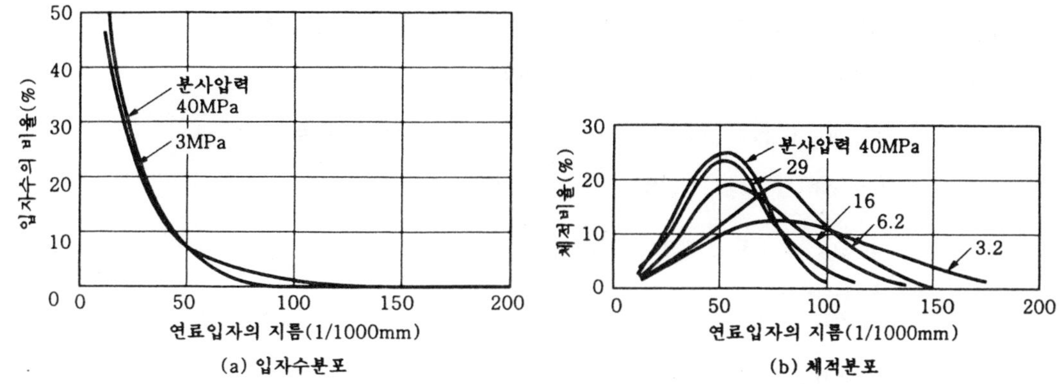

그림 6・39 분무입자의 크기분포

예를 들어 그림 6・40에 분무입자군의 현미경 사진과 평균입자지름을 나타내는 방법을 나타내고 있다. 예를 들어 지름 x_1인 입자가 Δn_1개, 지름 x_2인 입자가 Δn_2개로 되는 입자군의 평균지름을 구하면 다음과 같다.

① $\bar{x}_{10}$(입자의 수와 평균지름의 관계)

$$x_1 \cdot \Delta n_1 + x_2 \cdot \Delta n_2 + \cdots\cdots + x_i \cdot \Delta n_i + \cdots\cdots = \bar{n} \cdot \bar{x}$$

$$\Delta n_1 + \Delta n_2 + \cdots\cdots + \Delta n_i + \cdots\cdots = \bar{n}$$

$$\begin{cases} \bar{x}_{10} = \Sigma(x_i \cdot \Delta n_i / \Delta n_i) \\ \bar{n}_{10} = \Sigma \Delta n_i \end{cases} \qquad (6 \cdot 18)$$

이 식은 그림 6・40(b)에서 그림 A를 그림 B와 같이 평균한 경우 A의 지름의 합이 B의

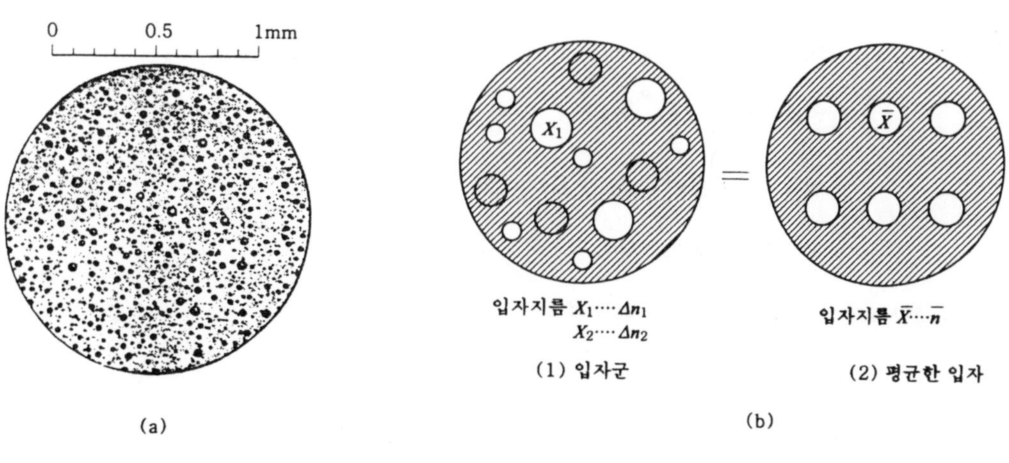

그림 6・40 분무입자군의 현미경 사진 (a)와 평균입자지름을 나타내는 법(b)

지름 $\bar{x}$의 합과 같고, A의 입자수는 B의 입자수 $\bar{n}$과 같음을 나타낸다.

② $\bar{x}_{20}$〔입자의 표면적과 입수(粒數)의 평균관계〕

$$\pi x_1^2 \cdot \Delta n_1 + \pi x_2^2 \cdot \Delta n_2 + \cdots\cdots + \pi x_i^2 \cdot \Delta n_i + \cdots\cdots = \bar{n}_{20} \cdot \pi \cdot \bar{x}_{20}^{\ 2}$$

$$\Delta n_1 + \Delta n_2 + \cdots\cdots + \Delta n_i + \cdots\cdots = \bar{n}_{20}$$

$$\therefore \begin{cases} \bar{x}_{20} = (\Sigma x_i^2 \cdot \Delta n_i / \Sigma \Delta n_i)^{\frac{1}{2}} \\ \bar{n}_{20} = \Sigma \Delta n_i \end{cases} \qquad (6 \cdot 19)$$

③ $\bar{x}_{30}$(입자의 체적과 입수의 평균관계)

$$\frac{\pi}{6} x_1^3 \cdot \Delta n_1 + \frac{\pi}{6} x_2^3 \cdot \Delta n_2 + \cdots\cdots + \frac{\pi}{6} x_i^3 \cdot \Delta n_i + \cdots\cdots = \bar{n}_{30} \cdot \frac{\pi}{6} \cdot \bar{x}_{30}^{\ 3}$$

$$\Delta n_i + \Delta n_2 + \cdots\cdots + \Delta n_i + \cdots\cdots = \bar{n}_{30}$$

$$\therefore \begin{cases} \bar{x}_{30} = (\Sigma x_i^3 \cdot \Delta n_i / \Sigma n_i)^{\frac{1}{3}} \\ \bar{n}_{30} = \Sigma \Delta n_i \end{cases} \qquad (6 \cdot 20)$$

④ $\bar{x}_{21}$(입자의 표면적과 입자지름의 평균관계)

$$x_1 \cdot \Delta n_1 + x_2 \cdot \Delta n_2 + \cdots\cdots + x_i \cdot \Delta n_i + \cdots\cdots = \bar{n}_{21} \cdot \bar{x}_{21}$$

$$\pi x_1^2 \cdot \Delta n_1 + \pi x_2^2 \cdot \Delta n_2 + \cdots\cdots + \pi x_i^2 \cdot \Delta n_i + \cdots\cdots = \bar{n}_{21} \cdot \pi \cdot \bar{x}_{21}^{\ 2}$$

$$\therefore \begin{cases} \bar{x}_{21} = (\Sigma x_i^2 \cdot \Delta n_i / \Sigma x_i \cdot \Delta n_i) \\ \bar{n}_{21} = (\Sigma x_i \cdot \Delta n_i)^2 / \Sigma x_i^2 \cdot \Delta n_i \end{cases} \qquad (6 \cdot 21)$$

⑤ $\bar{x}_{31}$(입자의 체적과 입자지름의 평균관계)

$$x_1 \cdot \Delta n_1 + x_2 \cdot \Delta n_2 + \cdots\cdots + x_i \cdot \Delta n_i + \cdots\cdots = \bar{n}_{31} \cdot \bar{x}_{31}$$

$$\frac{\pi}{6} x_1^3 \cdot \Delta n_1 + \frac{\pi}{6} x_2^3 \cdot \Delta n_2 + \cdots\cdots + \frac{\pi}{6} x_i^3 \cdot \Delta n_i + \cdots\cdots = \bar{n}_{31} \cdot \frac{\pi}{6} \cdot \bar{x}_{31}^{\ 3}$$

$$\therefore \begin{cases} \bar{x}_{31} = (\Sigma x_i^3 \cdot \Delta n_i / \Sigma x_i \cdot \Delta n_i)^{\frac{1}{2}} \\ \bar{n}_{31} = (\Sigma x_i \cdot \Delta n_i)^{\frac{3}{2}} / (\Sigma x_i^3 \cdot \Delta n_i)^{\frac{1}{2}} \end{cases} \qquad (6 \cdot 22)$$

⑥ $\bar{x}_{32}$(입자의 체적과 표면적의 평균관계)

$$\pi x_1^2 \cdot \Delta n_1 + \pi x_2^2 \cdot \Delta n_2 + \cdots\cdots + \pi x_i^2 \cdot \Delta n_i + \cdots\cdots = \bar{n}_{32} \cdot \pi \cdot \bar{x}_{32}^{\ 2}$$

$$\frac{\pi}{6} x_1^3 \cdot \Delta n_1 + \frac{\pi}{6} x_2^3 \cdot \Delta n_2 + \cdots\cdots + \frac{\pi}{6} x_i^3 \cdot \Delta n_i + \cdots\cdots = \bar{n}_{32} \cdot \frac{\pi}{6} \cdot \bar{x}_{32}^{\ 3}$$

$$\therefore \begin{cases} \bar{x}_{32} = \dfrac{\Sigma x_i^3 \cdot \Delta n_i}{\Sigma x_i^2 \cdot \Delta n_i} \\ \bar{n}_{32} = \dfrac{(\Sigma x_i^2 \cdot \Delta n_i)^3}{(\Sigma x_i^3 \cdot \Delta n_i)^2} \end{cases} \tag{6 · 23}$$

여기서, 첨자 0은 입자수를, 1은 지름을, 2는 표면적을, 3은 체적을 각각 의미한다.

따라서, $\bar{x}_{32}$: 체적과 표면적을 주(主)로 한 평균지름

$\bar{n}_{32}$: 체적과 표면적을 주(主)로 한 평균지름의 수를 나타낸다.

● **참고**

일반적으로 1개의 석탄 덩어리의 "연소성(燃燒性)에 대해서 논할 때 석탄 덩어리의 울퉁불퉁한 표면적을 체적으로 나눈 것을 비표면적(specific surface)이라 하고, 이 비표면적 값이 클수록 연소하기 쉬운 것으로 된다.

앞에서 언급했던 6개의 평균입자지름 $\bar{x}_{10}$, $\bar{x}_{20}$, $\bar{x}_{30}$, $\bar{x}_{21}$, $\bar{x}_{31}$, $\bar{x}_{32}$ 중에서 물리-화학 현상에 직접관계가 있는 것은 체적과 표면적의 평균지름 $\bar{x}_{32}$(S.M.D : Sauter's mean diameter)라 생각된다.

앞의 식 (6 · 23)에서 $\bar{x}_{32}$는 분무입자군의 전체적을 전표면적으로 나눈 것으로, 분무입자군의 비표면적의 역수로 $\bar{x}_{32}$의 물리적 의미를 생각해보면, 연료입자가 증발이나 연소처럼 화학반응을 행할 경우 비표면적이 중요하므로, 이 같은 의미에서도 $\bar{x}_{32}$를 평균입자지름으로 하는 것이 적당할 것으로 생각된다.

이 평균입자지름($\bar{x}_{32}$)을 분무입자군의 지름의 대표값으로 최초에 발표한 것은 1926년 독일의 Sauter이므로 이것을 Sauter 지름으로 부르고 있고, 학술적으로는 체적-표면적 평균입자지름(V.S.M.D : Volume-Surface Mean Diameter)으로 부른다.

$\bar{x}_{32}$가 작게 되는 것은 근본적으로 공기와의 충돌에 의한 것이고 연료 유속에 반비례한다. 그러므로 분사압력을 높일 필요가 있고 노즐 내에 방해판(妨害板) 등을 넣는 것은 유속을 내려 역효과이다. 분사구멍이 작을수록 유량당 분류 표면적이 크고 구멍벽 및 공기마찰이 증가하므로 $\bar{x}_{32}$는 작게 된다. 그리고, 공기밀도(背壓)가 클수록 충돌저항이 크기 때문에 $\bar{x}_{32}$는 작게 되고 연료의 표면장력 및 점도가 작을수록 입자의 지름이 작아진다.

그림 6 · 41은 대기압 및 15기압의 공기 중에 분사할 때 분사압력에 따른 분출구멍에서부터 거리와 시간에 대한 속도를 표시한 것이고, 입자의 관통성 또는 공기저항이 배압에 큰 영향을 미치는 것을 표시한다.

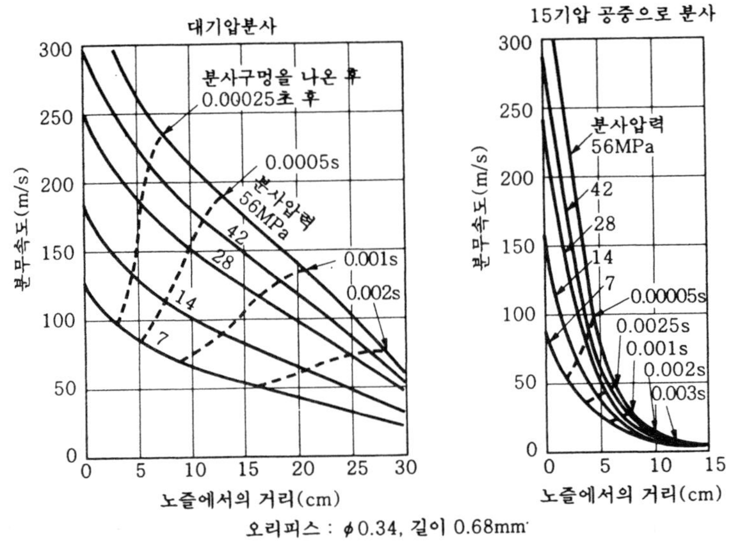

그림 6·41 분무속도에 대한 분사압력, 속도저하에 대한 배압의 영향

한편, 연료입자군을 2개로 나누어 입자지름이 0~x [m]까지의 입자군의 중량과 x [m]에서 ∞까지의 입자군의 중량이 같은 입자의 지름을 의미하는 중량메디안지름(weight median diameter)도 있다.

이들 실험결과는 어느 것이나 상온공기 중에 분사한 경우이지만, 실제로는 고압, 고온공기 또는 연소가스 중으로 분사하기 때문에 연료의 표면장력, 점도는 크게 떨어지나 가스의 점도는 증대하여 저항을 증가시키기 때문에 상온 중에서보다 무화는 양호하게 된다. 더욱이 가스유동도 크기 때문에 실제 작동 중의 분무특성은 다르다. 그러나 실측이 곤란하기 때문에 이들의 특성은 아직 잘 알려져 있지 않다.

6.2.2 디젤기관의 연료분사

(1) 분사장치의 개요

연료분사에 요구되는 3조건(미립화, 관통성, 분포성)을 만족시키기 위하여 디젤기관에서 중요한 역할을 담당하는 분사장치가 있다. 이들 장치의 공통점은 고압펌프로 연료를 압축하여 분사관을 통하여 분사밸브로 보내고, 밸브선단에 있는 노즐에서 연소실 내로 연료를 안개상태로 분사하여 공기와 혼합기를 생성시키는 것이다. 분사밸브는 구조상 다음과 같이 분류된다.

① 개방노즐(open nozzle)

② 밀폐노즐(closed nozzle) — 자동밸브(automatic valve), 기계밸브(mechanical valve)

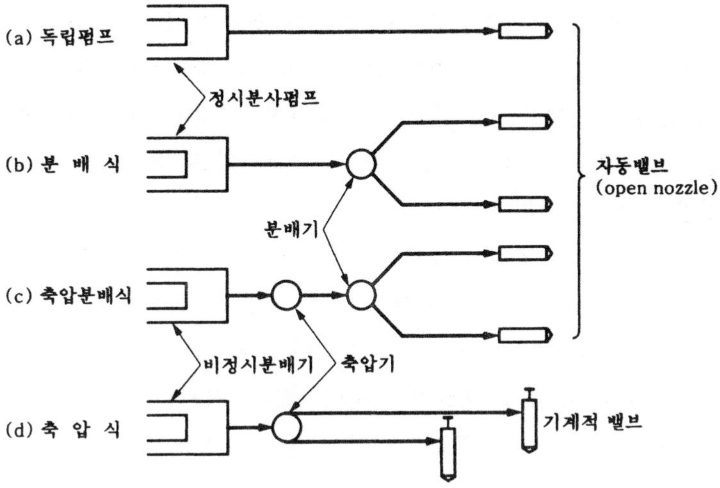

그림 6・42 분사계통에서 펌프와 밸브의 조합

개방노즐은 펌프의 토출밸브와 노즐 사이에 기름을 차단하는 장치가 없고 분사관과 실린더가 항상 통하고 있는 것을 말하며, 밀폐노즐은 노즐과 펌프의 토출밸브 사이에 또 1개의 밸브가 있어 분사될 때만 이 밸브가 열리는 것을 의미한다. 이 중에서 분사관의 압력이 어떠한 일정한 값이 되었을 때 자동적으로 열려 분사하는 것을 자동밸브라 하고, 밸브에는 항상 일정한 유압이 작동하고 있고 분사할 때는 캠을 이용하여 기계적으로 밸브를 여는 것을 기계밸브라 한다. 개방노즐은 구조는 간단하지만 분사의 끝맺음이 불량하고, 후적(after dripping)이 발생하는 결점이 있으며, 기계적 밸브는 분사특성은 좋지만 분사장치가 복잡하여 이 두 가지는 현재는 거의 사용하지 않고 있다. 이와 같은 밸브를 펌프와 조합하여 분사할 때 6・42와 같은 계통이 이용된다.

그림 6・43과 같이 연료를 매 사이클마다 고압으로 공급하는 분사펌프와 연소실 속으로고압연료를 분사시키기 위한 분사밸브로 나누어 양자를 분사관으로 연결시킨 구조가 가장 널리 사용되고 있다. 그러나 일부에서는 양자가 일체화되어 실린더헤드에 부착되어 있는 유닛분사법이라고 하는 것도 사용되고 있다.

그림 6・43의 경우 4 행정기관에서는 주축의 1/2회전의 캠축으로 플런저를 왕

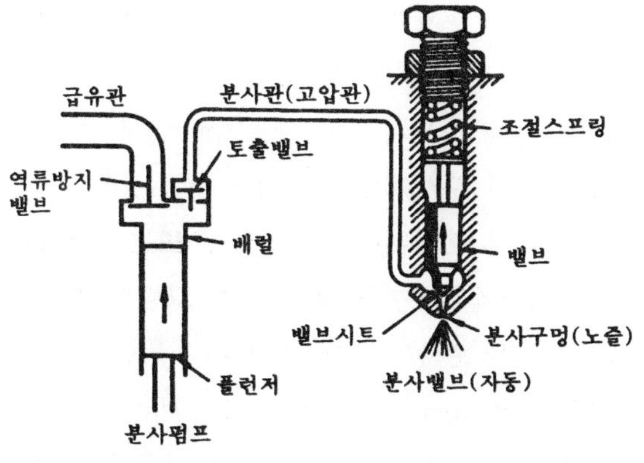

그림 6・43 연료분사장치의 개략도

복운동시켜 배럴 상부에 흡입한 연료를 토출밸브를 통하여 분사밸브에 보낸다. 이 밸브는 조절스프링으로 눌려 있고, 연료의 압력과 밸브가 압력을 받는 면적과의 곱이 스프링힘보다 크게 될 때 열려 고속으로 연료를 노즐에서 분출하며, 압력이 내려가면 밸브는 조절스프링의 장력에 의해 자동적으로 닫혀 분사는 끝난다. 이와 같은 밸브를 자동밸브라 하며, 현재는 거의 이와 같은 밸브를 사용하고 있다.

밸브가 열린 때의 압력을 분사초기압력 또는 밸브가 열리는 압력(開弁壓力)이라 한다. 또 작동밸브가 없고 미세한 구멍 또는 고압으로 간격이 넓어지는 구조의 노즐을 개방노즐(open nozzle)이라 하며, 일부에서 사용되고 있지만 주분사 전·후의 저압인 경우에도 저속의 연료유출이 있어 이때 무화가 나쁘기 때문에 별로 사용되지 않는다.

이와 같은 자동밸브의 구조에서 플런저나 분사밸브는 수백 기압의 고압액체를 누출시키지 않고 작은 힘으로 신속하게 움직이고 미소한 움직임으로 분사량이나 분사율 등의 엔진성능에 중요한 영향을 미치는 사항을 수행하기 때문에 O-링이나 패킹(packing)류는 사용할 수 없다. 따라서 서로 맞물고 있는 배럴과 구멍은 소입강(燒入鋼)으로 만들어졌으며, 상호 래핑(lapping)으로 1미크론(micron) 정도의 틈새로 다듬질한다. 또 미끄럼면에서는 디젤연료의 점도 정도에서는 윤활유의 첨가는 필요하지 않고, 단 가솔린에서는 문제가 있다. 그리고 지름이 작고 온도차가 적기 때문에 이 같은 작은 틈새 것이 사용 가능하다. 더욱이 액체연료의 압축성이 극히 작기 때문에 고압력을 발생시키는 동력은 거의 필요하지 않다. 만약 기체연료, 특히 수소와 같이 밀도가 작은 것을 디젤기관에서 연소시킬 때는 압축하는 데 필요한 동력과 분사장치의 기밀, 윤활에 큰 문제가 있다.

(2) 분사장치의 종류

연료분사계통은 고압연료를 송출하는 펌프와 그것을 실린더 내에 분사하여 미립화하는 역할을 하는 분사밸브로 되어 있는데 (1) 분사장치의 개요에서 언급한 바와 같이 다음과 같이 세 가지로 분류할 수 있다.

1) 독립식 분사계(individual pump 또는 jerk pump system)

2) 분배식 분사계(distributor system)

3) 축압식 분사계(accumulator 또는 common-rail system) — 축압 분배식, 축압식

그림 6·44는 이들 분사계의 그림이다.

① 독립식 분사계 : 이 계에 사용되는 분사펌프는 열형펌프(in-line injection pump)와 노즐펌프(unit injectior)가 있으며, 그림 6·44 (a) ①은 열형펌프를, ②는 노즐펌프를 이용한 분사계이다. 열형펌프에서는 분사관으로 펌프와 분사밸브를 연결하고 있지만, 노즐펌프에서는 노즐과 펌프가 일체로 되어 있으므로 분사관은 불필요하다. 독립식 분사계는 자동밸브와

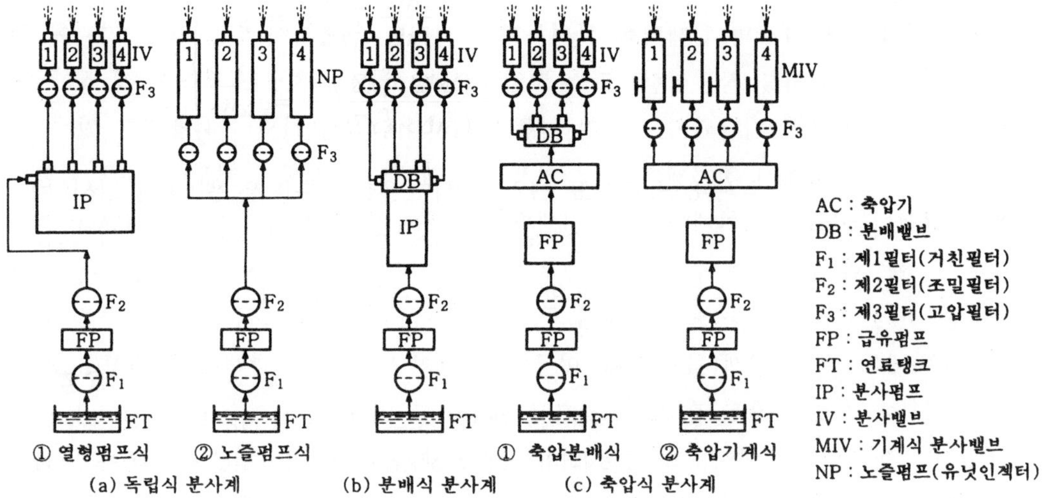

그림 6・44 연료분사계통(4 실린더기관의 예)

조합하여 실린더마다 펌프를 설치하여 분사할 때만 급격하게 압력을 올려서 연료를 공급하는 것으로 연료공급량, 분사시기의 제어는 분사펌프로 하며 분사밸브는 유압에 따라서 작동될 뿐이다.

② 분배식 분사계 : 이 계에 사용되는 분사펌프는 1조의 플런저와 배럴의 조합과 분배기를 가지고 있고, 그림 6・44(b)에 나타낸 바와 같이 분사밸브와의 사이는 분사관으로 연결되어 있다. 즉, 실린더마다 분사펌프를 설치하는 대신에 분배기를 이용하여 하나의 분사펌프로 여러 개의 실린더에 분사하는 것이다.

③ 축압식 분사계 : 이 계는 그림 6・44 (c)에 표시한 바와 같이, 분사펌프는 없고 축압기에 연료를 축적하여 분배기를 경유하여 분사밸브에 연결하는 축압분배식 ①과 기계식 분사밸브에 연결하는 축압기계식 ②가 있다. 축압분배식은 기계적 밸브 대신에 분배기와 자동밸브를 이용하는 것으로 축압기가 부착된 분배식이다. 축압기계식은 실린더 수, 분사시기에는 무관하게 축압기에 기름을 보내어 기계적인 밸브로 분사하는 것으로 분사하는 양, 분사시기의 제어는 오로지 분사밸브로 제어한다. 이 축압식 분사계는 매우 오래 전에 발달된 방식으로 특징으로는 기관의 속도나 부하에 따라서 분사압력의 영향이 적으므로 저속 운전에서도 분무의 상태가 양호할 뿐만 아니라 시동이 용이한 것이다.

다음은 고압 연료분사 시스템 개발동향을 살펴보기로 한다.

a) 전자제어 유닛 인젝터(EUI : electronic unit injector) : 최근의 고압연료 분사장치의 개발동향을 살펴보면, 미국을 중심으로 전자제어식 유닛 인젝터가 발전하고 있으며, 초창기의 기계식 유닛 인젝터를 탈피하여 솔레노이드를 사용하여 분사량을 조절하는

전자 제어식 유닛 인젝터가 사용되고 있다.

기관 연소실에 각각의 인젝터를 설치하며 인젝터에 부착되어 있는 캠을 기관이 직접 구동하여 플런저를 작동시킴으로써 고압을 발생시킨다. 유닛 인젝터는 탱크용으로 상당히 오래 전부터 개발되어 왔으며 자동차에도 이미 상용화되어 사용되고 있다.

그러나 기관 설계시 전자제어 유닛 인젝터가 일체로 설계되기 때문에 다른 기관과의 호환성이 어려워 전자제어 유닛 인젝터를 적용하기 위해서는 새로운 기관을 설계하여야 하는 부담이 있으며, 저속시 충분한 분사압력을 얻기가 용이하지 않으며, 기관의 기통간의 불균일 작동, 펌프구동에 비교적 많은 동력이 소요되는 등의 문제점이 있다. 전자제어 유닛 인젝터는 현재 미국에서 많이 사용되는 추세이며 대형(heavy-duty)기관에 주로 사용될 수 있을 것으로 예상되고 있다.

b) 축압식 커먼레일 : 그림 6·45는 커먼레일 시스템의 개략도를, 그림 6·46은 인젝터의 구조를 나타내고 있다. 차세대 연료분사 시스템으로 연료압력을 저장하여 사용하는 축압식 커먼레일(CR : common rail) 시스템이 개발되어 있으며 실용화 단계에 와 있다.

고압펌프에서 발생된 고압연료를 커먼레일에 저장시켜 전자밸브로서 분사를 제어한다. 커먼레일에 연료가 저장되어 공급되므로 분사기간 동안 기관 회전속도에 관계없이 적은 압력변동과 최적 압력제어가 가능하며, 분사율, 분사량, 분사시기 등의 전자제어 구현이 가능하다. 3방향 밸브(three-way valve)를 이용하여 커먼레일의 압력을 분사 종료시에 역으로 작동시켜 노즐이 니들을 막아줌으로써 분사급속종료(sharp cut)가 가능하며, 이에 따라 분사 말기에 낮은 분사압력에 의한 후적이나 2차 분사를 막을 수 있어 연소 불량을 개선할 수 있다. 또한 고속 3방향 밸브를 사용하여 파일럿 분사제어가 가능하다.

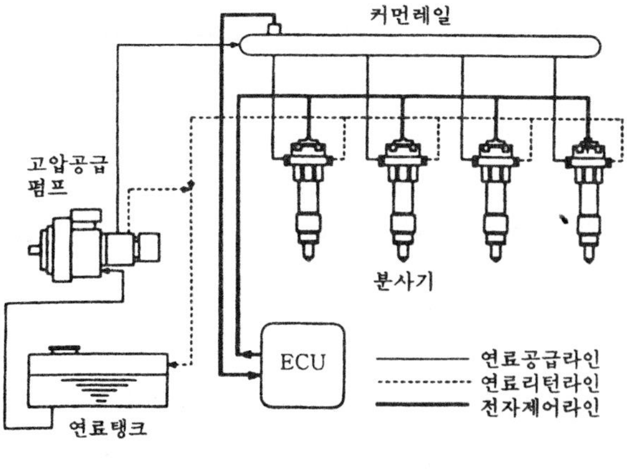

그림 6·45 커먼레일 시스템

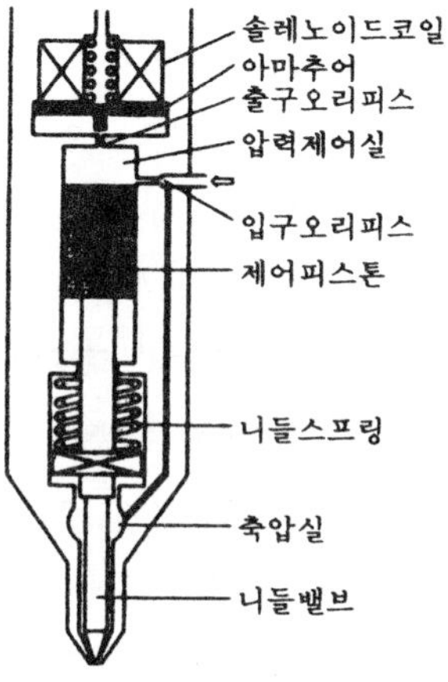

그림 6·46 인젝터 구조

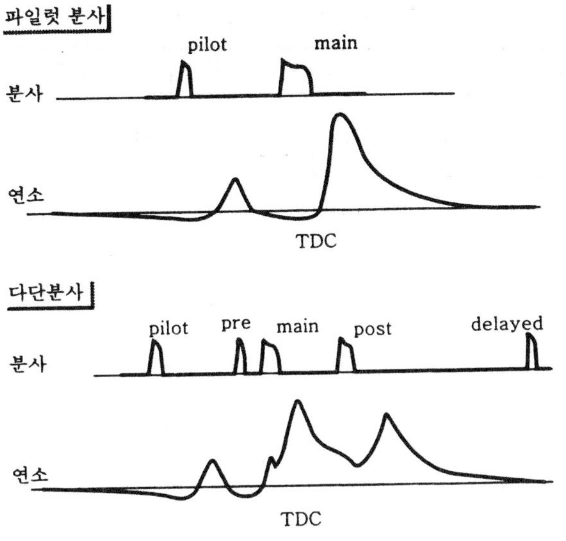

그림 6·47 2세대 common rail의 분사방식

커먼레일 방식은 유럽을 중심으로 연구가 활발하며 특히 독일의 Bosch사가 가장 앞서 있으며, 일본 니폰덴소(Nippondenso)사의 시스템도 우수한 결과를 보이고 있다. 일반적으로 승용차와 중형 화물차용 디젤기관의 경우에 장점이 많은 것으로 분석하고 있다.

Fiat사에서는 이미 2세대 커먼레일 시스템을 개발하고 있으며, 현재 커먼레일이 pilot 분사인 것에 비해 pilot, pre, main, post, delayed의 5단계 분사제어의 개념을 그림 6·47에 나타내었으며, 소음이 30~40% 감소하고, 성능도 6~7% 향상되는 것으로 발표하고 있다.

c) TICS : 한편 일본 젝셀(Zexel)사에서는 TICS(timing injection control system)를 개발하여 발표했다. 이 시스템은 전자식 액추레이터를 이용하여 플런저 배럴(plunger barrel)을 상하 이동시킴으로써 연료의 분사량과 분사시기를 부하와 회전수에 맞춰 임의로 조절 가능하게 했으며, 최근에는 플런저의 하단 모양을 개조하여 파일럿 분사(pilot injection)를 꾀하고 있다.

종래의 시스템에서 pre-stroke 위치를 조정할 수 있도록 하여 정적분사시기를 제어하는 시스템으로 이미 실용화 단계에 있으며 고압화보다는 분사시기와 분사율 제어가 이루어진 시스템이다. EUI나 커먼레일 시스템에 비해 적용이 용이하여 상당기간 이 시스템이 사용될 가능성이 있다. 표 6·1에 연료 분사시스템의 특성을 비교하여 나타내었다.

이상 3종류의 사용구분은 소형, 중형기관에서는 (a)의 독립식 분사계 또는 (b)의 분배식

표 6·1 연료 분사시스템의 특성비교

		종래형	commonrail	EUI	TICS
압력범위		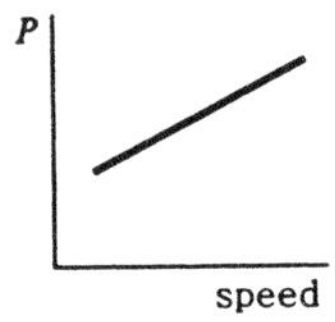	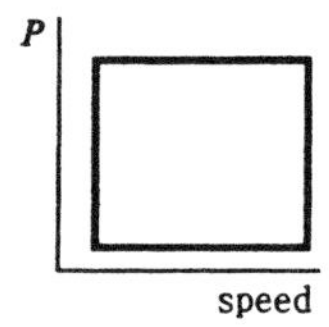	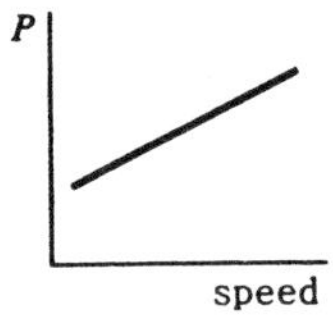	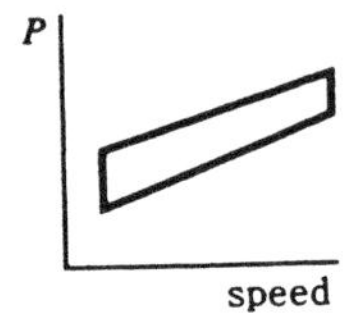
분사율 조절	spill rate	×	◎	△	△
	pilot	×	○	×	×
	split	×	○	△	×
전자 제어	governing	△	◎	○	△
	timing	△	◎	○	△
	FCCB 기통제어	×	○	○	×
	random fire	×	○	○	×

(주) ◎ 아주 우수, ○ 우수, △ 보통, × 불가

분사계, 대형기관에서는 (a)의 독립식 분사계의 ①인 열형펌프식이나 (c)의 축압식 분사계가 사용되고 있다. 디젤기관의 연료분사에 사용되고 있는 펌프는 거의가 플런저와 배럴의 조합으로 된 펌프로, 이 분사펌프를 플런저의 배열방식, 구동방식 및 분사량의 제어방식에 따라서 분류하면 표 6·2와 같다.

분사펌프 형식 중 다실린더기관용에서는 플런저와 배럴의 조합은 열형형태를 하면서 한

표 6·2 디젤기관용 연료분사펌프의 사용 일례

항 목	종 류		실 례
분사펌프형식	열형 V형 병렬형 준(樽)형 분배형 노즐펌프 일체형		Bosch, Simms, American Bosch Bosch(V8P) (Mitzbishi) Ex-Cell-O CAV, Bosch, Silto, Roosa Master GM, Cummins
플런저 구동방식	캠식 스프링식 가스압력식		Bosch, Simms, American Bosch etc. Jendrassik Archoualoff
분사량 제어방식	일정행정	spill port	Bosch, Deckel
	가변행정	spill valve 경사캠제어	(Mitzbishi A 75) Deutz

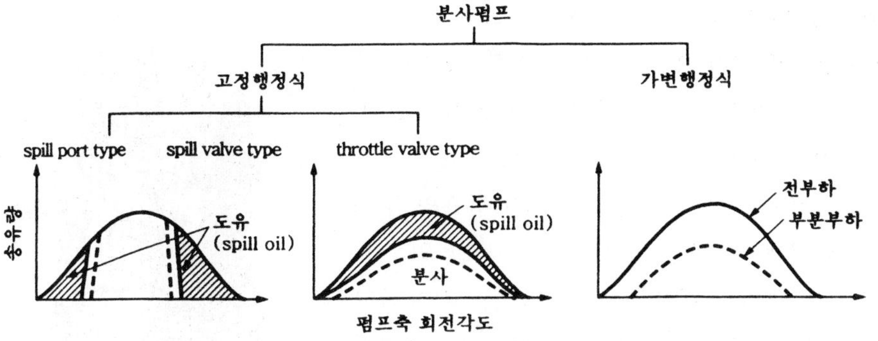

그림 6·48 분사연료 조정법에 의한 펌프의 분류

몸체로 모아 놓은 펌프가 많고, 8, 12 실린더기관에는 4, 6 플런저 열형펌프를 2대를 부착하여 사용하든지, 또는 플런저를 V형, 병열형, 또는 준(樽)형을 일체로 한 펌프가 사용되고, 소형기관에서는 분배형 펌프가 사용되고 있다. 또, 분사밸브나 플런저를 한몸체로 한 노즐 펌프는 분사관이 없는 이점이 있지만, 플런저 구동장치가 각 실린더마다 필요로 하게 되어 특별한 기관 이외에는 별로 사용되지 않는다.

연료량 제어방법은 그림 6·48에서와 같이 플런저 행정이 일정(constant stroke type)이거나, 가변(variable stroke type)으로 구별되며, 일정행정식에서는 플런저 행정 도중에 연료를 다른 통로로 도피시키는 방식으로 제어되며, 이 방법에는 배럴에 설치한 도피용 구멍 또는 제어공(spill port)을 이용하는 것과, 도피용 밸브(spill valve) 및 교축밸브(throttle valve)를 이용하는 것이 있으며, 이들은 모두 overflow 제어를 한다.

일정행정식에서는 플런저는 항상 일정량을 송출하고, 토출하는 기름의 일부를 실린더 내에 분사하고 남은 기름은 흡입측으로 되돌리며, 그 되돌리는 양을 가감함에 따라서 분사량을 제어한다. spill port와 spill valve식에서는 분사끝이나 시작 또는 양쪽으로 되돌려 보내고 교축밸브식에서는 전 분사기간에 걸쳐서 되돌려 보낸다.

가변행정식에서는 플런저 행정을 변화시킴과 동시에 spill valve를 병용하는 것이나, 구동캠을 경사시켜 축방향으로 이동시켜 행정을 변화시키는 경사캠 제어(swash cam controll) 등이 있지만, 이것들은 모두 지금은 어느 것도 사용되지 않고 있다. 가변행정식에서는 모든 행정에서의 토출량을 모두 분사에 사용하고 행정을 변화시켜 제어를 한다. 일정행정식에서는 플런저 속도가 높은 쪽만을 사용하기 때문에 분사의 끝맺음이 양호하므로 가장 많이 사용된다. 이 중에서도 spill port식은 구조가 간단하여 지금까지 한결같이 소형기관에 사용되었지만 최근에는 대형기관까지 사용되도록 되었다.

이상과 같이 각종 분사펌프가 있지만, 현재 실용화되어 있는 펌프는 열형, 분배형 및 노즐펌프일체형이고, 플런저의 구동은 캠축으로, 분사량 제어는 spill port와 spill valve로 한다.

① **열형펌프**(in-line injection pump) **또는 Bosch식 분사펌프** : 독일의 Bosch사가 고안한 것으로 분사량의 조절은 분사 초와 말의 시기를 조절하는 방식에 속하며 독특한 구조를 갖고 있다.

그림 6·49는 열형, 4실린더 Bosch 펌프의 구조도로, 현재 세계적으로 가장 널리 사용되고 있으며, 특히 고속 디젤기관 대부분이 이 펌프를 사용하고 있다. 연소실에 연료 공급은 플런저의 토출행정의 경우 캠으로 밀어 올려 실시되고, 흡입행정은 플런저 밑에 설치된 스프링의 힘으로 되돌려진다. 이 펌프의 최대특색은 그림 6·50에 표시한 플런저 상부를 특정한 모양으로 절단하여 분사량을 조절하는 것이다. 여기서, 연료는 그림 6·50(a)의 흡입구멍(suction hole)으로 들어와 플런저의 윗부분이 이 구멍을 닫으면서 압축되어 분사가 시작된다. 플런저 윗부분에 설치된 경사지게 파놓은 홈(scrolledge 또는 herical groove)이 배럴의 연료가 빠져나가는 구멍(도피구멍), 즉 제어구멍을 열기 시작하면 고압연료는 플런저 상부와 연결되어 있는 세로홈(vertical groove)을 통하여 링홈(ring groove)을 지나 우측의 도피구멍으로 빠져나가 분사는 종료된다. 또, 분사량의 증감은 플런저에 부착한 피니언을 래크로 조작하여 경사지게 파놓은 홈이 연료도피구멍에 대한 위치를 변경함으로써 쉽게 조절할 수 있다.

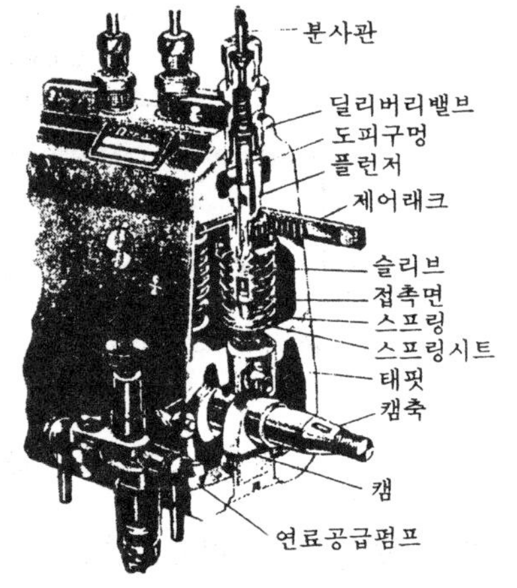

그림 6·49 4 실린더기관용 분사펌프

이를 좀더 구체적으로 설명하면 (a)는 플런저가 상승중의 것이고, 플런저의 상단 ①이 흡입구멍 또는 도피구멍(양 구멍 공히 공통의 연료탱크에 급유관으로 연결되어 있다)의 상단

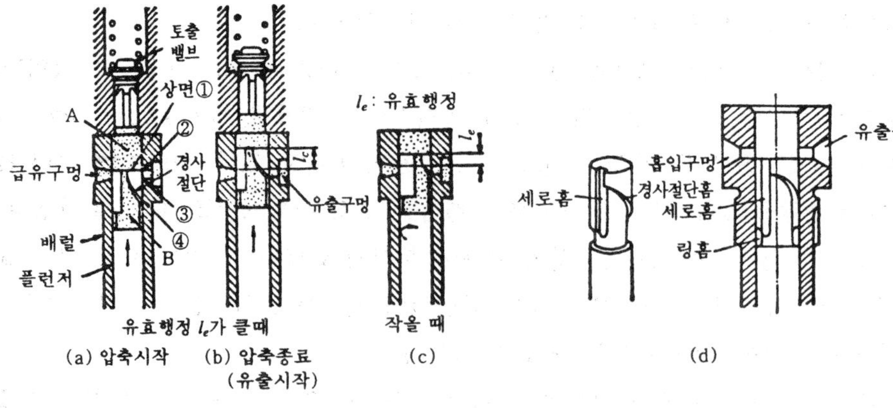

그림 6·50 배럴과 플런저 위치에 따른 분사펌프의 분사량조절

②보다 밑에 있을 때는 연료는 양 구멍으로 밀어내어 압력은 상승하지 않는다. (a)처럼 양 구멍을 플런저의 상단이 통과하는 순간부터 압축이 시작되고 토출밸브를 열어 분사밸브까지의 분사관 내 압력을 높여 분사한다. 한편, 플런저 위쪽 A의 연료는 B부분과 플런저가 절단된 통로를 통하여 있으므로, 플런저가 상승하여 (b)처럼 경사지게 가공한 홈 끝 ④가 도피구멍 아래 끝 ③을 통과하면 A의 연료는 B를 지나 도피구멍으로 나가므로 압력은 내려가 분사는 정지하며 토출밸브가 닫힌다. 이 경우 연료를 공급하는 유효행정(길이)는 l_e이다. 따라서 (c)와 같이 플런저를 돌리면 도피구멍에 접한 홈높이가 변하기 때문에 l_e도 변하고 분사를 시작하는 시기는 언제나 같으나, 분사가 끝나는 점은 변하게 된다. 즉, 플런저를 회전시킴에 따라서 분사량을 조절할 수 있다. 물론 플런저 상단에 경사홈을 만들면 분사가 끝나는 점이 일정하게 되고 분사를 시작하는 시기를 변하게 할 수도 있다. 그림 6・51에 플런저가 움직이는 일련의 작동도를 순서적으로 표시하여 이해하기 쉬울 것이다.

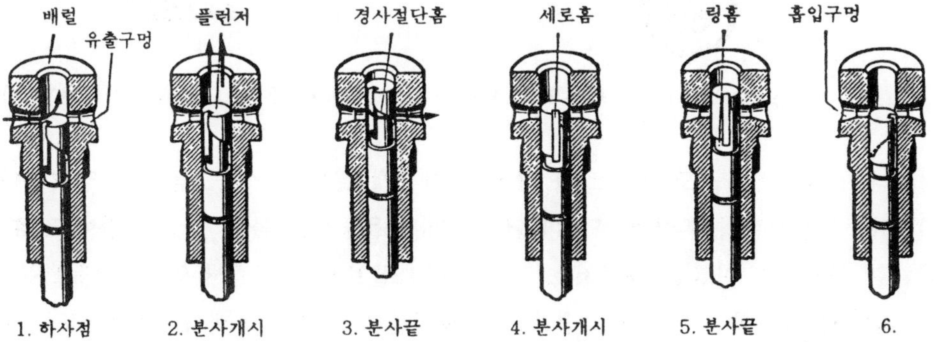

그림 6・51 분사펌프 작동도

그림 6・52는 단실린더용 펌프조립도로, 배럴의 외측통의 밑부분에 플런저의 아래쪽에 있는 테붙이 부분이 꼭 끼어지고, 배럴의 외측통의 윗부분에는 기어가 있으며, 그것과 서 맞물린 래크와 조절봉이 있다. 결국 운전자는 이 조절봉을 움직여서 분사량을 변화시켜 엔진의 출력을 조절한다. 플런저 위쪽에 있는 토출밸브(delibery valve)〔또는 흡수밸브(retraction valve), 감압밸브(reducing valve)라고도 함〕는 체크밸브(check valve)의 작용 외에 그림 6・53과 같이 피스톤 w를 갖고 있어 밸브가 하강하여 그림의 위치가 되었을 때 ω에 의하여 그 상하에 있는 연료가 격리되어지므로 밸브가 닫힐 때까지에 유량 $v_o = (\pi/4)d^2 \cdot s$만큼 분사관 내에서 분사펌프쪽으로 되돌려보내 연료의 체적이 확대되어 그 속의 유압이 내려가므로 분사밸브가 닫힌 후에도 연료가 나오는 2차 분사 또는 후적(after dribble 또는 dripping)이라는 것을 방지할 수 있다. 이때 유량 v_o는 양정 s의 크기에 따라

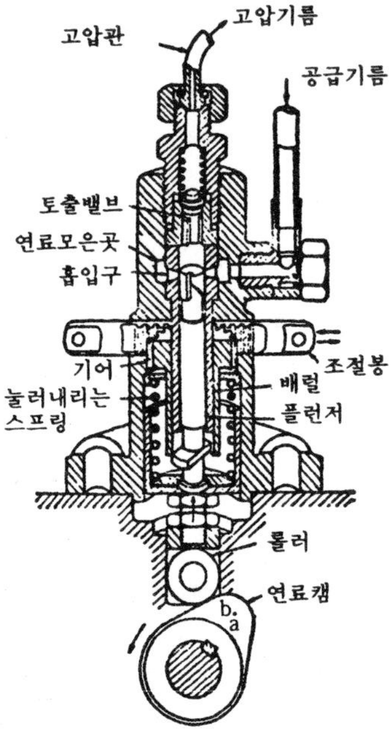

그림 6·52 Bosch 분사펌프의 조립도

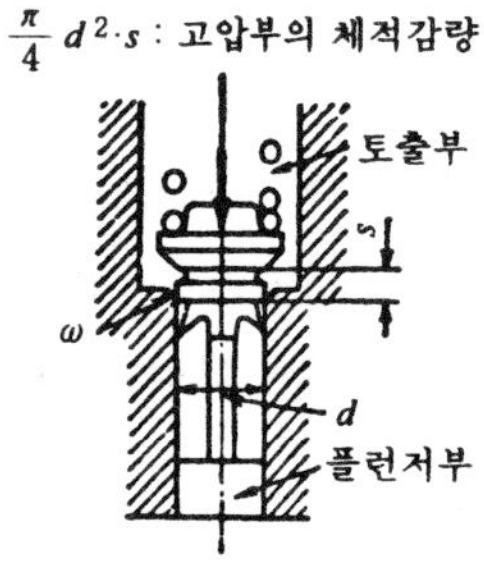

그림 6·53 Bosch 분사밸브의 감압장치

결정된다. 이와 같이 공급된 연료가 급히 완전하게 끝나는 것을 '끊김'이 양호하다고 하고, 이에 따라 디젤기관의 후연소 부분이 단축되어 효율증가는 물론 매연 저감에도 효과적이다.

이처럼 일정량의 연료를 플런저로 밀어내 분사밸브로부터 즉시 연소실 내로 분사하는 펌프를 jerk 펌프라 한다. 이 같은 펌프는 소형기관은 물론 중·대형기관에서도 널리 채용되고 있다. 최근 대형기관에 일정행정식 플런저와 spill port식 분사제어의 Bosch형 분사펌프 사용이 점점 많아지고 있는데 이것은 제작이 쉽고, 취급이 간편하기 때문인 것으로 생각된다.

분사밸브는 구조상 표 6·3과 같이 분류된다.

표 6·3 연료분사밸브

분사밸브 종류			노즐 종류
개방분사밸브			단순 단공노즐 반개방노즐 충돌개방노즐(Junkers)
밀폐분사밸브	자동밸브	홀형	단공홀(single hole)노즐 다공홀(multi hole)노즐
		핀형	핀틀(pintle)노즐 스로틀(throttle)노즐 핀톡스(pintaux)노즐
	기계작동밸브		캠작동 기계노즐

개방노즐은 펌프의 토출밸브와의 사이에 연료를 차단하는 장치가 없고, 분사관과 실린더가 항상 통해 있는 것을 말하며, 밀폐노즐은 노즐과 펌프의 토출밸브와의 사이에 1개의 밸브가 더 있어 분사될 때만 밸브가 열리는 것으로, 이 중에 분사관의 압력이 어느 일정한 값으로 되었을 때 자동적으로 열려 분사하는 것을 자동밸브라 하고, 밸브에 항상 일정한 압력이 작용하고 있어 분사할 때 캠을 이용하여 기계적으로 밸브를 여는 것을 기계적 밸브라 한다.

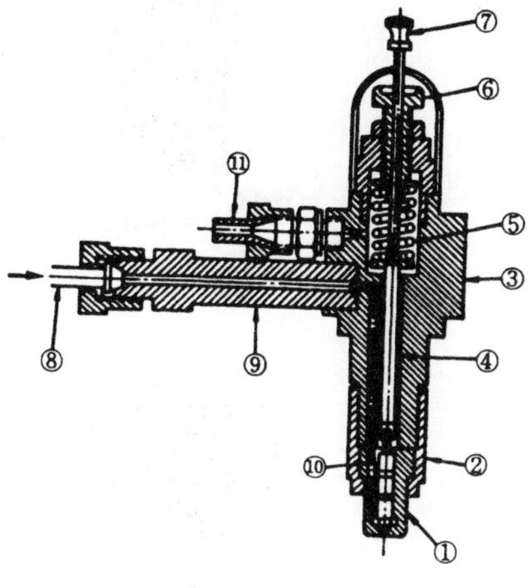

그림 6·54 분사밸브의 예

그림 6·54는 분사밸브의 일례로서 연료는 펌프에 접속되어 있는 분사관 ⑧로부터 ⑨, ⑩을 통하여 노즐 ①에 이르게 된다. ⑨ 속에는 먼지를 제거하는 봉이 들어가 있다. ① 속에 들어 있는 니들밸브는 봉 ④를 거쳐 스프링 ⑤로 누르게 되어 있고 ⑥은 밸브를 여는 압력조절나사로서 운전 중에도 조절할 수 있다. ⑦은 밸브가 작동하고 있는지 어떤지에 대하여, 또는 연료가 분사되고 있는지 아닌지에 대하여 손끝으로 검지할 수 있다. 노즐부에서 누출된 약간의 연료는 ⑪을 통하여 연료탱크로 돌아가게 된다.

그림 6·55 (a)는 핀형노즐을 표시하며 밸브가 열리는 조건은

$$\frac{\pi}{4}(d_1^2 - d_2^2)p_f > F \quad \text{(스프링 힘)}$$

이고, 닫히는 조건은

$$\frac{\pi}{4} d_1^2 p_f < F$$

이다.

그림 6·55 (b)는 주로 직접분사기관에 사용되는 홀노즐로서 분무를 멀리까지 비산시킬 수 있지만, 가는 구멍에 먼지가 낄 염려가 있다. 그것에 대하여 그림 6·55 (c)는 핀틀노즐이라고 하며 노즐 선단의 핀과 구멍과의 간극(틈새)에서 연료가 분출되며, 핀이 상하로 움직이므로 구멍이 막힐 염려는 없다. 더욱이 이 핀이 2단으로 되어 있는 그림 6·55 (d)의 스로틀노즐에서는 밸브가 열리기 시작할 때는 핀의 지름이 d_1으로서 분출면적이 적고, 점선과 같이 완전히 열리면 d_2의 가는 핀과의 사이로 유출한다. 따라서 그림 6·55 (e)의 (d) 곡선과 같이 일종의 파일럿분사(pilot injection)로서 발화지연기간 중의 분사량을 적게 하여 연소의 충격을 부드럽게 하는 작용을 목적으로 하고 있다. 실제로는 노즐상승이 빠르기 때문에 이와 같이 확실한 파일럿분사를 얻기가 어렵다. 또 핀틀에서는 분출구멍 부분에서 연

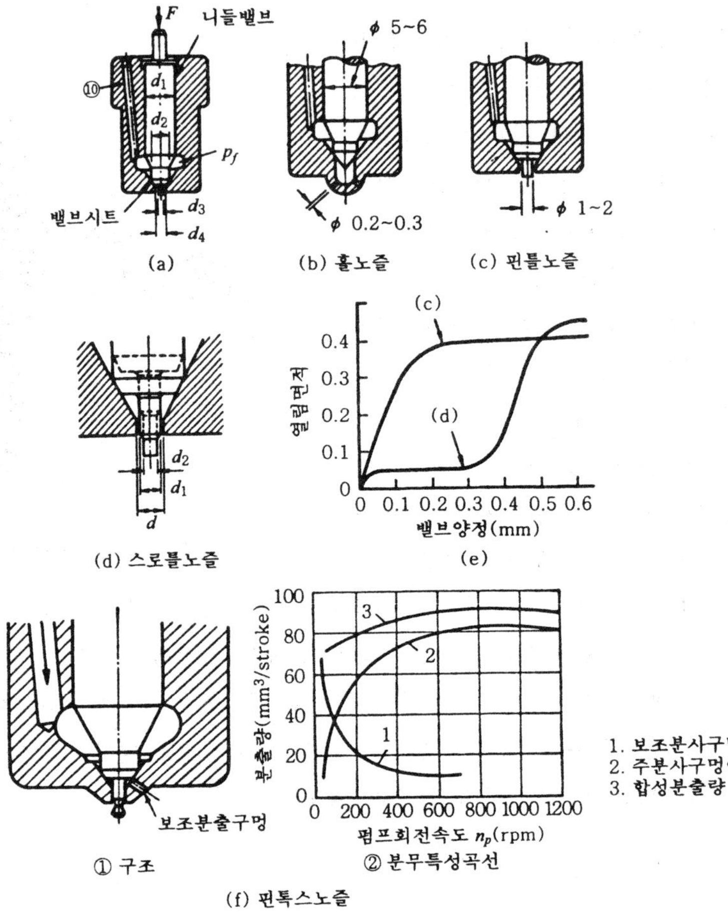

그림 6·55 분사밸브의 종류 및 분무특성
(숫자는 기관의 실린더 지름이 200 mm 이하의 경우)

료와의 접촉면적이 크고 무화(미립화)가 양호하여 부실식 기관에 잘 사용된다. 또, 그림 6·55 (f)는 스로틀노즐에 보조 분출구멍(subsidiary nozzle)을 설치하여 주분사 전에 소량의 연료를 분사한다. 소위 파일럿분사(pilot injection)을 하는 핀톡스노즐(pintaux nozzle)로 ①은 그 형상을, ②는 분무특성곡선을 나타낸다.

② **분배형 펌프**(distributor injection pump) : 디젤기관의 고속화와 펌프의 간소화 때문에 1실린더당 1개의 펌프를 갖고 있는 종래의 방식을 바꾸어, 1개의 플런저로 압축한 연료를 각 실린더의 분사밸브에 분배하는 방식을 분배식 펌프라 하는데, CAV, Bosch, Silto 등의 여러 가지 구조의 것들이 있으며, 각각 독특한 구조와 특징을 가지고 있다.

그림 6·56은 CAV 분배형 펌프의 분해 설명도와 분사계통을 나타낸다. 탱크로부터 펌프가 공급한 연료는 필터를 통과하여 벤형 급유펌프에 들어간 다음 압력조정밸브로 압력이 조절되어 계량밸브(metering valve)로 들어가며, 연료량은 조정레버로 제어되어 일정량의 연료

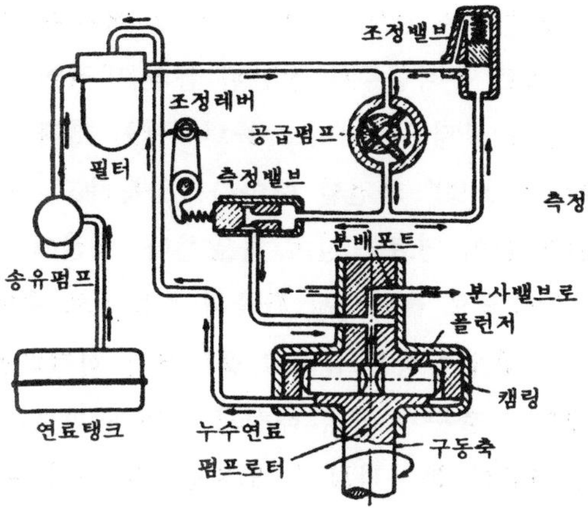

그림 6·56 분배형 CAV 펌프와 분사계통

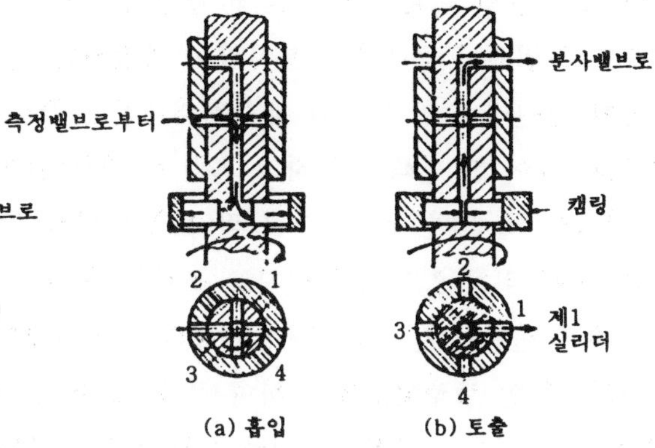

그림 6·57 CAV 펌프의 작동요령도

(양이 조절된 연료)만이 펌프로터에 보내진다. 로터 내에서 서로 마주하고 있는 2개의 플런저 사이에 들어간 연료는 플런저를 둘러싼 캠링(cam ring)으로 밀어서 가압되며, 로터의 분배구멍에서 분사밸브에 공급된다(그림 6·57). 이 펌프의 행정은 가변이고 분사종료를 일정하게 하고 있으며, 분사량은 조정레버에 의해 계량밸브의 플런저 이동을 가감함으로써 한다.

한편, 그림 6·58은 Bosch형 분배식 펌프의 작동도이다. 플런저는 구동축으로 회전시킴과 동시에 캠과 롤러 및 스프링에 의하여 왕복운동을 한다. 플런저의 선단부는 작은 지름으로 되어 있고, 연료를 압축하는 부분이며, 지름이 큰 부분에서 각 실린더로 분배를 한다.

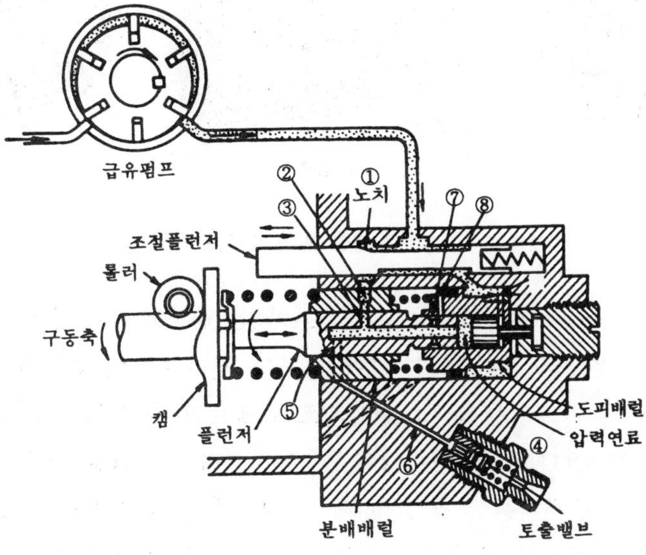

그림 6·58 Bosch식 분배형 펌프의 주요부의 구조

급유펌프로 사전에 압축된 연료는 먼저 조절 플런저에 들어가 절단홈 ①을 통하여 연결구멍 ②로 유입한다. 여기서 조절 플런저가 좌측으로 움직일수록 절단된 홈의 면적이 증가하므로 유입량이 증대하여 분사량이 조절된다. ②의 구멍은 1개이고 플런저에는 ③과 같은 구멍이 실린더 수만큼 있다. 4 실린더에서는 플런저가 90° 회전할 때마다 1왕복하고, 1왕복 중 ②와 ③이 한 번씩 일치하고 그림 6·59 (a)와 같이 연료는 ④로 유입한다. 사전에 압축된 연료는 또 ⑨의 구멍에서 도피(逃避)배럴의 우측으로 들어가서 좌측의 스토퍼로 밀어붙인다. 이때 위치 l은 ⑪의 나사로 조절할 수 있다. 흡입행정을 끝내고 플런저가 회전하면서 압축하여 진행하면, 그림 6·59 (b)와 같이 1개의 토출구멍 ⑤가 배럴의 구멍 ⑥과 일치하고 있는 동안 토출밸브를 통하여 분사밸브에서 연료를 분사시킬 수 있지만, 그 사이 홈 ⑦에 도피구멍 ⑧이 통할 때 압력이 내려가 분사는 끝나게 된다 그 시기는 l에 의한다. 즉, 홈부분의 교축이 크고 분사량이 적을수록 분사시작은 늦어지지만 분사종료는 같은 시기이다. 한편 시동시에는 여분의 분사량이 필요하지만 그때는 급유펌프 회전속도가 낮기 때문에 도피배럴은 스프링에 의하여 우측으로 눌리게 되어 l만큼 분사시간이 길게 된다.

이상과 같이 이 펌프는 1개의 플런저로서 여러 실린더에 고압연료를 보내기 때문에 소형이고, 연료를 예압시켜 플런저에 공급시키기 때문에 흡입시간이 짧고, 행정도 짧아 고속화될 수 있다. 4 행정 4 실린더에서는 최대 6000 rpm까지 가능하다.

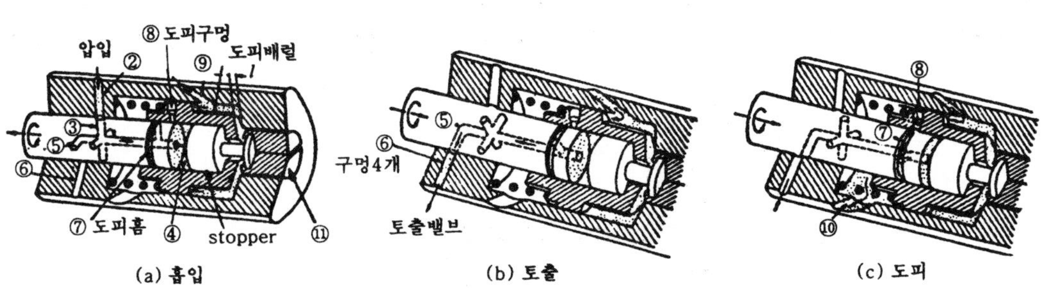

그림 6·59 분배형 펌프의 연료공급방식

③ 노즐펌프(unit injector) : 분사펌프와 분사밸브가 긴 분사관으로 연결되어 있는 일반적인 형식은 펌프를 어느 곳에나 부착할 수 있어 설계상 편리하지만, 펌프와 밸브 사이에 있는 연료의 압축성, 압력파 전파시간 및 그 반사파로서 밸브가 다시 열리는 것 등, 특히 고회전, 고압분사화(종래의 10~30 MPa의 분사압력을 대폭 높여서 무화를 양호하게 하고, 한편 분사시기를 단축한다)를 방해하는 문제가 있다. 그 해결책의 한 가지로 펌프와 분사밸브가 일체화한 것을 각 실린더헤드에 부착하는 방식이 있다. 이런 종류의 것을 유닛 인젝터라고하며 분사압력손실, 분사지연 및 분사종료시 발생하는 후적현상 등의 결점을 없애기 위하여

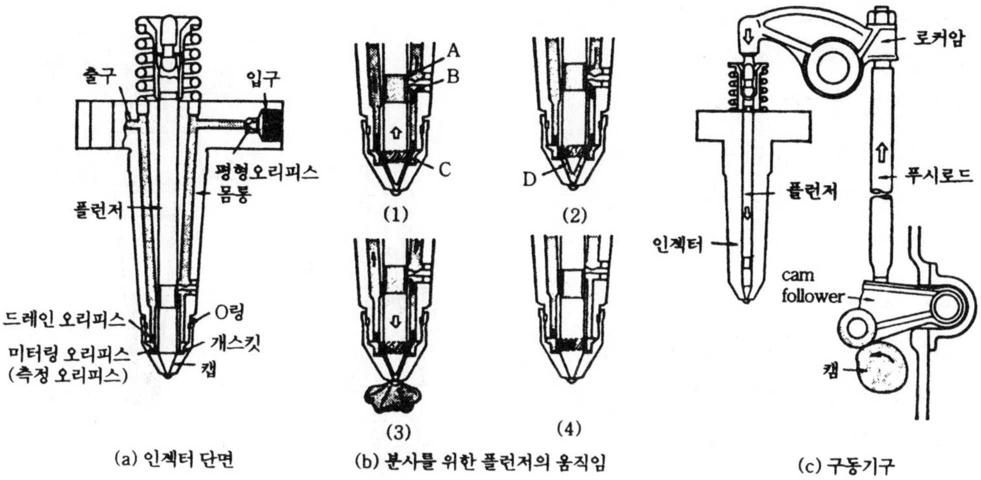

그림 6・60 Cummins의 유닛 인젝터의 작동

개발된 것이다. 그림 6・60은 미국 Cummins사의 예로서, 이 경우는 별도의 예압펌프를 사용하여 엔진 부하 및 회전속도에 대응한 압력으로 연료를 인젝터 입구로 보낸다.

입구의 평형 오리피스는 각 실린더 사이의 분사량을 균일하게 한다. 중앙의 플런저는 그림 6・60 (c)와 같은 캠, 푸시로드 및 로커암 기구로 일정한 행정의 상하운동을 한다. 지금 그림 6・60 (b)에서 (1)과 같이 플런저가 상승하면 A와 B의 통로가 연결되어 연료는 선단부 C의 도넛 형태의 공간에 들어가고 드레인 오리피스로 교축되어 고압을 유지하며, 여기에서 출구방향으로 유출된다.

다음에 (2)와 같이 미터링 오리피스가 열리는 위치에서는 그곳에서부터 연료는 최선단 원추부 D로 유입한다. (3)과 같이 플런저가 하강하여 D의 연료를 가압분사시킨다. 따라서 1회 분사량은 D로의 유입량에 따른다. 이 양은 공급연료의 압력에 의하기 때문에 필요한 분사량이 클수록 또는 고회전시에는 유입시간이 짧기 때문에 이들의 곱에 비례한 압력으로서 예압하여 공급할 필요가 있고, 예압펌프가 그와 같은 작용을 한다. 이 유닛 인젝터에서는 최후에 연료압출 때의 속도를 분출구의 크기에 비하여 크게 하여 최대분사압력이 80~100 MPa까지도 가능하다.

그림 6・61은 GM의 노즐펌프의 단면도와 플런저의 상세도이다. 이 플런저의 토출행정은 기관본체의 흡・배기밸브용 캠축에 설치된 펌프캠에 연결된 푸시로드(push rod)로 하며, 흡입행정은 밸브 위쪽에 설치된 리턴스프링으로 한다. 그림 6・61 (a)에서는 플런저의 윗부분에 가공 절단된 선 A가 흡입구멍을 꽉 막는 분사 초인 곳에서 플런저의 아랫부분에 가공절단된 선 B가 spill port(연료가 빠져나가는 구멍)에 도달되면 고압연료는 플런저의 중앙 세로구멍(縱孔)을 통하여 링 상태의 간극(틈새)으로부터 spill port로 빠져나가 분사는 종료된다. 분사밸브는 니들밸브를 사용하지 않고, 역류방지용 밸브를 가진 홀형노즐을 사용하고 있

으며, 펌프는 일정한 행정을 가진 분사 초와 끝이 모두 가변이다.

④ PT 펌프 및 PT 분사방식 : 이 펌프는 지금까지 기술한 분사펌프와는달리 연료펌프와 분사기(injector)로 구성되어 있다. 분사하는 연료량의 측정은 연료의 압력, 즉 측정할 당시의 압력 P와 분사기에 설치된 연료가 유입하는 오리피스의 개방시간 T에 의해 결정되므로, PT(pressure-time)는 연료분사장치라 부르고, 연료펌프를 PT 펌프, 분사기를 PT 분사기라 한다.

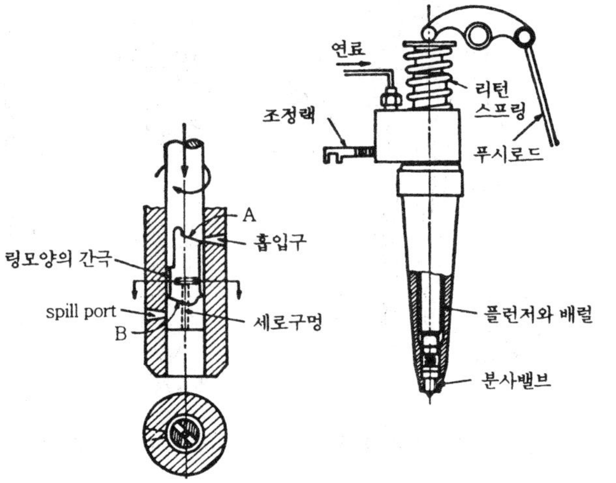

(a) 플런저와 배럴 (b) 전체도

그림 6·61 GM의 노즐펌프

그림 6·62는 연료분사장치의 전체도이고, PT 펌프의 단면요령도이다. 이 펌프는 공급펌프, 조속기, 연료압력제어 버튼(fuel-pressure control button), 각종 속도제어 스프링 등을 내장하고 있다. 그림 6·63은 PT분사기기 단면도로 (a)는 플런저의 작동도, (b)는 플런저의 선단부(노즐)의 확대그림이다. 이 분사기도 기관본체의 캠축으로부터 푸시로드로 눌러 내리므로 분사되고, 분사 후는 스프링의 힘으로 잡아당겨지므로 분사가 종료된다. 플런저에는 그림 6·61의 GM과 같은 절단된 선이 없으며, 선단에 니들밸브가 있으며, 니들밸브의 형상은 분사기 내부의 원추형 모양으로 되어 있다. 이 장치는 Cummins 기관에 사용되어 많은 우수한 기관이 생산되었다.

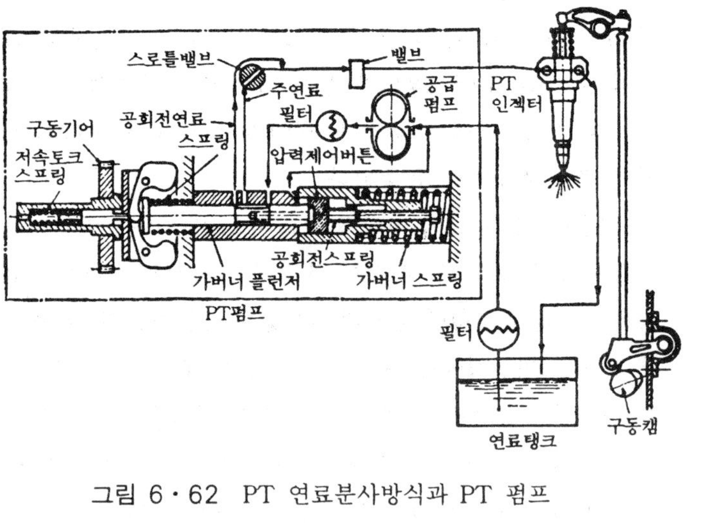

그림 6·62 PT 연료분사방식과 PT 펌프

(3) 분사펌프의 분사량 조절법

디젤기관의 출력조절은 연료의 공급량만으로 하면 되지만, 사이클마다 크랭크각도로서

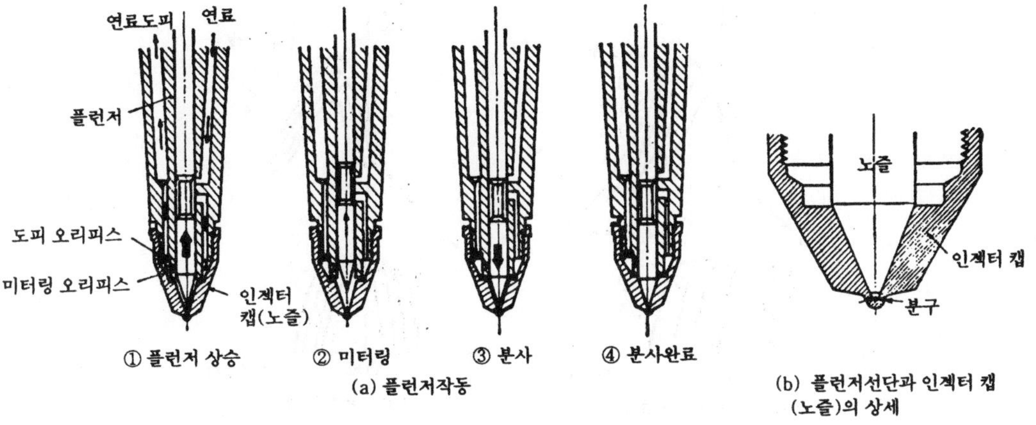

그림 6·63 PT 분사기의 단면도

약 30°CA 이내의 짧은 시간에 분사를 하여야 하기 때문에 분사량 조절에는 여러 가지 메커니즘이 사용되고, 이 메커니즘 차이가 각종 분사장치의 특징이 되고 있다. 작용상으로 크게 분류하면 다음의 두 가지로 나눌 수 있다.

① 분사말기 또는 초기의 시기를 변경시키는 방식

② 압축 중에 일부가 빠져나가게 하는 바이패스 방식

이것들을 알기 쉽게 구조 예로 나타내면, 그림 6·64(a)는 연료공급기간 조절방식으로 대형 저속엔진용으로 캠으로 로터와 연결된 플런저를 왕복시켜 공급관에서 연료를 흡입압축하고 어떤 압력이 되면 토출밸브가 열리어 분사관을 통하여 분사밸브로 토출을 시작한다.

그후 조절봉의 한쪽 끝 ①의 상승으로 ②가 봉 ④를 밀어 ⑤의 도피밸브를 열어 A의 압력을 떨어뜨린다. 그때 토출밸브를 닫히게 하여 분사는 끝나게 된다. 이 도피밸브가 열리는 시기는 ③의 편심바퀴를 회전시켜 ②의 위치를 변화시켜 조절한다.

(b)는 레버를 회전시켜 니들밸브 위치를 변화시키므로 B 내의 연료 도피유량을 조절한다. 그 잔량만이 플런저로 압축되어 토출밸브로 토출된다. 그림 6·65는 그림 6·64(a)의 연료공급기간 조절방법, (b) 바이패스 조절방식에 의한 분사율 및 연소압력의 차이를 표시한 것으로 (a)는 분사시작은

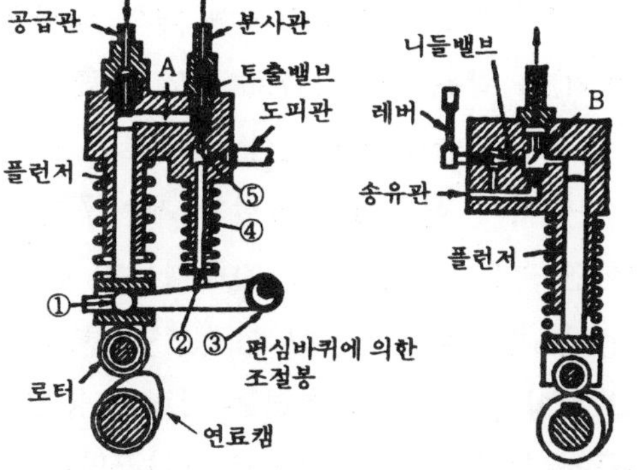

그림 6·64 분사량의 제어방법

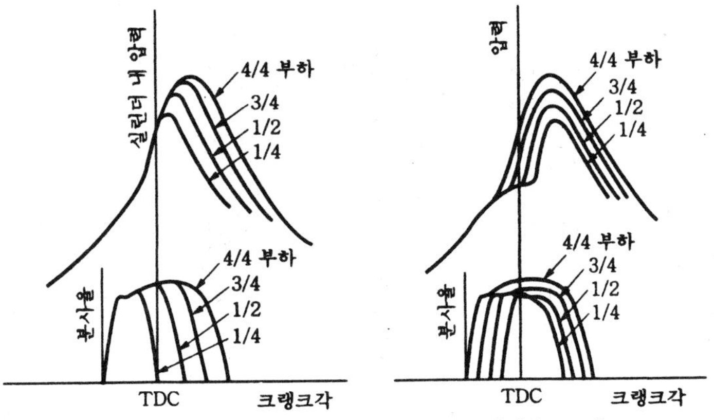

(a) 연료공급기관 조절 (b) 바이패스 조절

그림 6·65 분사량 조절방식의 차이와 연소경과 과정

언제나 같아서 저부하시에는 빨리 끝난다. 이에 대하여 (b)는 저부하시에 분사시작이 늦고 압력상승도 늦어지기 때문에 저부하시에 정숙한 운전을 할 수 있는 특징이 있다. 또 이 방식에서는 B 내의 압력은 플런저 속도에 따라서도 다르기 때문에 니들밸브의 조절은 부하와 회전속도의 양면에서 영향을 미친다.

(4) 연료분사과정

분사펌프 플런저에서 압출된 고압연료는 분사관을 통하여 분사밸브로 보내지는데, 연소실에 부착된 분사밸브 종류에 따라 분사관 내의 압력변화의 상태가 다르다. 분사과정의 압력변화는 노즐에서 분무조건을 지배하므로 연소특성에 크게 영향을 미치게 되어 있다.

① 분사압력 이동개념 : 그림 6·66 (a)는 분사펌프와 분사밸브의 위치관계를, (b)는 분사압력의 변화과정을 나타낸다. 개방형 밸브의 경우는 그림 6·66 (b)에서 플런저가 흡입구멍을 막은 다음부터 플런저실 내의 압력은 상승하기 시작하여 토출밸브실 내 압력 P_{ro}(잔류압력)과 같은 압력점 1로 되면 토출밸브가 열려 고압연료가 유출하기 때문에 분사관 내의 압력은 상승하여 1→2선을 따르고 점 2에 도달되어 개방노즐에서 분사가 된다. 플런저는 더 상승하여 점 3에서 배럴의 제어구멍을 열어, 압력은 점 4까지 급강하하고, 토출밸브실 내의 압력은 P_{ro}로 된다. 자동밸브의 경우도 똑같이 플런저의 상승으로 토출밸브를 열지만, 노즐의 자동밸브는 닫혀 있으므로 분사관 내의 압력은 상승하지만, 그 압력이 니들밸브의 스프링힘, 즉 밸브가 열리는 압력에 도달하여 점 2′에서 니들밸브는 들어올려져 연료는 노즐에서 분사된다. 점 3′에서 제어구멍이 열려 압력이 급강하하고, 점 4′에서 니들밸브는 닫혀 분사는 끝난다. 한편, 그림 6·53에서 토출밸브의 s작용〔분사관 내에서 펌프로 빨아들이는 현상〕으로 분사관 내의 압력은 더욱 저하하여 점 5′까지 감압되어 잔류압력은 P_{ra}로

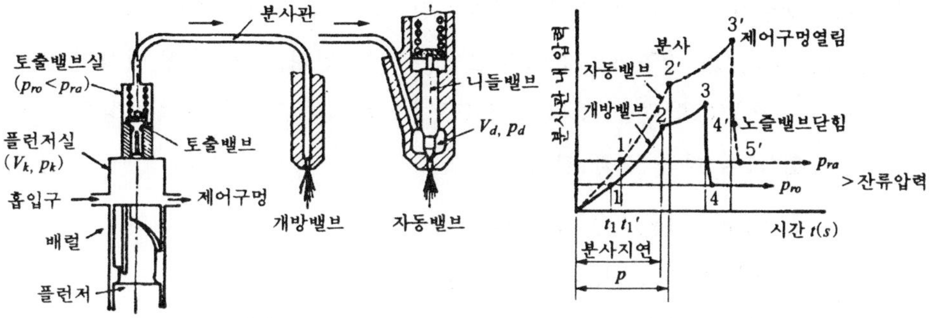

(a) 분사펌프와 분사율 (b) 분사압력추이(요령도)

그림 6·66 분사관 내 압력변화의 설명도

된다. 일반적으로 P_{ra}는 P_{ro}보다도 크다.

② 분사과정의 압력파 전파 : 펌프와 분사밸브 사이에서 주로 분사관 내 연료가 플런저로 가압되는 과정은 저회전의 경우 분사기간이 비교적 길 때(정적인 상태)에는 탄성유체인 연료의 압축량에 상당한 만큼의 압력상승이 곧바로 전체연료, 즉 분사밸브 부근에까지 발생한다고 생각해도 좋다. 그러나, 고속기관과 같이 수 m/s 사이에 분사가 완료될 만큼 빠른 현상이 긴 관을 전파하는 경우는 전파속도인 매체의 음속 a(연료에서는 약 1500 m/s)를 무한대라고 생각할 수는 없다. 예를 들어 2500 rpm에서 0.5 m의 분사관을 전파하는 기간은 크랭크각도로 5°CA에 상당한다. 따라서, 각 경우의 분사관 내에서 분사압력이 전파하는 과정을 알아보기로 하자.

a) 분사관 내의 단면적이 균등한 경우의 압력파의 전파 : 연료가 플런저로 가압되어 분사관 내를 통하여 노즐에서 분사될 때의 압력전파를 기술하기 전에 우선 간단한 균등한 단면적을 갖는 도관 내의 압력파 전파를 검토해 보자. 그림 6·67에서 관의 전체 길이 L, 단면적 F의 관내 압력 P_o, 비중량 γ_f의 연료가 정지한 상태에 있다고 하자. 여기서 플런저가 1의 위치에서 돌연 속도 v_p(플런저 속도)로 Δt시간 움직여 2의 위치에 정지했다고 하자. 이때의 압력상승률 ΔP_o, 비중량의 증가를 $\Delta\gamma_f$, 전파속도를 v_s라 한다. 그림 6·67 (a)에서 플런저에 접한 기름면 2부분의 속도는 v_p, 압력은 ΔP_o만큼 상승하고, 이것이

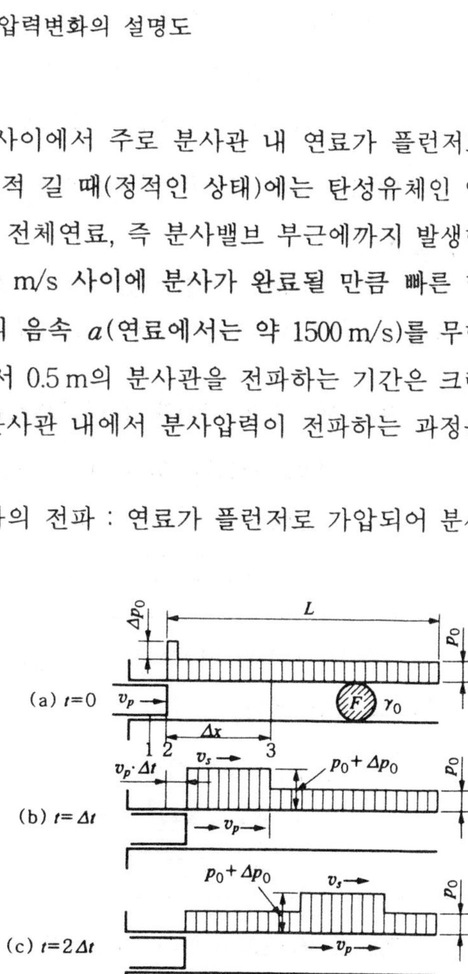

그림 6·67 균등한 단면적을 갖은 관내의 압력과 속도변동(노즐이 없는 경우)

시간 Δt 동안에 Δx 진행하였다고 하면, 전파속도 v_s는 $\Delta x/\Delta t$로 된다. 기름기둥 2-3의 질량은 $(\gamma_f/g)\cdot F\cdot \Delta x$, 가속도는 $v_p/\Delta t$로 된다. 플런저에 접하여 있는 기름층은 $(P_o+\Delta P_o)$의 압력을 갖고 있으므로, 기름기둥 2-3의 운동방정식은 외부 힘을 $F\cdot \Delta P_o$로 하여 다음 식과 같다.

$$F\cdot \Delta P_o=(\gamma_f/g)\cdot F\cdot \Delta x(v_p/\Delta t)$$

$$\therefore \Delta P_o=(\gamma_f/g)(\Delta x/\Delta t)\cdot v_p \qquad (6\cdot 24)$$

SI 단위의 경우는 γ_f/g를 ρ로 하면 된다.

기름기둥 Δx는 플런저에 의해 $v_p\cdot \Delta t$만큼 압축되므로 기름기둥의 압력상승은 다음 식과 같이 구할 수 있다.

$$\Delta P_o=E\cdot F\cdot v_p\cdot \Delta t/(F\cdot \Delta x)=E\cdot v_p(\Delta t/\Delta x) \qquad (6\cdot 25)$$

여기서, E= 연료의 체적탄성계수(bulk modulus) [kg_f/m^2] [Pa]

• **참고**
체적 V의 연료를 ΔV만큼 압축하는데 ΔP_o의 압력을 필요로 한다면 다음 관계가 성립한다.
$\Delta P_o=E(\Delta V/V)$, 여기서 E=체적탄성계수

따라서, 식 (6・24)와 (6・25)으로부터 다음 식을 얻을 수 있다.

$$(\gamma_f/g)(\Delta x/\Delta t)v_p=E\cdot v_p(\Delta t/\Delta x)$$

$$\therefore (\Delta x/\Delta t)^2=E\cdot g/\gamma_f$$

$$\therefore v_s=\sqrt{E\cdot g/\gamma_f}=a_s \qquad (6\cdot 26)$$

SI 단위의 경우는 연료밀도 ρ_f[kg/m^3]로 하면 다음과 같다(이후의 식 중의 g/γ_f는 $1/\rho_f$로 하면 된다).

$$\rho_f(\Delta x/\Delta t)v_p=E'\cdot v_p(\Delta t/\Delta x)$$

$$\therefore (\Delta x/\Delta t)^2=E'/\rho_f$$

$$\therefore v_s=\sqrt{E'/\rho_f}=a_s \qquad (6\cdot 26')$$

또, 식 (6・25)와 (6・26)으로부터 다음 식을 얻을 수 있다.

$$\Delta P_o=E(v_p/v_s)=(E/a_s)v_p \qquad (6\cdot 27)$$

식 (6・26)은 기름 속의 음속을 나타내고 있고, 윗식의 압력상승 ΔP_o은 플런저의 속도 v_p에 비례함을 알 수 있다. 그림 6・67 (b)는 $t=\Delta t$의 압력분포를 나타낸다.

여기서, 플런저는 다시 정지하기 때문에 플런저 선단의 기름속도는 0, 압력$=P_o$의 파가 발생하여 음속 a로 전파하여 압력$(=P_o+\Delta P_o)$파는 고립파(isolated wave)로서 전파하고, $t=2\Delta t$에서의 압력분포는 그림 6・67 (c)처럼 된다.

b) 분사펌프와 분사밸브가 연결된 관내의 압력파의 전파 : 그림 6・68은 펌프와 분사밸브(개방밸브)가 연결된 관내 압력과 속도변화를 나타낸 것으로, 관내의 압력파의 전파과정을 생각해 보자. 면적 F_1인 플런저가 1위치에서 속도 v_1으로 우측으로 이동하여 길이 L, 단면적 F_2인 분사관 내에 압력파가 전파되어 관의 선단에 부착된 단면적 F_3의 개방노즐에서 연료를 분사하는 것으로 하자. 플런저가 급격히 속도 v_1으로 되어 Δt시간 후에는 급정지한 때의 기름기둥의 속도는 식 (6・26)으로 구할 수 있으므로, 관의 길이 L 내를 전파하는 시간 Δt는 다음 식으로 구할 수 있다.

$$\Delta t=L/v_s \tag{6・28}$$

관내의 기름은 최초에는 정지하고 있으므로 '0'이지만, 플런저가 v_1으로 움직이면 점 2의 속도 v_2는 다음 식과 같이 나타낼 수 있다.

$$v_2=v_1(F_1/F_2) \tag{6・29}$$

이처럼 2의 기름은 '0'에서 급격히 $v_2=\Delta v_o$만큼 가속되어 압력상승 ΔP_o은 식 (6・27)과 같이 다음 식으로 나타낸다.

$$\Delta P_o=(E/a_s)\Delta v_o=(E/a_s)v_2 \tag{6・30}$$

따라서, 관내의 기름은 '0'에서 급격히 속도 v_2로 되어 압력은 최초의 P_o에서 $(P_o+\Delta P_o)$로 상승하여, 이 압력과 속도$(P_o+\Delta P_o$와 $v_2)$는 음속 $v_s=a_s$로 관내를 전파하게 된다.

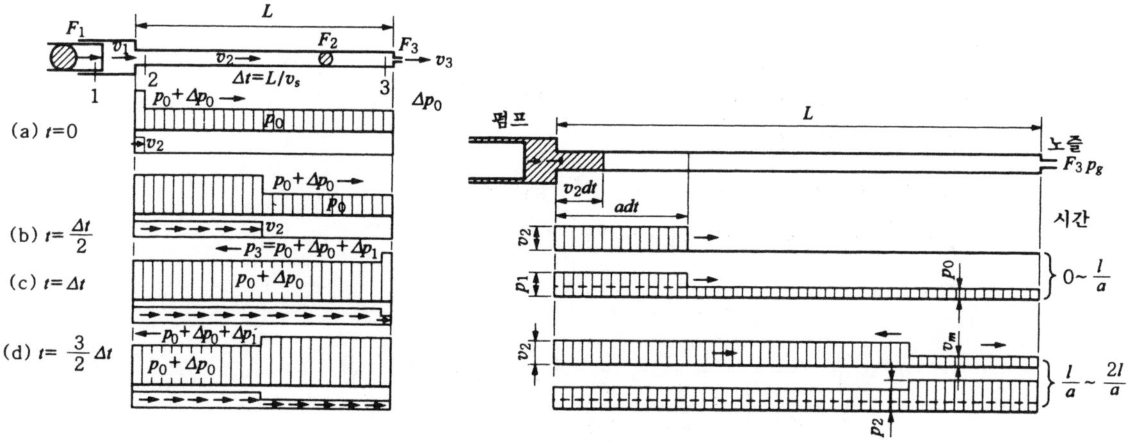

그림 6・68 분사관 내의 압력과 속도변동(pump와 노즐부착)

● **참고**

즉, Δt시간 후에 압력파는 $a_s \Delta t$까지 진행한다. 그 사이에 유입한 연료의 길이는 $v_2 \Delta t$이므로, 유입 전에 $F_2 a_s \Delta t$이었던 연료가 $F_2(a_s \Delta t - v_2 \Delta t)$로 압축되어 압력이 P_o에서 $P_o + \Delta P_o$로 상승하여 비중량 γ_1에서 γ_2로 증대된다. 압축 전·후의 연료의 중량은 변하지 않으므로

$$\gamma_1 F_2 a_s \Delta t = \gamma_2 F_2 (a_s - v_2) \Delta t$$

$$\therefore 1 - \frac{v_2}{a_s} = \frac{\gamma_1}{\gamma_2} \qquad \text{(a)}$$

γ_1, γ_2는 압축 전·후의 기름의 비중이다.

기름의 체적탄성계수를 E(약 2000 kg/cm^2)로 하면, 체적탄성계수의 정의[$E = \Delta P / (\Delta V / V)$]에 따라(여기서 $P_2 = P_0 + \Delta P_0$, $P_1 = P_0$)

$$\frac{P_2 - P_1}{E} = \frac{\text{압축체적}}{\text{원래체적}} = 1 - \frac{\gamma_1}{\gamma_2}$$

즉,

$$1 - \frac{P_2 - P_1}{E} = \frac{\gamma_1}{\gamma_2} \qquad \text{(b)}$$

식 (a)와 식 (b)으로부터

$$P_2 - P_1 = v_2 E / a_s \qquad \text{(c)}$$

즉, 발생하는 압력파의 크기는 유입속도 v_2에 비례한다.

펌프 내의 압축은 길이가 짧으므로 정적압축이라 생각하고 또 그 체적이 작으면 기름의 탄성을 무시할 수 있으므로 플런저속도를 v_1, 단면적을 F_1으로 하면

$$v_2 = F_1 v_1 / F_2 \qquad \text{(d)}$$

음속 a_s는 관의 변형을 고려하여

E_s = 관벽의 탄성계수 = 2.15×10^{10} [kg/m^2](강관),

d/s = 관의 안지름/관벽의 두께 = 1,

E = 기름의 체적탄성계수 = 2×10^8 [kg/m^2],

γ_f = 기름의 비중 = 900 [kg/m^3]

로 하면

$$a_s = \sqrt{\frac{1}{\dfrac{\gamma_f}{g}\left(\dfrac{1}{E} + \dfrac{1}{E_s} \times \dfrac{d}{s}\right)}} = 1462 \text{ [m/s]}$$

여기서, 관의 변형이 없다고 가정하면 $E_s = \infty$가 되므로, $a_s = \sqrt{E \cdot g / \gamma_f} = 1475$

[m/s]로 되어 그 차이는 1% 이내이므로 관의 변형을 고려할 필요는 없다.

관의 길이가 L[m]이므로 L/a_s초 후에는 압력파는 노즐에 도달하고 기름의 운동은 정지하고, 그 대신 압력은 $P_o+\varDelta P_o$에서 $P_o+\varDelta P_o+\varDelta P_1$으로 상승한다.

만약, 관 끝에 있는 단면적 F_3의 노즐에서 연료가 분출한다면 기름의 운동은 정지하지 않고 분사속도에 상당하는 관내 속도로 움직여 노즐을 통과하는 속도 v_3은 점 3에서의 압력을 P_3, 실린더 내의 가스압력을 P_g로 하면 다음과 같다.

$$v_3=\sqrt{(P_3-P_g)2g/\gamma_f} \tag{6·31}$$

노즐 직전에서 관내의 기름속도 ${}_2v_3$는 다음과 같이 나타낼 수 있다.

$${}_2v_3=v_3(F_3/F_2)=(F_3/F_2)\sqrt{(P_3-P_g)2g/\gamma_f} \tag{6·32}$$

이 식에서 γ_f의 압력에 따른 변화는 간단하게 하기 위해 생략하기도 한다.

그런데, 앞에서 언급한 바와 같이 압력파는 속도 v_2로 진행하여 노즐쪽으로 오기 때문에 $v_2\neq{}_2v_3$로 되어 속도 변화가 일어난다. 여기서 $\varDelta v_1=v_2-{}_2v_3$로 하면 다음과 같다.

$$\varDelta v_1=v_2-(F_3/F_2)\sqrt{(P_3-P_g)2g/\gamma_f} \tag{6·33}$$

이 $\varDelta v_1$은 노즐 끝에서 반사되어 동시에 압력상승 $\varDelta P_1$이 생기므로 P_3는 다음과 같다.

$$P_3=P_o+\varDelta P_o+\varDelta P_1 \tag{6·34}$$

따라서, 식 (6·33)은 다음과 같이 다시 쓸 수 있다.

$$\varDelta v_1=v_2-(F_3/F_2)\sqrt{\{(P_o+\varDelta P_o+\varDelta P_1)-P_g\}(2g/\gamma_f)s} \tag{6·35}$$

$\varDelta v_1$에 의한 반사파의 상승분 $\varDelta P_1$은 다음 식으로 된다.

$$\begin{aligned}\varDelta P_1&=(E/a_s)\varDelta v_1\\&=(E/a_s)\{v_2-(F_3/F_2)\sqrt{\{(P_o+\varDelta P_o+\varDelta P_1)-P_g\}(2g/\gamma_f)}\}\end{aligned} \tag{6·36}$$

따라서, 식 (6·36)은 $\varDelta P_1$의 2차 방정식이므로, $\varDelta P_1$을 구할 수 있으며, 또 식 (6·35)에서 $\varDelta v_1$을 구할 수 있다.

(5) 관내 압력파 전파의 도식해법

관내 압력파 전파는 다음과 같이 하여 도식적으로 구할 수 있다.

식 (6·30)에서 다음과 같은 관계를 얻을 수 있다.

$$\Delta P_o / \Delta v_o = E / a_s = \text{일정} \tag{6·37}$$

여기서, 윗식의 일정한 관계를 $\tan\alpha$로 한다면

$$\Delta P_o / \Delta v_o = \tan\alpha \tag{6·38}$$

즉, 속도가 Δv_o만큼 변화하면 압력도 비례하여 ΔP_o만큼 변화함을 의미하며, 변화 직전의 경사각이 α로 된다.

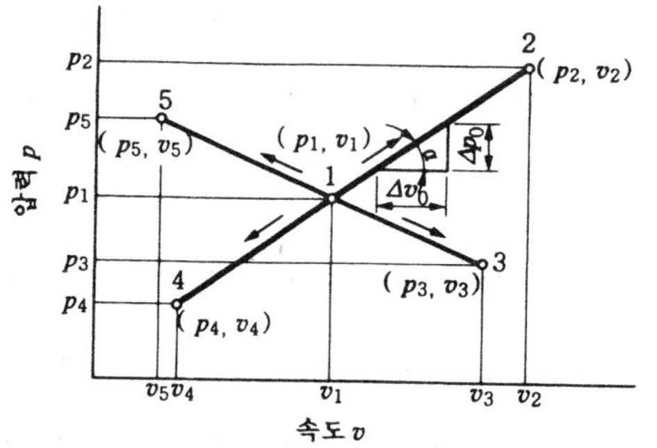

그림 6·69 압력-속도 선도상의 상태변화

그림 6·69에서 "1"의 상태 (P_1, v_1)이 (P_2, v_2)로 변화하여 $P_2 > P_1$, $v_2 > v_1$라고 한다면 이 상태변화는 "1"→"2"를 나타낸다. 따라서 그 외의 상태 "3", "4", "5"에 대하여 각각 다음과 같이 된다.

상태 "3", $P_3 < P_1$, $v_3 > v_1$, 즉 "1"→"3"으로 이동

상태 "4", $P_4 < P_1$, $v_4 < v_1$, 즉 "1"→"4"로 이동

상태 "5", $P_5 > P_1$, $v_5 < v_1$, 즉 "1"→"5"로 이동

이상의 것으로부터 분사펌프와 분사밸브가 연결된 관내의 압력파 전파의 선도는 다음과 같이 그릴 수 있다. $t=0$에서 속도 v가 "0"에서 급격히 $v = \Delta v_o = v_2$로 되면, 그 상태는 그림 6·70에서 가로축과 α의 각도를 이루는 $\overline{ab}$로 나타내어진다.

AB선상의 점 b는 관내에서 $v_b = \Delta v_o$, $P_b = P_g + \Delta P_o$로 된 상태이다.

다음은 노즐근처에서 Δv_o가 감소하고 압력은 ΔP_1만큼 상승한 상태는 $\overline{bc}$로 표시된다. 따라서, 유출곡선상의 점 c는 점 b의 상태의 것이 속도를 $v_2 - {}_2v_3$만큼 떨어뜨려 압력을 ΔP_1만큼 높인 상태를 나타내므로 점 c의 상태는 $P_c = P_g + \Delta P_o + \Delta P_1$, $v_c = \Delta v_1 = v_2 - {}_2v_3$로 되고, Δv_1은 다음 식으로 나타내어진다.

$$\Delta v_1 = \Delta v_o - (F_3 / F_2)\sqrt{(P_o + \Delta P_o + \Delta P_1 - P_g)2g / r_f} \tag{6·39}$$

다음은, $(-\Delta v_1)$란 속도파가 관의 펌프쪽 끝에 도달하여도, 펌프 끝에서의 속도는 전과 다름없이 $\Delta v_o = v_2$로 유지되어 있으므로, Δv_1에 상당하는 압력 ΔP_2만큼 압력은 상승하기 때문에 $P_d = P_g + \Delta P_o + \Delta P_1 + \Delta P_2$로 되고, 그 상태는 점 d로 된다. 이처럼 하여 점 z에 도달하면 속도는 Δv_o로 되어 정상상태로 된다.

여기서, 점 h의 펌프쪽 관내에서 $\Delta v_o = v_2$의 기름속도가 급격히 "0"로 되면, i의 상태로

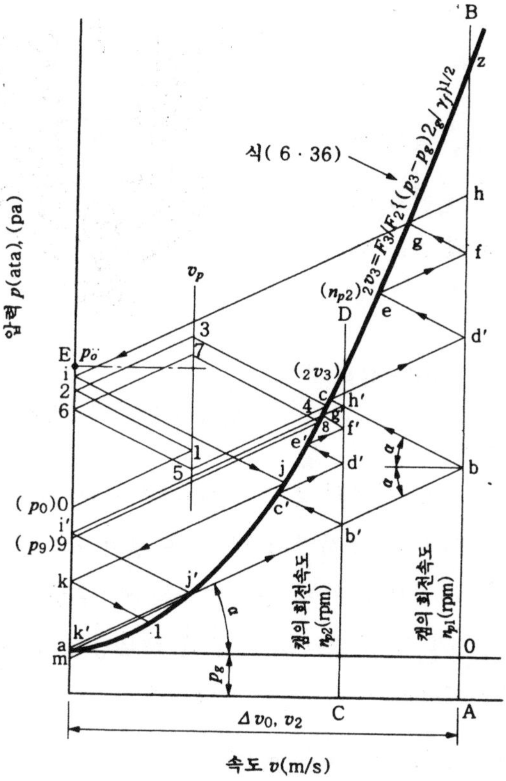

그림 6·70 분사관 내 압력과 속도의 도식해법

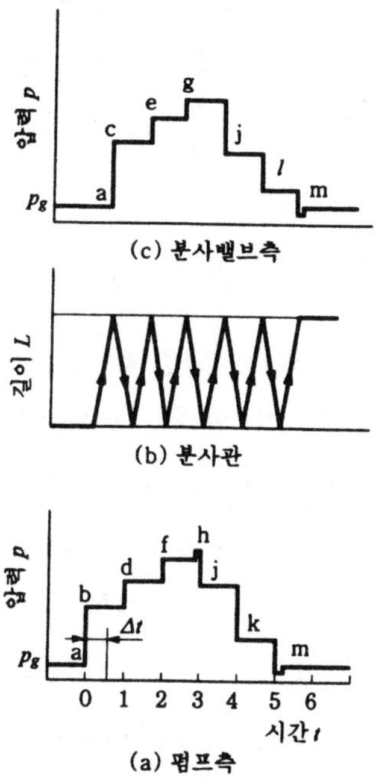

그림 6·71 압력변화의 경과선도

된다. 한편, 노즐쪽에서는 i의 상태가 점 j에 도달할 때까지는 g의 상태가 유지되며, 이후 g→i→j→k→l→m과 같이 압력은 저하한다. 점 m의 압력이 가스압력 P_g보다 저하하면 분사는 정지하고, P_g와 같게 된다.

이상은 펌프의 축회전속도 n_{p_1}일 때로 수직선 AB를 이용하였으나, 만약 회전속도가 n_{p_2}일 때는 CD선을 이용하여 같은 방법으로 조작하여 압력과 속도를 구할 수 있다. 또, 여기서 도식으로 구한 압력과 경과시간과의 관계를 그림 6·71에 나타낸다. (a)는 펌프쪽, (b)는 관내 압력파의 전파상황, (c)는 분사밸브측의 압력변화로, 시간은 $\Delta t = L/vs$이다. 이와 같은 현상의 선도를 전파경력선도(historical diagram)라 부른다.

(6) 자동밸브의 분사과정

그림 6·72에 나타내는 자동밸브에서 연료는 A에서 압력 p_f로 압력실(pressure chamber) V_d에 유입하는데, 니들밸브 B는 밸브시트(valve seat)에 스프링 힘으로 눌려 있으므로, 연료의 압력파는 스프링 힘 P를 넘을 때까지, 즉 밸브가 열리는 압력 p_0를 넘을 때까

지 왕복운동을 계속하며, $p_{ö}$는 다음 식으로 나타내어진다.

$$p_{ö}=P/(f_1-f_2) \qquad (6\cdot 40)$$

여기서, f_1=플런저의 단면적(지름 d_1), f_2=니들밸브 시트의 면적(지름 d_2), 밸브가 한 번 열리면 압력은 밸브의 전단면적 $f_1=\left(\frac{\pi}{4}\right)d_1^2$에 작용하여 그 압력 p는 다음 식으로 나타낸다.

$$p=P/f_1=p_c \qquad (6\cdot 41)$$

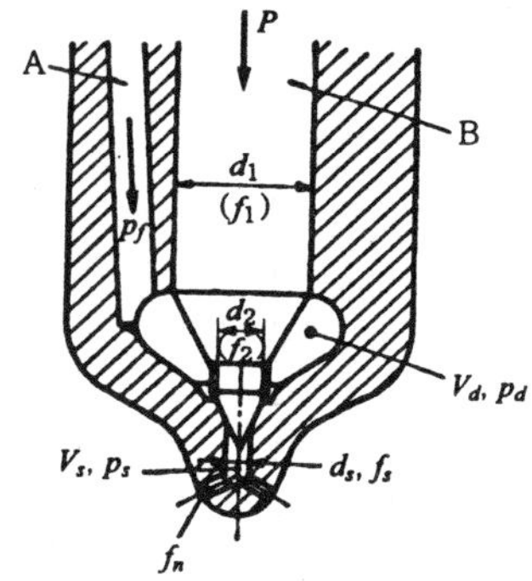

그림 6·72 자동밸브의 원리

이 p_c를 밸브가 닫힐 때 압력으로 취급한다.

밸브가 열리면 압력실 내의 연료는 밸브와 밸브시트의 간격을 통하여 밸브시트 밑의 공간(sack chamber) V_s에 들어가 노즐에서 분사된다. 분사가 끝날 즈음 밸브가 닫히기 시작하면 V_s 내의 압력 p_s는 p_d보다 낮게 된다. 여기서, 노즐의 총단면적을 f_n, 유량계수를 α_n으로 하고, 밸브와 밸브시트 사이의 통과면적과 그 유량계수는 공히 밸브양정 h_v에 비례(상수 $=\phi$)하는 것으로 생각하면 연속조건으로부터 다음 식이 성립한다.

$$\alpha_n\cdot f_n\cdot\sqrt{2g\cdot r_f\cdot p_s}=\phi\cdot h_v\cdot\sqrt{2g\cdot r_f(p_d-p_s)}$$

$$\therefore \alpha_n\cdot f_n\cdot\sqrt{p_s}=\phi\cdot h_v\cdot\sqrt{p_d-p_s}$$

이 식을 다시 변형하면

$$p_d/p_s=\{(\alpha_n\cdot f_n)/(\phi\cdot h_v)\}^2+1$$

$$p_s=p_d/\left\{\left(\frac{\alpha_n\cdot f_n}{\phi\cdot h_v}\right)^2+1\right\}=p_d/\phi^2(h) \qquad (6\cdot 42)$$

여기서, $\phi^2(h)=\left(\frac{\alpha_n\cdot h_n}{\phi\cdot h_n}\right)^2+1$

한편, 압력실 내의 연료압력 p_d와 밸브스프링 힘(정수 k)과의 균형은 다음 식으로 된다.

$$(f_1-f_2)p_{ö}+k\cdot h=(f_1-f_2)p_d+f_s\cdot p_s \qquad (6\cdot 43)$$

여기서, 밸브스프링의 부착양정을 h_o로 한다면 $P=k\cdot h_o=p_{ö}(f_1-f_2)$로 된다. 따라서, 윗식은 다음과 같이 된다.

$$k(h+h_o)=(f_1-f_2)p_d+f_s\cdot p_s$$

윗식에 식 (6·46)을 대입하면 다음 식을 얻을 수 있다.

$$k(h+h_o)=(f_1-f_2)p_d+\{f_s\cdot p_d/\phi^2(h)\}$$
$$=p_d\{\phi^2(h)(f_1-f_2)+f_s\}/\phi^2(h)$$
$$\therefore p_d=k(h+h_o)\phi^2(h)/\{\phi^2(h)(f_1-f_2)+f_s\} \qquad (6\cdot44)$$

밸브 열림이 큰 동안은 $f_n \ll \phi h_v$로 간주되므로 $\phi^2(h)\fallingdotseq 1$, 따라서 다음 식과 같다.

$$p_d=k(h+h_o)/(f_1-f_2+f_s)=\{1+(h/h_o)\}kh_o/(f_1-f_2+f_3)$$
$$=\{P/(f_1-f_2+f_s)\}\{1+(h/h_o)\} \qquad (6\cdot45)$$

일반적으로 $f_2\fallingdotseq f_s$로 간주되므로 다음 식을 얻을 수 있다.

$$p_d\fallingdotseq(P/f_1)\{1+(h/h_o)\}\fallingdotseq p_c\{1+(h/h_o)\} \qquad (6\cdot46)$$

그림 6·73은 자동밸브에서 분사과정을 나타내는 것으로 관내에는 앞 사이클의 잔압 p_o가 남아 있다. 플런저가 움직이기 시작하여 펌프 내의 기름을 압축하고 t_1초 후 그 압력이 잔압 p_o를 넘으면 토출밸브가 열려 관내의 압력이 상승하기 시작한다. 그 압력은 $t_2=L/a_s$초 후 노즐에 도달하고 노즐측의 압력도 상승을 시작한다. 그러나 이 압력으로는 아직 밸브를 여는 데 충분치 않으며 한 번 전체가 반사되어 제2파가 왔을 때 밸브스프링의 힘에 이겨내어 열리기 시작한다(관내 유속이 높을 경우에는 최초의 압력파로 열린다).

이때의 압력은 니들의 마찰, 관성 때문에 식 (6·40)으로 계산한 $p_{\dot{o}}$보다도 높은 것이 보통이다. 플런저가 기름을 압축하기 시작하여 밸브가 열리기까지의 시간을 분사지연이라고 하며, 그림에 나타낸 바와 같이 $t_1+t_2+t_3$로 되어 있다. t_1은 펌프 내에서 토출밸브가 열리기까지 압축되는 시간, t_3는 잔압에서 밸브가 열리는 압력까지 상승하는 시간이며, 모두 회전속도가 높게 되면 짧아진다. 저회전에서는 제2파, 제3파에서

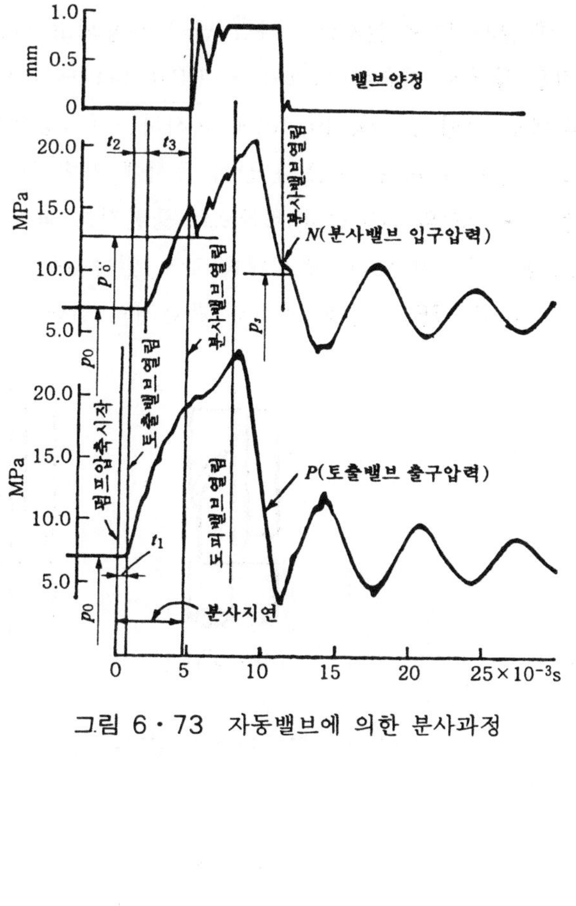

그림 6·73 자동밸브에 의한 분사과정

밸브가 열리기 때문에 t_3는 매우 길어진다. 그러나 $t_2 = L/a_s$는 일정하므로 어느 회전속도 이상에서는 고속이 될수록, 또 p_o가 낮아질수록 분사지연각은 크게 된다.

니들밸브가 올라가면 분사계의 체적이 증가되는 것과 일부 연료가 분사되기 때문에 압력은 일시 내려간다. 그러나 이 영향은 펌프로 가기까지에는 감쇠되어 P곡선에는 나타나지 않는다. 그 사이에 플런저의 속도가 증가되기 때문에 밸브가 열려도 압력은 더욱 상승한다. 도피구멍이 열리기 시작하여도 최초는 작게 열리므로 펌프 송출량의 편이 많으며 압력은 여전히 다소 올라가고, 도피구멍이 크게 열리면 P곡선은 갑자기 내려가며 다소 뒤늦게 N곡선이 내려간다. 압력이 내려가면 니들밸브는 닫히나 기름의 운동이 갑자기 정지되기 때문에 진동이 일어난다. 이 진동의 주기는 P, N 양곡선 모두 같으나 위상은 180° 달라진다. 이 진동이 너무 크면 밸브가 재차 열려 2차 분사가 행해지며 불완전연소를 일으킨다.

(7) 분사과정에서의 각종 사항

연료분사과정 중에는 여러 가지 중요한 사항이나 현상이 있으며, 이들은 그 어느 것이나 기관의 성능과 밀접한 관련이 있다. 즉, a) 분사시기(injection timing)와 분사량, b) 분사율(rate of discharge 또는 injection), c) 간헐분사(double stroking), d) 이상분사(abnormal injection), e) 분사 끝맺음과 후적(after dripping) 등이 있다.

① 분사시기와 분사량 : 가장 널리 사용되고 있는 Bosch 펌프의 분사시기와 분사량의 조절은 앞에서 기술했던 그림 6·50에 나타낸 플런저에 절단된 홈으로 한다. Bosch에는 이외에도 그림 6·74 (b), (c)에 표시하는 두 종류가 있다. (b)는 분사시작이 가변이고 끝이 일정하며, (c)는 분사 초나 끝이 동시에 가변이다. 이들 플런저에 의한 분사량 조절은 어느 것이나 랙크와 피니언의 조작으로 플런저를 회전시켜 수행하며, 이들에 이용하는 배럴은 연료 흡입구멍과 도피구멍 2개를 갖고 있는 2구멍 배럴(2 holes barrel)이다.

그림 6·75는 이들 3종류의 플런저의 절단된 홈의 차이에 따른 분사량과 분사시기의 변

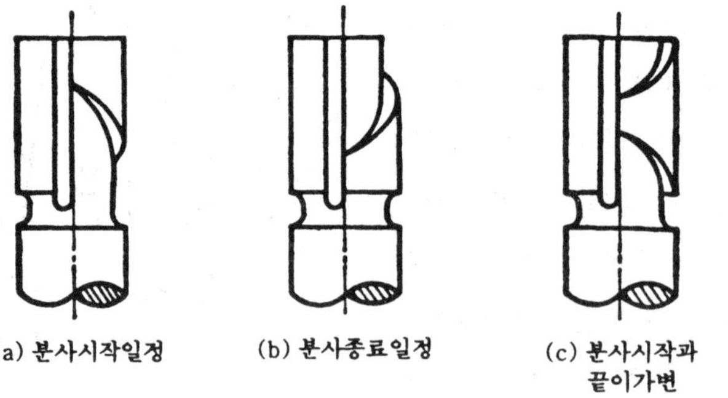

(a) 분사시작일정 (b) 분사종료일정 (c) 분사시작과 끝이가변

그림 6·74 3종류의 절단된 홈을 갖고 있는 플런저(barrel 구멍 2개)

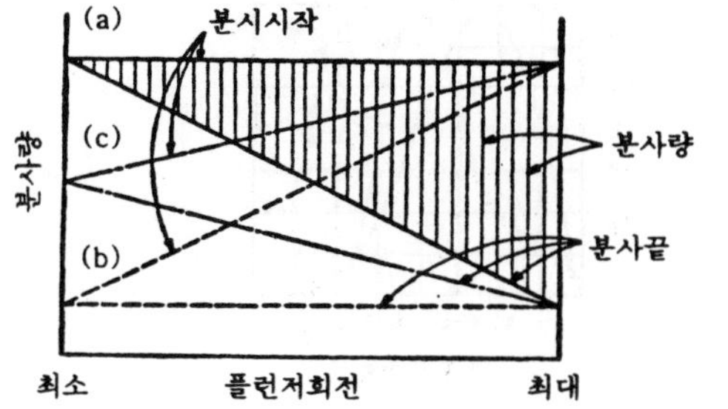

그림 6·75 3종류의 플런저 절단된 홈에 의한 분사량, 분사시기의 변화. (a), (b), (c)는 그림 6·74와 대응

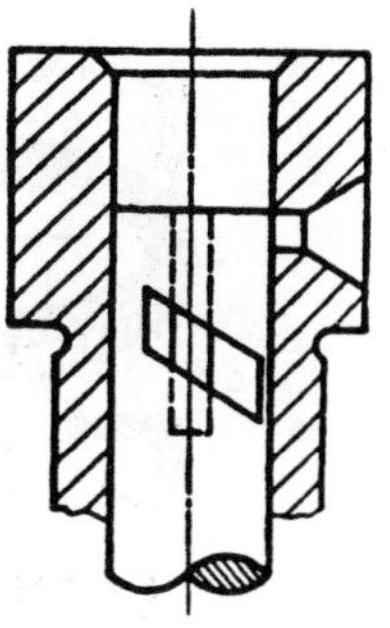

그림 6·76 분사시작이 일정한 플런저 (Bosch, 배럴구멍 1개)

화모양을 나타낸다. 그림 6·76은 Bosch의 배럴에 구멍이 1개(single hole barrel)의 예이고, 이 배럴용의 플런저에서는 중앙의 구멍이 경사진 슬릿에 통하게 되어 그 슬릿홈에서 연료량이 조절되어 그림 6·75 (a)와 같이 분사시작이 일정하고 분사끝이 가변이다.

이상과 같은 플런저에서 분사시작이 가변인 플런저는 분사량의 변경과 동시에 분사시기도 변하지만, 분사시작이 일정한 플런저에서는 분사시기 조절기가 필요하고 기관의 회전속도에 따라서 분사시작시기를 조절하지 않으면 안 된다.

② 분사율과 그 측정 : 분사밸브에서 분사되는 연료량 dq가 시간 dt에 대한 비 dq/dt를 분사율이라 부르고, 식 (6·31)을 이용하여 다음 식으로 나타내어진다.

$$dq/dt = \alpha_n \cdot F_3 \cdot \gamma_f \cdot v_3 = \alpha_n \cdot F_3 \cdot \gamma_f \sqrt{(p_3 - p_g)2g/\gamma_f}$$
$$= \alpha_n \cdot F_3 \sqrt{(p_3 - p_g)2g \cdot \gamma_f} \ [g_f/s] \quad (6 \cdot 47)$$

SI 단위에서는

$$dq'/dt = \alpha_n \cdot F_3 \sqrt{(p'_3 - p'_g)2\rho_f} \ [g/s] \quad (6 \cdot 47')$$

분사율의 단위는 [g_f/s], [g/s]으로도 나타낸다. 윗식에서 노즐의 유량계수 α_n을 계산으로 구하는 것이 어려우므로 일반적으로 분사율은 다음에 기술하는 실험적 방법으로 측정한다.

a) 회전원판에 의한 측정법 : 회전원판(rotating disc) 위에 그림 6·77 (a) ①과 같은 슬릿을 여러 개 조합하여 만든 기름받이용기를 부착시켜 분사펌프축과 동일회전속도로 회전시켜, 슬릿의 윗쪽에 연료를 분사시키면 동일한 시기에 분사된 연료가 기름받이

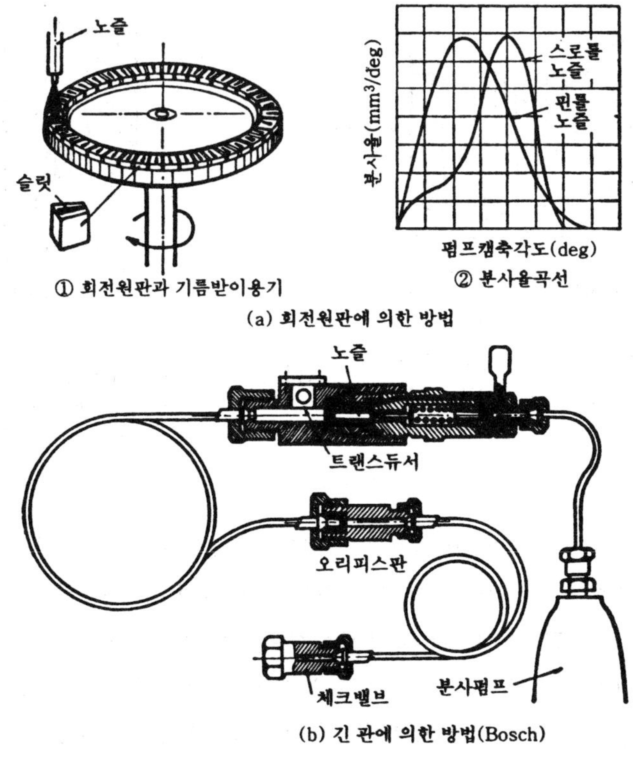

그림 6·77 분사율 측정법

에 들어가도록 하였다. 이때 슬릿 폭을 5~10 deg, 원판의 증속비를 5로 하면 펌프축 1~2 deg마다의 분사량을 측정할 수 있다. 그림 6·77 (a)의 ②는 측정결과의 분사율 곡선이다.

b) 긴관(long tube)에 의한 측정법 : 노즐 출구의 관내 압력 p가 분사율에 비례한다는 1차원 단일파의 이론으로부터 고안된 측정법으로 Bosch가 고안한 측정법이다. 이때, 분사기간 중에 반사파가 되돌아오지 않도록 기관에 배압 p_g에 상당하는 압력(1.9~2.9 MPa)으로 연료를 채워 넣어 그림 6·78 (b)에 표시한 바와 같이 관의 한쪽 끝에서 분사하면 관내의 압력과 유속의 관계는 식 (6·26)과 (6·27)로부터 다음 식으로 된다.

$$\Delta p_o=(E/a_s)\cdot v=a_s\cdot v(\gamma_f/g), \qquad \therefore \gamma_f\cdot v=\Delta p_o(g/a_s) \qquad (6\cdot 48)$$

SI 단위에서는

$$\Delta p'=(E'/a_s)\cdot v=a_s\cdot v\cdot \rho_f, \quad \therefore v\cdot \rho_f=\Delta p'/a_s \qquad (6\cdot 48')$$

따라서, 관의 단면적을 F라 한다면 분사율은 다음 식으로 구할 수 있다.

$$dq/dt = F \cdot v \cdot \gamma_f = F \cdot \Delta p_o(g/a_s)\ [g_f/s] \qquad (6 \cdot 49)$$

SI 단위에서는

$$dq'/dt = F \cdot v \cdot \rho_f = F \cdot (\Delta p'/a_s)\ [g/s] \qquad (6 \cdot 49')$$

따라서, $\Delta p = p - p_g$로 관끝의 압력 p를 측정하면 분사율을 구할 수 있다. 이 측정 방식은 가장 간단하고, 오차도 1.5~2% 이내이어서 신뢰성이 높은 것으로 알려져 있다.

c) 기타측정법 : 그 외의 측정법으로 노즐에서 분류의 충돌에 의한 운동량의 변화를 압전기(piezoelectricity) 등의 변형으로 측정하여 분사압력으로 분류속도를 구하여 분사율을 계산하는 법, 노즐을 나오는 연료가 전기를 띠고 있는 성질을 이용하여 절연된 용기 내에 분사하여 전위차의 변화로 분사율을 구하는 법, 배압에 상당하는 압력으로 연료를 채워 넣은 밀폐용기 내에 분사하여 분사율을 구하는 방법 등이 있지만, 장치가 복잡하고 정확성이 떨어진다.

③ 이상분사(abnormal injection) : 분사밸브에서 노즐의 니들밸브가 최대양정까지 도달하면 항상 정상분사(normal injection)가 이루어지지만, 기관 회전속도가 저하하여 펌프의 토출속도가 낮게 되면 니들밸브는 중간의 임의의 양정에서 진동을 발생하고, 분사구멍이 열리기도 하고 닫히기도 하여 분사에 이상이 발생하게 된다. 노즐밸브는 닫혀 있는 상태와 완전히 열려있는 상태가 안정하고, 밸브가 중간에 있을 때는 동적으로 매우 불안정하다. 따라서, 이와 같은 상태에서는 이상분사 현상이 발생하는 경우가 있다. 이상분사에는 단속(斷續)분사(부정분사)와 2차 분사가 있다.

a) 단속분사(부정분사) : 펌프의 토출속도가 너무 내려가면 플런저는 작동하여도 토출밸브가 열리기도 하고, 열리지 않기도 하여 주기적으로 개폐를 한다. 여기서, 그림 6 · 71에서 낮은 플런저 속도 v_p로 토출한 것으로 하면 점 0에서 v_p에 상당하는 압력파가 발생하지만 점 1은 밸브가 열리는 압력 $p_ö$(점 E)보다 낮으므로 기름기둥(油柱)은 정지하고, 압력은 점 2까지 상승하지만 $p_ö$에 도달하지 못하며 펌프 끝에 v_p의 속도가 주어져 압력파 3으로 된다. 여기서 처음으로 $p_ö$ 이상으로 되어 밸브가 열려, 유출 곡선상의 점 4의 상태가 된다. 이것이 펌프쪽에 도달하면 점 5의 상태로 되고, 노즐 끝에서 반사되지만 $p_ö$ 이하에서 기름기둥은 정지하여 점 6의 상태로 된다. 이처럼 하여 밸브는 열리기도 하고, 닫히기도 하여 단속적으로 분사가 되며 점 9에서 분사는 종료된다. 그러나, 분사 초의 잔류압 p_o는 분사 끝의 잔류압 p_9와는 다르다. 여기서, 펌프 외

의 분사계의 체적을 V라 하면 분사량과 펌프 토출량과의 차 ΔV는 다음 식과 같다.

$$\Delta V=(p_o-p_9)V/E \tag{6·50}$$

윗식으로 나타내는 토출량의 차 ΔV를 생기도록 하는 분사가 단속분사이고, 소위 부정분사로 불리고 있다. 이 분사현상을 반복하고 있는 동안에 v_p선이 우측으로 이동하여 점 1과 5가 일치하여 단속분사는 정지한다.

b) 2차 분사 : 펌프의 플런저 속도가 너무 높으면 주분사가 끝난 후에 펌프의 토출밸브가 분사관 내의 압력을 빨아들여도 분사관 내의 압력저하가 불충분한 경우에는 일단 닫힌 니들밸브가, 분사밸브실 내의 압력상승에 의해 다시 열려 분사되는 경우가 있다. 이와 같은 후기분사를 방지하지 못하기 때문에 발생한 현상을 2차 분사라 하고, 일반적으로 운전범위가 넓은 차량용 기관에서는 분사관 내의 압력을 펌프쪽으로 빨아들이는 양을 토출밸브의 s의 크기〔그림 6·53〕를 조절하여 2차 분사를 방지하고 있다. 여기서, 분사관의 유효단면적 f_p와 노즐구멍의 전체 유효단면적 f_n과의 비, 즉 노즐의 분출구멍 교축비 f_p/f_n을 ξ_o, 밸브가 열리는 압력을 $p_{ö}$, 펌프배럴의 도피구멍이 열리기 시작할 때의 압력을 p_p, 가스압력을 p_g라 한다면 2차 분사를 하지 않는 조건은 다음 식과 같다.

$$\xi_o(p_p-p_{ö})\geq\sqrt{2E(p_p-p_g)} \tag{6·51}$$

c) 간헐분사 : 분사기간이 짧을 경우 더구나 v_2가 작으면 1회의 플런저 행정으로 밸브를 열 수 있는 압력 $p_{ö}$에 도달하지 못하며, 그때의 압력은 관내에 잔류하고, 다음 행정에서 처음으로 분사되어지게 된다. 이처럼 한 번 걸러하는 분사를 간헐분사라 하고, 이 현상은 저속 운전시에 발생하는 것으로, 기관은 불안전한 상태로 된다. 더욱 저속으로 되면 무분사로 되어 정지한다.

④ **최소분사유량** : 분사관 내의 속도가 높은 경우에는 펌프 끝의 압력은 압력파로 노즐에 전달되므로, 압력파의 단속시간을 가감함으로써 분사량을 조절할 수 있다. 따라서 펌프의 유효행정을 변화시킴으로써 전분사에서부터 무분사 v_2까지 연속적으로 분사하는 양을 가감할 수 있다.

분사관 내 속도 v_2가 낮을 경우에는 압력파는 몇 번이라도 관내를 왕복한 후 처음으로 밸브가 열리고, 밸브가 열린 후에도 이상분사가 일어나지만, v_2가 낮게 된 극한상황에서는 정적(靜的)압축으로 생각할 수 있다. 여기서, 밸브가 열리는 압력 $p_{ö}$, 밸브가 닫히는 압력 p_s라 하며 잔류압력 $p_r=p_s$로 한다면 밸브를 여는 데는 $\Delta V=(p_{ö}-p_s)V/E$만큼의 기름이 압축되지 않으면 안 된다. 밸브가 열리면 최후 ΔV만큼 분사시키면 닫히지 않으므로 ΔV가 최소분사량이 된다.

$$\Delta V_{\min} = \frac{V}{E} p_{\ddot{o}} \left(1 - \frac{p_s}{p_{\ddot{o}}}\right) = \frac{V}{E} \frac{f_s}{f_n} p_{\ddot{o}} \tag{6·52}$$

④ **분사 끝맺음과 후적**(after dripping) : 디젤기관의 결점 중의 하나인 배기매연 발생에 분사현상 중 깊은 관계가 있는 것은 분사끝맺음 불량과 후적 발생이다. 이것은 후연소에 관계가 있고 절대방지하지 않으면 안 된다.

어떤 조건하에서 분사가 끝나면 분사의 압력파가 관내를 여러 번 반복함으로써 노즐에서 연료가 물방울처럼 떨어지는 현상(후적현상)이 발생하여 배기매연의 원인이 되는 경우가 있다. 이 후적현상의 원인은 분출구멍의 면적교축비 f_p/f_n에 관계가 있으며, f_p/f_n이 큰 경우, 결국 분사관의 지름이 크기 때문에 분사압력이 저하하기까지에는 시간이 걸려 분사끝맺음이 나빠지게 된다. 또, f_p/f_n이 작은 경우는 분사관 지름이 작기 때문에 분사압력의 저하가 빠르므로 분사끝맺음은 양호하게 된다. 그러나, f_p를 작게 하면 후적현상은 없어져서 좋지만, 펌프에서 토출저항이 크게 되어 바람직하지 못하다(f_p : 분사관의 유효단면적, f_n : 노즐구멍의 전체유효단면적).

(8) 분사펌프의 부속장치

분사펌프 부속장치에는 분사시기 조절기(injection timer)와 조속기(governor)가 있다. 전자는 연료분사시기(injection timing)를 규제하고, 후자는 기관의 회전속도를 조정하는 것으로 매우 중요한 장치들이다.

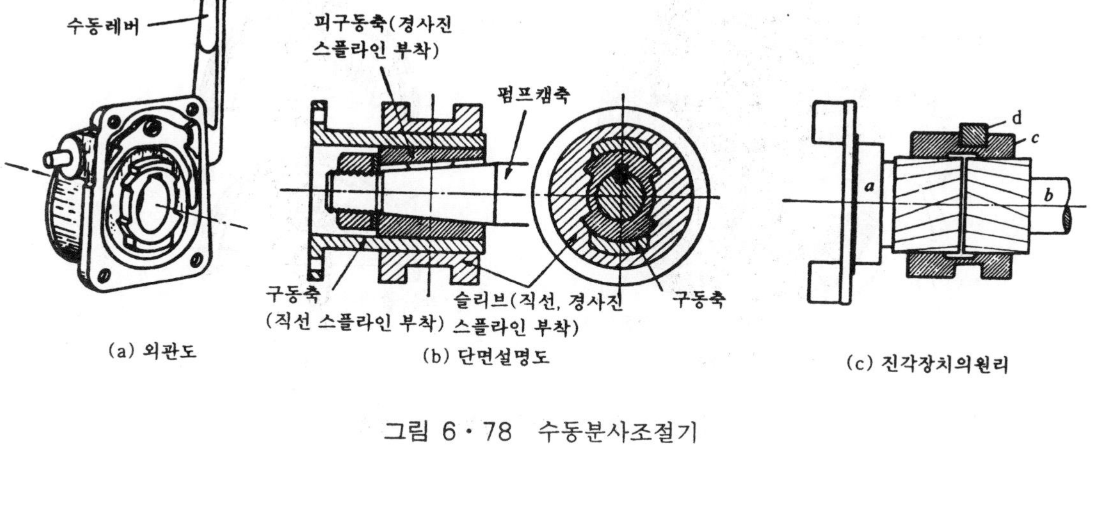

그림 6·78 수동분사조절기

① **분사시기 조절기** : 연료를 분사할 때는 피스톤 운동과의 관련이 중요하다. 만약, 분사가 너무 빨라서 상사점 전에서 착화폭발시키면 크랭크축의 회전력은 약하게 되어 출력은 저감하고 또 역회전할 염려도 있다. 반대로 너무 늦어 상사점 후에 분사하여 폭발시키면 연소실 체적은 크게 되어 있으므로 연소가스가 가지고 있는 팽창력은 유효하게 사용되지 못하게 된다. 이같이 어느 경우나 기관 성능은 현저히 저하한다. 이러한 점들을 방지하기 위하여 기관 운전중에 연료분사시기를 기관의 회전속도에 따라서 자유롭게 조절할 장치가 필요하다. 분사시기 조절기에는 수동(manual injection timer)과 자동(automatic injection timer)이 있는데, 전자는 그림 6・78 (a), (b)에 나타낸 바와 같이, 펌프캠축의 피구동축에 헬리컬 스플라인(helical spline)을, 구동축측에 직선 스플라인(straight spline)을 갖고 있는 이음매를 부착하여, 각각의 스플라인에 맞는 기어가 달린 한 몸체의 슬리브(sleeve 또는 slide coupling)가 연결되어 있다.

여기서, 이 슬리브를 레버로 축방향으로 움직이면 구동축에 대하여 펌프캠축은 "정(正)", 또는 "부(負)" 방향으로 회전하여 분사시기가 전진, 또는 지연되게 된다. 한편, 6・78 (c)의 경우는 구동축 a 및 펌프축 b에는 헬리컬 스플라인이 서로 반대방향으로 되어 있고, 각각 슬리브 c에 끼워 있다. slide ring d를 중개로 하여 슬리브를 축방향으로 이동시키면 a, b의 위상이 변화한다. 이 구조에 따라서 펌프축에서 20°의 범위를 조정할 수 있다.

후자의 자동식에는 기계식과 유압식이 있으며, 그림 6・79는 기계식의 예로, 캠축의 회전속도에 따라서 분사시기가 조절된다. 그림 6・79 (a)의 좌측 캠축에 부착된 플랜지에 고정된 2개의 축 A에 2개의 원심추(flyweight)가 부착되어 있다. 축 A와 구동축 플랜지볼트 B는 강력한 스프링으로 연결되어 있으므로, 구동축의 회전속도가 상승하면 원심추는 바깥

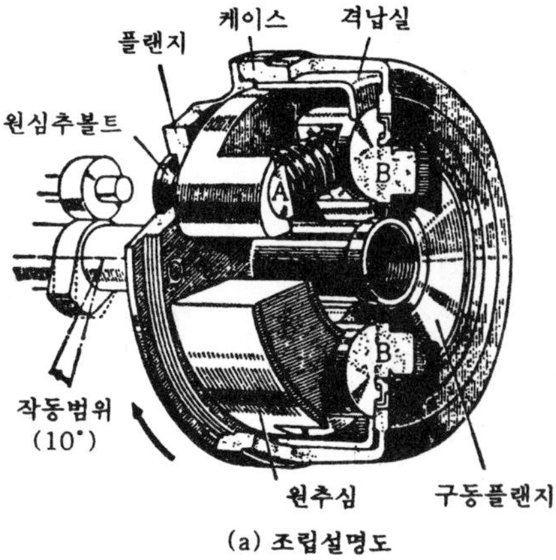

(a) 조립설명도

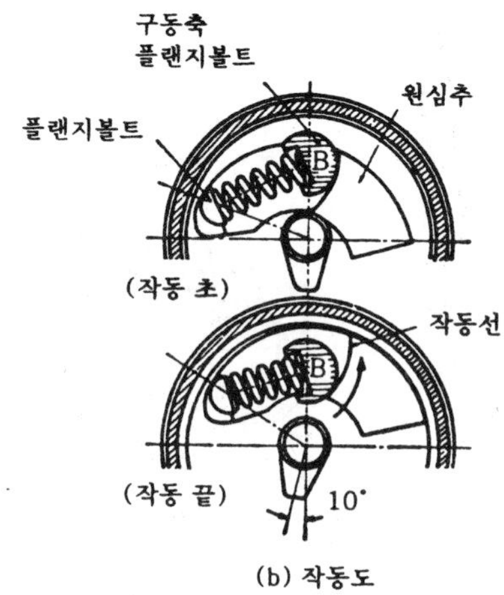

(b) 작동도

그림 6・79 기계식 자동분사 조절기

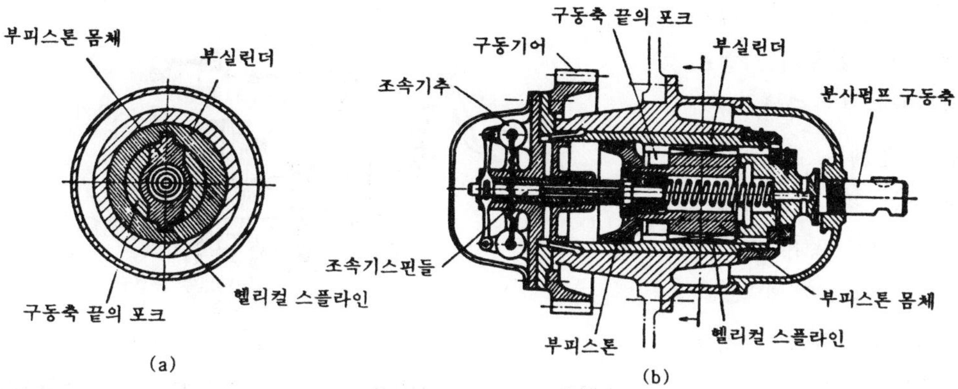

그림 6·80 유압식 자동분사시기 조절기

쪽으로 이동하여 스프링 힘으로 펌프축을 "정" 방향으로 진행하게 한다. 이 장치에서의 진각은 0~10 deg이다.

그림 6·80은 유압식의 예로, 펌프구동축 끝은 포크상태를 하고 있고, 그 선단에 헬리컬 스플라인을 갖고 있는 부피스톤(sub-piston) 몸체를 끼워 넣어 부실린더 내에 삽입되어 있다.

한편, 부실린더는 구동기어로 회전시키지만, 기관에서 압축된 기름에 의해 피스톤이 이동하면 헬리컬 스플라인의 작용으로 구동기어와 펌프구동축과의 상호위치가 변하여 분사시기가 조절된다. 이때 피스톤의 움직임은 기관회전속도의 변화에 따라 작동하는 조속기 피스톤의 움직임에 따라 제어된다. 이 장치의 진각은 0~12 deg로 되어 있다.

② 조속기 : 기관을 운전할 때 부하변동에 따라서 크랭크축의 회전속도가 급격히 변하는 것을 방지하고, 일정한 회전속도를 유지하여 무부하 저속운전 때의 기관이 정지하는 것을 방지하며, 또 최고 제한속도 이내로 억제하기 위하여 연료레버의 조작 등은 모두 분사펌프에 부착되어진 조속기가 한다. 조속기에는 원심조속기(centifugal governor)와 공기조속기(pneumatic governor)가 있다. 그림 6·81 (a)는 Bosch RQ형 원심조속기의 요령도로, 추에는 저속회전시에는 약한 바깥쪽 스프링이 작용하고, 고속회전시에는 강한 안쪽 스프링도 작용한다. 여기서, 조작레버를 고정하고 저회전운전하고 있을 때 회전이 저하하는 추는 A 화살표 방향으로 움직여 floating lever를 우측으로 밀어 연료래크를 증가시키는 쪽으로 작동시켜 회전저하를 방지한다. 또, 기관회전이 상승하고 최고 제한 회전속도 근처로 되면, 추는 B 화살표 방향으로 움직여, 안쪽 스프링을 밀어 올리므로, 제어래크를 좌측으로 끌어 연료를 저감시켜 회전을 저하시킨다. 또 floating lever 움직임의 조절은 페달로 자유롭게 가감시킬 수 있다. 그림 6·81 (b)는 원심추의 작동상황의 설명도이다. 원심조속기에는 기관이 운전될 때 여러 가지 요구를 만족시키기 위해서 많은 스프링장치가 있다.

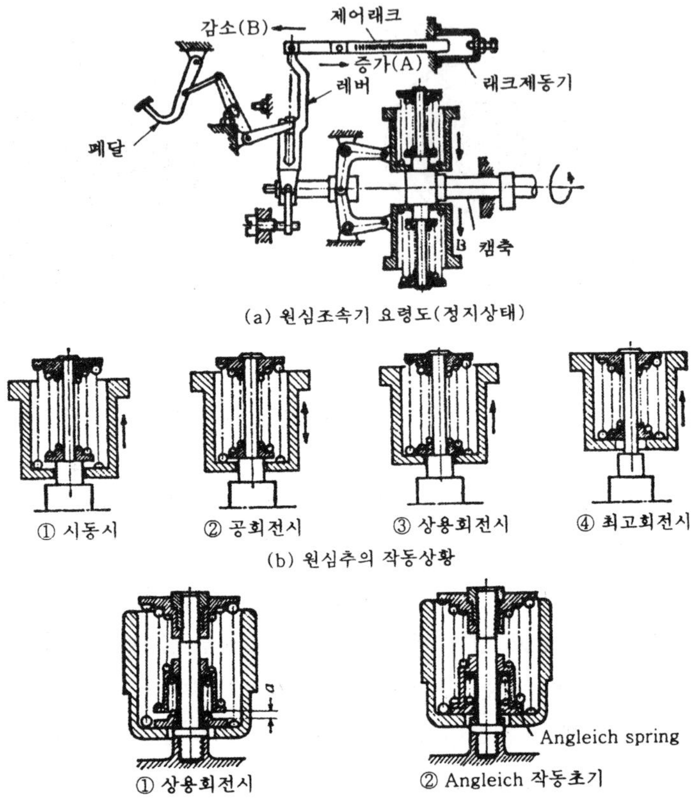

(a) 원심조속기 요령도(정지상태)

(b) 원심추의 작동상황

(c) Angleich stroke

그림 6・81 원심조속기(Bosch RQ형)

그림 6・82는 공기조속기의 요령도로, 조속기는 펌프 본체 뒷끝에 부착되어, 다이어프램을 경계로 하여 한쪽은 대기압으로 연료래크에 연결되고, 다른 쪽은 흡기매니폴드의 벤투리부에 파이프로 연결시켜 부압이 작용하게 하였다. 다이어프램에 작용하는 스프링은 래크의 연료를 증가시키는 방향으로 움직이도록 부착되어 있다. 지금, 어떤 교축밸브 위치에서 운전되고 있을 때 회전속도가 상승하면 벤투리부의 부압이 증가하므로, 스프링힘을 이겨 래크를 우측으로 끌어내어 회전을 저하시킨다. 교축밸브를 교축하면 부압은 감소하고, 스프링 힘으로 래크를 좌측에 밀어 넣어 회전을 증가시킨다. 교축밸브의 개도와 회전속도에 따라 부압의 크기는 결정되므로 기관은 이 부압과 스프링 힘이 꼭 평형을 이룬 곳에서 운전된다. 이 조속기는 비교적 소형기관에서 많이 사용된다.

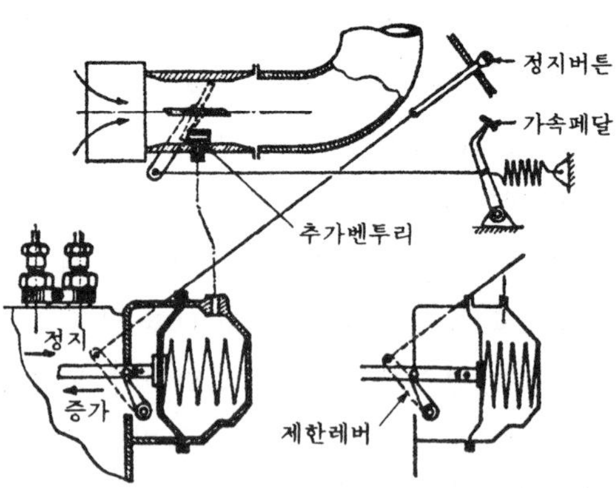

(a) 정격회전 전부하 (b) 최고회전 무부하

그림 6・82 공기조속기(Bosch)

6.2.3 디젤기관의 각종 연소실

디젤기관이 요구하는 무화, 관통력, 분포성 등을 연료분사에 의해서만 만족하게 하기는 대단히 어려운 일이며, 특히 고속엔진에서는 분사에서부터 연소가 끝날 때까지는 극히 짧은 시간밖에 없으므로, 피스톤의 왕복운동에 의한 가스유동으로 부족한 부분을 도와주지 않으면 안 된다. 여기서 연소실의 설계가 연소에 대하여 가장 중요한 인자이며, 이것을 분류하면 디젤기관의 연소실은 단실식과 부실식으로 대별되며, 단실식은 직접분사실식(direct injection 또는 open chamber)이며 부실식(divided chamber 또는 indirect injection)에는 예혼합 연소실(pre-combustion chamber), 와류실식(swirl chamber) 및 공기실식(air-cell)으로 분류된다. 와류를 발생시키기 위해서는 흡입할 때 발생하는 것이 흡입와류, 압축행정 중에 발생하는 것을 압입와류(squish), 연소에 의해서 생긴 압력차에 의한 것을 연소와류 등이 있으며, 여러 형태의 연소실이 이용되지만 분류하면 표 6·4와 같다.

표 6·4 디젤기관의 연소실

연 소 실		혼합기 형성방법
단실식(open chamber)	직접분사실식(direct injection)	분사, 유입 및 압입 와류
부실식(divided chamber)	예혼합연소실(pre-combustion chamber) 와류실식(swirl chamber) 공기실식(air-cell)	연소와류 압입 및 연소와류 팽창 또는 연소와류

(1) 직접분사실식

① 연소실 모양 : 실린더커버와 피스톤헤드 사이에 형성된 단일 연소실 속에 고압연료를 분사하여 공기와 혼합시키는 것이다. 화염이 차가운 벽에 닿으면 불완전 연소를 일으키므로 공기 중을 진행하고 있는 사이에 기화혼합하여 연소가 끝날 수 있도록 분무가 발달하도록 하지 않으면 안 된다. 중·대형기관은 다공노즐을 사용하여 중앙에서 방사상으로 분사함에 따라 충분한 거리가 얻어지므로 실린더 지름이 200 mm 이상인 저·중속기관은 거의 이 형태로 한정되어 있다.

연소실로는 그림 6·83, 6·84에 나타낸 바와 같은 형이 많이 사용되고 있다. 화염이 직접 차가운 실린더 벽에 닿지 않도록 피스톤헤드를 비교적 얕게 들어가게 하고 그곳을 향하여 분사가 이루어진다. 피스톤헤드가 기름으로 젖지 않을 정도의 고온이면 연료입자가 닿아도 해는 없으며 세차게 충돌하면 튀어나옴에 따라 도리어 공기와의 접촉을 돕는다고 한다. 피스톤헤드의 얕게 파인(凹部) 정도나 형상은 다종 다양하나 실린더 지름이 작은 것이라도 화염이 냉각되지 않도록 일정한 깊이가 필요하다. 또 그림 6·83 (d)~(f), 그림 6·84 (c)에 나타낸 바와 같이 피스톤의 중앙부를 높게 하여 분무의 퍼짐 모양에 따른 것은 공기이용률도 좋고 유입와류를 강화하는 데도 도움된다. 밸브가 없는 2 행정식은 소기 관계로 피스톤헤드는 평면에 가까이 하고, 실린더커버의 쪽을 들어가게 하는 경우가 많으며, 또 중앙에 다공 분사밸브에서 20~40 MPa의 높은 분사압력으로 연소실에 균등하게 연료를 분포

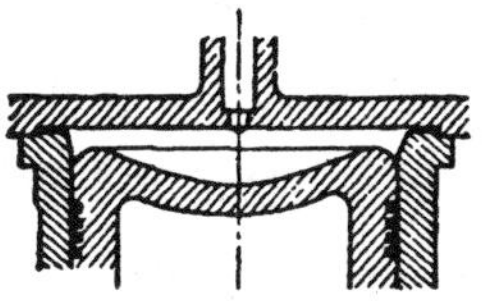

(a) Mirrlees, ϕ483 ×559, 375rpm

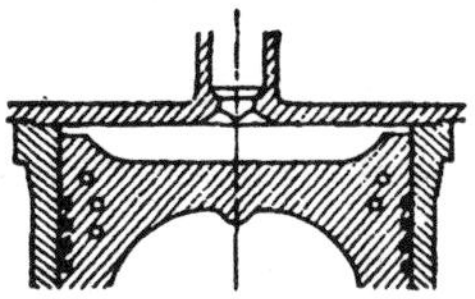

(b) Pielstick, ϕ400 ×460, 500rpm

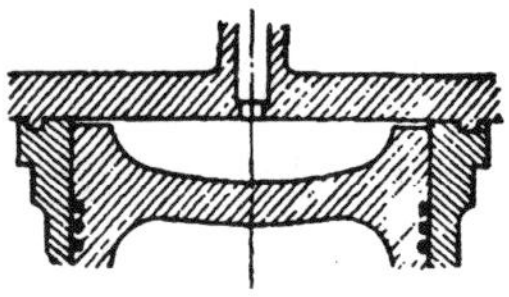

(c) Ruston, ϕ318 ×368, 520rpm

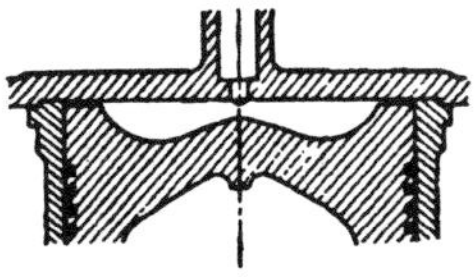

(d) MWM, ϕ360 ×450, 500rpm

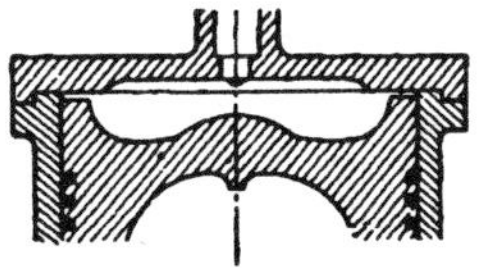

(e) Mak, ϕ320 ×450, 375rpm

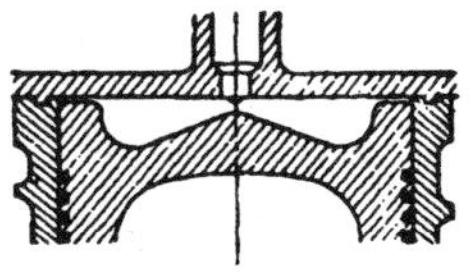

(f) FIAT, ϕ300 ×360, 900rpm

그림 6·83 4 행정 직접분사식 연소실

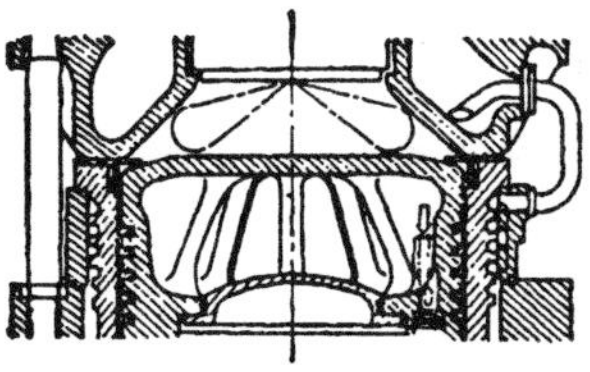

(a) Sulzer, ϕ900 ×1550, 122rpm

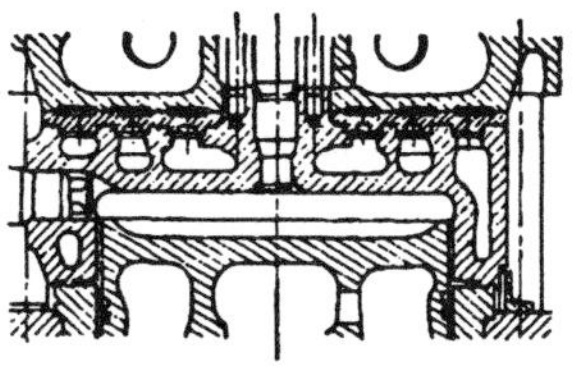

(b) MAN, ϕ840 ×1600, 118rpm

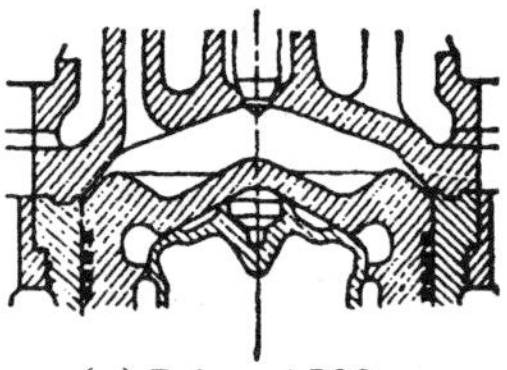

(c) Polar, ϕ500 ×700, 230rpm

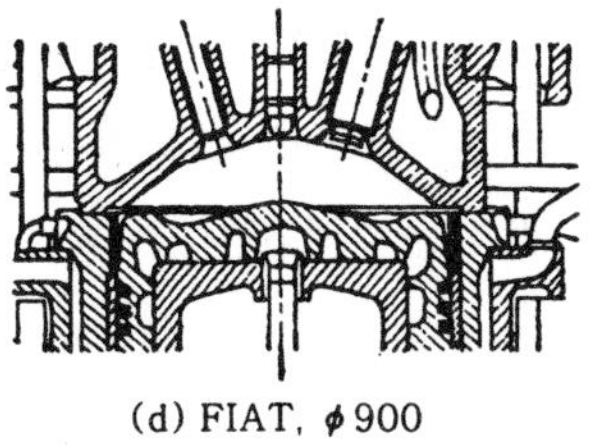

(d) FIAT, ϕ900 ×1600, 122rpm

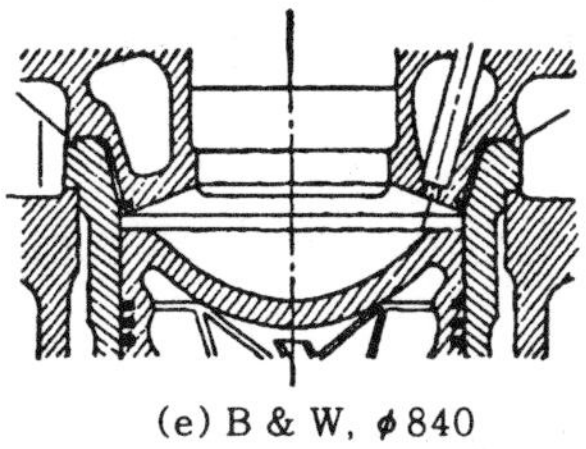

(e) B & W, ϕ840 ×1800, 114rpm

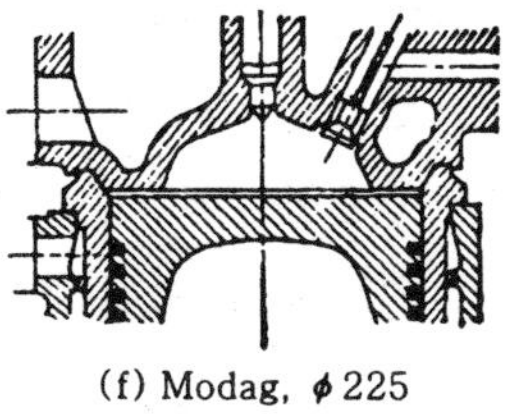

(f) Modag, ϕ225 ×300, 600rpm

그림 6·84 2 행정 직접분사식 기관의 연소실

하도록 분사한다. 이 형식에서는 가스유동에 의한 효과는 기대할 수 없으나, 실린더 벽면까지 분무의 비행과정이 길고 연소에 주어지는 시간도 길기 때문에 연료는 연소하면서 분산, 혼합할 수 있다.

이와 같은 직접분사실식 연소실의 장·단점은 다음과 같다.

〈장점〉

a) 연소실 구조가 간단하고, 단순한 형상이기 때문에 표면적이 적어 열손실이 적으므로 열효율이 높고, 연료소비가 적으며, 예연소실과 같이 동작유체가 들어오고 나갈 때의

압력 또는 에너지 손실이 없다.

b) 화염이 분류(噴流)되지 않으므로 피스톤이나 실린더로의 열전달, 특히 불균일한 온도 상승이 적으므로 열적 장해가 적다.

c) 압축시 방열이 적기 때문에 압축온도가 높고, 압축비는 12~15 정도로 낮아도 시동이 용이하므로, 예열장치가 필요 없다.

〈단점〉

a) 연료의 착화성에 민감하다.

b) 연료분사시작 압력이 다른 형식에 비하여 높다.

c) 분사노즐 상태가 약간만 변화해도 기관성능에 민감하게 영향을 준다.

d) 다공식 노즐을 사용하므로 가격이 높다.

e) 부실식에 비하여 공기의 소용돌이(와류)가 약하므로 공기이용률이 나쁘고 고속회전에 적합하지 않다.

그러나, 실린더 안지름이 200 mm 이하인 고회전 엔진의 경우는 연소에 주어지는 시간이 짧기 때문에 분사만에 의한 혼합기 생성만으로는 불충분하여 공기이용률이 1.8~2.0 이상의 소량의 연소밖에 완전연소시킬 수 없다. 그래서 최대출력이 낮고, 배기매연이 배출되기 쉬우며 착화지연기간이 크기 때문에 압력상승, 최대압력이 과대하여 진동, 소음 및 배기 중의 NO 발생이 크게 되는 결점이 크다. 한편, 고속 디젤기관에서는 직접분사식도 가스유동을 유발하도록 하는 비교적 복잡한 여러 가지 연소실이 고안되어 실용화되어 있다. 그림 6·85는 분사된 분무흐름에 의해서 발생되는 공기유동의 형태를 나타낸 것이고, 그림 6·86은 그 일례로 피스톤에 도넛 형태의 연소실을 만들어 압축행정 끝에 외측의 공기가 이곳으로 유입하여 와류를 발생시켜 그 속에 연료를 분사한다.

또, 하강행정 동안에는 연소중의 가스가 역류하여 전체유동을 활발하게 하여 공기이용률을 높인다. 그림 6·87은 독일 M사에서 개발한 M연소방식이란 것이며, 피스톤 중간에 약 3/4 구형의 연소실을 만들어 그 벽면의 방향으로 연료를 분사하여 직접분무에 착화시키는 것이 목적이 아니라 벽면에 얇은 연료막을 만들어 그것이 공기와류와 벽면의 고온에 따라 순차적으로 증발, 연소하는 방식이며, 연소가 부드럽고 정숙한 운전을 할 수 있다. 그러나 구형의 벽면은 고온으로 될 필요가 있어 과열에 의한 장해문제가 있다.

이와 같은 연소실 외에 다종다양한 것이 있고 현재도 계속 개발되고 있다. 이는 고속디젤 특히 차량용에서는 연료절약을 위하여 직접분사식을 채용하고 싶지만, 한편으로는 배기, 진동, 소음의 결점을 가지고 있어 이 점이 보완되어야 한다.

이상의 특징을 가진 직접분사식은, 특히 유럽에서 고속디젤에 널리 이용되며 최근에는 연료경제가 중시되어 오히려 부실식에서 직접분사실식으로 변경되는 경향도 있다.

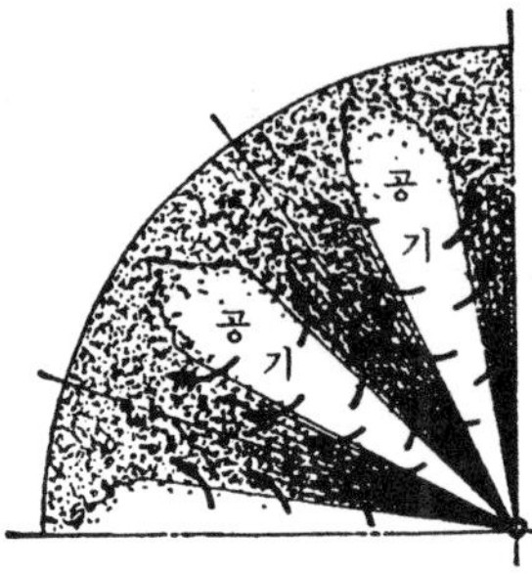

그림 6・85 분무흐름에 의해서 유발되는 공기유동

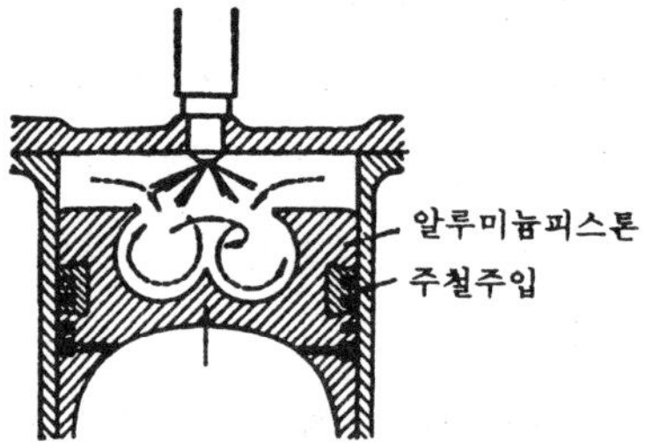

그림 6・86 Sauter 기관

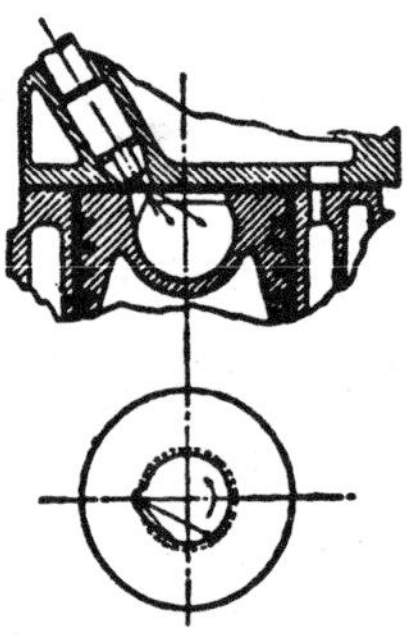

그림 6・87 MAN-M 방식기관

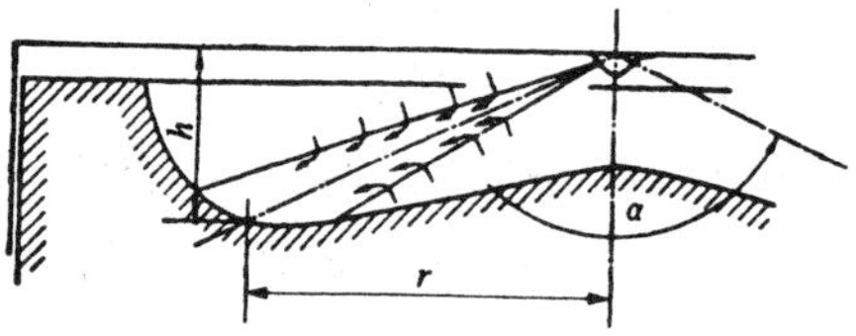

그림 6・88 분사방향

② 분사노즐 : 직접분사는 적당한 관통력과 분포를 얻기 위해 노즐지름, 수, 분사방향이 중요하나 최적값은 실험에 의하지 않으면 안 된다.

분사방향에 대해서는 이론적 근거는 부족하나 연소실에 실린더 축과 동심인 내접실린더를 생각하여(그림 6・88) 그 표면적($2\pi rh$)이 최대가 되는 점을 향하여 분사하면 공기와의 접촉면이 가장 넓어진다고 하는 이유로 일단 그 근거가 될 수 있다. 접시형의 연소실에서는 일반적으로 분사각 130~150°가 쓰이고 있다.

분무의 도달거리는 주로 노즐지름으로 정해지나 계산으로 최적값을 결정한다는 것은 곤란하다. 이미 만들어진 양호한 기관의 수치를 이용하여 식 (6・17)의 상사법칙으로 개략의 값이 추정되는 정도이다. 무과급에서는 노즐지름의 약 300~400배 정도가 된다. 노즐 총면적은 분사량・압력이 결정되면 계산되므로 지름이 결정되면 수는 바로 구해진다.

분무의 확산각은 기껏 20° 정도이므로 분무 사이에 있는 공기는 확산에 의해 소비된다. 흡기밸브에서 생기는 작은 교란은 분무주변의 좁은 범위의 확산을 돕는 데 지나지 않으므로, 노즐의 수를 많게 하지 않으면 안 된다. 그렇게 하면 도달거리로부터 구한 노즐구멍 지름과 일치하지 않게 되므로 절충점을 찾아내지 않으면 안 되나, ϕ 0.2 mm 이하는 막히기 쉬우므로 피하는 편이 좋다. 와류가 없는 기관에서는 실린더의 크기에 따라 노즐구멍이 6~12개가 사용되고 있다. 와류가 없는 경우에는 연소가 확산만으로 진행하기 때문에 시간은 걸리나, 저속기관에서는 $\lambda=1.8\sim2.0$까지 매연이 없는 연소가 가능하고 연료소비율도 적다. 중·대형기관은 더욱 λ를 작게 하여도 열부하가 증대되므로 출력의 증대는 과급에 의존하고 있다.

공기에 와류를 주면 연소를 빠르게 하고 또한 공기이용률을 크게 할 수가 있다. 이 와류는 분무의 중심부를 구부릴 정도의 강한 것이 아니라 연소할 공기를 공급하는 정도의 것이면 좋다. 와류의 발생은 다음과 같은 방법으로 행해진다.

③ 유입(흡입)와류(induction swirl) : 4 행정기관은 그림 6·89 (a)에 나타낸 바와 같이 흡기밸브에 슈라우드(shroud)를 설치하거나, 혹은 그림 6·89 (b)와 같이 흡기구멍을 접선방향으로 경사지게 하거나, 또는 나선형 흡기구멍에 의해 흡기에 선회운동을 준다. 유니플로 2 행정기관은 소기구멍을 접선방향으로 경사지게 하여 용이하게 선회운동을 줄 수가 있으나, 이때 소기구멍 상부의 각도가 선회운동에 중요한 인자이다.

다음에 슈라우드가 달린 밸브에서 유입속도와 와류속도의 관계를 구해본다.

흡기는 밸브시트에서 반지름방향으로 속도 w_o로 유입하는 것으로 한다. 유입공기의 실린더축에 관한 운동량 모멘트는 슈라우드로 가려진 반대측만 생각하면 되므로

$$2\int_0^{\beta/2} a\cos\alpha \cdot w_o\cos\theta \cdot \rho h w_o r d\theta = 2w_o^2 \rho a h r \cos\alpha \sin\frac{\beta}{2}$$

h는 밸브양정, ρ는 공기밀도, 그 밖의 기호는 그림 6·90에 나타낸 바와 같다.

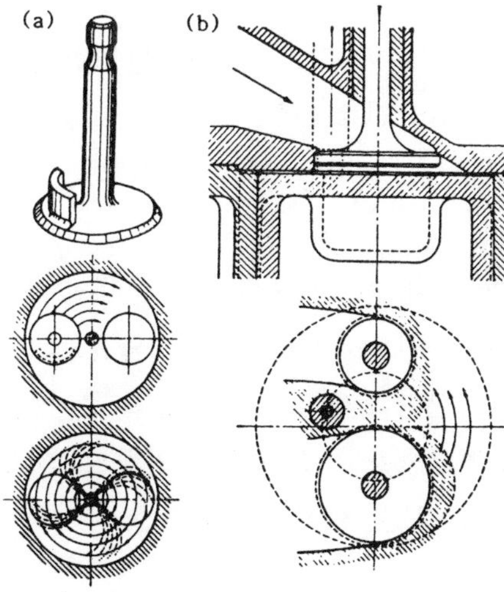

그림 6·89 유입와류의 발생

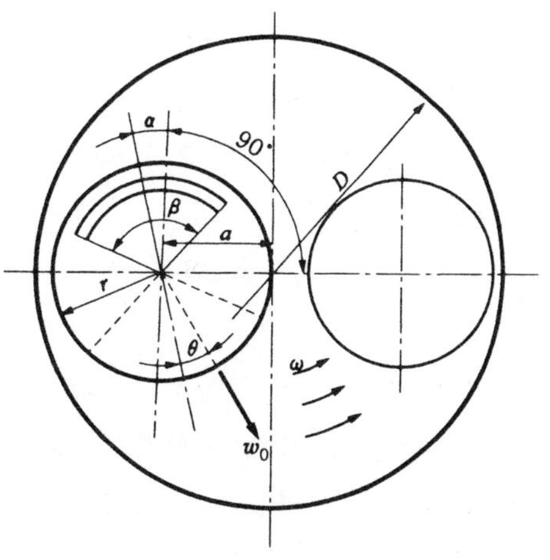

그림 6·90 흡입와류의 계산기호

실린더로 유입한 후 실린더 축 둘레를 일정 각속도 ω로 선회운동을 한다고 가정하면 운동량 모멘트는

$$\int_o^{D/2} R \cdot R\omega\rho\omega RHdR = \omega^2\rho H\left(\frac{D}{2}\right)^4 \frac{1}{4} = \frac{1}{64}\omega^2\rho HD^4$$

여기서, H는 실린더의 높이, R은 임의의 반지름이다. 양쪽의 운동량 모멘트를 같게 두면

$$\omega = w_o\sqrt{\frac{128\alpha hr}{HD^4}}\sqrt{\cos\alpha\sin\frac{\beta}{2}} \tag{6·53}$$

이와 같이 하여 발생한 선회운동은 압축행정 중에 감쇠되지만 30% 정도는 남아 실린더 축을 중심으로 한 자유소용돌이가 되어 분무에 측면으로 부딪쳐 연소가스를 내몰며 새로운 공기를 공급한다. 최적 와류회전수(n_D)는 실험에 따라 결정하지 않으면 안 되나, 분사기간(θ_e) 중에 분무의 간격만큼 회전하는 것이 적당하다고 한다. 즉,

$$\text{와류회전비 } \frac{n_D}{n} = \frac{360}{z}\frac{1}{\theta_e} \quad (z : \text{노즐의 수})$$

● 참고

$$\text{swirl ratio } \phi = \frac{n_s}{n} = \frac{\text{swirl 회전속도}}{\text{기관회전속도}}$$

여기서, swirl의 회전속도는 연소실의 cavity 지름이 작을수록 빨라지므로 이를 보정해야 한다. 따라서, 보정 swirl ratio를 SR이라면 다음과 같다.

$$SR = \frac{n_{s*}}{n} = \frac{n_s}{n}\left(\frac{D_o}{D}\right) \quad (D_o : \text{engine bore, } D : \text{연소실 cavity 지름})$$

와류가 너무 강하면(over swirling) 연소가스가 인근 분무에 겹쳐 연소를 방해한다. 그림 6·91은 밸브가 1회전한 경우 슈라우드의 각 위치에 대한 연료소비율, 매연농도 등을 나타낸 것으로서, 적당한 와류강도(be최소)가 4회 나타나고, 또 최악은 와류가 영(零)인 경우로 2회 나타나고 있다.

그림 6·92는 적당한 와류강도와 노즐수와의 관계를 나타낸 것으로서 노즐의 수가 적을수록 분무간격이 넓으므로 강한 와류가 필요하다. 최소 연료소비율은 약한 와류로 노즐의 수를 많게 한 경우에 얻어진다. 강한 와류(100 m/s)는 실린더 벽으로 열손실을 증가시키고, 또 발화지연 기간 중의 혼합기형성을 촉진하므로 압력상승률이 증대한다. 최량의 연료소비율은 후연소의 단축에 의한 이익과 와류에 수반한 열손실 및 체적효율의 감소가 서로 상쇄된 곳에서 얻을 수 있다.

④ 스퀴시(squish) : 그림 6·93과 같이 피스톤의 중앙부 또는 다소 편심시켜 연소실을

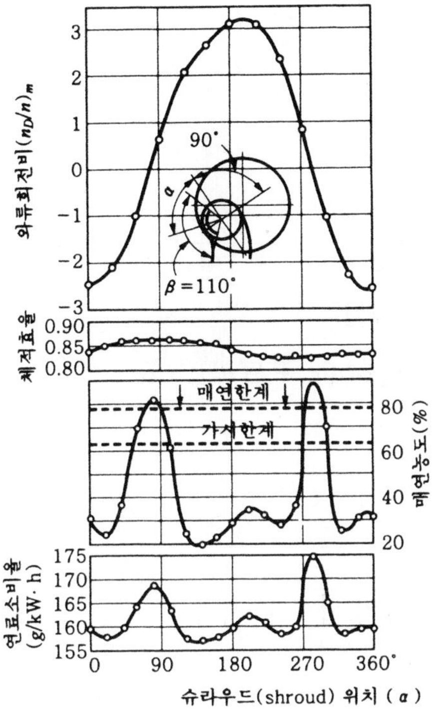

그림 6·91 와류강도와 성능
〔(nD/n) : 평균값〕

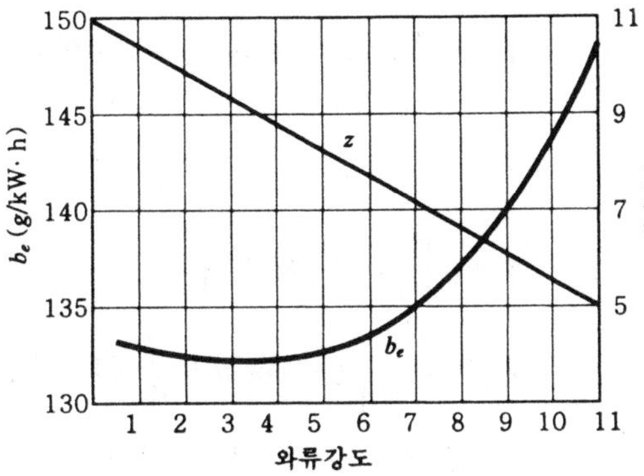

그림 6·92 노즐수와 최적 와류강도의 관계

설치하여 압축행정 마지막에 수평방향으로 밀어내는(압출) 기류(squish)에 의해 와류를 발생시킨다. 밸브가 없는 2 행정기관에서는 실린더헤드쪽에 연소실의 대부분을 설치한다. 지금 공기밀도가 실린더 내 각부가 일정한 것으로 하여 스퀴시에 의한 압출속도 w_r을 구해본다.

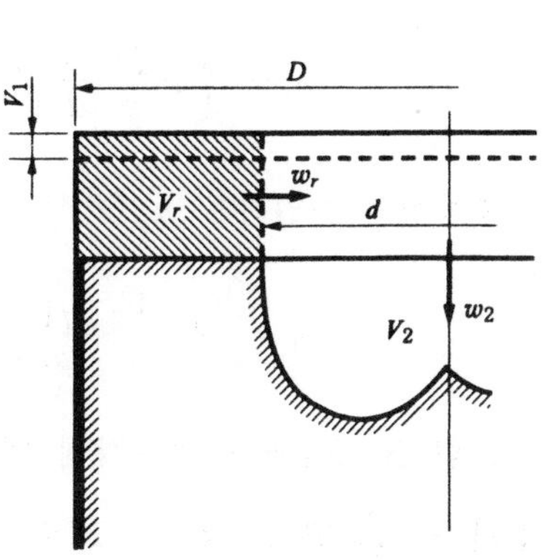

그림 6·93 스퀴시 계산기호

그림 6·93에 표시한 기호에 따라,

V_1 : 상사점 간극체적, V_2 : 피스톤의 요부(凹部)의 체적, V_r : 링상태인 부분의 체적으로 하면, V_r의 안에 있는 공기중량은 $G_r = V_r\gamma$ (γ : 비중량)이므로

$$dG_r = V_r d\gamma + \gamma dV_r$$

실린더 내 전체공기량은 불변이므로 $G = V \cdot \gamma =$일정(V : 전체압축체적)

$$Vd\gamma + \gamma dV = 0, \qquad dV/V = -d\gamma/\gamma$$

공기가 링상태인 면적 f_r에서 속도 w_r로 유출한다고 하면, 유출량 $f_r w_r \gamma dt$는 V_r 내의 공기량의 감소와 같으므로

$$dG_r = -f_r w_r \gamma dt$$

위의 식으로부터

$$-f_r w_r dt = -V_r \frac{dV}{V} + dV_r, \qquad w_r = \frac{1}{f_r}\left[\frac{dV_r}{dt} - \frac{V_r}{V}\frac{dV}{dt}\right] \tag{6·54}$$

$$V = V_1 + V_2 + Fsh(\theta) = Fs[\varepsilon_1 + \varepsilon_2 + h(\theta)]$$

$$V_r = \frac{\pi}{4}(D^2 - d^2)s[\varepsilon_1 + h(\theta)], \qquad f_r = \pi ds[\varepsilon_1 + h(\theta)]$$

단,

$$\varepsilon_1 = \frac{V_1}{V_h}, \qquad \varepsilon_2 = \frac{V_2}{V_h}$$

$$h(\theta) = \frac{1}{2}\left[1 - \cos\theta + \frac{1}{\lambda_c}\left(1 - \sqrt{1 - \lambda_c^2 \sin^2\theta}\right)\right] \tag{6·55}$$

s=행정, F=피스톤 단면적

이들을 식 (6·54)에 넣으면

$$w_r = \frac{\pi}{180}\frac{3n}{2d}(D^2 - d^2)\frac{\varepsilon_2}{[\varepsilon_1 + \varepsilon_2 + h(\theta)][\varepsilon_1 + h(\theta)]}\frac{dh(\theta)}{d\theta}$$

평균피스톤 속도 $c = ns/30$을 사용하면

$$w_r = \frac{\pi}{4}c\frac{D}{s}\frac{D}{d}\left[1 - \left(\frac{d}{D}\right)^2\right]\frac{\varepsilon_2}{[\varepsilon_1 + \varepsilon_2 + h(\theta)][\varepsilon_1 + h(\theta)]}\frac{dh(\theta)}{d\theta} \tag{6·56}$$

축방향의 유입속도 w_2는 식 (6·54)에 $V_r = V_2$=일정; f_r 대신에 $f_2 = \pi d^2/4$로 하면 된다.

$$w_2 = \frac{1}{f_2}\frac{V_2}{V}\frac{dV}{dt} = \pi c\left(\frac{D}{d}\right)^2\frac{\varepsilon_2}{[\varepsilon_1 + \varepsilon_2 + h(\theta)]}\frac{dh(\theta)}{d\theta} \tag{6·57}$$

그림 6·94에 크랭크각에 대한 w_r(스퀴시에 의한 압출속도), w_2(축방향의 유입속도)의 변화를 나타낸다. 상사점 가까이에서는 w_2는 w_r에 대해서는 매우 작다.

식 (6·56)과 식 (6·57)에서 명백한 바와 같이 피스톤의 요(凹)부의 체적이 클수록, d/D가 작을수록 유입속도는 높아진다. 실제기관에서는 상사점 틈새를 가급적 작게 하고 피스톤 요부의 체적은 전압축체적의 75~85%에 달하고 있다. d/D는 너무 작게 하면 피스톤 높이를 크게

하고 또 피스톤의 과열을 초래한다. 따라서 유입속도 $w_r=30\sim50$ m/s가 한도이다. 이 정도의 속도에서는 연료입자분포를 좌우할 만큼의 힘은 아니고 연료증기에 영향을 미칠 정도이다. 팽창행정에서는 화염이 바깥쪽으로 피스톤 윗가장자리에 분출하는, 즉 역스퀴시(negative squish)에 의해 연소가 촉진된다. 그림 6・94는스퀴시에 의한 속도를 나타낸 것이다.

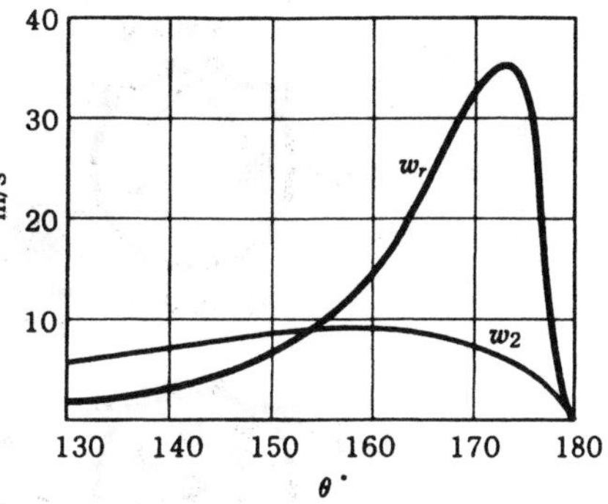

그림 6・94 스퀴시에 의한 속도

$$\varepsilon=16, \qquad V_2(V_1+V_2)=0.843$$

$$d/D=0.383, \qquad n=1000 \text{ rpm}$$

스퀴시는 체적효율을 감소하는 일도 없고 또 유동손실은 극히 적으므로 소형 고속기관에 많이 이용되며, 각종 토로이달(toroidal) 연소실이 사용되고 있다. 또한 이것에 유입와류를 병용하면 압축행정 말에 와류의 회전속도를 증가시켜 수평・수직방향의 복(複)와류가 되어 λ=1.25 정도까지 매연이 없는 연소가 가능하다.

⑤ MAN-M 연소법 : 실린더 내에서 혼합기를 형성시키면서 연소시키는 디젤연소법의 결점은

a) 발화지연기간 중에 활성화된 혼합기가 급격하게 연소되기 때문에 조용한 운전은 되지 못한다.

b) 발화 후, 즉 제어연소기간 중에는 실린더 내의 가스온도는 국부적으로는 2000℃를 넘는 고온이므로 그 안에 연료가 분사되면 발화지연은 극히 짧으며, 혼합기가 충분하게 형성되기 전에 발화하고, 온도가 높기 때문에 반응속도는 매우 높음에도 불구하고 필요한 산소공급이 그것에 따르지 못하므로 연료는 열분해를 일으키고 연소하기 어려운 탄소를 유리하여 그을음이 발생된다.

저속기관에서는 연소에 주어지는 시간이 길기 때문에 이들의 영향은 적으나 고속으로 됨에 따라서 이 결점이 현저하게 된다. 그림 6・87에서도 언급을 하였지만, MAN에서는 실린더 내에서 연료를 기화한 후 순간적으로 혼합기를 만들고 일부분에 발생한 자발화 화염의 전파에 따라 연소시키는 방법을 개발하여 고속 디젤기관에서 정숙하고 매연이 없는 운전에 성공하고 있다.

그림 6・95는 M-연소법의 설명도이다. 피스톤헤드에 3/4구형인 연소실을 마련하고 슈라우드 밸브에 의해 압축행정 말에 공기와류를 발생시킨다. 연료는 0.4 mm×2개의 노즐에서 기류와 같은 방향으로 벽을 따라서 17.5 MPa로 분사되어 벽면에 필름상태로 부착된다.

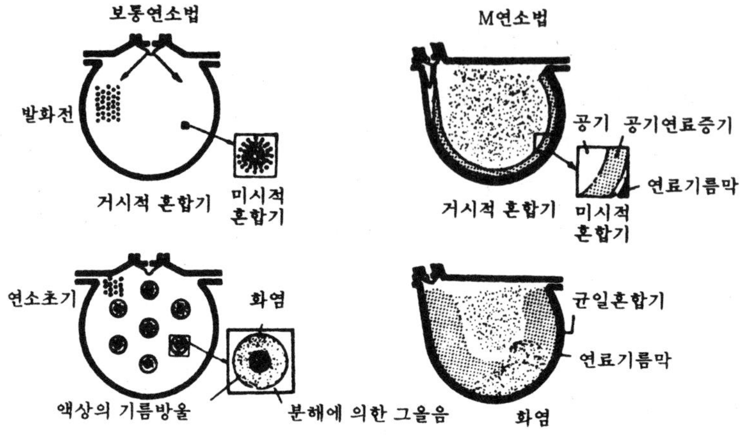

그림 6·95 MAN-M 연소법과 보통연소법에서의 공기분포의 모형

연료가 벽면에 똑같이 분포된다고 하면 필름의 두께는 전부하에서 14 μm 정도이다. 연료분사시기는 상사점 전 23.5°CA, 기간은 33°CA 정도이며, 벽온도는 340℃ 정도로 유지되어 있으므로, 이 연료필름은 신속하게 기화하나 벽 부근에 멈추어 아직 혼합기를 형성하는데는 이르지 못한다. 압축행정 말에 스퀴시에 의해 연소실 내의 와류가 갑자기 강해지는 순간에 벽 부근의 연료증가는 추출되어 혼합기를 형성한다. 분사시초에 노즐에서 나온 연료의 일부(약 5%)는 공기와의 충돌에 의해 무화되어 주류에서 떨어져 벽에 부착되지 않고 노즐 부근에 구름상태로 남는다. 이 연료에서부터 보통 디젤기관에서와 같이 자발화가 일어나고, 화염은 혼합기에 전파되어 조용한 연소가 행해지며, 동시에 공기이용률($1/\lambda$)은 87%에 달하고 있다.

연료 증발은 공기결핍 상태에서 더구나 적당한 온도에서 행해지므로 전염(前炎)반응도 열분해도 일으키는 일이 없으므로 발화지연이 길고 또한 혼합기로서 존재하는 시간이 짧기 때문에 고압축에 견디고 $\varepsilon=19$에서 가솔린을 사용해도 노크가 없는 운전이 가능하다. 사용연료는 고비등점에서 저비등점에 이르기까지 광범위한 것을 사용할 수 있어, 다중 연료기관으로서도 사용되고 있으나 시동이 곤란하다는 결점이 있다. 이 방법은 회전비 6인 와류를 필요로 하기 때문에 흡입압력의 저하를 초래하나 연료의 증발에 의해 피스톤헤드에서 1.8%의 열량(연료의 발열량에 대해)을 회수하므로 보충되며 연료소비율은 보통의 연소방법과 변함이 없다.

또한, HM법이라고 하여 흡기관의 맥동효과를 이용하여 와류를 강하게 함으로써 공기이용률을 개선하여 무과급에서 평균유효압력 0.98 MPa($\lambda \cong 1.1$)라고 하는 기록을 내고 있다. 또 FM법이라하여 압축비를 14~17로 내리고 혼합기의 성층화를 이용하여 스파크점화를 하여 발화성이 나쁜 고옥탄가 가솔린이라도 확실하게 착화될 수 있는 방법을 개발하여 디젤 기관과 같은 정도의 연료소비율을 유지함과 동시에 연소압력을 내리고 또한 보통 가솔린기관에 비하여 배기가스 중의 CO 혹은 미연소 탄화수소를 현저하게 감소할 수 있다는 것을 강조하고 있다.

(2) 예연소실식

그림 6·96에 대표적인 기관의 연소실 형상과 그 부착방법을 나타내었으며, 주로 소형 기관에 많이 사용되지만 예외로 중형기관에도 사용된다. 그림에서와 같이 연료는 우선 예연소실에 분사되어 일부가 연소되고 그것에 의해 생긴 압력차에 따라 미연소 부분을 주연소실로 분출하여 연소와류에 의해 공기와 잘 혼합시키는 것이다. 이 연소실의 장·단점은 다음과 같다.

〈장점〉

a) 분무의 양·부에 둔감하며 연료의 분사개시압력이 비교적 낮으므로(8~15 MPa) 연료장치의 고장이 적고, 수명이 길다.

b) 사용연료의 변화에 민감하지 않다(세탄가의 요구도 낮다).

c) 운전상태가 조용하고, 디젤 노크가 잘 일어나지 않는다.

d) 공기와 연료의 혼합이 잘 되고 다른 형식보다 기관에 유연성이 있다(분출화염으로 교반되어 공기이용률이 높다. $\lambda=1.2\sim1.3$에서 매연이 없는 완전연소를 할 수 있다).

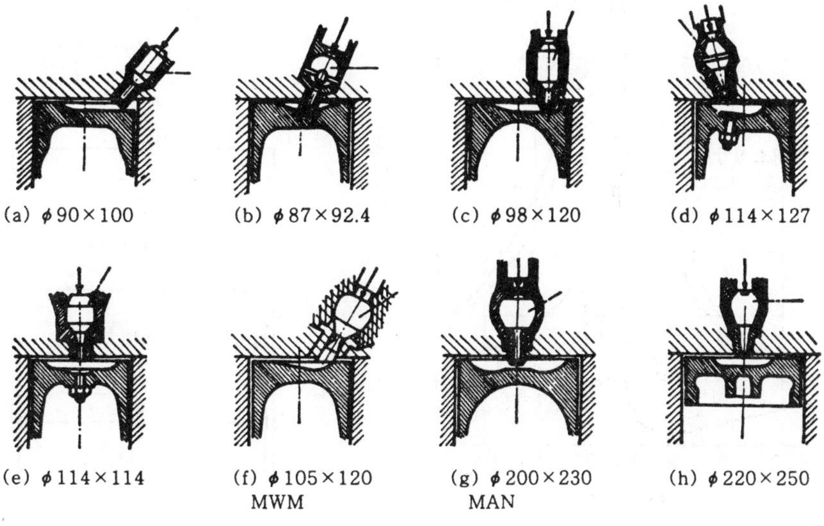

그림 6·96 대표적 예연소실과 분사밸브 및 예열 플러그의 방향

〈단점〉

a) 실린더헤드의 구조가 복잡하다.

b) 예연소실 용적에 대한 표면적이 크기 때문에 냉각손실이 크다.

c) 시동이 곤란하며 예열장치가 필요하다.

d) 시동성 및 냉각손실을 고려하여 압축비가 커야 하며, 이 때문에 기동토크가 증가하여 마력이 큰 기동전동기가 필요하다.

5) 연료소비량이 직접분사식보다 많다.

① 압력변화 : 그림 6·97은 예연소실과 주연소실의 압력변화를 나타낸 것으로 압축행정 동안은 주연소실의 압력쪽이 빨리 올라가고, 공기는 예연소실로 분출하여 상사점 조금 전에 최대속도가 된다. 연소가 일어나면 반대로 예연소실의 압력쪽이 높아지므로 가스는 주연소실쪽으로 고속으로 분출한다.

압축행정에서 실린더로부터 예연소실로 유입되는 공기량은 식 (4·20)과 마찬가지로 다음 식으로 나타내어진다(부호는 그림 6·98 참조).

$$dG = \mu f \psi_{12} \sqrt{2g \frac{p_1}{v_1}}\, dt \qquad (6 \cdot 58)$$

μ, f는 분출구의 유량계수 및 면적이다. dG는 실린더 내의 공기량의 감소 및 예연소실

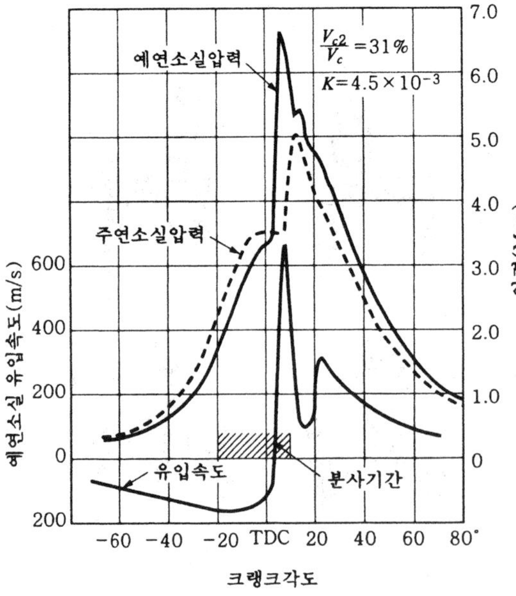

그림 6·97 예연소실식 기관의 압력변화와 분출구멍에서의 가스속도

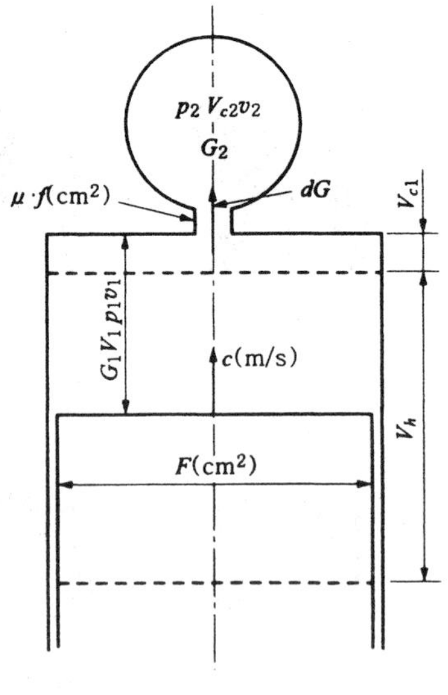

그림 6·98 기호설명

내의 공기량의 증가와 같으므로

$$dG = -dG_1 = -d\left(\frac{V_1}{v_1}\right), \qquad dG = dG_2 = d\left(\frac{V_{c2}}{v_2}\right) \tag{6·59}$$

실린더 내 및 예연소실 내의 공기는 각각 지수 m_1, m_2인 폴리트로프 변화를 하는 것으로 하고 압축시초의 상태를 p_o, v_o, T_o로 하면

$$p_1 v_1^{m_1} = p_o v_o^{m_1}, \qquad p_2 v_2^{m_2} = p_o v_o^{m_2}$$

이 관계를 식 (6·58), (6·59)에 사용하여, 양 식을 같이 놓으면 다음 관계를 얻을 수 있다.

$$\left.\begin{aligned} \frac{d(p_1/p_o)}{dt} &= -\frac{m_1 \mu f}{V_1}\sqrt{2gp_o v_o}\ \psi_{12}\left(\frac{p_1}{p_o}\right)^{\frac{3}{2}-\frac{1}{2m_1}} - \frac{m_1}{V_1}\left(\frac{p_1}{p_o}\right)\frac{dV_1}{dt} \\ \frac{d(p_2/p_o)}{dt} &= \frac{m_2 \mu f}{V_{c2}}\sqrt{2gp_o v_o}\ \psi_{12}\left(\frac{p_1}{p_o}\right)^{\frac{3}{2}+\frac{1}{2m_1}}\left(\frac{p_2}{p_o}\right)^{1-\frac{1}{m_2}} \end{aligned}\right\} \tag{6·60}$$

피스톤 면적을 F, 매분 회전수를 n, 평균피스톤 속도를 c로 하면 $V_1 = V_{c1} + V_h = Fs\{\varepsilon_1 + h(\theta)\}$, $h(\theta)$는 식 (6·55)에 나타낸 θ의 함수

$$V_{c2} = \varepsilon_2 Fs, \qquad \theta = 6nt, \qquad ns = 30c$$

이들의 관계를 식 (6·60)에 넣으면

$$\left.\begin{aligned} \frac{d(p_1/p_2)}{d\theta} &= -K\frac{m_1\sqrt{2gR}}{180}\frac{\psi_{12}}{\varepsilon_1 + h(\theta)}\left(\frac{p_1}{p_0}\right)^{\frac{3}{2}-\frac{1}{2m_1}} \\ &\quad -\frac{\pi}{180}\frac{m_1}{\varepsilon_1 + h(\theta)}\left(\frac{p_1}{p_0}\right)\frac{dh(\theta)}{d\theta} \\ \frac{d(p_2/p_0)}{d\theta} &= K\frac{m_2\sqrt{2gR}}{180}\frac{\psi_{12}}{\varepsilon_2}\left(\frac{p_1}{p_0}\right)^{\frac{1}{2}+\frac{1}{2m_1}}\left(\frac{p_2}{p_0}\right)^{1-\frac{1}{m_2}} \end{aligned}\right\} \tag{6·61}$$

단,

$$K = \frac{\mu f\sqrt{T_0}}{Fc} \tag{6·62}$$

식 (6·61)의 연립방정식을 풀면 압력변화가 구해지나 도식해법 혹은 수치계산에 의하지 않으면 일반적으로 풀지 못한다. 그러나 상사기관에서는 K가 같으면 압력변화도 동일하게 된다는 것은 명백하다. 이 K는 예연소실만이 아니라 일반 부실식 기관의 특성을 나타내는

중요한 계수이다. 팽창행정의 압력변화는 열발생률을 알지 못하면 계산할 수 없으나, 이것이 동일하면 압력변화는 K에 의해 정해진다. 실용상 $\mu \cong 0.65$, $T_0 \cong 273+(50\sim90)$ K 정도이므로 보통 f/F만으로 나타내며 분출구 면적비라고 부르고 있다.

② 예연소실의 체적비와 분출구 면적비 : 주로 분출에너지에 관계되며 현재 체적비 $V_{c2}/V_c=25\sim45\%$, 분출구 면적비 $f/F=0.25\sim0.7\%$ 범위의 것이 사용되고 있으나, 연소실을 주연소실의 중앙에 장치할 경우에는 큰 분출에너지를 요하지 않으므로 체적비는 작아도 된다. 실린더 지름이 작은 것에서는 밸브면적을 크게 취하기 위해 연소실을 한쪽으로 치우치게 하고 실린더 지름이 큰 것(D>160)은 4밸브식으로 하여 중앙분사로 하는 것이 적당하다고 한다.

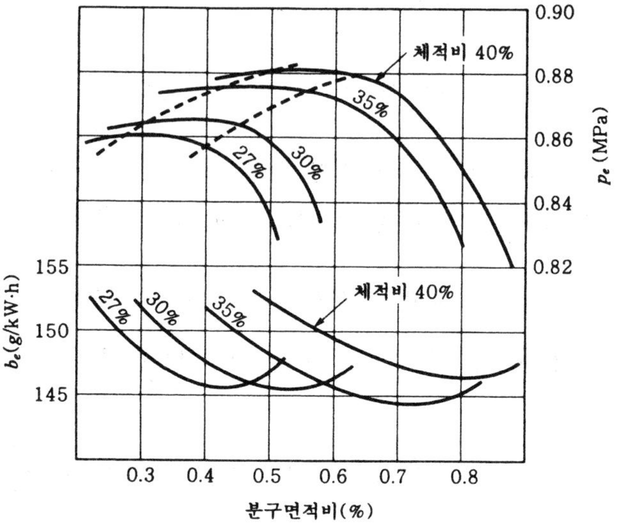

그림 6·99 체적비·분출구멍 면적비와 성능

체적비 및 분출구 면적비는 연소실의 형상, 회전속도 등에 따라 최적값이 존재한다. 그림 6·99에 일례를 나타낸다. 일반적으로 체적비를 크게 하면 분출에너지가 증대되고 평균유효압력은 높아진다. 그러나 너무 크게 되면 가스 유동손실이 증가되므로 연료소비율이 많아진다. 또 분출구 면적비도 각 체적비에 따라 최적값이 존재하나 연료소비율이 최저가 되는 체적비는 출력이 최대가 되는 값보다도 크다.

③ 예연소실 내의 연소 : 최초의 발화는 예연소실의 중심 또는 분출구쪽에서 일어나 최초는 거의 임계속도로 분출하나 뒤이어 주연소실에서 연소가 일어나면 압력차가 작아지고 일시 분출이 약해지며 피스톤에 의한 팽창으로 압력이 내려가면 재차 분출이 행해진다(그림 6·97). 그러나 이것으로는 주연소실의 연소가 지연되므로 가급적 연료를 분출구 가까이에 저장하고 그 배후에서 발화시켜 최초의 분류로 주연소실에 분출시키지 않으면 안 된다. 따라서, 예연소실 내로의 분사는 충분히 무화시킬 필요는 없고, 오히려 퍼짐을 악화시키기 위해 단공노즐 또는 확산각이 작은 핀틀형이 사용되며 밸브 개변압력도 12.0~14.0 MPa이다.

그림 6·100를 보면 확산이 큰 핀틀노즐 DN15S3은 연료소비율도, 배기농도도 현저하게 악화되어 있다.

압축행정에서 예연소실로 유입되는 공기 속도는 상사점 전 10~20°CA에서 최고에 도달하지만, 이 시기에 연료가 분사된다. 유입공기를 향하여 바로 정면에서 연료를 분사하면 분무는 날리어 상부에서 발화하여도 최초에 주연소실로 분출되는 것은 희박한 혼합기가 되므로 고부하인 경우에는 예연소실 내는 공기부족의 상태가 되어 그을음을 발생한다. 그래서 그림 6·101에 나타낸 바와 같이 공기를 측벽의 홈을 따라 상승시키거나 혹은 분사밸브를 약간 편심시키든가 또는 기울여서 분무와 정면충돌을 피하도록 하면 성능은 현저하게 향상된다. 그러나 그림 6·101의 4번과 같이 측벽의 홈을 너무 깊게 하면 분무가 반대측 벽에 부착하여 성능은 도리어 저하된다.

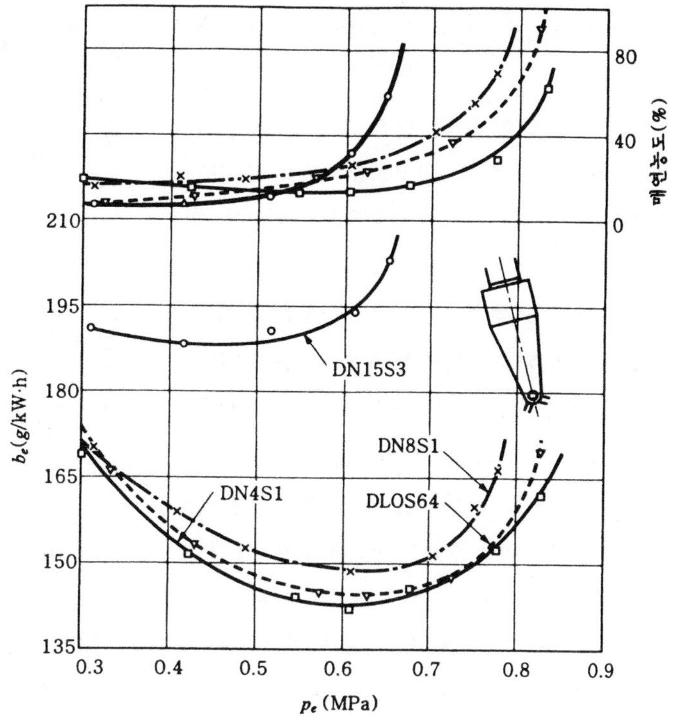

그림 6·100 노즐 분무각에 의한 성능의 차이

그림 6·102와 같이 예연소실 내에 와류를 발생시키는 형태로 하여 이것을 와류예연소

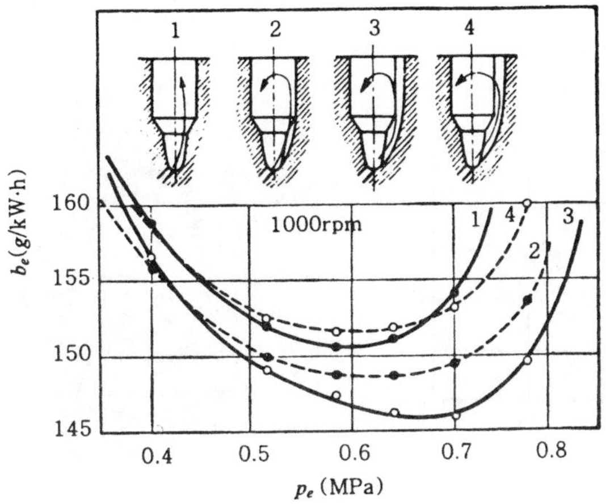

그림 6·101 유입기류와 성능

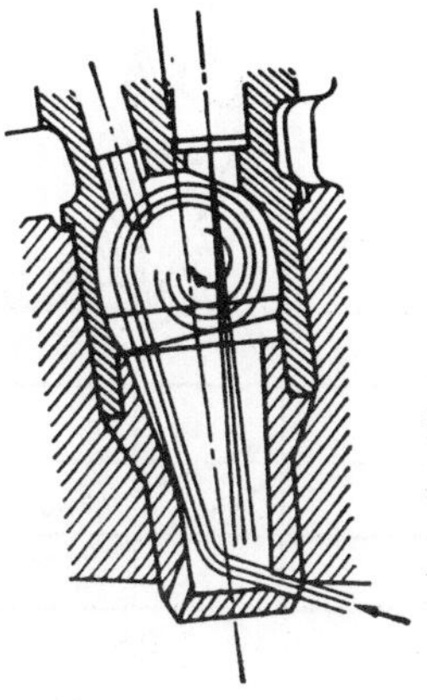

그림 6·102 와류예연소실

실이라고 하나, 와류가 너무 강하게 되면 주연소실로의 분출이 지연되어 도리어 저하된다.

④ 주연소실 내의 연소 : 분출구의 수, 방향을 적당하게 선정하고 분출에 수반하여 일어나는 공기운동을 이용하여 화염이 전면에 널리 퍼지도록 하면 좋으나, 열손실, 피스톤의 과열 등도 고려하지 않으면 안 된다. 피스톤면에 대한 분출각도가 작을 경우(30°)에는 그림 6·103에 나타낸 바와 같이 피스톤헤드가 평탄한 것이라도 저부하에서는 좋은 성능이 얻어진다. 피스톤헤드에 분류에 대응하는 홈을 마련하면 화염은 그 안에 집중되어 고부하성능은 현저하게 개선된다. 이때 피스톤 상사점 틈새는 가급적 작게 하고 홈의 깊이, 길이는 분류의 충돌각에 따라 적당하게 결정해야 한다. 분출각도가 클 경우(70°)에는 그림 6·104에 나타낸 바와 같이 피스톤헤드가 평평한 경우는 성능이 나쁘나 충돌부에 원형 요(凹)부를 마련하면 부하의 전역에 걸쳐서 성능이 향상된다.

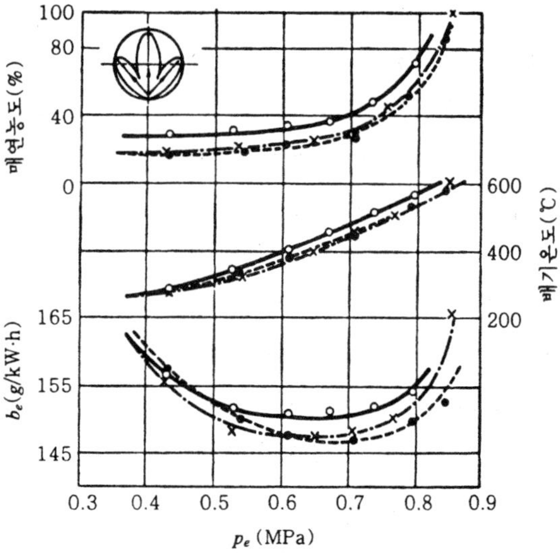

그림 6·103 3줄 홈형 피스톤 요(凹)부 깊이의 영향

⑤ 아이들노크(idling knock)와 시동 : 예연소실기관은 저속시에 특유한 연소음을 발생하는데, 이것은 주연소실 내의 압력상승률이 높기 때문이다. 예연소실 내의 급격한 압력상승은 분출구 면적비 0.7% 이하에서는 주연소실의 압력상승에는 직접 영향을 미치지 않는다. 따

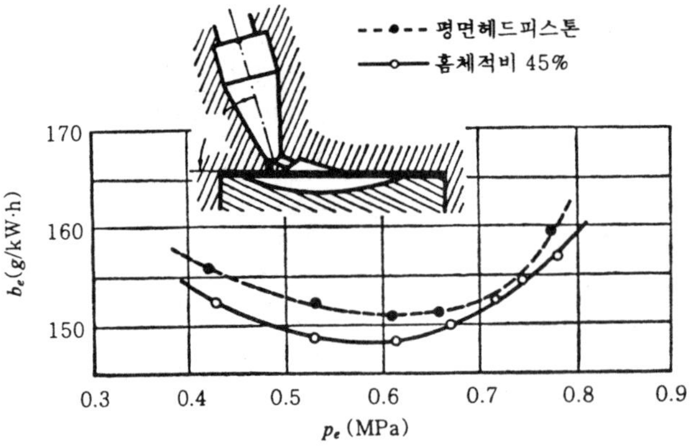

그림 6·104 원형피스톤 오목부의 효과

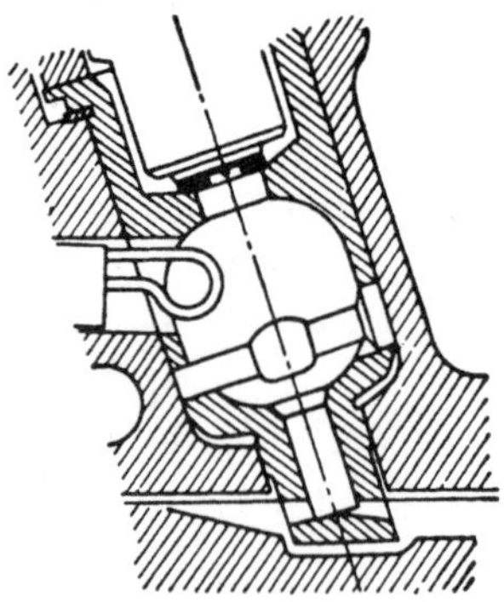

그림 6·105 분무통로에 구(球)가 달린 봉이 있는 예연소실

라서 아이들노크를 줄이려면 초기에 미연소 연료가 주연소실로 분출되는 것을 적게 하면 된다. 그림 6・105는 분무의 통로에 구(球)가 달린 봉을 장치하여 연료의 유출을 방지함과 동시에 그 자체 가열에 의해 발화를 촉진하여 노크의 경감을 도모하고 있다. 벽온도 또는 급기온도의 상승은 발화지연을 단축하고, 또 스로틀노즐은 초기의 분사량을 제한하기 때문에 노크억제에 도움되며, 또 연소실의 길이를 크게 하고 또는 분출구 면적비를 작게 하는 것도 유효하나 모두 성능의 저하를 초래한다. 이 형태는 압축행정에서 예연소실로 유입할 때 교축되는 점과 냉각면적이 크기 때문에 압축온도가 상승하기 어려워 냉시동은 곤란하다.

(3) 스월챔버식(와류실식)

예연소실에서는 주・부실의 연락구멍이 작아서 고속일수록 주실과 부실을 공기 및 연소실가스가 유입, 유출시 교축손실이 증가하여 부실식의 결점이 증대된다. 그래서 연락구멍을 크게 함과 동시에 와류를 만들기 위해 그림 6・106에 나타낸 바와 같이 연소실을 구형으로 하여 압축행정에서 접선방향으로 유입되는 공기에 의해 와류를 일으켜서 연소촉진을 도모하는 것이다. 1926년 Ricardo에 의해 고안된 Comet Ⅰ 및 Ⅱ형은 스월챔버의 체적비를 가급적 크게 70~80%, 분출구 면적비도 2~3.5% 정도로 하고 그 안에서 완전연소시킬 것을 목적으로 하고 있다. 그러나 가스유동손실, 냉각손실 기타 구조적인 점에서 Comet Ⅲ형은 체적비를 약 50% 정도로 하고 피스톤헤드에 쌍와류형(雙渦流形)의 오목부를 마련하여〔그

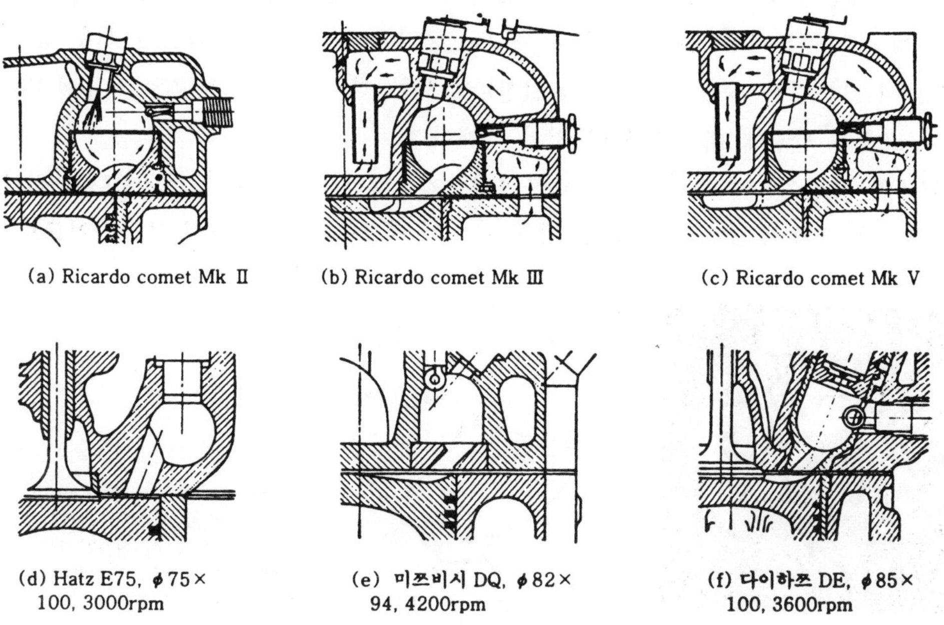

(a) Ricardo comet Mk Ⅱ (b) Ricardo comet Mk Ⅲ (c) Ricardo comet Mk Ⅴ

(d) Hatz E75, φ75×100, 3000rpm (e) 미쯔비시 DQ, φ82×94, 4200rpm (f) 다이하쯔 DE, φ85×100, 3600rpm

그림 6・106 대표적 스월챔버의 형상

림 6・109 (c)〕 주연소실의 연소를 촉진시키고 있다. 현재는 Ricardo V형(c), 역와류형(d), 평저구(平低球)형 천정(e), 또는 그 반대의 것(f) 등 여러 가지 것이 사용되고 있다. 연소 그 자체에 대해서는 체적비가 큰 것이 양호하나, 소형기관은 피스톤 상사점 틈새 때문에 체적비가 제한되어 50~60%가 되고 분출구 면적비도 0.9~1.5% 정도가 사용되고 있다.

와류실식은 직접분사식과 예연소실의 장점과 단점을 모두 가지고 있다.

〈장점〉

a) 압축에 의해 생기는 와류를 이용하므로 공기와의 혼합이 잘 되고 회전수 및 평균유효압력을 높게 할 수 있다.

b) 분사압력이 낮아도 된다.

c) 기관의 회전범위가 넓어 원활한 운전을 할 수 있다.

〈단점〉

a) 실린더헤드의 구조가 복잡하다.

b) 분사구멍의 억제 작용, 연소실 체적 및 면적비가 크므로 직접 분사식보다 열효율이 낮다.

c) 저속시에 디젤 노크를 일으키기 쉽다.

d) 시동에는 예열플러그가 필요하다.

① 스월챔버 내의 연소 : 분사밸브에는 핀틀형(구형 15~40°, 원통형 4~8°)이 많이 사용되고, 밸브가 열리는 압력은 10.0~14.5 MPa이다. 압축행정에서 유입되는 공기속도는 예연소실의 경우와 마찬가지로 계산되나, 분출구 면적이 크므로 압력차는 0.1~0.2 MPa, 최고속도도 100~180 m/s 정도이다. 접선방향으로 유입된 공기에 의해 발생한 와류는 최초 강제스월(ω=일정)이지만 점차 자유스월($\omega \cdot r$=일정)로 변해간다. 그림 6・107은 와류실 내의 유동상태를 고주파 방전에 따라 기록한 것의 일례이다.

와류회전비는 기관성능에 관계되며 연료분사기간에 1회전하는 정도가 적당하다고 하나, 실제의 기관은 25~40 정도로 되어 있다. 강한 와류가 필요한 것은 상사점 부근만이므로 그림

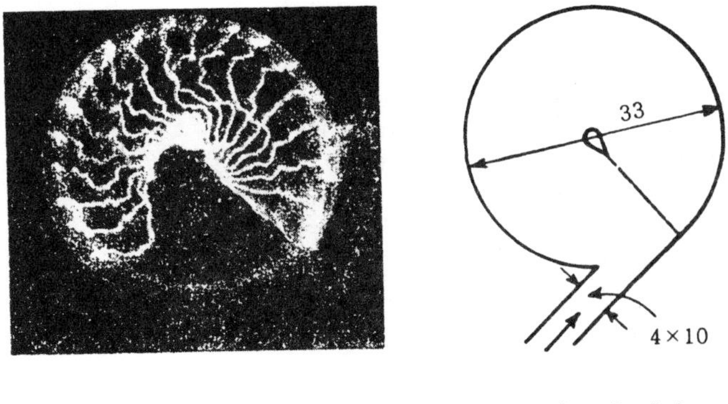

기류를 가로질러 화염이 발생하면 이온화된 도체의 통로가 남으며 그 이후의 방전은 항상 이 이온화된 부분에서 일어나므로 불꽃의 이동에 따라서 기체의 유동이 명시된다.

그림 6・107 와류실 내의 공기유동

6・108에 나타낸 바와 같이 압축행정의 마지막에 피스톤에 의해 분출구가 교축되도록 하면 유동손실을 적게 할 수 있다.

기류에 직각 혹은 기류에 역방향으로 분사하면 그림 6・109 (a)에 나타낸 바와 같이 연료는 중심부에 모여 발화 후 화염은 중심부를, 밀도가 큰 공기는 외주를 선회하고 화염은 회전하면서 완만하게 확대되며 최초 주연소실로 분출되는 것은 공기만이므로 중앙부는 산

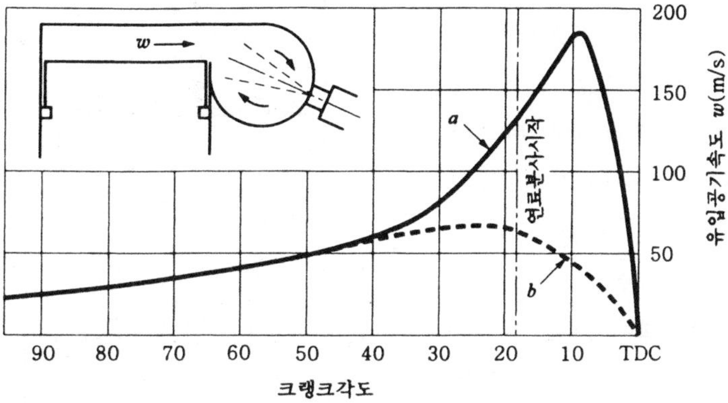

그림 6・108 Hercules기관에 있어서 유입공기속도(*b* : 분출구 면적이 일정한 경우)

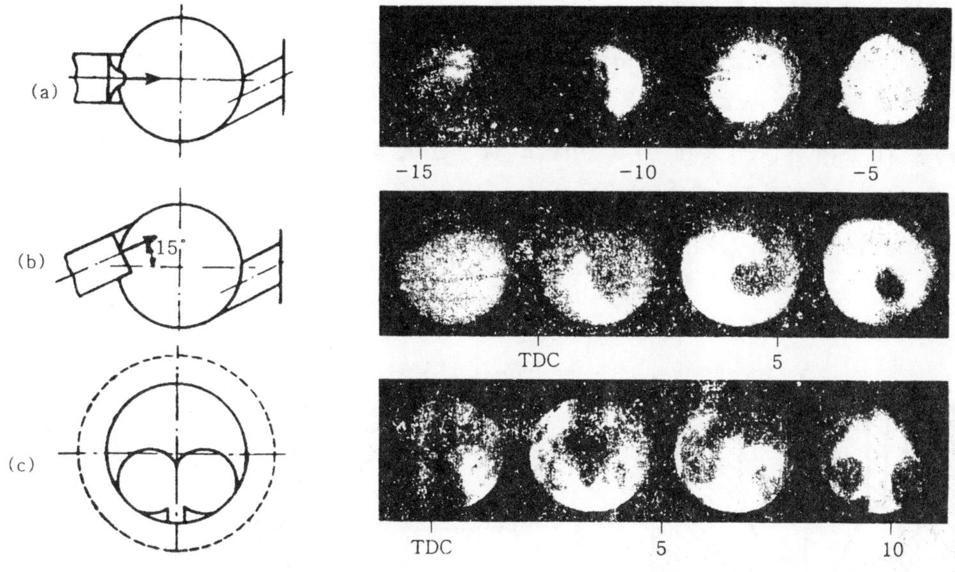

(a) : 중심을 향한 분사(화염은 중심부로 모이며 불완전연소를 일으킨다)
(b) : 기류방향분사(화염은 주변에서부터 와류상태로 중심으로 끌어들여 양호한 연소가 일어남)
(c) : 쌍와류형 피스톤홈의 효과(화염은 최초 홈의 중심에서 와류를 형성하며 피스톤이 하강함에 따라 상부틈새로 빠져나와 양호한 연소가 얻어짐.

그림 6・109 와류실 기관에서 화염의 고속사진

소부족이 되어 그을음을 발생한다. 이에 반해 그림 6·109(b)에 나타낸 바와 같이 기류에 실어서(기류와 같은 방향) 분사하면 분무는 벽을 따라 흐르고 발화 후 화염은 소용돌이 모양으로 중심부에 휩쓸리고, 동시에 공기는 외주로 밀어내어져 열혼합이 잘 이루어진다. 이와 같이 최초 주변부에 연료가 모이므로 농혼합기의 부분이 재빠르게 분출되고 주연소실의 공기도 유효하게 이용된다. 분사방향이 반대방향에서 기류방향으로 이동됨에 따라서 연소가 개선되어 가는 양상은 그림 6·110에 잘 나타내어져 있다.

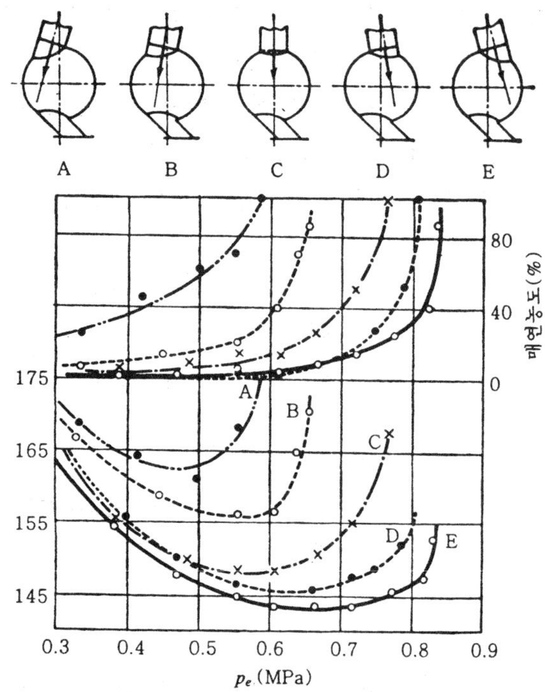

그림 6·110 스월챔버 내 분사방향과 성능

그러나 기류와 같은 방향으로 분사하면 공기와의 상대속도가 작으며 열전달이 나쁘기 때문에 발화지연이 길게 되어 저부하의 연소음이 높고 냉시동도 나쁘게 된다. 이것을 방지하기 위해 그림 6·111에 나타낸 Pintaux 노즐을 사용하여 주분사에 앞서서 작은 구멍에서 윗방향을 향하여 부분사를 하면 발화지연은 짧게 되고 시동도 개선된다. 회전속도가 높게 되면 부(副)분사의 양은 적게 되고 그 영향은 거의 없어진다.

② 주연소실에서의 연소 : 체적비가 큰 Ricardo Comet Ⅰ, Ⅱ형은 피스톤헤드가 평평한 것

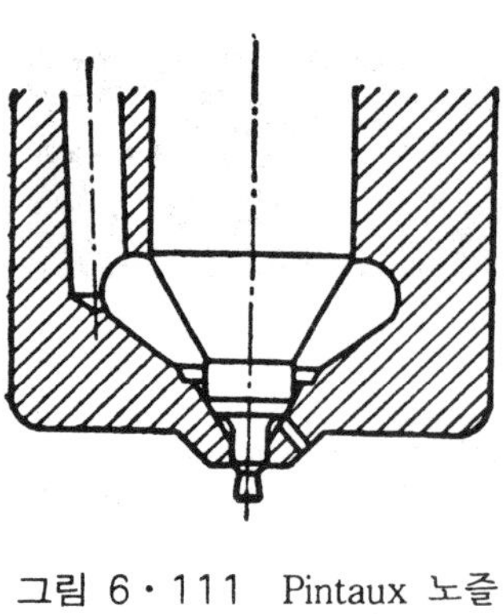

그림 6·111 Pintaux 노즐

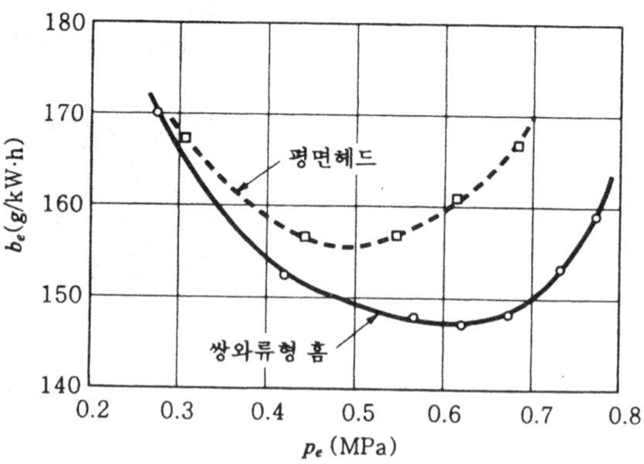

그림 6·112 쌍와류형 피스톤 요부의 효과

〔평두(平頭)피스톤〕이라도 좋은 성능을 얻을 수 있으나, 체적비가 작게 되면 피스톤헤드의 형상에 의한 성능의 차가 크게 된다. Comet Ⅲ형에 사용되고 있는 쌍(双)와류형 오목부는 그림 6・109 (c)와 같이 그 안에 강한 와류를 발생하고 피스톤의 하강에 수반하여 화염은 밖으로 밀려 나가 양호한 연소가 얻어진다. 그림 6・112는 동일 운전조건에서 오목부의 효과를 평면헤드 피스톤과 비교한 것이다. 쌍와류형에서도 오목부의 크기, 위치는 실린더 지름, 회전속도에 따라 최적값이 존재하나 이 형은 일반적으로 저속성능이 좋다.

소형 고속기관은 원형, 홈형, 부채형 등의 오목이 사용되고 있으나 실린더 지름이 작은 것에서는 실린더 전체에 와류를 발생시키도록 한 것이 양호하다.

(4) 공기실식(後室式)

공기실식은 그림 6・113과 같이 주연소실 외에 공기실이 있으며, 연료는 주연소실 안에 분사되어 그 일부가 공기실로 튀어 들어가서 연소되어, 이 연소로 인한 공기의 분출에너지를 크게 하여 연소를 향상시키는 것과, 공기실 안에는 연료를 분사하지 않고 피스톤이 하강함에 따라 공기실에서 공기를 분출하여 산소를 공급하고 소용돌이를 일으켜 연소시키는 것이 있다.

본래의 공기실은 압축행정에서 그 안으로 채워진 공기가 팽창행정에서 분출하여 연소를 돕는 정도였으나, 이것으로는 분출에너지가 약하기 때문에 완전히 폐물이 되고 현재 쓰이고 있는 Lanova형은 그림 6・113에 나타낸 바와 같이 연료의 일부가 공기실에 들어가 그 연소에 의해 분사에너지를 증대하고 있다. 이것을 에너지실(energy cell)이라고도 한다.

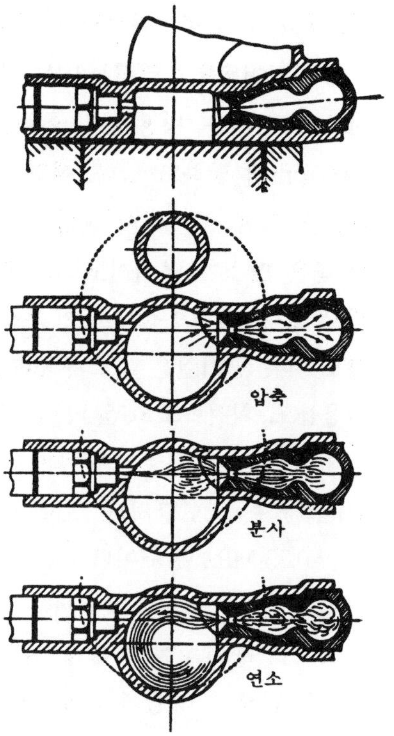

그림 6・113 공기실식 연소실 (Lanova)

공기실식의 장단점은 다음과 같다.

〈장점〉

a) 연소가 완만하기 때문에 최고 폭발압력이 낮고, 어느 형식보다도 작동이 조용하다.

〈단점〉

a) 연료의 분사시기가 민감하게 연료에 영향을 준다.

b) 후연소의 경향이 있으며 배기온도가 높고 열효율이 나쁘다.

c) 전반적으로 취급하기가 까다롭다.

d) 연료의 소비량이 비교적 많다.

이처럼 장점보다는 단점이 많아 현재는 거의 사용되지 않고 있다.

(5) 각종 연소실의 비교

중·대형기관은 거의 직접분사식에 한정되고 비교의 대상이 되는 것은 소형기관이다.

① **가스유동손실** : 직접분사식에는 소형이라도 밸브가 열리는 압력 12~25 MPa이 사용되나, 분사시키는 데 필요한 일은 극히 적고, 오히려 고압분사에 대해 분사펌프, 노즐 등의 수명이 문제가 된다. 가스유동손실은 스퀴시형이라도 문제가 될 정도로 큰 것은 아니다. 유입와류 발생 때문에 흡입압력의 저하는 그 자체의 손실보다도 공기흡입량의 감소쪽이 평균유효압력에 영향을 미친다. 부실식 기관에서는 유동손실이 크며 예연소실에서는 전체손실의 20~30%, 스월챔버에서는 4~8% 정도이고 고속이 됨에 따라 이 손실은 증가된다.

② **공기이용률** : 직접분사식 기관에서 단지 유입와류만을 이용하는 것에서는 $\lambda=1.4$ 정도이나 스퀴시를 병용하여 와류를 증대하면 $\lambda=1.25$ 정도까지 가능하며 최고 회전속도는 3000 rpm에 달하고 있다. 예연소실은 강력한 연소와류에 의해, 스월챔버는 압입와류와 연소와류에 의해 공기와의 혼합이 양호하기 때문에 $\lambda=1.1$에 달하고 있다. 스월챔버에서는 가장 좋은 연소가 얻어지고 고속으로 됨에 따라 와류속도가 증가되므로 4500 rpm까지 실용화되고 있다. 예연소실에서는 가스유동손실이 크게 되므로 이것부터 제한되어 최고 4000 rpm 정도이다. 공기실은 가스유동손실은 적으나 분출에너지가 작은 것과 연소지연 때문에 공기이용률도 회전속도도 앞의 두 경우에 미치지 못한다.

③ **평균유효압력** : 스월챔버, 예연소실은 공기이용률이 좋으므로 가장 높아 $p_e=0.8\sim0.87$ MPa 정도에 도달하나, 고속에서는 스월챔버쪽이 유리하다. 직접분사실식, 공기실에서는 $p_e=0.75$ MPa 정도이다.

④ **연소음** : 예연소실에서는 저속시 아이들노크를 일으키나, 운전중은 예연소실의 온도가 높으므로 발화지연이 짧게 되고, 주연소실 내의 압력상승도 작으며 노크는 일어나지 않는다. 또 연료의 성질에 대해 둔감하고 동시에 부하, 회전속도에 대해 분사진각의 조정이 적어도 된다. 직접분사는 발화지연이 크고 노크를 일으키기 쉬우며, 최고압력이 높고 연료의 성질에 대해 민감하여 발화성이 좋은 연료를 필요로 한다. 스월챔버기관은 이 양자의 중간이다. 이것에 대해 공기실식은 가장 조용한 연소가 행해진다.

⑤ **연료소비율** : 직접분사에서는 냉각손실, 가스유동손실이 적으므로 부실식보다 10~15% 적다. 스월챔버, 예연소실, 공기실은 2000~2400 rpm 정도까지는 일반적으로 우열은 판정하기 어려우나, 고속에서는 스월챔버가 유리하다.

⑥ **시동성** : 냉각손실이 적으므로 직접분사가 가장 좋고, 공기실이 그 다음이며 예연소실, 스월챔버는 18~22인 고압축비를 사용하여도 보조장치가 없이는 0℃ 이하의 시동은 곤란하

고, 연소실, 분출구가 작아짐에 따라서 더욱 어려워진다. 스월챔버는 와류에 의한 냉각작용 때문에 저온시동은 특히 곤란하다. 표 6·5에 각종 연소실의 성능 비교의 일례를 나타내고 있다.

표 6·5 디젤기관의 연소실에 의한 성능의 비교

	압축비	정미평균 유효압력	정미연료 소비율	최고 회전속도	최고압력	연료분사 개변압	연료분사 시초(상사점 전)	분사노즐 형식	연한도에 있어서 공기 과잉률
저속직접분사	13~15	5~6	160~200	3300	50~55	250~400	30~5	다공	1.6~1.9
고속직접분사	13.5~21	4.7~7.4	170~200		60~80	180~250	35~15	다공	1.25~1.7
과급직접분사	11.4~15	8~16	140~180		80~120	200~400		다공	
예연소실	13~22	4~7.3	180~210	4200	50~70	65~150	40~10	단, 핀틀	1.2~1.6
스월챔버	14~21	5~8	180~210	4500	50~60	100~140	25~5	다, 핀틀	1.15~1.6
공기실	15~16	6.8~7.4	180~220	3600	34~51	90~140	25~15	핀틀	1.3~1.5

6.2.4 공기의 유동과 혼합기 생성

(1) 연소실 형상

연소실 형상에 관한 것은 "6.2.3 디젤기관의 각종 연소실"에서 언급을 한 바와 같이 디젤기관이 요구하는 무화, 관통, 분포성을 연료분사만으로서 만족시키는 것은 곤란하고, 특히 고속엔진에서는 분사에서 연소완료까지 극히 짧은 시간밖에 허용되지 않으므로 피스톤의 왕복운동에 의한 가스운동에 의해 그것을 도와주지 않으면 안 된다. 이는 연소실 모양에도 좌우되는데 연소실에 요구되는 조건은 다음과 같다.

① 분사된 연료를 되도록 짧은 시간에 완전연소시켜야 한다.

② 평균유효압력이 높아야 한다.

③ 연료소비율이 적어야 한다.

④ 고속회전시 연소상태가 좋아야 한다.

⑤ 시동이 용이해야 한다.

⑥ 디젤노크가 적어야 한다.

이처럼 연소실은 연소에 대하여 가장 중요한 인자가 되며 그 형식을 구별하면 다음과 같은 부류로 나누어진다.

분사 및 연소방식
- 직접분사식(direct injection 또는 open chamber) (단실식)
- 부실식(divided chamber 또는 indirect injection) (간접분사방식)
  - 예연소실(pre-combustion chamber)
  - 와류실식(swirl chamber)
  - 공기실식(air-cell)

직접분사방식은 주실에 직접연료를 분사하여 연소시키는 방식이고, 간접분사방식은 주실 외에 부실로 와류실(turbulence 또는 swirl chamber)이나 예연소실(前室, pre-combustion chamber)을 만들어 연료를 우선 부실에 분사하여, 부실에서 어느 정도 연소시킨 불완전연소가스를 주실에 분사하여 완전히 연소시키는 방식이다. 부실은 이것 이외에 공기실(後室, air-cell)식이 있고, 연료는 공기실을 향하여 분사되어 분무의 일부가 공기실 내에서 착화하여 실내의 압력상승으로 주연소실 내에 분출하여 나머지 연료의 연소를 촉진시키는 방식이지만, 오늘날은 거의 사용되지 않고 있다. 대형기관($d>\phi 400$)과 중형기관($\phi 400>d>\phi 200$)에서는 거의 단실식 연소방식이 사용되고 있지만, 소형기관($\phi 200>d>\phi 60$)에서는 단실식과 부실식 연소방식을 사용하고 있다. 혼합기 생성방식은 직접분사 2 행정 대형기관에서는 소기의 선회류나 분무류 자신에 의한 공기유동을, 중형기관에서는 흡입할 때 발생하는 와류(흡기와류)와 압축행정 중에 발생하는 와류(압입와류 또는 squish)를, 소형기관 와류실식에서는 압입와류와 연소에 의해 생기는 압력차에 의한 와류(연소와류)를 또 예연소실식에서는 연소와류를 이용하는 방식이 사용되고 있다. 기관의 운동과 각 연소실 내에서의 혼합기 생성에 대하여 기술하기로 한다.

(2) 실린더 내에서의 공기유동

실린더 내에서 공기유동은 행정이나 연소방식의 차이에 따라 또 실린더 지름의 크기에 따라서 각각 다르다. 일반적으로 4 행정기관에서의 공기유동의 생성은 피스톤 흡입 및 압축 행정중에 발생함에 대하여, 2 행정기관에서는 주로 소기기간 중에 발생한다. 따라서, 이렇게 생성된 공기유동을 효과적으로 이용하여 적절한 연료 분무류와 만나서 바람직한 혼합기를 생성하지 않으면 안 된다.

① 4 행정기관에서 공기유동 : 직접분사식 기관의 실린더 내에서의 공기유동은 혼합기 생성에 매우 중요한 역할을 하는 것이다. 이같은 종류의 기관에서의 공기유동은 흡입행정중에 흡기와류(suction swirl 또는 turbulence)를 얻을 수 있도록 하고 있으며, 이를 위하여 흡입통로의 형상에 대하여 여러 방책들이 강구되고 있다. 그러나, 통로저항을 증가시키지 않으며, 또 흡입효율을 저하시키지 않고, 강렬한 와류를 얻기 위해 어떠한 흡기통로를 채용할 것인가가 문제이다. 그림 6·114는 오늘날 널리 사용되고 있는 흡기와류를 생성하고 있는

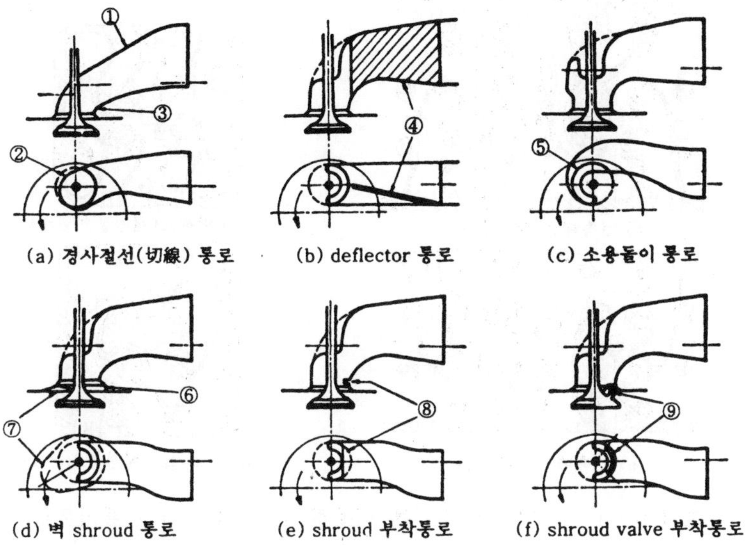

그림 6·114 흡기와류를 발생하는 흡기통로의 6개의 기본형(2밸브식의 경우)

대표적인 흡기통로(induction passage 또는 suction port)의 기본형들이다.

그림은 2밸브식(흡·배기밸브 각 1개씩)기관의 예로, (a)는 흡기통로 천정 ①을 밸브시트를 향하도록 경사시켜 밸브구멍에 접선방향 ②에 부착하여 ③의 곡율반경을 작게 한 경사절선통로, (b)는 통로 내에 돌기(deflector) ④를 설치한 돌기통로(디플렉터 통로), (c)는 (a)와는 반대로 통로를 높게 하여 밸브 스템부분이 접하는 곳(밸브 안내하는 주위)을 나선형 모양 ⑤로 한 나선형 통로, (d)는 밸브헤드를 헤드 천정에 푹 들어가게 한 수직벽 ⑥을 만들어 슈라우드 역할을 시켜 반대측의 벽을 ⑦처럼 절단하여 흡기를 유도하는 벽슈라우드 통로, (e)는 통로의 앞쪽 밸브시트 위쪽에 초승달 모양의 슈라우드(port shroud) ⑧을 설치한 슈라우드 부착통로, (f)는 슈라우드 밸브 ⑨를 이용한 슈라우드 밸브 부착통로이다. 이들은 각각 장·단점을 지니고 있어 필요한 와류강도 $(n_D/n)_m$(n_D는 와류의 회전속도)에 따라서 선택하지 않으면 안 된다. 각 조건에 따라서 다르지만, $(n_D/n)_m$은 대체적으로 (a)에서 1.3~1.5, (b)에서 2~3, (c)에서 2.2~3.5, (d)에서 1.4~1.7, (e)에서 1.5~2.0, (f)에서 3.0~4.0 정도이다. (f)는 이전부터 사용되어 와류는 보다 강하지만, 통로저항이 크기 때문에 오늘날에는 (c)가 많이 사용되고 있다.

이상은 2밸브식이나, 4밸브식(흡·배기밸브 각 2개씩)에서는 2개의 흡기밸브에서 흡입하는 흡기의 조합효과가 최대로 되도록 흡기통로의 구성을 결정하지 않으면 안 된다. 그림 6·115는 4밸브식 헤드의 대표적인 통로의 그림으로, (a)와 (b)는 4 또는 6기통 연속헤드의 예이고, 체결볼트는 8개씩, 흡·배기구멍은 별개이며, (a)는 푸시로드식, (b)는 overhead

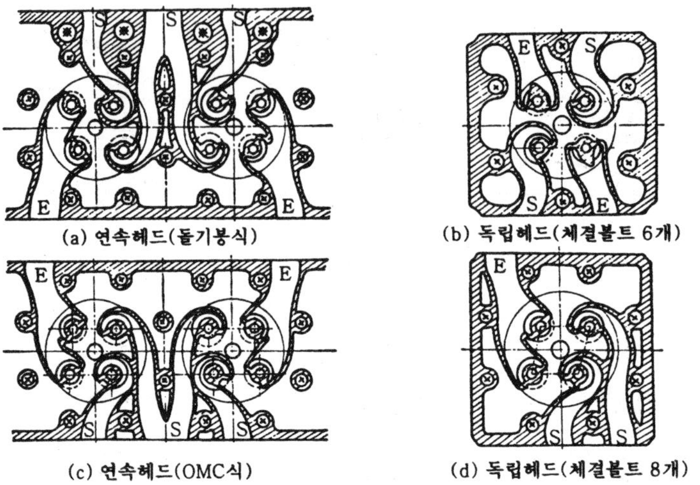

(a) 연속헤드(돌기봉식) (b) 독립헤드(체결볼트 6개)

(c) 연속헤드(OMC식) (d) 독립헤드(체결볼트 8개)

그림 6・115 나선형 통로를 이용한 4밸브식 기관의 흡기통로

cam(OHC)식이다. (c), (d)는 독립헤드의 예이며, (c)는 체결볼트 6개, 흡・배기구멍은 양쪽, (d)는 체결볼트 8개, 흡・배기구멍은 서로 다른 쪽에 있다.

왕복기관에서는 피스톤이 상사점에 근접하면 피스톤 크라운과 실린더헤드와의 사이에 끼워 있는 공기는 압축되며, 연료와 공기로 되어 있는 혼합기는 피스톤 중앙의 연소실을 향하여 흘러 강력한 난류(turbulence)가 발생한다. 이것을 스퀴시(squish)라 말하고 혼합기 생성에 유효하다. 그림 6・93과 그림 6・94는 크랭크각에 대한 스퀴시 속도 w_r와 축방향의 유입속도 w_2를 나타낸 것이다. w_r은 d/D가 작을수록 강력하다. 그림 6・116은 Saurer 기관의 흡입와류와 스퀴시의 합성에 따른 2중 와류(double swirl)라는 공기운동이다.

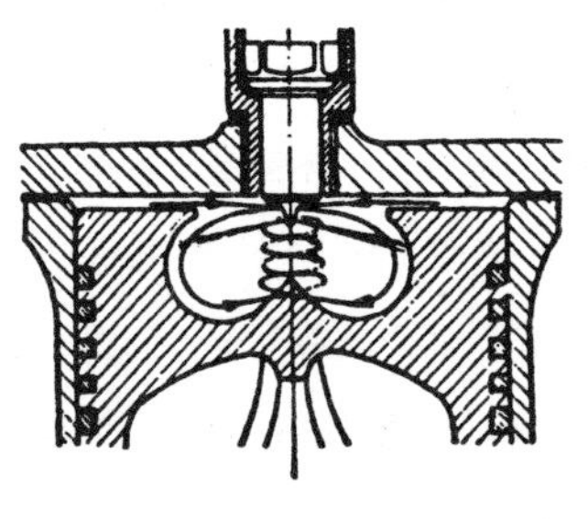

그림 6・116 2중와류(Saurer)

부실식 기관에서는 압축행정 중에 부실 내에 와류를 발생시킨다. 특히, 와류실 내에서는 강력한 와류가 발생하지만, 예연소실에서는 특별한 것을 제외하고 와류의 발생은 거의 없다.

② 2 행정기관에서 공기유동 : 대형기관은 거의가 2 행정기관이지만, 중・소형기관에서는 적다. 2 행정기관에서는 앞에서 기술한 바와 같이 공기 유동은 소기에 의해 생성되며, 그 모양은 그림 6・117에 나타내는 유선 형태와 같다. 소형 부실식 2 행정기관에서는 4 행정기관과 같이 피스톤 압축행정 중에 발생하는 공기유동도 이용되고 있다.

(3) 연소실 형상에 따른 공기유동

① 직접분사실식에서 혼합기 생성 : 직접분사실식 연소실은 사이클의 차이나 실린더 지름이

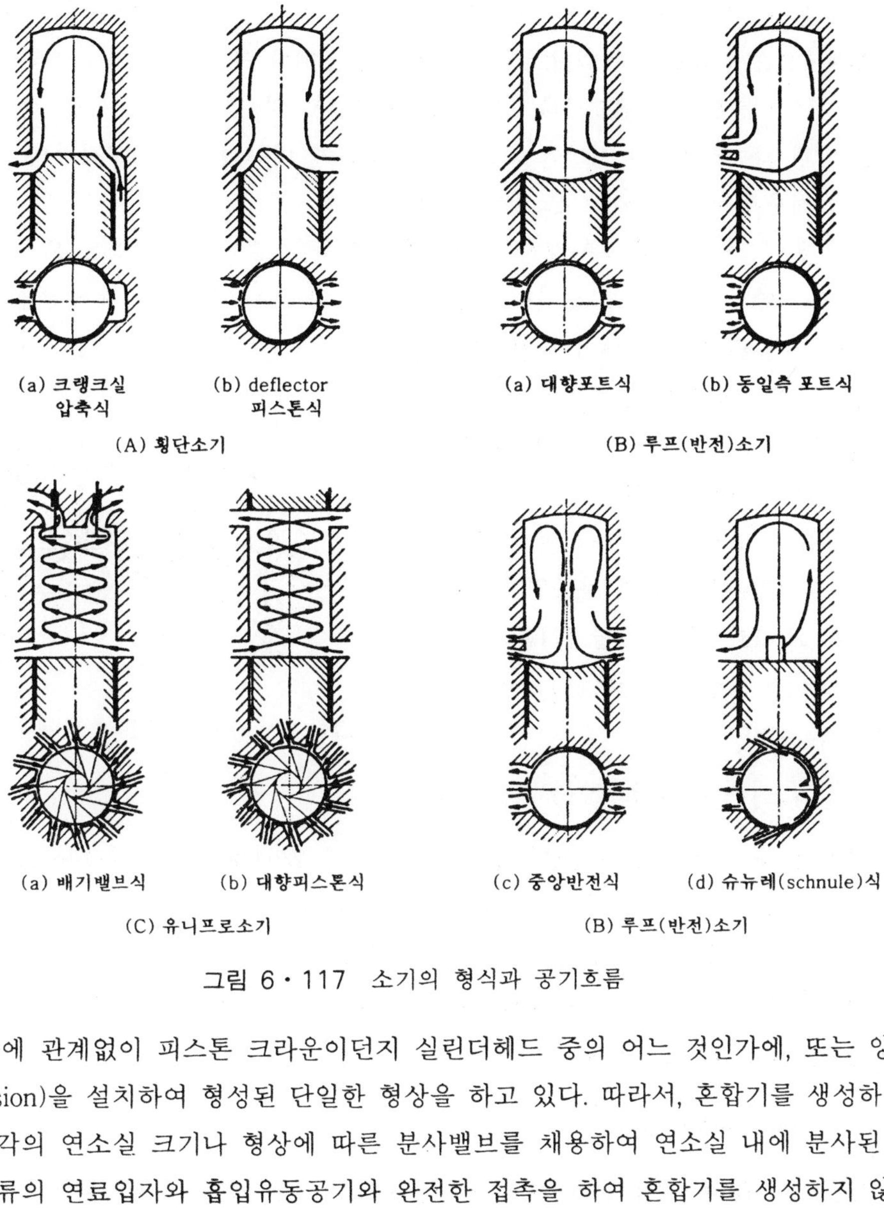

그림 6·117 소기의 형식과 공기흐름

크고, 작음에 관계없이 피스톤 크라운이던지 실린더헤드 중의 어느 것인가에, 또는 양자에 홈(depression)을 설치하여 형성된 단일한 형상을 하고 있다. 따라서, 혼합기를 생성하기 위해서는 각각의 연소실 크기나 형상에 따른 분사밸브를 채용하여 연소실 내에 분사된 여러 개의 분무류의 연료입자와 흡입유동공기와 완전한 접촉을 하여 혼합기를 생성하지 않으면 안 된다. 각 기관의 연소실과 혼합기 생성에 관계하는 요소에 대하여 기술하기로 한다.

a) 대형기관의 연소실과 혼합기 생성 : 대형기관($d>\phi400$)에서는 거의가 2 행정기관이고, 크로스헤드(cross head)형 피스톤식이 많다. 2 행정기관에서는 소기에 와류유동이 주어지므로 연소실 내에는 활발한 공기유동이 있지만, 거기에 분류가 진행함에 따라 유발되는 공기유동(그림 6·85)도 더해져서 연료입자와 공기와의 혼합기 생성은 양호하다. 분사방식의 선택에는 소기방식, 배기밸브의 수 및 위치를 고려해야 하는 것

이외에 분무구멍의 수, l/d 및 분사압력 등을 적당히 결정하지 않으면 안 된다. 또, 대형기관에서는 연료입자의 미립화와 분포성이 양호해야 하는 것 이외에 실린더 지름의 크기 때문에 관통력이 필요하다. 공기이용을 최고로 하기 위한 분사방향, 즉 분사각의 결정은 피스톤 크라운의 형상을 고려하여 신중하게 해야 한다. 이 분사각의 결정은 이전부터 사용해 온 다음과 같은 방법이 있다.

그림 6・118에서 피스톤 상사점 위치에서 분류의 중심선과 피스톤 오목부와의 교점을 A, 그때의 높이를 h, 실린더 중심선부터의 거리를 r로 하고, 동심원통의 외주면적 $2\pi \cdot r \cdot h$를 최대로 하기 위한 점 A를 구하면 된다. 여기서, 특별한 이론적 이유는 없지만, 공기이용률을 높이도록 한 것은 대형기관에서 하나의 지표로 된다.

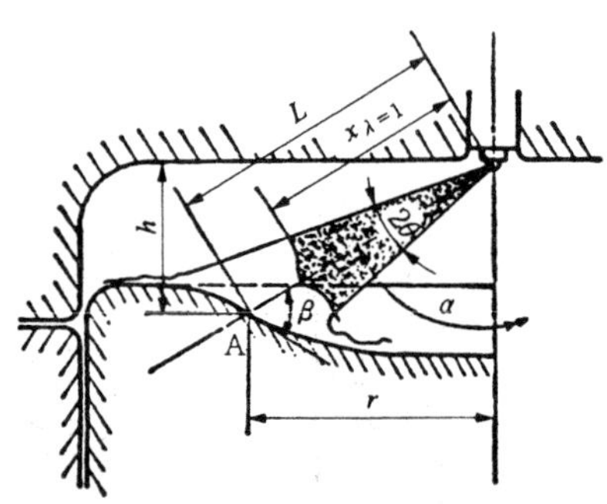

그림 6・118 분무류의 방향과 도달거리

분무류의 도달거리에 대하여 와구리(和栗) 등의 연구에 의하면 분무입자 주변의 공기비 $\lambda=1$로 되는 도달거리를 $x_{\lambda=1}$(그림 6・118 참조)로 하면 다음 식으로 나타낼 수 있다.

$$x_{\lambda=1} = \kappa\,(1/\tan\theta)(\gamma_f/\gamma_a)^{0.5}\,dn \qquad (6 \cdot 63)$$

여기서, κ =정수, dn=분출구멍의 지름 [mm], 2θ=분무의 분산각 [deg]

γ_f=연료의 비중량 [kg_f/m^3], 밀도 [kg/m^3]

γ_a=공기의 비중량 [kg_f/m^3], 밀도 [kg/m^3]

기하학적 도달거리 L과 $x_\lambda=1$과의 상관관계는 기존기관의 것으로부터 결정되지만 $\tan\theta$는 다음과 같은 관계가 있다.

$$\tan\theta \propto (\gamma_a/\gamma_f)^{0.35} \qquad (6 \cdot 64)$$

또, θ는 l/d에 의해 변화하므로 식 (6・63), 식 (6・64)를 이용하여 여러 분사노즐 지름을 준비하여 실험으로 결정한다. 또, 와구리(和栗) 등은 다음과 같이 기술하고 있다.

㉠ 분무도달거리에 관한 운동량 이론의 성립으로 도달거리를 지배하는 여러 요소들의 영향은 간단한 무차원수의 관계로 표현할 수 있다.

㉡ 도달거리는 분사노즐의 지름, 분사속도 및 시간의 평방근에 비례하고, 실린더 내의 가스밀도에 관계한다.

㉢ 분무각은 실린더 내 가스밀도에 지배되어 도달거리에 밀접한 관계가 있다.

㉣ 분무의 공기이용률은 도달거리에 비례하고, 실린더 내에서 기름입자의 분포표시 기준은 공기과잉률이 1로 되는 도달거리 $x_\lambda=1$, 실린더 지름 d의 비로 나타내므로, 계산의 제1기준은 분무구멍의 지름을 실린더 지름에 비례시키면 된다.

대형기관의 분사각 α는 피스톤 크라운의 형상에도 의하지만 70~150 deg 정도, 분무각 2θ는 약 20 deg, 밸브가 열리는 압력 p_0는 70~90 MPa, 분무구멍지름은 0.6~0.95 mm, 개수는 8~12로 되어 있다. 그림 6·119는 대형기관의 여러 연소실과 분무류의 방향을 나타낸 것으로, (c)는 4 행정기관, (d)는 2 행정기관의 것으로 공히 트렁크형(trunk type) 피스톤이지만, 그 외는 모두 2 행정기관의 것으로 횡단헤드형(cross head type) 피스톤의 연소실이다. (a)는 피스톤에 얕은 접시형, 헤드에 깊은 홈을 가지고 있고, (b)는 피스톤의 중앙에 깊은 홈을, 실린더헤드에는 평탄한 홈을 가지고 있다. 분무구멍은 ϕ0.62×10개, 플런저 지름 36 mm이고, 부정분사나 2차 분사는 전혀 없다. (c)는 피스톤 중앙이 불룩 올라가고, 외주에 홈이 있으며, 헤드는 평평하며, (d)는 피스톤에 얇은 접시형, 헤드는 깊은 홈을 가지고 있다. (e)는 피스톤과 헤드 공히 주판알형 연소실이고, 노즐은 배기밸브를 끼워서 대각선 상태로 부착되며, 분무구멍은 ϕ0.65×4를 2조, (f)는 (b)와 유사하지만 피스톤의 홈의 관계로 α는 크다. (g)는 구형 피스톤 상부 중앙에 작은 홈을 갖고 있고, 헤드는 원추형의 연소실, (h)는 초대형 기

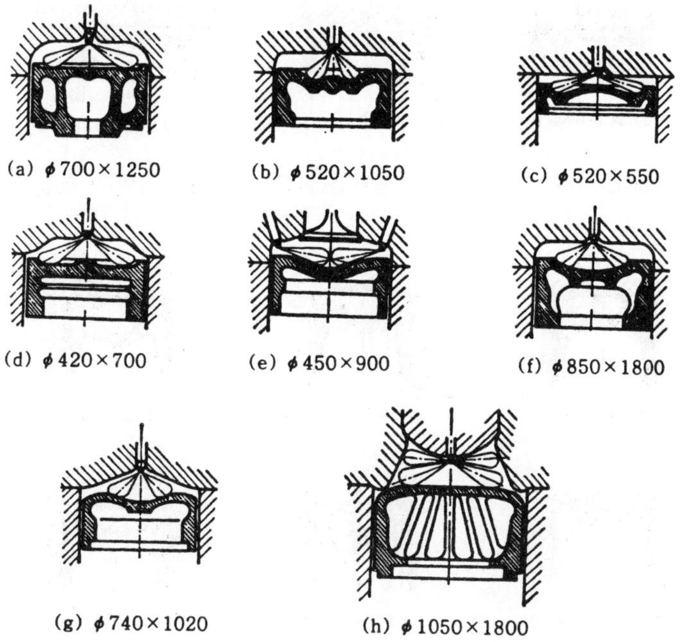

그림 6·119 직접분사 대형기관(d>400)의 연소실과 분무류의 방향

관에서 실린더 지름이 크기 때문에 분무류의 관통력을 생각하여 특수한 받침대형 연소실를 내려서 분무구멍을 2단으로 설치하여 분류의 도달거리를 짧게 하고 있다.

MAN의 초대형기관($d=\phi1020$, $l=1800$)의 분사펌프는 지름 50 mm의 플런저 2개를 병렬로 한 펌프를 사용하고 있다. 이들 2개의 플런저는 1개의 태핏으로 작동시켜 1개의 노즐홀더에 접속되어 있다. 연료제어링크에 의해 부하 약 30%까지는 No.1 플런저만을 작동시키고, 그 이상의 부하에서는 No.2의 플런저도 동시에 작동시키는 것이다. 이 방식은 1개의 큰 지름의 분사관을 사용하는 대신에 작은 지름의 분사관을 2개를 사용함으로써 펌프와 노즐 사이의 연료체적을 감소시켜 저부하시에 따른 정밀한 연료분사량을 가능하게 하여, 기관성능의 향상을 도모하고 있다.

b) 중형기관 연소실과 혼합기 생성 : 중형기관($\phi400 < d < \phi200$)에서는 4 행정식이 많고, 2 행정식은 적다. 4 행정기관은 4밸브이고, 헤드의 중앙에 분사밸브를 부착하여 흡기와류를 발생시키고 있다. 2 행정기관은 대형과 같은 형식을 갖고 있으나, 유니플로 소기식을 많이 쓰고 있다.

그림 6·120에 대표적인 기관의 연소실의 형상과 분무의 방향을 나타내며, 그림 중 (b)만 2 행정식이고, 그 외는 전부 4 행정식이며, 이들 어느 것도 트렁크(trunk형) 피스톤을 사용하고 있다. 실린더헤드의 천정은 완전 평평하고, 피스톤 크라운의 형상

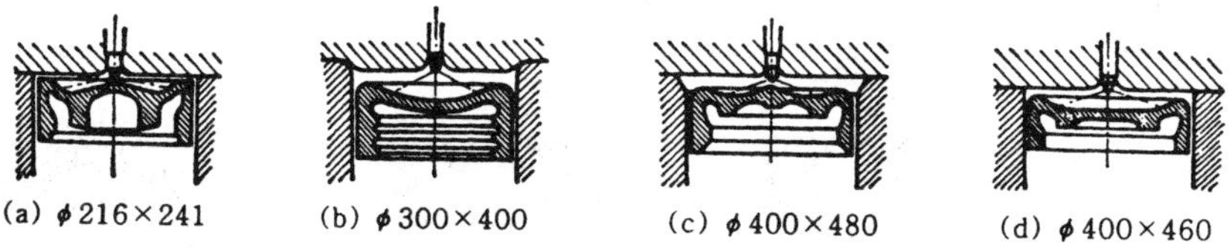

그림 6·120 직접분사 중형기관($\phi400 > d > \phi200$)의 연소실과 분무류의 방향

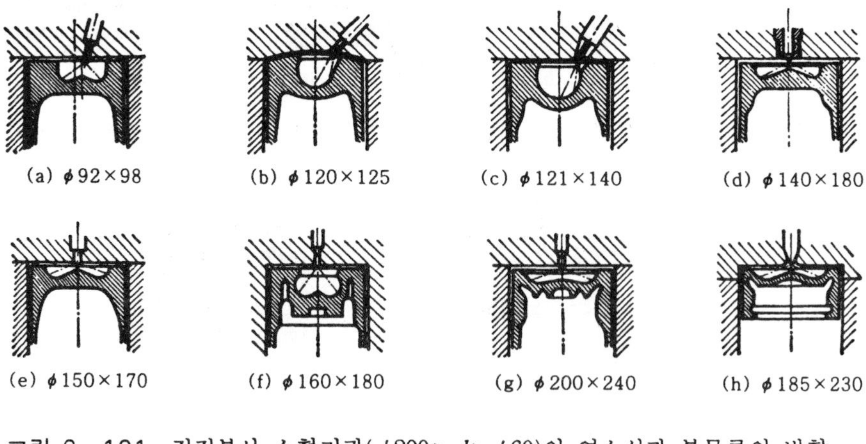

그림 6·121 직접분사 소형기관($\phi200 > d > \phi60$)의 연소실과 분무류의 방향

은 밑이 평평한 접시형이나, 밑이 깊은 초승달형 및 중간이 높은 것이고, 주위가 깊은 높은 산의 형태를 하고 있다. 분사밸브는 전부 중앙에 있고, 분무각은 120~150 deg, 분구지름은 d=0.4~0.6 mm, 개수 8~10, 밸브가 열리는 압력 $p_{ö}$=25~90 MPa로 되어 있다.

c) 소형기관의 연소실과 혼합기 생성 : 소형기관(ϕ200 < d < ϕ60)도 중형과 같이 2 행정식은 대단히 적고, 4 행정식이 대다수를 차지하고 있다. 그림 6·121은 대표적 기관의 연소실 형상과 분무류의 방향을 나타낸다. 실린더 헤드는 평평하고, 피스톤 크라운의 형상은 중앙의 산이 높은 소위 Mexican hat형이 많다. d > ϕ100에서는 거의 4밸브식이고, 분사밸브는 헤드의 중앙에, d < ϕ100에서는 2밸브식이고, 분사밸브는 편심(offset) 되어 있다. 분구는 d_n=0.2~0.4 mm, 4~6개, 펌프플런저는 d_p=6~14 mm, $p_{ö}$=20~30 MPa 정도이다.

특별한 예로 Cummins기관은 다른 연료분사방식을 이용하고 있는 관계로 ϕ130×160기관에서는 노즐 분구 d_n=0.08 mm, 8개, $p_{ö}$=100 MPa로 되어 있다. MAN연소실은 특별히 다른 구형을 하고 있고, 분구 d_n=0.38 mm, 2개, $p_{ö}$=17.5 MPa이다.

흡기와류의 생성에 대해서는 나선형 포트〔그림 6·114(c)〕를 채용하는 것이 많지만, MAN, 슈라우드밸브 부착통로〔그림 6·114 (f)〕를 채용하여 강렬한 와류를 생성하고 있는 기관도 있다.

② 와류연소실에서의 혼합기 생성 : 와류실기관은 실린더 지름이 작은 기관에 제한되며, 2밸브식 실린더헤드는 평평하고, 피스톤 크라운도 약간 홈은 있지만 평평하다. 와류실의 설치 위치는 예외없이 헤드의 중심으로부터 편심되어 있다. 그림 6·122에 와류실식의 대표적 기관의 연소실 형상과 분무방향을 나타낸다. 와류실의 분구에서 분류가 부딪치는 피스톤 크라운에는 그림 6·123에 표시한 바와 같은 환형(丸形), 선형(扇形), 하트형 등의 홈이 설치되어 있지만, 어느 것이나 깊이는 얕다. 와류실의 형상은 그림 6·122 (a), (c), (d), (f), (h)에서 보는 바와 같이 Ricard Comet Mk V와 같은 형식을 채용하고 있는 것이 많다. 그림 6·122 (b)는 Ricard에 가깝고, (e)는 구형을 하고, 와류실에서 수직으로 분출하고 있으며, (g)는 구슬모양을 한 특수형상이다. 그림 6·122 (b), (g), (h)는 모두 공랭식 기관에 채용된 연소실이다. 분사펌프는 열형과 분배형이 채용되어 있고, d_p=5.5~10 mm, d_n=1 mm의 교축 또는 핀틀형이 사용되어 있으며, $p_{ö}$=10~15 MPa 정도로 되어 있다.

분사밸브의 실린더 축에 대한 각도는 부착 위치에 따라 다르며, 15~17 deg, 30~40 deg, 90 deg의 3그룹이 있지만, 분사방향은 원칙적으로 와류방향에 일치(같은 방향)시키고 있다.

와류실에서 주연소실의 연결통로 면적(sectional area of passage)의 피스톤 면적에 대한

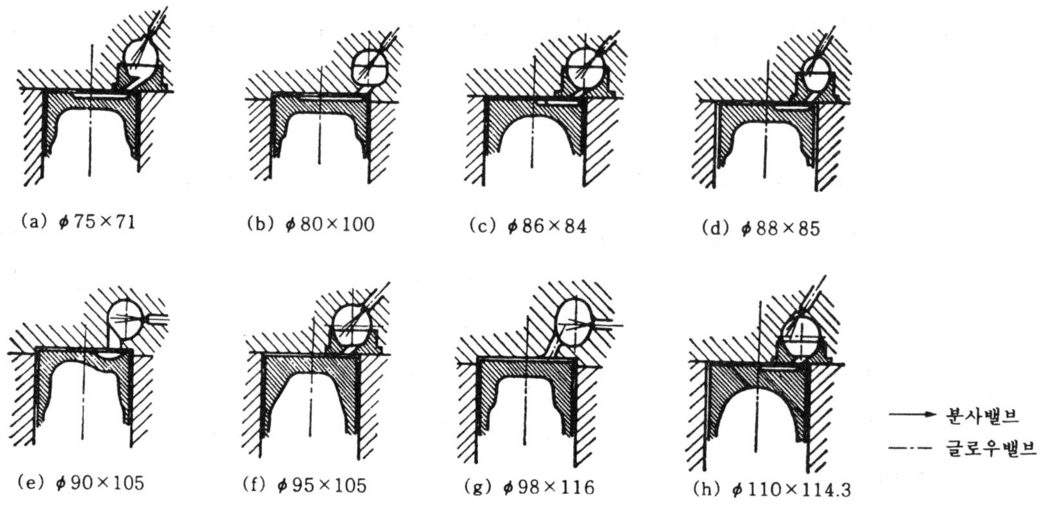

그림 6・122 와류실기관의 연소실과 분무류의 방향

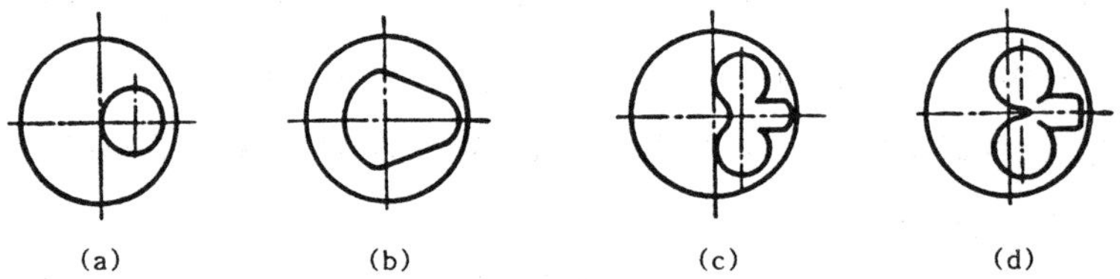

그림 6・123 와류실기관의 피스톤 크라운의 홈형상

비, 즉 통로 면적비(passage-area ratio)와 통로 면적을 포함한 와류실 체적과 전 연소실 체적과의 비, 즉 체적비(volume ratio)는 와류연소실의 특성값이고, 연소의 양・부를 좌우하는 중요한 값이다. 표 6・6에 실린더 지름별로 특성값이 대체적인 경향의 일례를 나타내고 있다.

표 6・6 와류연소실의 특성값

실린더 지름[mm]	체적비[%]	통로 면적비[%]
60~80	35~65	0.5~2.5
80~100	50~75	1.0~3.5
100~150	60~85	1.5~4.5

③ 예연소실에서의 혼합기 생성 : 예연소실기관은 와류실기관과 같이 소형기관에 많지만, 예외로 중형기관에도 있다. 그림 6・96에 대표적인 기관의 연소실 형상과 그 부착방법을 표시한다. 실린더 헤드는 평평하고, 예연소실의 부착위치는 중형 4밸브식에서는 헤드 중앙에, 2밸브식에는 편심되어 수직 또는 5~10 deg 경사되어 있다. 피스톤 크라운의 홈형상은

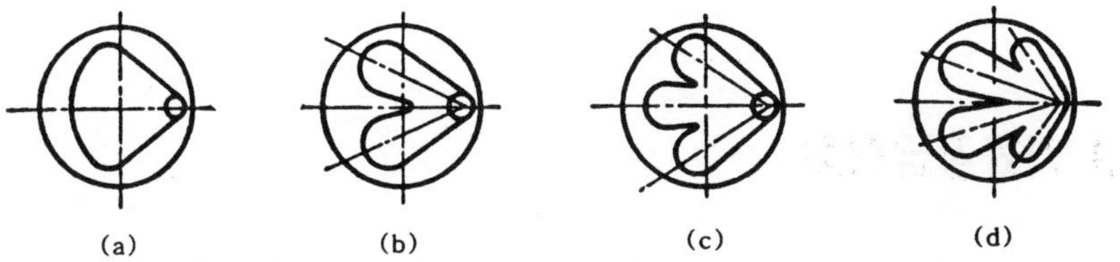

그림 6 · 124 예연소실기관의 피스톤 크라운의 홈형상

그림 6 · 124에 표시한 바와 같이 연소실의 분출구 수에 따라서 원형, 선형, 2잎형, 3잎형 또는 4잎형 등이 있다. 예연소실의 형상은 분출구에서 멀고 넓은 방과 분출구에서 가까운 가늘고 긴 방으로 되어 있다. 넓은 방의 형상은 그림 6 · 96 (a), (c), (e)처럼 길고, 짧은 원통형, (b)의 구형, (f), (g), (h)처럼 전구(電球)형이 많고, 특별한 형상으로 CAT(d)의 주판알형이 있다. 분사펌프는 와류연소실의 경우와 같으며, 열형과 분배형이 사용되며, V형 기관에서는 열형 펌프를 1개 또는 2개 부착하고 있다. 펌프는 d_p=6~10 mm, 특히 (h)는 중형에서 d_p=22 mm이다.

분사밸브는 $d_n=\phi 1$~2의 스로틀 또는 핀틀형이 사용되며, 연소실 축상에 부착되어 p_0= 12~13 MPa 정도이다. 시동을 용이하게 하기 위하여 반드시 예열플러그(glow-plug)가 부착되어 있다. 또 (b)에서는 특히 열구(熱球, hot bulb)가 설치되어 있어 연소촉진을 도모하고 있다.

예연소실에서의 연소과정은 앞에서 언급한 와류실과 다르므로 분구 면적비와 체적비 등의 특성값도 표 6 · 7에 표시한 것처럼 표 6 · 6의 값과는 다르다.

표 6 · 7 예연소실의 특성값

실린더 지름[mm]	체적비[%]	분구 면적비[%]
60~80	50~45	0.7~0.6
80~100	45~40	0.6~0.5
100~150	40~35	0.55~0.4

④ 방켈회전 디젤기관에서의 혼합기 생성 : 디젤기관에서는 압축착화 때문에 고압축비를 필요로 하지만, 이것을 실현하는 데는 방켈회전기관에서는 형상특성값 $K=R/e$(R=창성반지름, e=편심량)을 크게 하지 않으면 안 된다. 이는 평평한 연소실이 더욱더 평평하게 되어, 표면적-체적비가 크게 됨에 따라 열손실이 증대하는 결과로 된다. 열손실이 크게 되면 열효율은 저하하고, 압축온도상승이 작게 되므로 착화를 곤란하게 한다. 이 대책으로 고 · 저압 로터리 피스톤을 사용하는 2단 로터리기관이 고안되었다. 회전기관의 작동실 내에서는 공기와류 유동이 격심하므로 연소실 내에서는 연료입자와의 혼합이 좋고, 연소에 좋은 혼합기가 생성된다.

6.3 LPG 연료공급장치

LPG(liquefied petroleum gas), 즉 액화석유가스는 석유공업의 발달과 더불어 그 생산량이 증가하여 공업용 및 가정용에도 보급되었고 가솔린을 대신하여 택시 등의 자동차용 기관의 연료로서도 널리 사용되고 있다. 이것은 프로판(C_3H_8)과 부탄(C_4H_{10})의 혼합물이고 다음과 같은 특성을 갖고 있다.

(1) 장점

1) 기관내부 특히 연소실의 오염이 적으며, 혼합기가 가스상태이므로 각 실린더에 분배가 양호하다.

2) 가솔린에 의한 윤활유의 희석이 없다. 이 때문에 실린더의 마모도 적고 윤활유를 오래 쓸 수 있다.

3) 옥탄가가 높다. 따라서 압축비를 높게 할 수 있으며, 노킹이 일어나는 일이 적다.

4) 배기가스에 유독성분이 적다. 즉, 가솔린에 비하여 CO와 HC가 훨씬 적다. 이것은 무부하와 경부하의 경우에 있어서 현저하다.

5) 연료비가 가솔린보다 싸고 경제적이다.

6) 워밍업이 빠르다.

(2) 단점

1) 혼합기 단위량당의 발열량이 낮기 때문에 또한 혼합기를 가스상태로 연소실에 흡입되기 때문에 체적효율이 저하되어 가솔린에 비하여 출력이 낮다. 그러나 압축비를 높여 이것을 어느 정도 보완할 수 있다(가솔린의 경우 3.9 MJ/Nm^3, LPG에서는 2.8 MJ/Nm^3).

2) 연료의 보급장소가 한정되기 때문에 차의 운행범위가 제한된다.

3) 배기가스가 특유한 냄새를 방출한다.

4) 연료저장용의 고압용기를 필요로 한다. 이것 때문에 차의 중량을 증가시킨다.

5) 연료탱크에서 조정기까지의 연료 파이프에 항상 0.2~0.8 MPa 정도의 고압이 가해지므로 가스가 누출되어 폭발할 위험이 있다.

6) 장시간 정지한 경우나 한랭시의 시동이 약간 곤란하나, 연료조성상 프로판가스를 증가시키면 별지장은 없다.

연료공급장치는 LPG펌프, 레귤레이터(압력조정기), 전자(電磁)밸브, 기화기(氣化器, vaporizer)로서 구성되고, 그 배치는 그림 6·125에 표시하였다. 연료펌프에는 약 0.7 MPa로 가압된 액상의 LPG가 들어 있고, 관을 따라서 전자밸브를 통하여 레귤레이터로 보내져서 감압기화시키며 기화기에서는 공기와 혼합시켜 기관에 흡입시킨다. 점화스위치가 켜진 때에만 전자밸브가 열리게 되어 있고 가스누출을 방지하고 있다. 레귤레이터는 2개의 막판식(膜板式) 감압장치로서 구성되어 있고 먼저 1차실에서 0.03 MPa(게이지압력) 정도까지 감압시켜, 이것을 2차실로 유도하여 대기압 정도까지 감압시키는 것이다.

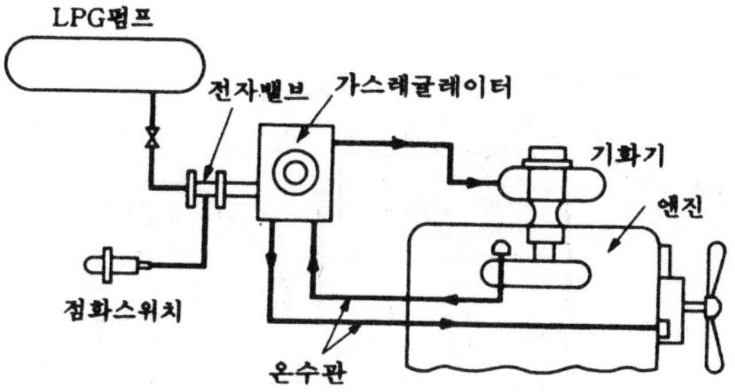

그림 6・125 LPG 연료공급장치

LPG가 감압되어 기화할 때 기화잠열로서 냉각되므로 감압실의 주위에는 기관 냉각수의 온수를 이용하여 가열시켜 기화를 촉진시킨다.

기화기는 가솔린용에 비하여 간단하다. 부자(浮子), 니들밸브에 상당하는 기구는 레귤레이터 속에 있으므로 기화기는 벤투리와 그 부분에 설치된 노즐만으로 이루어졌다. 그리고 주노즐은 조정할 수 있도록 되어 있다.

6.3.1 LPG 기화기의 종류

LPG 기화기에는 다음의 세 종류가 있다.

1) 전용기화기 : LPG만 사용 가능한 것으로 소형이다.

2) 어댑터식 기화기 : 종래의 가솔린용 기화기와 겸용으로 부착되어 있으므로 주행중 LPG가 떨어졌을 때는 콕(cock) 1개로써 가솔린으로 전환이 가능하다.

3) 병용식 기화기 : 동일기화기 내에 LPG와 가솔린의 양쪽의 기능을 가진 것으로서 전환이 쉽지만 구조가 복잡하고 가솔린 기화기 부분의 성능이 어느 정도 제한을 받는다.

그림 6・126은 LPG용 기화기의 구조를 표시한 것이다. LPG와 가솔린을 사용할 때의 기관의 성능을 조사하여 보면 많은 LPG기관에서 온수 가압식의 레귤레이터와 기화기를 사용한 경우는 가솔린에 비하여 약 3.5~5%의 출력손실이 나타난다. 이 출력손실은 LPG의 기화잠열을 공기에서 빼앗지 않고 온수를 사용하여 기화시키므로 급기온도가 상승하는 원인이 된다.

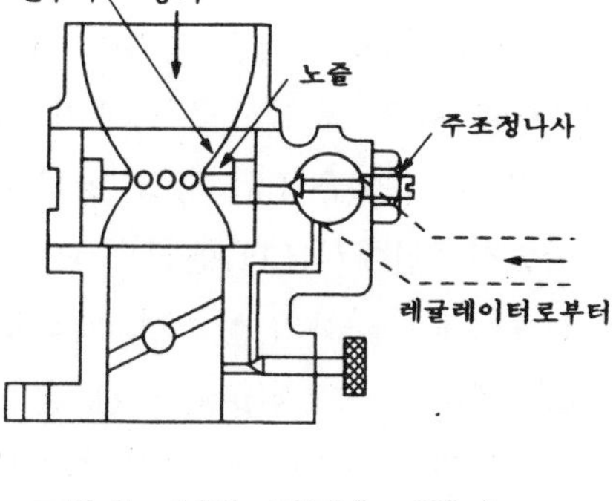

그림 6・126 LPG용 기화기

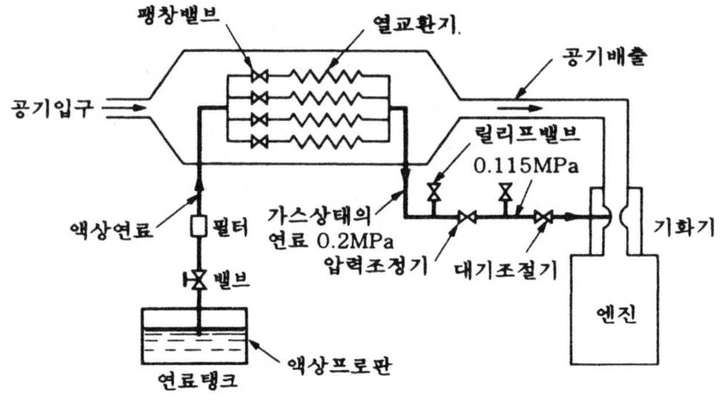

그림 6·127 공기식 변환기

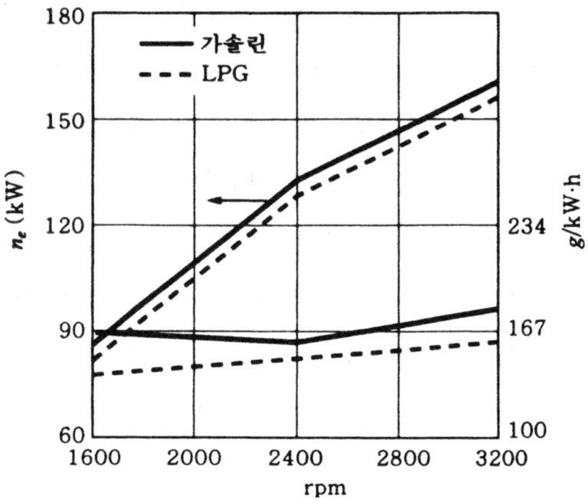

그림 6·128 가솔린과 LPG의 성능 비교

흡기공기류에서 열을 빼앗아 LPG를 기화시키는 방법 중 유명한 것이 공기식 변환기(air type converter)이다. 이 장치를 그림 6·127에 표시하였다. 이 장치를 사용한 경우에는 온수형을 사용한 때보다도 약 10%의 출력증가가 얻어진다고 한다. 공기식 변환기를 사용한 경우의 LPG 사용할 때와 가솔린 사용할 때와의 성능을 비교한 것이 그림 6·128이다.

6.3.2 액상분사식LPG 공급방식(LPLi : Liquid phase LPG injection 또는 Liquefied petroleum liquid injection)

기존의 LPG기술로는 자동차엔진의 고효율, 저공해 실현을 달성하는 것이 곤란하다고 판단되어 기존의 LPG공급방법인 연료와 공기의 혼합방식을 대체할 수 있는 것 중의 하나로 LPLi방식이 탄생하게 되었다. 즉, LPG의 2개 성질 "가압상태에서 액체성"과 "상압상태에서의 기체화"를 만들어 내는 방법으로 LPG연료를 가압하여 액체상태로 펌핑하여 이를 흡기포트에 분사하는 연료공급방식인 LPG 분사시스템이 개발되었다. 이 방식을 채택함으로써

그림 6·129는 가솔린(기존연료)과 LPG(청정연료)의 연료공급 변천과정을 나타내었고, 가솔린과 같은 출력과 낮은 배기 에미션 성능을 얻을 수 있다.

그림 6·130은 LPLi공급 방식에 따른 장점을 각각 나타내었다.

가솔린엔진에서 LPG엔진으로 변환시 가장 중요한 시스템의 변화는 다음과 같다.

1) 1세대 : 기화기 시스템, 개회로(open loop)제어
2) 2세대 : 피드백(feed back)혼합, 폐회로(closed loop)람다 제어
3) 3세대 : 가스/액체 분사 시스템, 폐회로(closed loop)람다 제어, MPI 방식

표 6·8 LPG 엔진의 시스템 변화

연료시스템		특 징	문 제 점
제1세대연료 시스템(벤투리)		• 간단한구조, 초기방식	• 공연비 조절 곤란, 배기가스 개선곤란 • 출력감소 및 역화 가능성
제2세대연료 시스템 (기상공급)		• 시스템 피드백 제어가능 • 정밀한 공연비 제어가능	• 1세대 시스템보다 양호, 정밀제어는 곤란 • 출력감소 및 역화 가능성
제3세대 연료 시스템	기상 분사	• 인젝터 이용, 기상연료분사 • 정밀한 공연비 제어가능 • 정밀한 전자 제어가능	• 기상연료 사용으로 액상에 비해 체적효율 저하 • 연료 온도 및 압력 정보 필요
	액상 분사	• 연료의 액체상태 분사 • 흡기 냉각효과, 체적효율 증가 • 정확한 공연비 제어 가능	• 연료의 액상 유지 장치 필요 • 연료탱크 및 펌프 시스템 필요

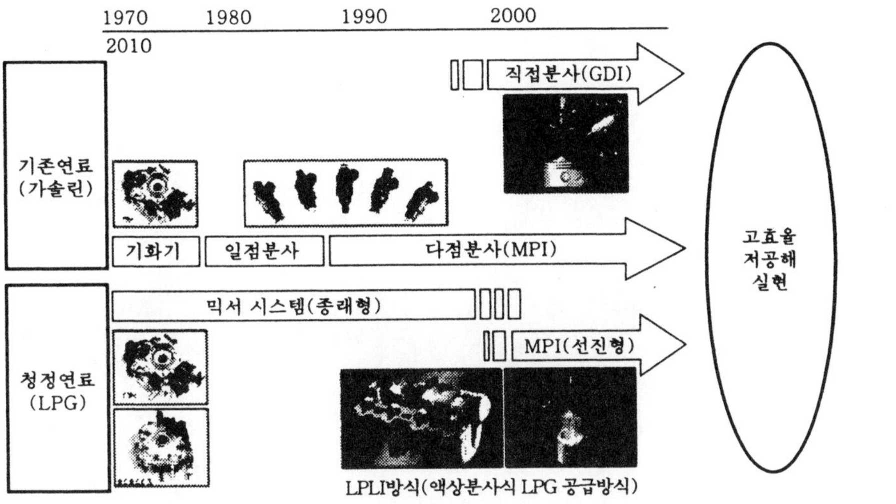

그림 6·129 가솔린과 LPG의 연료공급 변천과정

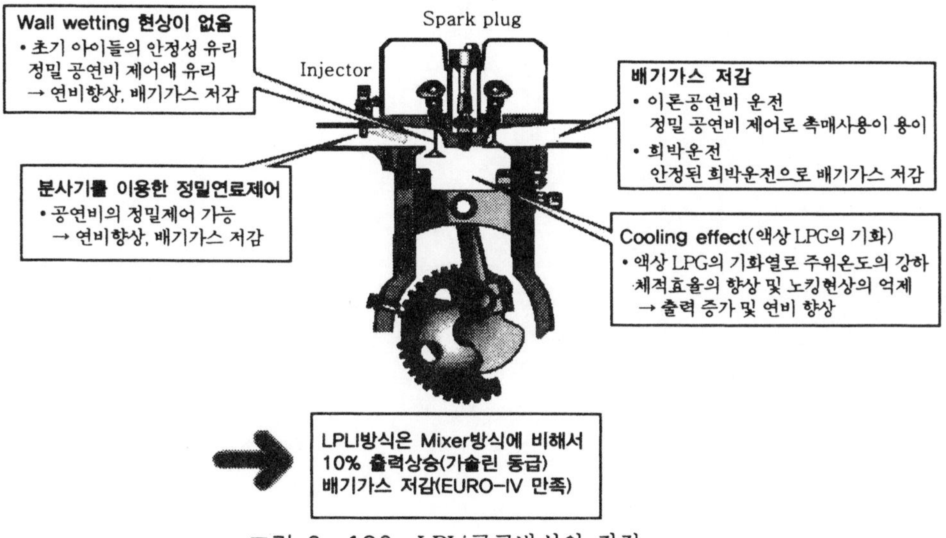

그림 6·130 LPLi공급방식의 장점

7장

연 소

내연기관 성능은 기관본체의 구조적인 양부(良否), 연소실 설계나 연료공급계통이 적절한가에 따라 차이가 발생함은 물론, 연료 성상(性狀)의 양부도 연소에 영향을 미쳐 기관성능이 변화한다. 따라서, 기관에 적합한 연료를 선택할 것인가, 또는 사용연료의 성상에 적합하도록 관계장치를 개조할 것인가를 결정하여, 연료를 완전연소시켜 그때 발생한 열에너지를 유효한 기계일로 전환하지 않으면 안 된다.

기관에서 연소의 양부는 기관성능을 좌우할 뿐 아니라, 배기가스 속에 포함되어 있는 유해성분이나 매연 등의 문제, 또 연소소음 발생에 따른 환경공해로 연결되어, 이들은 어느 것도 후처리만으로는 충분히 해결할 수 없으므로, 가장 근원적인 연소문제를 완전히 해결하는 것이 지름길이라 생각된다.

7.1 혼합기

기관의 실린더 내에 흡입되는 새로운 공기 중의 산소는 기관에서 연소의 양부를 지배하는 중요한 성분이다. 따라서, 흡입된 공기량과 연료와의 양호한 혼합기 형성으로 기관의 일량이 결정되게 된다.

7.1.1 공기의 조성

연료는 꼭 산소가 있어야만 연소할 수 있는데, 이때 이용되는 산소는 공기 중의 것을 이용하고, 우주를 여행하는 로켓 등에서는 산화제를 연료와 함께 운반하지 않으면 안 된다.

건조공기의 조성은 표 7·1에 표시한 바와 같이 대부분이 질소이며, 산소량은 중량비로 23.2%, 체적비로는 20.99%에 지나지 않는다. 일반적으로 공기는 수증기를 포함하고 있지만 매우 불안정한 상태이며 그 상한선은 온도에 따라서 결정되는 포화수증기압에 따라 변화한다.

표 7·1 건조공기의 조성

성 분	기 호	체적(%)	중량(%)
질소	N_2	78.03	75.47
산소	O_2	20.99	23.20
아르곤	Ar	0.933	1.280
탄산가스	CO_2	0.030	0.046
수소	H_2	0.010	0.001
네온	Ne	0.0018	0.0012
헬륨	He	0.0005	0.00007
크립톤	Kr	0.0001	0.0003
크세논	Xe	0.000009	0.00004

공기의 평균분자량은 28.97이며, 연소할 경우 근사적으로 계산할 때는 공기가 산소와 질소만으로 구성된 것으로 취급해도 좋으며, 공기의 비중량 γ 및 점도 μ는 다음 식으로 나타낼 수 있다.

$$\gamma = 1.2931 \times \frac{273}{T} \times \frac{P}{1.0332} \ [\mathrm{kg/m^3}] \tag{7·1}$$

$$\mu = 1.758 \times 10^{-6} \times \frac{380}{T+107} \times \left(\frac{T}{273}\right)^{\frac{3}{2}} \ [\mathrm{kg \cdot s/m^2}] \tag{7·2}$$

동점성계수 $\nu = \mu/\rho \ [\mathrm{m^2/s}]$

여기서, T는 절대온도 [K], P는 절대압력 [kg/cm²], $\rho = \gamma/g$

● 참고

(20℃, 101.3 kPa의 경우 공기의 $\gamma = 1.2045\ \mathrm{kg/m^3}$, $\mu = 18.34\ \mathrm{kPa \cdot s}$, $1\ \mathrm{Pa \cdot s} = 0.1019716\ \mathrm{kg \cdot s/m^2}$)

가연성 혼합기 중의 공기가 혼합기 체적의 대부분을 차지하고 있으므로 기관출력은 흡입공기량에 의해 결정되고, 또 연소에 관여하지 않은 질소, 그 외의 불활성가스도 작동가스로서 중요한 성질을 가지고 있다. 즉, 금속이나 오일의 산화를 억제함과 동시에 연소 최고온도를 실용적인 값으로 유지시키고 있다.

7.1.2 대기의 상태변화

대기의 압력과 온도는 장소(지상에서 고도의 차이)에 따라, 또 하루 중에서도 그 시각에 따라서 변화한다. 따라서 공기밀도는 변하고, 기관출력도 이것에 영향을 받아서 변화한다. 표 7·2는 고도(altitude) 변화에 따른 대기압력, 온도 및 공기밀도의 변화를 나타낸다. 이처럼 대기상태가 변하는 경우 기관의 출력성능을 다른 기관과 공평하게 비교할 수 없다. 이 때문에 국제표준대기(international normal atmosphere standard)로서 표시하는 표준값이 결정되어 있다.

표 7·2 고도변화에 따른 대기압력, 온도 및 밀도변화

장소 : 해발(sea Level) 0 [m]
압력 : 760 [mmHg], 1.0332 [kg/cm^2], 103.3 [kPa]
온도 : 15 [℃], 288.15 [K]

고도[m]	압력[kg/cm^2] [kpa]	온도[℃]	밀도[kg/m^3]
−200	1.0580 103.79	16.30	1.2492
−100	1.0455 102.56	15.65	1.2373
0	1.0332 101.36	15.00	1.2255
100	1.0211 100.17	14.35	1.2138
200	1.0090 98.98	13.70	1.2021
500	0.9734 95.49	11.75	1.1677
1000	0.9164 89.90	8.50	1.1121
1500	0.8625 84.61	5.25	1.0582
2000	0.8106 79.52	2.04	1.0068
3000	0.7148 70.12	−4.50	0.9094
4000	0.6284 61.65	−11.00	0.8194
6000	0.4810 47.19	−24.00	0.6598
8000	0.3629 35.60	−37.00	0.5252
10,000	0.2694 26.43	−50.00	0.4124

그러나, 각국에서는 이 국제표준상태 이외에 독자적인 표준값을 결정하여 놓고, 각각의 수정식을 이용하여 각자 기관출력 수정을 하고 있는 실정이다.

7.2 연소에 필요한 공기량

내연기관에 주로 사용되는 연료는 주로 C와 H의 화합물이고, 불순물로서 유황, 질소 및 산소 등이 약간 포함되어 있다. 이들 연료가 연소하는 데는 연료를 구성하는 화학적 조성에 따라서 완전연소를 하기 위하여 필요한 최소한의 산소 또는 공기량이 있다. 이것을 이론산소량 또는 이론공기량(stoichiometric, chemical correct 또는 theoretical amount of air)이라 말하며, 그때의 연료와 공기의 비율을 이론혼합비(theoretical air-fuel ratio) 또는 양론혼합비(stoichiometric ratio)라 부르고, 혼합비의 기준이 된다. 이 값은 물론 화학반응식으로부터 결정되며 연료 중의 각 성분이 공기와 반응하기 전·후의 양적 관계는 표 7·3과 같다.

또한, 가연혼합기의 농도표시법으로 잘 사용되고 있는 것은 연공비(연료/공기 질량비), 공연비(공기/연료 질량비), 당량비, 공기비(공기과잉률)가 있다.

연공비(F/A)는 가연혼합기 중의 연료와 공기의 질량비로 정의되고, 공연비(A/F)는 가연혼합기 중의 공기와 연료의 질량비로 정의되며, 연공비의 역수이다.

당량비(ϕ)는 실제연공비(F/A)와 이론연공비(F/A)의 비로 정의되며, 과농혼합기(양론

표 7·3 연료를 구성하는 각 성분원소의 이론공기량에 따른 연소표

가연원소 명칭기호	연소반응의 방정식+발열량 kcal(MJ) / 분자량에 기준한 중량 kg / 분자수에 기준한 체적 Nm^3	가연원소 1kg에 대한 것: 연소생성물 명칭기호	연소생성물 양	소비 산소량 (O_2)	잔존 질소량 (N_2)	연소가스 기호	연소가스 양
탄소 C	〈완전연소〉 C + O_2 = CO_2 + 97,200 (407); 12 kg, 32 kg, 44 kg; 22.4 Nm^3, 22.4 Nm^3	탄산가스 CO_2	3.667 kg	2.667 kg	8.827 kg	CO_2 + N_2	12.49 kg
			1.867 Nm^3	1.867 Nm^3	7.022 Nm^3		8.89 Nm^3
	〈불완전연소〉 C + 1/2 O_2 = CO + 29,620 (124); 12 kg, 16 kg, 28 kg; 11.2 Nm^3, 22.4 Nm^3	일산화탄소 CO	2.333 kg	1.333 kg	4.414 kg	CO + N_2	6.75 kg
			1.867 Nm^3	0.933 Nm^3	3.511 Nm^3		5.38 Nm^3
수소 H	H_2 + 1/2 O_2 = H_2O(액) + 68,360 (287), (기) + 57,800 (242); 2.016 kg, 16 kg, 18 kg; 22.4 Nm^3, 11.2 Nm^3, 22.4 Nm^3	수증기 H_2O	8.94 kg	7.94 kg	26.28 kg	H_2O + N_2	35.20 kg
			11.1 Nm^3	5.56 Nm^3	21.07 Nm^3		32.2 Nm^3
유황 S	S + O_2 = SO_2 + 70,860 (297); 32.07 kg, 32 kg, 64 kg; 22.4 Nm^3, 22.4 Nm^3	아황산가스 SO_2	2 kg	0.998 kg	3.30 kg	SO_2 + N_2	5.30 kg
			0.698 Nm^3	0.698 Nm^3	2.628 Nm^3		3.33 Nm^3

혼합기보다 연료과잉의 혼합기)에서는 1보다 크고, 희박혼합기에서는 1보다 작으며 양론혼합기에서는 1로 된다.

공기비는 공기과잉률이라 부르기도 하며, 연료 1 kg당 실제 혼합된 공기량(A/F)와 완전연소에 필요한 이론공기량(A/F)의 비로 정의되며, 당량비의 역수와 같다.

기체연료에서는 이외에 연료나 공기의 체적비나 혼합기 중의 연료의 체적백분율 등도 사용된다.

기관에 사용되는 연료는 거의 석유계 탄화수소(hydrocarbon)이고, 파라핀계(지방족 C_nH_{2n+2}), 올레핀계(C_nH_{2n}), 나프탄계(C_nH_{2n}) 및 방향족계(벤젠 C_nH_{2n-6})의 4개 그룹으로 분류되며, 이들의 종류 및 저위발열량은 표 7·4와 같다.

표 7·4 탄화수소의 종류 및 저위발열량

구 분	종 류			저위발열량[kcal/kg] [MJ/kg]
파라핀계 paraffin series (지방족) C_nH_{2n+2}	기체 (대기온도)	메탄(methane)	CH_4	11910 49.90
		에탄(ethane)	C_2H_6	11300 47.35
		프로판(propane)	C_3H_8	11050 46.30
		부탄(butane)	C_4H_{10}	10900 45.67
	액체	펜탄(pentane)	C_5H_{12}	10890 45.63
		헥산(hexane)	C_6H_{14}	10690 44.79
		헵탄(heptane)	C_7H_{16}	10720 44.92
		옥탄(octane)	C_8H_{18}	10670 44.71
올레핀계 olefin series (직쇄구조) C_nH_{2n}	에텐(ethene)		C_2H_4	–
	프로펜(propene)		C_3H_6	–
나프탄계 naphthene series (환상구조) C_nH_{2n}	사이클로헥산 (cyclohexane)		C_6H_{12}	10430 43.70
	헥사하이드로톨루엔 (hexahydrotoluene)		C_7H_{14}	10405 43.60
	헥사하이드로크실렌 (hexahydroxylene)		C_8H_{16}	10410 43.62
벤젠계 benzol series 방향족 aromatic series C_nH_{2n-6}	벤젠(benzene)		C_6H_6	9640 40.39
	톨루엔(toluene)		C_7H_8	9750 40.85
	크실렌(xylene)		C_8H_{10}	9890 41.44

또, 파라핀계의 메탄($n=1$) CH_4, 에탄($n=2$) C_2H_6 및 올레핀계의 에틸렌($n=2$) C_2H_4의 연소반응식은 다음과 같다.

$$\begin{aligned} &CH_4 + 2O_2 \rightarrow CO_2 + 2H_2O(\text{물}) + 212{,}400\,[\text{kcal}]\,[890\text{MJ}] \\ &C_2H_6 + 7/2O_2 \rightarrow 2CO_2 + 3H_2O(\text{물}) + 372{,}900\,[\text{kcal}]\,[1562\text{MJ}] \qquad (7 \cdot 3) \\ &C_2H_4 + 3O_2 \rightarrow 2CO_2 + 2H_2O(\text{물}) + 346{,}200\,[\text{kcal}]\,[1450\text{MJ}] \end{aligned}$$

따라서, 일반적인 탄화수소의 연소는 다음 식으로 나타낼 수 있다.

$$C_nH_m + \left[n+\left(\frac{m}{4}\right)\right]O_2 = nCO_2 + \left(\frac{m}{2}\right)H_2O$$

예를 들어 표 7·3에서와 같이 수소 1(2.016 kg)은 산소 1/2 kmol(16 kg), 공기 16÷0.232 =69 kg과 반응하여 수증기 1 kmol(18 kg)이 발생되고 0.57760 kcal(242 MJ : 수소의 저위발열량)의 열을 발생한다. 이들을 수소 1 kg당으로 환산한다면 필요한 산소량은 7.94 kg, 공기는 34.2 kg, 그 중의 질소 26.28 kg은 그대로 연소가스 속에 남는다. 단, 가스체적은 연소 전보다도 5.610 Nm^3 감소하며, 또 H_2 1 kg의 발열량은 28,700 kcal(120 MJ)이고, 더욱 수증기를 응축하면 5240 kcal(22 MJ)가 더해진다.

이처럼 각 연료에 포함되어 있는 각 성분에 따라서 필요한 산소량과 공기량을 구할 수 있으며, 연료를 액체연료 및 기체연료로 구별하여 구하기로 한다.

(1) 액체연료

연료 1 kg 속에 포함되어 있는 탄소, 수소, 산소 및 유황의 중량을 각각 c, h, o, s [kg]라 한다면, 단위량의 연료를 완전히 연소시키기 위해 필요한 산소량은 표 7·3으로부터 다음과 같이 구할 수 있다.

$$O_{2\,\min} = \left(\frac{8}{3}c + 8h + s - o\right)\ [\text{kg/kg}] \qquad (7 \cdot 4)$$

식 (7·4)에서 o를 뺀 것은 연료 속의 산소가 다른 원자와 결합하고 있어 외부에서 별도로 공급하지 않아도 되기 때문이다. 산소(O_2) 1 kmol은 32 kg, 22.41 Nm^3이므로, 윗식을 체적으로 나타내면 다음과 같다.

$$O_{2v\,\min} = \frac{22.41}{32}\left(\frac{8}{3}c + 8h + s - o\right)\ [\text{Nm}^3/\text{kg}] \qquad (7 \cdot 5)$$

여기서 [Nm^3]의 N(normal)은 기체의 표준상태(1기압, 101.3 kPa, 0℃)에서 체적을 나타내는 기호이다.

연소계산을 할 때 공기조성을 산소와 질소로 구성되었다고 생각하면, 표 7·1에서와 같이 질량비율로 O_2 : 23.2%, N_2 : 76.8%, 또 체적비율로 O_2 : 21%, N_2 : 79%이므로 1 kg의 연료를 완전히 연소시키기 위하여 필요한 이론공기량은 다음 식과 같다.

$$L_o = O_{2\,\min}/0.232 = 4.31\left(\frac{8}{3}c + 8h + s - o\right)\ [\mathrm{kg/kg}] \tag{7·6}$$

$$L_{ov} = O_{2v\,\min}/0.21 = 3.33\left(\frac{8}{3}c + 8h + s - o\right)\ [\mathrm{Nm^3/kg}] \tag{7·7}$$

가솔린의 평균조성을 c=0.856, h=0.144, 경유의 평균조성을 c=0.875, h=0.125로 한다면 윗식으로부터 이론공기량은 다음과 같다.

가솔린	14.80 kg/kg
	11.44 $\mathrm{Nm^3/kg}$
경 유	14.37 kg/kg
	11.10 $\mathrm{Nm^3/kg}$

공기과잉률을 λ라 할 때 연료 1 kg이 완전연소하여 발생하는 각 성분가스의 체적은 표 7·3에서

CO_2 : 탄소 c [kg]에서 $\frac{c}{12}$ [kmol] 발생

H_2O : 수소 h [kg]에서 $\frac{h}{2}$ [kmol] 발생하고,

연료 속의 w [kg] $\left(\frac{w}{18}\ [\mathrm{kmol}]\right)$이 추가된다.

SO_2 : 유황 s [kg]에서 $\frac{s}{32}$ [kmol] 발생

O_2 : λL_{ov}의 공기 중에서 $0.21(\lambda-1)L_{ov}$ [$\mathrm{Nm^3}$]가 남는다.

N_2 : λL_{ov}의 공기와 연료 속의 질소 n kg 중에서 $0.79\lambda L_{ov} + 22.41\frac{n}{28}$ [$\mathrm{Nm^3}$]가 발생

따라서, 이들을 전부 더하면 1 kg의 연료가 완전연소한 때의 연소가스의 체적은

$$V_g = (\lambda - 0.21)\,L_{ov} + 22.41\left(\frac{c}{12} + \frac{h}{2} + \frac{w}{18} + \frac{s}{32} + \frac{n}{28}\right)[\mathrm{Nm^3/kg}]$$

여기서, $0.21\,L_{ov} = O_{2v\,\min}$이므로 식 (7·5)를 이용하면

$$V_g = \lambda L_{ov} + 22.41\left(\frac{h}{4} + \frac{o}{32} + \frac{w}{18} + \frac{n}{28}\right)[\mathrm{Nm^3/kg}] \tag{7·8}$$

(2) 기체연료

기체연료의 조성이 CO, H_2, C_nH_m 등의 성분을 포함하고 있다고 하면 표 7·3과 식 (7·3)에서 CO 또는 H_2 1 kmol 연소에는 O_2를 $\frac{1}{2}$kmol, C_nH_m 1 kmol에 대해서는 $\left(n+\frac{m}{4}\right)$ kmol을 필요로 하므로 1 $\mathrm{Nm^3}$의 기체연료를 완전연소시키는 데 필요로 하는 이론공기량은

$$L_{ov}=\frac{1}{0.21}\left[\frac{(H_2)_v+(CO)_v}{2}+\Sigma\left(n+\frac{m}{4}\right)(C_nH_m)_v-(O_2)\right] [Nm^3/Nm^3] \quad (7\cdot9)$$

윗식에서 (분자식)$_v$는 각 성분의 체적비율을 나타낸다.

λL_{ov}의 공기를 공급했다고 하면 연료 1 Nm^3가 완전연소하여 발생하는 연소가스 중의 각 성분의 체적은 표 7·3과 식 (7·3)으로부터 다음과 같이 나타낼 수 있다.

$$V_{CO_2}=(CO)_v+\Sigma\, n(C_nH_m)_v+(CO_2)_v$$

$$V_{O_2}=0.21(\lambda-1)L_{ov}$$

$$V_{H_2O}=(H_2)_v+\left(\frac{m}{2}\right)(C_nH_m)_v$$

$$V_{N_2}=0.79\lambda L_{ov}+(N_2)_v$$

윗식에서 $(CO_2)_v$, $(N_2)_v$는 연료에 함유되어 있는 CO_2, N_2의 체적비율이다.

이것을 전부 더하여 식 (7·9)의 관계를 이용하면

$$V_g=\lambda L_{ov}+1-\frac{1}{2}[(CO)_v+(H_2)_v]+\left(\frac{n}{4}-1\right)(C_nH_m)_v\,[Nm^3/Nm^3] \quad (7\cdot10)$$

로 되어 CO, H_2는 연소에 의해 체적이 감소되고, C_nH_m은 $n>4$가 되면 연소에 의해 체적이 증가된다. 연소에 의한 체적증가비, 즉 분자수의 비는

디젤기관인 경우 $\delta=V_g/\lambda L_{ov}$

가솔린기관의 경우 기체연료 : $\delta=V_g/(1+\lambda L_{ov})$

액체연료 : $\delta=V_g/(\lambda L_{ov}+V_d)$

V_d : 연료증기의 비체적 Nm3/kg = 22.41/ M

M : 분자량

7.3 연소의 열화학

7.3.1 연소반응의 기구

실제의 연소현상에서는 균일반응, 즉 계 전체가 균일하고, 그 안에서 똑같은 반응이 진행하는 경우는 거의 없으나, 여기서는 우선 기본적인 연소반응의 기구에 대해서 고찰해 본다.

7.2절에서 나타낸 C_nH_m 화학반응식은 단순히 출발점의 가스조성과 종점의 가스조성을 나타낸 것이며, 이와 같은 반응식을 총괄반응식이라 한다. 실제의 연소반응은 연쇄반응으로 몇 가지의 활성종(연쇄담체라고도 함)이 관여하는 소반응군으로 이루어져 있다.*

● **참고**

반응경과를 세분해서 고찰할 때 최종적인 하나하나의 기본적 반응을 소반응이라고 한다. 소반응 M + N → P + Q(2분자반응)의 반응속도는 $r = k[M][N]$로 주어진다. k는 반응속도상수로서 Arrhenius의 식 $k = Ae^{-\frac{E}{RT}}$ 또는 $A'T^n e^{-\frac{E}{RT}}$이며, A는 빈도인자, E는 활성화에너지이다. 활성화에너지와 반응열과의 관계를 모형적으로 나타낸 것이 아래 그림이다. 일반적으로 분자간의 반응은 E가 크고 따라서 반응속도는 낮으나 활성종(원자 및 유리기)에 관련된 반응은 E가 작은 경우가 많고 반응속도가 크다.

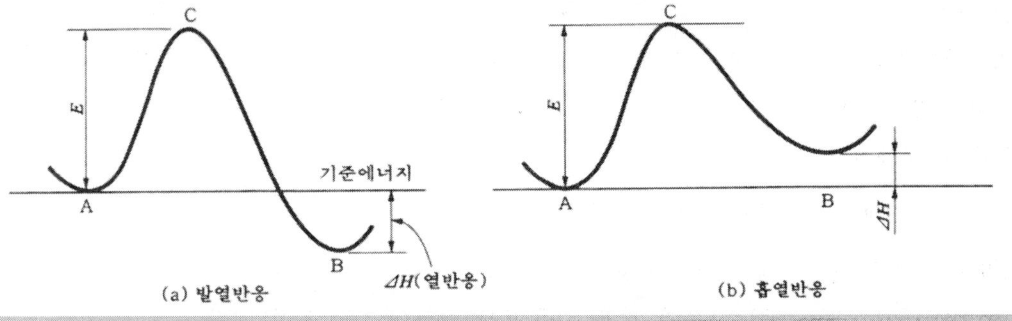

〈활성화에너지와 반응열〉

수소, 일산화탄소, 메탄 등의 간단한 분자의 연소반응에 관해서는 그 반응기구가 상당히 규명되어 있으나, 일반적인 탄화수소의 연소에서는 아직 상세히 밝혀지지 않은 부분이 많다. 그러나 탄화수소는 먼저 산화 및 분해의 과정을 통해서 H_2와 CO로 됨이 알려져 있어서 연소과정을 다음의 2단계로 나누어 생각할 수가 있다.

제1단계 $C_nH_m \rightarrow H_2$, CO

제2단계 $H_2 \rightarrow H_2O$

$CO \rightarrow CO_2$

이들의 반응은 전부 연쇄반응인데, 주요한 발열과정은 제2단계에 포함되어 있다.

수소-산소의 반응에서 중요한 역할을 하는 활성종은 OH, H, O로, 그 주요한 연쇄반응은 다음의 세 가지이다.

H2 + OH → H2O + H (연쇄전파, 이동) (Ⅰ)

O_2 + <u>H</u> → <u>OH</u> + <u>O</u> (연쇄분지) (Ⅱ)

H_2 + <u>O</u> → <u>OH</u> + <u>H</u> (연쇄분지) (Ⅲ)

이들의 반응이 반복되는 동안에 활성종의 수는 비약적으로 증가한다. 그러나 한편으로는 연쇄정지의 반응도 일어나는데, 기체상태 중에서의 정지반응으로서는 다음과 같은 제3의 분자반응이 중요한 것으로 알려져 있다.

$$O_2 + \underline{H} + M \rightarrow HO_2 + M \quad (\text{연쇄정지}) \qquad (\text{IV})$$

M은 가스 중의 활성종 이외의 분자로서 제3의 분자라고 부르며, 이것이 반응의 과잉에너지를 제거하는 역할을 한다. 따라서 연쇄반응의 진행여부는 (II)(III)의 반응과 (IV)의 반응 중에 어느 쪽이 일어나기 쉬운가에 관련된다. 그러나 이와 같은 관계는 온도가 비교적 낮은 연쇄반응의 초기에 한정되는 것으로, 반응이 진행하여 온도가 상승하면 반응(IV)에서 생성되는 HO_2도 역시 활성종의 발생원으로 되며, 활성종의 농도가 높아지면 활성종의 재결합반응이 중요하게 되는데, 재결합반응은 발열량이 크며, 연소에 의한 발열은 주로 이 반응에 의한 것이다.

일산화탄소의 연소특성은 건조한 CO-O_2계에서는 반응속도가 낮고, 수증기 혹은 수소가 존재하면 반응속도가 높아진다.

후자의 경우에는

$$CO + \underline{OH} \rightarrow CO_2 + \underline{H} \qquad (\text{V})$$

인 반응이 빠른 반응으로 CO의 산화의 주된 과정으로 알려져 있다.

또 연쇄정지반응으로서 다음과 같은 반응이 존재한다고 알려져 있다.

$$CO + \underline{O} + M \rightarrow CO_2 + M \qquad (\text{VI})$$

연료가스와 공기의 반응에서는 고온이 되면 공기 중의 질소도 반응에 관여하여 NO를 발생한다. 이 반응도 역시 연쇄반응이다.

7.3.2 열해리(thermal dissociation)와 연소온도

(1) 열해리

연료가 연소하는 경우에 연소온도가 1500~1700℃ 이상으로 되면 일단 결합한 CO_2는 다시 분리되어 CO와 O_2로, 또 H_2O(증기)는 H_2와 O_2로 분리되는데 이 현상을 열해리(thermal dissociation)라 한다.

이 경우 연소방정식은 표 7·3의 CO_2와 H_2O는 다음 식으로 나타낸다.

$$\begin{aligned} CO_2 &= CO + \frac{1}{2}O_2 - 67,580\,[\text{kcal}],\ -283\,[\text{MJ}] \\ H_2O(\text{증기}) &= H_2 + \frac{1}{2}O_2 - 57,750\,[\text{kcal}],\ -242\,[\text{MJ}] \end{aligned} \qquad (7 \cdot 11)$$

윗식에서 CO_2의 열해리에서는 해리열 67,580 kcal, 283 MJ을, 또 H_2O(증기)의 열해리에서는 해리열 57,750 kcal, 242 MJ을 각각 흡수하게 되므로, 연소최고온도는 낮게 된다.

그림 7·1의 1점 쇄선은 열해리를 고려한 경우이고, 최고점은 R_{th}^*(이론혼합비)보다 농

후한 쪽으로 이동되어 있다. 디젤기관에서는 공기비(공기과잉률) λ가 경제출력에서는 1.4~2.4, 최대출력에서는 1.2~1.8로 되어 있으므로 열해리의 영향은 적다고 보아도 좋다.

또, 실린더 내에서는 NO가 발생되므로 다음 식과 같은 반응이 일어나 연소온도는 더욱 저하하고, 그림 7·1의 점선과 같이 된다.

$$\frac{1}{2}N_2+\frac{1}{2}O_2 = NO-21{,}530\,[\text{kcal}],\ -90\,[\text{MJ}] \qquad (7\cdot12)$$

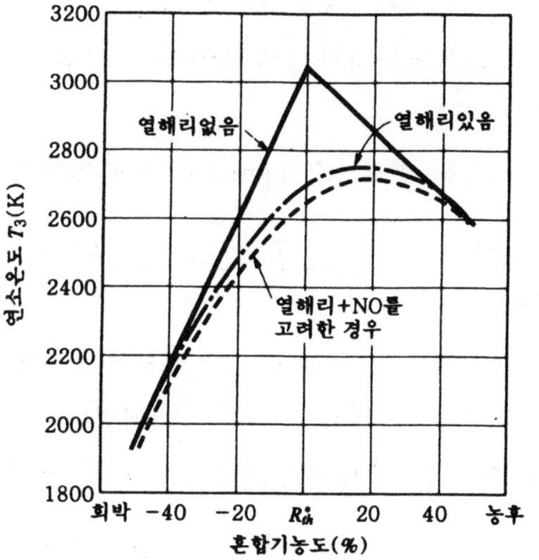

그림 7·1 혼합기농도와 연소온도

(2) 연소온도의 근사적인 계산

(연소효율, 열해리를 고려하지 않은 경우)

연료-공기 혼합기가 연소하여 평형상태에 도달했을 때 얻어지는 온도를 화염온도라 하고 특히, 열손실이 없는 경우의 화염온도를 단열화염온도라 하며, 일반적으로 화염온도는 단열화염온도의 의미로 사용하고 있다. $\lambda \geq 1$의 경우는 완전연소하고, $\lambda < 1$에서는 산소가 전부 소비될 때까지 연소한다고 가정한다.

① 정적연소 : 공기 G_0 kg, 연료 B kg인 혼합기에 잔류가스 G_R kg이 혼합되어 압축종료 상태 2에서 연소하여 3의 상태가 된 것으로 한다.

정적연소에서는 $E+U_T=H_{VT}+U_T'$ (E는 연료의 화학에너지, H_{VT}는 정적발열량)에서

$$BE+(G_0+B+G_R)u_2=BH_u+(G_0+B+G_R)u_2'=(G_0+B+G_R)u_3'$$

여기서, '는 연소가스에 대한 것을 나타낸다.

잔류가스의 비율 $\zeta=G_R/(G_0+B+G_R)$, $G_0/B=\lambda L_0$, 평균비열을 C_{vm}으로 하고, 윗식으로부터 T_3를 구하면 다음과 같다.

$$T_3=T_2\frac{C_{vm}}{C_{vm}'}+\frac{1}{C_{vm}'}\frac{E}{1+\lambda L_0}(1-\zeta)=T_2+\frac{1}{C_{vm}'}\frac{H_u}{1+\lambda L_0}(1-\zeta)\,[\text{K}] \qquad (7\cdot13)$$

여기서, C_{vm}' = 연료가스의 평균정적비열 [kcal/(kg·°K)], [KJ/(kg·°K)]

$L_0=G_0/\lambda B$, G_0 = 공기중량 [kg]

λ = 공기과잉률, B = 연료중량 [kg]

ζ = 잔류가스 비율 $=G_R/(G_0+B+G_R)$

G_R=잔류가스량 [kg]

연소온도는 λ와 ζ에 관계되고 그림 7·1에 나타낸 바와 같이 이론혼합비(R_{th}^*)에서 최대가 된다.

윗식을 연소가스 1 kmol에 대한 발열량 H_u^* 혹은 화학에너지 E^*로 나타내면

$$T_3=\frac{T_2}{\delta}\frac{C_{vm}}{C_{vm}'}+\frac{E^*}{C_{vm}'}\left(1-\frac{\zeta_v}{\delta}\right)=T_2+\frac{H_u^*}{C_{vm}'}\left(1-\frac{\zeta_v}{\delta}\right) \qquad (7\cdot 13')$$

여기서, $C_{vm}^*=M'C_{vm}'$: 분자열(몰비열)

$\zeta v=\zeta\delta$: 잔류가스 체적비율

연소 전·후에서의 가스상수를 R, R'로 하면, 최고압력은 정적연소이므로

$$p_2v_2=RT_2, \qquad p_3v_2=R'T_3 \ (\text{정적이므로 } V_2=V_3)$$

$$p_3=\frac{R'}{R}\cdot\frac{T_3}{T_2}p_2=\delta\frac{T_3}{T_2}p_2 \qquad (7\cdot 14)$$

$\delta=R'/R=M/M'$ 연소 전후의 체적비 혹은 분자수의 비이다.

② 정압연소 : C_{vm} 대신에 C_{pm}을 사용하면 식 (7·13)과 마찬가지로 다음과 같다.

$$T_3=T_2+\frac{1}{C_{pm}'}\frac{H_u}{1+\lambda L_0}(1-\zeta)\ [\text{K}]$$

디젤기관에서와 같이 압축 말에 연료가 분사된다고 하면 등압도는

$$\sigma=\frac{V_3}{V_2}=\frac{G_0+B+G_R}{G_0+G_R}\frac{R'}{R}\frac{T_3}{T_2}=\delta\frac{T_3}{T_2} \qquad (7\cdot 15)$$

$$\delta=\frac{\lambda L_0+1}{\lambda L_0+\zeta}\frac{R'}{R}$$

복합연소인 경우에는 p_3를 주면 ①, ②의 정적연소와 정압연소의 계산방법으로 T_3, σ가 구해진다.

(3) 열해리를 고려한 경우의 연소온도

열해리를 고려한 연소온도 계산은 복잡하므로 실제에는 $i-s$ 선도를 사용하는 것이 편리하다. 따라서, 여기서는 한 가지 예를 들어 계산방법을 설명하기로 한다.

일반적으로 혼합가스 또는 여러 원자로 구성된 가스는 높은 온도에서 어떤 화학평형을 유지하며, 온도에 따라 결정된 성분비율을 유지한다. 예를 들어 가스 A, B, C, D가 화학평형에 관여된다고 하면, 각 성분의 비율은 분압의 관계로 나타내어진다.

$$\left.\begin{array}{l} wA + xB \rightleftarrows yC + zD \\ (p_C^y / p_A^w)(p_D^z / p_B^x) = K \end{array}\right\} \qquad (7 \cdot 16)$$

여기서, w, x, y, z는 각 성분가스의 분자수, p_A, p_B, p_C, p_D는 각 분압이고, 각 성분의 분자수에 비례한다. K는 열해리정수이며 온도의 함수이다.

연소가스 중에서 주요한 화학평형은

$$2CO_2 \rightleftarrows 2CO + O_2 - 2 \times 67,580\,[\text{kcal}]\,(-2 \times 283\,[\text{MJ}])$$

$$2H_2O \rightleftarrows 2H_2 + O_2 - 2 \times 57,750\,[\text{kcal}]\,(-2 \times 242\,[\text{MJ}])$$

온도가 높으면 평형은 우측으로 이동하고 열을 흡수하므로 고온에서의 열발생은 저온의 경우보다 적다. 위의 두 식을 조합하면

$$CO_2 + H_2 \rightleftarrows CO + H_2O$$

이 식에 식 (7 · 16)을 적용하면

$$\left.\begin{array}{ll} \dfrac{(p_{CO})^2 p_{O_2}}{(p_{CO_2})^2} = K_1, & \log_{10} K_1 = 8.593 - \dfrac{28600}{T} \\ \dfrac{(p_{CO})(p_{H_2O})}{(p_{CO_2})^2 (p_{H_2})} = K_2, & \log_{10} K_2 = 1.2065 - \dfrac{1100}{T} \end{array}\right\} \qquad (7 \cdot 17)$$

일반적으로 탄화수소 C_nH_m과 공기의 혼합기가 연소하여 열해리를 일으키는 경우에는 다음 관계가 성립한다.

$$2(1+\alpha)C_nH_m + \left(2n + \frac{m}{2}\right)O_2 + 3.76\left(2n + \frac{m}{2}\right)N_2$$

$$= ACO_2 + BCO + CH_2O + DH_2 + EO_2 + 3.76\left(2n + \frac{m}{2}\right)N_2$$

α는 연료과잉도라 하며 $1+\alpha = 1/\lambda$이다. 이것을 벤젠 C_6H_6에 적용하면

$$2(1+\alpha)C_6H_6 + 15O_2 + 56.4N_2$$

$$M = ACO_2 + BCO + CH_2O + DH_2 + EO_2 + 56.4N_2 \qquad 7 \cdot 18)$$

양변의 각 원자수를 같게 두면 A, B, C……의 사이에는 다음의 관계가 성립된다. 단, 간단하게 $\alpha = 0$으로 한다.

$$\begin{array}{l} A + B = 12 \\ 2A + B + C + 2E = 30 \\ 2C + 2D = 12 \end{array} \qquad (7 \cdot 19)$$

각 성분의 분자수와 분압과는 비례하므로

$$\frac{B\times C}{A\times D}=K_2, \qquad \frac{B^2}{A^2}(p_{O_2})=K_1 \tag{7・20}$$

지금 전체압력, 즉 연소에 의한 최고압력을 p_3, 전분자수를 X로 하면

$$X=A+B+C+D+E+56.4$$

$$p_{O_2}=p_2\cdot E/X$$

압축 초의 온도를 100℃, 압력을 1 ata, 연소가스의 최고온도를 T_3, 압축비를 5로 하면 연소전의 전체 분자수는 식 (7・18)의 좌변으로부터 73.4이고 이것이 X에 증가한 것이므로

$$p_3=\frac{X}{73.4}\times 5\times\frac{T_3}{373}$$

$T_3=2500+273=2773$ K라고 가정하여 보면 식 (7・17)로서

$$K_1=0.019, \qquad K_2=6.45$$

$$p_{O_2}=\frac{E}{X}p_3=\frac{E\times 5}{73.4}\cdot\frac{2773}{373}=0.506E$$

식 (7・20)으로부터

$$\frac{B^2}{A^2}E=\frac{K_1}{0.506}=0.0375, \qquad \frac{B\times C}{A\times D}=6.45 \tag{7・21}$$

식 (7・19), (7・21)의 연립방정식을 풀면

$$A=10.09,\ \ B=1.91,\ \ C=5.83,\ \ D=0.17,\ \ E=1.04$$

등의 값을 얻는다. 이와 같은 성분의 연소가스가 생길 때의 발열량은 벤젠증기 2 kmol이 완전연소되었을 때 발생하는 발열량에서 CO 1.91 kmol, H_2 0.17 kmol의 발열량을 뺀 것으로서, 이 열량은 혼합기 1 kmol에 대해 18,786 kcal이다. 또 단열압축행정에 있어서 1590 kcal/kmol의 열량이 주어진다. 상기의 조성을 가진 연소가스의 100~2500℃의 평균비열은 7.346 kcal/kmol이므로 연소가스의 온도상승은

$$\frac{18,786+1590}{7.346}=2773℃$$

즉, 연소온도는 2873℃(압축 초의 온도 100℃이므로 온도상승분이 2773℃이므로)가 되며 최초의 가정은 너무 낮다. 그래서 2705℃라고 다시 가정하여 상기의 계산을 반복하면 2705℃가 되어 만족할 만한 결과가 얻어진다.

이때의 연소가스의 조성은

$$9.01CO_2+2.99CO+5.72H_2O+0.28H_2+1.635O_2+56.4N_2$$

상기의 계산을 각종 α에 대해 수행한 결과를 그림 7·1에 나타낸다. 열해리를 고려하여 계산하면 이론혼합비보다 십수 % 농후한 경우에 최고온도가 얻어진다. 혼합기가 너무 희박하거나 농후해도 연소온도가 낮기 때문에 열해리가 적어서 열해리가 없는 것으로 계산해도 큰 차이는 없다. 디젤기관에서는 과잉공기가 많으므로 열해리의 영향은 적다. 실린더내의 연소에서는 상기의 열해리 외에 다음의 반응도 일어나고 있다.

$$2NO \rightleftarrows N_2+O_2+2\times21,530\ \text{kcal}$$

따라서 연소온도는 더욱 낮아지는 것이다. 그러나 실제에는 NO의 생성은 극히 소량이므로 별로 영향은 없다. 그림 7·1의 점선은 NO의 생성을 고려한 경우의 온도이다.

(4) 연소압력과 온도

열해리를 고려한 경우에도 연소압력은 온도와 분자수 증가로부터 식 (7·14)에 따라 구할 수 있다.

이와 같이 하여 구한 결과는 그림 7·2에 나타낸 바와 같이 최고압력은 최고온도보다도 더욱 농후한 혼합비에서 일어난다. 일정 체적하에서 압력은 온도와 분자수가 증가될수록 높아진다. 그림 7·3에 나타낸 바와 같이 이론혼합비보다 농후하게 되면 CO_2는 감소되고 CO가 많아진다.

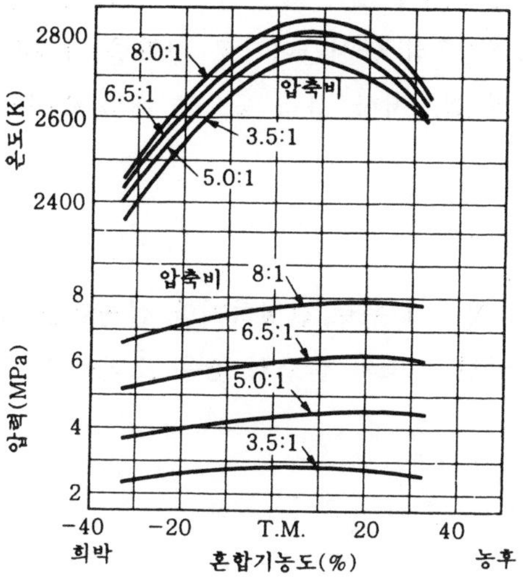

그림 7·2 압축비에 의한 연소온도·압력의 변화

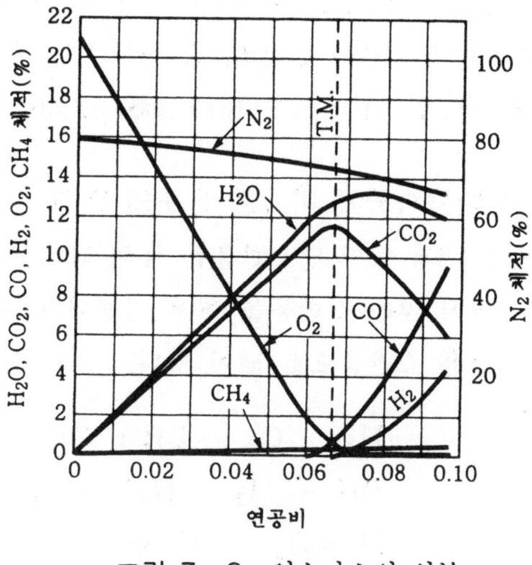

그림 7·3 연소가스의 성분

연소가스 중에 CO_2 대신에 CO가 많아질수록 전분자수는 증가된다. 최고온도의 점보다도 농후하게 되면 CO의 생성이 증가되기 때문에 온도저하의 영향을 보완하여 이 양자가 평형된 점에서 최고압력에 도달한다. 압축비가 낮아짐에 따라 온도가 내려가므로 열해리는 감소되고 완전한 화학변화가 일어나므로 그림 7·2에 나타낸 바와 같이 최고온도·최고압력의 점은 이론혼합비에 가까워진다. 또 팽창행정에서 온도가 내려가면 열해리는 감소되고 열을 발생하므로 팽창행정의 종료에서 온도·압력은 그림 7·4에서 보는 바와 같이 이론혼합비에서 최고가 된다.

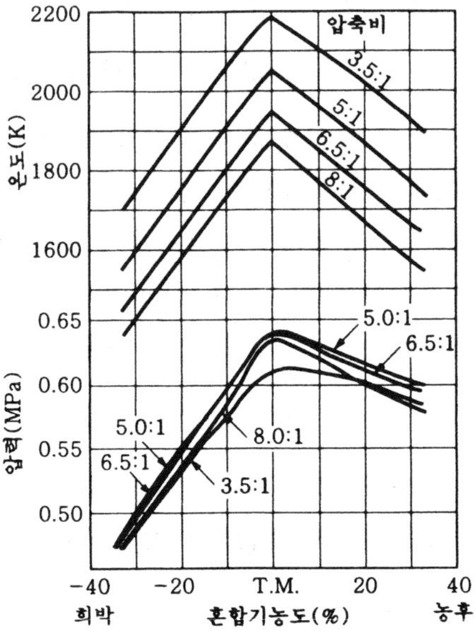

그림 7·4 일행정 종료에서 온도 및 압력

연소의 최고온도는 압축비가 클수록 높음에도 불구하고 팽창행정 종료의 온도는 그 반대가 된다는 것은 주목할 일이다. 또 팽창행정 종료의 압력은 압축비에 영향을 미치는 일이 적다. 평균유효압력은 주로 팽창행정의 평균압력에 의하므로 최대평균유효압력은 최고연소압력이 일어나는 혼합비와 이론혼합비의 중간에서 얻어진다. 이것은 최대출력이 이론혼합비보다 10~20% 농후한 경우에 얻어지는 사실과 잘 일치한다.

이상은 모두 이론계산 결과이며 실제 경우에는 최고온도는 불완전연소, 열손실 등 때문에 이것보다 낮아진다. 최고온도가 일어나는 것은 극히 단시간이므로 정확한 측정은 하지 못하나 스펙트럼선 반전법, 광전관, 가는 백금선의 전기저항, 음속 등으로 개략 측정은 가능하다. 가솔린기관에서는 대략 2000~2500℃이다.

(5) 반응속도에 미치는 온도의 영향

표 7·3과 같이 연소반응은 극히 짧은 시간에 좌에서 우로 진행하지만 실제로는 그 도중에 대단히 많은 소반응을 거쳐 진행한다. 예를 들면 수소와 산소의 경우 소반응은 주로 다음과 같은 소반응으로 되어 있다.

$$H_2 + O_2 \rightarrow OH + OH \quad (0)$$

$$OH + H_2 \rightarrow H_2O + H \quad (\text{I})$$

$$H + O_2 \rightarrow OH + O \quad (\text{II})$$

$$O + H_2 \rightarrow OH + H \quad (\text{III})$$

$$H + O_2 + M \rightarrow HO_2 + M \tag{IV}$$

이 중에서 라디칼 OH, HO_2나 원자 O, H 및 제3의 분자 M이 반응을 이끌어 간다. 먼저 (0)는 늦은 반응이지만 여기에서 생긴 아주 적은 OH가 (Ⅱ)~(Ⅳ)에서 급격히 증식되어 H_2O를 만든다. 또 이외에 10개 이상의 소반응을 계산에 넣은 것도 있지만 반응속도가 늦은 소반응은 실질적으로 무시할 수 있다. 그 반응속도는 다음의 아레니우스(Arrhenius)의 식으로 표시된다.

$$v = AN_aN_b \cdot e^{-E/RT} \tag{7·22}$$

여기서, A=반응속도에 대한 정수

N_a, N_b=반응가스의 농도

E=물질에 따라서 결정되는 활성화에너지 [cal/mol]

R=가스정수 [1.985 cal/mol·K]

T=절대온도 [K]

예를 들면 (Ⅱ)의 소반응에 대하여서는

$$v = 2.2 \times 10^{11} \cdot N_H N_{O_2} \cdot e^{-16800/RT} \; [l/\text{mol} \cdot \text{s}] \tag{7·23}$$

로서, T=500K를 기준으로 하여 700 K에서는 약 100배, 1000 K에서는 4500배, 2000 K에서는 30만 배의 속도로 증가하고, 반대로 상온에서는 사실상 반응이 일어나지 않는다. 이와 같이 점화 및 연소성에 반응가스의 온도가 중요한 인자인 것을 알 수 있다.

(6) 혼합비가 연소에 미치는 영향

① 기본적 성질 : 점화 또는 착화, 연소속도, 완전연소 정도, 이들의 결과로서 배기 중의 유해성분의 양 등에 영향을 주는 인자는 (5)항의 온도 이외에도 압력〔식 (7·22)의 N_a, N_b〕, 유동, 연소실 벽면의 형태나 성질 등 다수 있지만, 실제적으로는 혼합비, 즉 공기와 연료의 연소실 내에서의 평균 또는 국부적인 비율이 최대의 중요인자가 된다. 그 이유 중에 주된 것은 화염온도에 귀착된다. 예를 들면 불꽃에서 화염이 번져나갈 때 적은 화염의 핵 내에서 발생하는 산화반응열이 주위의 혼합기를 가열하여 화염을 확대시키기 때문에 그 열이 충분히 크지 않으면 실화(miss fire) 또는 소염으로 끝난다. 이 열의 발생속도, 즉 연소의 속도는 아레니우스식 (7·22)에 의해 나타낸 바와 같이 그 온도에 가장 크게 영향을 받는다. 지금 발열량이 H_u인 연료 B 중에 x가 미연부분이라 하면, $B(1-x)H_u$가 그 발열량이 되고, 이 열이 손실없이 그대로 온도를 상승시킬 때 단열온도상승이라 하며, 이는 다음과 같이 된다.

$$\Delta T=\frac{B(1-x)H_u}{(G_o+B+G_R)C} \tag{7·24}$$

여기서, G_o＝공기량

B＝연료량

G_R＝바로 앞 사이클의 잔류가스량

C＝전체평균비열로서 열해리도 고려하여 넣은 것임

이는 7.3.2항의 열해리와 연소온도에서 이미 설명한 성질을 가지고 있으며, 그 결과 그림 7·1과 같이 이론혼합비보다 약간 농후한 혼합비에서 최대온도에 도달하는 것을 알 수 있고, 이 특성이 기관의 여러 성능에 중요한 영향을 미친다.

연소과정을 자세히 고려해 보면 확대중인 화염면 근처에서는 그림 7·5와 같이 우측의 이미 연소된 고온가스면의 바로 앞면은 산화반응이 격렬하게 일어나고 있는 반응층이 되고, 그 앞면이 연쇄반응을 준비하는 연쇄담체(chain carrier)인 OH, H, HO2, ROOH, CHO 등이 생성되는 예열층이며, 온도곡선의 변곡점을 경계로 예열층과 반응층이 분리되며, 예열층과 반응층을 합하여 화염층이라 한다. 혼합비라고 부르게 되는 것은 예열층 바깥쪽의 공기와 연료의 비율이며 연소중의 혼합비는 위에 기술한 산화반응중의 것이고 혼합기 중의 각 분 자가 이 층에 유입하는 속도는 가스의 유동에 의한 것과 확산에 의한 것이 있고, 그 중 확산속도는 $D\frac{dn}{dx}$로서 성분농도 n의 구배와 확산계수 D에 의존한다. D는 분자의 종류에 따라서 다르고 보통 O2가 다른 분자보다 크기 때문에 반응부의 산소농도는 혼합기의 농도보다 높다. 즉 눈에 보이는 것보다 희박화되어 연소한다. 이것이 그림 7·1에 영향을 미쳐 농후한 혼합영역에서 연소를 왕성하게 하는 한 가지의 원인이 되고 있다. 또 H2와 CH4는 O2보다 D가 크고, 이것이 그림 7·6에서 CH4가 희박영역에서 연소특성이 좋은 원인이라고 여겨지고 있다.

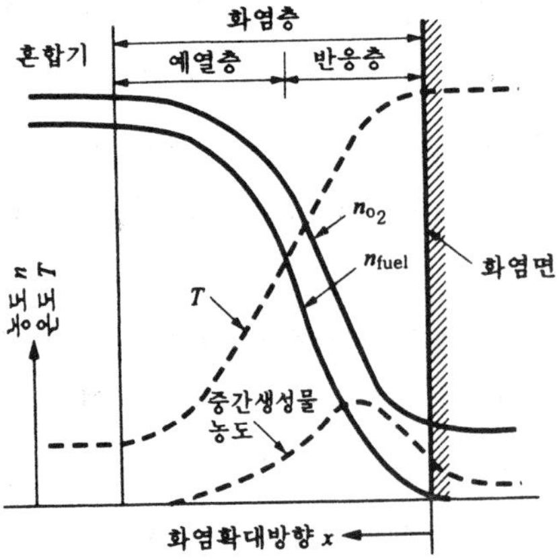

그림 7·5 화염핵면의 농도분석

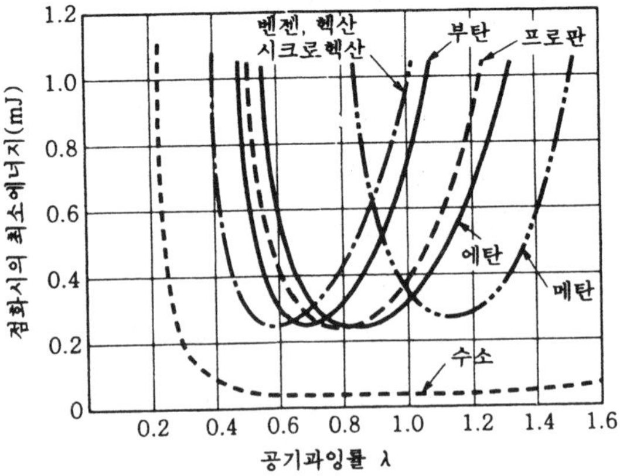

그림 7·6 점화성에 대한 혼합비의 영향

② 점화성 : 불꽃점화기관에서는 점화되는 것이 모든 성능 중 가장 중요하고 이것은 혼합비에 의하여 큰 영향을 받으며, 이론혼합비보다 너무 희박하여도 또 너무 농후하여도 점화할 수 없다. 대기상태의 혼합기에 충분히 큰 불꽃방전으로 점화시킬 때 점화가능한 한계는 표 7·5와 같이 연료에 따라서 크게 다르지만 일반적으로 희박한계는 과농한계보다 좁다. 단, 수소만이 상당히 희박한 혼합비에서도 점화될 수 있다. 또 불꽃방전을 위한 전극의 거리를 변화시켜 혼합비에 대하여 점화가능한 불꽃의 강도를 구한 결과가 그림 7·6이며, 일반적으로 가장 점화하기 쉬운 혼합비는 $\lambda<1$이고, 메탄만이 반대이다. 이와 같은 값은 균일한 혼합기로서 연소가 시작되는 최저한의 조건이 되고, 실용기관에서는 실린더 상호간에도 혼합비가 같지 않고 또한 실린더 내에서도 위치에 따라 혼합비가 동일하지 않고, 잔류가스

표 7·5 가스 및 증기의 연소범위
연료-공기혼합기의 실온, 대기압에서의 연료(가스)의 체적(%)
〔점화한계혼합비(limit of inflammability)〕

연료의 종류		분 자 식	연 료 함 유 량 체 적 %		
			하 한	이론적	상 한
가스	수 소	H_2	4.1	29.6	71.0
	일산화탄소	CO	12.5	29.6	73.0
	메 탄	CH_4	5.6	9.5	14.8
	에 탄	C_2H_6	3.1	5.7	10.7
	프로판	C_3H_8	2.2	4.0	7.4
	부 탄	C_4H_{10}	1.7	3.1	5.7
	펜 탄	C_5H_{12}	1.4	2.6	4.5
	에틸렌	C_2H_4	3.0	6.5	22.0
	아세틸렌	C_2H_2	3.3	7.7	52.3
증기	벤 젠	C_6H_6	1.5	2.7	5.6
	헥 산	C_6H_{14}	1.2	2.16	7.5
	옥 탄	C_8H_{18}	1.0	1.65	6.0
	트리올	C_8H_8	1.4	2.3	5.4
	에틸알코올	C_2H_5OH	4.4	5.7	–
	메틸알코올	CH_3OH	6.0	12.3	–
	아세톤	$CH_3\text{-}CO\text{-}CH_3$	2.25		9.6
	이황화탄소	CS_2	4.2		–
연료	가솔린		1.4	1.7	6.0
	수성가스		9.0	31.8	55.0
	천연가스		4.8	9.0	13.5
	등용가스		5.3	17.7	31.0
	용광로가스		35～57	50.0	65.0

가 있으며, 또 불꽃에서부터 점화까지의 기간이 길어져서 실질적으로는 실화와 같이 되는 등 기관의 운전가능 한도는 한층 좁아진다.

또 가연물의 인화성을 나타내는 것으로는 인화점(flash point)이 있다. 이것은 액체표면에 불을 가까이 가져갔을 때 점화가 되는 최저주위온도이고, 그 온도에 대한 연료의 증기압으로 점화한계혼합비를 생성하고 있는 것을 의미하며, 내연기관에서의 점화성보다도 화재에 대한 위험성의 척도로 사용된다.

③ 연소속도 : 다음과 같이 기호의 의미를 명확히 하기로 한다.

화염속도(flame velocity) : $\omega_f = \dfrac{dz}{dt}$

연소속도(burning velocity) : $\omega_b = \dfrac{dx}{dt}$

팽창속도(expansion velocity) : $\omega_e = \dfrac{dt}{dy}$

$$\omega_f = \omega_b + \omega_e + \omega_a$$

ω_a는 전체가 흐르고 있을 때의 유속, ω_f 및 ω_b는 혼합비에 대해서는 앞항의 점화성과 거의 같은 경향을 보이고, 가솔린에 대해서는 그림 7·7과 같은 농후한 혼합비에서 최대속도를 표시한다. 또, 산소농도를 변화시켜 질소와의 혼합비로서 정압연소시켰을 때는 그림 7·8과 같이 농후한 산소 내에서 속도는 급상승하는 것을 알 수 있다. 이 경향은 다른 연료에 대해서도 같이 나타난다.

④ 기관성능과의 관계 : 연소속도가 과대한 예로 가솔린노크와 디젤노크 등과 같은 것이 있고, 이 노크는 기관의 내구성, 진동, 소음 등의 점에서 피하지 않으면 안 되는 특수한 연

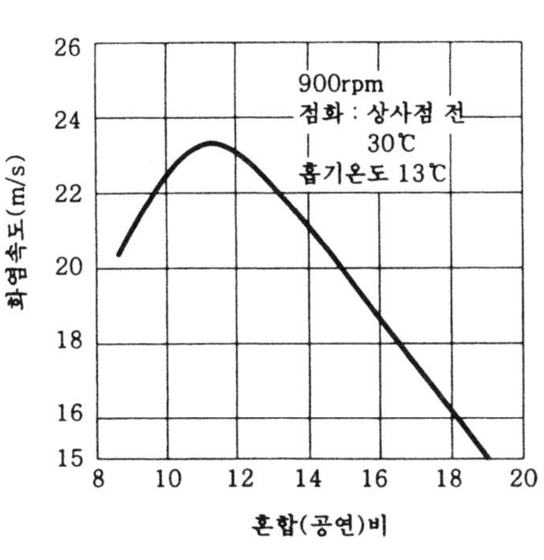

그림 7·7 혼합비-화염속도의 관계

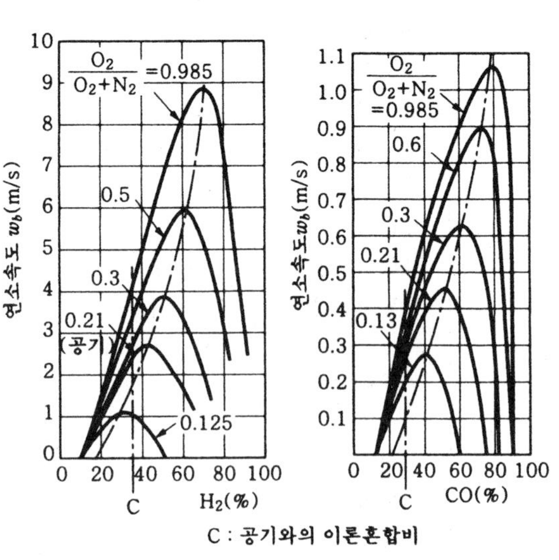

그림 7·8 분젠버너에 의한 연소속도(w_b) 측정

소기구이지만, 일반적으로는 점화가 확실하고, 연소속도가 큰 $\lambda=0.8$ 부근의 농후한 혼합비에서 최대출력이 얻어진다. 한편 희박영역에서는 연소온도가 낮고 연소성분이 적기 때문에 비열의 증가나 열해리가 적고 또 전열손실도 적기 때문에 열역학적 효율이 높다. 디젤기관의 열효율은 이 희박영역에서 높지만 가솔린기관에서는 어느 정도 이상 희박하게 되면 연소가 늦고 점화도 불확실하게 되어 그 열효율이 저하한다. 그림 7·9는 이와 같은 결과의 특성이다. 또 당연하지만 농후한 혼합비에서는 산소부족으로 불완전연소가 되기 때문에 연료가 비경제적이 되어 일산화탄소와 미연탄화수소가 증가하여 공해대책상의 문제도 있다. 한편 희박영역에서는 최대출력은 저하하지만 점화를 확실하게 하면 열효율이 증가하고 배기정화에도 적합하기 때문에 각종 희박연소(lean burn)대책이 옛날부터 생각되어 왔다. 그 중에서 점화플러그 부근에 점화시기에 국부적으로 농후한 혼합기를 공급하고, 전체적으로는 희박화하는 방법이 가장 잘 알려진 것으로 이것을 층상급기(stratified charge)법이라 한다.

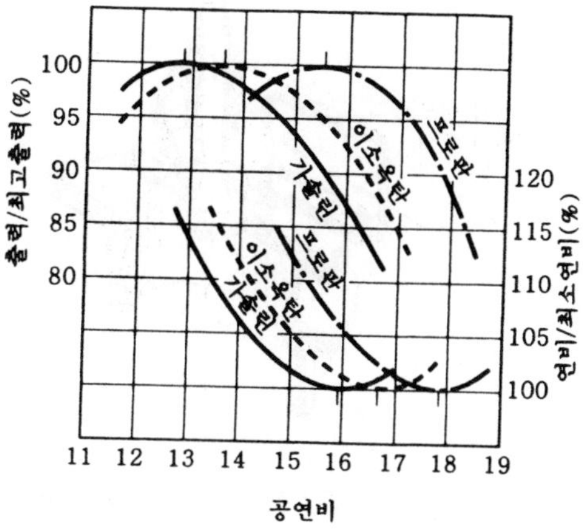

그림 7·9 가솔린기관의 성능에 대한 공연비의 영향

(7) 유동에 의한 연소의 촉진

그림 7·5에서도 알 수 있는 바와 같이 반응이 계속되고 있는 화염 속으로 새로운 혼합기가 유입됨으로 인하여 화염이 확대되지만, 이것을 촉진시키는 것으로 확산 이외에 가스유동이 있다. 가스유동 효과는 최근 배기대책법으로서 희박연소를 안정화시키기 위하여 계속 널리 응용되고 있다.

혼합기 유동을 큰 와류(swirl)와 작은 난류(turbulence)로 구별하고 전자는 유속으로서 강도를 표시하고, 후자는 표시법도 측정법도 곤란하지만 양쪽 모두 연소 촉진에 중요한 역할을 하고 있다. 그러나 불꽃 발생 직후의 과대한 유동은 실화의 원인도 된다. 그리고 유동 발생은 피스톤 운동에 의해 기본적으로 발생하며 흡입행정시에 흡입밸브까지의 통로를 나선형으로 하든지(그림 7·10), 흡입밸브 뒷면에 그림 7·11과 같은 바람을 유도하는 판을 부착하여 흡입공기에 선회류를 주어 압축 후까지 그 유동을 남게 하는 것이다.

그리고 압축행정 후기에 피스톤의 상승에 의하여 또는 팽창행정 초기의 하강에 의하여 유동이 발생하도록 피스톤과 실린더헤드 사이의 간격의 일부를 좁게 하든지(그림 7·12), 그림 7·13과 같이 피스톤의 윗부분에 오목한 부분을 부착한다든지, 또는 그림 7·14와

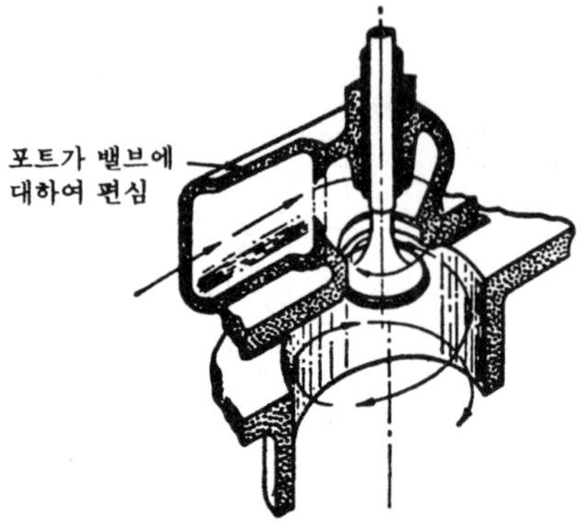

그림 7·10 흡기포트에 의한 와류발생

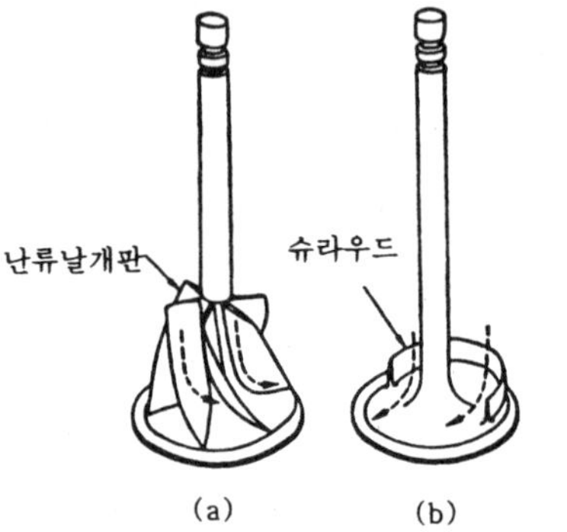

그림 7·11 흡기밸브의 와류발생장치

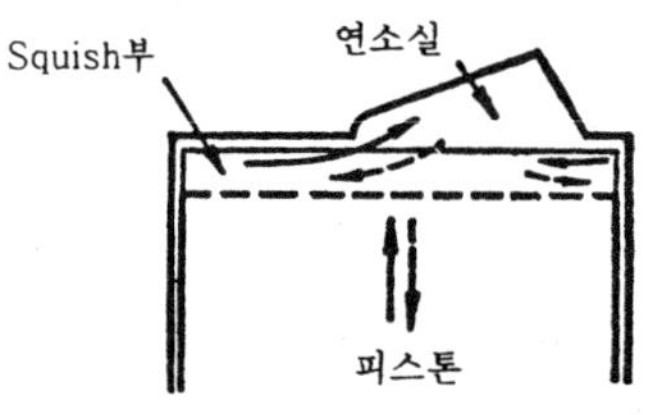

그림 7·12 피스톤에 의한 가스유동의 생성

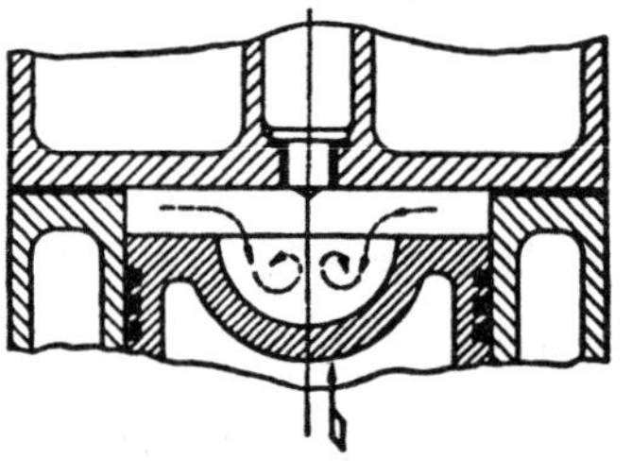

그림 7·13 피스톤의 요(凹)부에 의한 와류

같이 와류실에서 연소를 시작하여 그 속에서 화염이 격렬하게 유출하여 주연소실에 유동을 만든다.

이상과 같이 와류와 난류는 디젤기관의 경우 연료와 공기의 혼합을 도와주어 공기 이용을 충분히 하여 완전 연소에 이르게 하고, 착화지연을 짧게 하여 부드러운 연소를 하도록 한다.

또 가솔린기관에서는 연소를 촉진시킴으로써 노킹을 방지하고 또 희박혼합기에서 연소불안정을 방지하여 배기대책을 용이하게 한다. 뿐만 아니라, 엔진 회전속도를 증가시키면 피스톤의 왕복운동에 의한 가스의 유속은 거의 직선적으로 증대하기 때문에 연소속도도 같이 증대한다.

이와 같은 결과로 동일한 부하에서의 p-θ 선도는 회전속도에 관계없이 거의 같은 압력상승 경로를 밟는다.

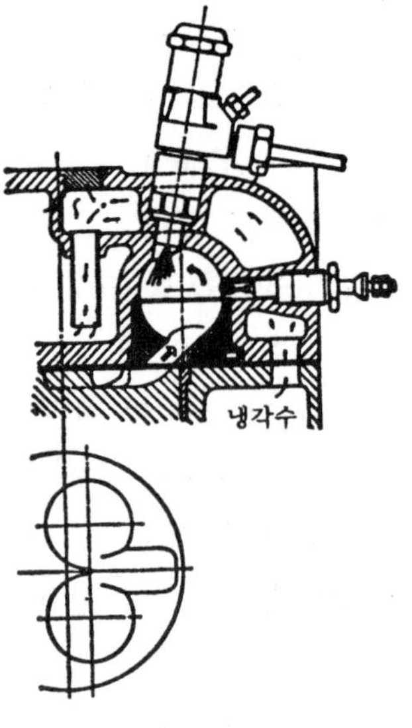

그림 7·14 와류실식 디젤기관

7.4 가연성 혼합기의 연소

7.4.1 연소형태

내연기관에서 일어나는 연소형태는 온도와 성분이 균일한 혼합기가 동시에 발열 화학반응하는 자발화(self-ignition), 연료가스와 공기(산소)가 미리 혼합되어 있는 혼합기, 즉 예혼합기에 점화하여 연소하는 예혼합연소(pre-mixed combustion), 화염면을 중심으로 연료가스와 공기(산소)가 각각 독립하여 공급되면서 연소하는 확산연소(diffusive combustion)의 세 가지 형태가 있으며, 그림 7・15 (a)~(c)에 모식적으로 이것을 나타내었다.

화염색은 청색과 황색 등이 있다. 청색화염은 알데히드 반응, 또는 과산화(過酸化)반응이 먼저 일어나, 열분해가 거의 일어나지 않은 경우이고, C_2, CH 라디칼 등의 가스복사에 기인한 것이다. 균일 혼합기 속에서의 화염전파는 청색화염이지만 농후한 혼합기로 되면 황색으로 변한다. 공기가 충분히 있는 경우에도 국부적으로 농후한 혼합기가 있으면 황색으로 된다. 가솔린기관에서는 이론혼합기까지는 청색화염이 얻어진다.

황색화염은 열분해에 의해 탄소를 석출한 경우에 발생하고, 고형탄소에서 복사에 기인한 것으로 연속 스펙트럼*이다.

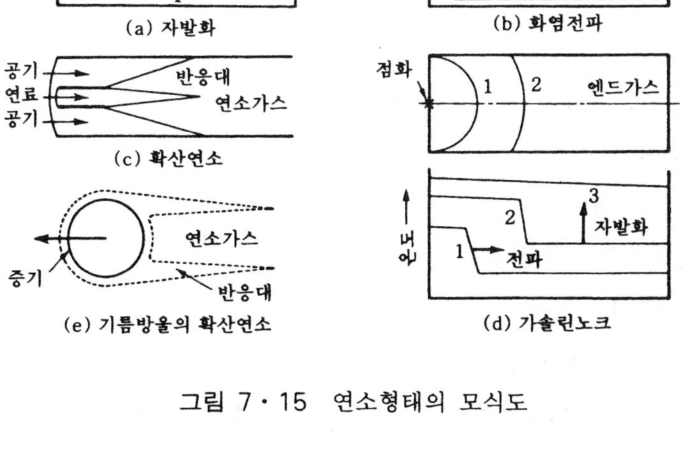

그림 7・15 연소형태의 모식도

● **참고**

스펙트럼은 ① (일한사전) 빛을 프리즘 따위의 분광기를 통해서 볼 때 무지개 비슷한 색의 배열을 의미하며 ② 일반적으로 어떤 조성물을 분해한 성분을 일정량의 대소에 의해서 배열한 것

황색화염은 연소실 벽으로 복사손실을 수반하지만, 가스층이 얇으므로 보통 전체 냉각손실의 15% 정도이다. 확산화염은 황색화염으로 되고 매연을 발생하는 경향이 크다. 디젤기관에서는 기름방울(油滴)의 주위에 농후한 혼합기가 형성되므로 황색화염으로 된다. 액체연료에서도 연료를 기화시켜 공기와 서서히 혼합시키면 석유버너처럼 청색화염연소를 하게 할 수 있다.

(1) 자발화(self ignition 또는 spontaneous ignition)

그림 7·15(a)에서와 같이 혼합기를 구성하고 있는 성분, 온도가 균일하여 외부에서 열을 가할 때 혼합기의 모든 부분에서 동시에 발열(exothermic)화학반응이 일어나 혼합기의 온도가 일률적으로 균등하게 상승하며, 반응이 끝날 때까지 그 속도는 각 부분에서 균등하게 가속된다. 이처럼 자발화만으로 연소를 완료하는 것으로 열폭발(thermal explosion), 또는 동시폭발(simultaneous explosion)이라고도 한다. 따라서 이 연소에서는 항상 반응이 계속되면서 혼합기이든 연소가스이든 단 한 가지 주요한 상(phase)이 존재하게 된다.

① 자발화온도 : 연료와 공기의 균일 혼합기 온도를 올리면 분자운동이 활발히 되어 분자의 충돌횟수가 증가하고 반응이 시작되어 열을 발생한다. 이 열은 혼합기 자신의 온도를 상승시킴과 동시에 일부는 주위로 손실된다. 이때 열발생률은 Arrhenius 법칙에 따라 다음 식으로 표현된다.

$$\dot{q}_1 = Q \cdot w \cdot V, \qquad \text{반응속도 } w = k_0 c^{\nu} e^{-E/RT}$$

$$\dot{q}_1 = Q \cdot k_0 c^{\nu} V e^{-E/RT} \tag{7·25}$$

여기서, Q : 반응열 kcal/kmol

c : 소비되는 1개의 반응물질의 분자농도

ν : 반응차수

V : 용기의 체적

k_0 : 전체분자의 충돌횟수

E : 활성화에너지(activation energy)

$e^{-E/RT}$: 전체분자 중의 반응을 일으키는 것이 가능한 부분을 나타냄

벽면의 온도를 T_w라 한다면 단위시간에 주위로 손실되는 열량은

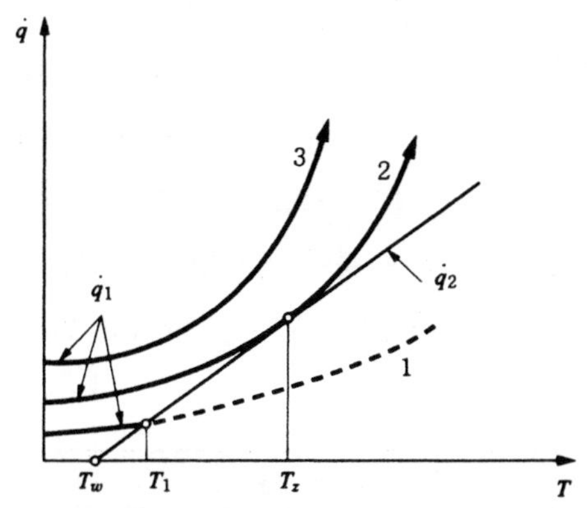

그림 7·16 열손실을 동반하는 경우의 자발화

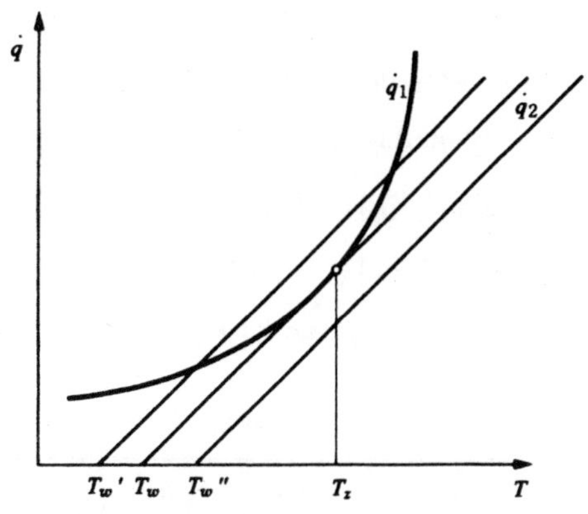

그림 7·17 벽면온도를 변화시켰을 경우의 자발화

$$\dot{q}_2 = \alpha F(T - T_w)$$

여기서, α : 열전달계수, F : 전열면적

그림 7·16에 서로 다른 반응속도에 상당하는 $\dot{q}_1$과 어떤 벽면온도 T_w에 대한 $\dot{q}_2$를 각각 T에 대해 나타내고 있다.

곡선 1에서는 처음 구간에서는 $\dot{q}_1 > \dot{q}_2$이므로 반응에 따라서 온도가 상승하지만, T_1에 도달하면 $\dot{q}_1 = \dot{q}_2$로 되어 온도상승은 정지하여 c(비열)가 변하지 않으면 반응은 일정한 속도로 진행한다.

곡선 3에서는 항상 $\dot{q}_1 > \dot{q}_2$이어서 온도는 상승을 계속하고, 반응은 급격히 가속되어 폭발이 일어난다.

곡선 2는 온도상승이 되고, 안 되는 경계의 경우로서 T_z에 있어서 양 곡선은 접하여 평형을 유지하지만, 불안정한 상태이다. 즉, 조금이라도 벽면온도가 상승하면 $\dot{q}_1 > \dot{q}_2$로 되어 온도가 상승하여 폭발을 일으킨다. T_z를 자발화온도(spontaneous ignition)라 말하며, 이 온도에서는 $\dot{q}_1 = \dot{q}_2$, $d\dot{q}_1/dT = d\dot{q}_2/dT$의 조건이 만족된다. 발화온도는 일률적으로 결정되는 것이 아니라 혼합비, 압력, 체적 등에 따라 변한다.

실제 발화온도를 측정하는 데는 반응물질의 농도, 압력을 일정하게 하고 벽면온도를 변화시킨다. 이 경우의 $\dot{q}_1$, $\dot{q}_2$와 온도의 관계를 그림 7·17에 표시한다.

α(열전달계수)가 일정하다면 벽면온도를 상승시킴에 따라서 $\dot{q}_2$는 우측으로 평행이동하고 $\dot{q}_1$과 교차하는 사이는 한정된 온도상승에 멈추나, $\dot{q}_1$에 접하는 온도 T_w에 도달하면 이미 일정한 온도를 유지할 수 없게 된다.

이때의 반응물질의 온도는 T_z이다. 벽면온도가 T_w를 조금이라도 넘으면 열발생률이 손실률보다도 크게 되고 반응물질의 온도는 점차 올라가며 반응은 가속되어 드디어 발화한다. 즉, T_w는 발화여부의 경계의 벽면온도이다. 위에 말한 조건을 만족하는 온도 T_z를 발화온도라고 정의하는 것이 합리적이나 측정이 곤란하므로 보통 발화온도로서 주어진 조건에 있어서 폭발이 일어나는 최저벽면온도로 정의되어 있다. 이것은 위에 정의한 T_z보다도 어느 정도 낮다는 것은 물론이다. 표 7·6에 각종 가연물질의 자발화온도를 나타내고 있다.

표 7·6 가스 및 증기의 최저 자발화온도(℃)

가스	공기중	산소중	증기(공기 중, 0.1 MPa, 평균값)			
수 소	530	450	펜 탄	550	시클로헥산	550
일산화탄소	610	590	헥 산	540	나프탈린	700
메 탄	645	645	헵 탄	520	테트리린	520
프로판	510	490	메탄올	500	페 놀	700
에틸렌	540	485	에틸알코올	450	가솔린	480~550
아세틸렌	335	350	디에틸에테르	180	가스유	330~350
시 안	850	800	이황화탄소	100	파라핀	400
황화수소	290	220	벤 젠	700	윤활유	380~420
등용가스	560	-	트리올	620	원 유	400~450
			크실렌	580	석탄타르유	600~700

발화현상은 발화 전의 반응에 영향을 받는 일이 많고, 반응이 일어나면 중간생성물이 생겨 반응물질은 시시각각 변화하며 그것이 전체과정에 영향을 미친다. 따라서 자발화온도는 혼합비, 압력, 가열조건 등에 따라 변하며 연료 고유의 정수는 아니다. 예를 들면 압력이 높게 되면 그림 7·18에 나타낸 바와 같이 발화온도는 낮아지며, 온도가 낮아지는 정도는 연

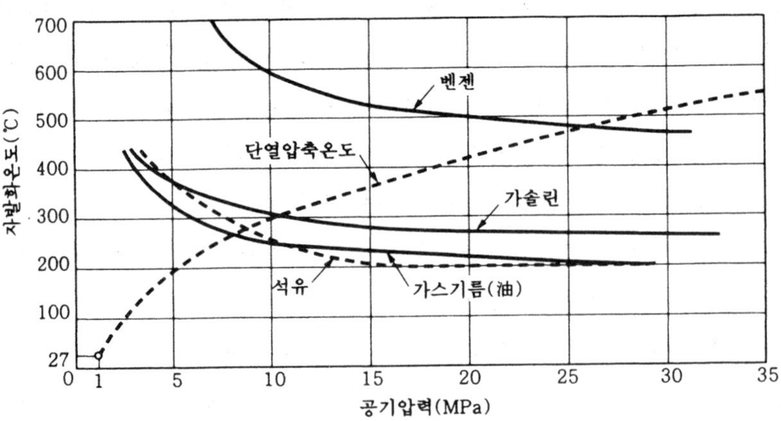

그림 7·18 공기압력에 의한 자발화온도의 저하

료에 따라 다르다. 또 혼합기를 가열할 경우와 공기와 연료를 따로 가열하여 후에 혼합하는 경우를 비교하면 전자는 가열중에 완만한 반응이 일어나므로 발화온도는 낮아지고, 후자는 가열중에 연료는 열분해를 일으켜 발화온도가 높은 저분자의 탄화수소를 생성하므로 발화온도는 높아진다. 이와 같이 발화온도는 많은 인자에 의해 영향을 받으므로 측정장치, 측정방법에 따라 같은 물질이라도 동일한 값을 나타내지 않는다.

② 감응기간, 발화지연 : 앞에서 언급한 바와 같이 발화온도를 벽면온도로 정의하면 진정한 발화온도 T_z에 도달할 때까지 반응에 의해 온도가 상승하지 않으면 안 되므로 얼마간의 시간이 필요하다. 이 시간을 감응기간(induction period) 혹은 발화지연(ignition lag)이라고 한다. 반응에 따라 발생되는 열량 중 혼합기(중량 G, 비열 c_v)에 공급되는 것은 $\dot{q}_1 - \dot{q}_2$ 이므로

$$c_v G dT = (\dot{q}_1 - \dot{q}_2)dt, \qquad \frac{dT}{dt} = \frac{1}{c_v G}(\dot{q}_1 - \dot{q}_2)$$

가 되고, 그림 7·17에서 각 점의 $\dot{q}_1 - \dot{q}_2$를 구하면 그림 7·19에 나타낸 바와 같은 T-t 곡선이 얻어진다.

곡선 1은 벽면온도가 낮은 경우로서 T_1까지 가열되지만 발화는 일어나지 않는다. 실제 경우에는 반응물질이 소비되어 가므로 점선과 같이 내려간다.

곡선 2는 발화의 경계상태에 상당한다. 더욱 벽면온도를 올리면 곡선 3과 같이 변곡점이 되고 이것을 지나치면 온도는 급격하게 상승하여 발화가 일어난다. 변곡점에 도달하기까지

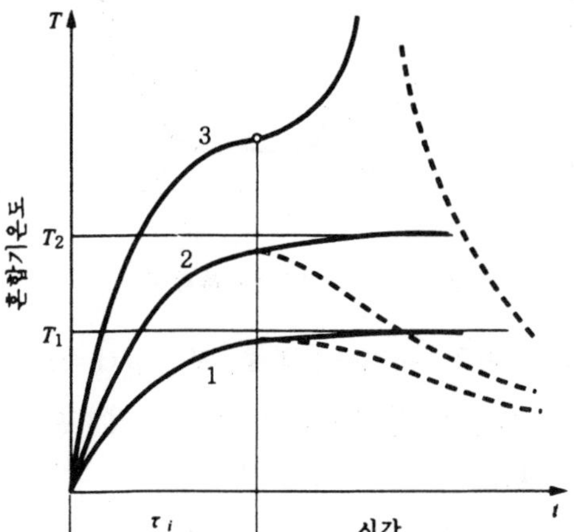

그림 7·19 시간과 더불어 혼합기온도가 상승한다. 변곡점까지의 시간 τ_i가 감응기간이다.

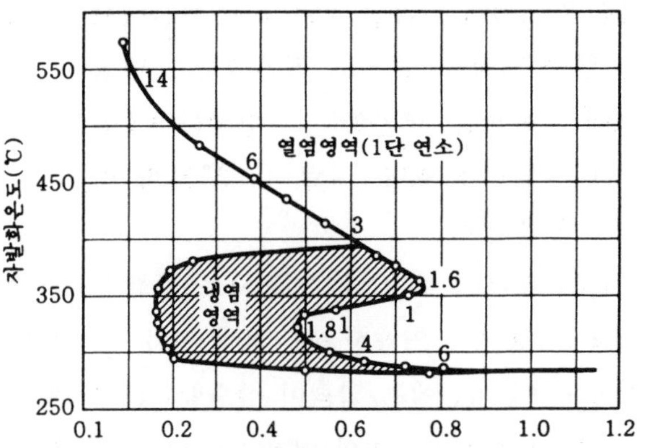

그림 7·20 이소옥탄의 냉염발생영역 (곡선상의 숫자는 발화지연 기간을 초(s)로 나타낸 것이다)

의 시간 τ_i가 감응기간이며 벽면온도가 높아짐에 따라 짧아진다. 앞에 정의한 발화온도 T_w에서는 τ_i가 ∞로 되어 측정할 수 없으므로 어떤 발화지연(예컨대 1/10 s)에 대해 발화가 일어날 때의 벽면온도를 측정한다. 따라서 발화지연기간에 따라 발화온도는 변한다. 기관 내의 연소에서는 발화온도를 넘고 있는 경우가 많으므로 오히려 발화지연이 중요한 문제이다.

등온연쇄반응에서 반응속도는 다음 식으로 나타내고

$$w = Ae^{\phi\tau}, \qquad \phi = 정수 \cdot p^n e^{-E/(RT)}$$

온도, 압력의 변화가 작으면 w=일정으로 볼 수가 있으므로

$$p^n \tau_i e^{-E/(RT)} = 일정, \qquad \tau_i = ae^{E/(RT)}/p^n \tag{7·26}$$

정수값은 연구자에 따라, 또 연료 조성에 따라 다르며 지수 n은 0.3~1.2의 범위에 있다. 식 (7·26)은 고온하에 발화가 등온연쇄반응으로 시작되는 경우에만 적용된다.

다단발화 : 발화지연은 화염발생 전의 반응(preflame reaction)에 영향을 받는 일이 많다. 즉 벤젠, 메탄 등은 전염반응이 적기 때문에 발화온도에 도달하면 한번에 열염(hot flame)을 발생한다. 이것에 대해 알킬기의 탄화수소는 전염반응이 크므로 그림 7·20에 나타낸 바와 같이 고온에서는 일단 발화를 하지만, 저온에서는 냉염(cool flame)을 수반하는 다단발화과정을 거치는 영역이 있다. 그림 7·21로써 이것을 설명한다.

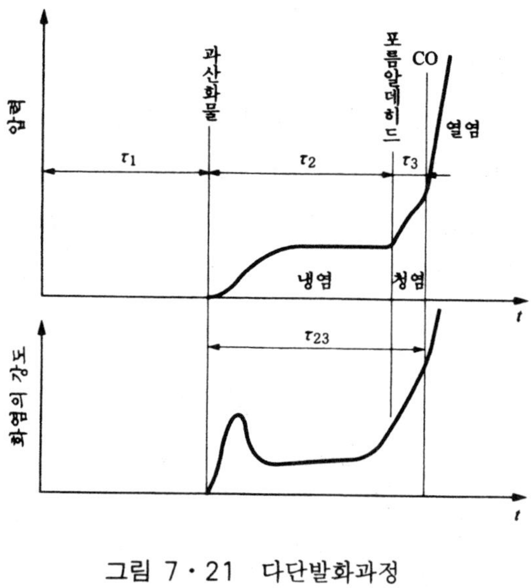

그림 7·21 다단발화과정

τ_1은 냉염 발생까지의 기간으로 탄화수소의 산화에 따라 유기과산화물, 포름알데히드가 생겨 그 농도는 연쇄반응에 의해 점차 증가되어 과산화물이 임계온도에 달하면 냉염을 발생한다. 이 기간에는 압력이 상승할 정도의 발열은 없다.

τ_2는 청염 발생까지의 기간으로 냉염과정에 화학에너지의 5~10%가 유리되나, 그 연소생성물로서 다량의 포름알데히드가 생겨 이것이 중간생성물로서 다시 분지연쇄반응에 큰 역할을 이룬다. 포름알데히드의 연쇄반응은 폭발성을 가지고 있고 청염을 발생하며 원래의 탄화수소는 모두 CO로 산화한다. 이때 상당한 열량을 발생하나 아직 최종 생성물은 되지 못

한다.

τ_3는 열염 발생까지의 기간으로 청염에서 발생한 CO와 나머지 산소와의 화합물은 온도가 충분히 높고 활성중심의 농도가 충분하게 높으면 열염을 발생하며, 탄화수소의 산화는 최종단계로 이동한다.

이와 같이 다단발화과정에서는 냉염, 청염, 열염이 서로 연속하여 발생하나 청염의 발화지연 τ_2와 열염의 발화지연 τ_3의 구별은 곤란하므로 이것을 합하여 τ_{23}으로 나타내면 발화지연은

$$\tau_i = \tau_1 + \tau_{23} = a_1 e^{E_1/(RT)}/p^{n_1} + a_2 e^{E_2/(RT)}/p^{n_2} \ \ \text{(s)} \qquad (7 \cdot 26')$$

τ_1과 τ_{23}에서 p, T의 영향이 다르며, 일례를 들면 $n_1 = 0.7$, $n_2 = 1.8$, $a_1 = 0.135 \cdot 10^{-3}$, $a_2 = 4.8 \cdot 10^{-3}$, $E_1 = E_2 = 7800$이다.

그림 7·22는 공기와 4에틸연이 들어 있는 가솔린의 혼합기를 급격 압축한 경우의 발화지연과 압축온도와의 관계를 압력을 변수로 하여 나타낸 것이며, 온도·압력이 높아질수록 발화지연은 단축되고 또한 양자의 영향은 적어진다.

발화지연에 대한 혼합비의 영향은 그림 7·23에 나타낸 바와 같이 과농·과희박인 경우에는 길어지나 실용혼합비의 범위에서는 비교적 작다.

혼합기의 자발화에서는 발화지연기간에 완만한 화학반응이 일어나고 있으나 디젤기관에

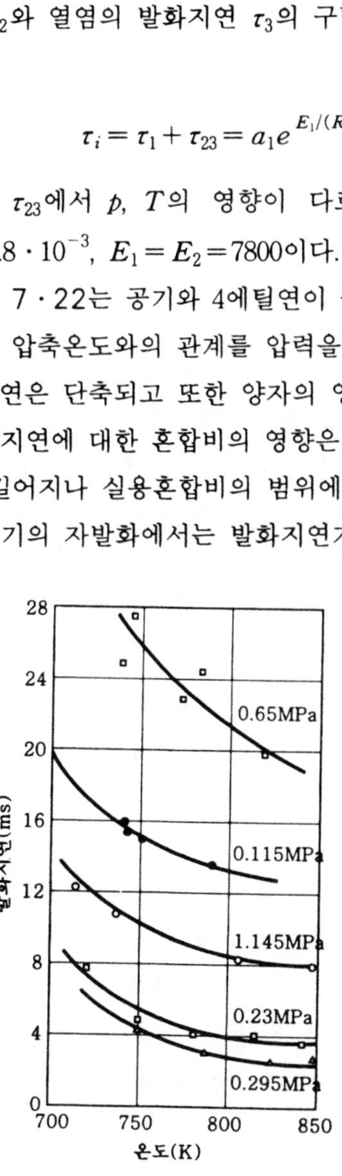

그림 7·22 발화지연과 온도·압력의 관계

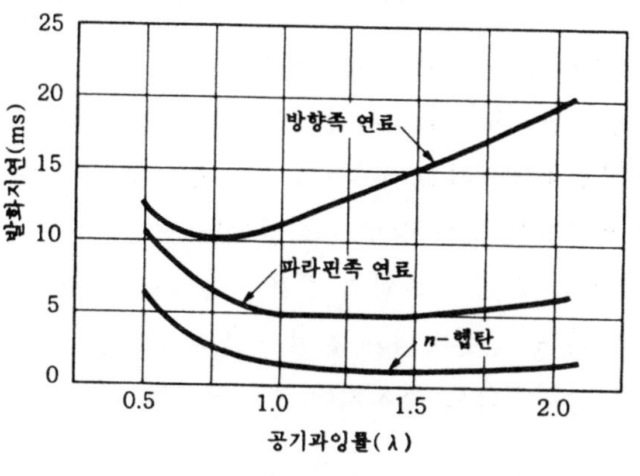

그림 7·23 공기과잉률이 발화지연에 미치는 영향

서와 같이 고온 공기 중에 분사하여 자발화시킬 경우에는 연료의 미립화, 가열, 증발 등 반응을 수반하지 않는 기간이 존재한다. 이것을 물리적 발화지연(τ_{ph})이라고 하며 이것을 포함하면 총발화지연은

$$\tau_z = \tau_{ph} + \tau_i = \tau_{ph} + \tau_1 + \tau_{23} \qquad (7 \cdot 27)$$

이 경우 τ_i를 화학적 발화지연 혹은 감응기간이라고 칭하고 있다.

(2) 예혼합연소(pre-mixed combustion)

연료가스와 공기(또는 산소)가 미리 혼합된 혼합기, 즉 예혼합기의 일부분에 열을 가하여 (예컨대 전기스파이크) 그 부분이 착화온도(ignition temperature)에 달하면 급격한 산화반응이 일어나 화염핵이 발생하고, 이것에 의해 화염면(flame front)이 형성되어 미연소 혼합기 중을 어떤 화염속도로 진행해 가는데 이 화염을 예혼합화염(premixture flame)이라 한다. 이 경우에 화염전파(flame propagation) 현상이 발생한다.

화염면은 어떤 두께를 가지고 있으며 화염면이 통과한 후에는 대부분의 반응이 끝나고 있다. 따라서 이 형태의 연소에서는 연소반응이 행해지지 않는 부분, 즉 엔드가스(end gas) 또는 미연소가스와 이미 연소가 완료된 부분, 즉 기연소가스의 2개의 상(相)이 존재하며, 이 양자 사이에는 연소반응이 진행되고 있는 반응대(reaction zone)에 의해 분명하게 경계가 지어지며, 이 양자의 경계를 화염면(flame front)이라 한다.

화염전파는 두 가지의 형태가 있다. 하나는 화염이 열전달 혹은 확산에 따라 순차적으로 인근 분자에 전해지는, 즉 온도파에 의해 전파되는 경우로서 화염속도는 낮아 매초 수 미터 내지 수십 미터이며, 이것을 정상연소(deflagration, progressive explosion)라고 한다. 다른 하나는 정상적인 화염전파의 과정에서 발생한 충격파의 파면에서의 단열압축에 의해 자발화를 일으켜, 즉 압력파에 의해 전파하는 경우로서 화염속도는 음속을 넘는다. 이것을 데토네이션(detonation)이라고 한다.

정상연소에서 화염전파기구는 혼합기의 유동상태에 따라 다르며 정지 혹은 층류인 경우를 층류화염이라고 하고, 그 전파에는 열전달 혹은 분자확산이 주요 역할을 하며, 난류화염인 경우에는 교란 강도가 화염속도를 지배하며 층류인 경우보다 현저하게 높아진다. 실린더 내에서는 화염이 혼합기 중을 어떤 속도로 진행하여 간다. 이와 같은 경우를 비정상화염이라고 하며, 분젠버너와 같이 가스와 공기가 혼합기를 형성하여 반응대에 유입하는 경우 화염은 공간적으로 정지되어 있는데 이를 정상화염이라고 한다.

(3) 확산연소(diffusive combustion)

예혼합연소에 대하여 확산연소는 가연성 가스 혹은 증기와 공기가 각각 독립하여 공급되

고 양자가 확산에 의해 혼합되면서 연소되는 경우로서 혼합속도와 반응속도가 평형을 유지하면서 그 혼합층에서 연소가 행해진다. 이 경우에는 어느 순간에 가연성 증기 혹은 가스, 공기, 연소가스의 세 가지 상(相)이 존재하고, 공기와 증기는 반응대에서 나누어져 있다.

내연기관에서 연소는 반드시 이들 형태(자발화, 예혼합연소, 확산연소)의 하나라고는 할 수 없다. 가솔린기관에서 정상연소는 대부분 난류화염의 전파이나 이상연소에서는 그림 7·15(d)에 나타낸 바와 같이 전파에 이어서 엔드가스(end gas)가 자발화에 의해 동시폭발을 일으킨다. 디젤기관에 있어서 연소는 부분적인 자발화에서 출발하여 전파로 이동하고 주연소는 그림 7·15(e)에 나타낸 바와 같은 연료입자 표면의 확산연소이다.

7.4.2 화염전파와 연소범위

(1) 화염속도와 연소속도

예혼합화염에는 층류 예혼합화염과 난류 예혼합화염이 있는데, 이들은 자력으로 전파하는 성질을 가지고 있다. 정지공간(관찰자)에 상대적인 화염의 이동속도를 화염속도(flame velocity)라 부르고, 화염면 전의 미연혼합기에 상대적인 화염이동속도의 화염면 법선방향의 분속도를 연소속도(burning velocity)라 한다. 다시 말하면 화염에 고정한 이동좌표계를 취한 경우 화염에 유입하는 미연혼합기 유속의 화염면 법선방향의 분속도가 연소속도이다.

층류 예혼합화염은 연료의 종류와 혼합기의 조성, 온도, 압력에 따른 고유의 연소속도를 갖고 있는데, 이것을 층류 연소속도라 하고, 층류 연소속도에 대하여 난류 예혼합화염은 층류화염보다도 훨씬 높은 연소속도를 갖고 있는데 이를 난류 연소속도라 하며 이는 연료의 종류나 혼합기의 조성, 온도, 압력만이 아니라 유동장의 상태, 특히 난류 상태의 함수이기도 하다.

따라서, 연소속도 w_b는 화염면이 그 면에 직각으로 미연소부에 진입하는 속도, 즉 미연소가스에 대한 화염의 상대속도를 말하며, 화염속도 w_f는 연소속도 w_b에 와류 또는 연소가스의 팽창에 수반한 배제작용에 의한 가스이동속도를 더한 것, 즉 연소실 벽에 대한 속도이다.

$$w_f = w_b + w_d \quad (w_d : \text{가스이동속도})$$

일정체적에서 연소가 행하여질 경우 미연소가스의 체적을 V_u로 하고 열손실이 없다고 하면 dt 시간에 미연소가스가 기연소가스의 팽창에 따라 압축되는 체적은 $F(w_f - w_b)\,dt$ (F : 화염면적)이므로 단열압축의 법칙에서

$$\frac{dp}{p} = k\frac{F(w_f - w_b)\,dt}{V_u} \tag{a}$$

간단한 용기를 사용하여 압력변화 및 화염전파 사진을 찍으면 연소속도가 구해진다. 예를 들어, 반지름 R_0인 구형용기의 중심에서 점화를 하면 화염면이 중심에서 거리 r에 있을 경우 $V_u=\frac{4}{3}\cdot\pi(R_0^3-r^3)$, $F=4\pi r^2$, $w_f=dr/dt$ 이므로

$$\frac{w_f}{w_f-w_b}=\frac{3kr^2}{R_0^3-r^3}p\frac{dr}{dp}$$

이 되어 w_b를 구할 수 있다.

균일혼합기가 정적연소를 할 경우

$$\text{연소율}\begin{cases}\text{연소질량비율(mass burned) } x=\text{연소질량/전체가스질량}(M)\\ \text{연소체적비율(volume burned) } y=\text{연소체적}(V_b)/\text{전체체적}(V)\end{cases}$$

로 하면 미연소가스의 질량은 $M(1-x)$, 체적은 $V(1-y)$가 되므로 미연소가스의 비체적은

$$v=\frac{V(1-y)}{M(1-x)}=v_1\frac{1-y}{1-x}, \qquad v_1=\frac{V}{M}=\text{연소하기 전의 비체적}$$

미연소가스가 단열압축되는 것이라고 한다면

$$\frac{p}{p_1}=\left(\frac{v_1}{v}\right)^k=\left(\frac{1-x}{1-y}\right)^k \tag{b}$$

연소 전후에서 비열, 가스정수가 변하지 않는다고 하면 온도상승에 따라서 압력상승은 x에 비례하므로 연소 종료의 압력을 p_2로 하면

$$x=(p-p_1)/(p_2-p_1) \tag{c}$$

이것을 식 (b)에 넣어 x, y의 관계를 구하면

$$y=1-\frac{1-x}{[1+x(p_2/p_1-1)]^{1/k}} \tag{7·28}$$

x, y의 관계는 그림 7·24에 나타낸 바와 같이 화염전파의 종료부분에서는 미연소가스가 압축되므로 연소질량, 즉 열발생량은 크게 된다.

식 (b), (c)에서 y와 p의 관계는

$$y=1-(1-x)\left(\frac{p_1}{p}\right)^{1/k}$$

$$=1-\left(\frac{p_2-p}{p_2-p_1}\right)\left(\frac{p_1}{p}\right)^{1/k} \tag{d}$$

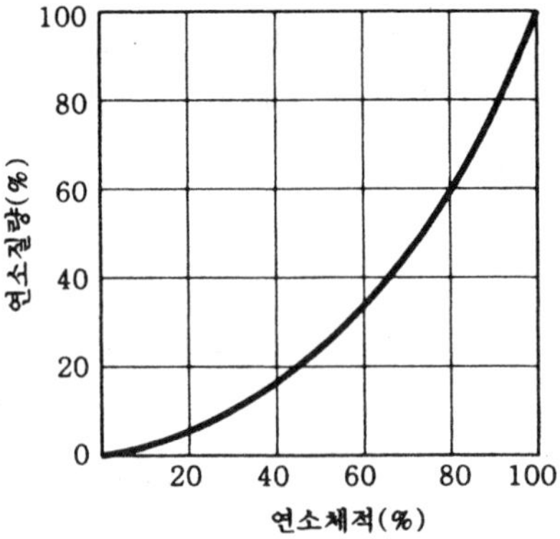

그림 7·24 연소질량과 연소체적의 관계

화염속도는 $w_f = \frac{1}{F}\frac{dV_b}{dt} = \frac{V}{F}\frac{dy}{dt}$ 이므로 윗식에서

$$w_f = \frac{V}{F}\left(\frac{p_1}{p}\right)^{1/k}\frac{1}{p_2 - p_1}\left[1 + \frac{1}{k}\left(\frac{p_2}{p} - 1\right)\right]\frac{dp}{dt} \tag{7・29}$$

연소속도는 윗식을 식 (a)에 넣으면 $V_u = V(1-y)$ 이므로

$$w_b = w_f - \frac{1}{k}\frac{V_u}{F}\frac{1}{p}\frac{dp}{dt} = \frac{V}{F}\left(\frac{p_1}{p}\right)^{1/k}\frac{1}{p_2 - p_1}\frac{dp}{dt} \tag{7・30}$$

V/F가 간단한 형태로 나타내어지는 용기에서는 p-t 곡선으로 식 (7・29), (7・30)에 의해 w_f, w_b를 구할 수 있고, 반대로 w_b를 일정하게 하면 연소시간 혹은 압력변화를 구할 수도 있다. 또 연소질량비율 x와 p의 관계는 식 (c)에서 주어지므로 식 (7・30)을 x의 함수로 나타내면

$$w_b = \frac{V}{F}\left[x\left(\frac{p_2}{p_1} - 1\right) + 1\right]^{-1/k}\frac{dx}{dt} \tag{e}$$

로 되고 연소질량비율 x, 혹은 연소율(rate of burning) dx/dt를 구할 수도 있다. w_f와 w_b의 비는 식 (7・29), (7・30)으로부터

$$\frac{w_f}{w_b} = 1 + \frac{1}{k}\left(\frac{p_2}{p} - 1\right) \tag{f}$$

혹은

$$\frac{w_f}{w_b} = 1 + \frac{1}{k}\frac{(1-x)/(p_2/p_1 - 1)}{1 + x(p_2/p_1 - 1)}$$

윗식의 제2항은 연소속도에 대한 화염면의 가스이동속도이다. 연소 시초에는 $p = p_1(x=0)$이므로 w_f/w_b는 크며, 연소가 진행됨에 따라서 $p(x)$가 크게 되기 때문에 w_f/w_b는 감소하고 종점에서는 $p = p_2(x=1)$이 되어 끝내는 $w_f = w_b$가 된다.

그림 7・25는 원통형 봄베의 한쪽 끝에서 점화한 경우의 연소체적비율을 나타낸 것으로서 S자형 곡선이 되고 전체전파시간의 절반 근처에서 w_f는 최대가 된다.

(2) 정상연소

이미 언급한 바와 같이 열전달과 확산에 의해 연소가 진행되어 가는 것으로서 반응대에 접하고 있는 미연소부가 착화온도에 달함에 따라 화염을 발생한다고 가정하고 연소속도를 구해본다. 그림 7・26에서 화염면은 속도 w_f로 진행되고 있는 것으로 한다. 이것과 반대 방향으로 속도 w_b로 미연소가스를 보내면 $w_f = w_b - w_b = 0$이 되고 화염면은 정지되어 화

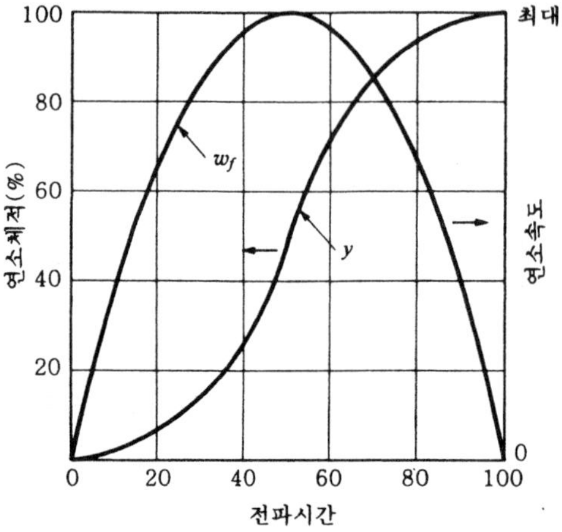

그림 7·25 연소체적비율 y와 화염속도 w_f

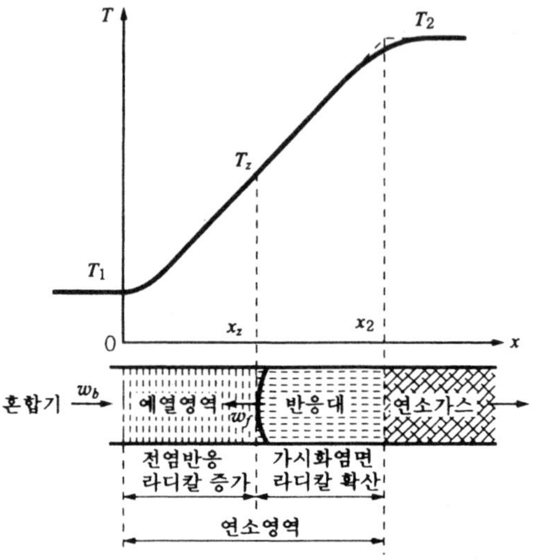

그림 7·26 연소영역에서의 온도상승

염면으로 미연소가스가 w_b로 진입하게 된다. 최초온도 T_1이었던 미연소가스는 $x=0$에서 온도상승을 시작하고 x_z 진행한 곳에서 착화온도 T_z에 달하여 착화되어 발생한 열을 미연소부로 전달한다. x_z에 도달할 때까지 전염반응에 의해 약간의 열을 발생하나 이것은 무시한다. 미연소가스의 비중을 γ_u, 비열을 c_p로 하면 화염면에 매초 유입량은 단위면적당 $w_b\gamma_u$이므로 이것을 T_1에서 T_z까지 가열하는 데 요하는 열량은 $c_p\gamma_u w_b(T_z-T_1)$이다.

$x=x_x$에서의 전열량은 λ_g를 열전도율로 하면 $\lambda_g\left(\dfrac{\partial T}{\partial x}\right)_{x_z}$이므로

$$\lambda_g\left(\frac{\partial T}{\partial x}\right)_{x_z}=c_p\gamma_u w_b(T_z-T_1) \tag{g}$$

간단하게 하기 위해 온도상승을 직선적으로 생각하고 $x=x_2$에서 연소를 끝내고 온도는 T_2로, 연소생성물의 농도 $\zeta=\zeta_2$로 되었다고 한다.

$x=x_2$에서는 $\zeta=0$이므로

$$\frac{\partial\zeta}{\partial x}=\frac{\zeta_2}{x_2-x_z}$$

$$\frac{\partial T}{\partial x}=\frac{T_2-T_z}{x_2-x_z}=\frac{T_2-T_z}{\zeta_2}\frac{\partial\zeta}{\partial x}=\frac{T_2-T_z}{\zeta_2}\frac{\partial\zeta}{\partial t}\frac{\partial t}{\partial x}$$

$\dfrac{\partial\zeta}{\partial t}$는 반응속도에 관계되는 것이지만 이것을 일정($=w_r$)한 것으로 가정하고 $\dfrac{\partial x}{\partial t}$는 그 부분의 가스가 움직이는 속도이므로 이것을 w_b'로 하면

$$\frac{\partial T}{\partial x} = \frac{T_2 - T_z}{\zeta_2} \frac{w_r}{w_b'}$$

T_1에 있어서 가스속도는 w_b이므로 연소에 의한 체적증가를 δ로 하면 $w_b' = \delta w_b T/T_1$이 된다. 지금 극한인 경우로서 $T = T_z$의 점을 생각하면 연소는 아직 일어나고 있지 않으므로 체적변화는 없고 $\delta = 1$이 되며, 따라서 윗식은

$$\left(\frac{\partial T}{\partial x}\right)_{x_z} = \frac{T_2 - T_z}{\zeta_2} \frac{(w_r)_z}{w_b} \frac{T_1}{T_z}$$

이것을 식 (g)에 넣으면

$$w_b = \sqrt{\frac{\lambda_g}{c_p \gamma_u} \frac{T_2 - T_z}{T_z - T_1} \frac{(w_r)_z}{\zeta} \frac{T_1}{T_z}} \tag{7·31}$$

이 식은 극히 근사적인 것이나 대략의 경향을 보는 데는 도움이 된다. 예를 들면 화염의 최고온도 T_z, 혼합기의 초온 T_1이 높아질수록 w_b는 크게 되고 착화온도 T_z가 높을수록 작아진다. 연소의 양 극한에서는 화염온도가 낮기 때문에 연소속도는 느리고 10~20% 과농인 경우 화염온도가 최고가 되므로 연소속도도 최대에 달한다.

(3) 연소범위

혼합기의 일부분에 열을 가하여 그 부분이 착화온도에 달하면 급격한 반응이 일어나 화염을 발생하고 점화된다. 이것에 의해 발생된 열 혹은 라디칼은 그것에 인접한 미연소분자를 활성화하고 착화온도까지 올려 순차적으로 전파되어 간다. 그렇지만 혼합기가 너무 희박하든지 혹은 농후하면 연소온도가 낮아지고 인접 미연소분자를 활성화하는 데 충분치 않아 화염은 진행하지 않는다. 이 한계를 연소범위라고 하며 화염을 전파할 수 있는 최소농도를 저극한(下限), 최대농도를 고극한(上限)이라 한다. 즉, 하한에서는 공기과잉, 상한에서는 연료과잉이 되어 온도가 올라가지 않기 때문이다. 각종 가스 및 증기의 연소범위를 표 7·5에 나타내었다. 이것은 주로 산소량에 따라 결정되므로 고분자인 연료일수록 체적비율로 말하면 연소범위는 작은 값이 되고 또 그 범위는 이론혼합비 $\lambda = 1$에 대해 농후한 편으로 쏠려 있다. 연소범위는 일률적인 것이 아니고 다음에 나타낸 바와 같이 연소가 일어나는 조건에 따라 변한다.

① 온도가 상승함에 따라 반응속도가 증가되므로 연소범위가 넓어진다.

② 압력의 영향은 일정 법칙에 따르지 않는다. 압력이 상승되면 극한 혼합기의 에너지가 증가되므로 일반적으로 연소범위는 넓어지나 CO는 반대로 좁아진다. 압력이 대기압 이하가 되면 한계는 마침내 일점에 수렴되고 이 압력 이하에서는 이미 연소되지 않는다. 압력의 영

향은 온도의 영향보다도 한층 크다.

③ 스스로 전파하는 화염을 발생하게 하려면 최초 어떤 유한량의 혼합기에 점화하고 그것에 의해 주위의 미연소분자를 활성화하는 데 충분한 열량을 방출할 필요가 있다. 적당한 혼합비이라면 최초 점화되는 양은 작더라도 화염전파에 충분한 열량을 발생하므로 불꽃에너지는 연소에 영향을 미치지 않으나, 극한 혼합기에서는 발생열량이 작으므로 불꽃에너지의 영향이 크고 점화전압을 올리면 연소범위는 현저하게 확대된다. 여기에 정의한 연소범위는 점화에너지를 아무리 크게 하여도 착화되지 않는 범위를 말한다.

④ 산소농도가 증가되면 반응속도가 증가되므로 연소범위는 넓어진다. 특히 고극한(상한)의 편이 현저하다.

⑤ 극한혼합기에서는 화염속도가 극히 느리므로 그 진행방향에 영향을 받는다. 즉 화염이 상향으로 진행할 경우에는 대류에 의해 열전달이 도움이 되므로 하향으로 진행하는 경우보다 연소범위는 넓어진다.

실제로 기관을 운전할 경우에는 극한부근에서는 화염속도가 느리므로 안정된 운전은 되지 못한다. 가솔린의 연소범위는 공연비 22 : 1~8 : 1이나 안정되게 운전할 수 있는 저극한은 18 : 1 정도이다.

실린더 내에서 혼합기의 분포는 균일하지 않다. 농혼합기인 경우는 다소의 불균일성이 있더라도 점화플러그 부근에는 대략 연소가능한 혼합기가 존재하므로 점화・연소에 그다지 영향을 미치지 않는다. 그러나 희박혼합기인 경우에는 점화플러그 부근의 혼합기는 연소의 저극한을 넘고 있을 때가 많다. 실린더 내의 혼합기는 압축행정 끝에서도 움직이고 있으므로 점화플러그 부근의 혼합비는 시시각각 변화되고 있다. 그러므로 점화플러그에 몇회라도 방전시키든가 혹은 점화플러그를 2개 또는 그 이상 사용하면 점화의 확률은 많아지고 희박혼합기라 할지라도 점화가 되지 않는 것은 없어지며 연료소비율을 감소시킬 수 있다.

(4) 데토네이션

긴 관(1~2 m)의 밀폐된 끝단에서 가연혼합기에 점화하면 최초에 층류화염을 발생하나 가스팽창에 의해 가속되고 난류화염이 되어 압력파를 발생한다. 이 압력파는 벽에서 반사되어 진폭을 증대시키고 화염면을 추월할 때마다 화염면의 온도・압력은 높아지게 되고, 다시 앞과 같은 과정을 거쳐 압력파를 발생시키지만, 뒤에 발생한 압력파는 온도・압력이 높으므로 앞의 압력파를 밀어붙여 압력파면의 압력경사는 점차 급하게 되고 마침내 급격한 압력상승을 가진 충격파로 된다. 이 압력의 불연속면은 충격 때문에 단열압축에 의한 것보다도 더욱 높은 온도상승을 일으켜 혼합기는 착화된다. 파면에 연소가 일어나면 그것에 의해 다시 에너지가 공급되고 안정된 데토네이션파가 되어 대단한 고속(~2000 m/s)으로 진행한다.

데토네이션과 정상연소와는 분명하게 구별되는 화염전파이며, 정상연소에서는 연소가스의 비중, 압력은 미연소가스보다 낮고 데토네이션의 경우는 그 반대이다. 그림 7·27에 이 같은 상황을 비교하여 나타내었다.

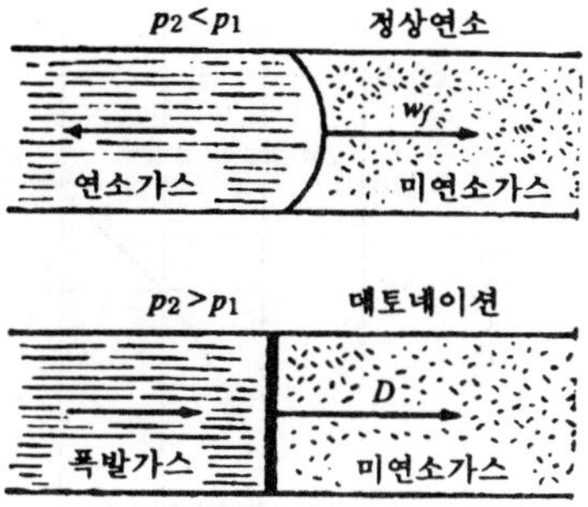

그림 7·27 정상연소와 데토네이션

7.5 전기점화기관에서의 연소

전기점화기관에서 혼합기의 연소는 전기불꽃에 의한 점화로 시작하여, 발생한 화염의 전파에 의해 진행된다. 점화플러그에서 발생한 불꽃은 그림 7·15 (d)에 표시한 바와 같이 불꽃에 접한 부분에서 점화하고, 그 화염면의 발열에 의해 주위의 혼합기를 순차적으로 연소시켜 가면서 미연소가스를 향하여 진행하여 가는 정상화염과 그림 7·15 (d)에 표시한 바와 같이 점화플러그에 의한 점화 이외에 가열부품 표면의 열원에 의한 표면점화(surface ignition) 등에 의한 엔드가스〔end gas : 단(端)가스〕가 자기발화하여 연소하는 이상연소(abnormal combustion)가 있다.

7.5.1 불꽃발생장치

가솔린기관의 연소는 예혼합(또는 균일한 혼합비) 불꽃점화방식에 속하고, 전기불꽃은 에너지는 대단히 적지만 불꽃의 온도가 높고 가스의 이온화 촉진효과에 의한 혼합기의 점화에 극히 유효한 수단이 된다. 그러나 불꽃 발생장소와 시기가 한정되어 있기 때문에 국부적으로 점화가능한 혼합기를 공급하는 층상급기법은 쉽지 않기 때문에 일반적으로는 전체가 점화가능한 균일한 혼합기를 기화기나 연료분사장치에서 조절하여 공급하는 방법이 취해지고 있어 디젤기관의 자발화 방식과 근본적인 차이는 없다. 그러므로 점화불꽃은 매 사이클마다 정해진 시각에 확실하고 강력하게 발생해야 함과 동시에 장기간 운전에 견디어야 할 내구성이 요구된다.

전기불꽃 발생장치로는 여러 가지 방법이 있지만 기본작용은 같고, 1차측의 전기를 급격히 차단했을 때의 고압의 유도전압이 점화코일의 2차측에서는 한층 더 승압되어 10,000 V 전후의 고전압이 되어 연소실 벽면에 있는 전극틈새에서 불꽃방전이 된다.

그림 7·28, 7·29는 전극(점화플러그 선단) 간극(gap), 가스온도, 압력이 방전전압에

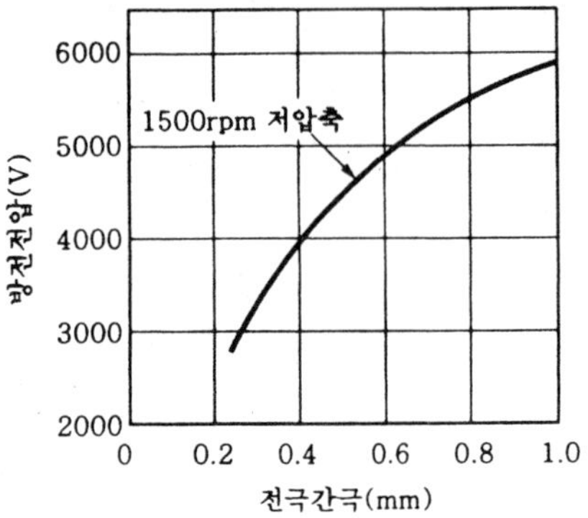

그림 7·28 점화플러그의 전극간격의 영향

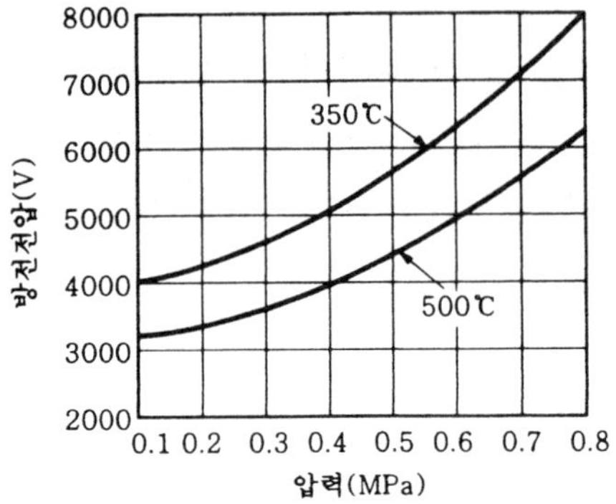

그림 7·29 가스압력의 영향

미치는 영향을 나타낸 그림으로서, 점화가능한 범위에서는 저전압 쪽이 장치의 절연대책 등이 쉬워서 좋지만, 점화가 어려운 기관에서는 전극의 형상을 바꾼다든지 전극간극을 크게 하여 고전압으로 방전시켜 강력한 불꽃을 나오게 하는 방법이 취해진다.

전기점화기관에 사용되는 고전압 발생장치는 축전지 점화방식(battery ignition system, 또는 전류차단 점화코일방식), 콘덴서 점화방식〔condenser discharge ignition system, CDI 점화방식(capacitor discharge ignition)〕, 마그네트 점화방식 등이 사용되며, 축전지 점화방식에는 (a) 접점방식(contact brake type)과 (b) 트랜지스터 점화방식(transistor ignition system)이 있다.

(1) 축전지 점화방식

(a) 접점방식

자동차기관에 널리 사용되고 있는 것으로 전원은 축전지이고, 그 충전은 기관에 의해 구동되는 발전기에 의한다. 그림 7·30(접점방식)은 축전지에 의한 점화장치의 계통도로서 점화코일은 철심에 에나멜을 입힌 ϕ0.5~0.8 mm의 동선을 200~500회 감은 1차 권선(primary winding)과 ϕ0.06~0.08 mm의 동선을 17,000~30,000회 감은 것으로, 이것을 케이스에 넣어 기름으로 절연시켰다. 절연저항의 열화가 2차 전압에 미치는 영향이 크므로 80℃에서 10 MΩ 이상이 요구된다.

1차 회로에 축전지로부터 비교적 큰 전류를 흘려보내며, 그것을 단속기 접점(contact breaker)으로 급격히 차단하면 2차측에 고전압을 발생시켜 배전기(distributor)를 통하여 점화플러그의 스파크 간극(spark gap)에 불꽃(방전)을 발생하도록 한 것이다. 1차측의 콘덴서(condenser)는 단속기 접점이 차단될 때 접점 사이에 불꽃이 발생하여 방전전극이 소실되므로 접점 사이에 불꽃이 발생되지 않도록 하는 것이 목적임과 동시에 그 크기는 2차측에 발생하는 전압에도 영향을 미친다.

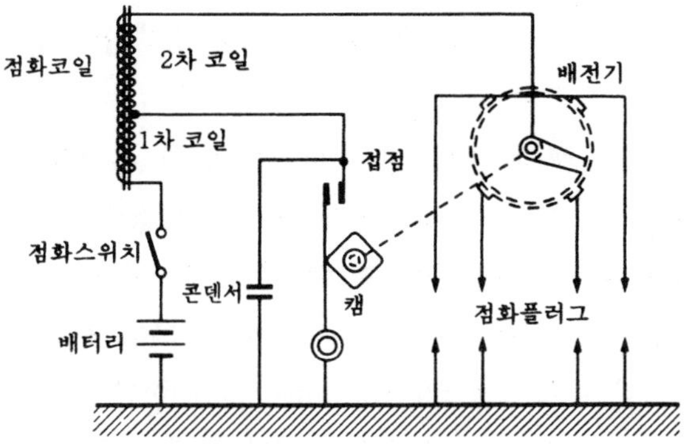

그림 7·30 전류차단 점화코일방식(접점방식)

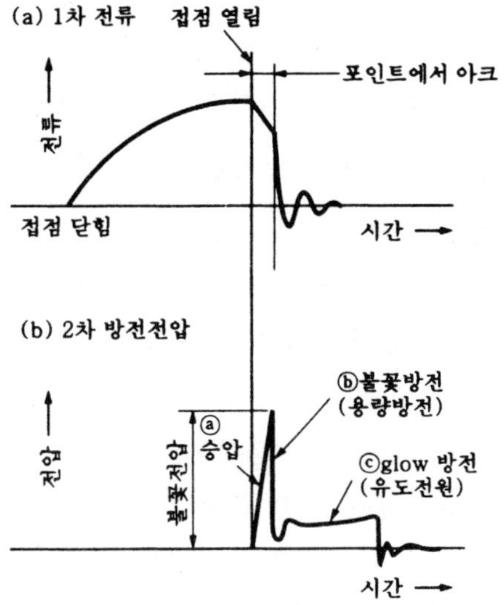

그림 7·31 점화코일의 전압변화 설명도

그림 7·31은 점화코일에서 순간적 전기변화를 확대한 설명도로서, 접점이 닫힌 후 1차 전류가 증가하고 접점이 급히 열리면 전압이 급상승하여 2차 전압이 불꽃전압(용량방전)에 도달하게 된다. 이때 용량간 ⓑ 방전에 의하여 번쩍하는 백색광을 10^{-7}~10^{-6}초간 발생시킨다. 그후 10^{-3}초 정도 비교적 길고 엷은 자색의 ⓒ 유도방전을 발생시킨다. 이 불꽃으로 혼합기가 점화된다.

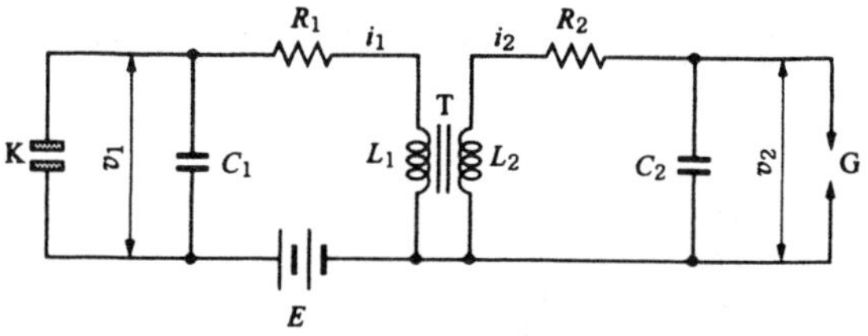

그림 7·32 점화장치 등가회로

이 방식의 등가회로(equivalent circuit)가 그림 7·32이며 2차측의 용량 C_2는 2차 코일 및 고압회로 도선(導線)의 분포정전용량을 나타낸다. 이와 같은 회로로 단속기 K를 닫을 때 1차 전류 i_1은 근사적으로

$$i_1 = \frac{E}{R_1}(1 - e^{-R_1 t/L_1})$$

으로 표시된다.

통전시간 t는 캠(cam)이 닫히는 각을 θ, 매초 기관회전수를 N이라 하면 4 행정기관의 경우에는

$$t = \frac{2}{N} \times \frac{\theta}{360}$$

이므로, 기관회전수가 증대하면 차단시의 1차 전류는 점차로 감소한다. 또 단속기의 접점간에 불꽃을 발생시키면 실제 유효한 차단전류가 작게 된다. 콘덴서 C_1의 용량을 크게 하면 불꽃의 발생을 방지할 수 있으나 동시에 전류차단속도 $\Delta i_1/\Delta t$도 감소하므로 발생하는 2차 전압이 저하한다.

점화플러그의 간극에 불꽃방전을 발생하고 있을 때의 전압, 전류 변화는 약간 복잡하나, 2차 전압이 불꽃방전 전압에 이르면 먼저 2차측의 병열용량에 충전된 정전적(靜電的) 에너지가 방출되고 이어서 1차 코일 인덕턴스(inductance) 내의 전자적(電磁的) 에너지가 방출된다. 전자를 용량성분(capacity spark), 후자를 유도성분(inductance spark)이라고 하는데 점화코일에 의한 불꽃방전은 일반적으로 이와 같은 복합불꽃(composite spark)이다.

그림 7·31에서 설명한 바와 같이 용량성분의 기간은 유도성분의 기간에 비해 훨씬 짧고 대체로 10^{-6} s 이하이며 고주파의 진동방전이다. 유도방전의 기간은 스파크 간극의 조건에 의하여 다르나 일반적으로 10^{-3} s 정도이며 방전전류는 감소하는 직류와 감쇠진동과의 합성파형을 나타낸다.

유도방전의 경우 간극간의 전압은 수백 볼트 정도의 거의 일정한 전압을 나타낸다. 즉,

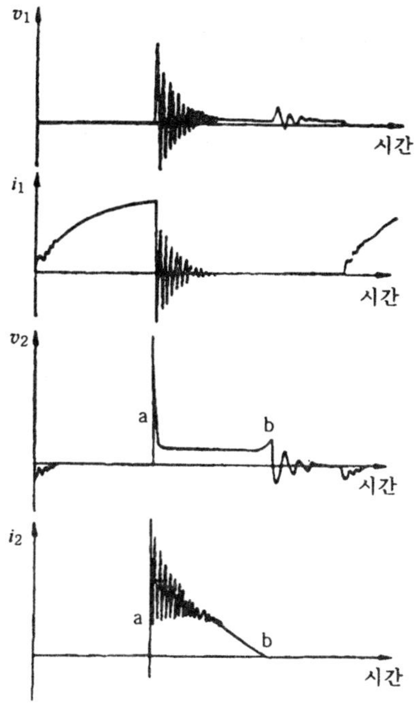

그림 7·33 점화코일의 전압, 전류 파형

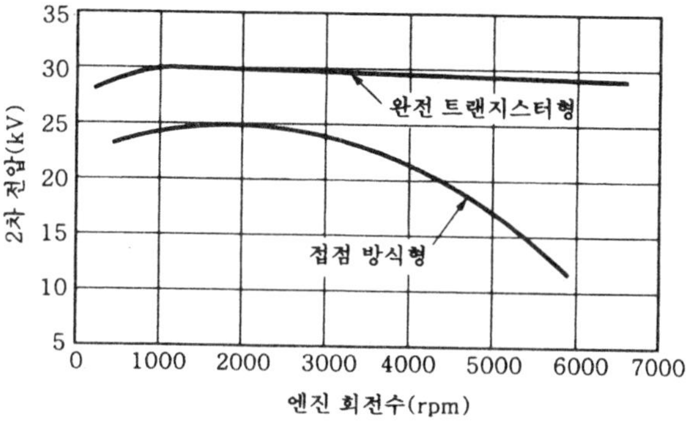

그림 7·34 완전트랜지스터 방식의 2차 방전전압 특성

전류차단 점화코일방식의 전형적인 전압, 전류파형은 그림 7·33과 같이 된다. a, b 사이가 방전의 기간을 표시한다.

(b) 트랜지스터 점화방식

점화코일방식은 1차 전류를 단속하는 접점에서 불꽃을 발생하기 쉽고, 전류 및 접점의 소모가 클 뿐 아니라 산화, 부식 등에 의하여 장시간 사용할 때 동작이 불량하게 된다.

따라서, 단속기의 접점에서 직접 1차 전류를 단속하는 대신에 트랜지스터를 사용하여 점화코일의 1차 전류를 단속하는 방식이 트랜지스터 점화방식(transistor ignition system)이며, 이 방식의 특징은 단속기의 접점부하 전류가 낮기 때문에 접점의 수명개선과 접점 개방 때에 불꽃이 발생하지 않으므로 저속에서 고속까지의 불꽃이 큰 것이다.

그림 7·35(a)는 세미트랜지스터 점화방식의 회로도를 나타낸 그림으로, 트랜지스터의 베이스(base)전류를 접점에서 개폐하면 기계적인 차단 방식의 경우와 동일한 불꽃을 발생시킬 수 있다. 베이스전류는 점화코일(ignition coil)의 1차 전류에 비하여 훨씬 작으므로 접점의 소모를 방지할 수 있다.

또, (a)항의 접점방식에서는 그림 7·34에 표시한 바와 같이 회전수가 높아질 때 접점의 단락시간이 단축되어 2차 전압이 저하한다. 이 때문에 고에너지 점화를 하기 위해서는 트랜지스터방식 또는 사이리스터(thyristor)방식 등을 이용하여 단락시간을 확보하고, 광범위한 속도범위에 걸쳐 고에너지를 확보할 수 있도록 고안되어져 있다. 또 풀(완전)트랜지스터 방식에서는 그림 7·35(b)에 표시한 바와 같이 베이스전류를 기계적 접점으로 개폐하는 대신에 기관의 회전속도에 연동하여 전자(電磁)적으로 발생하는 펄스전압을 가하도록 하여 기계적 접점을 전연 없도록 한 것으로 무접점식 점화장치(pointless system ignition apparatus)라고 한다.

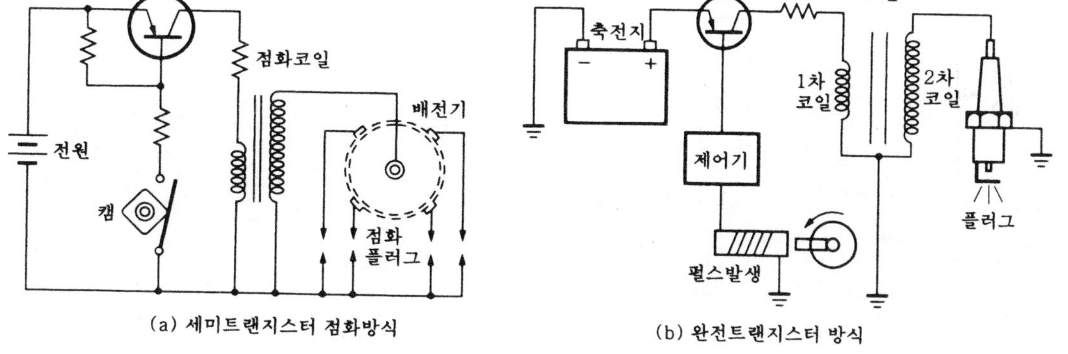

그림 7·35 트랜지스터 점화방식

(c) 파워 TR과 ECU를 이용하는 방식

최근에는 대부분의 자동차들이 이 방식을 많이 사용하는데, 그림 7·36에 전자제어 기관의 점화장치와 파워 TR회로를 나타었다.

그림 7·36(a)에서 점화코일의 (-)단자가 파워 TR의 컬렉터에 연결되어 있고 베이스는 ECU에 연결되며 이미터는 배터리(-)에 접지되어 있다. ECU는 배전기 내부에 있는 크랭크 앵글센서, 에어플로센서 등 각종 센서로부터의 기관상태를 파악하여 최적의 점화시기를 결정하며 적당한 시기에 파워 TR를 구동하여 점화코일에서 고압을 발생시킨다. 또한, 공전상태에서 타이밍라이트를 사용하여 초기 점화시기를 측정하고, 규정값에서 벗어나면 점화시기 조정단자를 접지시킨 상태에서 배전기 하우징을 회전시켜 조정한다. 물론, 조정이 끝난 후에는 접지시킨 점화시기 조정단자를 해제시킨다.

그림 7·36(b)는 실제 전자제어기관에 사용되는 파워 TR의 회로인데 일종의 다링톤 TR이다. 다링톤 TR는 TR 2개를 병렬로 연결하여 TR의 증폭기능을 한층 강화시킨 것이다. 여기서 사용되고 있는 다이오드는 파워 TR이 ON상태에서 점화 1차 전류가 흐르다가 파워 TR이 OFF상태로 들어갈 때 점화코일에서 발생되는 역기전력에 의해 파워 TR이 손상되는 것을 방지한다. 파워 TR은 독립적으로 사용되는 것도 있고 ECU 내부에 IC 형태로 내장되는 경우도 있다.

(2) 콘덴서 점화방식(또는 CDI 점화방식)

전류차단방식과 같은 점화코일을 사용하나 원리적으로 약간 다른 고압 발생장치를 CDI(capacitor discharge ignition)방식 또는 콘덴서 방전점화방식이라고도 한다.

그림 7·37과 같이 직류 컨버터(또는 트랜지스터 컨버터)를 사용하여 전지의 전압을 수백 볼트(300~500 V) 정도로 승압하여 콘덴서 C에 충전하여 두어 점화시기 사이리스터

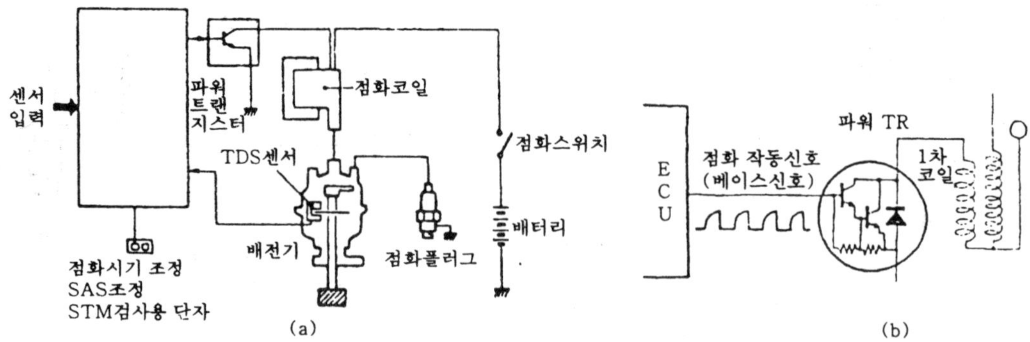

그림 7·36 전자제어기관의 점화장치와 파워 TR의 회로

(thyristor) Th의 게이트(gate)회로에 펄스신호를 넣으면 사이리스터가 밸브와 같은 작용을 하여 C에 축적되었던 전기량이 점화코일의 1차측을 통하여 방전한다. 그것에 의하여 2차측에 고전압이 유기되어 점화플러그에 스파크를 발생시킨 것이다. 다이오드(diode) D는 1차측의 진동전류의 역방향전류를 통과시키기 위한 것이다.

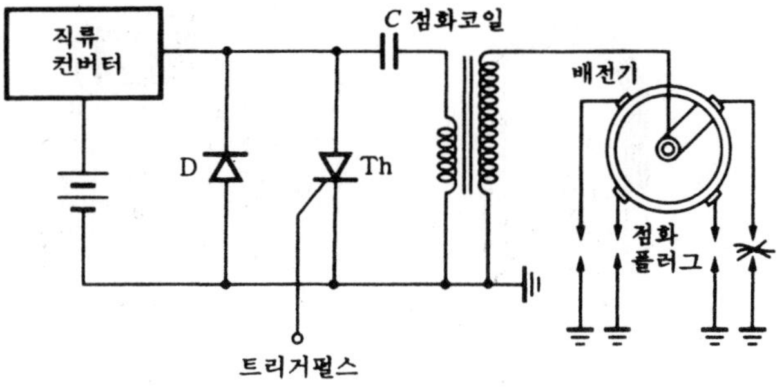

그림 7·37 콘덴서 점화방식

이 방식에 의한 2차측의 스파크 방전은 1차측의 진동전류에 대응하는 진동방전으로 되어 그의 방전기간은 전류차단방식의 경우에 비하여 비교적 짧다.

게이트회로에 가한 펄스전압은 기계적 단속기를 사용하여 발생시킬 수도 있고 또 전자(電磁)적으로 발생된 신호를 사용하여 무접점식으로 할 수도 있다. 이 점화방식은 콘덴서의 소요 충전시간을 짧게 하면 기관 회전수가 증대하여도 2차측의 발생전압이 저하하지 않고 또 2차 전압의 상승이 급하기 때문에 점화플러그가 오손하여 절연저항이 저하하여도 스파크의 발생이 가능하다.

현재 2륜차용 기관 등에 많이 사용되고 있으나, 방전기간이 짧기 때문에 희박혼합기의 점화에는 약간 불리하다고 생각되어 자동차용 기관에는 그다지 사용되지 않고 있다. 전원으로서 전지 대신에 교류발전기(alternating current electric generator)의 출력을 정류하여 사용하는 것도 있다.

(3) 마그네틱 방식

비행기, 오토바이 등에서는 무거운 충전장치를 필요로 하는 축전지는 불편하므로 발전용 고압 마그네트를 사용한다.

그림 7·38 (a)에 표시한 U자형 영구자석의 개방된 끝부분에 1차 코일(primary winding)과 2차 코일(secondary winding)을 감은 전기자(amature)가 회전할 때 아마튜어의 철심 내에서는 자속의 흐름방향이 역전되는데, 그때 1차 코일에 높은 1차 전류가 발생하게 된다. 그러므로 1회전에 2번 점화시킬 수 있다.

따라서, 이 1차 전류가 최대인 점에서 기관에서 구동되는 캠〔그림 7·38 (b)〕에서 단속기(contact breaker)를 움직이면 2차 코일 내에 순간적으로 충격적인 고전압이 발생하여 배전기쪽으로 향하게 되는데, 이때 정해진 점화순서에 따라서 각 실린더의 플러그에 불꽃이 발생한다. 그림 중에 단속기와 병렬로 설치한 콘덴서는 단속기의 접점의 불꽃을 감소시키는

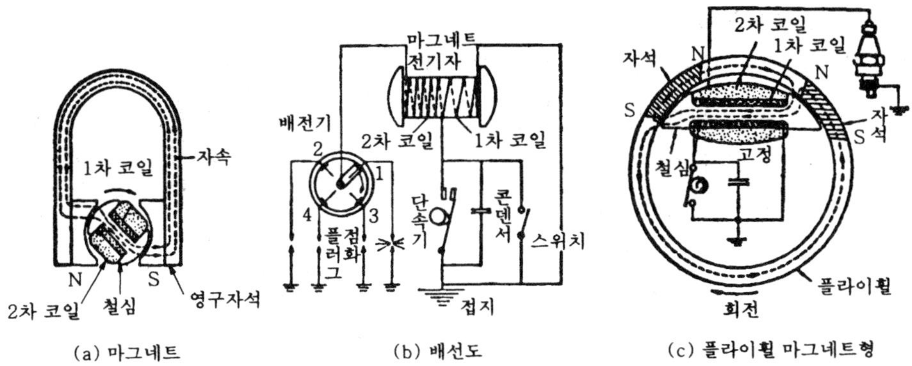

(a) 마그네트 (b) 배선도 (c) 플라이휠 마그네트형

그림 7·38 마그네트 점화장치

역할을 한다. 기관을 정지할 때는 단락스위치를 연결하지 않으면 된다.

또, 기어와 자석을 일체로 한 플라이휠 마그네트(flywheel magnet)을 사용한 기관도 있으며〔그림 7·38(c)〕, 소형기관에 널리 사용되고 있다.

이와 같은 고압 마그네트의 전압전류변화는 접점의 단속시간에 의하여 변하나, 저속 회전의 경우에는 원리적으로 전압이 저하되므로 불꽃 발생이 곤란하다.

발전기를 저압코일만으로 하여 그것을 외부의 점화코일에 접속시켜 단속기를 통하여 저압코일의 단락전류를 점화코일에 흐르게 하고 단속기의 접점이 열렸을 때 점화코일에 발생한 고전압으로 스파크를 발생시키는 방식도 있으며, 이것을 저압마그네트(low tention magnet system) 방식이라고 하며 주로 2륜차용 기관에 사용되고 있다. 플라이휠 마그네트에는 등화 또는 축전지의 충전에 사용하기 위한 발전용 코일을 내부에 장치하고 있는 것도 있다.

7.5.2 점화플러그(spark plug)와 점화시기

(1) 점화플러그의 구조 및 요구사항

일반용 점화플러그는 그림 7·39와 같은 구조이며, 그 구성은 양극인 중앙전극(center electrode)과 음극인 접지전극(grounded electrode) 및 절연체(insulator) 등으로 구성되어 있다.

전극은 스파크방전 및 고온가스에 의한 부식을 방지하기 위하여 일반적으로 내열합금으로 만들어지고, 접지전극은 보통 1개로 되어 있으나 2~4개로 한 것도 있다. 절연체는 주로 소결자기(porcelain), 세라믹절연체(ceramic insulator) 또는 고순도 소결 알루미나(sinteralmina) 등이 사용되고 있으나 항공용 점화플러그에 운모(mica)를 절연체로 한 것도 있다.

불꽃발생장치의 2차 코일에서 발생한 고전압은 중앙전극으로 유도되며 접지전극과의 간극인 스파크 갭(spark gap)에서 불꽃(스파크방전)을 발생시킨다.

점화플러그는 혼합기에 점화하는데 충분한 강도의 스파크 방전을 전극 사이에 발생시키는 것이 요구되나, 그 경우 전극간극의 크기가 점화플러그의 성능에 중요한 영향을 미친다. 전극간극이 작으면 방전전압은 낮아도 되나 스파크에 의하여 발생한 화염핵이 전극(electrode)에 의하여 냉각되어 점화할 수 있는 혼합비 범위가 좁게 된다. 특히 희박혼합기(lean mixture)에 대한 점화성능이 현저하게 악화된다. 전극간극을 넓게 하면 혼합기의 점화에 대해서는 유리하나 방전전압이 높게 되므로 공급전압을 증대해야 하며, 또 고전압이 걸리는 각부의 내전압(耐電壓)을 높게 해야만 된다.

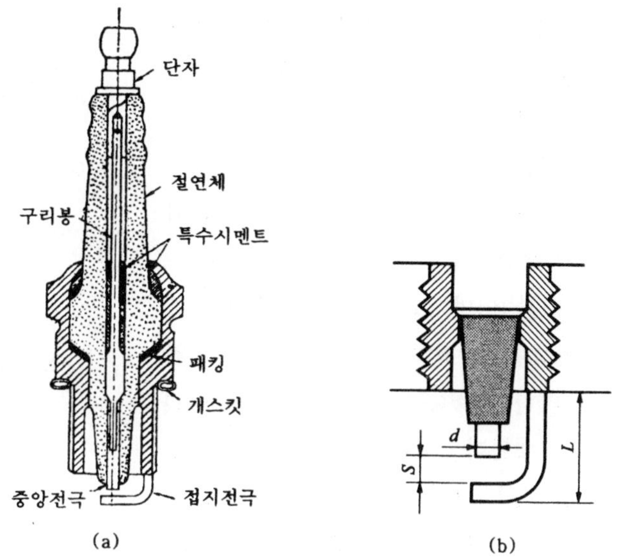

그림 7・39 점화플러그의 구조

일반적으로 대기압 이상에서는 스파크의 방전전압은 전극의 간극 크기, 가스압력과 함께 증대하고 가스온도가 높게 되면 저하한다. 전극의 간극 크기를 S라 하면 방전전압 V_s는

$$V_s = f\left(\frac{P \cdot s}{T}\right)$$

로 표시되며, 파셴(Paschen)의 법칙이라고 한다. P는 가스압력, T는 가스온도를 표시한다.

점화플러그의 방전전압에 관해서도 거의 이 관계가 성립되는 것으로 알려져 있으나, 방전전압은 공기 내에서보다 가솔린 혼합기측이 낮으며, 또 전극온도의 상승에 따라 방전전압이 저하한다. 일반적으로 사용되고 있는 점화플러그의 스파크 간극의 크기는 0.7~1.0 mm 정도이나, 최근은 점화하기 어려운 혼합기에 대해서도 확실히 점화시켜 실화(miss fire)를 방지하기 위하여 스파크에너지를 증대함과 동시에 비교적 넓은 스파크 간극을 사용하는 경향이 있다.

점화플러그는 선단부가 직접 고온가스에 노출되므로, 그의 온도가 연소실 벽면보다 훨씬 높게 되어 기관의 운전성능에 영향을 미친다. 즉 중앙전극, 절연체의 선단온도가 너무 높게 되면 혼합기가 이들의 열점에 의하여 점화되어 조기점화(pre-ignition)를 발생하게 된다.

이것에 대하여 점화플러그 온도가 너무 낮으면 가솔린이나 윤활유의 분해생성물이 절연체의 표면에 퇴적하여 절연저항이 저하하여 스파크의 발생이 곤란하게 된다.

일반적으로 점화플러그의 중앙전극의 선단온도는 그림 7·40과 같이 500~800℃ 정도가 적당한 동작범위(자기청정온도 : self cleaning temperature)이며, 그것보다 고온에서는 조기점화를 발생하고 저온에서는 오염에 의한 손실(오손 : carbon fouling)을 일으킨다고 말한다.

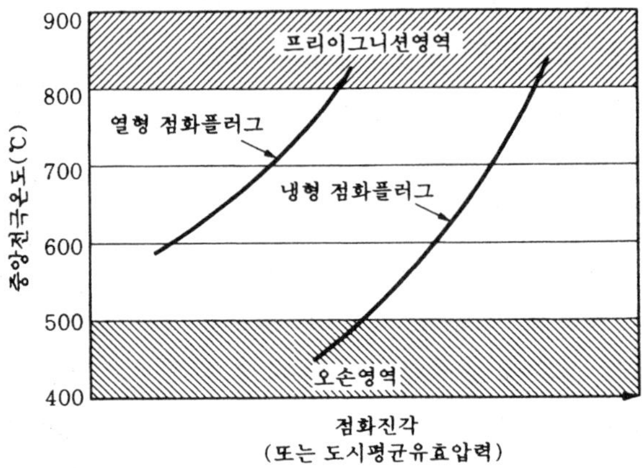

그림 7·40 점화플러그 중앙전극온도

점화플러그의 온도는 수열면적, 전극과 절연체의 열전도율, 열류의 경로에 의하여 변하며, 그림 7·41 (a)와 같이 수열면적이 크고 열류의 경로가 길어서 선단이 냉각되기 어려운 점화플러그는 온도가 높게 되어, 즉 냉각이 잘 안 되는 열형 점화플러그(hot ignition plug)라고 하며, 그림 7·41 (b)와 같이 열류경로가 짧고 온도가 상승하기 어려운, 즉 냉각이 잘 되는 점화플러그는 냉형 점화플러그(cold ignition plug)라고 한다. 이와 같은 점화플러그의 열적 특성을 열가(熱價)라 표시하는데 냉형 점화플러그를 고열가 플러그라고 하며, 열형 점화플러그를 저열가 플러그라고 한다. 각각 기관의 종류나 운전조건에 대하여 가장 적당한 열가의 점화플러그를 사용하는 것이 필요하다. 즉, 기관의 작동범위에 따라서 과열방지용 또는 냉각형(고열가)과 카본 방지용의 저열가 플러그가 사용된다.

점화플러그의 점화능력은 전극간의 적절한 간극, 전원의 성능에 의해 결정됨과 동시에 기관이 운전중에 자기청정성(자기청정온도 : self cleaning temperature), 즉 그을음 등에 의한 오손(carbon fouling)에 의해 부착된 카본브리지(carbon bridge, 電橋)을 태워 없애는 능

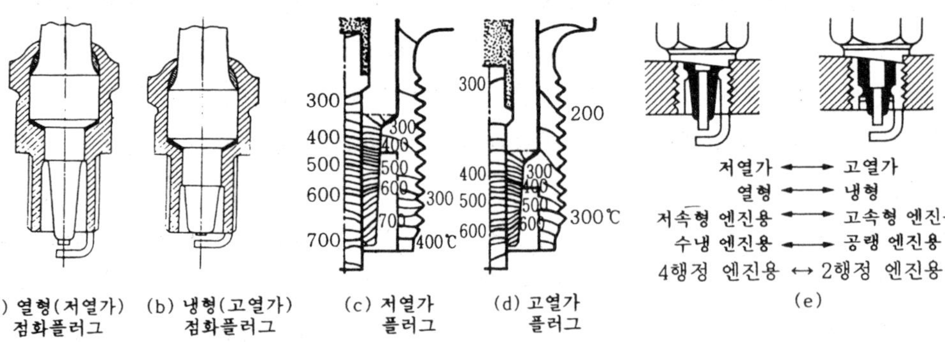

(a) 열형(저열가) 점화플러그 (b) 냉형(고열가) 점화플러그 (c) 저열가 플러그 (d) 고열가 플러그 (e)

그림 7·41 열적 특성의 차이에 의한 점화플러그 비교

력에 의한다.

공해문제 때문에 가솔린기관은 무연가솔린을 사용함에 따라 점화플러그의 그을음에 의한 오손현상이 자주 발생하나, 그 대책으로 자동 초크밸브를 사용하는 것이 점화플러그의 오손 방지에 가장 유력한 것으로 강조되고 있다. 또한 점화플러그의 여러 치수 중에서 착화성 향상에 대하여 영향을 미치는 요인은 그림 7·39 (b)에서 전극의 돌출량 L(표준 6~8 mm), 중앙전극의 굵기 d(표준 2~3 mm), 전극간의 갭 s(표준 0.7~1 mm)이다.

점화플러그에 접속되고 있는 고압전선으로부터는 스파크방전에 따라 고주파의 전파가 발사되고 주위에 전파방해를 일으키는 일이 많다.

이것을 방지하기 위하여 점화플러그의 고압전선에 수 킬로 옴(ohm) 정도의 직렬저항을 넣은 것이 사용되고 있으나, 점화플러그의 내부에 저항을 내장한 점화플러그를 사용하는 경우도 있다.

점화플러그는 다음과 같은 곤란한 요구를 장시간 만족시킬 수 있는 것이어야 한다.

1) 전기적 절연성 : 중앙전극은 접지전극과 절연되어 있지만 그것에 틈이 생기든지 표면에 그을음이 쌓여 절연을 저하시킬 우려가 있다.

2) 내열성 : 전극은 고온의 불꽃, 화염에 매 사이클마다 노출되어 있는데 전기의 절연체는 열의 불량도체이기도 하고, 냉각되기 어려운 구조이기 때문에 연소실 벽면의 최고온도에 도달한다. 따라서 특수한 내열재로서 만들어진다.

3) 적당한 열가 : 절연상 애자 표면에 카본이 붙어 있지 않기 위해서는 700~800℃ 고온에서 그것을 태워 없애지 않으면 안 된다. 한편 온도가 너무 높으면 그 부분이 열덩어리가 되어 불꽃이 발생하기 전에 점화를 일으키는 원인이 된다.

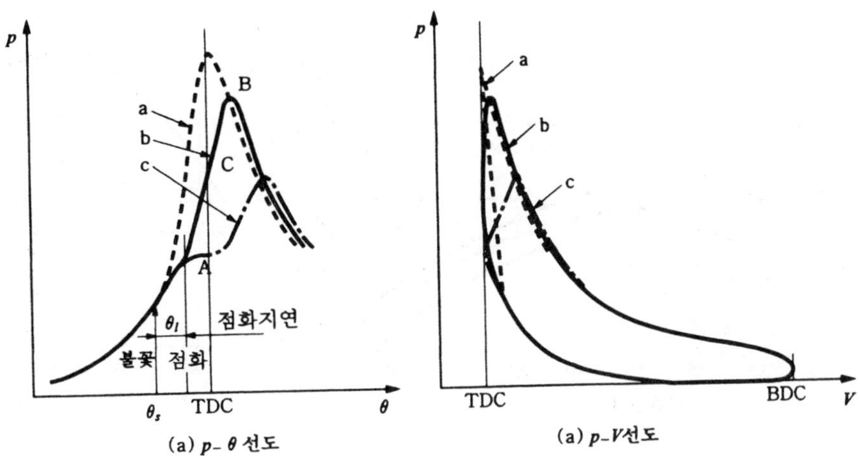

그림 7·42 점화시기와 지압선도

(2) 점화시기

가솔린기관의 여러 성능에서 혼합비에 대한 점화시기(spark timing)는 중요한 인자이다. 열역학적으로는 정적사이클을 실현시키는 것이 이상적이겠지만 실제로는 연소속도가 무한대가 되지 않고, 또 dp/dt가 지나치게 커서 실용적이지도 못하다. 그림 7·42에서 a와 같이 점화가 너무 빨리 되면 연소중의 가스는 압축되기 때문에 연소가 촉진되어 dp/dt가 크고 최대압력도 크지만 $p-V$ 선도상의 면적은 크지 않다. 또 c와 같이 너무 늦으면 출력과 효율이 저하되는 것도 당연하며, 결국 b와 같이 최적의 점을 찾을 수 있다. 일반적으로 점화점 A와 최고압력점 B의 중앙이 상사점 C가 되도록 하는 점화시기가 출력과 효율성능상 가장 적당하다.

이와 같은 점화점을 선택하는 것은 불꽃 발생시기(spark advance θ_s로 표시)로서 점화지연각 θ_l이 다음과 같이 변하기 때문에 언제나 최적시기에 점화하는 것은 쉽지는 않지만 이 때문에 자동 진각장치가 여러 가지로 연구되고 있다.

1) 고회전에서는 θ_l의 각도가 증가하기 때문에 진각을 증가시킨다. 그러나 유동과 고온이 점화를 촉진시키므로 회전속도에 비례하여 진각이 증가하지는 않는다.

2) 희박혼합의 경우나 연소가스가 많이 흡입되어 있을 때는 연소가 지연되어 불안정하게 되기 쉽다. 그와 같은 때에는 좀더 일찍 점화시키지 않으면 고출력을 얻을 수 없다(그림 7·43).

이상과 같이 최대토크를 발생시킴과 동시에 연소충격을 억제시키기 위해서 진각을 최소로 하는 운전법이 잘 행해지고 있는데, 이것을 MBT(minimum spark advance for best

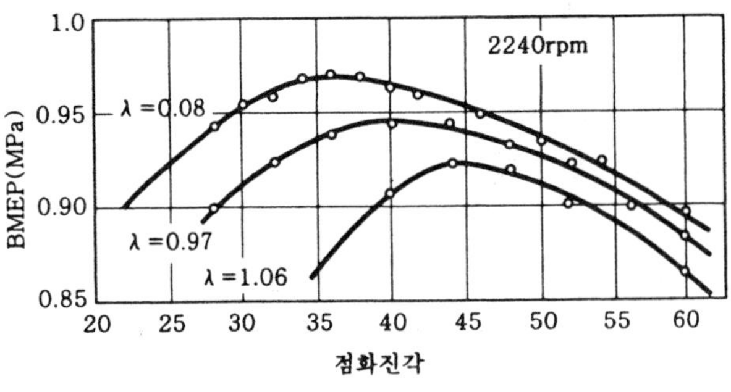

그림 7·43 점화시기와 혼합비가 최대출력에 미치는 영향

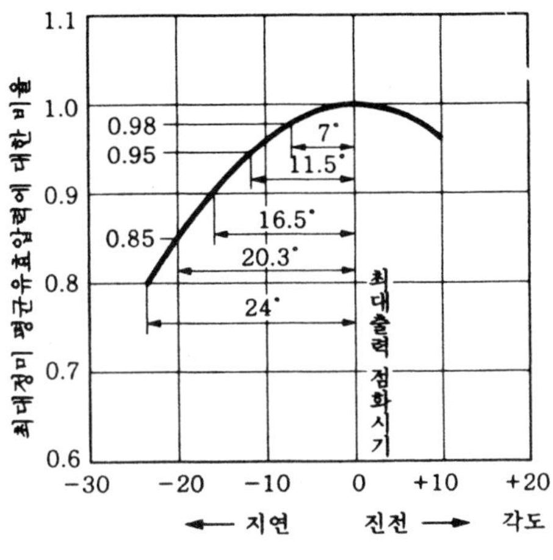

그림 7·44 최대출력 점화시기로부터 벗어남에 따라 성능저하가 되는 예

torque)라 한다. 최대토크 점에서 점화시기가 벗어나면 그림 7·44와 같이 토크가 저하하지만 이 모양은 회전속도에는 관계없이 성립한다고 한다.

점화시기는 이상연소를 억제하기도 하고, 배기정화 때문에 배기온도를 높인다든지, NO_x 저하대책으로서 MBT보다 지연시키는 방책도 취해지고 있다.

7.5.3 전기점화기관에서 정상연소(normal combustion)와 이상연소(abnormal combustion)

(1) 정상연소

전기점화기관의 정상연소에서는 실린더 내에 흡입되어 압축되어진 가연혼합기는 전기불꽃에 의해 적당한 시기에 점화시키면 혼합기의 미소부분에 반응이 일어나 국부적으로 화염핵이 발생하고, 그 화염핵이 발달하여 스스로 전파하는 화염(self-propagation flame)으로 발전되며, 그 화염면상의 각 점이 다시 각각의 화염핵으로 발달되어 화염은 정상속도로 혼합기 중으로 전파되어 정상적인 연소가 완료된다.

전기점화기관의 화염속도를 측정하려면 그림 7·45(b)에 나타낸 바와 같이 실린더 커버에 가늘고 긴 유리창을 마련하여 그것에 직각으로 필름을 일정속도로 움직이게 하여 촬영하면 화염면의 궤적(c)이 기록되므로 그 경사를 구하면 된다. 또는 가스의 이온화에 의해 측정할 수도 있는데, 그림 7·45(b)에 나타낸 바와 같이 화염의 진행경로에 적당한 간극을 가진 전극을 노출시켜 그것에 전압을 가하여 두면 화염이 통과할 때에 전극간에 전류가 흐르므로 이것을 오실로그래프로 기록한다〔그림 7·45(a)〕. 물론 화염면은 구면이 아니고 복잡하게 흐트러져 있으므로 정확한 측정은 안 된다. 그러므로 최근에는 실린더 커버 전체를 유리로 하여 고속카메라로 촬영하거나, 이온화 간극에 의해 입체적으로 측정하는 방법 등이 사용되고 있다. 그림 7·45(c)는 화염전파의 궤적을 나타낸 것으로서 점화된 다음 잠

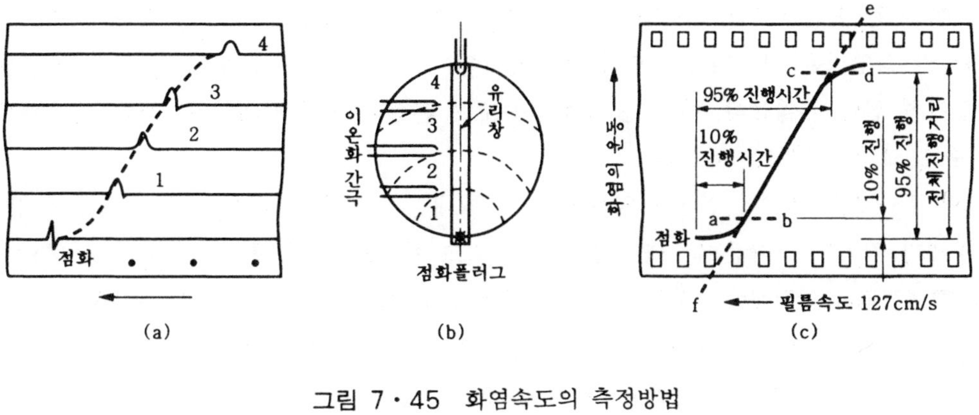

그림 7·45 화염속도의 측정방법

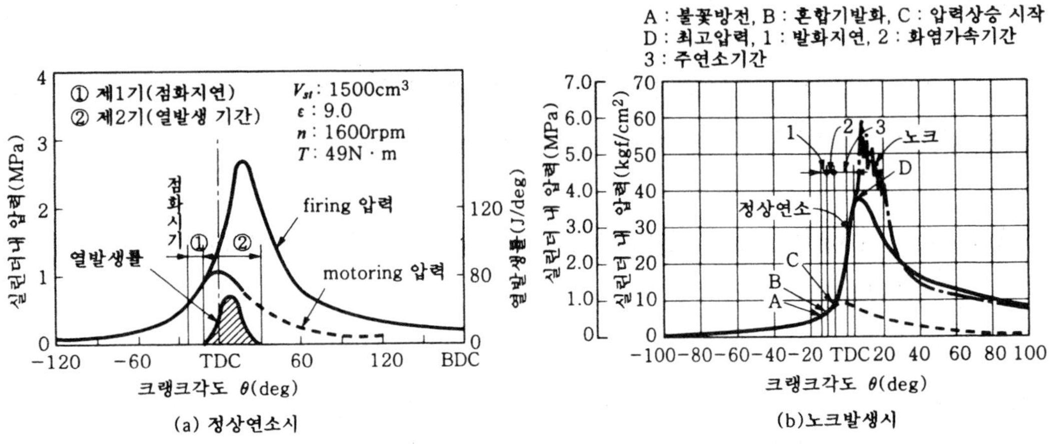

그림 7 · 46 가솔린기관에서 정상연소시 연소실 내 압력과 열발생률 관계

시 후에 휘염을 발생하며, 최초는 극히 느리지만, 점차 속도를 더하여 전파거리의 약 10%를 진행한 곳에서 거의 일정속도가 되고 연소 끝부분으로부터 5% 부근에서 감속된다.

정지 혹은 층류에서의 화염속도는 혼합비에 따라 2~6 m/s 정도이나, 실린더 내에서는 난류 때문에 현저하게 크게 되어 30~40 m/s 정도도 된다.

그림 7 · 46은 정상연소에서 실린더 내의 압력변화를 나타낸 것으로서 2기간으로 나누어진다.

1) 제1기간(지연기간, delay period) : 불꽃이 튀어서 압력상승이 확인될 때까지의 기간(AB)으로서, 이 사이에 화염핵이 형성되어 자기전파화염으로 발달되어 가나, 화염이 진행되어 가는데 벽 가까이의 경계층을 통과하는 동안은 속도가 작고 또 이 사이의 연소질량은 극히 작으므로 압력상승은 일어나지 않는다. 이 기간은 층류화염이므로 화염온도가 높을수록 화염속도는 크기 때문에 혼합비에 영향을 받는 일이 많다.

2) 제2기간(주연소기간) : 화염이 경계층을 빠져나가면 교란에 의해 급격하게 그 속도를 증대시켜 화염면은 확대되어 압력상승이 시작된다. 압력이 최고에 도달하여도 열발생은 아직 완전히 끝나지 않는다. 이 기간의 화염속도는 혼합비에 대해 지연기간만큼 민감하지 않고, 주로 교란의 영향을 받는다.

그림 7 · 47에 위에서 언급한 양상이 잘 나타내어져 있다. 와류가 있을 경우에는 경계층의 두께가 작아지기 때문에 지연기간은 단축되고 희박혼합비측의 연소한계가 확대된다.

① **화염전파와 압력상승** : 압력상승과 화염전파의 관계는 식 (7 · 29)로 나타낸 바와 같이 V/F에 따라 변한다. 즉 연소실의 체적분포, 점화위치에 따라서 다르다. 그림 7 · 48에 원통형 봄베에서 점화위치와 압력상승과의 관계를 측정한 결과를 나타내었다. b는 중심에 점

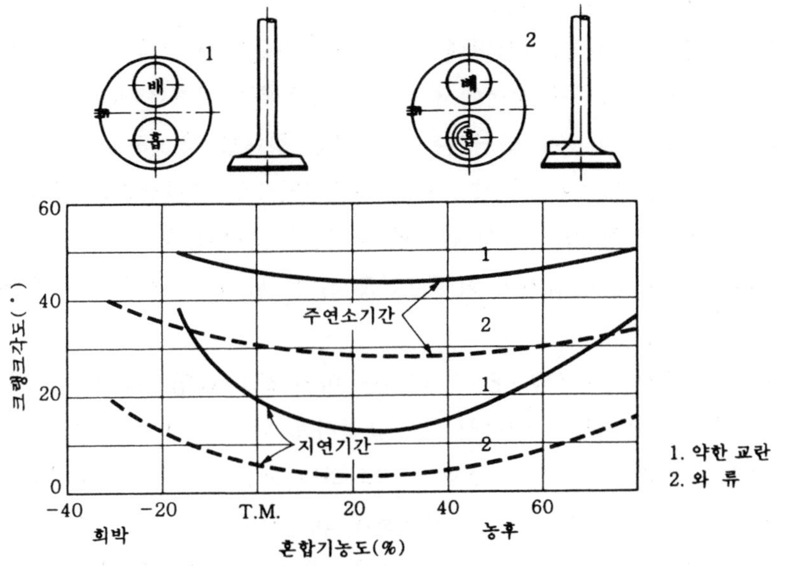

그림 7·47 연소기간, 실용 최저혼합기농도에 미치는 교란의 영향

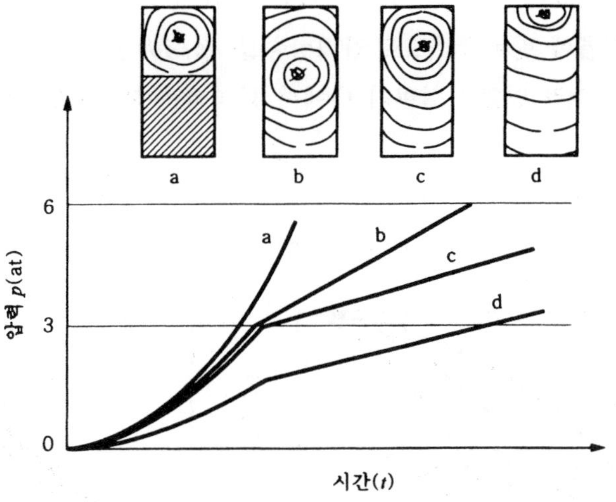

그림 7·48 점화위치와 압력상승

화한 경우로서 화염이 구면으로 확대되는 동안은 압력은 거의 포물선상으로 상승하고 화염이 벽에 부딪힌 후는 거의 직선적으로 상승한다. a는 반절을 금속으로 채운 것으로서 b의 경우의 전반부에 가깝고, c는 벽에 도달하기까지는 거의 b와 같으나 벽에 닿은 후는 한쪽으로 밖에 진행되지 못하므로 직선부분의 경사는 b의 절반으로 된다. d는 최초부터 한쪽으로

만 진행하므로 전체의 경사가 b의 절반이다.

그림 7·49는 원추형, 원통형 봄베에서 연소체적비율의 시간적 경과를 나타낸 것이다. 원추의 밑면에서 점화한 경우와 정점에서 점화한 경우에는 현저한 차이가 있음을 알 수 있다. 실제기관에서는 교란 때문에 화염면은 규칙적인 형태를 상실하고 또 연소실이 복잡한 모양을 하고 있고, 또한 그것에 피스톤 운동도 가해지므로 압력상승과 화염속도는 복잡한 관계가 되나 위에서 언급한 바와 같이 판단할 수 있다. 운전의 정숙도는 주로 압력상승승률 $dp/d\theta$에 관계되고 화염면이 갑자기 확대되도록 하면 $dp/d\theta$는 크게 되어 운전은 거칠지만 출력, 효율은 좋아진다.

a) 점화플러그의 위치 : 그림 7·50에 나타낸 바와 같이 화염전파거리가 최소가 되는 위치 5에 플러그를 설치하면 압력상승은 급격하게 되고 출력, 효율은 증대된다. 점화플러그를 2개 사용하여 적당한 장소에서 점화하면 화염전파거리는 반감되고 압력상승은 더욱 급격하게 되어 출력, 효율은 현저하게 개선된다.

b) 연소실의 형상 : 편평한 연소실은 화염면이 작고 끝까지 화염이 도달하는 데 시간이 걸리므로 구형에 가까운 것에 비하여 압력상승은 완만하나 성능은 뒤떨어진다.

c) 실린더의 크기 : 서로 비슷한 실린더에서 화염속도가 일정하면 식 (7·29)에 의해 dp/dt는 실린더 지름($V/F \propto D$)에 반비례한다. 그러나 피스톤 속도가 일정하면 회전속도는 실린더 지름에 반비례하므로 압력상승률($dp/d\theta$)는 실린더 지름에 무관계이다.

② 화염전파에 미치는 여러 영향 : 실린더 내에서 화염의 전파속도는 점화 후 점점 가속되

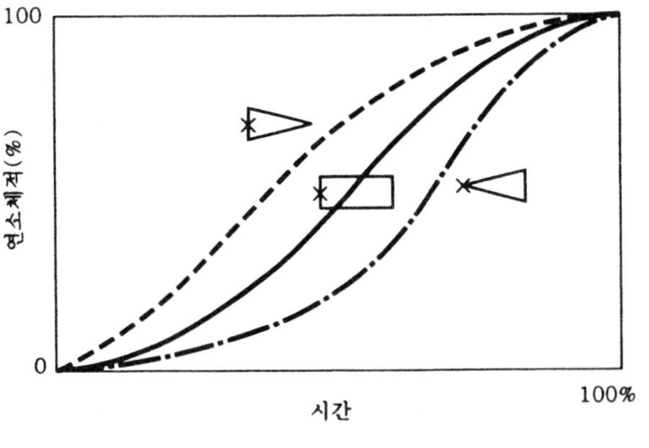

그림 7·49 연소실 형상과 연소체적과의 관계

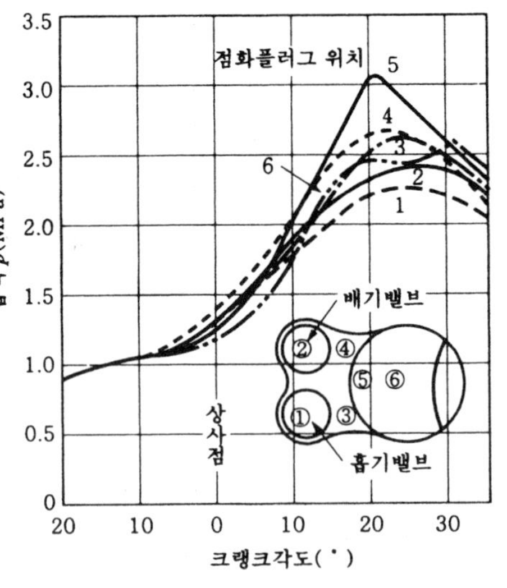

그림 7·50 점화플러그 위치와 압력상승

어 커지게 되며, 30~40 (m/s)의 속도로 전파되지만, 최후에 실린더 벽 근처에 접근하면서 속도는 저하한다.

지연기간은 주로 화학반응에 따라, 주연소는 연소실 내의 교란에 따라 영향을 받기 때문에 화염전파속도는 혼합기의 교란, 혼합비, 압축비, 회전속도 및 점화시기 등에 의해 크게 영향을 받아 변하게 된다.

a) 혼합기 교란의 영향 : 위에서 언급한 바와 같이 교란은 화염전파를 돕고 또 지연기간을 단축하며 성능향상에 도움이 된다. 즉, 작은 교란은 화염면을 울퉁불퉁(凹凸)하게 하여 반응면을 증가시켜 미연소가스로 열전달, 확산을 돕기 때문에 화염진행을 촉진하나 이를 위해서는 와류 또는 불규칙한 교란은 화염면적에 비하여 작지 않으면 안 된다. 실린더 내 가스전체로서의 선회운동(swirl)은 화염진행에 거의 도움되지 않는다. 따라서 화염전파의 초기에는 화염면이 작으므로 미소교란이 아니면 효과가 없다. 교란이 너무 강해지면 실린더 벽으로 열손실이 증대되고 또 화염핵이 소실되므로 연소범위가 좁아진다.

그림 7·51은 교란이 적당한 경우와 너무 강할 경우의 압력변화를 비교한 것으로서, 강한 교란에서는 12°로 점화를 늦추어도 압력상승률이 0.58 MPa/deg에 달하고 운전은 거칠며 열효율은 저하한다. 최량의 효율은 제2기에서의 압력상승률이 0.2~0.25 MPa/deg가 되는 교란 강도에서 얻어진다. 이와 같은 압력상승률을 주기 위하여 저압축비에서는 비교적 강한 교란이 필요하나 고압축비에서는 이미 화염속도가 높으므로 그다지 강한 교란을 필요로 하지 않는다. 실린더 내에서의 교란은 흡기밸브에서 발

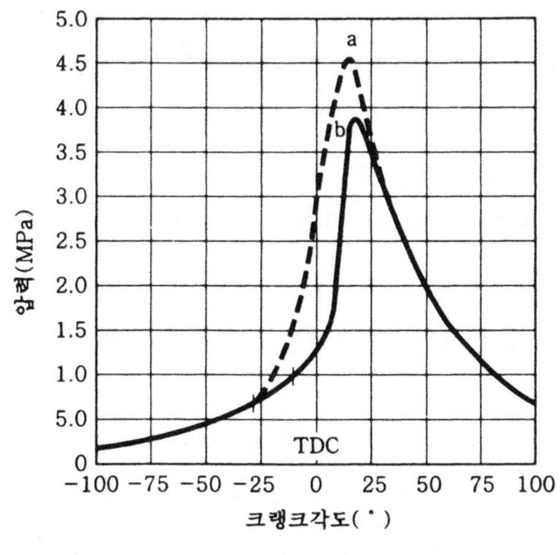

a : 점화진각 28°, 적정 교란, $dp/d\theta = 0.27$ MPa/deg
b : 점화진각 12°, 강한 교란, $dp/d\theta = 0.58$ MPa/deg

그림 7·51 교란이 압력변화에 미치는 영향

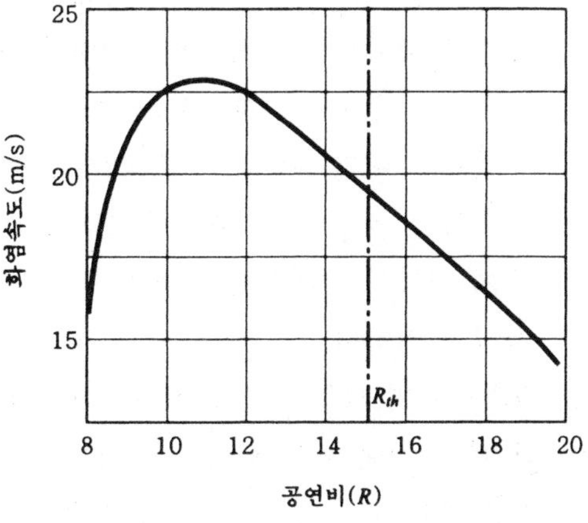

그림 7·52 화염속도에 미치는 공연비의 영향

생되나 흡입속도가 너무 높게 되면 체적효율이 저하한다. 고압축비인 경우에는 50 m/s 정도로 충분하다. 압축행정의 종료에 피스톤 스퀴시(squish)에 의해 교란이 발생되도록 하는 연소실은 체적효율을 해치는 일도, 또 감쇠도 없어 유효하다.

b) 혼합비의 영향 : 앞에서 언급한 바와 같이 지연기간에 영향을 미치는 것이 크며, 이론혼합비보다도 약간 농후한 경우에 화염온도는 최고로 되며, 따라서 화염속도는 가장 높다. 제2기간(주연소기간)에서는 교란의 영향이 크고 혼합비의 영향은 그 속에 포함되어 버린다.

많은 실험결과로부터 최고 화염속도는 이론공연비보다 낮은 $R=11$ 부근(약간 농후한 혼합비)에서 발생되며, 최대출력이 얻어지는 혼합비와 일치하고 있다.

그림 7·52에 공연비에 대한 화염속도 변화의 일례를 나타내었다. 화염속도는 $R=11$ 전후에서 감소하지만 10 이하의 혼합기에서 감소정도는 12 이상에서보다도 급격하다.

c) 압력, 온도(압축비)의 영향 : 압축비가 증대되면 압력과 온도가 상승하기 때문에, 그 결과 화염속도는 증대된다. 압축비가 증가할수록 화염속도는 증가하지만 어느 이상의 압축비에서는 화염속도의 상승비율은 둔화된다. 압력과 온도가 높게 되면 반응속도는 증가하지만, 실린더 내에서는 교란이 화염전파에 큰 역할을 하기 때문에 급기온도가 높아지면 공기 점도가 크게 되어 교란의 감쇠가 증가되어 화염속도는 약간이지만 감소한다. 압축비를 높이면 압력과 온도도 공히 높아지지만 압력의 영향이 커서 압축비 증감에 대하여 화염속도는 1.5 m/s 정도 증감한다.

d) 회전속도의 영향 : 회전속도가 증가하면 그림 7·53에 표시한 바와 같이 화염속도는 거의 직선적으로 증가한다. 이 회전속도의 영향은 흡기속도가 증가하는 결과로 생각되지만, 점화에너지에 의존하는 점화지연과 화염의 가속시간은 공히 변하지 않으므로 회전속도가 증가함에 따라서 점화시기를 빠르게 할 필요가 있게 된다.

연소실 내의 교란은 기관회전속도가 증가함에 따라서 강하게 되며 또 화염전파까지 감쇠되는 것도 작기 때문에 전파시간은 회전속도가 상승함에 따라서 단축되어 10~95% 사이의 전파시간은 거의 회전속도에 반비례하기 때문에 크랭크각으로 나타내면 거의 일정하다.

e) 점화시기의 영향 : 어느 점화시기에서 화염속도는 최대로 되지만 그림 7·54에 나타낸 바와 같이 실린더 내의 혼합기의 유동이나 흡기온도 등에 의해 최대속도의 점화시기는 변한다. 그림에서 최대화염속도로 되는 점화시기를 제외하면 그 전·후의 점화시기에서는 공히 속도가 저하됨을 알 수 있다.

피스톤이 상사점에 있을 때 화염이 연소실의 거의 절반을 점유하도록 점화시기를

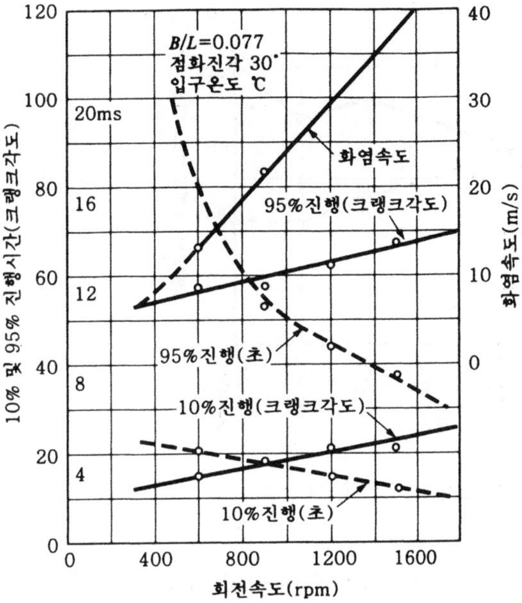

그림 7・53 화염속도에 미치는 회전속도의 영향

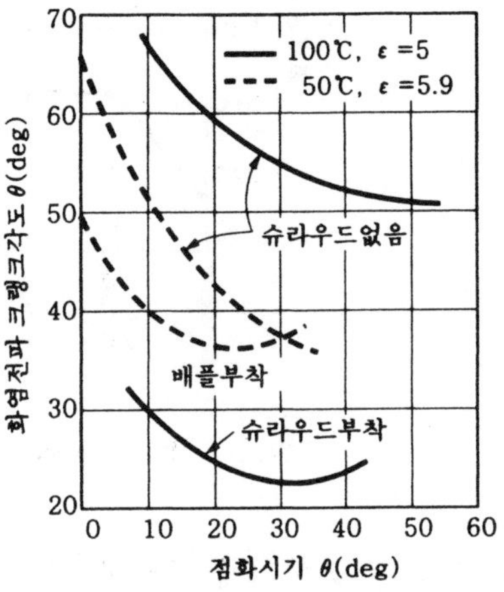

그림 7・54 점화시기와 혼합기 교란이 화염전파에 미치는 영향

결정하면 화염속도는 최고로 된다. 이와 같은 점화시기에서는 최고압력은 상사점 후 15~20°에서 일어난다. 그림 7・55는 점화시기를 여러 가지로 변화시킨 경우에 압력 변화를 나타낸 것으로, 그림 중에 "o" 부분은 점화시기 및 화염전파의 종료를 나타낸다. 너무 빠른 점화시기에서는 혼합기 압력이 아직 낮으므로 제1기간이 길어지며, 너

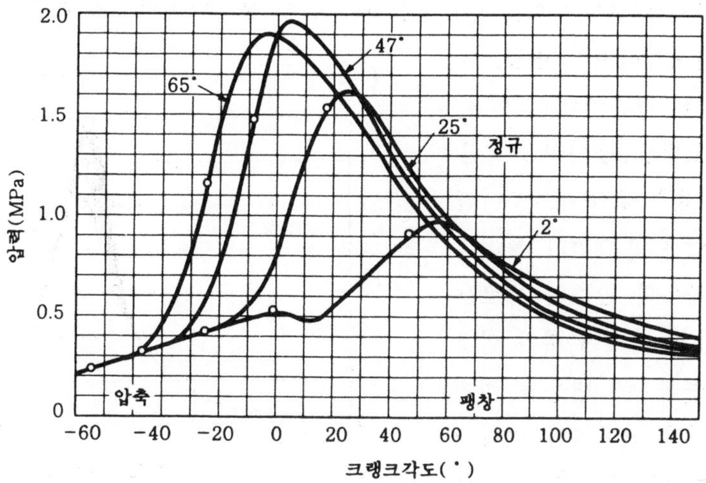

그림 7・55 점화시기와 화염전파시간

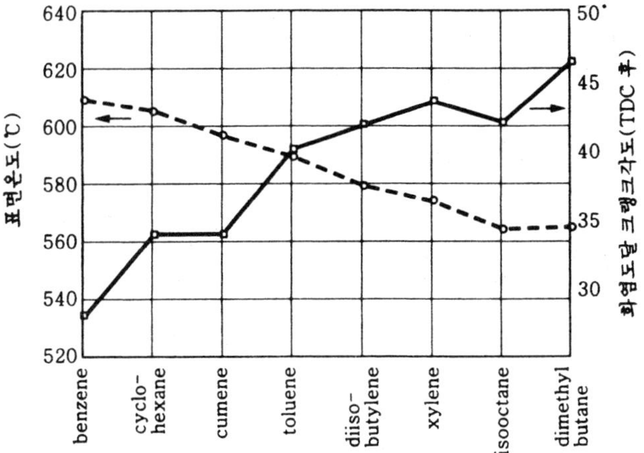

그림 7·56 연료에 의한 화염전파 시간과 표면온도의 차이

무 늦은 점화시기에서는 교란이 감소되는 것과 연소실 체적이 확대되는 것 때문에 제 2기간이 크게 된다. 또, 너무 빠른 점화의 경우는 최고출력과 열손실이 크고, 너무 늦은 점화의 경우는 후연소가 크게 되어 배기계통의 과열을 초래하므로 어느 경우에도 효율, 출력의 저하를 초래한다.

f) 연료조성의 영향 : 그림 7·56에 표시한 바와 같이 연료에 의한 화염전파시간은 상당한 차이가 있다. 화염전파시간이 짧은 연료일수록 표면온도가 높고, 화염온도가 높다는 것을 나타내고 있다.

③ 연소변동 : 정상연소의 경우에도 일정한 연소상태가 얻어지는 것이 아니고, 그림 7·57과 같이 각 사이클마다 연소압력이 변동하는 것이 보통이지만, 그 원인은 주로 ① 혼합기의 변동, ② 불꽃에너지의 변동, ③ 점화시기 변동, ④ 난류에너지 변동, ⑤ 잔류가스 분포변동 등이며, 이 중에서 영향이 큰 것은 ④와 ⑤이다. 잔류가스 성분이 많은 혼합기가 플러그 부근에 이동한 경우의 연소와 새로운 공기가 많은 경우의 연소에 따라 연소압력은 크게 변한다. 이 변동을 적게 하기 위하여 공기에 난류를 부여하는 방법이 이용되고 있으며, 흡기 포트 형상을 고안하여 스월(가로와류)이나

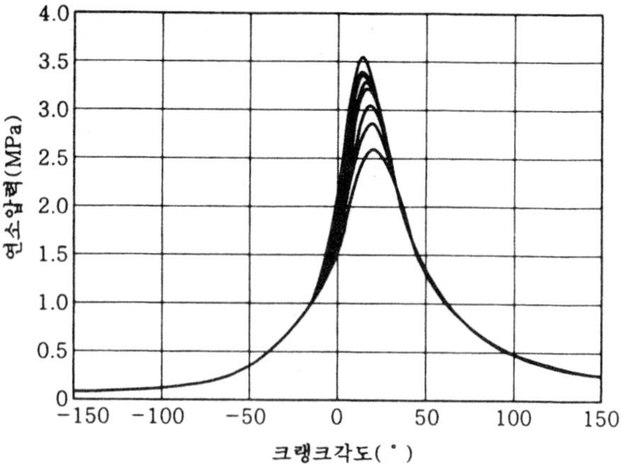

그림 7·57 가솔린기관의 연소압력 변동

텀블(세로와류) 등을 발생시켜 연소를 개선하고 있다.

그림에서와 같이 정상연소를 하고 있어도 지압선도에는 사이클마다 상당한 변동이 일어나며, 가장 양호한 상태에서도 최고압력에 1~1.5%의 편차가 있다. 이것은 실린더 내 혼합기의 불균일성, 잔류가스 및 매 사이클 공급되는 혼합기의 농도, 밀도에 약간의 서로 다른 점이 있기 때문이다. 이 가운데 잔류가스 영향이 가장 크고, 잔류가스가 불균일하게 혼합되어 있어도 주연소에는 큰 변동이 생기지 않으나, 최초에 화염핵이 형성되는 미소부분의 혼합기 조성에 약간의 변동이 생겨도 초기화염온도에 따른 지연기간의 장단에 크게 영향을 미친다. 지연기간 중에는 열발생은 거의 없으므로 그 장단은 직접 성능에는 관계가 없으나 압력변동에는 크게 영향을 미치고 혼합비가 연소한계에 가까울수록 현저하게 되며 때때로 실화를 수반하여 회전이 불균일하게 되어 불규칙한 진동이 가해져서 원활한 운전이 안되게 된다. 변동을 억제하기 위해서는 혼합비의 범위를 좁히지 않으면 안 되므로 열효율의 저하를 초래한다.

지연기간을 단축·안정시키려면 점화플러그 부근의 혼합기가 잔류가스에 의해 희박하게 되지 않도록 하는 것이 중요하다. 점화플러그가 흡기로 소기되지 않는 장소 혹은 포켓에 있을 경우에는 변동이 크게 된다. 잔류가스의 비율은 저압축비 혹은 저부하에서 많게 되고 또 배기계의 압력진동에 따라서도 영향을 받는다.

다기통기관에서는 사이클마다 지연기간의 변동과 더불어 더욱 각 실린더의 평균혼합비 및 밀도의 변동이 가해지므로 1개의 기화기를 사용할 경우에는 이론혼합비의 90%보다도 희박하게 하면 만족한 운전은 곤란하다. 가스연료를 사용할 경우에는 균일혼합기가 얻어지기 쉬우므로 기화성 액체연료인 경우보다도 광범위한 혼합비가 사용된다.

④ **층상급기**(stratified charge) : 균일혼합기를 형성시켜 점화하는 방식에서는 혼합비를 너무 희박하게 하면 실화를 일으키기 때문에 부분부하에서도 연소범위 내의 혼합기를 사용하지 않으면 안되므로 저부하의 열효율이 저하한다. 그래서 점화플러그 부근의 일부분에는 항상 농혼합기를 형성시켜 이곳에 점화한다.

일단 화염이 발생하면 다른 부분은 희박하여도 연소가 전체로 진행된다. 이와 같이 하면 전체적인 혼합비는 작게 되어 공기사이클에 접근하며 또 교축밸브없이 운전이 가능하므로 펌프손실도 감소되고 부분부하의 열효율을 올릴 수가 있다. 또한 연소가 완전히 되므로 공기오염을 줄이는 데도 도움이 된다.

혼합기의 성층화에는 다음과 같은 두 가지가 있다.

a) 공기에 선회운동을 주면서 흡입시켜 적당한 방향으로 연료를 분사하여 점화플러그 근방에 농후한 혼합기를 형성시키는 방법이다.

그림 7·58에 일례를 나타낸다. 연료를 공기흐름(氣流) 방향과 반대로 분사하면 연

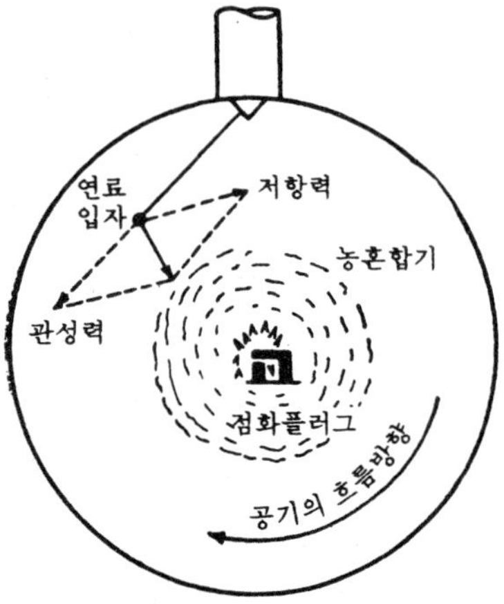

그림 7·58 스월에 의한 혼합기의 성층화

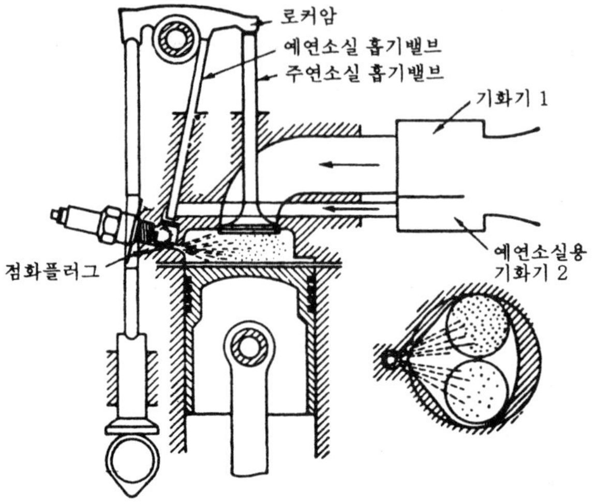

그림 7·59 예연소실이 부착된 층상급기기관

료입자는 그 관성력과 항력의 합력에 의해 중심부에 모인다. 또 공기흐름 방향으로 분사하면 원심력에 의해 주변부에 농후한 혼합기가 형성된다.

b) 그림 7·59에 나타낸 바와 같이 주연소실로는 기화기 1에서 희박한 혼합기, 예연소실로는 기화기 2에서 농후한 혼합기를 공급하여 이 농후한 혼합기에 점화하면 화염은 주연소실로 분출되어 희박한 혼합기에 점화할 수 있다. 이것을 제트점화(jet ignition)라 한다. 불꽃점화에 비해서 그림 7·60에 표시한 바와 같이 희박한 혼합기를 사용할 수 있으며, 저부하의 연료소비율이 현저하게 저하되고 있다. 그러나, 구조가 복잡한 것과 최고출력이 낮기 때문에 아직 실용단계에는 도달하지 못하고 있다.

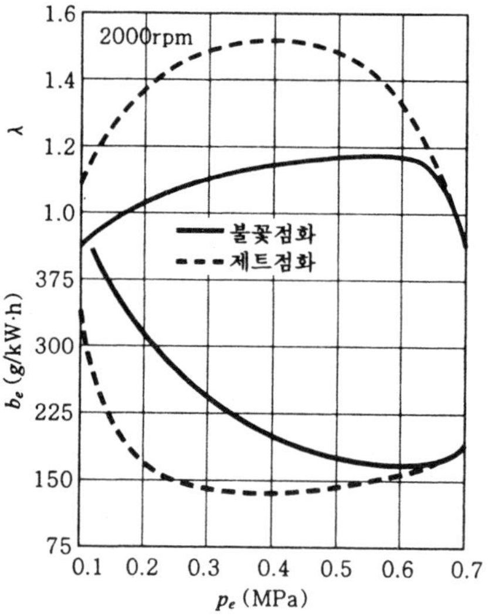

그림 7·60 제트점화 층상급기기관과 보통의 스파크점화기관의 성능비교

(2) 이상연소

왕복기관에서 이상연소는 혼합기가 일정한 시기에 불꽃점화에 의한 정상적인 연소를 하

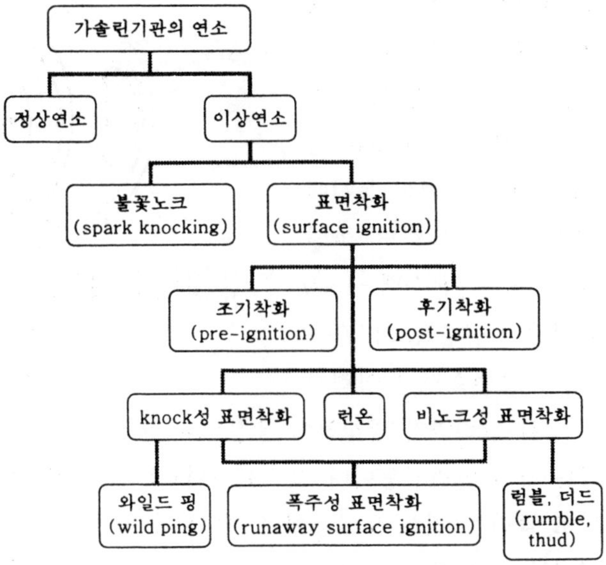

지 않고, 불꽃점화 이외의 원인으로 연소실 내의 임의의 장소에서 화염면이 발생하여 급격한 연소를 일으키는 것이다. 또, 때에 따라서 불꽃점화에 의하여 유발되는 이상연소도 있다. 따라서 가솔린기관의 이상연소는 스파크 노크와 표면착화로 크게 분류된다.

CRC(coordination research council)에서는 이상연소를 다음과 같이 분류하고 있다.

이 중에서 스파크 노크는 점화불꽃에 의해 유발되는 이상연소이지만, 다른 이상연소와 다르게 점화시기 조절에 의해서 제어 가능하다. 표면착화는 점화불꽃에서 정상적인 화염이 도달하기 이전에 과열된 점화플러그나 배기밸브 또는 연소실 내의 퇴적물 등의 과열면에서 발생하는 화염면에 의한 이상연소이다.

① 스파크 노크

(a) 노크 현상의 설명 : 연소가 정상인 경우, 즉 화염이 불꽃점화에서 발생하여 순차적으로 연소실 전체로 확대할 때 그 전파속도는 수십 m/s 이하이고, 압력상승도 연속적이다. 만약 연소속도가 과대하던지 불연속적인 압력상승이 발생하면 연소에 의한 이상한 진동과 소음을 발생하여 운전을 불가능하게 한다. 이와 같은 이상연소 중 가장 자주 일어나는 것이 노킹(knocking)이고, 연소실 내에서 금속을 망치로 두들기는 것과 같은 이상한 타격음을 발생함으로써 알 수 있으며, 그것은 다음과 같은 메커니즘에 의하여 발생한다.

그림 7·61에서 처음에 점화플러그에 의하여 화염이 정상적으로 전파하여 감에 따라서 이미 연소한 고온가스의 팽창으로 미연혼합기는 단열적으로 압축되어 온도가 올라가 자발화점에 도달한다. 이 미연혼합기는 엔드가스(end gas)라 부르고 자발화온도

에 도달하여도 곧바로 발화하지는 않고, 발화지연기간 후 자발화하는 경우가 있는데 이때의 연소는 정상연소와 다르고 엔드가스 전체가 거의 같은 상태에 도달해 있기 때문에 거의 동시에 급격히 연소한다. 다시 말하면 돌연 연소속도가 이상하게 높아(수백~1500 m/s), 이 결과 그림 7·62 (b)의 $P-\theta$ 선도 ③에 있어서 불연속적인 압력상승을 일으키고 심한 압력파가 발생하여 음속으로 연소실 내를 몇 번이고 왕복한다. 이렇게 되풀이되는 것이 압력진동이며, 또 이 압력파는 연소실 벽을 몇 번이고 충돌하여 쿵쿵하는 소리로 들리는 것이 노크음이며, 이 음의 각 주파수는 실린더 내 가스의 자유진동수와 일치하고, 실린더의 크기에 따라서 3000~6000 c/s 전후이다.

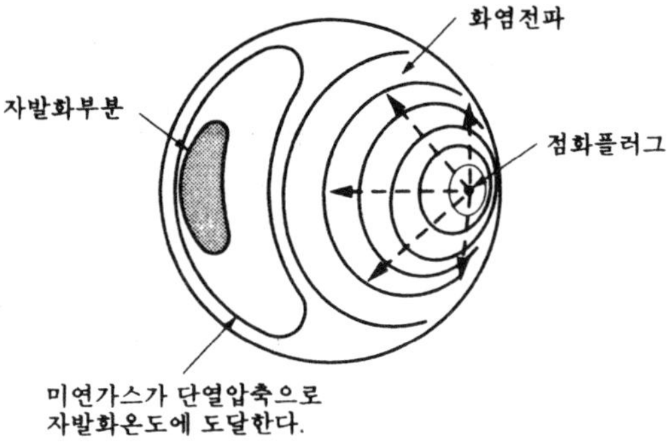

그림 7·61 노킹이 발생하는 설명도

이 현상은 높은 고주파의 압력진동에 의해 일어나므로, 정상연소의 경우 최고압력점 부근에 도달한 후에 발생하는 것이 특징이다.

이와 같은 노크 발생으로 여러 가지 장애가 발생하며 이것이 격렬하게 되면 기관의 출력저하가 되고 나아가 파손이 되게 된다.

이 압력파의 기계적 에너지는 신속하게 감소되어 열로 변하며 진폭은 감소하고 또 가스가 팽창함에 따라서 온도가 내려가므로 주파수도 점점 낮게 된다. 화염면이 통과한 후에도 화학반응은 아직 완전히 끝나지 않았으므로 압력파의 산부분이 도착하면 그 부분의 압력과 온도가 높게 되어 반응은 가속된다.

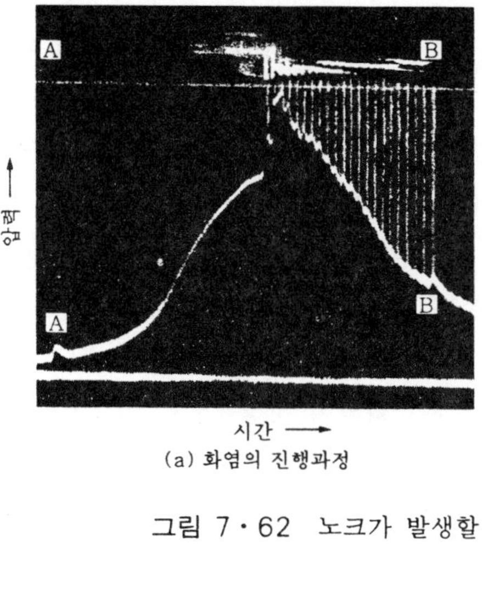

(a) 화염의 진행과정

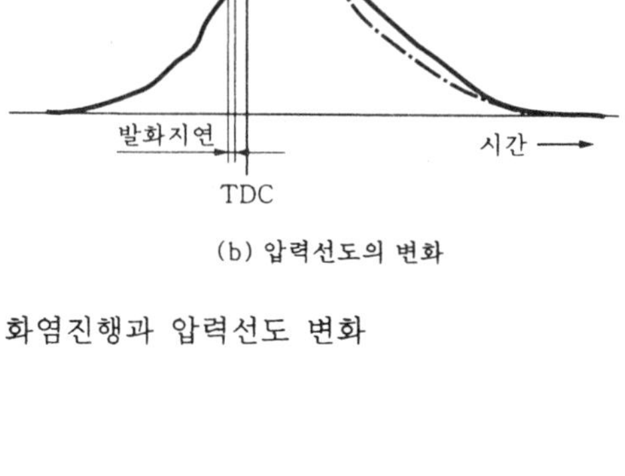

(b) 압력선도의 변화

그림 7·62 노크가 발생할 때의 화염진행과 압력선도 변화

그림 7·62 (a)의 잔류된 휘염중에 명암의 무늬가 나타나는 것은 이 때문이며 그 주기는 압력곡선에 나타나는 진동과도 잘 일치하고 있다. 또, 이 진동수는 외부에 들리는 음파의 주파수에도 일치되는 것이다.

(b) **노크 이론** : 노크는 화염전파 말단부의 가스, 즉 엔드가스(end gas)가 급격하게 연소되기 때문에 일어난다는 것은 확실하나, 그 이유에 대해서는 예부터 연구가 이루어져 여러 가지 설이 제창되고 있다. 현재 가장 신뢰할 수 있는 물리적 설명은 Ricardo, Woodburg들에 의해 제창된 자발화설(autoigniton theory)이 가장 유력한 학설로 알려져 있다.

자발화설 : 점화플러그에서 발생한 화염면은 기연소가스의 팽창에 의해 미연소부분을 계속 압축하면서 진행하고, 미연소가스의 온도는 화염면에서의 복사, 전염반응에 따라 단열법칙에 따르는 것보다도 높게 되는 일도 있으며 또 연소실 벽으로 열손실에 따라 낮아지는 일도 있으나, 자발화온도를 넘으면 미연소부분 전체가 거의 동시에 자발화를 일으켜 급격한 압력상승을 수반하는 노크현상을 발생한다. 따라서 노크 강도는 최후에 타는 미연소가스 양에 관계되며 5%라도 상당히 강한 노크를 일으킨다.

자발화설에 의하면 노크가 일어나는가의 여부는 다음 사항에 관계된다.

㉠ 엔드가스의 온도-압력-시간의 이력에 의한다.

㉡ 엔드가스의 온도가 자발화온도 이상이 되어도 바로 발화하지는 않는다. 즉, 지연기간이 있으므로 이 사이에는 점화플러그에서 발생한 화염(스파크 화염, spark flame)이 엔드가스를 통과하면 노크는 일어나지 않는다. 따라서 화염전파속도가 높든지, 혹은 화염전파거리가 짧으면 발화온도가 낮은 연료라도 자발화를 일으킬 여유가 없다.

㉢ 엔드가스 중에는 압축행정중에서부터 완만한 화학반응이 일어나고 있다. 이것에 의해 열을 발생하므로 전염반응의 다소에 따라 자발화가 영향을 받으나, 이것은 주로 연료의 성분, 조성에 관계된다.

전염반응이란 화염이 도달하기 전에 엔드가스 중에 일어나고 있는 반응을 말하며, 이는 시료가스 추출, 혹은 스펙트럼 분석에 의해 연구가 행해지고 있다. 이것에 의하면 압축행정 중에 이미 완만한 반응이 일어나고, 중간생성물이 생겨 연쇄반응에 의해 최후에 CO_2, H_2O가 된다. 이 중간생성물 가운데에서는 알데히드와 유기과산화물이 노크에 대해 가장 중요한 역할을 하며, 이 생성기구는 정헵탄(C_7H_{16})을 예로 들면 다음과 같이 생각되어진다.

$$\underset{(\text{연료})}{CH_3 \cdots CH_2\text{-}\overset{H}{\underset{H}{C}}\text{-}H} + O_2 \rightarrow \underset{(\text{과산화물})}{CH_3 \cdots CH_2\text{-}\overset{H}{\underset{H}{C}}OOH} \rightarrow \underset{(\text{알킬기})}{CH_3 \cdots CH_2} + \underset{(\text{알데히드})}{H\text{-}CHO} + OH,\ 2OH \rightarrow H_2O_2$$

저온형 노크와 고온형 노크 : 자발화를 일으키는데 연료에 따라 1단 발화를 하는 것과 2단 발화를 하는 것이 있으므로, 노크가 일어나는 기구에도 두 가지의 형이 있다. 그 하나는 고급 파라핀, 올레핀과 같이 최초에 냉염을 발생하고 이어서 열염을 발생하는 2단의 저온산화과정에 의한 저온형 노크이고, 또 하나는 벤젠, 메탄과 같이 즉시 열염에 의해 노크를 일으키는 고온형이다. 현재 문제되고 있는 것은 주로 저온형 노크이다.

그림 7·63은 실린더 내에서 점화 플러그에 의하지 않고 압축에 의해 자발화를 일으킨 경우의 압력변화를 나타낸 것으로서, TDC 조금 전에 냉염을 발생하여 압력은 약간 상승하고 이어서 열염에 의한 연소로 이동해 간다. 최근 고속카메라에 의한 화염사진을 보면 냉염은 배기밸브 가까이에서 발생하고 스파크 화염의 1/4 정도의 속도

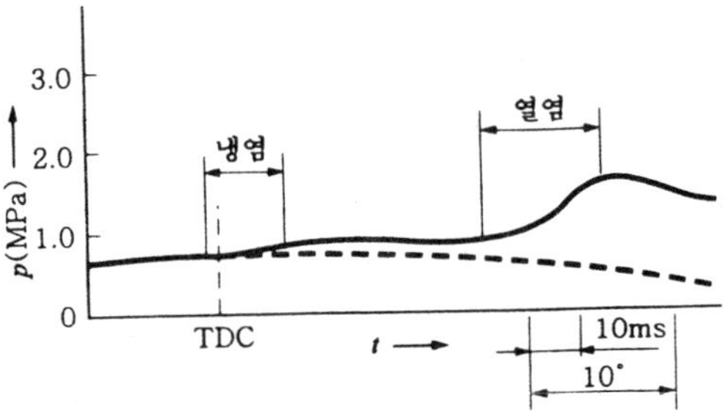

그림 7·63 실린더 내에서의 냉염발생 정헵탄, 공연비 25 : 1

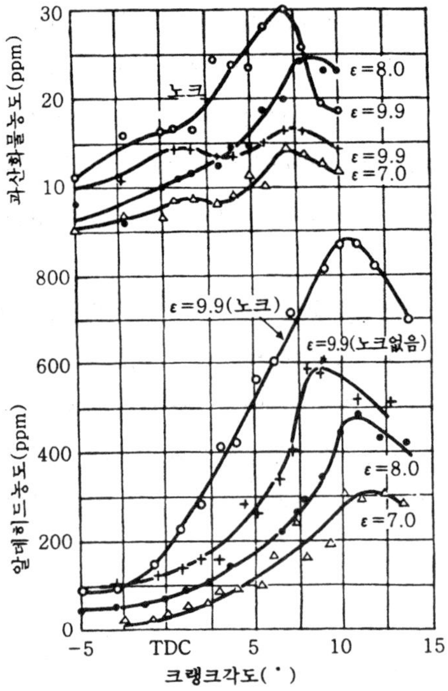

그림 7·64 상사점 부근의 과산화물 및 알데히드 농도

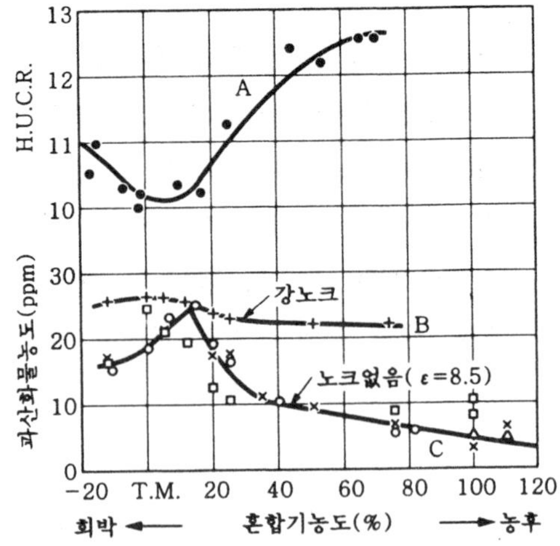

그림 7·65 혼합기농도가 화염전의 과산화물 농도(TDC 7°)에 미치는 영향

로 연소실을 횡단하여 타단에서 꺼지며 그 후부터 같은 길을 열염이 쫓아간다.

그림 7·64의 위쪽 곡선군은 시료가스추출에 의해 구한 과산화물의 농도를 나타낸 것으로서 과산화물은 TDC 전부터 발생하고 화염도달 직전(TDC 후 7°)에 농도는 최고에 달한다. 압축비가 높아짐에 따라서 과산화물은 일찍 발생함과 동시에 최고농도는 높게 된다. 어느 곡선도 TDC 후 1° 부근에 변곡점이 확인되지만 이 점은 냉염발생의 시기에 일치되고 있다는 것이 다른 실험으로 확인되어 있다.

그림 7·64의 아래 곡선군은 알데히드 농도를 나타낸 것으로서 변곡점은 없이 원활하게 상승하고 압축비가 높아져도 거의 병행하여 높게 되며 과산화물의 경우보다 최고농도의 점이 약간 지연되고 있다. 과산화물 농도가 어느 한계에 도달하면 노크를 일으키고, 노크를 일으키는가의 여부는 화염 전의 과산화물 농도만에 의한다.

그리고 혼합비, 회전속도에는 관계없이 노크가 일어나는 상태에서는 화염직전의 과산화물 최고농도는 그림 7·65 곡선에 나타낸 바와 같이 거의 일정하다. 또 노크가 강하게 되는 것은 과산화물 농도가 증가하기 때문은 아니고 농도의 최고점이 일찍 발생되는 데에 기인한다. 이것은 노크 강도가 엔드가스 양에 관계되는 사실과 잘 일치되어 있다. 노크가 일어나지 않는 상태에서는 그림 7·65 C곡선에 나타낸 바와 같이 혼합기농도가 5~10% 과농한 경우에 과산화물농도가 최고가 되며, 그 혼합비에서 가장 노크를 일으키기 쉽고 같은 그림 A곡선에 나타낸 바와 같이 최고유효압축비(H.U.C.R : highest useful compression ratio)는 최저가 된다. 노크가 최고가 되는 혼합비는 연료에 따라 다르며 그림 7·66에 나타낸 바와 같이 메탄, 벤젠은 대략 이론혼합비이고 또한 H.U.C.R의 최저점이 명료하나 이소옥탄은 5~10% 과농한 곳에 있으며 또한 대단히 불명료하다.

저온형 노크를 일으키는 연료에 대해 과산화물은 강한 노크촉진(proknock)의 작용을, 포름알데히드는 냉염발생을 지연시켜 안티노크의 작용을 하며 고급 알데히드는 약간 노크를 촉진하든가 혹은 거의 영향이 없다.

안티노크제인 4에틸연을 가하면 그림 7·64 +표 곡선에 나타낸 바와 같이 과산화물, 알데히드의 농도를 줄여 노크는 일어나지 않게 된다. 알데히드의 농도는 납성분을 첨가함에 따라 전체가 거의 일률적으로 감소되나

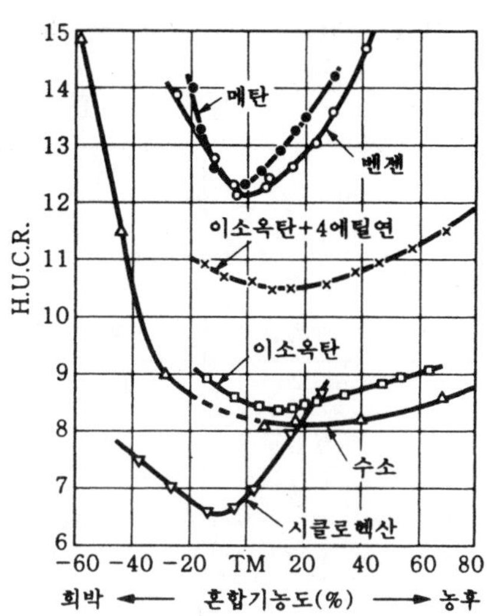

그림 7·66 각종 연료의 혼합기 농도와 H.U.C.R의 관계

과산화물에 대해서는 TDC 후 1°의 농도에는 거의 영향이 없고 화염직전(TDC 후 7°)의 최고농도를 현저하게 줄이고 있다. 이와 같이 4에틸연은 노크의 제1단계, 즉 냉염발생까지는 영향이 없으며 제2단계, 즉 열염발생을 지연시키는 작용을 한다.

고온형 노크를 일으키는 연료에서 전염반응은 극히 약간이다. 따라서 이 종류의 연료는 안티노크성이 극히 높으며, 냉염을 발생하지 않고 즉시 열염을 발생한다. 또 노크가 일어나도 엔드가스가 활성화되어 있지 않으므로 화염의 확산은 급격하지 않으며, 운전은 디젤기관의 노크정도인 거칠기이다.

이 종류의 연료에 대해 포름알데히드는 프로노크로서, 과산화질소, 아세트알데히드는 강프로노크로서 작용한다. 메탄인 경우에는 압축비를 올리며 과산화물농도는 상사점 후 3~10°에서 최고에 달하여 노크를 일으키나 알데히드의 농도에는 노크가 일어나고 일어나지 않음에 관계없이 거의 변화는 없다. 저온형 노크의 연료에 비하면 양자의 농도는 매우 작으며 4에틸연을 가하면 더욱 감소된다. 벤젠에서는 과산화물도 알데히드도 거의 생기지 않는다. 따라서 이들의 연료에 대해 납의 효과는 적다.

그 밖에 데토네이션파설, 혹은 자발화 데토네이션설 등이 있으나 최근에는 거의 이용되지 않고 있다.

이상과 같이 노킹은 엔드가스(end gas)가 자발화하여 일어나기 때문에 다음 사항이 중요한 요인이 된다.

i) 자발화온도에 도달하기 쉽거나(압축비가 높을 때) 자발화온도가 낮은 연료에서 일어나기 쉽다. 표 7·7에서 알 수 있는 바와 같이 가솔린은 석유연료에서는 자발화온도가 가장 높다. 또 수소가 더욱 높은 것은 흥미있는 일이다.

표 7·7 혼합기의 자발화온도(℃)

연 소	대 기 압		공 기 중		인 화 점
	산 소 중	공 기 압	10 기 압	30 기 압	
수 소	450	580			
일산화탄소	590	610			
프로판	490	510			
에틸알코올		450			13
벤 젠		700	380	470	−10
가솔린		480~550	310	260	
경 유		330~350	250	200	30~90
원 유		400~450	250	200	60~100
윤활유		380~420			

ii) 자발화가 일어나기까지의 압력, 온도 등의 물리적 또는 화학적 예비반응은 압축행정중에서 점차 진행하고 엔드가스의 단열압축 중에는 특히 심하게 되어 자발화에 이르므로 발화지연이 짧을수록 노크가 일어나기 쉽다. 그림 7・67과 같이 고온・고압일수록 발화지연이 짧아 노크가 발생하기 쉽고 납의 혼입은 발화지연을 길게 하여 노크 방지에 극히 유효하다.

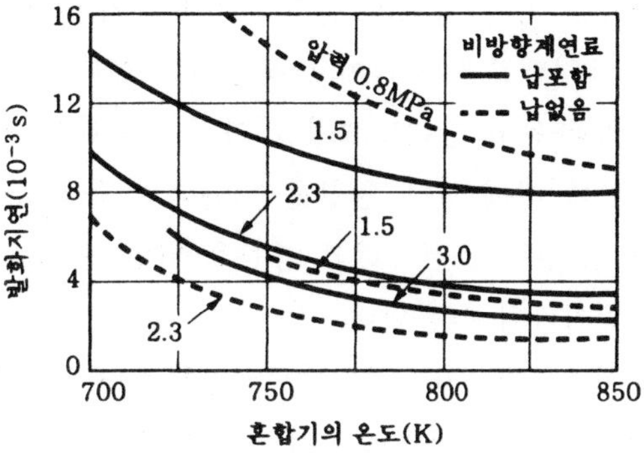

그림 7・67 온도, 압력이 발화지연에 미치는 영향

iii) 정상연소의 연소속도가 크든가, 점화플러그로부터 화염 전파거리가 짧을 때는 자발화가 일어나기 전에 연소가 완료되어 노크는 일어나지 않는다. 저속, 희박혼합기, L형 연소실과 같이 편평형에서는 일어나기 쉽다.

(c) 옥탄가(octane number) : 연료의 안티노크성은 그 조성에 따라 다르며 이것이 높을수록 압축비를 높일 수 있으므로 성능이 개선된다. 고압축비인 기관에 안티노크성이 낮은 연료를 사용하면 심한 노크를 일으키고 또 저압축비인 기관에 안티노크성이 높은 연료를 사용하여도 연료의 가치를 충분히 발휘할 수가 없다. 따라서 연료의 안티노크성을 수량적으로 나타내고 기관에 적합한 연료를 선택하지 않으면 안 된다.

연료의 안티노크성을 정하는 데 가장 곤란한 점은 안티노크성이 연료의 성질에 기인할 뿐만 아니라 기관에 따라, 또 운전조건, 즉 공연비, 냉각수 온도, 급기온도 등에 따라 다르다는 것이다.

H. Ricardo는 가변압축기관을 사용하여 압축비를 순차로 올려 가며 노크음이 처음으로 들릴 때의 압축비를 최고유효압축비라고 이름 붙이고 이것을 가지고 안티노크성의 척도로 하였다. 또 Campbell, Lovell 및 Boyd는 Ricardo와 같은 방법으로 노크가 일어나기 시작할 때의 압축비를 임계압축비(critical compression ratio)라고 하고 있다. 그러나 이들의 방법은 운전조건이 조금이라도 변하면 같은 연료라도 노크가 일어나기 시작하는 압축비가 일치하지 않는다. 그래서 표준연료(reference fuel)를 정하여 일정조건하에 우선 시험연료에 의해 특정기관을 운전하고 이어서 표준연료로 전환하여 같은 정도의 노크가 일어나면 양자의 안티노크성이 같다고 한다.

이 표준연료로서 사용되고 있는 것은 미국의 Cooperative Fuel Research Committee에서 제창된 이소옥탄(iso-octane)과 정헵탄(*n*-heptane)의 혼합액이다. 전자는 보통 시판의 가솔린보다도 노크를 일으키기 힘드는 것, 후자는 일으키기 쉬운 것으로서 이것을 적당하게 혼합하면 어느 정도의 안티노크성을 가진 표준연료를 만들 수 있으며 혼합액 중의 이소옥탄의 체적백분율을 가지고 옥탄가로 한다. 즉 옥탄가 87이란 이소옥탄 87%, 정헵탄 13%의 혼합액과 동일 안티노크성을 가진 연료라는 것이다. 만약 운전조건의 변화가 시험연료와 표준연료에 대해 같은 영향을 미친다면 운전조건은 노크비교에 무관하므로, 이 방법에 의해 피할 수 없는 운전조건의 영향을 없앨 수 있다. 시험용 기관으로는 CFR기관이라고 하는 가변압축기관이 사용된다.

이소옥탄 C_8H_{18}(2,2,4-트리메틸펜탄), 정헵탄 C_7H_{16}은 모두 파라핀족 탄화수소로서, 전자는 옆가지를 가지고 후자는 직쇄결합을 하고 있다. 일반적으로 순수한 탄화수소를 사용하는 대신에 옥탄가가 정해진 2차 표준연료가 사용된다. 여기서 노킹이 일어나기 어려운 이소옥탄과 노킹이 일어나기 쉬운 정헵탄의 옥탄가를 각각 100과 0으로 정하고 있다.

a) 옥탄가(ON : octane number) : 기관의 노킹에 대한 저항능력을 나타내는 연료기준으로서, 옥탄가에는 RON(research octane number)과 MON(motor octane number)의 두 가지가 주로 사용되며, 이 두 값의 평균값을 AKI(antiknock index)로 나타낸다. 또한 항공법, 과급법에 대한 조건을 표 7·8에 나타내었다. 일반적으로 RON은 중저속과 기관 디젤링의 노킹에 영향을 주며 따라서 RON값이 너무 낮으면 저속시 노크현상이 나타난다. 반면 MON은 고속과 부분 스로틀링 노크에 영향을 주기 때문에 MON값이 너무 작으면 가속할 때나 등판할 때 노킹이 발생한다. 통상의 가솔린연료는 RON이 MON보다 8~10 정도 크다.

자동차 제조회사에서는 판매 차종에 적정한 옥탄가를 추천하고 있으며, 기관에 요구되는 옥탄가(ONR : octane number requirement)는 주로 기관설계시 결정된다. 표

표 7·8 옥탄가 측정방법 및 조건

	RON(리서치법)	MON(모터법)	항공법	과급법
CRC designation	F-1	F-2	F-3	F-4
ASTM method	D2699	D2700		
Engine speed(rpm)	600±6	900±9	1200±12	1800±45
Intake air temp.(℃)	대기압과 연계 (1기압에서 51.7)	38±14	52±3	
Mixture temp.(℃)	규정되어 있지 않음	149±1.1	104±1	
Intake air humidity(g/kg)	3.5~7.0	3.5~7.0	3.5~7.0	<10
Air-fuel ratio(kg/kg)	최강노크	최강노크	최강온도	0.08~0.12
Coolant temp.(℃)	100±1.5	100±1.5	191±5	191±5
Ignition advance(deg)	13。BTDC	압축비와 연계(변화)	35±1	45±1

표 7 · 9 octane number requirement에 영향을 미치는 인자들

설계/작동인자	사용조건
압축비	
점화시기	
공기연료비	
연소온도	대기압/고도
- 흡기매니폴드 열전달	대기온도
- 흡기온도	습도
- 냉각수 온도	연소실 퇴적물
EGR율	
연소실 설계	

7·9에서와 같이 ONR에 영향을 미치는 인자를 살펴보면, 압축비, 점화시기, 공연비, 연소온도, EGR율, 연소실 설계 등과 같은 설계인자와 대기압, 대기온도, 습도, 연소실 퇴적물 등과 같이 기관을 사용시 고려할 인자가 있다.

압축비를 높이거나 점화시기를 앞당기면 ONR이 커지며, 공연비 영향은 이론공연비인 14.7 : 1에서 ONR이 최대이며 이보다 농후하거나 희박해지면 ONR이 적어진다. 또한 연소온도가 높아지면 ONR이 증가하기 때문에 흡기온도와 흡기관의 열전달, 냉각수온도 등이 간접적으로 영향을 미친다. EGR율도 ONR 영향이 크며, 연소실 설계도 중요한 인자로서 일반적으로 스월이 높으면 ONR이 감소한다. 대기압과 대기온도가 높아지면 ONR이 커지며, 습도 상승은 ONR을 감소시킨다. 또한 연소실 퇴적물은 연소실의 열방산을 저해하고 압축비를 증가시키는 요인으로 작용하기 때문에 ONR 증가를 초래한다.

고옥탄가 연료를 사용하면 기관성능이 향상되고 연비가 좋아진다는 생각은 옥탄가에 대한 잘못된 인식이며 사용자의 입장에서는 자동차 제조회사가 추천한 옥탄가 연료를 사용하면 충분하다. 고옥탄가 연료는 노크발생을 억제하므로 기관설계시 압축비를 향상시킬 수 있어 압축비 향상에 따라 효율이 증가되는 것으로 생각함이 타당할 것이다.

(d) **노크 발생시 수반되는 장해.**: 가솔린기관에서 노크가 발생하면 기관의 냉각손실은 증가하고, 출력은 저하한다. 또 연소최고압력이나 압력상승률이 증가하기 때문에 기관을 구성하는 각 부분에 가해지는 응력이 크게 되어 고장의 원인이 되는데 그 구체적인 예를 들면 다음과 같다.

a) 연소실벽, 특히 피스톤 정면이 과열 : 피스톤기관에서는 연소가스의 최대온도는 2000

~2500℃에 도달함에도 불구하고 피스톤 정면은 200~300℃로서 벽면의 내열성 때문에 가스온도를 내릴 필요가 없는 특징을 갖고 있다. 이와 같이 낮은 온도로 유지할 수 있는 한 가지 이유는 벽면 부근에 가스의 정지층이 있어 열전달을 방해하고 있기 때문이다. 그러나 노킹은 격렬한 압력파가 벽면에 충돌을 되풀이하는 현상이기 때문에 이 정지층을 박리시켜 열전달을 촉진시켜 벽면온도를 높인다. 그림 7·68은 자동차용 가솔린기관을 노크가 일어나기 쉬운 조건에서 운전할 때 노크에 의하여 100~150℃ 가량 피스톤 정면의 온도가 상승하는 것을 나타내며, 이와 같은 운전을 계속하면 더욱 노크가 격렬하게 되고, 또 연소실 벽, 배기밸브 등이 과열되어 스파크 화염의 도달에 앞서서 혼합기는 열면으로부터 과조(過早)착화가 동시에 유발되어 실린더는 더욱 과열되고 드디어는 피스톤이 녹아 늘어붙는 현상(燒損)을 초래한다. 이와 같이 과열은 노크의 가장 큰 장해이며 그 원인은 앞에서 언급한 벽면 근처의 가스 정지층이 박리되어 열전달이 좋아지기 때문이다. 즉, 노크가 일어나면 실린더 내의 가스온도·압력이 상승하고 또한 가스진동 때문에 실린더 벽으로 열전달이 좋아진다. 이 때문에 가스에서 냉각수로 전달되는 열량은 증대되고 배기온도가 저하한다.

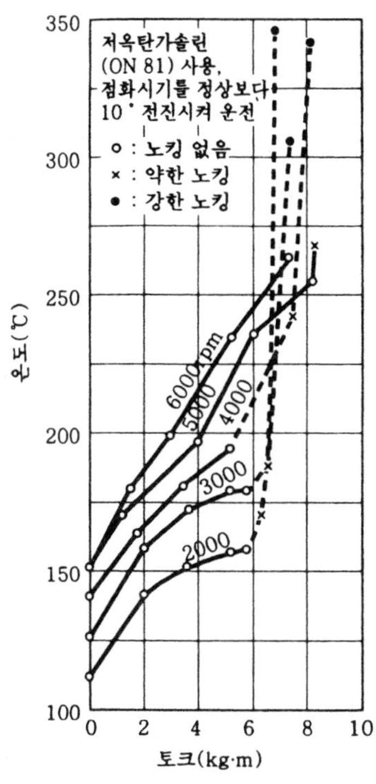

그림 7·68 노킹에 의한 피스톤 정면(윗부분) 중앙부위의 온도증가 모양

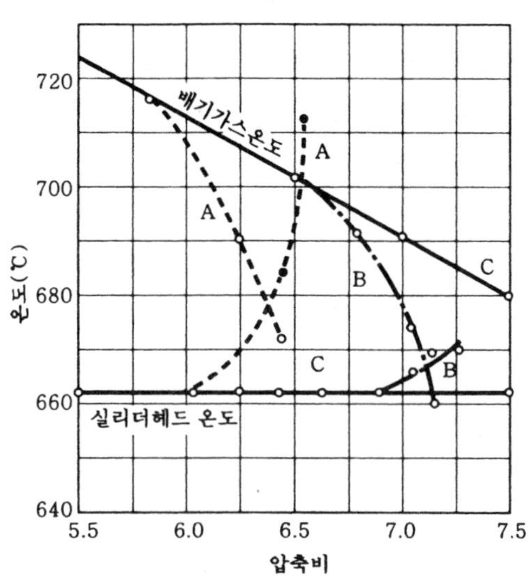

그림 7·69 압축비와 배기가스 및 실린더헤드의 온도

다시 말해 노크를 일으키면 실린더헤드, 피스톤헤드의 온도는 상승하고 배기온도는 저하한다. 그림 7·69는 A, B, C 3종의 다른 연료를 사용하여 압축비를 순차로 올린 경우에 배기온도와 실린더헤드 온도가 변화되어 가는 양상을 나타낸다. 연료에 의해 노크가 일어나는 압축비는 각각 다르며 예를 들면 A연료는 압축비 5.8 부근에서 노크를 일으키면 배기온도는 내려가며 실린더헤드 온도는 상승하고 압축비를 늘릴수록 노크는 강하게 되며 점점 이 경향이 심하게 된다.

b) 출력과 효율의 저하 : 노크가 일어나기 시작하여도 바로 출력저하를 초래하지 않는다. 시간이 경과됨에 따라서 실린더가 과열되어 노크가 점점 심하게 되고 냉각손실이 늘어나고 최대압력이 과대하게 높아져 마찰손실이 크게 되는 등 출력의 저하가 현저하게 되며 효율도 저하한다. 그러나 노크는 점화시기의 조정으로 어느 정도 억제할 수가 있다. 그림 7·70은 압축비와 출력의 관계를 나타낸 것으로서 곡선 a는 옥탄가 100인 연료를 사용하여 노크가 일어나지 않은 경우, 곡선 c는 옥탄가 44인 연료를 사용하여 노크가 일어난 경우이다. 점화시기를 지연시키면 그림의 아래쪽 곡선 d에 나타냄과 같이 노크는 없어지나 출력은 그림의 위쪽 곡선 d와 같이 현저하게 저하한다. 가벼운 노크를 허용하여 점화시기를 b와 같이 선정하면 연소가 빠르게 끝나므로 상측 곡선 b와 같이 가장 좋은 출력이 얻어진다.

c) 각부 응력의 증가 : 노크가 일어나면 압력상승률 및 최고압력이 증가되기 때문에 각 부분에 가해지는 응력이 증가되고 커넥팅로드의 대단부의 메탈에 균열이 생기는 수가

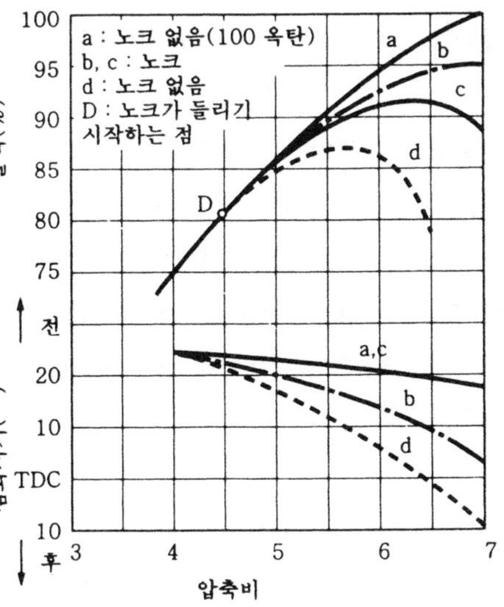

그림 7·70 노크와 점화시기, 출력의 관계

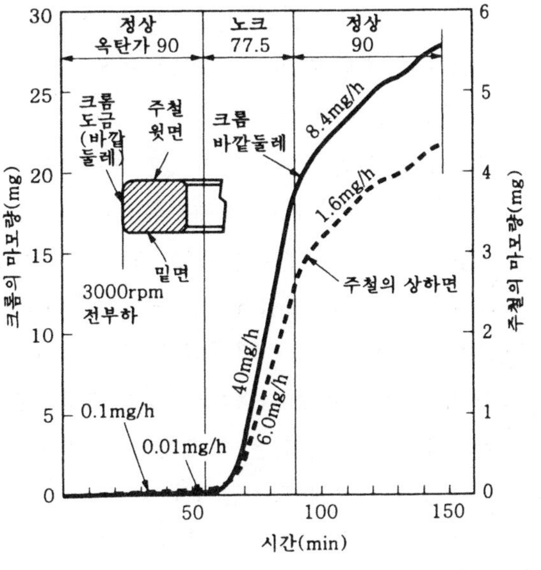

그림 7·71 노킹 발생시의 피스톤 링의 이상마모

있다. 또 노크가 발생함에 따라 압력에너지가 열에너지로 변환되므로 연소실 내의 온도상승으로 인한 연소실 주변의 재료는 더욱 약해질 수 있다.

d) 피스톤 링의 이상 마모 : 그림 7·71은 피스톤 링의 마모가 노킹으로 이상하게 증가되는 것을 표시한다. 또 링의 마모뿐만이 아니고 엔드가스가 압입되는 부분은(링홈을 포함) 심한 피칭(표면이 여러 가지로 파헤쳐지게 되는)을 발생시킨다. 이때 실린더가 주철만일 때는 노크가 없어짐과 더불어 이상마모도 없어지지만 그림과 같이 크롬을 도금한 링에서는 노크가 없어진 후에도 오랫동안 크게 마모가 계속한다. 이것은 도금이 벗겨진 비교적 큰 크롬파편이 마모를 촉진시키기 때문이라고 하는데, 이와 같은 이상한 마찰현상의 메커니즘은 현재 해명되지 않고 있다.

(e) **노크의 발견** : 작은 기관이면 노크음에 의해 감지할 수가 있으나 대마력인 다기통기관에서는 소리분류가 어려우므로 노크가 발생함에 따라서 부수적으로 일어나는 현상에 의해 판정하지 않으면 안 된다.

a) 실린더헤드의 온도상승 : 노크가 일어나면 연소실의 온도가 상승하므로 점화플러그 시트에 열전대를 장치하여 용이하게 측정할 수 있다.

b) 배기의 색 : 전부하운전일 경우 노크가 일어나지 않을 때는 배기구멍에서 나오는 화염은 청색이며 때때로 황색이 섞일 정도이나 노크가 일어나면 황색이 많아진다. 더욱 심하게 되면 배기관에서 때때로 흑연을 배출한다.

c) 압력의 측정 : 실린더 내의 최고압력, 압력진동으로 발견할 수 있다. 그러나 이것은 자연진동수가 높은 지압기(pressure pick up)를 연소실 벽에 직접 장착하지 않으면 착오가 생긴다. 혹은 압력상승률을 측정함에 따라서도 식별할 수 있다.

이외에도 경험에 따라 출력의 부족, 운전의 불균일, 배기온도의 저하, 냉각수온도의 상승 등에 따라 발견할 수 있다.

(f) **노크방지법** : 지금까지 설명한 바와 같이 노크가 일어나는 한계는 엔드가스의 온도-압력-시간 이력에 따라 정해진다. 즉 노크는 일정한 연료 및 혼합비에 대해 엔드가스의 온도·압력이 일정한 한계를 넘고 또한 그 상태가 어느 시간 계속되었을 때에 일어난다. 노크한계에 관한 많은 실험에 의하면 그 상태는 압축비를 바꾸어 얻어진 것이라도, 급기압력·온도를 바꾸어 얻어진 것이라도, 점화시기를 바꾸어 얻어진 것이라도 모두 같다. 따라서 이것을 방지하는 데는 다음의 사항을 고려하면 된다.

a) 안티노크성이 높은 연료를 사용한다.

b) 엔드가스의 온도·압력을 내린다.

c) 화염속도를 크게 하거나 혹은 화염전파거리를 짧게 하여 엔드가스가 고온에 접촉되는 시간을 짧게 한다.

이 가운데 a)는 연료의 조성에 의한 것이며, b)와 c)는 기관의 운전조건 및 기계적 설계에 의한 것이므로 이들에 대한 구체적인 방안은 다음과 같다.

a) 안티노크성이 높은 연료사용 : 자발화온도, 발화지연, 연소속도 등의 노킹에 관계 있는 인자는 연료 중의 성분에 의하여 다르기 때문에 그 대책은 먼저 연료의 안티노크성에 있다.

일반적으로는 분자 구조가 콤팩트한 것은 탄소수가 많고 사슬이 긴 것보다 안티노크성은 높다. 예를 들면 프로판을 주성분으로 한 LPG와 방향족계는 노크가 일어나기 어렵다. 이와 같은 분자는 먼저 원유의 산지에 따라서 함유율이 다르지만 화학공업적 분해(cracking)와 결합으로 제조할 수 있다.

또 이들 기본 연료분자의 성질 외에 소량의 첨가제를 첨가하여 안티노크성을 향상시키는 방법이 있다. 그 중에서 가장 효과가 현저한 것은 발화지연을 증가시키는 작용이 있는 납으로 가용성으로 하기 위하여 4에틸연 $Pb(C_2H_5)_4$(20℃와 비중 1.659, 비점 200℃, 융점 −156℃)으로 하며, 또 연소 후 납이 연소실에 퇴적되는 것을 방지하기 위하여 소연제(掃鉛劑)로서 염소와 불소화합물도 혼합하여 첨가한다. 이 첨가제는 Midgley와 Boyd에 의해 발견된 것이며, 0.1% 정도의 첨가로 현저한 효과를 올리고 있다. 특히 노크를 일으키기 쉬운 연료일수록 효과를 크게 미치며 첨가량을 증가시켜도 그 비율만큼 효과는 높게 되지 않는다. 또 무거운 분자 때문에 여러 실린더에 균일하게 분배되지 않아 실린더마다에 노크성이 달라질 수 있다. 더욱이 최근에는 공해의 염려가 있기 때문에 무연을 의무적으로 하였다. 그때 스텔라이트와 같은 특수한 재료를 배기밸브 시트에 사용하지 않으면 주철 시트에서는 밸브 면에 금속분이 퇴적하여 밸브의 회전과 요동운동으로 밸브시트는 이상하게 마모되고 밸브가 시트에 밀착되지 않게 된다. 이것을 배기밸브 리세션(recession)이라 한다. 밸브시트의 재질로서 대책을 강구해야 하지만 약 0.003%의 납을 포함시키면 이를 방지할 수 있으나 배기 정화법의 한 가지인 산화촉매에 대하여 이 양으로도 촉매의 열화작용은 무시할 수 없다.

즉, 자동차 공해문제 해결을 위한 연료의 가장 첫 변화는 촉매사용을 위하여 연료를 무연화한 것이었다. 유연연료를 사용하면 촉매표면이 납으로 피막되어 촉매기능을 할 수 없게 되기 때문에 연료의 무연화는 필수적으로 요구된다.

그러나 납(tetraethyl lead)은 가솔린연료의 옥탄가 향상을 위하여 사용되었기 때문에 무연화에 따른 옥탄가 보상대책이 필요하며 정유회사에서는 이를 해결하기 위하여 더욱 엄격한 제조공정처리와 함산소제 첨가방식을 사용하였다. 그러나 제조공정처리방식 향상에 따라 옥탄가는 증가하였지만 동시에 방향족(aromatics)과 olefins/diolefins 성분이 많아졌으며, 증류점 성분들이 증가하여 휘발성이 높아지고 따라서 증발가스

(evaporative emissions)를 유발시키는 문제점 등이 발생하였다.

b) 운전조건에 의한 노크경감 : 점화를 진전시키면 연소후기가 상사점 직후가 되어 엔드가스의 온도와 압력이 높아져 노크가 일어나기 쉽다.

급기의 온도와 압력이 높으면 마찬가지로 노크가 일어나기 쉽다. 또 저회전에서 가스유동이 낮아서 연소속도가 떨어질 때나 희박한 혼합기의 경우도 마찬가지로 노크가 일어나기 쉽다. 역으로 고속에서는 연소속도가 크므로 노크가 일어나기 어렵다. 이들 내용을 구체적으로 하나하나 열거하면 다음과 같다.

㉠ 냉각수온도를 내리면 엔드가스의 온도가 내려간다.

㉡ 급기의 온도를 내리면 엔드가스의 온도가 내려간다. 그러나 연료에 따라서 그 민감도가 다르다.

㉢ 과농·과희박혼합기를 사용하면 엔드가스의 안티노크성이 증가된다(노크의 이론항 참조). 일반적으로 과농인 편을 사용한다.

㉣ 점화시기를 늦추어 엔드가스가 상사점보다 훨씬 후에 연소되도록 한다. 반대로 점화를 진전시키면 연소가스가 피스톤으로 압축되므로 압력·온도가 상승하여 격심한 노크를 일으킨다.

㉤ 급기를 교축하면 화염속도가 느림에도 불구하고 노크는 적어진다. 이것은 주로 엔드가스의 압력이 내려감에 기인한다. 반대로 과급한 경우에는 노크를 일으키기 쉽게 된다.

㉥ 화염속도가 높게 되면 엔드가스의 수명은 짧아지나 한편 엔드가스로부터 열손실이 적어져서 온도·압력은 높게 된다. 그러나 실제로 전자의 영향(엔드가스의 수명단축)이 크며, 기관회전수를 올리면 화염전파시간이 단축되어 노크는 경감된다. 그림 7·72에 나타냄과 같이 회전이 높게 되면 낮은 옥탄가 연료라도 노크가 없는 운전이 가능하다. 급기온도·압력이 높게 되면 노크를 일으킨다는 것은 물론이지만 가장 노크가 일어나기 쉬운 것은 이론혼합비 혹은 약간 공기과잉 쪽이다. λ가 대단히 큰 곳 또는 작은 곳에서는 노크가 없는 운전이 되므로 이 범위를 이용하여 높은 급기압을 사용해 평균유효압력을 올릴 수 있다.

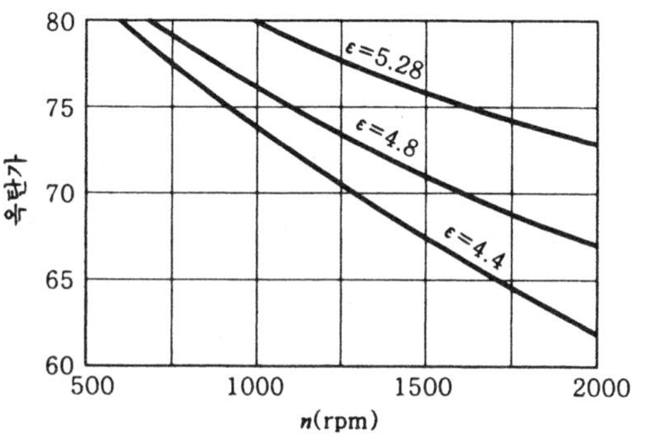

그림 7·72 회전속도와 최소 옥탄가의 관계

그러나 λ가 큰 쪽에서는 이 운전범위는 좁으므로 과농혼합기를 사용하고 다량의 연료를 소비하여 운전하는 것이 노크방지의 유일한 수단으로 되어 있다.

c) **연소실 설계에 의한 노크방지** :

㉠ **화염전파거리의 단축** : 적당한 점화플러그 위치, 연소실 형상에 따라 화염전파거리를 최소로 한다. 구형 연소실의 중심에 점화하는 것이 가장 이상적이나 실제는 실현되지 못하므로 가급적 이것에 가깝도록 한다. 양측에 2개의 점화플러그를 사용하면 전파거리는 반감된다. 점화플러그는 배기측에 설치한 편이 엔드가스 온도가 낮고 노크를 일으키기 힘들다. 그러나 저부하에서 사이클마다 변동이 크게 된다. 작은 실린더는 큰 것에 비하여 전파거리가 짧고 또 단위 체적당의 냉각면적이 크므로 노크를 일으키기 힘들다.

그림 7·73은 대표적인 연소실 형상을 표시하였다. 그림 7·73(a)의 L형 연소실은 넓기 때문에 노크가 발생하기 쉬워서 OHV(over head valve)보다 2 정도 압축비를 낮게 할 필요가 있고, (e)의 반구형에서 중앙에 점화플러그를 설치하는 것이 가장 화염전파거리가 짧고 안티노크성이 좋다. 같은 이유로부터 그림 7·74와 같이 가솔린기관의 실린더 내경에는 한계가 있고 비행기용 등에서 특히 노크가 일어나기 어려운 연료에서는 160 mm 정도이지만 자동차용 등은 일반적으로는 100~110 mm 이하이다.

㉡ 엔드가스의 냉각 : 점화플러그에서 가장 먼 곳의 가스가 잘 냉각되도록 한다. 엔드가스 부분의 상사점 간극을 작게 하여 냉각영역(quench area)을 마련하면 유효한 냉각이 행해진다.

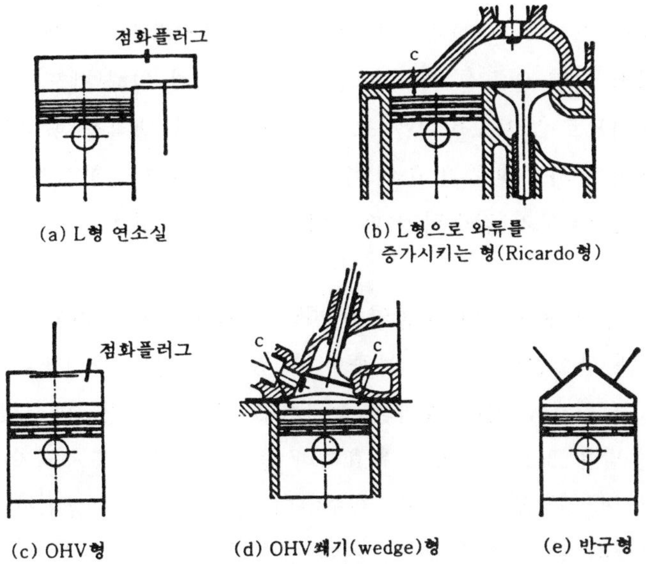

그림 7·73 연소실 형상에 의한 노크대책

그리고 그림 7·73 (b), (d)와 같이 압축 끝에서 좁은 c의 부분을 만들어 그 부분의 혼합기를 압출시켜 유동을 발생(스퀴시형이라고 한다)시킬 때는 연소속도를 증대시킬 수 있다. 그리고 앞에 기술한 스퀴시부 c는 엔드가스가 압입되는 부분을 냉각하여 자발화를 방지하는 역할도 한다. c는 1~2 mm로서 150~200℃의 비교적 저온벽에 끼여 있으므로 알루미늄 헤드에서는 저온이기 때문에 특히 효과가 크다.

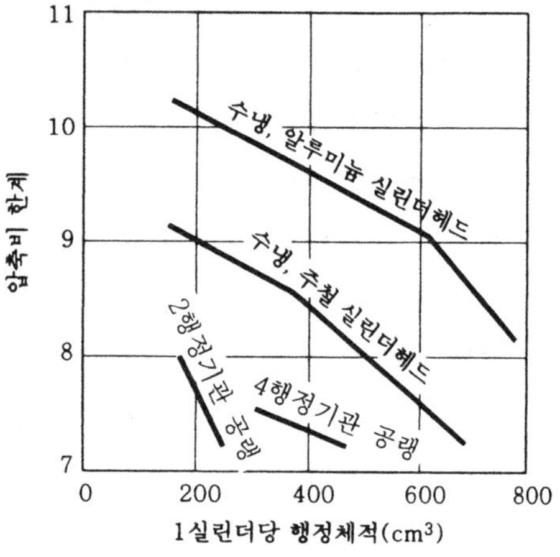

그림 7·74 노크에 미치는 기관형식의 일례

㉢ 배기밸브의 냉각 : 배기밸브는 가장 온도가 높은 부분이므로 엔드가스에서 가급적 먼 위치에 마련하고 또한 중공(中空)밸브로 밸브온도를 내린다. 슬리브 밸브 혹은 회전밸브를 이용하면 한쪽 측면이 실린더 벽에 밀착되어 있으므로 저온도로 유지할 수 있다. 그러나 구조가 복잡하며 내구성이 부족하므로 현재는 거의 사용되지 않는다.

㉣ 난류의 증가 : 강한 교란을 일으키는 연소실을 사용하면 화염속도가 빨라지고 또한 엔드가스의 열발산도 좋으며 노크가 경감된다. 그러나 열손실, 정숙운전 측면도 고려해야 한다.

㉤ 연소실의 소기 : 잔류가스 그 자체는 노크를 억제하는 성질을 가지고 있으나 잔류가스가 많게 되면 연소실 온도가 높게 되고, 그에 의해 엔드가스 온도가 높게 되어 노크를 조장하므로 밸브오버랩을 크게 하여 소기와 냉각을 행하면 노크는 경감된다.

d) 물 또는 알코올 분사 : 혼합기 중에 수증기를 혼합하면 불활성가스와 마찬가지로 노크를 감소시키지만 산소농도가 감소되기 때문에 연소범위를 좁혀서 동일 압축비에 대해 출력은 감소된다.

물을 급기 중에 분사하면 증발열에 따라 압축온도를 내리고 또한 체적효율을 증대시키기 때문에 산소농도 감소를 보충할 수 있다. 증발이 흡기밸브가 닫힐 때까지 일어나면 체적효율 증가에 따라 출력을 증대하고 또한 노크경감에 도움된다. 그러나 압축행정 중의 증발은 노크경감에는 유효하나 출력증가에는 도움되지 않는다. 또 점화 후에 액체가 남아 있으면 연소열을 흡수하여 출력·효율을 감소시키므로 이득이 없다. 그러므로 가급적 빨리 증발시키는 것이 중요하다.

메탄올은 비점이 낮고 빠르게 기화하며 또한 메탄올 증기는 강한 안티노크성을 가지고 있으므로 노크를 억제하고 또 메탄올 자신이 연료로 되어 출력을 증대한다. 그러나 메탄올은 농도가 높게 되면 표면착화를 일으키는 결점이 있다. 에탄올은 메탄올보다 표면착화는 일으키기 힘드나 비점은 약간 높다. 알코올은 기화기의 동결방지에도 도움이 된다.

물 혹은 물과 알코올 1 : 1인 혼합물이 적당하다고 하며, 별도로 기화기를 마련하여 전부하운전 가까이에서 자동적으로 공급될 수 있도록 되어 있으나 실린더 부식이 심하므로 특수기관 이외에는 그다지 사용되지 않는다.

e) Texaco 연소법 : 가솔린기관에서 보통 연소법으로는 점화 전에 가연혼합기를 형성시켜 그것에 점화하여 화염면이 미연소부를 압축하면서 진행되어 가므로 혼합기가 고온·고압하에 존재하는 시간이 길며, 이 때문에 엔드가스가 자발화를 일으켜 노크를 발생한다. 그러므로 실린더 내에 혼합기를 형성하면서 연소시키고 가연혼합기의 존재하는 시간을 짧게 하면 노크를 방지할 수 있음과 동시에 층상화에 의해 희박혼합비를 사용할 수가 있다.

그림 7·75는 이 방법을 도시한 것으로서, 슈라우드 흡기밸브에 의해 실린더 내의 공기에 선회운동을 주어 기류와 같은 방향으로 연료를 분사한다. 최초에 분사된 연료가 공기와 혼합되어 점화플러그에 도달한 때에 혼합기는 점화되고 뒤에 분사되는 연료는 공기유동에 따라 혼합기를 형성하면서 계속 화염면에 공급되며 동시에 연소가스는 화염면에서 날려보냄으로써 분사기간 중 정상 화염면이 된다.

이 연소방법에 따르면 연료의 옥탄가에 관계없고 노크없이 압축비를 12까지 올릴 수 있으며, 또한 연료의 기화성에도 관계되지 않고 비등점 38~315℃의 범위인 연료를 사용할 수 있다. 또 점화플러그에는 항상 농후한 혼합기가 공급되므로 소량의 연료를 연소시킬 수 있어 전체로서 공연비 100 : 1이라고 하는 희박한 것을 사용할 수 있다. 또한 연소속도가 빠르기 때문에 노크가 일어나기 쉬운 등유 등도 사용할 수 있다. 저부하의 효율이 높고 출력 조정은 교축밸브에 의하지 않고 연료의 양만으로 가감할 수 있으며, 연료소비율은 기화기식보다 30% 감소된다

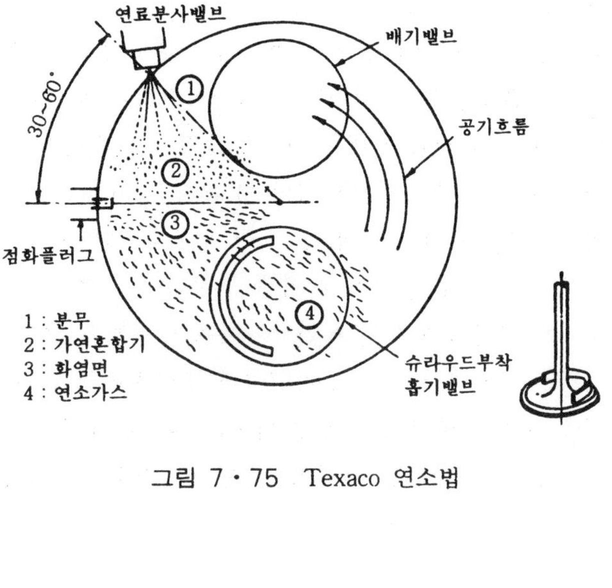

그림 7·75 Texaco 연소법

는 것이 확인되고 있다.

② **표면착화**

(a) **표면착화현상의 설명** : 표면착화란 점화플러그의 불꽃이 아닌 다른 고온점, 즉 점화플러그의 전극 끝부분, 배기밸브, 연소실 내의 퇴적물 등의 열면에 의하여 점화플러그에 의한 정상화염이 도달하기 전·후에 별도의 화염면을 발생하는 것을 말하며, 비교적 낮은 압력에서도 발생한다. 이처럼 발생한 1개 혹은 몇 개의 표면착화에 의한 화염면은 정상속도로 전파한다. 표면착화는 정규 불꽃점화가 발생하기 전에 일어나는 경우를 조기착화(pre-ignition)라고 하며, 후에 일어나는 것을 지연착화(post-ignition)라고 한다. 조기착화의 경우는 압축행정 중에 대부분의 연소가 완료되므로 압력이 매우 높고, 특히 압축일이 증대되며, 연소가스를 압축하므로 가스온도도 과대하게 높아지기 때문에 상사점 근처에서 회전이 감소하여 정지하는 경우도 있으며 노크와 병행하여 발생하면 장애는 한층 증대된다. 조기착화는 표면착화가 원인이며, 이는 점화플러그의 전극 끝이나 배기밸브 등이 노크 등으로 고온점(hot bulb)으로 되는 경우나 연소에 의한 탄분이나 카본이 피스톤 등에 퇴적되었을 경우에 이 퇴적물은 열의 불량도체이므로 고온이 되며, 이들이 피스톤 표면에서 떨어져 연소실에 떠다니면서 점화원으로 되게 된다.

표면착화가 발생하였으나 이것에 의해 노크를 수반하지 않은 경우를 비노크성 표면착화(non-knocking surface ignition)라고 하며, 노크를 발생시키는 경우를 노크성 표면착화(knocking surface ignition)라고 한다. 이 경우의 노크는 스파크노크와 달리 점화시기로 조절할 수 없으며, 재발생하는 경우도 있으며 없는 경우도 있다.

또, 표면착화는 불꽃점화를 차단하여도 발생하는 경우가 있어 이것에 의해 단시간 동안 계속 운전되는 것을 런온(run-on)이라 하며 불안정한 현상으로 기관이 역회전하기 쉽게 된다. 이것은 주로 잔류가스에 의한 고온 흡기의 압축착화에 의한 것이기 때문에 연소실 벽에 퇴적물이 생성되어 열의 절연층이 생성되었을 때 일어나기 쉽다.

과조(過早)착화가 일어나면 점화시기를 너무 진전시킨 것과 마찬가지로 연소가스가 압축되기 때문에 실린더 내의 온도·압력이 상승하며 열면은 점점 가열되고 착화는 더욱 빠르게 되어 드디어 폭주표면착화(runaway surface igniton)의 상태가 된다. 이 현상은 통상 과열된 점화플러그, 배기밸브, 기타 연소실 벽면에 의해 유발되며, 일반적으로 부유한 퇴적물 입자 혹은 연소실 벽에 가볍게 부착되어 있는 퇴적물에 의해서는 일어나지 않는다고 한다. 이것은 가장 파괴적인 표면착화이며 단기통기관인 경우에는 과조착화가 진행되면 정지하나 다기통 기관에서는 어느 실린더에 표면착화가 일어나도 다른 실린더에 의해 끌려가므로 더 더욱 착화는 빠르게 되어 드디어는 피스톤의 용융, 소착이 일어나 기관의 파괴를 초래한다. 노크에 의한 파괴는 기계적이지만 이 경우는 열적인 파괴로서 가장 악질적인 것이다.

표면착화에 의해 화염면이 빨리 발생하면 노크를 유발한다. 노크가 일어나면 더욱 표면착화를 조장하며 이 두 가지의 현상은 서로 도발적이다. 이 결과 때때로 불안정하고 예리한 고주파의 파괴음을 발생하는데 이것을 와일드핑(wild ping)이라고 한다. 즉 노크와 표면착화가 같이 발생하는 경우로 이것은 퇴적물 입자에 의한 초기의 표면착화라고 풀이되고 있다.

압축비를 디젤기관의 것과 유사하게 높이면 표면착화에 의한 이상연소는 한층 심하게 되어 럼블(rumble)이나 서드(thud)라 하는 비교적 진동수가 낮은(1000 Hz 정도) 둔탁하고 강한 충격음이 발생하는데, 이는 연소실보다도 크랭크축 등의 진동에 의한 것으로 생각된다. 즉, 압축비가 높게 되면(9.5 이상) 노크와는 다른 저주파의 둔탁한 뇌음을 발생하고 기관 운전이 거칠어진다. 이 현상을 럼블 혹은 파운딩(pounding)이라고 한다. 그 원인은 퇴적물에 의한 대단히 빠른 표면착화 혹은 다수의 표면착화에 수반한 급격한 압력상승에 기인한 것이며, 그 소리는 크랭크축의 굽힘진동에 기인하는 것이라고 풀이되고 있다.

그림 7·76에 각각의 이상연소의 경우 압력상승을 나타낸 것이다. 럼블의 경우 압력상승은 스파크노크의 경우보다 조기에 일어나고 압력상승속도는 0.85 MPa/deg(정상연소의 6배)에 달하고 있다. 럼블은 한번 일어나면 계속하여 일어나지만 퇴적물을 없애면 소멸된다. 더욱더 압축비가 높게 되면(12 이상) 청정한 연소실이라도 급격한 압력상승에 의해 럼블과 같은 저주파의 뇌음을 발생한다. 이것을 서드(thud)라고 하며 이 소리는 크랭크축의 비틀림진동에 의한 것이라고 한다.

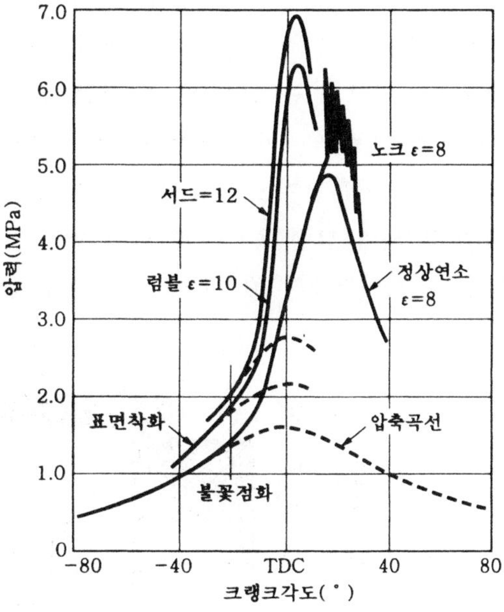

그림 7·76 각종 이상연소에서의 압력상승

럼블에서 급격한 압력상승은 표면착화에 의해 추가된 화염면에 기인한 것이지만, 서드에서는 연료의 급속하고 규칙적인 연소에 의한 것이라고 생각되고 압력상승은 럼블보다 더욱 조기에 일어나며 점화진각에 따라 제어할 수가 있다. 서드는 점화진각, 흡기압력, 회전속도가 증가될수록 강하게 되고 스파크노크를 수반하지 않는 경우에는 연료의 성질과는 무관하며 주로 압축비와 연소실의 설계에 기인한다. 표 7·10에 이상연소의 상호관계와 소음주파수가 나타내어져 있다.

이들의 이상연소 중 노크는 고옥탄가 연료를 사용함에 따라 방지될 수 있으나 럼블을 근본적으로 방지할 수 있는 연료도 첨가물도 아직 발견되어 있지 않다. 럼블은 특정한 연소실

표 7·10　이상연소음의 주파수

	표면착화 없음	표면착화	소음주파수 c/s
자발화	불꽃노크	와일드핑	4000～6500
급격압력상승	서　드	럼　블	600～1200

에 한해 일어나는 것은 아니고 압축비가 높게 되면 현재 사용하고 있는 모든 형식의 연소실에서 일어난다. 실린더, 크랭크실, 크랭크축, 피스톤기구 등 각부의 강성을 높여도 럼블음을 제거할 수는 없다. 럼블이 일어나면 불쾌음을 발생할 뿐만 아니라 실린더는 과열되고 성능은 현저하게 저하한다. 일례를 들면 정상연소인 경우에 비하여 전부하운전에서 출력 19% 저하, 배기가스 손실 10% 감소, 냉각손실 50% 증가를 나타내고 있다.

현재 가솔린기관의 압축비 상승을 저지하고 있는 것은 럼블이다.

그 밖의 이상연소로서는 배기관에서 발생하는 후연소 현상이다. 자동차가 갑자기 정지하기 전이나 경사길을 내려갈 때 엔진브레이크 중에 배기관에서 연소가 일어나는 후연소(after-fire)라고 하는 현상은 교축밸브(throttle valve)를 닫은 상태에서 고회전으로 운전되기 때문에 새로운 공기가 잔류가스에 비하여 적고 실질 혼합비가 너무 희박하여 점화 불가능하므로 미연혼합기를 배출하는데, 이것이 여러 사이클 반복하여 점차적으로 점화가능한 혼합비가 되어 그림 7·77과 같이 연소가 늦고 배기밸브가 열렸을 때, 고온가스(또는 화염)가 앞 사이클에서 배기관에 압출된 혼합기에 점화, 폭발하는 현상이다.

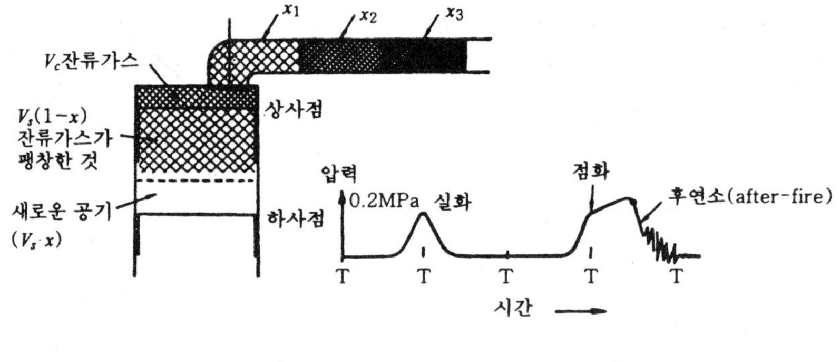

그림 7·77　엔진브레이크 때의 후연소(after-fire)의 설명

(b) **표면착화기구** : 고온면에 접하고 있는 혼합기가 착화하여 자기전파화염을 발생하는데는 다음 두 가지 조건을 충족시키지 않으면 안 된다.

첫째, 혼합비가 연소범위에 있을 것

둘째, 혼합기 온도가 착화온도 이상일 것

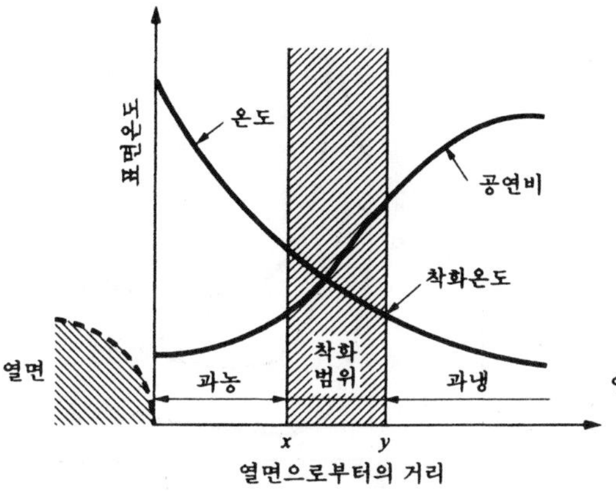

그림 7·78 퇴적물에 의한 착화

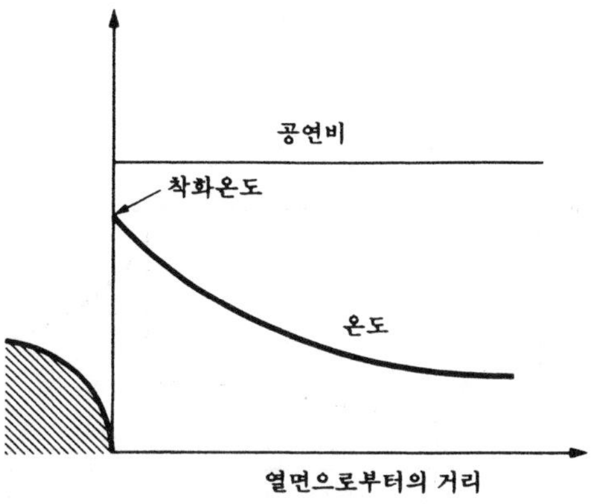

그림 7·79 불활성면에 의한 착화

가연성인 퇴적물에 의해 착화될 경우에는, 그 연소에 산소가 소비되기 때문에 퇴적물 부근의 혼합기는 산소부족 상태가 되어 착화는 표면에서 약간 떨어진 장소에서 일어난다. 그림 7·78은 이것을 모식적으로 표시한 것으로서, 열면으로부터 x의 거리까지는 과농이고, y로부터 멀어지면 온도가 낮아 발화불능이며, xy 사이에서 착화의 조건이 충족된다. 자기전파화염이 확실히 되기 위해서는 어느 정도 체적의 혼합기 덩어리가 발화온도까지 가열되지 않으면 안 되므로, 이 임계혼합기 덩어리가 열면에서 떨어져 있을수록 착화에는 높은 표면온도가 필요하게 된다.

불활성면(inert surface)에 의해 착화될 경우에는 표면부근의 혼합비에 변화는 일어나지 않으므로, 착화는 온도만에 의존하고 혼합기의 가열이 열전달만에 의한다고 하면 그림 7·79에 나타냄과 같이 표면온도가 혼합기의 착화온도에 달하면 그 표면에서 착화된다. 따라서 불활성면에 의한 착화는 연소가능성, 혹은 산소를 소비하도록 하는 열면보다도 낮은 표면온도에서 일어난다.

혼합기가 가열되는 것은 (1) 열면에서 열전달, (2) 압축열, (3) 화학반응에 기인한다. 사이클 중의 열면온도는 그림 7·80과 같이 변화한다. 혼합기 온도는 흡입직후에서는 열전달만에 의해 상승하고, 압축행정 초기에 열면온도 가까이에 도달하면 그 후는 압축과 화학반응에 의해 열면온도 이상이 된다. 이 양상이 그림 7·81에 나타나 있다. 표면착화가 조기에 일어날수록 압축의 영향은 적고, 또 전열기간이 짧아지므로 열면온도는 반드시 높게 되는 것이다.

화학반응에 의한 발열은 냉염반응에 기인하나 700℃ 정도가 되면 산화작용이 진행하여 혼합기온도를 올리는 데 도움이 된다. 그러나, 경계층에는 앞 사이클의 연소가스가 남아 있으므로, 이 경우에는 물질이동이 중요한 역할을 하여 화학반응은 지배적이 아니다.

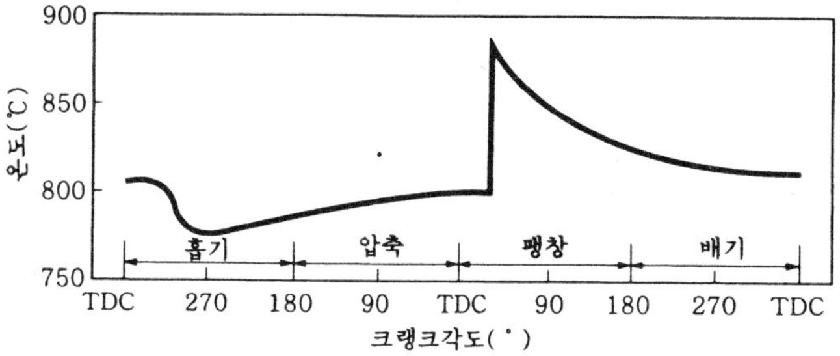

그림 7·80 1 사이클 중의 열면온도의 변화

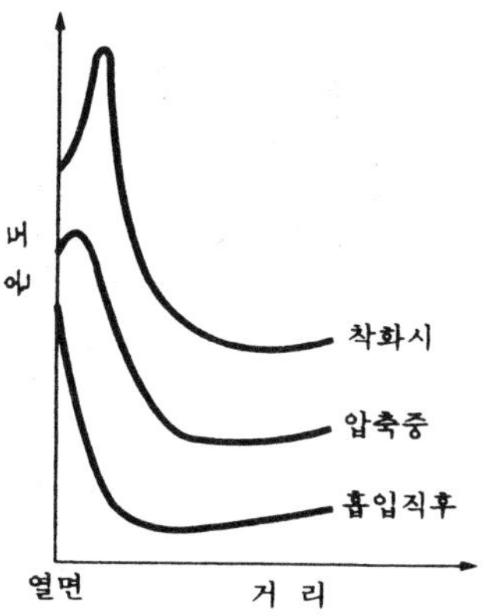

그림 7·81 열면부근의 혼합기의 온도변화

연소실에 부유하고 있는 퇴적물 입자는 적열상태가 되어 표면착화의 원인이 되나, 이것은 다음의 2단계로 행해진다. 퇴적물 입자가 고온인 화염에 둘러싸이면 유기성분의 분해가 일어나고 휘발물은 다시 열분해되어 입자의 가는구멍(細孔) 혹은 가까이에서 화염을 발생하고, 탄소화합물의 분해를 가속함과 동시에 그 온도를 상승시킨다. 이어서 탄소잔재의 가는구멍(細孔) 혹은 표면에서 행해지는 빠른 산화에 의해 적열상태가 된다. 압축행정에서는 산소 공급이 충분하기 때문에 적열도를 증가시키고, 또 혼합기와 함께 움직이므로 항상 같은 부분에 접촉하여 용이하게 이것을 착화온도까지 올린다.

(c) **표면착화에 미치는 여러 영향** : 표면착화가 일어나는가의 여부는 운전조건, 연소실의 설계에 의해 열면온도, 퇴적물 생성의 경향, 혼합기의 착화조건이 어떻게 변하는가에 따라 결정된다. 표 7·11에 이상연소를 조장하는 경향을 나타내고 있다. 압축비, 흡기압력·온도가 높게 되면 열면온도의 상승을 초래하고, 또 혼합기의 착화조건이 좋아지기 때문에 앞의 모든 것이 표면착화를 조장한다.

점화시기 : 점화시기를 진전시키면 상사점 부근의 가스온도·압력이 높아지기 때문에 점

표 7·11 이상연소를 조장하는 운전조건

현 상	노 크	표면착화	럼 블	서 드
압축비	고	고(영향적음)	>9.5	>12
기관회전속도	저	중	>2000 rpm	고
점화시기	진	진(영향적음)	진(영향적음)	진
흡기압력	고	고	고	고
혼합비	5~15% 농후	5~15% 농후	5~15% 농후	

화플러그 온도는 상승하고 반대로 지연시키면 배기가스온도가 높아지므로 배기밸브 온도가 상승하며, 또 혼합기가 열면과 접촉하는 시간이 길게 되므로 표면착화가 일어나는 경향이 심하다. 따라서 점화시기의 영향은 비교적 적다.

회전속도 : 회전속도가 높게 되면 열면온도는 상승하나, 혼합기와 열면의 접촉시간이 짧아진다. 어느 회전까지는 전자의 영향이 크고, 회전속도가 상승함에 따라서 표면착화는 촉진되나 고속이 되면 체적효율의 저하와 기타의 이유에 의해 혼합기의 가열은 도리어 저하하고 과조착화는 감소된다. 럼블은 고속에서 일어나며, 불꽃노크와는 반대이다.

혼합비 : 5~15% 과농한 경우 연소온도, 화염속도가 가장 높으며, 따라서 열면온도도 최고가 되고, 또 표면착화온도가 최저가 되므로 이 혼합비에서 표면착화가 가장 일어나기 쉽다.

부 하 : 저부하운전에서는 실린더 온도가 낮고 퇴적물이 고이기 쉽다. 저부하에서 장시간 운전한 후 전부하 고속운전을 행하면 럼블을 일으킨다.

공기유동 : 연소실의 설계를 바꾸어도 압축비가 일정하면 럼블 발생은 변하지 않으나, 슈라우드가 부착된 흡기밸브에 의해 강한 선회류를 주면 어느 정도 경감할 수가 있다. 이것은 혼합기가 유동하고 있기 때문에 혼합기의 국소적 가열이 일어나지 않기 때문이라고 생각된다.

(d) **연료의 표면착화성** : 연료가 표면착화를 일으키는가의 여부는 정상운전에서 열면온도와 연료가 착화를 일으키는 데 필요한 열면온도, 즉 표면착화온도(ignition surface temp.)와의 차가 중요한 인자이다. 이 열면온도차(hot surface-temp. differential)가 작을수록 표면착화저항은 낮다. 그림 7·82에 나타낸 바와 같이 벤젠은 농후한 혼합비에서 이소옥탄보다도 높은 표면착화온도를 나타내나, 연소온도가 높으므로 정상운전시의 열면온도가 높으며 이소옥탄보다도 표면착화저항은 낮다. 즉 표면착화저항은 저압에서 높은 자발화온도를 갖도록 하는 분자구조와 연소온도에 관련되는 탄소수소비의 두 가지에 기인한다. 따라서, 연료의 안티노크성과 표면착화저항과는 전혀 다른 기준에 의해 평가되지 않으면 안 된다.

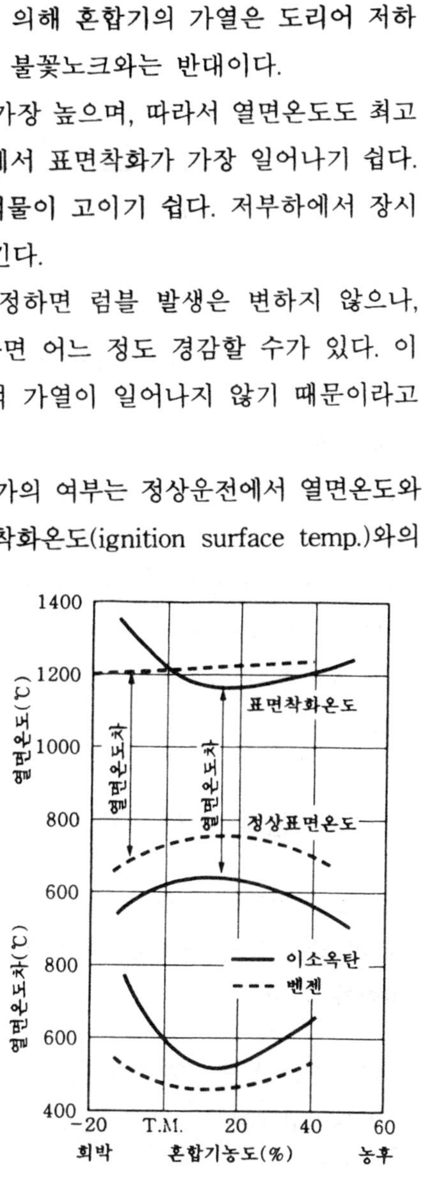

그림 7·82 혼합기농도와 열면온도
(— : 이소옥탄, ····· : 벤젠)

연료의 표면착화저항을 나타내는 일반적인 척도는 아직 확립되어 있지 않았으나, 하나의 척도로서 CRC에서는 럼블을 일으키기 어려운 (이소옥탄+3 ml 4에틸연/gal)을 100, 일으키기 쉬운 (벤젠+3 ml

4에틸연/gal)을 0으로 한 표준연료를 사용하여 이소옥탄의 체적 %를 LIB가(leaded isooctane benzene number)라고 부르고 있다. 또 Downs는 Ricardo E6 기관에 의해 이소옥탄과 쿠멘(cumene, isopropylbenzene)을 각각 최고, 최저의 표준연료로서 비교할 것을 제안하고 있다. 표 7·12에 안티노크성과 표면착화저항의 척도가 나타내어져 있다. 파라핀계 탄화수소는 표면착화저항이 크고 알코올, 방향족, 벤젠, 쿠멘은 높은 안티노크성을 나타내나, 표면착화저항은 낮다. 또 4에틸연은 표면착화저항을 증가하지만 노크에 대할 정도의 효과는 없다.

표 7·12 표면착화저항 및 안티노크성(옥탄가)

연 료	안티노크성 CFR 모터법	표면착화저항 E6 시험기
이소옥탄	100	100
메탄올	112	0
벤 젠	111	31
쿠 멘	106	0
항공가솔린(100/130)	105	77

럼블은 주로 퇴적물에 의한 표면착화에 의존하지만, 이 경우에는 열면온도차 이외에 퇴적물의 착화능력의 영향이 크다. 방향족 탄화수소의 퇴적물은 알킬기의 그것보다도 표면착화 경향이 크고, 또 고비등점 점유분이 많을수록 퇴적물에 의한 표면착화, 럼블이 일어나기 쉽다. 연료에 인산트리크레실(trycresyl phosphate) 혹은 붕소화합물을 첨가하면 퇴적물의 표면착화 능력을 줄이고 럼블이 일어나는 압축비를 1~2로 올릴 수 있다. 이것은 첨가물에 의해 퇴적물이 불활성화되든가 혹은 퇴적물의 열전도율이 좋아지기 때문이라고 생각되고 있다.

7.5.4 방켈 회전기관(로터리기관)의 연소

방켈 회전기관의 연소과정은 근본적으로는 가솔린기관과 변함이 없지만, 연소실 형상이나 피스톤운동의 차이에서부터 혼합기 생성, 화염 발생상황 및 화염 전파양상 등 여러 가지 차이가 있다.

(1) 연소실 형상에 기인한 특수성

회전기관에서 연소실을 형성하는 로터하우징의 상대는 회전에 의해 항상 변화하는 로터의 3개의 면이며, 그러면서도 연소실 자체의 형상이 편평하고 만곡되어 있다. 로터가 그림 7·83의 TDC 위치에서 우측으로 회전을 시작하면 연소실 공간은 트로코이드 단축선에서 진행측인 L에서 증대되고, 역으로 지연측 T에서는 감소한다. 또, 연소실이 회전방향에 대하여 긴 형상을 하고 있으며, 혼합기가 흡입을 시작할 때에는 연소실의 L측에는 배기가스가 유입하기 쉬우며, 역으로 T측에는 연료가 많이 포함되게 된다.

(2) 화염전파

방켈기관의 특수형상인 연소실에서도 화염핵의 발생상황은 가솔린기관과 완전히 동일하다. 또, 화염전파가 가스유동이나 공연비 및 점화시기 등에 의해 지배되는 것도 같다.

회전기관에서는 점화플러그를 그림 7·83에 표시한 바와 같이 2개가 설치되어 있는데, 이것은 앞에서 언급한 바와 같이 혼합기의 성상에서부터 알 수 있듯이 착화 가능성은 T측보다는 L측 플러그에 의한 것이 양호하다. 그러나, 회전기관의 연소에서는 회전방향으로 격렬한 가스흐름이 발생하므로 점화에 의해 발생한 화염면은 로터 회전에 의해 회전방향으로 이동하여 전파하는 경향이 있어 연소실의 축방향으로 화염면의 이동은 적은 것으로 되어 있다.

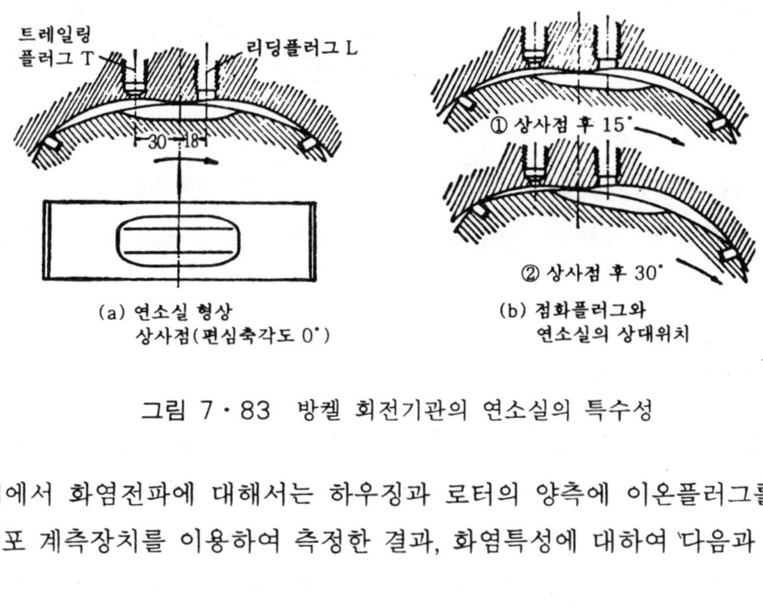

그림 7·83 방켈 회전기관의 연소실의 특수성

연소실 내에서 화염전파에 대해서는 하우징과 로터의 양측에 이온플러그를 설치하여 다단식 시간분포 계측장치를 이용하여 측정한 결과, 화염특성에 대하여 다음과 같이 요약하고 있다.

① 연소실의 L측에서의 연소상태는 대단히 양호하다.

② 일반적으로 횡방향(축방향)의 화염의 퍼짐은 좋지 않다. 이 경향은 T측으로 갈수록 악화된다.

③ T 또는 L의 각 단독 플러그 때의 화염의 변동 특성은 T+L 플러그로 하여도 변하지 않는다.

④ T+L 플러그 때는 플러그 사이에 양 플러그에서의 화염이 별개로 오는 경우가 있는데 나쁜 결과로는 생각하지 않는다.

(3) 연소실 내의 압력변화

회전기관에서는 흡입, 압축, 폭발 및 팽창과 배기의 동작이 로터하우징의 3곳에서 행하여지므로, 1 사이클 동안의 압력변화를 측정하기 위해서는 3개의 압력센서를 로터 하우징이나 또는 사이드 하우징의 적당한 곳에 설치해야 한다. 따라서, 연속한 지압선도를 얻기 위해서는 각각의 압력파형을 연결하여 하나로 만들 필요가 있다.

그림 7·84는 회전기관의 연속한 선도와 왕복기관의 선도와 비교한 것이다.

회전기관에서 노크는 왕복기관의 노크와 완전히 동일하며, 최대압력이 발생한 후에 나타난다. 이 노크의 원인은 T측의 혼합기로 화염도달이 늦기 때문으로 생각된다.

실험결과에 의하면 점화플러그 진각이 12+17(deg)에서 T측과 L측의 압력파형이 정상이었던 것을 T측을 9(deg) 진전시켜 21+19(deg)로 하면 T측에 노크현상이 발생하였다고 보고하고 있다. 또, L측의 점화진각은 노크발생에 관하여는 둔감한 것 같다.

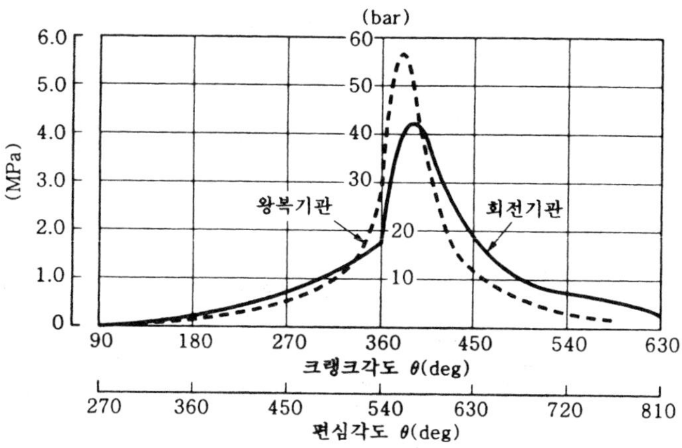

그림 7·84 방켈 회전기관과 왕복기관과의 압력변화 비교

7.5.5 희박연소(lean burn)

가솔린기관의 연비가 디젤기관보다도 악화되는 것은 공기량을 조절하는 교축밸브에서 교축손실이 큰 것과 예혼합연소 때문에 공기과잉률이 높은 조건에서 운전할 수 없기 때문이며, 그 결과 연소온도가 높고, 비열이 증가하는 한편 냉각수 손실이 증대하게 된다. 이 결점을 개선하여 공연비 23 이상으로 연소시키는 소위 희박연소 가솔린기관이 개발되어 있다.

즉, 희박연소에서는 연소온도가 낮고, 연소성분이 작기 때문에 비열 증가나 열해리가 적고, 또 전열손실도 적으므로 열역학적으로 효율이 높은데 이는 디젤기관이 열효율이 높은 하나의 원인이기도 하다. 단, 가솔린기관에서는 어느 정도 이상 희박하게 되면 연소가 늦고, 점화도 불확실(실화)하게 되어 다시 효율이 저하하는데, 이를 방지하기 위해서는 안정된 희박한계 연소범위를 확장시키는 것이 매우 중요한 기술이라 생각한다.

현재의 가솔린기관 연소기술은 배기가스 정화를 위한 3원촉매 적용을 위하여 연료분사용 인젝터를 전자제어하여 혼합기의 공연비를 이론공연비($\lambda=1.0$)로 조절하고 EGR 장치를 채용하여 CO, HC, NO_x를 동시에 저감하는 시스템이다.

이 기술이 도입된 80년대에는 획기적인 저배기 기술로 평가를 받았으나, 이제는 이 기술이 두 가지 측면에서 새로운 도전을 받고 있다. 첫째는 배기규제가 계속하여 강화되어 이제는 이 시스템으로 더 이상 배기규제(ULEV)를 만족할 수 없는 단계에 도달한 것과, 둘째는 2005년경부터 자동차 유해배출가스 규제성분에 CO_2가 포함될 것으로 예상되고 있어, 이를 위해서는 저연비기술로 CO_2의 생성량을 줄이는 것이 가장 효율적인 대책으로 알려진 점이다. 이런 측면에서 보면 디젤기관이 가솔린기관에 비해 20~30% 유리하다.

따라서, 가솔린기관에서는 배기가스를 감소시키면서 연료소비를 줄이는 기술이 필연적인 개발방향이며, 이를 구현할 수 있는 방법은 희박연소가 가장 가능성 있는 기술로 제시되어 있다. 혼합기에 공기를 과잉공급하여 연소시키는 희박연소는 상대적으로 펌핑손실이 적고, 정상연소보다 비열비*가 증가함으로써 기관 열효율이 향상된다. 그리고 연소최고온도가 낮아짐으로써 질소산화물(NO_x)이 현저히 감소되고, 완전연소로 인한 일산화탄소(CO)가 감소하여 유해배출가스가 저감된다.

● 참고

앞에서 언급한 바와 같이 기존의 가솔린기관에서는 디젤기관보다 농후한 연소가 되므로 연소온도가 높아 정적비열이 증가하여 결국 $k=\frac{c_p}{c_v}$가 감소하므로 효율이 저하되지만, 희박연소가 되면 정상연소보다 연소온도가 낮으며, 그에 따라 정적비열의 증가가 적어 비열비 k가 증가하므로 기관 열효율이 향상되는 것으로 생각된다.

그러나, 초희박연소는 공연비가 희박해짐에 따라 연소가 불안정하게 되어 토크변동을 초래하는 단점을 가진다. 따라서 초희박연소를 실현하기 위해서는 희박연소시 연소 안정성에 관한 기반기술의 확립이 선행되어야 한다.

자동차용 기관의 운전영역은 매우 다양하며, 특히 고부하시에는 최대의 토크를 발휘할 수 있도록 해야 하기 때문에 희박연소기관에 고부하에서는 농후한 공연비를 공급해야 하고, 중·저부하 영역에서 희박한 공연비를 공급한다.

그림 7·85는 앞에서 언급한 혼합비농도가 기관 특성에 미치는 영향을 나타낸 것이다. 당연한 것이지만 농후한 혼합기 영역에서는 산소부족으로 불완전연소로 연료가 비경제적으로 되며 일산화탄소나 미연탄화수소가 증가하여 공해대책상의 문제도 있다.

한편, 희박영역에서는 최대출력은 저하하지만 점화를 확실하게 할 수 있다면 열효율이 증대되며, 배기정화에도 적합하므로 각종 희박연소(lean burn)대책이 고려되어 왔다. 희박연소를 실현하기 위한 것을 크게 두 가지 방법으로 구분하면 초기의 방법인 균질급기(homogeneous charge)방식과 최근의 성층급기(stratified charge)방식으로 나누어 70년대 초반부터 발전되어 왔다. 균질급기방식은 흡기포트 내에 연료를 공급하여 비교적 균일한 혼합기를 연소실에 공급하는 것으로 기존의 SPI나 MPI의 방식 등으로 연소실 전체에 균일한 혼합기를 공급하는 것이며, 그 중에서 점화플러그 부근에 불꽃을 공급할 시기에 국부적으로 농후한 혼합기를 제공하고, 전체적으로는 희박화하는 방법이 가장 잘 알려진 것으로, 이를 층상급기(stratified charge)법이라 한다.

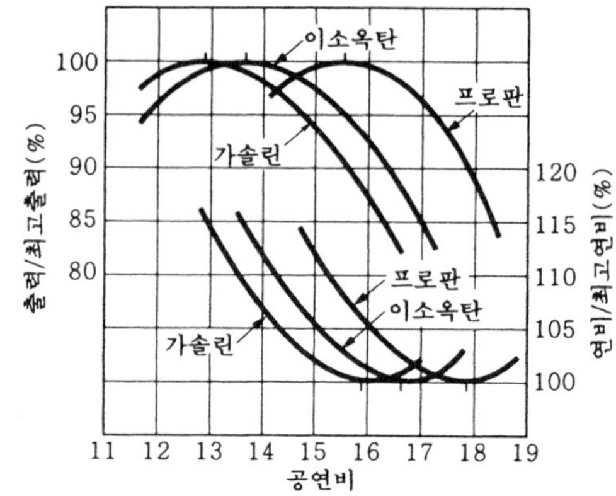

그림 7·85 가솔린기관의 성능에 대한 공연비의 영향

(1) 기관변경방식

균질급기방식에서는 연소실 전체에 균일한 공연비를 공급하는 방식으로서, 공연비가 희박함에 따라 연소를 위한 초기점화에너지가 증가하게 되므로 점화장치를 대폭적으로 개선하여야 한다. 고전류, 고에너지, 방전시간단축 혹은 지속을 위한 방법이나 플라즈마제트, 다중점화방식 등으로 연료의 점화와 화염진행을 향상시키고 있다. 또한 연소실 설계변경을 통하여 열손실을 줄이고 연소율을 높이기 위한 연소실 내부 유동개선이 주요 설계인자로서 연구되고 있다. 이를 위해 흡기포트의 형상설계, 스월 컨트롤밸브(SCV), 스쿼시 면적확대 등이 희박엔진에 적용되어 왔다.

그러나, 성층급기방식에서는 전체적으로는 혼합기가 희박하나 점화플러그 근처에는 농후한 공연비를 유도하는 혼합기의 성층화를 통해 점화가 용이하게 이루어지도록 하고 있다.

예전의 방식으로는 성층급기기관에는 별도의 부연소실을 설치하여 여기에 공연비가 농후한 혼합기를 공급하고 점화플러그로 점화시켜 연소시킴과 동시에 부연소실과 주연소실을 연결하는 연락구멍으로부터 분출하는 화염을 2차 점화원으로 하여 희박혼합기가 공급된 주연소실에 연소화염이 분출되게 하여 화염전파를 촉진시키는 방법이 주로 사용되었으며 그림 7·86에 나타낸 혼다의 CVCC (compound vortex controlled combustion)와 도요다의 TGP(turbulence generating port)가 초기기술의 대표적인 예이다.

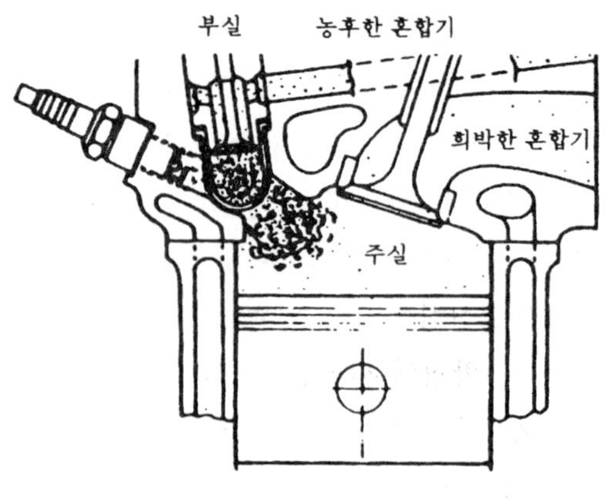

그림 7·86 CVCC방식에 의한 희박연소화

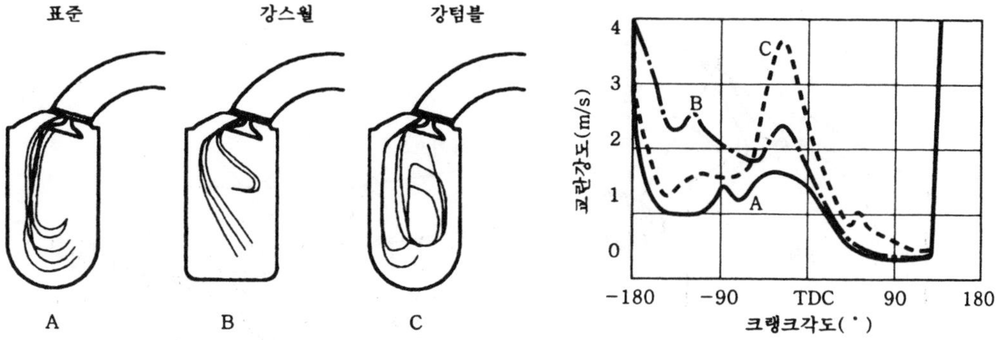

그림 7·87 텀블 및 스월과 연소실 내의 교란강도

근년의 방식에서는 흡기포트 연료분사기술의 발전과 O_2 센서를 대체하는 린센서(lean sensor) 개발, 4밸브엔진기술 발전 등에 힘입어 부연소실이 없이 주연소실(open chamber)에서 성층연소를 생성하면서 희박연소를 구현하기에 이르렀으며 성층화는 크게 스월(swirl)과 텀블(tumble)을 사용하는 방법을 이용한다.

그림 7·87에 표시한 바와 같이 실린더 내 혼합기에 텀블 또는 스월이란 강한 교란을 도입하면서 농후한 혼합기를 플러그 부근에 형성하는 것이다. 이 경우 교란강도를 보면, 텀블의 경우 표준포트에 비하여 상사점에서 2배 가까이 강하게 되어 있다. 더욱, 흡기행정 중의 분사시기의 최적화, 연소실의 콤팩트화, 또는 점화에너지를 강화함에 따라 공연비 25 정도까지의 연소를 가능하게 하였다. 또, 대표적인 방법으로는 다음과 같은 것이 있다.

① 텀블 이용 : 그림 7·88은 텀블과 흡기포트의 칸막이를 이용하여, 중심부에 농후한 혼합기를 형성해서 점화시켜 텀블의 붕괴에 따른 교란에 의해 연소를 촉진시키는 방식의 것이고, 출력성능을 유지한 상태에서 희박연소화가 실현되어 있다.

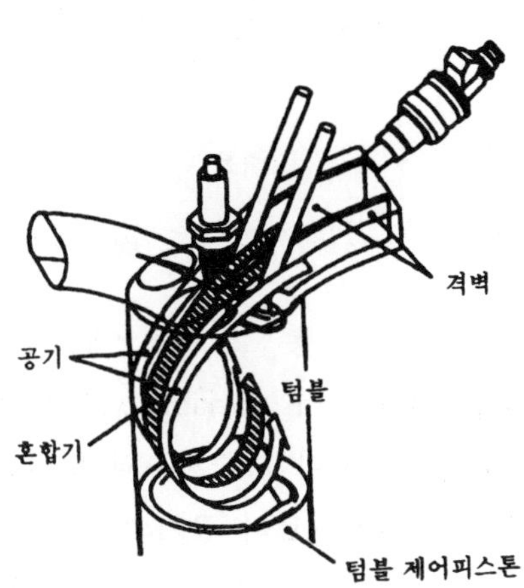

그림 7·88 텀블(세로와류)을 이용한 희박연소방식

그림 7·89는 미쯔비시의 텀블을 사용하는 MVV(Mitsubishi vertical vortex)방식이다. 일반적으로 흡기포트의 단면은 원형이나 이 경우는 흡기포트 형상을 역삼각형으로 만들어 그림과 같이 강한 텀블이 생성되게 한다.

또한 흡기포트가 2개인 경우 좌우에 균일하게 연료를 공급하는 것이 일반적이나 그림과 같이 한쪽만 연료를 공급함으로써 다른 포트에 공기만 공급하여 생성시킨 공기 텀블과 연료공기 혼합기 텀블이 성층화를 이룬다.

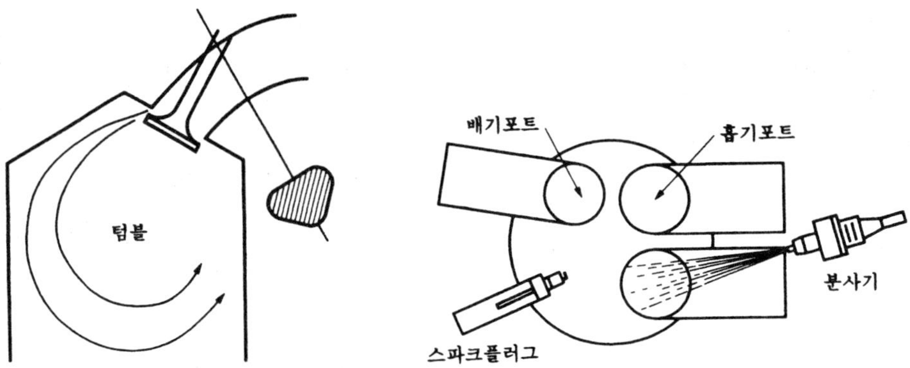

그림 7·89 미쯔비시의 MVV 희박연소시스템

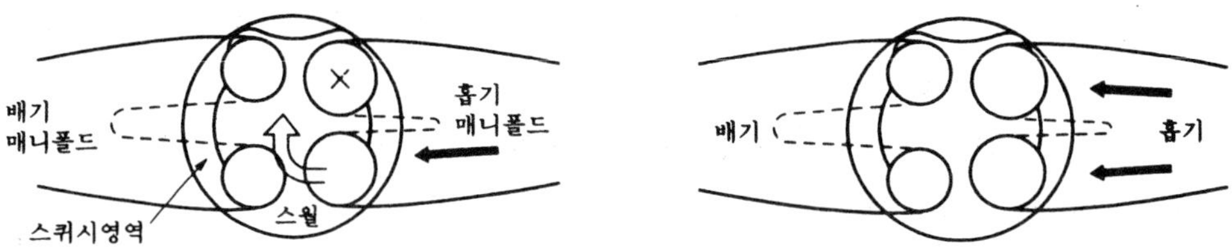

(공회전 및 일반 운전시) (중고속 운전시)

그림 7·90 혼다의 VTEC-E 희박연소시스템

② 와류의 이용 : 스월을 이용하는 시스템은 도요다와 혼다에서 사용하며, 그림 7·90은 혼다의 VTEC-E(variable valve timing lift electronic control-E)시스템 예를 보인 것이다. 공회전(idling)이나 중저속의 일반운전 상태에서는 2개의 흡기포트 중 하나는 닫고 다른 하나의 포트에 연료와 공기의 혼합기를 공급함으로써 스월을 발생하게 하면서 희박연소를 시킨다. 그러나 중·고속시와 같이 충분한 출력이 요구될 때는 2개의 흡기포트를 모두 열어혼합기를 공급하며, 이 경우는 희박연소가 아니다.

그림 7·91 (a), (b)는 와류를 제어하기 위해 흡기관에 제어밸브를 부착한 것이며, 그림 7·92는 희박연소 영역에서 흡기 2개 밸브 중에 한쪽의 밸브양정을 낮게 하여 강한 와류를 만드는 방식의 것이다. 이들 와류제어방식의 경우에도, 플러그 부근에 농후한 혼합기가 오도록 연료분사시기 등과의 관계에 여러 가지가 고안되어져 있다.

이들 방식의 경우에는 희박화에 따른 출력저하를 스로틀 밸브개도를 넓혀 보상하기 위해 펌프손실(pumping loss)를 줄이고 있지만, 그림 7·93에 표시한 바와 같이, 이 효과보다도 저온연소에 따라서 냉각손실의 저하와 비열증가를 억제한 쪽이 열효율 개선효과가 크다. 이

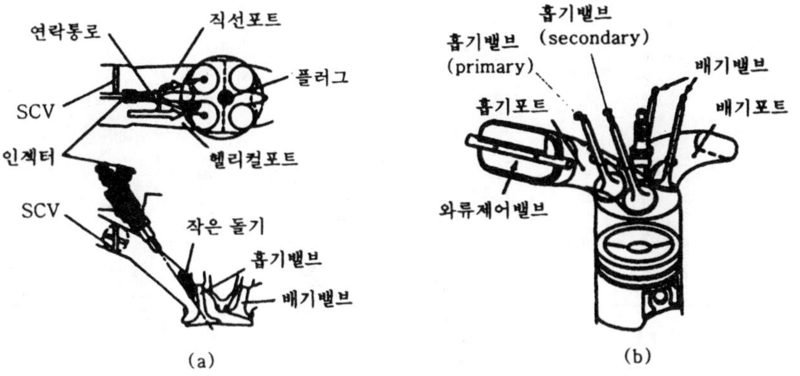

그림 7・91 스월(가로와류) 제어에 의한 희박연소방식(흡기관 내 제어밸브 부착)

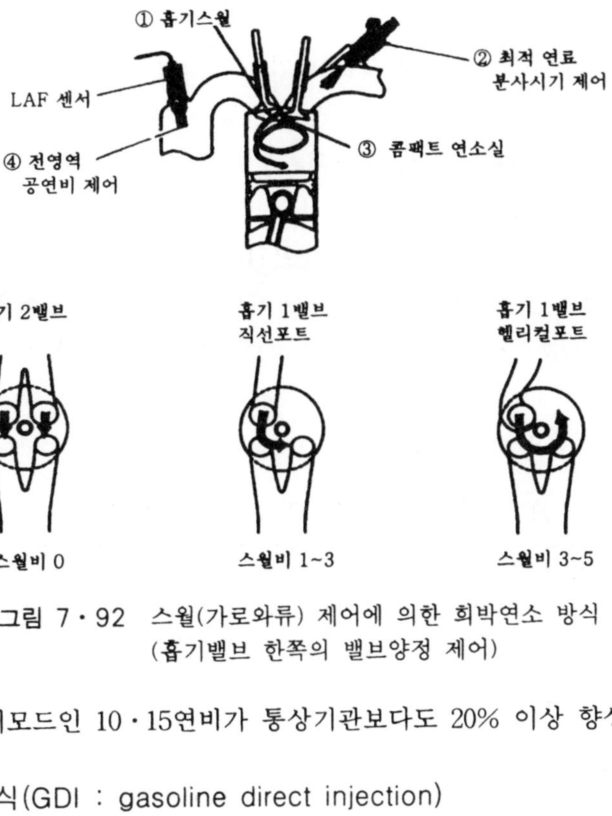

그림 7・92 스월(가로와류) 제어에 의한 희박연소 방식
(흡기밸브 한쪽의 밸브양정 제어)

결과, 배기가스 규제모드인 10・15연비가 통상기관보다도 20% 이상 향상되고 있다.

(2) 통내 분사방식(GDI : gasoline direct injection)

(DISC : direct injection stratified combustion)

가솔린기관에서도 디젤기관과 같이 연료를 통내에 분사하는 시험이 예전부터 항공기용 기관, 또는 자동차용에서는 벤츠・시보레, 또는 골리아스, 굿브로드 등에서 몇 가지 형식의 것이 시판되었지만, 분사계의 신뢰성, 가격문제 등이 해결되지 못해 자동차용으로 널리 보

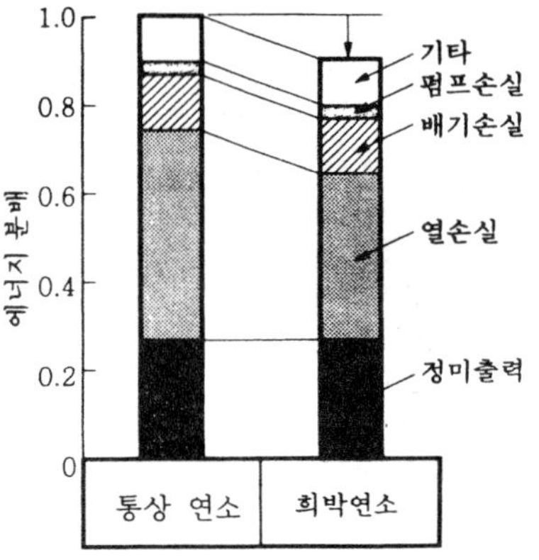

그림 7·93 희박연소화를 한 경우의 열평형

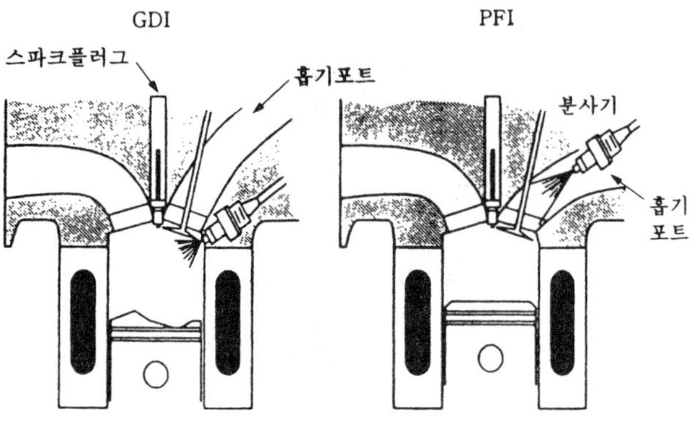

그림 7·94 GDI 방식과 PFI 방식의 기본개념

급하는 데까지는 도달하지 못하였다. 그러나, 미국에서는 "0" 이미션 자동차(ZEV)의 판매가 의무화되기도 하여, 다시 통내 분사식 가솔린기관의 개발이 진행되고 있다.

연소실 내에 가솔린을 직접 공급하는 가솔린 직접분사식(GDI : gasoline direct injection) 방식과 흡기포트 내에 가솔린을 공급하는 기존 가솔린기관에 적용되는 흡기포트 내 연료분사방식(PFI : port fuel injection)의 기본개념을 그림 7·94에 나타내었다.

1995년에 일본의 미쯔비시 자동차에서 가솔린기관에서 연소실 내에 연료를 직접 분사하는 방식인 자동차를 발표하면서 가솔린 직접분사식 기관이 큰 관심을 끌게 되었다. 이듬해인 1996년에 도요다 자동차가 계속하여 GDI기관 장착차량을 발표함으로써 본격적인 GDI 기관 개발 경쟁이 시작되었다.

PFI기관과 비교한 GDI기관의 장·단점을 비교하여 표 7·13에 나타내었다.

표 7·13 GDI 기관의 PFI 기관에 비교한 장·단점

장 점	단 점
• BSFC 향상 - 펌핑손실 감소 - 열손실 감소 - 압축비 증가 - 체적효율 증가 - 감속시 연료차단 • 과도기 응답성 향상 - 가속시 덜 농후한 연료공급 • 저온 시동성 향상 - 저온 시동시 덜 농후한 연료공급 - 1~2회 회전에 시동 • 배출가스 저감 - 저온 시동시 미연 HC 저감 - CO_2 저감 - 정밀한 공연비 제어	• 성층연소 제어의 어려움 • 부하변동에 따르는 원활한 연료제어의 복잡성 • 과도한 인젝터 퇴적물 생성속도 • 저부하시의 과도한 미연 HC 생성 • 고부하시의 과도한 NO_x 생성 • 부분부하, 성층연소시의 과도한 부분적인 NO_x 생성 • 3원촉매 사용이 곤란 • 고부하시의 매연(soot) 생성 • 인젝터 구동을 위한 전기소모 증가

GDI기관은 기존의 가솔린기관이 사용하던 흡기포트 연료공급방식에서 진전하여 디젤기관과 같이 연소실 내에 연료를 직접 공급하는 방식으로서 지금까지 디젤기관에 비해 취약점으로 지적되어 오던 높은 연료소비율 문제를 획기적으로 개선할 수 있는 기술로 평가되고 있다.

연소실 내로 직접 분사하는 기술은 1920년 이후부터 DISC(직접분사식 성층연소)기관으로 연구되어 왔으며, 이는 전기점화(가솔린)기관과 압축착화(디젤)기관의 장점을 결합한 복합기관(hybrid engine)의 개념이다. 즉, 압축행정 중에 연소실에 연료를 직접 분사함으로써 가솔린기관에서 흔히 발생하는 노크와 자발화를 방지하고, 분사되는 연료의 양으로 기관출력을 조절할 수 있어 기관의 교축밸브를 항상 최대상태로 고정한 상태에서 운전하므로 공기흡입시 발생하는 일손실(펌프일)을 저감시킬 수 있다.

DISC기관의 최대목적은 희박연소를 실현하기 위한 방법으로도 사용되었다. 즉 전체 혼합기는 희박하지만 점화플러그 근처는 농후한 혼합기를 공급함으로써 희박연소기관에서 발생하기 쉬운 실화를 방지하며, 연소초기의 연소속도를 증가시켜 주도록 하였다. 기관내부에서 공기의 성층화를 만들기 위한 방법으로는, 앞에서 언급한 기계적인 하드웨어 방법과 제어방식의 변경을 통한 방식이 동시 혹은 독립적으로 적용되고 있다.

직접분사식 기관에서는 성층화를 도모하고 배기가스 개선을 위하여 연료분사각도, 액적크기, 분사기간 요소들의 최적화가 중요하다. 따라서 동일한 기관에서도 기관 운전조건이 변화함에 따라 각각 다른 제어방법이 적용되고 있다.

예를 들어 저부하에서는 공연비 30~40 : 1 이상의 희박공연비 공급으로 성층연소시키며 연료분사시기는 지연(late injection)시켜 운전한다. 고부하에서는 이론공연비 또는 더욱 과농혼합기를 공급하고 혼합기가 균일하게 섞이도록 하며 연료분사시기는 진전(early injection)시켜 운전한다. 또, 부분부하에서는 20~25 : 1 정도의 희박공연비가 균일하게 연소(homogeneous lean burn)되도록 하며 연료분사는 진전시켜 운전하는 등이다.

GDI와 DISC기관은 연료분사 인젝터와 점화플라그의 배열이 연소실 헤드의 형상과 함께 혼합기 형성에 매우 중요한 인자이다.

GDI기관에서 가장 중요한 핵심부품으로는 인젝터를 꼽을 수 있으며, 호주의 Orbital 사에서 2-행정기관에 사용할 수 있는 2 유체분사기를 실용화함으로써 GDI기관이 본격적으로 개발되기 시작하였다.

PFI기관에 사용되는 인젝터를 포함하여 일반적으로 인젝터에 요구되는 성능으로는 정확한 연료유량 조절, 요구되는 분사형상 구현, 분무의 대칭성, 연료누설이나 후적(after dripping) 현상방지, 최소한의 틈새체적(sac volume), 인젝터간의 성능차이 최소화 등이다. GDI기관용 인젝터는 여기에 추가하여 분무미립화를 현저하게 향상시킬 수 있어야 하고, 동적 작동영역(dynamic range) 확대, 퇴적물에 대한 대책, 공급연료와 주변압력의 증가시에도 안정된 작동, 2차 분무(secondary injection)를 유발시키는 니들의 튐(bounce)방지 등이 요구된다.

GDI기관용 인젝터에서 요구되는 분무미립도는 SMD 25 μm 이하이며, 분사압력은 최소 4 Mpa 이상으로 미쯔비시는 5 Mpa, 도요다는 12 Mpa의 연료압력을 사용하고 있다.
그림 7·95는 최근 통내 분사식 가솔린기관의 한 예로써, 분사압력 6~10 Mpa의 특수한 와류노즐을 이용할 때, 그림 7·96에 표시한 바와 같이 Sauter 평균입경이 20 μm 정도의 분무를 실현하고 있다. 또, 부하조건에 따른 분사시기를 제어할 때, 경부하에서는 압축 상사점 부근에 분사하는 것이고, 플러그 부근의 콤팩트한 연소실을 이용하여 희박연소를 가능하게 하였다. 이와 같은 결과, 어떤 운전범위에서는 공연비가 50 정도로 디젤기관 정도가 되고, 10·15모드의 연비가 통상기관에 비하여 30~35% 향상해서 부실식 디젤기관을 상회할 정도까지 되어 있다.

배기가스 배출 특성의 차이는 다음과 같다. PFI기관에서는 흡기관에 연료액체막을 형성하나 GDI기관에서는 근본적으로 이 문제가 없기 때문에 저온 시동시나 과도기 운전시 연료공급에 따른 기관 반응시간이 짧아 미연탄화수소(UBHC) 생성을 줄일 수 있는 잠재력을 갖고 있다. 또한 저온 시동결과를 보면 GDI기관은 시동후 안정운전에 일찍 도달함으로써 촉매온도를 빨리 상승시켜 촉매에 의한 HC 저감효과도 크다.

그러나, 성층연소에서는 근본적으로 저부하운전에서 HC 생성이 많아지는 속성을 갖고 있다. 성층혼합기에서의 화염이동은 공연비가 농후한 중심에서 희박한 바깥쪽으로 전파되며, 이때 성층혼합기의 경계지역 공연비 구배가 아주 급격(sharp)하지 않으면 이 부분에 미

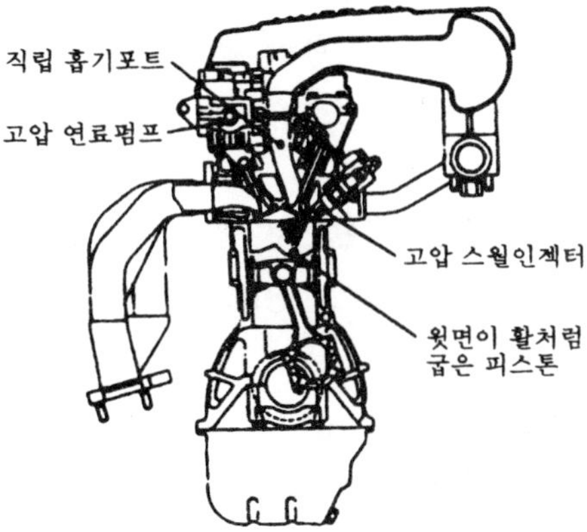

그림 7·95 최근의 통내 분사식 가솔린 기관의 구성도

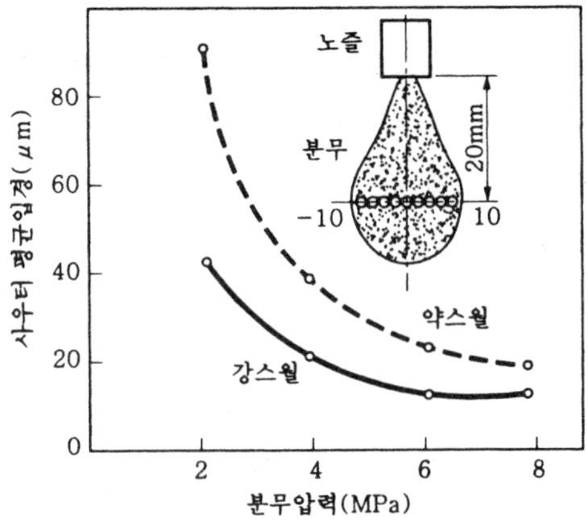

그림 7·96 와류 인젝터를 사용한 때의 분사압력과 분무입경

연탄화수소가 남아 있어 전체적으로는 다량의 미연탄화수소가 배출된다. 실제 GDI기관에는 공회전 때에 약간의 HC는 증가하나 부분부하에서는 상당한 양의 HC가 증가한다.

또한 고속 부분부하시에도 HC가 증가하나, 이것은 충분한 혼합기의 형성을 위한 시간이 부족한 것에 기인한다.

희박연소에서는 CO와 NO_x는 상당히 저감되나 HC는 도리어 증가한다. 즉 질소산화물은 공연비가 커짐에 따라 증가하다가 급격히 감소하는 경향을 보이며 30% 이상의 저감효과가 있는 반면, 미연탄화수소는 이론공연비보다 희박해질수록 감소하다가 어느 한계 이상에서는 다시 증가한다(그림 7·97).

이와 같은 HC 증가는 과희박혼합기가 점화되지 못하거나 또는 연소기간이 과도하게 길어지는 데 기인한다고 볼 수 있다.

희박연소에 의해 NO_x 배출농도가 상당히 저감되기는 하지만 ULEV규제수준에는 못 미친다. 이를 해결할 수 있는 방안으로 lean NO_x 촉매를 개발하고 있다.

이와 같은 이유로서 연소실 내에 직접 연료를 분사하여 성층연소를 추구하는 DISC 기관으로 하기 위하여 새로운 인젝터 개발, 발전된 기관 및 제어기술의 적용으로 신개념의 초저연비 기관으로 연구되고 있다. 대표적인 예로서 최근 개발된 가솔린 직접분사식(GDI) 기관에서는 $\lambda=3.0(A/F=40\sim50)$의 공연비까지 연소가 가능한 것으로 발표되고 있다.

PFI기관과 같은 균일혼합기의 희박연소에서는 화학반응영역의 온도가 낮아 NO_x 생성이 줄어드나, 성층혼합기가 형성되는 GDI기관에서는 전체 혼합기의 공연비는 희박하더라도 일부 농후한 부분이 있어 여기에서 높은 연소온도와 NO_x를 생성하기 때문에 전체적으로 NO_x 배출농도가 PFI에 비해 비슷하거나 높다. 또한 공회전시 NO_x 배출도 많으며, 이것은 PFI가 느린 균일혼합기 연소과정으로 연소온도가 낮음에 비해 GDI기관은 부분적으로 이론공연비

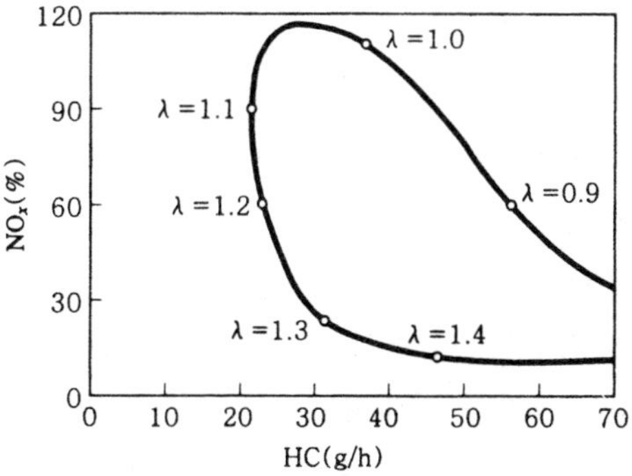

그림 7·97 희박연소기관의 3원촉매 전의 HC-NO_x 관계

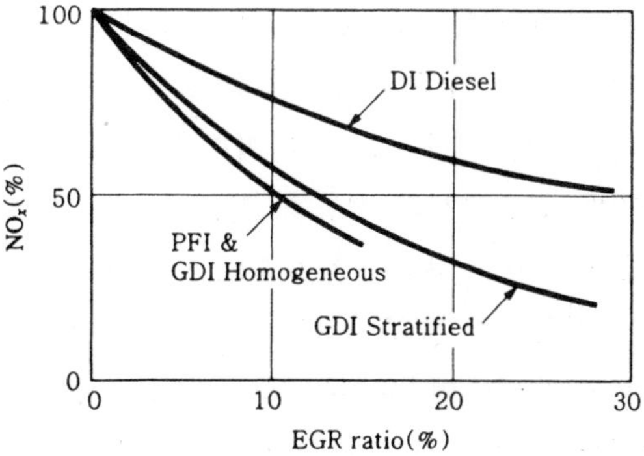

그림 7·98 EGR의 NO_x 저감영향

연소가 발생하여 높은 열발생률을 생성하는 데 기인한다.

NO_x 저감기술로 EGR이 매우 유용하나, PFI기관에서는 EGR 사용이 상당히 제한되어 있다. 왜냐하면 EGR에 의해 균일혼합기의 공연비가 너무 희박하여져 실화를 유발하기 때문이다. 그러나 성층연소를 사용하는 GDI에서는 EGR이 점화플러그 근처의 혼합기농도에 영향을 주지 않기 때문에 높은 EGR율을 사용할 수 있다(그림 7·98).

예를 들면 일부 실험결과 30% EGR율로서 90% 이상의 NO_x 저감이 가능하다고 발표하고 있다.

그러나 NO_x 저감에 후처리 기술이 가장 효과적이나, GDI 기관과 같은 희박연소에서는 현재의 3원촉매를 사용할 수 없어 새로운 후처리 기술이 요구되고 있다.

(3) GDI기관의 개발 전망

DISC기관에서 GDI〔혹은 DISI(direct injection spark ignition)도 불림〕 기관으로 기술의 이동단계에 있어 아직은 GDI 기술은 초기단계에 있다고 볼 수 있으며, 상당기간 보완하고 개선하여야 할 내용이 많다.

① 연료소비율 : 미쯔비시나 도요다 자동차에서는 기존 PFI 방식 가솔린기관에 비해 연비가 25% 이상 향상되어 디젤기관과 연비경쟁이 가능하다고 발표하고 있으나, 선진국의 타 자동차회사나 주요 연구기관들에서 분석한 결과로는 기존 가솔린기관에 비해 5% 정도의 연비가 향상되었으며, 기술이 보완되어도 간접분사식(IDI) 디젤기관 수준까지 가능할 것으로 보고되고 있으며, 추가적인 연비개선의 노력이 필요하다.

② 공연비와 실화 문제 : GDI기관은 최대 50 : 1까지 상당히 희박한 공연비에서도 연소가 가능한 것으로 발표되고 있다. 이 값은 연소실에 공급된 전체공기와 연료의 비(global air fuel ratio)이며, 디젤기관은 140 : 1 이상에서도 연소가 가능하다. 디젤연료는 자발화온도가 낮아 외부의 점화에너지가 없어도 스스로 착화되며, 이와 같은 초희박 공연비에서도 국부적으로 착화가 가능한 공연비가 존재하기 때문에 실화의 문제는 거의 없다. 그러나 가솔린 연료의 경우는 외부의 점화에너지(spark energy)에 의해 점화되기 때문에 점화플러그 주변에 점화가능한 공연비(27 : 1 이하)를 공급하여야 실화가 발생하지 않으며 이를 위하여 특히 초희박 연소에서의 성층화 기술이 매우 중요하다.

③ 배출가스 문제 : 기존 PFI 방식에서는 3원촉매를 사용하였으나, GDI 방식은 희박영역에서 작동하기 때문에 3원촉매 기술의 적용은 부적합하다. 특히 NO_x 저감이 큰 문제점으로 제시되어 있으며, 현재는 lean NO_x 촉매기술이 개발되기를 기대하고 있다. 또한 저부하 영역에서 분사된 연료가 직접 연소실에 부착되어 HC가 다량 발생하며, 고부하영역에서는 디젤기관처럼 매연이 발생하는 경우도 있어 이의 개선방안도 중요하다. 실용화를 위해서는 배기규제를 만족하여야 하는 것이 가장 시급하다.

이외에도 인젝터의 성능개선, 운전조건에 따르는 공연비 조절 등 여러 연구분야가 남아 있다.

그러나, 기존의 PFI 방식으로는 급변하는 자동차 기술대응과 특히 디젤기관 기술과 경쟁할 수 없는 것은 확실하기 때문에, 현재로서는 GDI 방식이 가솔린기관에서 가장 가능성이 높은 장래 기술임을 전 세계적으로 인정하고 있다. 따라서, PFI 희박연소기관은 GDI 방식으로 바뀌고 있으며, 향후 가솔린기관의 가장 핵심이 되는 기술로 연구될 것이다.

7.6 압축착화기관에서의 연소

압축착화기관에서의 연소는 전기점화기관과는 다르게 흡입행정 중에는 공기만이 흡입되어 잔류가스와 혼합된 것이 압축행정 중에 압축되어져 고온, 고압상태가 되었을 때 안개상태(霧化)로 분사된 작은 연료입자가 자기착화에 의해 연소가 진행된다. 이때 안개상태로 된 연료입자들의 성상은 각각 연소실의 형상(직접연소실, 와류연소실, 예연소실)에 따라 다르지만, 어느 경우에도 고온공기와 접촉하여 온도가 증가되어 연료입자의 표면에서 확산현상에 의해 연소가 일어난다. 이러한 현상이 간헐적으로 발생하므로 연속연소의 경우에 비해서 그 진행과정은 더욱 복잡하게 된다.

7.6.1 압축착화기관의 정상연소과정

(1) 연료입자의 발화연소

디젤기관은 불꽃점화가 아니라 고압축비로 공기만을 압축(압축 말의 공기온도가 500~900℃에 도달)하여, 연료의 자발화온도를 훨씬 넘는 온도와 압력 속에 연료를 미립화시켜 분사하여 자발화시키는 것으로, 연료의 액적은 고온공기 중에서 빨리 증발하여 공기와 혼합하므로, 가솔린기관처럼 연소실 전체가 균일한 혼합비는 아니며, 그림 7·99와 같이 분무의 중심부는 너무 농후하며, 분류에서 떨어진 부분은 너무 희박하고, 그 중간지역인 어느 한 곳이나 또는 몇 개 장소에서 착화에 적합한 혼합기가 형성되어 그 곳에서부터 발화가 일어난다. 따라서, 압축온도만이라도 발화하는 데 충분하다면 전체의 혼합비에는 관계없이 운전할 수 있으며, 저부하의 경우에도 흡입공기가 교축되지 않아 공급되는 연료로서 부하를 조절하며 저부하의 경우에도 전체적으로는 충분함에도 불구하고 공기량이 어느 부분인가 과농한 혼합기 영역이 존재하므로 매연이 발생되는 것이 큰 단점이다.

앞에서 언급한 것은 연소실 전체에 관한 것으로, 디젤기관은 연료입자의 증발에 의한 확산연소이므로, 각 연료입자에 관한 상황을 설명하면 다음과 같다.

압축 말의 고온·고압의 공기 중에 분사된 연료입자는 분위기온도가 연료의 자발화온도보다 훨씬 높아도 곧바로 착화되지 않으며, 연료입자는 주위의 공기로부터 열을 받아 연료입자의 온도가 상승함과 동시에 표면에서 기화가 시작된다. 그래서, 연료입자는 점점 작게 되고 연료입자 주위는 확산에 따라 공기와 연료증기의 혼합기로 둘러싸여 있으며, 연료입자표면에서의 온도는 낮지만 농도는 가장 높다.

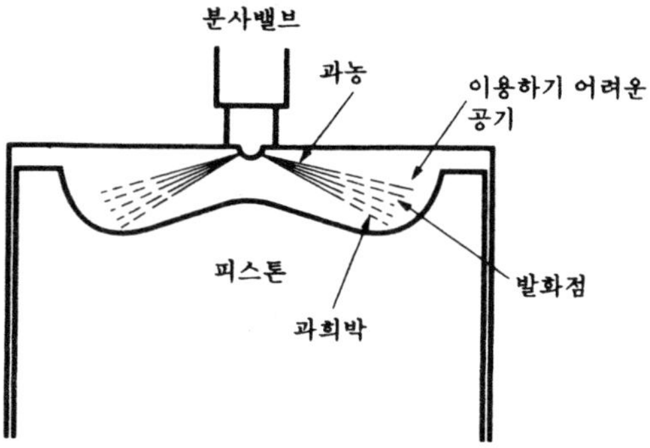

그림 7·99 디젤기관에서 연료분사시 연소실 내의 혼합기 분포

한편, 연소실의 각 곳에 산재하여 있는 극히 작은 연료입자들은 착화가 빠르기 때문에 자기착화하여 발생한 화염은 전파하여 형성된 예혼합기를 연소시키게 된다. 그림 7·100은 정지된 공기 중에서 연료입자의 발화과정을 모형화한 것으로, t_B는 연료입자의 온도, t_{AB}는 확산층 온도, p_B는 증기의 분압을 나타내고, 첨자 1, 2, 3, ……은 그 시간경과를 나타낸다. 한편, 혼합기의 자발화온도는 그 농도에 따라서 t_{z1}, t_{z2}, t_{z3}로 변화되어 가고, 혼합기의 어느 부분은 전염반응에 의해 열을 발생하며 공기로부터의 전열에 의존하는 것보다도 빨리 온도가 상승하여 그림에 나타냄과 같이 온도곡선 t_{AB3}에 혹이 생긴다. 이 온도곡선 t_{AB3}가 t_{z3}와 접한 곳에서 발화가 된다. 발화가 되면 화염은 혼합기의 층을 원주방향으로 전파하고, 이 열에 의해 연료입자의 증발은 더욱 촉진된다. 그러나 연료입자의 액면부근은 증발뿐이며 확산층의 외측은 희박한 혼합기이므로 연소범위 내에 있는 혼합기만이 연소하고, 내·외가 반응층에서 떨어져 내측의 증기는 외측의 공기와 확산에 의해 연소를 하지만, 내측의 산소부족인 장소에서는 열분해에 따라 탄소를 유리한다. 발화와 동시에 일어난 대류에 의해 탄소는 연기가 되어 상승하고, 증기와 연소가스로 이 공간이 채워지며, 이후 반응층이 어느 거리를 사이에 두고 연료입자를 둘러싸며 지름은 점차로 감소되어 결국은 소실된다. 비등점이 높은 연료는 주위의 증기농도가 작으며 액면 가까이에 짙은 혼합기가 생기므로 연료입자면에 가까이에서 연소한다. 또 비등점이 낮은 연료, 혹은 대단히 작은 연료입자에서는 기화가 빠르게 행해지기 때문에 낮은 온도에서 농후한 혼합기가 되지만, 그 때에는 아직 자발화온도에 달하지 않으며 온도가 높게 되었을 때에는 이미 기화는 끝나고 희박한 혼합기로 되어 있으므로 t_z와 t_{AB} 곡선이 접할 기회가 없어 발화가 곤란하게 된다. 따라서 이와 같은 경우에는 전체적인 공연비가 발화에 영향을 미치게 된다.

(2) 실린더 내에서 연소압력의 변화

정상연소에서 실린더 내의 압력변화는 연소실 형상에 의해 각각 다르다. 실린더 내에 분사된 분무 중에는 여러 가지 크기의 연료입자가 불규칙하게 분포되어 서로 간섭하며 또 실린더 내의 온도도 장소에 따라 다르므로 적당한 혼합기가 형성되고 또한 온도가 높으며 반응에 가장 형편이 좋은 곳에서 연소가 시작된다. 최초에 발화가 일어나는 것은 미소체적으로도 좋으므로, 이와 같은 발화조건을 가진 핵이 몇 개나 발생하여 수 개소에서 거의 동시에 발화하는 일도 있다. 많은 경우 배기밸브에 인접한 분무의 주변부에서 발화하나 부하가 증가되면 발화핵의 수가 많아진다.

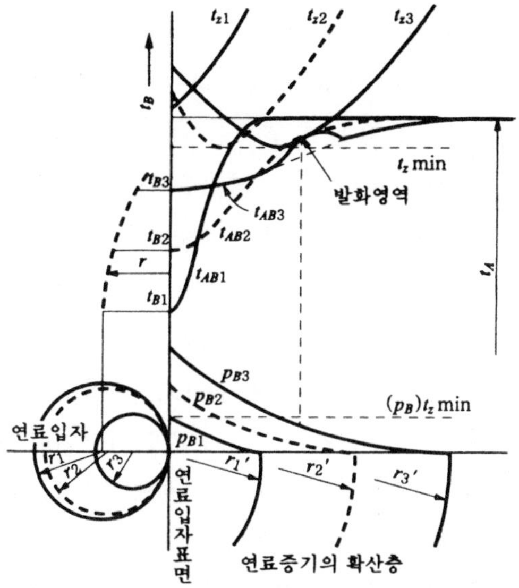

t_A : 공기온도, t_z : 자발화온도, p_B : 증기분압
t_B : 연료입자 표면온도, t_{AB} : 확산층온도

그림 7·100 연료입자의 연소과정

그림 7·101은 직접분사기관의 실린더 내의 압력-시간변화의 과정을 나타낸 일례이며,

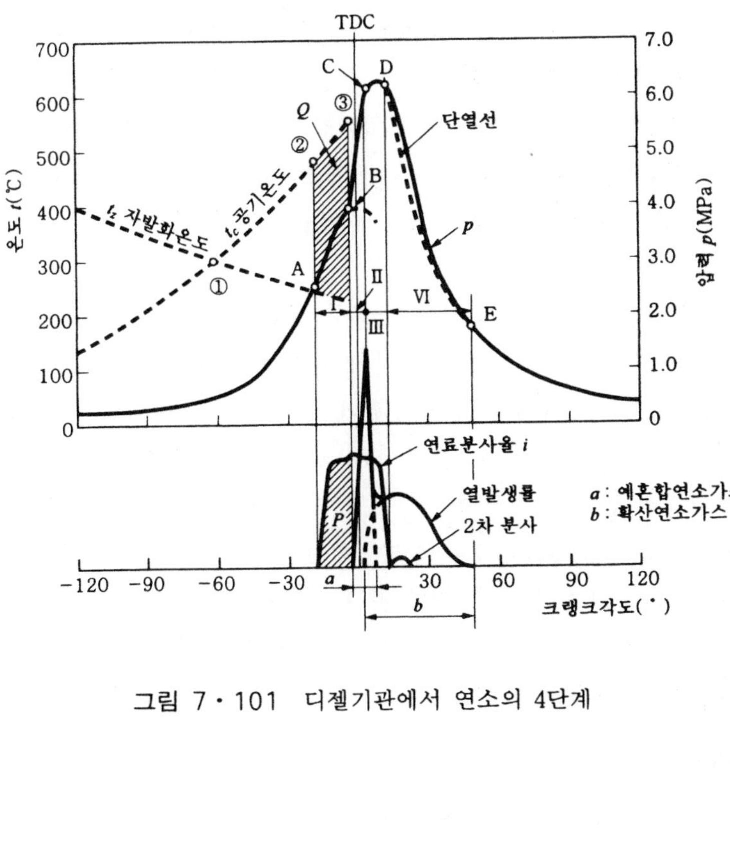

그림 7·101 디젤기관에서 연소의 4단계

이것을 4단계로 나누어 설명하기로 한다.

제1기간(착화지연기간, period of ignition lag) : 그림에서 압축행정중에 공기압력이 상승함에 따라서 연료의 자발화온도는 저하하는 한편 공기온도는 상승하는데 ①에서 양자가 교차한다. 이 점에서 연소실 내는 자발화 가능한 온도에 도달한다. 연료는 이 온도보다도 훨씬 높은 고온인 ②로 되었을 때 분사가 시작된다. i는 연료분사율(rate of fuel injection)로서 크랭크각도 1°당 분사되는 연료량의 경과를 나타낸다. 분사와 동시에 발화된다면 열발생률은 분사율에 비례하게 될 것이고, 또 압력상승도 부드럽게 올라가 이상적인 연소과정이 될 것이다. 그러나, 실제에는 분사개시점 A에서의 공기온도 t_c는 자발화온도 t_z보다 훨씬 높게 되어 있음에도 불구하고, 곧바로 착화되지 않고 B점에서 연소가 시작되어 압력이 상승한다. 이 AB기간을 착화지연기간이라 한다. 그러나 광학적 혹은 이온화 간극에 의해 측정하면 실제의 발화는 압력상승보다도 빠르지만, 그 차이는 매우 작기 때문에 발화지연의 실측값은 0.7~3 ms 정도이다.

제2기간(폭발적 연소기간, 무제어 연소기간, period of uncontrolled combustion) : 제1기 말에서 예혼합연소 말까지의 기간으로, 제1기 착화지연기간에 분사된 연료 P는 이미 고온공기와 혼합되어 착화지연기간 끝에는 실린더 내의 각각의 장소에 활성화되어진 혼합기가 연소준비가 되어 있으므로, 그 중에서 1개 또는 몇 군데에서 발화가 일어나면 각 부분으로 극히 급속하게 전파되어 거의 동시에 연소를 일으켜 압력은 급격히 상승한다. 이것이 디젤기관 특유의 연소음의 근원이 되며, 이것을 완화시키는 것이 옛날부터 디젤연소개선의 제1의 과제이다. 이때 연소는 순수한 화염전파 또는 확산연소이며, 그 속도는 10~30 m/s 정도이다. 따라서, 압력상승은 발화지연기간에 형성된 가연성 혼합기의 양, 즉 제1기간에 분사된 연료량 P와 그 연료의 증발·확산속도에 관계된다. 이 기간의 종료인 C점에서는 분사된 연료 중에서 적당한 혼합기를 형성한 것은 대부분 다 연소하여 버리고 순수한 확산연소로 이동한다.

제3기간(제어연소기간, period of controlled combustion) : 제2기 말에서 연료분사가 종료되었을 때까지의 기간이다. 일단 실린더 내에 연소가 진행되면 압력과 온도는 현저히 높게 되므로 반응속도는 촉진되어 발화지연은 짧게 되어 노즐에서 화염이 분출하는 것과 같은 상태로 된다. 즉, 이 기간에는 화염이 발생된 곳에 연료가 분사되므로 거의 분사와 동시에 연료분사율에 따라서 열을 발생하기 때문에 열발생률 및 압력상승은 제2기간보다 낮다. 열발생률과 압력상승은 분사율, 연료의 증발·확산, 공기의 확산, 연료입자와 공기의 상대속도, 실린더 내에 남아 있는 산소량 등에 따라 다르게 된다.

제4기간(후연소기간, period of afterburning) : 제3기 끝(분사종료)에서 연소가 끝날 때까지의 기간이다. D점에서 분사를 끝낸 후에는 연료, 산소 및 중간생성물의 농도는 점점 감소하고, 연소생성물은 급증하며 연소속도는 점점 저하하여 간다. 또 밀집되어 있는 부분의 연료입자는 아직 산소와 접촉하지 못한 상태에서 피스톤이 팽창함에 따라서 연차적으로 확산과 공기유동에 따라서 산소와 만나면서 연소되어 소비되어진다. 결국 필요한 산소와 만나지 못한 연료는 그대로 그을음 또는 매연이 되어 배출된다. 따라서 이 기간의 연소율은 연료가 산소를 찾아내는 능력에 따라 결정된다. 즉, 제3기까지 연소되지 못한 연료가 산소를 찾아 연소하기 때문에 시간이 필요하고 고속·고부하에서는 50~60℃A 정도까지도 된다.

또, 일단 분사가 끝난 후에 다시 분사되는 후적이라 불리는 현상이나, 미립화가 불량하게 되었을 때는 특히 길어지며, 늦게 연소한 열은 출력으로의 변환효율이 낮기 때문에 이 기간을 짧게 하는 것이 디젤기관의 효율을 향상시키는 데 대단히 중요하다. 이 기간은 보통 전체연소기간의 50%를 점유하며, 이것이 길어지면 배기온도가 상승하며 효율은 저하한다. 따라서, 분무의 분포, 연료입자의 크기, 공기와의 접촉, 특히 분사 끝의 무화상태를 양호하게 하는 것이 이 기간을 지배하는 가장 중요한 사항이다.

그림 7·101 밑의 그림에서 a는 예혼합 연소기간을, b는 확산연소기간을 의미하며, 디젤연소에서는 착화지연기간을 짧게 할 것과 연료입자와 공기의 혼합을 촉진시키는 것이 가장 중요하다는 것을 알 수 있다.

부실식 기관의 주연소실과 예연소실 내 압력변화를 그림 7·102에 나타내었다. 주연소실 내의 압력은 압축행정 중 예연소실의 압력보다도 조기에 상승하지만, 예연소실 내에 공기가 유입하여 연소가 일어나면 이번에는 역으로 예연소실 내의 압력이 높아져서 연소가스는 고속도로 주연소실 내로 분출된다.

연소실 형상이 다른 단기통기관을 이용하여 실린더 내 압력변화를 측정해보면, 부실식 기관은 모두 착화 전에 부실 내에 가연성 혼합기가 많이 형성되기 때문에 특히 고속 회전시에는 직접분사기관보다도 압력상승이 빠르게 된다.

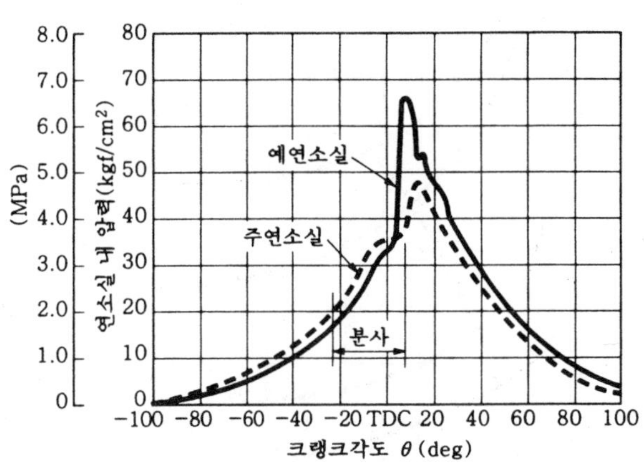

그림 7·102 예연소실 기관에서의 연소압력 변화

(3) 발화지연의 특성

디젤기관에 있어서 발화지연은 이미 기술한 바와 같이 물리적인 발화지연 τ_{ph}와 화학적인 발화지연 τ_i(감응기간)으로 되어 있다. 물리적인 발화지연은 미립화되어 고온·고압의 공기 중에 분사되어진 연료가 증발하여 공기와 혼합하며, 이때 일단 기화열로 냉각된 뒤부터 다시 열을 받아 발화에 필요한 농도의 혼합기를 형성함과 동시에 발화온도까지 가열되는 기간을 말한다.

한편, 화학적 지연기간은 산화의 예비반응을 거쳐 격렬한 연쇄반응의 열염으로 성장할 때까지의 기간을 의미한다. 따라서, 발화점을 결정하는 방법은 일반적으로 압력선도가 불연속적으로 상승하는 점이다. 그런데 발화지연은 발화의 용이성을 나타내는 것으로, 그림 7·103은 연료와 공기밀도(또는 압축비율)가 자발화온도에 미치는 영향을 나타낸 것으로서, 분사되었을 때의 공기온도와 자발화온도와의 차이가 클수록 지연기간은 짧다. 이와 같은 점은 그림 7·101에서 t_c와 t_z에 끼여 있는 사선친 면적 Q가 어떠한 값에 도달하였을 때 발화가 시작된다는 것을 정성적으로 설명할 수 있다.

그러므로 발화지연의 중심이 상사점이 되게 한 분사시기가 발화지연을 가장 짧게 한다. 그러나 이 같은 분사시기는 성능면에서는 너무 늦게 된다. 일반적으로 압력(p 기압), 온도(T K)의 영향을 다음 식으로 표시된다.

$$\tau = \frac{C_1}{p^n} e^{C_2/T} \text{ [m/s]} \qquad (7 \cdot 32)$$

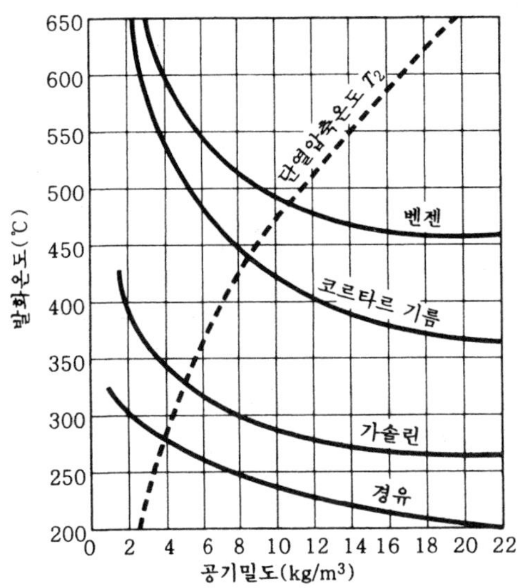

$T_2 = T_1\left(\frac{V_1}{V_2}\right)^{k-1}$, $T_1 = 355\text{K}$

$P_1 = 1$기압, $k = 1.32$

그림 7·103 가열공기 중에 연료입자를 분사할 때의 발화온도

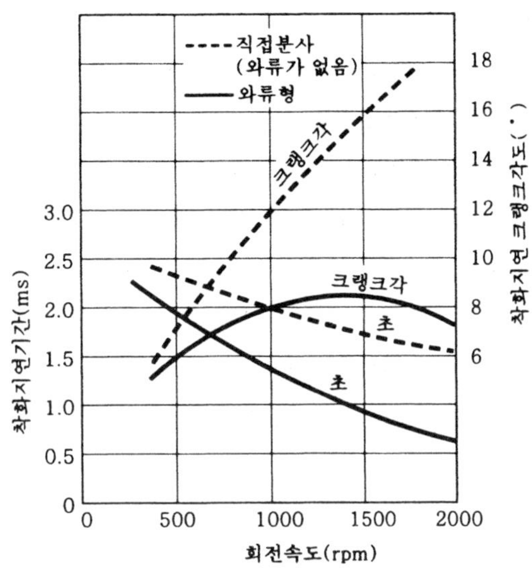

그림 7·104 회전속도가 발화지연에 미치는 영향

여기서, τ는 발화지연 [s], C_1, C_2, n은 실험으로 정해지는 상수이다.

예를 들면 Wolfer는 $C_1=0.44\times10^{-3}$, $C_2=4{,}650$, $n=1.19$를 주고 있으며, 세탄가 50 이상의 연료에서는 이 식이 잘 일치한다.

발화지연은 본질적으로 어떤 최저의 시간을 필요로 한다. 한편 공기유동이 격심하면 발화준비가 촉진된다. 따라서 회전속도에 대하여 그림 7·104와 같은 특성으로 된다. 유동이 약한 직접분사식의 점선은 고회전에서 크랭크각도로는 증가하지만 비례하여 증가하지는 않기 때문에 시간으로 표시하면 감소한다. 한편 유동이 강한 와류실식에서는 어떤 회전 이상에서는 난류의 효과가 크기 때문에 크랭크각도에서도 감소한다.

다음에 가솔린기관에서 옥탄가와 같이 디젤기관에서 연료만의 발화지연특성을 표시하는 것으로 세탄가(cetane number)가 사용된다. 즉 가장 정숙한 운전이 가능한 연료로서는 세탄($C_{16}H_{34}$)을, 그 반대의 연료로는 α-메틸나프탈렌〔$C_{10}H_n(CH_3)$〕을 표준연료로 채택하여 특수 측정기관으로서 표준연료와 똑같은 발화지연을 표시하는 양 연료의 혼합연료 중에서 세탄이 차지하는 백분율로서 세탄가를 구한다. 그림 7·105는 이 표준 혼합연료의 발화지연 특성이 압축비에 따른 영향을 표시한 것이다.

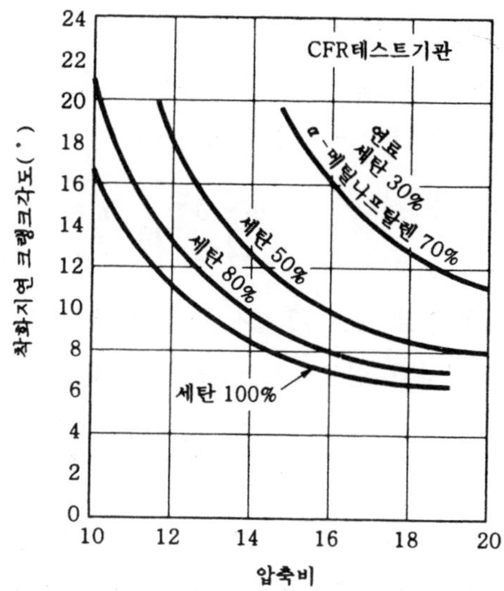

그림 7·105 압축비가 발화지연에 미치는 영향

물리적 발화지연을 이론적으로 구하려면 물질이동, 열이동 또한 연료입자의 속도를 고려하여 그림 7·100에서 설명한 증기확산층의 온도분포 및 증기분압분포의 시간적 변화를 구하면 연소한계농도의 발화온도에 도달한 혼합기가 형성되는 시기로서 구할 수 있지만 대단히 번거롭다. 여기서는 간단화하기 위해 다음과 같은 가정하에 계산해 본다. 즉 (1) 연료입자는 비등점에 도달하기 전까지 증발하지 않고 내부까지 일률적으로 가열된다. (2) 비등점에 도달한 후는 일정온도에서 증발이 행해지며 발화온도까지 과열된다.

① 가열시간 : 증발을 무시하면 지름 δ의 연료입자를 일률적으로 dT_B만큼 올리는 데 요하는 열량과 공기에서 연료입자면에 공급되는 열량은 같으므로

$$\frac{\pi}{6}\delta^3\gamma_b c_b dT_B=\alpha_a\pi\delta^2(T_A-T_B)dt$$

따라서

$$\frac{dT_B}{T_A - T_B} = \frac{6\alpha_a}{c_b \gamma_b \delta} dt \tag{7・33}$$

위의 식에서 c_b : 기름의 비열, γ_b : 기름의 비중, T_A : 공기온도, α_a : 공기와 연료입자 표면의 열전달계수이며, Nusselt수와의 관계에서 구해진다.

강제대류에 대해서는

$$N_u = \frac{\alpha_a \delta}{\lambda_a} = 2 + 0.6 S_c^{1/3} \cdot R_e^{1/2} \cong 2(1 + 0.3 R_e^{1/2}) \tag{7・34}$$

② λ_a : 공기의 열전도율, $S_c = \nu_a / D$(ν_a : 공기의 동점성계수, D : 확산계수) Schmidt수에서 탄화수소가 공기 중으로 확산할 경우에는 1에 가깝다. $R_e = \dfrac{\omega\delta}{\nu_a}$: Reynolds수로 ω는 연료입자와 공기의 상대속도를 사용한다. 연료입자의 초기속도는 크므로 최초 α_a는 큰 값을 나타내나 급속하게 감소하여 순수한 열전도의 상태가 된다. 이 경우 $N_u = 2$가 되고 따라서 $\alpha_{a\min} = 2\lambda_a / \delta$가 된다.

$\alpha_a = \alpha_{a\min}$ = 일정으로 하여, 식 (7・33)으로부터 연료입자가 초온 T_{Bo}에서 비등점 T_{Bs}까지 가열되는 시간 τ_h를 구하면

$$\tau_h = \frac{c_b \gamma_b \delta^2}{12 \lambda_a} \ln \frac{T_A - T_{Bo}}{T_A - T_{Bs}} \tag{7・35}$$

③ 증발시간 : T_{Bs}에 도달한 후는 일정온도하에서 증발이 행해진다고 하면, 증발에 요하는 열량과 연료입자 면에 공급되는 열량은 같으므로

$$-\frac{d}{dt}\left(\frac{\pi}{6}\delta^3 \gamma_b l\right) = \alpha_m \pi \delta^2 (T_A - T_{Bs})$$

④ l : 증발열+증기를 주위온도까지 과열하는 데 요하는 열량, α_m에는 식 (7・34)를 적용하고 연료입자면에 가까운 증기-공기혼합기의 여러 정수를 사용한다. 위의 식에서

$$-2\delta \frac{d\delta}{dt} = K_0 (1 + 0.3\sqrt{R_e}) \tag{7・36}$$

$$K_0 = \frac{8\lambda_m}{\gamma_b l}(T_A - T_{Bs}) = \text{증발정수} = \frac{8 D_p p_s}{\gamma_b}$$

위의 식에서 λ_m : 혼합기의 열전도율, D_p : 분압으로 나타낸 확산계수, p_s : 증기의 포화압력이다. K_0는 증발이 대류 열교환과 분자확산으로 행해질 경우, 즉 $\alpha_{m\min}$에서의 증발정수를 나타낸다. 이 경우에는 $R_e = 0$으로 하여 식 (7・36)을 적분하면 δ의 시간적 감소가

구해진다.

$$\delta^2 = \delta_0^2 - K_0 t, \quad \delta_0 : \text{초기 연료입자 지름}$$

증발이 끝나면 $\delta=0$이 되므로 증발시간 τ_v는

$$\tau_v = \delta_0^2 / K_0 \tag{7·37}$$

이와 같이 하여 구한 $\tau_h + \tau_v$는 연료입자가 전부 증발하여 주위온도에 도달하기 전까지의 시간이지만, 실제에는 연료입자가 전부 증발되지 않은 도중에 발화에 필요한 농도·온도가 얻어지므로 τ_{ph}는 $\tau_h + \tau_v$보다 작아진다.

화학적 발화지연은 식 (7·26) 혹은 식 (7·26′)으로 나타내고, 온도·압력 이외에 연료의 성질에 좌우된다. 실제로는 물리적 발화지연과 부분적으로 겹치므로 양자의 구별은 곤란하다. 공기온도가 발화온도보다 충분하게 높을 경우에는 화학적 지연은 매우 짧고 물리적 지연이 대부분을 점유하지만, 시동시와 같이 저온인 경우에는 화학적 지연이 지배적이 된다.

온도·압력이 좁은 범위에서는 정수를 적당하게 선택하면 전발화지연은 식 (7·26)으로 양호한 근사값을 얻을 수 있다.

발화지연기간은 전체적인 공연비와는 거의 무관하다. 왜냐하면 분무 중에는 여러 가지 농도인 혼합기가 생기므로, 발화는 국부적 혼합비가 최적인 곳에서 일어나기 때문이다. 그러나 시동시와 같이 발화지연이 길 경우에는 확산이 충분하게 진행하므로 전체적 공연비에 관계되어 다량으로 연료를 분사한 편이 시동성은 좋아진다.

(4) 발화(착화)지연과 주연소와의 관계

실린더 내에서 연소압력의 변화과정을 언급한 4단계는 서로 밀접한 관계가 있으며, 특히 발화지연은 그 후의 연소에 중대한 영향을 미친다.

발화지연이 크게 됨에 따라 발화 전에 형성되는 가연혼합기량이 많아지고, 그것이 제2기에서 한번에 연소되기 때문에 급격한 압력상승을 초래하여 정숙한 운전이 되지 못하고 진동, 노크음을 발생하게 된다. 이것을 디젤노크라고 한다.

그러나 발화지연이 길면 그 사이에 연료의 증발·확산이 충분하게 진행되기 때문에 그 후의 연소는 완전하게 진행된다. 발화지연이 짧을 경우에는 제2기에서 급격 연소하는 혼합기량은 적고 압력상승률은 작으나, 연료입자가 노즐을 나와 바로 발화하여 일찍 속도를 상실하므로 노즐 가까이에서 연소하고 뒤에 공급되는 연료입자는 화염 속에 분출되어 산소부족 때문에 완전한 연소가 이루어지기는 힘들다.

Pischinger가 표 7·14에 나타낸 조건하에서 단기통 압축 모형실린더에서 분사연소를 행하게 한 경우의 압력변화를 그림 7·106에, 이것에서 산출한 열발생률을 그림 7·107에

각각 나타낸다. 발화지연시간(τ_z)가 분사시간(E)보다 길든가 짧든가에 따라 지금까지 언급한 것이 잘 나타내어지고 있다.

I 은 $\tau_z > E$인 경우로서, 압력상승은 급격하며 열발생률 곡선에 나타냄과 같이 연소기간은 짧고 매연이 없는 연소가 행해진다.

표 7 · 14 그림 7 · 106 및 그림 7 · 107의 실험조건
연소실 용적 1000 cc, 분유량 20 mm^3
분사노즐지름 0.35 mm, 분사압력 175 at

	공기압력(at)	압축온도(℃)	공기상태
I	47	506	정 지
II	47	574	정 지
III	52	640	불규칙한 교란
IV	42	650	와 류

II는 $\tau_z < E$인 경우로서, 분사와 연소가 겹쳐 행해지며 급격한 압력상승기간이 짧게 되고 연소기간은 길게 늘어지며 탄소입자가 유리된다.

III은 공기에 불규칙한 교란을 준 경우로서, 발화지연은 극단적으로 짧고 압력상승은 극히 완만하다. 따라서 열발생률은 대단히 낮고 연소기간은 현저하게 길다.

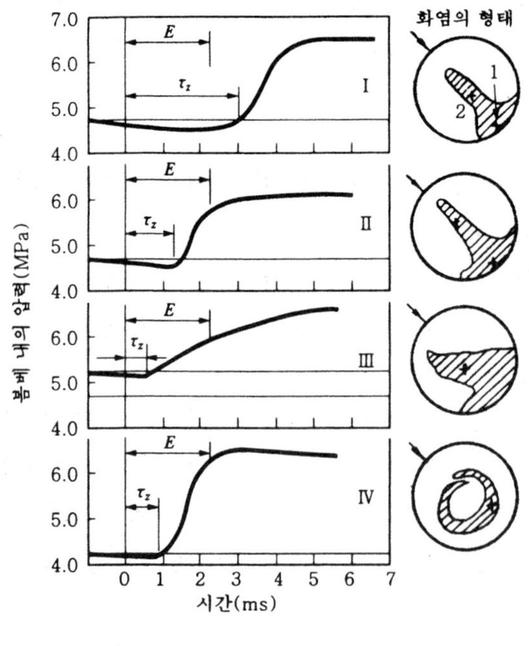

그림 7 · 106 실린더 내 공기상태에 따른 압력상승의 변화

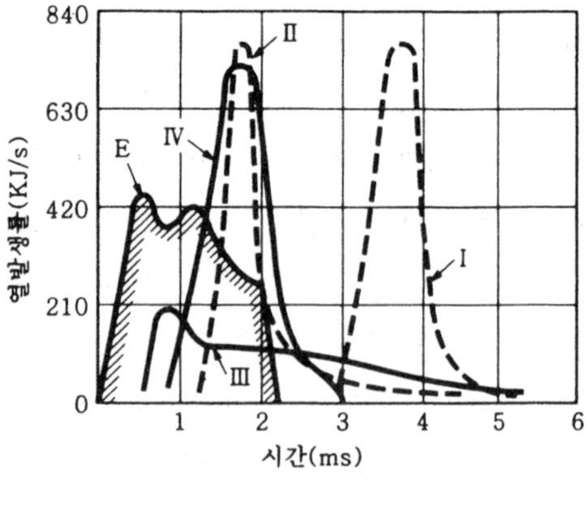

그림 7 · 107 그림 7 · 106에서 구한 열발생률

Ⅳ는 원주속도 90 m/s인 와류를 준 경우로서, 발화지연이 짧음에도 불구하고 압력상승은 급격하며, 연소기간은 짧고 또한 연소는 완전히 행해진다.

가솔린기관에서는 불규칙한 교란이 화염전파를 도와주나, 디젤기관에서는 이와 같은 교란이 도움이 되지 않는다는 것은 Ⅲ에서 분명하다. Ⅳ와 같은 규칙적인 기류는 연료입자의 주위에서 연소가스를 몰아내고 끊임없이 새로운 공기를 공급할 수 있으므로 연소촉진에 가장 효과가 있다. 그러나 이것에 의해 발화기간 중의 혼합기 형성도 촉진되므로 압력상승이 급격하게 된다.

가솔린기관에서 정상연소는 순수한 전파이므로 초기의 열발생률은 작고 화염의 확대와 더불어 증가하며, 후기는 압축된 혼합기 속을 진행하기 때문에 열발생률은 더욱 증가하여, 그림 7·108에 나타냄과 같이 ⊿형이 되고 화염전파 후는 급격하게 감소되며, 연소한계 가까이의 혼합기를 제외하면 후연소는 극히 적다.

이것에 대해 디젤기관에서는 발화지연 중에 활성화된 혼합기의 자발화에 따르기 때문에 초기의 열발생률이 크고, 제3기 이후는 순수한 확산연소가 되어 산소농도의 감소와 온도·압력의 저하 때문에 열발생률은 그림 7·108과 같이 가솔린기관과는 반대로 ⊾형이 된다.

디젤기관에서 연소과정은 시료가스 압출 혹은 광학적 방법으로 추적할 수 있지만, 실린더 내 가스조성이 일률적이 아니고, 또 압출 중에 반응이 진행되므로 정확을 기하기 어렵다. 확실한 것은 정확한 지압선도로부터 연소율을 계산하든가 혹은 대수지압선도에서 판정하는 방법이다. 디젤기관에서는 후연소가 길며, 양호한 것이라도 상사점 후 60℃A 정도까지 계속된다.

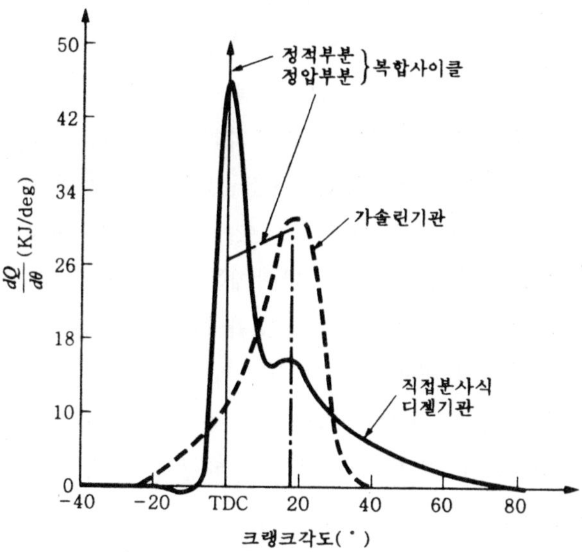

그림 7·108 디젤기관과 가솔린기관의 열발생률 비교

7.6.2 디젤기관의 이상연소

(1) 디젤노크

가솔린기관의 정상연소에서는 초기 압력상승률은 완만하고, 정숙하며 그을음이 없는 연소가 되지만, 디젤기관에서는 정상연소에서도 가솔린기관보다 압력상승률이 크고, 저부하 혹은 고부하에서 그을음을 발생한다. 이것이 현재 디젤기관의 연소 문제점 중에서 가장 중요시되는 점이다.

저속의 압축착화기관에서는 착화지연기간(period of ignition delay)에 비하여 연소에 허용되는 시간이 충분히 길기 때문에 연소의 대부분을 제어연소의 조건하에서 수행할 수 있다. 그러나 기관이 고속으로 되면 분사기간은 기관의 회전속도에 반비례하여 짧게 되지만, 발화지연기간은 분사기간이 단축된 만큼 단축되지 못하고 거의 일정한 상태로 되어 무제어연소에 의하여 급격연소의 정도가 점점 증가하여 연소실 내의 최고압력과 압력상승률도 높게 된다. 급격연소의 정도가 과격하게 되어 압력상승률 $dp/d\theta$가 5~6 atm/deg, 0.49~0.59 MPa/deg 이상으로 되면 노크음을 발생한다. 이 노크음의 원인은 압력의 불연속 상승에 따라서 크랭크기구의 진동(oscillation)에 기초한 것으로 운동부분의 간극을 작게 하고, 강성을 높여주면 음을 적게 할 수 있다. 압력상승률이 크게 되면 크랭크기구에 정적하중보다도 큰 응력을 발생시킨다. 여기서 실린더 내의 최고압력이 높아도 압력상승률이 작다면 노크는 발생되지 않는다.

일반적으로 $dp/d\theta$가 높게 되는 원인은 착화지연기간이 길어서 그 기간에 형성된 다량의 예혼합기의 순간적인 연소(무제어 연소기간)에 기인하는 것으로 알려져 있다.

디젤노크가 심하게 되면 소음(noise)의 발생원인이 될 뿐 아니라 기관구조에 과대한 응력이 작용하여 구조부분의 피로파괴(fatigue destroy)를 일으키는 위험이 발생한다.

기관의 시동시나 공회전(idling) 때에는 소위 아이들링 노크(idling knock)라는 것이 발생하는데, 그 원인은 실린더 온도가 낮은 것과 압축상사점에서 착화온도에 도달하는 것, 가스누설이 커서 압축공기가 낮아지는 것 등 때문에 착화지연기간이 길어지기 때문이다. 또, 이것에 더하여 기관오일의 점도가 높아 기관 회전속도가 상승되지 못한 것과, 한편으로는 분사된 연료의 비율이 많아서 점점 착화지연기간이 크게 되어 노크발생의 원인이 된다.

상사점 부근에서 급격한 연소를 하도록 하는 것은 사이클적으로 생각하면 출력이나 열효율 향상으로 되지만, 디젤노크 때문에 실제기관에서는 연료분사율이나 분사시기를 적절히 조절하고 있다.

디젤노크는 가솔린기관의 노크에 의한 국소적인 압력상승이 아니고, 광범위하게 연소가 이루어지므로 연소실 내에 강한 압력파는 발생하지 않으며, 또 벽면에 근접한 가스온도도 비교적 낮기 때문에 디젤노크는 가솔린노크와 같이 치명적인 열적손상을 일으키는 일은 거의 없다.

(2) 세탄가(cetane number)

가솔린기관에서 옥탄가와 같이 디젤기관에서 연료만의 발화지연 특성을 나타내는 것으로 세탄가가 사용된다. 발화지연기간이 짧게 되면 디젤노크는 작게 되지만 이것은 단순히 연료의 자발화 온도만으로는 나타낼 수 없다. 왜냐하면 자발화온도는 측정조건에 따라 변화하며, 대기상태에서 측정한 것과 실린더 내에서 측정한 것과는 종종 서로 정반대로 나타나는 경우조차 있다. 여기서, 이것을 발화성(ignitablity)이라는 말로 나타내는데, 이것을 수량적으로 나타내는 한 방법이 세탄가가 이용되어 왔다. 즉, 가솔린기관에서 옥탄가처럼 가장 정숙한 운전이 가능한 연료(발화성이 양호)로서 세탄($C_{16}H_{34}$)을, 가장 시끄러운 연료(발화성이 나쁜 연료)로서 α-메틸나프탈렌〔$C_{10}H_7(CH_3)$〕을 표준으로 하여, 특수한 측정기관(CFR)에서 제공된 연료와 동일한 발화지연을 나타내는 양연료의 혼합연료에 대한 세탄의 체적백분율을 세탄가라 한다.

$$\text{세탄가} = \frac{\text{세탄}}{\text{세탄} + \alpha - \text{메틸나프탈렌}} \quad (\text{V\%})$$

그림 7·105는 표준혼합연료의 발화지연 특성을 압축비에 의한 영향을 나타내었다. 세탄은 직쇄결합의 n-파라핀이므로 발화성은 대단히 좋고 메틸나프탈렌은 환상구조를 하고 있으므로 발화성은 극히 나쁘다.

연료의 발화성이 좋아질수록 발화지연은 짧고 자발화를 일으키기 쉬워지므로 이것을 가솔린기관에 이용한다면 격렬한 노크를 일으킨다. 따라서, 연료의 옥탄가(ON)와 세탄가(CN)와의 관계는 다음의 관계식에서처럼 반대로 된다.

$$\text{ON} = 120 - 2\text{CN}$$

(3) 디젤노크 방지법

이미 언급한 바와 같이 디젤노크는 연소초기에 혼합기가 자발화하여 급격한 압력상승을 일으키는 현상이며, 이것에 대하여 가솔린노크는 연소후기이기는 하지만 어느 정도의 혼합기가 자발화하여 일시적으로 연소하는 것에 의해 발생하는 유사한 현상이다. 그러나, 그 발생원인은 완전히 반대인 것이다. 즉, 연료의 자발화온도, 발화지연, 공기의 온도·압력 등의 인자가 발화하기 쉬울수록 디젤노크는 일으키기 어려우며, 가솔린노크는 일으키기 쉽다. 따라서 그 방지대책도 정반대(표 7·15 참조)이며, 연료에는 자발화온도가 낮은 경유, 압축비가 높고, 과급하여 급기의 압력·온도를 높이고, 또 1개의 실린더 크기가 클수록 양호하다.

급격한 압력상승을 방지하려면 제2기에서 폭발적 연소에 관여하는 혼합기의 양을 적게 하면 되므로 발화지연을 짧게 할 것, 발화지연기간 동안의 분사량, 증발, 혼합을 억제할 것이 중요하다.

직접분사식 기관에서 발화지연은 세탄가(CN), 압축비, 분사진각(β), 회전속도, 온도, 압력

표 7 · 15 노크억제에 대한 방향

요 인	가솔린기관	디젤 기관	요 인	가솔린 기관	디젤 기관
연료의 자발화온도	고	저	흡기압력	저	고
연료의 발화지연	장	단	연소실 벽면온도	저	고
압축비	저	고	기관회전수	고	저
흡기온도	저	고	실린더 크기	소	대

에 관계한다. 즉

$$\tau_z = f(\mathrm{CN},\ \varepsilon,\ \beta,\ n,\ p,\ T) \qquad (7 \cdot 38)$$

$\theta_z = \tau_z n$(발화지연각), $\rho = p/p_o$, $\tau = T/T_0$로 하고, 변수를 무차원화하고, 차원해석에 따라 지수함수의 적의 형태로 이끌면

$$\theta_z = A \cdot CN^x \varepsilon^l \beta^m \rho^n \pi^q$$

로 나타내어진다. 정수는 실험데이터로서 결정되고, 고속 디젤기관에 대해서는 다음의 값이 구해진다.

$$\theta_z = 4.11 \times 10^3 \beta^{0.6} / CN^{0.9} \varepsilon^{1.25} \rho^{0.4} \pi^{3.2}$$

혼합기 형성속도는 발화까지 분사되는 연료의 양, 기화성, 연료입자의 크기, 공기와의 상대속도, 온도 및 압력에 관계된다.

노크를 경감하기 위한 구체적인 사항은 다음과 같다.

① 연료분사시 공기온도의 상승 : 급기 혹은 냉각수 온도를 올리면 좋으나, 급기온도의 상승은 체적효율을 저하시키며 저부하인 경우를 제외하고 성능상 유해하다.

② 연료분사시 공기압력의 증가 : 압축비의 증가, 과급, 혹은 발화지연기간 중에 공기압력이 최고가 되도록 하는 시기에 분사하는 것 등이다.

③ 연소실 벽의 온도상승 : 특히 분무가 부딪칠 것 같은 장소의 온도를 올린다. 시동시에는 벽면온도가 낮기 때문에 연료의 기화성이 중요하다.

④ 발화까지의 분사량을 적게 한다 : 파일럿 분사(pilot injection)는 이 방법을 더욱 확장한 것으로서, 주분사에 앞서서 소량의 연료를 분사하고 그 연료가 발화한 후 다량으로 분사하면 폭발적 연소에 주는 연료의 양이 적게 된다(그림 7 · 109 참조).

⑤ 연료입자가 크게 되면 수가 적어지기 때문에 전체 표면적은 감소되고 증발 반응면이 적어진다. 분사압력을 내리면 평균연료입자는 크게 되나 발화지연은 거의 변함없으며 발화

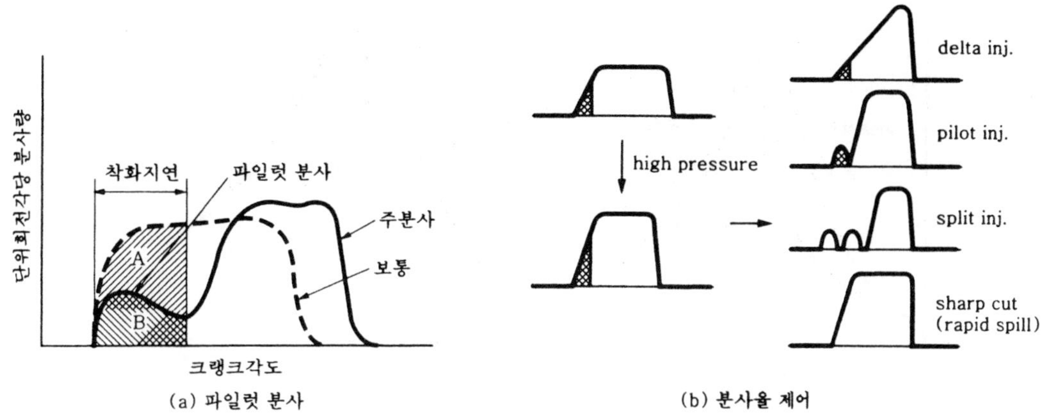

그림 7·109 파일럿 분사

시의 혼합기량이 적어지므로 압력상승은 감소된다.

⑥ 흡기행정에서 연료를 안개처럼 하거나(microfog) 혹은 증발시켜서 자발화를 일으키지 않을 정도로 흡기에 혼입시키면, 압축행정중의 전염반응에 의해 발화지연이 짧아진다. 이것을 퓨미게이션(fumigation)이라고 하며, 공기이용률을 증대하고 매연한도(smoke limit)에서 출력증가에도 도움이 된다. 흡기행정에서 연료의 일부를 분사하는 VIGOM법도 목적은 이것과 같다.

와류를 주면 고온에서는 발화지연이 짧아지고 저온에서는 길어지나 어느 경우도 혼합기 형성을 촉진하기 때문에 압력상승률을 증대시킨다.

이와 같은 방법에 따라 제2기간의 압력상승을 완화할 수가 있으나 ② 이외는 반드시 성능에 좋은 영향을 주지 않는다. 일반적으로 발화지연이 짧게 되면 압력상승률은 작아지나 초기의 열발생률이 감소되고, 열효율의 저하를 초래한다는 것은 열역학상으로도 명백하다.

⑦ 발화촉진제 사용 : 발화촉진제로서 초산에틸($CH_3CH_2ONO_2$)이나 초산아미드($CH_3CH_2CH_2CH_2CH_2ONO_2$) 등이 시험되어 왔으나, 옥탄가에서 납이 영향을 미치는 것보다는 효과가 없으며, 디젤연료는 저렴함을 요구하므로 실용화에는 이르지 못했다.

(4) 디젤노크와 가솔린노크의 비교

가솔린기관에서의 노크와 디젤기관에서의 정상연소는 모두 혼합기의 자발화에 의한 것으로서 명백하게 유사점이 인정된다. 디젤기관의 정상연소에서는 활성화된 혼합기량이 적고 압력상승률은 가솔린기관의 엔드가스 부분에서의 압력상승보다 낮으며 발화지연기간 중에 형성되는 혼합기량이 많아지면 압력상승률은 높아지고 노크음을 발생한다.

가솔린기관에서는 노크와 정상연소와는 전연 별개의 현상이나 디젤기관에서는 노크와 정상연소 간에 본질적으로는 아무런 구별은 없다. 단지 최초에 폭발적 연소에 주는 혼합기의

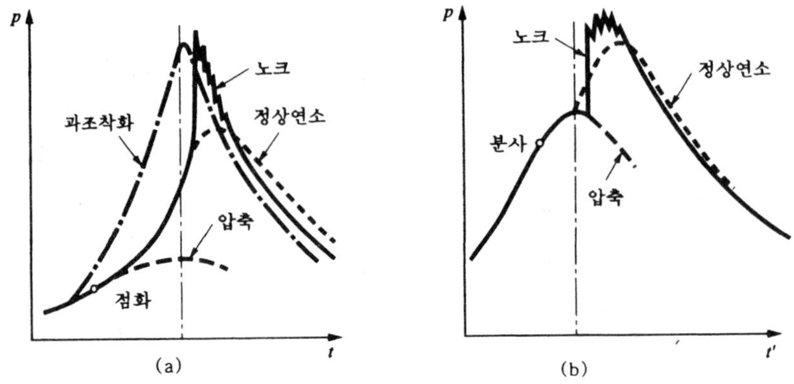

그림 7·110 가솔린노크(a)와 디젤노크(b)의 비교

양에 따를 뿐이다. 그림 7·110은 양자의 노크연소에 있어서 압력변화를 비교한 것으로서, 가솔린기관의 노크는 연소의 말기에 미연소가스의 연소가 점화플러그에서 발생한 화염전파에 의하지 않고 자발화에 의한 것에 대하여, 디젤노크는 초기에 일어나나 자발화할 때까지의 혼합기량의 다소에 의하여 발생하는 착화지연의 원인인 것이 다르지만, 본질적으로는 동일한 현상이다. 그러나 디젤노크는 발화지연이 길기 때문에, 가솔린노크는 짧기 때문에 일어나고 그 원인은 완전히 상반되므로 이것을 피하는 방법도 또한 반대이다. 각종 인자가 노크를 경감하는 경향은 표 7·15에 표시한 바와 같이 서로 상반됨을 알 수 있다.

디젤노크는 국부적 압력상승에 기인하는 것은 아니고, 광범위하게 연소가 일어나므로 가솔린기관과 같이 큰 압력파가 생기는 일은 없으며 또 벽에 접하는 가스의 온도도 낮으므로 노크에 의해 열손실이 증가되는 일도 적고 가솔린기관의 노크만큼 유해하지는 않다. 상사점 가까이에서 급격한 연소를 시키면 연료소비율은 감소되고 출력은 증가하나 최고압력 및 압력상승률이 과대하게 되므로 다소 소비량은 많더라도 분사시기를 지연시켜 이것을 방지하고 있다. 가솔린기관의 성능향상에는 고옥탄가 연료가 필요하나 세탄가는 디젤기관의 평균유효압력, 연료소비율에는 거의 영향을 미치지 않는다. 과급기관에는 세탄가는 아무런 중요성이 없고, 다만 소형 고속기관의 시동성, 노크경감에 대해서만 의미가 있다.

(5) 디젤기관의 불완전연소와 매연발생

압축착화기관에서는 제어연소기간 및 후연소기간 중의 연소를 촉진하고 팽창행정의 빠른 시기에 연소를 완료시키는 것이 출력의 증가, 열효율 향상뿐만 아니라 불완전연소 방지의 점에서도 중요하다. 이 기간의 연소는 주로 연료가 산소와 접촉하는지 않는지에 의존하고 있기 때문에 연료의 무화(atomization)와 그 분포(distribution) 및 연소실 내의 공기유동에 의해 크게 영향을 받는다.

대형의 저속기관에서는 연소에 허용되는 시간이 길기 때문에 연료의 무화와 분포를 적당히 선택함으로써 연소를 거의 완전히 행할 수 있는데, 소형의 고속기관에서는 각종의 연소실 구조를 사용하여 공기유동을 발생시켜 연소를 단기간에 완료시키게 한 수단이 사용되고 있다.

디젤기관에서는 전체혼합비의 희박한계는 없다. 그러나 완전연소를 할 수 있는 연료의 공기에 대한 비율은 이론값보다 낮다. 한 곳에서 분사하는 연료가 공기와 균일한 혼합비를 만들 수는 없기 때문이고 20~50%의 과잉공기를 필요로 한다. 그 이하의 연료농도이면 희박연소이기 때문에 비열의 증대나 열해리가 적어 열효율이 높다. 그리고 압축비가 높아서 디젤기관이 현재로는 가장 열효율이 높은 열원동기이다. 그러나 다른 한편에서는 동일한 행정체적으로 연소할 수 있는 연료가 적기 때문에 출력이 낮고, 저속성과 병행하여 리터마력(행정체적 1 l 당의 출력)이 적은 결점을 갖는다.

이와 같은 완전연소 한계의 연료농도 이상으로 연료를 공급하면 기관 출력은 어느 정도 증대한다. 그러나 디젤기관에서는 공기가 부족할 경우는 물론 충분한 경우라도 국부적으로 농후한 혼합기 지역에서는 산소부족으로 불완전연소하는 연료는 탄소입자를 발생하며 황색화염의 연소를 하여 대개 그을음이 된다. 이것은 화염 중에 연료입자가 있으면 연료입자가 고온가스 중에서 산소가 부족한 채 열분리되어 수소가 추출되어 탄소입자의 발생을 조장한다. 일반적으로 탄화수소의 고온반응에서는 C-C대가 확인되나 공간적 혹은 시간적으로 산소부족인 곳이 있으면 탄소입자를 발생한다.

탄소입자 발생기구에 대해서는 여러 가지 설이 있으나 이론적으로 확실히 정립된 것은 없다. 미리 기화하여 공기와 서서히 혼합하든가 혹은 고도로 균일 미립화하여 급속하게 혼합하면 탄소입자는 발생하지 않고 청색염 연소를 시킬 수 있으나, 디젤기관의 특성상 이와 같은 연소는 할 수 없다. 따라서 연소과정중 탄소입자발생은 피할 수 없으므로 이것을 어떻게 하여 완전히 연소시키는가가 문제이다. 탄소입자는 산소를 함유한 분자에 작용하여 다음의 평형을 유지한다.

$$C + H_2O \leftrightarrows CO + H_2, \qquad C + CO_2 \leftrightarrows 2CO$$

온도가 높게 되면 →반응으로 진행하여 C는 적어진다. 따라서 탄소입자의 연소에는 높은 화염온도가 필요하다. 화염온도를 내리는 인자는 모두 탄소입자를 증가시킨다. 다음에 몇 가지 실례를 들기로 한다.

① 벽면온도 : 화염이 차가운 벽에 닿으면 탄소입자를 발생하여 벽면에 부착하든가 혹은 배기에 혼합되어 배출된다. 탄소퇴적은 어느 두께가 되면 가스에 접하는 표면온도가 상승하여 안정된다. 갑자기 부하를 증대한 경우에는 벽면온도가 급히 상승하지 않으므로 잠시 동안만 매연이 나온다.

② **연료입자와 화염의 접촉** : 화염 중에 연료가 분사되면 연료입자에 의해 화염이 냉각되기 때문에 탄소입자의 연소를 방해한다. 또한 연료입자가 증발하여 그 부분의 연료농도를 높여 산화를 지연시키며 혹은 연료입자 표면에 큰 입자인 탄소입자가 부착하여 완전연소가 되지 않게 된다. 이 경우 전체적인 공기량을 증가시켜도 효과는 없고 또 일률적으로 연료를 분포시켜도 화염온도가 내려가 도리어 악화된다.

③ **연료분사율** : 발화까지 소량의 연료가 분사되고 발화 후 다량으로 분사되도록 하는 연료분사율에서는 화염 중에 분사되는 연료입자가 많아지므로 매연농도는 농후하게 된다. 매연을 적게 하기 위해서는 초기 분사량을 많게 하면 좋으나 압력상승률이 높아진다.

부하가 낮게 되면 발화 후 분사되는 연료입자가 적어지므로 매연은 점차로 희박하게 되지만 벽면온도가 내려가면 다시 농후해진다. 고부하에서는 화염 중에 분사되는 연료입자가 많아져서 탄소입자는 점점 증가됨과 더불어 연소해야 할 시간은 적어지며 가스온도의 저하, 산소농도의 감소에 따라 조건은 더욱 악화된다. 특히 분사의 마지막에는 4.5~5배 크기의 연료입자가 분사되므로 이것이 매연발생에 큰 원인이 된다.

이 흑연 중의 그을음이 인체에 어떻게 해를 입히느냐는 현재는 명확하지 않지만 악취와 더불어 불쾌감을 주는 것은 사실이고 연소실의 오염, 윤활유의 노화 등으로 기관 내구성을 저하시키므로 저감대책을 강구하여야 하는 것은 당연하다. 그 때문에 디젤기관에서는 사용목적에 따라서 정도는 다르지만 배기 중의 그을음의 농도가 제한되어 있다. 이와 같이 디젤기관의 최대출력의 한계는 일반적으로 그을음 농도 때문에 제한을 받게 된다. 이 출력 또는 부하를 스모크 리미트(smoke limit)라고 한다.

매연측정은 다음의 Bosch방식이 널리 사용된다. 이것은 일정량(330 cc)의 배기를 펌프로 흡수하는데 그 흡인통로 중에 여과지를 삽입하여 배기 중의 카본을 부착시켜 그 여과지에 일정의 광선을 비쳐서 그 반사광을 링상태의 셀렌광전지로 받아 그 발생전류상태로 나타내게 하는데, 완전히 까만 것을 Bosch 스모크 지시도 10으로 한다. 단 이 지시도는 그림 7·111과 같이 배기 중의 카본농도에 대하여 직선적인 관계로는 되지 않는다. 현재 배기규제에서는 이 지시도를 10배로 하여 오염도를 %로 표시하여 사용하고 있다.

압축착화기관의 배기가스 중에는 불완전연소에 의하여 생성된 가스성분 외에 고체의 탄소질로 된 그을음(soot)이 포함되어 있다. 연소실 전체에 공기과잉률이 1 이상으로 되어도 불균일연소의 결과로서 그을음을 발생한다. 그을음의 생성구조는 아직 불명확한 점도 있지만 연료가 국소적으로 산소부족의 상태에서 고온에 노출되어 탈수소 반응, 열분해 등에 의해 생긴 수소가 선택적으로 먼저 연소되어 탄소가 남는다. 유리탄소 또는 중합에 의해 생긴 거대 탄화수소의 탈수소 반응에 의해 생긴 유리탄소가 응집한 것이라고 생각되고 있다. 이와 같은 그을음은 산화반응이 늦어 팽창행정 중에서 거의 연소하지 않은 채로 배출되어 흑

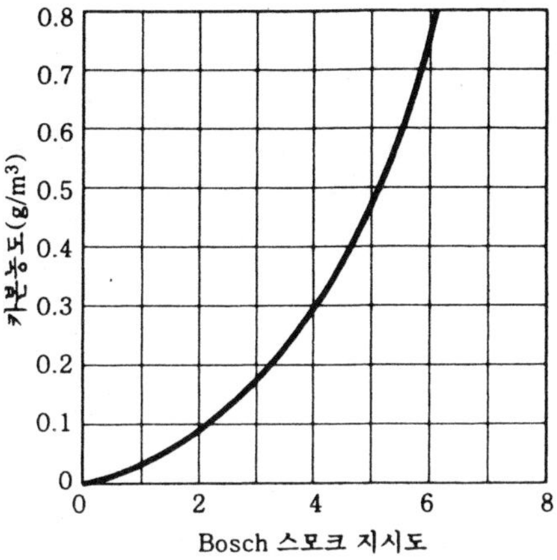

그림 7·111 Bosch 스모크 지시도와 카본농도의 관계

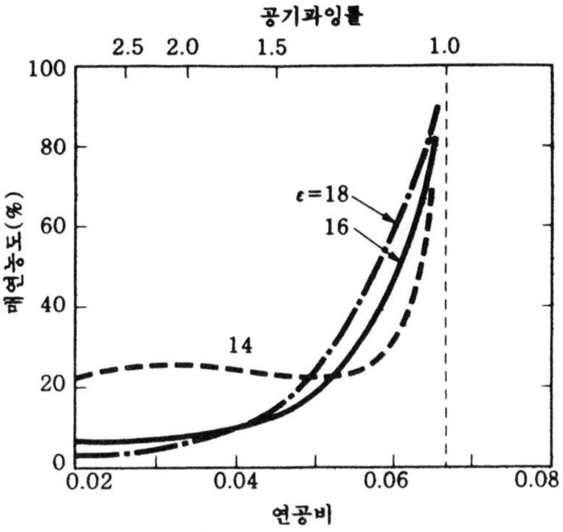

그림 7·112 압축착화기관의 매연농도

연으로 된다. 그림 7·112는 연공비와 매연농도와의 관계를 나타낸 한 예인데, 이론혼합비에 접근하면 압축비에는 관계없이 매연농도가 급격히 증가하게 된다.

압축착화기관의 출력은 실제 이와 같은 매연농도에 의해 제한되기 때문에 매연의 억제는 압축착화기관에 관한 중요한 문제의 하나이다.

8장

내연기관의 배기공해와 대책

내연기관은 군용이나 특수용도는 물론, 최근 서민생활에 직결되어 널리 사용되고 있으며, 일상생활의 필수기계가 되어 놀랄 만한 수의 기관이 생산, 사용되기에 이르렀다. 그러나 한편으로는 그것을 사용함으로써 예전에는 문제가 되지 않았던 배기가스, 배기흑연(exhaust soot), 배기냄새(exhaust odor) 등의 배기 에미션에 의한 대기오염(air pollution)과 연소에 의해 발생하는 소음 에미션(noise emission) 등이 공해문제로 대두되어 사람들에게 해를 준다는 문제가 발생하였다. 특히 주위사람들의 건강을 해칠 우려가 있는 유해성분을 포함한 가스의 배출, 또는 소음의 발생이 큰 사회적 문제가 되어, 그 방지대책이 종래의 성능향상에 대신하여 지상명제로서 연구개발되고 있다.

기관이 인체에 해를 줄 가능성이 있다는 것은 이전부터 알고 있는 바이고, 예를 들면 좁은 실내나 터널 중에서 운전하면 대량의 산소를 소비하기 때문에 단시간에 산소가 부족하게 될 뿐만 아니라 일산화탄소 함유량이 많은 배기를 배출하게 되어 인간에게 중대한 해를 준다. 그러나 이와 비슷한 것이 전체 도시적인 문제로 확산되었으며 또, 최근에는 소음도 법적으로 규제하기 시작하였으나, 어느 쪽도 사회의 요구를 완전히 만족시킬 만한 대책기술은 쉽지 않다.

이와 같은 공해문제의 발생근원은 그 무엇보다도 연소문제 그 자체에 있다는 것은 틀림없다. 따라서, 연소의 연구·개선에 의해 공해로 지적되어 있는 각종 문제를 해결하고자 노력하는 한편, 저공해 및 무공해 기관의 개발에 노력하지 않으면 안 된다.

8.1 배기가스의 법적규제

자동차 1대당 허용되는 유해성분의 양을 산정하는 것은 지극히 복잡한 것이다. 어떤 지역에 대하여 그곳을 통과하는 자동차의 대수 및 시간적 경과, 거기서 배출된 가스가 어느 정도 대기 중에 분산되는지, 도중에서 화학반응 등으로 변질되는 과정, 그리고 인간이 그 대기를 얼마만큼 흡입하는지, 또 어느 정도가 건강상 해가 없는 한도인지 등을 알아야 한다. 또 이러한 것들은 자동차만이 배출원이 아니므로, 그 복합적 작용이 중요할지도 모르고 있는 실정이다. 이러한 것들은 어느 것 하나도 아직 명확히 밝혀져 있지 않지만 대책이 시급하기 때문에 각국의 법규제는 대체로 미국의 법규제를 모방한 것이고, 배출가스 규제모드는 전세계적으로 크게 미국, 유럽, 일본 방식으로 분류되고, 규제값도 각국에 따라 차이가 있으며, 미국의 경우는 다음과 같은 것이다.

미국의 로스앤젤레스 시에서는 1954년 8~9월의 스모그 발생으로 눈과 목이 자극되는 문제가 발생하여 그 원인이 각 방면에서 구명되었는데, Haagen-Smit 등은 NO_x-HC-햇빛(光)에 의한 소위 광화학적 반응(photochemical reaction)설을 제창하였고, 그것에 기초하여 미국정부는 승용차 1대당 NO_x, HC 및 CO의 3성분을 1976년까지 대책이 없는 자동차의 수를 1/10로 저감할 목표를 정하고(이것을 마스키 의원이 제창하였으므로 마스키법이라 부른다), 차츰 그것에 접근할 만한 법규제를 만들었다.

그 최종목표는 미국의 도시주행을 모방한 어떤 운전법을 정하여 배기 중의 이 가스농도에 가스량을 곱한 1 km당의 배출량을 전체승용차에 대하여 표 8·1과 같은 값으로 정하였다. 그후 오일쇼크 때문에 연료절약이 중요시되어, 미국정부의 규제는 대폭적으로 후퇴했으며, 그 중 가장 엄격한 캘리포니아 주에서도 일부 후퇴하여 표 8·1의 미국의 1997년 규제값과 같이 높은 값으로 책정하였다. 단, HC는 광화학스모그에 특히 관계가 깊으므로 낮은 값으로 규정하고 있다.

일본의 경우 그림 8·1과 같이 도시주행시에는 10모드로 난기운전(hot 사이클이라 함)으로 실시하며, 도시고속주행은 11모드(cold 사이클)로 측정하였으며 1991년부터는 10·15 모드를 사용하고 있다. 미국의 경우는 1977년경에는 LA-4모드라 칭한 로스앤젤리스 시의 대표적 실제 주행상태의 재현으로 냉간시동(cold cycle)을 포함한 것으로 최고속도가 90 km/h로 높으며, 현재에는 FTP-75 모드로 측정하고 있다.

한국의 규제값은 1984년 것이 1980년에 비하여 상당히 낮아졌으나, 미국이나 일본에 비해 거의 10배 가량 더 높은 것이었으나, 차량대수의 증가와 더불어 그 규제값이 강화되어 가고 있으며, 측정법은 한국도 일본과 마찬가지로 10모드법을 채택했으나, 최근에는 CVS-75모드를 사용하고 있다.

이상은 승용차에 대한 것이고 트럭, 버스에 대해서는 별도의 규제가 정해지고 있지만, 이 경우 상기 3성분 외에 매연과 황산 미스트(mist) 등의 미립자, 악취 등도 그 저감이 요망되고 있다.

表 8·1 승용차 1대당 배기가스 허용값

(a) 가솔린 승용차

국명	적용 년도	인증 주행거리(km)	배출가스 허용기준(g/km)				시험방법
			CO	THC	NMHC	NO_x	
한국	1998 2000	5년/8만	2.11 2.11	0.25 0.16		0.40 0.25	CVS-75
미국	1994 2004	8년/16만 10년/16만	2.11/2.61 1.06	0.25/~ 0.078	0.156/0.193	0.25/0.37 0.124	FTP-75
	1977	오일 쇼크	9.321	0.932		1.243	LA-4(미연방)
			5.592	0.255		0.932	LA-4 (캘리포니아)
	1976	마스키법 g/km	2.113	0.255		0.249	
EC	1996 2000 2005	5년/8만	2.2 2.3 1.0	0.5(HC+NO_x) 0.2(HC) 0.1(HC)		– 0.15 0.08	ECE-15 +EUDC
일본	1991	3만	2.7	0.39		0.48	10·15모드

한국의 2000년 기준은 미국의 94년 수준이며, 유럽의 2000년(EURO-3) 수준과 유사하며, 유럽 2005 (EURO-4) 기준은 미국의 2004년 기준과 비교될 수 있는 수준이다.

(b) 경유 승용차

국명	적용 년도	인증 주행거리(km)	배출가스 허용기준(g/km)					시험방법
			CO	THC	NMHC	NO_x	PM	
한국	1998 2000	5년/8만	1.5 1.2	0.25 0.25	– –	0.62 0.62	0.08 0.05	CVS-75
미국	1987 1994	5년/8만 8년/16만	2.11	0.25	–	0.62	0.12	FTP-75
			2.11/2.61	0.25/–	0.156/0.193	0.62/0.78	0.05/0.06	
EC	1997 2000 2005	5년/8만	1.0 0.64 0.50	0.9(HC+NO_x) 0.56(HC) 0.30(HC)		– 0.50 0.25	0.10 0.05 0.025	ECE-15 +EUDC
일본	1994	3만	2.7	0.62		0.72	0.34	10·15모드

한국의 2000년 기준은 미국의 94년 수준이며, 유럽의 2000년(EURO-3) 수준보다는 약간 완화상태이고, 일본 94년 규제는 미국의 87년 규제수준임.

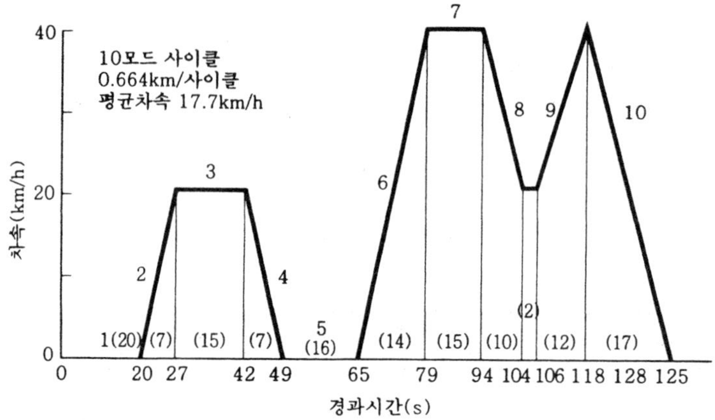

그림 8·1 10모드에 의한 측정(일본 hot cycle 10모드)

	시간(s)	운전조건
1	20	기관이 무부하운전상태
2	7	출발에서부터 속도가 20 km/h가 될 때까지의 가속상태
3	15	속도 20 km/h의 정속상태
4	7	속도 20 km/h로부터 정지할 때까지의 감속상태
5	16	기관이 무부하운전상태
6	14	출발에서부터 속도 40 km/h에 이르기까지의 가속상태
7	15	속도 40 km/h의 정속상태
8	10	속도 40 km/h에서 20 km/h에 이르는 감속상태
9	12	속도 20 km/h에서 40 km/h에 이르는 가속상태
10	17	속도 20 km/h에서 정지할 때까지의 감속상태

10모드에 의한 측정이란 자동차가 하중을 110 kg 실은 상태에서 기관이 난기상태가 된 후, 표의 우측의 운전조건으로 좌측에 표시한 운전구간에서 발생한 배기관에서 대기 중으로 배출되는 배출물에 포함한 자동차 배출가스의 중량을 측정하는 방법을 말한다.

8.1.1 배출가스 시험방법의 특성

배기가스 규제에는 각각의 측정모드(test mode)가 결정되어 있으며, 그 모드에 따라서 주행시험(chassis dynamometer), 기관시험(engine dynamometer) 등으로 지정된 측정기를 사용하여 CO, HC, NO_x의 각 농도를 구한다. 측정기는 대개 CO와 NO는 NDIR(비분산 적외분석기), HC는 HFID(수소이온화형 분석계), NO_x는 chemical luminescence방법이 사용되어진다.

측정모드는 여러 가지가 있으나, 일본에서는 가솔린기관의 경우 승용차나 상용차(총중량 2.5 t)에 대해서는 그림 8·1과 같은 hot사이클 10-모드에서 배기가스 3성분을 (g/km)로 측정하며, 그림 8·2와 같은 cold 사이클 11모드에서는 (g/test)로 측정하는 방법이 사용되어 왔다. 1992년 이후로는 10·15모드(그림 8·9)를 사용하고 있다.

한편 미국에서는, 1977년경에는 그림 8·3과 같이 LA-4CH모드가 사용되었는데 이는 cold 출발과 hot 출발의 혼합방식이고, 그림에 표시한 계산식을 이용하여 합성배출량을 (g/mile)로 구하므로 가장 합리적인 측정모드라 하여 사용되어 왔으나, 현재에는 FTP-75모드를 사용하고 있다.

디젤기관의 경우에는 그림 8·4에 표시한 6-모드 방법으로, 섀시다이너모미터나 기관다이너모미터를 이용하여 배출되는 가스 중의 CO, HC, NO_x의 각 농도를 측정하여 측정된 각 단계의 값을 일정한 계수를 곱한 값(ppm)을 각 성분의 농도로 한다.

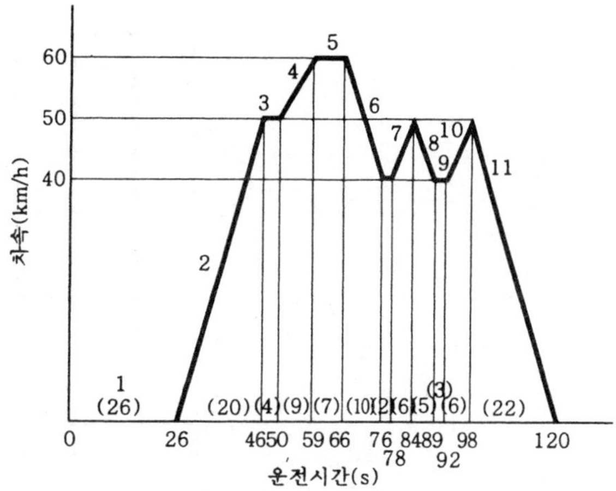

그림 8·2 가솔린기관의 배기가스 측정모드(일본 cold cycle 11-모드법)

● **참고**
hot cycle 및 hot 출발에서 hot의 의미는 기관이 워밍업이 된 상태에서 시작하는 것이며, cold cycle 및 cold 출발에서 cold의 의미는 기관이 워밍업이 안 된 상태에서 시작하는 의미이다.

미국에서는 HC와 NO_x는 별개로 측정하든지, 또는 HC+NO_x의 값으로 규정하여 어느 쪽이든 한쪽을 만족하면 된다. 측정모드는 예전에는 그림 8·5와 같이 13-모드가 지정되었으며 측정값은 (g/kw·h)로 구한다. 최근에는 승용차나 소형 화물차의 경우 그림 8·6의

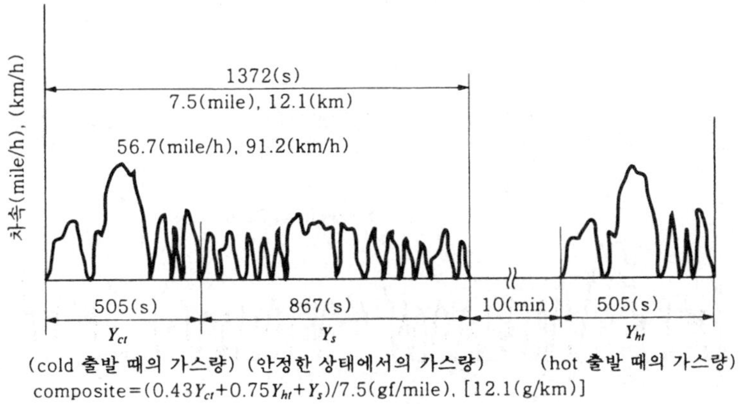

그림 8·3 가솔린기관의 배기가스 측정모드(미국 LA-4CH모드)

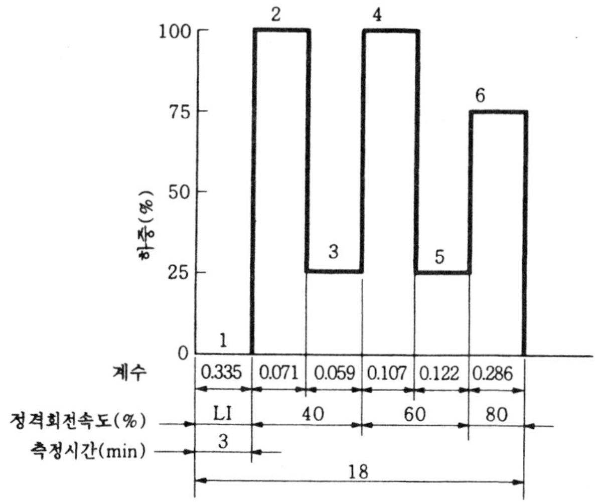

그림 8·4 디젤기관의 배기가스 측정모드(일본 6-모드법)

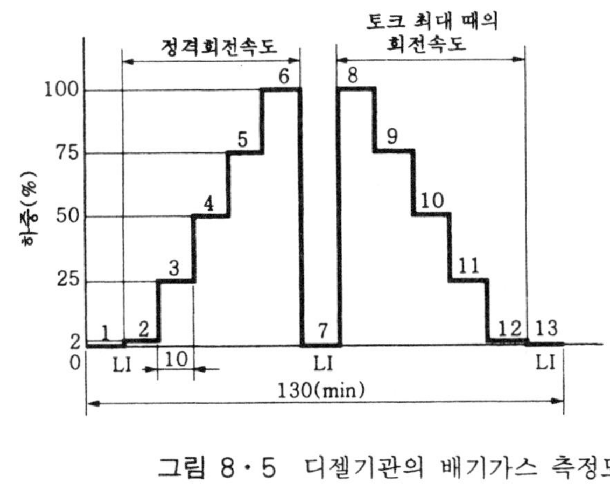

1. 측정은 각 단계에서 5분 경과 후에 한다.
2. 회전속도의 오차는 ±[5]rpm으로 하고, 토크의 오차는 ±[2]%로 한다.
3. 계수(WF)는 사이클 (1+7+13)...0.2
   2~6, 8~12 각 단...0.08
4. 계산식 CO, HC, $NO_x = \Sigma(\text{mass} \times WF) / \Sigma(BHP \times WF)$(gf/HP · h)

그림 8·5 디젤기관의 배기가스 측정모드(미국 13-모드법)

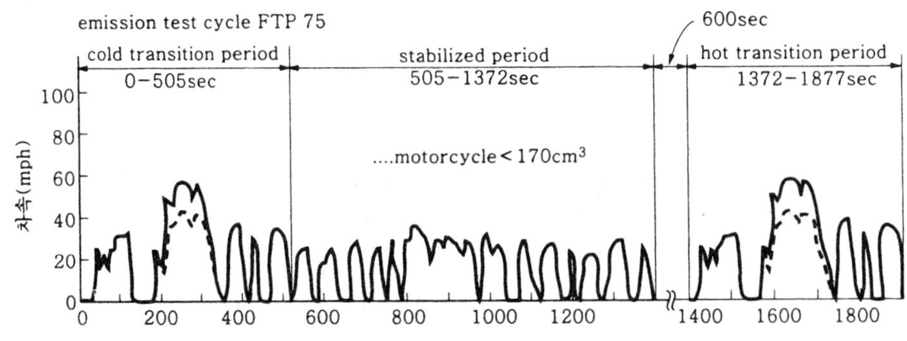

그림 8·6 FTP-75모드

FTP-75모드를 사용한다.

이외의 유럽 등에서 사용되는 측정법 등이 있는데, 이들을 섀시시험 모드와 기관시험 모드를 구별하여 종합하여 정리하면 다음과 같다.

(1) 섀시시험 모드(승용차 및 소형화물차)

① 미국의 FTP-75모드 : FTP는 3구간으로 구성되는데, 첫째 구간은 20~30℃에서 12시간 이상 방치된 상태에서 냉간시동으로 505초 동안 주행하는 cold transition phase(TP_{cold})이다. 둘째 구간은 stabilized phase (SP)로 867초 동안 운전하며, 둘째 구간이 끝난 후 10분 동안 기관을 멈춘 후 첫째 구간과 동일한 모드로 운전하는 hot transition phase (TP_{hot})가 셋째 구간이다.

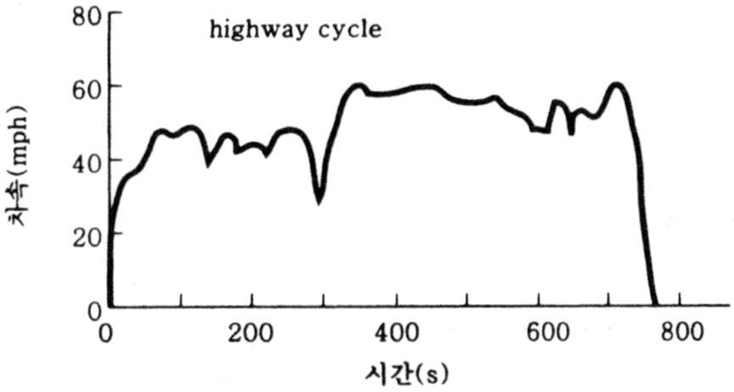

그림 8·7 US federal highway cycle

이때 각 구간별 가중을 두어서 $0.43 \times TP_{cold} + 1.0 \times SP + 0.57 \times TP_{hot}$으로 계산한다.

② 유럽의 ECE-15와 EUDC모드

③ 일본의 10-모드, 11-모드 및 10·15모드 : 일본의 10모드는 그림 8·1에, 11모드는 그림 8·2에 각각 나타내었으며, 10·15모드는 그림 8·9에 나타내었다.

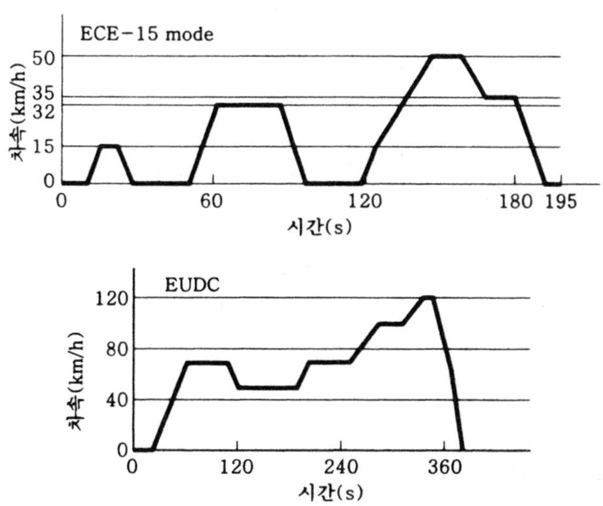

그림 8·8 ECE-15 및 EUDC 모드

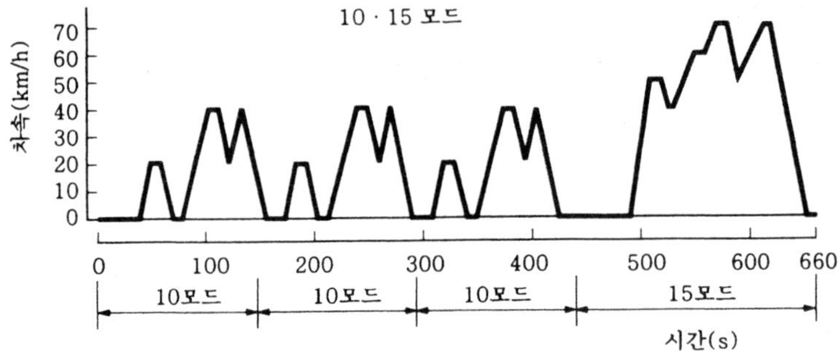

그림 8 · 9 일본의 10 · 15모드 운전패턴(최고속도 70 km/h)

④ 각종 모드 특성비교

표 8 · 2 각종 운전모드 특성비교

항 목	FTP-72	FTP-75 (CVS-75)	ECE-15	EUDC	10-Mode	11-Mode
사이클 거리(km) (mile)	12.07 (7.5)	17.84 (10.09)	1.013	6.955	0.664	1.021
시간(초)	1371	1877+600	195	400	135	120
사이클 횟수/test	1	1	4	1	6	4
평균속도(km/h)	31.7	34.3	18.7	62.6	17.7	30.9
공회전을 제외한 평균속도(km/h)	38.3	41.6	27.1		24.15	39.1
최대속도(km/h)	91.2	91.2	50	120	40	60
평균가속도(m/s²)	0.60	0.67	0.75	0.833(max.)	0.54	0.64
평균감속도(m/s²)	0.70	0.71	0.75	1.389(max.)	0.65	0.60
공회전(%time)	17.8	18.0	30.8		26.7	21.7
가속(%time)	33.5	33.1	18.5		24.4	34.2
정속(%time)	20.1	20.4	32.3		23.7	13.3
감속(%time)	28.6	28.5	18.5		25.2	30.8
출발상태	cold	cold	cold+40s idling		warm	cold+25s idling
운전특성	도시주행	도시주행	저속도시주행	도시고속주행	도시주행	도시고속주행
적용국가	스웨덴	한국, 미국, 캐나다, 오스트리아	EEC	EEC	일본	일본

1) FTP(Federal Test Procedure)
2) FTP-75 Mode=FTP-72 Mode 시험 후 10분 정지하고 FTP-72의 전반 505초 운전모드 주행
3) ECE(Economic Commission for Europe)
4) EUDC(Extra Urban Driving Cycle)
5) 일본은 1992년 이후 10 · 15모드 사용 : 10모드 3회+새로운 고속모드(70 km/h 삽입됨)

⑤ 미국과 유럽모드의 배출량 상관관계 : 각국의 주행모드의 특성에 맞게 자동차회사에서 차량의 배출가스 시스템을 선정하고 튜닝하기 때문에 일정한 상관관계를 갖지 못한다.

동일차량으로 미국 FTP-75와 유럽의 ECE-15+EUDC 모드로 측정하여 비교한 아래의 상관관계, 예를 보면 미국모드가 유럽모드보다 배출량이 낮은 것을 알 수 있으며, 이 관계식을 환산식으로 사용하기에는 무리가 있다.

$$(NO_x)_{ECE} = 1.18 \times (NO_x)_{FTP}$$
$$(HC)_{ECE} = 1.47 \times (HC)_{FTP}$$
$$(PM)_{ECE} = 1.33 \times (PM)_{FTP}$$

(2) 기관시험 모드(중량 자동차)

① 각종 모드

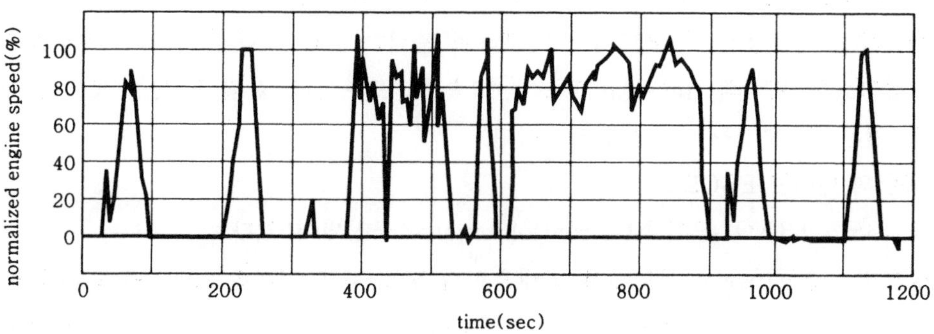

그림 8 · 10 미국의 transient모드(디젤)

② 미국, 유럽, 일본모드의 특성비교

유럽과 미국사이클의 가중값을 보면 미국 transient 모드는 고속운전에 가중값이 상대적

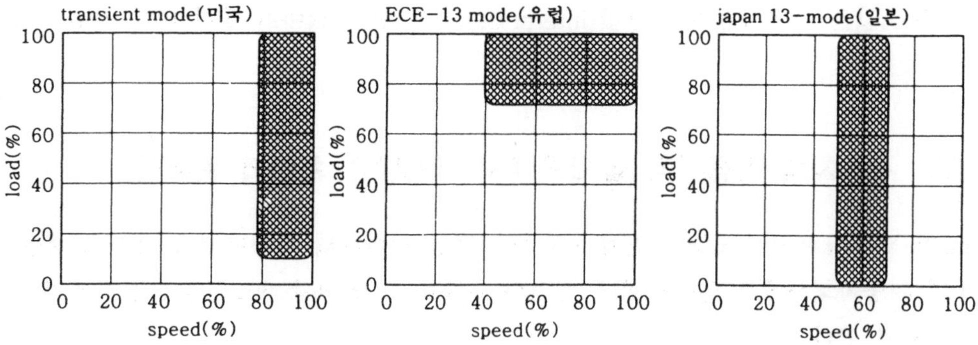

그림 8 · 11 각 중량자동차 운전모드 특성

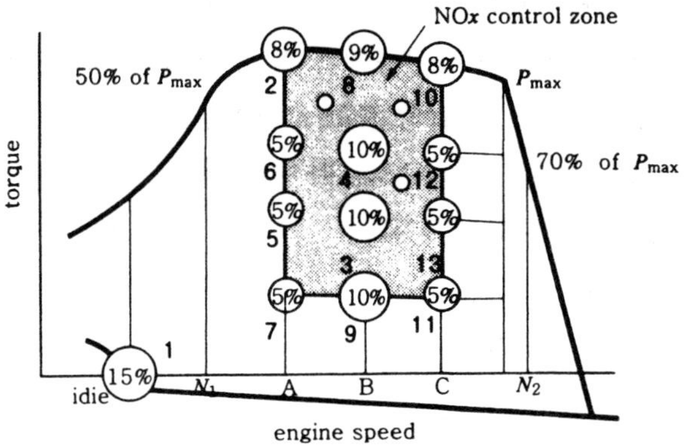

그림 8・12 ESC모드

으로 크며, 유럽은 고부하 운전시 가중값이 높음을 알 수 있다. 또한, 일본모드는 중속구간 운전이 많으며 가중값도 중속(60%)에 높게 분포되어 있음을 알 수 있다.

PM과 NO_x 배출량을 각 모드에서 비교하여 분석한 결과 그림 8・11과 같은 모드특성을 알 수 있다. 즉, 미국의 transient 모드는 고속운전모드이며, 유럽 ECE-13모드는 고부하운전모드, 일본 13-모드는 중속운전모드이다.

③ 유럽의 변경된 ESC모드

정속 13모드+3 NO_x 모드(NO_x conrtol zone)로 구성되어 있다.

설정방법 : 출력(power)선도에서 최대출력의 50% 때의 기관속도(N_1)와 최대출력 이후의 최대출력의 70%시 기관속도(N_2) 구간을 정하고, 이 구간을 100%로 하여 N_1측으로부터 25%를 A, 50%를 B, 75%를 C로 설정한다. 측정점은 기관속도 A, B, C와 부하 1/4, 2/4, 3/4, 4/4 점에서 모드순서에 따라 행한다.

NO_x 시험영역 및 시험방법 : NO_x 시험영역은 기관속도 A, B, C와 부하 1/4과 2/4, 3/4, 4/4가 만나면서 만든 6개 구간이며, 이중 임의의 3개 구간의 임의점에서 NO_x를 측정한다. 측정된 NO_x값은 주변 4점의 보간값(interpolation)을 넘지 않아야 한다(10% 정도의 초과는 허용).

8.1.2 자동차의 인증시와 실제운행시 시험방법 차이의 문제점

자동차 인증시의 시험모드와 운행차의 배기측정 방식과의 차이에서 문제가 발생한다. 예를 들면 자동차회사에서 인증시험에 합격한 차량이 노상 배출가스측정에 불합격하는 경우가 보고되고 있다.

제작차와 운행차의 배출가스 시험방법에서 가장 현저한 차이점은 제작차의 경우 소형차는 새시동력계(차대동력계)상에 차량을 설치하고, 대형차는 기관동력계 위에 기관을 설치하여 부하에 의한 운전모드로 시험함으로써 실제 주행상태와 유사한 운전상태에서 측정한다. 반면 운행차시험은 차량을 정지된 상태에서 공회전(CO, HC 측정)과 무부하 급가속(매연측정)에서 측정한다.

이와 같은 무부하운전에 의한 운행차 배출가스측정은 제작차 인증시험방법과는 기관의 운전 특성범위가 서로 다르기 때문에 상관관계를 갖기가 어렵다. 특히 무부하 시험방법은 실제 운전조건에는 거의 사용하지 않는 운전범위이기 때문에 실효성 면에서도 큰 의미가 없다. 따라서 부하상태에서 시험할 수 있는 방법이 개발되고 있으나, 비용과 시험시간 측면에서 어려움이 제기되고 있다.

미국에서 최근에 부하상태 측정방법으로 ASM(RG240)과 I/M240이 개발되어 시험운전되고 있다. 두 방법 모두 낮은 오류율을 보이고 있으나 비용과 측정시간이 종래의 방법에 비해 과다해 적용에 어려움이 있으며 검증이 계속되고 있다.

국내에서도 부하상태 시험법의 도입을 추진하고 있으나, 이 방법이 정착되기 이전에 가솔린 차량에 대해서는 공회전 때 측정에서 CO, HC에 추가하여 공기과잉률(λ) 검사를 시행하고 있다. 3원촉매를 사용하고 있는 현재의 가솔린기관 배기제어 시스템은 고부하영역을 제외하고는 $\lambda=1.0$으로 제어되어야 한다. $\lambda<1.0$로 농후하게 조절되면 CO와 HC가 높게 측정되어 문제가 있음을 감지할 수 있으나, $\lambda>1.0$으로 희박하게 제어되고 있을 경우는 CO와 HC는 매우 낮게 배출되기 때문에 이들 값으로는 결함을 파악할 수 없다. 이 영역에서는 NO_x 배출이 농후해지기 때문에 NO_x를 측정하면 되겠지만 현재의 규정은 NO_x 규제를 도입하고 있지 않다. 공기과잉률 검사는 λ값이 1.0보다 큰지 또는 작은지만을 파악하기 때문에 NO_x 배출과다에 대한 간접적인 정보밖에 줄 수 없으며, 실제 얼마나 초과하는지에 대한 정량적인 값은 줄 수 없다. 측정장비의 비용문제가 있기는 하지만 NO_x 규제 도입이 근본적으로 필요하다.

8.2 배기가스의 유해성분 및 생성원인

8.2.1 배기가스의 유해성분

탄화수소로 구성된 연료가 완전히 연소한다면 연소생성물은 CO_2나 H_2O만이 존재하므로 유해한 성분은 없지만, 일반적으로 기관에 이용되고 있는 혼합기의 공연비가 변화하므로 배기가스 중에 포함된 유해성분인 CO, HC, NO_x 등의 양은 사이클의 차이나 연소실 형식 등에 따라서 각각 다르다.

가솔린 자동차의 배출가스 중에서 유해가스로 규제하는 성분은 CO, HC, NO_x이며, 경유자동차에는 CO, HC, NO_x 이외의 PM(particlate matters : 디젤 입자상 물질)과 매연(smoke)을 규제하고 있으며, 경유자동차의 경우는 NO_x와 PM의 배출량이 많아 문제시되고 있다.

현재는 규제가스가 아니지만 CO_2, O_3, SO_x, VOC(volatile organic compound : 휘발성 유기화합물), N_2O, CH_4 등 지구환경에 직접 영향을 미치는 유해가스가 많으며, 이들 중 상당량은 자동차에서 생성되고 있으며, 사용 연료별 주된 현황을 표 8·3에 나타내고 있다.

표 8·3 사용연료별 주된 배출가스 현황

차 종	CO	HC	NO_x	PM	CO_2	O_3	SO_x	VOC
가솔린	◎	◎	◎		△	○		○
경 유	○	○	◎	◎	▽	○	△	○

(◎ 중요, ○ 보통, △ 불리, ▽ 유리)

자동차의 배출가스가 지구환경에 미치는 영향은 지구온난화, 오존층 파괴, 산성비 등이며, 인체에 미치는 영향은 주로 호흡기나 신경성 장애 등이다.

HC와 NO_x의 광화학스모그(smoke+fog)에 의한 오존발생 문제와 최근에는 PM이 폐암의 원인으로 밝혀져 자동차 수가 급증함에 따라 자동차 배기가스가 인체에 미치는 영향에 많은 관심을 갖게 되었다. 이들을 요약 정리하여 표 8·4에 나타내었다.

표 8·4 지구환경 파괴와 인체에 악영향을 미치는 유해물질

현 상	유 해 물 질
지구 온난화	CO_2, Freon, Halon, N_2O
오존층 파괴	Freon, Halon, N_2O
산성비	SO_x, NO_x
광화학스모그	HC, NO_x
호흡기 장애	NO_x, 미립자(PM)
신경성 장애	CO

8.2.2 배기가스 중 유해성분 생성원인

(1) 일산화탄소(CO)

일산화탄소는 자동차 유해 배출물 중 발생량이 가장 많으며, 무색, 무미, 무취가스로 피부나 점막에 대한 자극도 없어 감지가 어렵다. 또, 물에 잘 녹지 않고 공기에 비해 비중이 0.967배이고, 헤모글로빈(Hb)과의 결합력이 산소에 비하여 300배 이상 크기 때문에, 체내

산소운반작용을 저해하여 조직의 저산소증을 유발해 중독 또는 사망하게 된다.

그리고 인지작용과 사고능력 감퇴, 반사작용 저하, 졸음과 협심증 유발, 무의식 및 사망을 유발하며 임신여성에서는 태아성장 및 어린아이의 조직발달에도 영향을 미친다.

CO의 Hb 포화도	10%	20%	40%	60%	70%
증상	자각증상	두통, 현기증, 수족마비감	구토, 판단력 감퇴	경련, 혼수	사망

CO의 발생은 거의 공기가 부족한 경우에 발생하는데, 즉 공기와 연료의 혼합비에 크게 좌우된다. 경유를 사용하는 기관은 대부분 희박한 공연비 영역에서 작동하기 때문에 CO는 크게 문제되지 않지만, 가솔린을 사용하는 기관에서는 공연비가 농후한 영역에서도 작동하므로 CO가 중요한 공해물질이다.

그림 8·13 (a)에서처럼 $\lambda>1.0$에서는 어떠한 연소에서도 낮은 값을 나타내며, 역으로 $\lambda<1.0$인 경우, 즉 농후한 혼합비에서는 CO의 배출농도는 몇 %(수만 ppm) 수준으로 상당히 높아, 어떠한 대책에도 연소실 내에서의 저감은 곤란하다. 따라서 기화하여 혼합이 곤란한 시동시나 저부하의 경우에 대량으로 발생하는 것은 피할 수 없는 것이다. 이와 같은 경우에도 기화혼합을 개선하기 위한 여러 가지의 방책이 강구되고 있다.

가솔린기관의 경우 CO의 발생요인은

① 실린더간의 혼합기의 불균일성

② 저온 시동시 농후한 연료공급

③ 과도운전 때의 농후한 연료공급(가·감속의 경우) 등으로 구별할 수 있다.

산소가 부족한 영역에서 CO농도는 “water gas equation”에 지배되며 공기가 충분한 영역에서는 산소와의 주반응식에 따라 CO_2로 바뀐다.

공기 중에서의 주반응식 : $CO + 1/2\ O_2 \Leftrightarrow CO_2$

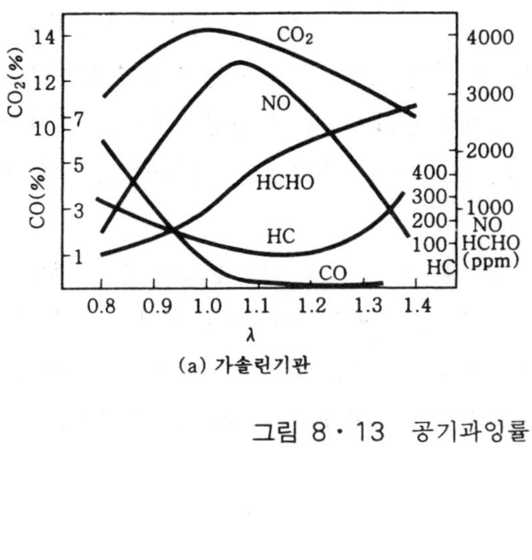

(a) 가솔린기관

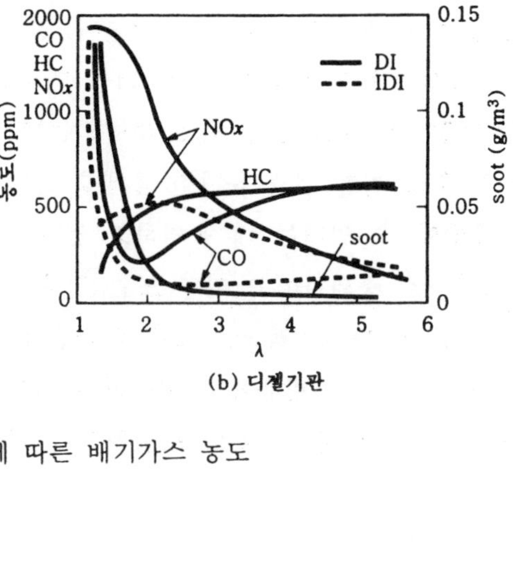

(b) 디젤기관

그림 8·13 공기과잉률에 따른 배기가스 농도

water gas equation : $CO + H_2O \Leftrightarrow CO_2 + H_2$ (1600~1700 K 온도에서)

그림 8·13(b)는 디젤기관의 경우 공기과잉률에 따른 배기가스 농도를 나타낸 것이다.

직접분사실식의 경우 NO_x는 $\lambda=1.0$ 근처에서 최대값을 나타내며, 공연비가 희박함에 따라 농도는 저감한다. CO는 $\lambda=2.0$ 부근까지 최소값으로 급격히 감소하다가 다시 λ가 증가함에 따라서 함께 증가한다. HC는 $\lambda=2.0$까지는 상당히 급격히 증가하다가 $\lambda>3.0$에서는 변화가 적다. 매연(soot)은 $\lambda=2.0$ 부근까지는 급속히 감소하고 그 이후부터는 완만히 감소함을 나타내고 있다.

간접분사식에서 NO_x는 $\lambda=2.0$ 근처에서 최대값을 보이며, 공연비가 희박함에 따라서 농도가 저감한다. CO는 $\lambda=2.0$ 부근까지 급격히 감소한 후 λ가 증가함에 따라 약간 증가한다.

기관에 사용되는 연료, 설계, 운전조건 등에 따라서 약간의 차이는 있지만 대략적인 배출가스 농도범위는 다음과 같다.

배출가스	농도(ppm)	공급연료 대비 배출량(중량)
CO	1~8%	20%
THC(ppm)	1000~3000	1~2.5%
NO_x	500~1000	2%
PM	–	0.2~0.5%

(2) 탄화수소(HC)

탄화수소는 화학적 성질에 따라 파라핀, 나프틴, 올레핀, 방향족으로 분류되며, 이 중에서 방향족 화합물인 PAH(polynuclear aromatic hydrocabons)가 특히 인체에 유독하며 대부분 입자상 물질에 흡착되어 있다.

HC가 저농도에서는 호흡기 계통을 자극하는 정도이나, 산화되어 알데히드가 발생되면 눈, 점막, 피부 등을 심하게 자극한다. 알데히드가 다시 산화되면 과산화물이 형성되어 광화학스모그의 원인이 되어 눈을 더욱 자극한다. 이러한 HC는 고분자량 탄화수소(미연소)와 저분자량 탄화수소(열분해)로 대별되는데, 저분자량 탄화수소는 눈염증, 기침 및 재채기, 졸음 및 술에 취한 것과 유사한 증세를 유발하고, 고분자량 탄화수소는 발암성 또는 돌연변이를 유발할 수 있다는 데 유의하고 있다.

배기가스 중의 HC는 미연 또는 일부만이 연소한 여러 가지 탄화수소의 총칭으로, C_6H_{14} 또는 CH_4의 환산체적 ppm으로 측정한다. HC성분 중에는 인체에 거의 영향을 미치지 않으며 광화학스모그 반응에도 관여하지 않는 성분(메탄 등)이 있으나, 일부는 광화학 반응에 매우 민감하며 발암물질도 포함하고 있어 광화학스모그 반응으로 오존을 생성하는 척도로

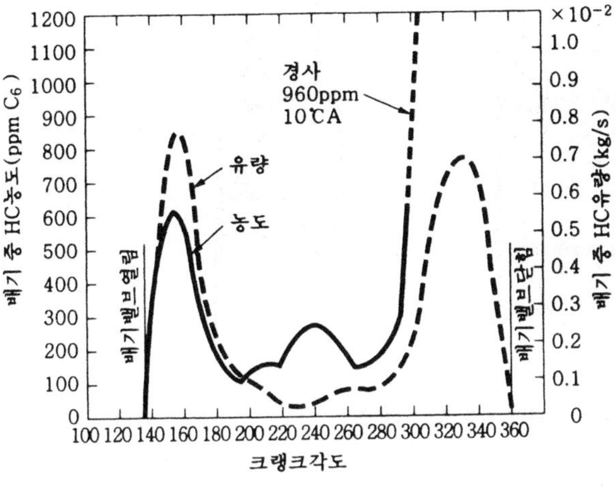

그림 8·14 배기밸브 직후에서 측정한 HC농도 및 유량의 변화

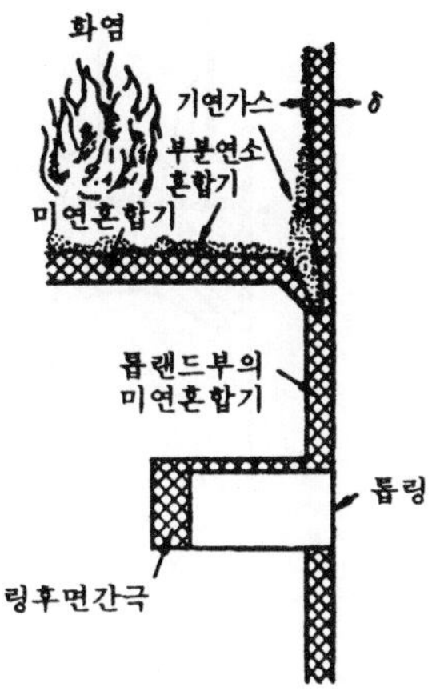

그림 8·15 피스톤 상부에 형성되는 미연혼합기층

캘리포니아 대기자원국에서는 RAF(reactivity adjustment factor)를 사용한다.

① 가솔린기관에서 HC : HC는 불완전 연소성분이므로, 그림 8·13 (a)에서와 같이 농후한 혼합비영역에서 증대하는 것은 당연하지만, 한편으로는 어느 정도 희박한 영역($\lambda >$ 1.08; $A/F>27$)에서도 불완전연소나 실화(miss fire)로 인하여 다시 증대하는 성질을 가지고 있다.

MIT의 J. B. Heywood 등의 연구에 의하면, 그림 8·14는 배기밸브 직후에서 HC농도와 가스유량을 동시에 측정하여 그 상승적(相乘積)으로 하여 HC유량을 구한 것으로, HC는 배기밸브가 열린 직후와 닫히기 직전에 대량으로 유출하는 것을 알 수 있다. 이 사실을 설명할 수 있는 HC생성모델로서 그림 8·15의 피스톤링 위쪽의 간극이나 링의 뒷면에는 압축행정중에 혼합기(20,000 ppm C_6에 가까운 HC 함유량)가 압입되어, 그후 초기에 연소한 가스가 일부 톱랜드(top land) 간극에 침입하는데, 벽면온도 가까이에서 바로 냉각되므로 혼합기는 연소되지 않고 최대압력 후에 그대로 실린더 내로 역류하여, 배기 중의 HC의 중요부분이 된다.

한편 실린더, 피스톤 윗면 및 실린더헤드 벽에 극히 가까운 혼합기는 저온에서 유동도 거의 없으므로 화염이 그 중에 들어갈 수 없게 되어 없어진다. 이 미연혼합기층의 두께 δ는 0.1∼1.0 mm(부분연소층은 한층 두껍다)로 운전조건 등에 따라 변하고, 희박혼합기에서 연소온도가 낮고, 화염전파가 늦은 경우는 냉각층은 두껍게 되고 HC가 대량으로 배기 중에 남게 된다.

그림 8·16 (a)는 피스톤 상사점 부근의 미연층을 나타내고, (b)는 피스톤이 하강할 때 톱랜드 등의 간극에서 유출된 미연혼합기가 실린더면에 도포되는 모양을 나타냄과 동시에

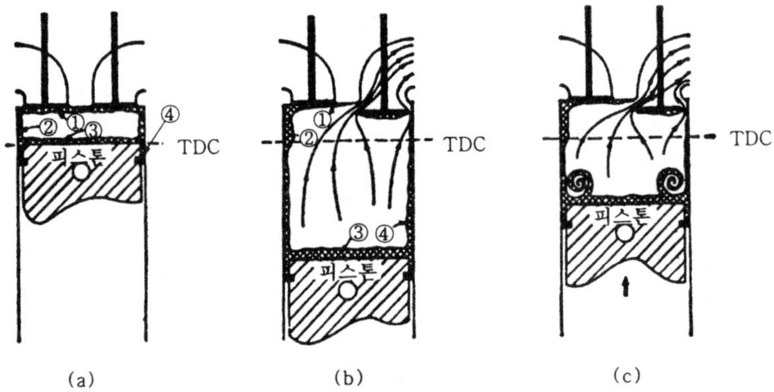

①, ②, ③ 냉각층, ④ 피스톤 틈새의 미연층

그림 8·16 미연혼합기(HC)의 유출과정

배기밸브가 열린 직후는 밸브 가까이의 미연혼합기가 고압가스가 대량으로 밀려나갈 때 유출하여 그림 8·14 앞부분의 산을 만든다. 또 (c)는 피스톤 상승으로 실린더면의 미연층을 끌어올리는 모양을 나타내며, 그림 8·14의 후기 HC증대는 이것에 따른다. 그러므로 톱랜드를 짧게 하기도 하고, 링의 뒷부분을 좁게 함으로써 배기 HC를 감소시킬 수 있다.

이상은 매사이클 같은 연소가 행해지고 있을 때이지만, 혼합기가 희박해지면 연소화염이 약해질 뿐만 아니라, 사이클마다 연소가 일정하지 않게 되어 실화 또는 극히 약한 연소가 때때로 일어나 HC를 급증시킨다.

다음에 HC는 배기 중 뿐만 아니라 크랭크케이스 및 연료탱크와 기화기부분에서도 배출된다. 위에서와 같이 피스톤 틈새에는 우선 혼합기가 압입되고 그후 연소가스가 혼입되어 그것들의 대부분은 팽창시 실린더로 역류하지만, 일부는 링에서 누출되어 크랭크실로 유출한다. 이 누출된 가스를 블로바이(blow-by)가스라 부르며, 그중 약 2/3는 미연혼합기이고, 따라서 HC농도가 극히 높아 배기 HC 정도가 되므로 이것을 과거처럼 대기 중에 방출하는 것은 허용되지 않는다. 이 대책은 크랭크실에서 흡기공으로 블로바이(blow-by)가스를 환류시키는 비교적 간단한 방법으로 달성시킬 수 있고, 미국의 배기규제로서 최초로 이 대책은 의무화되었다. 다음에 연료탱크와 기화기에서의 가솔린증기의 누출방지장치의 부착도 의무화되었으며, 예를 들면 기관정지시의 가솔린 증기의 흡수에는 활성탄에 의한 흡착(캐니스터)이 응용되고 있다.

지금까지 여러 가지의 HC의 발생원인을 열거하였지만, 이들을 간단히 정리하면 다음과 같다.

① 연소실 벽면에서의 화염 소실(quenching)

② 피스톤 톱랜드와 같은 틈새체적(crevice volume)에 남겨진 미연소혼합기

③ 흡입 및 압축행정시 연소실 벽면의 윤활막(oil layer)에 흡착된 연료성분이 팽창 및 배기행정시에 탈락

④ 과도기 운전시의 공연비, EGR, 점화시기 등이 제대로 제어되지 못하였을 경우 발생할 수 있는 부분연소나 실화 등과 같은 불완전연소

⑤ 연소실 내에 부착되어 있는 퇴적물(deposits) 영향

이와 같이 기관 연소실에서 배출된 HC는 배기관 내에서 일부 산화하며, 산화조건은 600℃ 온도에서 50 ms 이상 체류할 수 있어야 한다.

② 디젤기관에서 HC : 경유는 가솔린에 비해 비등점이 높고 분자량이 큰 성분이 많아 연료가 분무되었을 때 열분해(pyrolysis)가 일찍 일어난다. 이런 이유로 폭넓게 분자성분이 분포하며, 이 중에서 무게가 무거운 HC의 대부분은 PM의 SOF에 흡착되어 배출된다.

이러한 정상적인 연소에서의 HC발생요인은 공연비가 과도하게 농후하거나, 희박한 두 경우를 고려할 수 있다.

그림 8·17은 디젤기관의 연료 분사노즐에서 분무된 연료의 국부적 공연비 분포를 공기과잉률(λ)로서 나타낸 것이다. 연료의 점화는 이론공연비($\lambda=1$)보다 약간 희박한 점에서 발생하며, 희박연소한계($\lambda_L \approx 3$; $A/F \approx 40$)선 바깥영역은 공연비가 더욱 희박하여 자발화가 일어나지 못한다.

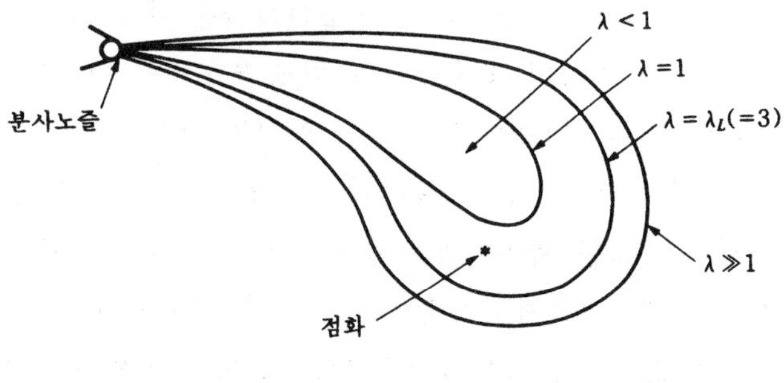

그림 8·17 디젤 분무연료의 국부적 공연비(λ) 분포

이와 같은 초희박(overlean) 영역에서는 산화반응이 느리기 때문에 반응이 제대로 끝나지 못하여 미연소 연료, 연료분해생성물(fuel decomposition products), 부분산화물(알데히드, 옥시던트) 등이 생성된다. 초희박 영역에서의 HC발생농도는 착화지연기간 동안 분사되는 연료량과 분사된 연료가 공기와의 혼합되는 비율에 크게 지배된다. 즉, 착화지연기간에 분사되는 연료가 많거나 또는 착화지연기간이 길면 HC발생량이 증가한다. 반대로 분사된 연료가 과농하게 되는 경우는 노즐의 틈새체적(sac volume)에 남아 있던 연료가 연소과정 후기에 느린 속도로 분사되는 경우와 연료가 처음부터 연소실에 과도하게 공급되는 경우의 두 가지로 볼 수 있다. 특히 틈새체적의 크기와 HC발생량은 거의 비례하는 경향이 있다.

(3) 질소산화물(NO_x)

NO_x는 일산화질소(NO)와 이산화질소(NO_2, N_2O)를 합해서 통칭하는 용어이며, 실린더

내에서 생성되는 질소산화물은 주로 NO이지만 유해성은 NO_2가 더 심하며, NO는 무색, 무취의 기체로 물에 녹기 어렵고 공기와 서서히 반응하여 NO_2로 산화한다. 연료 속에는 거의 질소성분이 없으므로 발생의 주요 원인은 공기 중의 질소분자에 의한 것이다. 이 NO_2는 적갈색의 자극성 냄새가 있는 기체로 물에 녹기 쉽고 물과 반응하여 아질산이나 질산이 된다.

$$\begin{aligned} &O + N_2 \rightleftarrows NO + N \\ &2NO + O_2 \leftrightarrows 2NO_2 \\ &NO_2 + OH \leftrightarrows HNO_3 \end{aligned} \tag{8·1}$$

NO_2는 호흡시 체내의 폐세포에 침투하여 점막 분비물에 흡착되어 강한 질산을 형성함으로써 호흡기 질환을 유발시킨다. 따라서 유행성 독감과 같은 호흡기성 전염병에 대한 감수성이 증가하고 폐수종, 기관지염, 폐렴을 일으킬 수도 있다. 또한 천식환자에게는 먼지나 꽃가루에 대한 감수성을 증가시키며, 탄화수소와 반응하여 광화학스모그 원인이 된다.

실린더 내에서 생성되는 질소산화물은 주로 NO로서 공기 중의 질소와 산소가 화합하여 약 1500℃ 이상의 고온에서만 발생함과 동시에 고온이 될수록 급증한다. 다른 연소성분에 비하여 NO는 반응속도가 늦어 평형농도에 도달하는 시간이 길다. 그러므로 평형이론에 의한 배기 중의 NO를 정확하게 예측하는 것은 불가능하며, 카이네틱모델(kinetic model), 즉 평형에 도달할 때까지의 반응과정을 계산할 필요가 있고, 고온이 오래 계속될수록 NO의 생성이 크다. 연속연소기에서는 비교적 저온에서도 고온체류기간이 길기 때문에 NO는 많이 발생하고, 그 화염의 길이를 짧게 하거나 화염을 차가운 벽에 닿게 하여 NO를 저하시키는 방법을 취하는 것은 그 때문이다.

다음으로 가스온도가 최고가 되는 혼합비는 약 13 : 1의 농후한 부분이지만, 그곳에서는 연소 중에서만 산소가 존재하며 연소 후는 거의 없게 되어 희박영역일수록 산소는 증가한다. NO의 생성속도는 고온과 함께 질소와 산소분자수에 비례하므로, 그림 8·13과 같이 NO 최대값은 오히려 16 : 1과 같이 희박영역으로 이동한다. 결국 NO는 고온에서 장시간 질소, 산소의 존재하에서 다량으로 발생한다. 이것을 구체적으로 알기 위한 카이네틱모델 계산은 다음의 반응식(Zeldovich mechanism)으로 계산된다.

$$N_2 + O \underset{r_1}{\overset{k_1}{\rightleftarrows}} NO + N \tag{8·2}$$

$$N + O_2 \underset{r_2}{\overset{k_2}{\rightleftarrows}} NO + O \tag{8·3}$$

$$N + OH \underset{r_3}{\overset{k_3}{\rightleftarrows}} NO + H \tag{8·4}$$

식 (8·2), (8·3)을 Zeldovich 기구라 부른다. 이 두 식으로 보통은 근사도가 높으며, 식

(8・4)를 추가한 방법을 확대 Zeldovich 기구(또는 thermal 기구)라 한다.

연소시 NO는 화염전면(flame front)과 화염후면가스(postflame gases)에서 발생한다. 기관의 연소실 내에서 연소는 고압에서 진행되기 때문에 화염 반응면이 매우 얇고(약 0.1 mm) 아주 짧은 시간 동안만 남아 있다. 또한 연소과정에서는 압력이 계속 상승하기 때문에 이미 연소된 화염후면 가스온도가 이제 막 타기 시작한 화염전면 가스에 비해 훨씬 높다. 이런 이유 때문에 기관의 연소실 내에서 NO는 대부분 화염후면 가스에서 발생하며 화염전면에서 발생하는 NO량은 무시할 정도로 적다. 이러한 NO 발생농도는 온도에 크게 지배되며, 반응시간과 산소농도도 중요한 인자이다.

화학평행 계산에 의한 NO_2 발생량은 NO에 비해 무시해도 좋을 정도로 작다. 실제 가솔린기관에서 NO_2/NO비는 2% 수준으로 NO_2 발생량이 매우 낮으나 디젤기관의 경우는 10~30% 정도로 높다.

화염영역에서 생성된 NO는 아래의 반응으로 급속하게 NO_2로 변환한다.

$$NO + HO_2 \rightleftarrows NO_2 + OH$$

이렇게 생성된 NO_2는 차가운 유체에 급속하게 혼합되지 않으면 아래의 반응에 의해 다시 NO로 변환된다.

$$NO_2 + O \rightleftarrows NO + O_2$$

따라서 연소실 내에 차가운 영역이 많이 존재하게 되는 운전조건, 즉 공회전 상태나 저부하 운전상태에서 NO_2/NO 비율이 높다.

연소반응에서 NO_x의 생성은 공기 중의 질소와 연료 속의 질소화합물의 산화에 의해 생성되는데, NO_x의 생성기구는 질소원에 따라 Thermal NO, Prompt NO, Fuel NO와 NO_2를 경유한 NO로 분류된다.

Thermal NO : 이는 공기 중의 질소가 고온산화에 의해 생성되는 것이고, 그 반응기구는 식 (8・2)~(8・4)에 언급한 Zeldovich 기구에 의해 생성된다.

식 (8・2)의 반응은 활성화에너지가 극히 크기 때문에 대단히 고온에서만 진행한다. Thermal이란 이름도 이 온도의존성에서 얻어진 것이다. 한편, 식 (8・3)과 (8・4)의 활성화에너지가 (8・2)보다도 훨씬 작기 때문에 식 (8・2)보다 높은 반응속도를 갖는다. 따라서 식 (8・2)의 반응이 Thermal NO을 생성하는 지배적인 반응이다. Thermal NO는 반응대 중에서는 거의 생성되지 않으며, 화염배후의 고온 연소가스에서 조금 떨어져 서서히 생성된다.

Prompt NO : Thermal NO에 비하여 Prompt NO는 화염의 배후에서가 아니라 화염대의 중간에서 생성된다. Fenimore는 화염 직후에서 측정한 NO의 농도가 "0"이 아닌 것에 기인하여 좁은 반응대 속에서 빨리 생성된 NO를 예혼합화염에서의 Prompt NO로 불렀기 때문에 현재에는 Prompt NO를 Fenimore NO라고도 부른다. Prompt NO의 생성은 산소분위기에서가 아니라, 화염대에서만 존재하는 탄화수소 활성기에 의한 것으로 생각되며, CH, CH_2, C, C_2, C_2H 등이 영향을 미친다. HCN이나 CN 등의 N화합물은 주로 다음 반응에 의해 생성된다.

$$CH + N_2 = HCN + N$$
$$C + N_2 = CN + N$$
$$CH_2 + N_2 = HCN + NH$$
$$CH_2 + N_2 = H_2CN + N$$

이렇게 생성된 N화합물은 수많은 소반응을 거쳐서 NO로 변환되는데, 이들을 모두 합한 소반응기구를 Prompt 기구라 한다. Prompt NO는 Thermal NO보다 비교적 낮은 온도(1000℃)에서도 생성된다.

Thermal NO의 생성은 당량비 1부근에서 최대값이 되며 연료과잉측에서는 Thermal NO의 생성은 거의 무시할 수 있다. 전체의 NO와 Thermal NO의 차를 Prompt NO로 생각한다면 희박측에서는 Thermal NO보다 Prompt NO의 생성은 대단히 적게 된다. 한편, 연료과잉에 대해서는 Prompt NO의 생성은 급격히 증가하고 당량비 1.4 근처에서 최대값이 되며, 더욱더 당량비가 증가하면 Prompt NO의 생성은 작게 된다.

확산화염에서 Prompt NO의 생성은 다음과 같이 생각할 수 있다. 확산화염은 예혼합화염과 달리 연료과잉, 이론혼합비 및 공기과잉의 영역이 각각 연료측, 반응대 및 공기측에 존재한다.

Prompt 반응에 의해서 생성된 N, CN와 HCN은 우선 N은 대부분 확대 Zeldovich 기구에 의해 NO를 생성한다. 나머지 N은 주로 $N \rightarrow H_2CN \rightarrow HCN$ 경로를 거쳐 HCN으로 변화된다. HCN은 화염 속의 주요한 질소산화물이고 Prompt NO의 생성도 주로 HCN을 경유하여 생성된다. HCN에 의한 NO의 생성은 주로 $HCN \rightarrow NH$와 $NH \rightarrow NO$의 두 가지 경로로 구성된다.

N_2O를 경유한 NO생성 : 이 반응기구는 Zeldovich 기구와 같이 공기 중의 질소와 초평형농도(超平衡濃度)의 O의 반응에 의한 NO의 생성기구이다.

우선 N_2O의 반응은

$$N_2 + O + M = N_2O + M$$

에 의해 생성된다.

생성된 N_2O의 일부는 반응

$$N_2O + H = NO + NH$$

$$N_2O + O = NO + NO$$

에 의해 NO로 변환된다.

석탄유동층 연소와 같은 경우 CH활성기가 없고 화염온도도 낮기 때문에 Prompt NO와 Thermal NO은 거의 억제된다. 이 경우 주로 질소산화물의 생성은 N_2O이다.

Fuel NO : 공기 중의 질소가 아니라 연료 속에 포함된 질소산화물에 의한 NO의 생성은 Fuel NO라 한다. 화석연료의 거의 대부분에 질소산화물이 포함되어 있다. 예를 들어 석탄 중의 질소함유율은 약 0.2~0.3%이고, C중유는 약 0.1~0.4%이다. 이들의 질소가 전부 NO로 변환된다면 NO의 농도는 수백 ppm에서 수천 ppm이 된다. 연료 중의 질소(Fuel NO)는 주로 HCN, CN과 NHi을 경유하여 NO를 생성한다.

개략적인 생성경로를 그림 8·18에 나타내었다.

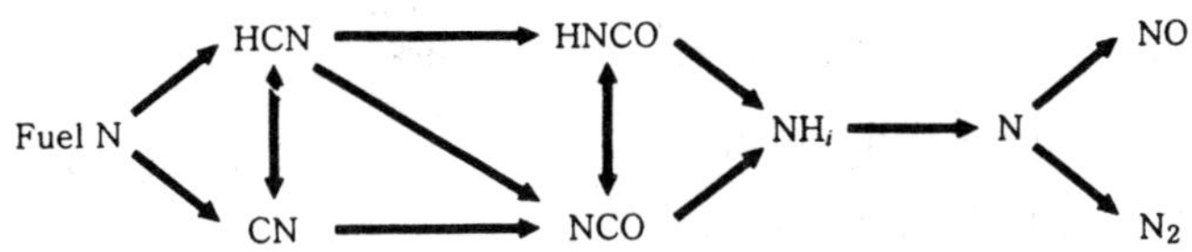

그림 8·18 Fuel NO의 생성과정

Fuel N에서 NO로 변환은 대단히 빨라 온도 의존성은 prompt 기구와 thermal 기구보다 훨씬 낮다.

① 가솔린기관에서 NO_x 발생 : 가솔린기관의 연료공급은 흡기관에서 미리 분사되어 공기와 혼합되어 연소실 내로 공급되므로 연료와 공기의 혼합기와 희석가스(잔류가스와 배기재순환가스)는 충분히 균일하게(homogeneous) 혼합되어 연소된다고 볼 수 있다.

이와 같은 가정에서 가솔린기관 연소시 NO발생은 연소가스온도와 연소행정 및 팽창행정 과정의 연소실 압력과의 상관관계를 고려한 Zeldovich 기구로 설명할 수 있으며, NO발생에 영향을 미치는 중요한 기관작동 요소는 공기연료비, 희석가스비, 점화시기이다.

a) 공기연료비 영향 : 연소가스온도는 공연비가 약간 농후한 영역인 $\lambda=0.9$ 근처에서 가장 높으나 산소농도가 낮기 때문에 NO발생이 억제되며, 도리어 $\lambda=1.1$의 희박한 영역에서 풍부한 산소가 연소온도가 낮아지는 것을 억제하여 NO가 최대로 발생한다(그림 8·13 참조). $\lambda=1.1$을 기점으로 희박한 영역에서는 NO가 팽창행정에서 증가속도가 일찍 동결(freeze)되어 발생량이 적으며, 농후한 영역에서는 NO 환원반응이 발생하여 농도가 낮다.

b) 희석가스비의 영향 : 연소실 내의 미연소된 가스는 연료가스와 공기 및 일부 연소가스 성분으로 이루어져 있으며, 연소가스는 앞 사이클의 잔류가스와 NO_x 발생량을 제어하

기 위하여 재순환시킨 배기가스(EGR)로 구분되며, 이들은 연소에서 마치 N_2, He, Ar과 같은 불활성가스 역할을 한다.

여기서 앞 사이클의 잔류가스는 주로 기관의 부하(load), 밸브 타이밍에 크게 영향을 받으며, 작게는 기관속도, 공연비, 압축비 등에도 영향을 받는다. 그리고 EGR은 NO_x 저감에 값싸고 매우 효율적인 방법으로서 최대 EGR율 25% 정도에 NO_x를 60% 이상 저감시킬 수 있다. 그러나 과도한 EGR은 기관작동의 부조를 초래한다. 그림 8·19는 각종 불활성가스가 NO저감에 미치는 영향을 나타낸 것이다. 배기가스의 열용량(heat capacity)이 공기보다 높아 연소시 열발생량(heat release)이 일정하다고 가정하면 연소온도가 낮아지며 따라서 NO_x 발생량이 적어진다. 또한 배기가스 중의 산소농도가 낮기 때문에 연소실 공급산소량이 적어지며, 연소속도도 느려져서 연소온도가 저하된다.

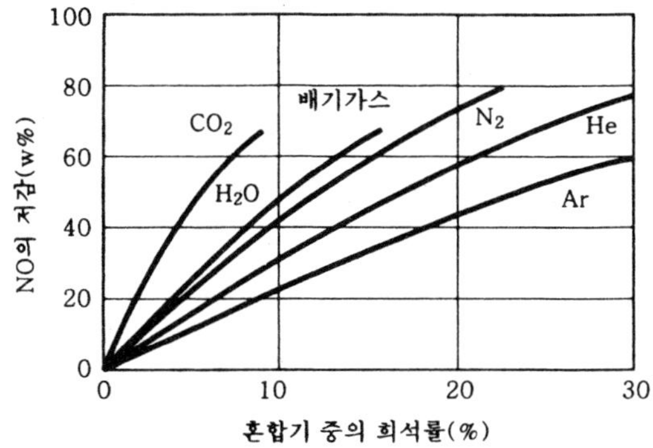

그림 8·19 각종 불활성가스가 NO저감에 미치는 영향

c) 점화시기 영향 : 점화시기도 NO발생에 매우 큰 영향을 미친다. 그림 8·20은 점화시기 변화에 따른 NO의 변화를 나타낸 것이다. 점화시기가 앞당겨지면 TDC 이전에 다량의 연료가 연소하기 때문에 연소 최고압력이 높아지며, 반대로 점화시기가 후퇴되면(retard) 많은 연료가 TDC 이후에 타기 때문에 연소 최고압력이 낮아져 NO가 저감된다.

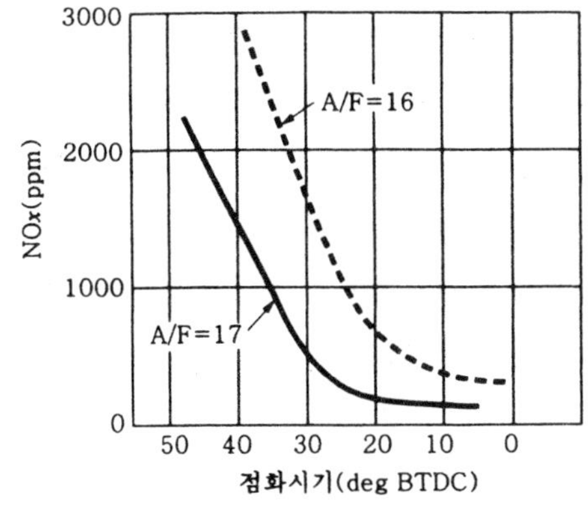

그림 8·20 점화시기 변화에 따른 NO 변화

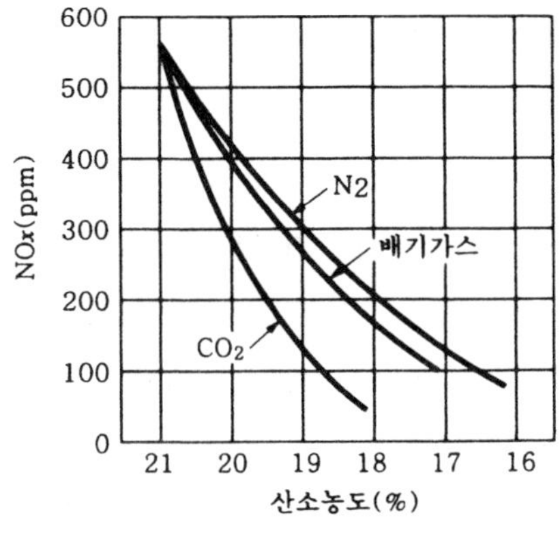

그림 8·21 NO_x의 산소농도 영향

그러나 점화시기를 너무 후퇴시키면 출력감소와 연비 악화가 발생하기 때문에 NO와 연비, 출력을 고려한 최적 점화시기 선정이 매우 중요하다.

출력만을 고려한 경우도 점화시기점인 MBT(maximum brake torque : minimum spark advance for best torque)시기를 찾는 것이 쉽지 않으며, 일반적으로 사용되는 점화시기는 최대토크값이 1~2% 감소하는 점으로 후퇴시켜 사용한다.

② 디젤기관에서 NO_x 발생 : 디젤기관 연소는 가솔린기관 연소와 달리 연료가 연소행정 직전에 연소실 내에 분사되어 공급됨으로써 공기와 연료가 충분하게 혼합되기 전에 연소가 시작되기 때문에 공연비 분포가 불균일(heterogeneous)하고 연소과정이 매우 복잡하다.

착화지연기간 직후의 예혼합연소에서는 이론공연비 농도의 혼합기가 동시에 연소되며, 제어연소기간에서도 이론공연비 농도의 혼합기가 확산화염(diffusion flame)을 계속한다. 전반적인 연소과정은 기연소가스, 공기, 희박하거나 농후한 미연소 공기-연료 혼합기들의 복잡한 혼합과 연소가 동시에 진행되는데, 연소시작 후 20℃A에서 NO의 발생이 대부분 완료되며, NO_2의 발생량은 전체 NO_x의 10~20% 수준이다.

가솔린기관과 마찬가지로 EGR 영향은 디젤기관에서도 매우 크다. CO_2와 N_2, 배기가스에 의한 EGR시 연소실 내 혼합기의 O_2 농도가 감소되어 NO_x가 감소하며 산소농도에 의한 NO_x 감소영향을 그림 8·21에 나타내었다.

(4) 입자상 물질(PM : particulate matters)

자동차에서 배출되는 입자상 물질은 크기가 미세하여 75% 이상이 지름 1 μm 이하로서 0.1~0.25 μm가 대부분이며, 탄소입자가 주가 되나 용해성 유기물(soluble organic fraction : SOF)도 다량 포함되어 있다. PM은 호흡기에 쉽게 흡입되며 탄화수소와 중금속의 운반체인 것으로 규명되고 있고 점막 염증, 다양한 호흡기 질환을 유발한다. 또한 폐암의 원인이라는 연구보고도 발표되고 있다.

PM 성분 : TPM=SOL+SOF+SO_4

TPM : Total PM

SOL : 0.01~0.08 μm의 구형태의 고체카본으로 구성되는 HC들이 흡착된 고체 미립자 덩어리(0.05~0.1 μm) (Nonsolubles, Soot)

SOF : SOL에 흡착된 HC들로 유기용매에 의하여 제거될 수 있다.

SO_4 : 황산염으로 물로 제거할 수 있다.

현재의 PM 규제는 중량분포를 기준으로 하고 있지만, 인체 유해성을 보면 중량비율은 미미하나 입자수량면에서 대부분을 차지하고 있는 nm 크기의 입자가 μm 크기의 입자에 비해 인체에 유해도가 크다.

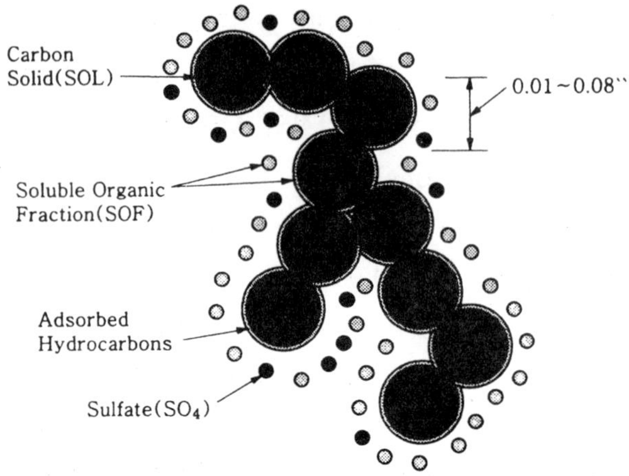

국내는 PM_{10}(지름이 10 μm)을 규제하고 있으나 미국은 $PM_{2.5}$를 규제하고 있다. 현재의 자동차 환경정책은 PM 저감이 가장 우선이며, 향후 PM의 규제방식은 중량규제뿐만 아니라 수량규제도 병행되는 것이 합리적인 것으로 인식되고 있다. 측정방법과 장비개발에 대한 연구가 진행되고 있으며 2010년경에는 PM의 수량규제가 디젤기관의 중요한 관심대상이 될 것이다.

① **가솔린기관의 입자상 물질** : 주로 납, 황산염(sulfates), 유기입자(soot 포함)의 3종류가 주성분이다. 황산염은 특히 산화촉매 반응에서 발생하며 발생량은 대략 20 mg/km이다. 유연연료를 사용할 경우 50% 이상이 납성분이었으나 현재는 무연연료를 사용하기 때문에 납성분은 거의 없다.

연료공기비가 너무 농후할 경우 검은 매연이 발생하나 혼합기농도가 대부분 잘 조정되어 있기 때문에 가솔린에서는 크게 문제시되지 않는다.

② **디젤기관의 입자상 물질** : 미국 CARB에서 정의한 PM은 다음과 같다.

- *Particulates are all exhaust components(with the exception of condensed water) that are deposited on a defined filter after having been diluted with air to a*

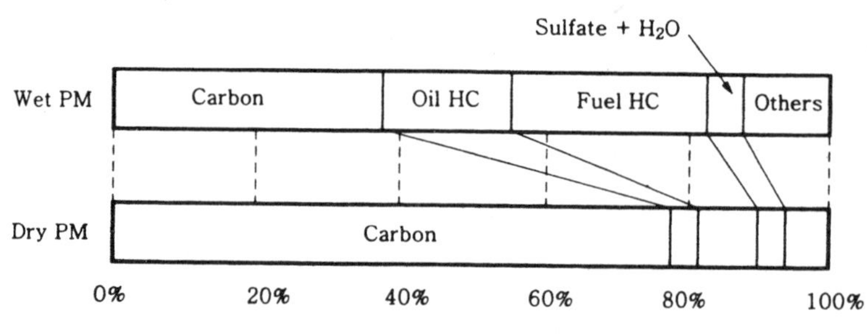

그림 8・22 PM 구성비율

temperature below 51.7℃(Fines, Dust, Soot, Mist, Fog, Smog 등이 포함됨).

PM 발생량은 연료량의 약 0.2~0.5%(중량)이며, 대부분의 PM은 연료 탄화수소계의 불완전연소에 기인하고 일부는 기관의 윤활유에서 발생한다.

배기가스 온도 500℃ 이상에서 PM은 대부분 지름 15~30 nm의 탄소(carbon)입자 덩어리(cluster)로서 H/C=0.2~0.3의 dry soot이다.

반면 500℃ 이하에서서는 H/C=1.2~1.7의 SOF가 PM에 흡착(adsorbed)되어 있다. SOF는 미연탄화수소, 산화탄화수소(oxygenated hydrocarbons : ketones, esters, ethers, organic acids), PAH 등으로 구성되어 있다.

또한, 이산화황(sulfur dioxide, SO_2), 이산화질소(nitrogen dioxide, NO_2), 황산(sulfuric acid, sulfates) 등의 무기화합종(inorganic species)도 PM에 응축(condensed)되어 있다.

디젤기관에서 배출되는 PM 분포상태는 중량기준(accumulate mode)으로 할 경우 입자지름 0.1~0.25 μm에 집중되어 있다. 그러나 수량기준(nuclei mode)으로 보면 그림 8·23에서 보듯이 입자지름 10 nm에 집중되어 있음을 알 수 있다. 인체 유해성을 보면 중량비율은 미미하나 입자수량면에서는 대부분을 차지하고 있는 50 nm 이하의 나노입자(nanoparticles) 크기의 유해도가 훨씬 큰 것으로 알려져 있어 앞으로 나노입자 크기의 PM 저감이 중요 과제로 다루어질 전망이다.

예를 들면 현재의 PM 저감기술은 중량기준으로 되어 있으며, 이에 대응하는 기술로 1200 bar 이상의 고압연료 분사기술이 적용되고 있으며 이는 PM 저감성과도 상당하다. 그러나 HEI(health effects institute)에서 연구한 결과를 보면, 이와 같은 연료분사시스템에 의한 기관개선 기술은 나노입자 크기의 입자상 물질 수량을 대폭적으로 증가시켰음을 알

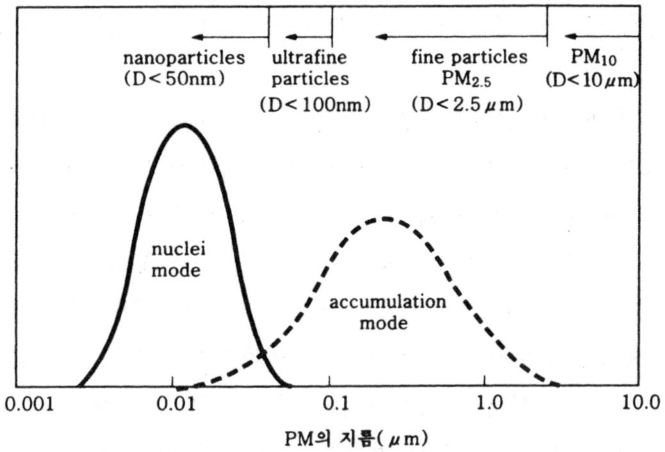

그림 8·23 입자상 물질 분포상태

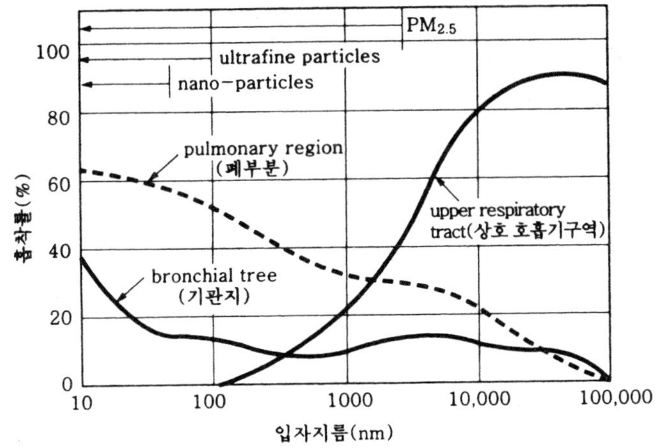

그림 8·24 입자상 물질의 호흡계통 흡착비율

수 있다. 나노입자 크기의 입자가 건강에 미치는 영향에 대한 연구가 집중되기 시작하고 있어 PM 저감기술에 대한 새로운 검토가 필요할 것이다. $PM_{2.5}$ 이상의 굵은 PM은 코나 호흡관 등의 호흡계통의 상부에 흡착되나, 나노입자 크기의 미세한 PM은 폐나 기관지 등과 같은 깊숙한 호흡기 계통에 흡착된다. 또한 이들 입자는 세포막까지 침투할 수도 있을 것으로 예상된다.

③ **그을음(soot)의 생성** : 그을음은 우리들의 생활에 여러 가지로 관련이 있다. 동서양을 막론하고 "봉화"는 중요한 통신수단이었으며, 옛날부터 먹이나 인쇄잉크의 재료로서 soot가 사용되어 왔다. 또, 그을음은 공업적으로 사용되어져 자동차에 사용되는 타이어는 카본블랙과 생고무를 대개 1 : 2의 비율로 혼합하여 만든다. 또 soot는 고체입자이므로 고온으로 되면 검은 물체(黑体)에 가까운 방사 특성을 나타내며 soot의 가시영역에서의 방사는 「등불, 불빛」으로 옛날에는 이용되었다.

화염 속에 soot가 존재하여 연속스펙트럼을 발산하여 빛나고 있는 화염을 휘염이라 하고, 많은 확산화염은 휘염을 형성하며, 화염에서의 방사(적외선 방사에너지)에 의한 열전달에 중요한 역할을 하고 있다. 화염에서의 열방사를 직접 이용하는 경우에는 화염 속에서의 soot의 발생은 필요 불가결한 과정이다. soot의 발생이 전혀 없다면 화염은 불휘염이 되고 화염에서의 방사전열량은 저하한다. 이처럼 soot에는 화염으로부터 열방사 매체로서의 중요한 역할이 있다. soot에서 열방사를 많이 하면 화염온도가 저하하여 화염 속에서의 soot의 산화가 곤란하게 되고, 화염에서 soot가 유리되어 연소가스 중에 soot가 보이도록 된다. soot와 흑연(smoke)과의 명확한 구별은 없지만, soot는 화염 속에서 기상반응에 의해서 발생한 탄소를 주성분으로 하는 미세한 입자덩이를 말하며, 이것이 연소장치에서 연소가스와 함께 배출된 상태를 일반적으로 흑연이라 한다.

soot는 연료 속에 탄소가 주성분으로 포함된 물질을 연소한 경우에 나타나며, 석유계 연료, 석탄, 플라스틱 종류는 쉽게 soot를 발생하며 분자 중에 산소가 포함되어 있으면 soot발생은 적게 되며, CO는 soot를 발생하지 않는다.

연소에 의해 배출된 입자상 물질에는 여러 가지 물질이 포함되어 있으며, 그 주된 것은 soot와 PAH(polynuclear aromatic hydrocarbon : 다환방향족 탄화수소)이다. PAH는 발암성 물질을 포함하고 있으며 soot생성의 직전물질(直前物質)로도 생각되어져 soot와의 관련이 깊으며, 중요시되는 물질이나 soot의 구조는 전자현미경으로 확대하여 관찰하여 보면 soot입자는 단독으로 존재하는 것보다도 몇 개의 1차 입자가 몇 개에서부터 수백 개가 체인 상태로 연결되어 큰 덩어리로 되어 있다. 그림 8・25는 디젤배기 중의 soot와 미소중력장에서의 분류확산화염의 soot의 전자현미경 사진이다.

soot 생성의 메커니즘은 아직도 확실한 것은 없지만, 유력한 설로서는 연료분자가 열분해, 또는 부분적인 산화반응에 따라 기체상태에서 PAH가 생성되고, 그것이 응축되어 초기의 soot핵을 형성한다는 것이다. soot 생성에는 온도의 영향이 매우 크며, 온도가 너무 낮거나

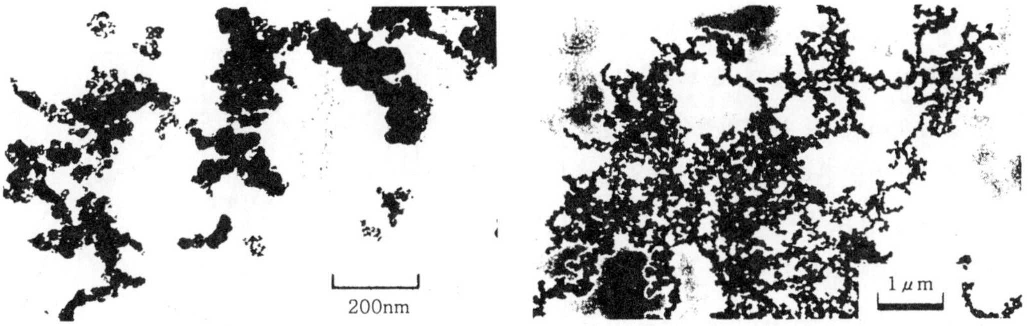

(a) 디젤배기 중 그을음 (b) 부탄확산화염 중의 그을음

그림 8・25 soot 입자덩어리의 전자현미경 사진

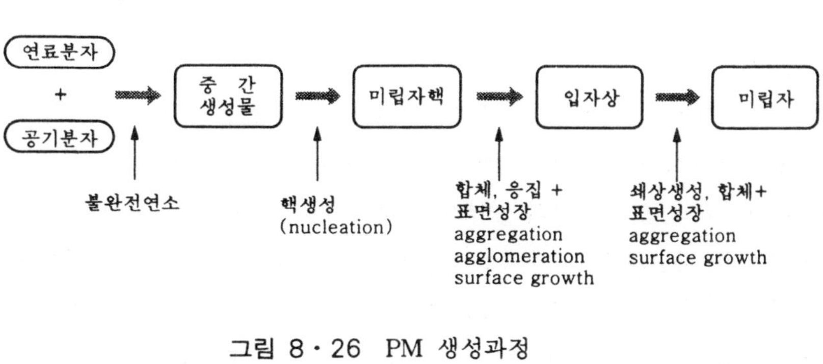

그림 8・26 PM 생성과정

너무 높아도 soot의 발생은 보이지 않는다. 탄화수소에서는 soot 발생은 1000 K에서 1600 또는 2000 K 사이에서 생기는데, 저온에서는 라디칼이 생기지 않기 때문에 반응이 계속되지 않고, 또 고온에서는 soot 직전물질의 열분해, 산화가 진행되어 결과적으로 온도에 대하여 최대로 발생되는 온도가 존재하는 생성분포가 된다. soot핵은 C_2H_2 등의 탄화수소의 반응에 따라 표면성장(surface growth), 또는 물리적인 합체(coagulation)에 따라 성장해 간다.

디젤기관은 액적 지름이 10~100 μm 정도인 액체연료를 고압에서 분무연소시키는 것으로, 이때 soot의 배출이 중요한 문제이다.

soot란 탄소원자 12~22개 범위에서 H/C≈2 정도인 연료가 연소에 의한 화학반응으로 H/C≈0.1인 지름 20~30 nm의 입자 수백 개로 뭉쳐진 형태의 입자이다.

디젤기관 soot는 온도 1000~2800 K, 압력 50~100 atm 조건에서 수 ms 사이에 생성되며, 국부적으로 공기가 과부족한 곳에서 연결고리가 긴 분자(long-chain molecule)가 산소부족에 따른 열분해(thermal cracking)에 의해 발생한다. 초기입자는 연료분자가 열분해에 의해 탈수분 반응을 일으켜 soot 전 단계의 미립자핵을 생성하며, 이 핵은 acetylene과 higher homologogues($C_{2n}H_2$)과 PAH로 구성되어 있고 지름이 2 nm 이하의 초미립자이다. 이 입자가 표면성장(surface growth), 응집(agglomeration), 엉김(coagulation), 합체(aggregation) 등의 과정을 통하여 soot로 성장한다.

기관에서의 soot 발생은 국부적 산소부족, 탈수분(dehydration), 분해반응(cracking reaction) 등에 기인한다. 또한, 연소온도, 혼합기 운동형태, 연료성분, 확산속도, 반응시간, 연료미립도 등의 요인에 따라 크게 변화한다.

그림 8·27에서와 같이 soot는 디젤기관의 확산연소 중에 대량의 soot가 발생하며, 연소후기에 화염 중에 도입되어 재연소가 발생하여 soot가 급속히 감소함을 알 수 있다.

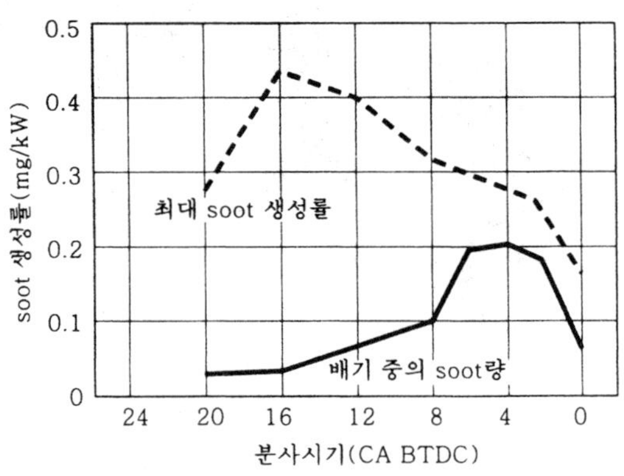

그림 8·27　분사시기에 따른 soot 생성량

(5) 오존(O_3)

오존은 자동차에서 직접 발생하는 것보다는 질소산화물과 탄화수소가 햇빛과 반응하여 생성되는 광화학옥시던트(photochemical oxidants)의 주성분으로, 자동차 배출가스의 2차 생성물이며 광화학스모그 현상의 주범이다. 이러한 옥시던트의 주성분은 오존이며 일부 알데히드(RCHO)와 과산화질산아실(PAN peroxyacylnitrate)과 같은 과산화물도 섞여 있다.

공기에 대한 비중은 1.72이며 30 km 상층대기에서는 자연히 소량 생성된다. 오존은 호흡계 점막에 염증을 일으키고, 기침이나 질식을 일으키며 폐기능을 손상시킨다. 또한 눈의 염증, 두통 및 신체적 불쾌감 유발, 감기 및 폐렴에 대한 저항성 감소, 만성적 심장질환, 천식, 기관지염 등을 악화시킨다.

O_3의 농도별 인체에 미치는 영향

0.12 ppm	호흡기 자극, 기침, 눈물
0.18 ppm	호흡 가쁨
0.37 ppm	가벼운 운동 중 호흡곤란
0.50 ppm	호흡곤란, 마른기침, 가슴답답
4.0 ppm	점막침해
5.0 ~ 10.0 ppm	사망

오존은 산소분자(O_2)와 산소원자(O)의 반응에 의해 발생되며, 산소원자는 아래 반응식과 같이 NO_2 광분해(photolysis)에 의해 생성된다.

$$NO_2 + hv \Rightarrow NO + O$$

$$O_2 + O \Rightarrow O_3$$

이외에도 수증기가 산소원자와 반응하여 OH 라디칼을 생성하며, 이 OH는 HC와 반응하여 알데히드를 발생시킨다.

$$H_2O + O \Rightarrow 2OH$$

NMHC와 NO_x 두 성분은 오존발생에 중요하며 그림 8・28과 같은 상관관계를 갖고 있다.

광화학반응이 사회적인 문제로 대두되면서 미국의 캘리포니아에서는 가스성분에 따라 광화학반응에 미치는 영향을 계산하기 위하여 Carter가 제안한 MIR(maximum incremental reactivities) 척도를 채용하고 있다.

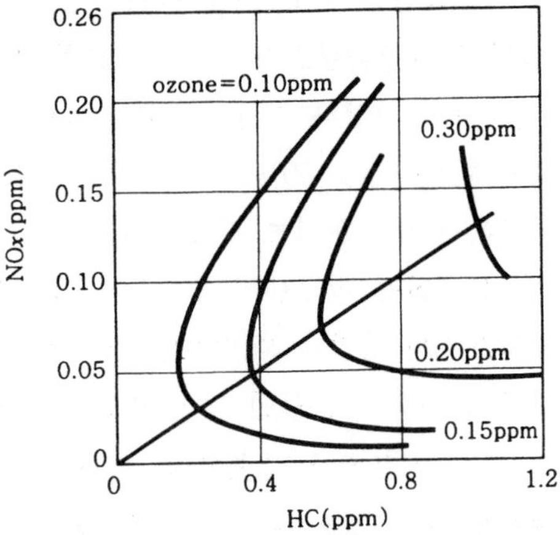

그림 8・28 오존발생에 미치는 HC와 NO_x 영향

NMOG(non-methane organic gases)는 NMHC(non-methane hydrocarbons)와 산화물(oxygenate)들의 합을 통칭하며, 자동차 배출가스에서는 메탄을 제외한 C_{12} 이하의 HC, C_5 이하의 알코올류, 알데히드류, 케톤류를 합한 것으로 자동차 배출가스 중 오존생성물질의 총칭이다.

성층권의 오존층 파괴는 프레온가스가 주범이지만 CO_2, 메탄(CH_4), 산화질소(N_2O)의 영향도 크다. 오존층은 자외선을 흡수하여 지상에 도달하는 강한 자외선을 막아주어 생물학

표 8·5 Carter의 MIR 값 {O_3 (g)/NMOG (g)}

성 분	MIR	성 분	MIR	성 분	MIR
메탄	0.015	에틸렌	7.30	벤젠	0.42
에탄	0.25	프로필렌	9.41	포름알데히드	7.15
프로판	0.48	톨루엔	2.73	아세트알데히드	5.52
부탄	1.02	메탄올	0.56	아세톤	0.56
옥탄	0.61	에탄올	1.34	1-부탄	9.24

적, 기후학적으로 중요한 역할을 하는데, 자외선 종류 중 UV-B가 오존의 양에 크게 영향을 받으며, O_3 10% 감소시 지상의 UV-B가 20% 증가하여 피부암 발생률이 30~50% 증가하는 것으로 보고되어 있다. 이외에도 엽록체 파괴로 농작물 수확량 감소, 가축 발육저하, 어획량 감소, 수중 플랑크톤 파괴 등의 생태계 영향이 크다.

(6) 이산화탄소(CO_2)

연소과정에서 소비되는 에너지원의 상당부분은 화석자원이며, 모든 화석자원은 탄소를 포함하고 있다고 해도 과언이 아니다. 따라서 연소배출물의 기상성분에는 이산화탄소를 포함하게 된다. 산업혁명과 고도경제 성장기를 경험한 지구는 에너지소비의 급증에 따라 대기중의 이산화탄소 농도는 증가하는 경향에 있고, 또한 원래에는 대기오염물질로서는 취급되지 않았던 이산화탄소가 지구온난화를 촉진한다는 지구 규모적인 의미에서 환경오염물질로서 인식되게 되었다. 지구온난화(green house effect)의 주범으로 문제시되고 있는 주요 물질로는 이산화탄소(50%), 메탄(19%), CFC(17%), 오존(8%), 질소(6%) 등이다.

지구온난화의 원리는 다음과 같다.

지구온난화는 지구에서 방사되는 일부의 방사에너지가 대기 중의 어떤 특정성분에 의해 흡수됨으로써 생긴다. 대략적인 지구온난화 현상의 원리는 우선 태양광 중에서 대기 중에서 반사나 흡수되지 않았던 것이 지표에 도달된다. 그 일부가 지표에 흡수됨과 동시에 파장이 다른 광이 지표에서 사출된다. 지표에서 사출된 광의 최대파장(λ_{max})은 파장이 긴 적외선 영역으로 되는 것을 용이하게 계산할 수 있다. 플랑크 법칙에 따라 적외선의 광에너지는 파장이 짧은 자외선에 비교하여 작고, 따라서 자외선과 같이 오존층 파괴나 생태세포의 파손 등의 화학반응을 유발할 정도의 에너지는 가지고 있지 않다. 그러나, 적외선은 대기 중의 CO_2, H_2O, O_3, CH_4, N_2O, 염화불소화탄소 등의 소위 온실효과가스(green house gases)로 불려지는 각 가스분자의 내부에너지(진동이나 회전)를 증대시킨다. 또, 그의 잔여분은 운동에너지(열)로 되어 이것이 대기온도 상승을 초래하게 된다.

1992년 6월에 채택된 기후변화협약 이후 CO_2 규제에 대한 국제적 규제가 본격화되고 있으며 EU에서는 2008년부터 자동차 배출물로서의 CO_2 규제 시행을 결정하였다.

대기 중의 CO_2 증가 추세는 근세기 들어 급격하게 증가하고 있으며, 이의 증가에 따른 지구온난화 추세는 매우 심각하여 향후 30년 동안 지구 대기온도가 최소 1.5℃에서 4℃ 까지 상승할 것으로 예상하고 있다.

가솔린(Iso-octane) 연료의 완전연소 반응식을 보면 연료 1 kg 연소시 CO_2가 약 3 kg 발생함을 알 수 있다.

$$C_8H_{18} + 12.5O_2 \Leftrightarrow 8CO_2 + 9H_2O$$
$$1\,kg\ C_8H_{18} + 3.509\,kg\ O_2 \Leftrightarrow 3.088\,kg\ CO_2 + 1.421\,kg\ H_2O$$

CO_2 배출농도는 그림 8·13에서 보듯이 공연비의 영향이 크며, 이론공연비($\lambda = 1.0$)에서 배출농도가 가장 높고 희박과 농후영역으로 가면 낮아진다.

CO_2를 저감시키는 가장 효율적인 방법은 연료 사용량을 줄이는 데 있으며, 이런 측면에서 보면 디젤기관이 가솔린기관에 비해 20~30% 유리하며, 특히 직접분사식 디젤기관이 가장 효율적이다. 최근 관심이 높아지고 있는 가솔린 직접분사식 기관(GDI)은 간접분사식 디젤기관 수준으로 평가되고 있다.

이미 미국과 유럽, 일본 등 선진국에서는 국가적인 차원의 초저연비자동차 기술개발 사업을 지원하고 있으며(미국의 Super car project, 유럽의 3liter car program), 이들 사업은 현재의 1/3 수준의 연료소비율인 연료 3리터로 100 km를 주행할 수 있는 자동차기술을 2000년경에 완성하는 것을 목표로 하고 있다. 이러한 CO_2 규제와 이에 대응하는 초저연비 자동차 개발이 향후 자동차기술의 가장 중요한 분기점이 될 것으로 예상된다.

가솔린과 디젤연료 이외에도 많은 대체 연료가 있으며 이들 연료를 사용하는 기관의 CO_2 배출수준은 그림 8·29에서와 같이 가솔린, 디젤, 에탄올, 메탄올, LPG, CNG, 수소 연료순이며 최근에 관심이 높은 CNG의 경우 가솔린에 비해 약 66% 배출된다.

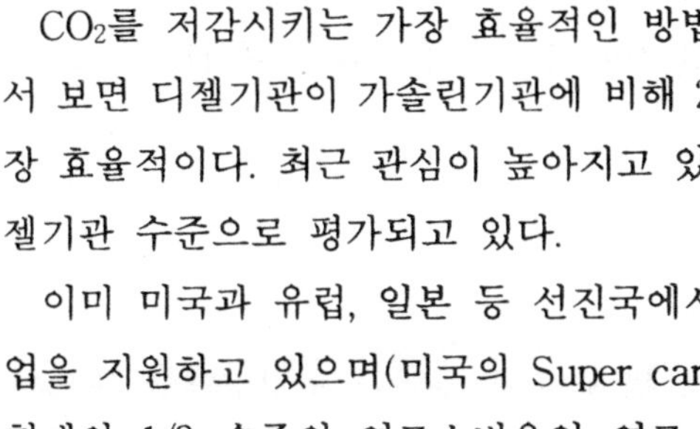

그림 8·29 기관별 연료소비율 비교

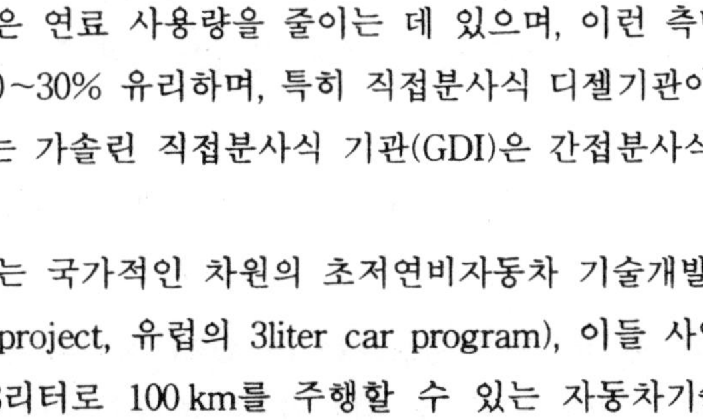

그림 8·30 연료별 CO_2 전과정 배출량(life cycle emission)

그러나 기관배출량뿐만 아니라 차량부품의 제조와 조립, 연료의 생산 및 공급, 차량의 생산 및 이용 등의 모든 과정을 포괄한 CO_2 전과정배출(life cycle emission)은 그림 8·30에서와 같이 가솔린, 에탄올, 메탄올, CNG, 디젤, LPG, 수소 연료순이다. 이 경우는 수소도 상당한 CO_2 배출요인이 있음을 알 수 있다.

(7) 아황산가스(SO_x)

아황산가스는 무색이며 자극성이 있는 기체로 물에 녹기 쉬우며 공기에 대한 비중은 2.265이다. 산성비(acid rain)의 가장 중요한 원인으로 연료 중 유황성분의 연소에 의해 발생한다. 가솔린에는 거의 유황성분이 없지만 디젤에는 약간의 유황성분이 있어 아황산가스가 배출된다.

-석탄 : 평균 1%, 최고 4% (중량)

-디젤 : 우리나라 현재 0.1% ⇨ 0.05%(1998)

대기 중에 존재하는 시간은 약 12시간에서 2일간이며 물과 반응하여 쉽게 H_2SO_4로 변한다.

$$SO_2 \Rightarrow SO_3 \text{ (태양광에 의한 산화)}$$

$$SO_3 + H_2O \Rightarrow H_2SO_4$$

건강에 미치는 영향으로는 H_2SO_4가 점액과 함께 위 속으로 들어가 위장장애를 일으킬 수 있고, 점막을 자극하거나 기관지염 또는 천식을 일으킨다.

(8) 알데히드(aldehyde)

자동차 배출물 중 알데히드류 농도는 20~200 ppm 정도이며 주로 포름알데히드(formaldehyde : HCHO)가 대부분이며, 아세트알데히드(acetaldehyde : CH_3CHO), 아크로레인(acrolein : CH_2CHCHO)도 포함되어 있다. 포름알데히드는 목과 기관지를 자극하며, 아세트알데히드는 눈과 피부를 자극하며, 아크로레인은 가장 독성이 강하여 눈과 코를 자극한다. 또한, 알데히드는 피부, 점막, 눈을 자극하고 대기 중에 20 ppm 정도의 농도에서는 1~2분으로 재치기가 나며, 1 ppm 정도의 농도에서 5분간 있으면 눈을 자극한다. 특히, 어린이에 민감하며 호흡기 감염률을 증가시키는 것으로 보고되고 있으며, 허용값은 포름알데히드 2 ppm, 아세트알데히드 100 ppm, 아크로레인 0.1 ppm이다.

알데히드 발생은 화염소실(flame extinguishment)이나 낮은 온도에서 느린 연소 등에 의해 발생하며, 특히 공연비가 희박한 영역에서 급격하게 증가하는 것을 볼 수 있으며, 이것은 HC의 불완전산화에 기인한다.

(9) 과산화질산 아실(PAN)

탄화수소는 광화학적으로 분해하여 과산화기(RO_2)를 생성하며 NO_2와 반응하여 PAN (peroxyacylnitrate)를 형성한다.

$$RCO(O_2) + NO_2 \Rightarrow RCO(O_2)NO_2$$
$$R = CH_3 : PAN$$

PAN은 $RCO(O_2)NO_2$이며 눈에 자극이 가장 크며 0.3 ppm 농도에서 5분간 노출되면 심장 순환기 등에 변화가 나타난다.

(10) 휘발성 유기화합물질(VOC : volatile organic compound)

FID법으로 측정되는 하이드로카본은 유기성분으로 VOC와는 약간의 차이가 있다.

VOC는 대부분 C_{12} 이하의 탄화수소로 구성된 화합물로 포름알데히드, 벤젠, 아세트알데히드, 벤조(a)pyrene, 에틸렌, 1,3-부타딘, 크실렌, PAHs 등과 같이 인체에 매우 유해한 물질이 포함되어 있다.

VOC는 알칸류(메탄), 알코올류(메탄올), 저분자탄화수소(벤젠, 톨루엔), 할로겐방향족 화합물(클로르벤젠), 할로겐족 용매(트리클로르에탄)과 같이 광범위한 휘발성 유기화합물을 대표하는 용어이다. 물리화학적 특성으로 100℃ 이하의 비점을 갖고 있어 대기 중에 강한 휘발성과 휘산성을 띄며, 일부 화합물의 경우는 강한 냄새, 마취성, 독성, 발암성을 갖기도 한다. 이외에도 대기 중에 존재하는 VOC가 산화질소류의 화합물과 반응하여 오존형성에 직접적으로 작용한다는 사실도 밝혀져 있다.

11) PAH(polynuclear aeromatic hydrocarbons)

PAH는 2개 이상의 벤젠이나 cycropentane 고리를 가진 방향족 탄화수소로서 발암물질의 원인으로 알려져 있어 주목받고 있으며, soot 생성의 초기단계에 핵심적인 역할을 한다. 대부분의 PAH는 고온 반응시 발생한다.

8.3 가솔린기관의 배기가스 저감대책

8.3.1 배기가스 유해성분 배출경향

가솔린기관에서 공연비에 대한 배기가스 중에 포함된 유해성분의 일 예를 그림 8·13(a)와 그림 8·31에 나타내었다. 그림 8·31의 실선은 왕복기관, 점선은 로터리기관(회전기관)의 예이다. 그림에서 CO의 배출상황은 왕복기관이나 로터리기관이 거의 동등한 정도이며, 농후한 혼합비의 경우는 많고, 희박혼합비에서는 적다.

HC의 배출경향은 왕복기관에서는 작고 공연비가 증가(희박)함에 따라서 완만하게 감소하고 있으며, 회전기관에서는 공연비 증가와 함께 감소하지만 그 배출량은 전반적으로 많음을 알 수 있다. 이 이유는 회전기관의 연소실은 편평하고, 더구나 연소실의 면적/체적비가 크다는 것과 트레일링(로터와 회전방향의 반대쪽)측의 연소성능이 떨어지기 때문으로 생각된다.

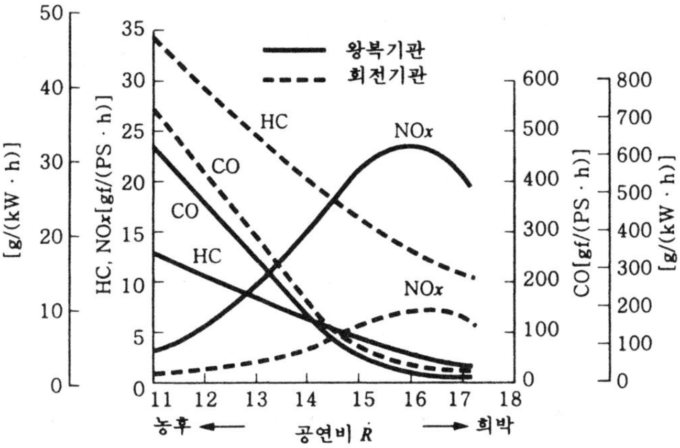

그림 8・31 가솔린기관의 배기가스 중의 유해성분

NO_x의 배출경향은 왕복기관에서는 공연비 증가와 함께 급격하게 증가하고 있으나, 회전기관에서는 전반적으로 낮고, 공연비 증가와 더불어 서서히 증가하고 있다. NO_x의 생성은 연소온도에 영향을 받기 때문에 연소온도가 낮은 로터리기관 쪽이 적은 것은 당연한 것으로 생각되며, 양기관 공히 배출량은 공연비가 16~17 부근에서 최대이다.

따라서, 가솔린기관에서 배기가스 저감대책을 수행함에 있어 몇 가지 문제점을 지적하고자 한다.

우선, 그림 8・13(a)와 그림 8・31에서 알 수 있듯이 CO, HC와 NO의 발생 특성은 서로 상반되므로 이것들을 동시에 최소값으로 낮추어야 하며, 둘째는 최고출력이 발생할 때나 연소에 대한 최적 혼합비 12~13 : 1에서는 CO, HC가 증가하고, 연료소비율이 최저인 16~17 : 1에서는 NO가 최대에 가깝다. 즉, 배기가스 대책은 기관성능을 희생시키지 않을 수 없다. 따라서 동일한 자동차에 대형기관을 사용하고, 여러 가지의 배기저감 대책장치나 제어장치를 필요로 하기 때문에 자동차의 가격이나 연료소비율이 증대함과 동시에 운전성이 저하하고 내구성이 단축되는 등 결점이 발생하기 쉽다. 또한, 매연 자동차의 배기가스 규제값은 극히 낮아지고 있다.

8.3.2 유해 배기가스 방지대책

연소에 의해 생성된 배기가스 중의 유해성분을 그대로 외부로 방출하는 것은 환경공해 측면에서 절대적으로 불가능한 것이며, 그 대책으로서는 (1) 근본적인 연소개선과 (2) 배출된 가스의 후처리로 나누어 생각할 수 있다. 그러나, 근본적인 방법은 연소개선으로 유해성분의 배출을 방지하는 것이며, 어쩔 수 없이 생성된 유해성분은 후처리 방법으로 정화하여

표 8·6 배기가스 생성과 억제대책

성분	특 성	기본적인 생각	구체적인 대책 예
CO	공연비가 희박해지면 감소된다.	희박공연비 채용	공연비의 적합·제어 특성개선 (기화기, 연료분사장치 개선)
			연료의 미립화, 분배개량 (흡기계, 연료공급계통개량)
			착화능력 향상 (높은 에너지 점화)
			연소개선(squish, swirl, 층상급기, 부실식, 다점점화)
HC	실화영역까지 도달하지 않으면 공연비가 희박할수록 감소	희박공연비 채용	상동
	연소실 벽에 의해 화염이 소실된다.	quenching 부분을 적게 한다.	연소실 형상의 개량(S/V비 감소)
		소염(消炎)층을 얇게 한다.	연소실 벽면온도 상승
			연소실 내의 난류 증대
	감속할 때에는 공연비의 과농화 또는 실화에 의하여 증가한다.	체적효율을 높인다.	감속직후의 교축밸브 닫는 것을 지연
		연료공급을 막는다.	감속 연료 차단
		흡기관 내의 액상연료를 줄인다.	흡기계의 개량(흡기관의 가열, 형상의 개량)
		흡기관 내에 공기를 도입한다.	감속시 공기도입 장치
	새로운 공기가 빠져 나간다.	빠져나가는 공기량 감소	밸브중합 감소
	높은 온도와 O_2가 있다면 팽창·배기행정 중에 또는 배기계통에서 산화시킨다.	배기온도를 높인다.	점화시기의 지각
		배기가스를 보온한다.	포트라이너, 사이아미즈 배기포트
NO_x	연소온도가 상승하면 지수함수적으로 증가한다.	연소 최고온도를 내린다.	점화시기 지각
			배기가스 재순환(EGR)
			잔류가스 증가(밸브 타이밍 변경)
			대단히 희박한 공연비 채용(층상급기, 부실 등에 의한 연소개선)
		기연가스를 냉각한다.	연소실 형상의 개량(S/V비의 증대)
	O_2량이 많으면 증가한다.	과농혼합비 채용	공연비 적합·제어성의 개선

배출해야 할 것으로 생각된다. 표 8·6에 배기가스 생성과 억제대책의 개념을 정리하여 나타내었다.

(1) 연소 개선

그림 8·31에서 알 수 있듯이 공연비 17~18 : 1보다 희박하게 되면 유해성분의 생성이 현저하게 감소함을 알 수 있다. 왕복기관에서의 개선책으로는 Texaco방식이나 성층급기 연

소방식 및 CVCC방식을 응용한 희박혼합기 연소방식이 많이 이용되었으며 최근에는 가솔린을 연소실에 직접 공급하는 GDI방식도 실용화되고 있다.

그 외의 대책으로는 자동점화시기 조절기의 채용, 연소실 형상이나 흡·배기밸브 개폐시기의 변경, 전자제어 연료분사방식의 채용, 압축비의 변경, 또는 물분사 등의 방법도 채용되고 있다.

① 연소실 내 유동에 의한 연소촉진 : 흡기 및 압축과정에서 연소실 내의 유동은 스월(swirl)과 텀블(tumble)과 같은 공기흐름과 난류(turbulent)유동이 혼합된 매우 복잡한 유동현상을 나타내나, 이와 같은 유동은 연소를 촉진시킨다. 이들 스월과 텀블의 강도는 흡기포트의 특성, 흡기밸브 치수, bore/stroke비, 연소실 형상에 밀접한 영향을 받는데, 스월성분은 텀블에 비하여 점성소산(viscous dissipation)이 적어 압축행정에 오랫동안 남아 있어 혼합기의 성층화에 사용되며, 피스톤이 상사점에 도달할 때 발생하는 스퀴시 유동과 합해진다. 이에 비해 텀블유동성분은 TDC 근처에서 난류로 변환되어 큰 속도구배와 결합하여 압축말기에 강한 난류를 형성하기 때문에, 특히 성층연소시 느린 화염속도를 보상하는 데 매우 유용하다.

연소실 구조의 주된 요소는 실린더헤드와 피스톤 상부의 형상, 점화플러그 위치, 밸브의 크기와 수, 흡기포트 설계로 구성되며, 설계요인은 연소실의 콤팩트화(compactness), 표면적/체적(S/V)비, 화염전파거리, 스월, 텀블 및 스퀴시의 이용도 등이다. 연소실 설계는 사이클 변동이 적으면서 연소를 신속하게 종료할 수 있고, 고속시에 높은 체적효율을 얻을 수 있으며, 연소실 벽면으로의 열손실이 적고, 저옥탄가 연료를 사용할 수 있도록 하고 있다.

최근, 가장 중요한 관심은 급속연소 연소실(fast-burning combustion chamber)설계로서 특히 높은 EGR율과 희박연소를 실현하는 데 필수적이다. 급속연소를 실현하기 위해서는 연소실 구조를 보다 콤팩트하게 설계하고 점화플러그를 중앙에 설치하거나, 2개를 사용하기도 하며, 스월과 텀블유동을 발생시켜 연소실 내의 유동을 증대시킨다.

NO_x 대책으로 희박혼합기 및 EGR율을 높일 때의 연소촉진을 위해 여러 가지 유동생성법이 채용되고 있다. 구체적으로는 흡기밸브를 나올 때 유입방향에 의한 것, 압축행정 중에 피스톤과 실린더헤드와의 공간의 형상에 의한 와류발생, 또 연소가스 팽창에 의한 유동으로 나눌 수 있다.

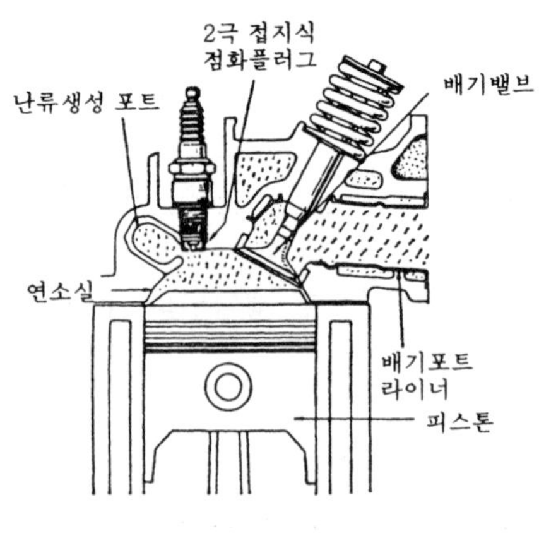

그림 8·32 난류생성을 위한 포트

일례로서 그림 8·32는 난류생성 포트의 입구에 점화플러그가 있어 희박연소를 가능하게 하고 있다. 이 장치의 연소촉진 효과의 주된 원인은 포트에서 분출되는 가스에 의한 난류발생에도 있지만, 한편 유출가스는 고온보다도 오히려 미연 또는 불완전 연소가스가 포함되어 있을 때 효과가 크다고 하고 있다.

다른 방법으로는 작은 흡입밸브에서 공기를 점화플러그 방향으로 고속으로 빨아들여 희박연소를 가능하게 한 것도 있어, 연소실의 교란은 미묘한 효과를 갖는다.

② 균일 혼합기 형성 : 그림 8·13 특성으로부터 농후한 혼합비에서 NO_x를 저감시키는 것은 쉽지만 연료소비율이 증대한다. 한편, 어느 정도 이상 희박한 혼합기에서는 CO 및 NO_x도 감소시킬 수 있다. 그러나 보통 공연비 17 : 1 이상에서는 점화·연소가 불안정하게 되나, 흡기를 가열하거나 교란 등에 의해 각 실린더에 균일하게 또는 실린더 내에서는 충분히 균일한 혼합기를 만들면 20 : 1 정도까지는 정상적으로 운전이 가능하고 운전성의 저하나 HC의 증가 등도 적어지며, 특히 저부하에서 연료소비율의 개선도 할 수 있다. 이를 위하여 연료의 무화촉진, 매니폴드 입구에서 배기가스의 배기열로 가열된 라이저(riser)로 혼합기를 가열하여 각 실린더로 균일한 연료가 분배되도록 하는 매니폴드로 만드는 등 여러 가지 방법이 강구되어 왔다.

그러나 기화된 연료에서도 가벼운 부분과 무거운 부분에서는 옥탄가나 점화성이 다른 문제도 있다.

③ 배기가스 재순환(EGR, exhaust gas recirculation) : 배기가스의 후처리 방법에서 NO_x 환원 촉매법이 쉽지 않기 때문에 NO_x는 실린더 내에서 발생을 억제하는 방법을 취하지 않으면 안 된다. 그렇기 때문에 가장 효과가 크고 널리 실용화되고 있는 것이 EGR방법이다.

이 원리는 NO_x의 생성원인인 고온과 산소분자를 동시에 낮추는 것이다. 즉, 배기가스는 공기보다 비열이 크기 때문에, 배기가스의 CO_2나 H_2O 등과 같은 불활성가스가 흡기의 일부와 치환되어 흡입됨으로써 혼합기의 열용량이 증대되어 실린더 내 연소가스 온도상승을 억제한다(희박연소보다도 온도저감 효과가 크다). 뿐만 아니라 공기과잉률을 낮추어 thermal NO_x 생성을 억제함으로써 전체 NO_x 발생량을 낮추는 원리이며, 또 흡기의 일부가 산소농도가 낮은 배기가스로 치환되므로 연소실 내 산소가 감소하므로 NO_x 생성이 억제된다.

가솔린기관에서 EGR에 의한 NO_x 저감효과는 디젤기관과는 차이가 있다. 가솔린기관에서는 EGR가스가 연료혼합기와 균일하게 혼합되기 때문에 연소화염을 효율적으로 냉각시킬 수 있으나, 디젤기관의 경우는 연료혼합기가 공간적으로 매우 불균일하기 때문에 EGR가스가 연소화염을 냉각시키는 데 공간적으로 제한되어 있다.

따라서, 디젤기관에서 EGR에 의한 NO_x 저감 메커니즘은 가솔린기관에서처럼 연소온도를 낮춘다는 개념보다 혼합기 중의 산소농도를 저감시킴으로써 NO_x가 저감된다는 것으로 생각된다.

그림 8·33은 기관에 적용된 EGR 시스템을 나타낸 것이며, EGR율 정의는 다음과 같다.

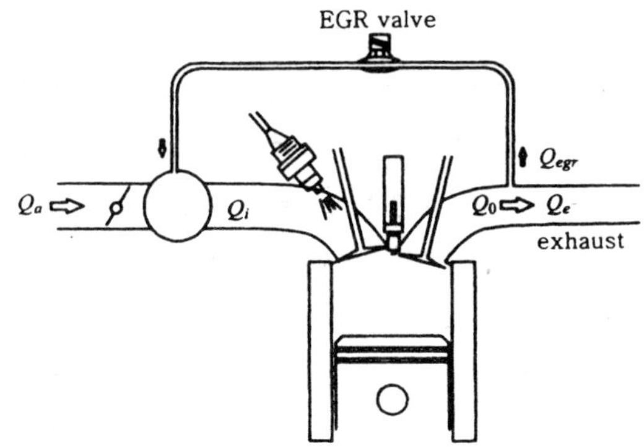

그림 8·33 기관에 적용된 EGR 시스템

$$\text{EGR율}(\%) = \frac{\text{EGR량}(Q_{eqr})}{\text{흡입공기량}(Q_a) + \text{EGR량}(Q_{eqr})} \times 100 = \frac{[CO_2]_i - [CO_2]_{amb}}{[CO_2]_e - [CO_2]_{amb}} \times 100 \qquad (8 \cdot 5)$$

여기서, $[CO_2]_i$: 흡기 중(Q_i)의 CO_2 농도

$[CO_2]_e$: 배기 중(Q_o)의 CO_2 농도

$[CO_2]_{amb}$: 대기 중(Q_a)의 CO_2 농도

한편, 가솔린기관의 EGR과 디젤기관의 EGR의 차이점을 표 8·7에 나타내 있다.

표 8·7 가솔린기관의 EGR과 디젤기관 EGR의 차이점

항 목	디 젤	가 솔 린
공연비(A/F)	변화폭이 큼	변화가 적음
연료량	변화 없음	변화 없음
흡기공기량(Q_a) 배기공기량(Q_e)	EGR에 따라 감소	변화 없음
엔진흡기량(Q_i) 엔진배기량(Q_e)	변화 없음	EGR에 따라 증가
흡입 O_2 농도 흡입 CO_2 농도	EGR에 따라 감소 EGR에 따라 증가	EGR에 따라 감소 EGR에 따라 증가
배기 O_2 농도 배기 CO_2 농도	EGR에 따라 감소 EGR에 따라 증가	변화 적음 변화 적음
CO_2 중량배출량	변화 없음	변화 없음

또, 2 행정기관에서는 소기가 불충분하므로 잔류가스가 대량으로 새로운 공기 중에 포함되는데 이것을 내부 EGR이라 부르며, NO_x가 극히 적은 원인으로 되어 있다. EGR은 비교적 간단하게 응용할 수 있지만 다음과 같은 어려운 점도 있다.

a) EGR은 희박혼합기 이상으로 점화·연소성을 저하시키기 때문에 운전성(drivability)이라 하는 부드러운 운전을 곤란하게 한다. 이것을 보완하기 위하여 가스유동을 강하게 하고, 강력한 불꽃을 발생시키는 등의 방법이 강구되고 있다. 특히 디젤기관의 경우는 공기과잉률이 적으면 매연과 PM발생이 급증하기 때문에 EGR적용은 공기과잉률이 높

은 부분부하에 한정된다. 따라서, 저부하 운전빈도가 높은 경유승용차의 경우는 이미 EGR이 적용되고 있지만, 고부하운전이 많고 긴 수명과 신뢰성이 요구되는 트럭이나 버스와 같은 대형 상용차량에는 아직 EGR이 사용되지 못하고 있다.

b) 배기 중에는 매연과 PM이 있는 디젤기관 등은 EGR을 하면 실린더면이나 윤활유의 내구성이 저하될 염려가 있다. 특히 배기가스 중의 PM과 유황성분이 연소실에 재순환되어 엔진오일을 급격히 열화시키며, 이에 따라 피스톤과 밸브계통의 마모 및 부식을 초래하기 때문에 신뢰성과 내구성의 확보가 필수적이다.

④ 층상급기법 : 오토기관의 창시자 Otto의 특허신청 내용은 처음 공기만을 흡입하고, 흡입행정 후기에 연료가스를 흡입하여 급기를 층상화하여 연소시키는 것이었다. 그 후에도 끊임없이 부분부하 때의 열효율을 높이기 위하여 희박혼합기 연소가 시도되었으며, 이때 안정 점화의 수단으로 또는 노크대책으로 각지에서 층상급기법의 연구가 시행되었다. 종래에는 주연소실 또는 부연소실에 연료를 분사하는 방법이 주로 시도되었으나, 실용화되지 못하였다. 그러나 배기대책을 위한 희박연소용으로 개발한 CVCC기관은 이 같은 목적을 달성하여 실용화되었다. 이 경우는 주연소실에 희박혼합기가 들어오고, 작은 체적의 부연소실에 별도의 기화기에서 부연소실 밸브를 통하여 농후한 혼합기가 들어오게 되어 있다. 점화플러그는 부연소실에 있으며, 압축행정에서 주연소실에서 희박혼합기가 압입되며, 점화시기에 부연소실의 혼합비가 꼭 점화에 적절한 혼합비가 되도록 결정되어진다. 부연소실 및 부연소실과 주연소실 통로의 크기, 점화플러그의 위치 등은 성능이나 배기에 서로 깊은 관계가 있다.

이처럼 부연소실에서 분출하는 고온가스로 주연소실이 점화되는 것을 토치(torch)연소라 한다.

일반적으로 NO_x를 낮게 억제하도록 희박화(공연비 20 이상)한다면 점화가 되었어도 HC가 증가한다. 따라서, 후처리를 필요로 한다. 만약 촉매를 사용하지 않을 경우는 열반응기(thermal reactor) 또는 이와 유사한 고온반응부를 만들지 않으면 안 되는데, 고온으로 만들기 위해서는 점화를 지연시키는 방법이 있다.

점화를 지연시키면 연소열을 충분히 일로 변환시킬 수 없으므로 배기온도가 높아지며, 열효율은 저하한다.

그림 8·34는 점화가 늦을 때 NO, HC도 감소하는 것을 나타낸 것이고, 팽창중에 연소하므로 연소온도가 낮고, 최고온도가 내려가며, 그 시기가 늦어지기 때문에 고온시간이 짧아 NO생성은 내려가며, 역으로 배기온도가 높게 되어 HC산화를 촉진하기 때문이다. CVCC에서도 이 방법이 채용되어 연소가 부드럽고 최고온도는 낮지만, 배기행정에서도 가스온도는 별로 저하하지 않는다.

본 방법은 균일 혼합기를 형성하는 방법과 반대의 방법이지만, 어느 것도 희박혼합기의 연소를 안정화시키기 위한 것이고, 본 방법의 균일혼합기 형성방법보다도 희박화할 수 있는 특징을 갖고 있다.

⑤ 그 밖의 대책

a) 점화에너지의 강화 : 토치 점화법은 일종의 점화에너지 강화법이지만, 점화플러그의 발생불꽃을 크게 하는 방법이나 1 실린더에 2개의 점화플러그를 부착하여 점화를 확실히 함과 동시에 화염 전파거리를 짧게 하여 연소속도가 높아진 것과 같은 효과를 얻는 방법이 있다.

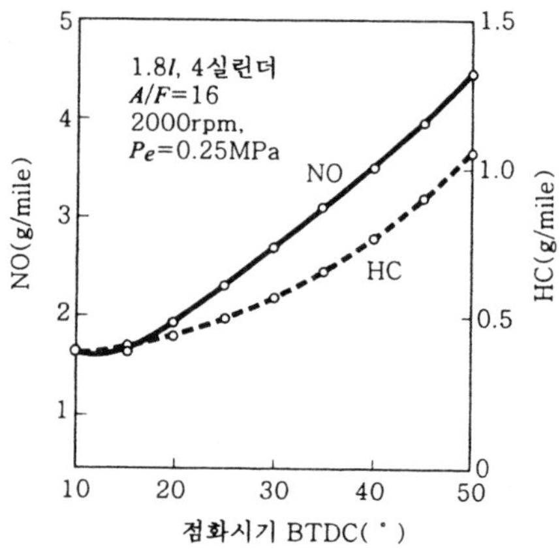

그림 8・34 NO, HC의 점화시기의 영향

b) 물분사 방법 : EGR의 주요한 NO_x 저감작용의 하나는 급기중에 열용량이 큰 배기를 포함시킴으로써 연소가스온도를 저하시키는 것이고, 같은 목적으로 실린더 내에 물을 분사하는 방법이 많은 연구자에 의하여 시도되고 있으며, NO_x 저감효과가 크다는 것도 인정되고 있다. 그러나 물분사장치를 갖고 다니는 것, 녹이나 윤활유의 에멀젼화의 문제, HC 증가, 가솔린과 거의 같은 양의 물을 갖고 다닐 필요가 있는 것 등의 결점이 있기 때문에 실용화되고 있지 않다.

c) 점화시기의 지연 : 대부분의 HC, NO_x 대책으로 다른 방법과 병용하여 사용되고 있으며, 그 원리, 효과는 이미 CVCC기관의 경우에서 설명하였다. 그러나 열효율 저하의 부작용이 있으므로 점화시기 지연각도는 가능한 한 적게 하는 것이 좋다.

d) 각종의 자동제어장치 : 종래에도 기화기나 점화시기조절 등에는 기관의 운전조건에 대하여 최적제어가 되어져 있었다. 이 최적의 대상이 되었던 것은 점화의 확보, 높은 열효율 및 고출력화이었다. 그러나 새로운 것으로는 배기정화가 첫째가 되어야 하고, 둘째로 성능향상의 요구에도 응하여야 하기 때문에 필연적으로 많은 제어장치가 병용되어야 함과 동시에 각각의 사이의 상호작용도 고려되어야 한다. 또 이러한 제어를 위한 입력도 종래의 흡기계 내의 부압과 회전속도뿐만이 아니라, 실제혼합비를 나타낸 배기중의 산소농도, 워밍업의 정도를 가리키는 물의 온도, 후처리장치 보호를 위한 가스온도 등을 사용한다.

예를 들면 NO_x 저감 요구량에 최저의 EGR을 주기 위한 EGR 조절장치, 2차 공기량을 산화에 필요한 양을 공급하는 것과 동시에, 고속도로 등의 고출력시에는 후처리의 과열을 방지하기 위하여, 또 출발시 초크밸브에서 과농혼합비를 공급할 때도 HC가 너무 많기 때문에 촉매온도가 너무 높아지므로 워밍업될 때까지는 2차 공기를 차단한다. 급격한 감속시와 내리막길에서의 혼합기가 이상하게 농후화되어 실화하는 것을 방지하는 면이라든지, 초크밸브를 닫는 시간을 되도록 짧게 하기 위하여 난기가 됨과 동시에 자동적으로 초크밸브를 여는 장치 등 다종, 다양한 제어장치가 사용되며 배기대책이 진행된 것은 '기관을 한층 복잡한 제어계'로 만들고 있다.

(2) 배기가스의 후처리 방법

현재 사용되는 기관을 개조하여 배기가스의 법규제에 합격할 정도의 연소를 시키는 것은 일반적으로 극히 어려우며, 그것이 설령 가능하다고 하더라도 성능이 저하하는 희생이 너무 크다. 또 환경문제가 최우선 과제로 됨에 따라 매년 배기가스 규제가 강화되어 기관내부에서의 저감기술만으로는 규제를 만족하기에는 한계가 있으므로 후처리 기술적용이 불가피하게 되었다. 이것은 실린더 내에서 충분하게 저감시킬 수 없었던 성분을 배기계통 중에 재반응시켜서 정화의 목적을 달성시키기 때문에, 배기정화를 위해 성능저하의 희생분만큼 실린더 내에서는 연소가 성능향상을 위한 것으로만 사용할 수가 있다.

후처리 방법은

1) CO, HC를 저온에서 재연소시키기 위한 산화촉매(oxidation catalyst)

2) NO_x를 우선 환원시키고, 그 후에 2차 공기를 공급하여 산화시키는 환원-산화 2원촉매(dual-bed catalytic converter)

3) CO, HC의 산화와 NO_x의 환원의 두 가지 작용을 동시에 수행하는 3원촉매(three way catalytic converter)

4) 촉매제의 반응 개시온도를 높이기 위하여 전기히터나 버너로 촉매를 가열하는 예열촉매

5) 열반응기에서 촉매없이 고온화 산소에 의한 CO, HC의 정화작용으로 구분할 수 있다.

① 산화촉매

많은 자동차에 사용되고 있는 것으로 CO, HC를 저온에서 재연소시키기 위하여 산화촉매로서 백금, 팔라듐(Pb), 로듐(Rh), 루테튬(Ru) 등의 귀금속을 담체의 표면에 매우 얇게 부착시킨 것이 사용된다. 담체는 활성알루미나(Al_2O_3) 등의 내열성이 높고, 표면적이 대단히 큰 것으로서, 그 형태는 그림 8・35 (a)의 지름 수 mm의 입자상태의 pellet을 여러 개 결합한 것과 벌집형태의 단면에 일체로 성형된 monolith 또는 honeycomb형이 있고, 실제는 (b)와 같은 모양으로 케이스에 넣어 사용하고 있다. 또 mololith는 막힘은 없으나 진동으로 깨어지기 쉬우므로 주로 pellet형이 사용되고 있다. 촉매를 사용하여도 산소가 없으면 반응이 일어나지 않으므로, 보통 배기밸브 출구에 공기펌프로 공기를 넣는다(2차 공기).

그림 8・36과 같이 300~400℃ 이상에서는 거의 완전하게 정화할 수 있으나, 만약 다량의 HC, CO가 들어갈 때, 예를 들면 어떤 실린더의 점화플러그의 고장으로 실화가 계속될 때, 또는 긴 내리막길을 엔진브레이크로 내려갈 때 실화하면, 촉매는 과열되어 1000℃ 가까

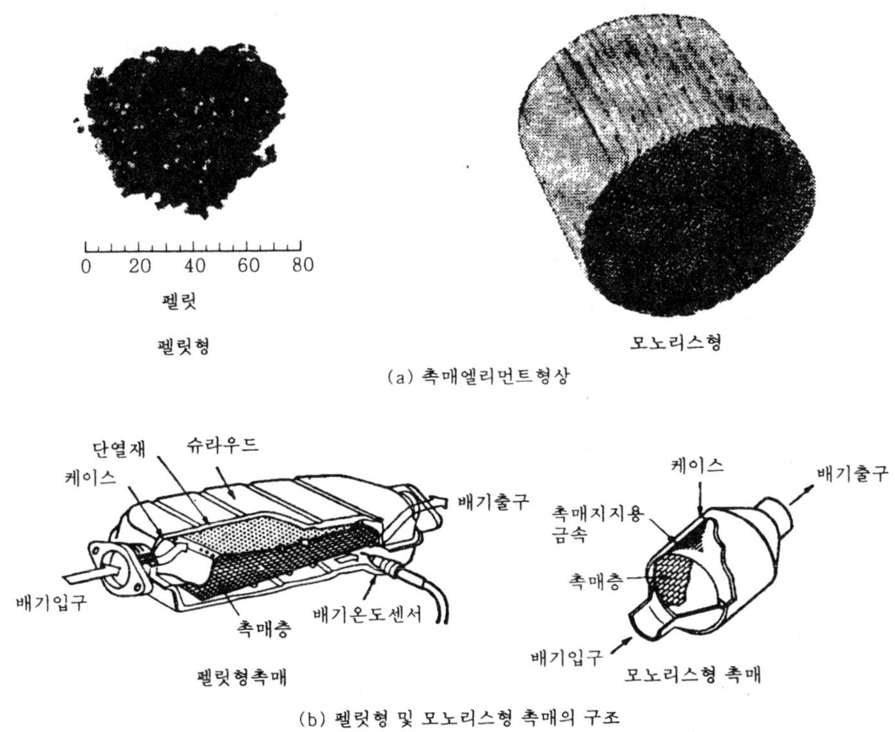

그림 8·35 산화촉매장치의 구조 및 담체의 모양

이 되어서 단기간에 소손(燒損)을 받아 기능을 상실할 수가 있으므로, 그때는 그림 8·35 (b)의 온도센서(열전대)의 신호로 경보하는 등의 조치가 취해진다. 또 연료 중에 납화합물이 포함되어 있으면, 그 연소생성물이 촉매에 부착하여 불활성화되어 촉매의 유효수명을 현저하게 저하시키므로 촉매사용에 대해서는 필연적으로 무연가솔린의 사용이 의무화되고 있다. 연소뿐만이 아니라 윤활유 중의 금속첨가물도 열화작용이 있다. 더욱이 기계적 진동, 충격도 수명을 단축시킨다.

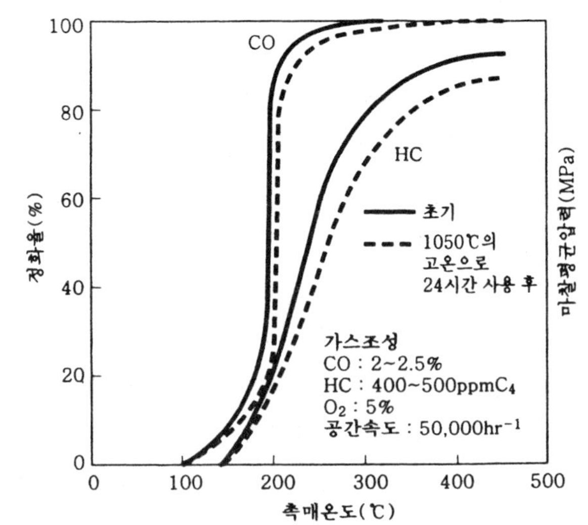

그림 8·36 산화촉매작용의 온도에 의한 영향 예

촉매의 반응효과는 촉매의 재질, 온도, 배기조성 및 공간속도(space velocity)라 부르는 다음의 인자가 영향을 주므로, 어떤 크기의 체적을 필요로 한다.

공간속도=(촉매층에 들어가는 배기유량 l/h)/(촉매층 체적 l)

이것이 너무 크면 대류시간이 짧아 반응부족이 된다.

이상의 산화촉매는 많은 자동차에 실용화되어 있지만, NO_x는 이것으로서는 저감시킬 수 없다.

② **환원-산화 2원촉매**(dual-bed catalytic converter) : NO_x는 다음과 같은 환원 가능한 촉매를 통과시킨 후 2차 공기를 공급하여 산화촉매에 넣는 방법이며, 다음 항에서 설명할 3원촉매방법과 함께 큰 기대가 되고 있고, 일부의 자동차에 실제 사용되고 있다는 것이 전해지고 있다.

농후한 혼합기의 배기는 제1의 환원촉매에 의하여 다음의 반응을 일으킨다.

$$\left\{\begin{array}{c} CO \\ HC \\ H_2 \end{array}\right\} + NO_x \rightarrow \left\{\begin{array}{c} CO_2 \\ H_2O \end{array}\right\} + N_2 \qquad (8 \cdot 6)$$

동시에

$$NO + \frac{5}{2}H_2 \rightarrow NH_3 + H_2O \qquad (8 \cdot 7)$$

와 같은 암모니아 생성반응도 포함한다. 이 H_2는 중정도의 농후한 혼합기의 배기 중에 약 CO의 1/4이 존재하고, 또 NO_x 촉매로 다음의 수성가스반응에 의하여서도 생성된다.

$$CO + H_2O \rightarrow CO_2 + H_2 \qquad (8 \cdot 8)$$

제1의 환원촉매에서는 CO와 HC는 남게 되므로, 제2의 산화촉매 중에서 산화된다. 그때 NH_3는

$$2NH_3 + \frac{5}{2}O_2 \rightarrow 2NO + 3H_2O \qquad (8 \cdot 9)$$

와 같이 다시 NO로 환원되어 NO_x 환원작용을 퇴화시키므로, 그 대책은 중요과제가 되고 있다. 식 (8·6), (8·7)에서도 농후한 혼합비일수록 반응이 진척되지만 너무 과농한 곳에서는 HC, CO가 대량으로 남아 NH_3의 생성도 증가하므로 A/F=13.5~14가 양호하다고 되어 있다. 그림 8·37은 시험기 중에 시료를 넣어 반응시켰을 때의 NO_x 저감특성이다.

이와 같이 O_2가 어느 값을 초과하면 NO_x 환원작용이 급격히 저하하는 이유는 식 (8·6)의 환원제 CO, H_2, HC가 NO_x를 환원하기보다, 다음의 O_2와의 반응을 우선적으로 하기 때문이다.

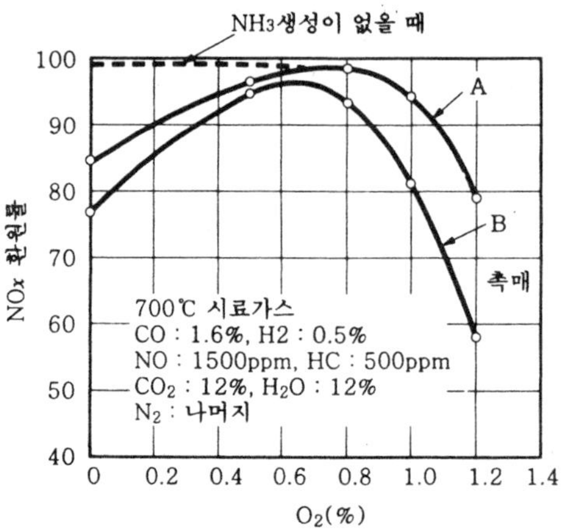

그림 8・37 Monel(Ni-Cu) 촉매의 특성 예(실험장치에 의함)

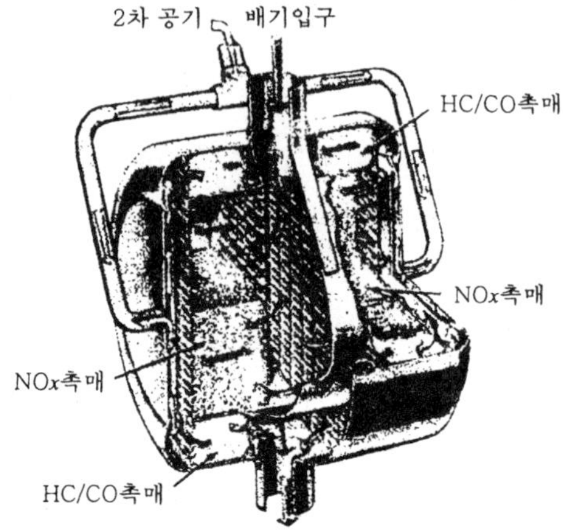

그림 8・38 2원촉매장치의 예

$$\begin{Bmatrix} CO \\ HC \\ H_2 \end{Bmatrix} + O_2 \rightarrow \begin{Bmatrix} CO_2 \\ H_2O \end{Bmatrix} \tag{8・10}$$

또 NH_3의 생성이 O_2의 증가로 저하하는 것도 O_2가 H_2를 택하기 때문이다. 또 그림 8・38은 2개의 촉매를 1개의 케이스에 넣어서 NO_x 촉매를 보온하여 고온에서 반응촉진을 꾀한 구조이다.

③ 3원촉매(three way catalytic converter) : CO와 HC는 산화반응으로 저감시키는 산화촉매가 초기에는 사용되었으나 현재는 NO_x까지 동시에 80% 이상 저감시키는 3원촉매가 사용되고 있다. 즉, 적당한 촉매(로듐 등)를 사용하면 CO, HC의 산화와 NO_x의 환원의 양작용을 동시에 달성할 수 있다. 이와 같은 3성분을 동시에 정화할 수 있는 촉매를 3원촉매라 부르고, 그 실용화를 위하여서는 다음의 난점이 해결되지 않으면 안 된다.

a) 2원촉매의 작용에서 알 수 있었던 바와 같이 양촉매의 작용을 1개의 것으로 달성하도록 하여도 각각은 공연비, 즉 배기 중의 O_2나 CO, H_2의 조성과 직접 거의 일정한 관계가 있으므로, 그림 8・39와 같은 정화율 특성을 가진다. 즉, 공연비 m_c를 경계로 하여 HC, CO는 희박영역에서, NO_x는 과농영역에서 거의 완전하게 정화하는 것이 가능하다. 그러므로 3성분을 동시에 충분히 저감하기 위해서는 가능한 한 m_c에 가까운 혼합비에서 운전해야 한다. 대폭적인 정화를 3원촉매에 의지하고, 엄격한 규제값에 합격되기 위해서는 Δm(공연비 변화범위)을 0.2 정도 좁은 범위에서 유지해야 한다.

최근에는 이 범위가 더욱 엄격하여 Δm이 0.14(14.48~14.62) 이내, 공기과잉률로는 0.01($\lambda = 1.0 \pm 0.005$) 이내로 제한하고 있다. 가・감속을 포함한 운전범위에서 모든 실린

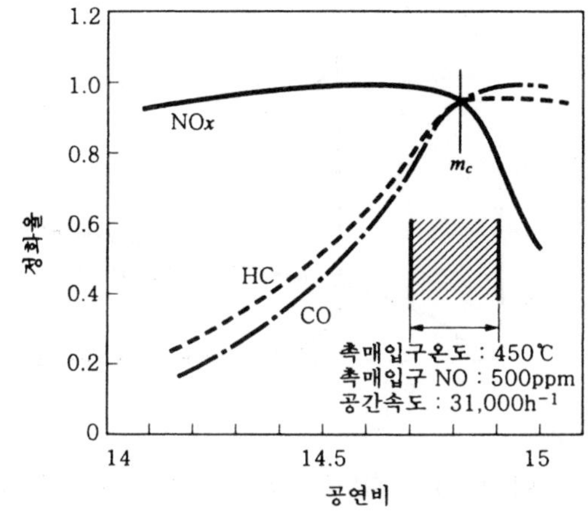

그림 8·39 3원촉매의 공연비에 의한 정화율의 변화농도

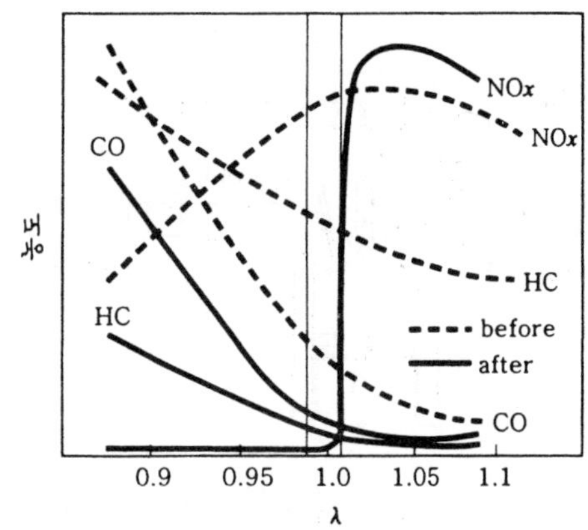

그림 8·40 3원촉매 전·후의 배출가스

더에 이 정도의 오차범위에 혼합비를 조절하는 것은 기화기에서도 가솔린 분사법에서도 쉬운 일은 아니다. 한 가지의 개선법으로서 O_2센서(예를 들면 ZrO_2소자와 백금전극을 가진 산소濃淡電池)로서 배기 중의 O_2 농도를 감지하여 전기적 출력을 변경시켜 전자제어 가솔린분사의 입력으로 하기도 하고, 기화기의 특수조절장치의 입력으로 하여 시시각각으로 혼합비의 변화를 수정하는 것이 필요하다.

b) 촉매로서는 로듐, 백금, 팔라듐의 귀금속 등이 연구되고 있으나 전항과 같이 NH_3 생성이 적고, NH_3에 의한 촉매 및 O_2 센서의 내구성에 손상되지 않아야 한다.

그림 8·40은 3원촉매 전·후의 배출가스농도를 비교한 것으로, 기관에서 배출되는 가스의 3원촉매 전·후 농도를 비교하여 보면, CO와 HC는 공연비가 농후한 영역에서는 기관에서의 배출농도가 높으며, 촉매 저감효율도 낮아 촉매를 거쳐도 농도가 상당히 높은 상태로 배출된다. 그러나 공연비가 희박한 영역에서는 기관으로부터의 배출농도가 상당히 낮으며, 촉매 저감효율도 높아 HC와 CO농도는 매우 낮음을 알 수 있다. 반대로 NO_x는 희박영역에서 낮게 배출되며 이론 공연비($\lambda=1$)에서 CO, HC, NO_x 3성분 모두 촉매 이후에서 낮게 배출됨을 볼 수 있다.

그림 8·41은 3원촉매 장치의 작동 시스템을 간략하게 나타낸 것이다. 공연비를 $\lambda=1.0$으로 조절하기 위한 방법으로 3원촉매 앞부분의 배출관에 설치된 람다센서(λ sensor)로부터 기관에 공급된 공연비가 농후($\lambda<1.0$)인가 희박($\lambda>1.0$)인가를 감지하여, 이 신호를 ECU에 보내며, ECU에서는 기관에 흡입되는 공기유량 측정센서로부터의 신호에 의해 연료공급장치의 공급연료량을 조정한다.

그림 8·42는 람다센서와 린센서의 출력 특성을 나타낸 것이다. 람다센서의 출력 특성을

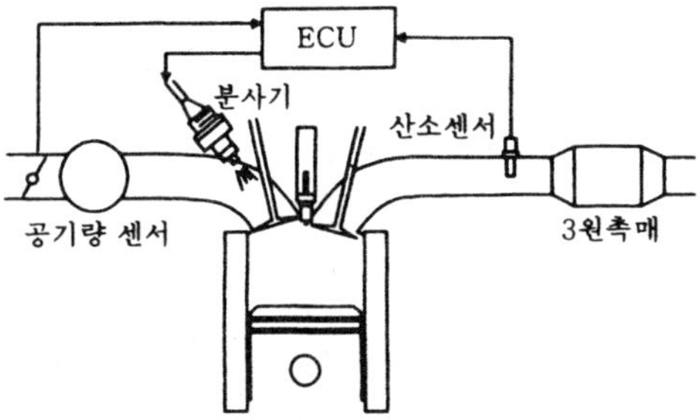

그림 8·41 3원촉매 작동 시스템

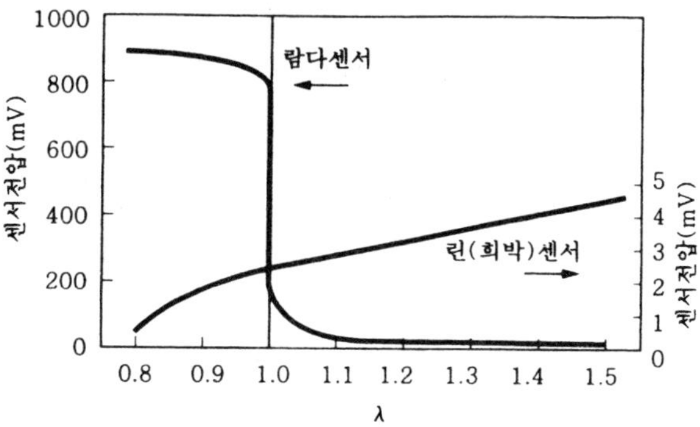

그림 8·42 람다센서와 린센서의 출력 특성

보면 희박한 공연비와 농후한 공연비의 구분을 $\lambda=1.0$을 경계로 '0'과 '1'값으로 감지하여 ECU에 전달한다. 보다 정밀한 제어나 희박연소를 제어를 위하여 린센서(lean sensor)를 사용하며 린센서의 출력 특성은 희박영역에서 공연비와 출력은 거의 직선적으로 비례한다.

람다센서는 산소센서(oxygen sensor)라고도 하며, 린센서는 광역산소센서(wide range oxygen sensor), universal exhaust gas oxygen sensor(UEGOS)로도 불린다.

3원촉매는 CO와 HC는 산화반응으로, NO_x는 환원반응으로 저감시키며 반응기구는 다음과 같다.

CO 산화반응(oxidation process) :

$$CO + 1/2O_2 \Leftrightarrow CO_2 \quad (8 \cdot 11)$$

$$CO + H_2O \Leftrightarrow CO_2 + H_2 \quad (8 \cdot 12)$$

산화반응 :

$$C_nH_m + (m/4+n)O_2 \Leftrightarrow nCO_2 + (m/2)H_2O \quad (8 \cdot 13)$$

$$C_nH_m + 2nH_2O \Leftrightarrow nCO_2 + (m/2+2n)H_2 \quad (8 \cdot 14)$$

NO 환원반응(reduction process) :

$$NO + CO \Leftrightarrow 1/2N_2 + CO_2 \quad (8 \cdot 15)$$

$$(2n+m/2)NO + C_nH_m \Leftrightarrow (n+m/4)N_2 + m/2 \cdot H_2O + nCO_2 \quad (8 \cdot 16)$$

$$NO + H_2 \Leftrightarrow 1/2 \cdot N_2 \cdot H_2O \quad (8 \cdot 17)$$

공기가 부족한 농후한 영역($\lambda<1.0$)에서는 O_2가 부족하여 산화반응 식 (8·11), (8·13)이 진행하기 어려우며, 반면 NO 반응의 중간매체(agent) 가스인 CO와 HC가 많아 식 (8·15), (8·16) 반응이 활발하여 NO 저감이 현저하다.

반면 공기가 과잉인 희박영역(λ>1.0)에서는 O_2가 풍부하여 산화반응 식 (8·11), (8·13)가 활발하여 CO와 HC가 현저하게 저감되며, 식 (8·11), (8·13)의 반응속도가 식 (8·15), (8·16)에 비해 훨씬 빠르기 때문에 CO와 HC가 부족하여 환원반응 식 (8·15), (8·16)이 어려워 NO 저감이 거의 나타나지 않으며, 농후영역에서 NO 반응에 의해 발생한 H_2O에 의해 식 (8·12), (8·14) 반응으로 CO와 HC가 어느 정도는 저감된다.

촉매는 세라믹이나 금속으로 만들어진 본체인 담체(substrate)와 귀금속 촉매의 반응도를 높이기 위해 담체와 촉매 사이에 중간매체인 Al_2O_3를 입혔으며, 직접 가스와 반응하는 촉매물질을 가장 바깥에 도포하였다.

촉매물질로는 주로 백금(Pt : platinum)과 로듐(Rh : rhodium)이 사용된다. 최근의 3원촉매에서는 팔라듐(Pd : palladium)을 포함한 Pt/Pd/Rh의 시스템이 사용되는 추세다. Pt는 주로 CO와 HC를 저감시키는 산화반응을 촉진시키고, Rh는 NO반응을 촉진시킨다. Pd는 CO와 HC 반응개시온도(light-off 온도)에 유리하나 NO_x 반응과 연료 중에 포함되어 있는 유황성분에 의한 성능저하(sulfur poisoning)에 불리하다.

촉매는 표면온도가 약 550℃ 이상으로 가열되어야 정상적으로 반응하며 반응이 시작되는 초기온도는 저온시동 성능에 매우 중요하다. 일반적으로 전환율이 50%가 될 때의 촉매온도를 "반응개시온도"라고 하며 가능하면 이 온도를 낮추어야 한다. 일반적으로 반응개시온도는 250~300℃이며, Pd가 Pt/Ph에 비해 100℃ 정도 낮다.

가솔린기관의 배출가스온도는 공회전시 300~400℃, 최대부하시 900℃ 정도이나, 배출가스가 촉매를 가열시키는 데는 상당한 시간이 소요되어 저온시동 초기에 발생되는 HC(시동 2분 이내에 80% 이상 발생)를 저감할 수 없어 촉매를 전기히터나 버너 등으로 인위적으로 가열시키는 방법을 검토하고 있다.

또한, 기온이 아주 낮은 겨울철 정체가 심한 대도시에서 차량운행시 촉매온도가 정상 작동온도 이하로 낮아져 촉매가 정상적으로 작동하지 않을 수 있다는 우려도 있다. 이런 단점을 보완하기 위하여 촉매 가열속도를 빠르게 하고 겨울철 온도저하를 방지하기 위해서는 가능한 한 기관에 가깝게 설치하는 것이 유리하지만, 반면 촉매가 고온에 장시간 노출되면 성능이 저하되는 열화(thermal aging)영향도 고려하여야 하기 때문에 촉매장착 위치도 매우 중요하다.

3원촉매 기술이 80년대 중반에 개발되었을 때는 CO, HC, NO_x를 동시에 1/10로 줄일 수 있는 획기적인 저배기 기술로 환영받았다. 그러나 가까운 장래에 지구온난화의 주원인 물질인 CO_2에 대한 규제 때문에 이를 위해서는 저연비 기술개발이 필요하나 종래 기술은 λ=1.0을 유지하여야 하기 때문에 희박연소 기술에 비해 연비면에서 크게 불리하다.

또한, 저온 시동시 초기에 대부분 발생하는 HC 저감방안을 별도로 마련하여야 하는 등

계속 엄격해지고 있는 배기규제에 대응하기에는 한계가 있는 기술로 인식되고 있어 기관의 연소실에 연료를 직접 분사하는 가솔린 직접분사(GDI)방식이 앞으로는 매우 유망한 방법으로 생각된다.

④ 예열촉매(pre-heat catalyst) : 승용차 배출가스를 측정하는 운전모드인 CVS-75 모드에서 측정된 HC는 최초 시동 2분 이내에 전체의 80% 이상이 배출되며 CO 배출량도 상당히 많다. 그림 8·43에서와 같이 기관시동 2분 이내에 대부분의 HC가 배출됨을 알 수 있다.

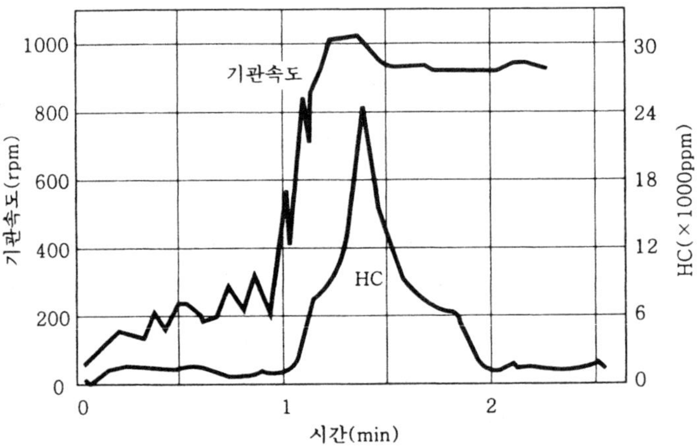

그림 8·43 기관시동시의 HC 배출량

기관은 초기운전기간(initial warm-up) 중에 연료가 농후한 상태로 운전되며 온도가 낮을수록 공연비는 더욱 농후하다. 따라서 저온 시동시 기관으로부터 NO_x는 적게 배출되나 CO와 HC는 다량 배출된다.

기관 배출가스에 의해 촉매가 정상으로 동작하는 온도까지 상승해야 HC 및 CO를 산화시킬 수 있는데, 기관이 충분히 가열되는데 걸리는 시간과 배기관으로부터 촉매장치가 설치된 곳까지는 거리가 있어 배기가스가 촉매장치를 "반응개시" 온도까지 상승시키는 데 어느 정도의 시간이 소요된다.

저온 시동시의 CO와 HC 저감대책으로 1) 산화반응이 일어나도록 적절한 산소를 공급하여 연소를 제어하는 방법과, 2) 촉매를 반응온도까지 신속하게 가열하여 촉매를 예열시키는 방법이 있다.

구체적 기술로는 기관 내에서 연소를 제어하거나 배출가스에 2차 공기를 공급하는 등 "연소제어방식"과 전기히터나 버너 등으로 촉매를 가열시키는 "촉매예열방식"이 있으며 이들은 상호 보완적으로 사용된다.

a) 연소제어방식 : 기관시동시 점화시기를 지연시키고 공회전 속도를 높여 촉매를 빨리 가열시키거나 분사되는 연료를 보다 미립화하여 연료가 공기와 잘 혼합되게 한다. 가감속시(transient)와 같이 기관속도나 부하가 바뀔 때는 흡기관에 젖는 연료(wall-wetting)량이 변하고, 람다센서에서 공연비를 감지하는 시간차이에 의해 정밀한 공연비 제어가 어렵다. 따라서 기관속도 및 부하, 온도에 따른 흡기관 내의 공기와 연

료량의 시간적 영향을 고려한 기관변동시 제어(transient)가 필요하다. 공연비의 농후와 희박만 판단하는 on-off 방식의 람다센서 대신 연속적인 공연비를 감지할 수 있는 universal exhaust gas oxygen sensor(그림 8·42)를 사용함으로써 제어를 정밀하고 신속하게 할 수 있다. UEGO 센서 가격이 비싼 것이 단점이다. 촉매 이전의 배기관에 2차 공기를 공급하여 미연소 HC가스를 재연소시켜 저감시키고, 배기가스온도를 높여 촉매가열을 촉진시키는 방법도 사용된다. 이 경우 촉매가 과열되어 성능이 저하되거나 손상되는 경우를 방지하여야 한다.

b) 촉매예열방식(catalyst heating system) : 그림 8·44에 각종 촉매예열장치를 나타내었다.

전기가열식 촉매장치(EHC) : 전기에너지로 촉매의 담체를 가열시키는 장치로서, 가장 효율적인 방법으로 평가되고 있으며, EHC(electrically heated catalysts)로 통칭된다. 그러나 히터를 가열시키기 위해서 3~4 kw의 전력이 필요하여 기관 발전기(generator)나 배터리 크기가 커지는 등 추가 전력 공급장치가 필요하며 고가인 것이 결점이다.

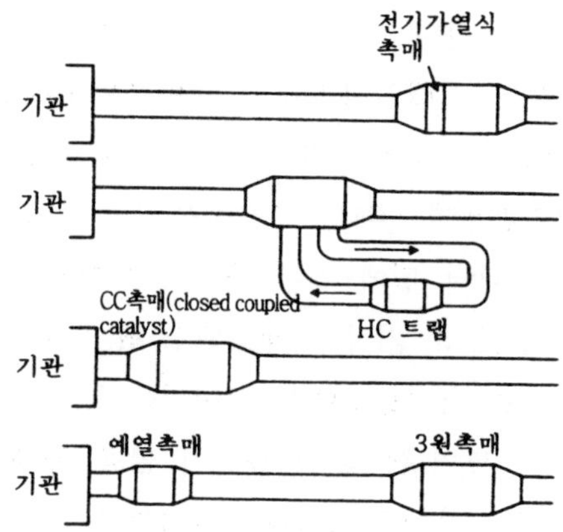

그림 8·44 촉매예열 방식

버너식 장치 : 버너를 사용하여 촉매 담체를 가열시키는 장치로서, 추가로 연료를 공급하기 때문에 연료소비가 증가하며 구조가 복잡하고 가격이 높아 전기히터식에 비해 불리한 것으로 평가되고 있다.

HC Adsorber : 냉간 시동시 발생하는 HC를 별도의 트랩(adsorber : HC trap)에 흡착시켜 두었다가 촉매가 반응개시온도에 도달하면 HC트랩에 흡수된 HC를 방출하여 촉매장치를 통과시키는 방법이다. 흡착제로는 제올라이트계(zeolite-based)가 주로 사용되며, 촉매와 HC트랩의 배열방식에 따라 크게 passive 방식과 by-pass 방식이 있다.

Close Coupled Catalyst(CCC) : 3원촉매를 기관 가까이에 설치하여 촉매온도가 빨리 가열되도록 하는 방법으로 경제적인 방법이다. 그러나 기관에 가깝기 때문에 촉매가 과열되어 성능이 저하되거나 손상되기가 쉬워 이에 대한 방지책이 필요하다. 이에 대한 방안으로 별도의 촉매(pre-catalyst)를 기관 가까이에 설치하여 기관 초기 시동시(warm-up)만 사용하게 하고 기관이 충분하게 데워지면 예열촉매(pre-catalyst)로의 배출가스 통로는 막고 3원촉매로 배출가스가 흐르도록 하는 시스템도 있다.

이외에도 촉매까지의 배기관에 이중관 등을 설치하여 배출가스의 열손실을 막아 촉매가열을 돕는 방법 등이 채택되고 있다.

⑤ **열반응기**(thermal reactor) : HC, CO의 산화반응은 촉매가 없어도 고온에서 산소가 있으면 촉진된다. 특히 로터리기관은 연소속도가 늦고 농후한 혼합기를 사용하며, 연소실의 벽면적이 왕복형 기관의 2배 정도 넓으므로, 미연경계층에서 생기는 HC가 많다. 이러한 이유로서 배기온도가 지극히 높다. 그 온도를 이용하여 배기 중의 HC, CO를 열반응으로 배기정화시키는 방법이 용이하다. 따라서 로터리기관이 공해에 유리하다.

또 왕복형 기관에서 이 열산화법을 이용하기 위해서는 점화시기를 늦게 하여 배기온도를 높여야 한다. 산화를 충분히 하기 위한 가스온도는 800~900℃ 이상을 요하며, 1000℃를 초과하면 스테인리스제의 재반응벽(reactor wall)의 내구성이 악화되기 때문에, 800~1000℃ 사이의 적정온도 유지 및 공기에 의한 벽면냉각방식이 취해지고 있다. 그림 8・45는 로터리기관용의 예로, 촉매반응기를 자동차의 바닥 밑에 기관 가까이 부착하여 배기온도의 저하를 막도록 하였고, 2차 공기는 배기출구에서 집어넣는다.

즉, 열반응기를 사용하지 않을 때에도 점화시기를 늦추고, 배기출구 부근의 체적을 팽창시켜 2차 공기를 배기밸브 부근에 넣으면, 배기행정 중 실린더 내 및 배기매니폴드 내는 마치 열반응기와 비슷한 HC, CO의 정화작용을 하게 되어 실제로 채용하고 있다.

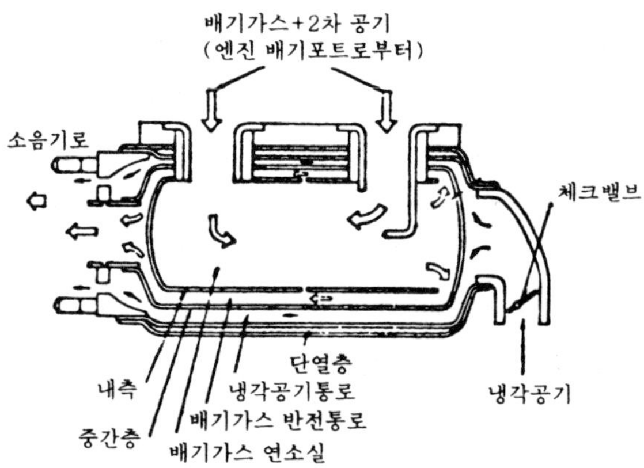

그림 8・45 로터리기관용 열반응기

(3) NO_x 촉매

희박연소(lean burn) 기관이나 GDI기관과 같이 희박공연비에서 작동하는 기관에서는 3원촉매(TWC)적용이 곤란하며, 따라서 TWC와 연계해서 NO 환원촉매(NO decomposition catalyst), lean NO_x catalyst(LNC), selective catalytic reduction(SCR) with nitrogen containing compounds(암모니아, 요소), NO_x 트랩(trap)의 네 가지 시스템이 개발되고 있다.

• NO 환원촉매는 다음과 같은 반응을 일으킨다.

$$\text{환원반응식 : } 2NO = N_2 + O_2$$

이 반응을 일으키는 효율이 우수한 촉매는 아직 많이 발견되지 않았으며 현재 가장 주목받고 있는 것은 제올라이트계인 Cu/ZSM5 정도이다.

• Lean NO_x 촉매는 저감제(reducing agent)로 HC를 사용함으로써 다음의 환원반응을 얻을 수 있다.

$$10NO + C_3H_8 = 5N_2 + 3CO_2 + 4H_2O \text{(HC로 propane 사용시)}$$

산소가 과다한 영역에서는 기관에서 배출되는 HC를 사용하여 NO_x를 N_2로 변환시킨다.

Low temperature LNC(LT LNC)는 200~220℃ 영역에서 디젤기관 EGR과 혼용되어 사용 가능하나 열내구성에 약하다. HC가 최소 2 : 1 이상 필요하며 6 : 1이 이상적이지만 실제 GDI기관에서는 HC가 충분하지 못하여 GDI기관 적용은 부적합하다. 디젤기관의 경우도 효율이 15~40% 수준으로 실용성이 미흡하다.

High temperature LNC(HT LNC)는 350℃이상 영역에서 주로 작동하여 가솔린기관에 사용 가능하며, 디젤기관용 산화촉매(DOC)와 함께 사용하면 CO, HC, NO_x, PM을 동시에 저감할 수 있어 4원촉매(four-way catalyst)로 불리기도 한다.

• SCR 시스템은 암모니아를 사용하여 NO_x를 아래와 같이 N_2와 H_2O로 환원한다.

$$4NO + 4NH_3 + O_2 \Rightarrow 4N_2 + 6H_2O$$
$$2NO_2 + 4NH_3 + O_2 \Rightarrow 3N_2 + 6H_2O$$

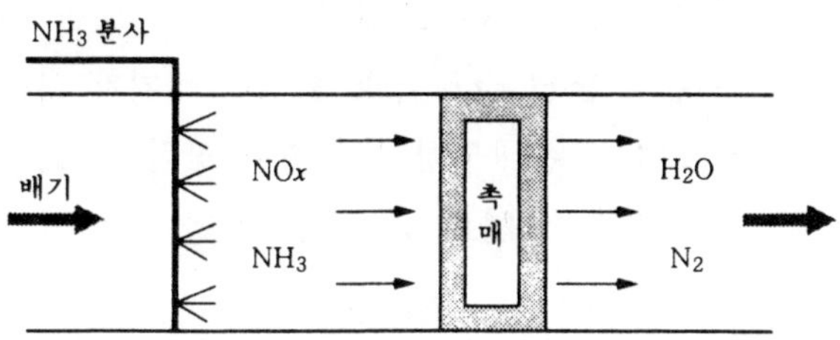

배출가스 상류에 암모니아를 분무하여 주면 NO_x 성분과 선택적으로 반응한다. 이때 배출가스 중의 NO_x 농도에 적절한 양의 암모니아를 공급해야 한다.

NO_x 저감률은 90% 이상으로 상당히 효율적이나 주로 공장에 사용되며, 산업용 대형기관에 사용되기도 하나 자동차에 실용화하기에는 별도의 암모니아 공급장치와 장치규모 등의 측면에서 어려움이 많다.

최근에 장치구조의 소형화와 저감제로 요소(urea)를 사용하는 SCR 촉매가 실용화에 접근하고 있다.

Urea SCR 촉매는 배출가스 상류에 urea를 분무하여 주면 NO_x 성분과 선택적으로 반응하며 배출가스 중의 NO_x 농도에 적절한 양의 urea를 공급한다.

구조가 복잡하며 가격이 고가여서 대형에 시범운행되고 있다.

- **반응과정**

Ammonia Generation	:	Hydrolysis Catalyst
		$OC(NH_2)_2 + H_2O \rightarrow CO_2 + 2NH_3$
Selective NOx Reduction	:	SCR-DeNOx Catalyst
		$4NO + 2NH_3 + O_2 \rightarrow 4N_2 + 6H_2O$
		$HC + O_2 \rightarrow (1/3)CO + (2/3)CO_2 + H_2O$
Ammonia Blocking(Anti Slip)	:	Oxidation Catalyst
		$4NH_3 + 3O_2 \rightarrow 2N_2 + 6H_2O$
		$2CO + O_2 \rightarrow 2CO_2$

• NO_x 트랩은 희박영역에서 NO_x를 포집하였다가 농후영역에서 배출(release)함으로써 촉매에 의해 질소와 이산화탄소로 변환된다. LNC의 낮은 효율 때문에 NO_x 트랩이 유망한 것으로 평가되고 있다.

이론 공연비에서 기존의 3원촉매 기능을 가지고 있고, 희박(lean) 영역에서 NO_x 트랩으로 NO_x를 흡착하여 저장하며, 연료를 분사하거나(rich spike) 공연비가 농후할시 포집된 NO_x를 정화시키고 동시에 NO_x 트랩 기능을 복원한다.

NO_x 트랩 물질로 Ba, Sr, K 등을 사용하며, 희박영역의 NO는 Pt에 의해 NO_2로 변환시켜 NO_x 트랩에 저장하고, 공연비 농후시 NO_x 트랩에 저장되어 있는 NO_x를 N_2로 환원시킨다.

디젤기관의 경우 가솔린기관과 달리 rich spike를 일으키기가 곤란하기 때문에 NO_x 트랩을 적용하기에 용이하지 않으며, 고온내구성이 우수한 장점이 있으나 연료 중의 황성분에 피독되는 문제점을 안고 있다. 따라서 연료 중 유황성분을 30 ppm 이하로 낮추도록 요구하고 있다.

8.4 디젤기관의 배기가스 저감대책

에너지 절약의 시대 또는 지구온난화의 주원인 물질인 CO_2 저감 등을 고려할 때, 저배기가스 배출과 고열효율을 동시에 만족시키기 위해서 디젤기관을 승용차에 널리 사용하는 방안은 쉽게 생각할 수 있으며, 유럽에서는 이전에서부터 상당히 넓게 사용되어져 왔지만 최근에는 그 수가 한층 증대되어 가고 있다.

배기가스 대책 측면에서 디젤기관이 가솔린기관과 다른 점을 든다면 다음과 같다.

1) 원래 전체적으로는 희박혼합기에서 층상적 연소이므로 CO와 HC는 적다.

2) 기존의 방법으로는 매년 엄격해지는 규제값을 맞추기 어렵다. 그 이유는 산화촉매는 그을음(soot)으로 노화가 쉽게 되며, NO 환원촉매는 CO가 부족하고 또 노화가 빨리 되며,

EGR은 배기 중의 그을음 등으로 기관의 내구성이 현저하게 떨어지기 때문이다.

3) 그을음에 의한 매연, 악취 및 소음 등의 공해가 있다.

그러나, 한국에서는 가솔린자동차에 대한 디젤자동차(주로 트럭이나 버스)의 배출가스 양의 비율이 크기 때문에 그 정화대책은 중요한 과제이다.

디젤기관의 배기가스는 CO, HC, NO_x, 매연 및 악취 등으로 분류할 수 있다.

디젤기관에서 배출되는 가스의 양은 각 기관에 채용된 연소방식에 의해 각각 다르다. 그림 8·46에 직접분사기관의 배기가스 성분을 나타낸 것으로, 분사시기를 BTDC 25와 31 (deg)로 변환시켰을 때에 P_{me}(평균유효압력)에 대한 유해성분 배출량의 변화이다. CO는 P_{me}가 증가함에 따라서 저하하다가 다시 상승하지만, HC는 저하하는 경향을, NO_x는 증가하는 경향을 나타내고 있다. 또, CO와 HC의 배출량은 일반적으로 작고, NO_x는 분사시기를 빠르게 함에 따라서 배출량이 상당히 크게 되어 있다.

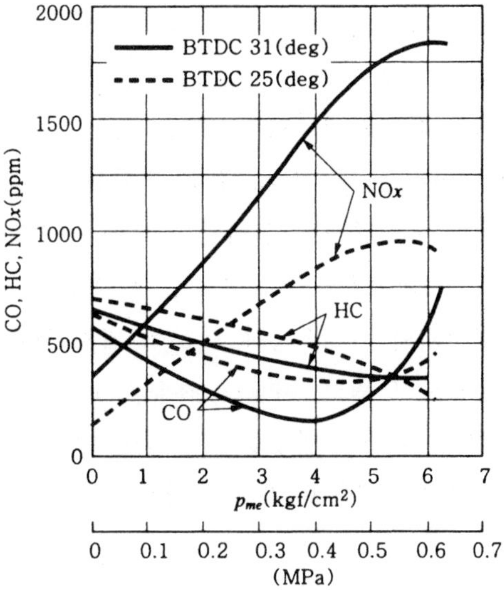

그림 8·46 직접분사기관의 배기가스 성분

8.4.1 디젤기관의 배기가스가 가솔린기관과 다른 점

(1) NO_x 및 매연의 생성 메커니즘

디젤연소에서는 원래 혼합기의 전체적인 평균으로 볼 때 희박연소이기 때문에 CO의 생성은 대단히 적어 거의 문제가 되지 않는다. 악취는 일종의 HC에 의한 것이라고 하지만, 아직 그 본질과 측정법, 평가법도 확립되어 있지 않다. 따라서 이 두 가지에 대해서는 생략하고, 또 HC는 다른 메커니즘에 의한 것이므로 뒤로 미루기로 한다.

디젤기관의 매연생성은 원래부터 바람직하지 않은 것으로서 최대출력한계가 매연의 농도(smoke limit)로 억제되어 왔는데, 그것은 연소실, 피스톤, 윤활유 등의 열화를 쉽게 하고, 또 터널 내 또는 일반도로에서의 공해문제이기 때문이다.

매연생성에 대해서는 아직 불분명한 부분은 남아 있으나 그 기본은 산소가 대단히 적은 고온분위기 속에서 연료증기가 열분해(pyrolysis)되는 것이다. 즉, 연료의 탄화수소분자가 복잡한 화학반응을 거쳐, 그 대부분의 수소는 탈거되고 200~300Å의 매연입자가 되어, 그것이 0.5~2.0 μm의 덩어리로 뭉쳐져서 되는데 과농혼합비와 고온의 정도가 매연의 양과질을 결정한다.

그리고 NO_x 발생의 기본특성은 가솔린기관의 경우와 똑같으며, 가스의 온도가 높고, 산소가 충분하며, 반응시간이 길다는 세 가지 조건이 NO_x를 증대시킨다는 것에는 변함이 없다.

이러한 NO_x 및 매연이 연소실 내에서 생성되는 과정이 디젤기관에서는 부연소실뿐만이 아니라 직접분사식 연소실에서도 장소에 따라 혼합비 및 온도의 분포가 균일하지 않다는 것이 가솔린기관과 크게 다르며, 연소의 진행과정을 화학반응과 열역학의 계산으로 구하기 위해서는 그 진행의 모델화가 충분한 것은 아직 없다. 그러나 최근 실린더 내의 화염발생과 화염이 확대되어 가는 모양을 직접 고속도 사진으로 촬영하는 기술이 보급되어 많은 지식이 얻어지고 있으므로 점점 정확한 모델이 만들어질 것으로 기대되지만, 여기서는 비교적 간단한 직접분사식 기관의 연소에 의한 Khan 등의 고찰과 실험결과를 주로 소개하겠다.

그림 8·47 (a)는 연소중 연료분무의 당량비 ϕ의 분포를 나타낸 것으로, 이것은 주로 연료분사계와 가스유동에 의하여 결정된다. (b)는 그 중의 ϕ와 T의 분포로, $\phi=1$ 근처에서 최고온도가 되고, 이보다 좌측은 과농영역으로 화염이 주위로부터 이 부분을 둘러싸면 (c)와 같이 매연이 발생할 가능성이 있다. 반대로 우측은 희박하고 고온이기 때문에 NO의 생성이 많다. 더욱이 가장 바깥부분은 공기를 끌어들여 대단히 희박하게 되어 있다. 또 (d)는

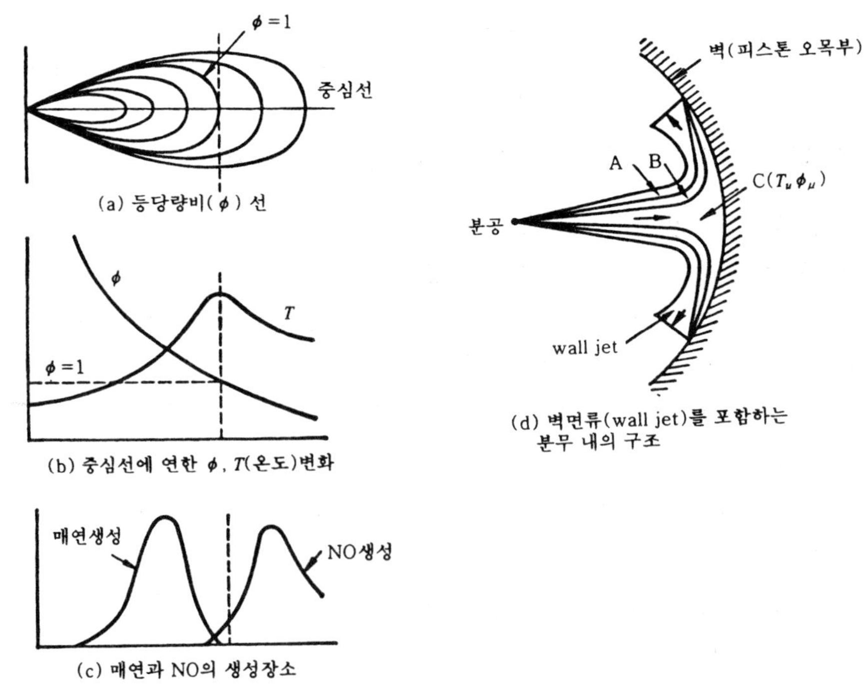

그림 8·47 연소중의 연료분무 내에서 임의시각과 장소에 따른 상태의 변화

(a)의 분무가 한층 연장되어 피스톤의 오목부(凹部) 등의 벽에 충돌하였을 때의 모양을 나타내는 것으로, 이 충돌에 의해 벽에 따라서 흐름이 생기므로(wall jet), 대량의 공기를 끌어들일 수 있어 연소를 촉진시킬 수 있다. 그러나 그 중심부 C는 역시 공기부족, 고온 때문에 매연이 발생하기 쉬운 부분이고, 반대로 A는 거의 공기뿐이며, B가 화염층으로 NO는 여기에서 주로 생성된다. 이러한 것 중 B 내에서의 NO 생성의 카이네틱 계산은 불충분한 점은 있으나 확대 Zeldovich 기구가 응용된다.

한편 C 내에서 일어나는 탈수소과정부터 매연입자가 생기는 화학적 경과의 상세한 것은 명확하지 않으나, 최종적으로는 이러한 반응을 종합하고, 연소가스층 중에서 미연연료와 미사용 공기와의 비율을 나타낸 ϕ_u에 의하여 좌우되어, 매연발생속도 dS/dt는 Arrhenius의 반응식의 형태로 다음과 같이 나타낼 수 있다.

$$dS/dt = C_s \frac{V_u}{V_c} (\phi_u)^n P_u (e^{-E_s/RT_u}) \ [\mathrm{g/m^3 \cdot s}] \tag{8·18}$$

여기에서 S는 표준상태에서 단위체적당 매연의 발생량이고, V_u, P_u, T_u, ϕ_u는 각각 동일조건인 층의 체적, 미연 연료증기의 분압, 절대온도, 미연 당량비이다. 그리고 V_c는 실린더 내 가스의 표준상태에서의 체적이다. Khan 등은 실험에서 $n=3$(매연발생속도는 ϕ_u의 3승에 비례), $E_s=40{,}000$ cal/mol(168 kJ/mol)을 구하고, 배기 중의 실측값과 계산에 의한 S의 값이 합치하도록 일련의 실험에서 정수 C_s를 결정하여 매연생성 특성을 설명하였다.

또, 이상의 경과를 시간적으로 보면 예혼합연소는 분무가 공기와 혼합하는 시간(착화지연) 후에 연소하므로, 이 부분은 NO의 주생성 기간이며, 그후 확산연소에서는 연료는 예혼합연소에서 산소가 적어져 고온의 가스 중에 직접 분사되므로 열분해하는 현상 때문에 매연이 발생하기 쉽게 된다.

(2) NO_x 및 매연의 배출 특성

① **연소실 형상에 의한 차이** : 그림 8·48은 디젤기관의 여러 성능에 가장 깊은 관계를 가진 인자의 하나인 연료분사시기가 직접분사식(OC 및 M) 및 부실식(PC 및 SC)에 미치는 영향을 나타낸 것이다. 여기서 배출 유해가스량의 표시법으로서 g/kW·h가 사용되고 있는 것은 디젤 자동차는 일반적으로 대형으로 실제 주행시와 유사한 출력, 속도로 테스트하는 섀시 다이너모미터(chassis dynamometer)에 부하가 대단히 크게 걸리고, 가감속의 과도기의 배기도 각 시각의 출력, 속도가 정상운전시의 배기를 합계한 것과 가까운 값이 되므로, 기관만을 동력계에서 여러 종류의 회전속도와 부하를 조합시켜 운전하였을 때의 값을 사용하는 것이 일반적이다. 따라서 ppm과 g/kW·h로 표시된다. 또 트럭에 대한 캘리포니아 주의 규제값(미국에서 가장 엄격함)은 NO_x, HC는 함께 광화학스모그의 원인이 되는 가스이

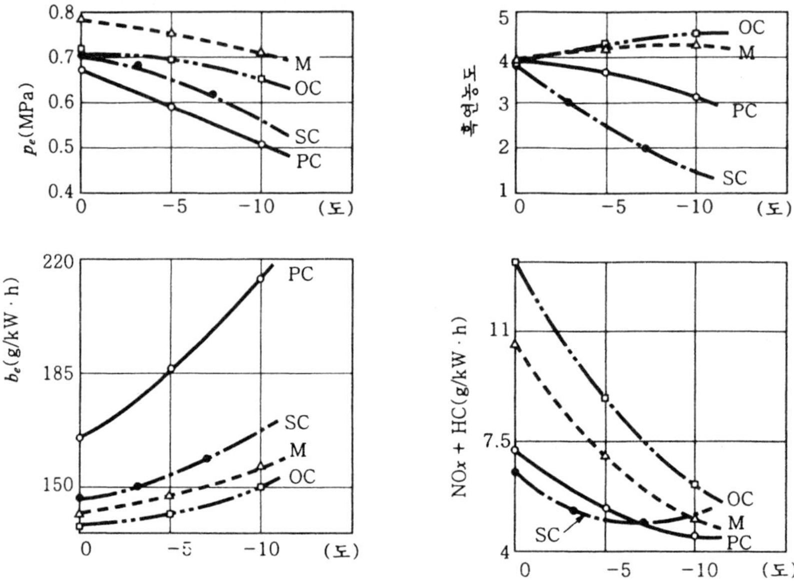

p_e : 정미 평균유효압력
b_e : 연료소비율
NOx + HC : 캘리포니아 테스트모드에 의함.
도 : 분사시기를 정규적으로 지연시킨 각도

OC : 직접분사식
PC : 예연소실식
SC : 와류실식
M : M방식

그림 8·48 연소실 차이에 의한 영향

기 때문에 양자의 합을 규제하고 있으나, 일반적으로 디젤기관에서는 NO_x쪽이 크다. 그림에 나타난 주요한 점은

a) 직접분사식은 연료소비율이 가장 낮고 고출력이지만 NO_x 생성은 최대가 된다. 그러나 분사의 지연으로 성능저하를 어느 범위로 억제하고 NO_x를 대폭적으로 떨어뜨리는 성질도 있으므로, 유럽에서는 이전부터 직접분사형의 개량에 주력하고 있다.

b) 이것과 대조적으로 예연소실식은 배기는 좋으나 연료경제 및 출력은 뒤떨어진다. 특히 분사지연에 의하여 성능의 악화가 크다. 단 매연은 감소한다. NO_x가 적은 원인은 부연소실에서는 과농, 주연소실에서는 과희박하기 때문이다.

② 분사계의 영향 : 발생 메커니즘에서 알 수 있는 바와 같이, NO_x 생성층 및 매연발생층도 분무입자의 크기 및 분포 또는 관통성에 밀접한 관계가 있다는 것은 바로 알 수 있다. 그림 8·49는 그 일례로 분사시기가 빠를수록 발화지연이 길어 예혼합연소부가 크기 때문에 NO_x는 증대하고, 화염중에 분사하면서 연소하는 확산연소부가 적으므로 매연은 감소한다. 그러므로 어느 시기(그림에서는 약 5° BTDC)에서 발화지연이 최소가 되고, 그때가 NO_x 최저, 매연농도가 최고가 된다. 이것은 또 분사가 늦으면 연소가스의 온도가 내려가는 것으로도 설명할 수 있다.

또, 분사시기를 짧게 하기 위하여 고압으로 분사하여 분사율을 높이면 무화나 관통성도 증대하므로, 공기의 이용률이 좋아지고 조기에 연소가 끝나므로, 분사를 지연시켜 NO_x를 낮추어도 매연이 증가되지 않고 연료소비율의 악화도 적어지는 연구결과가 있다. 1000기압에 가까운 고압분사가 권장되는 이유는 여기에 있다.

③ 와류의 영향 : 분사계와 같이 연소실 내의 와류의 강도는 연료의 공기이용에 중요한 관계가 있으므로, 당연히 배기조성에도 깊은 관계가 있다. 그림 8・50은 슈라우드의 크기가 다른 3개의 흡기밸브를 사용하여 그 위치를 옮겨서 와류강도를 변화시켜 실험한 것으로, 스월(swirl)비는 모터링에 의한 측정값이고, 이것에 의한 와류는 NO_x를 증가시키나 매연을 적게 하고 연료소비율도 개선할 수 있음을 알 수 있다. 그 이유는 분무의 중심부로 공기를 불어넣는 작용에 의하여 ϕ_u(미연연료와 미사용 공기와의 비)를 낮추기 때문이고, 연소온도가 높아져 NO_x는 증대하지만 매연에 대해서는 ϕ_u를 떨어뜨리는 효과가 크기 때문이다. 그러나 더욱 와류가 강해지면 연료소비가 증가하고 NO_x가 떨어지며 매연이 증가하는 경향이 된다. 즉 최적와류강도가 존재한다고 말할 수 있다. 이것은 와류가 대단히 강해지면 분무가 구부러져 벽에 도달할 때까지의 시간이 길고 wall jet에 의한 공기의 끌어들임이 적어지기 때문이라고 생각할 수 있다.

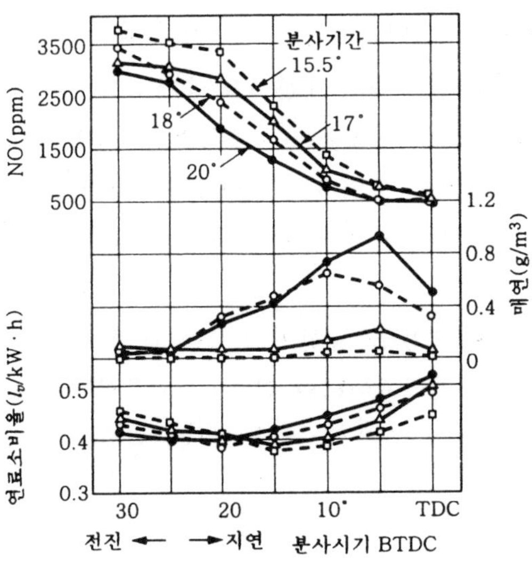

그림 8・49 분사시기와 기간의 영향 (직접분사식)

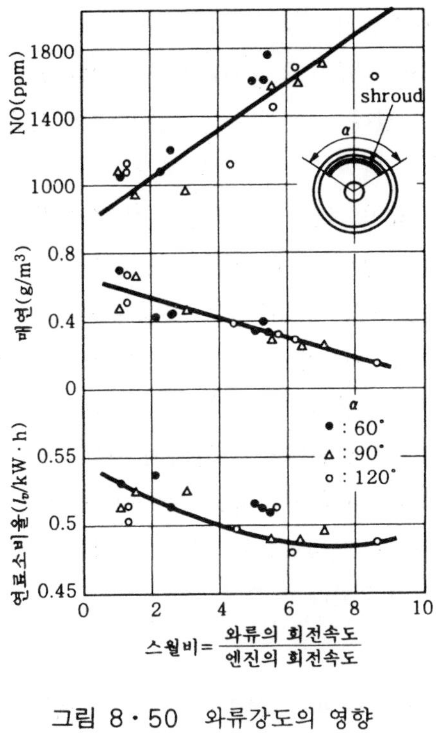

그림 8・50 와류강도의 영향

④ **과급에 의한 효과** : 디젤기관의 연소 특징은 혼합비가 균일하지 않고 층상적으로 되어 있는 것으로, 부분적으로 과농하여 매연발생이 많은 부분, 고온으로 NO 발생이 쉬운 부분 및 가스온도가 낮음과 동시에 완전연소하는 부분이 장소적으로나 시간적으로 분포되어 있는 것이다. 그러나 전체적으로는 부분부하에서는 가솔린보다 대단히 희박연소이며, 그림 8·51의 예와 같이 고부하시에 매연이나 NO의 농도가 증대한다. 또 부실식에서는 부연소실 내는 과농하고 주연소실은 과희박이므로 어느 쪽도 NO 발생을 억제하므로 직접분사식보다 NO는 낮다. 또 부연소실이 작을수록 그 경향은 강하다. 또 희박영역에서 HC가 증가하는 것은 가솔린기관의 특성과 공통이다.

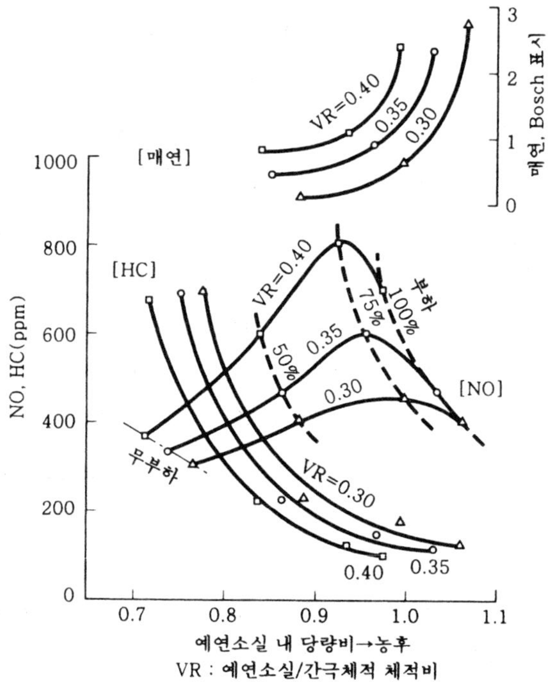

그림 8·51 예연소실의 크기, 혼합비의 영향

여기서 전체적인 혼합비를 희박화하는 것은 NO_x 및 매연의 저하에 유용하다는 것을 예측할 수 있다. 이 원리를 응용한 것이 과급에 의하여 대량의 공기를 도입하는 방법이다. 이 과급에 의하여 출력증가도 계산하여 볼 수 있으며 소음에도 유리한 장점이 있다. 그러나 이때 일반적인 과급의 목적과 같이 출력증가에 주력을 둘수록 연료분사를 증대(λ를 무과급과 동일하게 한다)하면 NO_x가 증대하는 것이 당연하므로 출력증가는 조심스럽게 할 필요가 있고, 또 과급기 내에서 단열압축되어 고온이 된 공기를 도입하면 출력증가도 저하함과 동시에 연소 최고온도가 그다지 떨어지지 않아 고압 때문에 반응분자수가 증가하므로 NO_x 저하는 기대한 대로는 되지 않는다.

그러므로 실린더로 도입하기 전에 냉각기(중간 냉각기)를 통하여 온도를 내릴 필요가 있다. 그러기 위해서는 자동차용에서는 엔진실이 좁고 라디에이터와 같은 큰 열교환기를 별도로 부착하는 것은 실용적으로 강력히 제한을 받으므로 차량용, 소형, 고열교환율의 냉각기 개발이 요구된다.

(3) HC

디젤기관의 배기 HC 생성은, 가솔린기관의 경우가 주로 벽면 부근의 저온층 및 피스톤 톱랜드(top-land)부 등의 오목부(凹部)에 있는 혼합기의 미연소에 의한 것에 대하여, 이러한 저온부는 대부분 공기뿐이므로 그 주원인이 다소 달라 다음과 같이 생각할 수 있다.

1) 벽으로의 충돌분무 중 그림 8·47 (d)의 C층과 같이 농혼합기가 저온벽에 접촉되어 그 부분이 미연소로 남는다.

2) 같은 그림 (a)의 ϕ가 큰 부분에서도 매연 중에 불완전산화 HC가 생긴다.

1), 2) 다같이 전체의 혼합비가 희박하여 가스온도가 낮을 때 많이 발생한다.

3) 분무의 무화가 나쁠 때, 특히 후적(after dripping)과 같은 분사에서 후기에 무화되지 않은 연료가 나오는 것은 미연소 또는 불완전산화의 HC로서 배출되는 율이 크다. 그 첫째 원인은 그림 8·52에서 니들밸브의 끝과 분공 사이의 섹체적에서 밸브가 닫힌 후에 유출하는 연료로서, 이 체적은 가능한 한 작게 할 필요가 있다. 둘째 원인은 분사관에서 늦은 압력파의 반사로 일단 닫힌 밸브가 다시 열려 후적과 같이 공급된 연료로서 어느 쪽이나 영향은 크다.

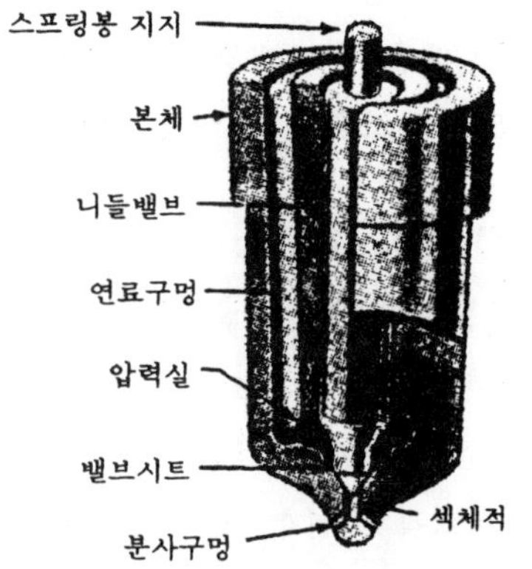

그림 8·52 분사노즐(다공형 : 주로 직분식용)의 단면

8.4.2 유해 배기가스 방지대책

디젤기관에서 배기가스 방지대책은 가솔린기관과 같이 연소 자체의 개선에 있다. 유해성분 중에서 HC와 CO의 대책은 연료를 완전연소시키므로 달성할 수 있지만, NO_x는 그 생성과정에서 HC나 CO와는 반대의 관계에 있으므로 대책도 상반되어 있다. 즉, 기관의 출력향상이나 연비의 저감을 꾀하면 HC나 CO는 감소하지만 연소온도가 상승하므로 NO_x는 증가한다. 또 배기가스 대책은 배기매연과도 관계가 있으므로 매우 복잡하다.

(1) CO 대책

CO의 발생은 연료 중의 C가 공기부족, 즉 O_2 부족의 상태에서 연소할 때 발생하지만, 디젤기관에서는 과잉공기 중에서 연소가 일어나므로, 일반적으로 CO의 발생량은 가솔린기관 경우보다도 반드시 작을 것이다. 그러나 디젤기관의 경우는 혼합기 생성과정에서 볼 때, 어쨌든 불균일 혼합기로 되기 때문에 연료분사와 공기유동을 최고로 이용하여 완전연소를 시킬 필요가 있다. 또 경부하나 고부하 때 CO농도의 증가가 있기 때문에 연료분사조건과 분사시기조절의 대책을 취하지 않으면 안 된다.

(2) HC의 대책

HC의 발생은 CO와 같이 연료의 불완전연소에 의하지만 그 원인은 부정분사, 후적 등이 있으며, 그 이외에 저부하시에 연소실의 온도가 낮은 것이 원인이다. HC의 발생은 일반적으로 직접분사식 기관에서 많고, 부실식 기관에서는 적다. 그 이유는 부연소실 내에서는 공연비는 작지만, 주연소실에서는 공기과잉 때문에 완전연소가 일어나기 때문으로 생각한다.

HC의 방지대책으로는 부정분사나 후적을 전부 없앨 수 있도록 하는 분사계의 개선과 실린더 온도상승이 생각된다. 또, 직접분사식 노즐의 선단부에 있는 섹체적을 감소시키는 것이 HC배출 방지대책으로 가장 유력한 것으로 알려져 있다. 또 CO와 같이 어쩔 수 없을 경우에는 산화촉매를 이용하여 후처리에 의한 HC의 저감도 있다.

(3) NO_x 대책

디젤기관에서 배출되는 NO_x는 거의 NO이고, NO는 연소할 때 여분으로 존재하는 산소와 화합하여 NO_2로 된다. NO의 발생원인은 높은 연소온도, 높은 산소농도, 조기 분사시기 및 연소실 형상에 기인한 긴 반응시간 등으로 추정된다. 공연비가 감소하면 NO 농도는 증가하여 최고에 도달한 후에 저하하는 경향을 나타낸다.

NO_x의 방지대책으로는 연소온도를 저하시키고, O_2 농도를 낮추며, 반응시간을 단축시키는 것이다. 그렇게 하기 위하여 우선 흡기온도를 저하시켜, 고속회전에서의 운전시간을 저감시키는 것 외에 물분사나 EGR 대책도 생각되어진다. EGR량을 증가시키면 NO_x는 감소하지만 CO는 증가하며, 배기매연 발생도 문제가 된다.

(4) 배기흑연

디젤기관의 배기흑연의 발생은 소음과 함께 디젤기관의 큰 결점이며, 이들은 공해문제로 크게 거론되고 있으며 수많은 방지대책이 연구되고 있다.

디젤기관의 연기에는 기관시동 직후에 발생하는 흰 연기(백연)와, 저부하시에 발생하는 자극적인 냄새가 있는 청백 연기 및 문제의 검은 연기가 있다. 흰 연기는 비정상적인 운전시에 발생하는 것으로 불완전연소 때에 발생하는 연료나 오일의 미세한 입자이며 정상운전시에는 발생하지 않는다. 청백 연기(청연)는 연료나 오일이 저부하시에 부분적으로 연소한 상태에서 배출되는 미세한 액체상태의 입자이다. 검은 연기(흑연)는 연료 중에 H(수소)만이 연소하여 미세한 탄소입자가 부유하고 있는 것으로 생각된다.

① 배기흑연의 발생원인 : 디젤기관의 흑연은 혼합기 생성이 불완전하고, 공기와 연료의 혼합비율이 부적당한 경우에 발생하는 것으로 생각된다. 즉 연료를 분사할 때 분사기간 말기에 분사된 연료입자는 크고, 공기와의 혼합이 나쁘며, 탄소(C)입자는 충분히 화염과 접촉하여도 연소할 수 없기 때문에 배기가스는 검게 된다. 또 일반적으로 C(soot)의 생성은 연소 중에 가스화염이 연소실의 저온 벽부분에 접촉하여 급랭되기 때문으로도 생각된다. 즉, 다음의 평형식

$$C + H_2O \rightleftarrows CO + H_2, \quad C + CO_2 \rightleftarrows 2CO \qquad (8 \cdot 19)$$

으로 나타내는 반응은 고온시에는 좌측에서 우측으로 반응이 일어나지만 저온시에는 역으로 우에서 좌측으로 반응이 활발하게 되어 C가 발생하여 배기가스 속에 흑연이 생긴다. 따라서 탄소입자를 연소시키기 위해서는 화염온도가 높은 것이 바람직하게 된다.

② 배기흑연 방지대책 : 방지대책으로는 연료와 공기와의 혼합을 잘하고, 연료분사율의 개선으로 착화 후에 분사량을 적게 하여 초기의 양을 증가시키면 유효하지만, 착화지연 때문에 압력상승률 ($dP/d\theta$)의 증가 원인이 되기 때문에 바람직하지 않다. 따라서, 연소실의 개조와 분사계의 개선에 의해 연소실 내의 각 부분의 온도를 가능하면 균일하게 유지하는 것이 필요하다. 직접분사식 기관에서는 분사시기를 지연시키면 배기흑연 농도가 증가하기 때문에 과급하여 공기과잉률을 증대시키면 흑연의 발생을 방지할 수 있다.

또, 사용연료에 Ba계통의 첨가물을 혼합하면 효과는 현저하지만, 2차 공해가 일어날 염려가 있다.

기관에서 배출되는 흑연을 제거하는 데에는 사이클론을 이용하여 카본입자를 포집하는 연구도 수행되고 있다. 이것은 후처리의 한 방법으로 바람직하다.

(5) 배기악취

디젤기관의 배기가스에 포함되어 있는 악취는 예전에는 별문제가 되지 않았었으나, 최근에는 악취공해로 거론되게 되었다. 그러나 배기악취에 대한 연구는 적고, 지금까지 그 발생기구에 대해서는 정설은 없지만, 배기 중에 각각의 성분이 가지고 있는 냄새가 합체된 복합효과에 의해 악취가 발생한다는 것은 틀림없다.

저부하시 푸른 연기가 발생하면 코를 찌를 듯한 강한 자극적인 냄새가 느껴진다. 이것은 배기가스 중에 연료가 부분적으로 산화한 성분이 포함되어져 있기 때문이고, 디젤기관의 배기연기가 가지고 있는 독특한 냄새 때문인데 이 냄새는 연소불량에 의한 것이고, HC농도도 증가하는 결과가 된다. 무라야마(村山) 등의 연구에 의하면 악취성분은 포름알데히드(formaldehyde)와 아세트알데히드(acetaldehyde)가 주체이지만, 그 농도는 경부하시에 높고, 부하의 증가와 함께 감소하는 경향이 있다. 또, 알데히드와 HC는 λ가 크고, 실린더 온도가 낮은 운전조건일 때 현저하게 배출되며, 연소초기의 충격적인 발열이 이들의 방출을 크게 하고 있다고 한다.

악취공해에 대한 방지규제는 악취의 측정이 곤란하고, 목표값도 없기 때문에 세계 중에 지금까지 결정된 것은 없는 것으로 알고 있으며, 각 구성성분의 목표값을 정하고 있는 것이다.

배기악취의 방지대책은 악취의 발생원인으로부터 실린더 내의 온도를 가능하면 높게 유지하도록 하는 운전조건을 유지하고, 또 연소초기의 열발생률을 낮게 하도록 고려하는 것이 유효한 것으로 생각된다. 무라야마 등은 특히 경부하시에 배기가스를 교축하여 운전하면 효과가 있는 것으로 보고하고 있다. 한편, 사용연료의 세탄가를 높이면 악취성분의 하나인 포름알데히드를 HC와 함께 감소할 수 있다고 한다. 또한, 최근 디젤기관의 대체연료의 하나인 바이오디젤(식물유지의 에스테르)을 경유와 혼합하여 연소시킬 때 악취는 상당히 제거되는 것으로 알고 있다.

8.4.3 NO_x와 PM 저감의 기본대책

디젤기관의 유해 배기물질로는 NO_x, CO, THC, PM 등이 있으나, CO와 THC은 가솔린기관에 비하여 상대적으로 낮게 배출되며, 주로 배기문제로 중요하게 취급되는 것은 NO_x와 PM이다. 디젤기관에서 저배기기술에서 가장 어려운 문제는 그 배출특성이 서로 상반관계에 있는 NO_x와 PM을 동시에 한 가지 방법으로 저감시키는 일이다. 따라서 두 성분을 동시에 저감시키기 위한 것이 디젤기관 설계에서 가장 핵심되는 기술이다. 이를 위하여 연소실의 개조, 연료분사 시스템 개선(분사압력의 고압화, 분사압력제어, 분사율제어, 전자제어기술, 분무미립화) 등이 개발되고 있으며, 연료의 저유황화도 중요하다.

연료분사에서 기본기술은 연소온도를 낮추어 NO_x를 감소시키고 확산연소기간을 짧게 하여 soot 형성기간을 저감시키면서 산화기간을 늘려 PM을 저감시키는 것으로 그 개념을 그림 8・53에 나타내었다.

또한 PM과 NO_x 저감방법의 구체적인 예를 들면 그림 8・54와 같으며, 그 내용을 설명하면 전처리방법으로는 연소실 설계개선, 연료분사계 개선, 과급 및 EGR 방법 등이 있고, 후처리방법으로는 디젤기관용 산화촉매와 매연여과장치 등이 있다. 각각에 대하여 설명하면 다음과 같다.

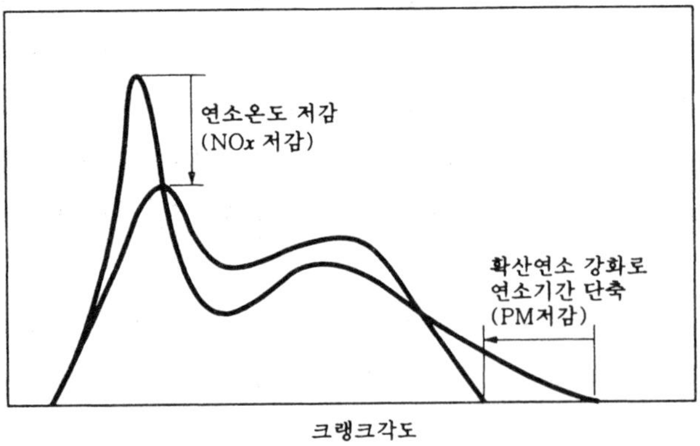

그림 8・53 연소개선에 의한 배기가스 저감의 기본원리

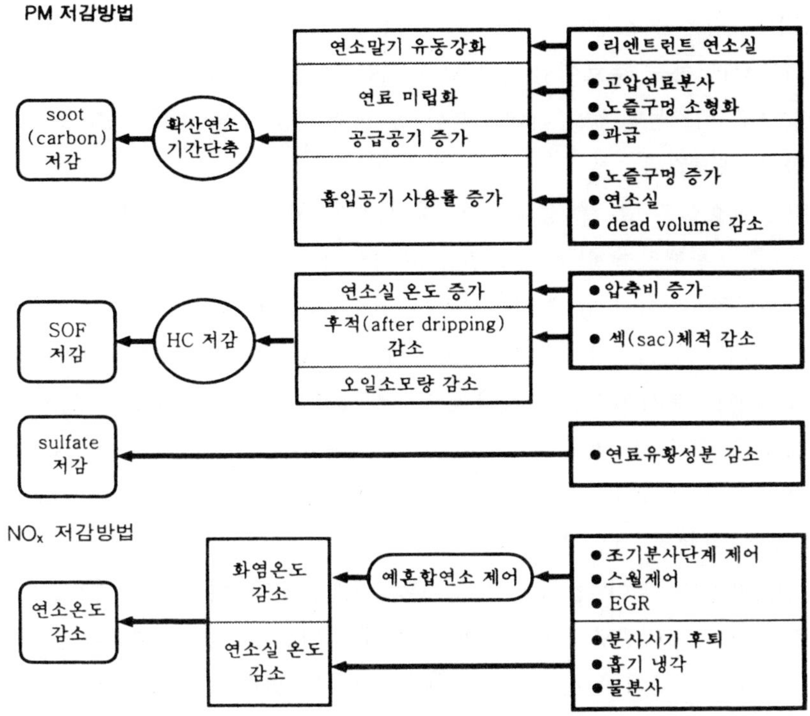

그림 8·54 PM과 NO_x 저감을 위한 구체적인 예

(1) 디젤기관의 연소실 설계개선에 의한 배출가스 저감

NO_x와 PM 생성은 기본적으로 연소실에서 연료의 연소율과 연계되어 있다. 디젤기관의 확산연소 연소율은 연료입자의 증발과 연료입자로부터 멀리 떨어져 있는 기화된 연료의 확산에 좌우된다. 연료의 증발은 연료입자의 크기, 공급된 공기온도의 영향을 받으므로, 공급연료의 입자크기를 최소화하고, 새로운 공기공급량을 최대화하여 연소효율을 향상시켜야 한다.

연소실 구조는 연료와 공기의 혼합과 연소효율을 결정하는 가장 중요한 요소이므로, 많은 연구와 발전이 진행되고 있으며, 특히 최근 들어 직접분사식 기관에서 리엔트런트형의 연소실이 많이 사용되고 있다.

그림 8·55는 기존의 토로이달(toroidal)형의 연소실과 리엔트런트(reentrant)형 연소실내에서 스퀴시와 스월유동이 상호작용으로 유동의 차이를 나타내고 있다.

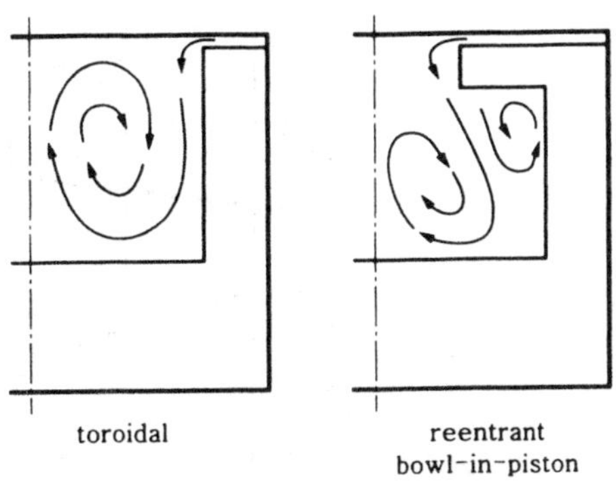

그림 8·55 기존의 토로이달(toroidal)형 연소실과 리엔트런트형 연소실 내 유동모양

기존연소실의 경우는 스월이 볼의 바깥 면을 타고 바닥 아래로 내려가서 안쪽으로 흘러 중앙에서 위로 회전하는 토로이달 운동을 보이는 반면, 리엔트런트 연소실에서는 스월이 볼의 벽면방향으로 비스듬하게 흘러내리면서 볼 벽면방향과 볼 바닥방향으로 나누어져 2개의 강한 스월을 발생시킨다.

리엔트런트 연소실은 압축행정 말기에 강한 스월 볼텍스를 발생시켜 연료와 공기의 혼합을 촉진시키며, 팽창행정까지 높은 스월을 유지하여 추가로 볼 내에 난류를 생성시킴으로써 확산연소를 도와준다. 이와 같이 리엔트런트 연소실은 연료와 공기혼합의 향상과 급속한 연소로 보다 완전한 연소를 시킴으로써 HC와 PM 저감에 뛰어난 효과를 가져온다.

그러나 고압연료 분사시스템이 채용됨으로써 높은 스월은 과도한 연료와 공기의 혼합을 초래하여 NO_x가 증가하기 때문에 흡기포트 스월을 줄여 주고 있다. 즉 NO_x와 PM을 동시에 저감하기 위해서는 리엔트런트 연소실을 채택하고 동시에 스월과 연료분사압을 매칭하는 것이 연소실 설계의 핵심기술이다.

그림 8·56에서와 같이 종래의 토로이달 연소실에 비해 리엔트런트 연소실에서 동일 NO_x 배출량을 기준으로 PM이 현저하게 저감되고 연료소비율도 양호해진 것을 알 수 있다.

이외에도 NO_x와 PM의 동시저감을 위해 제시되고 있는 연구들로서 교란 연소방식과 분사된 연료의 벽면충돌을 이용한 연소촉진방식을 들 수 있다.

교란연소방식은 일본의 교통안전공해연구소(TSNRI)에서 연구되고 있는 방법으로, 초기 연소기간에는 난류강도를 약하게 유지하여 NO_x의 발생을 억제하고 확산연소가 진행될 때 교란용 연소실로부터 연소공기를 배출시켜 후기 연소기간을 줄이고 PM을 감소하는 방식이다.

한편, 분사연료의 벽면충돌을 이용하는 방식은 영국, 일본 등에서 연구되고 있으며, 분사

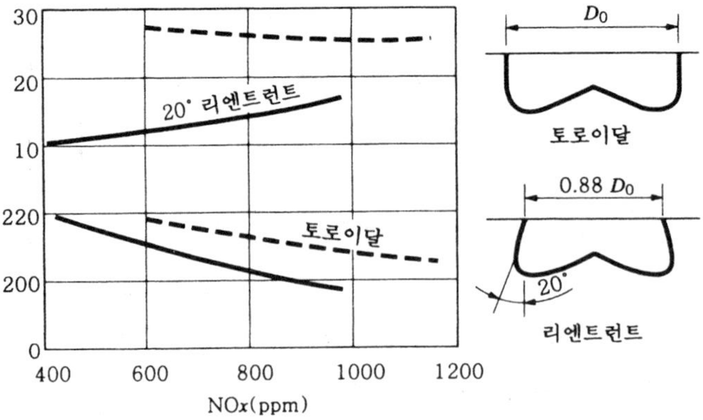

그림 8·56 토로이달형과 리엔트런트형 연료소비율 및 매연의 비교

된 연료를 미리 마련된 충돌부에 충돌시킴으로써 분사액적의 평균지름(SMD)을 작게 하고 분사시기를 조절하여 NO_x의 생성에 영향을 주는 착화지연기간을 줄이며, 충돌된 연료가 연소실 내부에 고르게 퍼지게 함으로써 가솔린기관과 같은 효과를 얻어 PM을 감소시키는 방식이다. 실험결과를 보면 NO_x는 약 40% 저감과 함께 매연이 거의 100% 저감된 효과를 나타내고 있으나, 제작의 어려움과 내구성의 문제를 안고 있다.

(2) 연료분사계 개선에 의한 배출가스 저감

PM과 NO_x를 저감하기 위한 디젤기관 연료분사계의 개선은 연료 분사압력의 고압화, 분사압력 최적제어, 분사율 제어 및 분사시기 제어기술 등이다.

① 연료 분사압력의 고압화 : 일반적으로 연료 분사압력을 증가시키면 노즐에서 분사되는 연료입자의 미립화가 촉진되고 증발률이 증가하여 연료와 공기의 혼합을 향상시켜 연소가 개선되며, 확산연소가 급속해져 PM과 매연이 감소된다. 또한 연소 말기의 잔류 미연소 연료량을 줄임으로써 연료소비도 감소시킨다. 여기에 추가로 분사시기를 지연시키면 NO_x를 동시에 감소시킬 수가 있다.

그림 8·57은 연료 분사압력의 영향을 나타낸 그림이다.

기관속도 변화에 상관없이 분사압력이 일정한 것이 이상적이나, 현재 사용하고 있는 열형(in-line) 펌프방식은 기관속도에 비례하여 분사압력이 증가하기 때문에, 특히 저속에서 분사압력이 낮은 단점이 있다.

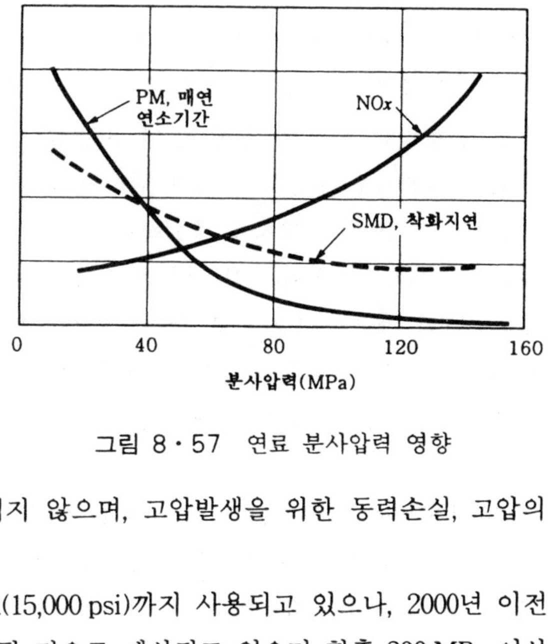

그림 8·57 연료 분사압력 영향

분사압력의 고압화에 따르는 문제점으로는 공회전과 저부하시의 소음발생과 저속영역에서 충분한 분사압력을 얻기가 쉽지 않으며, 고압발생을 위한 동력손실, 고압의 누설에 따르는 안전성 문제 등이 있다.

현재의 고압연료 분사압은 현재 100 MPa(15,000 psi)까지 사용되고 있으나, 2000년 이전에 140 MPa(20,000 psi) 이상의 기술이 적용될 것으로 예상되고 있으며 향후 200 MPa 이상까지도 사용될 것으로 전망된다(구체적인 고압연료시스템은 6.2.2의 (2)항의 분사장치종류 부분 참조).

② 분사율 제어 : 분사압력이 높아짐에 따라 착화지연기간 동안의 연료분사량이 증가하여 급속연소기간에 폭발연소가 발생하여 연소압력이 높아지면 연소온도도 증가하여 NO_x와 소

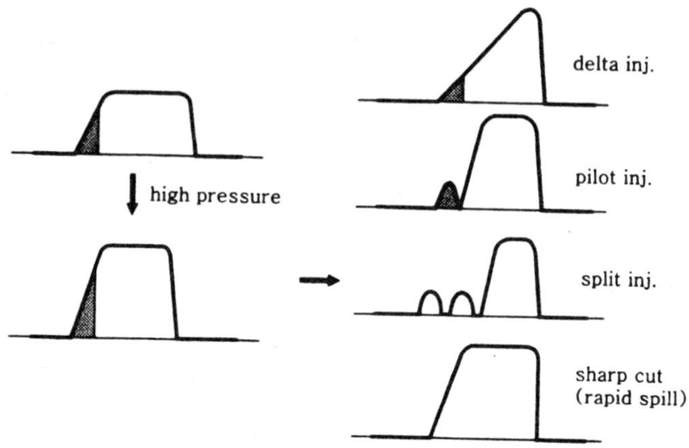

그림 8・58 분사율 제어

음이 증가한다. 이를 막기 위하여 분사시기를 지연시키면 연비 악화와 PM 증가가 동반되기 때문에 한계가 있다.

이를 방지하기 위한 대책으로 분사율 형상을 바꿈으로써 분사율을 제어한다. 초기 분사율 증가를 완화하여 점진적으로 증가시키는 델타형 분사율 형상, 착화 전에 미소한 연료를 우선 분사하는 파일럿 분사 등이 사용된다.

또한 분사종료를 양호하게 하기 위하여 고압 연료를 분사한 후 급속하게 종료하는 급속 종료(sharp cut, rapid spill)를 구현하여 HC, 매연, 연비의 개선을 도모하고 있다. 그림 8・58은 각종 분사율 제어모양을, 그림 8・59는 운전조건에 따른 최적분사형태를 나타내고 있다.

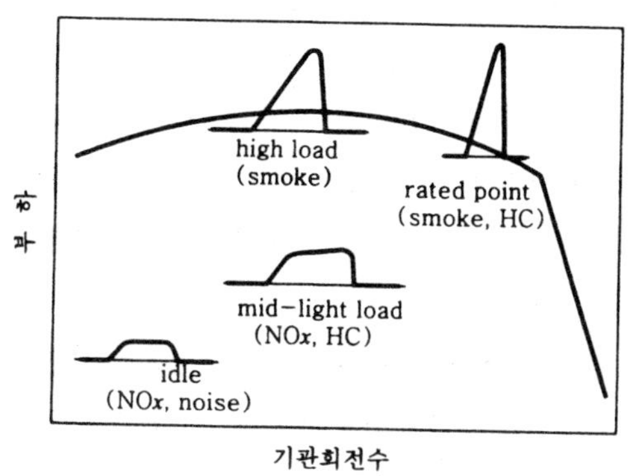

그림 8・59 운전조건에 따른 최적 분사형태

③ 전자제어 : 분사장치에서 연료분사량과 분사시기의 제어는 분사압력의 고압화와 함께 필수적인 요구 특성이 되었으며, 기존의 기계적 방식에 의한 제어는 한계가 있어 전자제어가 사용되게 되었다.

이러한 전자제어가 적용됨에 따라 제어의 자유도가 크게 확장되고 있다. 예를 들면, 기관회전속도, 부하, 온도, 대기압 등의 조건을 고려한 최적의 분사시기를 MAP에 저장하여 제어할 수 있고, 가감속(transient)시 등과 같은 급속한 분사량 변동에도 분사량 MAP 제어에 따라 응답속도를 향상시킬 수 있다.

▪ 제어방법

제어		제어 내용		효과
분사량 전자제어	⇐	• 기본분사량 제어		
		• 전부하분사량 자유도 향상	⇐	• 전부하 매연, PM 저감
		• 가속시 분사량 제어	⇐	• 무부하급가속 매연저감
		• 분사량 오차보상 제어	⇐	• 배출가스 오차저감
		• 아이들 회전속도 제어		
		• 시동시 분사량 제어		
		• 차량정속 제어		
분사시기 전자제어	⇐	• 기본분사시기 제어		
		• 속도제어 자유도 향상	⇐	• 저, 중속 백연저감
		• 부하제어 자유도 향상	⇐	• 중속, 중부하 PM, NO_x trade-off 개선
		• 시동시 분사시기 제어		
		• 저온시 분사시기 제어		
분사율 전자제어	⇐	• 벽면 유막감소	⇐	• 중속, 중부하 PM, NO_x trade-off 개선
부하검출	⇐	• EGR 자유도 향상	⇐	• 중속, 중부하 PM, NO_x trade-off 개선

④ 분무개선 : 노즐의 분사구멍을 작게 하고 개수를 증가시킴으로써 분사압력의 고압화와 함께 분무의 미립화를 촉진시켜 연료와 공기의 혼합이 향상되어 매연과 PM을 저감시킨다. 이와 동시에 분무입자의 관통거리가 짧아 연소실 벽면에 부착되는 연료유막 형성이 적어 HC가 감소된다.

현재 분사구멍 지름은 0.15~0.18 mm가 사용되며 가공기술 등을 감안할 때 향후 0.1 mm 수준까지 가능할 것으로 전망된다. 섹체적(sac volume)을 가능한 줄여서 분사 말기의 후적연료의 미연소를 줄이고 있다. 섹체적을 줄이기 위해 원추형의 섹(UMS : ultra mini sac)과 니들 끝단이 분사구멍을 막는 VCO(valve covers orifice) 타입 등이 시험되고 있으며, 종래 형태에 비해 절

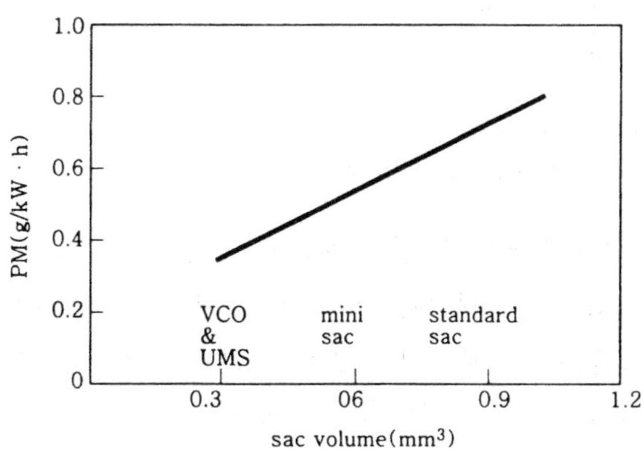

그림 8 · 60 섹체적의 PM 저감영향

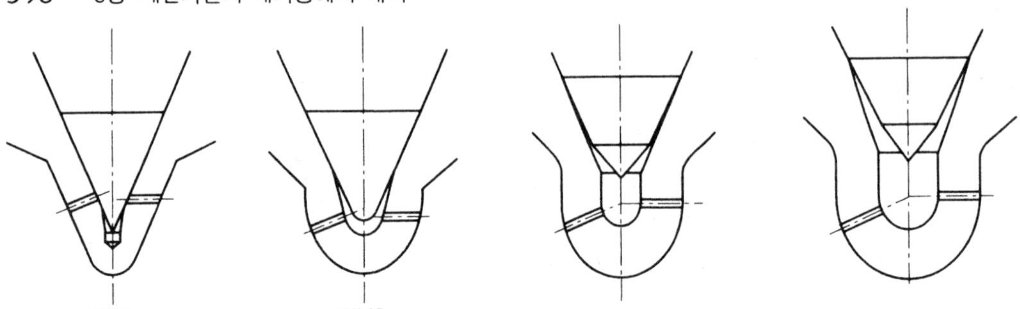

그림 8·61 색체적 감소방식

반 이상으로 색체적을 줄일 수 있는 것으로 검토되고 있다. VCO는 색체적이 가장 적으나분사구멍 간의 분무관통도에 편차가 발생할 수 있으며, UMS는 분무형성을 희생하지 않으면서 색체적을 최소화할 수 있은 여유가 크나, 가공이 어려워 생산성에 불리하다.

그림 8·60은 색체적과 PM량과의 관계를 나타낸 것이고, 그림 8·61은 색체적 감소방식을 나타낸 것이다. 또 표 8·8에 디젤기관의 배출가스 저감을 위한 분사시스템과 후처리기술의 영향에 대하여 나타내었다.

표 8·8 디젤기관의 배출가스 저감을 위한 분사시스템과 후처리기술의 영향

		분사시스템				후처리			
		분사압력		파일럿 분사	분사시기 지연	EGR	NOx 촉매	산화촉매 (DOC)	DPF
		고압	압력제어						
배출가스	PM, HC	◎	◎		×			◎	◎
	NOx	×	○	◎	◎	◎	◎		
상품성	연비	○	○	○	×	○			
	소음	×	○	◎	○				
	시동성		○	○	×				
	주행성능	○	◎		×				

◎ 대폭개선, ○ 개선, × 악영향

(3) 과급에 의한 배출가스 저감

점점 엄격해지는 배기규제를 만족하기 위해서는 연료와 공기의 공급문제 개선과 함께 흡입공기의 온도저하도 중요한 역할을 한다. 이를 위한 기본기술로 터보과급장치(T/C : turbocharger), 기계식 과급장치(S/C : supercharger) 사용과 공급공기 냉각방법(I/C : intercooler)이 사용되고 있다.

현재 주로 사용되고 있는 터보과급은 배기가스 에너지로서 배기터빈을 작동하고, 터빈

회전력이 원심압축기를 구동하여 흡입공기를 압축하여 연소실에 과급한다. 이 경우 배기터빈 구동시 배기압력이 증가하고 기관 펌핑손실도 증가하나 과급된 공기에 따른 연료공급량을 증가시켜 기관출력이 증가하기 때문에 전체적으로는 적은 기관 배기량으로 고출력을 얻으며, 기관의 연비도 향상된다.

터보과급장치는 기관의 펌핑손실과 공연비 조절에 의한 연소효율에 큰 영향을 미친다. 특히 고부하 영역에서는 증가된 부스트(boost)로 희박혼합기를 조성함으로써 PM 감소와 연비향상에 큰 역할을 한다. 배기가스 유량이 적은 저속 운전에서는 터빈의 에너지 회수가 적어 기관에 충분한 공기를 공급하지 못하여 매연과 PM 발생증가를 초래할 수 있다. 또한 고속에서 과도한 부스트가 발생하면 펌핑손실이 증가하며, 분사된 연료의 관통력(penetration)도 방해를 받아 불완전 연소를 초래함으로써 연비 악화와 기관 신뢰성에 문제점이 발생하기 때문에 기술적 보완이 필요하다.

터보과급 기관의 가장 큰 단점은 응답성 지연(turbolag)이다. 기관을 급가속하면 흡배기의 유속과 터빈 및 압축기의 관성중량으로 인하여 급기압력 및 공기공급량이 기관 요구량에 못 미치어 기관 가속력을 따라가지 못하는 현상이 발생한다. 이로 인하여 기관출력은 정상 운전출력보다 낮아져 가속력 및 발진력 부족, 매연 증가, 연료소모량 증대 등을 초래한다.

터보과급기관의 응답성 지연은 디젤기관보다는 가솔린기관에서 심하게 발생한다. 이유로는 가솔린기관이 디젤기관보다 가볍고 진동이 적기 때문에 무게가 가벼운 플라이휠을 사용함으로써 기관자체의 응답성이 빠르며 교축밸브를 사용하기 때문에 흡기량의 변화가 심하여 상대적으로 T/C의 반응이 따라가기 어렵다.

시내버스와 같은 경우 운행속도가 평균 12 km/h로 매우 저속이며, 또한 잦은 정지와 발차 등의 운전조건에서 터보차저를 장착할 경우 터보랙에 의해 연료공기 혼합비의 불균일로 매연증가를 초래할 가능성이 많아 터보과급장치의 사용의 적합성과 개선장치에 대한 검토가 필요하다.

터보랙을 개선하는 방안으로, 터보과급장치의 관성중량 감소, 분사(점화)시기 제어, 급기압력 제어, 흡·배기계, 스로틀 위치 등의 보안 및 제어가 있다.

이와 같은 문제점 개선을 위하여 터보과급기 최적화와 웨이스트게이터(waste gate) 과급기, 가변용량(variable geometry) 과급기, 세라믹(ceramic) 과급기, 볼베어링(ball bearing) 과급기, 트윈(twin) 과급기, 시퀜셜(sequential) 과급기 등이 실용화되고 있다.

기계식 과급장치(S/C : supercharger)는 루트 블로어(root blower) 등과 같은 체적형 압축기를 기관이 직접 구동하는 방식으로, 배기가스 에너지를 사용하지 않아 기관 열효율을 악화시키며 연료소비가 나빠지기 때문에 특히 연비를 중시하는 상용차에는 거의 사용되지 않는다. 그러나 슈퍼차저는 기관이 저속시에도 압축기를 기계적으로 구동하므로 과급효율이 높기 때문에 터보차저와 조합하여 사용하면 저속시는 슈퍼차저가 작동하여 토크 및 가속성을 향상시키고 중·고속에서는 터보차저가 작동하여 기존 터보과급기의 문제점을 개선할 수 있다. 이와 같이 터보차저와 슈퍼차저를 복합한 하이브리드 과급시스템이 장래의 중요한 기술이 될 것으로 전망하고 있으며 많은 연구가 진행되고 있다.

인터쿨러부착 과급기(T/I : turbocharger/intercooler)는 과급기에 의해 압축된 흡기는 100℃ 이상 온도가 상승하는 경우도 있어 이는 기관 체적효율의 저감을 가져와 터보차저 사용효과를 상쇄한다. 이를 보완하기 위하여 열교환기로서 흡기를 냉각시키는 방법이 사용되고 있다. 열교환 방식으로 기관의 냉각수를 사용할 경우 구조가 콤팩트해지고 기관 본체에 일체로 할 수 있는 등의 이점이 있으나, 흡기온도를 냉각수 온도보다 낮출 수 없기 때문에 자동차에 사용하기는 어렵다. 현재는 열교환 매체로 자동차 주행시 발생하는 공기를 사용하여 흡기온도를 50℃ 정도 저하시키는 방식의 인터쿨러(I/C : intercooler)를 사용하고 있으나 열교환기 부피가 크며 탑재성과 배관 등에 어려움이 있다.

인터쿨러를 사용하여 급기온도를 낮추면 연소온도가 저하되어 NO_x 발생이 저감된다. 또한 연소 및 배기온도가 낮아져 기관의 열부하가 경감되며, 급기 비중이 증가함에 따라 급기압력을 낮출 수 있어 터보차저 부하를 줄일 수 있다. 그러나 저부하 영역에서 과도하게 흡입공기를 냉각시키면 점화지연기간을 길게 하여 도리어 PM과 HC가 증가하기 때문에 저부하에서 냉각을 적절하게 제한할 수 있는 방식이 필요하다.

(4) 디젤기관에서 EGR에 의한 배기가스 절감

가솔린기관의 EGR 통로는 흡기관의 교축밸브 이후에서 배기관으로 연결되어 있어 흡기측의 압력이 부압으로 배기관 압력보다 낮기 때문에 배기가스 재순환이 용이하며, 통로 중간에 설치되어 있는 EGR 밸브 개폐면적과 흡배기관 압력차에 따라 EGR량을 조절한다.

그러나, 디젤기관에서는 흡기관에 교축밸브가 설치되어 있지 않기 때문에, 흡·배기관 압력차이와 변화가 크지 않아 유량조절에 어려움이 크다. 더욱이 터보차저나 슈퍼차저를 사용하는 과급기관의 경우 배기관 압력보다 흡기관 압력이 높아 EGR 통로와 방법을 특별하게 설계하여야 할 필요가 있다.

또한 디젤기관에 EGR 적용시 큰 어려움은 배출가스 중 PM과 유황성분이 연소실에 재순환되어 엔진오일을 급격하게 열화시키며, 이에 따라 피스톤과 밸브계통의 마모 및 부식을 초래하기 때문에 신뢰성과 내구성 확보가 필수적이다. 기관 구성부품의 재질을 개선하고 연료의 유황성분을 낮추며 매연 후처리장치를 사용하여 여과된 배기가스를 재순환시키는 등의 다양한 방안들이 강구되고 있다.

그림 8·62(a)는 터보차저의 터빈출구에서 압축기 입구로 EGR 통로를 설치한 방식

(low pressure route)으로 압력차가 크기 때문에 기관의 넓은 작동영역에서 EGR량을 제어할 수 있다. 그러나 배기가스가 압축기와 인터쿨러를 통과하기 때문에 이들의 내구성과 신뢰성에 문제를 일으킬 수 있으며 또한 흡기온도가 압축기의 설계온도를 초과할 수도 있다.

반면에 터빈입구 이전의 기관 배기관에서 압축기 이후의 흡기관에 연결한(high pressure route) 방식은 배기가스가 압축기와 인터쿨러를 지나가지 않기 때문에 이들 장치에 영향을 미치지는 않는다. 이 방식은 디젤 승용차용 과급기관에 사용되고 있으나, 기관의 고부하 작동시 흡기관측 압력이 배기관측 압력보다 높아 EGR을 사용할 수 없고 따라서 기관의 저부하 영역으로 사용이 제한된다.

그림 8・62 (b)와 같은 high pressure route 방식에서는 약 30% 부하 이상에서는 흡기관측이 배기관측보다 압력이 높은 것을 알 수 있다. 따라서 이 시스템을 대형 디젤기관에 적용하기 위해서는 그림 8・62 (c)처럼 강제적으로 EGR 가스를 공급할 수 있는 EGR 펌프가 필요하다.

그러나 트럭이나 버스 등에 사용되는 대형 디젤기관은 고부하 운전빈도가 높아 이 영역에서 EGR 사용이 절대적으로 필요하다. 따라서 이를 위해서는

① EGR을 위한 압력차 DP(=배기관측 압력−흡기관측 압력)>0가 필요하며, ② 고부하 영역에서 배기가스 온도가 고온이기 때문에 내열성을 향상시켜야 한다. 즉 가솔린이나 승용 디젤기관의 400℃ 이하 사용조건에 비해 대형 디젤기관의 경우는 700℃의 내열성이 요구된다. 또한 ③ 고온의 EGR 가스에 의한 충전효율 저하를 방지하기 위해 cooled EGR 방식이 필요하다. ④ 고부하 영역에서 매연과 PM이 훨씬 높게 발생되기 때문에 EGR 밸브와 기관마모 및 내식성에 대한 대책이 필요하며 재순환가스의 전처리기술 등의 적용이 가능하다. ⑤ 엄격한 배기규제에 대응하기 위해서는 가능한 한 EGR 제어속도가 빨라야 하며, 이를 위해서는 종래의 기계식 방식 대신 전자제어식 솔레노이드 방식의 EGR 밸브사용이 불

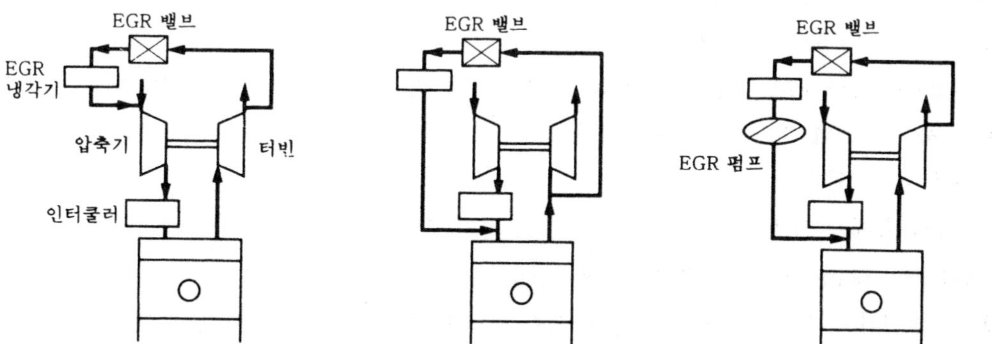

(a) turbine out/compressor in (low pressure route)　(b) turbine in/compressor out (high pressure route)　(c) turbine out/compressor out

그림 8・62 과급 디젤기관의 EGR 방식

가피하다.

디젤기관의 배기규제가 엄격해지면서 cooled EGR의 필요성이 강조되고 있다. 연비와 PM의 증가없이 NO_x를 저감시키는 방법으로 기존의 EGR 밸브에 기관냉각수를 이용한 열교환 장치를 설치함으로써 비교적 적은 투자로서 NO_x 저감에 큰 효과를 얻을 수 있는 방법이다.

EGR cooler가 효율적으로 작동하기 위해서는 다음의 몇 가지 환경을 고려해야 한다.

- 내열재질 사용 : 배기가스온도가 700℃까지 올라가므로 이를 150~200℃까지 냉각시켜야 한다.
- 콤팩트한 설계 : 설치문제 때문에 콤팩트한 설계가 중요하다
- 압력강하 최소화 : 압력강하가 크면 적절한 EGR량을 공급하기 어렵기 때문에 압력강화 최소화
- 부식방지 : 열교환 중 배기가스로부터 응축이 발생하며, 연료의 황성분 때문에 응축수에 황산이 포함되어 부식을 일으키기 쉽다.
- 기계적 강도유지 : 배기가스의 맥동영향으로 기계적 부하가 작용한다.
- 오염방지 : 배출가스의 입자상 물질 등이 관내를 막을 수 있어 많은 주의를 필요로 한다.

(5) 디젤기관용 산화촉매에 의한 배기가스 저감

디젤산화촉매(DOC : diesel oxidation catalyst) 기술은 가솔린기관에서 3원촉매가 개발되기 이전에 사용되던 산화촉매(2원촉매) 기술과 기본적으로 동일한 기술이기 때문에 효과나 성능은 이미 입증되어 있는 기술이다.

그림 8·63은 디젤산화촉매에 의한 배기가스 저감을 나타낸 것으로, 디젤산화촉매는 배기가스 중 HC와 CO를 80% 이상 감소시키고, PM의 용해성 유기물질인 SOF(soluble organic fraction) 성분도 50~80%를 제거한다. 그러나 전체 PM 중 SOF 비율이 적어 TPM의 20~40% 정도를 저감시킨다.

디젤산화촉매는 PM 저감률이 높지 못하기 때문에 PM 규제의 안전율을 확보하기 위해 주로 사용되며 PM 저감률이 80% 이상 되는 기술이 개발되기 이전의 임시 또는 과도기 기술역할을 하고 있다.

디젤산화촉매는 또한 디젤 악취(diesel odor)와 흑연(black smoke)도 감소시키며 촉매로는 백금(Pt : platinum)이나 팔라듐(Pd : palladium)을 사용한다.

반면, 배기가스 온도가 300℃ 이상의 고온이 되면 배출가스 중의 산소와 반응하여 이산화황(SO_2 : sulfur dioxide)이 SO_3와 H_2SO_4를 생성하는 산화반응을 일으키며, 이는 특히 인체에 유해하기 때문에 문제시된다. 이를 방지하기 위한 가장 중요한 조치로는 연료에 유황함

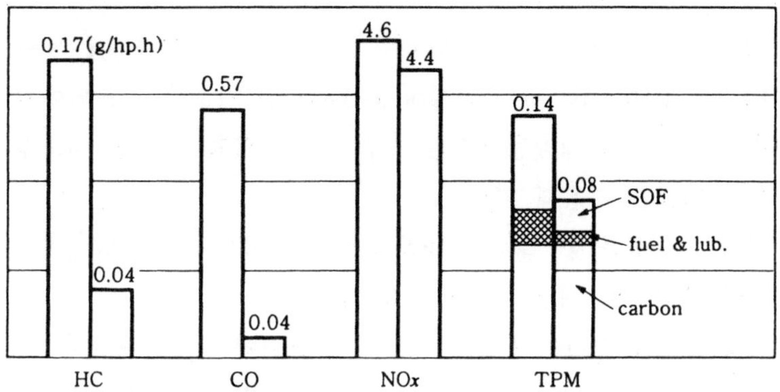

그림 8・63 DOC의 배기가스 저감성능 예(US transient mode)

유율 0.05%(중량) 이하의 저유황화가 선행되어야 하며 향후 0.01%까지 요구할 것으로 예상되고 있다.

$$SO_2 + OH^* \Rightarrow SO_3H^*$$
$$SO_3H^* + O_2 \Rightarrow SO_3 + HO_2^*$$
$$SO_3 + H_2O \Rightarrow H_2SO_4$$

(6) 매연여과장치에 의한 매연저감

디젤기관에서는 연소하기 전에 연료가 연소실에 고압으로 분사되어 압축공기와 혼합되나, 이 기간이 아주 짧기 때문에 혼합비가 일정하지 않으며 이때 농후한 혼합비 영역에서 매연이 다량 발생하게 된다.

아세틸렌 등과 같은 불활성 탄소가 생성되는 열분해 과정, 수소의 증발에 의한 연료의 탄화과정, 연소반응시 발생되는 탄소입자 핵이 엉기는(coagulation) 과정, 엉기게 된 탄소가 덩어리(agglomeration)가 되어 C/H비가 8~10 되는 입자상 물질이 생성되는데, PM입자는 75% 이상이 지름 1 μm 이하의 미세입자이기 때문에 기관지 등에 침투하여 장기간 잠재하며, 특히 폐암의 원인으로 판명되고 있어 위해성에 대한 논란이 가중되고 있다.

따라서, 유럽에서는 2005년 EURO-Ⅳ기준으로 디젤승용차의 PM 배출한도를 0.025 g/km로 가솔린과 CNG 자동차와 유사한 수준을 요구하고 있어, 이를 충족시키기 위해서는 매연저장장치의 부착이 필수적일 것으로 예측되며, 이를 뒷받침하기 위해서 미국 환경청에서는 2006년까지 초저유황유(ULSD : ultra low sulfur diesel; 10 ppm wt)의 공급을 의무화하였으며, 2007년 이후부터는 첨단 후처리기술을 적용하지 않고서는 PM과 NO_x 규제를 만족하지 못하도록 규제를 강화하고 있다.

미국과 유럽의 중량자동차(HDV)의 배기규제(EURO-Ⅳ/V 및 US 2007)에 대응할 수 있는 적용기술로는 초저유황유 사용이 필수적이며, 이것과 병행하여 EGR 적용, soot 제거용 매연여과장치(DPF) 및 SCR(selective catalytic reduction) 기술이 적용되어야 할 것이다.

현재 디젤자동차의 PM 등 유해배출가스를 저감시키기 위해 신뢰성, 내구성 및 기계적인 측면에서 실용가능한 기술은 다음과 같다.

첫째 : 자동차 배출가스 성분 중 입자상 물질(soot를 포함한 particulate)을 포집하여 버너나 히터 등의 별도의 방법으로 제거시키는 트랩 기술

둘째 : 필터 자체에 촉매를 담지하여 일정온도 이상 조건에서 연속재생이 가능하도록 연속재생 디젤 필터(CRT : continuously regeneration trap, CDPF : catalyzed diesel particulate filter) 사용

셋째 : 가솔린 자동차의 3원촉매처럼 배출가스 내의 기체상태의 물질(HC, CO, NO_2)과 입자상 물질 내의 SOF 등을 촉매를 이용하여 산화시키는 디젤산화촉매(DOC : diesel oxidation catalyst) 방법

넷째 : 엔진제어기술과 촉매 후처리기술 및 첨가제 기술 등을 통합적으로 제어하여 PM 및 유해배기가스를 산화시키는 기술로 나눌 수 있다.

이 중에서 매연여과장치(DPF : diesel particulate filter trap)는 디젤기관에서 배출되는 입자상 물질(PM)을 포집해서 태우는 기술로서, PM을 80% 이상 저감할 수 있어 매연저감 성능면에서는 아주 우수하나 가격이 높고 내구성이 아직은 부족한 것이 실용화에 장애요인이 되고 있다. 또한 필터에 PM이 포집됨에 따라 기관에 배압이 걸리며, 이것에 의하여 출력과 연료소비율이 다소 희생되는 단점도 있다.

매연여과장치 기술은 크게 PM 포집(trapping)기술과 재생(regeneration)기술로 나누어지며, 시스템은 기본적으로 필터, 재생장치, 제어장치의 3부분으로 구성되어 있다.

① 필터종류

a) 세라믹 모놀리스 필터(ceramic monolith filter) : 다공질의 magnesia/silica/alumina로 구성된 cordierite($2\,MgO \cdot 2\,Al_2O_3 \cdot 5\,SiO_2$) 세라믹이 대부분 사용된다.

모놀리스는 실린더 모양으로 단면은 원형, 타원형, 트랙형(racetrack) 등이 있다. 내부에는 작은 삼각형이나 사각형 모양의 통로(channel)가 벌집(honeycomb) 모양으로 배열되어 채널 입구와 출구가 교대로 막혀 있으며, 채널 입구로 유입된 배출가스는 채널출구가 막혀 있기 때문에 다공질 벽을 통과하여 옆채널 출구로 빠져나가게 되며, 이때 입자상물질은 유입된 채널에 남아 포집되는데 그림 8·64에 그 구조를 나타내었다.

장점으로는 포집효율이 높고, 가격이 비교적 저렴하며, 고온에 견디며 공간 활용성

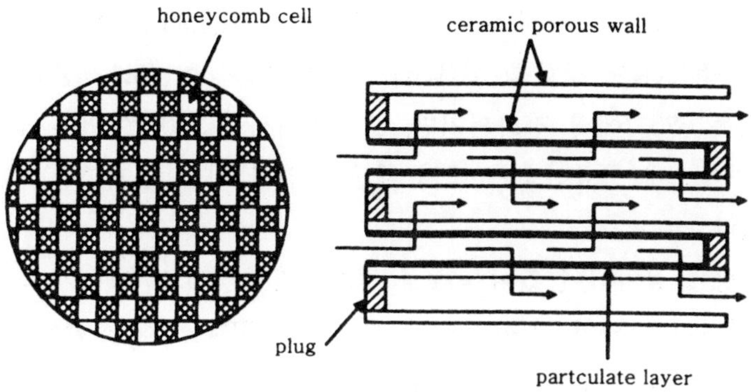

그림 8·64 세라믹 모놀리스 모양

이 우수하다. 단점으로는 불균일한 열응력에 의한 파손이 발생하며, 배압이 걸려 기관 성능에 나쁜 영향을 미친다.

벽면의 다공질 크기도 포집입자 크기와 배압에 직접적인 영향을 주기 때문에 중요하며, 크기는 대략 10 μm이며 PM 입경 0.01 μm부터 포집하는 것으로 알려져 있으며 PM 저감률은 85% 이상으로 매우 우수하다.

b) 세라믹 파이버 필터(ceramic fiber filter) : 세라믹 파이버를 다층으로 둘러감아 관의 형태로 하여 필터 카트리지로 사용하며 양초형으로도 불리는데 재생 직후의 PM 포집 효율이 떨어지고 카트리지의 내구성에 문제가 일부 발생하는 것으로 보고되고 있다.

c) 금속필터(sintered metal filter) : 금속분말(metal powder)과 소결코팅(sinter coating)이 된 것으로서, 금속선으로 된 망이 여러 층(wire mesh layer)으로 되어 있으며, 질기고 열전도성이 우수하다. 필터면의 두께와 다공도에 따라 포집효율과 배압에 차이가 난다.

② 재생방식 : 포집된 PM은 가능하면 빠른 시간 내에 태워서 필터가 다시 PM을 포집할 수 있도록 하는 재생과정을 거쳐야 하며, 이때 재생에 의해 필터가 과열되어 파손되지 않도록 하는 제어기술이 중요하다. 재생과정은 재생시작(lihgt-off) 온도, 공급되는 산소농도, 산소유량, PM의 포집량에 따라 적절하게 조절해야 한다.

재생은 크게 두 가지 방법으로 나누어진다.

첫째 : 포집된 PM을 soot 점화온도인 550~600℃까지 가열하는 방법으로, 이를 위해서는 전기히터, 버너, 스로틀링 등이 사용된다.

둘째 : 촉매를 이용하여 soot 점화온도를 원래보다 250℃ 정도까지 낮추어 기관의 배출가스로 점화시키는 방법으로, 필터트랩의 촉매코팅, 연료에 첨가제를 공급, 트랩 전방에서 분사시키는 방법 등이 사용된다.

외부열원으로 가열하여 재생시키는 경우(thermal regeneration)는 열원안정성(thermal stability) 문제가 중요하다. 점화를 위해서는 공급되는 산소농도도 중요한 인자이다. 예를 들면 6% O_2에서는 570℃에서 점화되지만, 2% O_2에서는 750℃이어야 점화된다. 터보차저 기관의 경우 배기가스에 잔류산소가 많기 때문에 일반 자연 흡기(NA)기관에 비해 점화온도를 낮출 수 있다.

외부열원이 전방에 설치되어 있어 soot를 점화시키면 연소된 고온가스는 벽을 통하여 반대편 채널로 빠져나가게 되어 뒤편에 남아 있는 잔류 PM을 계속 점화하여 연소를 확산시키는 데 어려움이 있을 수 있다. 이런 문제점을 보완하는 방안으로 후방 열원공급방식도 사용되며, 공급된 열원은 벽면을 통해 soot가 포집되어 있는 채널로 공급되어 점화와 연소가 활발하게 된다. 이 경우 재생시간이 단축되는 이점이 있으나 점화에너지가 많이 소모되는 문제점이 있다.

a) 전기히터방식 : 미국의 Donaldson사에서 이 방식을 최초로 시작했으며(1세대 DPF), 바이패스방식과 2중(dual)방식을 개발하고 있다. 1992년에 dual 방식을 버스에 탑재해 시험운행(fleet test)했으나 고장빈발과 비용문제 때문에 중단했다. 국내에서 개발된 것은 소형 청소차에 적용중이며 성능보완 연구를 계속하고 있다.

그림 8·65는 매연여과장치 시스템의 대표적인 예의 하나인 필터가 2개(dual)인 전기히터방식의 구성을 나타낸 것이다. 기관에서 배출된 PM이 통로가 열려 있는 필터에 포집되고, 배기관 내부에 설치된 압력센서값으로 ECU에서 포집량이 일정량에 도달한 것을 판단하여 재생을 지시한다. 먼저 반대편 필터통로를 열어 배출가스 흐름을 변경하고 재생을 시작할 필터는 닫아 배출가스 진입을 막는다. 배터리나 알터네이터 전원으로 히터를 가열하여 soot를 점화시키고, 블로어를 이용하여 적절하게 산소를 공급함으로써 포집된 PM을 태워 필터가 다시 포집할 수 있도록 재생시킨다. 반대편 필터의 포집이 끝나면 동일한 방법으로 재생한다.

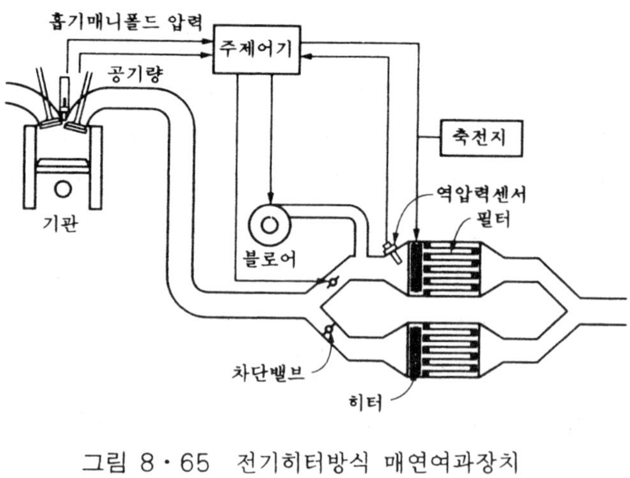

그림 8·65 전기히터방식 매연여과장치

작동순서는 세라믹 필터 전면에 전기히터를 장착하고, 트랩의 압력손실, 엔진에 공급되는 공기유량, 필터전면 온도를 측정한 데이터로부터 제어장치(ECU)가 PM 포집량을 산출하여 재생기를 결정한다.

그리고, 재생이 시작되면 배기가스는 바이패스시키고 히터에 전원을 공급한다. 전기히터방식에서 해결하기 가장 어려운 문제는 soot를 점화시키기 위해 공급하여야 하는 전기에너지이다. 초기에는 3 kW 이상(24 V, 130 A)이 소요되어 자동차 배터리와 알터네이터에 큰 무리가 따랐으며, 특히 공회전시 재생이 발생할 경우의 대책이 어렵다.

이에 대한 개선방안으로 히터 엘레먼터를 여러 개로 분할(segments)하여 순차적으로 점화하는 방법(sequential regeneration)으로 1300 W 이하(50 A)로 낮출 수 있으며, 히터 엘레먼터를 채널구멍에 끼어서 설치하는 등 가능하면 필터에 가깝게 설치하여 점화를 용이하게 하고 있다.

soot 연소를 위해 공급되는 공기유입량과 연소속도는 ECU에 의해 제어되며, 재생시간은 트랩의 크기, PM의 양에 따라 다르지만 대략 5~20분 가량 소요된다. 필터의 내열온도 이상으로의 과열에 의한 필터 파손보다는 불균일한 온도구배에 의해 발생하는 열응력에 의한 필터 파손 방지대책이 더 어렵다. PM의 균일한 포집, 필터전면에 균일한 온도가열, 공급산소의 적절한 제어 등을 위한 개선이 진행되고 있으며, 필터재생을 위한 전기히터 공급에너지로 인하여 차량 연료소모가 대략 1~2% 증가한다.

하나의 필터를 사용하는 경우(single type) 바이패스 밸브를 사용하여 재생시 배출가스는 바이패스시키고 송풍기(blower)부터 재생에 필요한 공기를 공급하는 방식(by-pass type)은 기관작동상태에 무관하여 제어가 쉬우나 구조가 복잡하다.

또한, 바이패스 밸브가 없이 배출가스 중의 산소공급량을 조절하여 재생하는 방식(in-line type)은 기관운전 변화에 따른 제어가 복잡하다.

필터를 2개 사용하는 경우(dual type)에는 2개의 필터로 포집과 재생을 교대로 반복하기 때문에 제어가 간단하나 구조가 복잡하고 부피가 크며 가격상승 요인이 많다.

b) 버너재생방식 : 독일을 중심으로 상당한 기술개발이 진전되어 있으며 독일 UBA(환경청) 프로그램 지원으로 트럭 및 버스 등 대형 차량에 보급이 진행되고 있다.

버너는 주로 경유를 연료로 사용하며 가열열량은 12리터 용량의 필터에 약 15 kW 정도가 필요하다.

국내에서는 만도기계와 두원정공에서 독일과 기술협력으로 개발중에 있으며 청소차와 시내버스에 적용을 시작하고 있다.

이태리 Iveco/Dereco사의 dual type과 by-pass type의 경우 필터에 퇴적되는 입자상 물질은 연속적으로 모니터링 되어, 필터의 압력손실과 필터 후에 부착된 벤투리 압력으로부터 퇴적량이 계산된다. 안전한 재생을 위해서 퇴적량의 한계를 정해두며 9″

×12″ 크기 필터의 경우 70 g으로 제한하고 있으며, 7 kw의 디젤버너를 이용해서 8분간만 가열하여 점화 및 재생을 시작하고 나머지는 공기만 12분 가량 공급하여 재생을 완료하는데 재생중의 필터 내의 온도구배를 낮추고 필터의 내구성을 개선하기 위한 제어가 중요하다.

c) throttling/연료첨가제 방식 : 그리스의 Thessaloniki 대학과 Elbo사, Rhone-Poulenc사 등에서 배기 스로틀링과 연료첨가제를 사용하는 시스템을 버스용으로 개발이 진행되고 있다. 연료첨가제에 의해 포집된 입자의 가연온도를 100~150℃ 이상 낮출 수 있어 별도의 추가 에너지 공급장치 없이 기관 배기가스 열로 재생시킬 수 있기 때문에 구조가 간단하여 가격이 저렴한 장점이 있다.

그러나 추가로 첨가제를 연료에 공급하여 주어야 하며, 첨가제에 의한 2차 오염에 대한 우려가 제기되고 있다. 또한 공회전이나 저속운전시 배기가스온도가 낮을 때 재생을 할 경우 배기가스온도를 높여주기 위해 흡기나 배기관에서 강제적인 스로틀링을 만들어 주어야 하며 이를 위한 장치가 필요하고, 스로틀링시 발생하는 연료소비율 증가 등을 개선하여야 하는 문제를 안고 있다.

최근에 250℃에서 PM을 재생시키는 첨가제가 개발되고 있어 보조장치의 도움없이 첨가제만을 사용하는 장치가 발표되고 있다. 첨가제로는 셀륨(Ce) 이외에도, 철(Fe) 베이스 첨가제 등이 집중적으로 연구되고 있다.

d) 촉매코팅 방식 : 필터 내부에 촉매를 코팅함으로써 포집된 PM을 낮은 온도에서 재생시킬 수 있어 점화가 용이하고 재생을 위한 에너지가 적어도 되는 이점이 있어 다른 방식에 비해 유리한 기술로 평가되고 있다.

독일의 Mann & Hummel이 Mercedes-Benz와 공동으로 스테인리스 다공판에, 세라믹 파이버를 다층으로 둘러감은 튜브에 산화구리를 코팅한 양초형태의 시스템을 개발했다.

국내에서는 유공(현 SK)이 자체적인 촉매기술로 개발하였으며 청소차와 시내버스에 적용중이다.

첨가제 방식과 마찬가지로 포집된 입자를 가능하면 낮은 온도에서 재생시킬 수 있는 촉매개발이 기술의 핵심이다. 일반적으로 시내버스 주행시 배출가스온도는 주로 250℃~350℃ 범위이다. 최근에 Johnson Matthey에서는 250℃에서 재생시킬 수 있는 촉매장치를 개발하여 스웨덴을 중심으로 시험운행중에 있다.

Johnson Matthey 회사에서 개발한 촉매방식 매연여과장치는 포집된 입자상 물질을 연속적으로 산화시키기 때문에 CRT(continuous regeneration trap)로 불리고, 캐니스터 내부에 필터가 2개 설치되어 있으며, 전단의 백금산화촉매(platinum-based oxidation catalyst)에서는 산화반응으로 NO를 NO_2로 변환시키며, CO와 HC도 저감시킨다.

일반적으로 탄소입자는 550℃ 이상에서 연소되나, NO_2는 250℃에서도 탄소입자가 산화할 수 있도록 작용하며, 따라서 후단에 설치된 필터(cordierite wall flow particulate filter)에 포집된 PM은 배기가스온도가 250℃ 이상이면 연속 재생된다. 첨가제 방식과 촉매방식은 필터 내에서 연속재생이 일어나므로, 필터에 포집된 매연의 양이 적어 기관의 배압을 낮은 수준으로 유지함으로써 다른 장치에 비해 연비악화와 기관 성능의 저하요인이 적다.

또한, 성능은 PM과 CO, HC를 90% 수준으로 저감시키며, NO_x는 3~8% 정도 감소한다. 특히 PM 중 10 nm~250 nm 크기의 나노크기의 입자의 수량도 현저하게 감소하는 것으로 발표되고 있다.

그러나 촉매의 성능유지를 위해서 경유의 황(sulphur)성분을 10 ppm 이하로 요구하기 때문에 상용화에 가장 큰 장애가 되며, 전세계적으로 보급되기에는 상당한 시일이 소요될 것으로 예상된다. 참고로 현재 국내 경유의 유황 규제는 500 ppm이며 2005년에 유럽에서 50 ppm으로 강화할 계획으로 있다.

e) cross flow 방식 : 일본을 중심으로 연구되고 있으며, 포집된 PM을 세라믹 필터 내에서 직접 태워 재생시키지 않고 외부로 털어 내어 연소시키는 방식으로 필터구조가 일반과는 다른 cross flow 형태이다. 세라믹 필터에 PM이 포집되면 필터 후면에서 압축공기를 배기가스 유동의 반대방향으로 불어주며 이때 포집된 PM이 90도 방향인 아래로 털려 떨어지며 이것을 별도로 모아서 태워준다.

필터에서 직접 재생시키지 않기 때문에 장치 수명에는 매우 유리하나 필터구조가 복잡하고 추가장치가 복잡한 단점이 있다.

f) 플라즈마방식 : 고전압의 전기적인 방전(discharge)으로 전자에 에너지를 가하여 활성화시킴으로써 얻게 되는 저온 플라즈마(non-thermal plasma)를 주로 이용하는 자동차용 후처리장치 개발연구가 활발하다. 플라즈마는 NO_x 저감기술로 대부분 응용되고 있지만 자동차에서는 PM 저감을 위한 연구가 활발하다.

플라즈마방식은 필터를 사용하여 매연을 포집하고 재생하는 기존의 매연여과장치의 원리와는 다르기 때문에, 동일한 수준의 PM 저감률을 기대하기는 어려우나 장래는 NO_x와 PM을 동시에 저감할 수 있는 기술로 발전할 수 있을 것으로 기대된다.

영국의 AEA, 미국의 SWRI나 Noxtech, 이태리 등지에서 연구가 진행되고 있으며 상당한 수준까지 발전한 것으로 발표되고 있다. 국내에서는 선도전기가 플라즈마방식 매연여과장치(DSR)를 개발하여 평가중에 있다.

③ 매연여과장치의 고려사항 : 현재의 매연여과장치 기술은 실용화 이전단계에 있으며, 성능은 PM 80% 이상 저감으로 가장 효율적인 장치로 인정되고 있으나, 내구성이 현재 10만 km 수준으로 20만 km 이상의 확보가 필요하다. 또한 필터 가격이 고가이며 장치구조가 복잡하여 시스템 가격이 고가인 것이 상용화에 가장 큰 장해요인이다.

향후 지구온난화 가스인 CO_2 규제에 대비하여 디젤자동차 사용 증가가 예상되나 PM 문제 해결이 가장 큰 걸림돌이다. 가까운 장래에 매연여과장치의 실용화가 실현될 것으로 예상하고 있으며 다양한 방식의 연구가 활발하다. 특히 EU에서 2005년의 EURO-4 규제에 대형 경유자동차의 PM 규제값을 0.1 g/kw·h에서 0.02 g/kw·h로 대폭적으로 강화할 계획에 있으며, 이는 매연여과장치의 실용 가능성을 확인한 것으로 예측된다.

실용화를 위해서는 제품의 가격 저하, 내구성 20만 km 이상이 요구되며, 국내에서도 초기에는 운행차에 장착하는 retrofit 방식으로 보급을 추진하고 있으나 그 후로 제작차에 장착할 수 있도록 기술개발을 촉진하고 있다.

표 8·9에 각 회사별 매연여과장치의 개발현황을 나타내었다.

표 8·9 각 회사별 매연여과장치의 개발현황

개발기관	system	재생방법	기 타
- ORTEC - KHD - ZEUNA Starker	경유버너 방식	일정량의 매연축적시 버너를 작동하여 연소	- 독일 등에서 다수 실차 주행시험중 - 디젤버너 사용으로 별도의 연료원 불필요 - 시스템이 복잡하며 오작동 가능성이 높음
- Donaldson - Hino - MMC	전기히터 방식	일정량의 매연축적시 히터를 작동하여 연소	- 미국 N.Y.에서 시내버스 450대 운행경험 - 구조가 비교적 복잡하고 열충격 영향, 전원장치의 용량증가 및 내구성이 우려됨
- Rhone Poulenc	연료첨가제 방식	연료 속에 포함된 첨가제가 포집된 매연의 연소를 촉진	- 재생속도가 빠르며 자체재생이 가능 - 2차 공해발생이 우려되며 첨가제의 축적으로 내구성 저하
- Degussa - Engelhard - J.M.	산화촉매 컨버터	필터에 코팅된 촉매가 매연의 발화온도를 낮추어 배기가스 자체열에 의한 연소	- 시스템이 단순하고 저가이며 장착이 용이 - 저온에서의 촉매효과가 낮으며 황성분에 의한 열화 등 문제점

8.5 공해특성을 고려한 장래 자동차용 연료

미국의 환경청(EPA)은 마스키법 발효 당시 배기규제가 매우 엄격하여 종래의 가솔린기관으로는 대책이 곤란해 그 대체기관 또는 신형기관이라 할 수 있는 것을 몇 개 지정하여 개발을 시작하였는데, 그 대표적인 것이 가스터빈과 랭킨 사이클이다. 이들의 배기 대책상의 장점은 스털링기관을 포함한 연속 연소방식으로 극히 희박혼합기의 연소가 가능하므로

CO 및 HC를 용이하게 충분히 낮출 수 있고, NO_x도 연소기 내에서 화염의 길이를 짧게 하여 고온시간을 짧게 하고 또 화염 근처에 차가운 벽을 설치하여 배기정화의 성과도 얻고 있다. 또 고속 연소기관의 다른 장점은 폭발소음이 없는 것이며, 기관본체의 열효율은 낮으나 배기열의 일부를 재생할 수 있어 전체 열효율은 가솔린과 디젤의 중간정도로 높일 수 있다.

연속연소, 회전 구조의 내연기관인 가스터빈의 실용화의 문제점은 다음과 같다. 연료 소비율이 크며, 재료 및 가공법 등에서 생산가가 높고, 고회전으로 회전체의 관성이 크므로 가속성이 뒤떨어진다. 또 큰 감속비의 감속장치가 필요하며, 저속영역의 성능이 뒤지는 등 자동차용 기관으로 사용하기에는 당분간 연구가 지속되어야 할 것이다.

한편 랭킨 사이클기관은 마스키법 발효 당시 미국 환경청이 가장 힘을 기울였던 기관으로, 연소기는 가스터빈과 달리 대기압에서 연소할 수 있으므로 NO_x 대책이 한결 유리했다. 큰 응축기가 필요하고 전체의 길이가 대형인 점, 실린더에 윤활유를 주입하면 윤활유가 고온에서 탄화되는 점, 특히 연료소비율이 가솔린기관의 2배 정도로, 이것 역시 실용화에는 문제가 많은 것으로 드러났다.

따라서, 가까운 장래에 실용화 가능성이 있는 대체연료 기관은 수소기관 자동차이며, 저공해 자동차로는 태양열 자동차, 전기자동차, 연료전지 자동차, 하이브리드 자동차 등으로 생각된다.

(1) 석유연료의 장래

유전의 발견보다는 석유의 수요가 더욱 증대하여 석유의 고갈이 예상되며, 이것뿐만이 아니라 화석연료의 생산이 수요를 만족시키지 못할 때가 임박하여 편리한 석유시대의 종말이 곧 예상된다.

다음에 석유 이외의 화석연료의 매장량은 대략 천연가스(주성분은 CH_4)가 석유의 절반정도, 오일셀 등이 석유의 몇 배 정도의 에너지량이 존재하지만, 그것들로부터 석유를 채취하기 위해서는 약 90%의 폐기물이 나오기 때문에 그 실용화는 아직 위험하다.

(2) 화석연료의 이용법

석탄과 오일셀은 물론 천연가스도 직접 기관에 사용하지 않고 다른 형태의 에너지원으로 전환하여 사용하면 편리하며 그 방법을 예를 들면 다음과 같다.

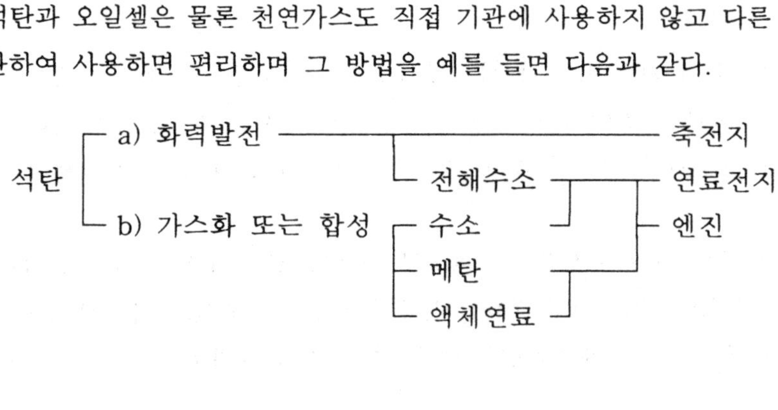

a)는 전력으로 사용하는 것이고, 자동차 동력으로서는 전체의 에너지 변화효율은 축전지, 연료전지, 엔진의 순서로 내려가는 것이 예상될 수 있지만, 수소 이외는 대단히 무겁기 때문에 실제 이용하기 곤란하다.

만약 석탄을 직접 기관의 연료로 사용할 수 있다면 효율은 물론 유리하며, 랭킨 사이클 또는 스털링 사이클기관은 가능성이 있다.

b)는 석탄의 H_2, CO화, 메탄올, 석유로 액화시킨 것으로서 이 경우는 수소가 가장 높다. 그러나 중요한 것은 이와 같은 화석연료의 사용 증대는 시스템의 어느 곳에서인가 공해물질을 배출한다. 그 중에는 참으로 불가피하게 CO_2 증대에 의한 기온 상승(CO_2는 지구의 반사 적외선을 흡수) 영향도 문제시되고 있다. 이 중 메탄올(CH_3OH)은 석탄 외에 천연가스에서 비교적 간단하게 얻어질 수 있으며, 이것을 연료로 하는 방법이 다음과 같이 연구되고 있다.

① 가솔린에 혼합한다 : 이때 약간의 수분이 들어가도 가솔린과 메탄올이 분리하는 시점이 있으므로, 메탄올을 10~15% 혼입시키는 것이 적정량이라고 되어 있다. 이 경우 옥탄가가 증가하여 희박화되어도 유리한 장점이 있다.

② 메탄올만 사용 : 희박연소가 되어 배기대책상 유리하고 안티노크성도 높아지나, 기화열이 크기 때문에 가동성이 나쁘고, 연료의 발열량이 낮으므로 약 2배의 연료를 운반할 필요가 있으며 알데히드가 배기 중에 나오게 되는 등의 문제가 생긴다.

③ 메탄올에 물을 혼입 : 물분사가 NO를 내리는 효과는 크지만 분사장치에 어려움이 있다. 알코올은 물에 잘 용해되기 때문에 50% 혼입하면 가스냉각 효과로서는 가솔린의 100%에 거의 대등하다. 체적으로 40%까지 물을 혼입하였을 때의 성능과 배기의 특성을 보면 HC는 악화하지만 NO_x 저감에는 매우 큰 효과가 있다는 보고도 있다. 또한 여기에서 NO_x를 어느 값으로 억제하기 위해서는 $\lambda=1.1\sim1.2$에서 물혼합에 의한 다른 성능의 희생이 적은 양이 좋다는 것을 알 수 있다. 그러나 물의 기화열도 필요하기 때문에 저부하 운전성이 나쁜 것과 물의 윤활유에 혼입하는 등의 문제가 있다.

(3) 장래의 무공해 에너지

이미 알고 있는 바와 같이 화석연료 시대는 공해대책상 가능한 한 빨리 끝내고 다음 세대에는 새로우면서 무공해 인공에너지 시대로 이행해야 하지만, 그 새로운 에너지 시스템은 아직 기술적인 전망이 확실하지 않고, 개념적으로는 다음과 같은 시스템이 고찰되고 있다.

우선 원자력에서 일단 발전하여 축전지 시스템으로 하든지, 또는 고온 원자로의 열로 직접 물을 촉매로 사용하여 600~700℃에서 열화학 분해하여 수소를 만들고, 수소에서 액체연료를 합성한 안도 있다. 원자력의 세계보유량은 핵분열형의 현용 원자로에서는 20~30년 분의 우라늄밖에 매장되어 있지 않지만, 만약 증식로의 실용화가 성공하면 250년 또는 그 이상, 즉 반영구적 에너지원이 된다. 그러나 그전에 증식로의 개발, 방사성 폐기물처리법의 확립, 냉각수에 의한 강과 바다의 온도상승대책 등의 난점을 해결해야 한다.

다음 태양에너지는 매일 지구표면에 내리쬐는 에너지는 막대하지만, 단위면적당으로는 매우 밀도가 적은 것이 이용상 가장 큰 결점이다. 예를 들어 우리나라에서 1 m^2당 맑은 날씨에 약 700 kcal/h이므로 1일 8시간, 1년 중 반절이 유효일수라 전망하여도 1년간 10^6 kcal/m^2(석유의 약 130 *l* 분)에 지나지 않는다. 총량으로는 지구상의 1%의 면적에서 효율 10%의 태양열을 이용하면 서기 2000년의 수요를 공급하고도 남음이 있다.

원자력과 태양에너지의 공통점은 인구가 밀집되어 있는 곳에서 멀리 떨어진 넓은 장소, 해상의 무인도와 사막에 대형의 플랜트를 만들어 도시까지 그것을 이송하는 형태로 하지 않을 수 없다. 이 에너지 이송방법으로서는 300~500 km 이상의 경우에는 지상의 전선에 의한 것보다 수소가스의 파이프 이송방법이 비용이 싸다.

또 전력은 저장할 수 없으나 수소는 가능하다는 등의 관점으로부터 장래의 clean 에너지 시스템으로서 수소를 매체로 하는 것이 연구 중에 있다. 만약 이와 같은 시스템이 완성되면 엔진의 연료가 수소가 되는 것은 당연하다.

(4) 수소 엔진

① 연소 특성 : 수소는 엔진 연료로서 다음 두 가지 장점을 가지고 있다.

a) 모든 에너지로 물을 분해하여 얻고, 연소에 의해 그 에너지를 방출하고 다시 물로 환원하는 순환성 연료이며, 연소할 때 NO를 제외하고는 CO_2, CO, HC, 매연, 나쁜 냄새 등을 방출하지 않으며, 또 NO_x도 희박연소에서 충분히 낮게 할 수 있다. 즉, 무공해 연료이다.

b) 점화가능 혼합비 범위가 매우 넓어 공기를 교축하지 않고 무부하의 수소량($\lambda \fallingdotseq 5$)으로도 운전할 수 있으며, 열효율도 높일 수 있다. 이와 같은 장점은 희박혼합기, 즉 저부하에서의 것이고, 고부하시에는 수소를 증가시켜 당량비가 증가하면 착화지연기간이 짧게 되어 연소속도가 증대되므로 압력상승도 급하게 된다. 당량비 ϕ가 1에 가까운 고부하시에는 반대로 다음과 같은 문제점이 있다.

㉠ 점화하기 쉬어 조기점화 또는 그 점화가 흡기밸브가 닫히기 전에 일어나 흡기계 내에서 폭발하는 역화(back fire)가 일어나기 쉽게 된다.

㉡ 그러나 자발화온도가 585℃로 높으므로 디젤연소는 곤란하며, 강제착화방식을 사용하여야 한다.

㉢ 예혼합기를 흡입할 때는 실린더 체적의 약 30%를 수소가 차지하므로 동일행정 체적에서 가솔린(증기는 전체의 1.7%)의 84%의 발생열량이므로 최대출력은 그것만큼

내려간다.

이상을 요약하면 수소기관은 저부하에서 희박연소시 극히 우수한 성능을 가지지만 고출력성능에 문제가 있어 그 대책은 과급과 같은 것으로 희박혼합기로 고출력을 얻을 수 있다. 그 일례로서 공기만을 흡입하여 밸브가 닫힌 후 수소를 분사하면 예혼합에 대하여 42% 공기량이 증가하고, 가솔린과 반대로 18%의 발생열량이 증가한다. 단 이때는 고압수소를 압축기로서 만들 때의 동력이 크게 들고 또, 분사장치의 내구성에 문제가 있다.

② 자동차용 연료로서의 특징 : 자동차는 대부분의 운전이 1/2 부하 이하의 저출력에서 사용하며, 무공해의 요구가 강하므로 수소는 그 점이 가장 적합하다. 또 고속, 가속성도 중요하므로 상술한 고출력화도 고려되지 않으면 안 된다.

그러나 자동차용 연료로서 가장 중요한 문제는 수소의 운반법이다. 고압통(현재 보통으로 사용되고 있는 것)을 이용하거나, 또는 함수소금속(metal hydride)이라고 칭하는 것으로 수소가 그것과 합하여 고체수소화하는데, 감압 또는 가열에 의하여 곧바로 수소가 방출되기 때문에, 수소의 체적이 최고 약 1/1000 축소되는 장점이 있다. 그 가장 안정한 금속이 철-티탄 하이드라이드(Fe Ti H 1.95)이다. 이때 실제로는 H 1.95 전부를 화합시키기까지에는 시간이 너무 많이 걸리므로 H 1.5 정도 넣고, 또 완전히 빌 때까지 방출하면 다음에 화합시킬 준비가 쉽지 않다. 그러므로 정미 H 1.2 정도가 실용범위이다. 거기서 저장량은 하이드라이드의 분자량 104.94 중 1.2, 즉 중량으로 1.14%가 수소에 해당되고 무겁게 된다.

또 이 금속의 비중은 약 6이지만 입자상태에서 사용하며 냉각, 가열용의 공간도 필요하게 되므로 전체적인 체적도 적지 않다. 물론 경량합금의 연구도 행해지고 있다. 최후의 액체수소는 비중이 0.071로 가솔린의 약 1/10이고 1 l 당 발열량은 가솔린의 1/3.58이다. 즉 가볍고 체적이 크며, 또 −253℃의 극저온이 아니면 액화되지 않으므로 가스보다 가격이 15~50% 높다. 또 이 저온을 유지하기 위하여 단열탱크 등을 필요로 하는 어려움이 있다. 자동차 특히 승용차에 사용하기 위해서는 현재 상황에서는 중량적인 면에서 액체수소밖에 이용할 수 없다.

③ 액체 수소기관 : 한편 액체수소의 저온을 이용함에 따라 다음과 같이 수소기관의 결점을 보완할 수가 있다.

공기과잉률 λ일 때는 1 l 의 수소에 대한 체적은 2.38 λ로서 전체 혼합기에 대한 공기의 체적비율 V_H는

$$V_H = \frac{2.38\lambda}{2.38\lambda + 1}$$

근사적으로 공기와 수소의 비열을 같다고 하면, 흡입공기온도 t_A(절대온도 T_A)에 대하여 저온 t_H의 수소가 들어가 혼합하였을 때의 온도 T는

$$T=\frac{2.38\lambda T_A+T_h}{2.38\lambda+1}$$

그러므로 냉각에 의한 혼합기 밀도의 증가비율 V_C는

$$V_C=\frac{T_A}{T}=1+\frac{T_A-T_B}{2.38\lambda T_A+T_B}$$

한편, 동일 공기량에서 $\lambda=1$에서 발생하는 열량은 가솔린에 대하여 수소는 약 1.8배이다. 따라서 같은 행정체적에서 발생하여 얻은 열량의 $\frac{\text{수소}}{\text{가솔린}}$의 비는 약 다음과 같다.

$$r=1.18V_H\cdot V_C$$

그림 8·66의 AB는 이 계산값으로서 C는 액체수소를 그대로 흡기관에 넣었을 때 기화열에 의한 냉각효과가 증가하는 경우이고, 압축행정시 수소분사에 가까운 출력 증가를 기대할 수 있음을 나타낸다.

그림 8·67은 액체수소기관의 실험결과로 그 주요한 점은

a) 냉각효과로서 최대출력이 대폭적으로 증대한다.

b) 최대출력시의 열효율은 가솔린보다 오히려 뒤떨어지나 자동차 주행시와 같은 부분부하에서는 희박연소 때문에 열효율이 높다.

c) NO_x 생성이 급상승하는 점이 고출력 측으로 이동하고 일반적인 운전시의 배출량은 적어진다.

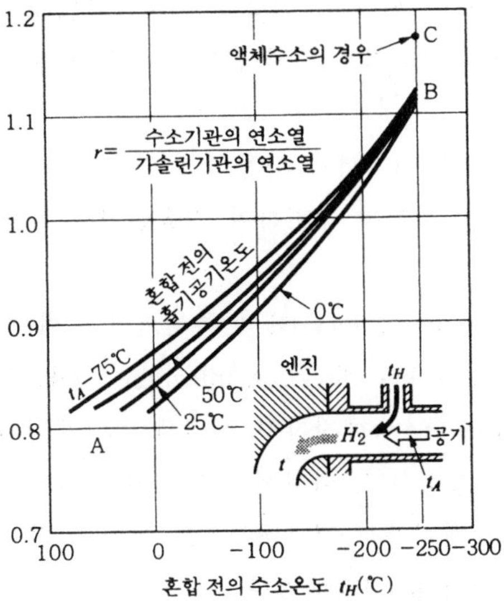

그림 8·66 연소열량에 대한 저온수소의 효과

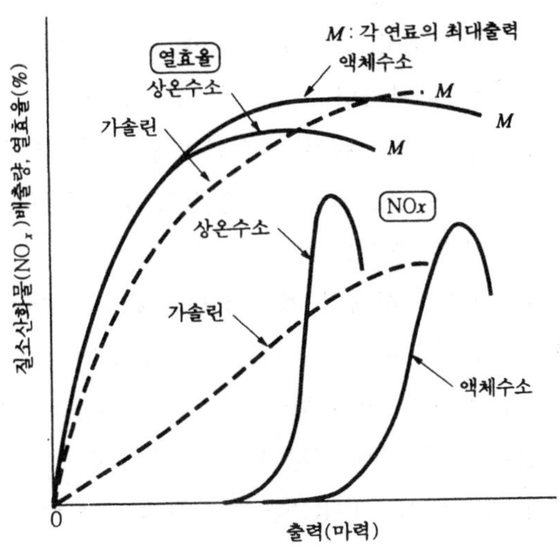

그림 8·67 액체수소 엔진의 냉각효과

또 액체수소를 사용하면 고압수소를 적은 동력으로 얻을 수 있는 가능성도 있으므로 저온공학 진보가 기대된다.

8.6 장래의 기관 및 자동차

현재의 자동차는 가솔린과 경유자동차로 대별되며, 이들의 발전과정에 가장 중요한 요인은 배기대책기술이라 생각되고, 최근 자동차기술은 연비, 안전 및 공해의 3축을 중심으로 발전하고 있다.

70년대 1, 2차 오일쇼크를 계기로 저연비기술에 대한 연구가 활발하게 진행되었으며, 압축천연가스(CNG)나 알코올과 같은 연료를 사용하는 대체연료기관에 많은 연구가 수행되었고, 자동차의 연비규제가 시작되었으며, 연비저감을 위하여 자동차를 구성하는 소재의 경량화도 관심을 갖게 되었다.

80년대에는 ABS(anti-lock brake system)와 에어백(air bag)이 개발되면서 안전이 자동차기술의 중요한 관심사가 되었다. 그러나 80년대 후반부터 지구환경에 관한 관심이 전 세계적으로 고조되었고, 1992년 채택된 기후변화 협약을 시작으로 대기오염에 대한 개선방안이 논의되기 시작하였다.

그리고 80년대 중반에는 CO, HC 및 NO_x를 90% 이상 저감시킬 수 있는 3원촉매가 가솔린기관에 적용됨으로써 저배기기술이 실용화되기 시작하였다.

3원촉매 적용을 위하여 연료가 유연에서 무연으로 되었고, 연소를 이론공연비($\lambda \fallingdotseq 1$)로 제어하기 위하여 기존의 연료와 공기의 혼합방식인 기화기가 인젝터 방식에 의한 전자제어식 연료분사 시스템 기술이 도입되었다.

이와 같은 시스템이 가솔린기관의 기본시스템으로 현재까지 사용되고 있으나, 배기가스 규제가 계속 강화되고 또, 앞으로 전개될 CO_2 가스규제에 대비하여 가솔린기관의 저연비 기술은 매우 중요한 개발 목표이다.

1998년부터 시행된 미국의 ULEV(ultra low emission vehicle)에 만족시키기 위해서는 희박연소(lean burn), 직접분사식 가솔린기관(GDI : gasoline direction injection) 적용, 솔레노이드를 이용한 전자제어식 EGR(E-EGR)제어, $DeNO_x$ 촉매장착이 해결책으로 생각되어지나 $DeNO_x$의 촉매 개발 완성은 예측하기 어려운 실정이다. 따라서 과도기의 기술로 3원촉매의 예열시스템(EHC)을 추가하여 저온시동시의 배기가스 저감대책으로 하고 있다.

표 8·10에 시대별 자동차의 핵심기술의 변천과정을 나타내었다.

디젤자동차는 가솔린자동차에 비하여 저배기 기술수준이 떨어져 있으나, 양호한 연료소

표 8·10 시대별 자동차 핵심기술의 변천과정

	1970년대	1980년대	1990년대	2000년대	2010년대
핵심기술	Fuel Economy	Safety	Emission	F.E & Emission.	
(대응기술) 가솔린	대체연료 CNG 알코올연료	ABS Air Bag	EFI TWC EHC DeNOx EGR E-EGR		
디 젤			FIE(CR/UI) DOC TC/IC DPF E-EGR $DeNO_x$		
엔진 및 차량			NGV GDI HSDI 2-Stroke Diesel		◦ Super Car Project ◦ 3L Car Program HEV EV
규 제	▶ 연비규제	▶ 안전규제	▶ 배기규제 CO, HC, NO_x, PM		CO_2

비율과 가솔린보다 적게 배출되는 CO_2 때문에 향후 사용이 증가될 전망이다.

디젤자동차는 우선 PM과 NO_x를 동시에 해결할 수 있는 기술이 필요하며, 디젤승용차가 많은 유럽에서 PM을 저감시키기 위하여 디젤산화촉매(DOC)를 채용하였으나, 최근에는 연료분사 시스템 기술인 고압기술이 발달하면서 DOC 사용없이 PM규제를 만족시킬 수 있게 되었다. 또, 계속되는 배기가스 규제에 대응하기 위해서는 연료분사압력 1300 bar 이상의 전자제어식 고압연료분사 시스템과 매연여과장치(DPF)의 개발, 4밸브, 직접분사식, 리엔트란트 연소실 개발, 터보차저/인터쿨러 장착과 전자제어 EGR(E-EGR)기술 및 $DeNO_x$ 촉매개발도 요구되며, 이들을 요약하여 정리하면 표 8·11과 같으며, 표 8·12에는 앞으로 사용될 가솔린 및 디젤기관의 저배기기술을 정리하였다.

한편, 표 8·13에 자동차 저배기 핵심기술의 현황과 전망을 나타내었다.

기존의 가솔린 및 디젤기관 이외에 대체연료 및 새로운 형식의 자동차기술도 중요하며, CNG 자동차가 증가할 것으로 예측되고, 장기적으로는 수소엔진도 사용될 것으로 전망된다.

특히 CNG 자동차는 경유와 함께 CO_2 배출량이 적어 유리하며 다른 배출가스도 적게 배

표 8·11 디젤 승용차의 장래적용 기술예측(Ricardo)

1990	1995	2000	2005	2010
▷ Fuel and Timing Electronic Control			▶ DPF	
	▷ EGR(Electronic Control)		▷ Plasma Aftertreatment	
▷ 4-V/V HSDI		▷ Multi V/V HSDI		
	▷ Passive DeNOx		▶ Active DeNOx	
	▷ VGT		▷ Variable Area Nozzle	
	▷ High Pressure Fuel Pumps		▷ VVT	

표 8·12 가솔린 및 디젤기관의 저배기기술 예측

	가솔린기관	디젤기관
현황	· CO, HC/NOx Trade-off · TWC(3원촉매)+EGR · λ=1.0(A/F=14.6) · Feedback Control · Preheat Cat.(EHC)	· PM/NOx Trade-off · FIE=900bar · TC/IC(터보차저/인터쿨러)
문제점	· ULEV 대책곤란 · 연비대책 곤란 · CO_2 대책곤란	· ULEV 대책곤란 · PM 대책시급
대응책	· Lean Burn(희박연소) ⇨ A/F=23-27 : 1 · GDI(가솔린 직접분사식) ⇨ A/F=40-50 : 1 ⇨ 도요다, 미쯔비시 채용 · Lean NO_x 촉매	· FIE=1300bar(고압연료분사) ⇨ Commonrail, EUI, TICS · DPF(입자상 물질여과장치) · EGR(배기가스 재순환장치) · 4 V/V, · DI(직접분사식) · Lean NO_x 촉매
대체기술	· CNG, LPG · 알코올연료 · 수소 · 2-Stroke(2행정엔진) · HEV(하이브리드자동차) · EV(전기자동차)	

표 8·13 자동차 저배기 핵심기술의 현황과 전망

범례 : ● 실용화된 기술 ○ 개발중인 기술 ★ 장래 사용될 기술

		가솔린 차량	디젤 차량	비 고
연소실	Lean Burn	●		
	Reentrant Chamber		○	직접분사식 기관용
연료시스템	GDI(직접분사식)	●		성층연소, 2행정기관
	고압연료분사식		●	TICS, Commonrail, EUI
EGR		●	○	전자제어식
후처리기술	TWC(3원촉매)	●		
	DPF		○	
	Oxidation Cat.	●	●	가솔린은 TWC 사용
	$DeNO_x$	★	★	2000년경 실용화 예상
	예열식 3원촉매	●		
TC/IC		○	●	
Hybrid 자동차		○★		
전자동차		○★		

출되는 청정연료로 인정받고 있으나, 출력이나 단위연료당 주행거리면에서 불리함을 극복해야 하는 과제가 남아 있다.

궁극적으로는 전기자동차가 사용될 전망이지만 축전지의 기술이 관건으로 생각되며, 과도기적인 것으로 하이브리드 전기자동차(HEV)가 시험운행되고 있다. 최근에는 축전지뿐만 아니라 연료전지(fuel cell)의 실용성에 대한 가능성이 높아지고 있다.

앞으로 자동차 유해 배기가스 성분에 CO_2가 추가되어, CO_2의 저감기술이 가장 중요한 자동차의 경쟁기술이 될 전망이다. 현재까지는 CO_2 자체를 연소나 후처리기술로 저감시킬 수 있는 방안은 제시되지 못하고 있으며, 유일한 방법으로는 연료를 적게 사용하여 CO_2 생성

표 8·14 자동차 저배기기술 실용화 전망

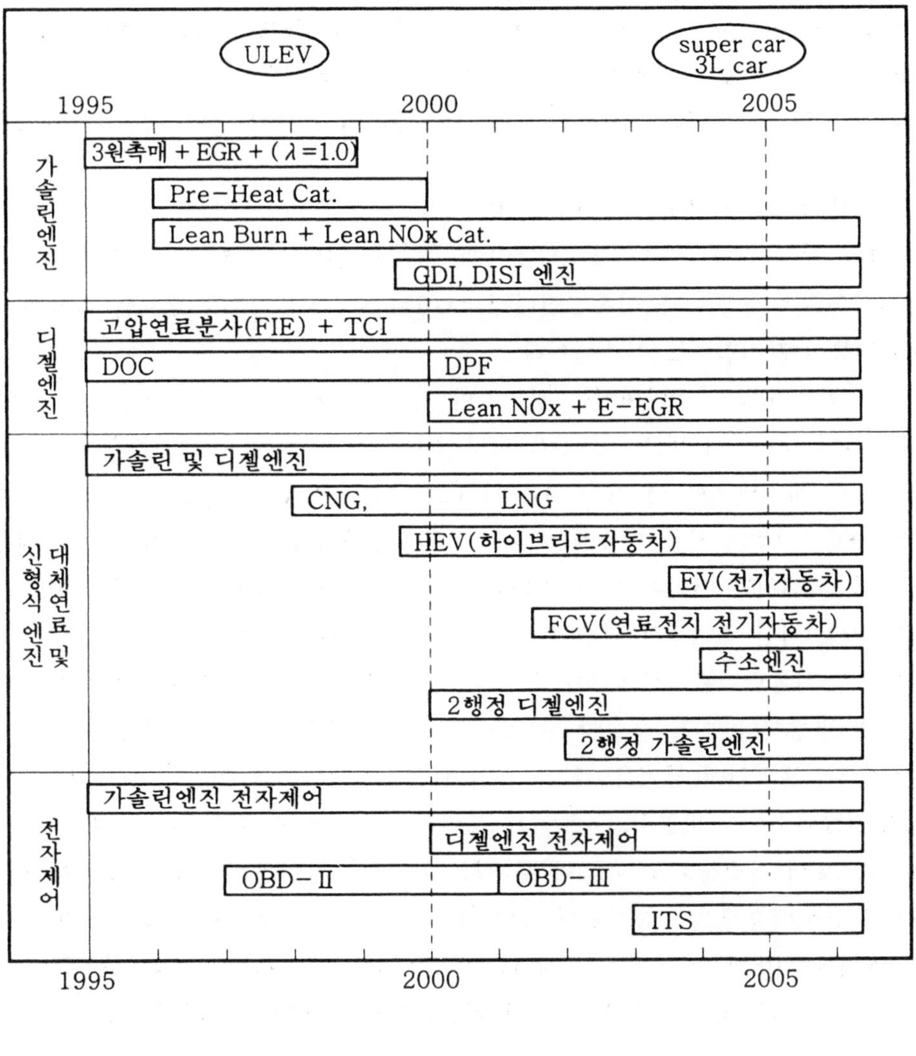

량 자체를 저감시키는 것이다.

따라서, 초저연비 자동차기술이 개발된다면 CO_2를 포함한 배출가스뿐만 아니라 연료소모가 적어 소비자 입장에서도 매우 매력적이라 생각된다.

현재 미국·유럽 및 일본 등지에서는 CO_2가 앞으로 자동차 기술경쟁의 가장 중요한 요인으로 예상하고 있으며, 이에 미국에서는 국가적인 차원에서 초저연비 자동차기술 개발사업을 지원하여 현재 연료소비율을 1/3 수준인 100 km를 3리터로 주행할 수 있는 기술을 개발하고 있다. 구체적으로는 미국은 1993년 super car project를 범국가적으로 진행하여 2004년에 연비 80 mpg(35 km/L)의 대형 승용차를 생산단계까지 개발할 목표이며, 유럽에서는 2000년까지 연비 3 L/100 km(3 L car project)인 소형 승용차 개발을 목표로 VW에서는 1998년 양산차량을 발표하기도 하였다. 일본에서는 자동차회사에서 40～50 : 1의 공연비로 GDI에 대한 연구가 활발하며 3.1～3.9 L/100 km 수준을 우선 목표로 하고 있다.

표 8·14에 자동차 저배기기술 실용화 전망을 나타내었다.

장래의 새로운 형식의 기관이나 자동차에 대하여 간략히 정리하면 다음과 같다.

(1) 희박연소기관(lean burn engine)

현재의 가솔린기관 연소기술은 3원촉매 적용을 위하여 연료분사용 인젝터를 전자제어하여 공급연료의 공연비를 이론공연비($\lambda=1.0$)로 조절하고 EGR 밸브를 채용하여 CO, HC, NO_x를 동시에 저감하는 시스템이다.

이 기술이 도입된 80년대에는 획기적인 저배기기술로 평가를 받았으나, 이제는 이 기술이 두 가지 측면에서 새로운 도전을 받고 있다. 첫째는 배기규제가 계속하여 강화되어 왔고 이제는 이 시스템으로 더 이상 배기규제(ULEV)를 통과할 수 없는 단계에 도달하였다. 둘째는 2005년경부터 자동차 유해 배출가스 규제성분에 CO_2가 포함될 것으로 예상되고 있으며, 이를 위해서는 저연비기술로 CO_2의 생성량을 줄이는 것이 가장 효율적인 대책으로 알려져 있다. 이런 측면에서 디젤기관이 가솔린에 비해 20～30% 유리하다.

따라서, 가솔린기관에서 배기가스를 감소시키면서 연료소비를 저감시키는 기술이 필연적인 개발 방향이며, 이를 구현할 수 있는 방법은 희박연소가 가장 가능성 있는 기술로 제시되어 있다. 혼합기에 공기를 과잉공급하여 연소시키는 희박연소는 상대적으로 펌핑손실이 적고, 정상연소보다 비열비가 증가함으로써 기관열효율이 향상된다. 그리고 연소최고온도가 낮아짐으로써 질소산화물(NO_x)이 현저히 감소되며 완전연소로 인한 일산화탄소(CO)가 감소하여 유해배출가스가 줄어든다. 그러나 초희박연소는 공연비가 희박해짐에 따라 연소가 불안정하게 되어 토크 변동을 초래하는 단점을 가진다. 따라서 초희박연소를 실행하기 위해서는 희박연소시 연소 안정성에 관한 기반기술의 확립이 선행되어져야 한다.

자동차용 기관의 작동영역은 매우 다양하며 특히, 고부하시에는 최대의 토크를 발휘할 수 있도록 해야 하기 때문에 희박연소엔진도 고부하에서는 공연비가 농후하며, 중저부하 영역에서 희박한 공연비를 공급한다.

(2) 직접분사식 가솔린기관(GDI, DISC)

1995년에 일본의 미쯔비시 자동차에서 가솔린기관의 연소실 내에 연료를 직접분사하는 방식을 발표하면서 가솔린 직접분사식 엔진(GDI : gasoline direction injection)이 큰 관심을 끌게 되었다. 이듬해인 1996년에 도요다 자동차가 계속하여 GDI기관 장착차량을 발표함으로써 본격적인 GDI 엔진 개발경쟁이 시작되었다.

GDI기관은 기존의 가솔린기관이 사용하던 흡기포트 연료공급방식(PFI : port fuel injection)에서 발전하여 디젤기관과 같이 연소실 내에 연료를 직접 공급하는 방식으로서, 지금까지 디젤기관에 비해 취약점으로 지적되어 오던 높은 연료소비율 문제를 획기적으로 개선할 수 있는 기술로 평가되고 있다.

연소실 내 직접분사식 엔진기술은 1920년 이후부터 DISC(직접분사식 성층연소 : direct injection stratified combustion)기관으로 연구되어 왔으며, 이는 전기점화(가솔린)기관과 압축착화(디젤)기관의 장점을 결합한 혼합기관의 개념이다. 즉, 압축행정중에 연소실에 연료를 직접분사함으로써 가솔린기관에서 흔히 발생하는 노크와 자발화를 방지하고, 디젤기관과 같이 분사되는 연료의 양으로 기관출력을 조절할 수 있어 기관의 교축밸브를 항상 최대상태로 고정한 상태에서 운전하므로 공기흡입시 발생하는 일손실(펌프손실)을 줄일 수 있다. DISC기관의 최대목적은 희박연소를 실현하기 위한 방법으로도 사용되었는데, 이는 전체 혼합기는 희박하지만 점화플러그 근처는 농후한 혼합기를 공급함으로써 희박연소기관에서 발생하기 쉬운 실화를 방지하며, 연소초기의 연소속도를 증가시켜 주도록 하였다. 기관내부에서 공기의 성층화를 만들기 위한 방법으로는 기계적인 하드웨어방법과 제어방식의 변경을 통한 방식이 동시 혹은 독립적으로 적용되고 있다.

직접분사식 기관에서는 성층화를 도모하고 배기가스 개선을 위하여 연료분사각도, 액적크기, 분사기간 요소들의 최적화가 중요하다.

(3) 2-행정기관

지금까지의 2-행정기관은 대부분 선박이나 산업용의 대형 디젤기관이나 모터사이클용의 소형으로만 사용되어 왔으며, 자동차용에는 아직 실용화되어 있지 못하다. 지금까지 주로 4-행정기관에만 연구투자가 집중되어 왔기 때문에 2-행정기관기술은 4-행정기관에 비해 20년 이상 뒤져 있는 것으로 보고 있다.

최근 들어 자동차 배출가스 규제가 계속하여 강화되면서 자동차 동력의 주종인 4-행정기관에 대한 근본적인 검토가 이루어지고 있으며, 이와 동시에 기본 원리면에서는 4-행정기관에 비해 유리하나 세부 기술면에서 해결하기 어려운 문제가 많았던 2-행정기관에 대해 새로운 각도에서 가능성을 검토하고 있다.

최근의 2-행정기관기술은 연소실 내 연료 직접분사방식을 채용한 Orbital 기술을 시발점으로 미국의 Ford와 GM 자동차가 연구에 참여하고 있으며, 유럽은 IFP, AVL 등의 연구소와 VW, 르노 등의 자동차회사들이 관심을 보이고 있으며 주로 가솔린기관의 연구에 집중되고 있다.

한편, 2-행정 디젤기관의 경우 도요다 자동차의 디젤기관이 가능성이 높은 것으로 평가되고 있다. 이 기술은 기존의 2-행정기관기술의 연장선에 있는 개념이 아니라 종래의 4-행정기관기술을 2-행정기관으로 접목하는 새로운 접근방식으로 2-행정기관의 근본적인 문제점들의 많은 부분이 해결되었다. 소기 시스템의 기본개념은 Ricardo의 Flagship과 유사한 면이 있으나 실용화 기술면에서 앞서 있다고 볼 수 있다.

현재까지는 낮은 관심과 투자부족으로 인하여 다른 엔진에 비해 개발수준이 낮은 것이 사실이지만, 세계적인 관심이 되고 있는 자동차 배기문제의 해결을 위하여 2-행정 디젤기관이 진지하게 재검토되고 있어, 2-행정기관의 재발견(New generation of two-stroke engine)이란 표현이 사용되면서 2-행정기관이 가능성 있는 새로운 연구분야로 부상하고 있다.

(4) 저압축 고팽창기관(밀러 사이클기관)

저압축 고팽창기관은 1885년 James Atkinson이 발명한 「Atkinson cycle」이 효시라고 할 수 있으나, 1947년 R. H. Miller가 실용성이 있는 새로운 개념의 「Miller cycle」을 발표하였다. 그러나 이 엔진기술을 상용화시키기 위해서는 응답성이 좋은 과급기 개발이 무엇보다 중요함을 인식하고 일본의 마쯔다 자동차에서 기존의 Lysholm 압축기를 개량하여 채용함으로써 1990년대 초반에 Miller 사이클기관을 실차에 적용하였다.

비출력(기관의 단위무게 또는 배기량당 출력)이 높은 기관은 차량의 중량감소뿐만 아니라 기관이 차지하는 체적을 적게 하여 자동차설계에 유리한 자유도를 주기 때문에 중요한 개발목표 중의 하나이다. 가장 효율적인 방법으로 터보차저나 슈퍼차저를 사용하여 압축공기를 연소실 내에 강제과급하는 기술이 사용되고 있으나, Otto 사이클의 경우 노킹문제가 발생하기 때문에 압축비를 낮춰야 하며, 이에 따라 기관효율이 또한 저하되어 과급의 효과가 줄어든다.

Otto 사이클의 이와 같은 문제점을 개선하기 위하여 Miller 사이클에서는 흡기밸브의 닫힘시기를 하사점 전 또는 후에 닫히게 함으로써 압축비를 낮추어 노킹을 방지한다. 또한 팽창비를 충분히 크게 하여 연소가스의 팽창에너지를 충분하게 활용함으로써 에너지효율을 높여 종래 기관에 비해 1.5배의 높은 토크와 10~15% 연비절감을 얻고 있으며 CO_2 저감도 상당하다. 또한 실용회전 범위가 2000~3500 rpm으로 넓고, 전 회전영역에서 평탄한 토크 특성을 나타내며, 기관응답성도 우수하나 생산가격이 높아지는 단점이 있기 때문에 고급차에 유리하다.

그러나 Miller 사이클은 Otto 사이클에 비해 흡입행정이 짧기 때문에 과급효율이 높은 과급기가 필요하며, 인터쿨러를 사용하여 흡입공기를 냉각하여 과급효과를 높여 줌으로써 충분한 효과를 얻을 수 있다.

(5) 전기자동차(EV)

전기자동차는 가솔린 자동차가 출현되기 훨씬 이전인 1873년 영국의 R. Davidson에 의해 최초로 제작되었으나, 1차 세계대전 후 가솔린 자동차의 급속한 진보로 일반의 관심에서 멀어져 자취를 감추게 되었다.

80년대에 들어와서 자동차 배출가스에 의한 공해문제가 대두되면서 이를 근본적으로 해결할 수 있는 해법으로 전기자동차가 제시되어 왔으나, 축전지 기술이 부족하여 실용화가 미루어져 왔다. 그러나 90년대 초반 들어 축전지 신기술창출 가능성이 타진되면서 미국을 중심으로 급속하게 개발이 추진되었다. 특히 자동차회사의 강한 반발에도 불구하고 캘리포니아 주정부(CARB)의 강력한 의지로 1998년부터 전기자동차 사용을 의무화하는 ZEV(zero emission vehicle)규제를 입법화하면서 전기자동차 개발이 본격화되었다.

ZEV 초기법안은 1998년부터 연(年) 3500대 이상 판매하는 자동차회사에 대해 무공해차량 2%를 의무적으로 판매하고, 이 수를 해마다 2%씩 증가시켜 2002년에 10% 판매를 의무화하는 내용이다.

그러나, 전기자동차의 가장 핵심기술은 우수한 축전지이나, 몇 년간의 집중적인 연구투자에도 불구하고 축전지 기술이 기대만큼 성과를 거두지 못하여 전기자동차 기술발전이 다시 주춤하고 있으며, 더욱이 ZEV 규제를 2003년으로 연기하면서 전기자동차 기술이 가까운 장래에 완성되기는 어렵지 않나 하는 회의적인 전망이 높아지고 있다. 축전지 성능을 결정하는 중요한 인자로는 에너지 밀도(energy density)와 출력(power density)이며 안전성, 수명, 충전 용이성, 충전효율, 충전시간, 저온성능 등을 들 수 있다. 또한 전기자동차 대중화를 위해서 충전, 폐차, A/S 등을 대처하는 전기자동차 기반시설(infrastructure)의 구축이 매우 중요하다.

이 밖에도 전기자동차의 주변장치 개발이 중요하며, 전기에너지를 운동에너지로 변환시키는 고성능 전기모터 개발, 자동차의 전체 에너지 시스템을 관리하는 EMS(energy management system), 기타 효율적인 파워스티어링, 에어컨, 히터 개발 등이 필요하다.

전기자동차는 장래의 자동차공해 및 에너지 문제를 해결할 수 있는 가장 가능성이 높은 대안이라는 것에는 아직도 이견이 없으며, 정부와 자동차회사를 중심으로 연구가 활발히 진행 중이다.

(6) 하이브리드자동차(HEV)

하이브리드자동차는 차량의 성능(연료소비)을 향상시키고 대기오염을 줄이기 위한 방법의 하나로 동작원리가 다른 두 종류 이상의 구성원을 효율적으로 조합해서 동작시키는 시스템이다. 대부분의 경우는 연료를 사용하여 동력을 얻는 기관과 전기로 구동시키는 전기모터로 구성된 시스템을 말하며 이것은 현재의 내연기관에 비해 배기가스를 현저하게 저감시킬 수 있다.

하이브리드자동차 개념은 이미 1909년에 특허가 출원될 정도로 오래된 개념이었으나, 최근 전기자동차 개발과정에서 새롭게 조명되기 시작하였다. 그동안 몇 년간의 집중적인 투자에도 불구하고 축전지 기술개발이 예상만큼 진전되지 못하였기 때문에 미국 캘리포니아는 ZEV 규제 적용시기를 2003년으로 후퇴하기에 이르렀으며, 이에 따라 전기자동차 상용화 시기가 상당기간 늦어질 것으로 전망되고 있다. 그러나 전기자동차가 자동차 배출가스 공해의 해결책이라는 데는 대부분이 공감하고 개발노력도 지속될 것으로 예상되기 때문에, 이와 같은 시점에서 지금까지 개발되어온 축전지 기술을 활용하고 동시에 개발을 계속하면서 전기자동차가 실용화되기 전까지라도 시급한 공해문제를 지속적으로 개선할 수 있는 방안으로 하이브리드자동차 기술이 제시되었다.

또한 하이브리드자동차는 지금까지 발전되어온 기존 자동차기관에 새롭게 발전되어 가고 있는 축전지를 조합하여 사용하면 기관만을 사용할 때보다 배출가스 공해를 줄일 수 있고, 전기자동차에서 가장 큰 결점으로 지적되고 있는 1회 충전시 주행거리가 짧은 점을 보완할 수 있다. 향후 축전지 기술이 향상되는 데로 기관 크기를 줄여감으로써 궁극적으로 전기자동차로 이전되어 갈 수 있어 하이브리드자동차는 전기자동차로 가는 과도기 기술로 볼 수 있다.

하이브리드자동차의 장점으로 동력원의 다양성을 꼽을 수 있다. 예를 들면 기존의 가솔린이나 디젤기관뿐만 아니라 압축천연가스(CNG), 연료전지(fuel cell), 가스터빈 등을 사용할 수 있으며, 에너지 저장장치도 전기에너지를 저장하는 축전지(battery)와 축전기(capacitor) 이외에도 회전력을 저장하는 플라이휠(flywheel), 유압을 저장하는 축압기(accumulator), 압축실린더(pressure cylinder) 등으로 다양하며 태양에너지 이용도 용이하다.

그러나 하이브리드자동차 실용화를 위해서는 2개 이상의 동력원을 사용하는 데 따른 구조의 복잡성 때문에 중량과 차량가격이 상승되는 문제점을 해결해야 한다.

(7) 연료전지(fuel cell) 자동차

1839년 William Groves가 전기분해 셀의 2전극에 수소와 산소를 공급하였을 때 외부 전도체를 통하여 전류가 흐르는 것을 발견함으로써 연료전지 원리를 발표하였으나, 자동차에 적용하기 위한 연구는 1980년 후반에 미국에서 본격적인 연구가 시작되었다.

그림 8·68은 연료전지의 기본작동을 나타낸 개념도이다.

수소가스를 양극(anode)에 공급하면 전기화학반응(electrochemical reaction)에 의하여 전극표면에서 양자(protons)와 전자(electrons)를 생성한다. 이렇게 발생된 전자는 전도체를 통하여 음극으로 이동하며 양극 사이에 설치되어 있는 모터 등을 구동할 수 있는 전기를 발생한다. 음극으로 이동한 전자는 산소 및 이미 발생한 양자와 반응하여 물을 생성한다. 이때 백금촉매를 사용하여 반응속도를 촉진하면 실용화가 가능한 전류량을 얻을 수 있다.

양극(연료극)에서 반응식 : $H_2 \rightarrow 2H^+ + 2e^-$

음극(공기극)에서 반응식 : $O_2 + 4H^+ + 4e^- \rightarrow 2H_2O$

연료전지의 연료를 수소로 사용할 경우의 연료전지의 반응은 "$2H_2 + O_2$(산화제) $\rightarrow 2H_2O$ +전기"이다.

연료전지의 장점으로는 효율이 90% 이상이며, 특히 부분부하에서 높다. 현재의 연료전지 1개는 0.55~0.75 V 전압범위에서 0.8~1.2 A/cm^2 정도의 전류를 얻을 수 있는 수준이다. 자동차 모터를 구동할 수 있는 전류를 얻기 위해서 여러 개의 연료전지를 직렬 또는 병렬로

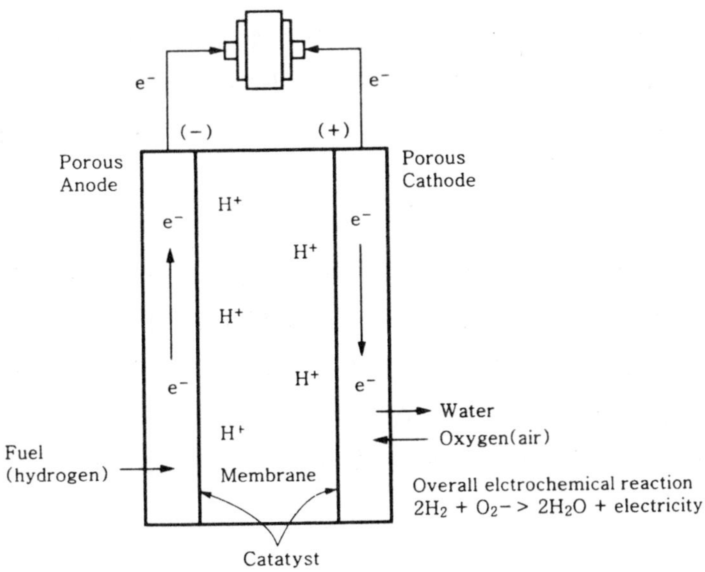

그림 8·68 연료전지의 기본작동

연결(stack)하여 사용한다.

연료전지는 전기를 발생시키는 장치이며 축전지와 같이 에너지를 저장하는 장치는 아니다. 연료전지의 결점으로는 부하변동에 따르는 반응속도가 느려서 차량 냉간시 출발과 급가속성이 떨어진다. 또한 시스템 가격도 엔진시스템에 비하여 월등히 높아 실용화에 중요한 장애요인이다.

(8) 수소자동차

수소엔진에 대한 연구는 1805년 스위스의 Rivaz가 최초로 개발하여 발표한 바가 있으며, 1920년대에 영국의 Ricardo 연구소에서 본격적인 연구가 수행되었다. 1970년에 일본 무사시공대의 Furuhama 교수가 수소 1호 차량 개발을 필두로 액체수소를 사용하는 승용차인 무사시 8호, 냉동차인 무사시 9호 개발 등의 지속적인 연구를 진행하고 있으며, 일본 기계연구소에서도 1987년에 연소실 내 직접분사방식 엔진을 개발하여 차량에 탑재하여 주행을 성공하였다.

국내에서도 성균관대학에서 이종태 교수팀에 의해 1987년부터 수소엔진개발 연구를 꾸준히 진행해 오고 있으며, 현대자동차에서도 정부연구사업으로 수소자동차 개발을 수행하고 있다.

(9) 초저연비 자동차

1992년 6월에 채택된 지구변화협약 이후 지구온난화 가스인 CO_2에 대한 국제적 규제가 본격화되고 있으며 이미 가까운 장래에 자동차 배출물로서의 CO_2 규제가 준비되고 있다. 자동차연료로 사용되고 있는 화석연료는 연소가 이상적으로 연소될수록 CO_2의 생성량이 많아진다. 현재로서는 CO_2 자체를 연소나 후처리기술로 저감할 수 있는 방안은 제시되어 있지 못하며, 연료를 적게 사용함으로써 CO_2의 생성량을 줄이는 것이 가장 효율적인 대책으로 알려져 있다.

이미 미국과 유럽, 일본등 선진국에서는 CO_2가 앞으로 자동차기술 경쟁의 가장 중요한 요소가 될 것으로 파악하고 이미 국가적인 차원의 초저연비 자동차기술 개발사업을 지원하고 있으며, 이들 사업은 현재 연료소비율의 1/3 수준인 1리터당 35 km를 주행할 수 있는 자동차기술을 21세기 초반에 실용화시키는 것을 목표로 하고 있다. 이것은 미국에서는 Super Car Project가 80 mpg(34.5 km/l)을 목표로 하고, 유럽에서는 3 L Car Program으로 100 km/3 L을 목표로 하며, 일본에서는 자동차회사를 중심으로 100 km/(3.1~3.9 L) 수준을 우선 목표로 하고 있다.

9장

내연기관의 성능시험과 측정법

내연기관에서는 출력성능 및 경제성능을 표시하는 여러 가지 성능곡선으로 그림 9・1 같은 몇 개의 방법이 있다.

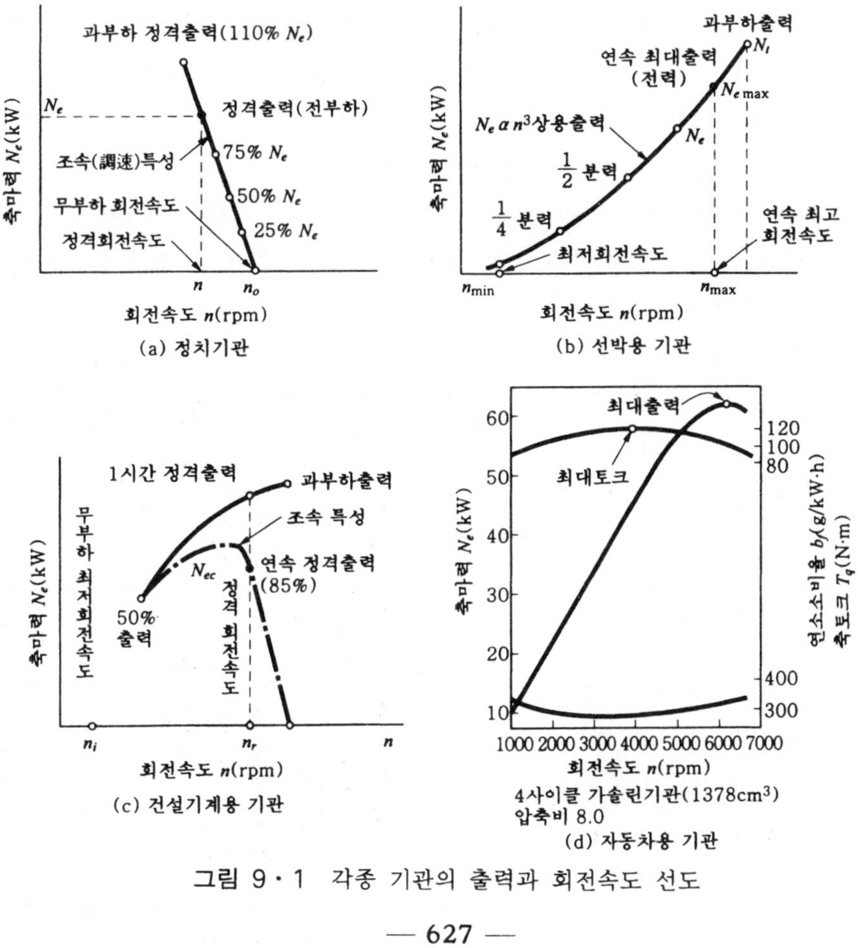

그림 9・1 각종 기관의 출력과 회전속도 선도

기관성능의 판정은 기관 종류에 따라 한국공업규격(KS : korea industrial standard)에 정해진 내연기관의 성능시험 방법에 따라 운전하여 얻는다. 외국으로 수출할 경우에는 각 나라에서 정한 시험규격, 즉 미국은 SAE, 독일은 DIN, 영국은 BS, 일본은 JIS 등으로 운전시험하여 기관의 성능을 구해야 한다. 또, 규격이 없는 나라는 국제연소기관회의(CIMAC : congress international des machines à combustion)나 ISO에서 정해진 규격이 사용된다.

9.1 기관성능 측정

9.1.1 성능시험

일반적으로 내연기관의 시험방법은 기관의 출력성능 및 효율을 구하는 방법이 부하시험이며, 기관의 사용방법에 따른 운전조건하에서 토크, 출력 등의 출력성능, 연료소비량과 효율 등의 경제성능을 측정하는 것이 주이다. 이외에 기계의 신뢰성 혹은 내구성을 조사하는 내구시험, 시동의 양부를 판정하는 시동시험, 가속시험, 항공기의 경우에는 고공(高空)성능시험 등이 있으며, 연구 목적에 따라서 여러 특수한 실험이 수행되고 있다.

본 절에서는 동력과 경제성능의 측정 및 그 해석방법에 대하여 주로 서술하였지만, 공해성능이라 하는 중요한 배기가스의 분석방법에 대하여도 언급하였다.

기관시험의 가장 기초가 되는 것이 부하시험인데, 이는 시험기관을 일정한 조건하에서 운전하여 각 부하에서 출력, 연료소비율 등을 측정하는 시험으로 모두 정상상태에서 한다. 이 부하시험에서는 자동차용 기관과 같이 회전수가 변화하는 것과 발전용이나 농공용 기관과 같이 정속회전에서 측정하는 방법이 있다.

회전수를 변화시켜 시험을 하는 것은 그림 9・2와 같이 회전수를 변화시켰을 때 마력, 토크, 연료소비율을 측정하는 것이며, 토크 T_q는 교축밸브나 연료조절용 래크(rack)의 입력에너지 제어장치의 변수 θ, 동력계의 부하토크(또는 동력계 하중)와 회전속도 n의 함수가 된다. 즉 $T_q = f(\theta,\ T_L,\ n)$이다.

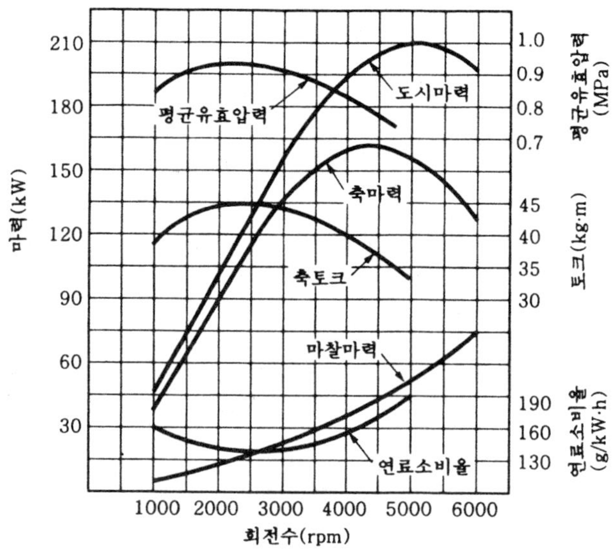

그림 9・2 교축밸브 전개상태에서 자동차용 기관의 회전수 변화시험

그러나 이 3개의 항은 독립해서 변화하는 것이 아니고, 2개가 정해지면 나머지 1개는 결정된다. 따라서, 기관토크를 구하기 위한 시험에는 이 3개의 파라미터 중 하나를 고정시키고 다른 2개를 서로 변화시켜 전체 운전영역의 성능을 구할 수가 있다. 예를 들면 교축밸브 열림을 일정하게 하고 부하토크를 변화시키면 기관의 회전수가 변하며 회전수에 대한 토크 특성을 얻을 수가 있다. 또, 회전수를 일정하게 해서 교축밸브 열림과 부하토크를 여러 가지로 변화시키면 정속회전시험이 된다.

전부하실험이란 교축밸브 열림 θ를 최대로 하는 시험이다. 즉, 교축밸브를 완전히 열어서 연료조절 래크를 최대값으로 했을 때 토크와 회전수를 구한다. 부분부하실험에서는 전부하보다 작은 부하를 걸었을 때의 성능시험인데 여기에는 다음 세 가지가 있다.

(1) 토크법

부하토크와 회전속도가 어느 정해진 값이 되도록 교축밸브 열림이나 래크위치를 조절하는 시험인데, 전부하실험에서 각 회전수에 대한 최대토크를 알고 있으므로 같은 회전수에 대한 토크의 75, 50, 25%(또는 3/4, 2/4, 1/4부하)가 되도록 교축밸브 열림 정도를 조절하여 그때의 연료소비율 등을 측정한다.

(2) 교축밸브 열림 일정법(래크위치 일정법)

교축밸브 열림, 또는 래크위치 θ를 일정하게 해서 행하는 시험인데, 완전히 연 경우를 최대값으로 잡고 완전히 닫은 경우를 0으로 하여 그 사이를 임의로 나누어 시험한다. 교축밸브 열림 정도와 토크는 직선적으로는 변화하지 않으므로 같은 간격으로는 측정이 곤란하다. 래크위치 쪽은 펌프의 특성에도 관계가 있으나 토크에 비례하고 있기 때문에 쉽다. 밸브열림 정도나 래크위치는 모두 지시정도(指示精度)가 나쁘고 진동 때문에 움직이므로 시험의 재현성은 좋지 않다.

(3) 흡기압력 일정법

교축밸브 전개에서 공회전(idling)까지의 흡기압력(boost압 : 부압)의 변화는 기관의 회전수가 일정하면 토크에 비례하므로 적당한 간격으로 부압을 선정하면 토크법에 가까운 성능곡선이 얻어진다. 이 경우는 교축밸브 열림정도와 하중을 조절해 가면서 목표의 부압과 회전수가 되도록 시험하면 된다.

이상의 시험은 정상시험이므로 운전 전에 충분히 난기운전(warming up)을 해서 각부의 상태, 즉 냉각수 온도, 윤활유 온도 등이 지정된 조건에 맞게 하여 측정을 하여야 하며, 정속시험 회전법은 기관의 출력과 연료소비율 특성을 측정하는 것이다.

9.1.2 운전시험

기관을 시험장치에서 운전하여 성능을 측정할 때는 출력성능 외에 기계효율, 열효율, 연료와 오일 소모량 및 시동성(startability) 등이 있다.

기관의 제동마력(축마력)을 측정하는 데는 축토크와 기관회전속도를 측정하면 되는데, 이 측정장치가 동력계(dynamometer)이다.

기계효율은 지압계를 사용하여 얻어진 선도에서 도시일을 구하고 실제일과를 비교하여 계산한다. 또, 연료소비율과 발열량의 측정으로 열효율이, 오일의 보급량으로는 오일의 소비가 구해진다. 시동성에 대해서는 저온 실험실 내에서 실험실 내 온도, 냉각수 온도, 기름의 온도 및 축전지 용량 등 조건을 바꾸어서 시동시험을 한다.

(1) 동력계

동력을 측정하기 위해서는 기관에 직결시킨 동력계에서 내부 마찰일을 시켜 동력계에 걸리는 회전모멘트(토크)를 측정할 수 있게 한 흡수동력계〔즉, 어떠한 장치에 의해 회전축을 제동(브레이크)하여 엔진일에 상당하는 제동일을 열의 형태로 방산시켜 그때의 제동력을 계측하여 토크를 구하는 방법 : 흡수법〕와 기관에서 동력계로 동력을 전달할 때 중간 축에 전해진 토크를 그 축의 비틀림이나 변형을 이용하여 토크를 직접 측정하는 전달 동력계(전동법)의 2형식이 있다. 흡수동력계는 엔진일을 전부 흡수하므로 흡수동력계 또는 단지 브레이크라고도 부르며, 전달동력계는 평균토크뿐만이 아니라 변동토크도 측정 기록할 수 있으므로 토크미터라고도 한다.

또한, 이와 같은 동력을 전달하는 매개체에 따라서 가장 간단한 기계식 동력계, 물을 매개물로 하는 수동력계, 전기의 힘을 이용한 전기동력계 등으로 구분하기도 한다.

① 프로니(prony) 브레이크 동력계

기관에서 발생하는 동력을 고체마찰을 통하여 흡수하는 동력계로 프로니 브레이크(prony brake)가 있는데, 측정 가능한 회전속도와 흡수 토크는 적어서 현재는 사용되는 예는 적지만 동력계의 원리를 이해하는 데 적당하다고 생각되어 이것을 예로 들어 설명하기로

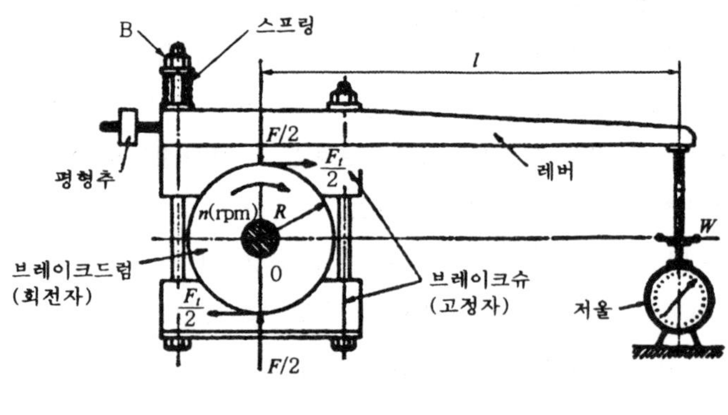

그림 9・3 프로니 브레이크 설명도

한다.

그림 9·3에 프로니 브레이크의 원리를 간략히 나타내었다. 그림에서 출력축 O에 직결한 브레이크 드럼(회전자)과 브레이크 슈(고정자)가 제동기구이고 브레이크 슈는 볼트와 너트 B에 의하여 브레이크 드럼에 체결되어 있다.

브레이크 슈와 브레이크 드럼 사이의 마찰계수를 μ_f라 하면 드럼에 가해지는 마찰력 F_t는

$$F_t = \mu_f \cdot F \text{ [N]}$$

가 된다.

이 힘에 반대하여 드럼이 1회전 동안에 한 일 L은

$$L = 2\pi R \times F_t \text{ [N} \cdot \text{m]}$$

이고, 드럼이 매분당 n회전한다고 하면, 이때 소비시킨 동력은$(n/60) \cdot L$ [N·m/s]이다.

이것을 N_e [kw]로 표시하면(1 W=1 N·m/s) 다음과 같다.

$$Ne = \frac{2\pi RF_t n}{60 \times 1000} \text{ [kW]} \tag{9·1}$$

또는 N_e [PS]로 표시하고 F_t [kgf]로 하면(1 PS=75 kg·m/s) 마력은 시간당의 일의 양이므로

$$N_e = \frac{2\pi RF_t n}{60 \times 75} \text{ [Ps]} \tag{9·1 a}$$

여기서, $R \times F_t = T_q$(N·m 혹은 kgf·m)은 회전력 토크(torque)이다.

한편, 브레이크 슈로부터 길이 l의 레버를 이용하여 그 선단에 작용하는 힘을 저울을 이용하여 측정하면 된다. 저울은 브레이크 슈에 전해진 회전력을 받고 있기 때문에 그 값을 W(N 또는 kgf)라 하면

$$T_q = R \cdot F_t = W \times l \tag{9·2}$$

따라서, W(N)인 경우 식 (9·1)은 다음과 같다.

$$Ne = \frac{2\pi nRF_t}{60 \times 1000} = \frac{2\pi n l W}{60 \times 1000} = \frac{n \cdot l \cdot W}{9.55 \times 10^3} \text{ [KW]} \tag{9·3}$$

또, W(kgf)인 경우 식 (9·1 a)는

$$N_e = \frac{2\pi nRF_t}{60 \times 75} = \frac{2\pi nlW}{60 \times 75} = \frac{n \cdot l \cdot W}{716} \text{ [PS]} \tag{9·3 a}$$

토크는 일을 하기 위한 기관의 능력의 척도이며, 마력은 이루어진 일의 비율을 표시하는 척도이다. 브레이크 슈와 브레이크 드럼 사이에서 행하여진 마찰일은 마찰열로 변하여 대기 중으로 방출되거나 혹은 드럼의 안쪽에 순환되는 물에 의하여 냉각되어 브레이크의 온도가 높아지는 것을 방지한다.

② 수동력계

프로니 브레이크 동력계에서는 동력흡수를 위해 고체물체간의 마찰을 이용하고 있지만, 수동력계에서는 로터를 회전시켜 그때의 유체마찰을 이용한다. 즉, 물 속에서 로터를 회전시키면 그 유체저항에 의해 동력이 흡수된다. 이때 제동력은 회전수의 거의 2승에 비례한다. 수동력계에는 물의 마찰력과 교반하는 힘을 이용하는 것이 있는데, 마찰력을 이용하는 것으로는 회전자와 고정자 사이의 유체의 점성력을 결합체에 사용시키는 것이며, 교반형은 회전자의 임펠러(impeller)에서 고정자의 임펠러에 유체가 이동하는 힘을 결합력으로 사용시킨다. 물은 제동과 동시에 냉각의 구실을 하는데, 이 종류의 수동력계는 정밀도가 좋고 취급도 비교적 간단해서 대마력까지 측정이 가능하다. 현재 널리 사용되고 있는 것은 프로우드 동력계(Froude dynamometer)와 융커스 동력계(Junkers dynamometer)이다.

유체마찰의 효과를 증가시키기 위하여 드럼과 케이싱 양쪽에 휘젓는 봉을 부착한 것이 Junkers 수동력계이며(그림 9 ・4), 물의 와류효과를 이용한 것이 Froude 수동력계(그림 9 ・5)이다. 그림 9・5에 도시한 바와 같이 여러 개의 공동부(空洞部)가 있는 로터가 회전할 때 케이싱쪽의 공동부 사이에서 그림에 나타낸 것과 같은 복잡한 와류가 생성되어 동력이 흡수된다. 이들 동력계의 토크제어는 Junkers형에서는 드럼 내의 물의 양의 조절로 하며, Froude형에서는 로터와 케이스 사이에 설치된 교판(絞板 : sluice plate)를 출입시켜 와류를 방해하게 하여 동력계의 기능을 수행된다. 수동력계는 비교적 싸고, 대마력, 고회전의 것도 가능하여 일반적으로 넓게 이용되고 있지만 저속에서 흡수일이 작은 것이 결점이므로 마찰 브레이크를 조합하여 부족한 제동력을 보충한 것이 있다.

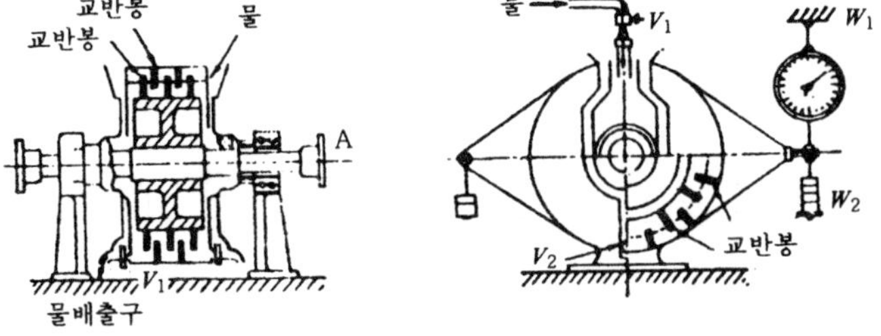

그림 9・4 Junkers 수동력계의 설명도

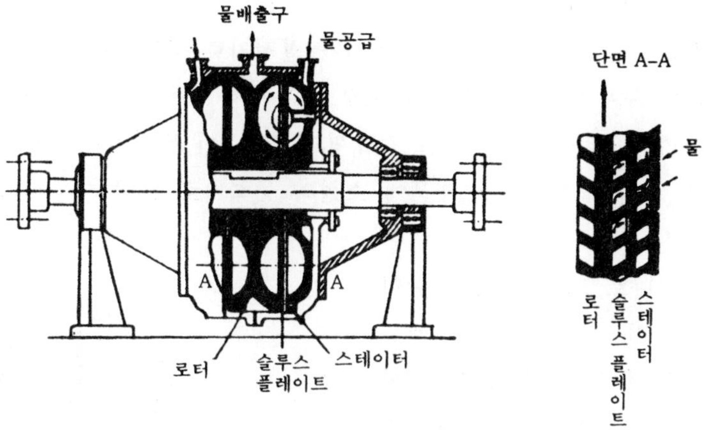

그림 9·5 Froude 수동력계의 설명도

③ 전기 동력계

동력흡수의 방식에 따라서 발전식과 와전류식으로 나눌 수 있다. 발전식은 일반적으로 발전기의 전기자(電氣子)를 기관이 회전시켜 생성된 전력을 저항으로 소비시키는 방법이다. 즉, 발전기를 회전시켜 전기적 출력으로 바꾸어 제동하는 것이며 발전기에는 직류형과 교류형이 있다.

일반적으로 전기 동력계는 측정 정밀도가 좋고 부하의 조절을 광범위하게 할 수 있다. 또, 전동기로도 사용할 수 있기 때문에 기관을 시동할 수도 있고, 기관이나 다른 기기를 임의의 속도로 구동해서 그 저항이나 소요 마력을 측정할 수 있다.

직류전기 동력계는 그림 9·6과 같은 분권형의 발전기로, 부하 및 속도의 조정은 회전자회로의 부하저항 R_A를 바꾸어 개략적으로 조정을 하여 정밀한 계자저항(界磁抵抗) R_F로 한다. 동력계를 전동기로서 기관의 시동에 사용하려면 먼저 케이싱을 고정시키고 계자저항 R_F를 최소로 하며, 회전자의 시동저항 R_A를 최대로 하여 시동한다.

회전자의 시동저항을 감소시키면 회전수가 증가하고 계자저항을 크게 하면 회전수가 증대한다. 기관이 시동되면 계자저항을 최대로 하고 또 회전자회로의 스위치를 부하측으로 바꾼다. 이때가 최대부하로, 부하저항 및 계자저항을 점차 감소시키면 부하는 점차 증대한다. 전동기로 하여 기관을 구동시킬 수도 있으며, 기관의 마찰손

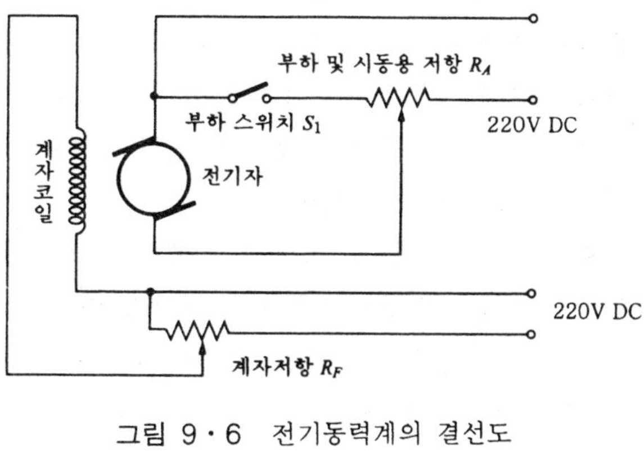

그림 9·6 전기동력계의 결선도

실일 등을 측정하는 데 편리하지만 가격은 고가이다.

교류전기 동력계는 분권형의 정류자 전동기가 발전기로 작동되는 것을 이용했다. 즉, 전원에 접촉한 그대로 무부하속도 이상의 속도로 외부에서 구동시키면 발전기가 되어 전력을 선로(線路)에 반환한다. 토크의 측정법은 직류형과 같다. 이 동력계는 특별히 직류전원을 필요로 하지 않으며 조작이 간단하기 때문에 소형의 동력계로 많이 사용된다.

④ 와전류 동력계

전기 동력계의 하나로 그림 9·7과 같이 케이싱에 고정한 고리 모양으로 감은 권선의 여자코일에 의해서 점선 화살표와 같이 자로(磁路)를 만들고, 기어 모양의 회전자로 자로를 끊었을 때 와전류링에 생기는 와전류에 의해 제동력을 얻도록 되어 있다. 발생된 열은 케이싱 내부를 흐르는 냉각수로 제거된다. 토크는 다른 동력계와 같이 케이싱의 요동에 의해 측정한다. 이런 형상의 동력계는 전동기로는 사용할 수 없으나 비교적 적은 전력으로 제동력의 제동이 되며 회전자의 구조가 간단하기 때문에 고속기관용으로 상당히 큰 마력의 것이 만들어지고 있다.

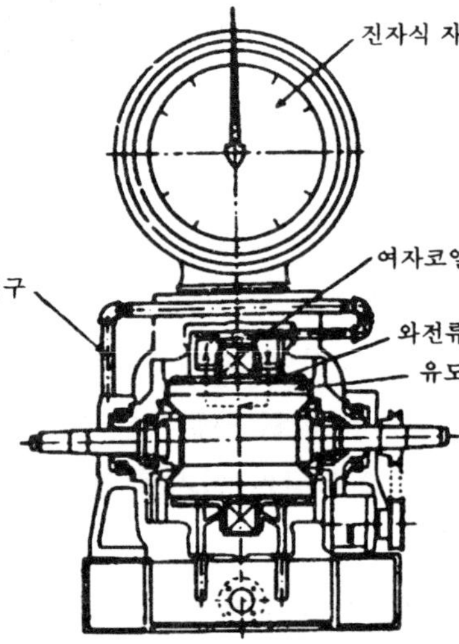

그림 9·7 와전류 동력계

⑤ 전달 동력계

지금까지 설명한 것은 마찰, 물 및 전기 동력계 등, 그 어느 것이나 기관의 출력을 전부 흡수하여 열이나 전기에너지로 변화시키므로 흡수 동력계(brake dynamometer)라 한다. 이에 대하여 선박이나 항공기의 프로펠러 등을 구동하고 있는 기관에서는 그 사용상태에서 출력을 측정할 때가 있다. 그렇기 때문에 기관과 마력을 흡수하여 회전하고 있는 프로펠러 사이에 출력을 측정하는 장치를 두게 되는데, 이것을 전달 동력계(transmission dynamomenter)라 부르며 동력을 전달할 때의 반동토크를 측정하는 방법과 동력전달축의 탄성적인 비틀림으로 구하는 방법이 있다.

반동토크를 측정하는 방법은 정밀도가 낮고 측정도 어렵기 때문에 사용이 많지 않다. 비틀림 동력계는 회전축이 동력을 전달할 때 그 토크에 따라 탄성적 비틀림을 일으키는 것을 이용한 것이며, 주로 선박용 기관의 실제 운전 때의 출력측정에 사용된다. 비틀림을 측정하는 데는 축의 비틀림각을 측정하는 것과 비틀림에 의한 변형을 측정하는 것이 있다. 이 비틀림각의 측정법에 따라 기계적, 광학적, 전기적인 각종 동력계가 만들어지고 있으며, 최근에는 전기적 방법에 의한 것이 많다.

(2) 동력계의 특성

동력계로 기관의 토크를 측정할 경우 안정성에 대해 고찰하면, 동력계의 회전속도와 흡수토크 T_{qB} 사이의 관계는 보통 그림 9·8에서 AB와 같은 곡선으로 표시된다. 한편 기관의 토크 T_{qE}는 회전에 대해 CD로 표시된다. 이 토크는 점 M에서 평형이 되어 있으며, 이때의 회전속도 n_M에 대한 기관토크 T_{qM}이 측정된다. 만일 어떤 원인으로 회전속도가 Δn만큼 증가되면 기관의 발생토크는 CD선상을 점 Q까지 오른쪽으로 옮겨진다.

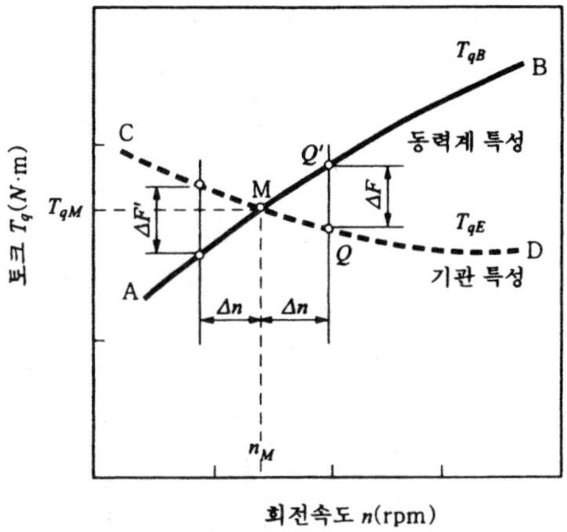

그림 9·8 동력계의 평형 설명도

한편 제동력은 AB선상을 Q'까지 이동하며, 이 회전속도에서는 $\Delta F = Q' - Q$만큼의 제동력이 기관의 회전속도를 저하시키는 방향인 복원력으로 작동하며 이로 인하여 회전속도는 처음의 평형점 M에 환원하려고 한다. $\Delta F'$의 토크가 기관측에 남게 되므로 가속되어 점 M에 되돌아간다.

이와 같이 점 M에서 안정된 측정이 가능한 것은 이 평형점에서 2개 토크의 특성 사이에 항상 다음 관계가 성립될 때에 한한다.

$$\frac{dT_{qB}}{dn} > \frac{dT_{qE}}{dn} \tag{9·4}$$

이것을 앞서 설명한 몇 개의 동력계에 대해 검토해 보면 그림 9·9(a)는 프로니동력계의 제동 특성이다. 고체마찰은 보통 속도에 무관계하므로 조이는 힘이 일정하면 AB와 같이 수평선이 된다. 한편 기관의 토크 특성은 그림의 곡선 CD와 같이 凸형이 된다. 따라서 ED의 범위에서는 $\dfrac{dT_{qB}}{dn} > \dfrac{dT_{qE}}{dn}$가 성립되며 안정한 측정이 되나, CE에서는 일단 회전이 떨어지면 조이는 힘을 약하게 하지 않는 한 회전은 계속 떨어진다. 회전이 빨라지기 시작하면 점 E를 넘어 점 M에서 처음으로 안정이 된다. 즉, 프로니 동력계는 보통 불안정하며 계측하기 힘들다.

한편 수동력계는 그림 9·9(b)와 같이 토크는 n^2, 흡수 동력은 n^3에 비례해서 변화하므로 내연기관에서는 안정된 측정이 가능하다. 전기동력계의 토크곡선도 여자(勵磁)에 따라 다르며 n의 증가에 따라 갑자기 상승되나 일반적으로 안정하다. 또 물, 전기 동력계에서도

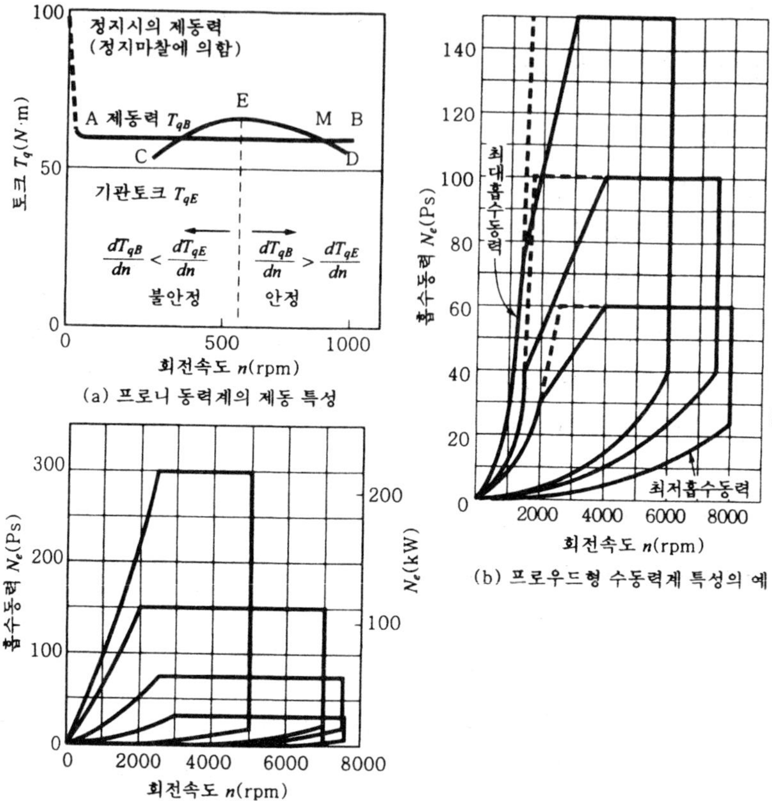

(a) 프로니 동력계의 제동 특성

(b) 프로우드형 수동력계 특성의 예

(c) 와전류식 동력계 특성의 예

그림 9·9 동력계의 특성

자동제어에 의한 계측을 도모하는 경향이 있으므로, 이 경우에는 자동제어계 전체로서의 안전성을 생각하지 않으면 안 된다.

더욱이, 기관의 가속성능 등을 조사할 목적으로 동력계에 적당한 제어기구를 조립하여 일종의 시뮬레이터로서 이용하는 방법도 자동차용 기관 등의 실험에서 계획되고 있다. 이 경우 예를 들면 자동차 전체 관성력은 동력계의 회전 관성력에 대응하기 때문에 그 회전질량을 목적으로 하는 차체의 질량에 대하여 제어할 수 있는 기구가 필요하다.

9.2 지압선도(Indicator diagram)

9.2.1 지압계

제2장에서 취급한 지압선도는 어느 것이나 이론적 또는 이상적인 계산 결과이다. 그러나, 실제 기관의 실린더 내에서는 이들의 이상적인 변화와 비교하면 크게 차이가 있음은 이미

설명하였다(실제 사이클). 이와 같이 기관 내부의 실제 지압선도를 자체 기록하는 장치를 인디케이터(indicator) 또는 지압계라 한다.

지압선도에서는 작동가스가 한 일을 표시하는 것인데, 이것을 기본으로 하여 도시평균유효압력과 도시출력을 구할 수 있다. 유효제동마력과 비교하여 기계손실마력과 기계효율을 구하여 열감정의 자료로 삼을 수 있다. 더욱 이것을 해석함으로써 실린더 내의 가스온도와 열발생의 양상을 알 수 있고, 지압선도의 형상이나 사이클의 형상으로부터 연소의 안전성이나 노크의 유·무를 판정할 수 있으므로 연구를 하는 데 중요한 정보의 원천이 되고 있다.

그런데, 내연기관에서는 최고압력이 10 MPa, 혹은 그 이상까지 도달하는 것도 있고 회전속도도 높으며 더구나 가스온도가 각 사이클마다 최고 2000 K 이상까지 크게 변화하므로, 실린더 내의 가스압력을 적시에 왜곡 없이 정확히 나타내는 것은 그리 간단하지는 않다.

지압계는 동적인 압력계로서 초기에는 지속하여 가스압력을 받는 작은 피스톤과 용수철 및 지레를 이용한 방법이 이용되었으나, 그 후에는 압력을 강철로 된 얇은 막에서 받아 그 약간의 휘어짐을 광학적으로 확대하는 방법이 연구 개발되었다. 최근에는 우수한 전기공학 기술이 발전에 따라서 전기식 장치가 널리 이용되고 있다. 전기식 장치는 압력을 받는 판의 변화를 정전용량(靜電容量), 전기저항 또는 압전기 등의 변화로 바꾸어 그것을 증폭하여 전자오실로그래프, 브라운관 오실로그래프 등에 의하여 기록하는 방법이다.

지압계에는 여러 가지 종류가 있으며 일반적으로 사용되고 있는 것은 스트레인 게이지(strain guage)식 지압계와 수정의 피에조 효과(piezo effect)를 이용한 피에조 압전식 지압계 및 이미 알고 있는 압력과 실린더 내의 압력을 평형시켜가면서 점의 집합으로 선도를 구성시키는 압력 평형식 환보로(Fanborough) 지압계가 있다.

(1) 저항선 스트레인 게이지식 지압계

그림 9·10은 저항선 스트레인 게이지를 이용한 지압계의 설명도이다.

이 지압계는 가스 압력을 받는 수압막(水壓膜)의 변형을 스트레인 게이지가 부착되어 있는 스트레인 실린더(수직통)에서 받고 그로부터 얻어지는 출력의 변화를 기록시키는 것으로써 압력의 변동이 빠른 현상을 알아내는 데 적합하게 되어 있지만, 저항선의 온도에 의한 저항변화 때문에 0점이 변하기 쉽다.

그림 9·10의 (b)에서 가스압력에 의해서 수압막이 휘고, 이것을 다시 원통 모양의 수직통에서 받는다. 수직통에는 축 및 원주방향으로 4개의 저항선이 붙어 있고, 물로 냉각되게 되어 있다. 이것으로 축방향으로 가해진 압력의 변화를 저항의 변화로 뽑아낼 수 있고 더욱이 축방향 이외의 외력과 온도에 대한 보상도 할 수 있다.

그림 9·11은 디젤기관의 지압선도, 분사율 및 크랭크각도를 나타낸 그림이다.

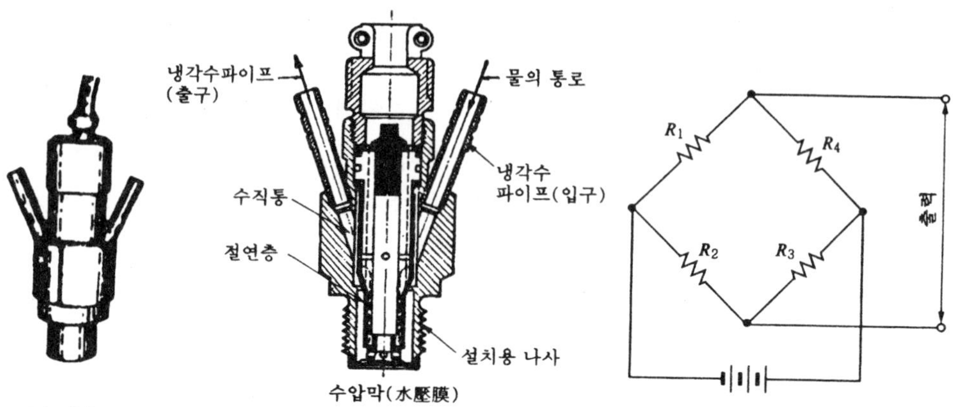

(a) 외관도 (b) 내부구조 (c) 브릿지회로

그림 9・10 저항선 스트레인 게이지 지압계

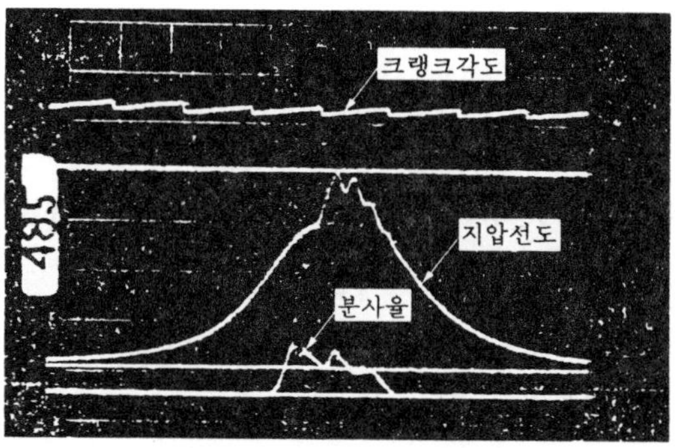

그림 9・11 디젤기관의 지압선도, 분사율 및 크랭크각도

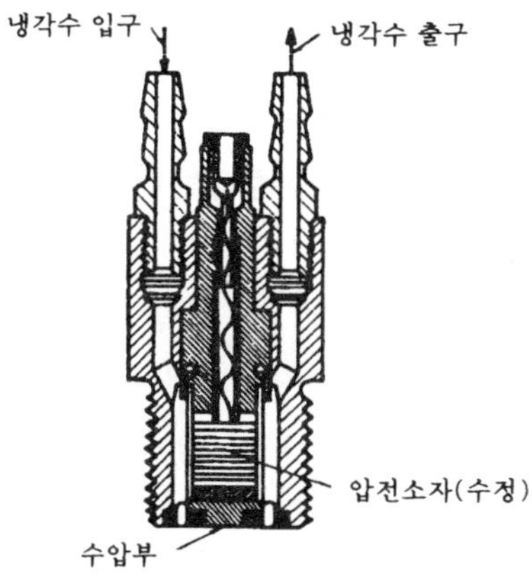

그림 9・12 피에조 압전식 지압계(AVL)

(2) 피에조 압전식 지압계

이 지압계는 강유전체(强誘電體)의 압전효과를 이용한 것이며, 일반적으로 수정이 사용된다. 수정의 결정체로부터 압전소자를 끊어 낼 때 x축에 수직으로 끊는 x커트 소자가 사용되고 있으며, 이것을 겹친 직렬조합방식이 채용되고 있다(그림 9・12).

(3) 압력 평형식 환보로 지압계(Fanborough indicator)

앞에서 기술한 전기식의 결점을 피하고 기관의 열적인 해석 등에 이용할 수 있는 지압선도를 얻는 데에는 환보로 지압계가 유용하다. 그림 9・13에 그 작동을 도시하였다.

그림에서 수압판의 한쪽 면에는 실린더 내의 가스압력이 작용하고, 그 뒷면에는 이미 알고 있는 압력의 가스압력을 작용시켜 평형시킨다. 이 압력의 균형이 깨지면 수압판이 상

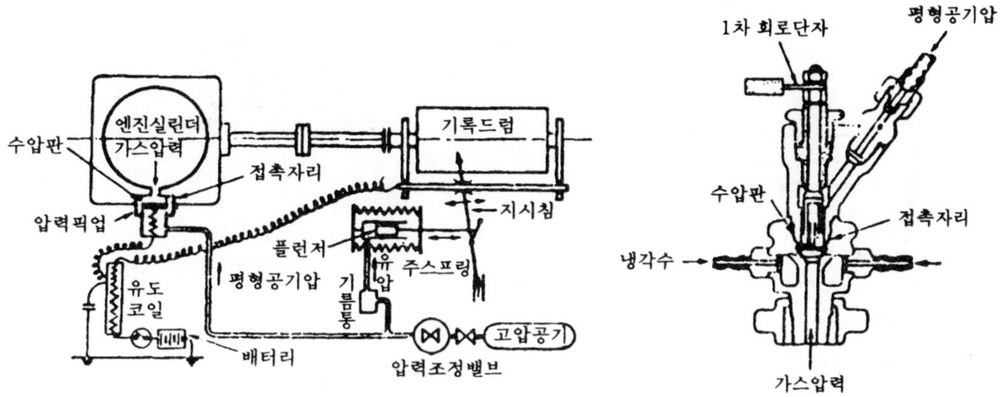

(a) 작동의 설명도 (b) 압력픽업

그림 9・13 환보로 지압계의 설명도

・하로 움직이며 접촉부에 전기회로가 개폐되기 때문에 이것을 유도 코일(induction coil)에서 고전압으로 바꾸어 압력지침계의 선단과 기록계의 드럼과의 사이에서 불꽃을 방전하게 하여 드럼에 감겨진 기록지 위에 점으로 기록시킨다.

9.2.2 지압선도 측정상의 문제점

그림 9・14는 실제의 지압선도의 일례를 나타낸 것이다.

기관 동력의 기본이 되는 실린더 내 가스의 상태변화를 미리 열역학적으로 예측하는 것은 곤란하며, 확실히 하려면 실측을 해야 한다. 이때 측정해야 할 변수는 온도, 압력, 몰수, 가스성분 등인데 이들 중 측정 가능하고 가장 중요한 것은 압력으로, 이 압력을 지압계로 정확히 측정하는 데에는 다음과 같은 문제점이 있다.

(1) 급격한 압력변동에 대한 추종성

압력측정은 일반적으로 힘에 의한 탄성체의 변위를 어떤 방법으로 확대하여 기록하는 것이며, 간단한 모델로 표시하면 그림 9・15와 같이 힘에 평형한 만큼 스프링을 누르기 때문에 질량이 이동하는 계에서는 이동속도가 가스압력의 변동속도에 비하여 충분히 빠르면 정확한 측정을 할 수 있다. 이를 위한 조건은 스프링상수 k가 크고 큰 가속도가 얻어질 수 있도록 질량 m/g가 작을 것, 즉 계의 고유진동수가 커야 한다. 구체적으로 질량의 운동방정식을 풀면 알 수 있다. 여기서는 그림 9・15(b)와 같이 시간에 비례한 압력상승($F=st$)을 측정하는 경우를 해석해 보자.

OA 사이의 운동방정식은

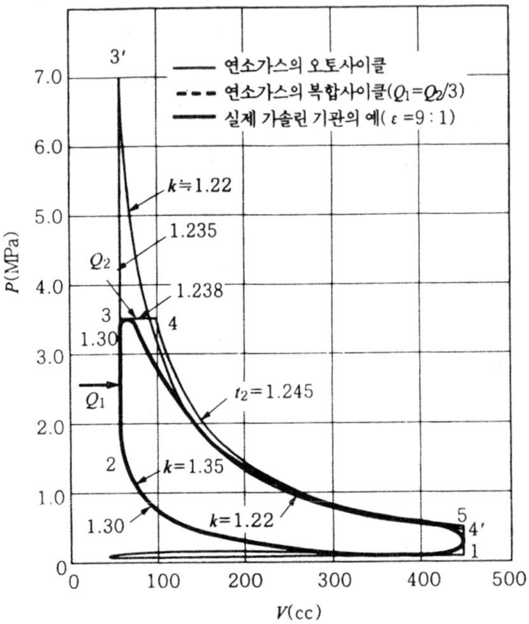

그림 9・14 실제 지압선도의 일례

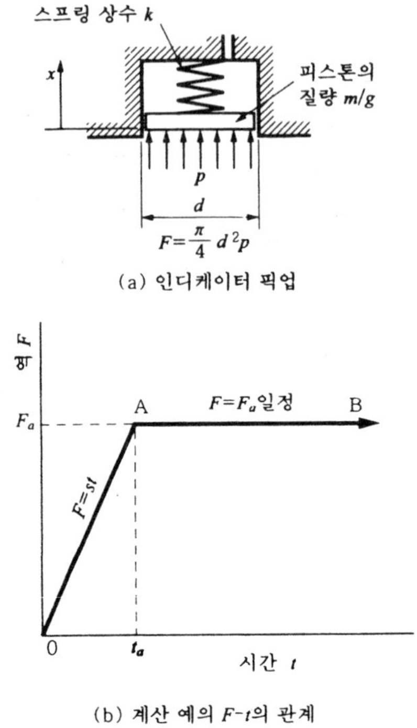

그림 9・15 지압계의 역학계의 일례

$$\frac{m}{g}\frac{d^2x}{dt^2}+kx=st \tag{9・5}$$

지금 $t=0$에서, $x=0$, $dx/dt=0$일 때의 해는

$$x=\frac{s}{k}\left(t-\frac{1}{\omega}\sin\omega t\right) \text{ 또는 } kx=st-\frac{s}{\omega}\sin\omega t \tag{9・6}$$

여기서 우변 제1항만 있으면 변위 x는 정확히 st를 나타내고 측정계로서 정확하다. 그러나 제2항

$$-\frac{s}{\omega}\sin\omega t, \qquad \omega=\sqrt{\frac{kg}{m}} \text{ : 계의 고유각진동수}$$

만큼의 여분의 변위가 유발된다.

이 여분, 즉 오차는 s에 비례하고 ω에 반비례한다. 즉, 압력상승이 급격한 측정일수록, 고유진동수가 낮은 측정기를 사용할수록 큰 진동적 오차가 발생하는 것을 의미한다. 더욱이 이 해의 물리적 의미는 피스톤을 최초부터 OA에 따라서 운동시키는 것은 불가능하므로 일어나는 현상이다. 그러므로 실린더 내에서 압축시에는 비교적 부드럽게 압력이 변화하므로 제2항은 무시해도 좋을 정도로 적지만 압력이 불연속적으로 변화하는 점화 직후, 최대압력

으로부터 강하할 때 또는 노킹이 일어날 때 등은 큰 오차가 발생하기 쉽다.

전과 같이 AB에서는 식 (9·5)의 우변이 st 대신에 F_a를 일정하다고 하여 풀고, A점의 경계조건을 OA에 있어서 식 (9·6)의 A점의 값과 같게 취하면

$$x=\frac{F_a}{k}+\frac{s}{k\omega}\sin\omega t \tag{11·7}$$

가 되어 식 (9·6)과 같은 오차 파가 겹친다.

그림 9·16은 실제 일어날 수 있는 압력변동의 조건에서 계산한 예로서 실제 진동은 점차로 감쇠하지만, 정확한 측정에는 고유진동수 $f=\frac{1}{2\pi}\sqrt{\frac{gk}{m}}$가 1000 Hz 이상인 지압계(센서)를 사용할 필요가 있는 것을 알 수 있다. 예를 들면 이전에 사용되어 오던 기계식 지압계로 불려지는 작은 피스톤과 코일 스프링에 의한 것은 피스톤 변위를 10배 정도 확대하여 종이에 기록하는 것으로서 f는 수백 Hz에 지나지 않아 그림 9·16과 같은 진동이 발생하여 부정확하게 된다. 여기서 k를 크게 하고 m을 가볍게 한 최근의 것은 막으로 압력을 받는다.

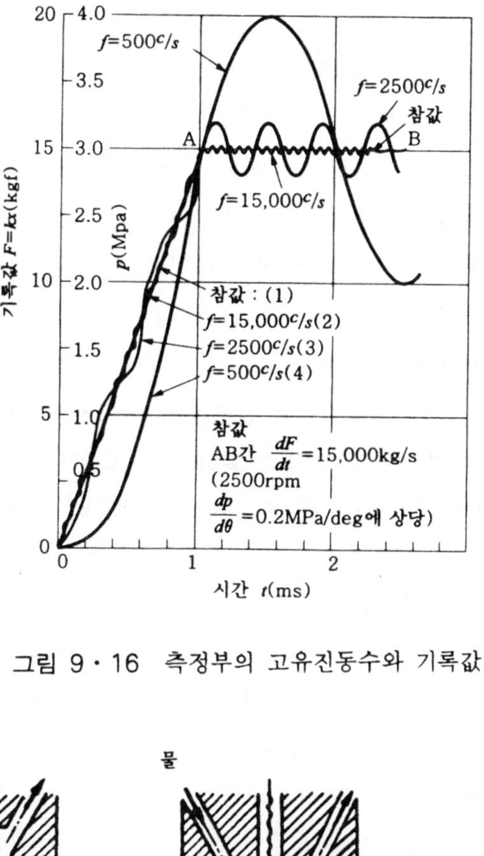

그림 9·16 측정부의 고유진동수와 기록값

그림 9·17 (a)는 코일의 인덕턴스의 변화로, 그림 9·17 (b)는 스트레인 통의 변형을

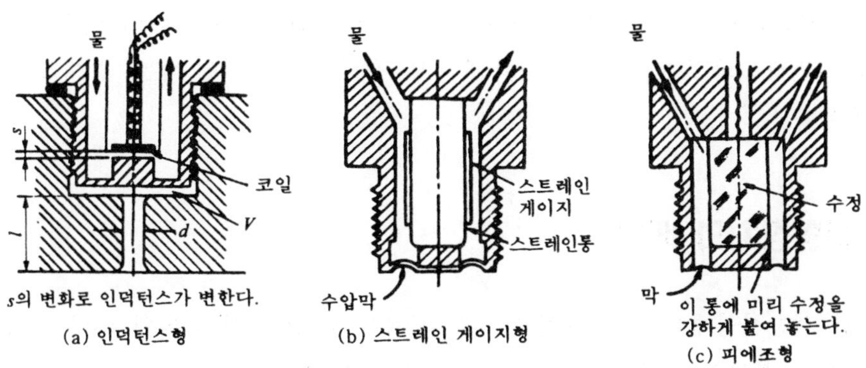

그림 9·17 여러 가지 압력센서

스트레인게이지로, 그림 9·17(c)는 막에 작용하는 힘이 수정을 눌러 피에조 전압을 일으키는 것 등의 방법이 있는데, 이 중에서 그림 9·17(b)의 f가 가장 높고 전기적 출력이 커서 오차가 적다. 이 지압계(센서)의 결점이라고 하는 전자 누출손실도 최근 크게 개량된 것이 미국, 오스트리아 등의 회사로부터 제작되어 세계적으로 널리 사용되고 있다.

(2) 수압부(水壓部)의 오차

연소실의 고온가스에 의해 센서의 수압막의 외측이 가열되고, 한편 내측은 과열을 피하기 위하여 물로 냉각되고 있으므로 양면의 온도차가 사이클 사이에서 변동하기 때문에 열변형에 의한 오차가 생긴다. 또, 시간적인 온도변화로서 0점이 이동하기 때문에 압력이 낮은 부분의 절대값을 결정하기 어렵다. 이와 같은 결점은 막을 얇게 할수록 적게 되지만 강도의 점에서는 문제가 있다.

기관의 구조상 센서의 수압막을 연소실까지 나오게 하지 않고 연소실 압력유도관(지름 d의 통로)을 사용하는 경우가 있다. 이때는 센서의 수압막이 압력을 받는 공간 V〔그림 9·17(a)〕를 가능한 적게 하지 않으면 통로가 교축부가 되어 실제보다 압력이 낮게 측정된다. 또 연소실 압력 유도관의 길이 l이 길게 되면 $4l$를 파장으로 하는 기주진동이 발생하여 측정정도를 떨어뜨리므로 주의를 요한다.

도시일, 즉 P-V 선도상의 폐곡선의 면적은 팽창선과 압축선의 차이고, 2선이 서로 만나는 압력이 급격히 변화하는 과정의 상사점 위치를 잘못하면 한쪽은 크고 다른 쪽은 작게 계량되기 때문에 면적오차가 상당히 크게 된다. 이 오차를 무시할 수 있을 정도로 정확히 하는 것은 어려운 문제이다. 더욱이 지압선도는 사이클마다 변동하여 일반적으로는 이것들의 평균값을 구하는 경우가 많으므로, 수백 사이클의 면적의 평균을 컴퓨터에서 산출하는 것과 같은 대형의 측정계를 필요로 하는 어려운 문제도 있다.

이 때문에 현재상태는 P-V 선도에서 도시일과 마찰일을 구하는 것은 오차가 크고 신용도가 낮다. 지압선도는 P-θ, 즉 크랭크각에 따른 압력변화를 나타내어 연소 진행과정, 즉 점화시기, 압력상승의 속도, 이상 연소의 유·무, 사이클변동 등을 아는 것을 목적으로 하는 것이 보통이다.

9.3 실험장치의 배치

내연기관 성능시험에서 보통 측정해야 할 항목은 표 9·1에 나타낸 바와 같다. 본 항에서는 실험장치 전체의 배치와 약간의 주의사항에 대하여 기술하고자 한다.

그림 9·18에 실험장치 배치의 일례를 나타내었다. 단순한 성능시험이라면 흡기계의 서

표 9·1 내연기관 성능시험에서의 측정항목

	측 정 항 목	
시험 전에 조사하거나 측정하여야 할 항목	대기상태	
	연료의 성질	밀도 ρ [kg/m^3] 또는 비중량 γ_f [kg$_f$/cm^3] 저발열량 H_l [kJ/kg] 또는 [kcal/kgf] 세탄가 또는 옥탄가
	윤활유의 성질	밀도 ρ [kg/m^3] 또는 비중량 γ_f [kg$_f$/m^3] 동점도 ν [cSt]
실험중에 각 측정점에서 측정해야할 항목	필히 측정해야 할 항목	회전속도 n [rpm] 동력계하중 W [N] 또는 [kg$_f$] 연료소비량 Q_{vf} [cm^3/h], B [kgf/h] 윤활유온도 t_1 [℃] 윤활유압력 p_1 [Pa] 또는 [kg$_f$/m^2] 냉각수(공기)입구, 출구온도 t_i, t_e [℃] 기화기교축밸브의 열림 정도, 또는 분사펌프의 열림 정도 흡기압력 p [Pa] 또는 [mmHg] 흡입공기량 Q_{vi} [Nm^3/h], G_a [kg$_f$/h] 흡기온도 t_i [℃]
	참고적으로나 또는 필요하다면 측정할 항목	냉각수유량 Q_{VW} [l/h], G_W [kg$_f$/h] 배기온도 t_e [℃] 윤활유소비량(순환량) Q_{Vl} [l/h], G_l [kg$_f$/h] 점화 또는 분사시기 배기성분(가스분석 및 매연의 농도 측정)
	기록하여야 할 항목	노크의 상태, 진동음, 가스의 누설, 윤활유 누설, 냉각수 누설, 충전 상태 기타 이상현상 등
운전종료 후 측정할 항목	윤활유 소비량(전체 운전시간에 대하여) 각 부분의 점검(느슨함, 이상의 유·무 등)	

지탱크(surge tank)는 필요없다. 서지탱크는 흡기압력의 맥동을 피하기 위하여 설치하는 것으로 한쪽에 고무막을 친 일정체적의 용기로서 보통 행정체적의 150~200배 정도의 크기면 충분하며 소형 자동차기관 정도라면 드럼통을 이용하면 될 것이다.

흡기유량을 측정하기 위하여 서지탱크 1개의 평면에 직접 노즐이 설치되어 있으나 만약 관노즐과 서지탱크와 흡기구 사이에 관로를 설치할 필요가 있을 때에는 관계통의 관성효과가 영향을 주지 않도록 주의하고 탱크와 기관 사이의 관이나 흡기구를 굵고 짧은 관로로 연결하는 것이 바람직하다.

배기관계도 마찬가지의 같은 주의가 필요하다. 흡기관계에 의한 압력강하가 큰 경우에는 흡기구 입구조건이 대기압이 되도록 압력을 가하기 때문에 송풍기를 설치하는 등의 배려도 필요하다. 수냉기관의 냉각수는 입구와 출구온도를 함께 제어하고, 실험 중 거의 일정온도를 유지하도록 하지 않으면 안 된다. 그 때문에 물탱크의 가열 및 냉각장치가 필요하다. 가열은 전열선에 의한 것이 편리하고 냉각은 적당한 수돗물을 유입시키는 것이 좋다.

지압선도를 구하는 경우 설치방법에 주의하지 안으면 안 된다. 이상적인 것은 연소실 벽면과 지압계의 수압면과 요철이 되지 않고 1개의 면으로 될 필요가 있으나 부득이 유도관으로 연결할 경우 가능한 한 짧게 하지 않으면 안 된다.

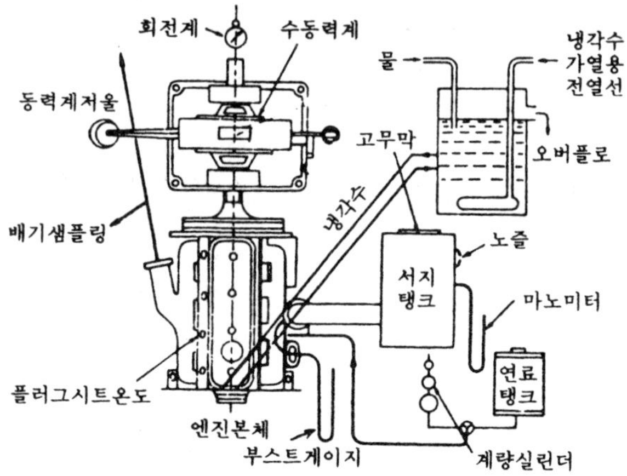

그림 9・18 자동차용 기관시험장치 배치의 예

그림 9・18는 유도관 길이가 변한 경우의 지압선도를 비교한 일례이고, 유도관의 영향에 의하여 압력파형의 변화가 나타나고 있는 것을 알 수 있다. 이것은 유도관 내의 기주(氣柱)의 진동이 기록되었기 때문이며, 정확한 압력을 얻기 위해서는 기주진동에 의한 보정을 해야 한다.

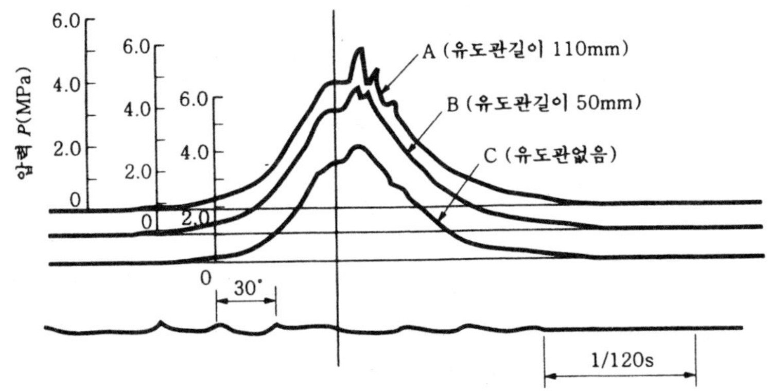

그림 9・19 관의 효과에 의한 지압선도의 변화

9.4 내구성과 신뢰성

사용자가 기관을 사용할 경우 문제가 되는 것은 내구성과 신뢰성이다. 아무리 출력성능이 우수하더라도 고장이 자주 발생하여 큰 사고를 낸다면 제구실을 못하는 것이 된다. 사용하기 나름이지만 장기간에 걸쳐 충분히 기능을 발휘하려면 내구성이 필요하다. 또 필요할 때는 언제나 아무런 이상이 없이 장기간에 걸쳐 필요한 출력을 내기 위해서는 신뢰성이 높은 기관이 요망된다. 따라서 내구성을 생각할 때 신뢰성을 무시할 수 없으며 또, 신뢰성 없이는 내구성은 불가능하다.

최근 신뢰성 공학(reliability engineering)이란 부문이 중요하게 되기 시작했는데, 이 분야는 기계의 내구성, 신뢰성을 얻기 위해 통계적 기법을 기초로 한 확률에 관한 종합기술의 공학이다.

9.4.1 내구성

기관의 내구성에 대한 정의는 다음과 같이 할 수 있다. "기관을 구성하는 각부의 피로나 마모에 기인되는 사고나 고장이 없고 어느 정도의 무리가 통할 수 있으며 정해진 기간 동안 충분히 기능을 발휘하는 성질"이다. 이런 내구성이 있는 기관을 얻기 위해서는 기관 제작회사측의 설계자와 제조자의 부단한 노력이 필요하다. 이는 세심한 설계와 품질관리(QC, quality control)가 완전히 이루어져야 한다.

일반적으로 기관에 발생되는 고장은 사용자측에 의해 유발되는 비정상적인 열부하에 의한 것과 오일관리의 잘못에 의한 것이 많다. 열부하의 과대로 인한 고장부위는 연소실 주변, 특히 헤드의 흡·배기 및 흡·배기 브릿지, 피스톤헤드 부분, 예연소실이나 와류실의 분사공 주변, 점화플러그, 밸브 및 밸브시트 등이며 오일에 의한 손상부위는 피스턴, 링 및 실린더의 축받이류이다.

제작사에서 실시하는 동력계를 이용한 장시간의 내구운전은 각기 기관의 실제 사용환경조건을 재현할 수 있지만 예기치 못한 원인으로 고장이 발생하는 수도 허다하다.

기관의 가혹도를 표시하는 특성값으로는 수정된 피스톤 면적출력을 구해서 다른 기관의 그것과 비교해서 검토한다.

9.4.2 신뢰성

신뢰성이란 언어 "reliability"에는 추상개념으로서의 능력(ability)을 표시하는 신뢰성과 수량적인 확률(probability)로 표현한 신뢰도가 있다고 말한다. 따라서, 신뢰도는 「기계가 어느 정도 신뢰되는가」를 표시하는 척도이다. 따라서 신뢰성의 정의는 「기관이 정해진 환경조건에서 쉽게 시동되며 기관의 각 기기나 부품이 정상적으로 운행될 때 정해진 성능을 발휘하며 정해진 기간 중에 무사고로 가동되는 확률」을 말한다.

기관은 많은 기기나 부품의 집합체이며 기관을 설계해서 제작하는 과정에서 기관을 운전하여 일로 사용하기까지 인간과 기계와의 밀접한 관계가 있어 기관은 사람과 물건 사이에서 이루어지는 조직, 즉 시스템으로 생각된다.

(1) 신뢰도와 고장률

신뢰도와 고장률(failure rate)은 어느 것이나 시간 t의 함수로 생각하여 전자를 $R(t)$, 후자를 $\lambda(t)$로 표시하면, $R(t)$는 어느 정해진 시각까지 부품의 개수 $N(t)$를 전체수 N_0에 대한 비율로 정의하며 다음 식으로 표시된다.

$$R(t) = N(t)/N_0$$

후자의 $\lambda(t)$는 어느 정해진 시간 t에서 고장의 확률밀도함수 $f(t)$와 그 시각에서의 신뢰도 $R(t)$와의 비율로 정의하며 다음 식으로 표시된다.

$$\lambda(t) = f(t)/R(t), \qquad \therefore\ f(t) = \lambda(t) \cdot R(t)$$

그림 9·20은 No.1, No.2 2대의 기관에 대해서 고장수 Z, 고장률 $\lambda(t)$ 및 신뢰도 $R(t)$가 시간경과에 대해 어떻게 변화하는가를 예를 들어 표시한 것이다. 일반적으로 기계의 고장 발생수 Z를 사용시간 t에 대해서 나타내면 그림 가운데 Z곡선과 같이 됨을 알 수 있다. 사용초기의 O-P 사이는 설계나 제작상의 단순한 실수로 인해 여러 가지 고장이 자주 발생하는 기간으로 이 기간을 초기 고장률(initial failure period)이라 부르며 α-β선을 지나면 고장은 줄어들고 평탄한 곡선으로 안정된 기간이며 이 기간을 우발 고장률(chance failure period)이라 부른다. 다음 γ-δ선을 지나면 기계의 회전부분이나 활동부분의 마모가 허용값 이상으로 진행되고 고장이 자주 발생하여 Q-R선과 같이 되며 드디어 기계 자신의 수명이 다하는 상태로 이 기간을 마모 고장기(wear-out failure period)라 부른다.

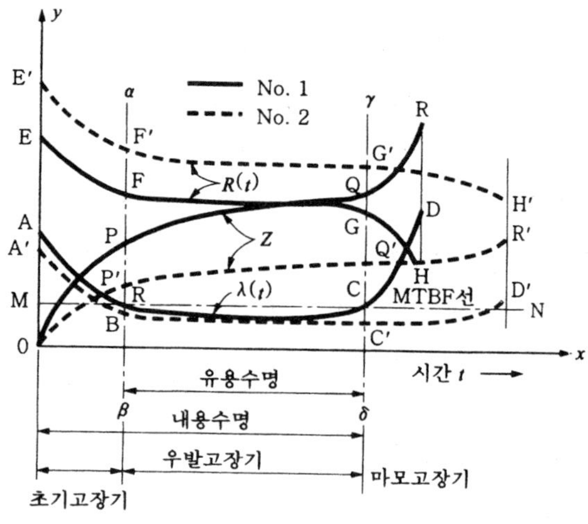

그림 9·20 고장수 Z, 고장률 $\lambda(t)$ 및 신뢰도 $R(t)$ 곡선의 예

다음에 이 고장수를 단위시간당으로 환산한 고장 발생률 곡선으로 하면 그림 중의 $\lambda(t)$선이 된다. 이 고장률은 그 모양에서 선박의 밑바닥형 곡선 또는 욕조형 곡선(bath-tub curve)이라 불린다. 이 곡선의 B-C 사이의 고장률은 거의 일정하며 안정된 운전이 가능한 기간이다.

또, 고장률 곡선 $\lambda(t)$에 대응하는 신뢰도 곡선 $R(t)$는 E-F-G-H, E'-F'-G'-H'의 모

을 하게 된다. 그림 중 실선인 No.1기관은 점선인 No.2기관보다 고장률이 높고 따라서 신뢰성이 없는 기관이라 할 수 있다.

또, 그림 중 α-β선과 γ-δ선 사이가 기관의 유용수명(useful longevity)이며 o-y선과 γ-δ선 사이가 내용(耐用)수명(endurable longevity)이다. 또 M-N선은 사용자측이 요구하는 평균수명선으로 이를 MTBF선(mean time between failure line)이라 부르고, 각 부품이 고장날 때까지의 무사고 시간, 즉 고장 없이 작동하고 있는 시간의 평균값은 다음 식으로 표시된다.

$$\mathrm{MTBF} = \int_0^\infty t \cdot f(t) \cdot dt$$

(2) 신뢰성의 향상

앞에서 설명한 대로 기관은 인간-기계 사이에서 이루어지는 시스템이며, 기관의 신뢰성을 향상시키려면 사용자측의 신뢰성을 포함한 작동신뢰도 R(operational reliability)을 향상시켜야 한다 이 작동신뢰도는 기관을 설계하여 생산하기까지 관계되는 신뢰도, 즉 고유신뢰도 R_1(inherent reliability)과 생산 후 사용자측의 보수(maintenance)와 조작(operation)의 능력 등에 관계되는 신뢰도, 즉 사용신뢰도 R_u(use reliability)로 되어 있어 다음과 같은 관계가 있다.

$$R \fallingdotseq R_1 \cdot R_u$$

(3) 신뢰성과 경제성

기관의 신뢰성을 높이는 것은 물론 중요하나 이 때문에 기관에 요구되는 품질, 즉 가속성, 토크, 연료소비율 등의 특성을 어느 정도까지 만족시키거나 또는 자동화 정도에 따라 그림 9·21과 같이 요구수명을 능가하는 설계수명을 감안하여 신뢰성 설계를 할 필요가 있다. 그런데 신뢰성을 높이기 위해서는 연구에 막대한 경비나 노력이 필요하며, 또 많은 신뢰성 시험을 해야 하는 관계로 기관의 가격이 향상되어지는 수도 있다. 예를 들어 그림 9·22에 표시하는 점 A의 신뢰성은 3인데 비해 점 B, C 또는 D라 하는 높은 신뢰성을 요구하게 되면 점 B는 A보다 신뢰성이 1.5배이나 가격은 1.4배로, C에서는 신뢰성이 A의 2배인데 비해 가격은 2.3배로, D에서는 신뢰성이 2.4배이나 가격은 3.5배가 되어 신뢰성의 증가에 따라 가격은 급증하는 결과가 된다. 반대로 신뢰성이 낮은 기관을 제작하면 기업의 신용은 떨어지고 그 명예회복을 위해 막대한 경비의 부담을 져야 한다.

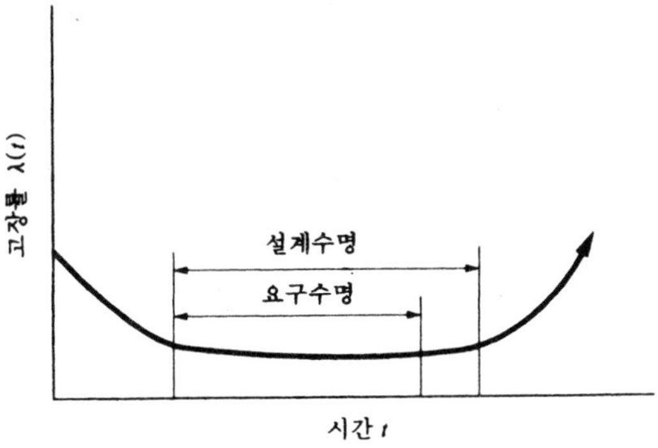

그림 9·21 요구수명과 설계수명

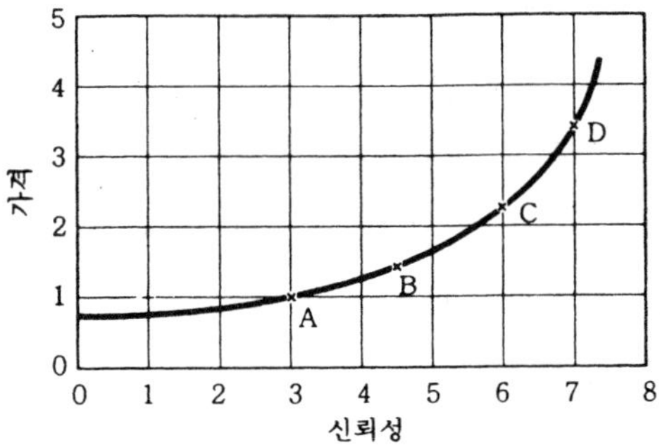

그림 9·22 신뢰도와 경제성

(4) 신뢰성 시험

앞에서 설명한 운전시험은 성능시험인데, 여기서 설명하는 시험은 기관의 신뢰도를 확인시키며 아울러 내구성을 조사하기 위한 것으로 다음과 같은 여러 가지 신뢰성 시험이 필요하다.

① **부품시험**(components test) : 이 시험은 기관의 각 부품 개별의 고장률이나 수명을 구하기 위해 시험기에서 하는 시험이다. 특히 설계를 변경한 경우는 절대적으로 해야 한다. 이 시험결과는 곧 설계부분에 feed-back 되어 문제가 있으면 대책을 세워야 한다.

② **시뮬레이션시험**(simulation test) : 기관을 차량 또는 장치에 탑재하여 현장시험을 하기 전에 시험기에서 하는 시험이다. 이 시험에서는 실제의 사용상태를 시뮬레이터한 프로그램 제어(program control)로 운전시험을 한다.

③ **가속마모시험**(accelerated wear test) : 마모운동부분의 수명을 시간을 단축하여 하는 시험으로 다음의 세 가지가 포함된다.

a) 연마시험(abrasive wear test)

b) 부식시험(corrosive wear test)

c) 끄는 시험(scuffing wear test)

연마시험은 흡입공기에 직접 먼지(dust)를 자동공급장치(automatic dust feeder)로 보내든가, 아니면 오일에 먼지를 혼입하든가 등의 어느 방법으로 수행하여, 마모부분의 수명을 구하는 시험이다. 부식시험은 실린더 냉각수의 온도를 예로 들어 50℃(120°F)로 유지하고 유황을 1% 정도 함유하는 연료를 사용하여 운전하며 실린더와 피스톤링의 부식 정도를 조사하는 시험이다. 끄는 시험은 엄밀한 의미의 마모시험은 아니지만 실린더와 링을 여러 가지 다른 재질로 조합시켜 운전하며 금속의 긴밀 접촉(intimate contact)으로 인한 끄는 현상을 조사하는 시험이다.

④ **환경시험**(environmental test) : 환경조건, 즉 대기온도, 습도 및 기압을 여러 가지로 바꾸거나 먼지, 염분의 양을 바꾸어 하는 시험으로 기관의 가동능력이나 수명을 알기 위한 시험이다.

⑤ **현장시험**(field test) : 시험하고자 하는 기관을 장착한 차량 또는 장치를 실제 사용하는 곳에서 실제로 가동시켜 자신을 얻기 위해 하는 시험이다.

⑥ **강제가속시험**(forced accelerated test) : 완성기관에 대해서 하는 시험으로 정상적인 사용조건의 시험에서는 시간과 비용이 많이 들기 때문에 과하중, 과회전속도, 고온도환경 및 높은 습도에서 하며 단시간에 시험결과를 얻는 시험이다.

이상의 시험 이외에 시동시험(−30~50℃)이 있으며, 또 공해관계에서는 배기가스시험, 진동시험, 소음시험 등이 있다.

9.5 각종 측정법

9.5.1 가스 및 벽면의 온도측정

(1) 열전대를 이용한 온도측정

시스템의 온도측정은 주로 열전대가 이용되고 있다. 열전대는 독일의 물리학자 T. J. Seebeck이 구리와 안티몬 사이에서 발견한 현상으로 Seebeck 效과라고 불리는 것으로, 그림 9・23과 같이 재질이 다른 두 금속을 연결하고 양접점 간에 온도차를 부여하면 그 사이에 열기전력이 발생하여 회로 내에 열전류가 흐르는데 이러한 물질을 열전대(thermocouple)라고 한다. 일반적으로 열전대는 그림 9・23 (a)와 같이 재질이 다른 2금속으로 구성되나, 그림 9・23 (b)와 같이 중간에 다른 금속 C가 접합해 있어도 중간 금속의 양단이 같은 t_0의 온도라면 열기전력의 크기는 변함이 없다. C 금속 대신 전압계를 연결하여 기전력을 측정할 수 있다면 t_2-t_1 온도차를 구할 수 있다. 발생하는 열기전력은 두 종류의 금속과 양접점 간의 온도에 따라 정해지며 금속의 형상이나 치수 혹은 도중의 온도변화에는 영향을 받지 않는다.

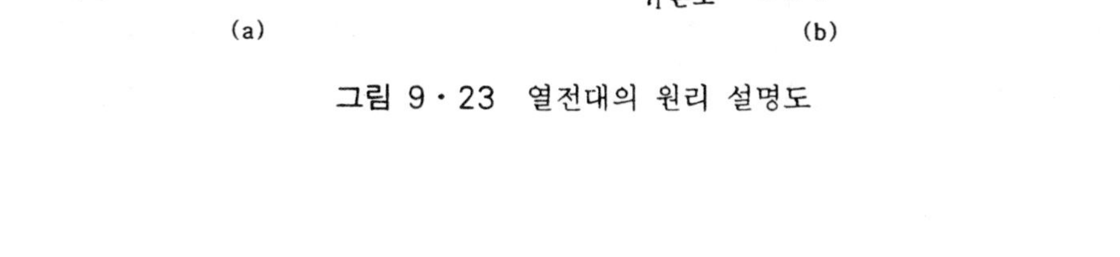

그림 9・23 열전대의 원리 설명도

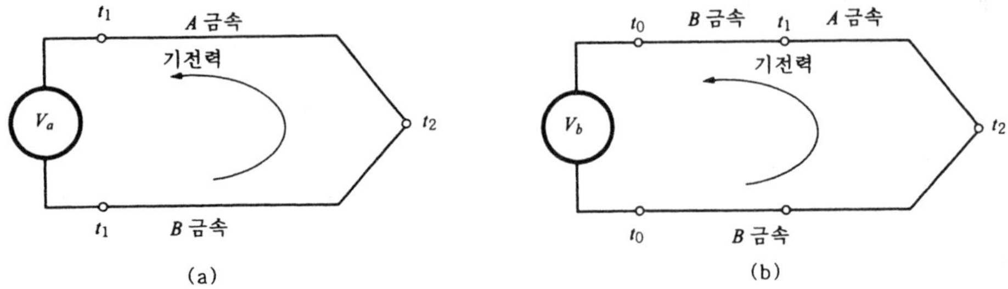

그림 9·24 열전대의 회로도

그림 9·23 (a), (b)에 대한 열전대 회로도를 그리면 각각 9·24 (a), (b)와 같다. 각 금속의 Seebeck 계수를 S_a, S_b로 표시하면 열기전력은 다음과 같다.

$$V_a = S_a(t_2 - t_1) + S_b(t_1 - t_2) = (S_a - S_b)(t_2 - t_1) = S_{ab}(t_2 - t_1)$$

$$\therefore \ t_2 = t_1 + V_a / S_{ab}$$

$$V_b = S_a(t_2 - t_1) + S_b(t_1 - t_0) + S_b(t_0 - t_2) = S_a(t_2 - t_1) + S_b(t_1 - t_2)$$

$$= (S_a - S_b)(t_2 - t_1) = S_{ab}(t_2 - t_1)$$

$$\therefore \ t_2 = t_1 + V_b / S_{ab}$$

여기서, t_1의 기준점 온도를 안다면 온도 t_2는 온도 t_1에 V_b/S_{ab}의 합으로 구할 수 있다. K형 열전대인 경우 온도와 기전력의 보정선도는 그림 9·25와 같다.

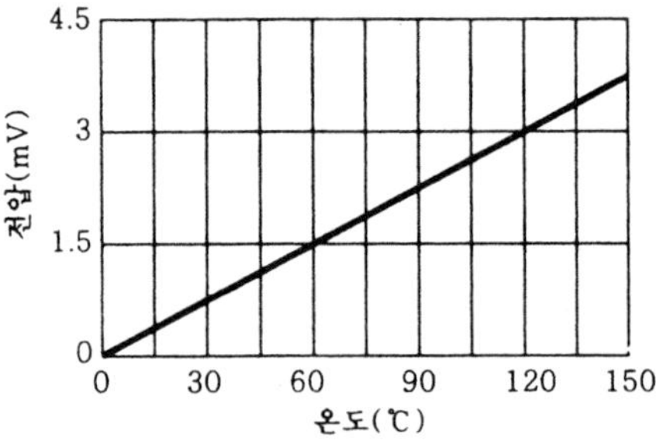

그림 9·25 K형 열전대의 보정선도

열전대는 여러 가지 종류가 있는데 측정하고자 하는 목적에 따라 열전대의 선택이 중요하다. 비정상적으로 변화하는 연소실 벽면표면의 순간온도를 측정하기 위해서는 응답성과 내열성이 양호한 열전대를 선택해야 한다. 열전대의 종류는 표 9·2에 나타나 있다.

몇 가지 열전대의 사용상 유의점을 살펴보면 다음과 같다.

K형 열전대는 금속증기나 카본 침식에는 강하지만 미량의 산소나 불안정한 산화물이 존재하는 경우 수소 등의 환원가스 발생으로 급속히 침식되는 경향이 있다. H_2, CO는 816~982℃에서 크로멜(cromel)선의 열화를 야기한다. 유황은 선택 산화를 촉진시킴과 동시에 저급의 니켈 화합물을 생성시켜 알루멜(alumel)선을 단선시킨다.

E형 열전대는 K형과 마찬가지로 환원성 분위기에서 사용하면 전기저항이 급속히 증가하는 결점이 있고, 특히 600~800℃에서는 유황에 의한 콘스탄탄(constantan)선의 침식에 주

표 9·2 열전대의 종류

명칭	소선성분		사용온도 범위	특징	주위 분위기	
	+	−			적합	부적합
K(CA)	크로멜 (니켈 90, 크롬 10)	알루멜 (니켈 95, 알미늄 2, 마그네슘 2, 규소 1)	−200～ +1000℃ (+1200℃)	기전력의 직선성이 양호	산화성, 금속증기	540℃ 이상 유황성분, 고온진공
E(CRC)	크로멜 (니켈 90, 크롬 10)	콘스탄탄 (니켈 45, 동 55)	−200～ +700℃ (+800℃)	K열전대보다 싸고, 열전능(熱電能)이 크며 비자성(非磁性).	부식성	540℃ 이상 유황성분, 산화성, 고온진공
J(IC)	철99.5	콘스탄탄 (니켈 45, 동 55)	−200～ +600℃ (+800℃)	싸고, 열전능이 다소 크다. 열기전력의 직선성이 양호함. 특성 품질의 변동이 크고, 녹에 약하다.	환원성	540℃ 이상 유황성분, 수분, 산화성
T(CC)	동100	콘스탄탄 (니켈 45, 동 55)	−200～ +300℃ (+350℃)	싸고 저온특성이 좋다. 균질성이 양호. 열전도 오차가 크다.	환원성	540℃ 이상 유황성분, 370℃ 이상 산화성
R(RR)	백금 87, 로듐 13 (백금·로듐 12.8%)	백금 100	0～+1400℃ (+1600℃)	안전성이 좋고 표준 열전대로 적합. 열전능이 적다.	산화성, 불활성	수소, 금속증기, 고온진공
S	백금 90, 로듐 10	백금 100				
텅스텐·레늄 5 텅스텐·레늄 26	텅스텐 95, 레늄 5	텅스텐 74, 레늄 26	0～+2400℃ (+3000℃)	열전능이 비교적 크다.	환원성, 불활성, 수소	산화성

의해야 한다.

J형 열전대는 수증기에 닿으면 산화하기 쉽고, 600℃부터 철선의 산화가 진행되기 때문에 장시간 사용은 불가능하고, 특히 0℃ 이하의 저온에서 산화되기가 쉽다. 500℃ 이상에서는 유황에 의한 부식에 주의해야 하며, 769℃부터는 철 성분이 자기 변화를 일으킨다.

이와 같이 열전대를 이용하는 방법 이외에 연소실 내의 고온가스의 측정이나 soot 등의 온도측정, 연소실 내의 화염전파과정 등을 연구하는 데는 순간 온도측정, 이색법을 이용한 온도측정 이온프로브 및 광파이버를 이용한 온도측정방법 등이 사용되고 있다.

9.5.2 가스분석 및 매연농도 측정

내연기관에서 작동유체의 연소에 따른 가스조성의 변화는 극히 현저하며, 성능에 크게 영향을 미친다. 연소실 내·외의 가스교환과정에서도 가스조성이 변화하여 어떤 성분의 농도변화를 측정하여 특성을 조사하는 경우도 있다. 더욱이 배출가스에 의한 대기오염이 매우 중요한 문제로 되어, 배기가스의 분석은 내연기관의 평가의 하나로 널리 실시되고 있다.

배기의 측정에는 배기성분의 분석과 배기 농도(exhaust smoke density)라고 하는 말로 표현되는 흑연을 측정하는 두 가지 방법이 있다. 전자에 대해서는 종래의 화학적인 분석방법인 오르자트(Orsat) 가스분석장치 등이 간단하고 값이 싼 점에서 사용되고 있지만, 최근에는 가스크로마토그래프(gaschromatograph) 혹은 적외분광분석계 등이 사용되고 있다. 특히 최근 자동차 배기의 문제와 관련하여 진보된 많은 분석기구가 사용되고 있다.

(1) 배기성분 분석 및 분석장치

대기오염 성분으로 보통 문제가 되는 내연기관의 배출물은 CO, 질소산화물(① nitrogen oxides, ② oxides of nitrogen)(NO_x), 황산화물(sulfur oxide)(SO_x), 미연탄화수소류(HC), 함산소탄화수소류(알데히드 RCHO 등) 및 입자상 물질(particulate matter)이다. 이 중에서 NO_x는 보통 NO와 NO_2를 더한 것을 의미하며, 질량으로서는 NO_2로 환산하여 표시한다. SO_x 중 가스상태의 성분은 SO_2만을 고려하면 되며, 미스트(mist) 외의 입자상 물질로서 H_2SO_4나 황염류가 포함되어 있다. HC는 연료성분이나 분해 생성된 여러 종류의 탄화수소가 포함되어 있는데 탄소 원자수(거의 질량에 비례) 또는 CH_4, C_6H_{14}로 환산성분을 의미한다.

이와 같은 가스의 농도는 체적비 %, 또는 ppm로 나타내는 것이 많으나 환산농도이지 실제의 체적비는 아니다.

배출가스 분석에는 단지 조성의 분석뿐만이 아니고, 배출량을 정량적으로 알아야 할 필요가 많은데, 그래서 유량계측도 포함될 때가 있다. 시료가스를 연속적으로 채취하여 각 성분농도의 시간적 변화를 측정하는 연속 분석법과 시료가스를 용기 내에 채취하여 놓고 비교적 시간을 걸려서 분석하는 배치(batch)분석법으로도 분류할 수 있다.

연속분석은 일반적으로 시료의 양이 상당히 필요하지만, 자동분석이고, 응답성이 빠르며, 온라인으로 결과가 나타나므로 편리하다. 반면 배치분석은 시료의 양은 매우 적든지 어떤 시간의 평균적인 시료 등에 사용되며, 연속분석이 불가능한 경우에 적용된다.

연속분석에는 예를 들어 비분산형 적외선 분석계(NDIR : non-dispersive infrared analyzer), 수소화염 이온화 분석계(FID : flame ionization detector), 화학발광 분석계(CLD : chemiluminescence detector) 등을 이용하는 방법이 있으며, 배치분석법에는 가스크로마토그래피(GC법) 등이 있다. 전자는 물론 배치시료분석에 이용할 수 있지만, 후자는 연속분석에 적용하는 것은 곤란하다.

분석대상 성분은 특정한 것은 아니지만 석유계 연료의 연소가스에서는 주된 성분으로 일산화탄소(CO), 이산화탄소(CO_2), 물(H_2O), 수소(H_2), 탄화수소(HC), 이산화질소(NO_2), 일산화질소(NO), 암모니아(NH_3), 시안가스(HCN), 포름알데히드(HCHO), 아세트알데히드(CH_3CHO), 그 외에 알데히드류, 케톤류, 알코올류 등의 함산소화합물(oxygenates), 산소, 질소 등이다.

이 중에서 HC에는 메탄(CH_4), 에틸렌(C_2H_4) 등의 연소반응에 의한 연료의 분해생성물을 비롯하여 연료에 포함되어 있는 여러 종류의 성분을 포함하고 있으며, 크게 분류하면 포화탄화수소(파라핀 및 나프텐), 불포화 탄화수소(올레핀 및 아세틸렌), 방향족 탄화수소 등으로 분류한다. 함산소화합물도 여러 종류가 있으며, 지방족 알데히드, 방향족 알데히드 등으로 분류하는 경우도 있다. 또, 질소화합물(NO_x)는 NO와 NO_2를 포함한 것의 총칭이다.

일반적으로 농도는 체적비, 즉 V/V ppm 단위로 표시하는 것이 많다(SI 단위에서는 mol/m^3 또는 g/m^3, mg/m^3이다).

각종 분석방법 중에서도 가스크로마토그래피 및 비분산형 적외선 분석방법은 대상 가스 성분이 광범위하고 매우 중요하므로 대상성분마다 분석방법을 기술하며, 교정용 가스에 대해서도 간단히 기술한다.

① 가스크로마토그래피

가스크로마토그래피란 이동상(相)으로 기체(캐리어가스)를 이용하고, 고정상(相)으로 액체 또는 고체(충진제)를 이용하여 혼합성분의 시료를 캐리어가스로 밀어 넣어 충진제를 통과할 때에 시료 중의 각 성분을 분리하는 방법을 말하며, 이때의 장치를 가스크로마토그래프라 부른다. 현재에는 화학분석에 있어서 없어서는 안 되는 장치이며, 여러 가지 검출기와 조합하여 널리 이용되고 있다.

기본적인 구성은 그림 9·26과 같이 캐리어가스의 유량제어장치, 시료도입장치, 충진제를 포함한 분리관(칼럼), 검출기 및 기록계, 그 외에 데이터 처리장치이다.

캐리어가스로서는 헬륨(He), N_2 등 불활성이고, 검출기에서 대상성분과의 감응도가 큰 것이 사용된다. 분리 칼럼은 가스크로마토그래프의 특성을 결정하는 것이고, 가는 유로 중에 입자상태의 알루미나, 실리카겔, 활성탄 등의 고체 충진제나 내화(耐火), 연와(煉瓦)입자

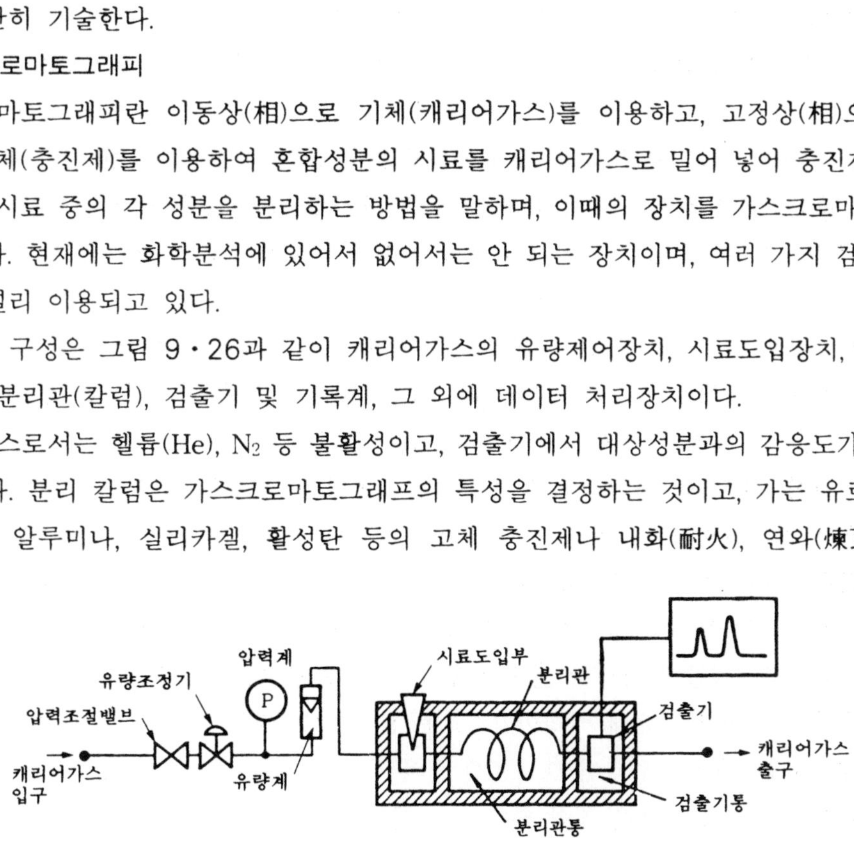

그림 9·26 가스크로마토그래프의 기본 구성

등에 실리콘 오일, 폴리에틸렌 글리콜 등 각종 액체를 함침시킨 충진제를 수 cm에서 수 m 길이로 충진하여 구성된다.

캐필러리 칼럼으로는 내경 0.25 mm 정도의 극히 가는 관의 내면에 액체 충진제 등을 코팅한 것이고, 수 m에서 수십 m 길이의 것이 사용된다. 각종 칼럼을 직렬로 이용하기도 하고 유로를 바꾸어 이용하는 경우도 있다.

분리 칼럼에서는 온도 및 유량의 제어가 중요하고, 시료도입장치에서 캐리어가스 중에 주입된 각 성분은 충진제에 의한 흡·탈착 또는 친화성의 차이에 의하여 칼럼을 통과하는 시간이 각각 다르다. 이 시간을 보지시간(保持時間, retention time)이라 하며, 이것은 캐리어가스 유량 및 온도의 영향을 크게 받는다.

검출기에는 여러 종류가 있는데 열전도도 검출기(TCD : thermal conductivity detector), 수소화염 검출기(FID), 전자포획형 검출기(ECD : electron capture detector), 화염광 광도 검출기(FPD : flame photometric detector) 등이 일반적으로 이용되고 있다.

이외에 특수한 검출기를 이용하는 것도 있으며, 더욱 질량 분석계나 적외 또는 자외흡광(吸光)광도계 처럼 그 자체가 분석장치로 이용하는 것을 검출기로 하는 것도 있다.

내연기관 등에서 연료가스, 배출가스 등의 거의 전체 성분도 가스크로마토그래피를 적용할 수 있다. 시료의 양이 적어도 고감도의 측정을 할 수 있으며, 특성이 유사한 성분도 분리하여 분석할 수 있고, 매우 많은 종류의 성분을 정량적 분석이 가능한 것이 특징이다.

분석 대상성분을 크게 분류하면 무기성분과 유기성분으로 분류하는데, 전자는 활성탄, 모레큐라시브, 실리카겔 등의 고체 충진제로 분리하는 것이 많으며, 후자는 액체 충진제를 이용한다.

액체 충진제에는 여러 종류가 있는데 1개의 칼럼으로 비등점 범위가 넓은 유기 혼합물의 전부를 정밀하고 세밀하게 분리하는 것은 쉽지 않다. 칼럼온도를 서서히 상승(승온)시키든지, 또는 복수의 칼럼을 이용하여 능률적으로 정밀하고 세밀한 분석을 하도록 하고 있다.

저급 탄화수소의 분석에는 고체 충진제를 이용하는 경우도 있지만, 보통은 스쿠아란, 실리콘 오일, 폴리에틸렌글리콜 등 고비등점의 액체 충진제를 이용한다. 많은 경우 시료 중의 각 성분은 저비등점의 것부터 고비등점의 것으로 순차적으로 분리시켜 용출시키는데, 극성에 따라서 보지시간(retention time)이 크게 변화하는 충진제도 있다.

검출기도 측정성분에 따라서 선택할 필요가 있다. CO나 CO_2 등처럼 무기성분에는 TCD을 이용하는 경우가 많은데 캐리어가스로는 He을 이용하면 H_2 등은 감도가 매우 작게 된다. N_2를 캐리어가스로 한다면 O_2나 CO 등의 감도는 적다. 일반적으로 TCD는 널리 이용되고 있지만 감도는 불충분한 것이 많다. 유기성분의 검출에는 보통 FID가 사용된다. 특히 탄화수소에 대한 감응도에서 직진성이 양호하고, 무기성분에는 감도가 좋기 때문에 배기가스 등의 탄화수소 분석에 가장 널리 사용되고 있다.

FID는 공기를 조연제(助燃劑)로 하는 수소화염 중에 시료를 흘려보내 시료 중의 탄화수소 등의 연소에서 이온 전류를 측정하는 것이다. 가스크로마토그래프의 검출기로서만이 아니고 연속식의 전체 탄화수소 분석기의 검출기로서도 같은 원리의 것이 사용된다.

ECD는 할로겐이나 산소를 포함한 성분 검출에 이용되며, FPD는 유황을 포함한 성분의 검출에 적절하다. 이들은 대기오염, 그 외의 일반화학분석에서는 널리 이용되고 있지만, 배출가스에 이용하는 것은 적다.

이외에 질량분석계를 검출기로 이용하는 경우가 있다. 이 경우는 가스크로마토그래프-질량분석계로 일체화하여 가스크로마토그래프는 질량분석의 전단계 분리장치로 이용되는 경우가 많고, 성분의 동정(同定 : 생물의 '속', '종'을 결정함)이나 같은 피크 내의 성분의 판별, 정량화를 가능하게 한다. 가스크로마토그래프에서는 본질적으로 성분의 동정이 불가능하고 질량분석계를 병용함으로서 동정을 할 수 있다.

배출가스 등의 탄화수소를 분석하기 위해서는 가스크로마토그래프는 없어서는 안 되는 것이며, 그림 9·27에 가솔린 자동차의 배출가스 중의 가스크로마토그램의 일례를 나타내었다.

② 비분산형 적외선 분석계

배출가스에 포함된 주요 성분 중에 CO_2, CO, H_2O, NO, C_nH_m 등의 비대칭 분자는 적외영역에서 특유한 흡수대가 있다. 적외분광 광도계에 의해 이들을 측정하는 것은 가능하지만, 주사(走査 : 스캐닝)에 시간이 걸리기 때문에 연속측정에는 부적당하다. 특정 파장영역만의 흡수를 분광시키지 않고 측정하는 방식의 계기를 비분산형 적외선 분석계(NDIR)라 한다. 자동차 배출가스 측정에 이용하기 위해서는 응답속도가 빠르고 간섭성분의 영향이 적은 것이 필요하다. NDIR의 기본 구성을 그림 9·28에 나타낸다.

광원에서 방사된 적외선은 쵸파에 의해 단속광(斷續光)으로 되어, 각각 시료셀과 비교셀의 광로를 지나 검출기에 들어간다. 검출기에는 측정성분과 같은 가스가 적당한 분압으로 봉입되어 있으며, 검출기에 입사하는 적외선 중에서 측정성분의 흡수 파장역만을 선택적으로 흡수한다. 시료셀에서는 시료 중의 측정성분의 농도에 따른 적외선의 흡수가 일어나는데, 비교셀에서는 적외선을 흡수하지 않은 가스가 가득 차 있기 때문에 흡수는 일어나지 않는다. 따라서 양 광로를 지나 검출기 내에 봉입된 가스에 흡수되는 적외선의 광량에는 측정성분 농도에 따른 차가 발생한다. 이 차이는 검출기 내의 박막을 사이에 둔 봉입가스의 온도차로 되어, 그것에 의한 미소한 압력차를 일으킨다. 이 압력차를 박막의 변위로 검출하는 방식이 NDIR의 기본적 구조이다.

측정성분의 흡수 파장역과 중첩되는 간섭성분이 시료에 포함된 경우에는 시료셀의 광로

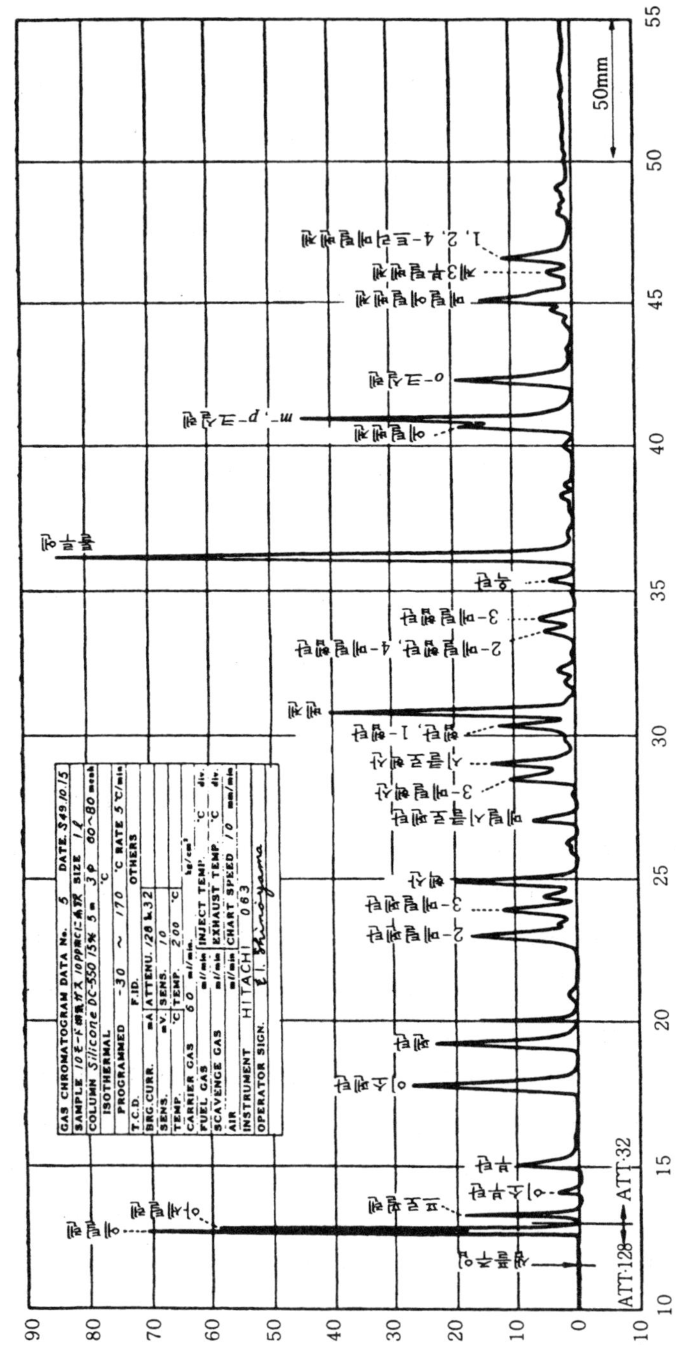

그림 9·27 가솔린 자동차 배출 중의 탄화수소의 가스크로마토그램의 예

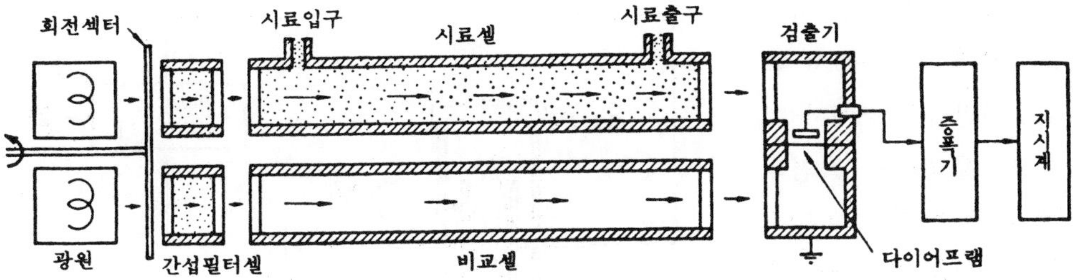

그림 9·28 비분산형 적외선 분석계(NDIR)의 구성 예

에 필터를 설치하여 중첩되는 파장역의 적외선을 사전에 제거하도록 한다.

최근에는 광학 필터가 발달하여 좁은 파장역의 적외선만을 통과시키도록 되어 있어 반도체의 적외선 검출기와 조합하여 간단한 구조의 NDIR도 실용화되고 있다.

NDIR은 시료를 비파괴 측정할 수 있는 특징이 있고, 또 본질적으로 유량에 영향을 미치지 않는 방식이다. 그러나, 출력이 농도와 직선 관계가 되지 않는 점 등 때문에 측정범위가 비교적 좁고, 감도를 변화시키기 위해서는 시료셀의 길이를 변화시킬 필요가 있다. 배출가스의 측정에는 일반적으로 습도와 먼지를 제거한 건조한 조건에서의 조성을 측정한다. CO_2, CO, NO 및 HC의 측정에 이용되지만, HC는 n-헥산을 봉입한 검출기에서 측정하는 것이 보통이다. 자동차 배기가스의 연속 측정을 위해서는 여러 성분의 측정을 동시에 할 수 있도록 각각의 분석계를 병렬로 구성하여 사용하는 경우가 많다.

a) **탄화수소**(HC) : 탄화수소의 측정에는 FID나 NDIR이 주로 이용된다. FID는 가스크로마토그래프의 검출기로서 뿐만 아니라 전체 탄화수소 분석계로서 연속분석에도 널리 이용되고 있다. 정화된 공기의 경우는 0.1 ppmc 이하, 미연성분을 다량으로 포함한 특수한 운전조건의 자동차 배출가스에서는 10,000 ppmc 이상의 탄화수소를 포함하고 있지만, 이것들을 같은 FID로 측정할 수 있다(ppmc는 탄소원자수를 기준으로 한 체적농도이고, 메탄농도에 상당한다). FID는 탄화수소의 조성에 별로 영향을 받지 않고, 탄소원자수에 따라서 중량농도에 근사한 출력이 얻어지는 특징이 있다. 메탄과 프로판을 기준으로 하는 것이 많고, 농도의 단위로서 탄소원자수를 나타내는 ppmc를 이용하는 것이 보통이다. 또, FID는 고온도 조건을 유지하여 측정할 수 있는 것도 특색이다.

FID는 그림 9·29와 같은 구조를 한 연소장치이고, 화염을 일정하게 유지하고, 화염의 주위에 전극을 설치하여 일정한 고전압을 통하게 하여 전극간의 미소전류를 높은 인피던스의 증폭기를 이용하여 측정하도록 되어 있다. 연료로서는 암전류(暗電流)가 작은 H_2를 이용하는데 N_2로 희석한 H_2를 이용하는 것이 감도의 균일성을 양호하게 하는 것도 있다.

시료는 연료와 미리 혼합시켜, 그 중에서 탄화수소만이 연소에서 이온을 발생하여 화염의 전기전도를 증가시킨다. 화염조건을 일정하게 유지하게 하는 것이 특히 중요하며, 감도는 시료의 유량에 직접적으로 영향을 받는다. 따라서 연료, 공기 및 시료의 유량제어에 유의할 필요가 있다.

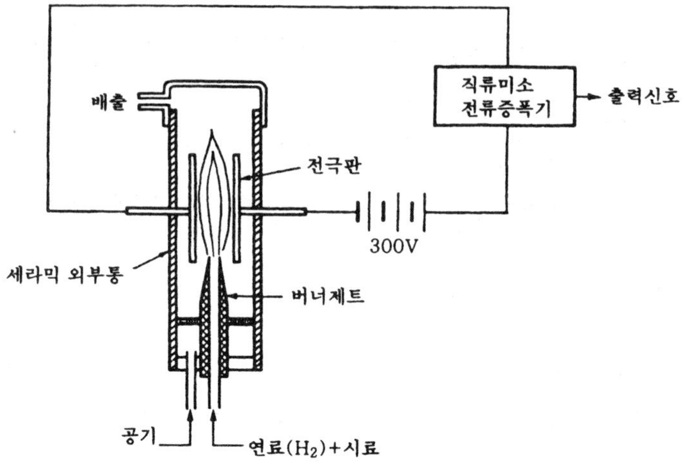

그림 9・29 수소화염 이온화 분석계(FID)의 구조

가스크로마토그래프에 사용하는 FID도 FID 분석계의 유로 구성과 똑같이 구성되어 있는데 캐리어가스가 불활성일 것, 검출기를 병렬로 하여 차동(差動)방식이 가능할 것, 영점 변동을 보정하기 쉬울 것 등의 유리한 점이 있다.

일반적으로 탄화수소는 FID로 연속적으로 측정하지만, NDIR에 비하여 탄화수소의 종류에 의한 탄소원자당의 상대 감도의 차는 적지만 그 영향을 무시할 수는 없다. 이것은 시료 중의 산소에 의한 간섭이 주된 원인이고, FID의 구조나 운전에 의해서도 다르다.

NDIR에 의한 탄화수소의 측정은 보통은 n-헥산을 봉입한 검출기를 이용하기 때문에 메탄을 제외한 포화탄화수소에 대해서는 탄소원자당의 상대 감도는 거의 같은 값이 되지만, 저급 불포화 탄화수소 및 방향족 탄화수소에 대해서는 낮은 값으로 된다. 자동차 배출가스의 탄화수소 농도계로서 초기에는 NDIR이 널리 이용되어 왔지만, 점점 FID가 많이 이용하게 되었다.

b) **일산화탄소**(CO) : 연소가스나 배출가스 중의 CO의 정량은 중요하며, 그 측정이나 분석은 이전부터 진행되어 왔다. 헨페르나 오르자트식의 가스분석법을 이용하는 것도 가능하며, 가스크로마토그래피도 적용할 수 있다. 연속분석계로서도 여러 방식이 있고, 단순히 열전도율의 측정에 의해 CO농도를 측정할 수도 있다.

그러나, 가장 일반적인 것은 NDIR에 의한 측정이었고, 전체 눈금이 0~10V/V% 정도의 고농도의 것에서부터 0~50 V/Vppm 정도의 저농도용의 것까지이다. 저농도의 측정에서는 CO_2나 H_2O의 간섭을 제외하는 것이 중요하다. 10 V/Vppm 이하의 저농도용으로서는 CO를 CH_4에 환원하여 측정하는 가스크로마토그래피가 보다 적절하다.

c) **이산화탄소**(CO_2) : CO_2는 연소생성물 중에서 양적으로도 많고, CO와 함께 연소의 정도를 나타내는 중요한 지표로 된다. 배치측정으로는 헴페르나 오르자트식 또는 가스크로마토그래피에 의한 분석이 가능하다. 연속분석계로서는 CO의 경우와 똑같이 NDIR을 이용하는 것이 일반적이다. CO_2는 적외선의 흡수능력이 크고, 측정농도가 대체로 높으며, 전체 눈금이 0~3에서 0~16V/V% 정도의 것을 이용하는 것이 많으므로 그 측정에는 NDIR이 가장 적합하다.

d) **질소산화물**(NO_x) : 연소에 의해 생성되는 NO_x는 주로 NO이며, 측정시에 일부가 NO_2로 되어 있는 것이 많고, NO와 NO_2를 합계한 것을 NO_x로 하고 있다. NO_2는 특히 수분이나 벽면, 그 외의 것에 의해 흡수나 흡착의 영향을 받기 쉬우므로 시료채취에는 주의를 요한다. NO_x의 분석방법에는, 배치방식으로는 페놀 지슬혼산법(PDS법, phenol disulfonic acid method)을 비롯하여 여러 종류가 있으며, 연속분석법으로도 화학발광법에 의한 NO의 측정을 비롯하여 표 9·3에 표시한 바와 같이 많은 방법이 있다. 측정범위나 시료의 조건에도 의하지만 화학분석은 용액 중에서 정색(呈色)반응을 시킨 다음 흡광도에 따라 정량화하는 것이 주이고, 어느 정도의 시간이 필요할 뿐만 아니라 간섭 성분 등에 의한 오차를 일으키기 쉽다.

표 9·3 질소산화물 분석방법의 종류

분류	분석대상 성분	분석방법
화학분석법	질소산화물(NO+NO_2)	페놀 지슬혼산법 비속 페놀 지슬혼산법 초산이온 전극법 아연화원 나프틸 에틸렌 지아민법
	이산화질소(NO_2)	자르츠만법
연속분석법	일산화질소(NO)	화학 발광법 적외선 흡수법 자외선 흡수법
	이산화질소(NO_2)	자외선 흡수법 정전위 전량법(定電位 電量法)
	질소산화물(NO+NO_2)	정전위 전해법 산화법 환원법 출력 가산법

화학발광법에서는 전체 눈금이 0~0.25 V/Vppm 정도의 저농도에서부터 0~10,000 V/Vppm 정도까지 측정 가능하고, 광범위하게 직진성이 있다. 반응실 압력에 따라 상압형과 감압(진공)형이 있으며, 오존 발생은 산소의 무성(無聲)방전에 의한 경우와 공기의 자외선 조사에 의한 경우가 있다. 화학발광법에서는 NO_x를 측정하기 위하여

NO_2를 적당한 화학물질을 컨버터로 이용하여 NO로 환원하는 것이 보통이다. NO_2의 환원에는 스테인리스강계, 몰리브덴계, 카본계 등 각종 화학물질이 이용되지만, 일반적으로 300℃ 이상의 고온에서는 NO_2 이외에도 NH_3나 함산소 유기화합물이 NO로 변환된다.

컨버터로서는 비교적 저온에서 NO_2를 완전히 NO로 환원할 수 있으며, 열화가 없는 것이 바람직하다. 자동차 배기 그 외의 연소가스나 배출가스의 측정에서 종래 어려운 점이 많았던 NO_x의 측정은 화학발광법의 진보에 의해 거의 해결되었다고 할 수 있다.

NDIR에 의한 NO의 측정은 고농도 조건에서는 충분한 정도를 얻을 수 있지만, 제습 등의 조건을 일정하게 할 필요가 있는 등 실용적으로는 불편한 점이 많다.

e) 알데히드(RCHO) : 알데히드류는 연소과정에서 생기지만, 배출가스 중에도 미연소된 상태로 일부 잔류하고 있다. 수용성이기 때문에 샘플링계에서 응축이 일어나지 않도록 시료를 채취하는 것이 중요하다. 습식 또는 가스크로마토그래피에 의한 분석이 이용되고 있고, 저농도의 시료는 흡수관(흡수액)에 의해 포집을 하므로 통과시료의 양, 포집률 등도 농도산출의 기초가 된다.

보통 알데히드류에는 포름알데히드, 아세트알데히드, 그 외 각종 탄화수소에서 유도되는 알데히드류가 있는데, 농도(V/V)로서는 포름알데히드가 가장 많다. 포름알데히드와 지방족 전체 알데히드 분석이 널리 행해지고 있다.

포름알데히드는 크로모토로프산법, 파라로자니린법, 아세틸아세톤법 등에 의해 정색액(呈色液)의 흡광도(吸光度)에 따라 정량화할 수 있다. 크로모토로프산법은 미제트인핀자에 크로모토로프산을 포함한 86% 이상의 황산용액의 흡수발색액을 넣어 시료를 통과시켜 포집한다. 반응에 따라 생기는 적자색을 570~650 nm 사이의 파장으로 흡광도를 측정하여 농도를 구한다. 파자로자니린법은 염산수용액을 흡수액으로 하여 시료를 통과시켜 아황산 착염액 및 파라로자니린 시약을 더하여 15분 방치하고, 발색을 500~650 nm 사이의 스펙트럼에서 570 nm 부근에서 흡광도를 측정하여 정량한다.

지방족의 전체 알데히드는 MBTH법(3-methyl-2-benzothiazole hydrazone)으로 측정한다. 이 방법은 MBTH(염산염)의 수용액을 흡수액으로 하여 시료가스 중의 알데히드를 흡수시켜 황산제2철 암모늄, 아세톤을 더한 후에 635 nm 부근의 파장에서 흡광도를 측정하여 표준 포름알데히드의 경우와 비교하여 정량화한다. 전체 알데히드를 포름알데히드당의 양으로 나타낸다.

알데히드의 분석에는 가스크로마토그래피를 이용할 수도 있다. 포름알데히드는 FID에 대한 감도가 거의 없으므로 환원하여 CH_4로 하여 정량화하는 방법도 있다. 일반적으로 저농도이므로 농축 또는 DNPH(2, 4-dinitrophenyl hydrazine)에 의한 흡수 등

포집방법에 주의를 요한다.

f) **기타** : 디젤 배출가스에서 문제가 되는 악취 등에 대해서는 고비등점의 성분을 주로 대상으로 하여 액체크로마토그래프로 비교적 짧은 시간에 분석하는 방법이 있다. 이들의 검출방법에 자외흡수분석을 이용하여 방향족 탄화수소를 선택적으로 정량화한다.

다환방향족 탄화수소는 타르성분 등에 포함되어 있는데, 냉각, 농축한 후에 추출하여 고속 액체크로마토그래프와 형광검출기를 이용하여 분석한다. 이들 분석은 가스시료보다 액체를 포함한 입자상 물질의 분석이라 말할 수 있다.

SO_2의 연속분석에는 고농도 조건에서는 NDIR도 적용할 수 있지만, 저농도에서는 고농도 셀을 이용하는 2차 유도함수법 자외분광 광도계나 펄스 형광에 의한 분석계를 이용한다. 그러나, 디젤 배기처럼 입자상 성분이 많은 경우는 광학계의 셀의 오염이 문제가 되기 쉽다.

습식 분석방법인 파라로자니린법 등은 SO_2 농도의 측정에도 이용된다.

g) **교정용 가스** : 가스분석계의 교정용이나 각종 분석의 표준용으로 일반적으로 질소나 공기로 희석된 이미 알고 있는 농도의 가스가 이용된다. 예를 들어 자동차 배출가스의 분석을 위하여 CO, CO_2 등의 교정용 가스는 각각 NDIR을 측정농도 범위에서 교정하기 위하여 필요한 것으로 보통 고압봄베 등 적당한 가스용기에 충전되어 있다. 이와 같은 종류의 교정용 가스의 성분농도값의 정확도는 그대로 측정값의 정확도에 영향을 미치게 된다.

비교적 안정한 성분인 CO, CO_2, NO와 탄화수소의 대표로 프로판(메탄, 헥산 등도 이용함) 등은 표준시료로서 각종 농도의 것을 조제하여 고압용기에 보존하여 교정용 가스로 사용할 수 있다. 그러나 일반적으로 이용할 수 있는 농도에는 하한값이 있으며 CVS채취시료 등의 저농도를 대상으로 한 교정용 가스에는 아직 문제가 있다. 특히 NO_2나 SO_2처럼 비교적 활성으로 가스용기 내부표면 등에 의해 영향을 받기 쉬운 성분은 저농도에서 안정하게 보존이 가능한 용기가 필요하다.

교정을 할 때 순수한 가스 또는 고농도 표준시료와 질소 또는 공기를 유량제어하면서 혼합하여 필요한 농도의 표준시료를 조제할 수도 있다. 이것을 유량비 혼합법이라 한다. 유량측정의 정밀도가 문제이지만, 온도를 제어한 충류형 유량계 또는 모세관 유량 등에 의해 1% 이하의 오차로 측정 또는 설정한다.

교정에 이용되는 가스의 정밀도는 보통은 표시농도값에 대하여 1~2% 정도의 오차가 허용되어 있으며, 이것이 가스분석 정밀도의 한계로 되는 경우가 많다. 실제에는 많은 오차요인이 있지만 기기분석에서 교정은 정확도를 유지시키기 위하여 필요한 조작의 하나이다.

교정용 가스를 이용하지 않고, 광학적 필터나 정전압 등으로 기기의 감도를 체크하는 경우도 있다. 일반적으로 가스분석으로서 화학분석보다도 기기분석이, 특히 연속분석계를 이용하는 것이 많아졌기 때문에 교정이나 유량설정 또는 유량측정이 매우 중요하게 되어 있다.

(2) 배기가스 중의 미립자와 매연농도 측정

디젤기관 등의 배기가스 중에는 흑연이 현저하게 나타나고 있다. 내연기관에서도 연소조건에 따라서 그을음(soot)이 생성된다. 탄소질의 그을음 이외에도 황산 미스트 등 액상 성분이 형성되는 것도 있고, 또 각종 금속이나 염류(塩類)를 포함한 미립자 다환방향족 탄화수소 등의 비교적 고비등점 유기성분도 포함되는 것도 있다.

이와 같은 미립자의 측정은 배기가스 중의 흑연 또는 백연 등의 연기의 농도를 문제로 하는 경우와 입자상 물질의 성분을 문제로 하는 경우로 크게 분류할 수 있다. 어느 것도 시료의 샘플링에서부터 주의할 필요가 있으므로 목적에 따라서 몇 가지의 대표적인 방법을 참조해야 할 것이다.

내연기관에서는 운전조건에 의해 배기유량이 변화하며, 미립자는 가스의 흐름과는 반드시 대응하지는 않으며, 배기계통의 유로에서 축적이나 탈착 등을 일으키기 쉬운 것도 고려할 필요가 있다. 그래서, 연소실이나 배기계통의 도중에서 시료채취는 특정한 목적에 한하며, 일반적으로는 배기관 출구 근처에서 채취 또는 측정한다.

여기서는 일반적인 배기 미립자의 샘플링, 디젤 배기 매연농도의 측정, 희석터널에 의한 미립자의 샘플링 및 측정의 3개로 분류하여 설명한다.

① 배기 미립자의 샘플링

배기 중의 미립자는 흐름이 일정한 장소에서는 일정한 분포를 하고 있는 것을 전제로 하여 시료가스를 배기흐름과 같은 속도로 되도록 흡인하여 분리하여 흐르게 하고 도중에 여과지 등을 이용하여 미립자만을 채취해서 가스량을 계측하면서 배출하는 것이 많다. 여과지로서는 원형 여과지나 원통 여과지가 이용되지만, 그 포집장치는 그림 9·30처럼 구성된다.

시료 채취장치는 여과지까지의 부분을 보온하여 응축하지 않도록 할 필요가 있다. 흡인노즐에서 등속 흡인을 하기 위하여 시료유량을 제어할 필요가 있다.

② 디젤 배기 매연농도의 측정

디젤 배기 매연의 측정방법은 두 가지 방법으로 크게 분류되어 왔다. 그 하나는 배기시료를 여과지(필터)에 일정량을 통과시켜 여과지의 입자를 계량하기도 하고, 여과지의 표면의 반사율(흑도) 등을 비교 측정하는 방법이다. 다른 방법은 배기 중에 일정한 광속을 보내고 그것을 광전관에서 받아 빛의 투과율의 차이로 농도를 판정하는 방법으로 신속한 연속측정

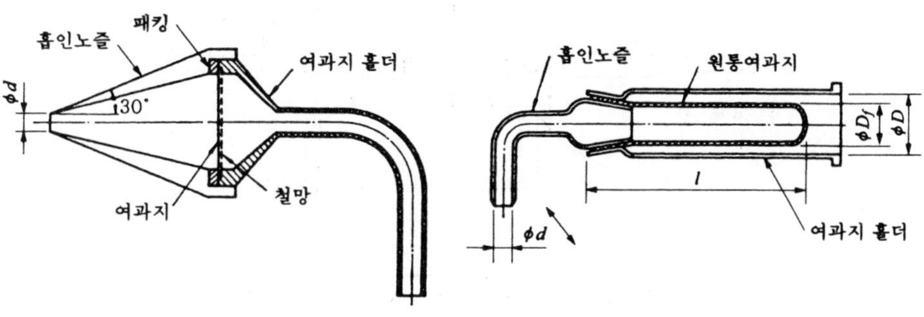

그림 9·30 여과지에 의한 입자의 포집장치(여과지 홀더부분)

이 가능하지만 유리창이 더러워지는 단점 때문에 재현성에서 조금 미흡하다. 어느 방식이라도 직접적으로는 배기유량이나 유속과 무관계한 매연농도의 측정이 된다.

여과지나 필터에 포집하면 시료가 보존되며, 또 중량측정이 가능한 것 등의 특징이 있다. 그러나 변화하는 운전조건에서 연속 측정하기는 쉽지 않다. 보통은 백색의 여과지가 흑연(soot)을 포집하여 표면의 반사율이 저하하는 양이나 비율을 가시광의 광원과 반사광을 수광(受光)하는 광전소자를 이용하여 측정한다. 이것은 반사식 스모크 미터라 하며, 250~330 ml의 시료를 흡인하여 지름 30~32 mm의 통과부분을 갖는 홀더에 장착된 여과지(필터)를 통과시켜 그것을 반사율계로 측정한다. 이 경우 시료가 흐르는 계통은 노점 이상으로 유지할 것, 오염에 변화가 없는 조건에서 측정할 수 있을 것, 특히 전기 등으로 인해 입자의 부착을 일으키지 않을 것 등의 배려가 바람직하다. 여과지 표면의 흑도와 농도와의 사이에는 그림 9·31과 같은 관계가 있다. 또, 스모크 미터의 지시는 %이지만, 오염도를 나타내는 경우와 반사율을 나타내는 경우가 있으므로 주의를 요한다. 반사식 스모크 미터에도 테이프 상태의 여과지를 이용하여 자동적으로 시료 샘플링이나 반사율의 측정을 반복하여 거의 연속에 가까운 측정이 가능한 장치도 있다.

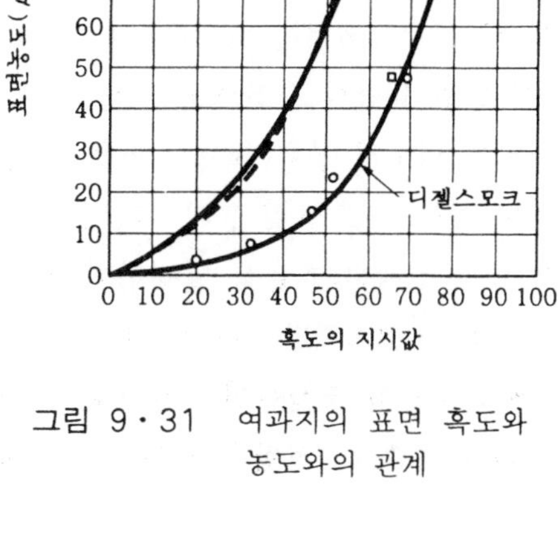

그림 9·31 여과지의 표면 흑도와 농도와의 관계

광투과식 스모크 미터에는 시료가스의 일부분을 흘려보내 측정셀에 도입하는 하드릿지방식과 배기가스 전부의 흐름에 검출부를 설치하는 방법이 있다. 어느 것도 연속 측정

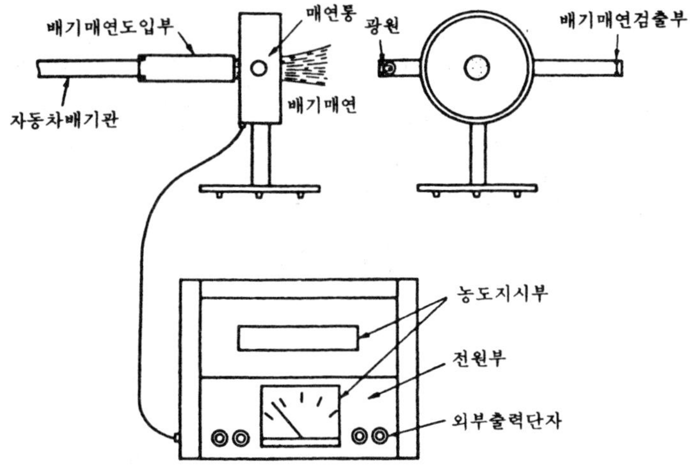

그림 9·32 광투과식 스모크 미터

할 수는 있지만 배기유량이나 유속과는 관계없고 측정광로 내의 배기흐름의 두께(지름)와 농도에 영향을 미친다. 이 방식에서는 주로 가시광의 영역에서의 흡광도를 측정함에 따라 0.3 μm 이하의 입자는 측정할 수 없다.

그러나, 탄소질 입자뿐만 아니라 냉간시 또는 시동시의 백연 또는 청연이라 하는 배기매연의 측정에도 이용할 수 있다. 응답이 빠르고 연속측정이 가능한 점이 특징이지만, 배기유속이 변화하면 배기량의 비교가 그대로는 할 수 없는 것이 반사식의 경우와 유사하다. 그림 9·32에 그 개요를 나타내었으며, 매연의 농도 (g/m^3)와 광의 투과율과의 사이에는 일반적으로 광도계의 경우와 동일한 란베르트 법칙이 성립하지만, 이 경우도 입자의 단면적 농도를 측정하는 것이므로 입자의 평균지름이 변하든지 하면 중량농도와의 관계는 변한다.

일반적으로 디젤 배기의 측정에서는 오염이 중요한 장해로 되는 것이 많으며, 반사식데서도, 투과식에서도 측정계를 청결하게 유지하는 것이 바람직하다.

③ 회석터널(dilution tunnel)에 의한 미립자의 샘플링 및 측정

자동차기관 등에서는 배기유량이 변화하는 것이 많으므로, 가스 샘플링에서도 CVS를 이용하여 일정 유량의 조건으로 하는 것이 편리한 점이 많다. 미립자의 샘플링에서 특히 샘플링 프로브 입구의 분류(分流)조건을 일정하게 유지할 필요가 있는 것이나, 입자의 수분응축에 의한 영향 또는 응집 등의 현상을 가능하면 적게 하기 위하여 배출 후 빠른 시기에 희석하고, 또한 전체의 흐름을 일정하게 하는 것이 바람직하다. 이것은 원칙적으로 CVS장치와 완전히 같은 것이지만 가스를 측정 대상으로 하는 경우와 비교해서 미립자에서는 샘플링 장소에서 일정한 평행류인 것이 바람직하며, 희석률도 충분히 큰 것이 필요하다. 그렇게 하기 위하여 배출가스시험을 위하여 이용되는 CVS보다도 희석 공기량을 크게 하며, 특히 배

출가스와 혼합한 일정 유량부분을 터널상으로 적당한 크기의 일정한 단면으로 하여 어느 정도의 길이를 갖도록 하고 있다. 이것을 희석터널(diution tunnel)이라 부르는 경우가 많다.

가솔린기관의 경우에는 황산염의 측정이나 납을 포함한 미립자의 측정 등에 희석터널을 이용한다. 디젤기관에서도 서브미크론의 미립자를 포함한 측정에는 희석터널에 의해 일정하게 흐르도록 하여 대표 시료를 멘브렌, 그 외의 적당한 필터에 의해 채취한다. 이들의 채취시료는 절대중량의 측정, 성분 또는 원소분석, 현미경 시료 등에 이용된다. 더욱이 희석터널의 시료는 가스분석의 경우와 똑같이 각종의 자동분진 농도계 등에 의해 연속측정을 할 수가 있다. 시료채취에서는 ①항에서 기술한 바와 같이 흡입노즐의 입구에서는 등속 흡인되도록 유량을 설정하지 않으면 안 된다.

9.5.3 소음의 측정

(1) 연소소음

내연기관의 연소소음(combustion noise)은 연소실 내의 급격한 가스압력의 변화에 기인하는 기관 각부의 진동에 의해 유기되는 것이다. 가스압력은 실린더헤드 밑면과 피스톤 윗면에서 동시에 작용하기 때문에 실린더헤드 및 그것에 부착되어 있는 로커커버, 흡·배기 매니폴드 등을 여진한다. 그것과 동시에 피스톤에 작용하는 가스압력과 왕복질량에 의한 관성력과의 합력은 2개의 분력으로 되어 그 하나는 피스톤 크랭크기구를 경유하고, 다른 하나는 실린더 라이너에서 직접 크랭크케이스로 전달되어 기관구조의 각부 표면에서 소음으로 방사된다. 이 경우 전자의 경로에 따라 연소 충격이 전달되는 경우의 것이 크랭크케이스의 진동은 크게 된다.

가진력으로서의 실린더 압력레벨(CPL)과 방사된 소음의 음압레벨(SPL)과의 사이에는 상관관계가 존재하므로, 이것에 의해 기관구조의 진동이나 소음의 방사특성을 알 수 있다. 즉, 기관을 모터링한 경우에 생기는 소음을 기계소음(mechanical noise)이라 하고, 또 압축압력에 기인하는 소음과 연소에 따른 압력증가에 의한 소음(순 연소소음)과의 합을 연소소음으로 생각하면, 기관표면의 진동에 기인하는 소음은 다음과 같은 방법에 의하여 각각의 소음으로 분리하여 생각할 수 있다.

즉, 연소가 극도로 충격적인 경우를 제외하고는 기관에서 진동, 소음이 발생하는 기구 및 전달의 형태는 실린더 내의 압력경과에 따라서는 변화하지 않는 것으로 생각하므로 각 주파수 성분에 관해서 다음 관계가 성립한다.

$$ESP = MSP + TRC \times CP$$

여기서, 발화운전시의 음압 ESP 및 실린더 압력 CP는 기관소음(engine noise) 및 실린더 압력레벨의 측정값에서 각각 구할 수 있다. 따라서 압력경과가 다른 2조의 주파수 분석

결과를 사용함으로써 전달계수 *TRC* 및 기계소음의 음압 *MSP*를 산출할 수 있다.

일반적으로 연소소음이 문제로 되는 것은 착화운전 때의 소음이 모터링 운전 때의 소음보다도 크게 되는 경우이다. 그래서 연소소음과 기계소음이 같게 되는 점의 실린더 레벨을 생각하여 이것을 임계 실린더 압력레벨로 정의하고 있지만, 이것은 연소 정숙화에 관한 하나의 목표로 보여진다.

연소소음을 취급하는 경우에 지압(地壓)파형의 주파수 분석을 하여, 실린더 압력레벨의 스펙트럼을 구함으로써 기계소음의 영향을 받지 않고 연소소음에 미치는 각종 요인의 효과에 대하여 조사할 수 있다.

(2) 흡 · 배기음과 소음(消音)

① 흡·배기음의 성질

흡·배기과정에서는 흡·배기 전후의 압력차와 그 개도(開度)에 따라서 시간이 경과함과 함께 변화하는 가스의 흐름이 발생하고, 이것이 매 사이클 반복되는데, 이때 관 내에는 압력변동이 발생하여 이것이 파동으로 되어 음속으로 진행한다. 이 경우 흡·배기관 내의 비정상 흐름의 체적속도(velocity in volume)(유속×단면적)은 시간적, 공간적으로 다른 것으로 되지만 그 변동분은 관(管)계통의 고유진동수 성분 이외에 기본파 $f_0 = N_s \cdot Z$(Hz)와 $2f_0$, $3f_0$를 주성분으로 하는 고주파로부터 성립되어 그들의 성분이 각 주파수마다의 음향파워로 하여 계의 출구에서 방사된다. 단, N_s : 매초 배기 횟수, Z : 실린더수이다.

배기음(exhaust noise)의 음향파워는 흡기음(intake noise)의 그것과 비교해서 훨씬 크지만, 이것은 흡기관 내의 압력파동에 비교해서 배기의 취출에 따른 압력변동 쪽이 훨씬 크고, 또 온도도 높으므로 그 결과로 체적속도가 크게 되기 때문이다. 단, 흡기계에서 압력강하는 흡입공기의 감소, 나아가 기관출력의 저하를 의미하는 것으로 되기 때문에 흡기 소음기에서 유동저항은 1~1.5 KPa 정도로 억제하는 것이 필요하다.

2 행정기관에서는 동일 회전수의 4 행정기관에 비해 시간당 흡·배기량이 크기 때문에 소음의 발생이 현저하다. 또, 배기 터빈 과급기를 장착한 기관의 경우에는 과급기 압축기의 임펠러에서 발생하는 소음이 크기 때문에 흡기 소음기에 대한 특별한 대책이 필요하다.

② 소음기와 그 원리

소음기(silencer, muffler)란 흡·배기가스의 흐름은 효율 좋게 통과시키는 한편, 계의 출구에서 체적속도의 변동분은 가능하면 저감시킬 것을 목적으로 하는 것이다. 즉, 체적속도를 평균값(직류성분)과 변동분(교류성분)으로 나누어 생각하면 소음기의 기능으로 직류성분은 그대로 통과시키고 교류성분만을 저지하도록 하는 필터의 일종으로 생각할 수 있다.

일반적으로 음원으로부터 유입하는 음향파워는 관계(管系)의 입력 임피던스에 의해 변화하지만 이것이 최대로 되었을 때의 파워는 음원의 고유한 것이고, 이것을 W_0(W)로 한다.

한편, 관 계통의 출구에서 방사되는 파워는 W_r(W)로 하면 소음기로서는 W_0와 W와의 차를 크게 하도록 하는 것이 필요하다.

음원에서 관계통에 유출한 파워를 W_1이라면

$$\frac{W_0}{W_r} = \frac{W_0}{W_1} \times \frac{W_1}{W_r}$$

여기서, W_1/W_r을 크게 하는 것을 목적으로 하는 것이 흡음형 소음기(disipative muffler)이고, W_0/W_1을 크게 하는 것을 생각하는 것이 리액티브형 소음기(reactive muffler)이다. 양자가 일체로 된 것과 같은 구조의 소음기는 공진을 억제하는 한편 리액티브형으로서는 기능을 하지 않는 높은 주파수 영역까지도 흡음형 소음기로서 작동하므로 효과적이다.

흡・배기밸브가 열려 있을 때의 실린더 내 가스온도와 압력이 주어진다면, 흡・배기관계통 내의 가스의 상태는 운동 및 연속방정식을 기초로 하는 특성방정식에 의해 나타내어지므로 이것에 대하여 관 끝이나, 관의 접속면 등에서 경계조건을 도입함으로써 온도나 압력, 체적속도 등의 수치해를 얻을 수 있다.

소음기 설계에서는 우선 음향이론에 의해서 각 요인의 감음기능을 파악하여, 전체의 감음작용의 대략을 파악한 뒤에 필요에 따라 특성곡선법에 의해 정량적으로 보다 정확한 해(解)를 구해야 할 것이다.

보통, 흡기음은 공기청정기에서 필터와 체적으로 상당한 정도까지 음을 저감시킨다. 한편, 배기소음기에 의한 감음(減音)량은 일반적으로 10~25 dB 정도이지만, 때에 따라서는 30 dB의 감음을 실현하는 것도 있다.

③ 소음의 측정

소음의 측정은 일반적으로 KS로 정해진 보통소음계 또는 정밀소음계를 사용하여 측정한다. 회전하는 기계는 모두 어떠한 음(sound)과 진동(vibration)을 발생한다. 고속으로 되면 될수록 발생하는 소음(noise)과 진동은 필연적으로 증대된다. 파생되는 소음과 진동을 감소시킬 수 있다면 그 기계의 성능은 향상되고 연료소비량은 감소한다. 또 수송기관에서 그것은 승차감을 개선하기도 한다.

내연기관은 물론 여러 기계의 소음의 측정은 보통소음계(sound level meter)가 널리 사용되지만, 보다 정교한 측정이 필요한 경우에는 정밀소음계(precision sound level meters)가 사용된다. 소음레벨의 측정에는 주파수 보정회로를 A 특성으로 하여 측정하는 것이 일반화되어 있다. 또, 소음을 측정할 때는 마이크로폰의 위치가 적정하지 않으면 마루나 벽, 천장 또는 주위의 물체에서 반사음이 동시에 합해지므로 주의를 해야 한다.

무향실에서 측정하든지 또는 주위에 반사물체가 없는 충분히 넓은 공간에서 또는 적어도 1.2 m 이상의 높이에서 마이크로폰을 설치하여 측정한다. 또, 마이크로폰에 바람이나 배기 등이 부딪히면 소음계는 이상하게 나타나므로 가능하면 이런 상황은 피하는 것이 좋다.

또, 암소음(暗騷音, ground noise, back ground noise)의 영향도 고려하지 않으면 안 된다. 암소음이란 어떤 음을 대상으로 하여 생각하면, 그 음이 없을 때의 그 장소에서 소음을 대상음에 대하여 암소음이라 한다. 암소음이 크면 측정값이 영향을 받고 암소음이 대상음보다 10 dB 이상 작다면 영향을 받지 않는다.

④ 배기 소음법의 종류

현재 일반적으로 알려지고 있는 소음법에는 체적형, 공명형, 흡수형, 저항형, 간섭형, 냉각형 등이 있는데 실제로 사용되고 있는 소음기는 이들 중에서 몇 가지의 형식을 조합하여 사용하고 있다.

체적형은 그림 9·33과 같이 배기관의 도중에 체적이 큰 공동실(空洞室)을 갖추어 배기가스를 급격히 팽창시켜 온도를 내림과 동시에 소음작용을 행하도록 한 것이다. 체적형 소음기의 특성은 음향학적으로 구할 수 있다. 즉, 가스 유속을 무시하고 공동실 내부에서는 음파가 평면파로서 진행하고 배기관 끝에서 반사가 없다고 하면 입사음파에 대한 감쇠량 D는 다음 식으로 표시할 수 있다.

$$D = 10\log\left[1 + \left(\frac{1}{2}(m^2-1)/m \cdot \sin xl\right)^2\right] \text{ [dB]}$$

m은 공동실 단면적 A와 배기관의 단면적 A_0와의 비 A/A_0, l은 공동실의 길이, x는 파수(波數)이다($x=2\pi f/a=2\pi/\lambda$, f는 음파의 주파수, λ는 파장, a는 음속). l/λ와 통과음파의 감쇠량 D와의 관계는 그림 9·34와 같이 되며, 전연 감쇠를 받지 않는 주파수가 있다.

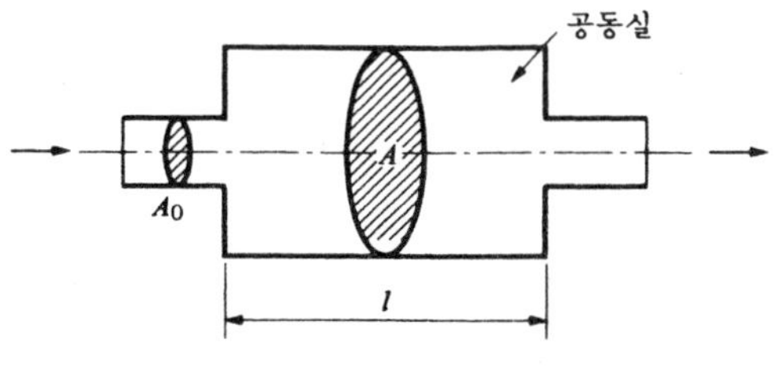

그림 9·33 체적형 소음기

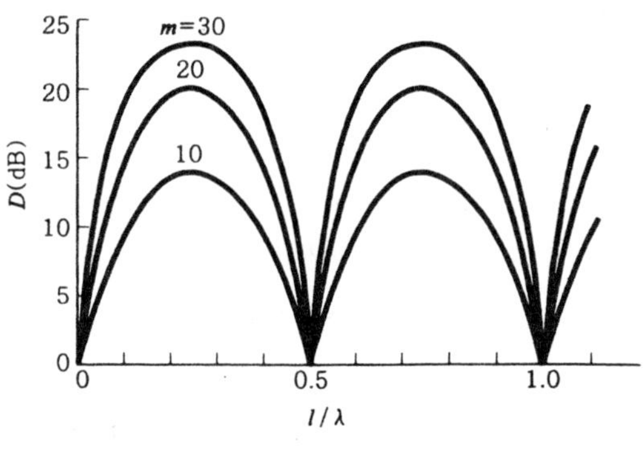

그림 9·34 체적형 소음기의 특성

공명형은 헤름홀쯔 공명기와 같은 공동실의 공명을 이용한 것이며, 그림 9·35와 같이 배기관에서 짧은 통로로 공동실에 연결된 구조로 되어 있다.

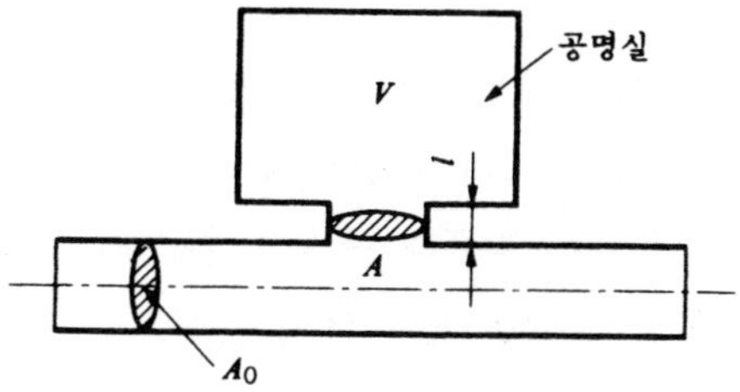

그림 9·35 공명형 소음기

이와 같은 공동실의 공명주파수 f_R은 공명실 체적을 V로 하면

$$f_R = a/2\pi\sqrt{K/V}$$

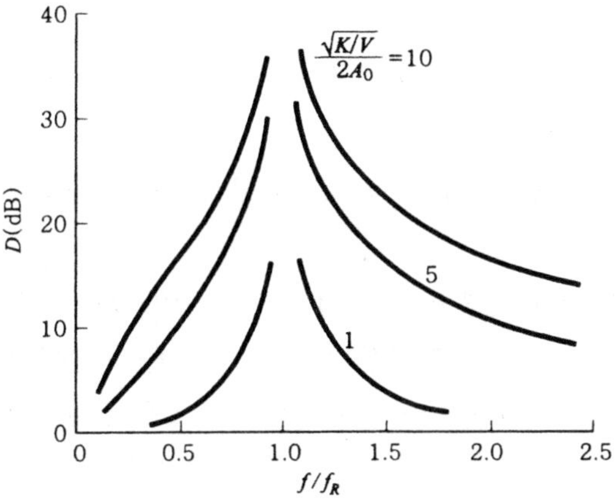

그림 9·36 공명형 소음기의 특성

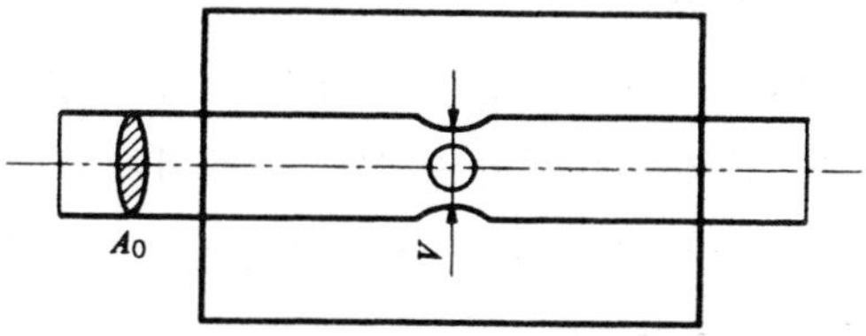

그림 9·37 공명형 소음기의 구조

여기서, $K = A/l_e$

A는 배기관과 공동실을 연결하는 통로(開口部)의 면적

l_e는 배기관과 공동실을 연결하는 통로(開口部)의 유효길이

r은 배기관과 공동실을 연결하는 통로(開口部)의 반지름으로

길이 l일 때 $l_e \fallingdotseq l + 1.6r$로 주어진다. 이와 같은 공명실을 도중에 부착한 배기관의 통과음파에 대한 감쇠량은 가스유속을 무시하고 관 끝으로부터 반사가 없다고 하면

$$D = 10\log\left(1 + \left(\frac{1}{2A_0}\sqrt{K/V}/(f/f_R - f_R/f)\right)^2\right)[\text{dB}]$$

로 주어진다.

여기서, f는 입사음파의 주파수, f_R은 공명주파수이다.

그림 9·36은 f/f_R와 감쇠량과의 관계를 나타낸 것이며, 입사음파 주파수와 공명주파수가 같을 때, 즉 $f/f_R=1$ 전후에서 최대의 감쇠 특성을 갖고 있다. 실제의 소음기에서는 그

림 9·37과 같은 구조로 하는 경우가 많다. 이때 반지름 r의 통로가 n개 있을 때는 통로면적은 $n\pi r^2$으로 된다.

이들 소음기의 음향적 감쇠 특성은 이론적으로 구할 수 있으나 실제로 기관의 소음기로서 사용되는 경우의 특성은 가스의 유동, 가스온도의 변화, 배기관 끝으로부터의 음파의 반사 등의 영향을 받아서 일반적으로 감쇠량은 순수한 음향적인 경우보다도 저하한다. 특히 가스 유속이 큰 경우에는 소음기 자체에서 소음을 발생하는 경우도 있다.

흡수형 소음기는 그림 9·38과 같이 공동실 내에 석면 등의 흡음물질을 충전하여 주로 고주파수의 음파를 흡수하게 한 것이지만 공동실을 몇 개로 분할하여 공명형을 겸하게 하는 경우도 있다.

이와 같은 흡수형 공명기는 흡수제의 종류 및 충전율에 의하여 흡수 특성이 변하기 때문에 그의 특성은 실험적으로 구할 수 있다.

배기관의 도중에 저항을 넣어 간헐적인 배기 유동을 일정 유속으로 접근시키면 배기소음은 감소한다.

그림 9·39와 같은 어미관은 그와 같은 저항형의 일종으로 배기 디퓨저(diffuser)의 말단을 편평하게 죄어 가스의 유동저항을 증가하고, 가급적 일정한 속도로 배기를 배출하게 한 것이다. 소형의 체적형 소음기와 병용하여 소형기관에 사용하고 있는데 그의 소음효과 그다지 크지 않다.

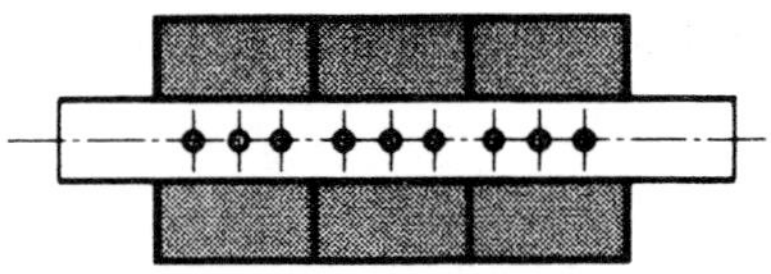

그림 9·38 흡수형 소음기

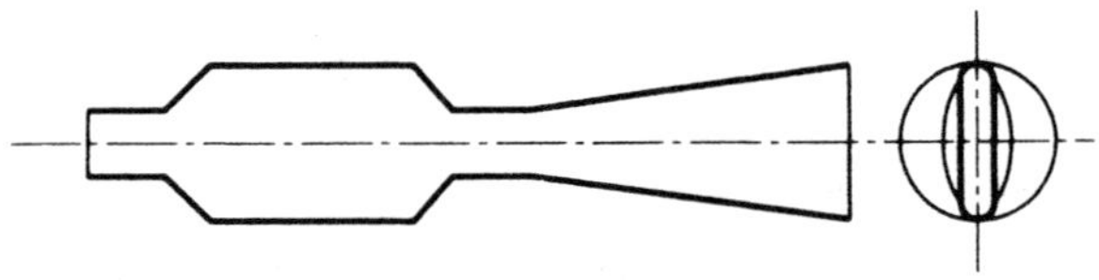

그림 9·39 어미관(魚尾官)

약어설명

A/F	air fuel ratio	공기연료비
AKI	antiknock index	비노크 지수
API	American petroleum institute	미국석유협회
ASTM	American society for testing materials	미국표준규격협회
Athodyds	aero-thermo-dynamic-ducts	
BAR	Bureau of automotive repair	캘리포니아 차량정비국
BDC	bottom dead center	하사점
CARB	California air resource bureau	캘리포니아대기자원국
CCC	closed coupled catalyst	
CDI	capacitor discharge ignitor	콘덴서 점화방식
CDPF	catalyzed diesel particulate filter	
CFR	cooperative fuel research	
CLD	chemiluminescence detector	화학발광분석계
CN	cetane number	연료의 세탄가
CNG	compressed natural gas	압축천연가스
CO	carbon monoxide	일산화탄소
CO_2	carbon dioxide	이산화탄소
CR	common-rail	커먼레일
CRC	coordination research council	
CRDI	common-rail direct injection	커먼레일 직접분사방식
CRT	continuously regeneration trap	연속재생트랩
CVCC	compound vortex controlled combustion	복합와류제어연소
COM	coal oil mixture	석탄-오일 혼합유
CWM	coal water mixture	석탄-물 혼합유
DI	direct injection	직접분사
DI	diesel index	디젤지수
DI	direct injection	직접분사
DISC	direct injection stratified combustion	직접분사식 성층연소
DISI	direct injection spark ignition	직접분사 점화장치
DMA	direct memory access	
DME	dimethyl ether	디메틸에테르
DNPH	dinitrophenyl hytrazine	
DOC	diesel oxidation catalyst	디젤산화촉매
DOHC	double over head camshaft	

DPF	diesel particulate filter trap	디젤입자상물질여과장치
EAD	equivalent air distillation	평행공기증류법
ECE	economic commission for europe	
ECS	electronic control system	전자제어시스템
ECU	electronic control unit	전자제어유닛
EFI	electronic fuel injection	전자연료분사
EGR	exhaust gas recirculation	배기가스재순환
E-EGR	electronic-EGR	전자-EGR
EHC	electric heater catalyst	전기예열식 촉매
EPA	environmental protection agency	미 환경청
EUI	electronic unit injector	
EUDC	extra urban driving cycle	
EV	electric vehicle	전기자동차
EVC	exhaust valve closed	배기밸브 닫힘
EVO	exhaust valve open	배기밸브 열림
F/A	fuel air ratio	연공비(연료-공기 비)
FIE	fuel injection equipment	연료공급장치
FCP	ford combustion process	
FID	flame ionization detector	수소화염이온분석계
FTP	federal test procedure	
GDI	gasoline direct injection	가솔린직접분사식(엔진)
HC	hydrocarbon	탄화수소
HCHO	formaldehyde	포름알데히드
HDV	heavy duty vehicle	중량자동차
HEI	health effects institute	
HEV	hybrid electric vehicle	하이브리드(혼합)자동차
HHV	high heating value	고발열량
HSDI	high speed direct injection	고속직접분사식
HUCR	highest useful compression ratio	최고유효압축비
I/C	intercooler	냉각기
IDI	indirect injection	간접분사
IVC	intake valve closed	흡기밸브 닫힘
IVO	intake valve open	흡기밸브 열림
LEV	low emission vehicle	저공해 자동차
LHV	low heating value	저발열량
LIB가	leaded isooctane benzene number	
LNC	lean NO_x catalyst	희박질소산화물 촉매
LT LNC	low temperature LNC	저온 LNC
HT LNC	high temperature LNC	고온 LNC

LPG	liquified petroleum gas	액화석유가스
LPLi	liquid phase LPG injection (liquefied petroleum liquid injection)	액상LPG분사
LNG	liquified natural gas	액화천연가스
MBT	minimum spark advance for best torque (maximum brake torque)	
MIR	maximum incremental reactivities	
MPI	multi point injection	다점분사
MON	motor octane number	모터 옥탄가
MTBE	methyl tertiary butyl ether	
MVV	Mitsubishi vertical vortex	
NDIR	non-dispersive infrared analyzer	비분산형적외선 분석계
NGV	natural gas vehicle	천연가스차량
NMHC	non-methanic hydrocarbons	비메탄탄화수소
NMOG	non-methanic organic gases	비메탄유기가스
NO_x		질소산화물
OBD	on-board diagnostics	차량자가진단장치
OHC	over head camshaft	
OHV	over head valve	
ON	octane number	연료의 옥탄가
ONR	octane number requirement	요구 옥탄가
ORVR	onboard refueling vapor recovery	
PAH	polynuclear aromatic hydrocarbon	다방향족탄화수소
PAN	peroxyacylnitrate	과산화질산 아쎌
PDS법	phenol disulfonic acid method	페놀지슬산법
PFI	port fuel injection	포트분사식
PM	particulate matters	디젤입자상물질
POM	polycyclic organic matter	
PT pump	Pressure-time pump	압력-시간 펌프
RAF	reactivity adjustment factor	
RCHO		알데히드
RON	research octane number	
S/C	supercharger	슈퍼과급기
SCV	swirl control valve	와류제어밸브
SCR	selective catalytic reduction	
SI	systeme international d'unites	SI 단위
SMD	sauter mean diameter	사우더 평균입경
SOF	soluble organic fraction	용해성 유기물질
SOHC	single over head camshaft	

SPI	single point injection	일점분사
SR	swirl ratio	와류비
T/C	turbocharger	터보과급기
TCD	thermal conductivity detector	열전도검출기
TCP	Texaco combustion process	텍사코 연소과정
TDC	top dead center	상사점
THC	total hydrocarbon	총탄화수소
TGP	turbulence generating port	난류발생포트
T/I	turbocharge/intercooler	터보과급/냉각기
TICS	timing injection control system	분사시기 제어시스템
TLEV	transient low emission vehicle	가·감속시 저공해자동차
TPM	total PM	총 입자상물질
TR	transisgtor	트랜지스터
TSP	total suspended particulate	총부유입자
TWC	three way catalyst	삼원촉매
UBHC	unburned hydrocarbon	미연탄화수소
UEGOS	universal exhaust gas oxygen sensor	광역산소센서
UI	unit injection	유닛분사
ULEV	ultra low emission vehicle	초저배기자동차
ULSD	ultra low sulfur diesel	초저유황 경유
UMS	ultra mini sac	초미니 섹
USCAR U.S.	Council for Automotive Research	
VGT	variable geometry turbocharger	
VKT	vehicle kilometer travelled	자동차 주행거리
VOC	volatile organic compounds	휘발성유기화합물
VCO	valve covers orifice	
VSDM	volume-surface mean diameter	체적 표면적 평균직경
VTEC-E	variable valve time lift electronic control-E	
VTEC	variable valve timing lift electronic control	
WGT	waste gate turbocharger	
WMD	weight mean diameter(MMD)	중량평균직경
ZEV	zero emission vehicle	"0" 이미션자동차

참고 및 인용문헌

1. 자동차 엔진공학, 村山 正, 常本 秀幸 共著, 吳 永澤 譯, 東明社
2. 最新 內燃機關, 이 재순 저, 보성출판사
3. 新稿 內燃機關, 노 상순 저, 동명사
4. 內燃機關工學, 장 병주 저, 학문사
5. 內燃機關工學, 최 병윤 저, 신성
6. 가스터빈엔진, 홍 용식 저, 청문각
7. 자동차와 환경, 정 용일, 윤 재건, 한성대학교 출판부(hyttp://www.autoenv.org)
8. 대학과정 자동차공학개론, 김 형섭 외 3인 골든벨
9. 자동차공학개론, 강 희용 외 5인, 청문각
10. 최신 내연기관, 이 재순, 보문당
11. 내연기관, Ricardo Stone, 구 자예 외 4인 공역, 회중당
12. 내연기관, 유 병철, 김 응서 공저, 문운당
13. 내연기관, 이 성렬 저, 보성각
14. 엔진 초심자를 위한 가솔린 및 디젤기관, KAIST
15. 최신 내연기관, 이 재순, 김 희철, 동명사
16. 자동차 용어사전, 한국자동차공학회
17. 자동차용어대사전, 골든벨
18 국제단위계(SI) 및 국제단위계 지침서, 강 주상 편저, 탑출판사
19. 內燃機關講義(上), 長尾 不二夫 著, 養賢堂
20. 內燃機關講義, 吉田 穀 著, アース社
21. 最新 機械工學 シリース 內燃機關、古濱 壓一 著, 森北出版
22. 內燃機關歷史, 富塚 淸, 三英書房
23. 機械工學 便覽 內燃機關, 日本機械學會編
24. 內燃機關工學, 栗野 誠一 著, 山海堂
25. 內燃機關計測ハンドブック, 八田 桂三 外 2人, 朝倉書店
26. 新·自動車の設計, 國岡 福一 外 1人, 山海堂
27. 自動車エンジンのトライボロジ, 古浜 壓一 著, ナツメ社
28. 自動車エンジンの事典, 古浜 壓一 外 6人, 朝倉書店
29. ロタリーエンジンの構造と整備, 横田 順方 編著, 日刊工業新聞社
30. わかる內燃機關, 廣安 博之 著, 日新出版
31. -講義- 自動車機關學(1-48), 棚澤 泰, トヨタ技術
32. 高性能エンジンとは何か, 石田 宣之 著, グランプリ出版
33. 自動車工學入門, 黑田 光彦 著, グランプリ出版
34. 自動車メカニズム圖鑑, 出射 忠明, グランプリ出版

35. 燃料噴射裝置入門, 大久保 義雄 著, 山海堂
36. 機械工學SI マニュアル, 日本機械工學會
37. 工業熱力學 基礎編, 谷下 市松, 裳華房
38. 內燃機關構造編, 小向 貞吉 外2人 著, 明現社刊
39. 연소공학, 노 수영 외 4인 공역, 교보문고
40. 연소공학, 오 규성 외 5인 공저, 형설출판사
41. 燃燒工學, 水谷 幸夫 著, 최 병윤, 이 도형 공역, 동명사
42. 燃燒現象の基礎, 佐藤 順一 外 2人, ohmsha
43. 燃料と燃燒の化學、産業化學シリズ, 大日本圖書
44. 基礎燃燒學, 水谷 幸夫 譯, 森北出版
45. Internal Combustion Engine Experiment Text, Fuchino Manufacturing Co., LTD
46. Internal Combustion Engine in Theory and Practise Vol. I, II, The MIT Press
47. Internal Combustion Engine and Air Pollution, Obert,
48. Internal Combustion Engines, C.F. Ferguson and A.T. Kirkpatrick, Willy
49. Internal Combustion Engine Fundamentals J.B. Heywood, McGraw-Hill
50. Internal Combustion Engines, V.Ganesan, McGraw-Hill
51. Introduction to Internal Combustion Engines, R. Stone, MacMillan
52. Diesel Fuel Injection, Bosch, SAE

찾아보기

한 글

【ㄱ】

【ㅂ】

【ㅅ】

【ㅇ】

【ㅈ】

【ㅊ】

영 문